中国观赏园艺研究进展
（2020）

Advances in Ornamental Horticulture of China,2020

中国园艺学会观赏园艺专业委员会◎张启翔　主编

U0351837

中国林业出版社

主　编：张启翔

副主编：宋希强　高俊平　包满珠　葛　红　吕英民

编　委（姓氏拼音排序）：

包满珠　包志毅　车代弟　陈发棣　陈龙清
陈其兵　成仿云　程堂仁　戴思兰　董建文
董　丽　范燕萍　高俊平　高亦珂　葛　红
何金儒　何松林　胡永红　黄敏玲　贾桂霞
兰思仁　李玉花　梁建国　刘青林　刘庆华
刘　燕　龙　熹　吕英民　潘会堂　沈守云
石　雷　宋希强　宿友民　孙红梅　孙振元
王彩云　王　佳　王亮生　王小菁　王　雁
王云山　夏宜平　肖建忠　杨秋生　尹俊梅
于晓南　袁　涛　张启翔　张延龙　赵世伟
郑唐春　周耘峰　朱根发

图书在版编目（CIP）数据

中国观赏园艺研究进展. 2020／中国园艺学会观赏园艺专业委员会，张启翔主编. — 北京：
中国林业出版社，2020. 11

ISBN 978-7-5038-9407-7

Ⅰ. ①中…　Ⅱ. ①中…　②张…　Ⅲ. ①观赏园艺–研究进展–中国–2020　Ⅳ　①S68

中国版本图书馆 CIP 数据核字（2020）第 213608 号

出版　中国林业出版社（100009　北京西城区刘海胡同 7 号）

网址　http：//www.forestry.gov.cn/lycb.html　**电话**　010-83143562

发行　中国林业出版社

印刷　河北京平诚乾印刷有限公司

版次　2020 年 11 月第 1 版

印次　2020 年 11 月第 1 次

开本　889mm×1194mm　1/16

印张　39

字数　1348 千字

定价　150.00 元

前　言

花卉产业是现代高效农林业的重要组成部分，既是朝阳产业，也是美丽事业。盛世兴花，当今中国，花卉产业是深入践行习近平生态文明思想、落实新发展理念，推进绿色发展、生态优先的重要抓手，在建设生态文明和美丽中国，助力脱贫攻坚和乡村振兴战略中发挥着举足轻重的作用。

经过 40 年的持续发展，中国花卉产业取得了令世界瞩目的发展成就。2011 年，全国花卉生产面积突破百万公顷，销售额突破千亿元，是世界上花卉种植面积最大的国家。2018 年，全国花卉生产面积146.12 万公顷，销售额 1639.18 亿元，分别较上年增长 4.95% 和 6.91%；主要鲜切花和盆栽植物面积18.184 万公顷，占全球同类生产面积(74.50 万公顷)的 24.41%；观赏苗木 80.056 万公顷，占全球同类生产面积(111.50 万公顷)的 71.80%。2018 年，全国花卉产销较上年有小幅增长，表现为：产业发展总体平稳，传统花木产品的结构性矛盾更加突出，技术创新和产品升级的需求不断扩大，科技对产业支撑的贡献率在逐年提升，线上线下结合的销售渠道不断拓展，花卉产业一二三产融合发展的趋势更加明显，花卉"药食医养"等衍生产品的开发强度不断提高，政产学研用协同创新的体制机制逐步建立完善，花卉产业发展的空间不断拓展，现代花卉产业的特征初显端倪。

中国花卉行业的创新能力持续增强，国际地位和国际影响持续提升。1999 年以来，培育出'香瑞白'梅、'华夏一品黄'牡丹、'冰清'月季、'女神'菊花、'红霞'蝴蝶兰、'夏梦小旋'山茶、'御汤香妃'紫薇、'美人'榆、'紫烟'榆叶梅、'四季春 1 号'紫荆、红花玉兰、黄金杨、红花檵木等一批突破性花木自主知识产权优良品种，'太行银河'地被菊、'云红 2 号'香石竹、'秋日'非洲菊、'博大蓝'八仙花等相继获得美国、欧盟、日本等国际品种专利，品种保护开始步入国际化。2012 年以来，中国科学家相继主持完成了梅花、中国莲、小兰屿蝴蝶兰、铁皮石斛、银杏、深圳拟兰、杭白菊、木棉花、一串红、桂花、马缨花杜鹃、鹅掌楸、菊花脑、映山红、皋月杜鹃、牡丹、睡莲、文竹、柳叶蜡梅、栀子花、连翘、蜡梅等全基因组学研究以及梅花、莲等重测序研究，牡丹、月季、大花香水月季、菊花、玫瑰、紫薇、大花紫薇、兜兰、香荚兰、墨兰、建兰、蕙兰、樱花、三角梅、9 种蔷薇等多种花卉基因组学研究正在进行中；花色、花香、花期、花型、株型等重要观赏性状以及抗逆(寒、旱、湿热、盐碱、病虫)性状形成分子机制正在被揭示，分子标记辅助育种在梅花、牡丹、月季、菊花、紫薇、悬铃木等取得了重要进展。花卉种质资源创新、新品种培育、繁殖栽培技术、花期调控、容器苗生产、花卉设施生产、采后流通等关键技术研发方面获得了重要突破，2007 年以来，全国花卉领域共获得 6 项国家科技进步奖和 1 项国家技术发明奖等一批标志性成果。中国花卉企业开始在国际上崭露头角，2010 年以来，浙江森禾、浙江虹越、台湾台大园艺、福建连城兰花、昆明虹之华、上海源怡种苗、天津大顺、贵州苗夫、北京纳波湾、云南英茂、云南为君开、内蒙古蒙草生态、江苏中荷花卉、四川七彩林科、福建鸿展园林、杭州花之韵、苗夫控股、香港海盛等多家花卉园林企业相继荣获国际园艺生产者协会(AIPH)年度国际种植者奖。植物品种国际登录从无到有，自 1998 年开始，梅花、木犀属(桂花)、莲属、蜡梅、观赏竹、姜花、海棠、枣、山茶、芍药属(亚洲区)、猕猴桃、秋海棠等植物品种国际登录权威(专家)相继落户中国。一批花卉领域专家相继在国际园艺学会(ISHS)、国际园艺生产者协会(AIPH)、世界月季联合会(WFRS)、国际植物园协会(IABG)、国际茶花协会(ICS)等重要国际组织担任主要领导职务，中国观赏园艺的国际地位和话语权不断提升，正逐步走近国际舞台的中央。

但是，我们必须清醒地认识到，中国花卉产业依然存在缺乏自主产权的优良品种、标准化生产关键技术落后等产业瓶颈，同时存在专业人才不足、生产效率低下、集约化程度不高、产业化水平落后、产业结构不合理、产品质量有待提高等问题。随着经济全球化的持续加速和国际市场竞争的不断加剧，创新能力和经营应变速度正逐渐成为花卉产业提升自身竞争的源动力，因此，如何抓住国家重大战略机遇，主动面对和参与国际竞争，以深化供给侧结构性改革为指导，以高质量发展为目标，聚焦产业链关键环节，以突破性品种培育和关键共性技术创新为突破口，实现资源优势向品种优势、产品优势和产业优势转变，在调结构、稳增长、促转型、抓创新、补短板、惠民生上下功夫，在理论、技术、品种、产品、品牌、服务上求突破，持续培育和提升企业核心竞争力，仍然是中国花卉产业转型升级、提质增效的重大课题。

2020年中国观赏园艺学术研讨会将于12月8~10日在海口召开，本次大会的主题是"花卉创新与提质增效"。近年来，海南省政府十分重视花卉苗木产业的发展，于2019年出台了《海南省花卉苗木产业发展规划（2019—2035）》，为海南省的花卉产业的发展制定了指导性纲领。目前海南花卉产业发展迅速，截至2019年底，花卉苗木种植面积已经突破20万亩，产值突破55亿元。热带兰、红掌、观赏凤梨等热带花卉产销两旺，热带切叶独占鳌头，热带功能性花卉资源的开发和利用快速发展，形成了以热带为特色和优势的花卉产业，花卉产业发展进入快车道。当前，海南正在加快建设自由贸易港、热带雨林国家公园、打造生态文明建设示范区，这为海南花卉产业的发展提供了难得的历史机遇。通过加大政策支持力度、不断提高科技水平、充分挖掘热带野生花卉资源，海南花卉产业必将迎来新的快速发展时期。

今年，是中国观赏园艺学术研讨会（2014年之前称"中国园艺学会观赏园艺专业委员会学术年会"）自2000年以来持续举办的第21届学术盛会，受肆虐全球的新冠疫情影响，本应在8月召开的会议推迟到12月举行，在抗击新冠疫情斗争取得重大战略成果之际，全国花卉界的同行们，相约海口，以花为媒，共襄盛举，秉持初心，继往开来，必将对海南乃至全国花卉产业创新发展产生积极而深远的影响。

配合此次学术会议，组委会编撰并出版《中国观赏园艺研究进展2020》论文集，共收到论文稿件113篇，经评审录用88篇，其中种质资源11篇、引种与育种7篇、生理学研究19篇、繁殖技术15篇、分子生物学7篇、采后生理与技术6篇、应用研究13篇。

本届学术研讨会由中国园艺学会观赏园艺专业委员会和国家花卉工程技术研究中心主办，海南大学和海南省林业局承办，国家花卉产业技术创新战略联盟（国家林业和草原局花卉产业国家创新联盟、北京国佳花卉产业技术创新战略联盟）、热带特色林木花卉遗传与种质创新教育部重点实验室、海口市会议展览业协会、海南省花卉协会、中国热带农业科学院热带作物品种资源研究所、海南热带花卉产业技术创新战略联盟、海南江容旺商务服务有限公司、海南瑞辰会展有限公司协办，期间得到中国园艺学会、中国花卉协会、中国林业出版社、海口市商务局（会展局）、中国热带农业科学院香料饮料研究所、万宁市兴隆热带花园等单位的大力支持，特此谢忱！同时，本次会议得到了国内外同行专家的大力支持以及全国从事花卉教学、科研、生产的专家学者的积极响应，在此深表感谢！

由于时间仓促，错误在所难免，敬请读者批评指正！

谨以此书献给为中国观赏园艺事业发展做出重要贡献的人们！

中国园艺学会副理事长、观赏园艺专业委员会主任

2020 年 9 月 10 日

目　录

应用研究

种质资源

观赏海棠种质叶色动态变化及色彩分类

赵圃圃[1]　李娜[1]　江皓[1]　张往祥[1,2,*]

（[1]南京林业大学林学院，南京 210037；[2]扬州小苹果园艺有限公司，扬州 225200）

摘要　以 118 个观赏海棠样本为试验材料，利用色差仪和光谱仪对其叶片的叶色参数及色素相对含量进行测定。通过分析叶片色彩在 CIELCH 色空间中的动态分布格局以及色素占比与色彩的相关性，探究不同品种叶色在试验期内的变化规律，并对不同品种的叶色做简单分类。结果显示：①基于 7~9 月叶色参数（L^*、C^*、$h°$）在 CIELCH 色空间的分布，发现 7 月整体位点较为集中，8 月最为分散，9 月相对集中；其中 $h°$ 值的位点整体下移；②通过对 8 月叶色参数聚类分析将 118 个观赏海棠品种分为绿色系（A 类）、亮绿色系（B 类）、暗绿色系（C 类），其中通过色素含量分析也说明亮绿色系品种绿色表达效果最好。

关键词　观赏海棠；叶色变化；色彩分类；色素占比

The Dynamic Changes of Leaf Color and Color Classification of Different Ornamental Crabapple Germplasms

ZHAO Pu-pu[1]　LI Na[1]　JIANG Hao[1]　ZHANG Wang-xiang[1,2,*]

（[1] College of Forestry，Nanjing Forestry University，Nanjing 210037，China；

[2] Yangzhou Small Apple Horticulture Co. LTD，Yangzhou 225200，China）

Abstract　Using 118 ornamental crabapple samples as test materials，the leaf color parameters and relative pigment content of their leaves were determined using a colorimeter and a spectrometer. By analyzing the dynamic distribution pattern of leaf color in the CIELCH color space and the correlation between the proportion of pigment and color，the variation law of the leaf color of different varieties during the test period was explored，and the leaf color of different varieties was simply classified. The results show：① Based on the distribution of leaf color parameters（L^*，C^*，$h°$）in the CIELCH color space from July to September，it is found that the overall loci are concentrated in July，the most dispersed in August，and relatively concentrated in September；The site of the $h°$ whole moved down；② through clustering analysis of the leaf color parameters in August，118 ornamental crabapple varieties are divided into green lines（type A），bright green lines（type B），and dark green lines（type C）Among them，the analysis of pigment content also shows that the bright green varieties have the best green expression effect.

Key words　Ornamental crabapple；Leaf color change；Color classification；Pigment ratio

观赏海棠（*Malus* spp.）属苹果属（*Malus*）和木瓜属（*Chaenomeles*）的灌木或小乔木，果实直径通常较小（≤5cm），是中国著名的观赏树种，素有"国艳"之誉（龚睿 等，2019；姜楠南，2008）。其花、叶、果实都具有极佳的观赏性，在园林景观应用中十分广泛。

近年来，随着杂交技术的进步，观赏海棠叶色更加多样化（姜文龙 等，2017；张洋 等，2016）。但目前观赏海棠彩叶种质仍然较少，色彩丰富度不高。选育优质的观赏海棠观叶品种仍然是育种工作者的目标。为了给观赏海棠的叶色分类和彩叶育种及彩叶种质的挖

---

1 基金项目：江苏省科技厅现代农业重点项目（BE2019389）；林业科学技术推广项目（观赏海棠新品种高效栽培与应用示范推广）[2019]17 号。

第一作者简介：赵圃圃（1997—），女，硕士研究生，主要从事观赏植物应用研究。

通讯作者：张往祥，教授，E-mail：malus2011@163.com。

掘提供参考依据，本研究基于以色差计测得的不同观赏海棠种质叶色在不同时期的叶色参数值和色素相对含量，利用聚类分析法同时结合 CIELCH 色空间分布图，对不同时期的海棠叶色进行分析。

1　材料与方法

1.1　试验地概况与试验材料

此次试验地位于江苏省扬州市江都区仙女镇（119°55′E，32°42′N）海棠资源圃，该地属北亚热带季风气候，四季分明，年平均温度为 14.9℃，年降水量为 1000mm，全年无霜期 320d。试验地为砂壤土，地势平坦，且土层深厚，灌溉排水条件良好。试验材料为 118 个 3 年生观赏海棠优株的嫁接子代样本，立地条件一致，每种质有 20~30 株，生长势良好。

1.2　采样方法

采样时间自 2019 年 7 月 20 日起，每次采样 4~5 天，每隔 30 天采样一次，共 3 次。每次采样选择早上 6：00~7：00 进行，选择生长势较为一致的植株，取其顶部第 4~6 片叶，即上位叶（饶辉，2018），每个品种取 10 片，采摘后置于冰盒带回实验室测定。

1.3　指标测定

叶色测定使用美国爱丽色 CI64 色差仪，选用内置 D65 光源，选择测色斑的直径为 8mm，观测角度为 10°，来测定叶片正面色彩，每个叶片测 3 个点，每个品种重复 30 次。亮度值（L^*）、色相值（a^*、b^*）、饱和度（C^*）、色调角（$h°$）均由色差仪测量直接获得。

色素相对含量测定使用 Unispec-SC 光谱分析仪（美国，PP Systems）进行叶绿素（Chl）、花青素（Anth）、类胡萝卜素（Car）测定。每个叶片测 5 个点，每个品种重复 15 次，得到的数据用 Multispec5.1.5 软件进行处理后，代入公式计算。公式如下：叶绿素（Chl）：$(R_{750} - R_{445})/(R_{705} - R_{445})$；花青素（Anth）：$R_{800}(1/R_{550} - 1/R_{700})$；类胡萝卜素（Car）：$R_{800}(1/R_{520} - 1/R_{700})$（姜文龙 等，2019；浦静，2017）。

1.4　数据处理

利用 Origin 9.0 构建 CIELCH 色空间三维图，EXCEL 2010 绘制叶色频率分布图，利用 SPSS 22 对叶色参数进行聚类分析。其中频率分布图组间距分别为 $\triangle L^* = 2$，$\triangle C^* = 4$，$\triangle h° = 2$。

2　结果与分析

2.1　观赏海棠叶色变化规律

基于 118 个样本的叶色参数绘制了 CIELCH 色空间分布图和频率分布图，如图 1、图 2 所示。

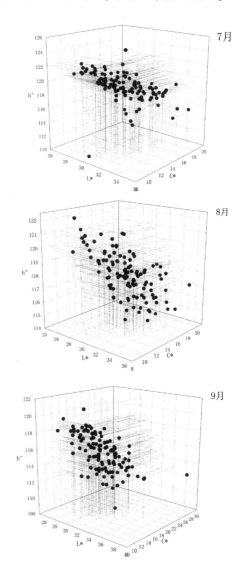

图 1　不同月份观赏海棠样本群叶色在 CIELCH 色空间的动态分布格局

Fig. 1　The dynamic distribution pattern of leaf color of the ornamental crabapple sample group in CIELCH color space in different months

对于 L^* 值，3 次测量值都较为分散，大致范围为 25~38。处于低亮度范围（L^* 值在 25~29）的样本分布较少，所占比例不足 10%；处于中亮度范围（L^* 值在 30~33）的样本极多，占比约为 70%；处于高亮度范围（L^* 值在 34~38）的样本也在少数，约为 17%。其中，8、9 月叶片亮度基本保持稳定，没有较大区别；

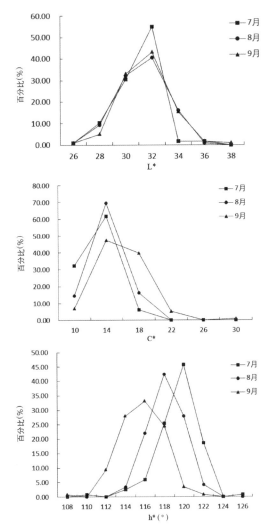

图2   不同月份观赏海棠样本群叶色
在CIELCH色空间不同维度方向的频率分布

Fig. 2   Frequency distribution of leaf color of
ornamental crabapple sample group in different dimensions
in CIELCH color space in different months

但相比较于7月来说,处于中亮度范围的样本减少14.4%,处于高亮度的样本增加14.41%,说明随着时间变化,叶片亮度有逐渐升高的趋势。

对于C*值,分布范围为8~32,3次测量值整体趋势由分散到集中。处于低饱和度(C*值在8~16)的样本最多,占比80%以上;处于高饱和度(C*值在24~30)的样本极少,占比不足1%。随时间推移,低饱和度样本整体来说比例下降大约25%,而中饱和度样本大幅上升(5.93%→16.10%→44.91%)。整体来说,随时间推移各样本叶色的饱和度逐渐升高,低饱

和度样本逐渐减少,而高饱和度样本逐渐增多。

对于h*值,7月主要分布在115~125,8月主要分布在113~123,9月主要分布在109~121。3次测量值中,处于低色调角(107~113)的样本占比增加8.47%,处于中色调角(113~121)的样本占比先增加后减少(79.66%→95.76%→88.98%),处于高色调角(121~127)的样本占比从18.64%逐渐减少到0.85%。整体来说,3次测量值趋势整体左移,色差角变小,随时间推移叶色绿度降低。

综上,所有样本的8月色彩最丰富(L*、C*、h°数值最分散),8、9月相较于7月叶片亮度增加,饱和度增加,而色调角变小。

2.2   聚类分析

通过不同月份观赏海棠样本群叶色在CIELCH色空间的动态分布格局可知,8月各样本的叶色分布最分散,因此对这个时期的数据进行聚类分析。在遗传距离15.0水平上,将118个品种分为三大色系,分类结果如表1。

A类绿色系,共60个样本,色彩参数L* = 30.56 ± 1.62,a* = − 6.11 ±0.36,b* = 11.37 ±0.88,饱和度C* = 12.92 ±0.89,色调角h* = 118.52±1.51,该色系亮度和饱和度位于B类暗绿色与C类亮绿色之间,属于绿色系。该色系包括'23-12''G23-9''9-9红花重瓣''29-1''G19X-1''9X-1''13-8''15-3''G7X-3''G23-11'等60个样本。

B类暗绿色系,共8个样本,色彩参数L* = 29.17±1.03,a* = −4.87±0.26,b* = 8.31±0.42,饱和度C* = 9.64 ±0.48,色调角位于h* = 120.71 ± 0.78,该系列亮度和饱和度在三大色系中处于最低水平,因此属于暗绿色系。该色系包括'15-9''25-8''G15-1''14-7''19-9''G23-4''20-4''19-5'等8个样本。

C类亮绿色系,共50个样本,色彩参数L* = 32.44±1.34,a* = −7.26±0.62,b* = 14.27±1.48,饱和度C* = 16.03 ±1.56,色调角位于h* = 117.22±1.42,该系列亮度和饱和度在三大色系中处于最高水平,色彩明亮饱满,因此属于亮绿色系。该色系包括'27-2''27-1''23-1''26-4''24-8''14-6''14-8''23-3'等50个样本。

表1 基于8月份叶色参数的聚类分析结果

Table 1 Cluster analysis results based on August leaf color parameters

色系	个数	样本名称	占比(%)
A 绿色系	60	'23-12''G23-9''9-9红花重瓣''29-1''G19X-1''9X-1''13-8''15-3''G7X-3''G23-11' 'G23-8''30X-1''19-1''G7X-1''16X-2''22-2''20X-1''24-1''24-9''G23-1''13-16' 'G22-1''G19-1''G23-5''19X-1''8X-1丑八怪''17-1''24-3白珍珠''16-1''13-12' '14X-1''G7X-2''27X-3''25-10''13X-2''25-3''17-4''15-13''25-9''15-4''25-4''25- 1''G24-1''26-1''25-7''13-7''G13X-1''30-1''22-1''14-1''14-4''G14X-1''15-8' '13-红果''G16-1''15-2''15-7''15-5''17-2''G27-1'	50.85
B 暗绿色系	8	'15-9''25-8''G15-1''14-7''19-9''G23-4''20-4''19-5'	6.78
C 亮绿色系	50	'27-2''27-1''23-1''26-4''24-8''14-6''14-8''23-3''G14-1''27-5''24-5''19-7''23- 8''14-2粉重''13-7''23-11''13-5黄果''23-13''G25-1''12X-1''13X-3''20-6''G23- 6''23-7''25X-1''8X-1''25X-1''14X-2''13X-1''23-3红''17-1''19-2''25-2''20-1' 'G20X-2''13-4''2X-2花大白''27X-2''30X-3''26-3''24-7''17X-2''29X-2''G20X-1' '14-9''26-5''22-10''25-6''G23-2''17-3'	42.37

2.3 色素含量占比与色彩参数相关性分析

通过对色素占比与色彩参数相关性分析(表2)表明：Anth%和Chl%占比与 L^* 和 b^* 和 C^* 呈负相关关系，与 a^* 和 $h°$ 呈正相关关系；Car%与 $h°$ 呈正相关关系。说明花青素和叶绿素含量占比越低，叶片亮度和饱和度越高。

从色素占比的角度看，C类亮绿色系的花青素和叶绿素含量与A类和B类色系相比较来说最低，并且其花青素与叶绿素含量之比也为最低，说明其绿色表达最好。

表2 色素占比与色彩参数相关性分析

Table 2 Correlation analysis on the color parameters and pigment proportion

色彩参数	Anth%	Chl%	Car%
L^*	-0.049	-0.303 **	0.031
a^*	0.271 **	0.218 *	0.110
b^*	-0.330 **	-0.270 **	-0.162
c^*	-0.323 **	-0.261 **	-0.154
$h°$	0.290 **	0.234 *	0.202 *

注："**"表示在0.01水平上显著相关，"*"表示在0.05水平上显著相关。

表3 各色系色素含量表

Table 3 Pigment content of each color system

	花青素	叶绿素	类胡萝卜素	花青素/叶绿素
A	0.426±0.20 b	3.807±0.86 b	2.231±0.79 b	0.191
B	0.629±0.14 a	4.244±0.34 a	2.783±0.59 a	0.226
C	0.230±0.16 c	3.507±0.52 c	1.980±0.61 c	0.116

注：小写字母表示在0.05水平上差异显著。

3 讨论

观赏海棠因其花的美丽而在园林景观应用中常被用作观花植物(杨润溪，2017；刘风云 等，2019；唐孝祥和傅俊杰，2019；杨润溪和李厚华，2017)，针对观赏海棠花色的研究也相对成熟(浦静 等，2019；孙匡坤，2013；田涛 等，2017；王万京 等，2016)。然而随着园林应用更加多样性，观赏海棠叶色的观赏性也被更多人关注(黄毅斌和赵永强，2009)。观赏海棠不同品种间叶色差异大(张晶 等，2018)、同一品种叶色在不同生长期也存在较大差异(樊云霄，2014；张曼 等，2019)，以及相同品种不同叶位间叶色差异(姜文龙 等，2019；姜文龙，2017)等都值得深入研究。通过研究观赏海棠叶色差异可以扩展观赏海棠观叶品种种质资源、找到观叶品种的最佳观赏期，为园林景观应用提供更多更好的选择，同时也可以为观叶品种的定向培育提供理论依据和技术支撑。

利用色差计可以直观地得到色彩参数，将色彩量化，避免了比色卡法人为主观的影响，更有利于色彩分析(李明媛 等，2019)。其中 L* 代表色彩亮度，a* 和 b* 则为色相值，C* 代表色彩饱和度，h° 为色调角，通过这 5 个参数从多方面量化色彩。而色素含量的多少及色素占比则影响了叶片的呈色（王亚芸 等，2014)，是叶片呈色的内部原因。因此本文基于色彩参数和色素占比对样本叶片色彩进行分析和分类，将 118 个样本分为 3 个色系，分别为绿色系、亮绿色系、暗绿色系。其中绿色系是值得关注的一个色系，其

色彩参数值表现最好，且通过花青素和类胡萝卜素占比最低也能说明其绿色效果表达最好。

此次颜色分类只有绿色系，从色彩角度来说，丰富度不够，猜测可能是由于观测期晚，已经错过了最佳变色期；或是由于样本选择不够多样。后期将通过延长观测期来尝试找到更丰富的色彩变化。本期结果仍可以关注亮绿色系的样本，以期能为后续育种提供优质亲本或从中获取观赏性更加优异的种质。

参考文献

樊云霄．2014.3 种彩叶海棠春夏叶色变化动态研究［C］//花卉优质、高产、高效标准化栽培技术交流会论文汇编．中国园艺学会、中国园艺学会观赏园艺专业委员会：5.

龚睿，张春英，奉树成，2019．海棠观赏种质资源及其利用［J］．中国农学通报，35(26)：75−79.

黄毅斌，赵永强，2009．海棠在园林中的应用［J］．热带农业工程，33(02)：33−36.

姜楠南，2008．中国海棠花文化研究［D］．南京：南京林业大学．

姜文龙，范俊俊，张丹丹，等，2017，观赏海棠不同叶位色彩特征及特异种质挖掘［J］．园艺学报，44(06)：1135−1144.

姜文龙，李千惠，周婷，等，2019．观赏海棠不同叶位色素组分动态研究［J］．中南林业科技大学学报，39(04)：99−106.

姜文龙，2017．观赏海棠品种群不同叶位色素与色彩关系研究［M］//中国观赏园艺研究进展 2017．北京：中国林业出版社．

李明媛，刘月，王雪，等，2019．观赏海棠不同颜色评价方法比较［J］．分子植物育种，17(22)：7521−7530.

刘风云，王远鹏，宋秋华，2019．海棠栽培技术及园林应用［J］．乡村科技，(25)：73−74.

浦静，2017.4 株海棠子代优选株的叶色变化研究［M］//中国观赏园艺研究进展 2017．北京：中国林业出版社．

浦静，张晶，赵聪，等，2019.'紫王子'海棠半同胞家系花色特征分析及选优［J］．南京林业大学学报（自然科学版)，43(01)：18−24.

饶辉，2018.'凡赛尔廷'海棠半同胞家系苗期叶色研究［M］//中国观赏园艺研究进展 2018．北京：中国林业出版社．

孙匡坤，2013．垂丝海棠(*Malus halliana*)和重瓣垂丝海棠(*Malus halliana* var. *parkmanii*)的生殖生物学研究［D］．南京：南京林业大学．

唐孝祥，傅俊杰，2019．海棠造景的审美文化探析［J/OL］．中国城市林业，(03)：91−95[2019−11−11].

田涛，王晓叶，赵思思，等，2017．绚丽海棠实生后代叶色及花色变化研究［J］．北方园艺，(14)：69−73.

王万京，王利凯，郭莉，2016．园林植物海棠花色基因工程研究进展［J］．农业与技术，36(24)：200−201.

王亚芸，王立英，任建武，等，2014．金叶榆不同叶位叶片呈色生理机制研究［J］．中国农学通报，30(16)：22−29.

杨润溪，2017．海棠花文化及其在风景园林中的表达研究［D］．杨凌：西北农林科技大学．

杨润溪，李厚华，2017．海棠的园林价值分析［J］．西北林学院学报，32(03)：289−294.

张晶，浦静，赵聪，等，2018.3 个观赏海棠半同胞家系子代叶色动态分析与初选［J］．南京林业大学学报（自然科学版)，42(03)：37−44.

张曼，郑云冰，范可可，等，2019．不同时期观赏海棠叶色和花色变化规律研究［J］．河南农业科学，48(05)：106−112.

张洋，赵明明，范俊俊，等，2016.40 个观赏海棠品种叶色变化规律研究［J］．江苏林业科技，43(05)：8−12.

两种灌木的超低温保存花粉对坐果率及种子质量的影响

周 好　任瑞芬　张玲玲　张 愍　刘 燕*

（花卉种质创新与分子育种北京市重点实验室，国家花卉工程技术研究中心，
城乡生态环境北京实验室，园林环境教育部工程研究中心，林木花卉遗传育种
教育部重点实验室，园林学院，北京林业大学，北京 100083）

摘要　灌木植物花粉超低温保存（-196℃）后的田间授粉效果尚未见报道。本文选择金银忍冬（*Lonicera maackii* Rupr.）和太平花（*Philadelphus pekinensis* Rupr.）两种灌木的花粉为材料，对比其超低温保存前后的授粉结实率和所获得种子产量及成苗率的差异，以探明灌木植物超低温保存花粉在实际授粉工作中的应用效果。结果显示：金银忍冬花粉超低温保存后萌发率为 27.31%，低于新鲜花粉萌发率的 44.95%；太平花花粉超低温保存后萌发率为 51.85%，高于新鲜花粉萌发率的 43.12%。两种植物用新鲜花粉和超低温保存花粉进行授粉均可结实，且新鲜花粉和超低温保存花粉的坐果率均无显著差异，其中金银忍冬的坐果率为 58.73%（CK）和 61.36%，太平花花粉的坐果率为 66.67%（CK）和 68.89%；两种植物新鲜花粉和超低温保存花粉授粉结实获得的种子播种后的成苗率有差异，其中金银忍冬超低温保存花粉授粉所得种子成苗率为 90.67%，低于对照的 97.33%，差异显著；太平花超低温保存花粉授粉所得种子的成苗率与对照无显著差异，分别为 67.08% 和 70.91%。结果表明，无论超低温保存后花粉生活力是否下降，灌木花粉田间授粉都可以坐果，且超低温保存对花粉的可育性和种子成苗质量影响较小。因此，超低温保存技术可以作为灌木植物花粉种质保存和解决异地授粉的可选途径。

关键词　超低温保存；花粉；种子；坐果率；成苗率

The Effect of Cryopreservation of Two Shrubs Pollen on Fruit Setting Rate and Seed Quality

ZHOU Hao　REN Rui-fen　ZHANG Ling-ling　ZHANG Min　LIU Yan*

（*Beijing Key Laboratory of Ornamental Plants Germplasm Innovation & Molecular Breeding*，*National Engineering Research Center for Floriculture*，*Beijing Laboratory of Urban and Rural Ecological Environment*，*Engineering Research Center of Landscape Environment of Ministry of Education*，*Key Laboratory of Genetics and Breeding in Forest Trees and Ornamental Plants of Ministry of Education*，*School of Landscape Architecture*，*Beijing Forestry University*，*Beijing 100083*，*China*）

Abstract　The effect of fertility after cryopreservation（-196℃）of shrubs pollen has not been reported. In this paper, pollen of two shrubs, *Lonicera maackii* and *Philadelphus pekinensis*, were selected as materials, comparing the differences in seed setting rate, the seed yield and the seedling rate before and after cryopreservation. The pollination and seed quality of pollen after cryopreservation were studied to prove the application effect of cryopreservation of shrubs pollen in actual pollination work. The results showed that the germination rate of *Lonicera maackii* pollen after cryopreservation is 27.31%, which is 44.95% lower than fresh pollen. The pollen germination rate of *Philadelphus pekinensis* pollen after cryopreservation was 51.85%, and that of *Philadelphus pekinensis* higher than fresh pollen was 43.12%. Both plants can be sturdy by pollination with fresh pollen and cryopreserved pollen, and there was no significant difference in fruit setting rate. The fruit setting rate of *Lonicera maackii* were 58.73（CK）and 61.36%, and the fruit setting rate of *Philadelphus pekinensis* pollen were 66.67（CK）and 68.89%. In the two plants, there were differences between the two plants in fresh pollen and cryopreserved pollen pollination in the seedling rate after pollination and the seeding. The seedling rate of the seeds obtained by pollination and pollination is 90.67%, which is lower

1　基金项目：国家自然科学基金项目（31370693）、国家自然科学基金项目（31770741）。
第一作者简介：周好（1996—），女，硕士研究生，主要从事花粉超低温保存研究。
通讯作者：刘燕，教授，E-mail：chlyan@163.com。

than the control 97.33%. The seedling rate of pollinated seeds from *Philadelphus pekinensis* before and after cryopreservation was not significantly different from the control, which was 67.08% and 70.91% respectively. The results suggested that no matter whether pollen viability decreased after cryopreservation, shrub pollen could achieve pollination and fruit set, and cryopreservation had little effect on pollen fertility and seed seedlings. Therefore, the technology of cryopreservation could be used as an alternative way to preserve pollen germplasm of shrubs and solve pollination in different places.

Key words Cryopreservation; Pollen; Seeds; Fruit setting rate; Seedling rate

花粉作为雄性遗传的载体，其不仅是种质资源保存、交换及杂交育种的重要材料，而且也方便进行种质资源保存。但是有些花粉在脱离母体后，其存活时间相对较短（Nepi et al.，2001；Nepi et al.，2010），而实际工作中需要解决花期不遇或地理隔离等问题，满足杂交育种工作的需要，所以花粉的长期保存成为重要问题（张亚利 等，2006）。超低温保存操作简单，且植物细胞在液氮（-196℃）中新陈代谢降低，甚至大多数生理代谢过程几乎停止，为植物材料的长期保存提供了条件（Kaviani，2011），因此进行花粉的超低温保存研究对植物杂交育种和完善种质资源保存手段等工作具有重要意义。

目前，多种观赏植物的花粉都能够成功保存在液氮中（尚晓倩，2005；李广清，2005；徐瑾，2014），且检测发现一些花粉种类在超低温保存10年后仍然有一定的生活力（Ren et al.，2019）。现通常以花粉的离体萌发作为花粉超低温保存效果的检验手段，只有个别草本植物进行了超低温保存花粉的田间结实试验，如芍药（李秉玲 等，2008）、杂交石斛（Vendrame et al.，2008）、魔芋（李勇军 等，2010）、番茄（王梓然 等，2016）、野生菠萝类（Silva et al.，2017）、菊花（田敏 等，2018）等。木本植物超低温保存花粉田间授粉效果报道较少，仅有梅花（刘燕，2004；张亚利，2007）、山茶（李广清，2005）、番木瓜（Shashikumar et al.，2007）、苏铁属（杨泉光 等，2009）、椰子（Karun et al.，2014）、槟榔（Karun，2017）等几种植物的超低温保存花粉进行了可授粉结实性的试验，但未见对授粉所得种子质量及成苗的报道，而对灌木超低温保存花粉的田间授粉试验也鲜见报道。

金银忍冬（*Lonicera maackii* Rupr.）既可春季观花，也可秋季观果，冬季红色果经久不凋，具有很高的观赏价值，且还具有一定的药用价值（马俊利和李金双，2013）。太平花（*Philadelphus pekinensis* Rupr.）在我国栽培历史悠久，是中国北方山林常见落叶灌木，其绿叶茂密，花期较长，是一种非常好的环境绿化美化植物（刘赢男 等，2011）。这两种植物花粉在超低温保存后，与其新鲜花粉相比，萌发率呈相反的变化趋势。因此，本研究以这两种植物为对象，探究超低温保存花粉田间授粉应用效果，以期为灌木植物花粉超

低温保存的实用性提供进一步试验证据。

1 材料与方法

1.1 试验材料

金银忍冬花粉于2019年4月21日、太平花花粉于2019年5月15日，均采自北京林业大学校园。在两种植物各自的盛花期，选择天气晴朗的上午9：00~11：00采集当天即将盛开花朵的花药，用硫酸纸袋包裹带回试验室，再用镊子取出花药均匀平摊于硫酸纸上，在室温下（25±2℃）放置24h，直到花药开裂花粉完全散出，再用80目的筛子将花粉筛出混匀备用。

1.2 花粉超低温保存

称取室内自然散粉的金银忍冬花粉（WC=7.73%）和太平花花粉（WC=10.18%）各0.1g，分别用铝箔纸包裹，然后装入1.5ml冻存管中，直接投入液氮中，液氮中至少保存72h后取出，用自来水冲洗5min化冻备用（L），以不保存的新鲜花粉（CK）为对照。

1.3 花粉离体萌发率测定

花粉离体萌发采用悬滴萌发法（胡适宜，1993）。金银忍冬花粉培养液为25%（W/V）蔗糖+0.01%（W/V）硼酸+0.01%（W/V）钙离子；太平花花粉培养液为10%（W/V）蔗糖+0.01%（W/V）硼酸（Xu et al.，2014）。

每种花粉不同处理分别重复培养8个槽室，在25℃恒温条件下培养5个小时，以花粉管长度大于等于花粉粒直径的1倍为萌发标准（尚晓倩，2005）。每处理重复3次，每重复取4个视野观察进行统计，取均值。

花粉萌发率=视野中萌发的花粉粒数/视野中总共的花粉粒数×100%。

1.4 花粉田间授粉结实

分别用新鲜花粉（CK）和超低温保存花粉（L）进行田间授粉，金银忍冬和太平花均以北京林业大学内的金银忍冬和太平花为母本。同种植物的CK组和L组选择同株植物，在其中上部较强壮枝条上的即将开

放的花朵，首先去雄套袋，避免被污染，1d 后用毛笔授粉，再进行套袋保护。金银忍冬和太平花每处理每组分别授粉 40 朵花，重复 3 组；在 180d、170d 后种子成熟时统计并计算田间授粉坐果率，采集种子并计算每处理获得的种子的千粒重、种子总数和单果荚种子数。

花粉田间授粉坐果率=结实柱头数/授粉柱头数×100%。

1.5　种子萌发试验

将采收的种子用始温 45℃ 的清水浸泡 48h，播种于装有草炭：珍珠岩=（2：1）的基质穴盘中，在 25℃ 恒温光照培养箱中培养，定期补充水分，每天观察发芽情况，当植物真叶长出时计为种子成苗，计算发芽势、成苗率（孙永玉 等，2007）。

发芽势=发芽高峰期发芽的种子数/播种种子数×100%（金银忍冬播种 12d 后开始计算连续 7d 的发芽种子数；太平花播种 4d 后开始计算连续 7d 的发芽种子数）；

成苗率 = 长出真叶的种子数/播种种子总数×100%。

1.6　数据处理

数据用 Excel 进行整理及图表制作，以及百分数数据反正弦转换，采用 SPSS 25.0 软件进行单因素 ANOVA 分析（Duncan's 多重比较）及独立样本 T 检验，在 $P<0.05$ 水平上差异显著。

2　结果与分析

2.1　超低温保存对花粉萌发率和坐果率的影响

金银忍冬、太平花的新鲜花粉（CK）和超低温保存花粉（L）的萌发率与田间授粉坐果率的结果如表 1 所示。两种灌木超低温保存前后花粉萌发率均有显著差异（$P<0.05$）。与各自的对照组相比，太平花花粉超低温保存后萌发率（L）显著增加（$P<0.05$），为 51.85%；金银忍冬花粉超低温保存后（L）萌发率显著降低（$P<0.05$），为 27.31%；但两种植物花粉超低温保存后萌发率仍维持在较高水平，相对保持率分别为各自新鲜花粉萌发率的 60.76%、120.25%，均大于 60%。两种灌木 CK 组和 L 组花粉的田间授粉坐果率差异均不显著（$P<0.05$）。

表 1　金银忍冬、太平花花粉超低温保存前后离体萌发率和坐果率

Table 1　Pollen germination rate and fruit set rate of *Lonicera maackii* and

Philadelphus pekinensis before and after cryopreservation

处理	金银忍冬（*Lonicera maackii*）		太平花（*Philadelphus pekinensis*）	
	萌发率（%）	坐果率（%）	萌发率（%）	坐果率（%）
CK	44.95±2.74a	58.73±7.57a	43.12±0.83b	66.67±3.85a
L	27.31±1.084b	61.36±12.02a	51.85±1.034a	68.89±2.94a
相对保持率/%	60.76	104.48	120.25	103.33

注：CK：新鲜花粉；L：超低温保存花粉；表中同列不同小写字母表示差异显著（$P<0.05$）；萌发率为 12 个重复的平均值±标准误；坐果率为 3 组重复的平均值±标准误，相对保持率=（LN_2 保存花粉数据/新鲜花粉数据率）×100%。

2.2　花粉超低温保存对种子产量的影响

新鲜花粉（CK）和超低温保存花粉（L）进行田间授粉，金银忍冬、太平花所获得的种子总数、单果荚种子数、千粒重变化结果如表 2 所示。超低温保存后花粉萌发率下降的金银忍冬，L 组花粉授粉所得种子总数、单果荚种子数和种子千粒重与新鲜花粉相比差异并不显著（$P<0.05$）；但超低温保存后花粉萌发率提高的太平花，L 组花粉授粉所得种子总数和单果荚种子数显著高于 CK 组（$P<0.05$），且种子单粒重与 CK 组无显著差异（$P<0.05$）。结果表明，无论超低温保存后花粉萌发率下降与否，两种灌木超低温保存后花粉授粉所得种子的几个产量指标与对照相比都没有下降。

2.3　花粉超低温保存对种子发芽及成苗的影响

两种灌木花粉超低温保存前后授粉所得种子发芽势和成苗率见表 3，成苗状况见图 1。由表 3 可知，超低温保存后花粉萌发率下降的金银忍冬，L 组花粉授粉所得种子的成苗率为 90.67%，虽然显著低于 CK 组的 93.16%（$P<0.05$），但仍然较高；L 组和 CK 组发芽势有显著差异（$P<0.05$），分别为 90.67% 和 84.00%。而超低温保存后花粉萌发率升高的太平花，L 组花粉授粉结实的种子成苗率、发芽势与 CK 组相比均无显著差异（$P<0.05$）。从幼苗生长情况看，差异不明显（图 1），表明超低温保存后花粉萌发率下降，对其授粉所得种子的成苗率和发芽势会有一定的影响，但影响较小。

表2 金银忍冬、太平花花粉超低温保存前后授粉所得种子产量

Table 2 Seed yield of the seeds obtained by pollen pollination before and after cryopreservation of

Lonicera maackii and *Philadelphus pekinensis*

植物名	处理	千粒重(g)	种子总数	单果荚种子数
金银忍冬(*Lonicera maackii*)	CK	5.10±0.205a	96.3±12.00a	3.91±0.05a
	L	5.04±0.172a	110.67±17.68a	4.17±0.19a
太平花(*Philadelphus pekinensis*)	CK	0.104±0.061a	2044.60±137.59b	102.13±1.16b
	L	0.111±0.004a	2495.00±181.64a	120.94±8.60a

注:CK:新鲜花粉;L:超低温保存花粉;表中同种植物同列不同小写字母表示差异显著(*P*<0.05);数据表示为3组重复的平均值±标准误。

表3 金银忍冬、太平花花粉超低温保存前后授粉所得种子发芽势和成苗率

Table 3 Germinability and seedling rate of the seeds obtained by pollen pollination before and

after cryopreservation of *Lonicera maackii* and *Philadelphus pekinensis*

处理	金银忍冬(*Lonicera maackii*)		太平花(*Philadelphus pekinensis*)	
	发芽势(%)	成苗率(%)	发芽势(%)	成苗率(%)
CK	90.67±1.15a	97.33±1.76a	71.94±1.98a	67.08±3.24a
L	84.00±2.00b	90.67±2.40b	75.46±2.12a	70.91±0.92a
相对保持率(%)	–	93.16	–	107.38

注:CK:新鲜花粉;L:超低温保存花粉;表中不同小写字母表示差异显著(*P*<0.05),数据为3组重复的平均值±标准误;成苗率相对保持率=(LN$_2$保存花粉数据/新鲜花粉数据)×100%。

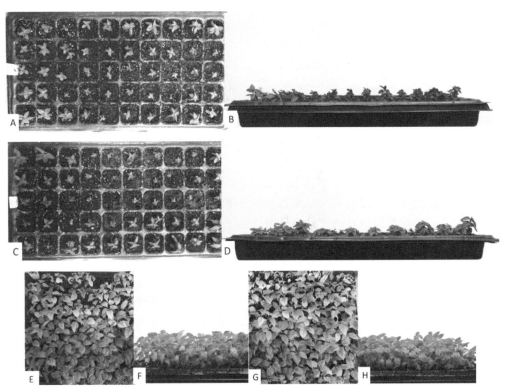

图1 金银忍冬和太平花超低温保存前后花粉授粉所获种子的种苗

Fig. 1 Seedlings of the seeds obtained by pollen pollination before and after cryopreservation

of *Lonicera maackii* and *Philadelphus pekinensis*

A、B:金银忍冬 CK 组幼苗;C、D:金银忍冬 L 组幼苗;E、F:太平花 CK 组幼苗;G、H:太平花 L 组幼苗

3 结论与讨论

超低温保存技术是否可以有效地用于花粉长期保存，取决于保存效果的确定。花粉离体萌发和田间授粉可育性测定是评价花粉活力的不同方法。现有研究表明，乔木植物花粉进行超低温保存后如果离体萌发具有一定生活力，一般不影响其田间授粉的可育性。Shashikumar 等的研究结果表明，番木瓜'华盛顿'（Carica papaya 'Washington'）花粉在 -196℃下保存 8 年与新鲜花粉的萌发率无显著差异，其液氮保存后的花粉的坐果率达到 80%（Shashikumar et al.，2007）；梅花'粉皮宫粉'（Prunus mume 'Fenpi Gongfen'）花粉超低温保存 1d 后花粉萌发率由 21.3% 降低为 12.2%，但是花粉超低温保存前后的坐果率未显著降低（张亚利，2007）；椰子花粉在超低温保存 4 年后萌发率为 39.7%～44.3%，坐果率为 12.5%～20%（Karun et al.，2014）；槟榔花粉在超低温保存 2 年后萌发率高于 30%，坐果率为 62%（Karun，2017）。本试验的两种灌木花粉在超低温保存前后的萌发率有不同变化的趋势，金银忍冬花粉在超低温保存后萌发率显著降低，而太平花显著升高，但这两种植物超低温保存前后花粉的坐果率均无显著差异，该结果与上述乔木研究结果和多种草本观赏植物中的研究结果一致，如烟草（古吉 等，2015）、番茄（王梓然 等，2016）、切花菊（田敏 等，2018）。液氮保存花粉萌发率降低没有影响坐果率。

目前超低温保存花粉授粉所得种子产量的报道相对较少且研究结果不一致。本试验结果表明，无论超低温保存后花粉萌发率下降或上升，两种灌木超低温保存后花粉授粉所得种子产量较新鲜花粉都没有显著降低，超低温保存后花粉萌发率下降的金银忍冬的花粉在超低温保存前后授粉所得的种子产量无显著差异（P<0.05），这与烟草花粉超低温保存的试验结果一致（古吉 等，2015）。但也有研究报道，番茄花粉在超低温保存后对番茄的种子产量有较大的影响，番茄果实平均单果种子重量、种子总数及单果种子平均数与对照相比差异极显著且明显偏低（王梓然 等，2016）。本研究中超低温保存后花粉萌发率升高的太平花，液氮保存花粉授粉所得种子总数以及单果荚种子数较新鲜花粉多，而种子千粒重无显著的差异（P<

0.05）。花粉活力低可能增加了在柱头上授粉失败的风险，从而降低了许多植物的种子产量（Mazzeo et al.，2014；Gallotta et al.，2014），相反，太平花花粉在超低温保存后其生活力显著增加，可能导致其授粉时有效花粉粒增多，单个柱头授粉后得到的种子较多，导致其授粉所得到的种子总数以及单果荚种子数均较新鲜花粉多。

已有研究表明，花粉超低温保存对授粉所得种子的发芽势和成苗率的影响与植物的种类有关。梅花'粉皮宫粉'花粉超低温保存 1 年后，萌发率、授粉所得种子的出苗率与新鲜花粉相比均未显著降低，但出苗率降低，分别为 88.5% 和 67.0%（张亚利，2007）；烟草花粉液氮保存 12 个月前后花粉萌发率和花粉授粉所得种子的发芽率均无显著变化，但 K326 花粉超低温保存后授粉所得种子的发芽势较低，分别为 98.0% 和 93.67%（古吉 等，2015）。本研究结果显示，两种灌木花粉超低温保存后对其授粉所得种子的影响具有种间差异，太平花超低温保存花粉对种子成苗率和发芽势均无显著影响，但金银忍冬超低温保存花粉授粉所得种子的发芽势、成苗率相比新鲜花粉显著降低（P<0.05）。可能与金银忍冬新鲜花粉的萌发率较超低温保存花粉高，而活力较高的花粉粒内含有较高水平的刺激生长的物质有关（Bertin，1990），Zhang 等研究发现花粉萌发后花粉管中的内源赤霉素增加，以致花粉管中的浓度能够有效导致雌蕊中内源赤霉素的合成增加，从而能够决定植物坐果结实量和果实的品质、种子活力等（Zhang et al.，2010）。

综上所述，两种灌木花粉超低温保存后萌发率较新鲜花粉升高或降低，对授粉坐果率、种子产量没有显著影响，但对种子的发芽势和成苗率有影响。超低温保存后花粉萌发率降低，其种子发芽势和成苗率也降低，虽然与新鲜花粉差异显著，但是降低值不大。而超低温保存后花粉萌发率升高，种子的发芽势和成苗率没有显著升高，而是与新鲜花粉相同。但是花粉超低温保存后授粉所得的种子在成长为小苗后，其生长发育以及抗性是否会和新鲜花粉授粉所得的种子有差异还需进一步研究观察。因此本研究认为，超低温保存对金银忍冬和太平花两种灌木花粉来说有较实用的价值，可用于实际田间授粉和种质保存。

参考文献

古吉，蔺忠龙，牛永志，等，2015. 烟草花粉贮藏技术及其对烟草种子质量影响的研究[J]. 种子，34(10)：12-16.

胡适宜，1993. 植物胚胎学试验方法（一）：花粉生活力的测定[J]. 植物学通报，10(2)：60-62.

李秉玲，尚晓倩，刘燕，2008. 芍药花粉超低温保存 4 年后的生活力检测[J]. 北京林业大学学报，30(6)：145

−147.

李广清,2005. 山茶花粉超低温保存研究[D]. 北京:北京林业大学.

李勇军,王玲,马继琼,等,2010. 魔芋花粉的保存研究[J]. 西南农业学报,23(4):1202-1205.

刘燕,张亚利,2004. 梅花花粉超低温保存研究[J]. 北京林业大学学报,(S1):22-25.

刘赢男,周丹,刘玮,等,2011. 不同培养基及贮藏条件对山梅花属植物花粉生活力的影响[J]. 东北林业大学学报,39(12):47-48.

马俊利,李金双,2013. 金银忍冬叶的化学成分研究[J]. 现代药物与临床,028(004):476-479.

尚晓倩,2005. 芍药花粉超低温保存研究[D]. 北京:北京林业大学.

孙永玉,李昆,罗长维,等,2007. 不同处理措施对构树种子萌发的影响[J]. 种子,26(2).

田敏,杨晓,王继华,等,2018. 几种切花菊的花粉超低温保存[J]. 江苏农业科学,46(20):150-153.

王梓然,莫云容,鲍继艳,等,2016. 低温和超低温保存花粉对番茄坐果率和种子量的影响[J]. 云南农业大学学报:自然科学版,(2):263-267.

徐瑾,2014. 玉兰花粉超低温保存机制研究[D]. 北京:北京林业大学.

杨泉光,李楠,李志刚,等,2009. 苏铁属花粉萌发及保存条件研究[J]. 广西植物,29(5):673-677.

张亚利,尚晓倩,刘燕,2006. 花粉超低温保存研究进展[J]. 北京林业大学学报,(04):143-151.

张亚利,2007. 梅花花粉超低温保存研究及其花粉库建立[D]. 北京:北京林业大学.

Bertin R I. 1990. Effects of pollination intensity in *Campsis radicans*[J]. American Journal of Botany, 77(2):178-187.

Gallotta A, Palasciano M, Mazzeo A, et al. 2014. Pollen production and flower anomalies in apricot (*Prunus armeniaca* L.) cultivars[J]. Scientia Horticulturae, 172:199-205.

Karun A, Sajini K K, Muralikrishna K S, et al. 2017. Cryopreservation of Arecanut (*Areca catechu* L.) Pollen[J]. Cryo letters, 38(6):463-470.

Karun A, Sjini K K, Niral, et al.. 2014. Coconut (*Cocos nucifera* L.) pollen cryopreservation[J]. Cryo letters, 35(5).

Kaviani B. 2011. Conservation of plant genetic resources by cryopreservation[J]. Australian Journal of Crop Science, 5(6):778-800.

Mazzeo A, Palasciano M, Gallotta A, et al. 2014. Amount and quality of pollen grains in four olive (*Olea europaea* L.) cultivars as affected by 'on' and 'off' years[J]. Scientia Horticulturae, 170:89-93.

Nepi M E, Franchi G G, Pacini E. 2001. Pollen hydration status at dispersal: Cytophysiological features and strategies[J]. Protoplasma, 216(3-4):171-180.

Nepi M, Cresti L, Guarnieri M, et al. 2010. Effect of relative humidity on water content, viability and carbohydrate profile of *Petunia hybrida* and *Cucurbita pepo* pollen[J]. Plant Systematics and Evolution, 284(1-2):57-64.

Ren R F, Li Z D, Li B L, et al. 2019. Changes of pollen viability of ornamental plants after long-term preservation in a cryopreservation pollen bank[J]. Cryobiology:14-20.

Shashikumar S, Ganeshan S, Tejavathi D H. 2007. Fertilizing ability of cryopreserved pollen in inter-intra specific crosses in *Carica papaya* L.[J]. Acta Horticulturae, (740):73-78.

Silva R L, De Souza E H, Vieira L D, et al.. 2017. Cryopreservation of pollen of wild pineapple accessions[J]. Scientia Horticulturae:326-334.

Vendrame W A, Carvalho V S, Dias J M, et al. 2008. Pollination of *Dendrobium* hybrids using cryopreserved pollen[J]. Hortscience, 43(1):264-267.

Xu J, Li B, Liu Q, et al. 2014. Wide-Scale Pollen Banking of Ornamental Plants Through Cryopreservation[J]. Cryoletters.

Zhang C, Tateishi N, Tanabe K. 2010. Pollen density on the stigma affects endogenous gibberellin metabolism, seed and fruit set, and fruit quality in *Pyrus pyrifolia*[J]. Journal of Experimental Botany, 61(15):4291-430.

基于单拷贝核基因的蔷薇属月季组遗传多样性研究

马玉杰　周美春　杨晨阳　于超*

（花卉种质创新与分子育种北京市重点实验室，国家花卉工程技术研究中心，城乡生态环境北京实验室，
园林环境教育部工程研究中心，林木花卉遗传育种教育部重点实验室，园林学院，北京林业大学，北京 100083）

摘要　蔷薇属（*Rosa* L.）在中国有着悠久的栽培历史并作为栽培观赏植物广泛分布于北半球寒温带到亚热带地区。其下月季组（*R.* sect. *Chinenses*）中的物种被当作现代分子生物学中组学研究的重要材料，该组是现代月季育种中的重要亲本。但该组内的分类和系统发育问题尚有较大争议。本试验采用 2 个单拷贝核基因研究月季组的系统发育及遗传多样性，结合单基因树与联合树探讨月季组进化关系，结果表明，亮叶月季与单瓣月季花的亲缘关系较近；月季组资源可以分为两大类：一类是与香水月季原变种亲缘关系较近，一类是与月季花亲缘关系较近。

关键词　蔷薇属；月季组；单拷贝核基因；系统发育；遗传多样性

Genetic Diversity of *Rosa* sect. *Chinenses* Based on Single Copy Nuclear Gene

MA Yu-jie　ZHOU Mei-chun　YANG Chen-yang　YU Chao*

（*Beijing Key Laboratory of Ornamental Plants Germplasm Innovation & Molecular Breeding，National Engineering Research Center for Floriculture，Beijing Laboratory of Urban and Rural Ecological Environment，Engineering Research Center of Landscape Environment of Ministry of Education，Key Laboratory of Genetics and Breeding in Forest Trees and Ornamental Plants of Ministry of Education，School of Landscape Architecture，Beijing Forestry University，Beijing 100083，China*）

Abstract　*Rosa* L. has a long history of cultivation and is widely distributed as a cultivated ornamental plant in the cold temperate zone of the northern hemisphere to the subtropical zone；its species in *R.* sect. *Chinenses* are regarded as important materials for omics research in modern molecular biology，and the *Chinenses* is an important parent in modern rose breeding. However，the classification and phylogeny within the group are still highly controversial. The purpose of this experiment is to study the phylogeny and genetic diversity of *Chinenses* by means of molecular markers to solve the problem of group taxonomy and evolution within the group. Two single-copy nuclear genes were used in this research. The phylogenetic tree topology obtained by single-gene construction and multi-gene construction was different. The phylogenetic tree of the three was used to analyze the evolutionary relationship of the phylogenetic system. The main conclusions of this experiment show thatthe relationship between *R. lucidissima* and *R. chinensis* var. *spontanea* is relatively close. The varieties of *Chinenses* can be divided into two groups，one is closely related to the *R. odorata*；the other is closely related to *R. chinensis*.

Key words　*Rosa* L.；*R.* sect. *Chinenses*；Single-copy nuclear gene；Phylogeny；Genetic diversity

　　月季是蔷薇属（*Rosa* L.）中非常重要的一类栽培植物，具有重要的观赏价值、经济价值和育种价值。目前，现代月季已有 33000 余个品种。月季组对现代月季的形成具有很大贡献。18 世纪，中国月季传入欧洲，欧洲人利用中国月季和欧洲原有的蔷薇品种反复杂交，培育了许多优美的新品种，包括大量具有连续开花习性的月季品种[1]。由此可见，月季组对现代月季的形成具有贡献，在蔷薇属中具有极高的育种

1　基金项目：北京林业大学高精尖学科建设项目（2020）。
　　第一作者简介：马玉杰（1996—），女，硕士研究生，主要从事观赏植物资源与育种研究。
　　通讯作者：于超，E-mail：yuchao@ bjfu. edu. cn。

地位。

根据《中国植物志》记载，月季组（R. sect. Chinenses）中包含了香水月季（R. odorata）、月季花（R. chinensis）、亮叶月季（R. lucidissima）3个种及5个变种[2]。其中香水月季有3个变种，分别是大花香水月季（R. odorata var. gigantea）、橘黄香水月季（R. odorata var. pseudindica）和粉红香水月季（R. odorata var. erubescens）；月季花有两个变种，分别是单瓣月季花（R. chinensis var. spontanea）和紫月季花（R. chinensis var. semperflorens）。大花香水月季、单瓣月季花分别是两个种的原始种。随着时间的推移和环境的变迁，野生环境下出现了许多新的变种和变型。

研究月季组的分类及进化问题对于了解一些重要性状在不同类群中的传递过程以及创建核心种质提高现代月季的育种效率十分重要。但由于月季组植物的生长形态易受环境、气候等因素的影响，加之野生种过渡类型多、种间杂交能力强等因素限制，使得基于表型性状的月季组植物起源和分类问题一直没有得到很好的解决。利用分子标记等手段探讨植物系统发生关系逐渐成为主流。现有的分子系统学研究表明，合柱组和月季组不是单系类群，而且与狗蔷薇组、蔷薇组亲缘关系接近[3,4]。中国月季可能来自月季花和大花香水月季的杂交[5]。

单拷贝核基因（single-copy nuclear genes）属于双亲遗传，且不存在旁系同源的问题，没有内部重复和明显的核苷酸偏向性，这种方法现已广泛应用于植物种群遗传学的研究[6]。Joly等基于拟南芥的单拷贝基因GAPDH设计引物进行研究，阐明了北美蔷薇属植物的多倍体起源[7]。随后这个标记在蔷薇属研究中得到了进一步的应用[4]。Hibrand Saint-Oyant等人（2018）通过'月月粉'（R. chinensis 'Old Blush'）单倍体测序，发表了高质量月季全基因组参考序列，为月季的分子生物学研究提供了很大的支持[8]。

我国西南地区月季资源丰富，在种质资源调查中发现月季组具有丰富的表型变异，但目前对月季组系统发育关系的研究较少。因此，研究月季组的分类系统，不同种或品种的起源和演化，种间或品种间的遗传关系，能为中国月季资源的开发和利用提供理论基础，为其他观赏植物的系统演化研究提供方法指导。

1 材料和方法

1.1 试验材料

试验材料共计37份，其中34份月季组植物材料，3份蔷薇属芹叶组材料作为外类群。所用材料详细信息如表1所示。月季组复合体是香水月季、月季花两个物种中，具有种间的过渡性状，依靠形态学分类难以确定其分类地位的植物[9]。

表1　月季组试验材料

Table 1　The germplasm materials of R. sect. Chinenses

编号 Collection number	中文名 Chinese name	学名 Scientific name	编号 Collection number	中文名 Chinese name	学名 Scientific name
1.1	大花香水月季	R. odorata var. gigantea	1.9	月季组复合体	R. sect. Chinenses complex
1.2	大花香水月季	R. odorata var. gigantea	1.10	月季组复合体	R. sect. Chinenses complex
1.4	大花香水月季	R. odorata var. gigantea	1.13	月季组复合体	R. sect. Chinenses complex
1.7	粉红香水月季	R. odorata var. erubescens	1.14	月季组复合体	R. sect. Chinenses complex
1.11	粉红香水月季	R. odorata var. erubescens	1.16	月季组复合体	R. sect. Chinenses complex
1.28	粉红香水月季	R. odorata var. erubescens	1.17	月季组复合体	R. sect. Chinenses complex
1.34	橘黄香水月季	R. odorata var. pseudindica	1.18	月季组复合体	R. sect. Chinenses complex
1.15	单瓣月季花	R. chinensis var. spontanea	1.20	月季组复合体	R. sect. Chinenses complex
1.33	单瓣月季花	R. chinensis var. spontanea	1.21	月季组复合体	R. sect. Chinenses complex
9.12	单瓣月季花	R. chinensis var. spontanea	1.22	月季组复合体	R. sect. Chinenses complex
1.39	月季花	R. chinensis	1.23	月季组复合体	R. sect. Chinenses complex
2.2	'月月粉'	R. chinensis 'Old Blush'	1.24	月季组复合体	R. sect. Chinenses complex
1.30	亮叶月季	R. lucidissima	1.25	月季组复合体	R. sect. Chinenses complex
1.3	月季组复合体	R. sect. Chinenses complex	1.26	月季组复合体	R. sect. Chinenses complex
1.5	月季组复合体	R. sect. Chinenses complex	1.27	月季组复合体	R. sect. Chinenses complex
1.6	月季组复合体	R. sect. Chinenses complex	1.31	月季组复合体	R. sect. Chinenses complex
1.8	月季组复合体	R. sect. Chinenses complex	1.32	月季组复合体	R. sect. Chinenses complex

1.2　试验方法

1.2.1　基因组提取

采集新鲜嫩叶于硅胶中干燥保存。采用天根生化科技(北京)有限公司的新型植物基因组DNA提取试剂盒(DP320)提取样本基因组DNA。提取方法按试剂盒说明书步骤进行。提取后取5μL样本基因组DNA用琼脂糖凝胶电泳和紫外分光光度计检测DNA质量与浓度。剩余DNA置于−20℃冰箱内冷冻保存。

1.2.2　PCR扩增

本试验使用 GAPDH[7]、和 LFY[10] 两个单拷贝核基因标记, GAPDH 基因序列片段的前、后引物序列分别为: 5'-GATAGATTTGGAATTGTTGAGG-3'; 5'-GACATTGAATGAGATAAACC-3', LFY 基因序列片段的前、后引物序列分别为: 5'-GGATTAGGAGAGGAG-TAGGA-3'; 5'-GCATAGCAGTGAACATAGTG-3'。引物在生工生物工程(上海)股份有限公司合成, PCR采用 PremixPrimeSTARHS 高保真 DNA 聚合酶(宝日医生物技术有限公司, 北京)。反应程序如表2所示。

表2　PCR反应程序

Table 2　Reaction procedure for PCR

反应步骤 Reaction steps		反应时间 Reaction time
预变性	94℃	3 min
变性	95℃	30 sec
退火	GAPDH 54.2 ℃	30 sec
	LFY 60 ℃	30 cycles
延伸	72℃	1 min
复延伸	72℃	1 min

1.2.3　基因克隆、测序

PCR反应产物采用 Zero Background Blunt TOPO Cloning Kit(Clone Smarter, USA)连接、转化, 每个样本挑选4~5个克隆产物即菌落进行 PCR 鉴定。阳性样本送至生工生物工程(上海)股份有限公司测序, 测序引物使用通用引物 M13F。

1.2.4　基因多样性分析及系统发生分析

基因序列使用 MEGA 7.0.26[11] 软件进行多序列比对。比对后序列用 DnaSP 6.12.03[12] 进行核苷酸多样性、单倍型多样性检测及中性检验。

使用 DAMBE[13,14] 软件对 GAPDH 和 LFY 两个 Alignment 序列进行碱基替换饱和性检测, 使用 jModelTest 2.1.10[15,16] 软件选择核苷酸进化模型, 将序列串联后进行联合建树, 选择最大似然法(Maximum Likelihood Method)建立系统树, 自展法(Bootstrap)重复检验1000次检验树的一致性。

2　结果与分析

2.1　PCR扩增及克隆测序

通过测序及克隆成功获得了所有样本的 GAPDH 及 LFY 基因片段, 其中 GAPDH 基因片段长794bp, LFY 基因片段长719bp, 两基因串联序列经比对处理后全长1513bp。

2.2　遗传多样性分析

使用 DnaSP 计算遗传多样性如表3。其中 GAPDH 基因多态分离位点数有65个, 占总长的8.68%, 突变总数67个, 占总长的8.95%。LFY 基因多态分离位点数42个, 占总长的5.84%, 突变总数47个占总长的6.54%。GAPDH 基因单倍型数量21个, 单倍型多样性0.950, 核苷酸多样性0.01442, Tajima's D 值−1.04769且统计显著性不显著。LFY 基因单倍型数量单倍型数量20个, 单倍型多样性0.916, 核苷酸多样性0.00873, Tajima's D 值-1.58921且统计显著性不显著。

表3　遗传多样性计算结果

Table 3　Genetic diversity calculation results

基因 Gene	长度 Length	多态性位点 Number of polymorphic sites	突变位点 Total number of mutations	单倍型数量 Number of haplotypes	单倍型多样性 Haplotype diversity	Tajima's D
GAPDH	794	65	67	21	0.95	−1.04769
LFY	719	42	47	20	0.916	−1.58921
两者串联	1513	107	114	36	0.998	−1.30353

2.3　系统发生分析

DAMBE 软件验证碱基替换饱和性结果均显示 $I_{ss} < I_{ss.c}$, 且 $P = 0.0000$(极显著), 说明序列碱基替换未饱和, 可以进行建树[14]。串联序列进化模型检测结果最佳模型为 HKY+I+G[15]。

使用最大似然法建树, 两基因系统树结果如图1所示。绢毛蔷薇、单瓣黄刺玫和报春刺玫作为外类群被分为一支, 自展支持率为1; 月季组材料总体可分

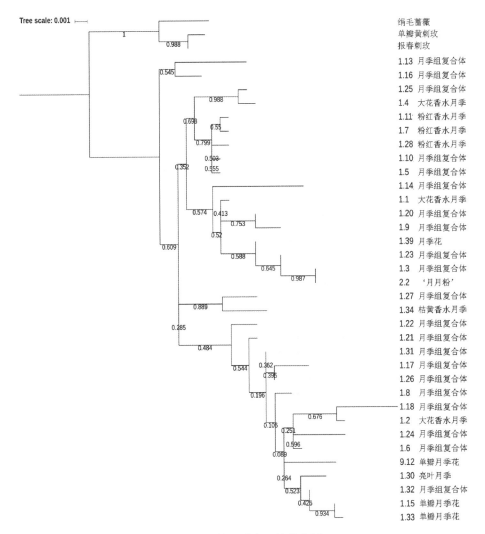

绢毛蔷薇
单瓣黄刺玫
报春刺玫
1.13 月季组复合体
1.16 月季组复合体
1.25 月季组复合体
1.4 大花香水月季
1.11 粉红香水月季
1.7 粉红香水月季
1.28 粉红香水月季
1.10 月季组复合体
1.5 月季组复合体
1.14 月季组复合体
1.1 大花香水月季
1.20 月季组复合体
1.9 月季组复合体
1.39 月季花
1.23 月季组复合体
1.3 月季组复合体
2.2 '月月粉'
1.27 月季组复合体
1.34 桔黄香水月季
1.22 月季组复合体
1.21 月季组复合体
1.31 月季组复合体
1.17 月季组复合体
1.26 月季组复合体
1.8 月季组复合体
1.18 月季组复合体
1.2 大花香水月季
1.24 月季组复合体
1.6 月季组复合体
9.12 单瓣月季花
1.30 亮叶月季
1.32 月季组复合体
1.15 单瓣月季花
1.33 单瓣月季花

图 1　基因联合系统发育树

Fig. 1　Gene concatenation phylogenetic tree

为两个支系，一支包含了香水月季和一些月季组复合体，另一支包含了单瓣月季花、亮叶月季及一些月季组复合体。

　　在香水月季支系中，一个大花香水月季材料(1.4)与月季组复合体(1.25)有极紧密的亲缘关系，且支持率高达 0.988，说明该复合体是香水月季变种；粉红香水月季集中在了一个支系中，两个月季组复合体(1.5、1.10)在此支系的支持率为 0.799，它们可能是香水月季的变种。月季花和'月月粉'有着较为紧密的亲缘关系，一个月季组复合体(1.3)与月月粉有极紧密的亲缘关系，且支持率为 0.987。

　　在单瓣月季花所在的支系中，单瓣月季花和亮叶月季聚为一支；欧洲种源的单瓣月季花并未与国内单瓣月季花聚在一起，两者存在着遗传差异；此外，大花香水月季(1.2)包含在单瓣月季花支系中，而香水月季支系中也包含月季花品种，表明这两个种间存在着一定程度的基因交流。

3　讨论

3.1　GAPDH 基因与 LFY 基因的多样性分析

　　单倍型多样性是衡量一个群体变异程度的重要指标，单倍型多样性高的群体说明其遗传多样性高，遗传资源丰富。遗传多样性分析结果表明本试验月季组的材料具有较高的遗传多样性，GAPDH 基因比 LFY 基因有更高的单倍型多样性。

　　Tajima's D 参数通常用于在突变和遗传漂变之间平衡时识别不符合中性理论模型的序列，是用于检验分子进化过程中中性学说的一个统计参数[17]。对月季组的 GAPDH 基因和 LFY 基因序列进行中性检验表明，该基因含有比理论上更多的低频率的突变位点，统计显著性均不显著，说明该基因并未受到自然选择，符合中性进化假设[18]。因此，自然选择作用不是导致月季组表现出较高的遗传多样性水平的因素。月季为高度异交植物，异交能够增加物种的有效群体大小和有效重组率,从而提高物种的遗传多样性水平[19]。

3.2　月季组内部亲缘关系

本试验结果表明亮叶月季与单瓣月季花的亲缘关系较近,周玉泉利用叶绿体基因联合建树也显示单瓣月季花与亮叶月季的关系较近[20];一些月季组复合体与'月月粉'、月季花的亲缘关系极近,且支持率高,推测这些复合体可能是'月月粉'的品种;月季组复合体可以分为两大类,一类是与香水月季亲缘关系较近,可能是香水月季类之间的杂交后代;一类是与月季花亲缘关系较近,可能是香水月季类与月季花的变种或其品种的杂交后代。Meng 等利用两个单拷贝核基因(GAPDH 和 ncpGS)以及两个叶绿体片段(trnL-F 和 psbA-trnH)对香水月季 3 个重瓣变种的杂交起源和可能的亲本进行研究。研究结果表明,香水月季 3 个重瓣变种为杂交起源;并推测大花香水月季应

该是香水月季 3 个重瓣变种的母本,而栽培月季是其可能的父本[5, 21]。而根据本试验的系统发育树分析,大花香水月季与粉红香水月季的亲缘关系并非十分紧密,粉红香水月季变种的形成与大花香水月季密切相关。

本研究主要得出以下结论:①亮叶月季与单瓣月季花的亲缘关系较近,这与《中国植物志》中以表型为依据的分类结果一致。②依据本试验结果,一些月季组复合体可以鉴定为'月月粉'的品种。③月季组复合体可以分为两大类,一类与香水月季亲缘关系较近,一类与月季花亲缘关系较近。香水月季与月季花间存在着基因交流,可能与种间杂交有关。

近年来,DNA 序列分析技术逐渐成为分子生物学研究核心的手段,单拷贝核基因标记由于其双亲遗传、直系同源等特点,适用于蔷薇属的遗传多样性研究。随着更多单拷贝核基因标记的开发,蔷薇属的系统发育问题将会得到更好的解决。

参考文献

[1]舒迎澜. 月季的起源与栽培史[J]. 中国农史, 1989 (2): 64-70.

[2]俞德浚. 中国植物志 Vol. 37 [M]. 北京: 科学出版社, 1985.

[3]Liu C, Wang G, Wang H, et al. Phylogenetic relationships in the genus *Rosa* revisited based on *rpl*16, *trnL-F*, and *atpB-rbcL*sequences[J]. Hortscience, 2015, 50(11): 1618 -1624.

[4]Zhu Z, Gao X, Fougere-Danezan M. Phylogeny of *Rosa* sections *Chinenses* and *Synstylae* (Rosaceae) based on chloroplast and nuclear markers[J]. Molecular Phylogenetics and Evolution, 2015, 87: 50-64.

[5]Meng J, Fouge're-Danezan M., Zhang L. B., et al. Untangling the hybrid origin of the Chinese tea roses: evidence from DNA sequences of single-copy nuclear and chloroplast genes[J]. Plant Systematics and Evolution, 2011, 297 (3): 157-170.

[6]Wang Z, Du S, Dayanandan S, et al. Phylogeny reconstruction and hybrid analysis of *Populus* (Salicaceae) based on nucleotide sequences of multiple single-copy nuclear genes and plastid fragments [J]. PloS one, 2014, 9 (8): e103645.

[7]Joly S, Julian R S, Walter H L, et al. Polyploid and hybrid evolution in roses east of the Rocky Mountains[J]. American Journal of Botany, 2006, 93(3): 412-425.

[8]Hibrand Saint-Oyant L, Ruttink T, Hamama L, et al. A high-quality genome sequence of *Rosa chinensis* to elucidate ornamental traits[J]. Nature Plants, 2018, 4(7): 473

-484.

[9]王国良. 中国古老月季[M]. 北京: 科学出版社, 2015.

[10]董山平. 基于染色体核型和单拷贝核基因 DNA 序列的榆叶梅及其近缘种系统学研究[D]. 北京: 北京林业大学, 2015.

[11]Kumar S, Stecher G, Tamura K. MEGA7: molecular evolutionary genetics analysis version 7.0 for bigger datasets [J]. Molecular Biology and Evolution, 2016, 33 (7): 1870-1874.

[12]Rozas J, Ferrer-Mata A, Sánchez-Del Barrio J C, et al. DnaSP 6: DNA sequence polymorphism analysis of large data sets[J]. Molecular Biology and Evolution, 2017, 34 (12): 3299-3302.

[13]Xia X, Xie Z, Salemi M, et al. An index of substitution saturation and its application[J]. Molecular Phylogenetics and Evolution, 2003, 26(1): 1-7.

[14]Xia X, Lemey P. Assessing substitution saturation with DAMBE[J]. The phylogenetic handbook: a practical approach to DNA and protein phylogeny. 2nd edition Cambridge University Press, 2009, 2: 615-630.

[15]Darriba D, Taboada G L, Doallo R, et al. j Model Test 2: more models, new heuristics and parallel computing[J]. Nature Methods, 2012, 9(8): 772.

[16]Guindon S, Gascuel O. A simple, fast and accurate method to estimate large phylogenies by maximum-likelihood [J], Systematic Biology, 2003, 52: 696-704.

[17]Tajima F. Statistical method for testing the neutral mutation hypothesis by DNA polymorphism[J]. Genetics, 1989,

123（3）：585-595.

［18］Ching A，Caldwell K S，Jung M，et al. SNP frequency， haplotype structure and linkage disequilibrium in elite maize inbred lines［J］. BMC Genetics，2002，（3）：1 -14.

［19］Charlesworth D. Effects of inbreeding on the genetic diversity of populations［J］. Philosophical Transactions of the Royal Society of London. Series B：Biological Sciences， 2003，358（1434）：1051-1070.

［20］周玉泉. 蔷薇属植物的分子系统学研究——兼论几个栽培品种的起源［D］. 昆明：云南师范大学，2016.

［21］孟静. 香水月季的保护遗传学研究［D］. 昆明：中国科学院研究生院，2010.

木槿和朱槿品种形态学观察和分类初探

彭煊钰婕[1]　孙　强[2,*]　郭文啸[2]

（[1] 上海卢湾高级中学，上海 200025；[2] 上海市林业总站，国家林草植物新品种上海测试站，上海 200072）

摘要　本文通过对木槿和朱槿 8 个品种的形态学性状及微观花粉特征的观察，统计分析各品种的形态性状与微观花粉结构的相关性，明确木槿与朱槿种间区分，探讨两个种建立品种分类系统的方向及研究方法。结果表明木槿和朱槿的不同品种在形态性状与微观性状具有一定的相关性，花粉的亚显微结构具有典型特征，可以作为品种鉴定的参考依据。

关键词　木槿；朱槿；形态学特性；花粉；品种分类

Characteristics and Classification of *Hibiscus syriacus* and *Hibiscus rosa-sinensis*

PENG Xuanyujie[1]　SUN Qiang[2,*]　GUO Wen-xiao[2]

（[1] *Shanghai Luwan High School，Shanghai 200025，China*；[2] *Shanghai Forestry Center，Flower Product Quality Inspection and Testing Center of National Forestry and Grassland Administration，Shanghai 200072，China*）

Abstract　Through the observation of morphological characters and pollen characters of eight varieties of *Hibiscus syriacus* and *Hibiscus rosa-sinensis*, the correlation between morphological characters and pollen structure of each variety was statistically analyzed. The species distinction between *Hibiscus syriacus* and *Hibiscus rosa-sinensis* was clarified, and the direction and research methods of establishing a variety classification system for the two species were discussed. The results showed that the morphological characters and microscopic characters of the two species had certain correlation. The submicroscopic structure of pollen had typical characteristics, which could be used as a reference for variety identification.

Key words　*Hibiscus syriacus*；*Hibiscus rosa-sinensis*；Morphology；Pollen；Classification

木槿（*Hibiscus syriacus*）与朱槿（*Hibiscus rosa-sinensis*）是木槿属最具代表性的两个种，在应用中经常会被混淆，实际上它们在形态特征上有着各自独有的特性，目前这两个种培育出了众多的园艺品种（张春英 等，2018）。为明确区分木槿和朱槿两个种，探索两个种品种分类的影响因子、分类标准、分类方法，为建立品种分类系统探明方向。本文挑选了 8 个常见且形态特性具有代表性的木槿及朱槿品种，进行观察分析各易于识别的形态特征；同时，对花粉进行电镜扫描，对比木槿与朱槿种间花粉结构的形态差异，结合宏观形态学性状和微观花粉结构表现，对各品种性状和花粉形态结构进行相关性分析，确定各级分类标准，探讨性地建立了木槿和朱槿 8 个品种综合检索表。

1　试验材料和方法

1.1　试验材料

试验材料采集自上海市林业总站花卉质检中心木槿属种质资源圃。

分别为：木槿'粉色雪纺'、木槿'木桥'、木槿'牡丹'、木槿'紫柱'；朱槿'月光迷情'、朱槿'半重瓣红'、朱槿'柠檬红茶'、朱槿'泰黄'。

1.2　试验方法

（1）各品种形态学特性观察与记录：对 8 个品种木槿属植物的花型、花色、花药、柱头，叶的形态、颜色，小枝颜色、光滑与否等性状进行观察，然后对其在相同生长期的花的直径、叶的长度、宽度等性状

1　基金项目：国家林业局标准研制项目（2016-LY-105），上海市科技兴农推广项目（沪农科推字（2016）第 1-1-3 号）。
第一作者简介：彭煊钰婕（2002—），女，高中生。
通讯作者：孙强，正高级工程师，从事花卉质量检测和植物新品种 DUS 测试工作，E-mail：sundaysq@126.com。

进行测量，对花、叶、叶片形状进行记录与对比，最后将对各个品种的株型、花朵、叶片等进行拍摄。填写木槿品种形态特征表，方便对比。

（2）电镜扫描：在7月初花期，采摘即将开放的生长状态一致、第二天即将开放花蕾（保证花粉的成熟状态一致及预防串粉）。将花药小心剥离，用硫酸纸包裹，放在干燥箱中干燥，将干燥后的花药中的花粉拨出，均匀散布在贴有导电胶的样品台上，经真空喷金镀膜后，在扫描电镜（型号为JEOL JSM-6380LV）下观察并拍照，500倍率下观察花粉的整体形态，2000倍率下观察花粉表面锥形刺的大小及形态差异，5000倍率下观察花粉壁纹形态。记录花粉形状、大小、锥形刺长度、尖头直径、基部直径，及表面纹饰等（每种花粉挑选20粒平均大小的花粉粒进行测量，取平均值）。

（3）数据分析：根据所测得数据，利用SPSS进行相关性系数r和显著性系数p的计算，再利用Excel绘制散点图，进一步对木槿与朱槿各品种的宏观性状（包括叶片长度、叶片宽度、花朵直径）与花粉的直径与锥形刺大小进行相关性分析。

2 结果与分析

2.1 木槿和朱槿品种的形态学特性与品种分类

木槿和朱槿品种的性状描述及对比见图1及表1、表2。结果显示：木槿与朱槿种间差异体现在单瓣花的花瓣形态上，木槿的花规则五出排列，花瓣平滑无皱褶，而朱槿的花则五出轮状排列，花瓣边缘有皱褶。在种植环境条件一致的情况下，种与花朵大小也有一定的相关性，朱槿的花朵直径普遍较木槿的大，且朱槿花色丰富，变化较多。

木槿与朱槿种间也体现在叶形叶色上，木槿叶色较深，叶形为菱状卵形，顶端部分多为3裂，基本阔楔形，具不规则锯齿；而朱槿叶色均为浅绿色，叶形为饱满的卵圆形或阔心形，边缘为较为规则的钝锯齿。

图1 木槿、朱槿品种花的形态

Fig. 1 Morphological characteristics of flower of *H. syriacus* and *H. rosa-sinensis*

a：'粉色雪纺'；b：'牡丹'；c：'木桥'；d：'紫柱'；e：'半重瓣红'；f：'柠檬红茶'；g：'月光迷情'；h：'泰黄'

表1 木槿与朱槿各品种叶片性状记录表

Table 1 Leaf character records of *Hibiscus syriacus* and *Hibiscus rosa-sinensis*

品种	叶色深浅	叶片长度（cm）	叶片宽度（cm）	叶柄长度	叶片形状
'粉色雪纺'	深绿	7.1±0.8	4.3±0.4	0.9±0.3	菱状卵形
'牡丹'	深绿	5.3±0.7	3.4±0.5	1.8±0.2	菱状卵形
'木桥'	深绿	6.4±0.5	4.1±0.5	1.9±0.2	菱状卵形
'紫柱'	深绿	6.8±1.1	3.8±0.6	1.2±0.4	菱状卵形
'半重瓣红'	浅绿	7.3±0.8	4.4±0.4	1.1±0.3	长卵圆形
'月光迷情'	浅绿	6.5±1.0	5.8±0.6	0.9±0.4	阔心形
'柠檬红茶'	浅绿	7.8±1.2	7.8±1.0	1.3±0.2	阔心形，叶面皱褶
'泰黄'	浅绿	7.2±0.6	4.7±0.6	1.5±0.3	卵圆形

表 2   木槿和朱槿各品种花性状记录表

Table 2   Flower character records of *Hibiscus syriacus* and *Hibiscus rosa-sinensis*

品种	花色	花朵直径（cm）	瓣型	雌蕊	雄蕊
'粉色雪纺'	粉	8.7±1.1	重瓣	柱头不规则分裂	花药极少，乳白色
'牡丹'	紫粉	6.7±1.0	重瓣	柱头不规则分裂	花药较少，乳白色
'木桥'	浅	10.2±0.9	单瓣	柱头不规则分裂	花药多，乳白色
'紫柱'	淡紫红	8.6±1.2	单瓣	柱头不规则分裂	花药多，黄色
'半重瓣红'	红	11.1±0.8	重瓣	柱头规则5裂	少花药，花药黄色
'月光迷情'	白（紫）	9.7±0.9	单瓣	柱头规则5裂	花药多，黄色
'柠檬红茶'	黄（白）	10.4±1.1	单瓣	柱头规则5裂	花药多，黄色
'泰黄'	黄	10.5±0.7	单瓣	柱头规则5裂	花药多，黄色

木槿及朱槿种间检索可以直观和简单，鉴于木槿花期集中在6~9月，所以种间检索以叶为主要分类标准，便于在非花期对两个种进行辨识。品种级分类叶片辨识度很小，品种间的主要差异体现在花型、花色上。依据于此，以叶色叶形为种间分类标准，花瓣形状为品种一级标准，花色辅以其他花器官形状为品种二级标准，可建立木槿与朱槿形态学品种分类系统。

2.2   木槿及朱槿品种的花粉形态特征及分类

从图2、图3及表3、表4数据可看出，木槿与朱槿各品种花粉形状虽然相似，但是在花粉大小、锥形刺形态及大小以及花粉表面壁纹等，都是各不相同，各自具有其典型特征，种间差异主要体现在花粉表面的锥形刺形态和大小；花粉的大小，总的趋势是朱槿较木槿要大，但朱槿'柠檬红茶'的直径125.71μm左右，与木槿除'粉色雪纺'外其他3个差不多。而花粉的表面壁纹种间变化也有一致性。具体到各品种，花粉表面壁纹各自也有不同的形态特征。花粉作为品种鉴定的依据是非常明确的。

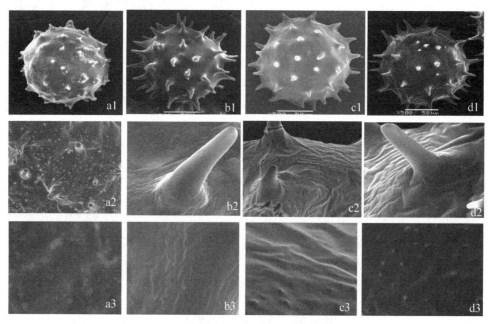

图 2   木槿各品种花粉的扫描电镜结构

Fig. 2   SEM micrographs of pollen grains of *H. syriacus*

图版说明：a1：'粉色雪纺'花粉外观500倍'；b1：'粉色雪纺'锥形刺形态2000倍；c1：'粉色雪纺'花粉表面纹饰5000倍；a2：'牡丹'木槿花粉外观500倍；b2：'牡丹'木槿纺锥形刺形态2000倍；c1：'牡丹'木槿花粉表面纹饰5000倍；a3：'木桥'花粉外观500倍；b3：'木桥'锥形刺形态2000倍；c1：'木桥'花粉表面纹饰5000倍；a4：'紫柱'花粉外观500倍；b1：'紫柱'锥形刺形态2000倍；c1：'紫柱'花粉表面纹饰5000倍

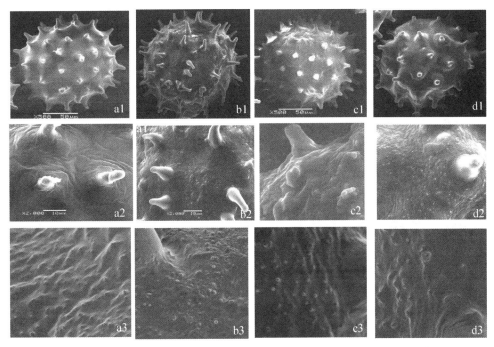

图 3　朱槿各品种花粉扫描电镜结构

Fig. 3　SEM micrographs of pollen grains of *H. rosa-sinensis*

图版说明：a1：'半重瓣'红花粉外观 500 倍；b1：'半重瓣红锥'形刺形态 2000 倍；c1：'半重瓣'红花粉表面纹饰 5000 倍；a2：'柠檬红茶'花粉外观 500 倍；b2：'柠檬红茶'锥形刺形态 2000 倍；c1：'柠檬红茶'花粉表面纹饰 5000 倍；a3：'泰黄'花粉外观 500 倍；b3：'泰黄'锥形刺形态 2000 倍；c1：'泰黄'花粉表面纹饰 5000 倍；a4：'月光迷情'花粉外观 500 倍；b1：'月光迷情'锥形刺形态 2000 倍；c1：'月光迷情'花粉表面纹饰 5000 倍

表 3　木槿与朱槿各品种花粉形态特征

Table 3　Pollen morphological characteristics of *Hibiscus syriacus* and *Hibiscus rosa-sinensis*

品种	花粉形状	花粉大小（μm）	花粉壁纹
'粉色雪纺'	圆球形	94.28±10.00	平缓波纹状，表面光滑
'牡丹'	圆球形	127.78±12.20	平缓波纹状，较光滑
'木桥'	圆球形	128.57±9.80	缓波纹，覆稀疏小颗粒
'紫柱'	圆球形	138.85±10.30	缓波纹状，有小颗粒分布
'半重瓣红'	圆球形	140.0±14.20	密集皱波纹状，表面粗糙
'柠檬红茶'	圆球形	125.71±13.10	无规则纹路，小颗粒密集
'月光迷情'	圆球形	172.86±12.50	波纹状，有明显突起
'泰黄'	圆球形	155.56±13.80	波纹状，有小颗粒分布

表 4　木槿与朱槿各品种花粉锥形尖端形态特征

Table 4　Morphological characteristics of pollen cone tip of *Hibiscus syriacus* and *Hibiscus rosa-sinensis*

品种	锥形刺长度	锥形刺的数量	锥形刺尖端直径（μm）	锥形刺底端直径（μm）
'粉色雪纺'	14.35±2.30	6±3	1.84±0.50	12.50±2.10
'牡丹'	21.29±2.00	4±2	3.71±0.40	12.96±1.90
'木桥'	14.35±1.90	3±1	3.24±0.60	11.57±2.20
'紫柱'	20.83±2.40	3±2	2.78±0.40	12.03±1.80
'半重瓣红'	11.57±1.80	3±2	4.63±1.10	7.87±1.40
'柠檬红茶'	14.81±1.40	3±1	4.63±0.90	6.94±1.30
'月光迷情'	12.50±0.90	4±2	6.48±1.20	7.40±0.90
'泰黄'	12.03±1.30	3±1	5.09±0.80	7.87±1.60

2.3　木槿与朱槿宏观性状与花粉结构的相关性分析

以上图表结果显示,木槿和朱槿的各个品种在宏观性状和花粉微观形态上都有其独特的特征。木槿和朱槿种下都有众多数量的品种,各品种宏观表现性状虽然复杂变化多样,但观测识别方便;花粉结构虽然相对简单稳定,但花粉的亚显微结构的观测比较繁琐,需要特定的扫描电镜。通过 SPSS 统计分析软件对各品种宏观性状和微观花粉形态进行相关性分析,期望能对品种分类提供更准确和便利的分类依据。

表 5 结果显示:木槿叶片宽度与花粉直径,花朵直径与花粉直径,叶片长度与锥刺顶端直径,叶片宽度与锥刺底端直径,花朵直径与锥刺底端直径,呈显著线性相关;叶片长度与花粉直径,呈高度线性相关。

表 6 结果显示:朱槿花朵直径与花粉直径,叶片宽度与花粉直径,叶片长度与锥刺长度,呈显著线性相关;叶片长度与花粉直径、锥刺顶端直径,叶片宽度与锥刺长度,花朵直径与锥刺顶端直径,叶片宽度与锥刺顶端直径呈高度线性相关。

表 5　木槿宏观性状与花粉结构相关性分析

Table 5　Correlation analysis between macro traits and pollen structure of *Hibiscus syriacus* and *Hibiscus rosa-sinensis*

指标	叶片长度	叶片宽度	花朵直径
花粉直径	0.856**	0.692*	0.610*
锥刺长度	-0.284	-0.202	-0.478
锥刺顶端直径	-0.643*	-0.308	-0.284
锥刺底端直径	-0.142	-0.621*	-0.563*

* 表示显著线性相关,** 表示高度线性相关。

表 6　朱槿宏观性状与微观花粉结构相关性分析

Table 6　Correlation analysis between macro traits and pollen structure of *Hibiscus syriacus* and *Hibiscus rosa-sinensis*

指标	叶片长度	叶片宽度	花朵直径
花粉直径	-0.969**	-0.554*	-0.639*
锥刺长度	0.559*	0.981**	-0.291
锥刺顶端直径	-0.921**	-0.166	-0.867**
锥刺底端直径	-0.320	-0.976**	0.475

* 表示显著线性相关,** 表示高度线性相关。

2.4　宏观性状与微观花粉结构综合检索表的建立

依据以上分析结果,木槿与朱槿各品种在宏观性状,包括叶形、叶色、叶片大小、花朵直径、花型、花色等,都有明确区分度,可以按照我国林业行业标准 LY/T3209—2020《植物新品种特异性、一致性、稳定性测试指南　木槿和朱槿》进行品种区分。

花粉是繁殖器官的一部分,与营养器官相比,不同的花粉具有其独特的形态,包括花粉大小、形态、花粉表面纹饰等,且花粉的结构是由物种的基因所决定,不受外界或很少受外界环境的影响,所以花粉结构对品种的鉴定也是非常重要的依据,已经有多个植物品种通过研究花粉的形态特征来进行品种分类。从研究结果可以看出,木槿与朱槿花粉形态相似,都为表面带有锥形刺的圆球形,均以单粒形式存在,说明作为同属的两个种,它们的亲缘关系是很近的。但它们的种间区分度也很明显,主要体现在锥形刺的性状上,木槿类锥形刺较尖,锥形刺形状为上尖下粗的尖刺状,而朱槿类锥形刺则表现两头基本等粗的圆柱状,赖晓岳等对木槿花和朱槿花进行显微鉴定,也得出了相同的结论(赖岳晓 等,2010)。5000 倍率下观察花粉壁纹形态,可以看出,木槿品种的花粉表面纹饰明显较朱槿各品种要光滑,依据额尔特曼·G. 的观点(额尔特曼·G.,1978),被子植物的花粉外壁演化是由无结构层(光滑)向穿孔(穴状)发展,再由穿孔继续演化为条纹状类型,说明木槿的起源较朱槿要原始。具体到两个种下的各个品种,品种间花粉表面纹饰各有其特色,可以依据表面纹饰的特点来鉴定具体品种。花粉直径两种各品种间未发现有直接相关性。花粉结构越接近,植物亲缘关系越近,系统研究木槿与朱槿各品种的花粉结构,可以理清品种间的亲缘关系,为品种分类中建立品种群提供依据。

结合 8 个品种的宏观性状和微观表现,以及宏观形态学性状和微观花粉结构的相关性,建立综合性状检索表,即能明确地鉴定出两个种及种下各个品种,检索表如下:

1　叶片深绿色,长菱状卵形,顶端常 3 裂,边缘有钝锯齿。花粉单粒存在,圆球形,表面有均匀分布的锥形刺,锥形刺长而尖,花粉壁纹较为光滑 ………… 木槿
　2　花重瓣
　　3　花粉红色,花朵直径 8.5~8.9cm,雌蕊 5 枚,柱头不规则分裂,重瓣程度高,雄蕊极少数,花药乳白色。花粉直径约为 127.8μm,锥形刺长度约 14.4μm、尖端直径约 3.8μm、底端直径约 12.5μm,花粉壁纹平缓波纹状,表面光滑 ……… ………………………………………(1)'粉色雪纺'
　　3　花紫红色,花朵直径 6.5~7cm,雌蕊 5 枚,柱头不规则分裂,重瓣程度高,雄蕊较少,花药乳白色。花粉直径约为 94.3μm,锥形刺长度约 21.3μm、尖端直径约 1.8μm、底端直径约 11.6μm,花粉壁纹平缓波纹状,表面较光滑 ……………(2)'牡丹'
　2　花单瓣
　　3　花瓣淡紫红色,基本深紫红色,花朵直径 10.7~

11cm，雌蕊 5 枚，柱头不规则分裂，雄蕊多数，花药乳白色。花粉直径约为 128.6μm，锥形刺长度 14.4μm、尖端直径约 2.8μm、底端直径约 13.0μm，花粉壁纹缓波纹，表面较光滑，覆稀疏小颗粒 …………………………（3）'木桥'

  3 花瓣粉紫色，基本紫红色，花朵直径 8.4～8.7cm，雌蕊 5 枚，柱头不规则分裂，雄蕊多数，花药乳白色。花粉直径约为 138.85μm，锥形刺长度 20.83μm、尖端直径 1.84μm、底端直径 12.03μm，花粉壁纹缓波纹，表面较光滑，有小颗粒分布 …………………………………………（4）'紫柱'

1 叶片淡绿色，长卵圆形或心形，边缘有钝锯齿，小枝绿色，光滑无毛。花粉单粒存在，圆球形，表面有均匀分布的锥形刺，锥形刺短而钝，花粉壁纹较为粗糙 ……………………………………………………… 朱槿

  2 花重瓣

    3 花玫红色，花朵直径 10～10.2cm，雌蕊 5 枚，柱头红色，规则分裂，重瓣程度高，雄蕊少数，花药黄色。花粉直径约为 140.0μm，锥形刺长度约 11.6μm、尖端直径约 4.6μm、底端直径约 7.9μm，花粉壁纹密集皱波纹状，表面粗糙…（1）'半重瓣红'

  2 花单瓣

    3 花黄色，间杂红色，花瓣基本淡粉色，花朵直径 10.2～10.6cm，雌蕊 5 枚，柱头红色，规则分裂，雄蕊多数，花药黄色。花粉直径约为 125.7μm，锥形刺长度约 14.8μm、尖端直径约 4.6μm、底端直径约 6.9μm，花粉壁纹无规则纹路，小颗粒密集，极粗糙 …………………………（2）'柠檬红茶'

    3 花淡紫色，花瓣基本深紫色，花朵直径 9.5～9.8cm，雌蕊 5 枚，柱头红色，规则分裂，雄蕊多数，花药黄色。花粉直径约为 172.86μm，锥形刺长度约 12.5μm、尖端直径约 6.5μm、底端直径约 7.4μm，花粉壁纹波纹状，有明显突起，较粗糙 …………………………………………（3）'月光迷情'

    3 花纯黄色，花朵直径 10.4～10.7cm，雌蕊 5 枚，柱头红色，规则分裂，雄蕊多数，花药黄色。花粉直径约为 155.6μm，锥形刺长度 12.0μm、尖端直径 5.1μm、底端直径约 7.9μm，花粉壁纹波纹状，有小颗粒分布，较粗糙 ……………………（4）'泰黄'

3 分析与讨论

由于木槿和朱槿两个种有着不同的生物学特性和观赏特性，种间区分不明确，会导致在绿化应用中混用、误用，对它们的后续生长会有很大影响，也不利于园林景观的长久性。而两个种、品种方面的区分、命名更是混乱，一个品种多个名字或多个品种共用一个名字的现象非常常见。目前木槿培育出了 200 多个品种，朱槿培育出了 3000 多个品（刘小冬和沈志宏，2011；熊晓庆，2016）种，理清两个种的品种家底，找到科学而完善的品种分类标准和方法，建立全面的品种分类系统，是两个种后续研究及应用的必要条件。

本文系统分析了两个种共 8 个品种的形态学性状差异及微观花粉结构，发现两个种间显而易见的形态学特性及微观花粉形态区分度都很高，宏观上通过对比叶形和叶色再辅以花型变化，微观上比较花粉表面锥形刺的形态特征差异，即能明确鉴别两个种。唐丽丹等（2014）在对木槿属植物进行聚类分析也得出，在木槿属植物的分类系统中，叶片形态及叶片是否具裂片是非常重要的分类单位。所以木槿和朱槿种间鉴定是很明确的。

在品种分类研究方面，本文分析 8 个品种宏观形态学特性和微观花粉结构特征，结合宏观和微观两方面性状特征能确定分类标准，并准确的对各个目标品种进行区分鉴定，建立综合性状检索表。相对于众多花卉品种分类中使用单一分类标准和方法（王其超等，1997；楚爱香和汤庚国，2008），综合宏观性状和微观花粉结构特征的制定分类标准，品种的鉴定更加准确，品种分类也更为系统和科学；利用 SPSS 系统分析了木槿与朱槿各品种宏观表现性状和微观花粉结构的各因子的相关性，为两个种全面建立完善的品种分类系统探索更为科学和便利的方法，补充丰富了品种分类的方法。下一步的研究目标扩大样本数量，建立木槿和朱槿品种数据库，完善品种分类体系。

参考文献

楚爱香，汤庚国，2008. 我国观赏植物的品种分类方法 [J]. 林业科技开发，（4）：1-5.

额尔特曼·G，1978. 孢粉学手册 [M]. 北京：科学出版社.

赖岳晓，刘佩沂，田素英，等，2010. 木槿花和朱槿花的鉴别研究 [J]. 今日药学，（5）：16-18.

刘小冬，沈志宏，2011. 论木槿属观赏植物资源 [J]. 黑龙江生态工程职业学院学报，24.

唐丽丹，原蒙蒙，李研，等，2014. 基于形态学特性的木槿属系统发育分类研究 [J]. 河南农业科技，（2）：105-111.

王其超，张行言，胡春根，1997. 荷花品种分类新系统 [J]. 武汉植物学研究，（1）：19-26.

熊晓庆，2016. 朱槿花开闹绿城 [J]. 广西林业，（7）：27-28.

张春英，黄军华，孙强，2018. 多彩木槿花 [J]. 园林，（6）：48-51.

金钻蔓绿绒离体保存对叶片显微结构的影响

马村艺　徐盼盼　张 黎*

（宁夏大学农学院，银川 750021）

摘要　本研究以金钻蔓绿绒组培苗为试验材料，研究不同浓度蔗糖、生长抑制剂及不同培养基对金钻蔓绿绒组培苗离体保存的影响，并采用隶属函数法对各处理的保存效果进行综合评价。结果表明：不添加蔗糖，存活率高达90%；添加3.0mg/L的ABA，成活率为83.33%，添加1.5mg/L的PP_{333}，组培苗成活率为80.33%，添加4.0mg/L的B_9，组培苗成活率为90%；使用1/2MS培养基，组培苗存活率为62.5%。对其组培苗叶片采用双面刀片法制作临时装片进行显微观察，发现添加0~60g/L蔗糖以及采用不同生长抑制剂处理，组培苗叶片显微结构的栅栏组织和海绵组织逐渐加厚，有利于金钻蔓绿绒组培苗离体保存。对试验结果进行隶属函数值综合评价，结果表明，金钻蔓绿绒组培苗离体保存的最佳处理为添加蔗糖15g/L，培养180d后存活率75%，增殖倍数5.67，株高5.16cm。

关键词　金钻蔓绿绒；蔗糖浓度；生长抑制剂；离体保存；显微结构

Effect of in vitro Preservation of *Philodendron*'con-go' on the Microstructure of Leaves

MA Cun-yi　XU Pan-pan　ZHANG Li*

（*College of Agriculture*，*Ningxia University*，*Yinchuan* 750021，*China*）

Abstract　In this study，the effects of different concentrations of sucrose，growth inhibitors and different media on the in vitro preservation of the tissue culture seedlings were studied，and the effect of each treatment was evaluated by subordinate function method．The results showed that：without sucrose（0g/L sucrose），the survival rate was as high as 90%；adding 3.0mg/L ABA，the survival rates was 83.33%；adding 1.5mg/LPP_{333}，the survival rate of tissue culture seedlings was 80.33%；adding 4.0mg/L B_9，the survival rate of tissue culture seedlings was 90%；using 1/2MS medium，the survival rate of tissue culture seedlings was 62.5%．The results showed that the palisade tissue and spongy tissue of tissue culture seedling were thickened gradually by adding 0~60g/L sucrose and different growth inhibitors，which was beneficial to the in vitro preservation of tissue culture plantlets．The results of comprehensive evaluation of membership function value showed that the best treatment for in vitro preservation of *Philodendron*'con-go' was sucrose 15g/L．after 180 days of culture，the survival rate was 75%，the multiplication multiple was 5.67，and the plant height was 5.16cm．

Key words　：*Philodendron*'con-go'；Sucrose concentration；Growth inhibitors；in vitro preservation；Microstructure

金钻蔓绿绒（*Philodendron*'con-go'）又名金钻、喜树蕉，天南星科（Araceae），观叶植物，原产于南美洲，为热带和亚热带常见的观赏植物。金钻蔓绿绒气生根发达，生命力极强，是比较受欢迎的室内观叶植物（申雯靖 等，2017）。目前金钻蔓绿绒种苗繁育主要以组织培养为主，繁育成本较高。由于市场种苗需求因季节出现淡旺季，因此对组培苗进行有效保存，减缓其生长速度，避免反复继代的污染及浪费，对建立金钻蔓绿绒组培苗缓慢生长离体保存体系有重要意义。本试验以金钻蔓绿绒组培苗为材料，通过改变蔗

1 基金项目：本研究由2019宁夏回族自治区重点研发计划项目（现代农业科技创新示范区专项）"新优特异花卉引进筛选与配套栽培技术集成示范"资助。

第一作者简介：马村艺（1995—），女，硕士研究生，主要从事观赏植物研究，E-mail：2253341798@qq.com。

通信作者：张黎，教授，硕士生导师，主要从事观赏园艺研究，E-mail：zhang_li9988@163.com。

糖浓度，生长抑制剂和不同培养基营养水平等条件来筛选最佳的离体保存方法，将成活率高，性状稳定，品质优良的组培苗作为启动生长的试验材料，建立了金钻蔓绿绒组培苗离体保存体系。并观察叶片细胞结构的差异，为延缓生长后成活率高、性状稳定、品质优良的组培苗生产提供理论依据和技术参考。

1 材料与方法

1.1 试验材料

以宁夏园艺产业园组培室内的金钻蔓绿绒组培苗为试验材料。

1.2 试验方法

1.2.1 蔗糖浓度对金钻蔓绿绒组培苗离体保存的影响

以金钻蔓绿绒组培苗为试验材料，将其转接到添加不同浓度蔗糖（表1）的MS培养基中，设置7个浓度处理，以MS+30g/L蔗糖的培养基为对照，每个处理3个重复，每个重复接种10瓶，每瓶接种3株，180d后统计数据。

表1 不同蔗糖浓度试验设计表

Table 1 Test design table of different sucrose concentrations

处理	T1	T2	T3	T4	T5	T6	CK
浓度(g/L)	0	15	40	60	80	100	30

1.2.2 不同生长抑制剂对金钻蔓绿绒组培苗离体保存的影响

以金钻蔓绿绒组培苗为试验材料，将其转接到添加不同生长抑制剂的MS培养基中（表2），每个处理3个重复，每个重复接种10瓶，每瓶接种3株，180d后统计数据。

表2 不同生长抑制剂浓度试验设计表

Table 2 Test design table of different growth inhibitor concentrations

处理	ABA(mg/L)	PP₃₃₃(mg/L)	B₉(mg/L)
T1	(A1) 1.0	(P1) 2.0	(B1) 0.5
T2	(A2) 2.0	(P2) 3.0	(B2) 1.0
T3	(A3) 3.0	(P3) 4.0	(B3) 1.5
T4	(A4) 4.0	—	—
CK	0.0	0.0	0.0

1.2.3 不同培养基对金钻蔓绿绒组培苗离体保存的影响

以金钻蔓绿绒组培苗为试验材料，将其转接到不同MS培养基中（表3），蔗糖30g/L，每个处理3个重复，每个重复接种10瓶，每瓶接种3株，180d后统计数据。

表3 不同培养基养分水平试验设计表

Table 3 Test design table of nutrient levels in different medium

处理	CK	M1	M2	M3
不同培养基	MS	1/2MS	1/3MS	1/4MS

1.3 指标测定

存活率=（存活株数/接种株数）×100%

增殖倍数=增殖后的株数/接种株数

株高：采用游标卡尺测量

显微结构观察：双面刀片法制作临时装片

1.4 数据处理及分析

使用Excel2010进行数据整理，使用DPS 15.10软件的LSD法进行数据分析。用隶属函数法综合评价不同处理对金钻组培苗的离体保存效果，对其存活率、增殖倍数、株高进行综合评价。

$$U = X - X_{min} / X_{max} - X_{min}$$

其中，U为隶属函数值。X为某个处理的某一指标的测定值，X_{max}为所有处理在该指标中的最大值，X_{min}为所有处理在该指标中的最小值。隶属函数值越大，离体保存效果越好（张全锋 等，2018）。

2 结果分析

2.1 不同蔗糖浓度对金钻蔓绿绒组培苗离体保存的影响

2.1.1 不同蔗糖浓度对金钻蔓绿绒组培苗存活率、增殖倍数、株高的影响

表4 蔗糖浓度对金钻蔓绿绒组培苗存活率、增殖倍数、株高的影响

Table 4 Effects of sucrose concentration on survival rate, multiplication ratio and plant height of tissue culture seedlings of *Philodendron* 'con-go'

蔗糖浓度(g/L)	存活率(%)	增殖倍数(倍)	株高(cm)
CK	50.00c	3.00b	4.50b
T1	90.00a	4.63b	5.02ab
T2	75.00b	5.67a	5.16ab
T3	67.50b	5.67a	5.31ab
T4	55.00c	3.00b	5.62a
T5	50.00c	2.33b	5.81a
T6	17.50d	0.00d	3.02c

注：表中同一列中不同小写字母之间表示显著性差异，$P<0.05$，下同。

随着蔗糖浓度的增加，成活率下降，添加100g蔗糖，组培苗存活率仅为17.5%（表4）。离体培养

180d 后组培苗存活率由高到低依次为：T1>T2 >T3>T4>T5＝CK>T6；添加 0～40g/L 蔗糖时，组培苗增殖倍数增加，蔗糖浓度>60g/L 时，组培苗增殖倍数逐渐下降。添加 100g/L 蔗糖，180d 后瓶内培养基基本消失，组培苗枯叶增加，无增殖且死亡较多，组培苗增殖倍数依次为：T2＝T3>T1>T4＝CK>T5>T6；在 0～30g/L 蔗糖浓度范围内，组培苗株高呈上升趋势，60～100g/L 组培苗株高明显下降，表明高浓度蔗糖会抑制组培苗地上部生长，株高从高到低依次为：T5>T4>T3>T2>T1>CK>T6。

2.1.2 不同蔗糖浓度对金钻蔓绿绒组培苗显微结构的影响

由图 1 可以看出，低浓度的蔗糖作为碳源底物为组培苗提供营养物质，高浓度蔗糖成为渗透性化合物抑制组培苗生长。添加 0～60g/L 时，海绵组织逐渐增厚，排列紧密，颜色浓绿，这与叶片颜色变化一致；添加 80g/L 蔗糖，组培苗海绵组织稀薄，空隙较大，颜色发黄，这与叶片颜色变化一致。

2.2 不同生长抑制剂对金钻蔓绿绒组培苗离体保存的影响

2.2.1 不同生长抑制剂对金钻蔓绿绒组培苗存活率、增殖倍数、株高的影响

随着脱落酸（ABA）浓度的增加，组培苗成活率呈现先增加后降低的趋势，离体保存 180d 后，A3 处理存活率效果最佳；增殖倍数和株高随着 ABA 浓度的增高而降低，且小于对照组（表 5）。

多效唑（PP₃₃₃）使植株节间缩短，株型紧凑，矮小健壮。P1、P2、P3 处理组培苗存活率均高于对照，且随着浓度的增加，存活率也升高，离体保存 180d 后 P3 存活率达 83.33%；随着 PP₃₃₃ 浓度的增加，增殖倍数和株高呈逐渐递减趋势，且均小于 CK。

丁酰肼（B₉）对组培苗存活率影响效果明显，B3 成活率最高，达 90%；随着 B₉ 浓度的增加，组培苗增殖倍数与株高呈递减趋势，各个处理均低于对照组。

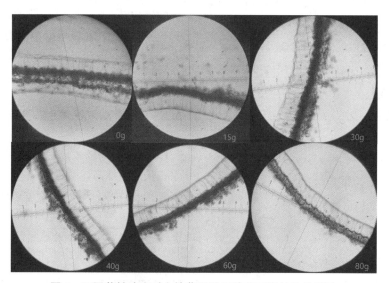

图 1 不同蔗糖浓度对金钻蔓绿绒组培苗显微结构的影响

Fig. 1 Effect of sucrose concentration on microstructure of tissue culture seedlings of *Philodendron* 'con-go'

表 5 不同生长抑制剂对金钻蔓绿绒组培苗存活率、增殖倍数、株高的影响

Table 5 Effects of different growth inhibitors on the survival rate, multiplication ratio and plant height of tissue culture seedlings of *Philodendron* 'con-go'

处理	生长抑制剂（mg/L）			存活率（%）	增殖倍数（倍）	株高（cm）
	ABA	PP₃₃₃	B₉			
A1	1.0	0.0	0.0	43.33e	5.67a	4.71ab
A2	2.0	0.0	0.0	66.67c	3.67cd	4.16ab
A3	3.0	0.0	0.0	83.33a	3.67cd	4.21ab
A4	4.0	0.0	0.0	80.00ab	3.00d	3.87b
P1	0.0	0.5	0.0	63.34cd	4.67abc	4.84ab

（续）

处理	生长抑制剂（mg/L）			存活率（%）	增殖倍数（倍）	株高（cm）
	ABA	PP$_{333}$	B$_9$			
P2	0.0	1.0	0.0	70.00bc	4.00bcd	4.76ab
P3	0.0	1.5	0.0	83.33a	3.00d	4.18ab
B1	0.0	0.0	2.0	70.00bc	5.02ab	4.14ab
B2	0.0	0.0	3.0	80.00ab	4.33bc	4.06ab
B3	0.0	0.0	4.0	90.00a	3.00d	4.08ab
CK	0.0	0.0	0.0	53.33de	5.67a	5.43a

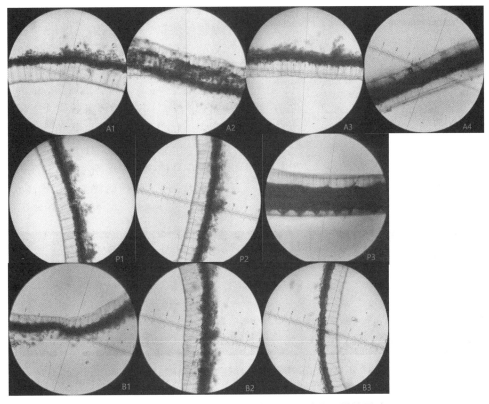

图2 不同生长抑制剂对金钻蔓绿绒组培苗显微的影响

Fig. 2   Effects of different growth inhibitors on microstructure of tissue culture seedlings of *Philodendron* 'con-go'

2.2.2 不同生长抑制剂对金钻蔓绿绒组培苗显微结构的影响

通过对金钻蔓绿绒组培苗叶片显微结构的观察发现，生长抑制剂处理的组培苗叶片显微结构类似于旱生植物叶片结构，有明显的栅栏组织和海绵组织之分，叶肉细胞间隙小，同化薄壁组织发达。在不同种类及浓度的生长抑制剂处理下，金钻蔓绿绒组培苗同化薄壁组织逐渐增厚；ABA处理下，组培苗栅栏组织生长变化无明显差异，A4组培苗海绵组织紧密排列，下表皮气孔关闭出现破裂（图2）。

B$_9$处理下，组培苗栅栏组织逐渐增厚，形状由扁圆逐渐饱满变为长方体形状整齐排列，海绵组织紧密，叶肉细胞间隙小。PP$_{333}$处理下，随着浓度的增加，组培苗叶肉细胞明显增厚，栅栏组织变细变长紧

密排列，海绵组织明显增厚，下表皮气孔明显突出；与对照苗栅栏组织小而稀的形状及长度具有显著性差异。

综上，适宜的生长抑制剂有利于增加组培苗叶肉细胞，从而增加叶片厚度，利于组培苗的离体保存。

2.3 不同培养基对金钻蔓绿绒组培苗离体保存的影响

2.3.1 不同培养基对金钻蔓绿绒组培苗存活率、增殖倍数、株高的影响

离体保存180d时，组培苗干枯严重，1/2MS和1/3MS组培苗存活率各为62.5%、60%，1/4MS组培苗存活率为58%，均高于CK，但4个处理组培苗存

活率均较低（表6）；与 MS 相比，1/2MS、1/3MS、1/4MS 处理下，组培苗株高均较低；不同培养基水平下，金钻蔓绿绒组培苗增殖倍数呈递减趋势，各处理间无显著性差异，1/4MS 增殖倍数最低为 3.33，随着大量元素的逐渐减少，综上：存活率由高到低依次为：1/2MS > 1/3MS > 1/4MS > MS；增殖倍数 MS = 1/2MS > 1/3MS > 1/4MS；株高 CK > 1/2MS > 1/4MS > 1/3MS。

表6 不同培养基对金钻蔓绿绒组培苗存活率、增殖倍数、株高的影响

Table 6 Effects of different media on survival rate, multiplication ratio and plant height of tissue culture seedlings of *Philodendron* 'con-go'

不同培养基	存活率（%）	增殖倍数（倍）	株高（cm）
CK	52.50a	4.67a	5.23a
M1	62.50a	4.67a	4.47ab
M2	60.00a	4.00a	3.91b
M3	58.00a	3.33a	4.19ab

2.3.2 不同培养基对金钻蔓绿绒组培苗显微结构的影响

与 MS 相比，随着培养基大量元素水平的逐渐降低，不同培养基水平下组培苗叶片显微结构栅栏组织逐渐由椭圆变为细长，排列紧密，海绵组织中间无显著性变化，下表皮气孔突出明显（图3），可能与组培苗因缺乏大量元素造成培养逆境有关。

2.4 金钻蔓绿绒组培苗离体保存效果综合评价

由表7可知，存活率、增殖倍数及株高3个指标的最优处理并不相同。因此，对3个指标进行了隶属函数综合评价。由综合评价结果可知，蔗糖浓度为15g/L 时，累积隶属函数值最高，达到2.4581，其次是蔗糖浓度为40g/L 时，隶属函数值为2.4320，再次是 MS 培养基，累积隶属函数值为2.0074，而当蔗糖浓度为100g/L 时，隶属函数值为负值，呈负相关，说明组培苗受害严重。综上可知，金钻蔓绿绒组培苗离体保存最佳处理为蔗糖浓度15g/L，接种180d 后，存活率为75%，增殖倍数5.67，株高5.16cm。

图3 不同培养基对金钻蔓绿绒组培苗显微结构的影响

Fig. 3 Effects of different media on microstructure of tissue culture seedlings of *Philodendron* 'con-go'

表7 金钻蔓绿绒组培苗离体保存效果综合评价

Table 7 Comprehensive evaluation on in vitro preservation of tissue culture seedlings of *Philodendron* 'con-go'

处理		存活率（%）	增殖倍数（倍）	株高（cm）	累积隶属函数值	排序
蔗糖浓度（g/L）	15	75.00	5.67	5.16	2.4581	1
	30	50.00	3.00	4.50	1.3021	19
	40	67.50	5.67	5.31	2.4320	2
	60	55.00	3.00	5.62	1.9484	5
	80	50.00	2.33	5.81	1.8592	7
	100	17.50	0.00	3.02	-0.4381	20
ABA（mg/L）	1	43.33	5.67	4.71	1.7893	8
	2	66.67	3.67	4.16	1.475	15
	3	83.33	3.67	4.21	1.7306	11
	4	80.00	3.00	3.87	1.3912	16
PP$_{333}$（mg/L）	2	63.34	4.67	4.84	1.9507	4
	3	70.00	4.00	4.76	1.8884	6
	4	83.33	3.00	4.18	1.5969	14

（续）

处理		存活率（%）	增殖倍数（倍）	株高（cm）	累积隶属函数值	排序
B₉（mg/L）	0.5	70.00	5.02	4.14	1.7487	10
	1.0	80.00	4.33	4.06	1.7237	12
	1.5	90.00	3.00	4.08	1.6373	13
不同培养基	MS	52.50	4.67	5.23	2.0074	3
	1/2MS	62.50	4.67	4.47	1.7536	9
	1/3MS	60.00	4.00	3.91	1.3123	17
	1/4MS	58.00	3.33	4.19	1.3108	18

3 讨论

在培养基中添加不同浓度的蔗糖发现，随着蔗糖浓度的升高，组培苗生长逐渐受到影响。添加 0~40g/L 的蔗糖，组培苗成活率及生长势良好，添加 60~80g/L 的蔗糖，组培苗地上部分生长健壮，添加 100g/L 的蔗糖，组培苗受到胁迫大量死亡。在不同蔗糖浓度对山薯组培苗形态发生途径试验中发现（严华兵 等，2011）：较低蔗糖浓度（87.7mmol/L）促进山薯组培苗增殖及试管薯的发生，较高蔗糖浓度（233.9mmol/L）促进山薯试管零余子的形成及不定根的发生，这与本试验研究结果一致。

在培养基中添加不同种类及浓度的生长抑制剂，组培苗生长情况各有不同。食用百合（万珠珠 等，2016）、短瓣石竹（韦莹 等，2020）等植物材料研究结果表明，PP₃₃₃、CCC、B₉ 可控制试管苗生长，调节生长速度，延长试管苗的保存时间，对促进壮苗有重要作用，这与本试验研究结果一致。本试验结果显示：培养基中添加 3.0~4.0mg/L 的 ABA，1.0~1.5mg/L 的 PP₃₃₃，3.0~4.0mg/L 的 B₉ 可有效抑制金钻蔓绿绒组培苗的生长速度，组培苗生长势良好，利于培育壮苗。

MS 基本培养基中大量元素减至 1/2MS、1/3MS、1/4MS，改变培养基成分，观察金钻蔓绿绒组培苗离体保存效果。本试验结果显示：在 1/2MS 和 1/3MS 培养基中保存 180d 后，组培苗存活率达 60% 以上。降低 MS 培养基大量元素试验与其他试验相比，组培苗存活率较低，生长势欠佳，黄叶增加，可观赏度降低。本试验证明，降低 MS 培养基中的无机大量元素，不利于金钻蔓绿绒组培苗离体保存，这与百合（张玉芹 等，2010）研究结果相一致，仅减少大量元素对百合试管苗生长没有明显的抑制作用。这可能与植物本身的生长特性及所需的生长元素有关；金钻蔓绿绒组培苗属于观叶植物，大量元素减半导致叶片所需的元素缺失，出现大量黄叶、枯叶，增殖数减少，不利于金钻蔓绿绒组培苗离体保存。

参考文献

申雯靖，赵欢，张盛圣，等，2017. 红金钻蔓绿绒高频再生体系的建立［J］. 基因组学与应用生物学，36（12）：5244-5249.

万珠珠，牛来春，谭秀梅，等，2016. 三种食用百合种质资源限制生长保存及遗传稳定性研究［J］. 北方园艺，（13）：89-92.

韦莹，黄浩，黄宝优，等，2020. 植物生长抑制剂对短瓣石竹离体保存的影响［J/OL］. 中药材，（01）：24-27.

严华兵，杨丽涛，李俊玲，等，2011. 不同蔗糖浓度对山薯组培苗形态发生途径的影响［J］. 热带作物学报，32（7）：1325-1329.

张全锋，尹新彦，庞曼，等，2018. 有髯鸢尾种质离体保存研究［J］. 河南农业科学，47（12）：116-120+131.

张玉芹，冯建军，赵景芳，2010. 食用百合试管苗缓慢生长保存的研究［J］. 中国蔬菜，（24）：69-73.

［2020-07-15］. https://doi.org/10.13863/j.issn1001-4454.2020.01.006.

贵州省野生杜鹃花属物种多样性与地理分布

程洁婕　白新祥

（贵州大学林学院，贵阳 550025）

摘要　本研究在确立贵州野生杜鹃花属植物物种名录和建立物种地理分布数据库的基础上，进行物种多样性、地理分布特征及区系特征的研究。据统计，贵州省共记载 6 亚属 8 个组 156 种（含种下等级），占中国总数的 25%左右，包含中国/贵州特有种分别为 108/7 种。贵州省野生杜鹃花属植物资源丰富。各州市均有分布，采用筛除算法得到 6 个热点县，共分布有 116 种野生杜鹃花属植物，包括百里杜鹃管理委员会、江口县、安龙县、威宁彝族回族苗族自治县、道真仡佬族苗族自治县和盘州市，这些热点地区共代表了贵州省总数的 75%。垂直分布于海拔 500~2900m，以海拔 1100~2000m 垂直分布段为主，不同海拔段之间的物种相似性系数不同，且相距越远相似性系数越低。贵州地处云贵高原向广西低山丘陵和四川盆地过渡地带，是杜鹃花属分布中心向周边地区扩张的缓冲地带，同时境内复杂的自然环境和地质地貌孕育了丰富的物种资源，植物区系上具有过渡性及特有性。因此系统地探究贵州的杜鹃花属物种资源，对研究其物种多样性和资源开发利用具有重要意义。

关键词　杜鹃花属；贵州省；物种多样性；地理分布

Species Diversity and Geographical Distribution of Wild *Rhododendron* in Guizhou Province

CHENG Jie-jie　BAI Xin-xiang

（*College of Forestry, Guizhou University, Guiyang 550025, China*）

Abstract　Based on the establishment of the species list of Wild *Rhododendron* in Guizhou Province and the establishment of the species geographical distribution database, the species diversity, geographical distribution and floristic characteristics were studied. According to statistics, there are 156 species (including subspecies grade) in 8 groups of 6 Subgenera in Guizhou Province, accounting for about 25% of the total in China, including 108/7 endemic species of China/guizhou respectively. Guizhou Province is rich in Wild *Rhododendron* resources. There are 116 species of Wild *Rhododendron* distributed in six hot-spot counties by using the screening algorithm, including Baili *Rhododendron* Management Committee, Jiangkou County, An-long County, Weining County, Daozhen County and Panzhou city, together, these hot spots represent 75 percent of Guizhou's total. The species similarity coefficient was different at different altitudes, and the farther the distance was, the lower the species similarity coefficient was. Guizhou is located in the transition zone from Yunnan-Guizhou Plateau to the low mountains and hills of Guangxi and Sichuan Basin, a buffer zone for the expansion of the distribution center of the Genus *Rhododendron* to the surrounding areas, at the same time, the complex natural environment and geology and geomorphology in the territory give birth to a wealth of species resources, and the flora is transitional and unique. Therefore, it is of great significance to study the species diversity and exploitation of *Rhododendron* resources in Guizhou.

Key words　*Rhododendron*; Guizhou Province; Species diversity; Geographical distribution

1　基金项目：贵州省野生观赏植物资源调查（701256192201）。
第一作者简介：程洁婕（1995—），女，硕士研究生，主要从事野生观赏植物资源研究。
通讯作者：白新祥，副教授，E-mail：254715174@qq.com。

杜鹃花属(*Rhododendron*)属于杜鹃花科(Ericaceae),分布于亚洲、北美洲和欧洲等地,起源于距今约6700万年至13700万年中生代的白垩纪(孙航 等,2017)。杜鹃花世界著名的观赏花卉和中国的十大传统名花之一(方瑞征和闵天禄,1995)。杜鹃花属全世界大约有1000种,我国分布约571种(不包含种下等级),占全球种数一半以上,其中特有种409种,主要分布于云南、四川、贵州、西藏等地(朱春艳,2008)。据《贵州植物志》记载,贵州省共计6亚属75种(张秀实和陈训,1990)。但随着野外调查和植物分类学研究的深入,陆续发现如云上杜鹃(*R. pachypodum*)、朱砂杜鹃(*R. cinnabarinum*)、百里杜鹃(*R. bailiense*)、荔波杜鹃(*R. liboense*)、小白杜鹃(*R. maculatunm*)和习水杜鹃(*R. xishuiense*)等新分布种或新种(刘振业,1987;Pang CT,*et al.*,1993;Li J,Liao FL,1997;Yang WB,Yang L,2002;陈正仁和蓝开敏,2003;陈翔 等,2005;左经会 等,2006;杨成华 等,2006;杨成华和陈景艳,2007;王晓红 等,2008;Chen Xun,*et al.*,2008;匡其羽和林长松,2010;Chen X,*et al.*,2010;Luo YY,*et al.*,2010;Consaul L,*et al.*,2010;杨成华 等,2012;陈翔 等,2012;Chen X,*et al.*,2012;陶云 等,2013)。至2015年出版的《贵州维管束植物编目》中贵州省野生杜鹃花属植物144种(罗扬和邓伦秀,2015)。截止到2020年7月,湖南杜鹃(*R. hunanense*)、睡莲叶杜鹃(*R. nymphaeoides*)、红马银花(*R. vialii*)和毛果长蕊杜鹃(*R. stamineum* var. *lasiocarpum*)等新分布记录种的发现,贵州省贵州野生杜鹃花属植物种类在陆续增加(杨加文 等,2015;Ma YP,*et al.*,2015;龙海燕 等,2019;戴晓勇 等,2019)。杜鹃花属植物绝大部分种类都生长于常态地貌土壤上,常被作为酸性土的指示植物,但是也有少数种类只分布在喀斯特地貌的石灰岩山地弱碱性环境中,如荔波杜鹃和长柱睫萼杜鹃等(杨成华等,2019)。贵州杜鹃花属植物的研究在近十多年经历了快速发展,发表了大量的研究成果(杨成华 等,2006);多侧重于对一些重要类群在某区域开展的资源调查和区系研究(黄红霞,2006;陈翔 等,2010;陈翔 等,2013;张长芹 等,2015),县级尺度下种质资源与物种多样性相关研究较为缺乏。以贵州省野生杜鹃花属为研究对象,从物种组成、特有性和水平与垂直分布等方面对其物种多样性进行分析,建立物种地理分布数据库,探讨其丰富度、地理分布特征及热点地区,为进一步开展开发利用提供科学依据。

1 数据与方法

1.1 名录确定

首先,查阅《中国植物志》(第14卷)、*Flora of China*(第18卷)(Fang MY,*et al.*,2005)、《贵州省植物志》(第3卷)、《中国杜鹃花属植物》、《贵州维管束植物》、《中国贵州杜鹃花》(陈训和巫华美,2003)等专著和贵州省各级自然保护区科学考察集相关记载的杜鹃花属物种为本底资料,全面收集了植物标本与中国数字植物标本馆标本数据及截至2020年7月在学术期刊中发表的有关贵州杜鹃花属植物新类群和新记录的文献为补充,对物种名、分布海拔及其分布地点进行收集、整理、校对,咨询分类学专家,对物种逐一进行审核和修订。该物种名录沿用《中国杜鹃花属植物》所采用的分类系统,使用Excel进行数据整理,最终确立贵州省野生杜鹃花属植物物种名录。

1.2 实地调查

通过分析杜鹃属植物生长习性及适宜生境,在记载分布地点进行实地调查。调查地点覆盖9个地州市,21个县级行政区,共计调查到40种野生杜鹃花属植物(表1)。

表1 实地调查地点与物种

Table 1 Sites and species of field investigation

调查地点	调查物种
贵阳市(乌当区可龙村;花溪区高坡乡;开阳县)	锈叶杜鹃、杜鹃、满山红、长蕊杜鹃
毕节市(百里杜鹃自然保护区;纳雍县;威宁彝族回族苗族自治县百草坪;赫章县千年杜鹃景区)	糙叶杜鹃、大白杜鹃、碎米花、马缨杜鹃、露珠杜鹃、九龙山杜鹃(大果杜鹃)、高尚大白杜鹃、迷人杜鹃、银叶杜鹃、皱叶杜鹃、杜鹃、长蕊杜鹃、溪畔杜鹃、云南杜鹃
遵义市(习水国家级自然保护区;赤水桫椤国家级自然保护区;赤水竹海国家森林公园;绥阳县宽阔水国家级自然保护区;大板水森林公园)	杜鹃、长蕊杜鹃、满山红、溪畔杜鹃、大白杜鹃、云南杜鹃、鹿角杜鹃、露珠杜鹃、迷人杜鹃
铜仁市(江口县梵净山国家级自然保护区)	稀果杜鹃、宝兴杜鹃、黔东银叶杜鹃、毛果杜鹃、贵定杜鹃、雷山杜鹃、鹿角杜鹃、睫毛萼杜鹃、大钟杜鹃

（续）

调查地点	调查物种
六盘水市(钟山区大湾镇小韭菜坪；盘州市乌蒙大草原；盘州市娘娘山国家湿地公园)	杜鹃、锈叶杜鹃、马缨杜鹃、红棕杜鹃、云上杜鹃、长柱睫萼杜鹃、云南杜鹃、鹿角杜鹃、圆叶杜鹃、桃叶杜鹃
黔西南布依族苗族自治州(贞丰县龙头大山；兴义市坡岗自然保护区；兴义市白龙山；兴义市马岭河景区；普安县普白森林公园；)	滇红毛杜鹃、杜鹃、马缨杜鹃、长蕊杜鹃、小花杜鹃、长柱睫萼杜鹃、腋花杜鹃、云上杜鹃
黔东南苗族侗族自治州(雷山县雷公山；施秉县云台山)	小花杜鹃、腺萼马银花、大云锦杜鹃、云南杜鹃、杜鹃、毛果杜鹃、毛棉杜鹃、溪畔杜鹃、云锦杜鹃、鹿角杜鹃
黔南布依族苗族自治州(贵定县云雾山；都匀市斗篷山；螺蛳壳保护区；荔波县茂兰国家级自然保护区)	百合花杜鹃、杜鹃、溪畔杜鹃、腺萼马银花；大白杜鹃、马缨杜鹃
安顺市(平坝区)	马缨杜鹃、杜鹃

1.3　地理分布数据的收集及地理校正

通过整理杜鹃花属植物的各类数据，建立贵州省野生杜鹃花属植物地理分布数据库。数据源主要包括：①植物志书，《中国植物志》(第 14 卷)、*Flora of China*(第 18 卷)以及《贵州植物志》。②相关出版书籍，《中国杜鹃花属植物》《贵州维管束植物》等。③期刊论文，截至 2020 年 7 月已出版的有关文献期刊及学术论文。④标本数据，中国数字植物标本馆(http：//www.cvh.org.cn)以及杜鹃花属分类专家的标本鉴定资料。⑤自然保护区科考报告等；将上述资料信息进一步筛选、整理和汇总，建立数据库。为了提高数据的精确性，对数据进行了一系列整理工作，包括：①删除重复记录数据。②删除采自引种栽培的区域的标本数据。③地理校正，对地名逐一进行校对，转换新旧地名，数据库主要包括编码、属名、亚属名、组名、亚组名、种名、拉丁学名、定名人、特有性、生活型、分布县、分布海拔、生境以及数据来源等。地理精度统一转换为县级行政单元，共计 507 条县级记录。

基于数据库，利用 ArcGIS 10.4 软件绘制贵州省野生杜鹃花属植物的地理分布图。首先，将贵州省行政区划图为底图，将各县级行政区独立成面，与行政编码进行关联，将各区域的物种丰富度赋值在相对应的面上，生成带有编码的物种丰富度的地理分布数据库，采用 Nature break(Jenks)分割方法对丰富度进行分级，绘制水平分布图。

1.4　热点地区的确定

采用筛除算法进一步确定贵州省野生杜鹃花属植物分布的热点地区。首先选取物种丰富度最高的县，将该区域中包含的物种从总名录中剔除，再选取剩余物种丰富度最高的县，重复以上步骤直至将所有物种都被剔除，得到的集合为贵州省野生杜鹃花属植物的热点地区，即包含野生杜鹃花属植物物种丰富度最高

且最为互补的区域。在筛选过程中，如果遇到包含物种数相同的县则优先选择面积较小的县，目的是得到用最小的土地面积涵盖最多杜鹃花属物种丰富度的区域(Dobson AP, *et al.*, 1997)。

1.5　物种相似性系数

物种相似性系数或称 Jaccard 系数。以种来比较不同区域植物区系的相似性程度的数值。即两个区域植物区系的共有种的数量与两个区域植物区系的种类总数之比。共有种和种类总数中均不含栽培种。Jaccard 在 1901 年首次提出了这一概念和运算关系式，用以研究不同区域间植物区系的亲缘程度。其表达式为 $SJ = (c/a+b-c)100\%$，式中 a 为甲区域全部种数，b 为乙区域全部种数，c 为两个区域共有种数，a、b、c 中均不含栽培种；SJ 为 Jaccard 系数。

2　结果与分析

2.1　贵州省野生杜鹃花属植物物种名录

共记录杜鹃花属植物 6 个亚属分别为杜鹃亚属(*Subgen. Rhododendron*)、常绿杜鹃亚属(*Subgen. Hymenanthe*)、羊踯躅亚属(*Subgen. Pentanthera*)、映山红亚属(*Subgen. Tsutsusi*)、马银花亚属(*Subgen. Azaleastrum*)、长蕊杜鹃亚属(*Subgen. Choniastrum*)共计约 156 种(含种下等级)，占中国杜鹃花属植物总数的 25% 左右，包含中国/贵州特有种分别为 108/7 种(表 S1)。

2.2　贵州省野生杜鹃花属植物物种多样性

贵州省野生杜鹃花属植物自然分布包含 6 个亚属，仅类叶苞状亚属没有自然分布(方瑞征和闵天禄，1995)。种数 10 种以上的亚属共有 4 个，合计 147 种，占贵州省杜鹃花属总数的 96.7%，是贵州省野生杜鹃花属植物的主要组成部分。其中中国特有种共计 108 种，占中国特有总种数的 25.6%。将特有种数占

表 2　贵州省野生杜鹃花属植物物种多样性

Table 2　Species diversity of wild *Rhododendron* in Guizhou Province

亚属名	组数	种数	占中国数的比例(%)	中国特有种数(CES)	贵州特有种数	占中国该属总数的比例(%)	占中国特有种总数的比例(%)
杜鹃花亚属	2	43	7.5	24	1	23.8	5.8
常绿杜鹃亚属	1	78	13.6	62	3	32.5	15.1
映山红亚属	2	18	3.2	10	0	32.7	2.4
长蕊杜鹃花亚属	1	11	1.9	9	3	64.7	2.2
马银花亚属	1	5	0.9	3	0	32.5	0.7
羊踯躅亚属	1	1	0.2	1	0	50	0.2

该属总物种数的比例定义为特有率，得出特有率18.9%，其中各项参数如下（表2）。

2.3　贵州省野生杜鹃花属植物地理分布

2.3.1　垂直分布与格局

（1）垂直分异性

将每300m为一个垂直分布范围划分为8个海拔段，即：i（500~800m）、ii（800~1100m）、iii（1100~1400m）、iv（1400~1700m）、v（1700~2000m）、vi（2000~2300m）、vii（2300~2600m）和 viii（2600~2900m）等8个海拔段，各个海拔段的亚属数与种数关系如图1。

海拔段 iv 的属种数最多，共计分布6属81种。其次是 v 有5属63种，再次是 iii、vi.，分别有6属49种、5属43种。总体来说以海拔1100~2000m垂直分布段为主要分布带，在 iv 这一海拔地段达到最大值。由图1可见，贵州省野生杜鹃花属植物在垂直分布上以 iv 为最集中分布的区域，其物种数占全省总数的53.6%。6个亚属在该海拔段均有分布。总体来看，较低海拔段与中部段区域亚属分布较丰富。长蕊杜鹃亚属、马银花亚属随海拔增加，其物种数和亚属数量逐渐减少至无，常绿杜鹃亚属及杜鹃亚属则表现为随着海拔的升高，物种数量及亚属数量有所增加。

（2）不同海拔段野生杜鹃花属植物的相似性系数

统计各海拔段物种数量，并计算其相似性系数（表3），可知28组相似性数据的平均值为0.1590，其中最小值为0，最大值为0.5000。不同海拔段之间相似性系数不高（平均值为0.1590），且不同海拔段之间相距越远，生态环境差异越大，物种组成相似性系数越小，反之亦然，如 i 与 vii、ii 与 viii 两组数据的相似性系数为零。若某地拥有特有种较多，并与周围地区相似性很低，则可推断该地与周围地区脱离地理(生态)联系和区系交流的时间较久（马丹炜，2012）。

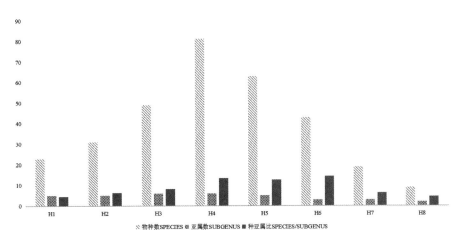

　　　　　　　　▨ 物种数SPECIES ▩ 亚属数SUBGENUS ▦ 种亚属比SPECIES/SUBGENUS

图 1　不同海拔段杜鹃花属植物亚属、种差异

Fig. 1　Differences of Subgenus and species of *Rhododendron* at the same altitude

表3　贵州省不同海拔段野生杜鹃属植物物种相似性系数

Table 3　Similarity coefficients of wild *Rhododendron* species at different altitudes in Guizhou Province

海拔段	2	3	4	5	6	7	8
1	0.5000	0.1803	0.0686	0.0313	0.0154	0.0244	0.0000
2		0.3333	0.0980	0.0804	0.1045	0.0204	0.0000
3			0.3542	0.1429	0.0698	0.0545	0.0345
4				0.3458	0.1923	0.0869	0.0222
5					0.4324	0.2059	0.1045
6						0.3478	0.1739
7							0.4286

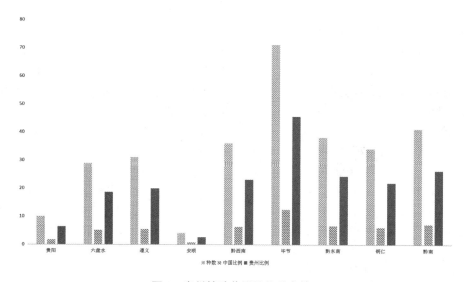

图2　贵州杜鹃花属植物分布情况

Fig. 2　Distribution of *Rhododendron* in Guizhou

2.3.2　水平分布与格局

（1）水平分布

贵州省野生杜鹃花属植物分布范围十分广泛，各地州市均有分布。其中毕节市及黔南布依族苗族自治州物种丰富度较高，分别为71与41，占国内总数的12.43%与7.18%，占贵州总数的45.51%与26.28%。其次是黔东南苗族侗族自治州及黔西南布依族苗族自治州，分别为38及36，占国内总数的6.65%与6.30%，占贵州总数的24.36%与23.80%（图2）。

在县级尺度上，大量分布在百里杜鹃管理区管委会（以下简称百里杜鹃）、江口县、雷山县以及盘州市等地区。物种丰富度20以上的县级行政区共8个，包括百里杜鹃、江口县、雷山县、龙里县、惠水县、盘州市、安龙县、贵定县。特有种15以上的县级行政区共5个，包括百里杜鹃、江口县、雷山县、盘州市、安龙县，其中百里杜鹃无论是物种丰富度还是特有率均排在第一。特有率较高的地区在全省范围内呈现出离散的分布格局（图3d），且其地理格局与物种丰富度格局明显不一致（图3(a)，(d)）。

植物的区系分化强度可以用区系分化率的大小，即物种数/属数比值进行描述，比值越大区系分化率越小（张殷波 等，2015）。贵州省区系分化率最高的区域主要为百里杜鹃、威宁彝族回族苗族自治县、江口县、惠水县（图3c）。部分地区物种丰富度较高，但是亚属数量低，故区系分化率较低，例如贵定县和惠水县，反之亦然。对比相同物种丰富度，亚属数量越多，种属比越小，区系分化率越高。相反地，对比相同亚属数量，物种丰富度越大，种属比越大，区系分化率越低。

（2）不同地州市间野生杜鹃花属植物的相似性系数

根据行政区划分9个地州市（A贵阳，B六盘水，C遵义，D安顺，E黔西南，F毕节，G黔东南，H铜仁，I黔南），统计各地州市间的野生杜鹃花属植物种类，并计算其相似性系数（表4）。可知36组相似性数据的平均值为0.1202，其中最小值为（*DF* = 0.0135），最大值为（*EI* = 0.3051）。

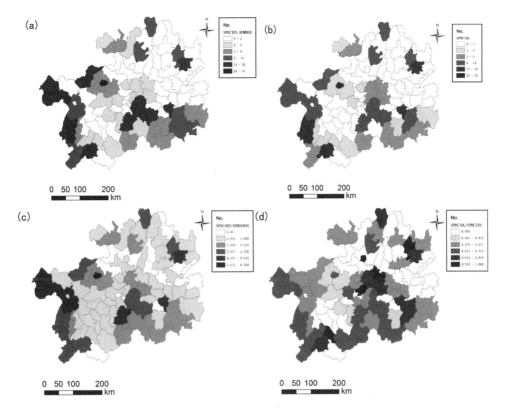

图 3　县级尺度下贵州野生杜鹃花属植物丰富度分布格局

(a)物种丰富度;(b)特有丰富度;(c)物种数/亚属数比值;(d)特有种/所有种比值

Fig. 3　Distribution pattern of wild *Rhododendron* richness in Guizhou at county scale

(a) species richness;(b) unique richness;(c) ratio of species/subgenus;(d) ratio of endemic/all species

表 4　贵州省不同地州市野生杜鹃属植物物种相似性系数

Table 4　Similarity coefficients of wild *Rhododendron* species at different states in Guizhou Province

地州市代码	A	B	C	D	E	F	G	H
B	0.0811							
C	0.1081	0.0345						
D	0.0323	0.0313	0.0294					
E	0.1290	0.1607	0.0667	0.0811				
F	0.1010	0.1364	0.1209	0.0135	0.1031			
G	0.0910	0.0635	0.1695	0.0244	0.2333	0.1237		
H	0.1282	0.0500	0.1818	0.0270	0.2281	0.0825	0.2632	
I	0.2142	0.0769	0.1429	0.0227	0.3051	0.2043	0.2742	0.1905

不同地州市间生态环境差异越大,物种组成相似性系数越小,反之亦然。相似性系数最大值为黔西南与黔南间($EI=0.3051$),且黔西南与黔南均不是物种丰富度最高的地州市,说明在 9 个地州市间它们的区系的组成差异及特有成分的构成上相似度较高。相似性系数最小值为安顺与毕节间($DF=0.0135$),由于安顺与毕节在物种丰富度上分别为最大值与最小值,丰富度差异最大,区系组成的差异也就最大,故而相似性系数最小。

2.4　热点地区

采用筛除算法对贵州省野生杜鹃花属植物分布的热点地区进行筛选,当包含物种数累计达到 75% 时共筛选得到 6 个热点县,共代表 116 种野生杜鹃花属植物,包括百里杜鹃、江口县、安龙县、威宁彝族回族苗族自治县、道真仡佬族苗族自治县、盘州市。其中百里杜鹃分布有 51 种野生杜鹃属植物,成为贵州省野生杜鹃花属种类最为丰富的县级行政单位。当包含

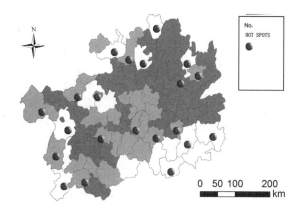

图 4　基于筛除算法确立的贵州省野生杜鹃花属植物分布的热点地区

Fig. 4　Hot spots of wild *Rhododendron* in Guizhou Province using the complementary algorithm

物种数累计达到 100% 时共筛选得到 21 个热点县(图 4),包含野生杜鹃花属植物 156 种,分别为雷山县、龙里县、水城县、印江土家族苗族自治县、兴义市、习水县、榕江县、黎平县、西秀区、石阡县、都匀市、荔波县、绥阳县、桐梓县和七星关区,这些地区包含了一些重要的区域特有杜鹃花属植物,如荔波杜鹃和习水杜鹃等。

3　讨论

贵州地处我国植物区系分区系统中的贵州高原亚地区与滇黔桂石灰岩地区,是云贵高原向广西低山丘陵和四川盆地过渡地带,植物区系上具有过渡性(吴征镒 等,2011;张玉节,2007)。同时,境内复杂的自然环境和地质地貌孕育了丰富的物种资源,故区系上具有特有性。系统地探索和研究贵州的物种资源,根据其分布情况确定分布频度,分析其生态成分(ecological elements),即物种适应生境的特征,对于研究一个植物区系的历史及其所经历的气候变化以及物种多样性和资源开发利用具有重要意义(金勇 等,2020;左家哺,1993;熊源新和曹威,2017;王立彦等,2018;税玉民 等,2017)。

属的分布区是该属所包含各个种分布区的总和。属中所包含的种往往具有相同的起源和相似的进化趋势,其分类学特征相对稳定,占有比较稳定的分布区。属内植物在进化过程中随着地理环境的变化而发生分异,具有比较明显的地区性差异。因此,在植物区系地理的研究中,属的分布区研究应被关注(金振洲,2009)。分析物种分布情况时,部分行政区域特有杜鹃花属物种相对较少,这也说明在分析生物多样性地理分布格局时不可避免地受到行政边界的影响。分析特有杜鹃花属植物在每一区域内所占比例,可以得到特有比例非常高的一些重要区域在省内呈现出离散的分布格局,尤其是一些物种丰富度较低的地区其

特有种比例却较高[图 3(a),(d)],这一结果与筛除算法得到 100% 物种时的热点地区相吻合。这些重要区域尽管包含的杜鹃花属物种的多样性较少,但是分布了一些其他区域所没有的区域特有种,因此不可替代性和补充贡献率较高。为了进一步提高贵州省野生杜鹃花属植物的保护及合理应用效率,这些区域的研究优先性应该得到提高。

本研究分为水平与垂直两个方向,根据其分布频度分析不同的生态成分作用下的分布情况,可以间接地反映或指示其物种多样性状况。在水平分布上呈现出离散的分布格局,主要集中在贵州西部至南部地区,特别是百里杜鹃,是野生杜鹃花属植物主要分布区。在垂直分布上,主要集中在海拔 1400~1700m 垂直段。在资源丰富度上,杜鹃花亚属、常绿杜鹃亚属、映山红亚属在数据层面优势明显。

利用筛除算法鉴别生物多样性热点地区,是在以物种丰富度为原则的热点地区确定基础上,进一步筛选互补性最高、面积最小的区域组成一个整体的网络体系,实现以最小的土地面积尽可能多地涵盖物种的目标。该方法可以运用到在较大尺度上快速识别区域内生物多样性优先选择的研究和规划实践中。虽然国内外许多专家学者早就提出要注重杜鹃等传统名花的引种、驯化及繁殖利用,加强对野生杜鹃资源的引种研究,使这类优秀的原生花木走出深山,美化城市,但是对其研究及在城市里的推广应用却没有重大成效,大多数杜鹃仍未实现引种或仅局限引种于科研单位、植物园等。杜鹃花为贵州省省花及贵州省的特色花卉,贵州省贵阳市亦是引种杜鹃花属植物的适宜区域(欧静和陈训,2012;张长芹 等,2010)。在今后的研究工作中,加强资源收集和保存,应注意对杜鹃花属植物的记录应该是一个动态的记录,同种植物在不同海拔、生境下的不同表现情况的记录,而不是某一个时期单一群体的记录(余国睿,2014)。

参考文献

陈翔，黄家勇，谢华，等，2010. 贵州杜鹃属一新种和新变种[J]. 种子，29(01)：65-67+72.

陈翔，黄家勇，黄承玲，等，2013. 黔西北杜鹃属植物宏观形态学特征研究[J]. 种子，32(08)：51-55.

陈翔，黄家勇，谢华，等，2010. 中国贵州杜鹃属两新种（英文）[J]. 热带亚热带植物学报，18(03)：259-263.

陈翔，谢华，陈训，2005. 贵州杜鹃属一新亚种和新记录种[J]. 贵州科学，(03)：54-55.

陈翔，杨成华，谢华，等，2012. 中国杜鹃属一新种（英文）[J]. 热带亚热带植物学报，20(05)：513-516.

陈训，巫华美，2003. 中国贵州杜鹃花[M]. 贵阳：贵州科技出版社.

陈正仁，蓝开敏，2003. 贵州杜鹃花属（杜鹃花科）一新种——荔波杜鹃（英文）[J]. 植物分类学报，(06)：563-565.

戴晓勇，杨成华，邓伦秀，等，2019. 贵州杜鹃花科4种植物新记录[J]. 贵州农业科学，47(11)：88-90+173.

方瑞征，闵天禄，1995. 杜鹃属植物区系的研究[J]. 云南植物研究，(04)：359-379.

方瑞征，杨汉碧，金存礼，1999. 中国植物志[M]. 北京：科学出版社.

耿玉英，2014. 中国杜鹃花属植物[M]. 上海：上海科学技术出版社.

黄红霞，2006. 百里杜鹃国家森林公园杜鹃花属植物资源调查与旅游应用研究[D]. 北京：北京林业大学.

金勇，安明态，崔兴勇，等，2019. 贵州省国家重点保护野生植物物种丰富度分布特征及保护优先区分析[J]. 广西植物，39(12)：1710-1723.

金振洲，2009. 植物社会学理论与方法[M]. 北京：科学出版社.

匡其羽，林长松，2010. 六盘水杜鹃花属植物资源及其开发利用[J]. 六盘水师范高等专科学校学报，22(06)：6-10.

刘振业，1987. 贵州百里杜鹃林区科学考察集[C]. 贵阳：贵州省科学技术协会.

龙海燕，戴晓勇，邓伦秀，等，2019. 贵州杜鹃花科5种植物新记录[J]. 贵州农业科学，47(10)：84-86+165.

罗扬，邓伦秀，2015. 贵州维管束植物编目[M]. 北京：中国林业出版社.

马丹炜，2012. 植物地理学[M]. 北京：科学出版社.

欧静，陈训，2012. 贵州省常绿杜鹃亚属资源及园林应用前景分析[J]. 江苏农业科学，40(08)：200-203.

孙航，邓涛，陈永生，等，2017. 植物区系地理研究现状及发展趋势[J]. 生物多样性，25(02)：111-122.

税玉民，陈文红，秦新生，2017. 中国喀斯特地区种子植物名录[M]. 北京：科学出版社.

陶云，黄承玲，黄家湧，等，2013. 贵州百里杜鹃风景名胜区露珠杜鹃群落研究[J]. 安徽农业科学，41(15)：6791

-6793+6796.

王立彦，何显升，宋钰，等，2018. 中国植物区系新资料（英文）[J]. 西北植物学报，38(10)：1945-1948.

王晓红，陈训，陈月华，等，2008. 贵州百里杜鹃风景区植物景观资源调查与营造建议[J]. 北方园艺，(09)：137-140.

吴征镒，孙航，周浙昆，等，2011. 中国种子植物区系地理[J]. 生物多样性，19(01)：148.

熊源新，曹威，2017. 贵州植物分类学研究概述[J]. 山地农业生物学报，36(01)：1-11+101.

杨成华，陈景艳，2007. 贵州杜鹃属的5种新记录[J]. 贵州林业科技，(01)：27-28.

杨成华，李贵远，邓伦秀，等，2006. 贵州百里杜鹃保护区的杜鹃属植物种类及其观赏特性研究[J]. 西部林业科学，(04)：14-18+39.

杨成华，杨传东，穆军，2012. 贵州杜鹃花一新种[J]. 贵州科学，30(01)：95-96.

杨成华，姚炳矾，代杰，2019. 贵州荔波杜鹃初步调查[J]. 贵州林业科技，47(03)：14-17.

杨加文，李鹤，安明态，等，2015. 贵州新分布的植物[J]. 种子，34(02)：54-56.

余国睿，2014. 中国南方喀斯特生物多样性及其世界遗产价值研究[D]. 贵阳：贵州师范大学.

张秀实，陈训，1990. 贵州植物志：第3卷[M]. 贵阳：贵州人民出版社.

张殷波，杜昊东，金效华，等，2015. 中国野生兰科植物物种多样性与地理分布[J]. 科学通报，60(02)：179-188+1-16.

张玉节，2007. 甘肃省杜鹃花科植物系统分类与区系地理[D]. 兰州：甘肃农业大学.

张长芹，黄承玲，黄家勇，等，2015. 贵州百里杜鹃自然保护区杜鹃花属种质资源的调查[J]. 植物分类与资源学报，37(03)：357-364.

张长芹，李奋勇，刘国强，2010. 杜鹃花欣赏栽培150问[M]. 北京：中国农业出版社.

朱春艳，2008. 杜鹃花资源及其园林应用研究[D]. 杭州：浙江大学.

左家哺，1993. 贵州常绿杜鹃亚属区系地理的数值研究[J]. 贵州科学，(01)：82-89.

左经会，林长松，孙爱群，等，2006. 贵州种子植物分布新记录[J]. 植物研究，(01)：30-34.

左经会，林长松，孙爱群，等，2006. 贵州种子植物分布新记录（二）[J]. 植物研究，(05)：565-569.

Chen X, Consaul L, Huang J Y, et al. 2010. *Rhododendron subroseum* sp. nov. and *R. denudatum* var. *glabriovarium* var. nov. (Ericaceae) from the Guizhou Province, China [J]. Nordic Journal of Botany, 28(4)：496-498.

Chen X, Huang J Y, Xie H, et al. 2012. *Rhododendron cochle-*

arifolium(Ericaceae), a new species from China[J]. Annales Botanici Fennici, 49(5/6): 422-424.

Chen X, Huang J Y, Xie H, et al. 2010. Study on plant resources of Rhododendron(Ericaceae)in nature reserve of Azalea forest[J]. Guizhou Science, 28: 26-34.

Chen X, Huang J Y, Xie H, et al. 2010. Two new species of Rhododendron (Ericaceae)from Guizhou, China[J]. Journal of Tropical and Subtropical Botany, 18: 259-263.

Chen X, Wu H M, Xie B X. 2008. Rhododendron species and communities in Guizhou (China) [J]. Acta Horticulturae, (769): 339-342.

Chen X, Huang J Y, Consaul L, et al. 2010. New taxa of Rhododendron(Ericaceae)from China[J]. Annales Botanici Fennici, 47(5): 397-402.

Consaul L, Chen X, Huang J Y, et al. 2010. Two New Species of Rhododendron (Ericaceae) from Guizhou, China[J]. Novon: A journal for botanical nomenclature, 20 (4): 386 -391.

Dobson A P, Rodriguez J P, Roberts W M, et al. 1997. Geographic distribution of endangered species in the United States[J]. Science, (275): 550-553.

Fang M Y, Fang R Z, He M Y. 2005. Flora of China[M]. Bei-
jing: Science Press.

Fang RZ, Min TL. 1995. The floristic study on the genus Rhododendron[J]. Acta Botanica Yunnanica, 17: 359-379.

Huang C L, Su C H, Tian X L, et al. 2018. Discovery of two new populations of the rare endemic Rhododendron liboense in Guizhou, China[J]. Oryx, 52(4): 610-611.

Li J, Liao F L. 1997. A study on population structure and the trend of Rhododendron delavayi in Baili Azalea forest [J]. Guizhou Science, 15: 64-69.

Luo Y Y, Luo Z X, Chen M Y. 2010. Temperature change characteristics in recent 49 years in Dafang County[J]. Journal of Guizhou Meteorology, 34: 42-46.

Ma Y P, Chamberlain, David F, et al. 2015. A new species of Rhododendron(Ericaceae) from Baili Rhododendron nature reserve, NW Guizhou, China[J]. Phytotaxa, 195: 197-200.

Pang C T, Song M H, Tian G P. 1993. Ecological conditions in the ' Hundred Li Azalea Forest ' in Northwest Guizhou Province[J]. Chinese Journal of Ecology, 12: 49-52.

Yang W B, Yang L. 2002. Study on the problems existing in the tourism development of Guizhou Baili Azalea scenery site[J]. Journal of Guizhou Normal University, 20: 84-86.

表 S1　贵州省野生杜鹃花属植物物种名录

Table S1　List of wild *Rhododendron* species in Guizhou Province

亚属	种名	分布地点(县级行政区)	海拔(m)
杜鹃亚属 Subgen. Rhododendron	朱砂杜鹃 R. cinnabarinum	威宁	2360
	长柱直枝杜鹃 R. orthocladum var. longistylum*	镇宁;安龙	1300
	多色杜鹃 R. rupicola	都匀;江口	2800
	昭通杜鹃 R. tsaii*	盘州	2740
	树枫杜鹃 R. changii	道真	1600~2000
	睫毛萼杜鹃 R. ciliicalyx	江口	2000
	长柱睫萼杜鹃 R. ciliicalyx subsp. lyi	镇宁;兴义;兴仁;安龙	1300
	大喇叭杜鹃 R. excellens	贵定;安龙;惠水;三都;龙里	800~1500
	南岭杜鹃 R. levinei*	贵定;惠水;龙里	1400
	百合花杜鹃 R. liliiflorum*	贵定;安龙;惠水;雷山;江口;龙里;都匀	1100~1500
	云上杜鹃 R. pachypodum	水城;盘州;兴义	1800~2200
	毛柄杜鹃 R. valentinianum	贵定;安龙;惠水;龙里	1500~1600
	短尾杜鹃 R. brevicaudatum*	雷山;安龙	1400~1600
	照山白 R. micranthum	雷山;威宁	1000
	宝兴杜鹃 R. moupinense	江口;绥阳	2000
	美被杜鹃 R. calostrotum	德江;榕江;从江;黎平;黄平;瓮安;独山;罗甸;福泉;荔波;惠水;龙里;平塘;三都;贵定;都匀	500~900

（续）

亚属	种名	分布地点（县级行政区）	海拔（m）
	问客杜鹃 *R. ambiguum* *	贵定；百里杜鹃；红花岗	1200
	毛肋杜鹃 *R. augustinii* *	威宁；盘州	1000~2100
	短梗杜鹃 *R. brachypodum* *	道真	1000~1500
	秀雅杜鹃 *R. concinnum* *	水城；印江；赫章	1800
	凹叶杜鹃 *R. davidsonianum* *	威宁；百里杜鹃	2400
	黄花杜鹃 *R. lutescens* *	贵定；惠水；龙里	700~1000
	多鳞杜鹃 *R. polylepis* *	印江；绥阳	1400~2600
	基毛杜鹃 *R. rigidum* *	水城；盘州；兴义	1700
	锈叶杜鹃 *R. siderophyllum* *	息烽；乌当；惠水；龙里；贵定；江口；大方；七星关	1400~1900
	硬叶杜鹃 *R. tatsienense* *	江口	1700
	西昌杜鹃 *R. xichangense* *	百里杜鹃	1500~2200
	云南杜鹃 *R. yunnanense*	乌当；七星关；黔西；都匀；惠水；贵定；龙里；平塘；盘州；习水；百里杜鹃；	1200~1700
	白面杜鹃 *R. zaleucum*	七星关；贵阳；习水	1400~1700
	鳞叶白面杜鹃 *R. zaleucum* subsp. *lepidofolium*	七星关	1700
	云南三花杜鹃 *R. triflroum* subsp. *multiflorum*	黔西；绥阳；百里杜鹃	1200~1500
	红棕杜鹃 *R. rubiginosum* var. *rubiginosum*	盘州	2400~2800
	百纳杜鹃 *R. bainaense* * *	七星关；百里杜鹃	1700
	糙叶杜鹃 *R. scabrifolium* *	黔西	1600
	柔毛碎米花 *R. mollicomum*	威宁	2265
	碎米花 *R. spiciferum* *	云岩；惠水；龙里	1200
	粉红爆杖花 *R. ×duclouxii*	威宁	2200
	爆杖花 *R. spinuliferum* *	威宁；盘州	2200
	柳条杜鹃 *R. virgatum*	水城；钟山	2000
	富源杜鹃 *R. fuyuanense* *	盘州	1800
	腋花杜鹃 *R. racemosum* *	七星关；威宁；贵定	1800~2400
	缺顶杜鹃 *R. emarginatum*	贵定；安龙；贞丰；惠水；龙里	1200~2000
	毛果缺顶杜鹃 *R. emarginatum* var. *eriocarpum* *	贵定；安龙	1400~1800
常绿杜鹃亚属 Subgen. *Hymenanthes*	习水杜鹃 *R. xishuiense* * *	习水	630
	长鳞杜鹃 *R. longesquamatum* *	江口；绥阳	2300~2900
	麻花杜鹃 *R. maculiferum* *	七星关；安龙；水城	1200~1700
	芒刺杜鹃 *R. strigillosum*	大方	1954
	稀果杜鹃 *R. oligocarpum* *	江口	1800~2500
	峨马杜鹃 *R. ochraceum* *	道真	1850~2800
	短果峨马杜鹃 *R. ochraceum* var. *brevicarpum* *	道真	1850~2800
	淡粉杜鹃 *R. subroseum* *	百里杜鹃	1650
	树形杜鹃 *R. arboreum*	七星关；百里杜鹃	1700~1900

（续）

亚属	种名	分布地点（县级行政区）	海拔（m）
	马缨杜鹃 R. delavayi	大方；百里杜鹃；七星关；威宁；水城；长顺；都匀；惠水；三都；龙里；黔西；盘州；普安	1200~3200
	腺柱马缨杜鹃 R. delavayi var. adenostylum	百里杜鹃	1720
	狭叶马缨杜鹃 R. delavayi var. peramoenum	大方；黔西；赫章；百里杜鹃	1700~2600
	毛柱马缨杜鹃 R. delavayi var. pilostylum*	水城	2150
	微毛马缨杜鹃 R. delavayi var. puberulum	水城	2150
	枇杷叶杜鹃 R. eriobotryoides*	百里杜鹃	1650
	弯尖杜鹃 R. adenopodum*	道真	1000~2000
	银叶杜鹃 R. argyrophyllum*	都匀；惠水；龙里；百里杜鹃	1600~2300
	皱叶杜鹃 R. denudatum*	水城；盘州；兴义；百里杜鹃	2000~3300
	粗脉杜鹃 R. coeloneurum*	百里杜鹃	2100
	光房皱叶杜鹃 R. denudatum var. glabriovarium*	威宁；水城；百里杜鹃	2680
	繁花杜鹃 R. floribundum*	印江；江口；雷山	1700~1800
	光枝杜鹃 R. haofui*	道真	1500~2100
	粉白杜鹃 R. hypoglaucum*	威宁	1500~2000
	不凡杜鹃 R. insigne*	威宁	2000~2500
	长柄杜鹃 R. longipes*	道真	1700~2100
	金山杜鹃 R. longipes var. chienianum*	江口；从江；榕江	500~1300
	倒矛杜鹃 R. oblancifolium*	印江；江口；绥阳	1300~1900
	大钟杜鹃 R. ririei*	黄平；施秉；福泉；安龙；荔波；罗甸；望谟；榕江	600~1000
	猴头杜鹃 R. simiarum*	雷山；江口	1250~2300
	黔东银叶杜鹃 R. argyrophyllum subsp. nankingense*	印江；江口；都匀	600~2000
	耳叶杜鹃 R. auriculatum*	黎平；从江	850~1800
	红滩杜鹃 R. chihsinianum*	百里杜鹃；盘州	1800~2100
	百里杜鹃 R. bailiense**	雷山；绥阳；都匀；百里杜鹃	1550~1700
	美容杜鹃 R. calophytum*	道真	1800~2100
	疏花美容杜鹃 R. caloplytum var. pauciflorum*	荔波	600~900
	荔波杜鹃 R. liboense**	江口	2300
	腺果杜鹃 R. davidii*	雷山；黎平；七星关；大方；百里杜鹃；威宁；都匀；惠水；龙里；绥阳；水城；兴仁；普安	1600~2100
	大白杜鹃 R. decorum	道真	2100
	小头大白杜鹃 R. decorum subsp. parvistigmatis*	百里杜鹃	1700
	高尚大白杜鹃 R. decorum subsp. disprepes	兴仁；绥阳	1500~1690
	喇叭杜鹃 R. discolor*	雷山；威宁	1800
	大云锦杜鹃 R. faithae*	威宁；雷山；都匀	1300~2300
	云锦杜鹃 R. fortunei*	印江；江口；盘州	1800~2000

（续）

亚属	种名	分布地点（县级行政区）	海拔（m）
	凉山杜鹃 *R. huianum* *	百里杜鹃	1700
	黄坪杜鹃 *R. huangpingense* *	安龙	1740~1750
	贵州大花杜鹃 *R. magniflorum* *	大方	1700
	睡莲叶杜鹃 *R. nymphaeoides* *	水城	2150
	团叶杜鹃 *R. orbiculare* *	桐梓	1700~2100
	阔柄杜鹃 *R. platypodum* *	从江；盘州	1300~1500
	心基杜鹃 *R. orbiculare* subsp. *cardiobasis* *	威宁；桐梓	1500~2500
	早春杜鹃 *R. praevernum* *	雷山	1550
	四川杜鹃 *R. sutchuenense* *	江口；麻江；绥阳；正安；	1350~2000
	亮叶杜鹃 *R. vernicosum* *	百里杜鹃	1800~2000
	九龙山杜鹃 *R. jiulongshanense* *	百里杜鹃	1700
	小白杜鹃 *R. maculatunm*	雷山	1350~1540
	雷公山杜鹃 *R. leigongshanense* *	江口；印江	2020
	卵叶杜鹃 *R. callimorphum*	兴义	2400
	白碗杜鹃 *R. souliei* *	安龙	1600~1700
	蝶花杜鹃 *R. aberconwayi* *	七星关；长顺；百里杜鹃；榕江	1700~1900
	迷人杜鹃 *R. agastum*	百里杜鹃	2000~2900
	团花杜鹃 *R. anthosphaerum*	雷山；江口；绥阳；百里杜鹃	1000~1700
	短脉杜鹃 *R. brevinerve* *	江口	1700~2400
	贵州杜鹃 *R. guizhouense* *	安龙；盘州；纳雍；七星关；百里杜鹃	1800~2000
	露珠杜鹃 *R. irroratum* *	乌当；盘州；织金；惠水；贵定；龙里；大方；黔西；威宁；百里杜鹃	1500~2600
	桃叶杜鹃 *R. annae* *	百里杜鹃	1600~1700
	滇西桃叶杜鹃 *R. annae* subsp. *laxiflorum*	百里杜鹃	1600
	金波杜鹃 *R. jinboense* *	百里杜鹃	1700
	匙叶杜鹃 *R. cochlearifolium* *	印江	1000~2300
	长轴杜鹃 *R. longistylum* *	盘州	1500~1700
	红花杜鹃 *R. spanotrichum* *	百里杜鹃	1700~2400
	红花露珠杜鹃 *R. irroratum* subsp. *pogonostylum*	盘州	1500~1700
	光柱杜鹃 *R. tanastylum*	织金；百里杜鹃	1660
	光柱迷人杜鹃 *R. agastum* var. *pennivenium*	七星关；水城；安龙；百里杜鹃	1900
	石生杜鹃 *R. araiophyllum* subsp. *lapidosum* *	赤水；雷山；习水；道真；桐梓；百里杜鹃	1200~2300
	皱皮杜鹃 *R. wiltonii* *	百里杜鹃	1700
	普底杜鹃 *R. pudiense* *	百里杜鹃	1650
	雷山杜鹃 *R. leishanicum* *	雷山；印江；江口	1850~2300
	圆叶杜鹃 *R. williamsianum* *	兴义；贵定；龙里；习水	1500
映山红亚属 *Subgen. Tsutsusi*	杜鹃（映山红）*R. simsii*	全省均有分布	500~2500

（续）

亚属	种名	分布地点（县级行政区）	海拔（m）
	湖南杜鹃 R. hunanense *	安龙	1530
	大关杜鹃 R. atrovirens *	七星关；威宁；雷山；都匀	1600
	金萼杜鹃 R. chrysocalyx *	罗甸；荔波；惠水；龙里；榕江	500~1000
	贵定杜鹃 R. fuchsiifolium *	贵定；开阳；福泉；惠水；龙里；百里杜鹃	1300
	广东杜鹃 R. kwangtungense *	黎平；赤水	800
	白花映山红 R. simsii var. albiflorum	黎平；赤水	1740
	岭南杜鹃 R. mariae *	荔波；罗甸；三都；独山；雷山；兴仁；贞丰；普安	650
	亮毛杜鹃 R. microphyton	安龙；兴义；从江；普安	1000~1400
	小花杜鹃 R. minutiflorum	开阳；兴义	1400
	白花杜鹃 R. mucronatum	黔西；都匀；三都；百里杜鹃	1750
	毛果杜鹃 R. seniavinii *	瓮安；雷山；安龙；江口；盘州；普安；独山	700~1000
	八蕊杜鹃 R. octandrum	江口	1450
	滇红毛杜鹃 R. rufohirtum *	兴义；安龙；盘州；七星关；百里杜鹃	1000~2300
	涧上杜鹃 R. subflummineum	雷山	1700
	淡紫杜鹃 R. lilacinum	百里杜鹃	1670
	丁香杜鹃 R. farrerae *	雷山	800~1200
	满山红 R. mariesii *	瓮安；都匀；长顺；独山；罗甸；福泉；惠水；贵定；龙里；平塘；凯里；印江；松桃；江口；绥阳；习水；榕江	500~800
马银花亚属 Subgen. Azaleastrum	红马银花 R. vialii	望谟	1320
	腺萼马银花 R. bachii *	清镇；榕江；雷山；江口；望谟；安龙；赤水；瓮安；独山；罗甸；福泉；都匀；三都；龙里；百里杜鹃；从江	500~1300
	薄叶马银花 R. leptothrium		1477
	马银花 R. ovatum *	都匀；江口	1000
	田林马银花 R. tianlinense *	榕江	1200
长蕊杜鹃亚属 Subgen. Choniastrum	多花杜鹃 R. cavaleriei *	开阳；安龙；贵定；从江；黎平；独山；都匀；惠水；龙里；百里杜鹃	600~1600
	刺毛杜鹃 R. championae *	都匀	500~1300
	弯蒴杜鹃 R. henryi *	石阡	500~1000
	凯里杜鹃 R. westlandii **	雷山；三都	700~1500
	鹿角杜鹃 R. latoucheae	织金；黔西；百里杜鹃；从江	1500
	长蕊杜鹃 R. stamineum *	花溪；乌当；开阳；息烽；修文；惠水；清镇；平塘；雷山；安龙；贞丰；兴仁；江口；绥阳；习水；百里杜鹃；从江；榕江；普安	500~1600
	毛果长蕊杜鹃 R. stamineum var. lasiocarpum	惠水	1000

（续）

亚属	种名	分布地点（县级行政区）	海拔（m）
	平房杜鹃 R. truncationvarium *	台江；榕江	1300~1800
	毛棉杜鹃花 R. moulmainense	雷山；从江；独山；百里杜鹃；榕江	700~1500
	玫色杜鹃 R. vaniotii **	西秀	未记载
	黔中杜鹃 R. feddei **	百里杜鹃	1578
羊踯躅亚属 Subgen. Pentanthera	羊踯躅 R. molle *	七星关；盘州；百里杜鹃	1100~1700

注：＊指中国特有种，＊＊贵州特有种。

部分野生百合原生境土壤理化性质分析

陈 曦[1,2]　杜运鹏[2]　张铭芳[2]　贾桂霞[1]　于晓南[1*]　张秀海[2*]

([1] 花卉种质创新与分子育种北京市重点实验室，国家花卉工程技术研究中心，城乡生态环境北京实验室，
园林环境教育部工程研究中心，林木花卉遗传育种教育部重点实验室，园林学院，北京林业大学，北京 100083；
[2] 北京市功能花卉工程技术研究中心，农业基因资源与生物技术北京市重点实验室，北京农业生物技术
研究中心，北京市农林科学院，北京 100097)

摘要 百合是世界四大切花之一，具有重要的观赏和经济价值。中国是世界百合属植物分布中心之一，蕴含着丰富的野生资源。据估计，已应用于杂交育种的中国百合资源种不足一半，许多具有观赏价值、抗逆性强的百合尚未得到开发利用，大大限制了百合育种的进程。另外，野生百合的生境破坏严重，濒危种不断增多。对原始生境土壤进行调查，为野生百合的资源保护、引种驯化和可持续利用提供指导。通过野外调查采样和土样化学测定，分析 18 种野生百合原生境下土壤的理化性质。结果表明，不同种的百合和同一种百合不同种源地的土壤理化性质均存在较大差异。总体上，野生百合生境土壤有机质、全氮含量丰富，土壤全盐、磷素、钾素养分含量水平整体较低。81.1% 的野生百合生长在非盐渍的原生境土壤中，74% 的野生百合土样有机质含量达到一级肥力标准，76.67% 的野生百合土样含氮量达到丰富水平，66.6% 的土样有效磷含量处于缺乏至中等水平，55.5% 的土样速效钾含量处于缺乏至中等水平。其中岷江百合、湖北百合、川百合、野百合、宜昌百合、卷丹、泸定百合、南川百合的适应性都较强，可作为抗逆育种和品种改良的亲本及应用于园林绿化。

关键词 百合；土壤理化性质；原生境

Analysis on Physical and Chemical Properties of Original Surrounding Soil of *Lilium* Wild Species

CHEN Xi[1,2]　DU Yun-peng[2]　ZHANG Ming-fang[2]　JIA Gui-xia[1]　YU Xiao-nan[1*]　ZHANG Xiu-hai[2*]

([1] *Beijing Key Laboratory of Ornamental Plants Germplasm Innovation & Molecular Breeding, National Engineering Research Center for Floriculture, Beijing Laboratory of Urban and Rural Ecological Environment, Engineering Research Center of Landscape Environment of Ministry of Education, Key Laboratory of Genetics and Breeding in Forest Trees and Ornamental Plants of Ministry of Education, School of Landscape Architecture, Beijing Forestry University, Beijing 100083, China;* [2] *Beijing Agro-Biotechnology Research Center, Beijing Functional Flower Engineering Technology Research Center, Beijing Key Laboratory of Agricultural Genetic Resources and Biotechnology, Beijing Academy of Agriculture and Forestry Sciences, Beijing 100097, China)*

Abstract *Lilium* is one of the four cut flowers in the world, with important ornamental and economic values. As one of the natural distribution centers of *Lilium*, there are abundant wild resources in China. And these resources are the basis of plant variety improvement and breeding. It is estimated that less than half of Chinese *Lilium* resources have been used in hybrid breeding, and many lilies with ornamental value and strong stress resistance are still in the wild state and have not been exploited and utilized, which greatly limits the process of *Lilium* breeding. On the other hand, the resources were destroyed severely, and the endangered species was growing. The investigation of the original habitat soil can provide a foundation for scientific cultivation and utilization of wild *Lilium*. In this paper, the soil of 18 wild *Lilium* species in their original habitats were analyzed through investigation and chemical determination. It is expected to provide guidance and reference for the protection, domestication and

1 基金项目：国家自然科学基金项目(31601781)和北京市农林科学院科技创新能力建设专项(KJCX20200103)。
第一作者简介：陈曦(1996—)，女，硕士研究生，主要从事百合鳞茎发育及基因挖掘研究。
通讯作者：于晓南，教授，E-mail：yuxiaonan626@126.com；张秀海，副研究员，E-mail：zhangxiuhai@baafs.net.cn。

cultivation of wild *Lilium* resources. The results showed that the soil physical and chemical properties were different among different species anddifferent provenances. As a whole, the organic and total nitrogen content in wild *Lilium* habitat are rich, but the contents of total salt, phosphorus and potassium are low. 81.1% wild lilies grow in the non-saline soil, 74% of wild *Lilium* soils have organic matter content that meets the first-grade fertility standard, 76.67% of wild *Lilium* soils have an abundant nitrogen content, and 66.6% of soil samples have available phosphorus The content is at a deficient to moderate level, and the available potassium content of 55.5% of the soil samples were in the lack to medium level of rapid available potassium. *L. davidii* can be used as an excellent parent for salt resistance breeding. Soils in situ of *L. leucanthum*、*L. davidii*、*L. regale*、*L. henryi*、*L. brownii*、*L. sargentiae*、*L. rosthornii*、*L. lancifolium*were relatively infertile, suggesting that they have good adaptability, can be applied in stress resistance breeding and landscaping.

Key words *Lilium*; Soil physical and chemical properties; Original habitat

百合(*Lilium*)是世界四大切花之一,有"球根花卉之王"之称,具有很高的观赏价值,全世界百合属植物约为115种(McRae,1998),分布于北温带和高山地区,中国是世界百合属植物分布中心之一,全球超过一半的百合属植物分布在中国,遍布全国各省、自治区、直辖市,尤以西南和华中最为丰富(傅立国等,2002)。我国的野生百合长期面临着来自生物和非生物因素的双重威胁,生境破坏严重,种群分布斑块化。张玲(2007)在调查时发现云南西北部野生百合的生存状况尤为堪忧,一些稀有品种正处于濒危的边缘,野生百合种质资源的保护工作迫在眉睫(钟雁等,2010)。

我国野生百合资源丰富,参与了目前世界普遍流行的百合品系的培育。目前我国在百合资源的调查、引种和育种方面已取得一定的进展,最近30多年国内开展了大规模的百合引种栽培工作,但因对产地土壤环境及肥力状况不明,导致百合品种混杂退化及连作障碍问题尤为突出,百合种球依赖进口,这严重制约了我国百合产业的发展(田爱梅 等,2007;石有太等,2013;李瑞琴 等,2016)。

土壤问题是产生连作障碍的源头,土壤作为影响植物生长的重要环境因子,根系土壤理化性质与土壤微生物群落结构表现出显著的相关性(马慧君,2017)。土壤中的有机质、氮磷钾水平、pH 等理化性质能直接影响植物的生物量和种群动态,而植物在生长发育过程中也会通过土壤根际微生物改变土壤的理化性质(杨万勤 等,2001)。因此在充分了解百合生长习性和生境基础上,利用适宜的立地条件开展百合引种工作,可以有效提高引种质量,克服连作障碍,对百合种质资源的保护利用具有重要意义。本文对18种野生百合生境调查和对生境土壤特性进行分析,以期为野生百合引种驯化提供基础数据,为克服栽培条件下的连作障碍提供指导和参考。

1 材料与方法

1.1 研究区域概况

在了解百合野生资源分布范围的基础上,通过查阅文献资料和野外踏查,选取了18种野生百合的典型分布区域作为研究对象,具体调查与采样地点见表1。

1.2 土样采集

对野生百合的典型分布区实地踏查后,根据生态环境差异,在18种野生百合的典型分布区选取了37个百合自然种群分布点,在样地用环刀法采集地表下0~15cm 的土样。

1.3 土样处理

按四分法制成混合土样装袋,自然风干后剔除杂质,磨碎,过20目和100目筛,放于干燥的密封袋中,用于土壤理化指标测定。野生百合原生境土壤样品编号如表1。

表1 已收集的野生百合原生境土壤样品

Table 1 The collected sample of original surrounding soil of *Lilium* wild species

编号	种名	学名	调查与采样地点	编号	种名	学名	调查与采样地点
A1	宜昌百合	*L. leucanthum*	湖北神农架-1	A6			湖北宜昌-4
A2			湖北宜昌-1	A7			湖北宜昌-5
A3			湖北宜昌-2	B1	宝兴百合	*L. duchartrei*	重庆南川-2
A4			重庆南川-1	B2			四川雅安-1
A5			湖北宜昌-3	B3			四川雅安-2

(续)

编号	种名	学名	调查与采样地点	编号	种名	学名	调查与采样地点
B4			四川雅安-3	H2			重庆南川-5
C1	川百合	*L. davidii*	湖北宜昌-6	H3			重庆南川-6
C2			湖北宜昌-7	H4			重庆南川-7
C3			湖北宜昌-8	H5			重庆南川-8
C4			湖北宜昌-9	H6			重庆南川-9
C5			四川雅安-4	I1	卓巴百合	*L. wardii*	西藏林芝-1
C6			云南丽江-1	I2			西藏林芝-2
C7			云南大理1	J1	南川百合	*L. rosthornii*	重庆南川-10
D1	岷江百合	*L. regale*	四川阿坝-1	J2			湖南怀化-3
D2			四川阿坝-2	J3			湖南怀化-4
D3			四川阿坝-3	K1	大理百合	*L. taliense*	重庆南川-11
D4			四川阿坝-4	K2			云南大理-2
D5			四川阿坝-5	K3			云南大理-3
E1	湖北百合	*L. henryi*	湖北宜昌-10	K4			云南香格里拉
F1	卷丹	*L. lancifolium*	湖北宜昌-11	K5			云南丽江-2
F2			湖北宜昌-12	L1	绿花百合	*L. fargesii*	陕西宝鸡-1
F3			湖北宜昌-13	L2			陕西宝鸡-2
F4			重庆南川-3	M1	滇百合	*L. bakerianum*	云南丽江-3
F5			湖北宜昌-14	M2			云南丽江-4
F6			湖北宜昌-15	M3			云南丽江-5
F7			湖北宜昌-16	N1	黄绿花滇百合	*L. bakerianum* var. *delavayi*	云南丽江-6
F8			湖北宜昌-17	N2			云南丽江-7
F9			湖北神农架-2	N3			云南丽江-8
F10			辽宁抚顺-1	O1	大花卷丹	*L. leichtlinii* var. *maximowiczii*	辽宁抚顺-2
G1	野百合	*L. brownii*	湖北宜昌-18	O2			辽宁抚顺-3
G2			湖北宜昌-19	P1	毛百合	*L. dauricum*	辽宁抚顺-4
G3			湖北宜昌-20	P2			辽宁抚顺-5
G4			湖北宜昌-21	P3			辽宁抚顺-6
G5			湖北宜昌-22	P4			辽宁抚顺-7
G6			湖北宜昌-23	Q1	东北百合	*L. distichum*	辽宁抚顺-8
G7			湖北宜昌-24	Q2			辽宁抚顺-9
G8			重庆南川-4	Q3			辽宁抚顺-10
G9			湖北神农架-3	Q4			辽宁抚顺-11
G10			湖北宜昌-25	Q5			辽宁抚顺-12
G11			湖北神农架-4	R1	有斑百合	*L. concolor* var. *pulchellum*	辽宁抚顺-13
G12			湖北神农架-5	R2			辽宁抚顺-14
G13			湖北宜昌-26	R3			辽宁抚顺-15
G14			湖南怀化-1	R4			辽宁抚顺-16
G15			湖南怀化-2	R5			辽宁抚顺-17
H1	泸定百合	*L. sargentiae*	四川雅安-5	R6			辽宁抚顺-18

1.4 土壤理化特性分析

土样测定参考鲍士旦(2005)的方法。测定 pH 时用酸度计测定(水：土=2.5：1)；有机质含量采用重铬酸钾外加热法测定；全氮含量采用开氏定氮法测定；有效磷含量采用碳酸氢钠-钼锑抗比色法测定；速效钾含量采用火焰光度计法测定；全盐含量采用干渣法测定。

1.5 数据处理

所有数据采用 Excel 2010 进行处理，采用 SPSS

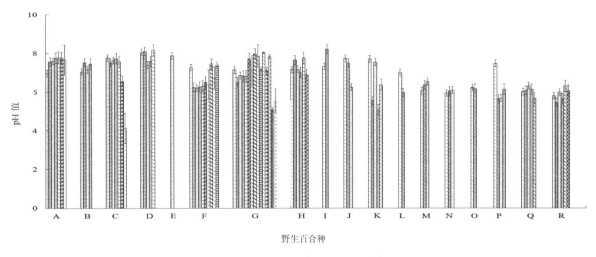

图1 不同野生百合资源原生境土壤 pH

Fig. 1 The pH value of the original surrounding soil of *Lilium* wild species

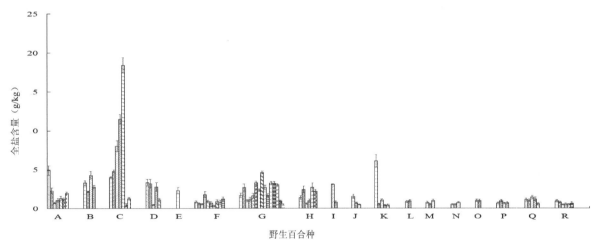

图2 不同野生百合资源原生境土壤全盐含量

Fig. 2 Total salt content of the original surrounding soil of *Lilium* wild species

16 软件进行单因子方差分析(ANOVA),图形处理使用 Adobe Illustrator 2020。

2 结果与分析

2.1 野生百合生境土壤 pH

土壤 pH 不仅影响土壤的理化性质、微生物活动和植物的生长发育,还决定了土壤中养分存在的形态和有效性(杨爽 等,2020)。野生百合生境土壤 pH 范围 4.12~8.19,其中酸性土壤(4.0~5.5)占样本总量的 4.5%,微酸性土壤(5.5~6.5)占 34.4%,中性土壤(6.5~7.5)占 30.00%,微碱性土壤(7.5~8.5)占 31.1%,表明野生百合在酸性至微碱性的土壤中均能生长。由图1可知,C 川百合和 K 大理百合分别能够在 4.12~7.75 和 5.07~7.69 的酸性土壤至微碱性土壤中正常生长,说明川百合和大理百合对于不同酸碱

度的土壤均具有较强的适应性。A 宜昌百合、D 岷江百合、E 湖北百合、I 卓巴百合和湖北地区的 C 川百合在不同种源地的土壤 pH 均值大于 7.5,总体上能够在微碱性土壤中自然分布,可以作为培育耐盐碱百合品种的候选亲本材料。

2.2 野生百合生境土壤全盐含量

野生百合生境土壤的全盐含量范围在 0.32~18.4g/kg,其中 81.1% 的野生百合生长在非盐渍(<3g/kg)的原生境土壤中,生长在弱盐碱土壤(3~5g/kg)的野生百合占 14.4%,生长在中盐碱土壤(5~10g/kg)的野生百合占 2.2%,生长在强盐碱土壤(10~20g/kg)的野生百合占 2.2%。表明野生百合多生长于不耐盐碱的生境土壤。由图2可知,B 宝兴百合和 C 川百合的原生境土壤全盐含量均值分别为 3.14g/kg 和

6.92g/kg，显著高于其他野生百合种，在湖北宜昌采集的 C4 川百合和四川雅安的 C5 川百合土样全盐含量达到了 11.50g/kg 和 18.40g/kg，能够在强盐碱土壤中正常生长，因此川百合可以作为培育耐盐碱百合品种的候选亲本材料。

2.3 土壤养分含量

2.3.1 土壤全氮含量

全氮含量常用于评价土壤氮素的基础肥力（郭建英，2010）。野生百合原生境土壤全氮含量变化范围为 0.47~15.4g/kg，由图 3 可知，不同种类的百合原生地土壤全氮含量存在较大差异。其中土壤含氮量达到丰富水平的（2.00~16.00g/kg）占 76.67%；达到较丰富水平的（1.50~2.00g/kg）占 10.00%；中等水平（1.00~1.50/kg）占 8.89%；缺乏水平（<0.75g/kg）占

4.44%，野生百合总体上生活在含氮量水平丰富的生境土壤中。

来自不同种源地的同种百合，生境土壤中的全氮含量差异较大，其中 D 川百合、F 湖北百合、G 野百合分别能够在在 0.47（D3）~5.18g/kg（D2）、0.71（F3）~5.68g/kg（F4）和 0.33（G3）~11.4g/kg（G1）的缺氮土壤至含氮丰富的土壤中正常生长，说明川百合、湖北百合和野百合对土壤含氮量有较大的适应范围，可能对于土壤全氮含量的水平不敏感，因此川百合、湖北百合和野百合可以作为培育耐贫瘠百合品种的候选亲本材料。

2.3.2 土壤有效磷含量

磷是植物生长的主要营养元素之一，影响植株的分枝以及根系生长，土壤速效磷是反映磷素养分供应水平的指标（武维华，2002）。不同百合生境土壤中的

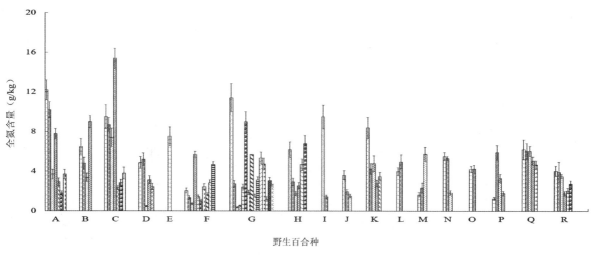

图 3 不同野生百合资源原生境土壤全氮含量

Fig. 3 Total nitrogen content of the original surrounding soil of *Lilium* wild species

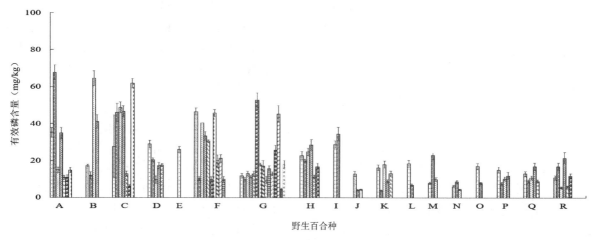

图 4 不同野生百合资源原生境土壤有效磷含量

Fig. 4 Available phosphorus content of the original surrounding soil of *Lilium* wild species

有效磷含量差异很大，有效磷含量变化范围为4.00~67.60mg/kg。13.33%的土样处于丰富水平（>40mg/kg），20.00%的土样处于较丰水平（20~40mg/kg），41.11%的土样处于中等水平（10~20mg/kg），25.56%的土样处于缺乏水平（<10mg/kg）。由图4可知，J南川百合和N黄绿花滇百合的生境土壤有效磷含量均值处于缺乏水平分别为7.07mg/kg和6.33mg/kg，说明南川百合和黄绿花滇百合能够在缺乏有效磷的土壤中正常生长。

来自不同种源地的同种百合，生境土壤中的有效磷含量也存在较大差异。A宜昌百合、C川百合、F卷丹和G野百合在不同原生境土壤有效磷含量差异显著，能够在有效磷缺乏至有效磷丰富的土壤中均能正常生长，说明宜昌百合、川百合、卷丹和野百合对土壤中有效磷的适应范围较大。

2.3.3 土壤速效钾含量

钾是土壤重要的理化指标，为养分的三要素之一，参与植物的生长发育和生理代谢过程，与植物的抗旱性密切相关（魏永胜和梁宗锁，2001）。由图5可知，不同百合生境土壤中的速效钾含量差异很大，百合原生境土壤速效钾含量范围在19.60~2200.00mg/kg。30.0%的百合原生境土样速效钾含量处于丰富水平（>200mg/kg），14.44%的土样速效钾含量处于较丰富水平（150~200mg/kg），21.11%的土样处于中等水平（100~150mg/kg），34.44%的土样速效钾含量处于缺乏水平（50~100mg/kg）。

来自不同种源地的同种百合，生境土壤中的速效钾含量差异较大，大理百合不同种源地土壤的速效钾含量差异最大，为121.00~2200.00mg/kg，四川阿坝的D3岷江百合土样速效钾含量最低为19.60mg/kg。D岷江百合、E湖北百合、J南川百合的生境土壤速效钾平均含量处于缺乏水平，分别为66.13mg/kg、67.60mg/kg和90.93mg/kg，说明岷江百合、湖北百合、南川百合能够生活在速效钾含量缺乏的土壤中。

2.3.4 土壤有机质含量

土壤有机质是评价土壤肥力的重要指标，是各种营养元素的重要来源，对改善土壤物理性质有积极的作用（叶世娟和王成志，1997）。由图6可知，野生百合生境土壤有机质含量变化为7.56~569.00g/kg，不同种类的百合原生地土壤有机质含量存在差异。74%野生百合土壤有机质含量很丰富，达到一级肥力标准（>40g/kg），可能是由于野生百合多生长于林区，生境土壤表层多数被腐殖层覆盖，利于有机质的积累。F卷丹原生境土壤中的有机质含量均值较低，为43.95g/kg。

来自不同种源地的同种百合，生境土壤中的有机质含量差异较大，在四川阿坝采集的D3岷江百合、重庆南川的H3泸定百合、云南丽江的K5大理百合和湖北宜昌的F6卷丹和G13野百合土样中的有机质含量均低于20g/kg，其中D3岷江百合原生境土壤为沙土，因此其有机质含量最少为7.56g/kg。说明卷丹、岷江百合、泸定百合、大理百合和野百合对有机质含量较低的贫瘠土壤有较强的适应性，可以作为培育耐贫瘠百合品种的候选亲本材料。

综上所述，81.1%的野生百合生长在非盐渍的原生境土壤中，74%野生百合土样有机质含量达到一级肥力标准，76.67%野生百合土样含氮量达到丰富水平，66.6%的土样有效磷含量处于缺乏至中等水平，

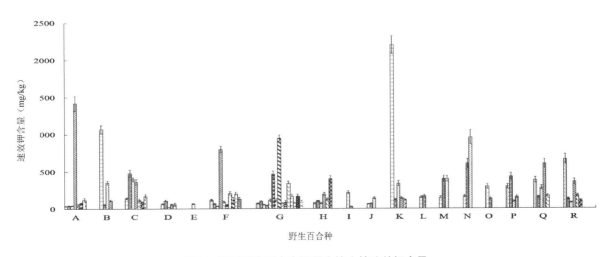

图5 不同野生百合资源原生境土壤速效钾含量

Fig. 5 Rapid available potassium of the original surrounding soil of *Lilium* wild species

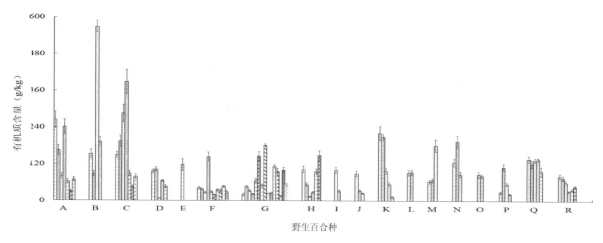

纵坐标：有机质含量（g/kg）
横坐标：野生百合种

图6 不同野生百合资源原生境土壤有机质含量

Fig. 6 Organic content of the original surrounding soil of *Lilium* wild species

55.5%的土样速效钾含量处于缺乏至中等水平，表明野生百合生境土壤大多有机质、全氮含量丰富，土壤全盐、磷素、钾素养分含量水平整体较低。

3 讨论

中国的野生百合中蕴含着大量特异资源，在人工培育的8类栽培杂种系中有4类利用了原产于我国的种质资源(张云 等，2001)。野生特异植物资源的发掘是植物品种改良和遗传育种的基础，19世纪后期，岷江百合的引入拯救了濒临灭绝的欧洲百合产业(Spongberg *et al.*，1990)。据估计，已应用于杂交育种的中国百合资源种不足一半，许多具有观赏价值、抗逆性强的百合尚处于野生状态未被开发利用，极大地限制了百合育种的进程。通过查阅与资源调查相关的植物志和文献发现，野生百合的生境破坏严重，种群分布逐渐斑块化，濒危的野生百合种急需迁地保护，然而不同种对环境的适应性存在较大差异，为了更有效地开展迁地保护工作，这需要充分了解百合生长习性和生境基础(沈泽昊 等，1999；车飞 等，2008；杜运鹏，2014)。对百合优势产区分布区气候、土壤资源状况进行研究，对扩大百合生产规模，科学划定百合宜栽区，提高百合生产水平具有重要意义(江晶 等，2018)。

百合生长习性与土壤特性密不可分，生境土壤营养元素的水平显著影响着百合的生态特征(乔斌等，2017)。土壤pH、有机质、氮磷钾等营养元素均能影响百合种球的生长(郭玉龙，2013；林玉红，2013)。由结果可知，各野生百合种均适合在有机质丰富的土壤中生活，这与车飞等(2008)的结果一致；川百合的原生境土壤全盐含量较高，岷江百合在pH为8.5的土壤中仍可正常开花结实，因此川百合和岷江百合可作为培育耐盐碱百合的优良亲本，这与张彩霞等(2008)和杜运鹏(2014)的研究结果一致。岷江百合、湖北百合、川百合、野百合、宜昌百合、卷丹、泸定百合、南川百合的原生境土壤中有机质和氮磷钾含量变异幅度较大，生态适应性较强，可作为抗逆育种和品种改良的亲本，应用于园林绿化。

植物根际微生物生态失调、微生物种群结构改变是土壤连作障碍发生的主要原因(安志刚 等，2018)。野生百合在原生境可连续生长多年，可能是由于原生境土壤中根系生态系统处于平衡，减缓了种球退化的发生。通过分离百合原生境土壤中有益菌群来改善土壤微生物环境，利于降解根系分泌物质，提高土壤活性并克服连作障碍(刘昭军 等，2007)。而土壤微生物群落结构与根系土壤理化性质显著相关(马慧君，2017)，通过对野生百合资源的原生土壤特性进行充分的调查，为科学栽培和开发利用野生百合奠定了基础，为保护和可持续开发利用珍稀濒危百合提供了理论依据。今后还需对国内的野生百合资源进行更深入和全面的调查，为引种后的科学栽培提供理论指导和参考。

参考文献

安志刚，郭凤霞，陈垣，等，2018. 连作自毒物质与根际微生物互作研究进展[J]. 土壤通报，49 (03)：750-756.

鲍士旦，2005. 土壤农化分析[M]. 北京：中国农业出版社.

车飞，牛立新，张延龙，等，2008. 秦巴山区野生百合资源及其生境土壤特性的调查[J]. 安徽农业科学，(23)：9955-9957.

杜运鹏，2014. 我国百合属植物资源评价及抗病基因同源序列(RGA)的研究[D]. 北京：北京林业大学.

傅立国，陈潭清，郎楷永，2002. 中国高等植物[M]. 青岛：青岛出版社，118-133

郭建英．2010. 吴起县退耕还林工程效益的监测与评价研究[D]. 北京：北京林业大学.

郭宇龙，张延龙，司国臣，等，2013. 不同基质及施肥对百合籽球生长的影响[J]. 中国土壤与肥料，(03)：58-63.

江晶，杨一斐，张朝巍，等，2018. 兰州百合优势种植区分布与土壤养分分析[J]. 甘肃农业科技，(07)：45-47.

李瑞琴，于安芬，白滨，等，2016. 食用百合-土壤体系中镉、铅和汞的潜在生态和健康风险[J]. 食品科学，37(05)：186-191.

林玉红，石有太，崔文娟，等，2013. 不同肥料配比对旱地兰州百合产量、品质及养分累积的影响[J]. 干旱地区农业研究，31(05)：186-190.

刘昭军，王德国，李铁，等，2007. 野生大豆根际微生物的分离及其缓解大豆连作障碍的研究[J]. 大豆科学，(02)：176-180.

马慧君．2017. 模拟氮沉降对杨树人工林土壤微生物优势种群结构的影响[D]. 南京：南京林业大学.

乔斌，何彤慧，吴春燕，等，2017. 银川市典型湖泊湿地中芦苇生长特性及其生境土壤因子研究[J]. 西北植物学报，37(03)：569-577.

沈泽昊，金义兴，吴金清，等，1999. 三峡库区两种特有植物天然生境与迁地生境土壤特征的比较[J]. 武汉植物学研究，(01)：3-5.

石有太，林玉汇，崔文娟，2013. 兰州百合高效配方施肥技术[J]. 甘肃农业科技，(7)：61-62.

田爱梅，郑日如，王国强，等，2007. 中国野生百合种质资源的研究·保护与利用[J]. 安徽农业科学，(31)：9987-9990

魏永胜，梁宗锁，2001．钾与提高作物抗旱性的关系[J]. 植物生理学通讯，(06)：576-580.

武维华，2002. 植物生理学[M]. 北京：科学出版社.

杨爽，杨春蕾，李永霞，等，2020. 林芝地区野生手掌参生境土壤养分状况研究[J]. 西藏科技，(05)：9-14.

杨万勤，钟章成，陶建平，2001. 缙云山森林土壤速效P的分布特征及其与物种多样性的关系研究[J]. 生态学杂志，20(4)：24-27.

叶世娟，王成志，1997. 增施有机肥料改善土壤物理环境[J]. 中国农业大学学报，(S1)：151-155.

张彩霞，明军，刘春，等，2008. 岷江百合天然群体的表型多样性[J]. 园艺学报，(08)：1183-1188.

张玲，2007. 野生百合资源调查及引种栽培研究[D]. 北京：北京林业大学.

张云，原雅玲，刘青林，2001. 百合育种研究进展[J]. 北京林业大学学报，23(6)：56-59.

钟雁，朱立，周艳，等，2010. 贵州野生百合属植物保护与开发利用研究[J]. 种子，29(07)：68-69.

McRae EA. 1998. Lily species. In：Lilies[M]. Timber Press.

Stephen A. 1990. Spongberg, A reunion of trees. The discovery of exotic plants and their introduction into North American and European landscapes[M]. Harvard University Press, 198-217.

基于 ISSR 标记的血叶兰野生居群遗传多样性分析与保育策略

李奕佳[1,2]　张哲[2]　胡翔宇[2]　张翠利[2]　宋希强[2]*

（[1] 漳州职业技术学院食品工程学院，漳州 363000；

[2] 海南省热带特色花木资源生物学重点实验室/海南大学林学院，海口 570228）

摘要　血叶兰在野生状态下繁殖率较低，且人为过度采挖，野生资源濒临灭绝，被列为国家二级保护植物。本研究运用 ISSR 分子标记，对我国海南、福建、广西、广东 4 省（自治区）以及越南共 11 个血叶兰自然居群的遗传多样性进行了分析。结果表明：海南保亭和霸王岭居群的遗传多样性较高，而香港、福建和海南尖峰岭居群的遗传多样性较低；AMOVA 分析表明高达 36.5% 的遗传分化发生在居群间。血叶兰物种水平的遗传多样性和居群间的遗传分化大于大部分单子叶植物、草本植物以及虫媒植物，表明物种水平的遗传多样性并不是血叶兰濒危的原因。然而，血叶兰居群间的基因流 Nm 为 0.8691<1，表明血叶兰居群之间缺乏有效地基因流而导致居群内近交严重。推测血叶兰居群退化的主要原因是居群间基因流较低而导致的居群内近交衰退。建议对海南岛保亭和霸王岭居群采取就地保护的同时，还应采取居群间杂交的方法，以促进其他遗传多样性较低的居群间基因流。

关键词　基因流；濒危机制；近交衰退；居群杂交

Genetic Diversity Analysis and Conservation Strategies of Wild Populations of *Ludisia discolor* （Orchidaceae）Based on ISSR Molecular Marker

LI Yi-jia[1,2]　ZHANG Zhe[2]　HU Xiang-yu[2]　ZHANG Cui-li[2]　SONG Xi-qiang[2,*]

（[1] *Zhangzhou Institute of Technology Food Engineering College*，*Zhangzhou* 363000，*China*；[2] *Key Laboratory of Germplasm Resources of Tropical Special Ornamental Plants of Hainan Province*，*College of Forestry*，*Haikou* 570228，*China*）

Abstract　The *Ludisia discolor* had a low reproduction rate in the wild. Because of over-exploitation, *L. discolor* was on the verge of extinction and listed as a national second-level protected plant. In this study, ISSR molecular marker were used to analyze the genetic diversity of 11 natural populations of *L. discolor* in Hainan, Fujian, Guangxi, Guangdong of China and Vietnam. The results showed that the genetic diversity of the Baoting and Bawangling populations in Hainan province was higher while the genetic diversity of the Hong Kong, Fujian, and Jianfeng populations was lower; AMOVA analysis showed that 36.5% of the genetic differentiation occurred among populations. The genetic diversity and genetic differentiation among populations of *L. discolor* were higher than that of most monocotyledons, herbaceous and entomophilous plant species, suggesting that genetic diversity at the species level was not the cause of endangerment of *L. discolor*. However, the gene flow among the populations of *L. discolor* was 0.8691 <1, which indicated that the lack of gene flow among the populations of *L. discolor* caused serious inbreeding within the population. It is speculated that the main reason for the degradation of *L. discolor* population was the inbreeding depression within the population caused by the low gene flow between the populations. It was suggested that while *in situ* conservation of Baoting and Bawangling populations in Hainan Island could be carried out, interbreeding methods also should be adopted to promote gene flow among other populations with low genetic diversity.

Key words　Gene flow; Endangered system; Inbreeding decline; Population hybridization

1　基金项目：海南省自然科学基金创新研究团队项目（2018CXTD331）、海南省重大科技计划项目（zdkj201815）。

作者简介：李奕佳（1981—），女，硕士研究生，讲师，主要从事园林植物与观赏园艺研究。

通信作者：宋希强，教授，E-mail：songstrong@hainanu.edu.cn。

遗传多样性是生物多样性的核心，保护生物多样性最终是要保护遗传多样性（王洪新和胡志昂，1996）。对稀有和濒危物种遗传多样性进行研究，不仅有助于了解物种的适应潜力及濒危机制，而且还关系到能否以及如何采取科学有效的措施来保护物种（李昂和葛颂，2002）。对于物种遗传多样性的鉴定和评估，分子标记已经被证明是一种很有价值的工具（张敏 等，2007），不同变异的级别需要不同的分子标记方法（张敏 等，2007；李乃伟等，2011；赵孟良 等，2016；李永权 等，2018）。ISSR 分子标记是一种非常有用的分子标记技术，它克服了 RAPD 的低再现性、AFLP 的高耗费以及 SSR 必须知道两侧基因序列等因素的限制（Belaj et al.，2003），现广泛应用于遗传多样性、系统发生学、基因标签技术、基因组图以及进化生物学等方面的研究。ISSR 分子标记技术已经被证明可以用于检测兰科植物不同变异级别的遗传多样性。较大变异级别的属间植物如石斛属（Dendrobium）、兜兰属（Paphiopedilum）、毛兰属（Eria）和兰属（Cymbidium）这 4 属 20 种兰科植物之间的遗传多样性（卢家仕 等，2012），中等变异级别的属内种间如杓兰属（Cypripedium）的遗传多样性（孙叶迎，2014），较低变异级别的种内不同居群间遗传多样性，如流苏石斛（Den. fimbriatum）（马佳梅和殷寿华，2009）。

血叶兰（Ludisia discolor）为兰科血叶兰属多年生草本植物，自然分布在我国广东、香港、海南、福建、广西和云南南部等地，越南、泰国、马来西亚与印度尼西亚等地也有分布，常匍匐生长于海拔 100～1300m 的山坡或沟谷常绿阔叶林下的岩石上，花期为 1～4 月，株形似莲藕，故俗称石上藕、银线莲、美国金线莲等（寸德志等，2014）。血叶兰以异交为主，部分自交亲和，需要传粉者，不具备无融合生殖能力（吴文碟 等，2019a）。内生真菌资源丰富，以刺盘孢属（Colletotrichum）为优势类群（吴文碟 等，2019b）。全草入药，性味甘凉，具有滋阴润肺、清热凉血、健脾安神等功效（寸德志 等，2014）。血叶兰种子微小，无胚乳，受制于共生真菌，在野生状态下难以大量繁殖；加上人为过度采挖，野生资源濒临灭绝，已被列为国家二级保护植物（易思荣 等，2010）。本研究采用 ISSR 分子标记技术对我国及越南的 11 个血叶兰居群遗传多样性和遗传结构进行研究，拟解释以下问题：①血叶兰自然居群的遗传多样性处于何种水平？②血叶兰居群具有怎么样的遗传结构？③血叶兰的濒危机制以及应该制定何种保护策略？

1　材料与方法

1.1　材料的采集与处理

试验材料为血叶兰叶片，每个植株为一个样本，采集 2～3 个叶片，采集后立即放入盛有干燥硅胶的密封袋中；采集自我国海南、福建、广东、广西、香港和越南共 11 个居群，居群内均匀采样，并记录居群的地点、样本数量（表 1）。

表 1　血叶兰采样地点和样本信息
Table 1　Place of sampling and information

居群名称	地点	经纬度	样本数量	居群名称	地点	经纬度	样本数量
YT-1	福建永泰县	E118°95′27″ N25°88′13″	9	LM	海南黎母山	E109°23′73″ N19°23′73″	6
YT-2	福建永泰县	E118°56′25″ N25°55′81″	5	HK	香港	E114°18′71″ N22°43′48″	4
MH	福建闽侯县	E119°13′26″ N26°15′74″	8	GX	广西	E110°37′27″ N22°43′48″	2
JF	海南尖峰岭	E108°78′41″ N18°20′15″	7	GD	广东	E106°27′56″ N20°00′98″	17
BT	海南保亭	E109°25′24″ N18°35′25″	10	YN	越南	E105°46′07″ N20°18′27″	20
BW	海南霸王岭	E109°03′25″ N19°25′22″	21				

1.2　试验方法

1.2.1　基因组提取和检测

采集后的叶片采用 CTAB 法进行提取（Doyle and Doyle，1990），琼脂糖凝胶电泳检测提取 DNA 的质量，电压 120V 电泳 30min，紫外分光光度计法计算所得 DNA 的浓度和纯度。

1.2.2　ISSR-PCR 反应体系和引物的筛选

使用 20μL PCR 扩增体系进行扩增，各成分用量为 10×PCR 缓冲液 2μL，dNTP mix 4μL，引物 100μM 1μL，模板 DNA 1μL，Taq DNA 聚合酶 0.5μL，ddH₂O 11.5μL。采用加拿大哥伦比亚大学（UBC）公布的引物 801~900，共 100 套引物进行筛选，每个居群选择 3 个模板，筛选出了 10 条扩增条带较多、信号强、背景清晰的引物，并对退火温度进行了优化（表 2）。

表 2　血叶兰 ISSR 引物及其退火温度

Table 2　ISSR primers and annealing temperature

引物名称	序列	退火温度（℃）
ISSR-1	AGA GAG AGA GAG AGA GT	42
ISSR-2	GGG TGG GGT GGG GTG	44
ISSR-3	AGA GAG AGA GAG AGA GYT	48
ISSR-4	GAG AGA GAG AGA GAG AYG	47
ISSR-5	GGA GAG GAG AGG AGA	51
ISSR-6	AGA GAG AGA GAG AGA GC	53
ISSR-7	TCT CTC TCT CTC TCT CC	47
ISSR-8	ATG ATG ATG ATG ATG ATG	47
ISSR-9	GAA GAA GAA GAA GAA GAA	56
ISSR-10	CAC ACA CAC ACA CAC ARG	58

注：N =（A，G，C 或 T），R =（A 或 G），Y =（C 或 T），B =（C，G 或 T），D =（A，G 或 T），H =（A，C 或 T），V =（A，C 或 G）。

1.2.3　数据的统计与分析

采用人工读带法，根据条带的迁移率和有无记录二元数据，有带记 1，无带记 0。排除模糊不清的带和无法准确标识的带。用 POPGENE32 软件计算群体遗传多样性和遗传分化等指数，并用 UPGMA 法进行聚类分析。应用 GenAlEx v.6（Genetic Analysis in Excel）软件对居群内和居群间的遗传变异进行分子变异分析（AMOVA）。

2　结果与分析

2.1　居群遗传多样性

血叶兰不同居群的遗传多样性存在较大的差异。Nei's 基因多样性及 Shannon 信息指数表明，海南保亭居群（BT）和霸王岭居群（BW）的遗传多样性较高，而福建 YT-2 居群、广西居群（GX）、香港居群（HK）和海南尖峰岭居群（JF）的遗传多样性较低（表 3）。

表 3　血叶兰自然居群的 ISSR 遗传多样性

Table 3　Genetic diversity of *Ludisia discolor* populations

居群	等位基因观察值（Nₒ）	有效等位基因数（Nₑ）	Nei's 基因多样性（Hₑ）	Shannon 信息指数（Hₒ）
YT-1	1.5897	1.4438	0.2427	0.3510
YT-2	1.4103	1.3377	0.1797	0.2563
MH	1.8974	1.6859	0.3741	0.5391
JF	1.4872	1.1675	0.1183	0.1951
BT	1.9744	1.7566	0.4148	0.5973
BW	1.9623	1.7248	0.3986	0.5805
LM	1.9243	1.5712	0.3426	0.5131
HK	1.4861	1.1669	0.1178	0.1946
GX	1.4860	1.1666	0.1175	0.1945
GD	1.5206	1.1927	0.1279	0.2103
YN	1.6830	1.2291	0.1483	0.2247

2.2　居群的遗传结构

2.2.1　居群间的遗传分化

POPGENE 软件计算出的遗传变异分析结果表明，遗传变异主要发生在居群内部（表 4）。居群总基因多样度（Hₜ）为 0.4107，其中居群内的基因多样度（Hₛ）为 0.2605；居群间的遗传分化系数（Gₛₜ）为 0.3652，即 63.5% 的遗传分化发生在居群内部，而 36.5% 的遗传分化发生在居群间，Nₘ 为 0.8691<1。

表 4　血叶兰自然居群的基因多样性 Nei's 分析

Table 4　Nei's genetic diversity of *Ludisia discolor*

居群总基因多样度（Hₜ）	居群内基因多样度（Hₛ）	居群间遗传分化系数（Gₛₜ）	基因流估算值（Nₘ）
0.4107	0.2605	0.3652	0.8691

2.2.2　基于遗传一致度的聚类分析

为了进一步揭示各血叶兰居群分化趋势与亲缘关系，构建了基于遗传相似性系数的居群聚类图（图 1），得到的遗传关系图如图 1 所示：海南岛的 4 个居群聚类在一起（BT、LM、JF、BW），越南居群（YN）与海南岛 4 个居群遗传关系较近；福建 3 个居群聚类在一起；广东（GD）和香港（HK）居群聚类在一起，之后与广西（GX）聚在一起，接着与福建居群聚类在一起。

3　讨论与结论

3.1　血叶兰居群的遗传多样性

遗传多样性表现的是物种基因水平多态性，当物种遇到较高的生存压力时，如急剧变化的光温水环境，或者与其他生物激烈的生存竞争，这时遗传多样

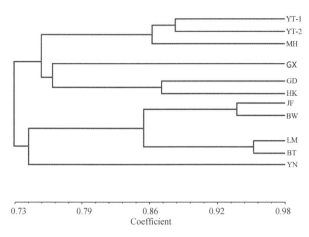

图 1　血叶兰 11 个居群 ISSR 聚类分析

Fig 1　ISSR cluster analysis of 11 populations
of *Ludisia discolor* populations

性较高的居群有较大的机会选择出适应性突变，从而在压力较高的外界环境获得生存下去的机会（Nevo，2001）。血叶兰物种的保亭居群和霸王岭居群的遗传多样性较高，因此这两个地区保存有较高的基因资源。2008 年，张德全和杨永平（2008）对不同类型的植物的遗传多样性进行了统计，结果显示单子叶植物的 Shannon 信息指数为 0.257 ± 0.117；按照生活型划分，草本植物的 Shannon 信息指数为 0.238 ± 0.104；按照繁育系统来划分，虫媒植物的 Shannon 信息指数为 0.262 ± 0.133。血叶兰的 Shannon 信息指数为 0.441 ± 0.129，可以看出，无论按照何种类型来划分，血叶兰物种水平的遗传多样性均处于较高水平，因此物种水平的遗传多样性可能并非血叶兰物种濒危的原因。

3.2　居群遗传结构

种群间分化与环境因子的选择和基因流的阻隔有关，生态小环境的变异可导致不同种群间在遗传结构上的显著差异。种群间变异越大，该物种适应环境的能力越强（Jabbarzadeh and Khosh-khui，2012）。血叶兰遗传变异虽然主要分布在居群内，但其居群间的遗传变异达到 25%，高于大部分单子叶植物（2.1% ~ 31.1%）、草本植物（12.4% ~ 29.8%）以及虫媒植物（9% ~ 26.4%）（张德全和杨永平，2008）；相应地，居群内的变异则相对较低，仅为 75%。因此血叶兰的环境适应性较强，但是居群内个体同质化较为严重。据 Hamric et al.（1995）的观点，若 $N_m < 1$，则认为物种居群间由于缺乏基因流而导致居群内的近交衰退（Hamrick et al.，1995），血叶兰的基因流估算值为 0.8691 < 1，可以看出存在居群间的杂交障碍，居群内的近交现象较为严重。

3.3　濒危机制及其保护策略

血叶兰居群间的遗传变异较高，说明物种的环境适应性较强。然而，较低的居群内变异和居群间的基因流说明了血叶兰居群内部存在较为严重的近交，因此其濒危机制主要为基因流不畅从而导致的居群内的近交衰退。在制定血叶兰的保护策略时，除采取就地保护的方法重点保护遗传多样性较高的保亭居群和霸王岭居群外，还应特别注重促进居群间基因流，可采取居群间人工授粉或者重引入的方法促进其基因流，防止近交衰退。

　　致谢：感谢海南霸王岭国家自然保护区王进强采样过程中给予的帮助，感谢郑云柯、武华周、王晓鸣、柴晓蕾同学在实验过程中提供的帮助与支持。

参考文献

寸德志，朱国鹏，宋希强，等，2014. 海南黎族药用兰科植物的民族植物学研究[J]. 热带作物学报，35(10)：2025－2029.

李昂，葛颂，2002. 植物保护遗传学研究进展[J]. 生物多样性，(1)：61-71.

李乃伟，贺善安，束晓春，等，2011. 基于 ISSR 标记的南方红豆杉野生种群和迁地保护种群的遗传多样性和遗传结构分析[J]. 植物资源与环境学报，20(01)：25-30.

李永权，章伟，徐延年，等，2018. 安徽羽叶报春同型花和二型花居群的遗传多样性和遗传结构分析[J]. 植物资源与环境学报，27(02)：1-8.

卢家仕，卜朝阳，吕维莉，等，2012. 20 份兰科植物的 ISSR 遗传多样性分析[J]. 西南农业学报，25(06)：2252－2257.

马佳梅，殷寿华，2009. 西双版纳地区流苏石斛遗传多样性的 ISSR 分析[J]. 植物分类与资源学报，31(1)：35-41.

孙叶迎，2014. 长白山区杓兰属植物遗传多样性的 ISSR 分析[D]. 长春：吉林农业大学.

王洪新，胡志昂，1996. 植物的繁育系统、遗传结构和遗传多样性保护[J]. 生物多样性，(2)：92-96.

吴文碟，何淑慧，宋希强，等，2019a. 海南血叶兰开花物候及其繁育系统[J]. 分子植物育种，17(05)：1667

-1672.

吴文碟, 钟云芳, 宋希强, 等, 2019b. 血叶兰可培养内生真菌多样性[J]. 分子植物育种, 17(12): 4119-4126.

易思荣, 黄娅, 肖波, 等, 2010. 金佛山自然保护区兰科植物多样性及保护对策研究[J]. 热带亚热带植物学报, 18(03): 269-276.

张德全, 杨永平, 2008. 几种常用分子标记遗传多样性参数的统计分析[J]. 植物分类与资源学报, 30(2): 159-167.

张敏, 黄苏珍, 仇硕, 等, 2007. 鸢尾属植物遗传多样性的RAPD 和 ISSR 分析[J]. 植物资源与环境学报, (02): 6-11.

赵孟良, 韩睿, 李莉, 2016. 24 个菊芋品种(系)遗传多样性的 ISSR 标记分析[J]. 植物资源与环境学报, 22(4): 44-49.

Belaj A, Satovic Z, Cipriani G, et al. 2003. Comparative study of the discriminating capacity of RAPD, AFLP and SSR markers and of their effectiveness in establishing genetic relationships in olive[J]. Theoretical and Applied Genetics, 107(4): 736-744.

Doyle J J T, Doyle J L. 1990. Isolation of plant DNA from fresh tissue[J]. Focus, 12(1): 13-15.

Hamrick J L, Godtmj W, Sherman-broyles S L. 1995. Gene flow among plant populations: evidence from genetic markers. In: Hoch PC, and Stephenson AG, eds. Experimental and molecular approaches to plant biosystematics[J]. Missouri Botanical Garden, St. Louis.

Jabbarzadeh Z, Khosh-khui M. 2012. Inter simple sequence repeat (ISSR) markers as reproducible and specific tools for genetic diversity analysis of rose species[J]. African Journal of Biotechnology, 9(37): 6091-6092.

Nevo E. 2001. Evolution of Genome-phenome diversity under environmental stress[J]. Proceedings of the National Academy of Sciences, 98 (11): 6233-6240.

中国观赏园艺研究进展2020：57~63
Advances in Ornamental Horticulture of China，2020：57~63

储藏条件对海南凤仙花种子生物学特性的影响

黄蔚霞[1,2]　钟云芳[2]　宋希强[1,2]　孟新亚[2,*]

（[1] 海南大学林学院，海南省热带特色花木资源生物学重点实验室，海口 570228；

[2] 海南大学，热带特色林木花卉遗传与种质创新教育部重点实验室，海口 570228）

摘要　通过设置室温储藏（普藏）、低温冷藏（0~4℃，冷藏）和硅胶干燥储藏（干藏）3 种储藏条件，探讨不同储藏条件下海南凤仙花种子的活力及生理生化变化。结果表明：①冷藏条件下海南凤仙花种子活力维持时间约为45d，普藏约为60d，干藏约90d；推测其种子属于耐脱水不耐低温类型，含水量 3.8% 时可作为适宜储藏的含水量指标。②储藏 15、30、45、60、90d 时间内，普藏和冷藏条件下，种子活力、可溶性糖含量、SOD 和 CAT 酶活性均下降，并低于干藏；相对电导率和 TBARS 含量均上升，且显著高于干藏。③干藏能较好地保持海南凤仙花种子抗氧化酶系统，降低种子内部脂质过氧化作用，避免膜系统的损害，延缓种子衰老。④本研究通过对海南凤仙花种子储藏生理变化机理及适宜储藏条件的筛选，为海南凤仙花种子储藏条件的探索提供可靠的科学理论依据，对了解海南凤仙花种子萌发机制和种质资源的保存具有重要意义。

关键词　海南凤仙花；储藏方式；生物学特性；生理机制

Seeds Biological Characteristics of *Impatiens hainanensis* （Balsaminaceae）under Different Storage Conditions

HUANG Wei-xia[1,2]　ZHONG Yun-fang[2]　SONG Xi-qiang[1,2]　MENG Xin-ya[2,*]

（[1] *Key Laboratory of Germplasm Resources of Tropical Special Ornamental Plants of Hainan Province，*

College of Forestry，Hainan University，Haikou 570228，China；

[2] *Key Laboratory of Genetics and Germplasm Innovation of Tropical Special Forest Trees and Ornamental Plants，*

Ministry of Education，Hainan University，Haikou 570228，China）

Abstract　Thevitality and physiological and biochemical changes of *Impatiens hainanensis* seedsunder different storage conditions were investigated by setting three storage conditions：room temperature storage（general storage），low temperature storage（0~4℃，cold storage）and silica gel dry storage（dry storage）. The results showed that：①The vigor of *I. hainanensis*seeds was maintained for about 45d under cold storage，60d under general storage，and 90 dunder dry storage；it was estimated that the seeds belonged to the type that could not toleratedehydration and low temperature，and the moisture content of 3.8% could be used as an indicatorof suitable storage；②The vigor，physiological andbiochemical changes of the seeds under general storage and cold storage were investigated. Soluble sugar content，SOD and CAT enzyme activities all decreased，and were lower than thosein silical gel dry storage；relative conductivity and TBARS content increased，and were significantly higherthan those in dry storage during 15，30，45，60 and 90d of storage；③Silical gel dry storage can better maintain the antioxidant enzyme system of *I. hainanensis* seeds，reduce lipid peroxidation inside the seeds，avoid damage to themembrane system，and delay seed senescence；④This study provides a reliable scientific and theoretical basis for the exploration of storage conditions of *I. hainanensis* seeds through the screening of the physiological mechanism of storage and suitable storage conditions，which is of great significance for understanding the germination mechanism of *I. hainanensis* seeds and the conservation of germplasm resources.

1　基金项目：海南省自然科学基金创新团队项目（2018CXTD331），海南大学科研启动基金项目（KYQD（ZR）20055）、国家自然科学基金（31560229）。

第一作者简介：黄蔚霞（1992—），女，博士研究生，主要从事热带植物保育生物学研究。

通讯作者：孟新亚，副教授，E-mail：1339342017@ qq. com。

Key words *Impatiens hainanensis*；Storage conditions；Biological characteristics；Physiological mechanism

凤仙花属（*Impatiens* L.）隶属于凤仙花科（Balsaminaceae），900～1000 种，主要分布于旧大陆热带和亚热带山区，少数种类也扩展到亚洲、欧洲温带及北美洲（Yu *et al.*，2010）。凤仙花属植物种类繁多，资源丰富，中国各地均有分布，已记录的凤仙花属植物达 270 种，但主要集中分布于西南及西北地区（Yu *et al.*，2010）。该属植物形态特征易受环境因素影响，变化极为复杂，具有极其明显的地域性和特有现象。目前，凤仙花主要用种子繁殖，种子是植物遗传信息的保存者和传递者，是植物应对环境胁迫的适应性策略，世界上种质资源基因库约有 90% 以种子的形式存在（Ben *et al.*，2006）。种子是种子植物所特有的延存器官，通过控制储藏条件可以延缓种子裂变速度，提高种子的储藏寿命，维持植物的遗传稳定（杨期和等，2006）。影响种子储藏特性的因素有很多，比如种子的休眠特性、成熟度、含水量、成分及活力等内在因素和储藏环境的温度、湿度、物理因素等外界因素（赵正楠 等，2017）。为减缓种子衰老的速率，可通过控制种子的储藏条件、对种子进行干燥处理等措施来延长种子寿命。根据目前的研究结果，控制种子含水量与环境湿度被认为是影响种子保存技术措施中最为关键的部分（廖文燕 等，2012）。因此，了解植物种子萌发和储藏的生理特性、揭示种子寿命与储藏条件之间的关系，对种子衰老过程中的萌发变化和生理生化变化进行研究，有助于确定适宜的储藏方法，能为探索种子安全储藏条件提供可靠的科学理论依据。

海南凤仙花（*Impatiens hainanensis*）为凤仙花属多年生草本植物，是海南岛石灰岩地区专性特有种，主要分布于昌江、东方、乐东等地，生长在海拔 190～1300m 的热带山地雨林，多见于裸露的石灰岩地区（钟云芳 等，2014a）。近年来，海南凤仙花的生存发展面临着严峻的威胁，由于岛屿本地特有种具有地理隔离、分布狭窄的特点，再加上石灰岩自然生境易干旱且先天脆弱，海南凤仙花的野外种群数量和分布范围日益减少，其种群幼苗更新能力易受海拔高度、传粉昆虫及生境条件等因素的影响（钟云芳 等，2014b；宁瑶 等，2018），导致海南凤仙花幼苗存活较少，存活率很低，这可能是海南凤仙花种子存在后熟现象或种子适合萌发条件极为苛刻所致。因此，开展海南凤仙花种子适宜储藏条件的筛选，能较好地保存种子活力，对了解海南凤仙花种子萌发机制和种质资源的保存具有重要意义。

本研究以海南凤仙花种子为试验材料，比较 3 种不同储藏条件（室温储藏、低温冷藏、硅胶干燥储藏）下海南凤仙花种子活力、萌发特性及生理生化变化，拟回答如下问题：①不同储藏条件下，海南凤仙花种子活力保持时间为多久？②不同储藏条件下，海南凤仙花种子萌发特性的变化？③不同储藏条件下，海南凤仙花种子生理生化变化是否存在差异？

1 材料与方法

1.1 试材及取样

以海南凤仙花成熟种子为试材，于 2019 年 7 月下旬采自于海南省昌江黎族自治县石灰岩地区（109°08′16″E，18°5′45″N）。种子采回后，经除杂、去果皮、晾干后用牛皮纸包装保存备用。

1.2 储藏条件

①室温、通风干燥条件下储藏（T = 25℃，RH = 70%～80%），简称普藏。②室温、装有变色硅胶干燥器中密封储藏（T = 25℃，RH = 2%～5%），简称干藏。③4℃低温冰箱中干燥储藏（T = 4℃，RH = 40%～50%），简称冷藏。储藏时间分别为 15、30、45、60、90d，每 15d 取样一次，用于生理指标的测定。

1.3 种子含水量测定

每一处理随机选取 25 粒种子，于恒温干燥箱中（105±2℃，17±1h）烘至恒重，以干重为基础计算含水量，3 次重复（Steadman *et al.*，1996）。

1.4 种子细胞膜完整性的测定

采用电导率法：每一处理选取 20 粒种子，测定开始浸泡时电导率（E_0），4h 后测浸泡液电导率（E_1），沸水浴 30min，测浸泡液总电导率（E_t），3 次重复（Shao *et al.*，2013）。以（$E_1 - E_0$）/（$E_t - E_0$）×100%（相对电导率）表示种子细胞膜的完整性。

1.5 种子萌发试验

以 25 粒种子为 1 个重复，设 3 次重复，置于光照培养箱中恒温 25℃萌发处理，胚根突破种皮视为种子萌发的标志（Woodstock *et al.*，1973）。

萌发率（%）= 萌发种子数/试验种子数×100%

萌发指数（*GI*）= Σ（*Gt/Dt*），*Gt* 为各萌发处理时间（*Dt*）的种子萌发数，*Dt* 为相应的萌发处理天数。

活力指数 = *R* × *GI*，*R* 为种子萌发开始后（含第1d）的平均根长。

1.6 可溶性糖的测定

称取种子 0.2g。取 1ml 可溶性糖提取液，加 5ml 蒽酮试剂，沸水浴 10min，冷却至室温后于分光光度计 620nm 处比色，3 次重复（Fairbairn，1953）。

1.7 酶的提取与测定

超氧化物歧化酶（SOD）酶活性：称取种子 0.2g，加液氮研磨成粉后加提取液研磨成匀浆，将匀浆离心 15min（4℃，12000×g），上清液即为 SOD 粗提液。取反应液 2ml，加入 200μl SOD 粗提液，以不加酶液为对照，在光强约为 20μmol·m²·s⁻¹ 的荧光灯下反应 15min 后于分光光度计 560nm 处比色，3 次重复。SOD 活性以每毫克蛋白抑制 NBT 光化还原的 50% 为一个酶活性单位（Hodges et al.，1999）。

过氧化氢酶活性（CAT）酶活性：称取种子 0.25g。取 3 支 10ml 试管，其中 1 支为对照，按 CAT 粗提液（0.2ml）、pH=7.8 磷酸（1.5ml）、蒸馏水（1.0ml）加入试管。预热（25℃）后，加入 0.3ml 0.1mol/L 的 H_2O_2，加完立即记时，并迅速于分光光度计 240nm 处比色，读数为 1 次/min，共 4min。CAT 活性以 1min 内 OD_{240} 减少 0.1 的酶量为 1 个酶活单位（u）（Cakmak et al.，1991）。

TBARS 活性产物含量：称取种子 0.5g。取 TBARS 提取液 1ml 加入 3ml 0.5% 硫代巴比妥酸溶液，95℃ 水浴 15min，冰上迅速冷却后离心 10min（3000×g，25℃），取上清液于分光光度计 450nm、532nm 和 600nm 处测 OD 值（Hodges et al.，1999）。根据公式计算 TBARS 含量。

1.8 数据分析

采用 SPSS 22.0 统计分析软件对各项生理指标进行描述性统计分析，对不同储藏方式、不同储藏时间的各项试验数据进行单因素方差分析（one-way ANOVA）和 LSD 检验后多重比较（P=0.05），并用 Origin 9.0 软件对数据作图。

2 结果与分析

2.1 不同储藏条件对海南凤仙花种子生活力的影响

在 3 种储藏条件下，海南凤仙花种子含水量变化差异显著（P<0.05，表1）。前 15d 种子含水量均迅速下降，其中冷藏和干藏下降最快，下降幅度约 63.14% 和 54.66%。15~90d 普藏种子含水量上升，约为 34%，含量由 6.49% 上升至 8.72%；冷藏和干藏种子含水量则进一步下降，变化较为平缓。

海南凤仙花种子在 3 种储藏条件下 90d 时，干藏和普藏的种子保持较高的萌发率，分别为 44% 和 24%，冷藏种子的萌发率为 8%。相较于普藏和干藏，冷藏种子的萌发指数下降幅度较大；活力指数冷藏和普藏种子 90d 后分别上升 12.2% 和 12.6%；干藏种子呈现上升趋势，储藏 90d 后上升了 35.8%。

3 种储藏条件下海南凤仙花种子的电导率均呈现上升趋势，其中冷藏种子的电导率变化最大，达到 35.95%；干藏最小，约为 25.22%。干藏 15d 时，种子的电导率有所下降，下降幅度为 1.37%，这可能与种子较低的含水量有关；储藏 30d 后，电导率呈上升趋势，种子含水量则进一步下降，失去的这部分水分可能是维持细胞结构完整所必需的束缚水（程红焱，2006）。相比之下，干藏种子电导率均低于同期的普藏和冷藏种子，干藏对海南凤仙花种子细胞膜透性的影响最小，干藏时种子含水量为 3.8% 左右可作为海南凤仙花种子适宜储藏的含水量指标。

表 1 不同储藏条件下海南凤仙花种子的生活力变化

Table 1 The changes of vigor of *I. hainanensis* seeds under different storage conditions

储藏条件	储藏时间（d）	含水量（%）	相对电导率（%）	萌发率（%）	萌发指数	活力指数
干藏	0	8.17±0.15b	5.00±0.00m	37.33±2.30ab	2.14±0.34cd	121.20±0.89bcd
	15	3.85±0.05f	4.20±0.20m	41.33±2.11a	2.03±0.39cd	272.93±0.49a
	30	2.19±0.01h	6.17±0.29l	40.00±2.40ab	2.90±0.73c	159.88±0.32b
	45	1.79±0.01i	9.27±0.31k	38.32±2.15a	4.70±0.34b	130.17±0.77bc
	60	1.34±0.01k	10.51±0.50j	36.00±2.41ab	2.08±0.33cd	119.57±0.09bcd
	90	1.19±0.01k	29.48±0.22e	34.67±2.15b	1.72±0.49d	103.76±0.63bcd
冷藏	0	8.28±0.20b	5.00±0.00m	8.00±0.00fg	0.25±0.02f	7.08±0.94f
	15	3.37±.032g	14.94±0.07i	6.67±2.02gh	0.21±0.07f	8.14±0.63f
	30	2.20±0.26h	19.05±0.14g	5.33±2.06gh	0.15±0.05f	6.04±0.09f

（续）

储藏条件	储藏时间 （d）	含水量 （%）	相对电导率 （%）	萌发率 （%）	萌发指数	活力指数
	45	1.85±0.05i	30.74±0.65d	2.67±2.13gh	0.07±0.06f	2.77±0.41f
	60	1.57±0.02j	34.70±0.40b	1.33±2.33h	0.03±0.06f	1.27±0.19f
	90	1.51±0.03j	40.25±0.48a	1.33±2.36h	0.03±0.52f	1.26±0.18f
普藏	0	8.37±0.21ab	5.00±0.00m	17.33±2.34cd	1.13±0.15def	44.96±0.98ef
	15	6.70±0.10e	9.50±0.30k	22.67±2.21c	1.92±0.54cd	78.84±0.38cde
	30	7.60±0.10d	10.50±0.50j	22.52±2.31c	1.74±0.45d	69.82±0.61ed
	45	7.84±0.04c	24.67±0.58f	21.36±2.08c	1.47±0.26d	63.20±0.34def
	60	8.12±0.11b	17.33±0.58h	14.67±2.18ed	0.94±0.19ef	40.92±0.81ef
	90	8.55±0.05a	33.20±0.35c	12.00±0.15ef	0.48±0.24ef	25.53±0.97ef

注：同一栏的不同字母表示具有显著性差异（$P<0.05$）。

2.2 不同储藏条件对海南凤仙花种子生理变化的影响

2.2.1 不同储藏条件下海南凤仙花种子的可溶性糖含量变化

普藏条件下，种子储藏 0～30d 时，可溶性糖含量稍有上升，随后逐渐降低，下降幅度约为 5.7%。冷藏的整个储藏期，可溶性糖含量均下降，下降幅度约为 4.78%。储藏 0～15d 时，可溶性糖含量差异不显著，随储藏时间延长可溶性糖含量下降幅度差异显著。干藏种子在整个储藏过程中呈先下降后上升趋势，上升幅度达 2.9%（图 1）。

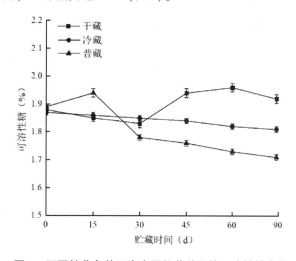

图 1 不同储藏条件下海南凤仙花种子的可溶性糖变化

Fig. 1 The changes insoluble sugar content of *I. hainanensis* seeds under different storage conditions

2.2.2 不同储藏条件下海南凤仙花种子的 SOD 酶活性变化

随储藏时间的变化，普藏和冷藏种子 SOD 酶活性逐渐降低，下降幅度分别为 59.34% 和 62.96%。冷藏种子 SOD 酶活性均低于普藏；储藏 15～30d 时，冷藏种子 SOD 酶活性变化差异不显著。干藏种子 SOD

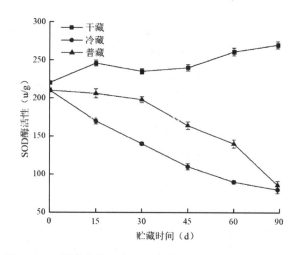

图 2 不同储藏条件下海南凤仙花种子的 SOD 酶活性变化

Fig. 2 The changes in SOD activity of *I. hainanensis* seeds under different storage conditions

酶活性随储藏时间延长呈缓慢上升趋势，上升幅度达 34.29%（图 2）。

2.2.3 不同储藏条件下海南凤仙花种子的 CAT 酶活性变化

随着储藏时间的变化，干藏种子 CAT 酶活性略有上升，变化不大，约 5.7%。储藏 30～60d 时，CAT 酶活性变化差异不显著；冷藏、普藏种子 CAT 活性呈下降趋势，变化较大，整个储藏期分别下降 26.6% 和 21.3%，其中冷藏最为明显。普藏 15～30d 时，CAT 酶活性变化差异不显著（图 3）。

2.2.4 不同储藏条件下海南凤仙花种子的 TBARS 含量变化

不同储藏条件下，冷藏和普藏种子 TBARS 含量随着储藏时间延长逐渐上升，上升幅度约为 30.98% 和 23.4%。干藏种子 TBARS 含量虽略有增加（约为 8.88%），但相同储藏时间内都显著低于冷藏和普藏种子，储藏 45～60d 时，种子 TBARS 含量变化差异不显著（图 4）。

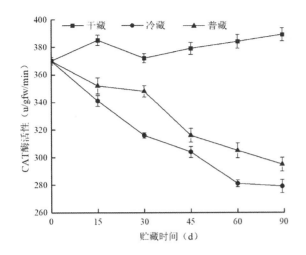

图 3 不同储藏条件下海南凤仙花种子的 CAT 酶活性变化

Fig. 3 The changes in CAT activity of *I. hainanensis* seeds under different storage conditions

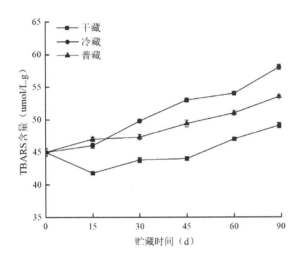

图 4 不同储藏条件下海南凤仙花种子的 TBARS 含量变化

Fig. 4 The changes in TBARS content of *I. hainanensis* seeds under different storage conditions

3 讨论

3.1 不同储藏条件对种子生活力的影响

　　种子的储藏过程是自然的老化过程，在此过程中会受到自身和外部环境因素的影响，其中种子的含水量、储藏时间、温度和湿度等均影响种子储藏过程中生活力的变化（Lehner *et al.*，2008）。种子储藏过程中，随着储藏时间的延长，种子内部物质不断变化，种子活力和寿命不断降低（Lehner *et al.*，2008）。随储藏时间的增加，种子产生不可避免的老化现象。近年来对种子的相关研究认为，引起和加剧种子寿命变短、活力下降的一个重要原因是细胞内部的脂质过氧化作用（韦小丽和周晓东，2011；赵鹏 等，2013）。在植物正常的生理状态下，自由基的产生和消除维持在

一个平衡状态，随老化程度加剧，细胞内正常的自由基产生与消除的平衡被打破，自由基大量积累，与脂质发生过氧化反应，脂质过氧化作用使细胞膜受损，膜透性增大，导致电导率升高（杨晗 等，2011）。因此，种子电导率的变化能够反映种子细胞膜结构的完整性，测定种子电导率可以作为鉴定种子活力的快速方法（廖文燕 等，2012）。海南凤仙花种子保持较低的含水量有利于维持活力。干藏条件下种子含水量低于8%时，电导率呈上升趋势，但变化幅度较小，趋于平缓；干藏处理30d后，仍有40%的萌发率，说明海南凤仙花种子耐脱水能力较强。跟干藏相比，普藏对海南凤仙花种子萌发率及电导率的影响不大，种子的活力指数及电导率均呈上升趋势，但变化幅度不大。冷藏条件下，海南凤仙花种子的含水量下降明显，种子储藏前15d，下降幅度约为54.66%。海南凤仙花种子储藏45d后，种子发芽率较低，趋近平稳，变化幅度差异不显著；电导率上升幅度最大，种子活力则不断降低，说明冷藏对海南凤仙花种子细胞膜系统损害较大。这可能与凤仙花属植物主要分布于亚热带、热带有关，系统演化过程中的生态适应性，造成种子对低温较为敏感（金孝锋 等，2006）。

3.2 不同储藏条件对种子生理变化的影响

　　可溶性糖是种子储藏过程中主要的呼吸底物，对种子活力的保持和细胞膜的稳定有很大作用（Picó *et al.*，2013），随着储藏时间的延长，种子可溶性糖因呼吸作用不断分解而降低，此外，可溶性糖含量的变化还与种子储藏时期的环境胁迫有很大关系（Sarath *et al.*，2007；Lehner *et al.*，2006）。冷藏和普藏种子可溶性糖含量逐渐下降，可能是由于储藏期间种子含水量较高，呼吸作用及生理劣变活动较强，可溶性糖消耗较大所致；干藏种子随储藏时间延长，可溶性糖含量先下降后上升，这可能与种子在脱水过程中产生的大量双糖，在较低含水量情况下，种子内部各项生理活动降低，消耗较少有关。这与林琼（2009）等对凤仙花种子可溶性糖含量变化趋势的研究相类似。

　　大量研究结果表明，SOD、CAT 和 POD 作为抗氧化酶，在种子老化过程中起到关键作用，对清除细胞内自由基、延缓种子活力下降的速率有重要意义（Dučić *et al.*，2013），TBARS 中的丙二醛（MDA）能降低 SOD、CAT 活性，加剧膜脂过氧化作用（Pergo *et al.*，2011；Bogdanovic *et al.*，2008）。因此，可根据 TBARS 含量变化来预测种子的劣变程度。本研究中，不同储藏条件下，随储藏时间延长，种子 SOD、CAT 酶活性和 TBARS 含量也发生了相应变化，冷藏和普藏种子 SOD、CAT 酶活性下降，冷藏种子酶活性下降

幅度高于普藏。但在包建平(2011)等的研究中，发现杜梨(*Pyrus betulaefolia*)种子的 SOD、CAT 酶在冷藏条件下酶活性高于室温储藏，这可能与植物生长习性有关，是植物长期进化过程中适应环境的结果。TBARS 含量和相对电导率变化趋势与 SOD、CAT 酶活性恰好相反，呈上升趋势，其中冷藏条件下上升幅度最大，这与 Sukhvinder(2012)等在冷害对 Japanese Plums 抗氧化酶系统和膜脂过氧化影响的研究结果相一致，说明低温对种子细胞膜系统损害较大。干藏种子的 SOD、CAT 酶活性和 TBARS 含量均呈上升趋势，变化较为平缓，说明脱水干燥过程不会导致 SOD、CAT 酶活性降低(Murthy *et al.*，2003)，这与林琼(2009)等认为干藏种子含水量极低，呼吸代谢受抑制，减少种子内部物质消耗，降低种子内部脂质过氧化作用，从而延缓凤仙花种子的衰老，对保持种子活力起到了积极作用的结论相一致。

参考文献

程红焱，2006. 种子超干储藏技术应用面临的问题和研究方向[J]. 云南植物研究，1：59-68.

金孝锋，丁炳扬，2006. 浙江凤仙花属野生花卉资源及开发[J]. 中国野生植物资源，4：27-49.

廖文燕，高捍东，2012. 金钱松种子储藏过程中的生理生化特征研究[J]. 南京林业大学学报(自然科学版)，36(02)：52-58.

林琼，肖炜，2009. 凤仙花种子储藏特性及其生理机制研究[J]. 江西农业大学学报，31(1)：72-76.

宁瑶，雷金睿，宋希强，等，2018. 石灰岩特有植物海南凤仙花(*Impatiens hainanensis*)潜在适宜生境分布模拟[J]. 植物生态学报，42(9)：946-954.

韦小丽，周晓东，2011. 不同储藏条件对麻疯树种子生理生化和萌发的影响[J]. 种子，30(2)：33-37.

杨晗，刘鸿飞，杨合龙，等，2016. 储藏温度和种子含水量对扁穗冰草种子质量的影响[J]. 草业科学，33(10)：2033-2040.

杨期和，尹小娟，叶万辉，等，2006. 顽拗型种子的生物学特性及种子顽拗性的进化[J]. 生态学杂志，25(1)：79-86.

赵鹏，郝丽珍，庞杰，等，2013. 储藏温度与超干处理对沙芥属蔬菜种子活力及抗脂质过氧化的影响[J]. 园艺学报，40(6)：1185-1194.

赵正楠，王建华，孙宏彦，等，2017. 种子耐储藏特性生理机制和遗传机制研究进展[J]. 上海农业学报，33(3)：156-160.

钟云芳，武华周，宋希强，等，2014a. 海南凤仙花生境地物种多样性及其与环境关系研究[J]. 热带作物学报，35：355-361.

钟云芳，张哲，宋希强，等，2014b. 海南凤仙花不同海拔种群的传粉生物学[J]. 生物多样性，22：467-475.

Bao J, Sha S, Zhang S. 2011. Changes in germinability, lipid peroxidation, and antioxidant enzyme activities in pear stock (*Pyrus betulaefolia* Bge.) seeds during room-and low-temperature storage [J]. Acta Physiologiae Plantarum, 33(5)：2035-2040.

Ben S P, Wang J, Dale S. 2006. Factors Affecting Tree Seed Storage[J]. Journal of Nanjing Forestry University (Natural Sciences Edition), 30(1)：1-7.

Bogdanovic J, Radotic K, Mitrovic A. 2008. Changes in activities of antioxidant enzymes during *Chenopodium murale* seed germination[J]. Biologia Plantarum, 52(2)：396-400.

Cakmak I, Horst W J. 1991. Effect of aluminium on lipid peroxidation, superoxide dismutase, catalase, and peroxidase activities in root tips of soybean(*Glycine max*)[J]. Physiologia Plantarum, 83(3)：463-468.

Dučić T, Liric-rajlc I, Mitrovic A, et al. 2013. Activities of antioxidant systems during germination of *Chenopodiumn rubrum* seeds[J]. Biologia Plantarum, 47(4)：527-533.

Fairbairn N J. 1953. A modified anthrone reagent[J]. Chemistry & Industry, (4)：86-86.

Hodges D M, DeLong J M, Forney C F, et al. 1999. Improving the thiobarbituric acid-reactive-substances assay for estimating lipid peroxidation in plant tissues containing anthocyanin and other interfering compounds[J]. Planta, 207(4)：604-611.

Lehner A, Bailly C, Flechel B, et al. 2006. Changes in wheat seed germination ability, soluble carbohydrate and antioxidant enzyme activities in the embryo during the desiccation phase of maturation[J]. Journal of Cereal Science, 43(2)：175-182.

Lehner A, Mamadou N, Poels P, et al. 2008. Changes in soluble carbohydrates, lipid peroxidation and antioxidant enzyme activities in the embryo during ageing in wheat grains[J]. Journal of Cereal Science, 47(3)：555-565.

Murthy U N, Kumar P P, Sun W Q. 2003. Mechanisms of seed ageing under different storage conditions for *Vigna radiata* (L.) Wilczek：lipid peroxidation, sugar hydrolysis, Maillard reactions and their relationship to glass state transition[J]. Journal of experimental botany, 54(384)：1057-1067.

Pergo É M, Ishii-Iwamoto E L. 2011. Changes in Energy Metabolism and Antioxidant Defense Systems During Seed Germination of the Weed Species *Ipomoea triloba* L. and the Responses to Allelochemicals[J]. Journal of Chemical Ecology, 37：500-513.

Picó F X, Retana J. 2013. Seed ecology of a Mediterranean perennial herb with an exceptionally extended flowering and fruiting season[J]. Botanical Journal of the Linnean Society, 142: 273-280.

Sarath G, Hou G, Baird L M, et al. 2007. Reactive oxyg enspecies, ABA and nitric oxide interaction on the germination of warmseason C 4-grasses[J]. Planta, 226: 697-708.

Shao X F, Zhu Y, Cao S F, et al. 2013. Soluble sugar content and metabolism as related to the heat-induced chilling tolerance of loquat fruit during cold storage[J]. Food and Bioprocess Technology, 6(12): 3490-3498.

Steadman K J, Pritchard H W, Dey P M. 1996. Tissue-specific soluble sugars in seeds as indicators of storage category[J]. Annals of Botany, 77(6): 667-674.

Sukhvinder P S, Singh Z. 2012. Role of Membrane Lipid Peroxidation, Enzymatic and Non-enzymatic Antioxidative Systems in the Development of Chilling Injury in Japanese Plums[J]. Journal of the American Society for Horticultural Science, 137 (6): 473-481.

Woodstock L W. 1973. Physiological and biochemical tests for seed vigor[J]. Seed Science and Technology, 1: 127-157.

Yu S X, Xu W B, Chen Y L, et al. 2010. Supplementary description of floral morphology of *Impatiens hainanensis* and *I. morsei* (Balsaminaceae) [J]. Guihaia, 30(1), 33-35.

牡丹古老品种及现代品种的核型及进化关系

朴星昂　袁涛*　杜明杰

（花卉种质创新与分子育种北京市重点实验室，国家花卉工程技术研究中心，城乡生态环境北京实验室，

园林环境教育部工程研究中心，林木花卉遗传育种教育部重点实验室，园林学院，北京林业大学，北京 100083）

摘要　探讨牡丹品种进化与核型参数之间的关系，采用常规制片法对 8 个牡丹古老品种、26 个远缘杂交牡丹后代、1 个伊藤杂种及其亲本材料进行核型分析，并通过核型似近系数对材料进行了聚类分析。除'黄蝶'（伊藤杂种）为三倍体（3n＝15）之外，其他试验材料均为二倍体（2n＝10）；古老品种核型更加原始、臂比均值更小、核型不对称系数更大、核型公式多为较原始的 2n＝8m+2sm，而核型进化的品种多为远缘杂交后代，如'英豪红''金英豪'等。通过聚类分析得到'杏花春'与'香妃'间核型似近系数最大（0.9993），核型进化距离最小（0.0007），亲缘关系最近；'深黑紫'与'清香白玉翠'间核型似近系数最小（0.5995），核型进化距离最大（0.4005），亲缘关系最远。'深黑紫'等 6 个古老品种与其他材料的亲缘关系较远。结果表明，古老品种的核型最原始，亚组间杂交后代的核型进化程度较高，组间杂交后代的核型进化程度最高。牡丹古老品种与现代品种的亲缘关系较远，具有巨大的育种潜力。

关键词　牡丹；古老品种；远缘杂交后代；核型似近系数；聚类分析

Karyotype and Evolutionary Relationship between Ancient and Modern Peony Cultivars

PIAO Xing-mao　YUAN Tao*　DU Ming-jie

（*Beijing Key Laboratory of Ornamental Plants Germplasm Innovation & Molecular Breeding，National Engineering Research Center for Floriculture，Beijing Laboratory of Urban and Rural Ecological Environment，Engineering Research Center of Landscape Environment of Ministry of Education，Key Laboratory of Genetics and Breeding in Forest Trees and Ornamental Plants of Ministry of Education，School of Landscape Architecture，Beijing Forestry University，Beijing 100083，China*）

Abstract　To study on the relationship of tree peony cultivar and karyotype parameters，karyotype analysis was carried out on 8 ancient cultivars，26 distant progenies，1 Itoh hybrid and the parent materials，and karyotype approximate coefficient was adopted for clustering analysis. Except for the triploid chromosomes of 'Huangdie' （'Itoh' 3n＝15），the others are all diploid （2n＝10）. Based on the characteristics of mean arm ratio，karyotype asymmetry and karyotype formula，the ancient tree peony cultivars were more primitive and the mean arm ratio are smaller than others，the karyotype asymmetry coefficient was larger，and the karyotype formula was mostly 2n＝8m+2sm. While the karyotypes of distant hybrids are more eboluionary，such as 'Xinghuachun'，'Xiangfei'，etc. Cluster analysis showed that there is the minimal karyotype resemblance-near coefficient （0.9993），and the maximal evolutionary distance （0.0007） between 'Honghui Shizi' and 'Yumian Taohua'，indicating the closest genetic relationship; There are the maximal karyotype resemblance-near coefficient （0.5995），and the minimum evolutionary distance （0.4005） between 'Shenheizi' and 'Qingxiang Baiyucui'，indicating the widest genetic relationship. Six ancient cultivars，such as 'Shenheizi'，are relatively genetically far related with the other cultivars. The karyotypes of the ancient cultivars are the most primitive，the karyotype of the inter-subsectional cultivars is more evolved，and the degree of karyotype evolution of the progeny of inter-sectional hybridization is the highest. The ancient tree peony cultivars and modern cultivars of peony is geneically far from each other，may indicating great potential in new cultivar breeding.

Key words　Peony；Ancient cultivars；Distant hybrid；Karyotype resemblance-near coefficient；Clustering analysis

1 基金项目：科学研究与研究生培养共建项目"北京城乡节约型绿地营建技术与功能型植物材料高效繁育"（2016GJ-03）北京林业大学建设世界一流学科和特色发展引导专项资金资助——园林植物高效繁殖与栽培养护技术研究（2019XKJS0324）。

第一作者简介：朴星昂（1995—），女，硕士研究生，主要从事园林植物资源与育种、栽培、应用研究。

通讯作者：袁涛，教授，E-mail：yuantao@ bjfu. edu. cn。

牡丹为芍药科（Paeoniaceae）芍药属（Paeonia）牡丹组（Sect. Mouton），是中国特有的多年生落叶灌木。人类栽培选育牡丹已有 1600 余年的历史，培育出性状多样的各类品种（王莲英和袁涛，2006；李嘉珏等，2011）。近年来，芍药科亚组间杂交和组间杂交的成功，更是让中国传统牡丹品种在花色等重要性状的改良上实现了新的突破（Shi et al.，2011）。

牡丹古老品种有别于现代品种，指栽培历史 100 年以上，有准确古籍或碑刻记载的品种，具有更丰富的遗传信息（王莲英和袁涛，2013），前人通过核型参数探讨了野生种牡丹与栽培品种间的演化关系（王士泉，2006；朱心武，1988；杨坤梅，2015），但未深入研究古品种、传统品种及现代品种在核型上的关系。本文现代品种指芍药属亚组、组间杂种，将古老牡丹品种的优良种质导入现代牡丹的育种中，将促进现代牡丹育种的新突破。

核型为生物遗传物质细胞水平上的表征，与外部形态相比，其受外界环境因素影响较小，更能保持相对稳定（徐琪 等，2004）。以核型数据为依据，研究和比较物种的染色体核型可以确定物种本身的遗传学特征，有助于对物种的亲缘关系进行判断和分析，揭示遗传进化的过程和机制（郭善利 等，2004）。核型分析在鬼针草属（Maria et al.，2008）、黑麦属（Naseri et al.，2009）和棉属（渠云芳 等，2013；Sheidai et al.，2009）等植物中已广泛应用。而核型似近系数是 2 个物种在形态结构上等同程度的表征，它反映的是物种间在核型上的同源性或亲缘关系的远近。谭远德等在 1993 年提出了以核型数据为基础的核型似近系数聚类法（谭远德和吴昌谋，1993），较好地突破了传统形态分析的局限，实现了物种间核型相似的数量化，能多向、立体、多维地考察物种间的亲缘关系，使结果更加客观可靠。核型似近系数和进化距离，是根据数值分类学原理和似近分析理论对核型数据进行数理统计，以估计物种间的相似性和差异程度的指标，现已在锦鸡儿属（宋芸 等，2011）、乌头属（宋芸 等，2012a）、柴胡属（宋芸 等，2011b）、胡颓子属植物中应用（马昕璐，2015）。史倩倩等人对 4 个不同花型的 21 个中原牡丹传统品种进行核型似近系数的聚类分析，21 个中原品种的似近系数在 0.8500 以上，进化距离间隔小，在核型上稳定性和相似性很高（史倩倩 等，2012a，2012b）。结果与传统分类结果不完全相同，花型与核型的关系并不大。

本研究利用核型似近系数聚类分析对 8 个古老牡丹品种、25 种牡丹远缘杂交后代及其亲本进行分析，旨在探讨参试材料之间的核型差异和亲缘关系，为牡丹品种演化研究提供线索，指导现代牡丹新品种选育中的亲本选配从而实现种质创新，同时为深入研究牡丹传统品种的细胞分类学问题奠定基础。

1　材料与方法

1.1　试验材料

牡丹古老品种：'秦红''深黑紫''赛珠盘''墨魁''帮宁紫''文公红''雨过天晴''娇容三变'。

亚组间杂交亲本及后代：

黄牡丹×'日月锦'：'金鳞霞冠''彩虹''蕉香''金袍赤胆''蝶舞''金英豪''大彩蝶'；

黄牡丹×'层中笑'：'香妃''小香妃''霞光'；

黄牡丹×'华夏隐斑白'：'紫缘荷''英豪红''血色黄昏'；

黄牡丹×'百园红霞'：'山川飘香''嫦娥''金童玉女'；

黄牡丹×'夜光杯'：'金衣漫舞''金衣花脸''金衣飞舞'；

黄牡丹×'日暮'：'银袍赤胆'；

黄牡丹×'清香白玉翠'：'金波'；

黄牡丹×'朱砂垒'：'金龙探海'；

黄牡丹×'红辉狮子'：'杏花春'；

黄牡丹×'似荷莲'：'春潮'；

组间杂交亲本及后代：'海黄'×芍药品种：'黄蝶'。

1.2　试验方法

1.2.1　样品采集及处理

试验材料取自河南洛阳栾川县内的芍药科迁地保护中心、河南洛阳国家牡丹园及山东菏泽百花园。取直径为 0.5～1.5cm 的花蕾，剥除苞片及花瓣，只留雌雄蕊及子房，子房切开后，用对二氯苯溶液室温下预处理 24h。

1.2.2　染色体形态观察

将预处理后的组织用卡诺固定液（V（95%乙醇）：V（冰乙酸）＝1∶3）于 4℃ 固定 24h，经 95% 乙醇冲洗 2 次后，转入 70% 乙醇中，再放入 1mol/L 盐酸中，并于 60℃ 恒温水浴解离 10～15min，蒸馏水洗净后，用卡宝品红染色和常规压片法制片，用光学显微镜分别对各材料的 50 个染色体分散良好的中期分裂相进行拍照。

核型分析：每个品种选出染色体形态清晰的 5 个细胞，借助 Image J. 软件分别测量染色体及长短臂的大小。

1.2.3　核型参数计算

核型参考 Levan 的分类法（Levan et al.，1964）和植物染色体标准化的规定（Stebbins et al.，1971）；染

色体的相对长度、臂比及类型遵循 Levan 等(Levann *et al.*,1964)的命名系统;核型类型参照 Stebbins 的标准,按核型中最长染色体与最短染色体之比及臂比大于 2 的染色体所占比例进行划分;核型不对称系数 As.k(%)采用 Arano 的计算方法(Arano,1963)。计算公式如下:

染色体长度比(LC/SC)=最长染色体长度/最短染色体长度;

臂比=染色体长臂/染色体短臂;

核型不对称系数 As.k=染色体长臂总长/全组染色体总长×100%。

1.2.4　核型似近系数计算及聚类分析

核型似近系数和进化距离计算的原理与方法:

在计算核型似近系数时,主要的数值指标有配子的染色体数、染色体相对长度、着丝粒指数、臂比值数以及平均数、方差、极差等。

根据谭运德等人提出的核型似近系数的聚类分析方法和公式计算(谭远德和吴昌谋,1993):

$$\lambda = \beta \cdot \gamma$$

式中,λ 为核型似近系数;β 为接近系数;γ 为相似系数。似近系数的数值较大,核型相似性越大。

$$\gamma_{jk} = \frac{\sum\limits_{k=1}^{n} X_{ik} \cdot X_{jk} - (\sum\limits_{k=1}^{n} X_{ik}) \cdot (\sum\limits_{k=1}^{n} X_{jk})}{\sqrt{(X_{ik} - \overline{X_i})^2 \cdot (X_{jk} - \overline{X_j})^2}}$$

$$\beta = 1 - \frac{d}{D}$$

$$D = \sum\limits_{k=1}^{n} |X_{ik}| + \sum\limits_{k=1}^{n} |X_{jk}|$$

$$d = \sqrt{d_i \cdot d_e}$$

$$d_i = \sum\limits_{k=1}^{n} |X_{ik} - X_{jk}|, \quad d_e = |\sum\limits_{k=1}^{n} |X_{ik}| - \sum\limits_{k=1}^{n} |X_{jk}||$$

式中,γ 与 x 的下标 i 和 j 分别表示第 i 个和第 j 个种属;k 表示第 k 个参量,共有 n 个参量;x_{ik} 表示第 i 个种属的第 k 个参量。

使用 Ntsys 软件对似近系数利用平均聚类法(UP-GMA)进行聚类并做聚类图。

2　结果与分析

2.1　染色体核型特征分析

供试材料染色体结构特征,包括染色体的臂比、核型公式、染色体长度比、核型种类等都存在明显的差异(表 1)。核不对称系数范围为 50.76% ~ 64.90%,其中以'墨魁'最小(60.76%),核型对称性最好;'文公红'(64.90%)核型对称性最差。由染色体长度比(LC/SC)及臂比值>2:1 的染色体比例,供试材料有 2A、2B 与 3A 三种核型。古老品种中除'帮宁紫'为 2B 型,其他均为 2A 型;远缘杂交后代及其亲本中,除'金英豪''英豪红''清香白土翠''层中笑'为 3A 型、'蕉香'为 2B 型,其他品种均为 2A 型。古老品种中,除'赛珠盘'的核型公式为 2n = 6m+4sm、'文公红'为 2n = 6m+2sm+2st,其他 6 个品种核型公式均为 2n = 8m+2sm。其他供试材料的核型公式主要有:2n = 8m+2st,如'日暮''夜光杯'等;2n = 6m+2sm+2st,如'春潮''杏花春'等;2n = 4m+4sm+2st,如'层中笑''英豪红'等;远缘杂交后代中,'金鳞霞冠'核型公式为 2n = 5m+2sm+3st;'蕉香'核型公式为 2n = 5m+2sm+3st,杂合性较高。

表 1　供试材料主要核型参数

Table1　Main karyotype parameters of peony varieties

编号	名称	核型公式	臂比均值	核不对称系数	最长/最短	臂比大于 2 的比例	类型
1	'文公红'	K(2n) = 10 = 6m+2sm+2st	2.00	64.90	1.37	0.4	2A
2	'秦红'	K(2n) = 10 = 8m+2sm	1.49	60.24	1.66	0.2	2A
3	'娇容三变'	K(2n) = 10 = 8m+2sm	1.64	59.94	1.75	0.2	2A
4	'帮宁紫'	K(2n) = 10 = 8m+2sm	1.52	59.60	2.20	0.2	2B
5	'雨过天晴'	K(2n) = 10 = 8m+2sm	1.60	57.50	1.76	0.2	2A
6	'深黑紫'	K(2n) = 10 = 8m+2sm	1.32	54.64	1.83	0.2	2A
7	'赛珠盘'	K(2n) = 10 = 6m+4sm	1.38	52.91	1.89	0.4	2A
8	'墨魁'	K(2n) = 10 = 8m+2sm	1.35	50.76	1.97	0.2	2A
9	'金英豪'	K(2n) = 10 = 6m+3sm+st	2.14	65.65	1.49	0.6	3A
10	'金龙探海'	K(2n) = 10 = 6m+2sm+2st	2.33	64.68	1.53	0.4	2A
11	'金童玉女'	K(2n) = 10 = 6m+2sm+2st	2.31	64.58	1.35	0.4	2A
12	'香妃'	K(2n) = 10 = 7m+sm+2st	2.25	64.38	1.36	0.4	2A
13	'霞光'	K(2n) = 10 = 6m+2sm+2st	2.36	63.89	1.26	0.4	2A

（续）

编号	名称	核型公式	臂比均值	核不对称系数	最长/最短	臂比大于2的比例	类型
14	'英豪红'	K(2n) = 10 = 4m+4sm+2st	2.36	63.81	1.37	0.6	3A
15	'清香白玉翠'	K(2n) = 10 = 4m+4sm+2st	2.47	63.70	1.26	0.6	3A
16	'紫缘荷'	K(2n) = 10 = 6m+2sm+2st	2.35	63.61	1.38	0.4	2A
17	'大彩蝶'	K(2n) = 10 = 6m+2sm+2st	2.30	63.26	1.65	0.2	2A
18	'杏花春'	K(2n) = 10 = 6m+2sm+2st	2.26	63.23	1.36	0.4	2A
19	'金波'	K(2n) = 10 = 8m+sm+st	2.40	63.00	1.58	0.4	2A
20	'层中笑'	K(2n) = 10 = 4m+4sm+2st	2.25	62.85	1.56	0.6	3A
21	'蝶舞'	K(2n) = 10 = 7m+3sm	2.20	62.15	1.35	0.4	2A
22	'黄牡丹'	K(2n) = 10 = 8m+2st	1.89	62.05	1.38	0.2	2A
23	'金袍赤胆'	K(2n) = 10 = 6m+3sm+st	1.86	62.04	1.77	0.4	2A
24	'蕉香'	K(2n) = 10 = 5m+3sm+2st	1.92	62.03	1.33	0.6	2B
25	'春潮'	K(2n) = 10 = 6m+2sm+2st	2.05	61.99	1.53	0.4	2A
26	'小香妃'	K(2n) = 10 = 6m+2sm+2st	2.02	61.84	1.44	0.4	2A
27	'朱砂垒'	K(2n) = 10 = 6m+2sm+2st	2.03	61.83	1.32	0.4	2A
28	'金衣花脸'	K(2n) = 10 = 8m+2st	2.33	61.76	1.75	0.2	2A
29	'似荷莲'	K(2n) = 10 = 6m+2sm+2st	2.07	61.73	1.31	0.4	2A
30	'彩虹'	K(2n) = 10 = 7m+sm+2st	2.18	61.72	1.49	0.4	2A
31	'百园红霞'	K(2n) = 10 = 8m+2st	2.13	61.68	1.38	0.2	2A
32	'血色黄昏'	K(2n) = 10 = 8m+2st	2.07	61.42	1.54	0.2	2A
33	'金鳞霞冠'	K(2n) = 10 = 5m+2sm+3st	1.85	61.51	1.42	0.2	2A
34	'嫦娥'	K(2n) = 10 = 7m+2sm+st	1.96	61.17	1.78	0.2	2A
35	'红辉狮子'	K(2n) = 10 = 8m+2st	2.02	61.17	1.35	0.2	2A
36	'金衣漫舞'	K(2n) = 10 = 8m+2st	2.21	60.83	1.73	0.2	2A
37	'夜光杯'	K(2n) = 10 = 8m+2st	2.45	60.75	1.79	0.2	2A
38	'山川飘香'	K(2n) = 10 = 6m+2sm+2st	1.85	60.61	1.49	0.4	2A
39	'黄蝶'	K(3n) = 15 = 11m+2sm+2st	1.78	60.47	1.64	0.27	2A
40	'银袍赤胆'	K(2n) = 10 = 6m+2sm+2st	2.06	60.47	1.78	0.2	2A
41	'日暮'	K(2n) = 10 = 8m+2st	1.95	60.4	1.44	0.2	2A
42	'日月锦'	K(2n) = 10 = 8m+2st	1.97	60.04	1.55	0.2	2A
43	'海黄'	K(2n) = 10 = 7m+sm+st(SAT)	1.80	59.47	1.29	0.2	2A
44	'金衣飞舞'	K(2n) = 10 = 8m+2st	1.91	59.25	1.57	0.2	2A

2.2　染色体核型似近系数分析

试验材料的核型似近系数的变动范围为 0.5995 ~ 0.9993，大部分品种两两之间的核型似近系数都在 0.9 以上，说明大部分试验品种的亲缘关系十分相近。核型进化距离的变动范围为 0.0203 ~ 0.2144。'杏花春'与'香妃'间核型似近系数最大（0.9993），核型进化距离最小（0.0007），亲缘关系最近；'深黑紫'与'清香白玉翠'间核型似近系数最小（0.5995），核型进化距离最大（0.4005），亲缘关系最远。

根据核型似近系数进行聚类分析（图 2），当核型似近系数为 0.8465 时，试验品种聚成两类，其中'秦红''雨过天晴''深黑紫''赛珠盘''墨魁''帮宁紫'聚成一类，其他品种聚成一类，说明上述 6 个品种与

其他材料的亲缘关系较远，值得注意的是，上述 6 个品种均为古老牡丹品种。

3　讨论

3.1　染色体核型特点

核型公式可以在一定意义上反映核型的进化程度。表 2 中试验品种的核型公式主要有 3 种：K(2n) = 10 = 8m+sm，如'帮宁紫''娇容三变'等；K(2n) = 10 = 6m+2sm+2st，如'春潮''杏花春'等；K(2n) = 10 = 4m+4sm+2st，如'层中笑''英豪红'等，这与前人对牡丹核型分析的结果一致（侯小改 等，2009）。依据侯小改等关于牡丹进化的观点（侯小改 等，2006），牡丹品种的核型存在着多样性，核型公式为 2n = 6m+2sm+2st 的品种不对称性最高；2n = 4m+6sm

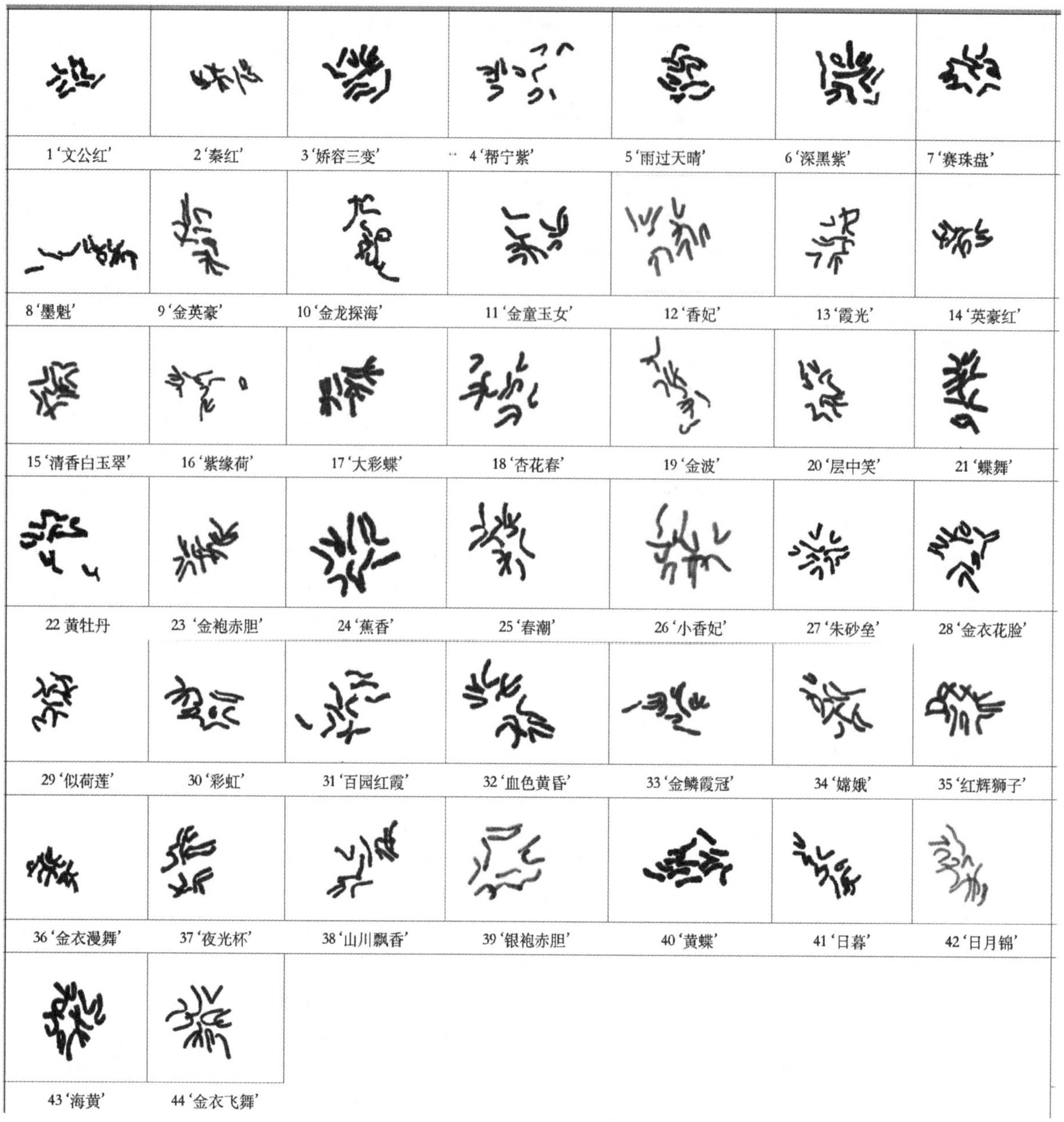

图 1　牡丹品种中期染色体形态图

Fig. 1　Metaphase chromosomes of peony cultivars

和 2n＝8m+2st 的品种不对称性次之；2n＝8m+2sm 的品种最原始，本文的 8 个古老品种中有 6 个核型均为较原始的 2n＝8m+2sm。远缘杂交亲本中的'日月锦''百园红霞''夜光杯''日暮'和'红辉狮子'的核型为比较进化的 2n＝8m+2st，'层中笑'的核型则为更加进化的 2n＝4m+4sm+2st；远缘杂交后代中，'黄蝶'为牡丹和芍药杂交而来的三倍体伊藤杂种，核型公式的杂合性最高 K(3n)＝15＝11m+2sm+2st，也最为进化，其他远缘杂交后代也出现了像'金鳞霞冠'2n＝5m+2sm+3st、'彩虹'2n＝7m+sm+2st、'蕉香'2n＝5m+3sm+2st 等不对称性更高的核型，牡丹和黄牡丹

的核型均在种内呈现多样性（侯小改 等，2006），可能是导致杂交后代核型杂交性较高的原因。供试材料的核型公式的进化程度基本与品种的演化事实相符，说明核型公式的对称程度可以在一定程度上反映品种的进化程度。

在核型进化方面，Levitzky 和 Stebbins 的基本观点认为，在被子植物中，核型进化的基本趋势是由对称向不对称发展的。系统演化过程中处于比较古老或原始的植物，大多具有较对称的核型，而不对称的核型则主要见于衍生的、特化的以及比较进化的植物类群中（李懋学和陈瑞阳，1985），臂比均值可以在一定

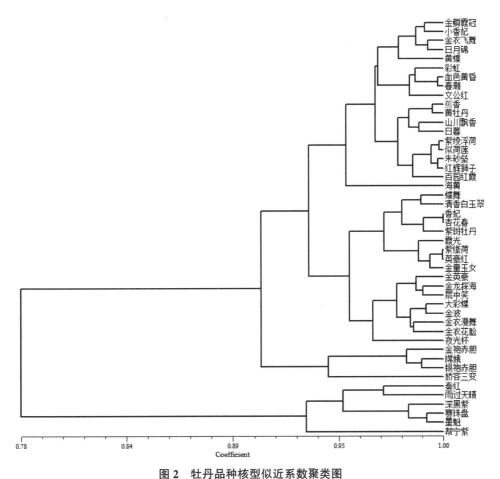

图 2　牡丹品种核型似近系数聚类图

Fig. 2　Clustering diagram of karyotype near coefficient of peony cultivars

程度上反映核型对称性，由臂比均值得出本文中核型进化程度最高的品种有'金英豪''文公红''金龙探海''金童玉女'和'香妃'，而进化程度最低的几个品种为'墨魁''赛珠盘''深黑紫''雨过天晴'和'金衣飞舞'。

核型不对称系数是反映染色体对称与否、进化与否的另一个参数指标（杨涤清 等，1989），本文中，核型不对称系数最小的几个品种为'墨魁''赛珠盘''深黑紫''雨过天晴'，这 4 个品种均为古老品种，而核型不对称系数最高的 5 个品种中有 4 个均为远缘杂交后代，进一步证明核型不对称性可以在一定程度上反映品种的进化程度。

根据核型公式、臂比均值及核型不对称系数的分析，可以初步得出结论：古老品种的核型最原始，亚组间杂交后代的核型较进化，组间杂交后代的核型进化程度最高。

3.2　核型似近系数的聚类分析

依据数值分类学原理和似近分析理论得出的核型似近系数及核型进化距离能够多向、立体、多维地考察物种间的相似性，从而判断物种间的亲缘关系和遗传距离，图 1 中在核型似近系数为 0.8465 时，试验材料聚成两类，其中一类为 6 个古老品种，说明这几个古老品种在核型上与其他材料的亲缘关系较远。另一类品种在核型似近系数为 0.92 时又聚成两类。值得关注的是，在核型似近系数为 0.946 时，文中牡丹品种聚成 4 类，其中一类中分布着文中大部分远缘杂交亲本，如黄牡丹、'日月锦''百园红霞''似荷莲''朱砂垒''红辉狮子'，从核型角度这几个品种核型相似度较高，亲缘关系较近，在实际杂交中，黄牡丹与这几个品种更易产生优良后代，如黄牡丹与'日月锦'的后代'彩虹''蕉香''蝶舞''金英豪'等（郝津藜等，2014；王莲英和袁涛，1997）

牡丹古老品种由于其优良的性状而传承至今，但在现代牡丹育种的工作中却很少使用，聚类分析表明，'文公红'与远缘杂交亲本与后代的核型相似度很高，推测其与其他材料有杂交产生后代的可能，而另外 7 个古老牡丹品种与其他材料的亲缘关系较远，间接说明这几种古老品种未参与到现代牡丹育种的进程中，具有巨大的育种潜力。古老牡丹品种作为珍贵的牡丹种质资源应得到更多的重视，它们的利用会给牡丹杂交工作带来新的突破。

参考文献

龚洵，顾志建，1991. 黄牡丹七个居群的细胞学研究[J].
　云南植物学报，13（4）：402-410.

郭善利，刘林德，2004. 遗传学实验教程[M]. 北京：科学
　出版社.

郝津藜，赵娜，石颜通，等，2014. 黄牡丹远缘杂交亲和性
　及杂交后代形态分析[J]. 园艺学报，41（8）：1651
　-1662.

侯小改，段春燕，刘素云，2006. 中国牡丹染色体研究进展
　[J]. 中国农学通报，22（2）：307-309.

侯小改，张亚冰，张赞平，等，2009. 不同株型牡丹品种染
　色体核型分析[C]//河南省细胞生物学学会第二届会员
　代表大会暨学术研讨会论文摘要集.

李嘉珏，张西方，赵孝庆，2011. 中国牡丹[M]. 北京：中
　国大百科全书出版社.

李懋学，陈瑞阳，1985. 关于植物核型分析的标准化问题
　[J]. 武汉植物学研究，3（4）：297-302.

马昕璐，2015. 新疆胡颓子属植物核型似近系数聚类分析研
　究[D]. 乌鲁木齐：新疆农业大学.

渠云芳，段永红，黄晋玲，2013. 亚比棉及其与陆地棉、海
　岛棉种间杂交种的核型及似近系数聚类分析[J]. 中国农
　业大学学报，18（05）：15-20.

史倩倩，王雁，周琳，等，2012a. 十大花色中原牡丹传统
　品种核型分化程度[J]. 林业科学研究，25（04）：470
　-476.

史倩倩，王雁，周琳，等，2012b. 中原牡丹传统品种的核
　型及进化关系[J]. 东北林业大学学报，40（11）：23-27.

宋芸，乔永刚，李祎，等，2011. 16 种锦鸡儿属植物核型似
　近系数聚类分析[J]. 中国草地学报，33（4）：83-88.

宋芸，乔永刚，吴玉香，2012a. 16 种乌头属植物核型似近系
　数聚类分析[J]. 草地学报，20（2）：352-357.

宋芸，乔永刚，吴玉香，2012b. 6 种柴胡属植物核型似近系
　数聚类分析[J]. 中国中药杂志，19（8）：146-150.

谭远德，吴昌谋，1993. 核型似近系数的聚类分析方法
　[J]. 遗传学报，（04）：305-311.

王莲英，袁涛，1997. 中国牡丹品种图志：续志[M]. 北京：
　中国林业出版社.

王莲英，袁涛，2006. 中国牡丹与芍药[M]. 北京：金盾出
　版社.

王莲英，袁涛，2013. 2013 中国洛阳国际牡丹高峰论坛文集
　[M]. 北京：中国林业出版社，86-90.

王士泉，2006. 芍药属两物种染色体结构变异杂合性研究
　[D]. 北京：中国科学院研究生院（植物研究所）.

徐琪，陈国宏，张学余，等，2004. 3 个地方鸡种的核型及
　其似近系数分析[J]. 畜牧兽医学报，（04）：362-366.

杨涤清，朱燮桴，1989. 草芍药、野牡丹和黄牡丹的核型研
　究[J]. 植物分类与资源学报，（2）：139-144.

杨坤梅，2015. 96 个不同种源牡丹品种亲缘关系的研究
　[D]. 昆明：西南林业大学.

朱心武，1988. 牡丹的核型研究[J]. 安徽大学学报：自然
　科学版，（2）：76-79.

Arano H. 1963. Cytological studies in subfamily Carduoidae of
　Japan：The karyotype analysis and phylogenic consideration
　on *Pertya* and *Ainsliaea*[J]. Bot May Tokyo，76：32-39.

Levan A，Freadga K，Sandberg A. 1964. Nomenclature for cen-
　tromeric position on chromosomes[J]. Hereditas，52（2）.

Maria F J，Dail Laughinghouse H，Antonio C F D S，et al.
　2008. Variability of the chromosomal number and meiotic be-
　havior in populations of *Bidens pilosa* L.（Asteraceae）from
　southern Brazil[J]. Caryologia，61（2），164-169.

Naseri H R，Azarnivand H，Jafari M. 2009. Chromosomal Evo-
　lution in Some *Iranian Artemisia* L. using Numerical Analysis
　of Karyotypes[J]. Cytologia International Journal of Cytology，
　74（1）：55-64.

Sheidai M，Sotoode M，Nourmohammadi Z. 2009. Chromosome
　pairing and cytomixis in safflower（*Carthamus tinctorius* L.
　Asteraceae）cultivars[J]. Cytologia，74（1）：43-53.

Shi L Z，Xin H Z，Zhi Q Z，et al. 2014. Multiple species of
　wild tree peonies gave rise to the 'king of flowers'，*Paeonia
　suffruticosa* Andrews[J]. Proceedings of the Royal Society B
　Biological Sciences，281（1797）：2014168 7.

Stebbins GL. 1971. Chromosomal evolution in higher plants
　[M]. Wesley Publishing Co.

中国观赏园艺研究进展 2020：71~77
Advances in Ornamental Horticulture of China，2020：71~77

梅花(*Prunus mume*)在北京及河北地区自然落种情况调查

许联瑛[1,*]　王振友[2]　刘静波[3]　代树刚[4]　王虎[5]　胡玉康[6]　尤晓涛[7]

([1] 北京市东城区园林绿化管理中心，北京 100061；[2] 鹫峰国家森林公园，北京 100095；
[3] 燕赵园林景观工程有限公司，廊坊 065201；[4] 北京林业大学，北京 100083；
[5] 王虎梅园，廊坊 065400；[6] 北京御竹种植园，北京 101300；[7] 河北武安禅房青龙潭旅游发展公司，邯郸 056300)

摘要　2000 年以来，"南梅北移"有了较快发展，这与自然气候暖周期和城市热岛效应有关，也与梅花自身的适应性有关。随着北京及更多北方城市引种栽培梅花品种和数量的不断增加，2008 年后，北京及河北一些地区陆续发现梅花自然落种现象。本文在对北京、河北一些地区梅花自然落种情况调查基础上，进一步提出对于这种现象的初步思考。

关键词　中国梅花；北京；河北；自然落种

Investigation on the Natural Semination of *Prunus mume* in Beijing and Some Areas of Hebei

XU Lian-ying[1,*]　WANG Zhen-you[2]　Liu Jing-bo[3]　DAI Shu-gang[4]　WANG Hu[5]　HU Yu-kang[6]　YOU Xiao-tao[7]

([1] *Gardening and Greening administration，Dongcheng District，Beijing 100061，China*；[2] *Jiufeng National Forest Park，Beijing 100095，China*；
[3] *Yan Zhao Landscape Engineering Company，Langfang 065201，China*；[4] *Beijing Forestry University，Beijing 100083，China*；
[5] *Wang Hu Prunus Garden，Langfang 065400，China*；[6] *Beijing Imperial Bamboo Garden，Beijing 101300，China*；
[7] *Wu'an Meditation Temple Blue Dragon Pond Tourism Company，Handan 056300，China*)

Abstract　From 2000 A. D. southern *Prunus mume* has remarkably migrated to the north area，with the warm cycle of natural climate，city hot island effect and the adaptability of *Prunus mume* itself. By the increasing introduction of *Prunus mume* on both species and quantity in Beijing and other northern cities，after 2008 A. D. natural semination of *Prunus mume* was observed in Beijing and several areas of Hebei. Based on the investigation of natural semination of *Prunus mume* in Beijing and several areas of Hebei，this paper further presents a preliminary point on this situation.

Key words　Chinese *Prunus mume*；Beijing；Hebei；Natural semination

2008 年，北京地区发现梅花自然落种现象，此后北京及河北一些地区陆续和不断扩大出现梅花自然落种的数量和品种。这对于科学认识气候变化与植物变迁，对于重新认识梅花的抗性和适应能力提供了可资参考的数据；也为梅花在分子层面的抗性基础研究提供形态方面的证据[1,2]。对进一步扩大中国梅花在京津冀乃至东北、西北地区发展梅花景观、产业和文化，具有重要的生态价值和广泛的社会意义，是"南梅北移"理论与实践的又一次重要突破。

1　发现及调查缘起

2017 年春季，因在河北省三河市筹建京津冀地区中国梅花(*Prunus mume*)种质资源圃，考察中意外发现位于河北省燕郊开发区后赵苗圃一株桃砧梅树下的 3 株梅花自然落种植株。由此继续在北京鹫峰国际梅园、大兴区采育方圆宏业花木种植基地、顺义区御竹种植园、河北省香河市王虎梅园、东城区龙潭公园、河北省太行山青龙潭梅花谷等相关地区扩大开展了进一步的调查，发现这种现象在北京、河北一些地

1 第一作者简介：许联瑛(1955—)，女，研究生，主要从事梅花引种方向的研究。
  通讯作者：许联瑛，教授级高级工程师，E-mail：xulianying@ 163. com。

区早有出现，只是未见文献报道。

2 梅花自然落种情况调查

2.1 调查的几处场地

2.1.1 北京鹫峰国际梅园

位于海淀区苏家坨镇，2005年引种梅花，2008年出现自然落种植株。是目前所调查场地中出现最早、自然落种植株品种分类做的较好和开花品种最多的地方。

第一，2005年露地栽植的杏梅（其母株'丰后'梅从河北省香河县引种），2008年在其附近发现4株。

第二，2008年秋季，日光温室（大棚）栽植了300多株30多个品种（以真梅为主）的梅花。2010年春天在温室发现15株。经过移栽、定植，其中有3株在2016年春季始见花蕾。此后这里陆续发现真梅植株，到2019年春天，已有50多株出现花蕾。通过花期观察，发现有朱砂（单瓣、重瓣）；宫粉（台阁）（单瓣、白色）；玉蝶（复瓣）；垂枝（复瓣、深粉红色）等栽培群。如'鹫峰1号'（真梅、垂枝、复瓣、深粉红色），2010年发现，2016年始花，当年花量不大，花瓣15枚，粉色（图1）。2019年10月观察，鹫峰1号树形比较开张，枝条自然下垂，2019年9月14日测量地径已有8.4cm，长势较健壮。

第三，2014年春季，王振友等人从一株朱砂梅树下移栽出37株，栽植在背风向阳条件下，2019年观察发现，37株并不完全表现为朱砂品种韧皮部暗红色的特征，其中3株开白色单瓣花。

2.1.2 北京御竹种植园

位于顺义区高丽营镇，2002年以杏梅为主栽植梅花，2013年出现一些像杏树的植株。当时以为是附近杏树'金太阳'的自然落种，2016年开花结实后，以硬果皮表面具蜂窝状点穴确认是杏梅，共7株。其母株是地径超过20cm的'丰后'梅。2020年7月观察植株地径最大约6cm。在花期观察到开花颜色与母株有明显差别，主要是颜色变浅成淡粉红，外瓣颜色粉红，内瓣颜色粉白，暂名'娇粉丰后'（图2）。几年来开花性状稳定，植株生长健壮。2020年，在接受访问时，园主意识到，这些年确实陆续出现过梅花自然落种的植株，但是由于人工紧张，都被当做杂草除掉。

图1　2016年垂枝梅'鹫峰1号'梅植株
Fig. 1　Pundulous 'Jufeng 1' flowered in 2016

图2　2013年北京御竹种植园植株
Fig. 2　The individual plant appeared in Beijing imperial bamboo garden in 2013

图3　2013年后赵苗圃植株
Fig. 3　The individual plant appeared in Houzhao nursery in 2013

2.1.3　燕赵园林后赵苗圃

位于河北省燕郊开发区，2017 年，在 2015 年栽植的地径超过 20cm 的桃砧朱砂梅植株附近，发现 3 株。2018 年 5 月观察，地径平均 4～6mm。2020 年 7 月观察，保留 2 株，地径约 1.5cm（图 3）。植株枝干韧皮部及木质部，全部表现为朱砂栽培群特有的暗红色。至今未见开花。

2.1.4　北京方圆宏业花木种植基地

位于大兴区采育镇，2009 年开始引种梅花。2016、2017 年春季开始陆续出现自然落种植株，由于数量少没引起重视，基本在整理土地时损毁。

2018 年春季，自然落种植株出现较多，在株高 10～15cm 时进行移栽，年底计有 800 余株成活，并在入冬前二次移栽。2019 年秋季观察，这些植株抗寒性、抗旱性表现优异，有的植株地径达 3cm，冬季平茬移栽植株高度达到了 2m，杏梅表现更为突出。

2019 年春季，自然落种植株约达万余株，遴选真梅健壮幼株 4000 余株集中移栽，但由于春旱和割灌机除草等原因，至今仅剩 1000 余株，成活率约为 25% 且整体长势一般（图 4）。2019 年对这些植株进行了集中移栽养护。

2020 年春季出现的植株，由于管理问题，基本当做杂草被旋耕，没有留下。

至今尚未开花。

2.1.5　王虎梅园

位于河北省香河县，2012 年引种梅花，2018 年出现的自然落种植株，但由于施用除草剂被损毁。2020 年春季又发现 40 株，株高平均 30cm，目前集中移栽养护（图 5）。

2.1.6　龙潭公园

位于城区东南二环以内，2020 年 5 月，许联瑛发现在 2006 年栽植的 1 株地径超过 20cm 的'傅粉'梅[3] 附近一片砂地柏植丛边缘，出现 6 株当年生植株，高度平均 30～50cm（图 6）。目前未做移栽。

图 4　2019 年大兴采育植株集中移栽养护

Fig. 4　The transplanting and caring of plants in Caiyu, Daxing in 2019

图 5　2020 年 王虎梅园植株

Fig. 5　The individual plant appeared in Wang Hu Prunus Garden in 2020

图 6　2020 年龙潭公园植株

Fig. 6　The individual plant appeared in Longtan park in 2020

图 7　2013 年河北武安植株

Fig. 7　The individual plant appeared in Wu'an, Hebei Province in 2013

图 8　2016 年河北武安植株

Fig. 8　The individual plant appeared in Wu'an, Hebei Province in 2016

图 9　2020 年河北武安植株

Fig. 9　The individual plant appeared in Wu'an, Hebei Province in 2020

2.1.7 太行山青龙潭梅花谷

位于河北省武安市，海拔 700~800m。2010 年引种梅花，梅花栽植面积约 1000 亩。2013 在一株绿萼梅附近发现 1 株，最初以为是根蘖苗，后发现基部有梅的硬种皮。在植株高度 20cm 时移栽，成活后未特殊管理。2017 开花，花期观察为绿萼品种，复瓣或重瓣。2020 年春季观察，地径 8cm，高度 3m，长势良好(图7)，开花性状稳定，已结实。2016 年又发现 10 余株杏梅植株，当年秋季移栽，与播种苗一同管理，后作为砧木使用(图8、图9)。目前这里共有 20 余株。

2.2 自然落种植株立地条件简要分析

2.2.1 场地区位条件

北京鹫峰国际梅园位于海淀，海拔 100~120m，出现自然落种植株的地方既有日光温室大棚，也有露地；北京御竹种植园位于顺义区；燕赵园林后赵苗圃位于河北省燕郊开发区；北京方圆宏业花木种植基地位于大兴区；王虎梅园位于河北省香河县；北京龙潭公园位于东城区。太行山青龙潭梅花谷位于河北省武安市，海拔 700~800m。总体除了河北省武安市和北京鹫峰海拔高度较高以外，其他大多为 18(河北省香河县)~40m(北京市东城区)，地势多平坦。

场地性质以生产性苗圃为主，也有个别公园绿地。所有自然落种植株均出现在较大规格梅树周边且土质相对疏松的地方。一般情况下，树堰周围或植株条垄之间土质比较疏松，有利于自然落种苗的生长。一般情况下，露地栽植 7~8 年、少数也有 3~4 年即

可能出现。如鹫峰 2005 年从河北省香河县移栽的大规格'丰后'梅，在 2008 年出现自然落种。观察认为，这与母株定植时的规格与生长势等呈正相关。

2.2.2 母株立地条件

出现自然落种植株的场地，既有日光温室，也有露地大田。大部分露地栽植在 8~10 年时间出现。这些植株立地条件，一般为较少人工不良干扰的地方，即使是公园绿地，如龙潭公园，也是出现在相对游人少关注、常年不受踩踏的地方。由此推论，北京其他更多种植梅花的场地，如明城墙遗址公园以及龙潭公园其他种植梅花的地方，除了管理整洁、清洁、游人频繁踩踏以外，其他立地条件是基本相同的。但在这些地方，即使出现自然落种的植株，也大多不会留存(图10)。

图 10 精细化管理的城市绿地及树堰形式
Fig. 10 Fine-managed urban green and tree guarding

表 1 梅花自然落种及始花时间(2020-07-30)
Table 1 Time of natural semination of *Prunus mume* and the beginning of flowering(2020-7-30)

单位名称	母株种系		母株种植时间(年)	自然落种出现时间	出现地点		始花时间	备注
	真梅	杏梅			日光温室	露地		
鹫峰国际梅园		√	2005	2009		√	2014	鹫峰丰后
		√	2005	2008		√	2018	大棚南侧
	√		2008	2010	√		2018	鹫峰1号垂枝
		√	2005	2009			2013	鹫峰2号
北京御竹种植园		√	2007	2013		√	2016	浅红丰后
北京方圆宏业花木种植基地	√	√	2009	2016		√		
燕赵园林后赵苗圃	√		2015	2017		√	尚未开花	桃砧朱砂大苗
王虎梅园			2012	2018		√		
龙潭公园	√		2006	2020		√		'傅粉'梅大苗
太行山青龙潭梅花谷	√	√	2010	2015		√	2017	绿萼和丰后大苗
	√		2011	2016		√	2019	宫粉大苗
	√		2011	2020		√		'粉红朱砂'梅
		√	2013	2020		√	尚未开花	本地山杏嫁接'丰后'

2.3 梅花自然落种植株基本状况

2.3.1 出现的时间分析

整体分析（表1），认为出现自然落种的时间较长并持续。2008年至今，这种现象表现了一定的扩散性和持续性，出现自然落种的地方、植株数量及其品种数量随机且持续增加。

2.3.2 出现数量及拟新品种

截至2020年7月的统计，2008年以来，以被调查单位的统计，仅北京就超过1万株，但目前保留数量约为1100余株（表2）。

保留植株总体真梅数量大于杏梅，但杏梅生长势强于真梅，未发现美人梅自然落种植株。真梅主要集中在玉蝶、宫粉和朱砂栽培群的品种中，杏梅主要集中在'丰后'梅中。鹫峰发现朱砂母株树下的植株并不完全表现为朱砂品种韧皮部暗红色的特征，后赵苗圃朱砂母株下的植株的枝干全部表现为韧皮部暗红色的特征。枝型主要集中在直枝梅中，也有少量垂枝梅，未发现曲枝梅自然落种植株。

所有有品种特征的名称目前均为未进行登录的暂名（表3）。

表2 自然落种植株存留数量统计（2020-07-30）
Table 2 The survival quantity of naturally seminated plants（2020-7-30）

单位名称	数量（株）
鹫峰国际梅园	100
北京御竹种植园	7
北京方圆宏业花木种植基地	1000
燕赵园林后赵苗圃	3
王虎梅园	40
龙潭公园	5
太行山青龙潭梅花谷	20
小计	1175

表3 自然落种植株暂拟品种名
Table 3 The proposed name of naturally seminated plant

单位名称	拟品种名	学名	种系	栽培群	始花时间	瓣型	枝型	植株地径（cm）地径	观察时间
鹫峰国际梅园	晚朱砂	'WanZhusha'	真梅	朱砂	2010	重瓣	直枝	5.2~7.5	2019
	北林朱砂	'Beilin Zhusha'	真梅		2018	复瓣		4	2020
	皱瓣粉	'Zhouban Fen'		宫粉	2017	单瓣		6.1	2019
	鹫峰2号		杏梅	杏梅	2013	重瓣		10.6	2016
	鹫峰丰后	'Jiufeng Fenghou'	杏梅	杏梅	2014	重瓣		5.6	2017
	红须单砂	'Hongxu Dansha'	真梅	朱砂	2018	单瓣		3	2020
	单瓣粉	'Danban Fen'			2016	单瓣		3	2020
	玲珑粉	'Linglong Fen'		宫粉	2017	重瓣		6.8	2019
	北林浅粉	'Beilin Qanfen'			2015	重瓣		7.3	2019
	单瓣白	'Danban Bai'		玉蝶	2018	单瓣		4	2020
	鹫峰1号	'Jiufeng 1#'		宫粉	2018	复瓣	垂枝	8.4	2019
北京御竹种植园	娇粉丰后	'Jaofen Fenghou'	杏梅	杏梅	2016	重瓣		8	2020
太行山青龙潭梅花谷	武安绿萼	'Wuan lve'	真梅	绿萼	2017	复瓣或重瓣	直枝	8	2020
	武安宫粉	'Wuan Gongfen'		宫粉	2019	始花单瓣白色，2020年变成复瓣浅红色		3	2020

2.3.3 自然落种植株基本特征

第一，具有实生苗的基本特征。整体小枝较细，较密，枝刺较多，生长势较乱。当年生植株生长量不一，总体杏梅生长势明显优于真梅，但也有一些真梅植株长势非常好，高度最高达 1.9m（大兴采育）。

第二，涉及栽培群比较广泛。表3所列 14 个品种（拟名）中，涉及了朱砂、宫粉、玉蝶、绿萼、单瓣等真梅栽培群和杏梅栽培群，在杏梅栽培群中，只在'丰后'梅植株附近发现，其他品种植株附近未见，美人栽培群品种中未见。其中朱砂品种 3 个，宫粉品种 6 个，玉蝶品种 1 个，绿萼品种 1 个，杏梅品种 3 个。

另外，从瓣型上看，以复瓣和重瓣为多。这是因为实生苗作为优株选育的基础，一般会淘汰单瓣或白花的植株，或者将它们作为砧木使用。初选作为品种保留的，一般具有花期早、香气浓、花径大、花色鲜艳等稳定优良性状者。

3 思考与讨论

北京梅花的引种，开始自元代末年（1307—1308）的"护以穹庐"[4]。从 1957 年陈俊愉在北京提出"南梅北移"科学构想，至 2008 年以北京明城墙遗址公园引种真梅品种为主露地栽植获得的规模成功，用了半个多世纪时间的积累，"实现了'南梅北移'的重大突破"[5]。

3.1 "南梅北移"与梅花自然分布的"泛中心论"

基于继承陈俊愉先生对梅花自然及栽培分布的研究[6]，许联瑛认为现代"南梅北移"所取得的成功，与梅花历史自然分布的"泛中心性"具有一定关联[7]。2017 年开始在河北省三河市筹建京津冀梅花种质资源圃的基本构想即来自于此。对不同区域、多种立地条件出现自然落种植株展开的相关调查研究，为梅花自然分布的"泛中心论"提供了可资参考的数据。

3.2 气候变化与城市园林植物变迁

苏联植物地理学家 E.B.吴鲁夫 1932 年指出："气候条件的改变，能引起植物分布的变迁"[8]。美国 R.F.道本迈尔 1947 年的研究认为，城市的发展会显著地影响小气候。这对于植物的生长是有重大意义的[9]。最近几十年来，城市的发展已经明显地影响和改变了气候，我国长期天气预报专家章基嘉 1995 年的研究指出："树种迁移"是全球气候变暖的物候学证据[10]。而城市植物的变迁必然也会引起城市发展与变化。

迄今未有关于北方地区梅花自然落种情况及其利用的文献报道，这可能主要由于 2008 年以前，京津冀地区梅花栽植数量和品种的积累较少，或几乎不能满足产生自然落种植株平均需要 6~8 年的时间储备，还有长期以来对梅花自然分布于长江流域的固化认知，以至于人们在认识上对此几乎完全没有预估。

梅花自然落种对于自然分布地区，应属司空见惯，但在北方同样的现象就有可能表达为气候变化与植物变迁的概念。

3.3 引种驯化与梅花抗寒优良品种

"南梅北移"采用的主要方法有植株引种驯化筛选、人工播种实生选育、杂交或诱变育种等，对于北方地区，所有方法的目的都是为了得到以抗寒为主要指标的优良品种。2015 年《北京梅花》一书记录了可在北京地区露地栽植的 125 个梅花品种。此后，随着城市园林应用梅花苗木数量的增加[11]，对应用品种数量的增加也有较大促进，根据持续的收集统计，目前在京津冀地区露地栽植的梅花品种应在 150 个左右甚至更多。

北京及河北一些地区出现的这种现象，属于实生育种范畴，但自然落种需要经过更多的自然选择而不同于人工播种。与其亲本相比，它们接受了更多自然的挑战和优选，应当具有更加符合人们需要的综合抗性。

自 2008 年以来，人们从这些植株中优选的（初拟）品种（表 3），表现了更加能够适应京津冀地区自然环境（寒冷、春旱秋涝，早春干旱大风等不良气候特点）的优良特性。从时间上看，有的已经超过了 10 年；从生长发育上看，有的能正常开花结实，完成了从种子到种子的发育过程；从观赏价值看，基本都具有花期早、抗性强、花径大、瓣型重、颜色美等种质资源价值，并随机得到了推广应用；从数量上看，从自然落种植株中产生的品种的比例为 0.1% 左右。毕竟，能够成为品种的是极少数，但不影响绝大部分成为优良的砧木。"南梅北移"使用砧木就有可能从山桃、山杏、杏梅，进而逐步实现真梅作砧木（山桃→山杏→杏梅→真梅）。这些发现和观察，可能对"南梅北移"或"北梅南移"具有重要意义；也可能为将来北京及北方地区城市森林的营建，提供一种潜在的种质资源。

梅花，尤其真梅品种，对于北京及更多北方地区，终究属于引种历史较短的边缘植物，它们在京津冀地区，乃至进一步向东北、西北地区的引种栽培，还需要更长时间或历史时期的试验与观察。只是希望北京及河北一些地区出现的梅花自然落种现象，能够给我们带来一些严肃的启示[12]。

致谢 感谢宗玲、许世颐为本文所作英译；感谢张跃为本文制作图片！

参考文献

[1]铁铮. 我国梅花全基因组测序研究引人瞩目[N]. 中国绿色时报, 2013-01-08(B01).

[2]Zhang Qixiang, Zhang He, Sun Lidan, et al. The genetic architecture of floral traits in the woody plant *Prunus mume*. [J]. Nature communications, 2018, 9(1).

[3]许联瑛. 京城种梅记[J]. 北京林业大学学报, 2007, 29卷增刊1: 163.

[4]程杰. 中国梅花审美文化研究[M]. 成都: 巴蜀书社, 2008: 113.

[5]许联瑛. 园林求索[M]. 北京: 中国林业出版社, 2010: 序.

[6]许联瑛. 北京梅花[M]. 北京: 科学出版社, 2005: 180~188.

[7]许联瑛. 梅花精神是中华民族优秀的文化基因[J]. 北京林业大学学报, 2017, 39(S1): 109-113.

[8]E. B. 吴鲁夫. 历史植物地理学引论[M]. 北京: 科学出版社, 1960: 1.4.

[9]R. F. 道本迈尔著. 植物与环境[M]. 北京: 科学出版社, 1965: vii~ix. 153.

[10]章基嘉. 气候变化的证据、原因及其对生态系统的影响[M]. 北京: 气象出版社, 1995: 67.

[11]北京市园林绿化局. 北京城市森林建设树种选择导则, 2019: 6.1.1.2.

[12]达尔文. 物种起源[M]. 1859. 李贤标, 高慧, 编译. 北京: 北京出版社, 2007: 43.55.

引种与育种

利用美蔷薇(*Rosa bella*)提高现代月季的黑斑病抗性

高华北　徐庭亮　易星湾　姜珊　程堂仁　王佳　张启翔　潘会堂[*]

（花卉种质创新与分子育种北京市重点实验室，国家花卉工程技术研究中心，城乡生态环境北京实验室，
园林环境教育部工程研究中心，林木花卉遗传育种教育部重点实验室，园林学院，北京林业大学，北京 100083）

摘要　月季黑斑病是一种专性兼性营养型真菌病害，是在月季庭院栽培过程中发生率极高且破坏性极强的病害。本研究以'萨曼莎'×美蔷薇的 24 株杂交后代和亲本为材料，采用离体叶片侵染法评价了杂交亲本和杂交后代的黑斑病抗性能力，用遗传分析、相关性分析等方法对杂交亲本以及杂交后代的表型性状、抗黑斑病能力进行了分析。结果表明杂交后代的表型性状表现出明显的分离，变异系数为 8.13%~72.13%，表型性状与美蔷薇相比得到很大程度的改良，大部分株型高大、花瓣数量增多、花径增大；杂交后代的黑斑病发病率变异系数达到 95.27%，所有杂交后代的发病率都比'萨曼莎'低，23.81%的杂交后代黑斑病抗性超过美蔷薇，表现出杂种优势，说明远缘杂交是改良现代月季抗逆性的有效手段。由于美蔷薇基因的介入，杂交后代的黑斑病抗性有了很大的提高，说明美蔷薇是改良现代月季抗黑斑病能力的优异材料。本研究为改良现代月季品种的黑斑病抗性提供了新材料。

关键词　现代月季；美蔷薇；远缘杂交；抗黑斑病

Reinforcement of Resistance of Modern Rose to Black Spot Disease via Hybridization with *Rosa bella*

GAO Hua-bei　XU Ting-liang　YI Xing-wan　JIANG Shan

CHENG Tang-ren　WANG Jia　ZHANG Qi-xiang　PAN Hui-tang[*]

（*Beijing Key Laboratory of Ornamental Plants Germplasm Innovation & Molecular Breeding，National Engineering Research Center for Floriculture，Beijing Laboratory of Urban and Rural Ecological Environment，Engineering Research Center of Landscape Environment of Ministry of Education，Key Laboratory of Genetics and Breeding in Forest Trees and Ornamental Plants of Ministry of Education，School of Landscape Architecture，Beijing Forestry University，Beijing 100083，China*）

Abstract　Blackspot disease is a kind of obligate vegetative fungal disease in roses. It is a disease with extremely high incidence and high destructiveness incultivatedroses in gardens. In this study，it were used as materials to evaluate the resistance to black spot diseaseby in vitro leaf infection that 24 hybrids and parents of *Rosa hybrida* 'Samantha' × *Rosa bella*. furthermore，I analyzedphenotypic traits and resistance to black spot disease of hybrids and parents by genetic analysis，correlation analysis and other methods. By field direct identification method，vitro leaf infection method，and statistical method，such as genetic analysis，correlation analysis，we determined 24 phenotypic traits，resistance to black spot disease and coldness. The results showed that hybrid progenines showed obvious separation，and the coefficient of variation was between 8.13% and 72.13%. Compared with *Rosa bella*，the phenotypic traits of hybrid progenines were greatly improved. most of thembecametaller，and had larger flower and more petals. The cold resistance of hybrid progenineswas generally stronger than that of *Rosa hybrida* 'Samantha'，and some of which wereeven close to *Rosa bella* in some degree. Thevariation coefficient about incidence of black spot disease was 95.27% in hybrid progenines，and the incidence of all hybrid progenines was lower than that of *Rosa hybrida* 'Sa-

1 基金项目：北京市自然科学基金（6192018）"水杨酸与茉莉酸互作对月季黑斑病抗性影响的分子调控机制"、北京市科技计划课题"基于组学的北京特色花灌木优良新品种培育及应用"（Z181100002418006）。

第一作者简介：高华北，女，硕士研究生，主要从事花卉种质创新与育种研究。

通讯作者：潘会堂，教授。E-mail：htpan@ bjfu. edu. cn。

mantha'. Furthmore, it is 23.81% of hybrid progeninesthat showed stronger resistance to black spot disease than *Rosa bella*, showing heterosis, indicating that distant hybridization is an effective method of modern rose resistance breeding. Due to the genetic intervention of *Rosa bella*, the resistance to black spot disease and coldness of hybrid progenines has been greatly improved, suggesting that *Rosa bella* is an excellent material to improve the resistance of modern rose. This study provides a new material for improving the resistance of modern Chinese rose cultivars to black spot.

Key words　Modern rose; *Rosa bella*; Distant hybridization; Resistance to black spot disease

现代月季(*Rosa hybrida*)为月季花(*R. chinensis*)、法国蔷薇(*R. gallica*)及其他几种蔷薇属植物经反复杂交和回交培育成的可以四季开花的品种类群,其花色丰富、花期长、花香迷人、株型各异,是世界上最重要的观赏植物之一(张佐双,2006),也是重要的切花作物,同时广泛应用于城市园林美化。

月季育种进程最早可以追溯到3000年前,古人将蔷薇属一些野生种驯化得到连续开花、重瓣的中国古老月季(Wang,2007;李淑斌,2019)。迄今为止,现代月季在花色、花香、重瓣性等花部性状和开花习性上有了很大程度的改良,但由于在早期育种工作中忽视抗逆性状的改良,导致现代月季品种的综合抗逆性较差(刘永刚,2004;杨涛,2015,Ding *et al.*,2016)。月季黑斑病是露地栽培月季最严重的病害,它的病原菌为蔷薇盘二孢[*Marssonina rosae*(Lib.)Fr.],主要危害月季叶片,在夏季病发严重时全株仅剩下光秃枝条,不仅降低观赏和经济价值,还导致植株的过早衰败。且目前黑斑病主要依靠化学杀菌剂防治,长期使用化学杀菌剂不仅使病菌产生了抗药性,防治成本逐年提高,同时也对环境造成了不利的影响(Debener and Byrne,2014)。

目前,现代月季栽培品种的80%是通过品种间杂交获得的,很难再引入新的遗传信息(孙宪芝,2003),所以也就很难有效改良现代月季抗逆性差的问题(De Vries,2001;Sergeg,1999,刘佳,2013)。而利用一些抗逆性强的蔷薇属野生种与现代月季进行远缘杂交,可以将其优异的抗逆性基因资源引入到现代月季中,直接有效地扩大遗传变异范围,创造丰富的变异类型,从后代中筛选出抗逆性表现优良的单株,从而达到改良现代月季的目的。目前参与到创造现代月季品种的蔷薇属原种只有10~15个(马燕,1992),仅占蔷薇属原种总数(200多种)的1/10,其中我国原产种类有10种左右(孙宪芝,2003),大量的具有优良抗逆性的蔷薇属植物尚未应用到现代月季中。目前,已有一些育种家利用疏花蔷薇(*R. laxa*)、玫瑰(*R. rugosa*)、光叶蔷薇(*R. wichuriana*)、弯刺蔷薇(*R. beggeriana*)、单瓣黄刺玫(*R. xanthina* f. *normalis*)、报春刺玫(*R. primula*)、木香(*R. banksiae*)、黄蔷薇(*R. hugonis*)与现代月季进行远缘杂交,获得

了'无忧女''天山祥云''天山之光''天香''一片冰心''珍珠云''春芙蓉'等多个抗逆性优良的品种(Bryson & Buck,1979;黄善武,葛红,1989;马燕,1990;Byrne,1996;郭润华,2011),这充分证明了野生蔷薇属植物在现代月季品种改良中具有巨大潜力。

美蔷薇(*R. bella*)为蔷薇属原种,分布于吉林、内蒙古、河北、山西、河南等海拔较高的冷凉地区,最高可分布到海拔1700m,在长期自然选择下对一些病害、虫害的抵御能力也较强,是改良现代月季的理想材料。目前,针对美蔷薇的研究主要集中在果实上(陈封政 等,2001;王晓闻,2000),作为现代月季品种改良材料的能力尚未被充分开发出来。赵红霞(2015)通过杂交亲和性筛选发现,美蔷薇与大多数现代月季品种均有较高的结实率。本研究以现代月季品种'萨曼莎'为母本,美蔷薇为父本进行远缘杂交,并对杂交后代表型性状和抗黑斑病能力进行了评价,以期为培育抗逆性强的现代月季品种奠定基础。

1　材料与方法

1.1　试验材料

2013年4~5月,以现代月季品种'萨曼莎'(*Rosa hybrida* 'Samantha', 2n = 4x = 28)为母本,美蔷薇(*Rosa bella*, 2n = 4x = 28)为父本进行控制授粉,获得24株杂交后代(简称SM1,SM2……SM24),2014年露地栽植于北京市昌平区国家花卉工程技术研究中心小汤山苗圃,连续栽培5年,性状稳定。

1.2　表型性状测定

2019年4~6月,根据《植物新品种特异性、一致性、稳定性测试指南——蔷薇属》(标准编号:LY/T 1868—2010),参考赵红霞(2015)的表型性状测定方法,对亲本及杂交后代的株高、冠幅、株型、复叶长、复叶宽、复叶长宽比、小叶数量、花径、花瓣长、花瓣宽、花瓣长宽比、花瓣数量等12个性状进行了测定,每个性状在同一单株上重复测量3次,对株型进行赋值统计,以便于后期进行数据分析。

1.3　抗黑斑病评价

2019年5月,采用离体叶片侵染法,取亲本及杂

交后代当年生新枝自上至下第4片健康无病叶片为材料，流水冲洗3h后，置于无菌操作台上，75%酒精消毒5s后，20%"白猫"漂水浸泡5min，之后置于底部垫有无菌水润湿滤纸的培养皿中，晾干备用。参考徐庭亮（2018）的方法，用无菌水将黑斑病病原菌孢子悬浮液浓度稀释至每毫升1×10⁵个孢子，喷施叶片，喷施后置于25℃恒温人工气候箱中（光照周期为16h/8h（白天/黑夜），光照强度为340klx）培养16d，观察叶片发病情况，以发病率（病斑面积/叶片总面积×100%）作为衡量黑斑病抗性的指标。

1.4 数据分析

利用 IBM SPSSStatistics25.0软件，对所测得的数据进行描述性统计分析、方差分析、遗传分析以及相关性分析。

2 结果与分析

2.1 杂交后代的表型性状

由于杂交双亲的表型差异较大，后代的变异程度也较大，表现出超亲优势。由于'萨曼莎'基因的介入，杂交后代的表型性状相对于父本美蔷薇来说得到了很大的改善，大部分株型高大、花径增大、花瓣数量增多，观赏性大大提高。

从表1可以得出，整个群体的变异系数范围为8.13%~72.13%，差异较大。变异程度最大的为株型，最小的为花瓣长宽比，变异程度较大的性状包含株高、冠幅、花瓣数量，变异系数分别为43.69%、43.62%、53.93%。各性状的频数分布如图1所示。各性状基本符合连续性正态分布趋势，呈现单峰分布，符合多基因控制数量性状遗传的规律，其中冠幅、叶长、小叶数量的偏度绝对值接近于0，说明这3个性状的分布比较对称，其他性状呈现出不同程度的偏分态。

各性状的遗传分析如表2所示。比较杂交后代的平均值和中亲值，除冠幅外，其余11个性状的平均值和中亲值比较接近。综合来看，其余各性状的分离较为广泛，除小叶数量外，其余11个性状均出现了小于低亲或大于高亲的超亲个体。复叶长宽比介于双亲之间的杂交后代占所有杂交后代的比达到95.83%，其余4.17%为大于高亲的个体，杂交后代的复叶呈现出介于双亲之间的趋势。亲本和杂交后代的花部性状如图2所示，花径、花瓣长、花瓣宽3个性状在杂交后代中的分布比例相同，花瓣长宽比小于低亲、介于双亲之间、大于高亲占比依次为15.38%、46.16%、38.46%，在杂交后代中的分离程度较大。

表1 '萨曼莎'×美蔷薇杂交后代表型性状统计

Table 1　Phenotypic traits statistics in hybrids of *Rosa hybrida* 'Samantha' ×*Rosa bella*

表型性状 Phenotypic traits	均值 Mean	标准差 Standard deviation	方差 Variance	偏度 Skewness	峰度 Kurtosis	变异系数(%)CV Coefficient of variation
株高 Plant height(cm)	130.75	57.12	3262.89	0.21	−1.39	43.69
冠幅 Crown breadth(cm)	108.92	47.51	2257.30	−0.07	−0.64	43.62
株型 Plant type	2.67	1.93	3.71	0.68	−0.88	72.13
复叶长 Compound leaf length(mm)	99.16	23.72	562.86	0.06	−0.67	23.93
复叶宽 Compound leaf width(mm)	58.71	11.63	135.17	0.11	−0.71	19.80
复叶长宽比 Length-width ratio of leaf	1.69	0.25	0.06	0.72	−0.03	14.92
小叶数量 Leaflet number	7.35	1.15	1.33	0.02	0.12	15.65
花径 Corolla diameter(mm)	70.28	12.31	151.44	−0.26	−1.19	17.51
花瓣长 Petal length(mm)	32.72	5.92	35.05	−0.22	−1.07	18.09
花瓣宽 Petal width(mm)	29.85	5.91	34.91	−0.16	−0.86	19.79
花瓣长宽比 Length-width ratio of petal	1.10	0.09	0.01	0.14	−0.82	8.13
花瓣数量 Petal numbers	24.35	13.13	172.42	1.61	1.93	53.93

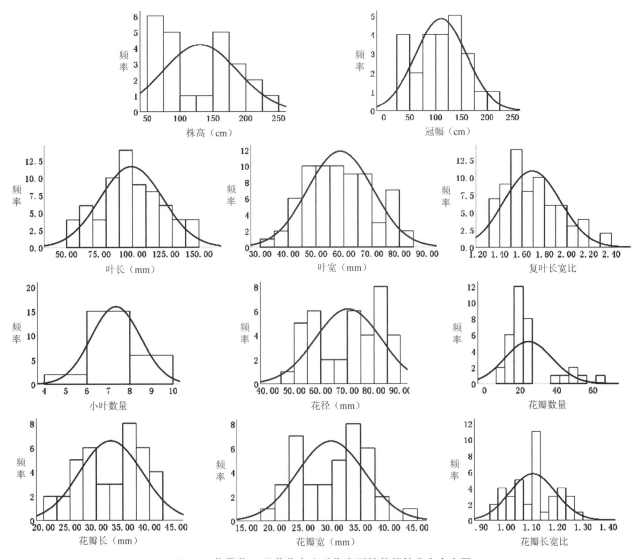

图1 '萨曼莎'×美蔷薇杂交后代表型性状频数分布直方图

Fig. 1   The frequency distribution histogram of phenotypic traits statistics in hybrids of *Rosa hybrida* 'Samantha'×*Rosa bella*

表2 '萨曼莎'×美蔷薇杂交后代表型性状遗传分析

Table 2   Genetic analysis of phenotypic traits statistics in hybrids of *Rosa hybrida* 'Samantha'×*Rosa bella*

表型性状 Phenotypic traits	亲本 Parents			平均值/ 中亲值 Mean/P	杂交后代群体分布比例(%) Distribution of hybride progenines		
	♀	♂	中亲值 P Mid-parents		<低亲 Less than the low parent	双亲之间 Between the parents	>高亲 Greater than the high parent
株高 Plant height(cm)	87.00	141.00	114.00	1.15	30.43	21.74	47.83
冠幅 Crown breadth(cm)	34.00	98.00	66.00	1.65	0.00	39.13	60.87
株型 Plant type	1.00	3.00	2.00	1.34	0.00	70.83	29.17
复叶长 Compound leaf length(mm)	109.06	99.15	104.11	0.95	54.55	9.09	36.36
复叶宽 Compound leaf width(mm)	80.85	44.51	62.68	0.94	8.70	91.30	0.00
复叶长宽比 Length-width ratio of leaf	1.35	2.23	1.79	0.94	0.00	95.83	4.17
小叶数量 Leaflet number	5.00	11.00	8.00	0.92	0.00	100.00	0.00

（续）

表型性状 Phenotypic traits	亲本 Parents			平均值/中亲值 Mean/P	杂交后代群体分布比例(%) Distribution of hybride progenines		
	♀	♂	中亲值 P Mid-parents		<低亲 Less than the low parent	双亲之间 Between the parents	>高亲 Greater than the high parent
花径 Corolla diameter(mm)	106. 38	59. 22	82. 80	0. 85	30. 77	69. 23	0. 00
花瓣长 Petal length(mm)	48. 32	27. 70	38. 01	0. 86	30. 77	69. 23	0. 00
花瓣宽 Petal width(mm)	43. 49	26. 82	35. 16	0. 85	30. 77	69. 23	0. 00
花瓣长宽比 Length-width ratio of petal	1. 11	1. 03	1. 07	0. 97	15. 38	46. 16	38. 46
花瓣数量 Petal numbers	39. 33	5. 00	22. 17	1. 10	0. 00	84. 62	15. 38

‘萨曼莎’ × 美蔷薇

（*Rosa hybrida* ‘Samantha’）↓ （*Rosa bella*）

图 2　‘萨曼莎’×美蔷薇组合杂交后代花部特征

Fig. 2　Flower characteristics of parents and hybrids of *Rosa hybrida* ‘Samantha’×*Rosa bella*

2.2　杂交后代黑斑病抗性

　　叶面在喷施菌液 3d 后开始发病，7d 后病斑逐渐扩大，不同杂交后代的病斑面积不同，12d 后达到发病成熟期，16d 后抗性较差的后代叶片整体发黑，出现腐烂。本试验以第 12d 的病斑面积以及发病率参数作为抗病分析结果，对结果进行描述性统计分析以及遗传分析，结果如表 3、表 4 和图 3 所示，发病图片如图 4 所示。美蔷薇发病率为 8.11%，‘萨曼莎’发病率为 89.09%，杂交后代的黑斑病发病率差异非常大，

变异系数达到 95.27%。总体看来，杂交后代的发病率几乎都在 40% 以下，峰值集中在 10% 左右。参考杨淑敏（2019）对部分蔷薇属植物的黑斑病评价，大部分杂交后代的抗黑斑病能力优于现代月季品种。其中发病率最低的为 SM4、SM19 和 SM24，分别为 3.34%、3.04% 和 2.71%，发病率最高的为 SM8（68.22%）。23.81% 的杂交后代黑斑病抗性超过父本，表现出超亲优势。没有发病率高于母本的杂交后代。

表 3　'萨曼莎'×美蔷薇杂交后代黑斑病发病率统计

Table 3　Incidence of black spot disease in hybrids of *Rosa hybrida* 'Samantha'×*Rosa bella*

性状 Traits	最小值 Minimum	最大值 Maximum	均值 Mean	标准差 Standard deviation	偏度 Skewness	峰度 Kurtosis	变异系数(%)CV Coefficient of variation
发病率 Incidence	1.60%	77.51%	16.91%	16.11%	1.99	4.37	95.27

表 4　'萨曼莎'×美蔷薇杂交后代黑斑病发病率遗传分析

Table 4　Genetic analysis of black spot disease in cidence in hybrids of *Rosa hybrida* 'Samantha'×*Rosa bella*

性状 Traits	亲本 Parents		中亲值 P Mid-parents	平均值/ 中亲值 Mean/P	杂交后代群体分布比例 Distribution of hybride progenines		
	♀	♂			<低亲 Less than thelow parent	双亲之间 Between theparents	>高亲 Greater than thehigh parent
发病率 Incidence	8.11%	89.09%	48.60%	0.35	23.81%	76.19%	0

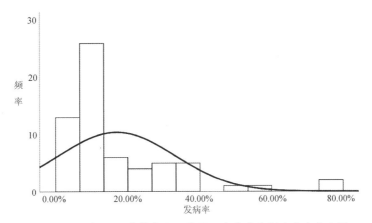

图 3　'萨曼莎'×美蔷薇杂交后代黑斑病发病率频率分布直方图

Fig. 3　The frequency distribution histogram of black spot disease incidence in hybrids of *Rosa hybrida* 'Samantha'×*Rosa bella*

图 4　亲本和杂交后代的黑斑病发病图

(A 和 B 分别代表美蔷薇和'萨曼莎',下面三排按顺序依次代表 24 株杂交后代)

Fig. 4　The picture of black spot disease in hybrids and parents

(A and B represent *Rosa bella* and *Rosa hybrida* 'Samantha' respectively, and the following three rows represent the 24 hybrids in order)

2.3　杂交后代表型性状与黑斑病抗性的相关性分析

对杂交后代的表型性状与抗逆性指标进行相关性分析，结果如表 5 所示。在株型性状中，株型与冠幅表现显著正相关性，而与株高无显著相关性，说明冠幅对株型的影响更大；在叶部性状中，复叶长宽比与复叶长呈显著正相关，与复叶宽无显著性关系，说明复叶的长宽比受复叶长度的影响更大；小叶数量与复叶长宽比和复叶长均呈显著正相关。在花部性状中，花径与花瓣长和花瓣宽均表现为显著正相关，说明花瓣长和花瓣宽均影响花径大小；花瓣长宽比与花瓣宽呈显著负相关性，与花瓣长相关性不显著，说明花瓣长宽比受花瓣宽的影响更大；花瓣数量与花瓣长宽比呈显著正相关，与花瓣宽呈显著负相关，说明花瓣宽度越小，花瓣数量越多。在抗寒性指标中，杂交后代的黑斑病发病率与花瓣数量表现为显著正相关，这与亲本中‘萨曼莎’花瓣数量较多、抗黑斑病性差，美蔷薇花瓣数量少、抗黑斑病性强一致。

表 5　杂交后代表型性状与抗逆性相关性分析

Table 5　Correlation analysis of phenotypic traits and stress resistance in hybrids

表型性状 Phenotypic trait	株高 Plant height	冠幅 Crown breadth	株型 Plant type	复叶长 Compound leaf length	复叶宽 Compound leaf width	复叶长宽比 Length-width ratio of leaf	小叶数量 Leaflet number	花径 Corolla diameter	花瓣长 Petal length	花瓣宽 Petal width	花瓣长宽比 Length-width ratio of petal	花瓣数量 Petal numbers	发病率 Incidence
株高 Plant height	1	0.788**	0.111	0.441*	0.495*	0.09	0.098	0.465	0.434	0.314	0.235	0.371	0.334
冠幅 Crown breadth		1	0.499*	0.468*	0.496*	0.174	0.041	0.31	0.292	0.261	0.001	0.243	0.221
株型 Plant type			1	0.047	-0.01	0.128	-0.039	0.143	0.22	0.159	-0.017	-0.054	-0.116
复叶长 Compound leaf length				1	0.790**	0.587**	0.696**	0.229	0.21	0.283	-0.164	-0.116	-0.072
复叶宽 Compound leaf width					1	-0.023	0.326	0.064	0.016	0.122	-0.237	-0.416*	-0.182
复叶长宽比 Length-width ratio of leaf						1	0.676**	0.269	0.299	0.278	0.047	0.307	0.087
小叶数量 Leaflet number							1	0.015	0.05	-0.059	0.319	0.321	0.221
花径 Corolla diameter								1	0.914**	0.867**	-0.097	-0.28	-0.013
花瓣长 Petal length									1	0.912**	-0.015	-0.259	0.001
花瓣宽 Petal width										1	-0.418**	-0.410*	-0.061
花瓣长宽比 Length-width ratio of petal											1	0.572**	0.227
花瓣数量 Petal numbers												1	0.464**
发病率 Incidence													1

备注：＊＊在 0.01 级别（双尾），相关性显著，＊在 0.05 级别（双尾），相关性显著。

3　讨论

目前，对月季黑斑病抗性的调查主要以田间调查法和离体叶片侵染法两种方式进行。在我国月季育种史上，有很多育种家利用田间调查法对蔷薇属植物的抗病性进行了调查（吴雪芬，2007；柏斌斌，2013），但是此种方法具有区域性，观察周期较长，外界环境的差异导致抗性评价结果不准确。而离体叶片侵染法可以在实验室内统一的环境条件、侵染条件下进行（Hattendorf *et al.*，2004；Whitaker and Hokanson，2009a），保证黑斑病抗性测定的准确性。本试验通过离体叶片侵染法测定，美蔷薇的黑斑病发病率为8.11%，属于黑斑病的抗性材料。

在目前月季抗黑斑病的研究中尚未发现抗黑斑病的免疫品种（Kumar Suni，2014；Jadhav N B *et al.*，2015；Abdul Rehman1，2012），不同的品种对黑斑病的抗性也不同。杂交后代的抗病能力与亲本的抗病能力有直接关系，黑斑病抗性不同的杂交组合，其杂交后代中各抗病类型的比例也不同，双亲的黑斑病抗性越高，其杂交后代中出现高抗个体的比例就越高，就越有助于筛选出抗性优良的品种。现代月季普遍对黑斑病易感，与抗黑斑病的美蔷薇进行杂交，会提高后代中对黑斑病有抗性能力个体的比例。当杂交双亲倍性相同时，杂交容易获得成功，杂种后代也更容易成活（蔡旭，1988），由于具有抗性的野生蔷薇属植物大多为二倍体，而现代月季多为四倍体，杂交后代为三倍体，从而导致后续杂交无法进行（朱杰辉，2017）。美蔷薇和大多数现代月季品种同为四倍体，通过赵红霞（2015）的亲和性筛选，发现美蔷薇与大多数现代月季品种均有较高的结实率。综上，说明美蔷薇是优异的改良现代月季品种黑斑病抗性的种质资源，具有广阔的应用前景。

亲本亲缘关系越远，基因异质性越大，越有可能获得具有杂交优势的杂交后代，本研究利用蔷薇属原种美蔷薇（*Rosa bella*）与现代月季品种'萨曼莎'（*Rosa hybrida* 'Samantha'）进行远缘杂交，通过对杂交后代的表型性状和黑斑病抗性进行测定，发现杂交后代的抗黑斑病能力与'萨曼莎'相比有很大程度的提高，且在观赏性状方面的表现明显优于美蔷薇，证明通过远缘杂交的手段可以将美蔷薇的黑斑病抗性引入到现代月季品种中，培育出具有较好观赏性、抗逆性优良的现代月季品种。

目前通过'萨曼莎'与美蔷薇的远缘杂交获得的杂交后代群体规模较小，仅有24株，但杂交后代抗黑斑病的能力差异很大，性状分离明显，变异系数达到95.27%，且出现了3株表现为超亲优势的优良单株——SM4、SM19和SM24，发病率仅为3.34%、3.04%和2.71%，属于黑斑病的中抗材料（杨淑敏，2019），若通过进一步杂交扩大群体规模，有望获得黑斑病抗性更强的个体。因杂交后代群体数量较少，对其黑斑病抗性遗传能力如何也无法做出准确的判断，若想进一步探讨黑斑病的遗传力以及杂交后代中抗黑斑能力的分离规律，也需要做进一步杂交，扩大杂交群体，为遗传力和分离规律的判断提供材料。

综合杂交后代的各方面表现，筛选出表现优良的单株为SM24，黑斑病抗性优良，株型高大开展，花量较大，虽然已明显优于美蔷薇，但其观赏性尚不及现代月季品种，可继续采用传统杂交育种的方法对优良单株做进一步杂交或回交，或结合现代分子生物技术进行定向改良，有望获得抗逆性强、综合观赏性状优良的新品种。

参考文献

柏斌斌，骆菁菁，李虹，等，2013. 常用月季品种抗黑斑病能力调查与评价[J]. 中国农业大学学报，18(01)：94 -100.

蔡旭，1988. 植物遗传育种学[M]. 北京：科学出版社：399 -475.

陈封政，彭树林，丁立生，等，2001. 美蔷薇果实化学成分的研究[J]. 中国中药杂志，26(8)：549-550.

郭润华，隋云吉，杨逢玉，等，2011. 耐寒月季新品种'天山祥云'[J]. 园艺学报，38(7)：1417-1418.

黄善武，葛红，1989. 弯刺蔷薇在月季抗寒育种上的研究利用初报[J]. 园艺学报，16(3)：237-240.

李淑斌，王炜佳，吴高琼，等，2019. 月季组学及其开花习性和花香性状研究进展[J]. 园艺学报，46（5）：995 -1010.

刘佳，丁晓六，于超，等，2013. 7个月季和5个玫瑰品种的核型分析[J]. 西北农林科技大学学报：自然科学版，41(5)：165-172.

刘永刚，刘青林，2004. 月季遗传资源的评价与利用[J]. 植物遗传资源学报，5(1)：87-90.

马燕，陈俊愉，1990. 培育刺玫月季新品种的初步研究（Ⅰ）——月季远缘杂交不亲和性与不育性的探讨[J]. 北京林业大学学报，12(3)：18-25.

马燕，陈俊愉，1992. 培育刺玫月季新品种的初步研究（Ⅳ）——若干亲本与杂交种的抗寒性研究[J]. 北京林业大学学报，13(2)：103-109.

孙宪芝，赵惠恩，2003. 月季育种研究现状分析[J]. 西南林学院学报，23(4)：65-69.

王晓闻，常霞，2000. 美蔷薇果实开发应用探讨[J]. 山西农业大学学报，(4)：370-372.

吴雪芬，陈军，陈君君，等，2007. 月季不同品系对黑斑病抗性调查及综防技术试验[J]. 浙江农业科学，(01)：97 -100.

杨淑敏，裴文悦，徐庭亮，等，2019. 部分蔷薇属种质资源月季黑斑病抗病评价[M]//中国观赏园艺研究进展 2019.

北京：中国林业出版社.

杨涛，宋丹，张晓莹，等，2015. 部分蔷薇属植物远缘杂交亲和性评价[J]. 东北农业大学学报，46(2)：72-77.

张佐双，朱秀珍，2006. 中国月季[M]. 北京：中国林业出版社.

赵红霞，2015. 蔷薇属植物与现代月季品种杂交及主要性状与 SSR 标记的连锁分析[D]. 北京：北京林业大学.

朱杰辉，张宏志，陈己任，等，2017. 月季黑斑病发生和危害及抗性育种的研究进展[J]. 湖南农业大学学报(自然科学版)，43(1)：47-51.

Abdul Rehman1, Nadeem Iqbal1, Saira Mehboob, et al. 2012. Evaluation of genus rosa germplasm for resistance to black spot and in vitro effectiveness of fungicides against *diplocarpon rosae*[J]. Pak. J. Phytopathol. 24(1)：69-73.

Bryson S R, Buck G J. 1979. About our cover ' Carefree Beauty' (Bucbi) rose[J]. HortScience, 14(2)：98, 196.

Byrne D H, Black W. 1996. The use of amphidiploidy in the development of blackspot resistant rose germplasm[J]. Acta Horticulturae, 424：269-272.

De Vrie D P, Dubois L A M. 1996. Rose Breeding：past, present, prospects[J]. Acta Horticultirae, 424：241-246.

De Vries D P, Dubois L A M. 2001. Developments in breeding for horizontal and vertical fungus resistance in roses[J]. Acta Horticulturae, (552)：103-112.

Debener T, Byrne D H. 2014. Disease resistance breeding in rose：current status and potential of biotechnological tools[J]. Journal of Experimental Plant Biology, 228：107.

Ding X L, Xu T L, Wang J, et al. 2016. Distribution of 45S rD-NA in modern rose cultivars (*Rosa hybrida*), *Rosa rugosa*, and their interspecific hybrids revealed by fluorescence in situ hybridization[J]. Cytogenetic & Genome Research, 149(3)：226.

Hattendorf A, M Linde, L Mattiesch, et al. 2004. Genetic analysis of rose resistance genes and their localisation in the rose genome[J]. Acta Hort. 651：123-130.

Jadhav N B, Fugro P A. 2015. Studies on black spot of rose caused by *Diplocarpon rosae* wolf[J]. BIOINFOLET-A Quarterly Journal of Life Sciences. 12(1A)：39-42.

Kumar Sunil, Tomar Krishna S, Shakywar R C, et al. 2014. Screening of Rose Varieties Against Black Spot Disease and its Management in East Siang District of Arunachal Pradesh[J]. International Journal of Agriculture, Environment and Biotechnology. (6)4：639-646.

Serge Gudin. 1999. Improvement of rose varietal creation in the world[J]. Acta Horticulturae, 495：285-291.

Wang G. 2007. A study on the history of Chinese roses from ancient works and images[J]. Acta Horticulturae, 751：347-356.

Whitaker V M, S C Hokanson. 2009a. Partial resistance to black spot disease in diploid and tetraploid roses：General combining ability and implications for breeding and selection [J]. Euphytica 169：421-429.

Xu Tingliang, Wu Yuying, Yi Xingwan, et al. 2018. Reinforcement of resistance of modern rose to black disease via hybridization with *Rosa rugosa*[J]. Euphytica, 214：175.

中国观赏园艺研究进展 2020：87~95

Advances in Ornamental Horticulture of China，2020：87~95

连翘属种间杂交及重要性状的遗传分析

吴雨桐[1]　徐 洋[1]　申建双[1]　赵峥畑[1]　滕慧颖[2]　王 佳[1]　程堂仁[1]　张启翔[1]　潘会堂[1,*]

([1]花卉种质创新与分子育种北京市重点实验室，国家花卉工程技术研究中心，城乡生态环境
北京实验室，园林环境教育部工程研究中心，林木花卉遗传育种教育部重点实验室，园林学院，
北京林业大学，北京 100083；[2]国家半干旱农业工程技术研究中心，石家庄 050000)

摘要　为了丰富连翘的株型、花期等性状，本研究以连翘属 9 个种和品种为材料，设置了 18 个组合进行杂交。研究结果表明，18 个杂交组合共授粉 2855 朵花，获得 732 个果实，成苗 1028 株，平均坐果率、出苗率和成苗率分别为 25.64%、25.89%、85.60%。连翘属品种间杂交亲和性高于连翘属种间杂交，不同倍性亲本间杂交亲和性较差。对分别以 *Forsythia* 'Courtaneur'、*F. intermedia* 'Spectabilis' 为父母本和以 *F.* 'Courtaneur'、*F. intermedia* 'Lynwood' 为父母本的正、反交杂交群体的叶形、叶色、株型、株高和冠幅等重要性状进行了分析。4 个杂交群体的重要性状明显分离，F_1 代株系中出现了新叶形、新株型，其中茎基分枝数量、株高、冠幅和茎基直径的变异系数较高，叶片长宽的变异系数较小，有利于选育卵圆形叶、小叶片、匍匐株型、生长量高的杂种后代。研究结果为定向培育具有较高观赏价值的连翘新品种奠定了基础。

关键词　连翘；种间杂交；遗传分析

Interspecific Hybridization and Genetic Analysis of Important Traits of *Forsythia*

WU Yu-tong[1]　XU Yang[1]　SHEN Jian-shuang[1]　ZHAO Zheng-tian[1]　TENG Hui-ying[2]

WANG Jia[1]　CHENG Tang-ren[1]　ZHANG Qi-xiang[1]　PAN Hui-tang[1,*]

([1]*Beijing Key Laboratory of Ornamental Plants Germplasm Innovation & Molecular Breeding*,

National Engineering Research Center for Floriculture，*Beijing Laboratory of Urban and Rural Ecological Environment*,

Engineering Research Center of Landscape Environment of Ministry of Education，*Key Laboratory of Genetics and*

Breeding in Forest Trees and Ornamental Plants of Ministry of Education，*School of Landscape Architecture*,

Beijing Forestry University，*Beijing* 100083，*China*；[2]*The Semi-arid Agriculture Engineering &*

Technology Research Center of P. R. China，*Shijiazhuang* 050000，*China*)

Abstract　In order to improve plant type and flowering traits of *Forsythia suspensa*, in this study we used 9 *Forsythia* species and cultivars todesign 18 hybridization combinations，and got hybrid offsprings. The results showed that 2, 855 flowers were pollinated and obtained 732 fruitswith 1028 seedlings. The average fruit setting rate，seed germination rate and seedling rate were 25.64%，25.89% and 85.60%，respectively. Hybridizing affinity between *Forsythia*cultivars was higher than that between *Forsythia* species，and the compatibility between different ploidy parents was poor. The important traits (including leaf shape，leaf color，plant type，plant height and crown width) of hybrid population of 'Courtaneur'×'Spectabilis'，'Spectabilis'×'Courtaneur'，'Courtaneur'×'Lynwood' and 'Lynwood'×'Courtaneur' were analyzed，and many traits were clearly separated. New leaf shapes and new plant types appeared in thosepopulations. The results of our research laid the foundation for directedbreeding new cultivars of *Forsythia* with high ornamental value.

Key words　*Forsythia*；Interspecific hybridization；Genetic analysis

---

1 基金项目：北京市科技计划课题(Z181100002418006)；河北省科技厅科技计划项目(18226316D)；河北省现代农业产业技术体系创新团队建设专项(HBCT2018060203)。

第一作者简介：吴雨桐(1996—)，女，在读硕士研究生，主要从事园林植物遗传育种研究。E-mail：15101165366@163.com。

通信作者：潘会堂，教授，博士生导师，主要从事园林植物与观赏园艺研究。Email：htpan@bjfu.edu.cn。

连翘(*Forsythia suspensa*)是木犀科(Oleaceae)连翘属落叶灌木,春季先叶或同叶开花,是我国传统的早春观花灌木(中国植物志,1992)。连翘属全球共有约11个种,中国现有7种1变型,大部分种和品种均可应用于庭院栽植和城市绿化,其中连翘和金钟连翘(*F. intermedia*)应用最广泛(滕慧颖等,2018)。连翘也是我国重要的药用植物,果实入药,有清热解毒、散结消肿的功效(谢宗万,1992)。目前连翘属药用植物研究主要集中在化学成分、药用部位、生理特性、栽培技术等方面,在连翘和金钟花的药效物质研究上已取得阶段性成果,为连翘药用价值的研究和应用奠定了基础(郭强 等,2009)。

目前,现有连翘品种和变种约42个,这些品种大多为杂交培育,少数为多倍体育种、自然突变和人工诱变等方式获得(石超,2012)。连翘杂交育种的主要目标性状有花量、花色、花香、株型和抗寒性等,常用的杂交亲本有连翘、金钟连翘(*Forsythia intermedia*)、东北连翘(*F. mandshurica*)等(Rosati *et al.*,2007)。Shen(2017)利用连翘和朝鲜白连翘(*F. viridissima*)进行属间杂交,获得开花芳香的连翘新品种'春香';马帅等(2019)为了改良连翘花色单一等问题,利用连翘与华北紫丁香(*Syringa oblata*)进行杂交,通过胚拯救的方法克服了远缘杂交不亲和障碍,获得了杂种后代;Wang(2017)为了改良连翘叶色单一的问题,利用金钟连翘品种(*F.* 'Courtaneur')与朝鲜连翘品种'Sawon Gold'(*F. koreana* 'Sawon Gold')进行杂交,获得了生长势旺盛的黄绿色叶的杂种后代。在多倍体育种方面,人们培育出四倍体品种'Ar-nold Giant'(Hyde,1951;Marks & Beckett,1963)。在自然突变选育方面,张闯令等(2008)选育出叶片边缘为金黄色的连翘芽变品种'金缘'连翘,王凤英等(2001)培育出性状稳定的金叶连翘(*F. suspensa*(Thunb.)Vahl. var. *auratofolia*)。闫双喜等(2008)发现了蔓生连翘新变型[*F. suspensa*(Thunb.)Vahl. f. *flagellarris* S. X. Yan],茎长可达8m。

目前,连翘、金钟连翘和朝鲜连翘品种已广泛应用到园林景观建设中,用作花篱、花丛或与乔木和其他灌木进行搭配。现有的连翘品种具有花色鲜艳、花期集中等优势,但仍存在许多问题,如花期较短,一般群体花期仅25d左右;花色单一,仅有淡黄色、黄色、黄绿色花;花朵没有香味;株型单一,多为拱形下垂,而直立型、匍匐型较少。目前的连翘品种抗寒性较差,仅东北连翘(*F. mandshurica*)可在我国东北地区露地过冬。为了丰富连翘属植物的花色、株型、花期等观赏特性,本研究以9个连翘种和品种为实验材料,进行了种间和品种间杂交,对杂交后代的叶形、株型等重要表型的遗传规律进行了分析,为培育连翘新品种奠定了基础。

1 材料与方法

1.1 试验材料

所用杂交亲本包括连翘和东北连翘2个种,6个金钟连翘品种和1个朝鲜连翘品种。除连翘来自北京林业大学校园外,其他种和品种均保存于国家花卉工程中心小汤山苗圃(表1)。

表1 本研究所用杂交亲本

Table 1 The introduction of crossing parents

编号 Code	学名 Scientific name	花柱类型 Style type	类型 Type	主要性状 Traits	倍性 Ploidy
Fa	*F. intermedia* 'Spectabilis'	短	金钟连翘品种	花大	二倍体
F2	*F. intermedia* 'Goldrausch'	短	金钟连翘品种	花冠蜡质,裂片宽大,花期较晚	四倍体
F3	*F. intermedia* 'Lynwood'	短	金钟连翘品种	落叶期晚	二倍体
F4	*F. intermedia* 'Courtalyn'	短	金钟连翘品种	分枝密、紧凑	二倍体
F6	*F.* 'Courtasol'	短	金钟连翘品种	株型矮小紧凑,匍匐	二倍体
F8	*F.* 'Courtaneur'	长	金钟连翘品种	植株峭立,花量大	二倍体
F7	*F. viridissima* var. *koreana* 'Kumson'	短	朝鲜连翘品种	叶脉黄色,花瓣外卷,花冠筒具浅橙色条纹	二倍体
Fm	*F. mandshurica*	短/长	原种	花冠黄色,花萼裂片下面呈紫色,株型直立,枝端不下垂	二倍体
Fp	*F. suspensa*	长	原种	花冠黄色,株型拱垂	二倍体

1.2 杂交组合

前人研究表明，异型花柱间授粉亲和性好于同型花柱间授粉亲和性(安维，2009)，本研究杂交组合的设计主要考虑了花柱形态和株型、叶形等优良性状的组合，共设计 18 个杂交组合，其中 9 个种间杂交组合，9 个品种间杂交组合(详见表 2)，于 2013 年 4 月和 2014 年 4 月进行杂交。

表 2 连翘属种间和品种间杂交组合

Table 2 Interspecific crossing combinations between *Forsythia* species and cultivars

组合类型 Type	编号 Code	杂交组合 Combinations of intergeneric hybridization	杂交组合简写 Shortage
种间杂交组合	1	东北连翘(长花柱)×金钟连翘'Lynwood'(短花柱)	Fm × F3
	2	金钟连翘'Lynwood'(短花柱)×东北连翘(长花柱)	F3 × Fm
	3	金钟连翘'Spectabilis'(短花柱)×连翘(长花柱)	Fa × Fp
	4	金钟连翘'Goldrausch'(短花柱)×连翘(长花柱)	F2 × Fp
	5	金钟连翘'Lynwood'(短花柱)×连翘(长花柱)	F3 × Fp
	6	朝鲜连翘品种'Kumson'(短花柱)×连翘(长花柱)	F7 × Fp
	7	金钟连翘'Courtalyn'(长花柱)×连翘(长花柱)	F4 × Fp
	8	朝鲜连翘'Kumson'(短花柱)×金钟连翘'Courtaneur'(长花柱)	F7 × F8
	9	金钟连翘'Courtaneur'(长花柱)×朝鲜连翘'Kumson'(短花柱)	F8 × F7
品种间杂交组合	10	金钟连翘'Spectabilis'(短花柱)×金钟连翘'Courtaneur'(长花柱)	Fa × F8
	11	金钟连翘'Courtaneur'(长花柱)×金钟连翘'Spectabilis'(短花柱)	F8 × Fa
	12	金钟连翘'Goldrausch'(短花柱)×金钟连翘'Courtaneur'(长花柱)	F2 × F8
	13	金钟连翘'Courtaneur'(长花柱)×金钟连翘'Goldrausch'(短花柱)	F8 × F2
	14	金钟连翘'Lynwood'(短花柱)×金钟连翘'Courtaneur'(长花柱)	F3 × F8
	15	金钟连翘'Courtaneur'(长花柱)×金钟连翘'Lynwood'(短花柱)	F8 × F3
	16	金钟连翘'Courtasol'(短花柱)×金钟连翘'Courtaneur'(长花柱)	F6 × F8
	17	金钟连翘'Courtaneur'(长花柱)×金钟连翘'Courtasol'(短花柱)	F8 × F6
	18	金钟连翘'Courtaneur'(长花柱)×金钟连翘'Courtalyn'(短花柱)	F8 × F4

1.3 花粉收集及授粉

2013 年于散粉前采集花药，置于 4℃ 冰箱内保存。授粉前采用花粉培养法检测花粉活力。花蕾期去雄套袋，第 2d 中午授粉。授粉后 20d 左右，将硫酸纸袋换成网袋(马帅 等，2019)。

1.4 杂交种子收集与杂种苗获得

2013 年授粉 1 个月后统计各杂交组合的坐果率(子房膨大果实总数与授粉花朵总数之比)，果实成熟后收种子(10 月初)，同时统计果实数量、种子数量。室温保存种子，种子经 100mg/L 赤霉素溶液处理 6h 后，于当年 11 月下旬播种，点播于草炭基质中并覆膜。两个月后统计萌发率(长出子叶的幼苗总数与播种种子数之比)，并于翌年 3 月统计成苗率(长出至少 3 对叶片、根系生长健壮的幼苗数与长出子叶的幼苗总数之比)，对成苗进行上盆，5 月移栽，进行日常养护管理。整个过程如图 1 所示。

1.5 杂交后代性状测定

2014 年 9 月，对获得的成苗数量大的 F_1 群体的重要性状进行测定。用卷尺测量株高(地面与植株最高点之间的距离)、冠幅(植株地面投影的平均直径)，统计茎基分枝数(第一分枝点的分枝数)，用游标卡尺测量茎基直径(第一分枝点下方 2cm 处的直径)；每株系随机选取 10 个叶片，观察叶形，确定是否有三裂叶、叶缘是否有锯齿。于 2014 年 9 月取当年生枝条第三对叶片，用游标卡尺测量叶片长(叶柄基部与叶尖的距离)、叶片宽(与主脉垂直的最大宽度)(赵燕 等，2016；徐远东 等，2020)。

1.6 数据处理与分析

利用 SPSS18.0 软件对 F_1 代表型的变异系数、标准差等参数进行计算，制作 F_1 代株高频率分布图及曲线。

2　结果与分析

2.1　杂交结实情况

18 个种间、品种间杂交组合共授粉 2855 朵花，获得 732 个果实，成苗 1028 株，平均坐果率、出苗率和成苗率分别为 25.64%、25.89%、85.60%（表3）。其中 F8 × Fa 杂交组合坐果率最高，为 60.65%，而 F8 × F4 杂交组合未结实；Fm × F3 杂交组合出苗率最高，为 61.54%，而 F2 × Fp 杂交组合出苗率最低，仅为 0.84%；Fm × F3、F2 × Fp 和 F6 × F8 杂交组合成苗率最高达 100%。

连翘种间杂交组合坐果率为 21.45%，低于连翘品种间杂交组合坐果率 27.74%，说明连翘品种间杂交亲和性较连翘种间杂交亲和性高，父母本亲缘关系越近，杂交结实率越高。而连翘种间杂交组合出苗率为 34.02%，远高于连翘品种间杂交组合出苗率为 22.13%。连翘种间杂交组合成苗率为 81.92%，远低于连翘品种间杂交组合成苗率 87.20%（表3）。以长

花柱 F8 为母本、短花柱的 Fa、F2、F3、F6、F7 分别为父本的杂交组合的平均坐果率为 40.9%，明显高于以短花柱 Fa、F2、F3、F6、F7 为母本、以长花柱 F8 为父本的杂交组合的平均坐果率 15.1%，说明在异型花柱间杂交，以长花柱为母本杂交亲和性最好。以四倍体植株金钟连翘'Goldrausch'分别为父、母本的组合的杂交坐果率为 5.60% ~ 54.63%，出苗率为 0.84% ~ 3.44%，最终仅获得 3 棵成苗；以诱变品种金钟连翘'Courtalyn'为父、母本的杂交组合也均未获得杂种。

2.2　杂交后代性状分离情况

由 18 个杂交组合所得的后代数量可知，本试验中 F3 × F8（153 株）和 F8 × F3（144 株）、Fa × F8（53株）和 F8 × Fa（360 株）两对正反交组合的杂交后代较多，其他群体杂交后代样本量小，我们对两组正反交组合后代的表型性状进行了分析。

2.2.1　叶形参数

由表 4 可知，Fa 和 F3 均为卵圆形叶片，F8 为长卵圆或披针形叶片。F8 × Fa、F8 × F3 和 F3 × F8 三

图1　连翘杂种苗的获得过程

Fig. 1　The procedure of hybridizing between *Forsythia* species and cultivars

（1. 去雄；2. 套袋；3. 授粉后果实膨大；4. 杂交果实；5. 杂交种子；6. 沙藏催芽 1
周后种子露白；7. 播种出苗；8. 上盆；9. 下地情况）

（1. Emasculation；2. Bagging isolation；3. Fruit enlargement after pollination；4. Hybrid fruit；
5. Hybrid seeds；6. Sand hidden sprouting；7. Hybrid seedlings；8. Plant in pots；9. Field transplanting）

表 3　连翘各杂交组合结实率及成苗情况统计表

Table 3　The pot set and germination rate of each hybrid combination between *Forsythia* species and cultivars

组合类型 Type	序号 Code	组合 Combination	授粉数 No. of pollination	坐果数 No. of fruits	坐果率(%) Fruits rate	种子数 No. of seeds	出苗数 No. of germinated seeds	出苗率(%) Germinated seeds rate	成苗数 No. of mature plants	成苗率(%) Mature plants rate
种间杂交 组合	1	Fm × F3	5	2	40.00	13	8	61.54	8	100.00
	2	F3 × Fm	144	71	49.31	389	164	42.16	162	98.78
	3	Fa × Fp	195	7	3.59	28	2	7.14	1	50.00
	4	F2 × Fp	223	27	12.11	58	3	0.84	3	100.00
	5	F3 × Fp	83	29	34.94	203	89	43.84	66	74.16
	6	F7 × Fp	115	41	35.65	280	84	30.00	55	65.48
	7	F4 × Fp	21	1	4.76	2	0	–	–	–
	8	F7 × F8	76	2	2.63	15	0	–	–	–
	9	F8 × F7	47	15	31.91	85	15	17.65	4	26.67
品种间杂交 组合	10	Fa × F8	186	61	32.80	338	55	16.27	53	96.36
	11	F8 × Fa	277	168	60.65	1524	392	25.72	360	91.84
	12	F2 × F8	162	9	5.56	103	1	0.97	0	0.00
	13	F8 × F2	108	59	54.63	378	13	3.44	0	0.00
	14	F3 × F8	364	100	27.47	573	184	32.11	153	83.15
	15	F8 × F3	189	91	48.15	709	151	21.30	144	95.36
	16	F6 × F8	351	25	7.12	42	6	14.29	6	100.00
	17	F8 × F6	237	24	10.13	111	34	30.63	13	38.24
	18	F8 × F4	62	0	0.00	–	–	–	–	–
总计			2855	732	25.64%	4852	1201	24.89%	1028	85.60%

个组合均出现了父母本所不具备的新叶形。当杂交母本叶片为卵圆形(Fa 或 F3)时,杂交后代中卵圆形叶个体所占比例为 51%~75%;当杂交父本叶片为卵圆形(Fa 或 F3)时,杂交后代中卵圆形叶的个体所占比例为 41%~51%。由此可知,以卵圆形叶种或品种为母本时,获得卵圆形叶后代的概率更高。

由表 5 可知,Fa 具有三裂叶,而 F3 和 F8 不具有三裂叶。Fa 作为母本或父本时,F_1 代中具有三裂叶的个体数量均远少于无三裂叶个体数量,说明正交、反交对后代三裂叶性状无显著影响。亲本中有三裂叶(Fa)时,杂交后代中具有三裂叶的个体所占的比例

介于 20.44%~35.00% 之间。亲本中无三裂叶时,杂交后代中也会出现三裂叶的株系,但所占比例更低,仅在 10.87%~11.63%。

由表 6 可知,F8 的叶缘全缘或具粗锯齿,Fa 叶缘为粗锯齿,F3 叶缘为细锯齿。无论具有粗锯齿叶片的种或品种(F8 或 Fa)为母本或父本,后代中具有粗锯齿叶片的个体所占比例均超过 50%;反之,无论全缘叶片株系(F8)为母本或父本,杂交后代中具有全缘叶片株系所占的比例均不超过 5%。说明粗锯齿叶片的遗传效应较高,全缘叶的遗传效应低。Fa × F8 杂交群体中无全缘叶个体。

表 4　连翘种间杂交 F_1 代叶形性状分离情况

Table 4　Heredity analysis of leaf shape of F_1 population

组合 Cross combination (♀×♂)	叶片形状 Leaf shape of parents		叶形形状性状所占比例(%) Distribution of leaf shape of hybrids			
	母本♀	父本♂	卵圆形	披针形	长卵圆形	阔卵圆形
F8 × Fa	长卵圆或披针形	卵圆	51.01	20.41	14.29	14.29
Fa × F8	卵圆	长卵圆或披针形	75.00	5.00	20.00	0.00
F8 × F3	长卵圆或披针形	卵圆	41.31	23.91	10.87	23.91
F3 × F8	卵圆	长卵圆或披针形	51.16	16.28	16.28	16.28

表5 连翘种间杂交 F₁ 代三裂叶有无性状分离情况

Table 5 Heredity analysis of three-lobed leaves of F₁ population

组合 Cross combination （♀×♂）	有无三裂叶 Three-lobed leaf of parents		三裂叶性状分布比例（%） Distribution of three-lobed leaf of hybrids	
	母本♀	父本♂	有三裂叶	无三裂叶
F8 × Fa	无	有	20.41	79.59
Fa × F8	有	无	35.00	65.00
F8 × F3	无	无	10.87	89.13
F3 × F8	无	无	11.63	88.37

表6 连翘种间杂交 F₁ 代叶片锯齿性状分离情况

Table 6 Heredity analysis of leaf sawtooth of F₁ population

组合 Cross combination （♀×♂）	叶片锯齿类型 Leaf sawtooth of parents		叶片锯齿类型性状分布比例（%） Distribution of leaf sawtooth of hybrids		
	母本♀	父本♂	全缘	粗锯齿	细锯齿
F8 × Fa	全缘或粗锯齿	粗锯齿	2.04	81.63	16.33
Fa × F8	粗锯齿	全缘或粗锯齿	0.00	75.00	25.00
F8 × F3	全缘或粗锯齿	细锯齿	2.17	71.74	21.09
F3 × F8	细锯齿	全缘或粗锯齿	4.65	67.44	27.91

2.2.2 叶片大小

由表7可知，Fa、F3 和 F8 叶片长度变化范围介于 6.22~8.82cm，且 Fa>F3>F8。4 个杂交组合的统计结果趋势一致，杂交后代平均叶片长度与中亲值之比介于 69.95%~77.93%，后代中叶片长度以小于低亲为主（60%~88.89%），出现一边倒现象，8.89%~40.00%的株系叶片长度介于双亲之间，超亲株系仅占 0~2.22%。证明金钟连翘品种间正反交组合杂种后代叶片长度无明显差异，变异系数较小，为 23%~32.87%，分离程度不高。结果说明叶片长度无遗传优势，出现超亲变异的概率小。

表8展示了叶片宽度性状的变异情况，Fa、F3 和 F8 的叶片宽度介于 2.00~3.64cm，且 Fa>F3>F8。4 个杂交组合的统计结果趋势一致，杂交后代平均叶片宽度与中亲值之比均超过 70%，叶片宽度以介于双

亲之间的为主，占 60%~69.56%；超亲株系占 15.22%~35%；小于低亲值的后代较少，仅占 5%~15.56%。结果说明，金钟连翘品种间正反交组合杂种后代的叶片宽度无明显差异，变异系数较小（25.69%~29.64%），后代分离程度不高。说明叶片宽度在遗传上表现出明显的遗传优势。

2.2.3 株型

由表9可知，做亲本的 3 个连翘品种中仅 F8 的株型为直立型，Fa 和 F3 均为枝条拱垂型。不论直立型连翘为父本或母本，杂交后代表现为拱垂型的株系所占比例很高，介于 60.78%~90%，说明直立型株型在遗传上存在明显的遗传劣势，其中 Fa × F8 杂交后代中拱垂型株系占 90.00%，说明该杂交组合利于培育拱垂型品种，而不利于筛选直立型品种。

表7 连翘种间杂交后代叶长度的性状分离情况

Table 7 Heredity analysis of leaf length of F₁ population

组合 Cross combination （♀×♂）	亲本叶片长度（cm） Leaf length of parents				杂家后代叶片长度（cm） Leaf length of hybrids					平均值/ 中亲值 Average X̄/P （%）	杂交后代叶片长度比例 分布（%） Distribution of leaf length in hybrid population		
	母本♀	父本♂	亲中值	平均值	变异系数 CV（%）	标准差	标准误差	方差	极值 Extreme value		小于 低亲	双亲 之间	大于 高亲
F8 × Fa	6.22	8.82	7.52	5.26	32.87	1.73	0.26	2.99	1.9~8.54	69.97	75.56	24.44	0.00
Fa × F8	8.82	6.22	7.52	5.86	23.00	1.35	0.30	1.82	3.96~8.56	77.97	60.00	40.00	0.00
F8 × F3	6.22	7.86	7.04	5.34	27.25	1.45	0.21	2.11	2~8.2	75.78	69.57	28.26	2.17
F3 × F8	7.86	6.22	7.04	5.01	29.38	1.47	0.22	2.16	1.2~8.9	71.14	88.89	8.89	2.22

表 8　连翘种间杂交后代叶片宽度性状分离情况

Table 8　Heredity analysis of leaf width of F_1 population

组合 Cross combination (♀×♂)	亲本叶片长度(cm) Leaf length of parents									平均值/ 中亲值 Average X/P (%)	杂交后代叶片长度比例 分布(%) Distribution of leaf length in hybrid population		
	母本♀	父本♂	亲中值	平均值	H2%	标准差	标准 误差	方差	极值 Extreme value		小于 低亲	双亲 之间	大于 高亲
F8 × Fa	2.00	3.64	2.82	2.87	28.12	0.81	0.12	0.65	0.98~4.26	101.64	13.33	64.44	22.22
Fa × F8	3.64	2.00	2.82	3.18	25.69	0.82	0.18	0.67	1.42~4.52	112.59	5.00	60.00	35.00
F8 × F3	2.00	3.44	2.72	2.77	29.64	0.82	0.12	0.67	0.3~4.62	101.91	15.22	69.56	15.22
F3 × F8	3.44	2.00	2.72	2.78	28.39	0.79	0.12	0.62	0.5~4.3	102.09	15.56	68.88	15.56

表 9　连翘种间杂交后代株型性状分离情况

Table 9　Heredity analysis of plant type of F_1 population

组合 Cross combination (♀×♂)	亲本株型 Plant type of parents		杂种株型分布(%) Distribution of plant type of hybrids	
	母本♀	父本♂	直立	拱垂
F8 × Fa	直立	拱垂	32.65	67.35
Fa × F8	拱垂	直立	10.00	90.00
F8 × F3	直立	拱垂	39.13	60.87
F3 × F8	拱垂	直立	37.21	62.79

表 10　连翘种间杂交后代茎基分枝数的性状分离情况

Table 10　Heredity analysis of branch number of F_1 population

组合 Cross combination (♀×♂)	杂种后代茎基分枝数 Branch number in hybrid population					
	平均值	变异系数 CV(%)	标准差	标准误差	方差	极值 Extreme value
F8 × Fa	1.69	101.69	1.72	0.25	2.97	0~6
Fa × F8	1.55	76.84	1.19	0.27	1.42	0~4
F8 × F3	2.35	70.83	1.66	0.25	2.77	0~6
F3 × F8	1.93	70.96	1.37	0.21	1.88	0~5

表 11　连翘种间杂交后代茎基直径性状的分离情况

Table 11　Heredity analysis of stem diameter in F_1 population

组合 Cross combination (♀×♂)	杂种后代茎基直径(mm) Stem diameter in hybrid population					
	平均值	变异系数 CV(%)	标准差	标准误差	方差	极值 Extreme value
F8 × Fa	8.86	43.23	3.83	0.55	14.68	2.6~19.41
Fa × F8	9.57	36.60	3.50	0.78	12.27	4.37~18.99
F8 × F3	11.45	47.64	5.46	0.80	29.78	3.33~23.77
F3 × F8	10.83	43.88	4.75	0.73	22.56	4.43~23.33

2.2.4　株高、冠幅、茎基直径及分枝数

4 个杂交组合中,杂交后代茎基分枝数的变异系数均大于 70%,属于强度变异。其中 F8 × Fa 杂交后代的变异系数最高且方差也最高(表 10)。4 个杂交组合后代茎基直径变异系数为 36.60%~47.64%,冠幅的变异系数为 43.01%~67.98%(表 11 和表 12)。4 个杂交组合杂交后代在株高性状上存在明显的变异(38.94%~59.73%),该性状在杂交后代群体中分离广泛且呈连续分布(表 13 和图 3),杂交后代株高小于平均值的占多数。由试验结果可以看出,株高、冠幅和茎基分枝数的变异系数均较高,仅茎基直径变异系数较小,有利于在杂交后代中选育出生长量高的株系。

表 12　连翘种间杂交后代冠幅性状的分离情况

Table 12　Heredity analysis of crown diameter in F_1 population

组合 Cross combination （♀×♂）	杂种后代冠幅（cm） Crown diameterin hybrid population					
	平均值	变异系数 CV(%)	标准差	标准误差	方差	极值 Extreme value
F8 × Fa	59.62	65.15	38.85	5.55	1508.95	7~175.5
Fa × F8	65.35	43.01	28.11	6.29	790.03	24.5~126
F8 × F3	60.17	57.50	34.60	5.10	1197.14	9~125
F3 × F8	53.57	67.98	36.41	5.55	1326.02	2~175

表 13　连翘种间杂交后代株高性状的分离情况

Table 13　Heredity analysis of plant height in F_1 population

组合 Cross combination （♀×♂）	杂种株高（cm） Plant height in hybrid population							
	平均值	变异系数 CV(%)	标准差	标准误差	方差	极值 Extreme value	偏度	峰度
F8 × Fa	37.08	58.25	21.60	3.09	466.53	3~101	0.62	0.41
Fa × F8	34.80	38.94	13.55	3.03	183.64	8~62	0.28	0.05
F8 × F3	37.83	57.96	21.93	3.23	480.72	9~98	0.90	0.81
F3 × F8	34.14	59.73	20.39	3.11	415.84	3~79	0.49	−0.60

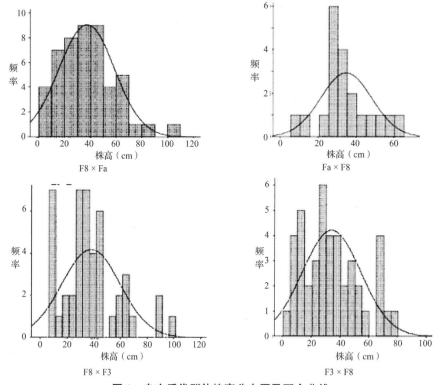

图 3　杂交后代群体株高分布图及配合曲线

Fig. 3　The distribution and fitting curve of height on the offspring

3　讨论

本研究共设置连翘属种间、品种间杂交组合 18 个，共授粉 2855 朵花，获得杂交后代 1028 株，平均

坐果率、出苗率和成苗率分别为 25.64%、25.89%、85.60%。以长花柱品种为母本、短花柱品种为父本的杂交组合的平均坐果率明显高于以短花柱品种为母本、长花柱品种为父本的杂交组合的平均坐果率，这

可能是因为短花柱连翘花粉生活力和萌发率明显高于长花柱连翘（刘红霞，2009）。以金钟连翘'Goldrausch'分别为父、母本的组合杂交结实率及出苗率均很低，这可能是因为'Goldrausch'为四倍体（申建双，2015），其他亲本为二倍体的原因。

杂交育种是新品种培育的重要手段之一，它可快速集合父母本的优良性状，获得具有杂种优势的新品种(李惠芬 等，1999)。目前，木本花卉杂交育种已经获得丰硕的成果，研究人员通过对杂种后代观赏性状进行评价（程金水 等，1994），并对这些性状的遗传规律进行分析，最终筛选并培育出大量观赏价值较高的新品种（董佳丽 等，2015）。为了培育大花紫薇（*Lagerstroemia speciosa*）新品种，研究人员对大花紫薇与紫薇（*L. indica*）杂交后代群体表型进行遗传分析，发现大花紫薇在生长量等方面变异丰富，可选出株高性状多样的大花紫薇后代（焦垚 等，2017）。连翘作为重要的早春观花灌木，花量大、花期集中，在城市园林绿化中应用广泛。为了丰富连翘的花色、株型、花期长短等观赏特性，本研究利用连翘种质资源设计了多个杂交组合，对杂交后代群体的叶形、株型等观赏性状遗传规律进行分析，有助于快速培育出具有更高观赏价值的连翘新品种。

通过对4个连翘杂交后代群体各性状进行测量和统计分析，发现杂交后代的叶形、株型、株高和冠幅等表型参数出现明显的性状分离。在叶形方面，以卵圆形叶品种作为杂交母本，获得卵圆形叶后代的概率更高，其中 Fa×F8 组合后代中有75%的后代为卵圆形叶。此外，Fa×F8 杂交后代中有35%出现三裂叶性状，因此 Fa×F8 杂交组合适于培育三裂叶连翘新品种。在叶片大小方面，4个连翘杂交组合的叶片长、宽的变异系数均较小，对选育小叶片的连翘十分有利。在株型方面，以直立型植株为亲本获得了大量的拱垂型后代，其中 Fa×F8 杂交后代中有90%为拱垂型，更适于培育拱垂型连翘新品种，但也有培育直立型连翘的可能性。在生长势方面，仅 F8×Fa 杂交组合株高和冠幅的变异系数高于58%，其中茎基分枝数为强变异，有利于选育生长量高的后代。Fa×F8、F8×Fa、F3×F8 和 F8×F3 杂交组合有利于筛选卵圆形叶、叶片小、匍匐株型、生长量高的金钟连翘株系。研究结果为培育具有较高观赏价值的连翘新品种奠定了基础。

参考文献

安维，2009. 连翘不同花柱类型授粉试验和开花相关影响因素研究[J]. 河南中医学院学报，03：27-29+32.

程金水，陈俊愉，赵世伟，等，1994. 金花茶杂交育种研究[J]. 北京林业大学学报，(04)：55-59.

董佳丽，于晓英，盛桢桢，2015. 木本花卉杂交育种研究进展[J]. 安徽农业科学，43(17)：246-248 +254.

郭强，王智民，林丽美，等，2009. 连翘属药用植物化学成分研究进展[J]. 中国实验方剂学杂志，15(05)：74-79.

焦垚，冯露，叶远俊，等，2017. 大花紫薇与紫薇杂交 F1 表型遗传分析[M]//中国观赏园艺研究进展2017. 北京：中国林业出版社：301-307.

李惠芬，李倩中，1999. 我国花卉育种研究进展[J]. 西南园艺，(01)：36-39.

刘红霞，任士福，刘铭，2010. 连翘授粉受精过程的观察[J]. 林业科学，09：45-49.

马帅，申建双，吴雨桐，等，2019. 连翘属与丁香属远缘杂交初探[M]//中国观赏园艺研究进展2019. 北京：中国林业出版社：127-134.

申建双，叶远俊，潘会堂，等，2015. 12份连翘种质资源的核型参数分析[J]. 植物遗传资源学报，16(01)：178-184.

滕慧颖，申建双，潘会堂，等，2018. 河北省连翘产业发展现状及策略[J]. 河北林业科技，(04)：46-49.

王凤英，张闯令，聂江力，等，2001. 连翘属栽培新品种（变种）——金叶连翘[J]. 植物研究，04：510.

谢宗万，1992. 古今药用连翘品种的延续与变迁[J]. 中医药研究，(03)：37-39.

徐远东，何玮，冉启凡，等，2020. 引进红三叶种质材料农艺性状评价试验[J]. 黑龙江畜牧兽医，01：99-101+105.

闫双喜，位凤宇，秦小艳，2008. 河南连翘属一新变型——蔓生连翘[J]. 河南科学，12：1483.

张闯令，王凤英，2008. 金缘连翘的选育技术研究[J]. 辽宁林业科技，01：35-36.

赵燕，刘晶，王辉，2016. 洛阳市13种绿化树种叶面积的回归测算[J]. 江苏农业科学，44(10)：254-257.

中科院中国植物志编委会，1992. 中国植物志：第六十一卷[M]. 北京：科学出版社，42-43.

Shen J S, Wu Y T, Jiang Z Z, et al. 2020. Selection and validation of appropriate reference genes for gene expression studies in Forsythia[J]. Physiology and Molecular Biology of Plant, 26 (1)：173-188.

Shen J S, Xu T L, Shi C, et al. 2017. Obtainment of an intergeneric hybrid between Forsythia and Abeliophyllum[J]. Euphytica, 213(4)：95.

Wang J Y, Shen J S, Gu M M, et al. 2017. Leaf coloration and photosynthetic characteristics of hybrids between Forsythia 'Courtaneur' and Forsythiakoreana 'Suwon Gold'[J]. Hortscience, 2(12)：1661-1667.

赏食兼用百合杂交育种研究

胡伟荣[1]　吕彤[2]　章敏[1]　曾臻[1]　吕英民[1,*]

（[1] 花卉种质创新与分子育种北京市重点实验室，国家花卉工程技术研究中心，城乡生态环境北京实验室，
园林环境教育部工程研究中心，林木花卉遗传育种教育部重点实验室，园林学院，北京林业大学，
北京 100083；[2] 北京市植物园植物研究所，北京 100094）

摘要　本试验以食用百合兰州百合（*Lilium davidii* var. *unicolor*）为母本，通过花粉活力测定选择观赏性状较好的亚洲百合、LA 百合、OT 百合的 13 个品种为父本进行杂交，以培育赏食兼用百合新品种。在不同开花时期进行直接授粉杂交，授粉后分时间段采用不同接种方式进行胚拯救，分别接种在不同激素配比的 4 种培养基上。结果表明，亚洲百合'Pink Flavour'和 LA 百合'Merluza''Merlet'与'Ballroom'这 4 个品种同兰州百合的亲和性较好，有改良兰州百合观赏性的潜质，并得出适合以上 4 个杂交组合的杂交时间、胚拯救时间、幼胚接种方式以及适合胚培养的培养基。

关键词　兰州百合；杂交育种；胚拯救

Cross Breeding of Ornamental and Edible Lily

HU Wei-rong[1]　LYU Tong[2]　ZHANG Min[1]　ZENG Zhen[1]　LYU Ying-min[1,*]

（[1] *Beijing Key Laboratory of Ornamental Plants Germplasm Innovation & Molecular Breeding*，*National Engineering Research Center for Floriculture*，*Beijing Laboratory of Urban and Rural Ecological Environment*，*Engineering Research Center of Landscape Environment of Ministry of Education*，*Key Laboratory of Genetics and Breeding in Forest Trees and Ornamental Plants of Ministry of Education*，*School of Landscape Architecture*，*Beijing Forestry University*，*Beijing* 100083，*China*；
[2] *Plant Institute*，*Beijing Botanical Garden*，*Beijing* 100094，*China*）

Abstract　In order to cultivate new varieties of ornamental and edible lily，*Lilium davidii* var. *unicolor* used as the female parent was crossed with 13 varieties including Asiatic lily，Longiflorum×Asiatic hybrids and Oriental×Trumpet hybrids. Direct pollination was used for hybridization in different flowering periods，and different inoculation methods were used for embryo rescue after pollination，respectively inoculated on four kinds of culture mediums with different hormone ratios. The results showed that *Lilium davidii* var. *unicolor* had a good affinity with Asiatic lily 'Pink Flavour' and Longiflorum×Asiatic hybrids 'Merluza' 'Merlet' and 'Ballroom'，which had the potential to improve the ornamental quality of *Lilium davidii* var. *unicolor*. Beside，the cross time suitable for the above four crosses，the way of inoculation of young embryos，the time of embryo rescue and the medium suitable for embryo culture were obtained.

Key words　*Lilium davidii* var. *unicolor*；Cross breeding；Embryo rescue

百合（*Lilium* spp. ）特指百合科（Liliaceae）百合属（*Lilium*）的所有种及品种的总称。目前百合育种的目标主要集中在观赏性状育种和抗性育种上，而食用百合的育种主要集中在组织培养、百合脱毒、病害防治等栽培养护上（李润根，2017），鲜有赏食兼用百合杂交育种的报告。如果能将百合的观赏性与实用性相结合，不仅可以满足大众身心健康的需求，而且可以创造更大的经济价值，减少资源的浪费，所以赏食兼用百合新品种的培育具有重大意义。

大量育种实践表明，百合的组内种间或品种间杂交一般比较容易，通常采用常规授粉，授粉后果实和种子发育较好，杂种后代一般可育（周树军，2014）。百合不同的组间或品种群之间杂交一般比较困难，通常需要切割柱头授粉和胚拯救克服受精前后的障碍才能获得杂交 F_1 代（van Tuyl J M et al.，1991），而且这些杂交 F_1 代一般高度不育。受精前障碍的存在将导致胚无法形成，但可通过切割花柱法、花柱移植法、离体胚珠授粉法等来克服解决（Van Tuyl J M，

1　第一作者简介：胡伟荣（1996—），女，硕士研究生，主要从事百合育种研究。
通讯作者：吕英民，教授，E-mail：luyingmin@ bju. edu. cn。

1996)。植物一旦受精，杂交胚也可能会因早期胚或胚乳的败育等受精后障碍而停止生长。胚培养技术是克服植物受精后障碍的有效手段，而胚培养的成功主要取决于胚龄和培养基的成分。目前，胚培养在百合远缘杂交育种中已经相继获得许多种间杂种。

1 材料与方法

1.1 试验材料

供试材料的母本为兰州百合（*Lilium davidii* var. *unicolor*），种植于北京林业大学八家苗圃中。父本共 13 个品种，分别为亚洲百合：'Pearl Jessica' 'Pink Flavour' 'Red Velvet' 'Rosella's Dream' 'Red Life'；LA 百合：'Merluza' 'Merlet' 'Royal sunset' 'Ballroom' 'Party Diamond' 'Golden Stone'；OT 百合：'African Queen' 'Conca D'Or'。试验亲本主要性状见表 1，亲本照片见图 1。

图 1 百合杂交亲本

Fig. 1 Crossing parents

A：'Pearl Jessica'；B：'Pink Flavour'；C：'Red Velvet'；D：'Rosella's Dream'；E：'Red Life'；
F：'Merluza'；G：'Merlet'；H：'Royal sunset'；I：'Ballroom'；J：'Party Diamond'；
K：'Golden Stone'；L：'Conca D'Or'；M：'African Queen'；N：兰州百合

表 1 百合杂交亲本基本性状表

Table 1 Comparion of basic characters of parents

品种 Cultivar	类型 Division	花色 Flower color	花斑 Flower spots	花型 Flower type	花香 Fragrance	株高（cm） Plant height
'Pearl Jessica'	A	肉橘色	有，数量少	碗型反卷	无	81
'Pink Flavour'	A	淡粉色	有，数量极少	碗型反卷	无	73
'Red Velvet'	A	深红	有，数量多	碗型反卷	无	88
'Rosella's Dream'	A	中间白、边缘粉	有，数量中等	喇叭型	无	67
'Red Life'	A	红色	有，数量多	碗型反卷	无	77
'Merluza'	LA	白色	无	喇叭型	无	99
'Merlet'	LA	深粉反卷	有，数量中等	碗型	无	88
'Royal sunset'	LA	中间橙色，边缘粉色	有，数量中等	近喇叭型	无	94

（续）

品种 Cultivar	类型 Division	花色 Flower color	花斑 Flower spots	花型 Flower type	花香 Fragrance	株高（cm） Plant height
'Ballroom'	LA	中间淡橙、边缘白色	有，数量中等	近喇叭型	无	87
'Party Diamond'	LA	粉色	无	碗型	无	78
'Golden Stone'	LA	黄色	无	碗型	无	121
'Conca D'Or'	OT	淡黄	无	喇叭型	有	57
'African Queen'	OT	金黄	无	喇叭型	有	120
兰州百合	野生百合	橙色	有，数量多	反卷下垂	无	35

1.2 方法

1.2.1 花粉的储藏与生活力测定

将父本的花药于开花前一天取下，放在阴暗干燥处自然散粉24h后，置于5ml离心管中，用脱脂棉封住管口，装在放有硅胶的塑封袋中，存于4℃的冰箱中（张铭芳 等，2013）。按照蔗糖：H_3BO_3：$CaCl_2$ = 50g/L：40mg/L：30mg/L的比例配制花粉萌发液（焦雪辉，2012）。采用悬滴培养法置于组培室进行光照培养。于5h、10h、20h后在光学显微镜下检测花粉萌发率，花粉管长度大于花粉半径视为花粉萌发，随机取5个视野样本，每个样本至少50个花粉粒，并拍照记录。

萌发率（%）= 萌发的花粉粒数/该视野总的花粉粒数×100。

1.2.2 柱头可授性的测定

从7：00起每隔2h取一次兰州百合的柱头，利用联苯胺—过氧化氢法（V1%联苯胺：V3% H_2O_2：VH_2O=4：11：22）测定柱头可授性，在显微镜下观察气泡的数量和变色情况，拍照并记录。

1.2.3 杂交授粉

在母本兰州百合花朵盛蕾期去雄，并将柱头用锡纸帽套好，在开花当天、开花2d、开花3~4d这3个时期分别进行常规授粉，在授粉后，将锡纸帽罩于柱头上，1周后摘除锡纸帽。

1.2.4 杂交结果的观测

在授粉后20~60d内每隔10d随机选取发育正常的子房6个，用游标卡尺对子房的长度以及子房上部、中部、下部的直径进行测量，记录并计算平均值。统计授粉后的蒴果膨大率、坐果率、有胚率（马冰，2017）。

蒴果膨大率（%）= 膨大蒴果数（授粉20d后的膨大蒴果）/授粉花朵数×100；

坐果率（%）= 结实蒴果（授粉后成活时间大于30d的蒴果）数/杂交花朵数×100；

有胚率（%）= 有胚种子数/全部种子数×100。

1.2.5 胚拯救

采取膨大的蒴果用洗洁精刷洗表面污垢，置于自来流水下冲洗4h，在超净工作台上用70%酒精消毒30s，无菌水冲洗2次，然后用2% $NaClO_2$溶液灭菌15min，无菌水冲洗5~6次后接种在培养基上。在组培室中先进行暗培养，萌发后进行光培养，培养温度23±2℃，湿度为50%~60%，每天光强3000lx，光照14h。每隔7d观察一次萌发情况，接种30d和60d后分别调查杂种胚的萌发率（李润根 等，2018）。

萌发率（%）= 萌发胚数/接种胚数×100。

（1）不同培养基对胚培养的影响

取杂交后膨大果实采用胚珠培养的方式接种在添加不同浓度NAA和6-BA的1/2MS培养基上，共配制以下4种培养基：

A：1/2MS+3%蔗糖+0.6%琼脂+0.01mg/L NAA +0.1mg/L 6-BA；

B：1/2MS+3%蔗糖+0.6%琼脂+0.1mg/L NAA+0.5mg/L 6-BA；

C：1/2MS+3%蔗糖+0.6%琼脂+0.01mg/L NAA +0.1mg/L 6-BA；

D：1/2MS+3%蔗糖+0.6%琼脂+0.1mg/L NAA。

（2）幼胚处理方式对胚培养的影响

分别取杂交授粉后50~55d的膨大蒴果，采用3种不同的幼胚处理方法，接种于上述4种培养基上，接种后观察幼胚的起始萌发时间及萌发率。3种处理方式分别是：子房切片接种；胚珠接种；剥除种皮带胚乳接种。

（3）不同胚龄对胚培养的影响。

分别取杂交授粉后30d、40d、50d、60d的膨大蒴果，用无菌手术刀沿腹缝线切开，用无菌镊子取出胚珠，将其接种于上述A、B、C、D 4种培养基中。

2 结果与分析

2.1 花粉活力测定

根据表2可知，花粉萌发率与花粉的培养时间有关，除'Merluza''Ballroom'在培养10h时花粉萌发率最高，其他品种均在20h时最高。'Red Life'在培养过程中无花粉萌发，不适合做杂交的父本。'Pink Flavour'和'木门'的花粉萌发率相对较高。根据研究表明，在百合杂交授粉的过程中，如果施加的花粉量足够大，则可不考虑父本花粉萌发率之间的差异（周

桂雪 等，2011）。另外，考虑到花粉萌发液配比成分的影响，本试验将其他已萌发但花粉萌发率低的品种也作为杂交的父本，对兰州百合进行了多次重复授粉。

表 2　花粉活力测定
Table 2　Determination of pollen viability

品种名称 Cultivar	培养时间 5h 花粉萌发率（%） culture time 5h	培养时间 10h 花粉萌发率（%） culture time 10h	培养时间 20h 花粉萌发率（%） culture time 20h
'Pearl Jessica'	0.33±0.33	1.11±0.25	1.12±0.17
'Pink Flavour'	4.75±0.60	26.9±14.76	30.06±2.73
'Red Velvet'	1.59±0.97	2.64±0.37	5.22±0.78
'Rosella's Dream'	2.95±0.57	16.47±1.77	30.45±4.17
'Red Life'	00.00±0.00	00.00±0.00	00.00±0.00
'Merluza'	4.62±1.16	10.59±1.14	8.66±0.17
'Merlet'	1.06±0.04	2.83±0.61	7.45±0.81
'Royal sunset'	00.00±0.00	2.12±0.65	2.66±0.55
'Ballroom'	3.53±1.01	11.82±0.29	6.57±0.95
'Party Diamond'	00.00±0.00	3.77±0.97	4.88±0.5
'Golden Stone'	00.00±0.00	00.00±0.00	7.68±2.35
'Conca D'Or'	5.22±0.78	13.07±4.38	16.09±3.81
'African Queen'	00.00±0.00	1.02±0.56	00.00±0.00

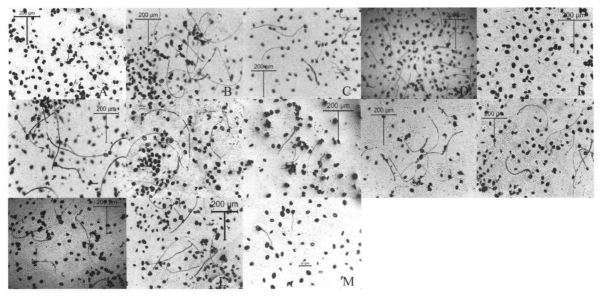

图 2　花粉萌发图
Fig. 2　Pollen germination

A：'Pearl Jessica'；B：'Pink Flavour'；C：'Red Velvet'；D：'Rosella's Dream'；E：'Red Life'；F：'Merluza'；G：'Merlet'；H：'Royal sunset'；I：'Ballroom'；J：'Party Diamond'；K：'Golden Stone'；L：'Conca D'Or'；M：'African Queen'

2.2　柱头可授性

兰州百合在花蕾期和开花 3~4d 的早上 7：00 时柱头可授性较强；开花两天内的兰州百合在早上 9：00 左右柱头可授性最强，在中午之后可授性明显降低，兰州百合的柱头可授性随开花天数呈现先上升后下降趋势，综上建议授粉时间最好选择在开花 1~2d，集中在早上 7：00~9：00，试验结果见表 3 和图 3。

表 3　兰州百合柱头可授性

Table 3　Stigma receptivity of *Lilium davidii*

时间 Time	花蕾期 Budding phase	开花两天内 Bloom for one or two days	开花 3~4d Bloom for three or four days
7：00	++	+++	+++
9：00	+	++++	++
11：00	+	++	+
13：00	+	+	+
15：00	-	-	-
17：00	-	-	-

注：+具有可授性，++具较强可授性，+++/++++具有最强可授性，-不具有可授性。

Note：+ have receptivity，++have higher receptivity，+++/++++ the highest receptivity，- no receptivity.

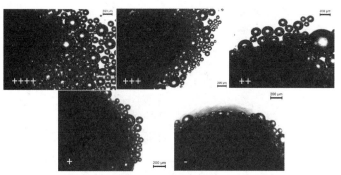

图 3　柱头可授性对比图

Fig. 3　Comparison of stigma receptivity

2.3　杂交试验结果

2.3.1　不同品种为父本的杂交结实情况

本试验的父本百合共 12 个品种，母本为兰州百合，杂交共 12 个组合，杂交具体结实情况见表 4。由表 4 可知，以'Merlet''Pink Flavour''Red Velvet''Pearl Jessica'为父本的杂交组合果实膨大率都较高，均大于 50%，但坐果率和有胚率存在一定差异，例如'Red Velvet'和'Pearl Jessica'在杂交 8d 后就开始膨大，但在 20d 后逐渐萎缩，坐果率为 0，这可能是膨大果实中的种子发生了受精后的障碍而发育不完全，也与它们的亲缘关系远近有很大的关系（李承科 等，2014）；'Merlet'虽果实膨大率很高，为 81.43%，但坐果率较低，为 17.14%，同时有胚率也较低，这说明该组合可完成受精但幼胚不能正常发育；其中'Pink Flavour'的坐果率和有胚率都较高，表明其与兰州百合的亲和性较高，适合做父本。另外，'Conca D'Or''Golden Stone'在杂交 7d 后子房开始干瘪，未形成膨大果实，可能是由于花粉活力低，或者发生了受精前障碍。综上说明果实大小以及在花托上维系时间的长短与受精作用和种子的发育情况有关。

膨大　　　　　半膨大　　　　未膨大

图 4　果实膨大图

Fig. 4　Fruit enlargement

表 4　不同品种为父本的杂交结实情况

Table 4　The results of crosses when different varieties as the female parent

父本 Male parent	杂交花朵数 No. of pollination flower	果实膨大数 No. seed setting	果实膨大率(%) Seed setting rate(%)	结实蒴果数 No. of fruiting capsules	坐果率(%) Fruit setting rate(%)	有胚种子数 No. of embryo	有胚率(%) Embryo rate (%)
'Pearl Jessica'	60	38	63.33	0	0	0	0
'Pink Flavour'	60	41	68.33	26	43.33	19	15.83
'Red Velvet'	60	40	66.67	0	0	0	0
'Rosella's Dream'	200	87	43.50	27	13.50	7	6.31
'Merluza'	30	5	16.67	3	10.00	15	13.39
'Merlet'	70	57	81.43	12	17.14	10	9.09
'Royal sunset'	60	2	3.33	1	1.67	6	6.00
'Ballroom'	129	58	44.96	29	22.48	18	15.38
'Party Diamond'	33	15	45.45	1	3.03	1	0.86
'African Queen'	40	1	2.50	0	0	0	0
'Conca D'Or'	40	0	0	0	0	0	0
'Golden Stone'	30	0	0	0	0	0	0

2.3.2 不同授粉时间下的果实膨大率

根据兰州百合柱头可授性的观测，在开花 1~4d 上午其都有可授性，部分品种在不同授粉时间下的结实率见表 5，由表可知，'Ballroom''Merlet'都在开花当天杂交的果实膨大率和坐果率最高，其中'Merlet'果实膨大率可达 88.57%，然而'Merluza''Rosella's Dream'在开花当天杂交的果实膨大率较低，而在 3~4d 杂交时最高，'Pink Flavour'在开花 1~4d 内杂交的果实膨大率无明显差异，说明其和兰州百合的亲和性较高。因此，以兰州百合做母本的杂交试验授粉时间最好选择开花当天，并且时间集中在上午 7：00~9：00。

表 5 不同授粉时间下的果实膨大率
Table 5 Seed setting rate under different pollination time

父本品种 Variety	授粉时间 Pollination time	果实膨大数 No. seed setting	杂交数 No. pollination	果实膨大率（%） Seed setting rate（%）
'Pink Flavour'	开花当天	12	20	60.00
	开花第 2d	15	20	75.00
	开花 33~4d	14	20	70.00
'Ballroom'	开花当天	15	21	71.43
	开花第 2d	34	83	40.96
	开花 33~4d	9	25	36.00
'Merluza'	开花当天	0	10	0
	开花第 2d	1	10	10.00
	开花 3~4d	4	10	40.00
'Rosella's Dream'	开花当天	7	105	6.67
	开花第 2d	16	85	18.82
	开花 3~4d	4	10	40.00
'Merlet'	开花当天	31	35	88.57
	开花第 2d	22	25	88.00
	开花 3~4d	4	10	40.00

2.3.3 不同品种的果实发育情况

由表 6 可知，兰州百合×'Pink Flavour'授粉 30d 后的果实中部宽度显著膨大，直到授粉 60d 时子房宽度膨大变缓，蒴果长宽比趋势由减小变为增大，说明果实的生长发育速度开始变缓，甚至停滞，所以该组合胚拯救的时间应为 50d 左右，整个膨大过程果实最宽部一直是子房中部。兰州百合×'Merluza'授粉 20~30d 的蒴果长宽比为增大趋势，在 30d 后一直为减小趋势，整个发育过程中果实持续变长变宽，在授粉 60d 后果实仍然比较饱满，所以适合胚拯救的时间应为授粉后 60d。兰州百合×'Ballroom'授粉后 20~50d 的果实长度和宽度持续增大，直到 50~60d 长度和宽度减小，蒴果变黄，呈萎缩现象，发育停滞，蒴果长宽比呈现波动趋势，整个发育过程中果实最宽部为子房中部，因此本组合胚拯救时间应为 40~50d。兰州百合×'Merlet'在授粉 20~60d 的蒴果长宽比一直减小，最宽部位为子房上部，其中果实下部宽度在 40~50d 增加明显，50~60d 开始减小，果实变黄，所以适合本组合胚拯救的时间应该为授粉后 50d。

综上，兰州百合×'Pink Flavour'和兰州百合×'Merlet'在授粉 50d 左右开始胚拯救效果较好；兰州百合×'Merluza'胚拯救时间应为授粉后 60d，兰州百合×'Ballroom'胚拯救时间应为 40~50d，果实发育的最宽部位因杂交组合而异，分为上部和中部两种情况。本试验通过测量蒴果长宽比的变化情况来辅助决定胚拯救的时间，并且成功得到了胚拯救组培苗，证明果实大小和蒴果长宽比可作为衡量亲和性的一项指标，蒴果长宽比越小，果实膨大程度越大，亲和性越好。

表 6　不同组合的果实发育情况

Table 6　Fruit development of different crosses

杂交组合 Crosses	授粉时间 Pollination time	果长（cm） Length（cm）	上果宽（cm） Top width（cm）	中果宽（cm） Middle width（cm）	下果宽（cm） Bottom width（cm）	萌果长宽比 Length/width
兰州百合× 'Pink Flavour'	授粉后 20d	2.83±0.06c	1.08±0.02d	0.99±0.03e	0.51±0.04c	2.63±0.09a
	授粉后 30d	3.05±0.03b	1.32±0.00cd	1.40±0.01d	0.57±0.02c	2.18±0.02b
	授粉后 40d	3.09±0.02b	1.36±0.02bc	1.55±0.04c	0.60±0.01bc	1.99±0.04c
	授粉后 50d	3.21±0.07b	1.60±0.16ab	1.84±0.03b	0.70±0.04ab	1.73±0.02d
	授粉后 60d	3.94±0.07a	1.80±0.05a	1.94±0.03a	0.75±0.05a	2.03±0.04bc
兰州百合× 'Ballroom'	授粉后 20d	2.35±0.13c	0.93±0.01d	0.81±0.06d	0.45±0.02d	2.57±0.16a
	授粉后 30d	2.66±0.07b	1.11±0.02c	1.29±0.02c	0.57±0.02c	2.07±0.08b
	授粉后 40d	3.07±0.08a	1.31±0.01b	1.46±0.03b	0.79±0.04a	2.11±0.07b
	授粉后 50d	3.33±0.07a	1.47±0.05a	1.65±0.06a	0.67±0.02b	2.02±0.06b
	授粉后 60d	3.13±0.06b	1.36±0.02b	1.39±0.04bc	0.59±0.02bc	2.22±0.04b
兰州百合× 'Merluza'	授粉后 20d	1.73±0.08e	0.81±0.04d	0.61±0.04d	0.37±0.04c	2.13±0.11ab
	授粉后 30d	2.13±0.04d	0.94±0.06d	0.70±0.04d	0.43±0.01c	2.28±0.11a
	授粉后 40d	2.55±0.14c	1.19±0.04c	1.01±0.18c	0.57±0.04b	2.10±0.03ab
	授粉后 50d	2.94±0.07b	1.51±0.05b	1.47±0.04b	0.55±0.02b	1.91±0.08bc
	授粉后 60d	3.37±0.04a	1.70±0.05a	1.91±0.03a	0.72±0.02a	1.77±0.04c
兰州百合× 'Merlet'	授粉后 20d	2.19±0.11c	0.92±0.03c	0.67±0.05b	0.45±0.03b	2.39±0.15a
	授粉后 30d	2.37±0.02b	1.06±0.02c	0.94±0.09b	0.51±0.04b	2.23±0.03ab
	授粉后 40d	2.48±0.03b	1.14±0.03c	0.91±0.16b	0.51±0.01b	2.10±0.08bc
	授粉后 50d	2.73±0.04a	1.40±0.01b	1.29±0.01a	0.62±0.02a	1.95±0.03cd
	授粉后 60d	2.71±0.06a	1.55±0.04a	1.37±0.02a	0.54±0.03a	1.74±0.01d

注：同列不同字母表示不同授粉时间后果实发育的差异显著（$P<0.05$）。

Note：Different letters in the same column indicate significant difference in fruit development after different pollination time（$P<0.05$）.

2.4　胚培养

2.4.1　不同培养基对幼胚离体萌发的影响

由表 7 可知，不同组合适宜的培养基不同，兰州百合×'Pink Flavour'、兰州百合×'Merluza'、兰州百合×'Merlet'在培养基 B（1/2MS+3%蔗糖+0.6%琼脂+0.1mg/L NAA+0.5mg/L 6-BA）上的萌发率最高，萌发时间较短，20d 左右开始生长叶片，但每株叶片数量较少，30~40d 有白色根生出，60d 左右小鳞茎开始成形，可知较高浓度的 NAA 更有利于芽的萌发，0.5mg/L 6-BA 会促进幼苗的生长。兰州百合×'Ballroom'在培养基 C（1/2MS+3%蔗糖+0.6%琼脂+0.01mg/L NAA）上萌发率最高，新生叶片嫩绿且数量较多，长势良好，说明该组合在只含有低浓度 NAA 的培养基上更适合生长，所有萌发后的杂种苗都能成活，部分苗的生长情况见图 5。

2.4.2　幼胚处理方式对离体萌发的影响

由表 8 可知，兰州百合×'Pink Flavour'和兰州百合×'Ballroom'这两个组合的杂种胚在不同幼胚处理方式下的萌发率均为：胚珠>剥除种皮带胚乳>子房切片，其中胚珠接种萌发率最高，剥除种皮带胚乳萌发时间最短，子房切片接种的萌发率最低且萌发时间最长，可能由于此时胚不成熟，需要在胚珠吸收营养挤出子房壁后选取有胚种子到相应培养基中等待萌发。综上幼胚处理方法采用胚珠接种和剥除种皮带胚乳接种的萌发率都显著高于子房切片接种的萌发率，且剥除种皮带胚乳接种的萌发时间要短于胚珠接种，可能是因为种皮的存在限制了胚的萌发。考虑到胚龄较小时，胚不成熟呈水渍状，给剥离增加难度所带来的影响（马莉，2008），所以以胚龄 50d 以下适宜胚珠接种方式，而胚龄 50d 以上适宜剥除种皮带胚乳的接种方式。具体生长情况见图 6。

表 7 杂种胚在不同培养基的萌发情况

Table 7 Embryo hybrids germination on different medium

杂交组合 Crosses	培养基 Medium	萌发时间(d) Germination time	接种数(个) No. inoculation	萌发数(个) No. germination	萌发率(%) Germination rate
兰州百合דPink Flavour'	A	13	196	66	33.67
	B	7	264	132	50.00
	C	7	224	99	44.20
	D	18	228	93	40.79
兰州百合דBallroom'	A	20	160	24	15.00
	B	20	84	18	21.43
	C	16	80	24	30.00
	D	12	60	9	15.00
兰州百合דMerluza'	A	18	36	18	50.00
	B	21	20	12	60.00
	C	16	16	6	37.50
	D	14	8	3	37.50
兰州百合דMerlet'	A	20	36	3	8.33
	B	12	32	6	18.75
	C	15	20	3	15.00
	D	–	20	0	0.00

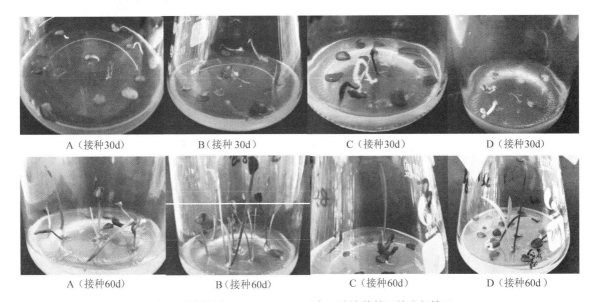

A（接种30d）　　　B（接种30d）　　　C（接种30d）　　　D（接种30d）

A（接种60d）　　　B（接种60d）　　　C（接种60d）　　　D（接种60d）

图 5 兰州百合ד Pink Flavour' 在 4 种培养基下的生长情况

Fig. 5 Embryo culture the growth of *Lilium davidi* var. *unicolor* ×' Pink Flavour' in four mediums

表8　幼胚处理方法对离体萌发的影响

Table 8　Effect of embryo treatments on germination in vitro

杂交组合 Crosses	处理方法 Treatments	萌发时间(d) Germination time	接种数(个) No. inoculation	萌发数(个) No. germination	萌发率(%) Germination rate
兰州百合× 'Pink Flavour'	子房切片	38	44	4	9.09
	胚珠	16	210	165	78.57
	剥除种皮带胚乳	7	36	25	69.44
兰州百合× 'Ballroom'	子房切片	29	27	2	7.41
	胚珠	14	156	106	67.95
	剥除种皮带胚乳	12	18	10	55.56

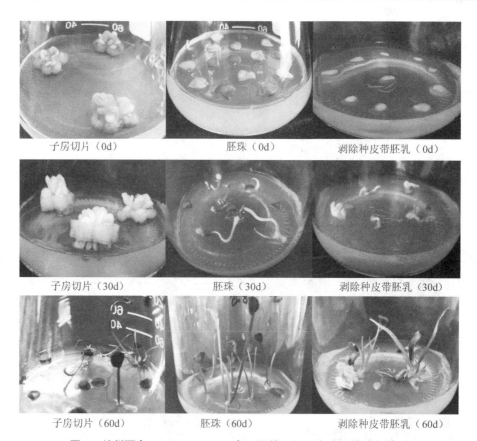

子房切片（0d）　　　　　胚珠（0d）　　　　剥除种皮带胚乳（0d）

子房切片（30d）　　　　　胚珠（30d）　　　　剥除种皮带胚乳（30d）

子房切片（60d）　　　　　胚珠（60d）　　　　剥除种皮带胚乳（60d）

图6　兰州百合×'Pink Flavour'在不同幼胚处理方式下的生长情况

Fig. 6　Embryo culture the growth of *Lilium davidi* var. *unicolor* ×'Pink Flavour' in different embryo treatments

2.4.3　不同胚龄对幼胚培养的影响

不同胚龄对幼胚培养的萌发率情况见表9，从表中可以看出，兰州百合×'Pink Flavour'、兰州百合×'Merlet'和兰州百合×'Merluza'在胚龄为60d时的萌发率最高，且萌发时间较短，是因为此时胚发育更成熟，自身营养充足，利于萌发。兰州百合×'Pink Flavour'在胚龄40d时进行胚拯救，7d开始就有萌发，说明此时胚已经具备了进行离体萌发的条件，而兰州百合×'Merlet'在胚龄30~40d均无萌发，说明该组合的种子成熟较晚，应该延迟胚拯救时间，在60d左右时最佳。兰州百合×'Ballroom'在胚龄50d时进行胚拯救萌发率最高，在60d时萌发时间最短。兰州百合×'Teresina'在胚龄40d时进行胚拯救萌发率最高，在50d时萌发时间最短。综上，说明不同杂交组合所得的种子进行胚拯救的最佳时间有所差别，但多数组合在胚龄为50~60d进行胚培养萌发率最高。

表 9　不同胚龄对幼胚离体萌发的影响

Table 9　Effect of embryo ages on embryo germination in vitro

杂交组合 Crosses	胚龄(d) Embryo ages	萌发时间(d) Germination time	接种数(个) No. inoculation	萌发数(个) No. germination	萌发率(%) Germination rate
兰州百合× 'Pink Flavour'	30	20	104	6	5.77
	40	7	160	102	63.75
	50	13	296	216	72.97
	60	12	124	108	87.10
兰州百合×'Ballroom'	30	20	44	9	20.45
	40	14	40	9	22.50
	50	15	92	21	22.83
	60	10	224	39	17.41
兰州百合× 'Merluza'	30	–	12	0	0.00
	40	20	8	3	37.50
	50	18	48	27	56.25
	60	11	8	6	75.00
兰州百合× 'Merlet'	30	–	80	0	0.00
	40	–	8	0	0.00
	50	21	8	3	37.50
	60	16	24	15	62.50

3　结论与讨论

3.1　不同系列百合在改良兰州百合观赏性的潜力

本试验采用亚洲百合、LA 百合、OT 百合共 13 个品种的观赏百合作为父本与兰州百合杂交，通过花粉活力测定试验发现，'Pink Flavour''Rosella's Dream'和'Conca D'Or'均可作为杂交的父本，'Red Life'不适合做杂交的父本，结合杂交结实率看，花粉萌发率低的'Ballroom''Merluza''Merlet'也可以作为杂交父本，说明这 3 个品种与兰州百合的亲和性更好。

从不同杂交组合的果实膨大率、坐果率和有胚率来看，兰州百合×'Red Velvet'和兰州百合×'Pearl Jessica'出现假膨大现象，存在受精后障碍，可能与它们的亲缘关系远近相关，所以评价杂交组合的亲和性应采用有胚率和坐果率更加可靠，与潘云兵等（2018）的研究结果一致。而'Conca D'Or'和'Golden Stone'未发生膨大，说明发生了受精前障碍，可能是柱头及花柱不亲和，可以尝试采用切割花柱法克服（Marasek-Ciolakowska et al.，2018；陈琼 等，2007）。

综上，在供试 13 个不同系列的父本中，亚洲百合'Pink Flavour'与 LA 百合'Merluza''Merlet'和'Ballroom'这 4 个品种与兰州百合的亲和性较好，有改良食用百合兰州百合的观赏性的潜质。

3.2　杂交试验的授粉时间

通过柱头可授性和不同授粉时间下结实率的研究，兰州百合的授粉时间最好在开花当天早 7：00～9：00，这与孙鸿强的研究有一致之处（孙鸿强 等，2019）。个别杂交组合在开花第 3d 时结实率较高，可能是在花后第 3d 授粉打破了杂交障碍，随花期的延长柱头对花粉的识别功能衰退，减弱排斥作用，从而产生亲和反应，这与前人研究一致（李卓忆 等，2018；罗建让 等，2007）。

3.3　胚拯救试验

从不同胚龄和不同幼胚处理方式的胚拯救试验发现，杂交胚的萌发率均表现为：子房切片接种萌发率最低，剥除种皮带胚乳接种和胚珠接种的幼胚萌发率都较高，采用剥除种皮带胚乳的接种方式幼胚的萌发时间最短。一般来讲发育早期的幼胚处于异养状态，对所需营养和环境条件要求高，并且胚乳呈液态，不易剥离，损耗大。所以胚龄越小越不易成活；随胚龄增大越来越成熟，剥离越容易，萌发率越高（王冲 等，2018），另外，通过测量果实大小来比较果实长宽比，确定出胚拯救时间应在 40～60d。综上得出胚龄为50d左右时采用剥除种皮带胚乳的接种方式最适宜胚拯救。

不同组合适宜的培养基不同，兰州百合×'Pink Flavour'、兰州百合×'Merluza'、兰州百合×'Merlet'在培养基B(1/2MS+3%蔗糖+0.6%琼脂+0.1mg/L NAA+0.5mg/L 6-BA)上的萌发率最高，萌发时间较短。兰州百合×'Ballroom'在培养基C(1/2MS+3%蔗糖+0.6%琼脂+0.01mg/L NAA)上萌发率最高。有研究认为在添加0.001mg/L的NAA与0.1mg/L的6-BA的培养基上百合幼胚萌发和生长效果最好(孙晓梅等，2002)。该试验中发现只添加0.01mg/L NAA的培养基就可以促进幼胚的萌发，与李玉帆等(2017)的研究一致，另外在同时添加0.1mg/L NAA和0.5mg/L 6-BA不仅可以促进杂种胚萌发，而且可以缩短萌发时间，与王冲等(2018)研究有相似之处，但NAA与6-BA的比值有所差异。

参考文献

陈琼，穆鼎，义鸣放，等，2007. 不同授粉方法对克服百合杂交受精前障碍的作用[J]. 中国农业大学学报，(04)：35-40.

焦雪辉，2012. 亚洲百合杂交育种研究[D]. 北京：北京林业大学.

李承科，管洁，焦雪辉，等，2014. 亚洲百合杂交后代品种早期选育的研究[M]//中国观赏园艺研究进展2014. 北京：中国林业出版社.

李润根，2017. 不同授粉方式对食用百合种间杂交结实的影响[J]. 江苏农业科学，45(21)：140-142.

李润根，黄琴，融花珍，等，2018. 龙牙百合和兰州百合远缘杂交胚拯救及杂种苗快繁体系的建立[J]. 宜春学院学报，40(12)：93-96.

李玉帆，韩秀丽，于雪，等，2017. 新铁炮百合和东方百合远缘杂交胚拯救及杂种苗增殖技术研究[M]//中国观赏园艺研究进展2017. 北京：中国林业出版社.

李卓忆，王洁瑶，王仪茹，等，2018. 观赏兼食用百合新品种的培育[M]//中国观赏园艺研究进展2018. 北京：中国林业出版社.

罗建让，张延龙，张林华，2007. 克服百合自交及杂交障碍方法的初步研究[J]. 西北农业学报，(04)：260-263.

马冰，2017. 卷丹百合种间杂种与亚洲百合杂交亲和性及胚培养研究[D]. 沈阳：沈阳农业大学.

马莉，2008. 百合属杂交育种的研究[D]. 北京：北京林业大学.

潘云兵，吴景芝，欧琳钧，等，2018. 野生百合与栽培百合远缘杂交亲和性的研究[J]. 云南农业大学学报(自然科学)，33(02)：286-293.

孙鸿强，师桂英，冉昇，等，2019. 兰州百合(*Lilium davidii var. unicolor*)的花粉活力、柱头可授性及繁育系统[J]. 中国沙漠，39(02)：62-69.

孙晓梅，罗凤霞，王亚斌，等，2002. 百合幼胚离体培养基的筛选[J]. 沈阳农业大学学报，(01)：22-26.

王冲，贺卫丽，张伟，等，2018. 亚洲百合与东方百合远缘杂交花粉管生长荧光观察及胚培养[J]. 北方园艺，(10)：88-96.

张铭芳，吴磊磊，贾桂霞，2013. 百合不同杂交品系花粉贮藏特性分析[J]. 西北植物学报，33(07)：1465-1472.

周桂雪，李克虎，张线线，等，2011. 亚洲百合品种倍性、花粉育性及其杂交研究[J]. 园艺学报，38(04)：733-739.

周树军，2014. 现代百合品种培育的技术途径及其杂交特殊现象的机制[J]. 农业生物技术学报，22(10)：1189-1194.

Marasek-Ciolakowska A，Nishikawa T，Shea D J，et al. 2018. Breeding of lilies and tulips—Interspecific hybridization and genetic background—[J]. Breeding Science，68(1)：35-52.

Van Tuyl J M，Van DieEn M P，Van Creij M G M，et al. 1991. Application of in vitro pollination, ovary culture, ovule culture, and embryo rescue for overcoming incongruity barriers in interspecific Lilium crosses [J]. Plant Science，74：115-126.

Van Tuyl J M. 1996. Lily breeding research in the Netherlands [J]. Acta Hort，414：35-45.

中国观赏园艺研究进展 2020：107~114

Advances in Ornamental Horticulture of China，2020：107~114

107

三倍体 OT 百合杂交后代的倍性差异和生长速度研究

戚佳裕[1]　张锡庆[2]　廖梦琴[1]　段苏微[1]　贾桂霞[1,*]

（[1] 花卉种质创新与分子育种北京市重点实验室，国家花卉工程技术研究中心，城乡生态环境北京实验室，

园林环境教育部工程研究中心，林木花卉遗传育种教育部重点实验室，园林学院，北京林业大学，北京 100083；

[2] 云南省植物繁殖适应与进化生态学重点实验室，云南大学生态学与进化生物学实验室，昆明 650500）

摘要　以可育的三倍体 OT 百合品种'Cocossa'分别与二倍体百合品种正反交获得的杂交后代株系为试材，对其染色体数目进行统计，在此基础上对不同株系在组培阶段再生能力和移栽后生长速度进行了比较分析。结果表明，'Cocossa'的杂交后代的染色体数目分布在 24~36 条之间，'Cocossa'作母本时，后代的非整倍体比例更高，为 95%，近二倍体比例为 85%，近三倍体比例为 10%，非整倍体的染色体数目集中于 25（2n = 2x + 1）~29（2n = 2x+5）。当以'Cocossa'为父本时，非整倍体后代比例为 70%，近二倍体比例为 45%，近三倍体比例为 25%，非整倍体的染色体数目集中于 26（2n = 2x + 2）~29（2n = 2x + 5）和 34（2n = 3x-2）。组培阶段，在'Cocossa'和东方百合'Chealse'的杂交后代中，二倍体和染色体数为 25 的株系的鳞片的分化率和不定芽生长率最高，最低的是染色体数为 29 的株系。在移栽的 15 个杂种苗株系中，有 10 个株系出现了抽葶。二倍体株系（'Cocossa'分别和东方百合'Chealse'、'Entertainer'杂交）和染色体数为 34（2n = 3x-2，'Chealse'ב Cocossa'）的株系出芽率最高，染色体数为 29（2n = 2x+5，'Cocossa'ב Chealse'）的株系出芽率最低。本研究旨在探究以三倍体 OT 百合'Cocossa'为父母本时，后代的染色体数目差异，以及不同染色体数目或组成的部分后代在组培阶段分化和苗期生长的差异，为后续染色体数目、组成与性状表现的相关性研究奠定了基础。

关键词　百合；非整倍体；杂交后代；染色体数目；生长速度

Research on Ploidy Difference and Growth Rate of the Hybrid Progenies of Triploid OT Lily

QI Jia-yu[1]　ZHANG Xi-qing[2]　LIAO Meng-qin[1]　DUAN Su-wei[1]　JIA Gui-xia[1,*]

（[1] *Beijing Key Laboratory of Ornamental Plants Germplasm Innovation & Molecular Breeding，National Engineering Research Center for Floriculture，Beijing Laboratory of Urban and Rural Ecological Environment，Engineering Research Center of Landscape Environment of Ministry of Education，Key Laboratory of Genetics and Breeding in Forest Trees and Ornamental Plants of Ministry of Education，School of Landscape Architecture，Beijing Forestry University，Beijing 100083，China*；*

[2] *Yunnan Key Laboratory of Plant Reproductive Adaption and Evolutionary Ecology，Laboratory of Ecology and Evolutionary Biology，Yunnan University，Kunming 650500，China*）

Abstract　Using the reciprocal hybrid lines of the fertile triploid OT lily variety 'Cocossa' and the diploid lily varieties as materials，the number of the chromosomes of different lines was counted，and on the basis，the regeneration ability and the growth rate after transplanting were compared and analyzed. The results showed the number of the chromosomes in the hybrid progenies of 'Cocossa' was ranged from 24 to 36，when 'Cocossa' was used as the female parent，the proportion of aneuploidy progenies was higher，which was 95%，and the proportion of near diploid progenies was 85%，near triploid progenies was 10%. The number of the chromosomes in the aneuploid progenies were mainly 25（2n = 2x + 1）~29（2n = 2x + 5）. When 'Cocossa' was used as the male parent，the proportion of the aneuploid progenies was 70%，the near diploid was 45%，and

1　基金项目：林业科学技术推广项目，项目号：[2019]05。

第一作者简介：戚佳裕（1996—），女，硕士研究生，主要从事百合种质资源创新与育种研究。

*　通讯作者：贾桂霞，教授，E-mail：gxjia@ bjfu. edu. cn。

the near triploid was 25%. The number of the chromosomes in the aneuploid progenies was mainly 26(2n=2x+2)~29(2n=2x +5) and 34(2n=3x-2). In the tissue culture stage, among the progenies of the cross between 'Cocossa' and Oriental Lily 'Chealse', the diploid line and the line with 25 chromosomes had the highest rate of scale differentiation and the growth rate of adventitious buds, and the line with 29 chromosomes had the lowest. Among the 15 hybrid lines transplanted, 10 lines appeared bolting. Two diploid lines('Cocossa'crossed with Oriental Lily 'Chealse'and 'Entertainer'respectively) and the line with 34 chromosomes (2n = 3x-2, 'Chealse'×'Cocossa') had the highest germination rate, and the line with 29 chromosomes(2n=2x+5, 'Cocossa'×'Chealse') had the lowest. The purpose of this study was to explore the differences of the progenies in the number of chromosomes, and the differences in the differentiation of tissue culture and seedling growth of the partial progenies with different number or composition of chromosomes, when triploid OT lily 'Cocossa'was used as the parent. It laid the foundation for the subsequent research on the correlation of the number and compositon of chromosomes with the traits.

Key words Lily; Aneuploid; Hybrid progeny; Chromosome number; Growth rate

百合是百合科(Liliaceae)百合属(*Lilium*)的植物，因其花形优美和色彩丰富，是深受人们喜爱的观赏花卉之一。

目前，百合组间及组内不同品种的杂交育种仍然是百合新品种培育的主要手段(杨利平，2016)。杂种后代可结合不同品种的优良园艺性状，达到种质渗入的目的(袁国良，2014)。OT百合是由东方百合和喇叭百合杂交培育成的百合品种，该杂交系群体倍性丰富，有二倍体、三倍体和四倍体品种，与其亲本相比，具有更丰富的性状表现，具有花大、色艳、抗性强等特性。据研究，三倍体植物可以产生单倍体(x)、二倍体(2x)、三倍体(3x)和非整倍体功能性配子(Lim et al.，2003)。前期研究表明，部分三倍体OT百合可形成可育配子，配子的染色体条数在x~2x(12~24)之间，与二倍体百合杂交后可得到二、三倍体及非整倍体后代。但对OT百合的杂交研究多以OT百合作母本进行杂交，而以OT百合为父本的杂交的研究很少(张锡庆等，2017)，研究内容主要集中在：不同品种杂交的亲和性比较(曹潇等，2017)，杂交后代的细胞学观察(郑思乡等，2017)、核型分析(夏晶，2010；方李琴，2013)和基因组原位杂交(周树军等，2014)等方面。而在非整倍体百合的性状研究上，王春夏(2019)等将兰州百合和细叶百合加倍后得到的非整倍体和二倍体的鳞片分化能力进行对比，发现相较于二倍体，非整倍体的鳞片分化能力显著降低。对OT百合的杂交后代，特别是其中的非整倍体后代的性状表现则少有报道，未进行生长速度的比较和株高、花型及花色等观赏性状的研究。研究这些杂交后代性状表现的差异，可加快对OT百合新品种的选育进程。本研究中选择可育的三倍体OT百合品种'Cocossa'，染色体组成为OTO(张线线，2011)，即两个东方百合与一个喇叭百合的染色体组，与二倍体百合品种分别进行正反交，对获得的杂交后代株系，包括非整倍体和整倍体，在组培阶段的再生能力和移栽后生长速度的研究，并进行染色体数目统计。旨在探究

以三倍体OT百合'Cocossa'为父母本时，后代的染色体数目差异，以及不同染色体数目或组成的部分后代在组培阶段分化和苗期生长的差异，为后续染色体数目、组成与性状表现的相关性研究奠定了基础。

1 材料与方法

1.1 试验材料

本课题组前期对可育的三倍体OT百合'Cocossa'与二倍体东方百合'Chealse''Entertainer''Sorbone''Subway''Royal vanzanten'、二倍体新铁炮百合'Raizan 3'以及二倍体岷江百合 *Lilium regale* 进行杂交，将胚培养后得到的杂交后代进行扩繁培养，获得生长状态一致的杂交后代株系。各杂交组合的亲本及子代编号如表1所示。

表1 各杂交组合的亲本及子代

Table 1 Parents and progenies of hybridization combinations

母本	父本	杂交子代株系名称
'Chealse'	'Cocossa'	CO1~14等14个株系
'Entertainer'	'Cocossa'	EC
'Sorbone'	'Cocossa'	SOC
'Subway'	'Cocossa'	SUC
'Royal vanzanten'	'Cocossa'	RC1~3
'Cocossa'	'Chealse'	CH1~16等16个株系
'Cocossa'	'Raizan 3'	CR1、CR2
'Cocossa'	*L. regale*	CL1、CL2

1.2 倍性鉴定

将不同杂种苗株系的组培球接种于诱导生根的培养基上，生根培养基配方为：0.2mg/LNAA+4.33g/L MS+6.5g/L琼脂+60g/L糖，pH=6.0。选择长度为0.5~1cm生长旺盛百合根尖进行常规染色体压片。具体操作如下：

(1)取材与预处理：在上午8：00~10：00取根，

清水洗净后放入 200g/L 放线菌酮溶液在室温避光条件下处理 6~9h。

（2）固定：蒸馏水清洗 3 次后放入卡诺固定液（乙醇：冰醋酸 = 3：1）中固定 12h 以上，4℃保存备用。

（3）染色体制片：将根尖放入 1% 果胶酶和 1% 纤维素酶溶液中 37℃水浴加热 42min 至根尖软化，清水漂洗后，用卡宝品红溶液染色 10min 后，进行镜检，每个株系选择 3 个以上分裂相良好的染色体图像进行染色体计数。

1.3 分化诱导

取组培球直径为 1.5cm 的杂种苗株系材料，无菌操作下剥取外层鳞片，接种于诱导分化的培养基上，培养基配方为：0.005mg/L TDZ+0.2mg/L NAA+4.33g/L MS + 6.5g/L 琼脂 + 30g/L 蔗糖，pH = 6.0（崔祺，2014）。以鳞片为外植体接种后，置于常规条件下培养。每个株系接种 20 片，重复 3 次。对接种后 20d 以及 30d 时不同株系的鳞片分化情况进行调查，包括是否分化以及分化的类型，并分别记录已分化和已诱导出完整不定芽的鳞片数量。于接种 40d 后将已分化的鳞片转接到适宜生长的培养基上，培养基配方为：0.2mg/L 6-BA+0.1mg/L NAA+4.33g/L MS+6.5g/L 琼脂+30g/L 蔗糖，pH = 6.0。在转接后 20d 和 60d 对比各株系的生长情况。

鳞片的分化率 = (已分化并发生形态变化的鳞片数量/已接种鳞片数量)×100%

鳞片的不定芽分化率 = (已形成完整不定芽的鳞片数量/已接种鳞片数量)×100%

1.4 移栽

将部分杂种苗株系的组培苗移栽于温室中。移栽前，将高糖培养基中的组培苗连瓶冷藏于 4℃ 56d 以打破休眠。移栽基质配方为进口基质：沙：蛭石：珍珠岩 = 3：1：1：1。将同一株系的组培苗移栽到黑色塑料筐中，每一株系每一筐移栽 40~50 个组培苗，每个株系重复 3 次。并于移栽后 28d 统计出芽率，移栽后 70d 统计抽薹率。并在移栽后拍照记录生长状态以及叶片的形态、大小，对比不同株系的差异。

杂种苗株系的出芽率 = (已出芽的杂种苗数量/已移栽的杂种苗数量)×100%

杂种苗株系的抽薹率 = (已抽薹的杂种苗数量/已成活的杂种苗数量)×100%

1.5 数据分析与统计

利用 EXCEL 进行数据统计，并使用 SPSS 软件进行单因素方差分析。

2 结果与分析

2.1 正反交杂种后代的染色体数

对以三倍体 OT 百合 'Cocossa' 为亲本的 40 个杂种子代株系的染色体数目进行统计，结果见表 2，部分杂种子代的染色体形态如图 1 所示。

当以 'Cocossa' 为父本，以东方百合 'Chealse' 'Royal vanzanten' 'Entertainer' 'Sorbone' 'Subway' 为母本时，共获得 20 个杂交株系，其染色体数分布情况：4 个二倍体株系、2 个三倍体株系、9 个近二倍体株系和 5 个近三倍体株系。非整倍体株系所占比例为 70%，近二倍体株系所占比例为 45%，近三倍体株系所占比例为 25%。在以 'Cocossa' 为父本的杂交子代中，非整倍体的染色体数目集中于 26(2n = 2x+2)~29(2n = 2x+5) 以及 34(2n = 3x-2)。

当以 'Cocossa' 为母本，以东方百合 'Chealse'、新铁炮百合 'Raizan3' 和岷江百合为父本时，共获得 20 个杂交株系，其中有 1 个二倍体株系，近二倍体共 17 个株系，近三倍体共 2 个株系。非整倍体株系所占比例为 95%，近二倍体株系所占比例为 85%，近三倍体株系所占比例为 10%。以 'Cocossa' 为母本的非整倍体后代的染色体数目集中于 25(2n = 2x+1)~29(2n = 2x+5)。

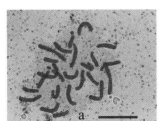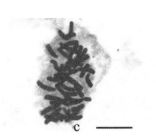

图 1　'Cocossa' 与 'Chealse' 的部分杂交子代染色体图

Fig. 1　Chromosome images of partial hybrid progenies between 'Cocossa' and 'Chealse'

比例尺：20μm　a：CH7 2n=2x+1=25；b：CH5 2n=2x+1=25；c：CO1 2n=3x-1=35

表 2 杂交子代的染色体数统计

Table 2 Statistics of chromosome numbers of hybrid progenies

母本	父本	子代株系染色体数	株系数量
'Chealse'	'Cocossa'	2x	3
		2x+2	3
		2x+4	3
		2x+5	1
		3x-4	1
		3x-2	2
		3x-1	1
'Royal vanzanten'	'Cocossa'	3x	2
		2x+5	1
'Entertainer'	'Cocossa'	2x	1
'Sorbone'	'Cocossa'	3x-2	1
'Subway'	'Cocossa'	2x+2	1
'Cocossa'	'Chealse'	2x+1	3
		2x+2	2
		2x+3	2
		2x+4	2
		2x+5	5
		2x-1	1
		3x-3	1
'Cocossa'	'Raizan3'	2x	1
		2x+1	1
'Cocossa'	*L. regale*	2x+4	1
		3x-5	1
合计			40

2.2 部分杂种子代分化类型

杂种子代分化类型如图 2 所示,分别有鳞片接种后不分化、尖端分化小叶、分化愈伤组织、分化芽点、直接分化不定芽以及在愈伤组织上分化不定芽和小鳞茎等类型。综合以上分化类型,选择了鳞片的分化率和不定芽分化率作为统计指标。鳞片接种 20 ~ 30d 后,部分株系长出的不定芽基部膨大,有形成小鳞茎的趋势,且有已形成完整小鳞茎的株系 CO1(2n=3x-1=35)。CH6(2n=2x+5=29)的鳞片周围褐化较严重,部分鳞片分化愈伤组织,顶端分化出小叶。

2.3 不同株系分化能力的比较

分别将相同亲本组合染色体数为 24(2n=2x) ~ 35(2n=3x-1)的株系和不同亲本组合染色体数为 24(2n=2x) ~ 25(2n=2x+1)的株系的鳞片分化差异进行了比较。根据对相同亲本组合的株系鳞片接种后的情况来看,在接种 20d 时的分化差异更显著。所以后期对不同亲本子代的分化差异比较只选择了接种 20d 的时

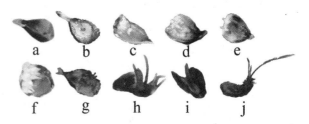

图 2 部分杂交子代鳞片接种 20d/30d 时分化形态

Fig. 2 The morphology of the scales of the hybrid
progenies after inoculating for 20/30 days

a:CH2(2n=2x+4=28)无明显变化;b~c:CH6(2n=2x+5=29)尖端分化叶片、愈伤组织;d~f:CO5(2n=3x-4=32)芽点;直接分化不定芽;基部膨大;g:CH5(2n=2x+1=25)愈伤组织上分化不定芽;h:CR1(2n=2x+1=25)基部膨大的不定芽;i:CO2(2n=2x+2=26)基部膨大的不定芽;j:CO1(2n=3x-1=35)愈伤组织与完整的小鳞茎。a~g:接种 20d 的鳞片形态,h~j:接种 30d 的鳞片形态

期对比。

三倍体 OT 百合'Cocossa'和'Chealse'的杂种后代的鳞片分化情况对比见表 3。从鳞片分化率看,接种后 20d,二倍体 CO3(2n=2x=24)、CH5(2n=2x+1=25)、CO4(2n=3x-2=34)和 CO1(2n=3x-1=35)的分化率无明显差异;而染色体数在 26(2n=2x+2) ~ 32(2n=3x-4)的株系的分化速度均慢于二倍体。对于不定芽分化率,接种后 20d,CH5(2n=2x+1=25)和 CO2(2n=2x+2=26)与二倍体无明显差异,其余株系均与二倍体有明显差异,CO5(2n=3x=4=32)的不定芽分化率最低。接种后 30d,与二倍体的鳞片分化率相比,染色体数在 26(2n=2x+2) ~ 29(2n=2x+5)的株系仍有明显差异。此时,大部分株系的不定芽生长情况良好。除了 CH6(2n=2x+5=29)和 CO5(2n=3x-4=32)外,其余株系的平均出芽率在 50%以上。与二倍体相比,CH5(2n=2x+1=25)、CO5(2n=2x+2=26)和 CO8(2n=3x-2=34)的不定芽分化无明显差异。从以上统计结果可看出,染色体数为 25 的株系 CH5 虽然是非整倍体,但其分化能力与二倍体相比无明显差异。然而,染色体数量在 28(2n=2x+4) ~ 32(2n=3x-4)的非整倍体株系在两个时期的分化速度均比二倍体慢。染色体数相同的两个株系 CH3 和 CH6 的鳞片分化速度也有一定差异。综合来看,组培阶段鳞片的分化率和不定芽生长率最高的是 CO3(2n=2x=24)和 CH5(2n=2x+1=25),最低的是 CH6(2n=2x+5=29)。

'Cocossa'与'Chealse'的杂种子代 CH5(2n=2x+1=25)、CO3(2n=2x=24),'Cocossa'与二倍体新铁炮百合'Raizan3'杂交的子代 CR1(2n=2x+1=25)、CR2

图 3　杂交子代的鳞片接种 60d/100d 后生长形态

Fig. 3　Growth morphology of the scales of hybrid progenies after inoculating for 60 /100days

a、g：CO3(2n=2x=24)；b、h：CH5(2n=2x+1=25)；c、i：CR1(2n=2x+1=25)；d、j：CH3(2n=2x+5=29)；e、k：CO4 (2n=3x
−2=34)；f、l：CO1(2n=3x−=35)

a~f：各株系的鳞片接种 60d 后的生长形态；g~l：各株系的鳞片接种 100d 后的生长形态

表 3　'Cocossa'与'Chealse'的杂交子代的鳞片分化率和不定芽分化率

Table 3　Proportion of scale and adventitious bud differentiation of hybrid progenies between 'Cocossa' and 'Chealse'

株系名称	接种 20d 鳞片的分化率(%)	接种 20d 鳞片的不定芽分化率(%)	接种 30d 鳞片的分化率(%)	接种 30d 鳞片的不定芽分化率(%)
CO3(p，2n=2x=24)	81.67±8.50 ab	55±12.25 a	95±4.08 ab	87.78±5.66 ab
CH5(m，2n=2x+1=25)	91.11±8.31 a	57.78±17.50 a	95.56±6.28 a	88.89±15.71 a
CO2(p，2n=2x+2=26)	61.11±6.28 cde	36.66±4.71 ab	66.67±7.20 de	66.67±5.44 bc
CH2(m，2n=2x+4=28)	52.22±3.92 de	29.44±6.71 b	70.56±6.71 de	57.22±9.65 cd
CH3(m，2n=2x+5=29)	50.00±4.71 de	18.89±4.16 b	76.67±8.16 cde	58.89±8.31 cd
CH6(m，2n=2x+5=29)	26.67±5.44 f	17.78±8.31 b	57.78±12.57 e	20±10.88 e
CO5(p，2n=3x−4=32)	45±12.25 ef	5.33±7.54 c	81±11.34 bcde	37.33±13.20 de
CO4(p，2n=3x−2=34)	73.33±4.71 bc	25.56±1.57 b	91.11±6.85 abc	70±5.45 bc
CO1(p，2n=3x−1=35)	66.67±1.26 bcd	20±2.72 b	84.44±4.16 abcd	56.22±3.28 cd

注：各项数据为平均值±标准差，数据后的不同小写字母表示显著差异($P<0.05$)。'm'表示以'Cocossa'为母本的杂交子代，'p'表示以'Cocossa'为父本的杂交子代，下表同。

(2n=2x=24)的鳞片分化差异对比如表 4 所示。结果表明，鳞片接种后 20d，CR1 的分化率和不定芽分化率与 CH5 相比有显著差异，CO3 和 CR2 的分化率和不定芽生长率无明显差异。

鳞片接种 40d 后，将不定芽转接到适应生长的培养基上。转接后 20d 和 60d，即鳞片接种后 60d 和 100d，从各不同倍性的株系的生长形态可看出，染色体数目接近三倍体的株系的叶片宽度和数量与其他株系有较大区别。鳞片接种后 100d，CO3(2n=2x=24)和 CO1(2n=3x−1=35)长出了根毛。结合表 3 和图 3 可看出，CO3(2n=2x=24)、CH5(2n=2x+1=25)、CO4(2n=3x−2=34)和 CO1((2n=3x−1=35)的分化速度较快，且鳞茎的形成质量也较高。

表 4　不同亲本组合的杂种子代在接种后 20d 时的鳞片分化率和不定芽分化率

Table 4　Proportion of scale and adventitious bud differentiation of the hybrid progenies obtained from different parent combinations, after inoculating for 20 days

株系名称	接种 20d 鳞片的分化率(%)	接种 20d 鳞片不定芽分化率(%)
CR1 (m，2n=2x+1=25)	26.67±8.16 c	14.44±4.16 b
CH5 (m，2n=2x+1=25)	91.11±8.31 a	57.78±17.50 a
CR2 (m，2n=2x=24)	60±16.33 b	51.11±15.71 a
CO3(p，2n=2x=24)	81.67±8.50 ab	55±12.25 a

2.4　杂种子代移栽后的性状差异

对移栽后相同亲本组合染色体数不同以及不同亲

本组合染色体数相同的杂种子代株系进行比较。在移栽后30d时，二倍体CO3的出芽率已达到较高水平，70d时出现了较多的抽莛苗，故选择在30d和70d时对不同株系的出芽率和抽莛率进行统计比较。三倍体OT百合'Cocossa'和二倍体东方百合'Chealse'的杂种子代（染色体数为24~32）的移栽后情况如表5所示。'Cocossa'与二倍体东方百合'Subway''Entertainer'、新铁炮百合'Raizai3'的杂种子代以及部分'Chealse'的杂种子代（染色体数均为24/25/26）移栽后的情况如表6、表7和表8所示。

如表5所示，在'Cocossa'与'Chealse'的杂种株系中，与二倍体相比，CH5（$2n=2x+1=25$）、CO2（$2n=2x+2=26$）、CH2（$2n=2x+4=28$）、CH3/CH6（$2n=2x+4=29$）的出芽率有明显差异，出芽速度比二倍体更慢。与表3接种后20d的鳞片分化速度的结果一致，CH6（$2n=2x+4=29$）移栽后的出芽速度在所有杂种株系中也是最慢的。近三倍体株系的出芽速度与二倍体无明显差异。对比各株系抽莛苗比例后，发现CH5（$2n=2x+1=25$）、CH3/CH6（$2n=2x+4=29$）未出现抽莛苗。且与二倍体CO3相比，CO2（$2n=2x+2=26$）和CO4（$2n=3x-2=34$）的抽莛率无明显差异。在染色体数均为29条的3个株系中，移栽后的表现有一定差异。

染色体数相同但亲本组合不同的株系移栽后的性状差异对比结果如表6、表7、表8所示。在二倍体株系中，CR2（'Cocossa'×'Raizan3'）的出芽率明显低于CO3（'Cocossa'×'Chealse'）和EC（'Entertainer'×'Cocossa'），CR2的组培苗移栽后出现抽莛。如表7、表8所示，染色体数分别为25或26条的株系，虽然亲本不同，但在出芽率上无明显差异，抽莛率有明显差异。

结合所有株系的表现来看，OT百合'Cocossa'和东方百合'Chealse''Entertainer'杂交得到的二倍体（CO3、EC）和染色体数为34（$2n=3x-2$）的株系CO4的出芽率最高，染色体数为29（$2n=2x+5$）的CH6的出芽率最低。在移栽的15个杂种苗株系中，有10个株系出现了抽莛，其中抽莛率最高的是EC。在移栽后，各株系的基生叶叶片形态也有较大的差异，如图4所示，近三倍体的基生叶叶片比近二倍体的叶片更宽。生长速度较快的株系EC、CO1及CO4在茎上有珠芽形成，如图5所示。在EC中所有移栽苗均有珠芽形成，在CO1和CO4中有部分移栽苗有珠芽形成。

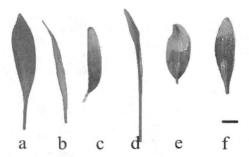

图4　部分杂交子代移栽后基生叶形态

Fig. 4　Morphology of basal leaves of partial hybrid
progenies after transplanting

a：CO3（$2n=2x=24$）；b：CH5（$2n=2x+1=25$）；
c：CO2（$2n=2x+2=26$）；d：CH2（$2n=2x+4=28$）；
e：CO4（$2n=3x-2=34$）；f：CO5（$2n=3x-1=35$）

图5　移栽后形成珠芽的部分杂交子代形态

Fig. 5　Morphology of partial hybrid progenies
forming bud after transplanting

a：CO4（$2n=3x-2=34$）；b：EC（$2n=2x=24$）

**表5　'Cocossa'与'Chealse'的杂交
子代移栽后出芽率及抽莛率**

Table 5　Germination rate and bolting rate of hybrid progenies between 'Cocossa' and 'Chealse' after transplanting

株系名称	移栽后30d 出芽率（%）	移栽70d 抽莛率（%）
CO3（p, $2n=2x=24$）	92.37±3.65 a	29.33±3.12 a
CH5（m, $2n=2x+1=25$）	56.67±8.16 bcd	0.00±0.00 e
CO2（p, $2n=2x+2=26$）	35.18±1.33 d	14.58±4.87abc
CH2（m, $2n=2x+4=28$）	47.40±0.78 cd	5.87±4.43 bcd
CH3（m, $2n=2x+5=29$）	58.89±1.11 bcd	0.00±0.00 e
CH1（m, $2n=2x+4=29$）	71.67±11.67 abc	8.85±1.15 bc
CH6（m, $2n=2x+4=29$）	2.78±0.00 e	0.00±0.00 e
CO5（p, $2n=3x-4=32$）	73.94±18.38 abc	6.00±6.00 cd
CO4（p, $2n=3x-2=34$）	91.97±6.82 a	15.65±4.79 ab
CO1（p, $2n=3x-1=35$）	79.93±11.00 ab	10.07±4.12 bc

注：各项数据为平均值±标准差，不同小写字母表示显著差异（$P<0.05$）。'm'表示以'Cocossa'为母本的杂交子代，'p'表示以'Cocossa'为父本的杂交子代，下同。

表 6　二倍体杂种株系移栽后的出芽率及抽莛率

Table 6　Germination rate and bolting rate of diploid hybrid progenies after transplanting

株系名称	移栽后 30d 出芽率(%)	移栽 70d 抽莛率(%)
CO3(p, 2n=2x=24)	92. 37±3. 65 a	29. 33±3. 12 a
EC(p, 2n=2x=24)	86. 26±4. 33 a	42. 99±13. 84 a
CR2(m, 2n=2x=24)	27. 65±2. 65 b	0. 00±0. 00 b

表 7　染色体数为 25 的杂种株系移栽后的出芽率及抽莛率

Table 7　Germination rate and bolting rate of the hybrid progenis which have 25 chromosomes after transplanting

株系名称	移栽后 30d 出芽率(%)	移栽 70d 抽莛率(%)
CH5(m, 2n=2x+1=25)	56. 67±8. 16 a	0. 00±0. 00 b
CR1(m, 2n=2x+1=25)	71. 67±0. 00 a	8. 23±1. 98 a

表 8　染色体数为 26 的杂种株系移栽后的出芽率和抽莛率

Table 8　Germination rate and bolting rate of the hybrid progenis which have 26 chromosomes after transplanting

株系名称	移栽后 30d 出芽率(%)	移栽 70d 抽莛率(%)
CO2(p, 2n=2x+2=26)	35. 18±1. 33 a	14. 58±4. 872 a
SUC(p, 2n=2x+2=26)	32. 5±0. 00 a	0. 00±0. 00 b

3　讨论

研究非整倍体植物的表现和遗传组成在育种中具有十分重要的意义。非整倍体植物在二倍体植物的自然多倍化进程也参与了其进化,是多倍化进程中的中间产物。非整倍体中染色体数的非均衡变化所引起的效应,会使植株出现与二倍体显著不同的性状,变异范围较广。而且,非整倍体中个体染色体重组的概率升高,也增加了变异的类型。研究非整倍体对植物的基因定位具有重要作用,可通过缺失或增加染色体所引起的性状改变,定位控制性状的基因。以三倍体拟南芥为例,其部分非整倍体后代出现植株矮小,部分叶色、叶形发生变化,出现红叶、窄叶、宽叶的类型(Henry et al. , 2005)。在之后的研究中进而发现拟南芥的变异性状与特定染色体数量增加有关,例如:5 号染色体的数量和叶片卷曲及茎的三重分支有关,4 号染色体的数量和叶片、茎长毛有关(Henry et al. , 2010)。在本研究中,杂种苗的组培叶片随染色体条数增加有变宽的趋势。且在移栽后,各株系的基生叶形态也有较大的差异,后续在生长稳定的阶段,还应对其株高、叶片数量及长宽等性状进行比较研究,探究性状表现与特定染色体数量的关系。并与亲本性状

进行对比,进一步研究不同亲本组合对子代的影响。

对 40 个三倍体 OT 百合‘Cocossa’正反交后代的染色体数分析得知,其杂交后代有二倍体、三倍体、近二倍体和近三倍体,其中近二倍体的比例最高。其产生的配子染色体数为 12~24,多集中在 12~17。本研究中得到的结果与相关报道的结果相似:当三倍体 LA 百合与二倍体亚洲百合杂交时,后代主要为二倍体或近二倍体(Lim et al. , 2003;李克虎,2011;房磊 等,2014;王红 等,2016)。对于三倍体百合作母本或父本杂交时,后代的染色体数目分布上有所不同,做母本时非整倍体的比例更高,可能的原因为胚囊的耐受性更强,对染色体数目变化的忍耐性要强于花粉;而百合的胚囊为贝母型(Chute et al. , 1951),当三倍体 OT 百合作母本杂交时,无论产生整倍还是非整倍的配子,在双受精后子代均具有整倍性的胚乳,以保障非整倍性胚存活(周树军 等,2014)。而当其做父本时,其花粉在萌发和生长过程中,整倍体花粉比非整倍体花粉活力高,具有较强的竞争力,因此后代具有较多的整倍体。在 LA 百合及蝴蝶兰中也有此类报道,如三倍体 LA 百合作父本与亚洲百合杂交时(房磊 等,2014)以及三倍体蝴蝶兰作父本与二倍体品种杂交时(周建金 等,2009),后代中都出现了较高比例的整倍体。

本研究中还对三倍体 OT 百合‘Cocossa’杂种后代的鳞片分化速度和移栽后生长差异做了比较。其中,对于‘Cocossa’和东方百合‘Chealse’的杂交后代来说,从鳞片分化率和移栽后出芽率两方面结合来看,二倍体和染色体数为 34(2n=3x-2)或 35(2n=3x-1)的株系的细胞分裂和生长速度可能较其他株系更快。说明在染色体数为 34(2n=3x-2)或 35(2n=3x-1)的株系中,染色体数的异常对生长发育的影响比在其他非整倍体株系中更小。原因可能为:非整倍体染色体数相对于整倍体改变不大(减少 1~2 条)时,植物具有的基因补偿剂量效应(Veitia et al. , 2008;Sheltzer et al. , 2011)使非整倍体在组培分化和早期生长阶段受染色体数改变的影响减小。但染色体数为 25(2n=2x+1)或 26(2n=2x+2),即比二倍体多 1~2 条的株系移栽后出芽率普遍较低。原因可能为:在早期生长阶段,近二倍体植物对染色体数改变的生长发育协调能力比近三倍体植物更弱,或染色体增加比缺失对植物造成更大的影响。而在后续的栽培试验中还应对该猜想进行验证,并观察哪些类型的非整倍体百合能够顺利进入成花阶段。非整倍体植物开花的报道在萱草和甘蓝型白菜中有所涉及。在三倍体萱草的杂交后代中,染色体为 24(2n=2x+2)的杂种后代可以正常开花(何琦,2012)。甘蓝型油菜中染色体数小于 38(2n

=2x)的非整倍体也可正常生长、开花和结实(杨桂娟，2008)。

　　而非整倍体百合的性状表现除了和染色体数有关，还和染色体组成有关。在本研究中，染色体数均为29(2n＝2x+5)的杂种株系的性状表现有差异。原因可能为三倍体OT百合'Cocossa'形成配子时，配子中的染色体组成不同，即喇叭百合和东方百合的染色体的数量不同。在父母本相同的情况下，其杂交后代

的染色体组成也可能不同，进而影响后代的性状表现。后续应通过基因组原位杂交(Genomic in situ hybridization，GISH)和荧光原位杂交技术(Fluorescence in situ hybridization，FISH)等细胞学研究方法对非整倍体的染色体组成进行分析验证，探究三倍体OT百合'Cocossa'非整倍体后代中的喇叭百合和东方百合的染色体数量对性状表现的影响。

参考文献

曹潇，崔金腾，张克中，等，2017. 三倍体OT百合与二倍体东方百合组间杂交育种[J]. 分子植物育种，15(08)：3166-3172.

崔祺，贾桂霞，2014. "OT"杂种系百合'Bay watch'离体再生体系的建立[J]. 东北林业大学学报，42(05)：34-38.

方李琴，2013. 二倍体OT百合2n配子产生及杂交后代鉴定[D]. 杭州：浙江大学.

房磊，杨斌，张伟娜，等，2014. 异源三倍体为父本的百合杂交后代倍性调查及FISH分析[J]. 分子植物育种，012(001)：138-143.

何琦，2012. 不同倍性萱草(Hemerocallis spp. & cvs.)杂交育种研究[D]. 北京：北京林业大学.

王春夏，尹玥，王志平，等，2019. 多倍化兰州百合和细叶百合组培苗再生和耐非生物胁迫能力[J]. 园艺学报，46(12)：2359-2368.

王红，高婷婷，辛昊阳，等，2016. 异源三倍体百合为母本的杂交后代GISH分析[J]. 园艺学报，43(9)：1834-1838.

夏晶，2010. 不同倍性百合(Lilium spp.)杂交后代胚挽救及染色体分析[D]. 重庆：西南大学.

杨桂娟，2008. 利用染色体加倍技术创建甘蓝型油菜非整倍体[D]. 南京：南京农业大学.

杨利平，2016. 百合杂交育种技术手段研究进展[J]. 北方园艺，(15)：190-193.

袁国良，2014. 用三倍体作母本实现百合种质渗入育种[D]. 杭州：浙江大学.

张线线，2011. 利用GISH技术对百合(Lilium)组间杂交新品种染色体组的分析[D]. 杭州：浙江大学.

郑思乡，毛伟伟，王利龙，等，2017. OT型百合与东方百合远缘杂交后代的细胞学观察[J]. 江西农业大学学报，39(6)：1082-1088.

周建金，曾瑞珍，刘芳，等，2009. 不同倍性蝴蝶兰杂交后代的染色体倍性研究[J]. 园艺学报，36(10)：1491-1497.

Chute H M, Maheshwari P . 1951. An introduction to the embryology of angiosperms [J]. Bulletin of the Torrey Botanical Club, 78(3)：272.

Henry I M, Dilkes B P, Young K, et al. 2005. Aneuploidy and genetic variation in the Arabidopsis thaliana triploid response[J]. Genetics, 170(4)：1979-1988.

Henry I M, Dilkes B P, Miller E S, et al. 2010. Phenotypic consequences of aneuploidy in Arabidopsis thaliana. Genetics [J], 186(4)：1231-1245.

Lim K B, Ramanna M, Jacobsen E, et al. 2003. Evaluation of BC2progenies derived from 3x-2x and 3x-4x crosses of Lilium hybrids：a GISH analysis[J]. Tag theoretical & applied genetics, 106(3)：568-574.

Sheltzer J M, Amon A. 2011. The aneuploidy paradox：costs and benefits of an incorrect karyotype[J]. Trends in Genetics, 27(1)11：446-453.

Veitia R A, Bottani S, Birchler J A. 2008. Cellular reactions to gene dosage imbalance：genomic, transcriptomic and proteomic effects[J]. Trends in Genetics, 24(8)：390-397.

Zhang X Q, Cao Q Z, Zhou P, et al . 2017. Meiotic chromosome behavior of the male-fertile allotriploid lily cultivar 'Cocossa'[J]. Plant Cell Reports, 36：1641-1653 .

Zhou S J, Yuan G L, Xu P, et al. 2014. Study on lily introgression breeding using allotriploids as maternal parents in interploid hybridizations[J]. Breeding Science, 64(1)：97-102.

中国观赏园艺研究进展 2020：115~121

Advances in Ornamental Horticulture of China，2020：115~121

'佛手'丁香和'布氏'丁香杂交新品种选育初报

孟昕[1,2,3,*]　代兴华[1,2,3]　盖枫[1,2,3]　樊金龙[1,2,3]　王东军[1,2,3]

（[1] 北京市植物园，北京 100093；[2] 北京市花卉园艺工程技术研究中心，北京 100093；

[3] 城乡生态环境北京实验室，北京 100083）

摘要　2010 年在北京植物园以'佛手'丁香为母本、'布氏'丁香为父本进行了杂交，F$_1$ 后代幼苗开花后在花色、花型上出现分化，重瓣丁香比例达到 39%；从中选育出适应性强、观赏性好的 6 株重瓣单株，经 5 年以上观测，通过扦插等繁殖方法固定，性状独特、一致、稳定，可以进行园林推广。

关键词　丁香；新品种；杂交

New Cultivars Raised from the Cross of *Syringa vulgaris* ' Alba plena ' × *Syringa* × *hyacinthiflora* ' Pocahontas '

MENG Xin[1,2,3,*]　DAI Xing-hua[1,2,3]　GAI Feng[1,2,3]　FAN Jin-long[1,2,3]　WANG Dong-jun[1,2,3]

（[1] *Beijing Botanical Garden*，*Beijing* 100093，*China*；[2] *Beijing Floriculture Engineering Technology Research Centre*，

Beijing 100093，*China*；[3] *Beijing Laboratory of Urban and Rural Ecological Environment*，*Beijing* 100083，*China*）

Abstract　Hybridization between *Syringa vulgaris* ' Alba plena ' × *Syringa* × *hyacinthiflora* ' Pocahontas ' was conducted in Beijing Botanical Garden in 2010，The F$_1$ generation showed differentce in flower color and flower type，the proportion of doublepetals variety is 39% . Six new varieties were selected with strong adaptability and excellent ornamental characteristics. After After 5 years of observation and cutting propagation，the features were distinct，uniqueand stable，can be used in gardens.

Key words　*Syringa*；New cultivar；Hybridization

丁香（*Syringa* Linn. ）为木犀科丁香属灌木或小乔木，本属约 19 种（不包括自然杂交种），原产我国，主要分布于西南及黄河流域以北各地，故我国素有丁香之国之称[1]。丁香为著名庭院观赏花卉，花香可提取香料，深受世界人民喜爱，欧美等国在原有单瓣紫花为主的原种收集工作基础上，大力开展各类育种工作，历经百余年，在丁香国际品种登录上的园艺品种已达两千余种[2]。我国育种处于起步阶段，中国科学院植物研究所培育的'香雪''四季蓝''罗兰紫'等品种，黑龙江省植物园培育的'瑜霞'，江山园林培养的'金色时代'等优秀品种，在我国市场上得到了良好的推广和应用。

丁香为异花授粉植物，遗传基础较为复杂，后代常发生性状分离，因此有性杂交育种是培育优良品种的有效途径[3]。杂交时，可以选择在亲缘关系较近的同一种间或组间进行，选择两个亲本间的目标特征，以获得色彩变化、花序轴增大、花瓣大小、植物矮化等不同特征，表现优于双亲的 F$_1$ 代。

重瓣丁香因其花序紧密，花型各异，色彩多变等特点深受世界人民喜爱，目前市场所推广的重瓣品种多为欧美的杂交种，在北京地区生长势较弱，越夏能力差。笔者选用适宜北京地区生长的'佛手'丁香为母本，'布氏'丁香为父本，两种优良品种为育种材料进行了杂交，以期在 F$_1$ 代初步筛选出一些具有特殊颜色、优良性状的重瓣早花品种，为丁香的新品种应用打下基础。

1 基金项目：北京市公园管理中心科技课题"丁香新品种选育、快繁及栽培应用研究"（zx2018020）。

* 通讯作者：孟昕（1980—），北京人，硕士，高级工程师，主要从事园林植物栽培和应用的研究；E-mail：mengxin@beijingbg.com

联系电话：13810919734。

1 材料与方法

1.1 亲本选择

'佛手'丁香：*Syringa vulgaris* 'Alba plena' 为欧丁香的园艺变种，树形高大，高度可达 5~6m，佛手丁香叶片心形，达 10cm×9cm，花序紧密，15cm×8cm，每花序着花约 80 朵，花白色，重瓣台阁型，无瓣化，形似莲花，花瓣平展不反卷扭曲，花冠裂片近圆形，花冠管筒状，1.0cm×0.1cm，花药黄色近喉部，通常 2~3 粒。香气较浓郁，花期 4 月中旬至下旬。花粉可育，6 月上中旬结实。小枝灰色，新梢生长量 15~30cm，生长旺盛，适应性强，越冬和越夏能力表现佳。

'布氏'丁香：*Syringa* × *hyacinthiflora* 'Pocahontas' 加拿大育种家 Frank L. Skinner 1935 年培育，将朝阳丁香 *S. oblata* subsp. *dilatata* 和生长较慢的美丽的 *dilatata* 进行杂交选育得来。'布氏'丁香叶片三角状，达 9.5cm×8cm，基部近截形，先端渐尖，花序紧密度一般，13cm×8cm，每花序着花约 100 朵，花单瓣，1.2cm×1.3cm，花冠管筒状，1.1cm×0.1cm，初花深紫色，后期花褪色为蓝紫色。花冠裂片近圆形，0.5cm×0.45cm，花药黄色近喉。本种于 2001 年由日本的 Kasturo Arakawa Hokaido 苗圃植株引种栽培，在北京表现良好，经扦插扩繁后，子代均能维持母本表现。花芽 3 月下旬萌动，4 月中旬初开，4 月下旬盛花，一直到 5 月上旬花败，花粉可育，6 月上中旬结实。初花深紫色，后期花变为蓝紫色。生长旺盛，小枝灰黑色，新梢生长量 10~30cm，适应性强，越冬和越夏能力表现佳。

'布氏'丁香和'佛手'丁香均为欧丁香系同一组别，亲缘关系和花期相近，故选为父母本进行杂交，从而选育性状分离的优良重瓣丁香品种。

1.2 杂交方法

杂交采用常规方法，经过去雄套袋、花粉采集和储藏、授粉等过程，杂交处理 2010 年 4 月 19 日在北京植物园进行。

1.2.1 去雄

选择圃地生长健壮的成年'佛手'丁香植株作为母本，授粉前去除雄蕊、花序轴顶端未成熟的花蕾和已经开放的花朵，每组花序留中段花 20 朵，共 15 组，套袋防止花粉污染并悬挂牌示。

1.2.2 花粉采集

同样选择圃地生长健壮的成年'布氏'丁香的含苞待放的花朵为父本，用镊子去除花瓣，筛选收集黄色的成熟花药，同时去除绿色未成熟的花药。花药置

放在室内阴凉干燥的纸盒内，第 2d 收集到离心管内，密封盖好，标注种类和时间，可在 4℃ 冰箱进行保存。

1.2.3 杂交授粉

去雄后的母本第 2d 可见柱头膨大发亮并分泌黏液，授粉时间为上午 10：00 左右进行。将花粉轻轻均匀涂抹在花柱上，通常授粉要重复 2~3 次，授粉后封袋记录。

1.2.4 种子采集

杂交两周后进行检查，授粉后的雌蕊子房开始膨大，这时可更换纸袋为纱网带，防止果实掉落。杂交授粉 50d 后，可对绿色的蒴果进行初步统计，10 月将果实进行采收，统计坐果率和千粒重。

1.3 成苗观测

2011 年春季播种，秋季进行上盆，2013 年经过优胜劣汰的 F_1 代丁香定植到试验地中，进行生物学观测与统计分析，对重瓣丁香进行筛选、扦插繁殖。

1.4 选育地情况

选育地位于北京植物园，地理坐标东经 116°12′11.95″，北纬 39°59′53.34″，海拔 112.07m，属暖温带半湿润大陆性季风气候，夏季炎热多雨，冬季寒冷干燥，全年无霜期 180~200d，年平均气温 10~12℃，年平均降水量为 600mm 左右，多集中在 7~8 月。园土多为砂质土，保水能力差，偏碱性，pH 在 7.0 左右，选育圃地经营养土和基质进行了改良。

2 杂交后代表现

2.1 杂交结实率统计

杂交收种情况见图 1 和表 1，杂交授粉后的 F_1 代种子子房迅速膨大结实，花后 50d 时，统计坐果率，高达 94.67%，绿色果实健康膨大饱满，少畸形；10 月对种子进行采收，这时种子由于经历夏季高温高湿，出现部分败育和褐化的现象。由于通常 1 个丁香蒴果内含有 2 粒正常发育的种子，经统计，共得到 F_1 代种子 520 粒。

图 1 '佛手'×'布氏'丁香杂交种子

Fig. 1 Hybrid seed of *Syringa vulgaris* 'Alba plena' × *Syringa* × *hyacinthiflora* 'Pocahontas'

表1　‘佛手’ב‘布氏’丁香杂交结果

Table 1　Results of hybrid of Syringa vulgaris ‘Alba plena’ × Syringa × hyacinthiflora ‘Pocahontas’

类别	杂交数量（个）	坐果量（个）	坐果率（%）	种子数量（粒）	重量（g）
‘佛手’ב‘布氏’	300	284	94.67	520	4.165

2.2　F₁ 代表现

播种丁香于2013年春季在圃地进行定植，共定植165株杂交丁香，2014年15株品种开始初花，2015年开花率达到70%以上，整体表现良好，新梢生长量旺盛。在花型、花色、花朵直径、花瓣裂片形状、花序轴紧密度等表现出极大的多样性。花色出现深紫色、紫色、蓝紫色、粉色、白色等变化，花型出现重瓣台阁型、雄蕊瓣化、单瓣、单瓣扭曲，花瓣直径、形状等性状也有改变。F₁代中，除了出现数量较少的与‘布氏’丁香和‘佛手’丁香完全相同性状的单株，其余均出现了中间的状态（图2）。截至2019年底，正常死亡23株，无花7株，F₁代中重瓣丁香64株，占39%，9%的丁香完全保持了父母本的性状，单瓣品种中，4株白花单瓣中，2株在花期叶色出现了金色扭曲（B-1-2&B-2-2）的现象，但花后叶色变为正常的绿色；紫色单瓣品种中，出现了类似华北紫丁

香/波峰丁香等品种，新品种特异性不明显，较为特殊的是A-6-3（紫红色、花瓣小、花药在喉部突出）、D-3-3（紫色、花瓣深度匙型）和H-1-2（蓝紫色、匙型、花瓣扭曲）这3株（图3）。重瓣丁香在花型和花色上变异较大，根据RHS色卡对盛花期的重瓣丁香花色及其他性状进行统计，详情见表2。重瓣品种中，瓣化现象明显，与父母本产生了较大的变异，除了3株复瓣品种外，都产生了瓣化现象，完全瓣化品种的比例高达64%。颜色上，出现了‘A-5-1’为代表的颜色为布氏丁香的重瓣类型，也出现了颜色更浅的粉紫色重瓣‘B-6-3’、深紫色重瓣品种‘F-4-3’和白粉色的‘F-4-1’等优秀品种。

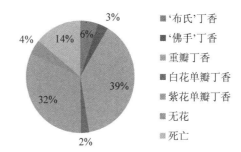

图2　F₁代丁香性状表现型统计（截至2019年）

Fig. 2　The distribution of F₁ population (As of 2019)

图3　F₁代单瓣丁香品种"B-1-2、A-6-3、D-3-3、H-1-2"

Fig. 3　Single lilac varieties "B-1-2、A-6-3、D-3-3、H-1-2"

2.3　F₁ 代重瓣丁香观测结果

表2　‘佛手’בv‘布氏’丁香杂交F₁代重瓣杂交结果

Table 2　Results of F₁ double lilac varieties

名称	花蕾颜色	花瓣颜色	花冠管长（mm）	花序轴	花序长（cm）	花瓣形状	花冠裂片状态	花药瓣化	花瓣直径（mm）
A-1-1	82b	N82d	6	圆锥形	9	紫色重瓣	水平	轻微瓣化	16
A-1-3	77c	80d	10	圆锥形	15	紫色重瓣	水平	完全瓣化	17
A-2-3	80c	84c	8	紧实圆锥形	10	紫罗兰色重瓣	斜展	完全瓣化	15
A-4-1	80b	84c	7	圆锥形	13	紫罗兰色重瓣	水平	轻微瓣化	17
A-4-2	80b	84c	8	紧实圆锥形	16	紫罗兰色重瓣	水平	完全瓣化	19
A-4-3	80c	84c	8	紧实圆锥形	13	紫罗兰色重瓣	水平	完全瓣化	17
A-5-1	77b	77c	11	圆锥形	17	紫色重瓣	水平	完全瓣化	24
B-2-1	81c	N81d	12	圆锥形	15	紫色重瓣	水平	部分瓣化	20
B-3-2	81b	N82b	12	圆锥形	10	紫色重瓣	水平	完全瓣化	20

（续）

名称	花蕾颜色	花瓣颜色	花冠管长（mm）	花序轴	花序长（cm）	花瓣形状	花冠裂片状态	花药瓣化	花瓣直径（mm）
B-4-3	71a	N82d	10	圆锥形	18	紫花5瓣	水平	无	17
B-6-3	71b	75a	15	紧实圆锥形	15	粉紫色重瓣	水平	完全瓣化	20
C-1-1	80b	84c	10	紧实圆锥形	14	紫罗兰色重瓣	水平	完全瓣化	20
C-4-3	80b	84c	10	圆锥形	17	紫罗兰色重瓣	水平	轻微瓣化	18
C-5-1	70a	N74b	10	疏松圆锥形	16	玫粉色复瓣	曲折	无	28
D-2-1	71b	68a	12	紧实圆锥形	16	紫粉色重瓣	曲折	完全瓣化	23
D-2-2	77b	77c	11	紧实圆锥形	19	紫色重瓣	水平	完全瓣化	19
D-4-3	71b	75c	10	圆锥形	17	粉紫重瓣	水平	部分瓣化	23
E-1-2	81a	80a	9	圆锥形	15	深紫重瓣	水平	部分瓣化	18
E-4-1	77b	76c	10	疏松圆锥形	15	粉紫色重瓣	水平	完全瓣化	13
E-4-2	64b	70c	10	圆锥形	17	粉紫色重瓣	水平	完全瓣化	17
E-4-3	80a	N81d	6	圆锥形	14	紫色重瓣	水平	完全瓣化	15
E-5-2	81a	80a	11	圆锥形	16	深紫重瓣	水平	完全瓣化	17
F-1-3	87b	N82c	12	疏松圆锥形	11	深紫重瓣	水平	部分瓣化	15
F-2-1	77b	77c	10	圆锥形	17	紫色重瓣	水平	完全瓣化	23
F-2-3	77b	77c	10	圆锥形	15	紫色重瓣	水平	完全瓣化	17
F-3-3	78c	76b	10	紧实圆锥形	12	紫花复瓣	水平	完全瓣化	15
F-4-1	68b	73c	11	圆锥形	15	白粉色重瓣	曲折	完全瓣化	17
F-4-2	78c	76b	10	圆锥形	16	紫花复瓣	水平	完全瓣化	17
F-4-3	83d	77d	10	紧实圆锥形	10	深紫色重瓣	曲折	完全瓣化	15
F-5-2	77b	77d	12	紧实圆锥形	17	粉紫色重瓣	曲折	部分瓣化	16
F-5-3	85a	85d	11	圆锥形	14	淡紫色重瓣	曲折	完全瓣化	15
G-1-1	77b	77d	10	圆锥形	11	粉紫色复瓣	水平	无	16
G-2-1	80b	N81d	11	圆锥形	15	紫色重瓣	水平	轻微瓣化	17
G-3-3	77b	77d	10	圆锥形	15	深紫重瓣	水平	完全瓣化	17
G-4-2	77b	80b	12	疏松圆锥形	15	深紫重瓣	水平	部分瓣化	17
G-4-3	77c	84c	10	紧实圆锥形	13	紫罗兰色重瓣	水平	完全瓣化	15
G-5-3	77b	N78d	10	紧实圆锥形	16	紫色重瓣	曲折	完全瓣化	18
H-1-3	77b	N78d	10	疏松圆锥形	7	粉紫重瓣	水平	完全瓣化	15
H-2-1	70a	N74b	10	疏松圆锥形	15	紫色重瓣	水平	完全瓣化	17
H-3-1	81b	N81d	11	圆锥形	16	紫色重瓣	水平	完全瓣化	17
H-3-2	80a	77d	11	紧实圆锥形	17	亮紫色重瓣	水平	轻微瓣化	17
H-4-1	81a	N81b	11	紧实圆锥形	18	深紫重瓣	水平	完全瓣化	18
H-4-2	80a	N78d	10	紧实圆锥形	17	紫色重瓣	水平	轻微瓣化	17
H-5-1	81b	80d	10	圆锥形	16	紫色重瓣	曲折	轻微瓣化	17
H-5-2	71b	75a	15	紧实圆锥形	17	淡紫色重瓣	水平	轻微瓣化	17
H-6-1	64B	N74d	10	紧实圆锥形	18	紫色重瓣	曲折	完全瓣化	27
H-6-2	81b	N81b	10	疏松圆锥形	10	深紫重瓣	曲折	轻微瓣化	28
I-1-3	81a	N81b	17	疏松圆锥形	15	深紫重瓣	水平	完全瓣化	20
I-2-1	77b	77c	11	圆锥形	15	紫色重瓣	水平	轻微瓣化	20
I-2-2	81c	N81d	12	圆锥形	16	紫色重瓣	水平	部分瓣化	19
I-3-1	64b	70c	11	圆锥形	17	粉紫色重瓣	水平	轻微瓣化	16
I-3-2	81c	N81d	14	圆锥形	18	紫色重瓣	水平	完全瓣化	19
I-3-3	81c	N81d	12	圆锥形	17	紫色重瓣	水平	完全瓣化	19
I-4-1	70c	73c	13	疏松圆锥形	16	紫色重瓣	曲折	部分瓣化	18

（续）

名称	花蕾颜色	花瓣颜色	花冠管长 （mm）	花序轴	花序长 （cm）	花瓣形状	花冠裂片 状态	花药瓣化	花瓣直径 （mm）
I-4-2	81a	N81b	11	圆锥形	16	深紫重瓣	水平	完全瓣化	19
I-4-3	81a	N81b	11	疏松圆锥形	17	深紫重瓣	水平	完全瓣化	19
I-5-1	78b	79d	10	圆锥形	19	粉紫重瓣	水平	完全瓣化	18
I-5-3	81a	N81b	11	圆锥形	19	深紫重瓣	水平	完全瓣化	19
I-6-2	71b	68a	14	圆锥形	16	紫粉色重瓣	曲折	完全瓣化	15
I-6-3	77b	N78d	10	圆锥形	18	粉紫重瓣	水平	完全瓣化	19
J-1-2	77b	N78d	10	圆锥形	15	粉紫色重瓣	水平	完全瓣化	25
J-1-3	81a	N81b	11	圆锥形	15	深紫重瓣	水平	完全瓣化	25
J-2-3	81a	N81b	12	圆锥形	18	深紫重瓣	水平	部分瓣化	19
J-3-1	77b	77d	10	圆锥形	18	粉紫色重瓣	水平	完全瓣化	22

2.4 重瓣丁香扦插扩繁

初步筛选后的重瓣类型 20 株单株进行连续观测，并于 2015 年 5 月 11 日进行软枝扦插，将插条顶端保留 1 对叶片，大叶剪半，蘸入 IBA4000mg/L 粉剂进行全光雾插，9 月 8 日统计扦插结果并上盆（图 2），扦插数据见表 3。除了 J-3-1 的生根率在 25%，其余丁香都在 50% 以上，且所有丁香都可通过扦插获得生根苗。2017 年盆栽初花重瓣特性稳定，但整体花朵直径、花序长度均变小，花色变淡，养护管理后次年开花恢复正常，性状稳定、独特。2019 年定植到圃地后表现良好，2020 年盛花。

表 3 F₁ 代重瓣丁香扦插繁殖

Table 3   Double lilac cutting propagation

品种名称	扦插数量	生根数量	平均根长 （cm）	生根率 （%）
A-4-2	7	6	7	85.71
A-5-1	6	6	4	100.00
B-4-3	7	7	4	100.00
B-6-3	11	11	8	100.00
D-4-3	4	3	5	75.00
F-2-1	9	9	5	100.00
F-4-1	5	3	5	60.00
F-4-2	10	6	4	60.00
F-4-3	12	5	5	41.67
F-5-2	8	8	7	100.00
G-3-3	9	7	5	77.78
G-4-2	10	10	5	100.00
G-5-3	29	26	8	89.66
H-6-1	18	14	5	77.78
H-6-2	11	6	3	54.55
I-2-1	11	11	7	100.00
I-6-2	10	10	5	100.00
J-1-2	9	5	5	55.56
J-3-1	8	2	4	25.00

3   6 种优秀重瓣杂交新品种介绍

3.1 ‘A-5-1’主要识别特征

紫色重瓣。落叶灌木，叶三角状，基部截形，先端渐尖，长达 11.5cm，宽 8cm，叶柄长 2.5cm。花序紧密圆锥状，长 15cm，宽 10cm；花蕾红紫色（RHS 77B），花冠管紫色（RHS 77C），长 1.4cm，花冠裂片椭圆形，先端尖，紫色（RHS 77C），重瓣，2 轮，外轮长 2.2cm，雄蕊完全瓣化，花期 4 月中下旬，一般不结实（图 4）。

图 4 ‘A-5-1’

Fig. 4   ‘A-5-1’

3.2 ‘B-4-3’主要识别特征

粉紫色单瓣，花瓣多为 5~6 瓣型，少部分雄蕊瓣化。落叶灌木，叶三角状，基部截形，先端渐尖，长达 11cm，宽 8cm，叶柄长 2.5cm。花序圆锥状，长 17cm，宽 10cm；花蕾红紫色（RHS 70C），花冠管紫色（RHS 73B），长 1.4cm，花冠裂片椭圆匙形，红紫色（RHS 77C），单瓣为主，多为 5~6 瓣，外轮长 1.7cm，雄蕊少部分瓣化，花药黄色，花期 4 月中下旬，一般不结实（图 5）。

图 5　'B-4-3'
Fig. 5　'B-4-3'

3.3　'B-6-3'主要识别特征

粉紫色重瓣，与'A-5-1'相比，花色偏粉，后期会褪色。落叶灌木，叶三角状，基部截形，先端渐尖，长达 12cm，宽 9cm，叶柄长 2.5cm。花序紧密圆锥状，长 20cm，宽 10cm；花蕾红紫色(RHS 71B)，花冠管粉紫色(RHS 74D)，长 1.4cm，花冠裂片椭圆形，先端尖，紫色(RHS 75C)，重瓣，2 轮，外轮长 2.0cm，雄蕊完全瓣化，花期 4 月中下旬，一般不结实(图6)。

图 6　'B-6-3'
Fig. 6　'B-4-3'

3.4　'F-4-1'主要识别特征

白粉色大花重瓣。落叶灌木，叶三角状，基部心形，先端渐尖，长达 12cm，宽 9cm，叶柄长 2.5cm。花序圆锥状，长 17cm，宽 11cm；花蕾粉红色(RHS 68B)，花冠管粉色(RHS 68D)，长 1.6cm，花冠裂片深裂，长椭圆形，先端尖，白粉色(RHS 73C)，重瓣，2 轮，外轮长 2.5cm，雄蕊完全瓣化，花期 4 月中下旬，一般不结实(图 7)。

图 7　'F-4-1'
Fig. 7　'F-4-1'

3.5　'F-4-3'主要识别特征

深紫色复瓣，后期褪色为粉紫色。落叶灌木，叶三角状，基部截形，先端渐尖，长达 12cm，宽 9cm，叶柄长 2.5cm。花序圆锥状，长 15cm，宽 11cm；花蕾深紫色(RHS 83D)，花冠管紫色(RHS 78A)，长 1.4cm，花冠裂片椭圆形，初花期深紫色(RHS 78B)，盛花期后逐渐褪色为粉紫色(RHS 77D)重瓣，2 轮，外轮长 1.7cm，雄蕊部分瓣化，花药黄色喉部，花期 4 月中下旬，一般不结实(图 8)。

图 8　'F-4-3'
Fig. 8　'F-4-3'

3.6　'H-6-1'主要识别特征

粉紫色重瓣，花瓣扭曲。落叶灌木，叶三角状，基部心形，先端渐尖，长达 11cm，宽 9cm，叶柄长 2.5cm。花序紧密圆锥状，长 18cm，宽 11cm；花蕾红紫色(RHS 64B)，花冠管粉紫色(RHS 70C)，长 1.3cm，花冠裂片长椭圆形，波状扭曲，粉紫色(RHS 74D)，重瓣，2 轮，外轮长 2.7cm，雄蕊完全瓣化，花期 4 月中下旬，一般不结实(图 9)。

图 9　'H-6-1'
Fig. 9　H-6-1'

4　结论和讨论

长花冠管组的欧丁香系品种，因其早花、花序美丽、气味芳香，是育种亲本选择的重要来源。同时，同一组系的杂交亲和性很高，丁香花期从 4 月上旬到 5 月下旬，不同花期的丁香会给育种带来一定困难[4]，同为欧丁香系的'布氏'丁香和'佛手'丁香的杂交组合，可获得正常的健康的种子，有利于提高杂交结实率，避免亲本材料的浪费。

F₁代重瓣丁香群体表现出了明显的不同于父母本雄蕊瓣化现象，后代中出现了单瓣、复瓣和重瓣的中间变异型分布，验证了丁香重瓣性来源于雄蕊瓣化。F₁代的花色变异较广泛，大部分在父母本花色之间变异，因此在丁香花色育种中选择'布氏'丁香和'佛手'丁香花色相差较远的亲本，有利于培育出花色变异的品种。

本研究选育出'A-5-1''B-4-3''B-6-3''F-4-1''F-4-3''H-6-1'这6个优良品种，经多年观测，性状优良、稳定，在观赏性、适应性、生长势上均表现优异，与其他品种相比也有其独特的优势，在北京有广阔的应用前景。一般认为，丁香的繁殖方式以当年生半木质化的嫩枝扦插最佳[5]，本试验中这6种丁香嫩枝扦插均可成活，可在北方园林中进行栽培推广应用。

参考文献

[1]陈进勇. 丁香属(*Syringa* L.)的分类学修订[D]. 北京：中国科学院植物研究所，2006.

[2]E Z Kochieva, N N Ryzhova, O I Molkanova, et al. The Genus *Syringa*: Molecular Markers of Species and Cultivars [J]. Genetika, 2004, 40(1). 30-32.

[3]薛闯，焦宏彬，张伟强，等. 丁香属(*Syringa*)植物育种研究进展[J]. 天津农业科学，2015，21(10).

[4]吴国良，杨志红，刘群龙. 丁香开花授粉生物学特性研究[J]. 北京林业大学学报，1998，20(2)：118-120.

[5]白明霞. 丁香优良品种繁育特性[J]. 北方园艺，1999，124 (1)：21.

鼠爪花在海南气候条件下的生长规律与光合特性研究

李晓莉　付瑛格　李霆格　王童欣　周扬　赵莹　王健*

（热带特色林木花卉遗传与种质创新教育部重点实验室/海南省热带特色花木资源生物学重点实验室(海南大学)，
国家林木种质资源共享服务平台海南子平台，海南大学林学院，海口 570228）

摘要　试验以播种所得鼠爪花为材料，研究了鼠爪花在海南的生长发育特性和光合特性，运用 SPSS 19.0 对鼠爪花的净光合速率(Pn) 与气孔导度(Cond)、胞间 CO_2 浓度(Ci)、蒸腾速率(Tr)、光合有效辐射(PARi) 的关系并进行逐步回归分析和通径分析，计算影响净光合速率的决策系数。结果表明：①发芽试验中，穴盘土壤播种优于培养基，种子发芽所需时间较长。②生长数量性状中，株高变化符合三次方程模型，叶片数和叶宽符合线性方程模型。③荫棚种植的鼠爪花光合速率日变化为单峰曲线，户外种植的鼠爪花为双峰曲线，有明显的午休现象。④影响户外种植的最大因子是胞间 CO_2 浓度(Ci)，影响荫棚种植的最大因子是蒸腾速率(Tr)；户外种植需要限制蒸腾速率(Tr)，提高胞间 CO_2 浓度(Ci)；荫棚种植需要提高蒸腾速率(Tr)，限制胞间 CO_2 浓度(Ci)。

关键词　鼠爪花；生长发育规律；光合特性；通径分析

Studies on Growth Rhythm and Photosynthesis Characters of Kangaroo Paw in Hainan Climate Conditions

LI Xiao-li　FU Ying-ge　LI Ting-ge　WANG Tong-xin　ZHOU Yang　ZHAO Ying　WANG Jian*

（*Key Laboratory of Genetics and Germplasm Innovation of Tropical Special Forest Trees
and Ornamental Plants* (*Hainan University*)，*Ministry of Education*；*Key Laboratory of Germplasm
Resources of Tropical Special Ornamental Plants of Hainan Province*；*Hainan Sub-platform of
National Forest Genetic Resources Platform*，*Hainan University*，*College of Forestry*，*Haikou 570228*，*China*）

Abstract　In this experiments the growth characteristics and photosynthetic characteristics of kangaroo paw seedling was studied, using SPSS 19.0 conducting the relationship between net photosynthetic rate (Pn), stomatalconductance (Cond), CO_2 concentration intercellular (Ci), transpiration rate (Tr) and photosynthetically active radiation (PARi) with stepwise regression analysis and path analysis, calculating the impact of net photosynthetic rate decision factor. The results showed：①In germination test, soil sowing plug was superior than medium, but for longer time of seed germination. ② In quantitative traits, the cubic equation model in line with changes in height, leaf number and leaf width in line with the linear equation model. ③The daily changes of Pn in greenhouse was a single peak curves, but outdoors kangaroo paw was a bimodal curve. The midday rest phenomenon was obviously. ④The CO_2 concentration intercellular have a great impact on outdoor kangaroo paw. The transpiration rate (Tr) was the most important factor for greenhouse culture. Limiting transpiration rate (Tr) and increasing CO_2 concentration intercellular (Ci) was good for outdoor plants. Limiting CO_2 concentration intercellular (Ci) and increasing transpiration rate (Tr) was good for greenhouse plants.

Key words　Kangaroo paw；Growth pattern；Photosynthetic characteristics；Path analysis

鼠爪花(*Anigozanthos*)又名袋鼠脚爪，是血皮草科(Haemodoraceae)鼠爪花属植物[1]，因管状外形上附着天鹅绒似的绒毛、酷似袋鼠爪而得名，属高档切花品种。鼠爪花是多年生草本植物，共两个属，11个种[2]，50 多个园艺品种，为澳大利亚第二大出口花卉，可以作为切花生产，也可以做干花[3]。陶泽

---

* 通讯作者。教授，E-mail：wjhainu@hainanu.edu.cn。

文[4-6]、陈建芳[7]、段东泰[8]的研究表明：鼠爪花是根系较细但很发达的一种草本植物，其茎上附着的细绒毛，可因品种不同而颜色各异。Motum[9]通过对其种植栽培表明鼠爪花根状茎需要达到一定的重量以利于为以后的开花提供充足的营养；温度对鼠爪花发育速率有很大的影响。Sandra et al.[10]和Daryl[11]认为袋鼠爪花切花相对安全储存温度范围为2~5℃。王明启等[12]和桂敏等[13]对几种鼠爪花品种的观赏特性进行研究，选出了宜做切花、盆栽的品种，为商业推广和不同的商业用途提供参考。Griesbach[14]在鼠爪花的育种方面认为通过几个种间杂交可以改良切花的花色、耐热性和生长习性等。郑志勇等[15]研究了不同的催芽方式，试验表明'红绿'鼠爪花、绿袋鼠爪花、高袋鼠爪花均适用烟熏处理法进行繁殖，猫爪鼠爪花只在自然条件下播种发芽率较高（20%），适用于自然播种法繁殖，为鼠爪花种子提供了最优催芽方式。王明启等[16]、刘春等[17]、杨春梅等[18]、屈云慧等[19]、钱秀苇等[20]在外植体的选择、培养基的配制等方面对鼠爪花的组织培养进行了探索。

袋鼠花因其特有的形态和花色使它成为澳大利亚最具代表性的庭院植物，同时也是制作干花的优良材料，具有很高的商业价值，观赏性强，经济价值可观。为丰富海南省花卉种类，同时为科学研究与商业推广做基础，我们研究了引进的'混合'鼠爪花与'红绿'鼠爪花在海南气候与土壤条件下的生长发育规律，探索其是否适合海南自然环境，为袋鼠爪的引种提供技术支持。

1　材料与方法

1.1　引种试验地概况

试验地位于海南省海口市海南大学农学实验基地，土壤为砖红壤。

1.2　试验材料

试验材料为鼠爪花种子播种而得，有2个品种，分别是'红绿'鼠爪花、'混合'鼠爪花。

1.3　试验方法

1.3.1　发芽试验

田间发芽试验：2014年11月3日在穴盘中播下鼠爪花种子（'混合'鼠爪花108粒，'红绿'鼠爪花46粒），先用7%酒精浸泡10~15s，清洗3~4次，再用0.1%升汞浸泡1min，清洗5~8次，每1孔穴1粒种子，穴盘土基质为1份蛭石+2份椰糠，播种后用细孔喷壶浇透水，放在日光大棚里。播种13d后开始记录发芽情况，每隔5d记录一次，待种子发芽情况稳

定不变之后统计发芽率（G）及发芽高峰期与播种期间隔天数。公式为：发芽率（%）= 发芽总数/实验种子数×100[21]。

培养基发芽试验：2014年11月在不添加激素的1/2MS培养基中播下'混合'鼠爪花102粒，'红绿'鼠爪花46粒（在无菌工作台操作，用无菌水清洗种子，酒精消毒30s，升汞消毒6min，无菌水清洗3min重复2~3遍），播种13d后开始记录发芽情况，每隔5d记录一次，统计发芽率（G）、发芽指数（GI）及发芽高峰期与播种期间隔天数，计算公式同上。

1.3.2　生长发育规律研究

将两种材料分成两份，一份在大棚里用花盆养护，基质为蛭石、椰糠、砖红壤，另一份采取露天种植，并搭建遮阳网。从2015年5月开始，每周测量鼠爪花的数量性状，包括株高、叶宽以及叶片数。从6株'红绿'品种随机选择3株，23株'混合'品种中随机选择6株，取平均值。

1.3.3　光合作用日变化的测定

采用美国Li-COR公司生产的Li-6400光合测定仪，选择晴朗无云的天气，在大棚和基地中，每个品种选取3株，每株固定一片叶片，在变异率小于0.05时记数。具体时间为：7:00、9:00、11:00、13:00、15:00、17:00、19:00，测定时采用透明叶室，利用自然光源。测定的数据包括：叶片净光合速率（P_n，$\mu mol \cdot m^{-2} \cdot s^{-1}$）、胞间$CO_2$浓度（$C_i$，$\mu mol \cdot mol^{-1}$）、气孔导度（$G_s$，$\mu mol \cdot m^{-2} \cdot s^{-1}$）、蒸腾速率（$T_r$，$mmol \cdot m^{-2} \cdot s^{-1}$）、空气相对湿度（RH%）、空气温度（$T_a$，℃）、光合有效辐射（$PAR_i$，$\mu mol \cdot m^{-2} \cdot s^{-1}$）、空气$CO_2$浓度（$C_a$，$\mu mol \cdot mol^{-1}$）。

1.3.4　光响应曲线的测定

采用美国Li-COR公司生产的Li-6400光合测定仪，将红蓝模拟光源（LED光源）设定一系列光合通量密度：0~2500$\mu mol \cdot m^{-2} \cdot s^{-1}$，梯度为：2500、2000、1600、1200、800、500、200、100、50、20、0，为方便曲线模拟时光补偿点的查找及表观效率的计算，仪器读数时间设定在90~120s，3株重复。

1.3.5　数据统计分析

数据分析采用SPSS19.0与Excel 2010。

2　结果与分析

2.1　发芽试验结果

田间种子发芽试验发芽率为'混合'鼠爪花42.59%，'红绿'鼠爪花36.95%，发芽高峰期与播种期间隔天数为'混合'鼠爪花30d，'红绿'鼠爪花24d，由数据可知，购买的鼠爪花种子活力很低。记录培养基种子发芽试验的情况，计算结果为'混合'

鼠爪花发芽率 5.88%，'红绿'鼠爪花 4.76%，均小于土壤种植，由此可推断种子在培养基中的生长状况低于土壤种植，种子适合土壤种植，且需要发芽的时间较长，发芽也不整齐。

2.2 户外'混合'生长发育规律研究结果

株高、叶片数、叶宽变化趋势观测结果分别见图

1，运用统计分析软件 SPSS 模拟户外'混合'鼠爪花生长规律方程，结果见表 1、图 2。从以上结果可以看出，株高变化趋势符合三次方程模型；叶片数、叶宽的变化趋势符合线性方程模型。运用统计分析软件模拟出来的方程拟合程度都很高，R^2 值都在 0.9 以上，P 值都小于 0.0001。

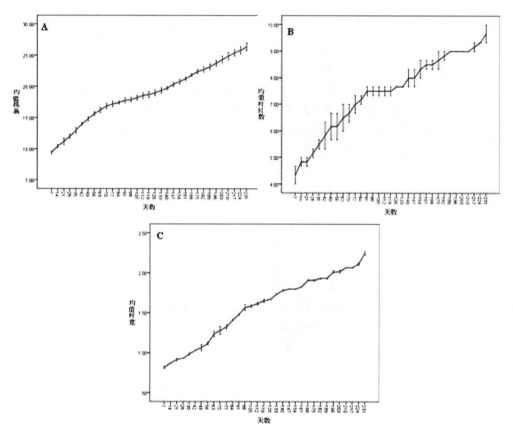

图 1 各性状生长规律图

Fig. 1 The growth regulation of each trait

A：株高变化趋势；B：叶片数变化趋势；C：叶宽变化趋势

表 1 各性状生长规律方程

Table 1 The equation of the growth regulation of each trait

生长势	方程	R^2	P
叶片数	$y = 0.0211 \times t + 4.9489$	0.9540	<0.0001
株高	$y = 8.2909 + 0.1682 \times t - 0.0009 \times t^2 + 2.3866e^{-6} \times t^3$	0.9950	<0.0001
叶宽	$y = 0.0060 \times t + 0.8616$	0.9670	<0.0001

2.3 鼠爪花光合特性日变化

植物光合作用日变化受植物体本身固有的生理生态特性、立地条件和气候环境等多种因素的影响，从而表现出不同的日变化和季节性变化规律[22-23]。

2.3.1 光合速率日变化

不同处理的光合日变化速率(Pn)曲线如图 3 所示，荫棚'混合'与荫棚'红绿'光合日变化速率曲线图为单峰，没有明显的午休现象，户外'混合'光合日变化曲线图为双峰，有明显的午休现象。对于单峰的 2 个品系，荫棚'红绿'光合速率大于荫棚'混合'，

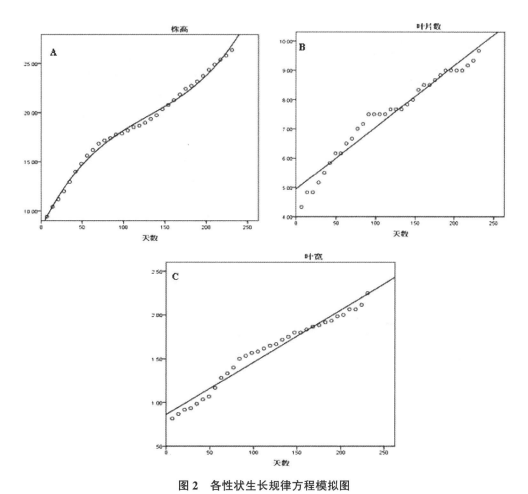

图2 各性状生长规律方程模拟图

Fig. 2 The equation simulation of the growth regulation of each trait

A：株高；B：叶片数；C：叶宽

且峰值荫棚'红绿'（23.4μmol·m⁻²·s⁻¹）高于荫棚'混合'（16.2μmol·m⁻²·s⁻¹）。2个品系从7：00（荫棚'红绿'4.58μmol·m⁻²·s⁻¹，荫棚'混合'2.26μmol·m⁻²·s⁻¹）开始，随着温度的升高和光强的增加，Pn呈上升趋势，到11：00达到最大值，然后Pn逐渐下降，到19：00跌到谷值（荫棚'红绿'4.07μmo·m⁻²·s⁻¹，荫棚'混合'-4.34μmol·m⁻²·s⁻¹）。对于双峰的户外'混合'，从7：00（-8.79μmol·m⁻²·s⁻¹），随光照增强Pn逐渐上升，到9：00出现第一个峰值（15.1μmol·m⁻²·s⁻¹），而后Pn略有降低，11：00后Pn逐渐上升，到15：00出现第二个高峰（18.2μmol·m⁻²·s⁻¹），且第二个峰值高于第一个峰值，随后随光照变弱，Pn呈下降趋势，一直达到谷值（-8.77μmol·m⁻²·s⁻¹）。3个不同处理的净光合速率表现为：荫棚'红绿'>荫棚'混合'>户外'混合'。

2.3.2 气孔导度日变化

不同处理的气孔导度日变化如图4所示，3种处理的气孔导度日变化曲线均为双峰，其中荫棚'混合'与户外'混合'Gs曲线走势相似，均在7：00（荫

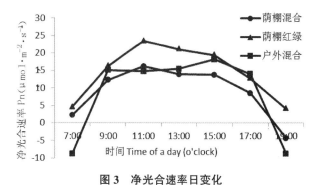

图3 净光合速率日变化

Fig. 3 Daily changes of Pn

棚'混合'0.14μmol·m⁻²·s⁻¹荫棚'红绿'0.311μmol·m⁻²·s⁻¹）到达第一个峰值，而后呈下降趋势，到11：00到达第二个峰值，且荫棚'混合'第二个峰值（0.194μmol·m⁻²·s⁻¹）比第一个峰值大，户外'混合'第二个峰值（0.309μmol·m⁻²·s⁻¹）比第一个峰值略小。从11：00以后，两种处理的Gs曲线呈下降趋势，一直到谷值。

荫棚'红绿'的Gs曲线从7：00开始呈上升趋势，

到 11：00 到达第一个峰值(0.314μmol · m⁻² · s⁻¹)，此后有轻微下降，到 17：00 到达第二个峰值(0.265μmol · m⁻² · s⁻¹)，此后 Gs 曲线逐渐下降，一直到谷值；而荫棚'混合'与户外'混合'在 17：00Gs 曲线均呈下降趋势，与荫棚'红绿'明显不同。3 个处理的气孔导度日变化峰值大小规律为：荫棚'红绿'>户外'混合'>荫棚'混合'。

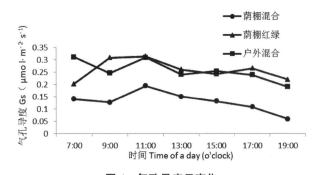

图 4　气孔导度日变化

Fig. 4　Daily changes of Gs

2.3.3　胞间 CO_2 浓度日变化

胞间 CO_2 浓度(C_i)是外界 CO_2 气体进入叶肉细胞过程中所受各种驱动力和阻力以及叶片内光合作用和呼吸作用的最终平衡结果[24]。C_i 与空气中 CO_2 浓度变化同步，不同的处理 C_i 日变化曲线不同(图 5)，荫棚'混合'与荫棚'红绿'C_i 曲线变化趋势呈现明显的"W"字形，户外'混合'为不明显的"W"字形，均在 19：00 时出现一天中的最大值。荫棚'混合'与户外'混合'的 C_i 日变化曲线趋势一致，与荫棚'红绿'C_i 曲线变化趋势有少许不同。3 种处理均是在 7：00 出现第一个峰值，而后下降，在 9：00 时出现第一个谷值，随后 C_i 曲线上升，在 11：00 出现第二个峰值，且 3 种处理的第二个峰值均小于第一个峰值，随后 C_i 曲线又下降，荫棚'红绿'在 13：00 时出现第二

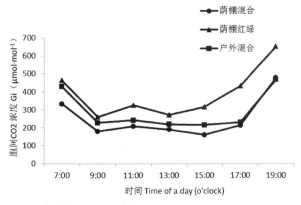

图 5　胞间 CO_2 浓度日变化

Fig. 5　Daily changes of Gi

个谷值，而荫棚'混合'与户外'混合'在 15：00 时出现第二个峰值，随后 C_i 曲线呈现上升趋势，一直到达峰值。3 种处理的胞间 CO_2 浓度极差大小为：荫棚'红绿'>荫棚'混合'>户外'混合'。

2.3.4　蒸腾速率日变化

植物通过蒸腾作用可有效降低叶面温度，防止叶片灼伤。荫棚'混合'与荫棚'红绿' Tr 曲线呈现出单峰，均在 11：00 时到达峰值。户外'混合' Tr 曲线呈现出双峰，在 11：00 时与 15：00 时到达峰值，且第二峰值高于第一峰值，3 种处理 Tr 大小关系为：户外'混合'>荫棚'红绿'>荫棚'混合'(图 6)。

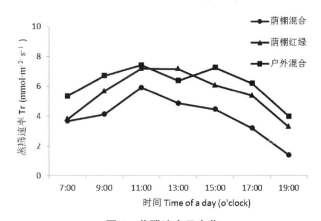

图 6　蒸腾速率日变化

Fig. 6　Daily changes of Tr

2.3.5　光合有效辐射

3 种不同处理光合有效辐射(图 7)曲线呈现出倒"V"字形，荫棚'混合'与户外'混合'在 11：00 到达峰值(荫棚'混合' 570μmol · m⁻² · s⁻¹ 户外'混合' 996μmol · m⁻² · s⁻¹)，荫棚'红绿'在 13：00 时到达峰值 417μmol · m⁻² · s⁻¹。三者的 PARi 关系为：户外'混合'>荫棚'混合'>荫棚'红绿'。

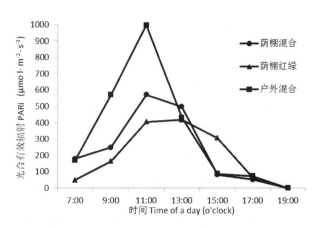

图 7　光合有效辐射日变化

Fig. 7　Daily changes of PARi

2.3.6 净光合速率与环境因子相关性分析

采用通径系数分析(Path coefficient analysis)的方法,对鼠爪花光合速率 y 与影响其的生态因子 X_1(Cond)、X_2(Ci)、X_3(Tr)、X_4(PARi)进行了通径分析。通径分析不但可以检验出各 X_i 对 y 的作用是否显著,而且可以检验出 X_1、X_2、…、X_p 对 y 的决定作用(R^2)是否显著,利用公式:X_i 与 y 的间接通径系数 =相关系数(rij) ×通径系数(pjy),可以计算出 X_i 通过 X_j 对 y 的影响。但是,通过多个自变量与 y 的相关系数的部分,往往很难明确看出哪个变量对 y 起着主要决定性作用或主要限制性作用,为此,利用决策系数在进行通径分析方法时综合决策,公式为:$R^2_{(i)}$ = 2Piriy-Pi². 其中 $R^2_{(i)}$>0,表明 X_i 对 y 起增进作用;当 $R^2_{(i)}$<0,表明 X_i 对 y 起限制性作用。利用 $R^2_{(i)}$ 值可以把各变量对 y 的综合作用由大到小排序,排序最大的变量为主要决策变量,但未必它的直接决定作用大;排序最小的变量,若其决策系数为负,则为主要限制性变量,但未必它的直接决定作用小。在 SPSS 中,多元回归分析使用配伍格式数据文件,因变量必须服从正态分布。以下处理对象都进行了正态性检验,且都符合正态分布,在此不再列出检验步骤[25-27]。

(1) 户外'混合'鼠爪花净光合速率变化与生理生态因子的通径系数分析

由表 2 知,各生态因子按决策系数排序为:$R^2_{(2)}$>$R^2_{(3)}$>$R^2_{(4)}$>$R^2_{(1)}$,且 $R^2_{(1)}$<0。故 X_2 为主要决策变量(直接决定作用最小)其原因是它通过 X_3 对 y 的间接作用为 0.121,协助 X_2 对 y 起增进作用,X_4 对它的限制最小(-0.247)。X_3 为主要限制性变量(直接作用最大),因为它通过其他变量的间接作用均为负。因此,要提高光合速率,必须增加胞间 CO_2 浓度(X_2),限制蒸腾速率(X_3),基本保持气孔导度(X_1)或光合有效辐射(X_4)。

表 2 户外'混合'鼠爪花净光合速率变化与生理生态因子的通径系数分析

Table 2 Path coefficient analysis between change of net photosynthesis rate and mainphysio-ecological factors in Anigozanthos

自变量	与 y 的简单相关系数	通径系数(直接作用)	间接通径系数(间接作用)				决策系数
			X_1	X_2	X_3	X_4	
X_1	0.148	-0.070		-0.515	0.407	-0.271	-0.043
X_2	-0.834	-0.706	-0.051		0.121	-0.247	0.482
X_3	0.688	0.513	-0.056	-0.166		-0.168	0.232
X_4	-0.198	-0.345	-0.550	-0.506	0.249		0.097

(2)荫棚'混合'鼠爪花净光合速率变化与生理生态因子的通径系数分析

由表 3 知,各生态因子按决策系数排序为:$R^2_{(3)}$>$R^2_{(1)}$>$R^2_{(2)}$>$R^2_{(4)}$。故 X_3 为主要决策变量(直接决定作用最小),其原因是它通过 X_1 和 X_4 对 y 的间接作用分别为 0.861 和 0.641,协助 X_3 对 y 起增进作用,X_2 对它的限制最小(-0.005)。因此,要提高光合速率,必须增加蒸腾速率(X_3),基本保持气孔导度(X_1)、胞间 CO_2 浓度(X_2)或光合有效辐射(X_4)。

表 3 荫棚'混合'鼠爪花净光合速率变化与生理生态因子的通径系数分析

Table 3 Path coefficient analysis between change of net photosynthesis rate and mainphysio-ecological factors in Anigozanthos

自变量	与 y 的简单相关系数	通径系数(直接作用)	间接通径系数(间接作用)				决策系数
			X_1	X_2	X_3	X_4	
X_1	0.137	0.884		-0.057	0.941	0.662	0.223
X_2	-0.298	-0.244	0.206		0.016	0.233	0.057
X_3	0.814	0.965	0.861	-0.005		0.641	0.908
X_4	0.027	0.750	0.780	-0.076	0.825		0.040

(3)荫棚'红绿'鼠爪花净光合速率变化与生理生态因子的通径系数分析

由表 4 知,各生态因子按决策系数排序为:$R^2_{(3)}$>$R^2_{(2)}$>$R^2_{(4)}$>$R^2_{(1)}$,且 $R^2_{(1)}$<0。故 X_3 为主要决策变量(直接决定作用最小),其原因是它通过 X_1、X_2 和 X_4 对 y 的间接作用分别为 0.297、0.750、0.817,协助 X_3 对 y 起增进作用。X_2 为主要限制性变量(直接作用最大),因为它通过其他变量的间接作用均为负。

表4　荫棚'红绿'鼠爪花净光合速率变化与生理生态因子的通径系数分析

Table 4　Path coefficient analysis between change of net photosynthesis rate and

mainphysio-ecological factors in Anigozanthos

自变量	与y的简单相关系数	通径系数（直接作用）	间接通径系数（间接作用）				决策系数
			X_1	X_2	X_3	X_4	
X_1	-0.494	0.410		0.575	0.637	0.469	-0.649
X_2	-0.547	-0.878	-0.269		-0.750	-0.670	0.661
X_3	0.697	0.878	0.297	0.750		0.817	0.738
X_4	0.078	0.879	0.360	-0.469	-0.669		0.131

因此，要提高光合速率，必须增加蒸腾速率（X_3），限制胞间 CO_2 浓度（X_2），基本保持气孔导度（X_1）或光合有效辐射（X_4）。

2.4　鼠爪花光合作用光响应曲线

从图8中可以看出，3个品系光曲线趋势基本相同，在低光强下 PPED $<200\mu mol \cdot m^{-2} \cdot s^{-1}$，净光合速率的变化呈直线增长，随着 Pn 光强的继续增加，净光合速率的增长开始缓慢，然后到达最大值，随光照增强呈下降趋势，随后净光合速率保持平稳，基本不变。

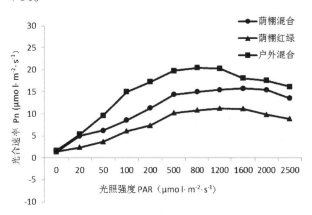

图8　光响应曲线图

Fig. 8　The light response curve of net photosynthetic

3　讨论

（1）植物的生长规律理论上一般都是 S 型曲线，符合 Logistic 模型[28-29]，但鼠爪花在海南气候条件下的生长所观测到的数量性状中株高的变化趋势符合三次方程函数模型，其他性状都与理论结果或多或少的存在一些偏差，如叶片数和叶宽符合一次函数模型，随着时间推移有不断上升的趋势。这大概是因为鼠爪花在海南生长周期长，测量时期还处于营养生长阶段，各方面性状生长趋势都属于增加状况。也可能与在海南气候条件下受到的胁迫有关，在遭遇突然高温

或者病虫害严重的时候，长势变弱或者直接死亡，从而导致了与理论结果的偏差。说明海南的气候条件对鼠爪花的生长有不利的影响，但是仍然能够正常生长，如果能掌握一套优良的栽培技术，在高温时采取一定的措施遮阴降温、通风透气并且调整播种期，或许可以使鼠爪花开花，达到一定观赏价值。

（2）通过通径分析，得知环境因子对户外鼠爪花光合速率影响的综合排序为：胞间 CO_2 浓度>蒸腾速率>光合有效辐射>气孔导度，而环境因子对荫棚'混合'鼠爪花光合速率影响的综合排序为：蒸腾速率>气孔导度>胞间 CO_2 浓度>光合有效辐射，对荫棚'混合'鼠爪花光合速率影响的综合排序为：蒸腾速率>胞间 CO_2 浓度>光合有效辐射>气孔导度，说明户外和荫棚种植环境最大的不同点在于胞间 CO_2 浓度和蒸腾速率，户外种植需要提高胞间 CO_2 浓度，限制蒸腾速率，可能是因为户外种植温度太高，一方面通过蒸腾作用降温，另一方面避免植物失水导致气孔关闭，植株无法从外界获得 CO_2 从而使得胞间 CO_2 浓度降低；荫棚种植需提高蒸腾速率，可能是因为荫棚通常采用喷灌，棚内空间小且通风不良，从而导致蒸腾速率低下；另一方面，光合有效辐射对户外种植和荫棚种植的影响均不是很大，且在海南的高温天气下（5～10月），荫棚种植长势更好；气温下降以后户外种植又优于荫棚种植。所以，通过调整播种期和栽培方式，以利于鼠爪花的生长。

（3）光饱和点和光补偿点是植物的2个重要的光合生理指标，植物的光饱和点和光补偿点反映了植物对光照的要求[30]。鼠爪花光合响应曲线中，3个处理的鼠爪花在光照为0时净光合速率大于0的现象，可能因为鼠爪花叶片过长，加上测量时是白天，采样的部分叶片区域虽然处于人工控制的光照下，但整个叶片大部分区域在进行光合作用，生成的光合产物在整个叶片中运输，导致测量结果与理论值不符。为减小误差，可将植株黑暗处理一段时间，再进行光响应曲线的测量。

参考文献

[1] 克里斯托弗·布里克. 世界园林植物与花卉百科全书 [M]. 杨秋生, 李振宇, 译. 郑州: 河南科学技术出版社, 2005.

[2] 莫锡君. 两种新型切花植物——袋鼠爪和蜡花[J]. 西南园艺, 2002, 30(4): 10.

[3] Kangaroo Paws. NATIVES[J]. Natural beauty, 2003, 62－65.

[4] 陶泽文. 袋鼠花栽培技术[J]. 北京农业, 2007, 07: 16-17.

[5] 陶泽文. 澳洲高档切花良种——袋鼠花[J]. 农村新技术, 2007, 04: 26-27.

[6] 陶泽文. 袋鼠花形态特征、生态习性及栽培技术[J]. 农村实用技术, 2008, 07: 51

[7] 陈建芳. 澳洲名花——袋鼠爪花[J]. 中国花卉园艺, 2005, 08: 36.

[8] 段东泰. 袋鼠爪花[J]. 中国花卉盆景, 2005, 03: 7.

[9] MotumG J, Goodwin P B. The control of flowering in Kangaroo paw (*Anigozanthos* spp.)[J]. Scientia Hort, 1987, 32 (1-2): 123-133.

[10] SandraTeagle, Jennifer White, Margaret Sedgley. Postharvest vase life of cut flowers of three cultivars of kangaroo paw[J]. Scientia Horticulturae, 1991, 48(3-4): 277-284.

[11] Daryl C. Joyce, Anthony J. Shorter. Long term, lowtemperature storage injures kangaroo paw cut lowers [J]. Postharvest Biology and Technology, 2000, 20(2): 203-206.

[12] 王明启, 鲁福成, 王姝, 等. 曼氏袋鼠爪的引种栽培研究[J]. 天津农学院学报, 2004, 04: 12-15.

[13] 桂敏, 熊丽, 莫锡君, 等. 新型花卉袋鼠爪的引种试种研究[J]. 西南农业学报, 2005, 03: 321-324.

[14] R. J. Griesbach. A fertile tetraploid anigozanthos hybrid produced by in vitro colchicine treatment[J]. H ORT SCIENCE.

[15] 郑志勇, 陈明莉. 袋鼠爪种子催芽方法研究[J]. 北京农业职业学院学报, 2009, 05: 24-26.

[16] 王明启, 王馨悦, 彭立新, 等. 曼氏袋鼠爪组培快繁研究[J]. 天津农学院学报, 2007, 01: 20-23.

[17] 刘春, 穆鼎. 袋鼠花的组织培养[J]. 园艺学报, 2003, 01: 113-114.

[18] 杨春梅, 汪国鲜, 单芹丽, 等. 袋鼠爪不同品种组培苗增殖研究[J]. 北方园艺, 2011, 19: 107-109.

[19] 屈云慧, 吴丽芳, 蒋亚莲. '红绿'袋鼠爪的离体培养和快速繁殖[J]. 植物生理学通讯, 2004, 03: 348.

[20] 钱秀苇, 朱清, 李蓓怡. 组织培养法快速繁殖袋鼠花[J]. 上海农业学报, 2005, 01: 1-3.

[21] 乔奇, 张振臣, 王永江, 等. DDT 对花生种子生活力和发芽的影响[J]. 中国农学通报, 2008, 24(10): 442-444.

[22] 周小玲, 张旭东, 许忠坤, 等. 北美红椴木引种的主要光合特性研究[J]. 湖南林业科技, 2006, 06: 13-16.

[23] 李法营, 高进波, 蓝增全, 等. 西双版纳引种的四个诺丽品系光合日变化研究[J]. 北方园艺, 2010, 06: 18-22.

[24] 何小勇, 练发良, 李因刚, 等. 3 种紫金牛属植物光合光响应特性的研究[J]. 浙江林业科技, 2008, 01: 14-18.

[25] 袁志发, 周静芋, 郭满才, 等. 决策系数——通径分析中的决策指标[J]. 西北农林科技大学学报(自然科学版), 2001, 05: 131-133.

[26] 杜家菊, 陈志伟. 使用 SPSS 线性回归实现通径分析的方法[J]. 生物学通报, 2010, 02: 4-6.

[27] 宋小园, 朱仲元, 刘艳伟, 等. 通径分析在 SPSS 逐步线性回归中的实现[J]. 干旱区研究, 2016, 01: 108-113.

[28] 李秋元, 孟德顺. Logistic 曲线的性质及其在植物生长分析中的应用[J]. 西北林学院学报, 1993, 03: 81-86.

[29] 殷祚云. Logistic 曲线拟合方法研究[J]. 数理统计与管理, 2002, 01: 41-46.

[30] XU D Q(许大全). Ecology, physiology and biochemistry of midday depression of photosynthess [J]. Plant Physiology Communications(植物生理学通讯), 1990, 6: 5-10 (in Chinese).

芙蓉菊与菊属植物远缘杂交初探

李大伟　陈俊通　许　婷　巴亭亭　常丽娜　张启翔　孙　明*

（花卉种质创新与分子育种北京重点实验室，国家花卉工程技术研究中心，

城乡生态环境北京实验室，园林环境教育部工程研究中心，林木花卉遗传育种

教育部重点实验室，园林学院，北京林业大学，北京 100083）

摘要　芙蓉菊（*Crossostephium chinense*）是菊科芙蓉菊属的常绿亚灌木植物，耐盐性极强，是改善菊属植物耐盐性的优良种质，然而芙蓉菊与菊属植物之间存在杂交障碍，制约了芙蓉菊的利用。本研究以芙蓉菊为亲本与菊属植物进行属间远缘杂交，以解决芙蓉菊与菊属植物属间杂交障碍为重点，利用花粉活力测定，花粉萌发及花粉管伸长的荧光观察，探明其远缘杂交障碍的类型，并利用胚拯救技术解决授精后障碍，同时筛选幼胚离体培养的最佳时间和适宜的培养基激素配比类型。结果表明：通过杂交试验，验证了芙蓉菊易发生自交的推测；借助芙蓉菊花粉在柱头上的荧光观察，发现芙蓉菊花粉活力较高；通过授粉后的柱头压片荧光观察，初步得出芙蓉菊作父本与菊属植物杂交，存在严重的受精前障碍；而芙蓉菊作母本与菊属野生材料杂交亲和性较好，可以通过胚拯救技术来获得杂种后代；通过筛选得到 B 型培养基有较高的出愈率和成苗率。

关键词　芙蓉菊；耐盐种质；远缘杂交；胚拯救

Preliminary Study on Distant Hybridization between *Crossostephium chinense* and *Chrysanthemum*

LI Da-wei　CHEN Jun-tong　XU Ting　BA Ting-ting　CHANG Li-na　ZHANG Qi-xiang　SUN Ming*

（*Beijing Key Laboratory of Ornamental Plants Germplasm Innovation & Molecular Breeding，National Engineering Research Center for Floriculture，Beijing Laboratory of Urban and Rural Ecological Environment，Engineering Research Center of Landscape Environment of Ministry of Education，Key Laboratory of Genetics and Breeding in Forest Trees and Ornamental Plants of Ministry of Education，School of Landscape Architecture，Beijing Forestry University，Beijing 100083，China*）

Abstract　*Crossostephium chinensis* is an evergreen subshrub plant of the genus *Crossostephium* in Compositae family. It has strong salt tolerance and is an excellent germplasm to improve salt tolerance of chrysanthemum. However, there are hybridization barriers between *C. chinense* and *Chrysanthemum*, which restrict the utilization of *C. chinense*. In this study, we used *C. chinense* as the parent to carry out interspecific hybridization with chrysanthemum plants to solve the problem of intergeneric hybridization barriers between *C. chinense* and *Chrysanthemum* plants to explore the types of reproductive barriers, and solve post-fertilization barriers in vitro culture of embryos and explore the optimal time of in vitro culture of immature embryos and the appropriate hormone ratio of medium to obtain intergeneric hybrids. The results showed that *Crossostephium chinense* was easy to self cross. The pollen vigor of *C. chinense* was showed by the fluorescence observation of stigma. The results showed that *C. chinense* pollen had higher vigor. By observing the fluorescence of stigma after pollination, it is preliminarily concluded that there is a serious prefertilization obstacle in the cross between *C. chinense* and *Chrysanthemum*, The combinations of *C. chinense* as the female parent and the wild germplasm of *Chrysanthemum* can be used to obtain hybrid progeny through embryo rescue technology. The results showed that the B-type medium had higher callus rate and seedling rate.

Key words　*Crossostephium chinense*；Salt tolerant Germplasm；Distant hybridization；Embryo rescue

---

　　1 基金项目：北京林业大学建设世界一流学科和特色发展引导专项——"健康城市"视角下园林植物功能研究（项目编号 2019XKJS0322）。

　　第一作者简介：李大伟（1994—），男，硕士研究生，主要从事菊花育种研究。

　　通讯作者：孙明，教授，E-mail：sunmingbjfu@163.com。

菊花是世界上重要的观赏草本花卉之一。它不仅是世界四大切花之一，而且也是我国的传统名花（陈俊愉 等，2006）。我国的盐渍土地分布广泛且存量多，中国盐渍土总面积约 3600 万 hm^2，占全国可利用土地面积的 4.88%（王佳丽 等，2011）。但菊花栽培品种在盐碱地普遍生长较差。野生种质常具有某些抗逆性强的特点，我国菊花近缘种属植物野生资源非常丰富，特别是分布于海滨地区的种质，耐盐性较强，是菊花耐盐育种潜在的巨大基因宝库（陈俊愉 等，2006；管志勇 等，2010；朱明涛，2011）。因此，充分利用筛选出来的优异的耐盐野生资源芙蓉菊（杨海燕，2016）进行远缘杂交育种，培育具有较强耐盐性的菊花品种成为菊花育种的一个重要方向。

但在杂交育种过程中发现芙蓉菊与菊属的属间杂交很难成功，因此首先需弄清芙蓉菊杂交存在的属间杂交障碍，然后针对杂交障碍，采取一定的技术手段，保证属间杂交的实现，以便有效利用芙蓉菊耐盐的优良特性，对菊属植物进行种质创新和品种改良。本研究通过对芙蓉菊为亲本与菊属植物的杂交试验、花粉活力测定、柱头萌发试验、胚拯救等试验，初步探明了芙蓉菊与菊属植物远缘杂交障碍的原因及克服手段，为利用广义菊属及近缘属种质培育耐盐性菊花奠定了坚实的基础。

1　材料与方法

1.1　试验材料

供试材料野生种包括 2 属 10 种（包括地理居群），主要杂交亲本为芙蓉菊属的芙蓉菊，杂交试验所用的芙蓉菊系从广州市同一家园艺苗圃购得。其他亲本有菊属的野菊，包括菊花脑、毛华菊、阔叶毛华菊、匍地菊及不同地理居群的野菊，包括野菊（神农架Ⅱ）、野菊（天柱山）、野菊（南京）、野菊（泉州）、野菊（福州）。

所有供试材料均保存于国家花卉工程技术研究中心（北京林业大学）菊花种质资源圃。花期调整和杂交试验在北京林业大学国家花卉工程技术研究中心北林科技温室及人工气候室内进行。

1.2　芙蓉菊的花期调控

芙蓉菊正常花期较晚，需提前芙蓉菊的花期至 10 月，使花期与菊属植物相遇。芙蓉菊：8 月放进人工气候室，8h 短日照养护，10 月中旬左右可达到盛花期；菊属材料：8 月放进人工气候室，10 月 10 日左右放进 8h 短日照人工气候室，12 月上旬左右可达到盛花期。短日照人工气候室设定为湿度 70%，白天温度 25℃，晚上 22℃，光照时间为 6：00～14：00，

8 个小时。长日照人工气候室设定为湿度 85%，白天温度 23℃，晚上 20℃，光照时间为 6：00～22：00，16 个小时。

1.3　花粉储藏及活力鉴定

在芙蓉菊及其他近缘种属的花盛开时，于 11：00～13：00，收集花粉，当天未使用完的花粉，干燥后放入 4℃低温冰箱保存。一般为现采现用，储存的花粉一般不超过 3d。花粉活性鉴定主要使用花粉离体萌发培养液 A：ME3+150g/L PEG4000＋100g/L 蔗糖，B：ME3+150g/L PEG4000。吸取一滴培养液滴在凹玻片上，取少量花粉均匀散布到培养液中，搅匀，将凹玻片放入培养皿，培养皿底部垫上湿纱布，盖上培养皿盖，将培养皿置于 20℃培养箱中，黑暗条件，培养 2～4h，在显微镜下检测花粉萌发情况，花粉管长度大于花粉半径视为花粉萌发，取 10 个视野样本，每个样本至少 50 个花粉粒。萌发率＝萌发的花粉粒数/该视野总的花粉粒数×100%。用光学显微镜观察花粉管的萌发情况与活力，并采集图片（汤访评，2009）。ME3 的成分（mg/L）：$MgSO_4 \cdot 7H_2O - 370$、$KNO_3 - 950$、$KH_2PO_4 - 85$、$CaCl_2 \cdot 2 H_2O - 880$、$NH_4NO_3 - 412.5$、$KCl - 175$、$H_3BO_3 - 50$、$Na_2EDTA - 7.45$、$FeSO_4 \cdot 7H_2O - 0.025$、$KI - 0.83$、$Na_2MoO_4 \cdot 2H_2O - 0.25$、$CuSO_4 \cdot 5H_2O - 0.025$、$CoCl_2 \cdot 6 H_2O - 0.025$、$VitB_1 - 1.0$、$VitB_6 - 1.0$）。

1.4　杂交授粉及种子采收

芙蓉菊做亲本的杂交工作于每年 10 月中旬至翌年 1 月进行。在母本芙蓉菊的边缘单性雌花刚刚开放时，将两性管状小花全部去除，并进行套袋。其他操作同栽培菊花舌状花去雄杂交一致。同一花序重复授粉 2 次，每天授粉 1 次。授粉结束约两周后将杂交的硫酸纸袋换成更加透气的网袋。一般种子采收在 60d 后进行，种子变成灰褐色时，采收干枯的花序，将种子挑出，统计结实率，结实率＝结实数/（授粉的花头数×舌瓣花数）。种子采集完，1 周之后即可播种，在人工气候室进行播种，出苗完整后，统计出苗率，出苗率＝出苗数/种子数×100%。

1.5　花粉萌发及花粉管伸长的荧光观察

花粉管的生长动态可被苯胺蓝有效标记，因此可利用苯胺蓝制片在荧光显微镜下观察花粉管的生长动态。在授粉后 0.5h、1h、2h、4h、6h、8h、12h、16h、24h、48h 分别将授粉过的雌性小花取下放入 FAA 固定液（50%酒精：冰醋酸：福尔马林＝90：5：5）中固定，置于 4℃冰箱备用。首先用 70%、50%、

30%的酒精溶液以及蒸馏水对材料顺次浸洗，然后用8mol/L的NaOH软化脱色1h，用0.1%苯胺蓝染色液（含有0.1mol/L K_3PO_4）浸泡2~4h。在解剖镜下，去除雌性小花的花冠管，然后对雌蕊和子房用甘油压片，并对样品进行轻轻碾压，荧光显微镜观察并拍照。每小时处理的雌蕊各观察15个。统计花粉附着与萌发情况10个，平均每柱头的附着花粉=附着花粉数/观察雌蕊数；平均每柱头的萌发花粉=萌发花粉数/观察雌蕊数（李辛雷，2004）。应用SPSS-20.0统计软件对数据进行差异显著性分析及Duncan（P<0.05）多重比较。

1.6　幼胚培养

选择授粉杂交后不同天数的胚进行接种，筛选出幼胚离体培养的最佳时间；设置不同激素配比的培养基类型，探究最适宜胚拯救的培养基类型。主要于8d、10d、12d、14d、16d、18d、20d、24d分别取样进行胚拯救试验。按时间摘取适龄的花头，放入冰箱短期保存，在1~2d内接种完毕。剥取授粉后的雌性小花，放入离心管，做好标记。在超净工作台上用70%酒精表面消毒30s，无菌水冲洗4次，然后用12%H_2O_2溶液灭菌5~13min，无菌水冲洗涤5次。于无菌条件下，在解剖镜下剥掉子房壁，取出胚珠，接着把胚珠接种在不同激素配比的诱导培养基上（周传恩，2005）。设置5种培养基类型，6-BA与NAA的浓度为变量（mg/L），A：（1.5，0.5）、B：（2.0，0.2）、C：（2.0，0.5）、D：（2.0，1.0）、E：（1.0，0.5）。每板接种9个左右。密封后，放入人工气候室培养，培养条件为每天16h光照，光照度约1600lx，

温度25℃。3~4周后，转入1/2 MS+NAA 0.1mg/L的培养基上生根，培养温度20℃，每日光照16h，光照度约2000lx（汤访评，2009）。待小苗根长至1cm以上，移植到基质（粗粒蛭石：珍珠岩=1∶1）中在人工气候室进行炼苗。1个月后，上盆进行常规管理。出愈率和成苗率：出愈率=总愈伤组织（包括子房直接萌发）/接种子房×100%；成苗率=所得幼苗（鉴定后）/接种子房×100%（陈发棣及李辛雷 等，2006）。

2　结果与分析

2.1　花期调整

通过人工气候室控制光照和温度进行花期调整，实现了将芙蓉菊花期提前至10月中下旬就能正常开花，将芙蓉菊花期提前50d，与菊属植物花期相遇，可实现正常杂交。同理将菊属植物花期调至12月上旬，与芙蓉菊花期相遇。

2.2　杂交结实率

设置芙蓉菊未去雄套袋处理，进行芙蓉菊自交试验，结果表明芙蓉菊的自交结实率较高：3个花头，收获种子105粒，播种出苗98棵，结实率97.22%，出苗率93.33%。这与多数菊属植物自交不亲和的特性截然不同（李辛雷，2004；谭素娥，2017）。

将芙蓉菊作母本，与其他种质资源杂交，共设置9个杂交组合，严格去雄套袋，杂交授粉552个头状花序。父本中菊属的野菊有野菊（泉州）、野菊（上海）、野菊（神农架Ⅱ）、野菊（天柱山）、菊花脑、毛华菊、阔叶毛华菊、匍地菊，杂交结实率和出苗率如表1所示。

表1　芙蓉菊作母本与其他种质资源的杂交情况统计

Table 1　Statistics on hybridization of *C. chinense*(female parents) and other germplasm resources

母本（♀）	父本（♂）	杂交花头数	结实数（粒）	出苗数（棵）	结实率（%）	出苗率（%）
芙蓉菊	野菊（泉州）	40	0	0	0	0
	野菊（上海）	105	0	0	0	0
	野菊（神农架Ⅱ）	66	0	0	0	0
	野菊（天柱山）	90	0	0	0	0
	菊花脑	30	0	0	0	0
	毛华菊	58	0	0	0	0
	芙蓉菊	3	105	98	97.22	93.33
	匍地菊	70	0	0	0	0
	阔叶毛华菊	90	0	0	0	0

芙蓉菊作父本，与其他种质资源杂交，共设置 4 个杂交组合，作母本的菊属的野菊有野菊（泉州）、菊花脑、阔叶毛华菊、匍地菊。进行严格去雄套袋，杂交授粉 240 个头状花序，杂交结实率和出苗率如表 2 所示。

表 2　芙蓉菊作父本与其他种质资源的杂交情况统计

Table 2　Statistics on hybridization of C. chinense（male parents）and other germplasm resources

母本 （♀）	父本 （♂）	杂交花 头数	结实数 （粒）	出苗数 （棵）	结实率 （%）	出苗率 （%）
野菊（泉州）		70	0	0	0	0
菊花脑	芙蓉菊	30	0	0	0	0
匍地菊		70	0	0	0	0
阔叶毛华菊		70	0	0	0	0

由试验结果可知，这些杂交组合均未采收到种子。大部分的组合，子房在杂交 24d 后即全部败育，反映出芙蓉菊作亲本时属间远缘杂交的困难性和后期胚败育的杂交障碍。

2.3　花粉离体萌发结果

多次测定结果均显示芙蓉菊花粉在培养液中未能正常萌发，这与汤访评（2009）的芙蓉菊花粉萌发率 51%，出入较大，因此还需要进一步探究未能正常萌发的原因。但借助芙蓉菊在柱头上的荧光观察，对芙蓉菊花粉活力进行测定，结果表明，芙蓉菊花粉活力较高，可用来进行杂交试验，如图 1 所示。

2.4　花粉管萌发和伸长过程

雌蕊压片荧光观察，选取杂交亲和性较高及杂交结实率较高的杂交组合匍地菊×阔叶毛华菊作为对照组，对芙蓉菊×匍地菊及反交组合匍地菊×芙蓉菊、芙蓉菊×阔叶毛华菊及反交组合阔叶毛华菊×芙蓉菊 5 个杂交组合的授粉后 0.5h、1h、2h、4h、6h、8h、12h、16h、24h、48h 的花粉萌发荧光观察结果如表 3 所示，平均每柱头附着花粉数和平均每柱头萌发花粉数的统计详细情况见表 3 中。由结果可知，供试的 5 个杂交组合除了对照组花粉附着和萌发情况较好外，其余杂交组合附着和萌发情况都相对较差。花粉粒的附着是远缘杂交过程花粉与柱头相互识别的第一步。就平均花粉附着情况来看，对照组花粉附着情况最好，其次是芙蓉菊作母本与菊属野生种质的杂交组合，芙蓉菊作父本的杂交组合花粉附着情况普遍较差；就平均花粉萌发情况来看，对照组匍地菊×阔叶毛华菊花粉附着情况最好，其次是芙蓉菊作母本与菊属野生种质的杂交组合，芙蓉菊作父本的杂交组合花粉附着情况最差，阔叶毛华菊×芙蓉菊和匍地菊×芙蓉菊平均萌发数不足 0.1。说明芙蓉菊花粉很难在菊属植物材料的柱头附着和正常萌发，结合杂交结实情况可推断，芙蓉菊作父本与菊属材料的杂交组合，主要为受精前障碍。

通过对对照组匍地菊×阔叶毛华菊的花粉萌发与花粉管伸长情况进行荧光观察，发现在授粉后 0.5～48h 柱头附着花粉数目一直相对稳定，每柱头平均附着 19.7 粒，花粉附着效果比其他组合要好；授粉 0.5 小时后花粉开始少量萌发，一直持续到 48h。授粉后 4h 时平均每柱头附着的花粉数和平均每柱头萌发的花粉数均达到最大值，能看到花粉管沿花柱伸长，在授粉 8h 后有部分花粉管伸入子房，如图 2 所示。

图 1　芙蓉菊自交花粉萌发与花粉管伸长情况荧光观察

Fig. 1　Observation of germination and pollen tube Elongation of C. chinense selfing experiment

A：芙蓉菊花粉 4h 在柱头上可见大量萌发；B：芙蓉菊花粉 24h 在花柱内形成花粉管束；C：芙蓉菊 24h 花管伸长进入子房

表3 不同组合授粉后平均每柱头附着及萌发的花粉数

Table 3 Average number of adhered and germinated pollens on per stigma after pollination

组合 时间	CY×CVL		CY×CC		CVL×CC		CC×CY		CC×CVL	
	FZ	MF	FZ	MF	FZ	MF	FZ	MF	FZ	MF
0.5h	13.8	5.0	7.0	0.2	5.8	0.2	11.2	0.8	10.2	0
1h	26.8	9.8	2.6	0	17.8	0.3	10.3	0.4	5.5	0.7
2h	14.1	7.7	4.2	0	6.5	0	5.7	0.4	8.8	1.8
4h	33.2	21.2	2.7	0	4.5	0	14.8	4.6	0.8	0
6h	18.4	12.6	6.0	0	6.6	0.4	7.5	4.5	4.2	1.3
8h	23.0	15.5	4.2	0	2.0	0	7.2	3.8	3.4	0.2
12h	21.1	15.3	4.8	0	4.6	0	23	12.2	7.6	4.8
16h	25.6	17.9	2.4	0	5.8	0	33.3	15.8	23	10.5
24h	6.0	5.7	8.0	0	4.8	0	19	13.7	6.8	3.5
48h	15.3	10.4	6.7	0.2	11.2	0	16.5	8.8	9.4	9.2
平均	19.7	12.1	4.9	0.04	7.0	0.09	14.9	6.5	8.0	3.2

注：FZ：平均每柱头附着花粉数；MF：平均每柱头萌发花粉数；CY：匍地菊；CVL：阔叶毛华菊；CC：芙蓉菊。

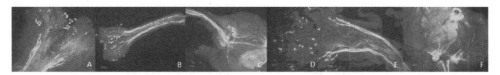

图2 匍地菊×阔叶毛华菊花粉萌发与花粉管伸长情况荧光观察

Fig. 2 Observation of germination and pollen tube Elongation of *C. yantaiense* × *C. vestitum* var. *latifolium*
A：授粉2h后花粉萌发和花粉管伸长情况；B-C：授粉4h后花粉管伸长情况；D-F：授粉8h后花粉管伸入子房

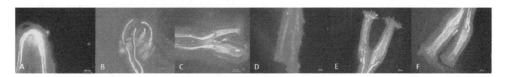

图3 匍地菊×芙蓉菊及阔叶毛华菊×芙蓉菊花粉萌发与花粉管伸长情况荧光观察

Fig. 3 Observation of germination and pollen tube Elongation of *C. yantaiense* × *C. chinense* and *C. vestitum* var. *latifolium* × *C. chinense*
A：匍地菊×芙蓉菊授粉0.5h后1粒花粉萌发；B：匍地菊×芙蓉菊授粉6h后花粉未萌发；C：匍地菊×芙蓉菊授粉48h后花粉未见萌发；D：阔叶毛华菊×芙蓉菊授粉4h后花粉未见萌发；E：阔叶毛华菊×芙蓉菊授粉16h后花粉未萌发；F：阔叶毛华菊×芙蓉菊授粉48h花粉未见萌发

在芙蓉菊作父本的两个杂交组合中，虽然柱头有花粉附着，但花粉附着较弱，在荧光压片处理中，极易脱落。两个杂交组合10个时间处理偶见有萌发，且花粉仅在柱头表面萌发，未见向花柱延伸，授粉后2h，柱头细胞出现胼胝质，4h后大量增加，主要出现在花粉管所接触的柱头上，两个杂交组合都存在严重的受精前障碍。如图3所示。匍地菊×芙蓉菊与阔叶毛华菊×芙蓉菊这两个杂交组合中，花粉活力较高的芙蓉菊在两个菊属植物的柱头上附着和萌发情况都比较差。初步得出结论，在利用芙蓉菊杂交中，采用芙蓉菊作父本的杂交存在明显的受精前障碍，因此不适

合利用胚拯救提高杂交成功率。

杂交组合芙蓉菊×匍地菊，每柱头平均附着花粉19.7粒，平均萌发花粉6.5粒，附着和萌发效果比其他芙蓉菊远缘杂交组合要好。授粉后0.5~2h，花粉开始萌发，但萌发率较低，平均每柱头萌发花粉数不足1粒，即大部分柱头未见萌发；授粉后4~8h，平均每柱头萌发花粉数约为4粒；授粉后12~48h，平均每柱头萌发花粉数约为14粒，花粉在柱头上大量萌发。最大花粉附着数76粒，萌发数为41粒，出现在授粉后16h；萌发最好的出现在授粉后24h，附着花粉51粒，萌发37粒。授粉后4h，大部分花粉在柱

头表面萌发，大部分出现了花粉管短缩、弯曲和倒长等生长异常的情况，而未能继续伸长进入子房完成受精，但是发现依然有少数花粉，花粉管沿着花柱正常延伸，甚至是进入子房（图4）。与杂交结实但未获得此杂交组合的属间杂种结果对照，此杂交组合主要杂交障碍为后期胚败育所致。

杂交组合芙蓉菊×阔叶毛华菊，每柱头平均附着花粉8.0粒，平均萌发花粉3.2粒，附着和萌发效果次于芙蓉菊×匍地菊的组合，比芙蓉菊×栽培品种杂交组合要好。授粉后0.5~8h，花粉开始萌发，但萌发率低，平均每柱头萌发花粉数不足2粒，甚至部分时间段，取得10个样均为0萌发；授粉后8~48h，平均每柱头萌发花粉数约为7粒，最大花粉附着数42粒，且萌发效果最好30粒，也出现在授粉后16h。花粉在柱头上大量萌发。与芙蓉菊×匍地菊花粉萌发情况相似，大部分萌发的花粉仅在柱头表面萌发，大部分出现了弯曲和倒长等生长异常现象，依然有少数花粉，花粉管沿着花柱正常延伸，甚至是进入子房（图5）。与杂交不结实相对照，推断此杂交组合主要为受精后障碍。

初步可得知，在4个芙蓉菊远缘杂交组合中，芙蓉菊作母本时与菊属野生材料杂交亲和性比作父本显著更好，芙蓉菊作父本的杂交组合花粉附着和萌发情况较差，萌发率近乎为0。通过花粉附着和萌发情况对比，初步得出芙蓉菊作父本与菊属植物杂交，存在严重的受精前障碍；而芙蓉菊作母本与菊属野生材料杂交亲和性较好，可通过胚拯救技术去获得杂种后代。

2.5　胚拯救

胚拯救试验中，共对4个杂交组合进行胚拯救，分别为，芙蓉菊作母本的2个组合：芙蓉菊×匍地菊、芙蓉菊×阔叶毛华菊；芙蓉菊作父本的2个组合：匍地菊×芙蓉菊及阔叶毛华菊×芙蓉菊。开始，依然于授粉后12d、14d、16d、18d、20d，5个时间段分别取样进行胚拯救试验，但芙蓉菊作父本的2个组合在5个时间段内的胚拯救结果，极少出现愈伤，又增设3个时间段向前8d、10d及向后24d。芙蓉菊作母本的2个杂交组合，每个时间段取花头20个，每花头平均约有单性雌花36个，用于胚拯救试验；芙蓉菊作父本的2个杂交组合，每个时间段取花头10个，匍地菊与阔叶毛华菊每花头平均约有舌状花20个，同时对5种类型的培养基进行筛选。

4个杂交组合的胚拯救试验，对每个时期接种的胚珠数、出愈率和成苗率统计结果如表4所示。从表中数据可得出，胚拯救的效果不仅受父母本亲缘关系、母本的柱头对外源花粉亲和性影响，也受染色体倍性的影响，在芙蓉菊作母本的杂交组合中，与四倍体的杂交组合的亲和性比与六倍体的杂交组合要好。对芙蓉菊作母本的2个杂交组合分析结果可知，平均成苗率最高的杂交组合为与四倍体亲本的芙蓉菊×匍地菊，就平均出愈率来说，与六倍体亲本杂交组合芙蓉菊×阔叶毛华菊最高。这也与柱头荧光花粉观察结果相一致，表明这4个杂交组合的出愈率与成苗率和有性杂交时的柱头亲和性呈正相关，表明杂交组合的

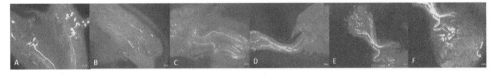

图 4　芙蓉菊×匍地菊花粉萌发与花粉管伸长情况荧光观察

Fig. 4　Observation of germination and pollen tube Elongation of *C. chinense* × *C. yantaiense*

A：授粉4h花粉萌发和花粉管伸长情况；B：授粉8h后花粉管伸长情况；C：授粉12h后花粉管至子房；
D：授粉16h后花粉管成束伸长至子房；E-F：授粉48h后花粉管成束伸长进入子房

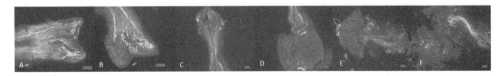

图 5　芙蓉菊×阔叶毛华菊花粉萌发与花粉管伸长情况荧光观察

Fig. 5　Observation of germination and pollen tube Elongation of *C. chinense* × *C. vestitum* var. *latifolium*

A-B：授粉12h花粉萌发情况；C-D：授粉16h花粉萌发及花粉管伸长情况；E：授粉24h花粉管伸长情况；
F：授粉48h花粉管成束伸长至子房

表 4　授粉后不同接种天数对胚培养的影响

Table 4　Effect of different days on embryo culture after pollination

天数	CC×CY			CY×CC			CC×CVL			CVL×CC		
	接种	Cir(%)	Pfr(%)	接种	Cir(%)	Pfr(%)	接种	Cir(%)	Pfr(%)	接种	Cir(%)	Pfr(%)
8d	–	–	–	165	0	0	–	–	–	195	0	0
10d	–	–	–	130	0	0	–	–	–	175	0	0
12d	18	33.33	5.56	156	1.54	0	75	37.33	1.33	169	0	0
14d	42	30.95	11.90	130	0	0	37	27.03	1.35	130	0	0
16d	21	38.10	9.52	195	0	0	45	70.79	5.62	182	0	0
18d	39	54.43	11.39	130	0	0	57	42.11	10.53	156	0	0
20d	20	45.00	10.00	43	2.33	0	55	58.18	5.45	117	0	0
24d	–	–	–	0	0	0	–	–	–	48	0	0
平均	28	40.36	9.68	119	0.77	0.47	54	47.09	4.86	147	0	0

注：Cir：出愈率；Pfr：成苗率；CY：匍地菊；CVL：阔叶毛华菊；CC：芙蓉菊；-：无。

设置不仅受父母本亲缘关系、作母本的杂交亲和性的影响，也受染色体的倍数的影响，即与四倍体的杂交组合要好于与六倍体的杂交组合。

杂交组合芙蓉菊×匍地菊杂交，授粉后 12～20d 时出愈率最低 30.95%，最高 54.43%，平均 40.36%，授粉后 18d 和 20d 超过平均值，最高的成苗率为授粉后 14d，为 11.90%，但授粉后 16d、18d 和 20d 均为 10%左右，优势不明显。而授粉后 12d，由于胚珠发育不成熟，离体培养效果较差，成苗率较低为5.56%，因此综合出愈率和成苗率，芙蓉菊×匍地菊属间远缘杂交最佳胚拯救时期为授粉后 18d。

杂交组合芙蓉菊×阔叶毛华菊杂交，授粉后 12～20d 时，出愈率最低为授粉 14d，为 27.03%；出愈率最高为授粉后 16d，70.79%。最高的成苗率为授粉后 18d，为 10.53%，优势明显高于其他时间段。而授粉后 12d 和 14d，由于胚珠发育不成熟，离体培养效果较差，成苗率较低，不足 1.5%。因此综合出愈率和成苗率，芙蓉菊×阔叶毛华菊属间远缘杂交最佳胚拯救时期为授粉后 16～18d。

对芙蓉菊作父本的 2 个杂交组合结果分析可知，授粉后 8～24d，8 个时间段对胚拯救结果并未有多大影响，但是授粉后 24d，匍地菊×芙蓉菊已经完全败育，未见有可接种的胚珠；阔叶毛华菊×芙蓉菊可接种的胚珠数已经不到 1/4。综合柱头荧光花粉观察结果可确定，芙蓉菊作父本与匍地菊和阔叶毛华菊的杂交组合，存在严重的受精前障碍，所以出愈率和成苗率不会随时间而有所变化。但匍地菊×芙蓉菊 8 个时间段，5 类培养基，共产生有 3 个愈伤，其中 1 个发育成苗，其他 2 个停止在愈伤阶段，结合柱头花粉萌

发荧光观察结果，匍地菊×芙蓉菊存在明显的受精前障碍。而阔叶毛华菊×芙蓉菊未见产生愈伤。因此可得出，胚龄的不同，对胚拯救的出愈率和成苗率有明显的影响。

对 4 个杂交组合的胚拯救试验，5 种激素配比不同的培养基类型的出愈率和成苗率，结果如表 5 所示，就平均成苗率来说，最好的为芙蓉菊×匍地菊的杂交组合：平均成苗率 10.38%，平均出愈率为41.25%；5 种培养基出愈率最低为 E 型培养基，为34.88%，最高为 A 型培养基为 48.98%；就成苗率而言，B 型培养基最高为 17.65%，约为最低的 C 型培养基的 3.4 倍；综合而言，此杂交组合 A 和 B 型培养基较好。然后为芙蓉菊×阔叶毛华菊杂交组合：平均出愈率和成苗率分别为 48.13%和 4.43%，5 种培养基出愈率最低为 A 型培养基，为 41.57%，最高为 D 型培养基为 54.17%；就成苗率而言，B 型培养基最高为 6.25%，约为最低的 E 型培养基的 3.4 倍；综合而言，此杂交组合 B 型培养基较好。芙蓉菊作父本的2 个组合：匍地菊×芙蓉菊及阔叶毛华菊×芙蓉菊，培养基类型对存在受精前障碍的杂交组合影响不大。综合分析表明：不同的杂交组合，最佳的培养基类型有所不同，但是培养基对出愈率和成苗率的影响没有胚龄的影响大。综合 5 类培养基，B 型培养基普遍对芙蓉菊×匍地菊、芙蓉菊×阔叶毛华菊 2 个组合有较高的出愈率和成苗率。其中匍地菊×芙蓉菊和阔叶毛华菊×芙蓉菊的杂种胚极少数产生愈伤组织，且后期都停止发育，可推测芙蓉菊作父本的杂交组合存在严重的受精障碍。

表5　不同激素配比培养基对胚培养的影响
表5　不同激素配比培养基对胚培养的影响
Table5　Effect of different hormone proportioning medium on embryo culture

类型	CC×CY		CY×CC		CC×CVL		CVL×CC	
	Cir(%)	Pfr(%)	Cir(%)	Pfr(%)	Cir(%)	Pfr(%)	Cir(%)	Pfr(%)
A	48.98	12.24	0	0	41.57	5.62	0	0
B	39.22	17.65	0	0	46.88	6.25	0	0
C	36.84	5.26	0.71	0	47.14	4.29	0	0
D	46.34	9.76	0.72	0	54.17	4.17	0	0
E	34.88	6.98	0.85	0	50.91	1.82	0	0
平均	41.25	10.38	0.46	0	48.13	4.43	0	0

注：Cir：出愈率；Pfr：成苗率；CY：匍地菊；CVL：阔叶毛华菊；CC：芙蓉菊；-：无。

3　结论与讨论

通过杂交试验，验证了芙蓉菊易发生自交的推测。在芙蓉菊参与的属间远缘杂交组合中，所有杂交组合，均未获得杂交后代，亲和指数均为0，这反映出芙蓉菊与菊属间远缘杂交的困难和杂交组合的不亲和性。借助芙蓉菊花粉在柱头上的荧光观察，可发现芙蓉菊花粉活力较高。

芙蓉菊作母本的杂交组合中，芙蓉菊作母本与菊属种质的杂交组合较好，作为父本的菊属植物的花粉均能附着在芙蓉菊的柱头上，但大多不能够正常萌发或多在柱头表面萌发，生长畸形、长度较短、极少见到花粉管到达子房，可见远缘杂交的困难性。这也说明芙蓉菊的属间远缘杂交存在很大的受精前障碍，属间杂交一般较难成功。孙春青认为，属间杂交花粉活力及花粉在柱头的萌发行为对杂交结实率影响并不大（孙春青，2009）。而在本试验中，通过柱头荧光压片观察和胚拯救结果来看，可知芙蓉菊作父本的2个组合：匍地菊×芙蓉菊及阔叶毛华菊×芙蓉菊，芙蓉菊花粉在柱头花粉附着率和萌发率非常低，且未见有效萌发，存在严重的受精前障碍。Watanabe认为二倍体作父本时与高倍性种杂交障碍为花粉管太短到达不了胚囊（Watanabe et al.，1977），这与我们的结论有所不同。所以我们认为花粉活力及花粉在柱头的萌发行为对属间杂交能否成功影响非常大，甚至是决定性因素。

4个杂交组合的胚拯救试验。芙蓉菊作母本的2个杂交组合，随着时间的推进，胚珠败育率逐渐增加，杂交组合普遍在授粉后12d与授粉后14d胚拯救效果较差，一方面与胚珠过于幼嫩难以剥取、接种数较低相关，另一方面是由于胚发育较弱。从授粉后不同接种时期看，影响2个杂交组合：芙蓉菊×匍地菊、芙蓉菊×阔叶毛华菊杂种幼胚拯救的出愈率和成苗率的关键性影响因素是胚龄的不同，而且不同杂交组合的最佳胚拯救时期有明显不同，且只有选择合适的时期，胚拯救效率才能大幅提高。芙蓉菊作父本的2个杂交组合，从授粉后8~18d，胚珠一直较完整，而且容易剥取，但对照柱头荧光花粉观察结果可知，此类杂交组合存在严重的受精前障碍，所以出愈率和成苗率并没有随时间有所变化，但授粉后20~24d，胚珠开始迅速败育。对芙蓉菊作父本的2个杂交组合分析，综合柱头荧光花粉观察结果可确定，芙蓉菊作父本与匍地菊和阔叶毛华菊的杂交组合，存在严重的受精前障碍。

5种激素配比不同的培养基类型的出愈率和成苗率对比结果：不同的杂交组合，最佳的培养基类型有所不同。芙蓉菊×匍地菊、芙蓉菊×阔叶毛华菊2个组合在B型培养基（MS+BA 2.0mg/L+NAA 0.2mg/L）下均有较高的出愈率和成苗率。

此外，从获得杂种后代发育周期来看，常规杂交采种方式从杂交到获得杂种苗，至后代形态可鉴定至少需要90d，而幼胚培养则只需要40d，约是常规育种速度的2倍多，且获得后代效率高。通过属间远缘杂交并获得杂种后代，实现了芙蓉菊属与菊属野生种以及栽培种的属间基因交流。后期可对后代开展遗传分析等，还可为芙蓉菊属及菊属的杂交种工作提供大量很有价值的育种中间材料。

参考文献

陈俊愉，崔娇鹏，2006. 地被菊培育与造景[M]. 北京：中国林业出版社.

管志勇，陈素梅，陈发棣，等，2010. 32个菊花近缘种属植物耐盐性筛选[J]. 中国农业科学，43(19)：4063-4071.

郝建华，2008. 部分菊科入侵种的有性繁殖特征与入侵性的
　　关系[D]. 南京：南京农业大学.

李辛雷，2004. 菊属植物自交、杂交及远缘杂种幼胚拯救研
　　究[D]. 南京：南京农业大学.

李辛雷，陈发棣，2004. 菊花种质资源与遗传改良研究进展
　　[J]. 植物学通报，21(4)：392-401.

孙春青，2009. 菊花远缘杂交生殖障碍及种质创新研究
　　[D]. 南京：南京农业大学.

汤访评，2009. 菊属与四个近缘属植物远缘杂交研究[D].
　　南京：南京农业大学.

谭素娥，费江松，房伟民，等，2017. 22 份菊属植物自交特
　　性及后代性状分析[J]. 南京农业大学学报，40(3)：400

-407.

王佳丽，黄贤金，钟太洋，等，2011. 盐碱地可持续利用研
　　究综述[J]. 地理学报，66(5)：673-684.

杨海燕，2016. 广义菊属耐盐种质筛选及关键耐盐基因挖掘
　　[D]. 北京：北京林业大学.

周传恩，夏光敏，2005. 小麦远缘杂交胚拯救技术[J]. 麦
　　类作物学报，25(3)：88-92.

朱明涛，贾丽，2011. 菊花育种技术研究进展[J]. 玉林师
　　范学院学报，32(2)：84-87.

Watanabe K. 1977. Successful ovary culture and production of F_1
　　hybrids and androgenic haploids in Japanese Chrysanthemum
　　species[J]. The Journal of Heredity，68：317-320.

生理学研究

盐碱胁迫对蜡梅光合生理特性与叶绿素荧光参数的影响

肖可　罗燕杰　王静　李悦　李海燕　禹世豪　何立飞　李庆卫[*]

（花卉种质创新与分子育种北京市重点实验室，国家花卉工程技术研究中心，城乡生态环境北京实验室，

园林环境教育部工程研究中心，林木花卉遗传育种教育部重点实验室，园林学院，北京林业大学，北京 100083）

摘要　研究盐碱胁迫对蜡梅光合作用的影响对土壤盐碱化地区的蜡梅种植具有重要意义。试验以 2 年生'小磬口'蜡梅实生苗为研究材料，设置盐胁迫（中性盐：NaCl、Na_2SO_4）、盐碱混合胁迫（中性盐：NaCl、Na_2SO_4；碱性盐：Na_2CO_3、$NaHCO_3$）两个处理组，每个处理组设置 6 个浓度梯度，并以清水为对照组（CK），通过测定 0d、10d、20d、30d、40d 时间点蜡梅叶片的叶绿素含量、光合作用参数、叶绿素荧光参数，以探讨不同盐碱胁迫下蜡梅光合响应特性。研究表明：①随着盐浓度的增加和胁迫时间的延长，两个处理组的净光合速率（Pn）、气孔导度（Gs）、蒸腾速率（Tr）、PSⅡ最大光化学量子产量（Fv/Fm）、PSⅡ实际光合效率（Yield）、表观光合电子传递效率（ETR）和光化学猝灭系数（qP）呈现下降趋势，表明植物光合作用受到较大影响。②叶片胞间 CO_2 浓度（Ci）呈现上升趋势，表明盐碱胁迫下蜡梅叶片光合速率受到非气孔限制。③在盐碱胁迫浓度 0.2% 下 Yield、ETR、qP 与对照组差异不明显（$P < 0.05$），表明低浓度盐碱生境对蜡梅光合系统造成了损伤，但能通过相应的反应机制降低损伤的程度。④2 种胁迫对蜡梅叶片光合的抑制作用表现为盐碱混合处理>盐处理；高浓度处理>低浓度处理。

关键词　蜡梅；盐碱胁迫；光合生理特性；叶绿素荧光参数

Effects of Saline-alkali on the Photosynthesis and Cholorophyll Fluorescence of *Chimonanthus praecox*

XIAO Ke　LUO Yan-jie　WANG Jing　LI Yue　LI Hai-yan　YU Shi-hao　HE Li-fei　LI Qing-wei[*]

（*Beijing Key Laboratory of Ornamental Plants Germplasm Innovation & Molecular Breeding，National Engineering Research Center for Floriculture，Beijing Laboratory of Urban and Rural Ecological Environment，Engineering Research Center of Landscape Environment of Ministry of Education，Key Laboratory of Genetics and Breeding in Forest Trees and Ornamental Plants of Ministry of Education，School of Landscape Architecture，Beijing Forestry University，Beijing 100083，China*）

Abstract　It is of great significance to study the effect of saline-alkali on the photosynthesis of *Chimonanthus praecox* in the cultivation and popularizationin soil salinization area. In the experiment, the seedlings of two-year-old 'Xiaoqingkou' *Chimonanthus praecox* were used as the research materials, and two treatment groups were set up：salt stress（neutral salt：NaCl、Na_2SO_4），salt alkali mixed stress（neutral salt：NaCl、Na_2SO_4；basic salt：Na_2CO_3、$NaHCO_3$）. Each treatment group was set up with six concentration gradients, and water was used as the control group（CK）. The leaves of *Chimonanthus praecox* at the time points of 0d、10d、20d、30d and 40d were measured Chlorophyll content, photosynthesis parameters and chlorophyll fluorescence parameters were used to study the photosynthetic response characteristics of *Chimonanthus praecox* under different saline-alkali stress. The results showed that：①With the increase of salt concentration and the extension of stress time, the net photosynthetic rate（Pn），stomatal conductance（Gs），transpiration rate（Tr），the maximum photochemical quantum yield

1 基金项目：北京林业大学建设世界一流学科和特色发展引导专项资金资助－园林植物高效繁殖与栽培养护技术研究（2019XKJS0324），科学研究与研究生培养共建科研项目－北京实验室（2016GJ-03），北京园林绿化增彩延绿科技创新工程－北京园林植物高效繁殖与栽培养护技术研究（2019-KJC-02-10）。

第一作者简介：肖可（1996—），女，硕士研究生，主要从事蜡梅资源与育种研究。

通讯作者：李庆卫，教授，E-mail：Lqw6809@ bjfu. edu. cn。

（Fv／FM）, the actual photosynthetic efficiency（Yield）, the apparent electron transfer efficiency（ETR）and the photo-chemical quenching coefficient（qP）of the two treatment groups decreased, indicating that the plant The photosynthesis of plant is greatly affected. ②The increase of intercellular CO_2 concentration（Ci）indicated that the photosynthetic rate of Chimonanthus praecox was restricted by non stomata under saline-alkali stress. ③There was no significant difference in yield, ETR and qP between the control group and the control group at 0.2% salt alkali stress concentration（$P < 0.05$）. ④The inhibition of two stresses on the photosynthesis of *Chimonanthus praecox* leaves was salt alkali mixed treatment > salt treatment；high concentration treatment > low concentration treatment.

Key words　*Chimonanthus praecox*；Saline-alkali stress；Photosynthetic physiological characteristics；Chlorophyll fluorescence parameters

蜡梅（*Chimonanthus praecox*）系蜡梅科蜡梅属植物,是我国传统特有的珍贵药用观赏名木,栽培历史悠久,具有极高的观赏价值、经济价值以及人文价值,在园林绿化、盆景、切花、制药、护肤品等行业均有广泛运用（陈洁和李庆卫,2012）。目前关于蜡梅抗逆性研究主要集中在从生理机制和分子机制进行抗寒机制研究,对蜡梅的抗盐性研究不多且主要集中在功能基因和单盐胁迫的生理机制研究上。然而土壤盐分复杂,盐化和碱化往往相伴发生,在实际生产中会面临盐碱混合胁迫的影响（石德成 等,1998；张科等,2009）。目前全球土壤盐碱化问题日趋严重,成为主要的生态环境问题之一,我国盐碱地总面积 $9.913×10^7 hm^2$,位居世界第三,其盐分含量一般为 0.07%～1.3%,pH 一般为 6.9～10.8,盐碱化土地面积至今仍在不断扩大,这极大地制约了我国农业和林业的生产与发展（SINGH A,2015；LIU Y,2018）。因此需要进一步人工模拟土壤盐碱胁迫环境进行蜡梅耐盐碱性研究。

光合作用是植物生长发育的基础,在光能的吸收、固定、分配与转化中发挥关键作用,为植物提供丰富的物质和能量（Robert H 等,2000）。盐碱胁迫是影响光合作用的一个重要外在因素（Farquhar GD 和 Sharkey T D）,研究盐碱混合胁迫下的光合功能维持机制可以直观地反映出植物处在盐碱胁迫下所产生的生理变化。因此本文以'小磬口'蜡梅为试验材料,通过测定不同浓度的盐处理、盐碱混合处理下叶绿素含量、叶片光合生理参数、叶绿素荧光参数,探讨光合特性对盐碱混合胁迫的响应机制,旨在完善蜡梅抗逆性的研究,对指导蜡梅在盐碱地区的栽培提供科学依据。

1　材料与方法

1.1　材料

试验材料选用生长良好且长势一致的两年生'小磬口'蜡梅苗。2018 年 3 月将苗木定植在塑料花盆内（盆高 30cm,上部直径 30cm,下部直径 20cm）,花盆底下设置托盘,每盆 1 株。每个花盆内装有 8kg 基质,基质配比为 V（草炭灰）:V（珍珠岩）:V（洗净河沙）= 2:1:1,所有苗木进行常规栽培管理且水肥管理一致。

1.2　试验设计

试验在北京林业大学梅菊园苗圃中进行。根据预试验结果,将中性盐胁迫（NaCl 和 Na_2SO_4,以 1:1 浓度混合,pH = 7.22）设置为 A 处理组,盐碱混合胁迫（NaCl、Na_2SO_4、$NaHCO_3$ 和 Na_2CO_3 按照 1:1:1:1 混合,pH = 9.65）设置为 B 处理组,每个处理组设 6 个浓度梯度,分别为 0.2%、0.4%、0.6%、0.8%、1.0%、1.2%,以盐浓度为 0 的清水为对照（CK）,每个处理设 5 个重复。2018 年 6 月下旬,试验苗进入旺盛生长期后,将盆土控水数天,使土壤干燥便于施盐时盐分快速扩散。待盆土干燥后,将定量的混合盐碱溶解后浇灌到所对应的处理中,每天加入 1L 盐水,每两天浇一次共两次。为防止盐分流失,盆下设置托盘,将盆中流出的溶液倒回盆内。盐化处理后进行常规管理,土壤田间持水量维持在 60%～80%,处理 40d 后结束试验。盐胁迫处理于 0、10d、20d、30d、40d 时选取植株中上部的叶片进行各项指标的测定,每个指标做 3 个重复。

1.3　测定项目与方法

1.3.1　叶绿素含量

参照高俊凤的乙醇直接浸提法。去除蜡梅叶片大主脉,称 0.25g 于 50ml 离心管中,加入 50ml 95% 的乙醇密封,在黑暗条件下室温提取 24h,用紫外可见分光光度计分别在波长 665nm、649nm、470nm 下进行比色。根据以下公式计算叶绿素。

$$C_{(叶绿素)} = 18.16A_{649} + 6.63A_{665} \qquad (3-4)$$

$$叶绿素含量 = C × V_T × N/W \qquad (3-5)$$

式中,V_T 为提取液体积/mL；N 为稀释倍数；W 为叶片鲜重/g。

1.3.2　光合指标

分别在胁迫 0、10、20、30、40d 后晴天 9:00～11:00,选取生长良好且长势一致的上部功能叶,采用 LI-6400 便携式光合仪（LI-Cor，Inc，美国）测定在光强 $1000\mu mol \cdot m^{-2} \cdot s^{-1}$ 下的净光合速率（Pn）、气孔导度（Gs）、胞间 CO_2 摩尔分数（Ci）、蒸腾速率（Tr），每个处理重复 3 次。

1.3.3　叶绿素荧光参数

分别在胁迫 0、10、20、30、40d 后晴天 9：00~11：00，选取生长良好且长势一致的上部功能叶，采用便携式调制叶绿素荧光仪 PAM-2500，测定暗处理 30min 后的叶绿素荧光参数：最大光合效率（Fv/Fm）、实际光合效率（Yield）、光化学猝灭系数（qP）和光合电子传递速率（ETR），每个处理重复 3 次。

1.4　数据处理

使用 Microsoft Excel 2016、SPSS22.0 对数据进行分析与作图。

2　结果与分析

2.1　盐碱胁迫对蜡梅叶片叶绿素含量的影响

A 处理组在盐浓度 0.2%~0.4%，B 处理组在盐浓度 0.2%~0.8% 时，叶绿素含量随胁迫时间延长整体呈先上升后下降趋势（图 1）。A 处理组在盐浓度 0.6%~1.2%，B 处理组盐浓度在 1.0%~1.2% 时，叶绿素随胁迫时间延长而下降。40d 时，A 处理组除 0.2% 浓度外叶绿素含量均与 CK 差异显著，叶绿素含量相对于 CK 分别下降了 37.16%、40.39%、54.85%、57.9% 和 77.24%；B 处理组各浓度相对于 CK 分别显著下降了 31.3%、31.18%、36.91%、54.3%、68.21% 和 86.01%。

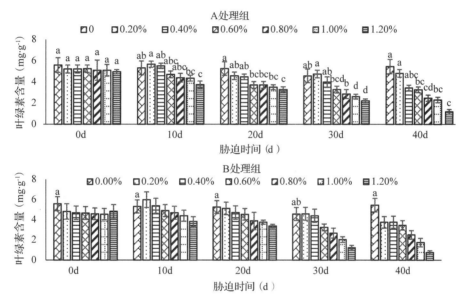

图 1　盐碱胁迫下蜡梅叶绿素含量变化

Fig. 1　The effect on leaf chlorophyll content of *Ch. praecox* under saline-alkali stress

2.2　盐碱胁迫对蜡梅叶片光合参数的影响

2.2.1　净光合速率（Pn）

如图 2 所示，盐碱胁迫下，随胁迫时间延长，各处理组的 Pn 值整体呈急剧下降-上升-下降趋势，随盐浓度增加，Pn 值呈下降趋势。A、B 处理组内各浓度在 10d 时，Pn 值均急剧下降，与 CK 差异显著（$P<0.05$）；在 20d 时，各浓度处理下 Pn 值上升；在 40d 时，各浓度 Pn 值均下降至最低值，A 处理组在浓度 0.2% 处理下与 CK 差异不显著，其他各浓度相对于 CK 分别显著下降了 48.30%、51.4%、61.53%、68.67% 和 73.97%，B 处理组相对 CK 分别显著下降了 36.33%、46.63%、63.43%、72.54%、86.60% 和

88.8%。其中含有碱性盐的 B 处理组在中高浓度下降幅度更大。

2.2.2　叶片气孔导度（Gs）

如图 3 所示，A 处理组在盐浓度为 0.2%~0.8% 时，随胁迫时间延长，Gs 值呈先下降后上升再下降趋势，在盐浓度 1.0%~1.2% 处理下，Gs 值呈下降趋势，始终与 CK 差异显著。B 处理组在盐浓度为 0.2%~0.4% 时，Gs 值呈先下降后上升再下降趋势，40d 时下降至最低值；在盐浓度 0.6%~1.2% 处理下，Gs 值呈先下降后趋于平缓趋势，30d 下降至最低值。各浓度胁迫 10d 后 Gs 值后始终与 CK 差异显著。碱性盐比例较高的 B 处理组 GS 值下降幅度大于其他处理组，B 处理组下降至最低值的时间比 A 处理组早

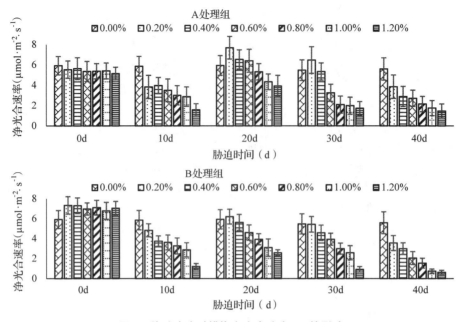

图 2　盐碱胁迫对蜡梅净光合速率 Pn 的影响

Fig. 2　The effect on net photosynthetic rate Pn of *Ch. praecox* under saline-alkali stress

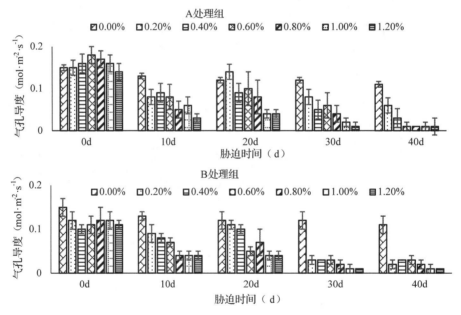

图 3　盐碱胁迫对蜡梅气孔导度 Gs 的影响

Fig. 3　The effect on stomatal conductance Gs of *Ch. praecox* under saline-alkali stress

10d，且 B 处理组持续下降的浓度比 A 处理组低，说明 Gs 值在碱性盐比例高在低浓度就一直下降，且急剧下降的速度更快。

2.2.3　叶片胞间 CO_2 浓度（Ci）

如图 4 所示，随盐浓度增加和胁迫时间延长，各处理组的胞间 CO_2 浓度变化趋势与 Pn 和 Gs 正好相反，Ci 值整体呈先上升后下降再上升趋势。在 40d 时，A、B 处理组 Ci 值均在盐浓度 0.2% 处理下 Ci 值与 CK 差异不显著，而在浓度 0.4%～1.2% 处理下，

A、B 处理组 Ci 值均上升到最大值。A 处理组相对于 CK 分别显著上升了 29.14%、32.64%、73.00%、79.33% 和 112.85%，B 处理组相对于 CK 分别显著上升了 30.74%、30.75%、63.00% 和 110.10%。

2.2.4　叶片蒸腾速率（Tr）

如图 5 所示，A、B 处理组在各浓度处理下，随胁迫时间延长，Tr 值均呈下降趋势。其中 0.2%～0.4% 处理下，Tr 值在 30d 下降幅度最大。0.6%～1.2% 处理下，Tr 值在 10d 下降幅度最大。表明短时

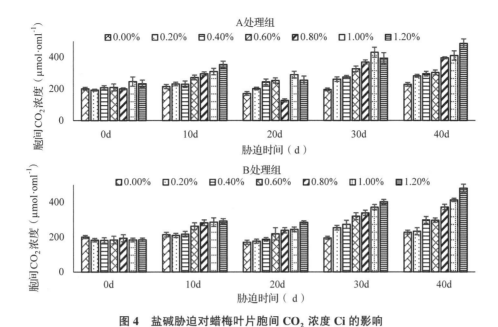

图 4　盐碱胁迫对蜡梅叶片胞间 CO₂ 浓度 Ci 的影响

Fig. 4　The effect on intercellular carbon dioxide concentration Ci of *Ch. praecox* under saline-alkali stress

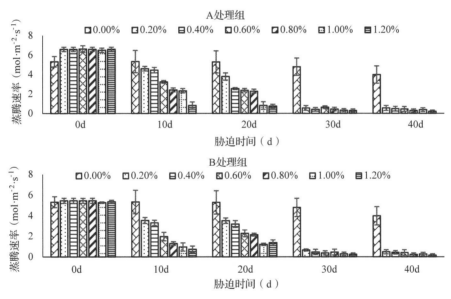

图 5　盐碱胁迫对蜡梅叶片蒸腾速率 Tr 的影响

Fig. 5　The effect on transpiration rate Tr of *Ch. praecox* under saline-alkali stress

间内低浓度胁迫对蜡梅蒸腾速率影响较小，但随胁迫时间延续，其伤害作用明显。低浓度盐碱胁迫在 30d 降幅最大，高浓度盐碱胁迫在 10d 降幅最大，表明浓度越高 Tr 值下降速度越快。

2.3　盐碱胁迫对蜡梅叶绿素荧光参数的影响

2.3.1　叶片光系统 II 的最大光合效率(Fv/Fm)

由图 6 可知，随盐浓度增加和胁迫时间延长，各处理组 Fv/Fm 值整体呈下降趋势。A 处理组在盐浓度为 0.2%～0.4%时，随胁迫时间延长，Fv/Fm 值缓慢变化，在 40d 时与 CK 差异不显著($P>0.05$)；在盐浓度 0.6%～1.2%处理下，Fv/Fm 值在 40d 时下降至最低值，与 CK 差异显著；相对于 CK 分别下降了 19.94%、29.38%、37.5%和 36.58%。B 处理组内各浓度处理下 Fv/Fm 值随胁迫时间延长呈显著下降趋势($P>0.05$)。其中在盐浓度 0.2%～0.8%处理下，Fv/Fm 值下降较为平缓，在盐浓度 1.0%～1.2%处理下，在 40d 下降幅度最大。40d 时，B 处理组内各浓度处理下 Fv/Fm 值分别下降了 4.84%、10.31%、9.93%、13.16%、28.85%和 30.18%。表明盐浓度越高下降幅度越大，A 处理组在低浓度处理下最大光合效率下降不显著，随着盐胁迫浓度增加，最大光合速率下降显著，碱性盐比例高的 B 处理组在各浓度均显著下降。

2.3.2 叶片光系统 II 的实际光合效率(Yield)

由图 7 可知，随盐浓度增加和胁迫时间延长，各处理组 PS II 实际光合效率呈下降趋势。A 处理组内

各浓度处理下，随胁迫时间延长，浓度越大 Yield 值降幅越大，在 40d 降至最低值，相对于 CK 分别显著下降了 21.38%、29.65%、37.46%、51.22%、58.87% 和 94.25%。B 处理组在浓度 0.2% 处理下，Yield 值与 CK 差异不显著；在浓度 0.4% ~ 1.2% 处理下，Yield 值在 40d 下降至最低值，各浓度相对于 CK 分别下降了 15.24%、20.63%、35.96%、44.21% 和 49.51%。

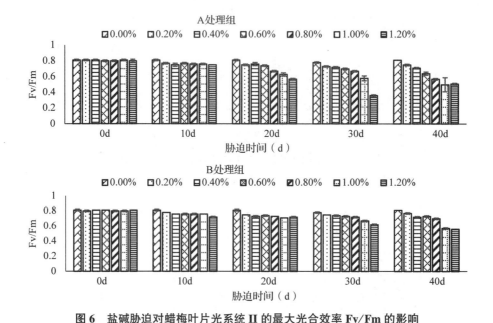

图 6　盐碱胁迫对蜡梅叶片光系统 II 的最大光合效率 Fv/Fm 的影响

Fig. 6　The effect on maximum photosynthetic efficiency of photosystem II Fv/Fm of *Ch. praecox* under saline-alkali stress

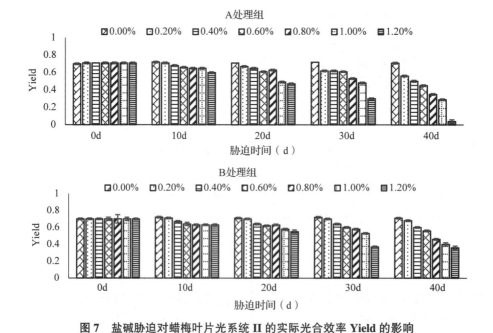

图 7　盐碱胁迫对蜡梅叶片光系统 II 的实际光合效率 Yield 的影响

Fig. 7　The effect on actual photosynthetic efficiency of photosystem II Yield of *Ch. praecox* under saline-alkali stress

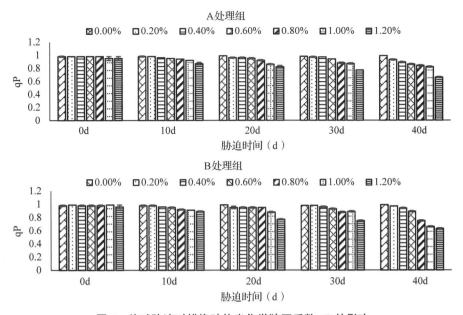

图8　盐碱胁迫对蜡梅叶片光化学猝灭系数 qP 的影响

Fig. 8　The effect on photochemical quenching efficient qP of *Ch. praecox* under saline-alkali stress

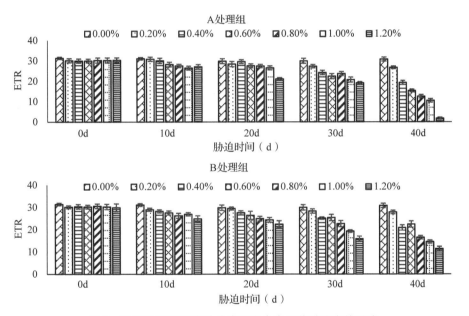

图9　盐碱胁迫对蜡梅叶片表观光合电子传递速率的影响

Fig. 9　The effect on leaf apparent electron transfer rate of *Ch. praecox* under saline-alkali stress

2.3.3　光化学猝灭系数(qP)

如图8所示,随盐浓度增加和胁迫时间延长,各处理组的光化学猝灭系数 qP 呈下降趋势。A 处理组各浓度处理下 40d 时,qP 值显著下降至最低值,相对于 CK 分别显著下降了 5.31%、10.18%、12.38%、14.71%、17.25% 和 32.57%。B 处理组在盐浓度为 0.2% 时,随胁迫时间延长,qP 值变化平缓,与 CK 差异不显著;在盐浓度 0.4% ~ 1.2% 处理下,qP 值下降至最低值,与 CK 差异显著(P>0.05)。B 处理组内各浓度处理下,qP 值相对于 CK 分别下降了 1.22%、

4.23%、9.4%、23.77%、33.48% 和 36.52%。其中 B 在高浓度时下降幅度大于 A 处理组。

2.3.4　叶片表观光合电子传递速率(ETR)

由图9可知,随盐浓度增加和胁迫时间延长,各处理组的 ETR 值呈下降趋势。A 处理组各浓度处理下,ETR 值在 40d 时下降至最低值,相对于 CK 分别显著下降了 13.19%、37.19%、50.05%、59.35%、65.95% 和 94.27%。B 处理组在 0.2% 处理下,ETR 值始终与 CK 差异不显著(P>0.05)。40d 时,0.4% ~ 1.2% 处理下,ETR 值降至最低值,与 CK 差异显著

（*P*>0.05）。B 处理组内各浓度处理下，ETR 值相对于 CK 分别下降了 32.22%、27.13%、46.59%、52.86% 和 63.03%。ETR 下降的原因可能是盐碱胁迫使 PSII 的电子传递链的成分减少。

3　结果与讨论

3.1　盐碱胁迫对蜡梅叶片叶绿素的影响

盐碱胁迫下，叶绿素含量大小可以反映叶片的光合能力。植株受到盐胁迫时，过多的盐分会提高叶绿体酶活性，进而导致叶绿体分解，或使叶绿体蛋白与叶绿体之间结合变得松弛，更多的叶绿素被破坏，光合作用降低，也可能是胁迫使活性氧增加，从而加速叶绿素的降解（赵可夫 等，1993；武俊英 等，2010；Strogonov B P，1973；杨秀莲 等，2015）。王琪（2013）等研究发现芍药在受到盐碱胁迫后，其叶绿素含量随盐浓度增加和 pH 值的变大均呈下降趋势。李玉梅（2016）在研究牛叠肚的耐盐碱性发现各混合盐胁迫下，叶绿素含量在中低盐浓度（30~60mmol/L）达到最大值，随浓度的升高各组下降幅度不同，其中碱性较高处理组的叶绿素含量下降幅度明显高于碱性较低的处理组。

本研究发现，中低盐浓度 0.2%~0.6% 处理下，各处理组的叶绿素含量在胁迫初期呈上升趋势，表明在盐害初期，低盐促进叶绿素的合成，可能是 Na^+ 的吸收一定程度增高了叶绿素酶的活性（武小靖 等，2014）；但随胁迫时间延长，叶绿体及其蛋白复合体的合成和代谢受抑制，叶绿素含量下降。在高盐 1.0%~1.2% 处理下，叶绿素含量整体呈下降趋势，各处理组内不同浓度处理下均在 40d 时，叶绿素含量下降至最低值，从而影响植物光合作用。其中碱性盐比例较高的 B 处理组的叶绿素含量下降幅度更大。表明在高盐、高碱胁迫下，叶绿素的合成受到的抑制最大，该结果与上述王琪、李玉梅研究结论类似。

3.2　盐碱胁迫对蜡梅叶片光合生理参数的影响

本研究中，随着盐碱胁迫时间的延长，各处理组 Pn、Gs、Tr 均呈下降趋势，40d 时蜡梅叶片 Pn、Gs、Tr 显著低于 CK，说明蜡梅的光合作用受到了抑制。Mafakheri（2014）等认为在受到盐胁迫处理的植物通过降低 Gs 来减缓盐害作用，Gs 降低导致植物的蒸腾速率 Tr 也降低，从环境吸收 CO_2 的能力也降低，导致光合碳同化作用降低。目前普遍认为气孔限制和非气孔限制是植物在盐碱胁迫下光合速率降低的主要因素，当气孔导度（Gs）下降导致胞间 CO_2 浓度（Ci）降低时则为气孔限制因素（孔红岭 等，2007；周丹丹 等，2016；柯裕州 等，2009）。而本试验中，各处理组的叶片净光合速率 Pn 随盐浓度和胁迫时间的增加整体呈下降趋势，气孔导度 Gs 和蒸腾速率 Tr 整体呈下降趋势，而胞间 CO_2 浓度 Ci 变化趋势与 Pn、Tr 和 Gs 正好相反，说明蜡梅受到盐碱胁迫后其光合作用主要的限制因素是非气孔因素，可能的原因是在盐碱胁迫下光合机构受到损伤，电子传递速率、蒸腾速率和气孔导度降低，导致光合速率降低，因此降低了叶片中 CO_2 利用率，胞间 CO_2 浓度反而升高（许丽霞 等，2017）。

试验结果表明，各处理组盐碱处理浓度越高，Pn、Gs、Ci、Tr 下降越显著，说明在盐碱浓度越高植物受到的光抑制越强。且 B 处理组的净光合速率 Pn、气孔导度 Gs、蒸腾速率 Tr 比 A 处理组降幅更大，其中 B 处理组 Gs 的持续下降临界浓度比 A 处理组低，表明盐碱混合胁迫对蜡梅光合速率的抑制作用更强，对叶肉细胞光合活性受到了更大的抑制，植物的光合器官、功能受到了更严重的破坏，可能是 B 处理组 pH 更高，对植物的叶绿体造成更大破坏，这与叶绿素含量的卜降变化一致。

3.3　盐碱胁迫对蜡梅叶片叶绿素荧光参数的影响

PSII 原初反应的最大量子效率（Fv/Fm）和 PSII 电子传递量子效率（ETR）是研究植物对逆境胁迫响应的理想参数，可以作为判断植物是否受到光抑制的重要指标（吴晓丽 等，2015）。Yield 反映植物在光照下 PSII 反应中心部分关闭的情况下的实际光化学效率，Yield 值降低则表明植物的光能转化率降低，不利于碳同化的高效运转和有机物的积累（周琦和祝遵凌，2015）。光化学猝灭系数（qP）指的是由光合作用引起荧光猝灭，反映了植物光合活性的高低（韩志国，2006）。

随着盐碱胁迫浓度的增大和胁迫时间的延长，Fv/Fm、Yield、qP、ETR 均呈下降趋势，浓度越大下降幅度越大，40d 时显著低于 CK，表明此时植株光合作用受到了抑制。Fv/Fm、ETR、Yield 显著下降说明盐碱胁迫导致了植株 PSII 复合体受到破坏，抑制了电子传递速率和光化学量子效率，潜在最大光合能力减弱，使 PSII 光能转换效率降低。盐碱胁迫各处理组 Yield、qP 降低，说明盐碱胁迫 PSII 氧化传递链或 PSII 反应中心或 PSII 原初电子受体受到损伤，使 PSII 反应中心开放部分的比例降低，抑制了 PSII 叶片光合电子传递能力，导致不能为光合碳同化提供充足的 ATP 和 NADPH，植物的光合活性降低（张会慧 等，2012），这一结果与盐碱胁迫下净光合速率下降相吻合。刘建新（2015）等分别用 5 种不同浓度的 NaCl 和 Na_2CO_3 处理燕麦，试验表明随着处理浓度的增加，

Fv/ Fm、ΦPSII 和 qP 显著下降，研究结果与本文一致。试验结果还表明盐碱胁迫浓度越大，Fv/Fm、Yield、qP、ETR 下降越显著，且 B 处理组的 Fv/Fm、Yield、qP、ETR 下降幅度均大于 A 处理组，说明蜡梅在高盐、高碱胁迫下，PSⅡ光化学活性和反应中心受到更大的损伤，蜡梅叶片受到更加严重的光抑制。

研究还表明，盐处理下各叶绿素荧光参数在各浓度下均变化显著，但在浓度 0.2% 的盐碱混合处理下 Yield、qP、ETR 下降不显著，表明此时光合能力并未受到较大影响，因此在低浓度盐碱混合胁迫下，蜡梅是否通过某种反应机制来抵抗胁迫对光合能力的影响还有待进一步的研究。

综上所述，盐处理、盐碱混合处理均对蜡梅叶片的光合参数和叶绿素荧光特性产生显著影响，叶绿素荧光参数显著降低，蜡梅的光合作用受到抑制。胁迫强度表现为盐碱混合处理>盐处理，高浓度处理>低浓度处理。盐碱胁迫降低了植物净光合速率 Pn、蒸腾速率 Tr、气孔导度 Gs，非气孔限制是影响蜡梅叶片净光合速率下降的主要因子；盐碱胁迫破坏了蜡梅叶片 PSⅡ反应中心，导致实际光化学效率、电子传递速率以及潜在光合能力降低，从而抑制了植物的光合作用。

参考文献

陈洁，李庆卫，2012. 蜡梅切花研究进展[J]. 北京林业大学学报，34（增刊 1）：201-206.

韩志国，2006. 20 种湿地植物的叶绿素荧光特性[D]. 广州：暨南大学.

柯裕州，周金星，卢楠，等，2009. 盐胁迫对桑树幼苗光合生理及叶绿素荧光特性的影响[J]. 林业科学研究，22（02）：200-206.

孔红岭，孙明高，孙方行，等，2007. 盐、旱及其交叉胁迫对紫荆光合性能的影响[J]. 西北林学院学报，（05）：42-44+93.

李玉梅，2016. 牛叠肚幼苗对盐碱胁迫的生理响应机制研究[D]. 沈阳：沈阳农业大学.

刘建新，王金成，王瑞娟，等. 2015. 盐、碱胁迫对燕麦幼苗光合作用的影响[J]. 干旱地区农业研究，33（6）：155-160.

石德成，盛艳敏，赵可夫，1998. 不同盐浓度的混合盐对羊草苗的胁迫效应[J]. 植物学报，（12）：53-59.

王琪，袁燕波，于晓南，2013. 盐碱胁迫下 2 个芍药品种生理特性及耐盐碱性研究[J]. 河北农业大学学报，36（6）：52-60

吴晓丽，汤永禄，李朝苏，等，2015. 不同生育时期渍水对冬小麦旗叶叶绿素荧光及籽粒灌浆特性的影响[J]. 中国生态农业学报，23（03）：309-318.

武俊英，刘景辉，李倩，2010. 盐胁迫对燕麦幼苗生长，K$^+$、Na$^+$吸收和光合性能的影响[J]. 西北农业学报，19（02）：100-105.

武小靖，杨晴，张国君，等，2014. 土壤含盐量对枸杞生理生化指标的影响[J]. 北方园艺，（12）：137-141.

许丽霞，江洪，张敏霞，等，2017. 安吉毛竹林生态系统光合作用特征及其环境影响因子研究[J]. 江西农业大学学报，39（05）：928-937+947.

杨秀莲，母洪娜，郝丽媛，等，2015. 3 个桂花品种对 NaCl 胁迫的光合响应[J]. 河南农业大学学报，49（02）：195-198.

张会慧，张秀丽，胡彦波，等，2012. 高粱-苏丹草杂交种的生长特性和光合功能研究[J]. 草地学报，20（05）：881-887.

张科，田长彦，李春俭，2009. 一年生盐生植物耐盐机制研究进展[J]. 植物生态学报，33（06）：1220-1231.

赵可夫，卢元芳，张宝泽，等，1993. Ca 对小麦幼苗降低盐害效应的研究[J]. 植物学报，35（1）：51-56.

周丹丹，刘德玺，李存华，等，2016. 盐胁迫对朴树和速生白榆幼苗光合特性及叶绿素荧光参数的影响[J]. 西北植物学报，36（05）：1004-1011.

周琦，祝遵凌，2015. 盐胁迫对鹅耳枥幼苗光合作用和荧光特性的影响[J]. 林业科技开发，29（02）：35-40.

Farquhar GD, Sharkey T D. 2011. Stomatal conductance and photosynthesis[J]. Annual Reviews of Plant Physiology, 33: 317-345.

LIUY. 2018. Inroduction to land use and rural sustainability in China[J]. Land Use Polocy, 74: 1 - 4. DOI: 10. 1016/ j. landusepol. 2018. 01. 032.

MAFAKHRI A, SIOSEMARDEH A, BAHRAMNEJAD B, et al. 2014. Effect of drought stress on yield, proline and chlorophyll contents in three chickpea cultivars[J]. Aust J, Crop-Sci, 4: 58-0-585.

Robert H, Le Marree C, Blanco C, et al. 2000. Glycine betaine, carnitine, and choline enhance salinity tolerance and prebernt the accumulation of sodium to a level inhibiting gtowth of *Tetragenococcus halophila*[J]. Applied and Enviromental Microbiology, 66(2): 509-517.

SINGH A. 2015. Soil saliniation and waterlogging: a threat to environment and agricultural sustainability[J]. Ecological Indicators, 57: 128 - 130. DOI: 10. 1016/j. ecolind. 2015. 04. 027.

Strogonov B P. 1973. Structure and function o f plant cell in saline habitats [M]. New York: Halsted Press, 78-83.

'梦境'百日草花瓣色素分布对花色的影响

钱婕妤* 赖吴浩* 蒋玲莉 付建新 张超**

（浙江农林大学风景园林与建筑学院，杭州 311300）

摘要 为了探明色素分布对'梦境'系列百日草花色的影响，本研究对'梦境'百日草 7 个不同花色花瓣进行了表型测定和切片观察。结果发现，百日草的不同花色（象牙白色 DI、黄色 DY、粉红色 DP、玫红色 DRO、珊瑚色 DC、绯红色 DS 和红色 DRE）色素在花瓣细胞中的分布不同，其中 DI 花瓣细胞不含有颜色的色素；DP、DRO 和 DRE 主要由花青素分布在上表皮细胞进行呈色；DY 主要由类胡萝卜素分布在栅栏组织中呈色；DC 和 DS 则是由花青素和类胡萝卜素分布在上表皮和栅栏组织中共同影响呈色；所有花色都在靠近花瓣背面的海绵组织处均有叶绿素分布。

关键词 百日草；花色；花青素；类胡萝卜素

Effect of Pigment Distribution on the Petal Coloration in *Zinnia elegans* 'Dreamland'

QIAN Jie-yu* LAI Wu-hao* JIANG Ling-li FU Jian-xin ZHANG Chao**

（*School of Landscape Architecture*，*Zhejiang Agriculture and Forestry University*，*Hangzhou* 311300，*China*）

Abstract In order to reveal pigment distribution on the petal coloration in *Zinnia elegans* 'Dreamland', this study was carried out to measure flower color phenotype and observe petal section of seven cultivars with different petal colors in *Z. elegans* 'Dreamland' series. Results showed that pigment distribution in petals with different colors (Ivory DI, Yellow DY, Pink DP, Rose DRO, Coral DC, Scarlet DS, Red DRE) is much different. Among them, DI petal cells do not contain any pigments with color. In DP, DRO and DRE, anthocyanins are mainly distributed in the upper epidermal cells for coloration, while in DY, carotenoids are mainly distributed in palisade tissues. Both anthocyanins and carotenoids, distributed in the upper epidermal cells and palisade tissue, determine petal coloration in DC and DS. In addition, all cultivars with different flower colors show chlorophyll distribution near the sponge tissue on abaxial surface of the petals.

Key words *Zinnia elegans*；Flower color；Pigment；Petal section

百日草（*Zinnia elegans* Jacq.）隶属于菊科（Compositae）百日菊属（*Zinnia*），又名百日菊、步步高，为一年生草本植物。喜光、喜温暖、不耐寒、能耐一定干旱，性强健，栽培土壤要求疏松、肥沃。百日草原产地为墨西哥，有单瓣、重瓣、卷叶、皱叶和各种不同颜色的园艺品种。百日草花大色艳，开花早，花期6~9月，株型美观，可按高矮分别用于花坛、花境、花带，也常用于盆栽。

百日草花色丰富，舌状花是主要观赏部位。园林中应用最多的品种为'梦境'系列，花大重瓣、花色丰富，具有象牙白色、黄色、粉红色、玫红色、珊瑚色、绯红色和红色 7 种颜色。已有报道表明百日草粉橙色系品种'Fire King'花瓣中含有矢车菊素-3,5-葡萄糖苷和类胡萝卜素（Robinson and Robinson，1934），红色系百日草中发现乙酰化的矢车菊素-3,5-葡萄糖苷以及天竺葵素-3,5-葡萄糖苷（Yamaguchi *et al.*，1990），在课题组前期的研究中还发现了矢车菊素-3-氧-乙酰葡萄糖苷、天竺葵素-3-氧-乙酰葡萄糖苷存在于百日草花瓣中（钱婕妤 等，2019）。除了色素组分的差异，色素在花瓣中的分布不同也会影响植物花瓣

1 基金项目：国家级大学生创新创业训练计划项目（201910341031）。
  并列第一作者。
  通讯作者：张超，副教授，E-mail：zhangc@zafu.edu.cn。

的最终呈现(陈海霞 等，2010)。但是色素物质在百日草不同花色花瓣中的分布未有报道。本研究将对‘梦境’百日草7个不同花色花瓣进行了表型测定和切片观察，对比分析不同花色花瓣色素的分布情况，为揭示百日草花瓣呈色机理奠定基础。

1 材料与方法

1.1 试材及取样

试验材料‘梦境’百日草(*Zinnia elegans* ‘Dreamland’)混色种子从虹越园艺家购买，在浙江农林大学园林学院人工气候室内播种并进行栽植。待植株开花呈色后，从盛开的百日草中选取‘梦境 象牙白色’(DI)、‘梦境 黄色’(DY)、‘梦境 粉红色’(DP)、‘梦境 玫红色’(DRO)、‘梦境 珊瑚色’(DC)、‘梦境 绯红色’(DS)、‘梦境 红色’(DRE)7 种不同花色植株作为本次研究对象。

分别于每日下午 14：00 对试验材料的盛开花序外轮舌状花进行采集，部分花瓣用于花色表型测定，另一部分用于花瓣切片观察。

1.2 ‘梦境’百日草花色测定

1.2.1 目测法和比色卡测定

自然光下用目测法观察放置在白纸上的不同花色花序舌状花花瓣的颜色，再采用英国皇家园艺学会比色卡(RHSCC)测定舌状花中间部分的比色值。

1.2.2 色差仪测定

采用由国际照明委员会(International Commissionon Illumination，CIE)制定的 CIE $L^*a^*b^*$ 颜色系统对花色进行数字化描述，仪器使用 CR-10 型便携式全自动色差仪(日本柯尼卡美能达公司)。在相同光源条件下对花瓣进行测色，用头状花序外轮的舌状花的中间部分对准色差仪的集光孔进行测量，最后取平均值。亮度(L^*值)和两个色度成分，即 a^* 值(从绿色到红色)和 b^* 值(从蓝色到黄色)。色度 C^* 根据公式

$C^* = (a^{*2} + b^{*2})^{1/2}$ 计算。

1.3 花瓣徒手切片观察

取适量的蒸馏水置于培养皿中；在百日草头状花序的最外舌状花选取几片新鲜的、具代表性的舌状花，置于载玻片上，用刀片横切舌状花的中间部位 0.05~0.1cm 宽的横截面小段，将其用毛笔刷到蒸馏水中；用湿润的毛笔沾取横切的舌状花，置于滴有一滴蒸馏水的载玻片上，再慢慢从一侧将盖玻片放置，尽量避免气泡的产生，制成横截面的徒手切片。将制作好的切片置于正置荧光显微镜 Axio Imager. A2(德国卡尔·蔡司股份公司)在 40× 的物镜下观察拍照。

2 结果与分析

2.1 ‘梦境’百日草花色的色系分类

百日草的头状花序花色复杂，本试验仅根据其舌状花的颜色对其进行一个色系的分类。百日草的花色根据目测法和 RHSCC 对比将上面的 7 个花色大致分为 5 个色系：白色系(DI)、黄色系(DY)、粉红色系(DP 和 DRO)、橙色系(DC 和 DS)以及红色系(DRE)。

2.2 采用 CIELAB 颜色坐标对‘梦境’百日草花色的评价

根据色差仪 L^*、a^* 和 b^* 值的分布发现(表1)，DI 花色 L^* 值最大，而 a^* 值最小；DS、DRE 和 DRO 花色 a^* 值均较大；DC 花色 b^* 值和 C^* 值均最大。百日草不同花色的 L^* 值和 a^* 值表现出极显著的负相关关系($R^2 = 0.948$)，即随着红度的降低，花瓣的亮度越来越高(图1-A)；而 L^* 值与 b^* 值则是呈现出一定的正相关关系，说明随着黄度的增高，花瓣的亮度也增大，同时根据亮度与黄度的关系将其分为两个类群，一个是白色系与粉红色系($R^2 = 0.971$)(图1-B)，另一个是橙色系和红色系($R^2 = 0.7256$)(图1-C)。

表1 百日草花色测定

Table1 Flower color measurement in *Z. elegans*

色系	品种	RHSCC	CIE $L^*a^*b^*$			
			L^*	a^*	b^*	C^*
白色系	‘梦境 象牙白色’ *Zinnia elegans* ‘Dreamland Ivory’	Yellow group 2D	82.62	-2.22	34.12	34.22
黄色系	‘梦境 黄色’ *Zinnia elegans* ‘Dreamland Yellow’	Yellow-orange group 17A	73.20	19.04	52.68	55.84
粉红色系	‘梦境 粉红色’ *Zinnia elegans* ‘Dreamland Pink’	Red group 52D	60.88	42.64	11.84	44.26
	‘梦境 玫红色’ *Zinnia elegans* ‘Dreamland Rose’	Red-purple group N66A	43.36	67.68	2.54	67.72
橙色系	‘梦境 珊瑚色’ *Zinnia elegans* ‘Dreamland Coral’	Orange-red group N30C	47.40	56.90	71.86	91.66
	‘梦境 绯红色’ *Zinnia elegans* ‘Dreamland Scarlet’	Orange-red group N30A	37.36	70.24	55.80	89.70
红色系	‘梦境 红色’ *Zinnia elegans* ‘Dreamland Red’	Red group 45B	35.06	63.18	21.82	66.88

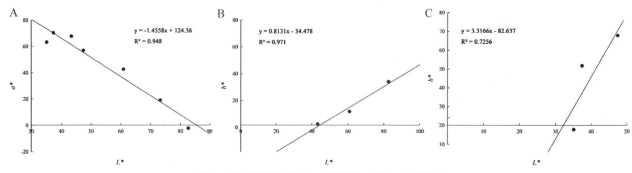

图1 百日草花色参数 L^* 分别与 a^* 和 b^* 的关系

Fig. 1 Relationship between L^* and a^* and b^* in *Z. elegans*

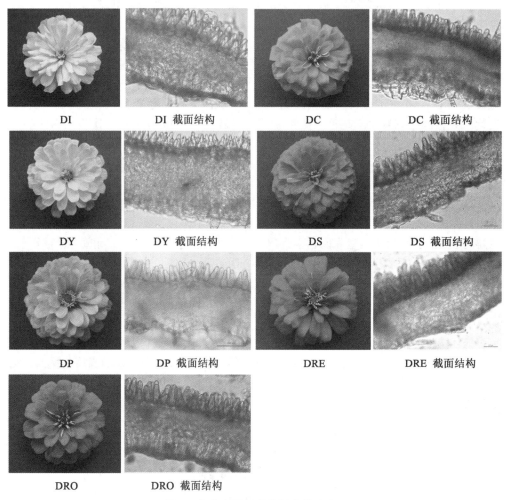

图2 色素在百日草花瓣中的分布

Fig. 2 Pigment distribution in the petals of *Z. elegans*

2.3 百日草花瓣结构和色素分布对花色的影响

通过徒手切片对花瓣的横截面进行观察发现，按照色素物质在花瓣中的分布对供试的7个花色分成的4个色系进行分析得出不同色系百日草中花青素和类胡萝卜素有较大差距(图2)。①黄色系：DI中没有发现明显的花青素和类胡萝卜素积累。DY中色素物质主要存在于栅栏组织，表皮细胞几乎透明，在黄色系百日草中，主要呈色色素是类胡萝卜素，存在于细胞质的质体中。②粉红色系：DP和DRO两个花色色素主要分布在上表皮细胞中，所含色素主要是花青素，下表皮只含有少量的花青素。③橙色系：与粉红色系相比，黄色的成分占了较大的比例，从切片图中可以看见很多的细胞充满了黄色的类胡萝卜素，所以花青素对呈色的影响降低了。④红色系：这个色系的百日草含有花青素和类胡萝卜素，从徒手切片图中可以看出，花青素主要分布在上下表皮和栅栏组织，类胡萝卜素主要分布在中间的栅栏组织和海绵组织中，由于下表皮富积了较高浓度的花青素，完全覆盖了类胡萝卜素，说明花青素作为具有决定性作用的呈色色素，而类胡萝卜素作为协同着色色素。同时也发现，每个花色花瓣靠近下表皮细胞的海绵组织分布着一些叶绿素，这与百日草花瓣主要由上表皮单面呈色，下表皮呈色浅淡且有时呈现绿色的现象一致。

3 讨论

3.1 花色表型分析

观赏植物分类中，花色是最重要依据之一，而花瓣中色素分布不平衡或光线的影响会导致人们对花色感觉不同，产生差异。目测法是人们花色分类最通用的方法，但是由于颜色的分类标准不同，人们的视觉存在差异，因此对花色尤其是对交叉色系或者颜色相近色系的判定比较困难。目前，比色卡比色和仪器测色是较为客观的测色方法(高锦明，2003)。观赏植物界中，RHSCC 是比色卡比色法使用中最为广泛的一种比色色标，它的优点很多：使用方便、购买成本低和移动性强等，但是 RHSCC 的比色要求试验者在一定的环境条件下才能准确比色(白新祥 等，2006)。而仪器测色相比比色卡比色最大的优势是精确度高和外界因素影响小等，对后续植物花色研究是很有帮助的。从本试验可以看出，在目测的基础上使用 RHSCC 比色卡比色之后，便能对百日草花色有一个比较全面的衡量，对于常规的花色分类和描述已经足够了。根据 RHSCC 对比可以将 7 个花色分为 5 个色系(表1)：白色系：DI；黄色系：DY；粉红色系：DP 和 DRO；橙色系：DC 和 DS；红色系：DRE。

在 CIE $L^*a^*b^*$ 颜色系统中，L^* 值从 0~100，代表着明度由暗到明的变化；色相 a^* 值由负到正，表示绿色的减退、红色的增强；色相 b^* 值由负到正，表示蓝色的减退、黄色的增强。彩度 C^* 是描述色彩的鲜艳程度，C^* 值越大，颜色越鲜艳(Gonnet and J.-F，1993)。在本研究中发现不同色系的百日草的 L^*、a^* 和 b^* 值特征明显。从白色系到红色系，亮度 L^* 值有递减的趋势，表示由明到暗的变化；而从白色系到

红色系，色相 a^* 值增加的趋势意味着红度的增强；从粉红色系、红色系和白色系到黄色系和橙色系，色相 b^* 值增加的趋势代表了黄度增强(图 1)。在百日草花色中，a^* 值变化显示百日草红度不同；b^* 值变化显示百日草黄度不同。

在白色花中不含有花青苷和类胡萝卜素，在粉红色和红色花中主要含有的是花青素，花青素主要对 a^* 值影响较大，花青素含量的不同导致不同品种的百日草 a^* 值差异较大；在黄色和橙色花中主要含有的是类胡萝卜素色素，类胡萝卜素主要对 b^* 值影响较大，类胡萝卜素含量的不同导致不同品种的百日草 b^* 值差异较大。

3.2 花色素在花瓣中的分布

该试验通过徒手切片的方法，观察百日草不同花色花瓣的解剖结构，分析色素分布对花色的影响。本次试验的主要目的是观察新鲜的百日草舌状花细胞中的色素分布，徒手切片法可以较好地保持切片新鲜，通过正置荧光显微镜及时观察细胞的色素分布，因此我们采取了徒手切片的方法来观察百日草花瓣的解剖结构。本次试验结果表明徒手切片的方法步骤简单，容易掌握，并且能很好地分析和观察舌状花中的色素分布(岳娟，2013)。

百日草花色素成分是极其复杂的，从本试验也可得出类胡萝卜素是 DI、DY 百日草的主要呈色色素，此外类胡萝卜素在 DC、DS 百日草的花色形成过程中也充当了重要的角色。而花青素则是 DRE、DP 和 DRO 百日草的主要呈色色素。在百日草花瓣中，DI、DP 和 DRO 百日草的色素存在于上下表皮细胞，中间栅栏组织和海绵组织没有色素分布；DY 只含有类胡萝卜素，色素主要分布在栅栏组织；而既含有花青素又含有类胡萝卜素的 DRE、DC 和 DS，花青素存在于上下表皮细胞，而类胡萝卜素则分布于整个花瓣的细胞中，两种色素复合形成花色(李想 等，2019)。目前很多研究也发现了，不同植物花瓣的上下表皮往往都含有色素，比如紫露草(*Tradescantia albiflora*)、花韭(*Ipheion uniflorum*)、钟冠报春苣苔(*Primulina swinglei*)等(李慧波 等，2013；岳娟 等，2013；胡彬 等，2018)。

参考文献

白新祥，胡可，戴思兰，等，2006 不同花色菊花品种花色素成分的初步分析[J]. 北京林业大学学报，28(5)：84-89.

陈海霞，刘明月，吕长平，2010. 非洲菊花瓣色素分布对花色的影响[J]. 湖南农业大学学报(自然科学版)，36(2)：165-168.

高锦明, 2003. 植物化学 [M]. 北京：科学出版社, 156
　-169.

胡彬, 丁德辉, 傅秀敏, 等, 2018. 钟冠报春苣苔花发育进
　程中花色素苷含量的变化 [J]. 园艺学报, 45 (1)：117
　-125.

李慧波, 刘雅莉, 岳娟, 等, 2013. 紫露草花色形成的机理
　分析 [J]. 草业科学, 30 (5)：710-715.

李想, 段晶晶, 罗小宁, 等, 2019. 依据理化性质分析牡丹
　花色形成的影响因素 [J]. 东北林业大学学报, 47 (03)：
　40-45, 69.

钱婕好, 詹海燕, 翟敏超, 等, 2019. 百日草花瓣中花青
　素苷组分及其含量分析 [M]//中国观赏园艺研究进展
　2019. 北京：中国林业出版社：479-483.

岳娟, 刘雅莉, 娄倩, 等, 2013. 花韭表型观察与解剖结构
　分析 [J]. 北方园艺, (11)：104-106.

岳娟. 2013. 单子叶植物蓝色花花瓣表型观察与解剖结构
　研究 [D]. 杨凌：西北农林科技大学.

Gonnet, J. -F. 1993. CIELab measurement, a precise commu-
　nication in flower colour：An example with carnation (*Dian-*
　thus caryophyllus) cultivars [J]. J Hort Sci, 68 (4)：499
　-510.

Robinson GM, Robinson R. 934. A survey of anthocyanins IV
　[J]. Biochem J, 128 (5)：1712.

Yamaguchi MA, Terahara N, Shizukuishi KI. 1990. Acetylated
　anthocyanins in *Zinnia elegans* flowers [J]. Phytochemistry,
　29 (4)：1269-1270.

中国观赏园艺研究进展 2020：153~160

Advances in Ornamental Horticulture of China，2020：153~160

153

盐碱混合胁迫对 3 个丁香品种光合特性的影响

董志君　谢阳娇　孙慧仪　陈曦　孟子卓　于晓南[*]

（花卉种质创新与分子育种北京市重点实验室，国家花卉工程技术研究中心，城乡生态环境北京实验室，

园林环境教育部工程研究中心，林木花卉遗传育种教育部重点实验室，园林学院，北京林业大学，北京 100083）

摘要　为了研究不同浓度的盐碱混合胁迫对 3 个观赏性状良好的丁香品种光合特性的影响，采取室内盆栽法将 3 个品种分别在 0（CK）、100、200、300、400mmol/L 的混合中性盐、混合中性及碱性盐和混合碱性盐溶液处理 28d，研究其 Chl 含量、Pn、Tr、Gs、Ci 等光合特性的响应。结果表明：随着盐胁迫浓度和组间 pH 的增加，3 个丁香品种的光合气体交换参数 Pn、Gs、Tr 随着盐浓度和 pH 增加呈下降趋势，Ci 呈下降趋势；Chl 含量和叶绿素荧光参数 Fv/Fm、Y（Ⅱ）、qP、E_{TR} 呈下降趋势，qN 呈上升趋势。盐碱混合胁迫下，'索格纳'中国丁香的耐盐碱能力优于'埃塞斯'早花丁香和'卓越'早花丁香，对盐碱混合胁迫有较强的适应能力，是适用于盐碱地治理和绿化的优良灌木。

关键词　盐碱混合胁迫；丁香品种；光合特性

Effects of Mixed Saline-Alkali Stress on Photosynthetic Characteristics of Three Syringa Cultivars

DONG Zhi-jun　XIE Yang-jiao　SUN Hui-yi　CHEN Xi　MENG Zi-zhuo　YU Xiao-nan[*]

（*Beijing Key Laboratory of Ornamental Plants Germplasm Innovation & Molecular Breeding*，*National Engineering Research Center for Floriculture*，*Beijing Laboratory of Urban and Rural Ecological Environment*，*Engineering Research Center of Landscape Environment of Ministry of Education*，*Key Laboratory of Genetics and Breeding in Forest Trees and Ornamental Plants of Ministry of Education*，*School of Landscape Architecture*，*Beijing Forestry University*，*Beijing* 100083，*China*）

Abstract　In order to study the effects of different concentrations of salt-alkali mixed stress on photosynthetic characteristics of three *syringa* cultivars with good ornamental characters，the three *syringa* cultivars were mixed neutral salts，mixed neutral and basic salts and mixed alkalis at 0（CK），100，200，300，400 mmol/L in indoor pot cultivation. The salt solution was treated for 28 days. The following response of photosynthetic characteristics were measured：Chl content，Pn，Tr，Gs，Ci and so on. The results showed that with the increase of salt stress concentration and pH value，the photosynthetic gas exchange parameter （Pn，Gs，Tr）of three *syringa* cultivars decreased with the increase of salt concentration and pH. The content of Chl and chlorophyll fluorescence parameters Fv/Fm，Y（Ⅱ），qP，E_{TR} and qN showed a downward trend，and the content of Chl and chlorophyll fluorescence parameters Fv/Fm，Y（Ⅱ）showed a decreasing trend，while qN showed an upward trend. Under the salt-alkali mixed stress，the salt-alkali tolerance ability of *Syringa chinensis* 'Saugeana' was better than that of *Syringa×hyacinthiflora* 'Asessippi' and *Syringa × hyacinthiflora* 'Excel'，it had strong adaptability to salt-alkali mixed stress and has proved to be an excellent shrub for greening saline and alkaline lands.

Key words　Salt-alkali mixed stress；Syringa cultivars；Photosynthetic characteristics

　　盐碱地制约着植物的生长和发育，导致农作物和林木产量降低。我国盐碱地总面积达 $9.913×10^7$ hm²，位居世界第三，随着其面积的日益扩大，我国农业和林业的生产与发展面临挑战。如何开发和利用盐渍化土壤已经成为我国农业和林业发展中十分迫切的任务（Singh，2015；Liu，2018）。对盐碱地进行生物修复，

1　基金项目：北京市共建项目专项资助（2015bluree04）。

　　第一作者简介：董志君（1994—），女，硕士研究生，主要从事园林植物栽培生理研究。

　　通讯作者：于晓南，教授，E-mail：yuxiaonan626@126.com。

引进和筛选耐盐碱植物已经成为盐碱地治理的一项有效措施（Nouri，2017；尹蓉 等，2017）。目前，关于选育耐盐碱植物方面的研究已有大量报道。如华建峰等（2015）、於朝广等（2011）。

植物的生长发育离不开光合作用产物的积累和光合系统的正常运转（Saveyn，2010）。然而，土壤含盐碱过高会降低植物的净光合速率，抑制植物生物量的积累，甚至导致植物死亡，因此研究盐碱混合胁迫下的光合功能维持机制是选育耐盐碱植物的重要途径（Yang，2011）。目前，盐碱混合胁迫的研究主要集中在草本植物（Chartzoulakis，2005；Khan，2015；唐玲等，2015；黄依婷等，2016；贾文，2015；许丽霞等，2017），在高大木本植物方面研究较少（Lin，2014；段德玉等，2003；白文波等，2008）。

‘索格纳’中国丁香（ *Syringa chinensis* ‘Saugeana’）、‘埃塞斯’早花丁香（ *Syringa×hyacinthiflora* ‘Asessippi’）和‘卓越’早花丁香（ *Syringa × hyacinthiflora* ‘Excel’）均为国外引进的丁香品种，开花繁茂，花期悠长，是重要的观花灌木，在园林绿化中利用价值颇高，可用于人工观赏林、草坪、花径等。前人对于丁香属植物的耐盐性已有些研究：如裴亚超（2014）、许小妍等（2012）。但这些研究多集中于单盐胁迫和国内主要树种，并未涉及盐碱混合胁迫和国外引进丁香品种的研究。因此，本研究以国外引进的3个丁香品种为研究对象，对其进行不同浓度的盐碱混合胁迫并测定光合参数等指标的变化，为这些优良树种在园林绿化中更好地应用提供参考性意见，进而发挥其良好的经济效益和生态效益。

1 材料与方法

1.1 试验材料

供试材料为‘索格纳’中国丁香、‘埃塞斯’早花丁香和‘卓越’早花丁香，选取生长健壮、长势一致的3年生扦插苗于2017年4月1日移栽至塑料花盆中（盆高20cm，上、下直径分别为25cm和30cm），土壤平均干重为5kg。将试验种苗移入试验基地，并都垫上托盘，试验开始前，进行日常的养护管理。

1.2 试验设计

试验地设置在北京胖龙花木园艺有限公司的通州基地，3个丁香品种各选取135株幼苗，随机平均分成A、B、C三组，每组45株；再将每组随机平均分成5小组，每小组9株，其中1个小组为对照组，剩下4个小组为处理组。2017年5月21日早上8：00~12：00开始浇1L盐水；对照组以相同体积的清水代替，有溢出的盐水及时倒回盆中。其中，混合中性盐为摩尔比为1∶1的NaCl和Na_2SO_4混合溶液，混合中性及碱性盐为摩尔比为1∶1∶1∶1的NaCl、Na_2SO_4、$NaCO_3$和$NaHCO_3$的混合溶液，混合碱性盐为摩尔比为1∶1的$NaCO_3$和$NaHCO_3$混合溶液（详见表1）。胁迫期间定期用土壤水分测试仪测定土壤饱和含水量，及时补充蒸发的水分，保持土壤含水量为土壤饱和含水量的70%~80%。胁迫期为28d，结束后开始测定光合气体交换参数及叶绿素荧光参数，叶绿素含量取材带回实验室后立即测定。

表 1 盐碱混合胁迫试验设计

Table 1 Test design of salt-alkali mixed stress

组合	代号	盐种类及含量（g·L^{-1}）				盐浓度（mmol·L^{-1}）	土壤含盐量（%）	平均pH
		NaCl	Na_2SO_4	$NaHCO_3$	Na_2CO_3			
对照	CK	0	0	0	0	0	0	6.91
A组	A1	2.9	7.1	0	0	100	0.20	
	A2	5.9	14.2	0	0	200	0.40	7.22
	A3	8.8	21.3	0	0	300	0.60	
	A4	11.7	28.4	0	0	400	0.80	
B组	B1	1.5	3.6	2.1	2.7	100	0.19	
	B2	2.9	7.1	4.2	5.3	200	0.39	9.87
	B3	4.4	10.7	6.3	8.0	300	0.59	
	B4	5.9	14.2	8.4	10.6	400	0.78	
C组	C1	0	0	4.2	5.3	100	0.19%	
	C2	0	0	8.4	10.6	200	0.38	11.02
	C3	0	0	12.6	15.9	300	0.57	
	C4	0	0	16.8	21.2	400	0.76	

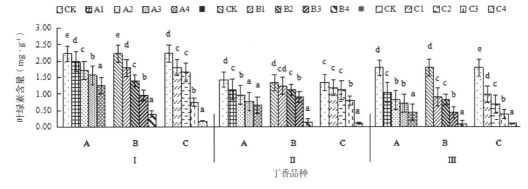

图 1 · 盐碱混合胁迫下 3 个丁香品种叶片叶绿素含量的变化

Fig. 1 Changes of leaf chlorophyll content of three syringa cultivars under salt-alkali mixed stress

1.3 指标测定

叶片的叶绿素（Chl）含量测定参考王学奎（2006）版《植物生理生化实验原理和技术》，光合气体参数的测定于胁迫结束当天上午 9：00～11：00 选取研究材料成熟的功能叶片，采用 Li-6400 便携式光合测定系统（Lo-Cor Inc，USA）在控制光合有效辐射强度为 1000mol·m^{-2}·s^{-1} 条件下，测定净光合速率（Pn）、胞间二氧化碳浓度（Ci）、气孔导度（Gs）以及蒸腾速率（Tr），3 次重复。叶绿素荧光参数于胁迫结束前一天晚上 8：00 选取研究材料成熟的功能叶片，采用 PAM-2500 型便携式调制式荧光仪（Junior-Pam，Heinz Walz，Effeltrich，Germany）测定初始荧光（$F0$），最大荧光（Fm）。再于第二天早上 9：00～11：00 测定光下最大荧光（Fm'）、光适应性下初始荧光（$F0'$）、稳态荧光（Fs），并参照相关公式（王琪，2003）计算出最大光化学效率（Fv/Fm）、PSⅡ实际光化学量子产量（$Y(Ⅱ)$）、表观电子传递效率（E_{TR}）、非光化学猝灭系数（qN）及光化学猝灭系数（qP），3 次重复。

1.4 数据处理

使用 Excel 2016 软件进行绘图，用单因素方差分析方法对同一品种不同盐浓度的试验数据进行单因素比较；采用 Duncan 分析法在 α = 0.05 水平下做多重比较检验，不同的小写字母表示同一品种在不同盐浓度的各指标在 α = 0.05 水平上差异显著。此外，比较分析同一品种不同 pH 的试验数据的差异，并对盐浓度和 pH 值两双因子交互作用进行分析。图表中的数值均为 3 次重复数据的平均值+标准差（SE）。

2 结果与分析

2.1 盐碱混合胁迫对 3 个丁香品种叶片叶绿素含量的影响

由图 1 可知，3 个丁香品种叶片 Chl 含量都随着盐浓度的增加而增加，随着 pH 的增加总体呈下降趋势。'索格纳'中国丁香叶片 Chl 含量在 A 组合中随着盐浓度升高下降了 43.24%，而在 B 组合中下降了 82.43%，在 C 组合中下降了 92.04%；'埃塞斯'早花丁香叶片 Chl 含量在 A、B、C 三个组合中分别下降了 54.08%、89.25%、92.00%；'卓越'早花丁香在 A、B、C 三个组合中分别下降了 75.93%、94.96%、94.59%。从中可知'索格纳'中国丁香的耐盐性要优于'埃赛斯'早花丁香和'卓越'早花丁香。

2.2 盐碱混合胁迫对 3 个丁香品种叶片光合参数的影响

由图 2 可知，3 个丁香品种叶片 Pn 随着盐浓度的增加而逐渐下降，并且盐浓度越大净光合速率下降幅度也越大，不同品种的 Pn 总体随着 pH 的增大而减小。'索格纳'中国丁香和'埃塞斯'早花丁香的 Pn 在 A 和 B 组合中盐浓度为 400mmol·L^{-1} 时达到最小，约为 1.5μmol·m^{-2}·s^{-1}，而在 C 组合中盐浓度为 300mmol·L^{-1} 时达到最小，说明 2 个丁香品种对于碱性盐的耐受程度要小。'卓越'早花丁香在 A 和 B 组合中较为适宜的盐浓度为 200mmol·L^{-1}，而在 C 组合中较为适宜的盐浓度为 100mmol·L^{-1}。

由图 3 可知，在盐碱混合盐胁迫下，'索格纳'中国丁香和'埃塞斯'早花丁香 Gs 在 A 和 B 组合中表现为低盐浓度（C≤200mmol·L^{-1}）促进气孔张开，而高盐浓度（C≥300mmol·L^{-1}）抑制气孔张开，而在 C 组合中，2 个丁香品种 Gs 则随着盐浓度增加呈现下降趋势；'卓越'早花丁香 Gs 在 3 个组合中都随着盐浓度

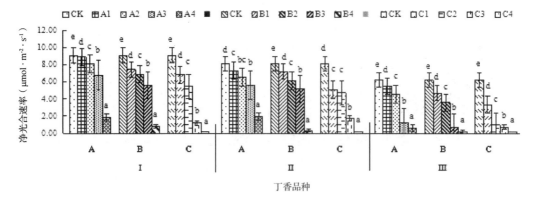

图2　盐碱混合胁迫下3个丁香品种叶片净光合速率变化

Fig. 2　Changes of leaf net photosynthesis rate of three syringa cultivars under salt-alkali mixed stress

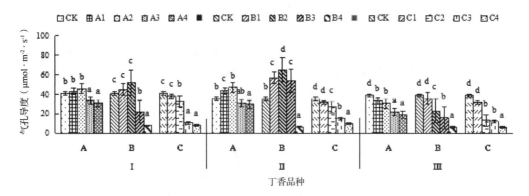

图3　盐碱混合胁迫下3个丁香品种叶片气孔导度变化

Fig. 3　Changes of leaf stomatal conductance of three syringa cultivars under salt-alkali mixed stress

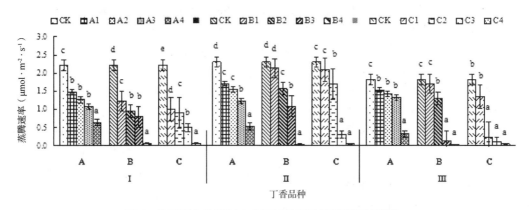

图4　盐碱混合胁迫下3个丁香品种叶片蒸腾速率变化

Fig. 4　Changes of leaf transpiration rate of three syringa cultivars under salt-alkali mixed stress

的下降而下降。此外，3个丁香品种随 pH 的增加无明显规律，'索格纳'中国丁香和'卓越'早花丁香 Gs 整体上随着 pH 变化无明显规律，而'埃塞斯'早花丁香在 A 组合中的 Gs 整体要高于另两个组合。

　　由图4可知，3个丁香品种 Ci 随着盐浓度和 pH 的增加变化不一。'索格纳'中国丁香和'埃塞斯'早花丁香 Ci 在 A 组合中随着盐浓度增加变化不大，在

B 和 C 组合中（C≥300mmol·L⁻¹）显著增加；'卓越'早花丁香在3个组合中都表现为在盐浓度为 200mmol·L⁻¹ 时显著增加。此外，3个丁香品种 Ci 均值在 A 组合中最小，B 组合、C 组合次之，说明随着 pH 增大，3个丁香品种的光合作用受到一定负面影响。

　　由图5可知，3个丁香品种 Tr 随着盐浓度的增加而下降，随着 pH 增加而整体下降。'索格纳'中国丁

香 Tr 在盐浓度为 200mmol·L^{-1} 时急速下降，说明其对盐碱胁迫的敏感程度要好于其他树种，而之后下降速度开始减缓，说明其通过自身的耐盐机制逐渐适应了盐碱胁迫，直到盐浓度为 400mmol·L^{-1} 时，'索格纳'中国丁香 Tr 下降到最小值。'埃塞斯'中国丁香和'卓越'早花丁香在 A 和 B 组合中盐浓度为 300mmol·L^{-1} 或 400mmol·L^{-1} 时，Tr 开始大幅下降，而在 C 组合中盐浓度为 200mmol·L^{-1} 时开始大幅下降。

2.3　盐碱混合胁迫对 3 个丁香品种叶片叶绿素荧光参数的影响

由图 6 可知，3 个丁香品种 Fv/Fm 随着盐浓度的增加而下降，随着 pH 的增加而下降。具体表现为：'索格纳'中国丁香 Fv/Fm 在 A、B、C 三个组合中随着盐浓度的升高分别下降了 83.62%、87.26%、90.57%；'埃塞斯'早花丁香 Fv/Fm 在 A、B、C 三个组合中分别下降了 61.13%、93.03%、92.17%；'卓越'早花丁香 Fv/Fm 在 A、B、C 三个组合中分别下降了 92.24%、93.43%、94.29%。从中可知，3个丁香品种对中性盐的耐受程度要优于碱性盐。

由图 7 可知，3 个丁香品种 Y(Ⅱ) 随着盐浓度的增加而下降。在 A、B、C 三个组合中，'索格纳'中国丁香最高盐浓度下的 Y(Ⅱ) 与对照相比下降了52.62%、59.99%、90.05%，'埃塞斯'早花丁香最高盐浓度下的 Y(Ⅱ) 与对照相比下降了 59.72%、90.95%、95.53%，'卓越'早花丁香最高盐浓度下的 Y(Ⅱ) 与对照相比下降了 93.95%、94.63%、95.06%。从中可知：'索格纳'中国丁香的耐盐碱能力要优于'埃塞斯'早花丁香和'卓越'早花丁香。

由图 8 可知，3 个丁香品种 qP 随着盐浓度的增加而减小，随着 pH 的增加而总体减小。具体表现为：在 A、B、C 三个组合中，'索格纳'中国丁香最高盐浓度下的 qP 与对照相比下降了 73.80%、84.40%、86.88%，'卓越'早花丁香最高盐浓度下的 qP 与对照相比下降了 73.29%、78.43%、94.53%，'卓越'早花丁香最高盐浓度下的 qP 与对照相比下降了95.72%、97.12%、96.87%。此外，在 3 个组合中盐浓度大于等于 400mmol·L^{-1} 时，'索格纳'中国丁香和'埃塞斯'早花丁香 qP 值急速下降到最小值，接近于 0，而当盐浓度大于等于 300mmol·L^{-1} 时，'卓越'早花丁香 qP 接近于 0。

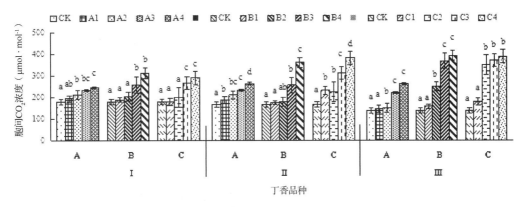

图 5　盐碱混合胁迫下 3 个丁香品种叶片胞间 CO$_2$ 浓度变化

Fig. 5　Changes of leaf intercellular CO$_2$ concentration of three syringa cultivars under salt-alkali mixed stress

由图 9 可知，3 个丁香品种 qN 随着盐浓度的增加而先增后减，随着 pH 增加而总体小幅下降。具体表现为：在 A、B、C 三个组合中，'索格纳'中国丁香和'埃塞斯'早花丁香 qN 当盐浓度小于等于 200mmol·L^{-1} 时呈上升趋势，当盐浓度大于等于 300mmol·L^{-1} 时呈现急剧下降趋势，'卓越'早花丁香 qN 当盐浓度小于等于 100mmol·L^{-1} 时呈上升趋势，当盐浓度大于等于 200mmol·L^{-1} 时急剧下降。从中可知：3 个丁香品种的耐盐碱能力不同且将过剩的光化学能以热能的耗散能力不同，'索格纳'中国丁香和'埃赛斯'早花丁香的耐盐碱能力要优于'卓越'早花丁香。

由图 10 可知，3 个丁香品种 E_{TR} 随着盐浓度的增加呈现下降趋势，随着 pH 增加而总体小幅下降。具体表现为：在 A、B、C 三个组合中，'索格纳'中国丁香最高盐浓度下的 E_{TR} 与对照相比分别下降了45.81%、59.35%、91.90%，'埃塞斯'早花丁香最高盐浓度下的 E_{TR} 与对照相比分别下降了 55.81%、77.91%、88.95%，'卓越'早花丁香最高盐浓度下的 E_{TR} 与对照相比分别下降了 82.05%、94.23%、96.15%。从中可知：3 个丁香品种的 E_{TR} 在混合中性盐胁迫中的活性最大。

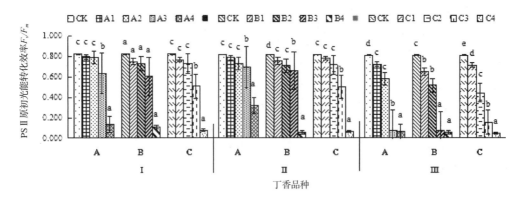

图 6 盐碱混合胁迫下 3 个丁香品种 PS Ⅱ 原初光能转化效率变化

Fig. 6 Changes of leaf maximum photochemical efficiency of three syringa cultivars under salt-alkali mixed stress

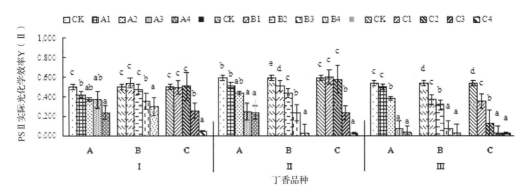

图 7 盐碱混合胁迫下 3 个丁香品种叶片 PS Ⅱ 实际光化学效率变化

Fig. 7 Changes of leaf actual photochemical efficiency of three syringa cultivars under salt-alkali mixed stress

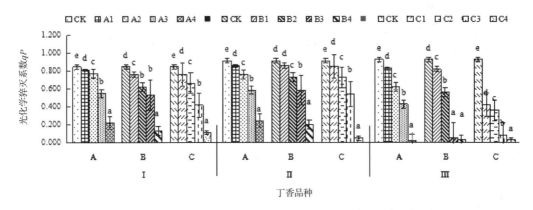

图 8 盐碱混合胁迫下 3 个丁香品种叶片光化学猝灭系数变化

Fig. 8 Changes of leaf photochemical quenching coefficient of three syringa cultivars under salt-alkali mixed stress

3 讨论

光合作用是植物生长发育的物质来源，其是否能正常进行主要依赖于植物叶片叶绿体结构是否完整、功能是否齐全。当前，可以通过测定逆境胁迫下叶片叶绿素(Chl)含量、光合气体交换参数和叶绿素荧光参数对植物的抗逆性进行评定。本研究发现，3 个丁香品种的 Pn、G_S 和 Tr 都随着组合内盐浓度的增加而

下降，随着组合间 pH 的增加而不变或者小幅增加，而 Ci 则下降。从中可知，Pn 的下降是非气孔因素导致的，这与吴永波(2006)和朱新广等(1999)的研究结果相同。Chl 含量在极大程度上决定了植物光合作用速率，研究表明 Chl 含量在盐碱胁迫下下降，是由于叶绿素降解酶的升高，或是由于叶片离子积累(周丹丹，2016)，3 个丁香品种中'索格纳'中国丁香的 Chl 含量要高于另外两个丁香品种，且该 Chl 含量的

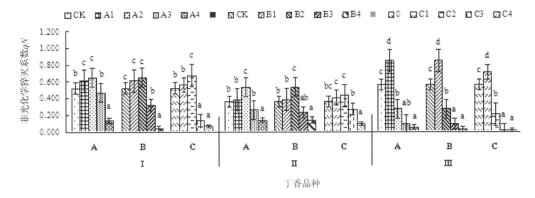

图 9 盐碱混合胁迫下 3 个丁香品种叶片非光化学猝灭系数变化

Fig. 9   Changes of leaf non-photochemical quenching coefficient of three syringa cultivars under salt-alkali mixed stress

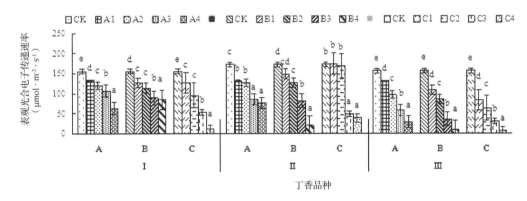

图 10 盐碱混合胁迫下 3 个丁香品种叶片表观光合电子传递速率变化

Fig. 10   Changes of leaf apparent electron transfer rate of three syringa cultivars under salt-alkali mixed stress

下降规律与 Pn 下降规律相对应，说明 Chl 含量能对 Pn 造成影响，这与马健(2009)的研究结果一致。此外，3 个丁香品种的 Fv/Fm、Y(II)在胁迫组合内和组合间都呈下降趋势，'卓越'早花丁香 Fv/Fm、Y(II)降幅要大于另外两个丁香品种，说明盐碱胁迫下，'卓越'早花丁香叶片叶绿体内色素对光能的转化效率和利用效率要低于另外两个丁香品种，该结果与周丹丹等(2016)和冯雷等(2008)的研究结果一致。

3 个丁香品种的 qP、E_{TR} 下降，qN 上升，说明盐碱胁迫下 PSII 反应中心逐渐关闭，电子传递效率和利用效率下降，大量剩余的光能通过非光化学的能量耗散出去，以减轻 PSII 反应中心因积累过多光能而促发的光抑制和光氧化(冯雷等，2008)。综上所述，'索格纳'中国丁香具有较强的耐盐碱胁迫能力，在盐碱地治理和绿化方面有着巨大的潜力。

参考文献

白文波，李品芳，李保国，2008. NaCl 和 NaHCO₃ 胁迫下马蔺生长与光合特性的反应[J]. 土壤学报，45(2)：328-335.

段德玉，刘小京，冯凤莲，等，2003. 不同盐分胁迫对盐地碱蓬种子萌发的效应[J]. 中国农学通报，19(6)：168-172.

冯雷，白志英，路丙社，等，2008. 氯化钠胁迫对枳椇和皂荚生长、叶绿素荧光及活性氧代谢的影响[J]. 应用生态学报，19(11)：2503-2508.

华建峰，杜丽娟，王菁丰，等，2015. 混合盐胁迫对江苏省沿海常用绿化树种生长的影响及耐盐性评价[J]. 植物资源与环境学报，24(3)：41-49.

黄依婷，郭鹏，许涵杰，2016. 盐胁迫对紫花苜蓿根系形态特征和水分利用效率的影响[J]. 黑龙江农业科学，(4)：114-120.

贾文，2015. 不同供钾水平下罗布麻对盐胁迫的生理响应[D]. 兰州：兰州大学.

马健. 2009. 几种引进树种耐盐性响应及耐盐性评价研究[D]. 南京：南京林业大学.

裴亚超，2014. NaCl 胁迫对三种丁香种子萌发及幼苗生理特性的影响[D]. 保定：河北农业大学.

唐玲，李倩中，荣立苹，等，2015. 盐胁迫对鸡爪槭幼苗生长及其叶绿素荧光参数的影响[J]. 西北植物学报，35（10）：2050-2055.

王琪，2013. 几个芍药品种对低温、干旱及盐碱胁迫的生理生化研究[D]. 北京：北京林业大学.

王学奎，2006. 植物生理生化实验原理和技术[M]. 2 版. 北京：高等教育出版社.

吴永波，薛建辉，2006. 盐碱胁迫对 3 种白蜡幼苗生长与光合作用的影响[J]. 南京林业大学学报，5（3）：21.

许丽霞，江洪，张敏霞，等，2017. 安吉毛竹林生态系统光合作用特征及其环境影响因子研究[J]. 江西农业大学学报，（5）：928-937.

许小妍，李娟娟，张会慧，等，2012. 盐和淹水双重胁迫 3 种丁香幼苗叶片叶绿素荧光特性的影响[J]. 东北林业大学学报，40（11）：49-52.

尹蓉，张倩茹，江佰阳，等，2017. 盐碱地经济林栽培研究及展望[J]. 林业实用技术，（10）：66- 69.

於朝广，殷云龙，莫海波，等，2011. 江苏洋口港临港工业区耐盐绿化树木引种试验[J]. 林业工程学报，25（3）：32-35.

周丹丹，刘德玺，李存华，等，2016. 盐胁迫对朴树和速生白榆幼苗光合特性及叶绿素荧光参数的影响[J]. 西北植物学报，36（5）：1004-1011.

朱新广，张其德，1999. NaCl 对光合作用影响的研究进展[J]. 植物学通报，16（4）：332-338.

Chartzoulakis K S. 2005. Salinity and olive: growth, salt tolerance, photosynthesis and yield[J]. Agricultural Water Management, 78（1/2）：108 -121.

Khan H A, Siddique K H M, Munir R, et al. 2015. Salt sensitivity in chickpea: growth, photosynthesis, seed yield components and tissue ion regulation in contrasting genotypes[J]. Journal of Plant Physiology, 182: 1-12.

Lin J X, Li Z L, Shao S, et al. 2014. Effects of various mixed salt alkaline stress conditions on seed germination and early seedling growth of *Leymus chinensis* from Songnen Grassland of China [J]. Notulae Botanicae Horti Agrobotanici Cluj - Napoca, 42（1）：154-159.

Liu Y. 2018. Introduction to land use and rural sustainability in China[J]. Land Use Policy, 74: 1-4.

Nouri H, Borujeni S C, NirolaR, Hassanli A, et al. 2017. Application of green remediation on soil salinity treatment: a review on halophytoremediation[J]. Process Safety and Environmental Protection, 107: 94-107.

Saveyn A, Steppe K, Ubierna N, et al. 2010. Woody tissue photosynthesis and its contribution to trunk growth and bud development in young plants[J]. Plant Cell and Environment, 33（11）：1949-1958.

Singh A. 2015. Soil salinization and waterlogging: a threat to environment and agricultural sustainability[J]. Ecological Indicators, 57: 128-130.

Yang J Y, Zheng W, Tian Y, et al. 2011. Effects of various mixed salt-alkaline stresses on growth, photosynthesis, and photosynthetic pigment concentrations of *Medicago ruthenica*, seedlings[J]. Photosynthetica, 49（2）：275-284.

中国观赏园艺研究进展 2020：161~165

Advances in Ornamental Horticulture of China，2020：161~165

161

多效唑对盆栽芍药矮化效应的影响

董志君[1]　王智慧[2,3]　陈莉祺[1]　孙苗[1]　吴婷[1]　孟子卓[1]　陈曦[1]　孙慧仪[1]　于晓南[*]

（[1] 花卉种质创新与分子育种北京市重点实验室，国家花卉工程技术研究中心，城乡生态环境北京实验室，

园林环境教育部工程研究中心，林木花卉遗传育种教育部重点实验室，园林学院，北京林业大学，北京 100083；

[2] 呼和浩特市赛罕区绿化委员会办公室，呼和浩特 010020；[3] 呼和浩特市赛罕区园林管理所，呼和浩特 010020）

摘要　以2个盆栽芍药品种'大富贵'和'粉玉奴'为试验材料，采用不同处理方式、不同浓度的多效唑进行处理，以清水为对照，研究多效唑对盆栽芍药的矮化效应。结果表明：浸泡根系、叶面喷施和土壤灌溉对盆栽芍药均可以达到降低株高、增加茎粗、减小叶面积、叶色加深的效果，且作用效果随着施用浓度的增大而显著。其中，叶面喷施的处理效果优于浸泡根系处理优于土壤灌溉处理。综合考虑，叶面喷施 300mg/L 的 PP_{333} 所达到的处理效果最佳，植株矮化效果理想，株型紧凑，茎秆粗壮，叶色增绿，但对开花影响不大，大大提高了盆栽芍药的观赏价值。

关键词　多效唑；盆栽；芍药；矮化

Effects of Paclobutrazol on the Dwarfing Effect of Potted *Paeonia lactiflora*

DONG Zhi-jun[1]　WANG Zhi-hui[2,3]　CHEN Li-qi[1]　SUN Miao[1]　WU Ting[1]

MENG Zi-zhuo[1]　CHEN Xi[1]　SUN Hui-yi[1]　YU Xiao-nan[1*]

（[1] *Beijing Key Laboratory of Ornamental Plants Germplasm Innovation & Molecular Breeding，National Engineering Research*

Center for Floriculture，Beijing Laboratory of Urban and Rural Ecological Environment，Engineering Research Center of

Landscape Environment of Ministry of Education，Key Laboratory of Genetics and Breeding in Forest Trees and Ornamental

Plants of Ministry of Education，School of Landscape Architecture，Beijing Forestry University，Beijing 100083，China；

[2] *Greening Office of Saihan District in Hohhot，Hohhot 010020，China；* [3] *Garden Administrative Office*

of Saihan District in Hohhot，Hohhot 010020，China）

Abstract　To study the dwarfing effects of paclobutrazol applications on potted *Paeonia lactiflora*, two cultivars 'Dafugui' and 'Fenyunu' were treated with different treatment methods and different concentrations of paclobutrazol, and clear water was used as the control. Results showed that root soaking, foliar spraying and soil irrigation could reduce plant height, increase stem diameter, reduce leaf area and deepen leaf color, and the effect was significant with the increase of application concentration. Among them, the treatment effect of foliar spraying is better than that of root soaking and soil irrigation. The optimum dwarfing treatment for *Paeonia lactiflora* was the application of 300mg/L PP_{333} on the leaves. The treatment dwarfed the height of plants perfectly, compacted the plant type, increased the stem diameter and deepened the leaf color, but had little effect on flowering, which greatly improving the ornamental value of potted *Paeonia lactiflora*.

Key words　Paclobutrazol；Potted；*Paeonia lactiflora*；Dwarfing

芍药（*Paeonia lactiflora*）是芍药科（Paeoniaceae）芍药属（*Paeonia*）多年生宿根花卉，是我国著名的传统名花，素有"花相"的美誉（秦魁杰，2004）。并且，芍药花大色艳，姿态优美，易栽培管理。随着经济社会的发展和生活水平的提高，人们对盆花的要求日益迫切，因此，发展盆栽芍药对其生产和应用具有重要的现实意义（张秀丽，2015）。但是，盆栽芍药存在株型大而散乱、花枝易倒等问题，大大影响其观赏

1　基金项目：北京林业大学建设世界一流学科和特色发展引导专项（2019XKJS0322）。

第一作者简介：董志君（1994—），女，硕士研究生，主要从事园林植物栽培生理研究。

通讯作者：于晓南，教授，E-mail：yuxiaonan626@126.com。

品质。

植物矮化是指在植物的栽培繁育过程中，通过人为的干预和手段进行特殊处理，使植株本身变得比正常生长矮小的一种技术方法（吴利华和杨兵，2016），其目的是为了降低不必要的养分消耗，提高产量、提早结果或者提高观赏价值（孙晓丽，2015）。常见的矮化方法有盆栽矮化（李淑平 等，2006）、砧木矮化（王淼淼，2015）、摘心矮化（莫丹 等，2008）、化学调控（汤楠，2012）等。化学调控相对于传统手段，有着节约成本，矮化水平统一，操作便捷等特点。学者们对化学调控中应用的生长调节剂进行了大量研究，证明了化学调控手段有着极其广阔的发展和应用前景（Kramer et al.，2004；Xu et al.，2011）。其中，应用较广且施用方法较为纯熟的有多效唑（王熹，1992）、烯效唑（贺菡莹 等，2018）、矮壮素（胡静 等，2011）、比久（胡瑶 等，2007）等。多效唑（PP$_{333}$）易被植物的根、茎、叶和种子吸收，通过木质部进行传导，是一种高效低毒的生长延缓剂和广谱性杀菌剂（潘瑞炽，1996）。多效唑能使植株茎秆矮化、增粗，叶片变小、增厚，叶绿素和可溶性蛋白含量增加，根系活力提高（陈建辉和王厚麟，2010）。目前，多效唑在观赏植物中已广泛应用，如美人蕉（*Canna indica*）（吕长平和陈海霞，2003）、郁金香（*Tulipa gesneriana*）（刘安成 等，2007）、杜鹃（*Rhododendron simsii*）（李秀娟 等，2008）等，可使其植株矮化，株型紧凑，叶片变小，叶色变绿，观赏价值增加。本试验以 2 个盆栽芍药品种为试验材料，采用 3 种施用方式（浸根、叶喷、土灌）进行处理，探究多效唑对盆栽芍药的矮化效应，以期提高盆栽芍药观赏效果。

1 材料与方法

1.1 试验材料

本试验自 2018 年 11 月在北京林业大学国家花卉工程技术研究中心小汤山苗圃基地的温室内进行（北京昌平区小汤山镇）。供试材料为生长健壮、长势一致的'大富贵'（*Paeonia lactiflora* 'Dafugui'）和'粉玉奴'（*Paeonia lactiflora* 'Fenyunu'）4 年生分株苗，每株保留 7~8 个芽，将处理好的分株苗栽植于盆径为 25~27cm（上口径为 25cm，下口径为 27cm），盆高为 28~30cm 的花盆中，基质配比为泥炭：蛭石：珍珠岩=3：1：1，将盆栽放入冷库冷藏约 5 周后取出，盆栽芍药设施栽培的技术措施及常规栽培管理参考李同杰（2015）。

1.2 试验方法

供试药剂为多效唑（化学分析纯，由北京拜迪尔生物技术有限公司提供），浸根和叶面喷施两种方式的处理浓度（mg/L）为 150、300、450，土壤灌溉的处理浓度（mg/L）为 50、100、150。分别称取粉末状药剂溶于 5ml 75%乙醇中，后溶于清水配制成所需浓度的溶液。浸根处理是将根系浸泡在溶液中 1h，3 次重复，取出后在阴凉处晾晒至根系变软后再上盆；叶面喷施是待植株长至展叶期时开始处理，并在溶液中添加适量吐温以增强吸附性，采用压力式喷壶每次喷至全部叶片正反面湿润而不下滴即可，各处理间注意隔离，每隔 10d 处理 1 次，共 4 次；土壤灌溉是待植株出土后开始处理，每隔 10d 处理 1 次，共 4 次。以清水处理为对照。每处理 3 株，重复 3 次。

各指标数据的测量在盛花期中进行。株高：采用卷尺测定盆栽盆土水平面至植株最高点的高度；茎粗：采用游标卡尺以十字交叉法测定花蕾基部以下 10cm 处的粗度；冠幅：采用卷尺以十字交叉法测定植株叶片展开幅度；叶长和叶宽：采用卷尺随机选取每植株中部顶小叶测定叶长和叶宽，叶长为叶片叶基至叶尖的长度，叶宽为叶片最宽处的长度；叶绿素含量：采用 SPAD 502 叶绿素仪随机选取每植株中部成熟叶片进行测定；花径：采用卷尺以十字交叉法随机选取盛开花朵进行测定；始花期：以花冠微张的日期为准；花期：以单朵花的始花期到终花期的天数为准。以上数据的测量均为多次重复，并取平均值。

1.3 数据处理分析

试验数据采用 Excel 2016 进行整理并绘制图表，采用软件 SPSS 25.0 对试验数据进行统计分析。

2 结果与分析

2.1 多效唑浸根处理对盆栽芍药生长发育的影响

由表 1、表 2 可知，不同浓度多效唑浸根处理对盆栽芍药'大富贵'和'粉玉奴'的生长发育指标均产生了影响，且作用效果随着药剂浓度的增加而显著。就'大富贵'而言，多效唑处理后（与对照相比）其株高分别降低 7.29%、17.21%、40.39%，茎粗增粗 1.32%、10.35%、14.76%，冠幅减小 41.73%、60.50%、64.15%，叶长缩短 35.16%、45.05%、47.84%，叶宽减小 33.27%、51.45%、63.64%，叶绿素含量增加 9.75%、11.16%、13.78%，花径、初花期和花期变化不大。就'粉玉奴'而言，多效唑处理后（与对照相比）其株高分别降低 5.85%、46.56%、83.21%，茎粗增粗 16.17%、61.28%、86.09%，冠幅减小 34.88%、54.88%、69.23%，叶长缩短 21.93%、23.43%、35.99%，叶宽减小 16.07%、20.14%、28.06%，叶绿素含量增加 18.34%、39.66%、52.58%，

表 1　多效唑浸根处理对盆栽芍药 '大富贵' 生长发育的影响

Table 1　Effect of soaking roots with paclobutrazol on the growth and development of potted *Paeonia lactiflora* 'Dafugui'

浓度 （mg/L）	株高 （cm）	茎粗 （mm）	冠幅 （cm）	叶长 （cm）	叶宽 （cm）	叶绿素 含量	花径 （cm）	初花期 （月/日）	花期 （d）
0	50.33a	4.54a	59.50a	11.83a	5.50a	49.63a	9.33a	3-03	14a
150	46.66ab	4.60a	34.67bc	7.67bcd	3.67cd	54.47b	9.67a	3-03	14a
300	41.67abcd	5.01ab	23.50de	6.50de	2.67e	55.17b	10.17a	3-04	15a
450	30.00d	5.21abc	21.33e	6.17e	2.00e	56.47b	–	–	–

注：表内数据均为平均数，同列不同小写字母表示在 0.05 水平上的差异显著，下同。

表 2　多效唑浸根处理对盆栽芍药 '粉玉奴' 生长发育的影响

Table 2　Effect of soaking roots with paclobutrazol on the growth and development of potted *Paeonia lactiflora* 'Fenyunu'

浓度 （mg/L）	株高 （cm）	茎粗 （mm）	冠幅 （cm）	叶长 （cm）	叶宽 （cm）	叶绿素 含量	花径 （cm）	初花期 （月/日）	花期 （d）
0	65.50a	2.66a	65.00a	10.67a	4.17a	38.93a	9.33a	3-04	8a
150	61.67ab	3.09ab	42.33bcd	8.33b	3.50abc	46.07ab	10.67a	3-04	8a
300	35.00e	4.29bc	29.33de	8.17b	3.33abc	54.37cd	10.67a	3-05	10a
450	11.00f	4.95c	20.00e	6.83c	3.00bc	59.40de	–	–	–

花径、初花期和花期变化不大。

2.2　多效唑叶喷处理对盆栽芍药生长发育的影响

由表 3、表 4 可知，不同浓度多效唑叶喷处理对盆栽芍药 '大富贵' 和 '粉玉奴' 的生长发育指标均产生了影响，且作用效果随着药剂浓度的增加而显著。就 '大富贵' 而言，多效唑处理后（与对照相比）其株高分别降低 30.46%、39.40%、63.90%，茎粗增粗 15.20%、23.35%、30.84%，冠幅减小 45.09%、46.50%、50.13%，叶长缩短 26.71%、38.04%、42.27%，叶宽减小 27.27%、39.45%、63.63%，叶绿素含量增加 10.01%、19.83%、22.51%，花径、初花期和花期变化不大。就 '粉玉奴' 而言，多效唑处理后（与对照相比）其株高分别降低 30.46%、39.40%、63.90%，茎粗增粗 15.20%、23.35%、30.84%，冠幅减小 45.09%、46.50%、50.13%，叶长缩短 18.74%、21.93%、25.02%，叶宽减小 8.15%、20.14%、23.98%，叶绿素含量增加 31.34%、53.94%、60.36%，花径、初花期和花期变化不大。

表 3　多效唑叶喷处理对盆栽芍药 '大富贵' 生长发育的影响

Table 3　Effect of foliar spraying with paclobutrazol on the growth and development of potted *Paeonia lactiflora* 'Dafugui'

浓度 （mg/L）	株高 （cm）	茎粗 （mm）	冠幅 （cm）	叶长 （cm）	叶宽 （cm）	叶绿素 含量	花径 （cm）	初花期 （月/日）	花期 （d）
0	50.33a	4.54a	59.50a	11.83a	5.50a	49.63a	9.33a	3-03	14a
150	35.00bcd	5.23abc	32.67bc	8.67b	4.00c	54.60bcd	9.67a-	3-03	15a
300	30.50cd	5.60bc	31.83c	7.33cd	3.33cd	59.47cde	10.00a	3-04	17a
450	18.17e	5.94c	29.67cd	6.83cde	2.00e	60.80de	–	–	–

表 4　多效唑叶喷处理对盆栽芍药 '粉玉奴' 生长发育的影响

Table 4　Effect of foliar spraying with paclobutrazol on the growth and development of potted *Paeonia lactiflora* 'Fenyunu'

浓度 （mg/L）	株高 （cm）	茎粗 （mm）	冠幅 （cm）	叶长 （cm）	叶宽 （cm）	叶绿素 含量	花径 （cm）	初花期 （月/日）	花期 （d）
0	65.50a	2.66a	65.00a	10.67a	4.17a	38.93a	9.33a	3-04	8a
150	60.00ab	3.53abc	47.33bc	8.67b	3.83ab	51.13bc	10.00a	3-04	9a
300	25.50d	3.65abc	45.33bc	8.33b	3.33abc	59.93de	11.00a	3-04	10a
450	18.67e	3.75abc	45.00bc	8.00b	3.17bc	62.43e	–	–	–

2.3 多效唑土灌处理对盆栽芍药生长发育的影响

由表5、表6可知，不同浓度多效唑土灌处理对盆栽芍药'大富贵'和'粉玉奴'的生长发育指标均产生了影响，且作用效果随着药剂浓度的增加而显著。就'大富贵'而言，多效唑处理后(与对照相比)其株高分别降低 2.64%、15.32%、21.86%，茎粗增粗 4.19%、7.93%、11.23%，冠幅减小 8.40%、33.33%、47.90%，叶长缩短 25.36%、33.81%、35.16%，叶宽减小 6.00%、24.18%、33.27%，叶绿素含量增加7.39%、9.61%、29.01%，花径、初花期和花期变化不大。就'粉玉奴'而言，多效唑处理后(与对照相比)其株高分别降低 11.95%、18.82%、48.35%，茎粗增粗 25.19%、44.74%、62.03%，冠幅减小 12.82%、23.08%、40.00%，叶长缩短 14.06%、20.34%、23.43%，叶宽减小 20.14%、23.98%、32.13%，叶绿素含量增加 8.07%、32.55%、44.70%，花径、初花期和花期变化不大。

表5 多效唑土灌处理对盆栽芍药'大富贵'生长发育的影响

Table 5　Effect of soil irrigation with paclobutrazol on the growth and development of potted *Paeonia lactiflora* 'Dafugui'

浓度 (mg/L)	株高 (cm)	茎粗 (mm)	冠幅 (cm)	叶长 (cm)	叶宽 (cm)	叶绿素 含量	花径 (cm)	初花期 (月/日)	花期 (d)
0	50.33a	4.54a	59.50a	11.83a	5.50a	49.63a	9.33a	3-03	14a
50	49.00a	4.73a	54.50a	8.83b	5.17ab	53.30bc	10.67a	3-03	15a
100	42.62abc	4.90ab	39.67b	7.83bc	4.17bc	54.40bcd	9.83a	3-03	15a
150	39.33abcd	5.05ab	31.00c	7.67bcd	3.67cd	64.03e	10.50a	3-03	16a

表6 多效唑土灌处理对盆栽芍药'粉玉奴'生长发育的影响

Table 6　Effect of soil irrigation with paclobutrazol on the growth and development of potted *Paeonia lactiflora* 'Fenyunu'

浓度 (mg/L)	株高 (cm)	茎粗 (mm)	冠幅 (cm)	叶长 (cm)	叶宽 (cm)	叶绿素 含量	花径 (cm)	初花期 (月/日)	花期 (d)
0	65.50a	2.66a	65.00a	10.67a	4.17a	38.93a	9.33a	3-04	8a
50	57.67ab	3.33ab	56.67ab	9.17ab	3.33abc	42.07ab	10.33a	3-04	9a
100	53.17ab	3.85abc	50.00abc	8.50ab	3.17bc	51.60bc	9.33a	3-04	9a
150	33.83abc	4.31bc	39.00bc	8.17b	2.83bc	56.33bcd	10.67a	3-03	9a

3 讨论与结论

株高是衡量矮化成功与否的关键。本试验表明，采用不同浓度的多效唑以浸根、叶喷和土灌3种方式对盆栽芍药'大富贵'和'粉玉奴'进行处理均可有效降低其株高，实现矮化。其中，对于盆栽芍药'大富贵'而言，450mg/L 的多效唑浸根处理较 150mg/L 和 300mg/L 的作用效果显著，叶面喷施 150mg/L、300mg/L 和 450mg/L 的多效唑的作用效果均显著，土壤灌溉150mg/L、300mg/L 和 450mg/L 的多效唑的作用效果均不显著；对于盆栽芍药'粉玉奴'而言，300mg/L 和 450mg/L 的多效唑浸根较 150mg/L 的作用效果显著，叶面喷施 300mg/L 和 450mg/L 的多效唑较 150mg/L 的作用效果显著，土壤灌溉 150mg/L、300mg/L 和 450mg/L 的多效唑的作用效果均不显著。与对照相比土壤灌溉处理后观赏效果未见明显提高，故土壤灌溉处理结果并不理想，予以淘汰。但是，需要注意的是，在追求矮化效果的同时也应该考虑到植株的整体生长效果。在试验过程中，我们观察到多效唑浸根处理的多数植株出现了药害症状，表现为盆栽株型不丰满，叶面积大幅度减小，叶片发育不良、皱缩、易脱落，开花不良、花朵畸形，观赏效果较差的现象。并且，高浓度的多效唑(450mg/L)处理出现了叶尖变黄，植株不能开花的现象(陈新年和张清玲，2000；吕长平和陈海霞，2003)。从试验的2个芍药品种来看，经多效唑处理后的盆栽芍药'大富贵'和'粉玉奴'的矮化效果略有不同，这可能与多效唑对芍药不同品种的影响不同有关，深层次的原因有待进一步研究。试验结果显示，盆栽芍药'大富贵'的株高适中，株型饱满，整体观赏效果好，而'粉玉奴'的株高虽然也得到了相应的控制，但是整体观赏效果较差，故'大富贵'更适合作为盆栽芍药矮化进一步研究的品种。从处理后芍药的综合性状进行评价，在处理方式上，叶面喷施优于浸根处理优于土壤灌溉，且操作方法简单安全(蔡军火 等，2008)。从盆栽花卉的观赏角度出发，多效唑300mg/L 叶面喷施是最佳施用组合，该处理下植株的株型矮化紧凑，叶片变小，叶色浓绿且花朵品质不变，观赏价值得到了提高。

参考文献

蔡军火，魏绪英，连芳青，等，2008. PP$_{333}$、GA$_3$ 土灌、涂芽及叶喷对百合株高的效应研究[J]. 江西农业大学学报，(05)：787-791.

陈健辉，王厚麟，2010. 多效唑对水仙生长发育的影响[J]. 广西植物，30(02)：161-165+241.

陈新年，张清玲，2000. 多效唑对水仙的矮化效应[J]. 湖南农业大学学报，(02)：108-109.

贺菡莹，孙振元，葛红，2018. 植物生长延缓剂在观赏植物上的应用研究[J]. 农学学报，8(06)：53-57.

胡静，甘小虎，杨慧玲，等，2011. 矮壮素在工厂化育苗中的应用研究[J]. 中国园艺文摘，27(10)：22-23.

胡瑶，宋明，魏萍，2007. 多效唑、矮壮素和比久在园艺作物上的应用[J]. 南方农业，(06)：65-67.

李淑平，张天英，张淑兰，2006. 果树盆栽技术[J]. 烟台果树，(03)：17-18.

李同杰，2015. 盆栽芍药设施栽培[J]. 中国花卉园艺，(22)：31.

李秀娟，赵健，张翠萍，等，2008. 杜鹃花的矮化及促成栽培技术[J]. 北方园艺，(01)：145-146.

刘安成，张鸿景，庞长民，等，2007. 多效唑对箱栽郁金香生长控制的研究[J]. 河北林业科技，(04)：1-2.

吕长平，陈海霞，2003. 多效唑对盆栽花叶美人蕉的矮化效果[J]. 湖南农业大学学报(自然科学版)，(02)：129-130.

莫丹，陈发棣，徐迎春，等，2008. 定植期和摘心次数对小花型盆栽夏菊开花的影响[J]. 南京农业大学学报，(03)：51-54.

潘瑞炽，2002. 重视植物生长调节剂的残毒问题[J]. 生物学通报，37(04)：4-7.

秦魁杰，2004. 芍药[M]. 北京：中国林业出版社.

孙晓丽，2015. 矮化技术在花卉栽培中的应用[J]. 现代园艺，(02)：35-36.

汤楠，2012. 生长延缓剂对盆栽小苍兰生长发育的影响[D]. 上海：上海交通大学.

王森森，2015. 几种新型苹果矮化砧木的组培快繁技术研究[D]. 保定：河北农业大学.

王熹，1992. 多效唑研究进展及农业应用展望[J]. 现代化农业，(02)：1-2.

吴利华，杨兵，2016. 矮化技术用于花卉栽培分析[J]. 江西农业，(09)：17.

张秀丽，2015. 盆栽芍药花期调控研究[J]. 辽宁农业职业技术学院学报，17(04)：1-3.

Kramer D M, Johnson G, Kiirats O, et al. 2004. New fluorescence parameters for the determination of qaredox state and excitation energy fluxes[J]. Photosynthesis Research, 79(2)：209-218.

Xu F, Cheng S Y, Zhu J, et al. 2011. Effects of 5-aminolevulinic acid on chlorophyll, photosynthesis, soluble sugar and flavonoids of *Ginkgo biloba*[J]. Notulae Botanicae Horti Agrobotanici Cluj-Napoca, 39(1)：41-47.

红叶腺柳对重金属镉的耐受性研究

董南希　杨秀珍*　邱丹丹　李清清　张秋玲　韩文佳　陈嘉琦　刘景絮

（花卉种质创新与分子育种北京市重点实验室，国家花卉工程技术研究中心，城乡生态环境北京实验室，

园林环境教育部工程研究中心，林木花卉遗传育种教育部重点实验室，园林学院，北京林业大学，北京 100083）

摘要　为了探究红叶腺柳对重金属镉的耐受性，本试验采用盆栽试验的方法，设置外源胁迫镉处理 4 个梯度（0、10、50、100mg/L），研究红叶腺柳的生长、生物量、镉含量、吸收能力和对镉的耐受性。结果表明，不同浓度镉处理对红叶腺柳的生长量影响不同，镉处理为 100mg/L 时植株株高、叶片数、干重、单株总干重均为最大，处理 39d 后红叶腺柳开始出现受害现象，最后叶片黄化，边缘干枯。红叶腺柳各部位镉浓度值分布大小分别是叶>根>茎，且添加镉浓度为 100mg/L 时，根、茎、叶镉吸收浓度达到最大值，且各器官对镉的吸收未受到抑制。随外源施加镉浓度升高，单株镉积累量受到促进，但单株镉吸收率降低。试验表明，在不断施加镉条件下，红叶腺柳虽然对重金属镉具有一定的耐受能力，但是否具有可持续耐受性，尚需进一步研究。

关键词　红叶腺柳；镉胁迫；生长；镉吸收

Study on the Tolerance of *Salix chaenomeloides* 'Variegata' to Heavy Metal Cadmium Stress

DONG Nan-xi　YANG Xiu-zhen*　QIU Dan-dan　LI Qing-qing　ZHANG Qiu-ling

HAN Wen-jia　CHEN Jia-qi　LIU Jing-xu

(*Beijing Key Laboratory of Ornamental Plants Germplasm Innovation & Molecular Breeding*, *National Engineering Research Center for Floriculture*, *Beijing Laboratory of Urban and Rural Ecological Environment*, *Engineering Research Center of Landscape Environment of Ministry of Education*, *Key Laboratory of Genetics and Breeding in Forest Trees and Ornamental Plants of Ministry of Education*, *School of Landscape Architecture*, *Beijing Forestry University*, *Beijing* 100083, *China*)

Abstract　In order to explore investigate the tolerance of *Salix chaenomeloides* 'Variegata' to heavy metal cadmium, a pot experiment method was used to set four gradients of exogenous cadmium treatment (0, 10, 50, 100mg/L) to study. The growth, biomass, cadmium absorption capacity and tolerance of *Salix chaenomeloides* 'Variegata' were described. The results showed that different concentrations of cadmium treatment had different effects on the growth of *Salix chaenomeloides* 'Variegata'. The plant height, leaf number, dry weight, and root-shoot ratio were the highest when cadmium treatment was 100mg/L. However, after 39 days of treatment, plants began to suffer damage, and finally the leaves yellowed and the edges dried up. The distribution of cadmium concentration in different parts of *Salix chaenomeloides* 'Variegata' was leaf> root> stem, and when the external application of cadmium concentration was 100mg/L, the root, stem and leaf cadmium concentration reached the maximum, and the absorption of cadmium by each organ was not inhibited. With the increase of cadmium concentration, the accumulation of cadmium per plant was promoted, but the absorption rate of cadmium per plant decreased. The results showed that under the condition of continuous application of cadmium, *Salix chaenomeloides* 'Variegata' has a certain tolerance to heavy metal cadmium, but whether it has a sustainable tolerance needs further study.

Key words　*Salix chaenomeloides* 'Variegata'；Cadmium stress；Growth；Cadmium absorption

1　基金项目：北京市共建项目专项资助。

第一作者简介：董南希（1996—），女，硕士研究生，主要从事花卉栽培、花卉生理研究。

通讯作者：杨秀珍，副教授，E-mail：1060021646@ qq. com。

镉(Cd)是一种具有金属光泽的非典型过渡性重金属,位于元素周期表中第五周期第ⅡB族。20世纪初发现镉以来,镉的产量逐年增加,广泛应用于电镀工业、化工业、电子业和核工业等领域。镉比其他重金属更容易被农作物所吸附,相当数量的镉通过废气、废水、废渣排入环境,造成污染,对水质、土壤环境造成了巨大隐患。其在土壤中转移性较强,而植物吸收镉能力较高(GARG N,2014;刘秀珍,2009),可通过一层层食物链进入人体。大量研究(Jin T et al.,1999)表明,镉作为机体发育的非必需元素,很少的量进入人体即可通过生物放大和生物积累,对人体产生一系列损伤,而且还有研究揭示镉具有一定的致癌和致突变性。另外,镉在体内的半衰期长达10~35年,为已知的在体内蓄积的毒性较大的元素(Hart B A et al.,2001)。

污染土壤上生长的植物,根系吸收土壤中的重金属,在体内积累过多后,会对自身产生毒害作用,植物代谢过程发生紊乱,直接影响植物生长发育,乃至造成植株死亡(李秀珍 等,2008)。这样对城市生态环境的平衡造成了一定威胁。如果能筛选出对镉污染有较强抗性的植物用于城市绿化,维持生态平衡,并通过植物吸收、积累、转化重金属镉对污染环境进行治理,无疑对生态环境改善具有重大意义(孙婕好 等,2018)。植物修复技术利用植物可耐受和超富集某些化学物质的特点,提取、吸收、分解、转化或固定土壤中的污染物,清除污染(李飞宇,2011;张从,2000;鲍桐,2008)。因此,需要通过植物对重金属镉的耐受性和吸收能力来判断其是否具有修复能力。

红叶腺柳(Salix chaenomeloides 'Variegata')又名红叶柳,为杨柳科柳属落叶阔叶树种,是腺柳(Salix chaenomeloides Kimura)的一个优良无性系。其叶顶端新叶于4月下旬至10月上旬呈红色,可作为高大彩叶乔木观赏;对环境、气候的适应能力强,耐水湿、耐干旱、耐瘠薄、耐盐碱,在修复重金属污染土壤方面有很大潜力(侯元凯 等,2012)。

为了探讨这种潜力进行了本试验,从红叶腺柳的生长特性、植物各个器官Cd²⁺吸收情况,探究红叶腺柳对镉的耐受能力和吸收能力,为其用于土壤镉污染的修复提供理论依据。

1　材料与方法

1.1　试验方法

试验在北京林业大学北林科技温室中进行。2019年3月中旬,从江西抚州购入红叶腺柳母株。将枝条剪成10~13cm长的插穗,留4~5个饱满芽,切口上平下斜,将插穗下部斜切口浸泡在100mg/L ABT生根粉溶液内处理2h。3月21日,在北林科技温室扦插于装有扦插基质(珍珠岩、蛭石、草炭土)的穴盘内,以塑料薄膜覆盖保持培养温度、湿度,4月中旬大部分扦插苗生根。

5月下旬,将扦插苗上盆。用直径18cm、高20cm的广口塑料盆做盆栽试验,将蛭石、珍珠岩、草炭土按1∶1∶1比例混匀,每盆装入300g试验基质。每3d灌水一次保证湿度和足够水分,将盆栽置于统一温室条件下培养。

7月中旬,挑选生长基本一致的红叶腺柳进行不同浓度CdCl₂·2.5H₂O溶液镉处理,设置Cd²⁺处理液浓度梯度为0、10、50、100mg/L,每次浇灌100ml。试验于2019年7月22日至2019年10月22日进行,共浇灌处理液30次。7~9月上旬,每2d处理一次;9~10月气温降低,每4~5d处理一次。每组处理设置5个重复。

试验期间,北林科技平均温度约32.5℃,平均湿度约为35.9%,每周喷施一次吡虫啉溶液防治虫害,次日以清水冲洗干净。

1.2　测定指标

1.2.1　生长量测定

试验开始后,每周记录各个处理植株的株高、叶片数,并观察植株有无外观异常。株高利用钢卷尺测量,以盆土表面至植株顶芽先端垂直高度作为株高。叶片数以叶片长大于1cm为标准计入数据。

10月22日试验结束后,每个处理中随机选取3株植物,按叶片、枝条、根系分别收取,用去离子水洗净。用烘箱将样品经105℃杀青30min,75℃烘干3d后测其生物量,得到根、茎、叶各部分干物质重(施翔,2010)。

1.2.2　植物器官镉含量的测定

将烘干的植株根、茎、叶各部分磨碎,过100目筛。称取样品200mg,消解液为5ml HNO₃和2ml H₂O₂组成的混合液。用微波消解仪进行消解后,将消解液定容至100ml,利用电感耦合等离子体发射光谱仪(ICP)测定溶液的Cd²⁺浓度。

1.3　数据分析

用Microsoft Excel进行简单的数据处理,计算平均值和标准差;采用SPSS 22进行方差分析;采用Origin 2018软件进行绘图。

单株镉积累量=植株叶镉含量(mg/kg)×植株叶干重(kg)+植株茎镉含量(mg/kg)×植株茎干重(kg)+植株根镉含量(mg/kg)×植株根干重(kg);

单株镉吸收率=植物单株镉积累量(mg)/镉施加

量(mg)×100%。

2 结果与分析

2.1 镉胁迫对红叶腺柳株高和叶片数的影响

7月22日至10月22日之间,调查各处理红叶腺柳株高如图1所示。4个处理中,以100mg/L处理株高增长量最大,其次为10mg/L、50mg/L、0处理。在浇灌处理液处理60d后,各处理植株株高达到最大值,之后红叶腺柳生长停止,株高呈逐渐下降趋势。这是由于各处理植株顶部叶片逐渐脱落而导致的。100mg/L处理的植物最终株高最高,达到45.3cm,与试验开始时相比增加了26.02cm;0、10、50mg/L最终株高分别达到了27.68cm、30.32cm、28.42cm。

100mg/L与0处理之间的差异极显著(P<0.01),与10mg/L、50mg/L处理之间差异达到显著水平(P<0.05)。由此看来,外源施加镉胁迫达到100mg/L时,株高生长量得到促进。

各个处理的红叶腺柳植株叶片数如图2所示,总体呈现先增后减的趋势。在处理10d后0、10mg/L、50mg/L处理的叶片数开始减少,100mg/L处理的叶片数略微增加。处理60d后,各处理叶片数均显著减少。这是由于此时到了9月末期,红叶腺柳逐渐进入落叶期而导致叶片数减少。4个处理间相比,整个试验期间以100mg/L处理的叶片数最多,50mg/L水平下叶片数最少。

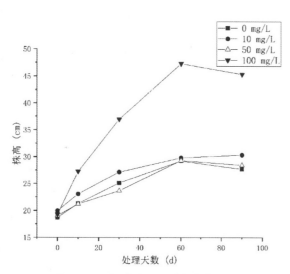

图1 不同镉浓度处理对株高的影响
Fig. 1 Effect of different cadmium concentration treatments on plant height

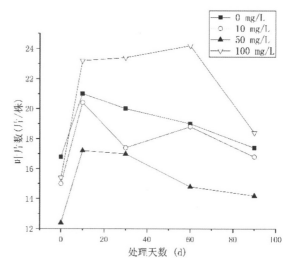

图2 不同镉浓度处理对叶片数的影响
Fig. 2 Effect of different cadmium concentration treatments on the number of leaves

2.2 镉胁迫对红叶腺柳各部位干重的影响

镉胁迫处理30次后收取植株杀青烘干,各处理、各部位的干重如图3所示。比较叶片干重可以看出,100mg/L处理的干重最大,达到0.77g/株,同50mg/L处理之间差异达到显著水平(P<0.05),同0处理之间差异极显著(P<0.01)。由前文对叶片数对比得知,100mg/L处理叶片数最多,所以其干重也最大。新枝干重方面,100mg/L处理同0、50mg/L处理间差异达到显著水平(P<0.05),这说明100mg/L镉浓度处理不仅没有抑制红叶腺柳新枝生长,而且使新枝干重达到最大值。除此外,100mg/L处理的根系干重最大,明显大于其他处理,并差异显著(P<0.05),说明根系生长受到促进。红叶腺柳全株干重为叶片、新枝、根系干重总和,100mg/L处理总干重最大,与其他处

理均具有显著差异(P<0.05)。说明100mg/L镉处理对红叶腺柳的生长量不仅没有抑制,还使其干重达到最大。

几个处理间对比,镉胁迫达到100mg/L时,植物的叶片、新枝、根系干重值均为最大,即100mg/L镉浓度处理促进了红叶腺柳根、茎、叶各部位生长。

2.3 不同浓度镉处理对红叶腺柳叶片外观的影响

试验进行90d后,采取植株顶端第3片叶片,对比叶片变化,如图4所示。4个处理叶片形态完整,但50mg/L、100mg/L处理叶片边缘出现干枯、焦边现象。对比颜色看来,100mg/L处理叶片出现黄化现象,叶肉呈现黄色,认为是Cd^{2+}毒害现象。根据记录,处理39d后100mg/L处理植株叶片开始出现轻微黄化现象;处理57d后,开始出现叶缘干枯情况。据

此分析，外源施加镉浓度的增加，影响着红叶腺柳叶片颜色，致使叶片出现受害现象。虽然植株生长量较大、叶片数增多，但长时间镉处理会造成植株叶片发黄、干枯，对植物正常生长产生一定抑制效应。这与旱柳的试验结果一致(周晓星，2012)。

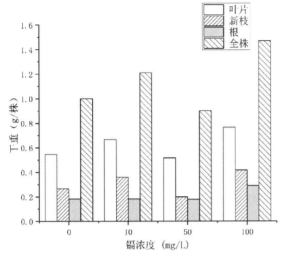

图 3 不同镉浓度处理对各部位干重的影响

Fig. 3 Effect of different cadmium concentration on dry weight of different parts

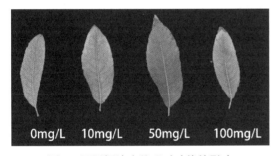

图 4 不同镉浓度处理对叶片的影响

Fig. 4 Effect of different cadmium concentration treatments on leaves

2.4 不同浓度镉处理对红叶腺柳镉吸收的影响

对红叶腺柳各部位镉含量分析结果如表 1 所示。随着镉处理浓度升高，植株茎、叶镉含量都明显呈上升趋势。将镉处理浓度与植株各器官镉含量进行相关分析，结果表明，植株叶片、茎镉浓度含量与外源施加镉胁迫浓度呈显著正相关($P<0.05$)，相关系数分别为 0.984 和 0.94。叶片中镉含量最大，4 个处理之间差异均达到显著水平($P<0.05$)，且 100mg/L 处理与其他处理均有极显著差异($P<0.01$)。而茎内镉含量方面，100mg/L 处理与其他处理也均有显著差异($P<0.05$)。即在 100mg/L 以内，红叶腺柳茎、叶对镉的富集能力随外源施加镉浓度的升高而增强。此外，

根内镉含量 4 个处理间均有极显著差异($P<0.01$)。而对比图 3 可知，100mg/L 处理的根系干重最大，且镉含量最高。100mg/L 处理下各个部位镉含量均明显高于其他处理。

3 个部位相对比，4 个处理表现出相同的 Cd 分布规律，即叶>根>茎，这与旱柳的研究结果一致(徐晓寒，2019)。由此可知，红叶腺柳叶片对镉的富集能力最强，且外源施加镉胁迫浓度在 100mg/L 以内，各部位对镉的富集能力没有受到抑制。

表 1 不同浓度镉处理对植株镉含量的影响

Table 1 Effect of different concentrations of cadmium on cadmium content

处理浓度 (mg/L)	叶 (mg/kg)	茎 (mg/kg)	根 (mg/kg)
0	—	—	—
10	20.76±4.32c	1.71±0.95b	10.9±0.36B
50	31.46±4.85B	1.76±0.2b	8.44±0.13C
100	48.16±7.68a	3.25±1a	17.79±0.42a

注：表中同列不同小写字母表示处理间在 0.05 水平差异显著，大写字母表示处理间在 0.01 水平差异显著。

不同浓度镉处理对红叶腺柳镉吸收率的影响如表 2 所示。据表可知，红叶腺柳各处理的单株镉积累量随外源施加镉浓度的升高而增大，且 100mg/L 处理与其他处理均有极显著差异($P<0.01$)。但单株镉吸收率随外源施加镉浓度的升高而降低，10mg/L 处理吸收率最高，与其他处理间差异达到极显著水平($P<0.01$)。虽然高浓度处理下单株镉积累量较高，但吸收率却低于低浓度处理。这是由于镉外源施加量过大，红叶腺柳对镉的吸收能力有限，外源镉处理高于 10mg/L 时吸收率已经受到抑制。因此，外源施加镉浓度升高促进红叶腺柳对镉的吸收，但抑制了吸收效率。

表 2 不同浓度镉处理对植株镉吸收率的影响

Table 2 Effect of different concentrations of cadmium on the absorption rate of cadmium

处理浓度 (mg/L)	单株积累量 (mg/株)	施加量 (mg)	单株吸收率 (%)
0	—	—	—
10	0.02±0.01B	30	0.07±0.02a
50	0.02±0B	150	0.02±0B
100	0.05±0a	300	0.02±0B

注：表中同列不同小写字母表示处理间在 0.05 水平差异显著，大写字母表示处理间在 0.01 水平差异显著。

在本试验条件下，红叶腺柳未出现严重受害现象。其各器官对镉的吸收未受到抑制，单株镉吸收量

随施加镉浓度的升高而得到促进，吸收率受到抑制。据此可以得知，红叶腺柳对重金属镉具有一定的吸收能力和耐受能力，但吸收能力有限，外源施加镉浓度较高则吸收率受限。

3   讨论

本研究表明，土壤镉污染对植物生长有一定影响，会导致植物生长过程中器官受损，这与前人的研究结果相一致（薛建永，2008）。经不同浓度镉处理的红叶腺柳，叶片出现轻微或明显干枯、焦边、黄化现象。这是由于重金属污染后植物叶绿体含量减少，影响光合作用正常进行（李永杰，2010）。重金属镉抑制了植株叶片生长发育过程中光合色素的生物合成（贾中民，2013），随处理时间增长，叶绿素含量下降，叶片开始出现失绿现象（徐爱春，2007）。

然而本试验结果又体现了红叶腺柳对镉有一定的忍耐程度，高浓度镉处理并未抑制其生长量，且叶片富集镉能力最强。前人的研究结果表明，柳属植物叶片富集重金属能力强，在生长旺季，Cd 可以随着强大的蒸腾流而持续向地上部转移（徐晓寒，2019）。Vollenweider 等（2006）研究发现 Cd 主要分布于蒿柳（*Salix viminalis* L.）嫩叶的叶尖和叶缘及老叶的叶基，而在细胞中主要存在于叶脉厚壁组织的胶质层。因此叶片富集镉含量较多，能力较强。这也和本试验的结果一致。

总之，柳属植物在不同镉污染程度下表现出一定抗性，可作为木本修复植物的参考，如无性系能源柳、垂柳、旱柳等，但转移系数和富集系数多低于超富集植物的指标，修复能力有限（薛建永，2008；贾中民，2013）。类比已有研究，红叶腺柳也同样对重金属镉具有一定抗性，在镉处理下植株正常生长且生长量大，能适应此生长环境。根据红叶腺柳对镉胁迫的适应性，还应对其修复镉污染的能力进行进一步研究，判断其可应用的栽培地区，为镉污染的园林绿化地区提供应用新思路。

参考文献

鲍桐，廉梅花，孙丽娜，等，2008. 重金属污染土壤植物修复研究进展[J]. 生态环境，17(2)：858-865.

侯元凯，高巍，李煜延，2012. 红叶腺柳引种驯化研究[J]. 林业资源管理，(05)：80-84.

贾中民，王力，魏虹，等，2013. 垂柳和旱柳对镉的积累及生长光合响应比较分析[J]. 林业科学，49(11)，51-59.

李飞宇，2011. 土壤重金属污染的生物修复技术[J]. 环境科学与技术，34(S2)：148-151.

李秀珍，李彬，2008. 重金属对植物生长发育及品质的影响[J]. 安徽农业科学，036(014)：5742-5746.

李永杰，2010. 6 种城市绿化树种苗木对土壤 Cu、Pb 污染的生理响应及耐性评价[D]. 北京：北京林业大学.

刘秀珍，赵兴杰，郭丽娜，等，2009. 膨润土和沸石对重金属镉的吸附性研究[J]. 山西农业大学（自然科学版），29(2)：97-99，103.

施翔，陈益泰，吴天林，等，2010. 7 个柳树无性系在 Cu/Zn 污染土壤中的生长及对 Cu/Zn 的吸收[J]. 中国环境科学，30(12)：1683-1689.

孙婕妤，刘艳秋，李佰林，等，2018. 植物对镉的耐性机制以及对镉污染土壤修复的研究进展[J]. 江苏农业科学，46(007)：12-19.

徐爱春，2007. 柳树无性系镉积累和生理变化规律研究[D]. 北京：中国林业科学研究院.

徐晓寒，2019. 不同品种柳树幼苗对重金属镉、铅富集能力与耐性机理研究[D]. 济南：济南大学.

薛建永，张文辉，刘新成，2008. 不同能源柳无性系对土壤镉污染的抗性研究[J]. 植物研究，28(4)，491-496.

张从，夏立江，2000. 污染土壤生物修复技术[M]. 北京：中国环境科学出版社，148-151.

周晓星，2012. 柳属植物对重金属镉胁迫的生长与生理响应[D]. 北京：中国林业科学研究院.

GARG N, BHANDRI P. 2014. Cadmiumtoxicityin crop plants and its alleviation byar+B1：B19buscular mycorrhizal（AM）fungi：An overview[J]. Giornale BotanicoItaliano，148(4)：609- 621.

Hart B A, Potts R J, Watkin R D. Cadmium adaptation in the lung-a double-edged sword[J]. Toxicology，2001，160(1-3)：65

Jin T, Nordberg G, Sehlin. 1999. The susceptibility to nephro-toxicity of streptozotocin-induced diabetic rats subchronically exposed to cadmium chloride in drinking water[J]. Toxicology，142(1)：69.

Vollenweider, Cosio, Goerg G. 2006. Localization and effects of cadmium in leaves of a cadmium-tolerant willow（*Salix viminalis* L.）Part II Microlocalization and cellular effects of cadmium[J]. Environmental & Experimental Botany，58(1)：64-74.

中国观赏园艺研究进展 2020：171~176

Advances in Ornamental Horticulture of China, 2020：171~176

171

从枝菌根真菌(AMF)对卵叶牡丹穴盘苗矿质营养和生长的影响

任鸿雁　高丹蕾　袁 涛*

（花卉种质创新与分子育种北京市重点实验室，国家花卉工程技术研究中心，城乡生态环境北京实验室，

园林环境教育部工程研究中心，林木花卉遗传育种教育部重点实验室，园林学院，北京林业大学，北京 100083）

摘要　为筛选牡丹穴盘菌根化育苗的接种菌剂，在实际生产中进行应用，对当年生卵叶牡丹播种穴盘苗接种摩西球囊霉（*Glomus mosseae*，以下简称 Gm）、幼套球囊霉（*G. etunicatum*，以下简称 Ge）和蜜色无梗囊霉（*Acaulospora mellea*，以下简称 Am）等 3 种 AM 真菌，分析不同菌剂对卵叶牡丹的菌根依赖性、营养生长状况及矿质元素含量的影响。结果表明，卵叶牡丹的菌根依赖性为 Am>Gm>Ge，3 种菌剂均能显著提高卵叶牡丹实生苗的总干重、株高、最大叶片长、最大叶片宽和根系生长状况，其中 Am 对株高、最大叶片宽和侧根萌发促进效果最好，Gm 促进总根长、根系总表面积、根总体积和投影面积的效果最好；3 种菌剂均抑制了卵叶牡丹当年生苗对矿质元素 Cu、Fe 的吸收，但显著提高了对 Ca 的吸收；Gm 显著提高了植株对 Zn 的吸收和地上部分 N 和 K 含量，Am 和 Ge 则显著提高了地上部分 N、P 和 K 含量，3 种菌剂均能显著提高地下部分 N、P 和 K 含量。综合考虑各方面的因素，本文推荐 *Glomus mosseae* 为卵叶牡丹穴盘菌根化育苗的菌根真菌。

关键词　卵叶牡丹；AM 真菌；穴盘育苗；矿质元素；营养生长

Effects of AMF on the Mineral Nutrition and Growth of the *Paeonia qiui* in Plug Seedling

REN Hong-yan　GAO Dan-lei　YUAN Tao*

（*Beijing Key Laboratory of Ornamental Plants Germplasm Innovation & Molecular Breeding，National Engineering Research Center for Floriculture，Beijing Laboratory of Urban and Rural Ecological Environment，Engineering Research Center of Landscape Environment of Ministry of Education，Key Laboratory of Genetics and Breeding in Forest Trees and Ornamental Plants of Ministry of Education，School of Landscape Architecture，Beijing Forestry University，Beijing 100083，China*）

Abstract　In order to select the inoculating agent for mycorrhizal cultivation in peony plug seedlings, 3 kinds of AM fungus, *Glomus mosseae*, *G. etunicatum* and *Acaulospora mellea* (hereinafter referred to as Gm, Ge and Am), were inoculated to the raw plug seedlings of *Paeonia qiui*. The effects of different microbial agents on the mycorrhizal dependence, vegetative growth and mineral element content of *Paeonia qiui* were analyzed. Results show that the mycorrhizal dependence of *Paeonia qiui* is Am > Gm > Ge. And 3 kinds of agents can significantly improve the dry weight, plant height, maximum leaf length, leaf width and root growth condition. Am has the best effect in height, the biggest leaf width and lateral root germination. Gm has the best effect in promoting total root length, root surface area, root volume and projection area. The absorption of Cu and Fe is inhibited by the three kinds of agents, but the absorption of Ca is increased. Gm significantly increases the uptake of Zn in whole plant and the content of N and K in aboveground part, while Am and Ge significantly increase the content of N, P and K in aboveground part. Considering all the factors, this paper recommends *Glomus mosseae* as the mycorrhizal agent inoculated in the *Paeonia qiui* plug seedling.

Key words　*Paeonia qiui*；AM funge；Plug seedling；Mineral element；Vegetative growth

1　基金项目：科学研究与研究生培养共建项目"北京城乡节约型绿地营建技术与功能型植物材料高效繁育"（2016GJ-03）；北京林业大学建设世界一流学科和特色发展引导专项资金资助-园林植物高效繁殖与栽培养护技术研究（2019XKJS0324）。

第一作者简介：任鸿雁（1990—），女，硕士研究生，主要从事花卉繁殖与栽培养护研究。

通讯作者：袁涛，女，教授，研究方向：园林植物栽培与应用，E-mail：yuantao@ bjfu. edu. cn。

卵叶牡丹(*Paeonia qiui*)是我国特有的野生牡丹种质资源,具有良好的观赏及油用潜质(中国科学院中国植物志编辑委员会,1996)。通过穴盘播种进行菌根化育苗有助于提高我国牡丹种苗产品质。研究表明,泡囊-丛枝菌根真菌(AM Fungus,以下简称AMF)能够改善植物对矿质元素的吸收作用,改良植株生长状况,增强植物的抗逆性,提高产量和品质,同时还能提高植物对盐碱和重金属毒害的抗性,改善土壤状况,提高苗木的移栽成活率(Waterer D 和 Coltman R, 1989; Liu R J *et al.*, 1999; Gnekow M A *et al.*, 1989; Gupta M L *et al.*)。这些特性使得AM真菌越来越受重视,我国已经有商品化的接种菌剂在市场上出售,被广泛应用于植物育苗技术中。前人已经成功地从牡丹栽培土中分离鉴定出了35种AM真菌(郭绍霞等,2003)。接种AM真菌可以增加牡丹实生苗的干重和株高,尤其是可以促进牡丹苗地下部分的生长,缩短育种周期,因此尽快实现牡丹容器苗菌根化生产是实现牡丹育苗产业化的一种有意义的方法(郭绍霞 等,2010;曾端香 等,2011)。本试验选择了摩西球囊霉(*Glomus mosseae*,以下简称Gm)、幼套球囊霉(*G. etunicatum*,以下简称Ge)和蜜色无梗囊霉(*Acaulospora mellea*,以下简称Am)3种AM真菌,对当年生卵叶牡丹穴盘苗进行接种,探究AM真菌对卵叶牡丹穴盘苗的矿质营养和生长的影响,以期为提高卵叶牡丹穴盘育苗质量提供参考。

1　材料与方法

1.1　试验材料

试验于2015年8月至2016年7月在北京林业大学温室内进行。

卵叶牡丹种子采自河南栾川海拔1300m引种基地,2015年8月中旬采集呈蟹黄色的蓇葖果,置于阴凉避光处。种子自然脱落后,水选法选出饱满种子。温水浸种24h,15~20℃层积催根。种子生根后,选取根长>5cm的种子播入穴盘,穴盘规格为21.5cm×35.5cm×11cm,穴孔口径4.0cm,40孔,培养基质为草炭:珍珠岩1:1(体积比)。4℃低温处理50d打破上胚轴休眠,之后进行温室培养。

接种菌剂:摩西球囊霉(*Glomus mosseae*)570个孢子/20g、幼套球囊霉(*G. etunicatum*)200个孢子/20g、蜜色无梗囊霉(*Acaulospora mellea*)245个孢子/20g。菌剂由北京市农林科学院"中国丛枝菌根真菌种质资源库(BGC)"提供。

1.2　试验方法

1.2.1　接种

对当年生的卵叶牡丹穴盘苗,接种Gm、Ge、Am,做3个处理,对照(CK)为接种等量的已灭菌的菌剂。每处理40株。接种数量以含有相同的孢子个数为原则确定,接种方法为均匀撒施内含AMF真菌孢子、被侵染根段及菌丝的砂土混合物于穴盘基质中部,保证种子根系能充分接触菌剂。在生长季定期浇施1/3的Hogland营养液3次,2周1次。每3d观察一次,定期测定形态指标和种苗中矿质营养状况。

1.2.2　测定指标与方法

接种60d后观察,每处理随机挑选20株,常规方法测定各处理植株的株高、茎粗、最大叶片长、最大叶片宽等形态指标。

对各处理植株进行根系取样,用无菌的去离子水冲洗干净,将根系充分展开,置于根系扫描仪内,用根系扫描仪扫描出根系照片(见图1至图4),之后用根系扫描分析系统计算根总长、根总面积、根总体积、总根尖数、根系投影面积、根系连接数。根系连接数指根系分枝的连接点数(刘丽娜 等,2008)。

取全株测定接种前后干重,计算菌根依赖性。

菌根依赖性(MD)=(接种植株干重-未接种植株干重/接种植株干重)×100%　　　　(1-1)

矿质营养元素含量的测定:每处理挑选20株,用刀片分开地上部分和地下部分,测定每部分的矿质营养元素含量。凯氏定氮法测定全N,钒钼黄比色法测定全P,原子吸收光谱测定K、Ca、Mg、Fe、Zn、Cu等矿质元素。

2　结果与分析

2.1　菌根依赖性

表1　不同AMF对卵叶牡丹实生苗菌根依赖性、干重的影响

Table 1　Effect of AMF on mycorrhizal dependency and dry weight of *P. qiui* seedlings

AMF 处理	干重(g)		总干重 (g)	菌根依赖性(%)
	地上	地下		
CK	0.11±0.02b	0.28±0.02c	0.39±0.01c	0
Gm	0.13±0.02b	0.41±0.05b	0.54±0.07b	27.78
Ge	0.13±0.01b	0.39±0.05b	0.51±0.05b	23.53
Am	0.18±0.06a	0.47±0.11a	0.65±0.16a	40.00

注:同一列数字旁字母不同表示在 $P \leqslant 0.05$ 水平差异显著。

由表1可以看出,3种菌剂Gm、Am和Ge均能显著提高卵叶牡丹实生苗的总干重,只有Am能显著提高植株地上部分的干重。接种Am的植株对总干重提高的效果最好，其次是 Gm 和 Ge，两者对干重的提升效果类似。3 种菌剂的菌根依赖性为 Am>Gm>Ge。

2.2　形态指标

由表 2 可以看出，接种的 3 种菌剂均可以显著提高卵叶牡丹实生苗的株高、最大叶片长和最大叶片宽，但对茎粗的影响不大。Am 对株高的促进作用最明显，其次是 Gm 和 Ge。Am 和 Gm 对最大叶片长的促进作用相似，其次是 Ge。Am 对最大叶片宽的促进作用最明显，Ge 和 Gm 的促进作用相似，均低于 Am。

表 2　不同 AMF 对卵叶牡丹实生苗地上部分形态指标的影响

Table 2　Effect of AMF on morphology in aerial part of *P. qiui* seedlings

AMF 处理	株高 (cm)	茎粗 (mm)	最大叶片长 (cm)	最大叶片宽 (cm)
CK	6.16±1.40c	1.25±0.21a	3.93±1.10c	6.63±1.33c
Gm	6.94±1.23b	1.24±0.21a	4.92±1.06a	7.46±1.27b
Ge	6.13±1.63c	1.31±0.25a	4.56±1.33b	7.11±2.08b
Am	7.87±1.29a	1.36±0.37a	4.96±0.66a	8.14±1.14a

注：同一列数字旁字母不同表示在 *P* ≤0.05 水平差异显著。

表 3　不同 AMF 对卵叶牡丹实生苗根系的影响

Table 3　Effect of AMF on root morphology of *P. qiui* seedlings

AMF 处理	总根长 (cm)	投影面积 (cm²)	根总表面积 (cm²)	根总体积 (cm³)	总根尖数 (个)	根系连接数 (个)
CK	398.09±9.14d	159.63±15.27c	501.50±36.08d	43.99±4.34c	83±7c	13±6c
Gm	700.22±23.36a	235.05±15.33a	738.44±46.23a	64.68±5.00a	135±11b	35±5a
Am	558.62±18.27b	173.31±15.49b	544.48±48.66c	44.60±9.56c	149±28a	33±12a
Ge	511.28±27.40c	184.56±8.23b	579.82±28.70b	53.58±5.87b	90±13c	40±6a

注：同一列数字旁字母不同表示在 *P* ≤0.05 水平差异显著。

总根长和总表面积决定着根系的吸收范围，通常侧根数量越多，根系的总长度和总表面积越大(刘丽娜 等，2008)。根系连接数代表着根系的分枝强度，总根尖数代表着根系主根和各侧根的总数。由表 3 可知，3 种菌剂对根系各形态指标均有不同程度的提高作用。Gm 对总根长、根系总表面积、根总体积和投影面积的促进效果最好，根系吸收范围最大。Am 处理的植株的总根长大于 Ge 处理植株，但根总表面积和总体积小于 Ge 的处理，两者综合效果差异不显著。3 种菌剂处理的植株分枝强度差异不显著，均显著高于对照。总根尖数 Am>Gm>Ge>CK，可见 AMF 真菌可以促进侧根的萌发。综上，Am 对侧根的萌发促进效果最好，Gm 处理的植株各根系形态指标综合效果最好。

图 1　对照根系扫描图

Fig. 1　The scan photo of root under control treatment

图 2　Ge 处理根系扫描图

Fig. 2　The scan photo of root under Ge treatment

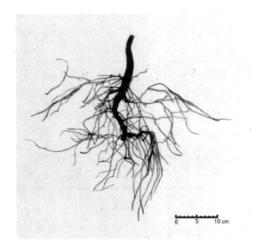

图3　Gm 处理根系扫描图

Fig. 3　The scan photo of root under Gm treatment

2.3　矿质元素含量

试验结果如表4至表9所示。

**表4　不同 AMF 对卵叶牡丹当年生苗
地上部分 N、P、K 含量的影响**

Table 4　Effects of AMF on N、P and K content in
aerial part of *P. qiui* seedlings

AMF 菌剂	全 N(%)	全 P(%)	全 K(%)
CK	0.9165±0.12d	0.0527±0.01b	0.5855±0.13b
Gm	1.3427±0.05c	0.0256±0.01c	0.9411±0.27a
Am	1.6487±0.27a	0.1011±0.03a	0.9298±0.18a
Ge	1.4619±0.18b	0.0961±0.00a	0.9144±0.21a

注：同一列数字旁字母不同表示在 P ≤0.05 水平差异显著。

**表5　不同 AMF 对卵叶牡丹当年生苗
地下部分 N、P、K 含量的影响**

Table 5　Effects of AMF on N、P and K content in
underground part in of *P. qiui* seedlings

AMF 菌剂	全 N(%)	全 P(%)	全 K(%)
CK	0.8669±0.23c	0.0120±0.00c	0.6042±0.13c
Gm	1.1731±0.10a	0.0950±0.03a	0.8763±0.27a
Am	0.9435±0.27b	0.0465±0.01b	0.8257±0.18b
Ge	1.1387±0.15a	0.1147±0.02a	0.8530±0.21a

注：同一列数字旁字母不同表示在 P ≤0.05 水平差异显著。

由表4、表5所示，Am 和 Ge 可以显著提高地上部分 N、P 和 K 含量，Gm 可以提高地上部分 N 和 K 含量，3 种菌剂均能显著提高地下部分 N、P 和 K 含量。

其中，Gm 对地下部分各矿质元素含量的提高最显著，Am 效果最不明显。P 属于在土壤中较难移动的矿质元素，菌根增加了根系对 P 的吸收，同时根系

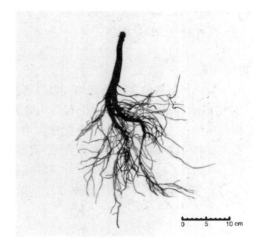

图4　Am 处理根系扫描图

Fig. 4　The scan photo of root under Am treatment

**表6　不同 AMF 对卵叶牡丹当年生苗
地上部分 Ca、Mg、Cu 含量的影响**

Table 6　Effects of AMF on Ca、Mg and Cu content in
aerial part of *P. qiui* seedlings

AMF 菌剂	全 Ca(%)	全 Mg(%)	全 Cu(%)
CK	1.0224±0.01c	0.2881±0.10a	4.5641±0.96a
Gm	1.5116±0.12a	0.2860±0.09a	4.1995±1.05b
Am	1.3918±0.17b	0.2738±0.12a	4.0572±1.28c
Ge	1.5642±0.35a	0.2849±0.06a	4.0576±0.71c

注：同一列数字旁字母不同表示在 P ≤0.05 水平差异显著。

**表7　不同 AMF 对卵叶牡丹当年生苗
地下部分 Ca、Mg、Cu 含量的影响**

Table 7　Effects of AMF on Ca、Mg and Cu content in
underground part in of *P. qiui* seedlings

AMF 菌剂	全 Ca(%)	全 Mg(%)	全 Cu(%)
CK	0.2592±0.10d	0.2610±0.05a	3.5593±0.25a
Gm	0.6395±0.15a	0.2752±0.02a	2.5270±0.09c
Am	0.5585±0.08c	0.2558±0.11a	2.9545±1.02b
Ge	0.5990±0.26b	0.2689±0.09a	3.0605±1.21b

注：同一列数字旁字母不同表示在 P≤0.05 水平差异显著。

内 N、K 的含量也有显著提高。

由表6、表7可以看出，3 种菌剂均抑制了卵叶牡丹当年生苗对矿质元素 Cu 的吸收，但显著提高了对矿质元素 Ca 的吸收，而 3 者对矿质元素 Mg 的含量影响均不显著。Gm 显著抑制了植株地下部分 Cu 的吸收，Ge 对植株地上部分 Cu 的吸收抑制作用最明显。Gm 和 Ge 对全株吸收 Ca 的促进作用相差不大，均高于 Am 处理的植株对 Ca 的吸收能力。

**表8 不同 AMF 对卵叶牡丹当年生苗
地上部分 Fe、Zn 含量的影响**

Table 8 Effects of AMF on Fe and Zn content in
aerial part of *P. qiui* seedlings

AMF 菌剂	全 Fe(mg/kg)	全 Zn(mg/kg)
CK	285.3321±5.76 a	38.4902±2.25a
Gm	166.9347±7.82 d	39.2080±4.31a
Am	188.1948±10.02c	35.2052±2.80b
Ge	199.4645±4.33 b	36.3447±2.65b

注:同一列数字旁字母不同表示在 $P \leqslant 0.05$ 水平差异显著。

**表9 不同 AMF 对卵叶牡丹当年生苗
地下部分 Fe、Zn 含量的影响**

Table 9 Effects of AMF on Fe and Zn content in
underground part in of *P. qiui* seedlings

AMF 菌剂	全 Fe(mg/kg)	全 Zn(mg/kg)
CK	156.3680±12.25a	24.4201±1.37b
Gm	145.3495±9.05 b	27.7728±3.05a
Am	124.6778±5.86 c	21.4882±2.99c
Ge	145.0465±6.65 b	24.5230±2.02b

注:同一列数字旁字母不同表示在 $P \leqslant 0.05$ 水平差异显著。

表8、表9可见,3种菌剂均抑制了卵叶牡丹当年生苗对矿质元素 Fe 的吸收,其中 Gm 对地上部分抑制作用最明显,Am 对地下部分抑制作用最明显。Gm 显著提高了植株对矿质元素 Zn 的吸收,Ge 对卵叶牡丹当年生苗内 Zn 的含量影响不大,Am 的抑制作用明显。

3 讨论

3.1 3 种 AMF 对卵叶牡丹当年生苗的菌根依赖性和干重的影响

一些研究认为 AM 真菌对植物实生苗的早期生长和植物量有促进作用(Bessette P H *et al.*,1999;Smith D B 和 Johnson K S,1988;Studier F W,Moffatt B A,1986)。本试验中 Gm、Am 和 Ge 均提高了卵叶牡丹当年生苗的干重,与郭绍霞的研究结果一致。

本文中卵叶牡丹当年生实生苗对菌根依赖性为130%~165%,Am>Gm>Ge,与郭绍霞的研究结果依赖性为111%~129%不一致,可能与菌根种类、牡丹品种和苗龄有关。郭绍霞的研究表明,牡丹一年生苗的菌根依赖性高于牡丹当年生苗,这可能是因为当年生苗在上胚轴萌发初期,对胚乳内的营养依赖性很高,而对培养基质内的养分依赖性很低,可适当延长试验周期,探究菌根依赖性与侵染时间的相关性。

3.2 3 种 AMF 对卵叶牡丹当年生苗的形态指标的影响

3 种菌剂均对卵叶牡丹当年生苗茎粗影响较小,推测是因为当年生苗较小,茎粗数据变化不明显,可延长试验周期来进一步探究。3 种 AMF 均显著提高了对植株地上部分形态指标,这与孔佩佩等对切花菊的研究结果一致(孔佩佩 等,2011)。

内生菌丝促进了根系的生长,极大地扩展了根系吸收范围,从而增加了根系的吸收面积。因此 AM 真菌对卵叶牡丹实生苗地下部分的促进作用较地上部分更明显,3 种菌剂均能显著提高植株根系的各项形态指标。

Am 促进牡丹实生苗株高、最大叶片长和最大叶片宽的效果最好。Gm 促进牡丹实生苗总根长、根系总表面积、根总体积和投影面积的效果最好。一般来说,根系生长良好的植株,对地上部分的生长也有促进作用,理论上应该是同一种菌种对地上和地下部分的促进效果最好,本试验中出现的结果,可能是由于根系对地上部分产生作用需要一定时间,而试验周期不够长,使得同一种菌种未能完全发挥出促进作用。

3.3 3 种 AMF 对卵叶牡丹当年生苗的矿质元素含量的影响

矿质元素对牡丹的生长开花非常重要,因为矿质元素对牡丹的生长具有生理调节的作用(萧浪涛和王三根,2004)。N 是核酸和蛋白质内最主要的组成成分,P 能够显著改善花瓣质地,K 对细胞渗透压的调节有重要作用,可以促使植株生长健壮,Fe、Mg、Zn、Cu 的含量影响着牡丹植株内酶的活性(刘建祥等,2001;潘瑞炽,2001;陈利云和王弋博,2013)。根系生长对苗木质量至关重要,AM 真菌通过改善牡丹根系对矿质元素的吸收对根系的生长产生影响(Hooker J E 和 Atkinson D,1996;Timonen S 和 Smith S E,2005)。

不同 AM 真菌对卵叶牡丹当年生苗的矿质元素含量的影响不同。N 在土壤中的移动速度较快,3 种菌剂均显著提高了植株内 N 元素的含量,对地下部分 N 含量的提升效果为 Gm>Ge>Am,而对地上部分 N 含量的提升效果为 Am>Ge>Gm,这说明 Gm 处理的植株内 N 的移动速度较慢,而接种 Am 的植株内 N 的移动速度较快,具体原因还需要进一步研究。

有研究表明,距离根表 3mm 以内的范围存在有机磷耗竭区,这是根系分泌的磷酸酶作用的结果,根际以外的土壤有机磷则不能被利用,菌根真菌的接种试验表明,菌根的有机磷耗竭区明显宽于非菌根,这说明外生菌丝具有活化有机磷的作用,*Glomus* 属的菌根真菌有明显的活化作用(李晓林和姚青,2000),这与本试验中 Gm 对地下部分 P 含量的提升效果最明显的结果一致。但是 Gm 对地上部分 P 含量反而没有提升作用,说明养分从根系向上运输的过程中可能受到了一定的抑制,但其他两种菌剂却对地下和地上部分的 P 含量有提升作用,由此可以推测,Gm 对植株地上部分产生作用可能需要更多的时间,延长菌剂处理时间或许会有不同的结果。

3 种菌剂均抑制了卵叶牡丹当年生苗对 Cu 的吸收,这与某些研究结果不一致(仝瑞建,2010)。虽然许多试验都证明 AM 真菌能够促进植物对 Cu 的吸收作用,但对 Cu 的吸收作用受到许多因素的影响,李晓林和曹一平的试验表明,随着土壤中施磷量的增加,根系和菌丝对 Cu 吸收量呈下降趋势。本试验中,Gm 对地下部分 Cu 的含量的抑制作用最明显,3 种菌剂对地上部分 Cu 的含量抑制效果不明显,可见地下部分 Cu 的含量并未影响地上部分。菌根对 Cu 吸收的抑制作用还需要进一步的研究。

4　结论

根据本文的试验结果,*A. mellea* 对卵叶牡丹实生苗地上部分各形态指标的促进效果最好,*G. mosseae* 对卵叶牡丹实生苗根系各形态指标的促进效果和提高矿质元素含量的综合作用最好。综合考虑各方面的因素,本文推荐 *G. mosseae* 为卵叶牡丹穴盘菌根化育苗的菌根真菌。

参考文献

陈利云, 王弋博, 2013. 不同浓度 Ca^{2+}、Mg^{2+}、Fe^{2+}、Zn^{2+} 对紫花苜宿生长的影响[J]. 中国草地学报, 35(4): 116-120.

郭绍霞, 孟祥霞, 张玉刚, 等, 2003. 牡丹 AM 菌根菌自然侵染率的调查[J]. 中国农学通报, 03: 77-78+83.

郭绍霞, 张玉刚, 尹新路, 2010. AM 真菌对牡丹实生苗矿质营养和生长的影响[J]. 青岛农业大学学报(自然科学版), 03: 182-185+194.

孔佩佩, 杨树华, 贾瑞冬, 等, 2011. 不同丛枝菌根真菌对切花菊生长的影响[J]. 中国农学通报, 31: 222-227.

李晓林, 姚青, 2000. VA 菌根与植物的矿质营养[J]. 自然科学进展, 06: 46-53.

刘建祥, 杨肖娥, 吴良欢, 等, 2001. 植物钾营养高效与膜转运系统的关系[J]. 植物学通报, 18(5): 513-520.

刘丽娜, 徐程扬, 段永宏, 等, 2008. 北京市 3 种针叶绿化树种根系结构分析[J]. 北京林业大学学报, 01: 34-39.

潘瑞炽. 2001. 植物生理学[M]. 北京: 高等教育出版社, 29-32.

仝瑞建, 刘雪琴, 耿惠敏, 2010. 丛枝菌根真菌对洛阳红牡丹苗期生长及矿质营养的影响[J]. 贵州农业科学, 10: 104-106.

萧浪涛, 王三根, 2004. 植物生理学[M]. 北京: 中国农业出版社, 65.

曾端香, 袁涛, 王莲英, 2011. AM 真菌接种剂与栽培基质对牡丹容器苗丛枝菌根侵染的影响[J]. 中国农学通报, 10: 108-112.

中国科学院中国植物志编辑委员会, 1996. 中国植物志[M]. 北京: 科学出版社.

Bessette P H, Aslund F, Beckwith J, et al. 1999. Efficient folding of proteins with multipled isulfide bonds in the Escherichia colicytoplasm [J]. Pro Natl Acad Sci USA, 96 (24): 13703-13708.

Gnekow M A, Marschner H. 1989. Role of VA – mycorrhizain growth and mineral nutrition of apple root stock cuttings[J]. Plant and Soil, 119(2): 285-293.

Gupta M L, Arun P, Muni R. 2002. Effect of the vesicular-arbuscular mycorrhizal (VAM) fungus Glomus fasciculatum on the essential oil yield related characters and nutrient acquisition in the crops of different cultivars of menthol mint (*Mentha arvensis*) under field donditions[J]. Bioresource Technology, 81(1): 77-79.

Hooker J E, Atkinson D. 1996. Arbuscularmycorrhizal fung-iinduced alteration to tree-root architecture and longevity[J]. Z pflanz Bodenkunde, 159: 229-234.

Liu R J, Li M, Liu X Z, et al. 1999. Effect of arbuscular mycorrhizal fungal inoulatj on and N P K fertilization on improving spoiled soil in brickfield[J]. Agrichltural Research in the Arid Areas, 17(3): 45-50.

Smith D B, Johnson K S. 1988. Single- steppurification of poly peptides in Escherichiacolias fusions with glutathione S-transferase[J]. Gene, 67: 31-40.

Studier FW, Moffatt B A. 1986. Use of bacteriophage T7RNA polymerase to direct selective high – level express ion of cloned genes[J]. J Mo 1 Bio, l 189: 113-130.

Timonen S, Smith S E. 2005. Effect of the arbuscularmycor-rhizal fungus Glomus intraradices on expression of cy-toskeletal proteins in tomato roots[J]. Can J Bot, 83: 176-183.

Waterer D, Coltman R. 1989. Response of mycorrhizal bell peppers to inoulati on timing, phosphorus and water stress[J]. Hortscience, 24(4): 688-690.

紫玉兰花器官衰老生理特性研究

余秋岫　刘彩贤　陈雨欣　金晓玲*

（中南林业科技大学风景园林学院，长沙 410004）

摘要　以紫玉兰花被和雌雄蕊为材料，通过观察其开花过程和测定不同花器官在不同开花阶段的生理生化指标变化，研究紫玉兰的花衰老特性，以期为紫玉兰的花期研究、育种及园林应用提供指导。从开花进程中花被形态、可溶性蛋白含量、游离脯氨酸含量、丙二醛及保护酶 POD、SOD 及花青素含量变化规律研究结果表明：①紫玉兰种群花期为 34d，单朵花期约为 7d，其开花阶段划分为初蕾期、硬蕾期、初开期、盛开期和衰败期。②花器官在开花进程中存在着不同的生理响应，采用隶属函数法对紫玉兰花期花器官的各项生理指标进行抗衰老综合评价，花被最先表现生理衰老，雄蕊次之，雌蕊抗衰老能力最强，该研究为花器官生理衰老评价提供参考。

关键词　紫玉兰；花器官；开花进程；生理指标；花衰老

Study on Physiological Characteristics of Floral Organ Senescence in *Magnolia liliflora*

YU Qiu-xiu　LIU Cai-xian　CHEN Yu-xin　JIN Xiao-ling*

（*College of Landscape Architecture*，*Central South University of Forestry and Technology*，*Changsha* 410004，*China*）

Abstract　In this report, the three floral organs of *Magnolia liliflora* perianth, stamen and pistil were taken as material, the flowering process was observed and divided into five different stages, several physiological and biochemical indexes in different floral organs were measured to explore the mechanism of flower senescence in this plant, with the purpose of providing basis for the flowering research, breeding and landscape application of *Magnolia liliflora*. To study dynamic variations of perianth morphology, solubleprotein, free proline, MDA contents, the SOD, POD activitiesand anthocyanin contents, the results showed that：①the flowering period of the *Magnolia liliflora* population was 34d, and the single flowering period last for 7d, which could be divided into five stages：early budding stage, budding stage, first flower stage, peak flower stage and decay stage. ②There are different physiological responses of floral organs in the flowering process. Evaluating the anti-senility of various physiological indexes of floral organs at the stage of *Magnolia liliflora* by acomprehensive analysis of fuzzy membership functions, the perianth showed physiological aging first, stamen second, and pistil had the strongest anti-senility ability. This study could provide a reference for the physiological aging evaluation of floral organs.

Key words　*Magnolia liliflora*；Floral organ；Flowering process；Physiological index；Flower senescence

　　植物的开花及衰老机制研究能够为植物观赏期的延长、花期的改变、采后保鲜等方面提供理论依据。与叶片衰老不同，植物花的衰老只能推迟而不能逆转，并且植物的授粉能够加速其衰老（曾秋莲 等，2004；Ma *et al.*，2005）。衰老进程中植物花瓣内生理生化水平的变化也是很多植物的研究热点，例如有研究表明可溶性蛋白质、可溶性糖等含量以及相关酶活性多在盛花期达到最高值，丙二醛等有害物质则会伴随开花进程而逐步大量积累，成为导致花瓣衰老的重要原因（刘萍 等，2008；李丽，2010；杨途熙 等，2010；李亚杰，2012）。

　　紫玉兰（*Magnolia liliflora*）为木兰科落叶灌木或小

　　1　基金项目：中南林业科技大学青年科学研究基金资助（QJ2017004A），中南林业科技大学引进高层次人才科研启动金（104 l 0388）0388（2015），国家林业局"十三五"重点学科（风景园林学）（林人发［2016］21 号）。

　　第一作者简介：余秋岫，女，硕士研究生，研究方向：木兰科花色研究，E-mail：1290861642@ qq. com。

　　通讯作者：金晓玲，女，教授，主要从事园林植物与运用及植物新品种研究，E-mail：121191638@ qq. com。

乔木，花叶同放，花朵绽放状态近似瓶形，大且艳，是重要的早春观花植物，在园林应用方面有重要价值。目前对紫玉兰的研究除了辛夷药理活性成分检测（于培明 等，2005；傅大立 等，2004）和栽培繁育技术（陆秀君 等，2009；李成林，2016）以外，学者们通过人为控制外界环境的变量研究紫玉兰对环境的生理响应，如周兴文等（2012）采用人工模拟酸雨的方法观测酸雨胁迫时紫玉兰的生长情况及其生理变化；江丽等（2015）则是以花粉为研究对象，采用离体萌发法，人工模拟降水、温度来研究其对紫玉兰开花的影响；张超等（2012）则是以紫玉兰的盛花期外层花被为研究对象，以探究不同温度下花色和相关酶活性的变化。另外，前期研究表明紫玉兰是木兰科植物中花期较短的树种（芮飞燕 等，2007；杨皖乔 等，2018），对其观赏价值产生影响。

本研究在于通过测定紫玉兰开花进程中形态和生理特性的变化，初步探讨紫玉兰花衰老的机理，从而为其延长花期研究和园林应用提供一定的理论依据。

1　材料与方法

1.1　试验材料

以湖南省长沙市林业局种质资源库内生长环境一致的紫玉兰为试验材料，通过观察其开花进程进行阶段划分，分别取5个不同开花时期的花被（不包括外轮萼片状花被）进行生理指标测定。

1.2　试验方法

参考李合生（2000）的方法，丙二醛（MDA）含量采用硫代巴比妥酸（TBA）显色法测定；可溶性蛋白质含量利用考马斯亮蓝 G-250（Coomassie brilliant blue G-250）法测定；花青素苷含量采用分光光度计法测定。参考王学奎（2006）的方法，超氧化物歧化酶（SOD）活性采用氮蓝四唑（NBT）光化还原法测定；过氧化物酶（POD）活性利用愈创木酚法测定；游离脯氨酸含量利用茚三酮试剂显色法测定。采用隶属函数法（韩燕丽 等，2014）对紫玉兰3种花器官抗衰老能力进行综合评价。

1.3　数据处理

将试验所得数据用 Microsoft Excel 2010 软件进行常规的统计分析，再利用 SPSS19 分析软件进行显著性分析，最后 Excel 2010 进行图表绘制。

2　结果与分析

2.1　紫玉兰开花物候期观测

经观察，紫玉兰整个种群的花期在3~4月，从第一朵到最后一朵持续时间为34d左右，单朵花期为7d左右。观测其开花期间的降雨频率发现，3月降雨频率54.8%，4月降雨率60.0%，紫玉兰花期内降雨频率较高，达54.8%。

图1　紫玉兰单花开花动态变化

Fig. 1　Flowering phenology of *Magnolia liliflora*

A：苞片包裹花被；B：苞片开裂露出紫色花被；C：花被片初见张开；D：内外花被完全张开；E：花被开始褐化

A：The buds are wrapped in bracts；B：Bracts are dehiscent and the purple perianth are visible；C：The outer perianth opens；

D：The inner and outer perianth are completely open；E：The perianth get browning

根据紫玉兰花被张开状况将其开花阶段分为5个时期进行后续试验，具体表型如下：

（1）初蕾期：花蕾卵圆形，被黄色绢毛，苞片包裹花被；

（2）硬蕾期：外轮苞片开始脱落，可见肉质深紫色花被，雄蕊群仍然紧挨雌蕊柱；

（3）初花期：外轮紫色肉质花被绽开，并可见内轮松动，花被片外侧紫色转粉变淡，内侧白色明显，仅基部略着紫晕，已具有观赏价值；

（4）盛花期：内外两轮肉质花被基部张开近于一轮上，外面粉紫色，内面肉质，仅在近基部稍有紫晕；

（5）衰老期：花被出现两瓣及以上的褐化或脱落。

2.2 紫玉兰开花阶段生理指标的变化

2.2.1 可溶性蛋白含量变化

蛋白质含量的变化是花衰老过程中的重要标志，可溶性蛋白含量变化见图2，花被中可溶性蛋白含量在初蕾到初开期间呈下降趋势，初开到盛开期表现为上升，衰败期含量与盛开期相比，含量变化不明显。因此花被中可溶性蛋白含量在初蕾期最高，初开期最低；雄蕊和雌蕊中可溶性蛋白含量在初蕾期到初开期间均没有明显变化，而是均在盛开期明显下降，在衰败期有所上升。

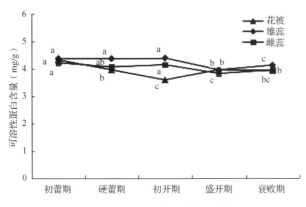

图2　可溶性蛋白含量变化折线图

Fig. 2　Polygraph of soluble protein content changes

注：同一花器官类型下不同小写字母表示不同开花阶段的差异显著($P<0.05$)，下同。

2.2.2 游离脯氨酸含量变化

由图3可知，花被中游离脯氨酸含量随花的开放总体呈下降趋势，在初蕾期游离脯氨酸的含量最高，在硬蕾期显著下降，初开期和盛开期无显著变化，在衰败期显著下降至最低；雄蕊和雌蕊中游离脯氨酸含量在各时期间变化不显著。

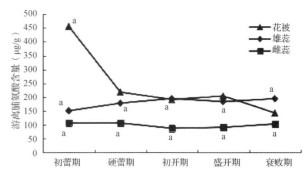

图3　游离脯氨酸含量变化折线图

Fig. 3　Polyline diagram of free proline content changes

2.2.3 丙二醛含量变化

丙二醛是植物膜脂化过程的最终产物，其含量变化可以反映植物细胞受伤害程度，由图4所示，花被和雌蕊中丙二醛含量随花的开放和衰老呈下降趋势，均在初蕾期含量最高，衰败期含量最低；雄蕊中丙二醛含量在初蕾到硬蕾期表现为上升，在硬蕾到初开期为下降，初开到衰败期无明显变化。

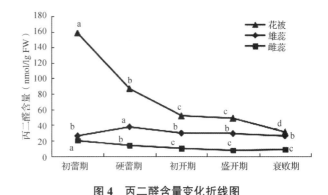

图4　丙二醛含量变化折线图

Fig. 4　Polygraph of malondialdehyde content changes

2.2.4 POD酶活性变化

POD为膜脂过氧化的保护酶，能够清除植物体

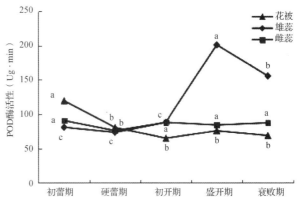

图5　POD酶活性变化折线图

Fig. 5　Polyline diagram of POD enzyme activity changes

内的自由基，由图5所示，花被中POD活性在初蕾期最高，在初蕾到硬蕾期为下降，硬蕾期到衰败期则无显著变化；雄蕊中POD活性在初蕾期，硬蕾期和初开期间无显著变化，在初开到盛开期明显上升，含量达到最高值，衰败期时活性明显下降；雌蕊中POD活性在初蕾期到硬蕾期表现为下降，硬蕾期到初开期上升后至衰败期无显著变化。

2.2.5 SOD酶活性变化

由图6可知，花被中SOD活性整体呈上升趋势，在初蕾期的SOD活性最低，硬蕾期至衰败期无显著变化；雄蕊中SOD活性在初开期有明显下降，达到最低值，初开到盛开期有明显上升，盛开期到衰败期无明显变化；雌蕊中SOD活性在初蕾期最低，硬蕾期上升后保持稳定。

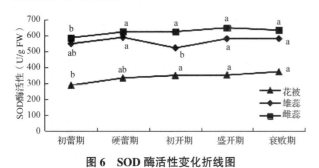

图6 SOD酶活性变化折线图

Fig. 6 Polyline diagram of SOD activity changes

2.2.6 花青素苷含量变化

由图7可知，花被中花青素含量总体呈显著下降趋势，表现为初蕾期含量最高，衰败期最低；雄蕊中花青素含量在初蕾期到硬蕾期有明显上升，硬蕾期至衰败期无显著变化；雌蕊中花青素含量则整体呈下降趋势，初蕾期含量最高，衰败期最低。

2.3 不同花器官抗衰老评价

花器官衰老生理复杂，单一的指标不能评价其抗衰老性，综合所用指标能更准确评价花器官衰老生理。通过隶属函数法对紫玉兰花被、雄蕊及雌蕊3种花器官开花进程中的6个生理生化指标进行综合评价（表1）表明，抗衰老能力最强的是雌蕊，最弱为花被。

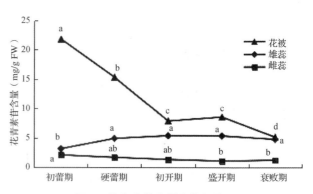

图7 花青素苷含量变化折线图

Fig. 7 Polyline chart of anthocyanin content changes

3 小结与讨论

植物开花与衰老是一个十分复杂的过程，这与多种因素的影响有关，例如生理指标的变化，激素的影响，授粉以及有关基因的调控等（何彦峰，2010；刘声亮，2003），并且植物的花器官包括花萼、花瓣、雄蕊和雌蕊，在开花进程中不同部位的生理变化表现出差异（张永平，2013；张建文 等，2019）。Laia 等（2012）研究表明花瓣是第一个显示出衰老迹象的组织，而雌蕊，尤其是子房，在所有的花卉发育阶段都保持功能，以确保种子的发展，与本研究结果一致，紫玉兰开花进程中，雌蕊抗衰老能力最强，而生理上花被最早呈现衰老。

紫玉兰从蕾期到花期的衰老过程中，植物花器官自身发生生理生化反应对衰老进行调控。植物花器官功能不同对衰老的调节也不尽相同。花青素具有抗氧化性和清除活性氧的能力（滕彬孚，2012），渗透调节物质与保护酶通过含量积累或削减对衰老产生响应（焦廷伟，2010）。雌雄蕊可溶性蛋白含量变化趋势相近，均在盛开期呈现下降趋势，表明随花的开放雌雄蕊可溶性蛋白以分解为主，而花被相反，在衰败期也未有明显下降，结合王然等（1998）对月季的研究，我们推测在植物的开放过程中有新的蛋白合成，这可能与植物抗御衰老的机制有关。开花进程中花被游离脯氨酸含量呈下降趋势，这与杏（杨途熙 等，2010）和醉香含笑(焦廷伟，2010)的研究结果不同，由于游离

表1 紫玉兰不同花器官抗衰老排序

Table 1 Anti-senility sequence of floral organs in *Magnolia liliflora*

花器官	可溶性蛋白	游离脯氨酸	丙二醛	POD	SOD	花青素	隶属函数平均值	排序
花被	0.5063	0.3185	0.3480	0.6865	0.6036	0.3959	0.4105	3
雄蕊	0.3371	0.3254	0.6863	0.4239	0.6266	0.2996	0.4870	2
雌蕊	0.4553	0.5936	0.3584	0.5296	0.5958	0.3986	0.4996	1

脯氨酸主要是调节细胞渗透势，平衡细胞内外环境的渗透压，与细胞膜的完整性有关(李丽，2010)，因此紫玉兰开花进程中其含量的下降可能与 MDA 含量的下降有关。丙二醛含量从初蕾期一直呈下降趋势，结合其保护酶 POD 活性及花青素含量的下降(钟培星等，2012；杨琴 等，2015)趋势，推测其生理衰老的出现早于肉眼观察到衰败期的花被褐化。而雌雄蕊作为生殖器官，随着花期游离脯氨酸含量上升、丙二醛含量下降与 POD 活性出现不同程度上升则是呈现延缓衰老生理的表现。花青素含量在雌雄蕊中变化趋势相反，雄蕊硬蕾期含量上升后趋于平稳，而雌蕊呈下降趋势，可能是随着花期雄蕊衰老加剧而雌蕊转入生殖生长生理活动相关，与花期表型变化相同。SOD 酶活性随植物开花进程出现活性上升的现象在梅花(陈

婧婧，2012)和芍药(周友，2005；顾小云，2009)的研究中亦有出现，可能与自由基的增加有关，但与前人报道不同，紫玉兰花器官内 SOD 酶活性在花衰老过程中没有明显下降的趋势，表现出物种特性，其背后的机理有待进一步验证和探索。

植物抗衰老是一个复杂的问题(张建文 等，2019)，尤其是花器官的生理衰老现阶段报道较少。隶属函数法能够较为全面对植物抗衰老能力进行评价(韩燕丽 等，2014)，本研究对开花进程中紫玉兰花器官 6 个生理生化指标变化规律进行探讨，但是影响植物衰老的因素有很多：激素、环境及基因的调控等影响，还需要结合多因素对紫玉兰花衰老过程中的的变化进一步研究，能够对花器官的抗衰老能力进行一个更合适的评价，为紫玉兰花色观赏与授粉育种提供参考。

参考文献

陈婧婧，2012. 梅花开花进程及采后生理特性研究[D]. 杭州：浙江农林大学.

傅大立，赵东欣，孙金花，等，2004. 辛夷挥发油含量及良种选育指标研究[J]. 河南农业大学学报，(02)：14.

顾小云，2009. 芍药切花贮藏保鲜及其生理变化的研究[D]. 南京：南京林业大学.

韩燕丽，樊永强，董亚南，2014. 不同谷子品种抗衰老生理特性研究[J]. 中国农学通报，30(27)：104-108.

何彦峰，2010. 我国木兰属植物研究进展[J]. 北方园艺，(3)：186-190.

江丽，俞丽霞，曹英芝，等，2015. 紫玉兰花粉离体萌发及模拟降水、温度对其开花的影响[J]. 安徽农业大学学报，42(6)：943-948.

焦廷伟，2010. 醉香含笑花被片衰老过程中细胞结构和若干生理生化指标的变化[D]. 福州：福建农林大学.

李合生，2000. 植物生理生化实验原理和技术[M]. 北京：高等教育出版社.

李丽，2010. 高山杜鹃开花过程中生理生化及花色素的研究[D]. 保定：河北农业大学.

李成林，2016. 紫玉兰容器扦插快繁技术研究[J]. 绿色科技，(15).

刘声亮，2003. 木兰科植物在园林中的开发与利用[J]. 云南环境科学，22(1)：41-43.

刘萍，徐克东，孙莉萍，等，2008. 木槿花期花瓣生理生化变化的研究[J]. 河南师范大学学报(自然科学版)，36(3)：86-89.

李亚杰，2012. 牡丹花期生理生化特性研究[D]. 洛阳：河南科技大学.

陆秀君，董阳，金亚荣，等，2009. 紫玉兰的组织培养[J]. 北方园艺，(11)：189-191.

芮飞燕，彭祚登，马履一，等，2007. 北京 4 个玉兰种花期物候观测及其分析[J]. 湖南林业科技，(2).

滕彬孚，2012. 黑穗醋栗果实花色苷积累规律及影响因素的研究[D]. 哈尔滨：东北农业大学.

王然，等，1998. 月季花瓣衰老过程中可溶性蛋白的 SDS-

PAGE 分析[J]. 园艺学报，25(3)：306-307.

王学奎，2006. 植物生理生化实验原理和技术 2 版[M]. 北京：高等教育出版社.

杨琴，袁涛，孙湘滨，2015. 两个牡丹品种开花过程中花色变化的研究[J]. 园艺学报，42(5)：930‒938.

杨途熙，王佳，魏安智，等，2010. 杏的开花生理研究[J]. 西南大学学报(自然科学版)，32(12)：25-31.

杨皖乔，王妙青，林海龙，等，2018. 7 种木兰科树种物候特征与新叶生长规律[J]. 福建林业科技，(02)：3.

于培明，田智勇，许启泰，等，2005. 辛夷研究的新进展[J]. 时珍国医国药，(7)：79-80.

曾秋莲，徐杰，尹汉萍，等，2004. 花衰老过程中的生理生化变化及对花衰老的调节(综述)[J]. 亚热带植物科学，33(03)：73-76.

张超，高金峰，李彦慧，等. 2012. 低温对 2 种玉兰花色及相关酶活性的影响[J]. 林业科学，48(7).

张建文，崔虎亮，史晓露，等，2019. 2 种萱草属植物花器官自然衰老的阶段划分及抗氧化指标的变化[J]. 山西农业科学，47(5)：780-784.

张永平，2013. 蝴蝶兰花自然衰老与活性氧代谢的关系[J]. 东北林业大学学报，41(3)：78-81.

钟培星，王亮生，李珊珊，等，2012. 芍药开花过程中花色和色素的变化[J]. 园艺学报，39(11)：2271-2282.

周兴文，赵英，李丽，等，2012. 紫玉兰对模拟酸雨的胁迫响应[J]. 北方园艺，(04)：66-68.

周友，2005. 芍药不同品种瓶插水养生理生化研究[D]. 北京：北京林业大学，63.

Laia Arrom, Sergi Munné-Bosch. Sucrose accelerates flower opening and delays senescence through a hormonal effect in cut lily flowers[J]. Plant Science, 2012：41-47.

Ma N, Cai L, Lu W, et al. 2005. Exogenous ethylene influences flower opening of cut roses (Rosa hybrida) by regulating the genes encoding ethylene biosynthesis enzymes. Science in China[J]. Series C, Life Sciences, 48, 434-444.

中国观赏园艺研究进展 2020：182~184

Advances in Ornamental Horticulture of China，2020：182~184

覆盖方式对'红丽'海棠幼苗越冬的影响

孟子卓 于晓南 董志君 陈莉祺 陈曦 孙慧仪 杨秀珍*

（花卉种质创新与分子育种北京市重点实验室，国家花卉工程技术研究中心，城乡生态环境北京实验室，

园林环境教育部工程研究中心，林木花卉遗传育种教育部重点实验室，园林学院，北京林业大学，北京 100083）

摘要 以'红丽'海棠为研究材料，通过对越冬后幼苗成活率及其生长、抗逆状况进行统计评价，探究不同覆盖方式对'红丽'海棠幼苗越冬的影响。试验结果表明：在幼苗株高的 2/3 覆土、幼苗株高的 1/2 覆土、覆草、扣盆、搭拱棚、露地 6 种越冬方式中，幼苗株高的 1/2 覆土和搭拱棚的成活率最高。成活率排序为：幼苗株高的 1/2 覆土＝搭拱棚＞幼苗株高的 2/3 覆土＞覆草＞露地＞扣盆。生长状况评分由高到低依次为：搭拱棚＞覆草＞幼苗株高的 2/3 覆土＞幼苗株高的 1/2 覆土＞扣盆＝露地；抗逆状况评分由高到低依次为：幼苗株高的 2/3 覆土＝幼苗株高的 1/2 覆土＞覆草＝搭拱棚＞扣盆＝露地。搭拱棚方式的综合评价最高，建议'红丽'海棠幼苗越冬采用搭拱棚的覆盖方式获得最佳效果。

关键词 '红丽'海棠；覆盖方式；越冬

The Effect of Covering Methods on the Overwintering of *Malus* 'Red Splender' Seedlings

MENG Zi-zhuo YU Xiao-nan DONG Zhi-jun CHEN Li-qi CHEN Xi SUN Hui-yi YANG Xiu-zhen*

（*Beijing Key Laboratory of Ornamental Plants Germplasm Innovation & Molecular Breeding，National Engineering Research Center for Floriculture，Beijing Laboratory of Urban and Rural Ecological Environment，Engineering Research Center of Landscape Environment of Ministry of Education，Key Laboratory of Genetics and Breeding in Forest Trees and Ornamental Plants of Ministry of Education，School of Landscape Architecture，Beijing Forestry University，Beijing 100083，China*）

Abstract Taking *Malus* 'Red Splender' as the research material, the survival rate, growth status and stress resistance of seedlings after overwintering were statistically evaluated to explore the influence of different covering methods on *Malus*. 'Red Splender' seedlings during overwintering. The results showed that the survival rate of 1/2 seedling height covered with soil and ached shed was the highest among the 6 overwintering methods. The order of survival rate was：1/2 seedling height covered with soil = ached shed> 2/3 seedling height covered with soil > grass cover > open field>flowerpot cover. The order of growth status score from high to low was as follows：ached shed> grass cover > 2/3 seedling height covered with soil > 1/2 seedling height covered with soil >flowerpot cover = open field；the order of stress resistance score from high to low was as follows：2/3 seedling height covered with soil = 1/2 seedling height covered with soil > grass cover = ached shed>flowerpot cover = open field. It is suggested that the best way to cover the seedlings of *Malus*. 'Red Splender' is to use the method of ached shed.

Key words *Malus* 'Red Splender'；Covering methods；Overwintering

观赏海棠是我国的传统名花，具有深厚的社会文化和科学内涵。其春可观新叶和花，秋可观老叶和果；冬雪与观赏海棠的果实、枝条和树姿更是构成绝妙的冬季景观，因此观赏海棠也被称为"园林风景中的瑰宝"（李鹏 等，2006）。'红丽'海棠（*Malus* 'Red Splender'）属于观赏海棠的一个品种，1948 年由美国 Bergeson 苗圃选育，1990 年由北京植物园引进。其株高在 9m 左右，树冠呈开张圆球状，干皮红棕色；叶片幼叶酒红色、老叶绿色，秋季转紫红色。花期在 4 月中上旬，开花时花色艳丽，为洋红色；花瓣呈圆形，芳香。果熟期 9 月初，幼果深紫红色，成熟转为亮红色，果实较大，能压弯枝头，是一种不可多得的集观花、观叶、观果为一体的景观苗木（赵攀 等，2019）。由于其具有耐寒性强、开花繁密、果实宿存的独特优势，十分适合在我国北方推广栽植，能有效提升我国北方城市冬季景观的多样性（邢英杰，

---

* 通讯作者：杨秀珍，副教授，E-mail：1060021646@qq.com。

2018）。研究不同覆盖方式对'红丽'海棠幼苗越冬的影响有利于找到最适合'红丽'海棠幼苗的越冬覆盖方式，为'红丽'海棠幼苗的防寒越冬提供指导建议，以期更好地运用'红丽'海棠营造冬季植物景观。

1　材料与方法

1.1　试验地点及材料

试验于 2017 年 11 月至 2018 年 3 月在北京林业大学三顷园苗圃进行。试验材料为当年生'红丽'海棠幼苗，容器苗取自北京植物园，于 2017 年 9 月移栽至三顷园苗圃进行露地栽培，试验时地栽幼苗数量 96 株，生长状况良好，无病虫害。

1.2　试验方法

试验于幼苗越冬前设置幼苗株高的 2/3 覆土、株高的 1/2 覆土、覆草、扣盆、搭拱棚（带塑料布）5 种覆盖方式作为试验组，露地栽培（未做任何处理）作为对照组，每组 16 株幼苗。于越冬后统计不同覆盖方式下幼苗的存活数量，计算成活率。并对越冬后幼苗的生长状况和抗逆状况进行评分，评分标准采用五分制标准（王明荣，2005）。各具体指标的评分标准是在'红丽'海棠幼苗的生物学及生态学特性的基础上制定的，能比较直观地反映幼苗的状况且便于实测。生长状况包括株高和新叶数量；抗逆状况包括抗寒性和抗病性（汤伟权 等，2013）。具体评分标准见表 1和表 2。

表 1　生长状况评分标准

Table 1　Scoring criteria for growth status

评价指标	分值	评分标准
	5	株高在 20cm 以上
	4	株高在 18~20cm
株高	3	株高在 16~18cm
	2	株高在 14~16cm
	1	株高在 14cm 以下
	5	新生叶片数量在 8 片以上
	4	新生叶片数量在 6~8 片
新叶数量	3	新生叶片数量在 4~6 片
	2	新生叶片数量在 2~4 片
	1	新生叶片数量在 2 片以下

表 2　抗逆状况评分标准

Table 2　Scoring criteria for stress resistance

评价指标	分值	评分标准
	5	抗寒性强，越冬表现无冻害
	4	抗寒性较强，地上受冻害部位小于整株 1/3
抗寒性	3	抗寒性中等，地上受冻害部位占整株 1/3~1/2
	2	抗寒性较弱，地上受冻害部位占整株 1/2~2/3
	1	抗寒性差，地上受冻害部位大于整株 2/3

（续）

评价指标	分值	评分标准
	5	抗病能力强，未发生病虫害
	4	抗病能力较强，发生轻微病虫害
抗病性	3	抗病能力中等，发生一定病虫害
	2	抗病能力较弱，发生较严重病虫害
	1	抗病能力弱，发生严重病虫害

2　结果与分析

2.1　成活率分析

由图 1 可知，在 5 种覆盖方式中幼苗株高的 1/2 覆土和搭拱棚的成活率最高，均达到了 100%；其次是幼苗株高的 2/3 覆土，为 94%；成活率最低的是扣盆方式，仅为 80%，不及露地栽培对照组。总体成活率排序为：幼苗株高的 1/2 覆土 = 搭拱棚>幼苗株高的 2/3 覆土>覆草>露地>扣盆。由此可见，幼苗株高的 1/2 覆土和搭拱棚这两种覆盖方式是最有利于提高'红丽'海棠苗越冬成活率的方式。

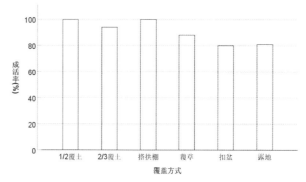

图 1　不同覆盖方式下'红丽'海棠幼苗成活率

Fig. 1　Survival rate of *Malus* 'Red Splender' seedlings under different covering methods

2.2　生长状况分析

由表 3 可知，生长状况综合评分最高的是搭拱棚方式，其次是覆草、幼苗株高的 2/3 覆土、幼苗株高的 1/2 覆土，扣盆和露地方式越冬的'红丽'海棠幼苗生长状况不佳。

表 3　生长状况评分结果

Table 3　Scoring result for growth status

覆盖方式	生长状况		总分
	株高（5分）	新叶数量（5分）	（10分）
2/3 覆土	2	5	7
1/2 覆土	1	5	6
覆草	4	4	8
扣盆	1	4	5
搭拱棚	5	5	10
露地	2	3	5

2.3 抗逆状况分析

由表4可知，抗逆状况综合评分最高的是幼苗株高的2/3覆土和幼苗株高的1/2覆土，其次是覆草和搭拱棚，抗逆状况最差的是扣盆和露地栽培。

表4 抗逆状况评分结果

Table 4   Scoring result for stress resistance

覆盖方式	抗逆状况		总分
	抗寒性（5分）	抗病性（5分）	（10分）
2/3覆土	5	5	10
1/2覆土	5	5	10
覆草	4	4	8
扣盆	4	3	7
搭拱棚	4	4	8
露地	4	3	7

2.4 小结

综合'红丽'海棠幼苗越冬的成活率、生长状况和抗逆状况可知，'红丽'海棠幼苗越冬的最佳覆盖方式是搭拱棚方式。温度和水分是影响植物越冬的关键因素。北京冬季寒冷多风且干燥，覆有塑料膜的拱棚不仅起到了防风的作用，还有效提高了土壤的含水量和棚内的温度，营造出一个相对温暖湿润的环境，从而有利于幼苗的越冬（袁小环 等，2011）。覆土方式在各方面的越冬表现也较好。这是因为覆土可以减少外界不良因子的影响，保持苗木内部的水分平衡，同时土壤温度较外界稳定，可以对幼苗起到有效的保温作用，使幼苗安全越冬（王有和 等，2000）。在无法搭建塑料拱棚时，可考虑覆土的方式进行幼苗的越冬保护。

在其他覆盖方式中，扣盆处理的幼苗越冬成活率、生长状况和抗逆状况均最低，分析原因可能是由于倒扣花盆的高度有限，罩在幼苗顶部在一定程度上限制了幼苗的生长空间，同时也阻挡了阳光和空气流通，使幼苗得不到生长发育所必需的养料。尽管扣盆方式可以起到一定的挡风、保温作用，但不建议'红丽'海棠幼苗越冬使用该方式。

3 讨论

植物的越冬防寒是城市绿化养护管理中一项重要的工作，可有效避免低温对植物的伤害，具体的防寒措施应根据植物的种类、所处的环境等因素而定（刘春利，2019）。使用覆盖物可以减少空气流动和水分蒸发，同时还能保留白天空气中的热量，在夜晚温度降低时散热，从而间接保护植物的根系。覆盖物常用的有土、草或秸秆、塑料膜、无纺布等。其中，覆土法因成本低、效果好，是最常用的一种防寒方法。覆土法适用于幼苗苗圃，在覆土时需注意覆土要均匀，掩埋严实，以免土壤透风引起冻害。覆土后要经常检查，如发现露苗应及时补盖。虽然塑料拱棚的防寒效果最佳，但成本相对较高。搭拱棚法适用于抗寒性较弱的边缘植物的幼苗，而'红丽'海棠的耐寒性较强。因此，在经济条件有限的情况下，建议使用覆土法进行'红丽'海棠幼苗的越冬保护。

此外，除了覆盖这种防寒措施，还可以通过浇水、调节小气候、喷施药剂等方法进一步保证幼苗不受冻害。早春土地开始解冻后，及时浇水，保持土壤湿润，可以降低地温，延迟花芽萌动与开花，避免早霜危害，还能防止春风吹袭使树枝干梢。选择优良的小气候，调节改造植物附近的小气候也是避免或减轻寒害的一项重要措施（赵媛媛 等，2007）。还可以通过外源喷施药剂影响植物内源激素的水平，从而调节植物的生理活动，提高植物的抗寒性，帮助植物抗寒（路艳红，2004）。

参考文献

李鹏，王志忠，沈红香，2006. 风景园林中的瑰宝——观赏海棠[J]. 中国花卉园艺，(12)：44-46.

刘春利，2019. 城市绿化植物越冬防寒技术[J]. 吉林农业，(05)：87.

路艳红，2004. 栽培措施对北京几种常绿阔叶植物越冬适应性的影响[D]. 北京：北京林业大学.

邱英杰，2018. 不同品种北美海棠观赏特性及耐寒性研究[D]. 秦皇岛：河北科技师范学院.

汤伟权，李文娟，刘延迪，2013.6 种观赏海棠在哈尔滨地区的引种表现[J]. 防护林科技，(06)：31-32.

王明荣，2005. 引进33种欧洲海棠品种繁殖栽培研究及景观应用价值评价[D]. 南京：南京林业大学.

王有和，陈志生，杨东升，2000. 北方苗木越冬防寒技术[J]. 防护林科技，(04)：64.

袁小环，滕文军，杨学军，等，2011. 基质和覆盖对观赏草容器苗越冬的影响[J]. 华北农学报，26(01)：172-176.

赵攀，邓涛，丁伟，等，2019. 北美海棠的品种特性及在园林中的应用[J]. 南方农业，13(29)：52-53.

赵媛媛，刘明国，刘兴宇，2007. 两个园林树种防寒技术的研究[J]. 北方园艺，(06)：181-182.

35 个观赏海棠叶色变化及色素组分动态研究

李 娜[1,2] 张往祥[1,2,3,*] 张全全[1,2] 赵囡囡[1,2]

（[1] 南京林业大学 林学院，南京 210037；[2] 南京林业大学，南方现代林业
协同创新中心，南京 210037；[3] 扬州小苹果园艺有限公司，扬州 225200）

摘要　以 35 个观赏海棠品种的叶片为试验材料，在 7~9 月利用色差计对其叶色参数（色彩亮度 L[*]、色彩饱和度 C[*]、色相角 h°）进行测定，并观察叶色变化，分析观赏海棠品种的叶片色彩在 CIELCH 色空间中的动态变化，分析不同品种间的叶色变化以及其变化规律，为优良育种工作及园林应用提供理论参考。并利用光谱仪对色素组分（花青素 Anth、类胡萝卜素 Car、叶绿素 Chl）进行测定，研究不同的海棠品种在 7~9 月的色素组分动态规律，为海棠观叶时期的筛选以及改良叶色提供理论参考。结果表明：7~9 月，海棠各品种在色彩参数 L[*]，C[*]，h° 维度方向上主要表现为 7 月最为集中，9 月局部分散，呈现有规律的变化，多数品种的 L[*] 和 C[*] 随时间逐步上升，在色度角 h° 的方向上，呈现整体上移的趋势，并且大多处于 90° 左右，即分布于 h° 的黄色区域。在 7~9 月，叶绿素在花青素、类胡萝卜素、叶绿素 3 大色素中所占比重最高。由此可见，叶绿素主要决定了海棠叶片色彩的基调，而花青素与类胡萝卜素含量的高低给叶片色彩增加了多样性。

关键词　观赏海棠；叶片；色彩；色素组分；动态变化

Changes of Leaf Color and Dynamics of Pigment Components in 35 Ornamental Crabapple

LI Na[1,2]　ZHANG Wang-xiang[1,2,3,*]　ZHANG Quan-quan[1,2]　ZHAO Pu-pu[1,2]

（[1] College of Forestry，Nanjing Forestry University，Nanjing 210037，China；

[2] Co-Innovation Center of the Sustainable Forestry in Southern China，Nanjing Forestry University，Nanjing 210037，China；

[3] Yangzhou Crabapple Limited Company，Yangzhou 225200，China）

Abstract　35 ornamental crabapple varieties were used as experimental materials, and their leaf color parameters (color brightness L[*], color saturation C[*], hue angle h°) were measured by color difference meter from July to September. The dynamic changes of leaf color of ornamental crabapple varieties in CIELCH color space were analyzed, and the leaf color changes and change rules among different varieties were studied, providing theoretical reference for excellent breeding work. The pigment components (anthocyanidin Anth, carotenoid Car and chlorophyll Chl) were determined by spectrometer, and the relationship and dynamic rule of pigment components among different leaf positions of ornamental crabapple varieties were studied, which provided theoretical reference for the selection of fine leaf-observing germplasm and the improvement of leaf color of ornamental crabapple The results showed that from July to September, the varieties of ornamental crabapple showed regular changes in the dimension direction of color parameter L[*], C[*], h°, with the overall performance being the most concentrated in July and the partial dispersion in September. The L[*] and C[*] of most varieties showed an upward trend, and showed an overall upward trend in the direction of chromaticity angle h, and were mostly at about 90, distributed in the yellow area of h°. From July to September, chlorophyll accounts for the highest proportion of anthocyanin, carotenoid and chlorophyll, while the proportion of anthocyanin and carotenoid is relatively low. Therefore, chlorophyll mainly determines the color tone of begonia leaves, and the content of anthocyanin and carotenoid increases the diversity of leaf colors.

Key words　Ornamental crabapple；Leaf blade；Color；Pigment component；Dynamic change

---

1　项目信息：林业知识产权转化运用项目（KJZXZZ2019017）；江苏省科技厅现代农业重点项目（BE2019389）。
　　第一作者简介：李娜（1995—），女，硕士研究生，主要从事海棠植物组织培养等研究。E-mail：1340654071@qq.com。
*　责任作者：张往祥（1965—），男，博士，教授，现主要从事观赏园艺等研究工作。E-mail：zhang2004@njfu.edu.cn。

本试验所研究的 35 个观赏海棠(*Malus* spp.)为蔷薇科(Rosaceae)苹果属(*Malus*)落叶小乔木,抗寒性、耐旱性和萌蘖能力极强,是中国著名的观赏树种。中国作为苹果属植物的多样性中心和分布中心,拥有非常丰富的观赏海棠种质资源[1]。观赏海棠花色和叶色丰富,品种繁多,选育及栽培技术发展迅速,在绿化中的应用前景极好。历史上海棠成为许多画家的笔下之物,譬如现代大师张大千晚年画的《海棠春睡图》,宋代佚名《海棠蛱蝶图》等[2-4]。尽管海棠叶色丰富,但目前关于海棠叶色评价筛选的研究较少,大多集中于果色[5]和花色[6]研究。裘靓[7]用 77 个观赏海棠品种对叶色建立了一个评价体系,但研究的范围较小,主要是对功能叶和幼叶的研究。随着各种测色仪与测色方法在观赏植物叶色和花色测量中的广泛应用,叶色和花色表型的数量化也得以实现[8-10]。本研究以 35 个观赏海棠品种为材料,测定其叶色参数(L*,C*,h°)和色素(Anth,Car,Chl),分析品种间随时间的分布叶色的差异以及叶片色素的动态特征和变化规律,为筛选观赏海棠优良观叶种质与今后叶色改良提供数据支撑和理论参考。

1 材料与方法

1.1 试验地概况

试验地位于江苏省扬州市江都区仙女镇(119°55′E,32°42′N),地势平坦,属北亚热带季风气候区,四季分明,年降水量 1000mm,无霜期约 320d,试验地土壤深厚肥沃为砂壤土,其 pH 为 7.5～8.0,灌溉条件良好。

1.2 试验材料

试验材料为 2 年生海棠嫁接苗,砧木为湖北海棠,栽植的株行距为 10cm×10cm,每种质各有 80 株,立地条件一致,生长状况良好,可用于叶色测定。35 份供试观赏海棠种质名称详见表 1。

1.2.1 采样方法

试验材料应立即放入样品保鲜袋中,将其放入装有冰袋的保鲜盒中带回实验室内,并于 6h 内完成测量。试验时间为 2019 年 7～9 月,以 20d 为周期进行测定。于植株向阳面第 4～6 节位采取健康成熟的叶片 10 片,进行 3 次重复,采摘时间为晴朗早上的 6:00～8:00 进行,采摘后放入装有冰袋的保鲜箱里带回。

表 1 供试观赏海棠种质名称

Table 1 List of ornamental crabapple cultivars applied in the test

编号 Code	名称 name	编号 Code	名称 name	编号 Code	名称 name
1	G10-1	13	11X-1	25	12-1
2	10-6	14	11X-2	26	12-12
3	G11-2	15	11X-3	27	G12X-2
4	11-5	16	12-7	28	13-3
5	G11-1	17	12-2	29	13-15
6	11-3	18	12-16	30	13-12
7	12-5	19	G12X-1	31	G13X-2
8	11-3	20	G12-2	32	13-16
9	11-7	21	12-11	33	G13-2
10	11-1	22	G12-3	34	13-9
11	11-2	23	G12-1	35	G13-1
12	G11X-1	24	12-3		

1.2.2 色彩测定

采用 X-Rite CI64 型(爱色丽 CI64,美国)色差计进行测定。光源为充气钨丝灯,光学孔径 8mm,观测角度为 10°。测定时选取叶片上表皮叶脉两侧的 3 个点进行测定,注意避开叶脉和色斑,以免影响试验效果。记录叶片参数,其中色彩亮度 L* 值、色相 a* 值和 b* 值是可由色差计直接测得的,色相饱和度 C* 值和色相角 h° 值需通过计算得到,其中 $C^* = (a^{*2} + b^{*2})^{1/2}$,色调角 $h° = \tan^{-1}(b^*/a^*)$ [11-12],色差值 $(\Delta E) = [(\Delta L^*)^2 + (\Delta a^*)^2 + (\Delta b^*)^2]^{1/2}$ [13]。

1.2.3 色素测定

光谱测定法:通过测量叶片表面反射的光线,从而测出叶绿素、类胡萝卜素、花青素等指标[14]。试验材料与色彩测定相对应,选取健康叶片 3 片,每片叶子 5 个重复,用 Unispec 光谱仪(英国 PP Systems 公司)测定叶绿素、类胡萝卜素和花青素的相对含量,测定时分别按以下光谱反射指标计算各种色素的相对含量:花青素 $R_{800}(1/R_{550} - 1/R_{700})$,叶绿素 $Msr_{705} = (R_{750} - R_{445})/(R_{705} - R_{445})$,类胡萝卜素 $R_{800}(1/R_{520} - 1/R_{700})$ [15-16]。

1.3 数据处理

采用 Excel 2010 对数据进行统计,并绘制折线图,Origin 9.1 进行 L*,C*,h° 三维图和花青素、叶绿素、类胡萝卜素三维图的制作。

2 结果与分析

2.1 观赏海棠色

L* 值代表明暗度,正值颜色偏亮,负值颜色偏暗;a* 值表示红色或绿色,正值颜色偏红,负值颜色偏绿；b*值表示蓝色或黄色，正值颜色偏黄，负值颜色偏蓝；C*值表示在三维空间内到L*轴的垂直距离，距离愈远，C*值愈大，表示颜色的饱和度越高；色相角度 h°表示颜色的变化范围，h°接近 0°为红色区域，90°为黄色区域，180°为绿色区域，270°为蓝色区域[17]。

在色彩亮度 L*维度内，7~9 月，观赏海棠叶色的位点呈现出"分散—集中—分散"和整体上升的一种趋势(图1)，低亮度值(L*值位于 27~32 之间)品种的比重有波动，由 40.00%(7 月)→85.71 %(8 月)→80.00%(9 月)，高亮度值(L*值位于 33~37 之间)品种比重也有波动，由 60.00 %(7 月)→14.20%(8月)→20.00 %(9 月)。

在色相饱和度 C*维度内，7~9 月，观赏海棠叶色的位点呈现出"分散—集中"的一种趋势(图1)，大部分海棠品种集中在中间位点，低饱和度(C*位值于 9~13 之间)品种比例显著下降，由 51.43 %(7 月)→37.14 %(8 月)→8.57 %(9 月)，而高饱和度(C*值位于 14~23 之间)品种比例呈现显著上升的趋势，由 48.57%(7 月)→62.88 %(8 月)→91.43 %(9 月)。

在色相角 h°维度内，随着时间的推移，观赏海棠叶色的位点呈现出"集中—分散"的趋势并且位点整体右移即 h°值增大(图1)，7 月和 8 月的分布范围为 115°~125°，9 月的分布范围为 110°~120°，在红色区域即接近 0°的位点没有，在黄色区域接近 90°的品种权重最高。

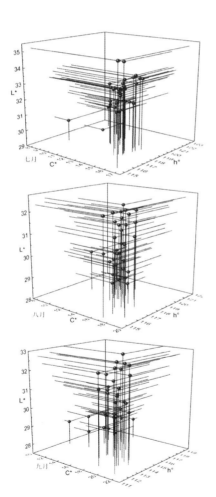

图1 不同时期观赏海棠叶色在 CIELCH 色空间中的动态分布格局

Fig. 1 Dynamic distribution pattern of leaf color of crabapple germplasm in the CIELCH color space at different periods

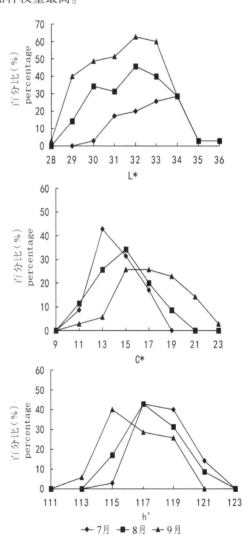

图2 7，8，9 月观赏海棠品种群叶色在 CIELCH 色空间 3 个维度方向的频率分布

Fig. 2 Frequency distribution of leaf colors of ornamental crabapple varieties in July，August and September in CIELCH color space

2.2　观赏海棠叶片色素动态变化规律

基于 35 个观赏海棠品种的叶片的色素含量（Anth，Car，Chl）分别绘制叶片色素组分含量与权重的空间变化图和频率变化图（图 3、图 4）。

在花青素（Anth）维度方面，35 个海棠种质的色素位点呈现出局部分散—集中的趋势。7 月的 Anth 值位于 0.2~0.6 之间的占比最大达到 84.74%，8 月同样如此，占比为 82.85%，而 9 月的 Anth 值开始减少，位于 0~0.3 的占比最大，为 88.57%。

在类胡萝卜素（Car）维度方面，35 个海棠种质的色素位点处于分散并伴有局部集中。7 月的 Car 值位于 1~2.5 之间的占比最大，达到 51.42%，8 月同样如此，占比为 82.84%，9 月同样也是 Car 值位于 1~2.5 之间的占比最大，为 79.99%。

在叶绿素（Chl）维度方面，35 个海棠种质的色素位点一直处于分散。7、8、9 月的 Chl 值处于 2~4 的占比最大，分别为 65.71%、74.29%、68.57%。

叶绿素在花青素、类胡萝卜素、叶绿素 3 大色素中所占比重最高。由此可见，叶绿素主要决定了海棠叶片色彩的基调，而花青素与类胡萝卜素含量的高低给叶片色彩增加了多样性。

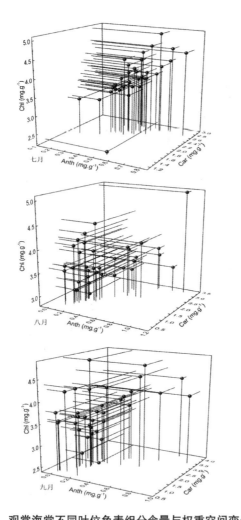

图 3　观赏海棠不同叶位色素组分含量与权重空间变化

Fig. 3　Spatial variations of pigment content and weight in different leaf positions of ornamental crabapple cultivars sea otters

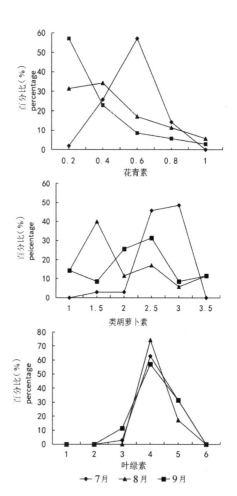

图 4　7，8，9 月观赏海棠品种群叶素在 3 个维度方向的频率分布

Fig. 4　Frequency distribution of foliage elements in 3 latitudes of ornamental crabapple varieties in July, August and September

3　讨论与结论

3.1　色差计在海棠叶色测定分析中的应用

植物色彩作为一种可以分辨植物的观赏指标，有很重要的作用，然而传统的辨识植物色彩的方法一般是用肉眼识别，这带有很大程度的主观性，对同一种颜色的描述，会因个人国籍、民族、职业、习惯、年龄、情绪、身体状况等因素而产生很大差异，所以会对植物色彩的判断力不够。可以采用 Photoshop CS6 软件、比色卡、色差计和花青素含量来描述海棠色彩，但一般习惯用比色卡和色差计，因为这两种测定方法操作简单，成本低廉，因此被广泛使用，使用比色卡描述色彩操作简单且直观，但受主观影响较大；使用色差计测定数值时相对比色卡更加直观，并可以用测得的 L^* 值、a^* 值、b^* 值计算彩度 C^* 和色相角度 $h°$[18]。现在科技发展迅猛，趋向于数字化技术方向发展的色彩描述大大扩大了植物造景应用和新品种选育的前景[19]。目前色差计应用广泛，不仅运用于植物的叶、果、花色彩的测量，还涉及家具漆膜检验[20]、食品品质评价[21]、中药注射剂安全性控制[22]等领域。本研究通过将色差仪与 CIELAB 色空间结合，研究叶色动态变化规律，并建立了海棠叶色评价指标体系。通过利用色差计对 35 个海棠品种的叶色进行测定，可以迅速、准确地获得相关数值，实现叶色的数量化分析，并可通过 Origin 软件对所获得的数据绘制三维图，可系统地对观赏海棠的叶色变化做出一定的了解。

3.2　观赏海棠叶色变化规律评价

叶色的成理机制与很多因素有关，较为复杂。研究表明，叶色与光照（弱光、强光等）、温度、色素（花青素、叶绿素、叶黄素、类胡萝卜素等）等有关。不同品种或相同品种的叶的色彩在不用的生长期或相同的生长期的变化均有不同[23-25]。本研究对 7~9 3 个月中 35 个观赏海棠品种的叶色的动态变化进行研究发现，从整体的位点来看，7 月最为集中，9 月的最为分散，有可能 7 月正值叶片的成熟期，所以色彩差异较少，9 月的时候，天气相对 7 月较为凉爽，而

且小部分叶片开始脱落，所以叶片色彩差异相对 7 月较大。研究表明，L^* 值在 7 月处于 30~36 之间，8 月处于 29~33 之间，9 月处于 28~32 之间，C^* 值在 7 月处于 11~17 之间，8 月处于 11~19 之间，9 月处于 11~23 之间，$h°$ 值在 7 月处于 115~121 之间，8 月处于 115~121 之间，9 月处于 113~1119 之间。张洋[26]等通过对 4~6 月观赏海棠叶色参数研究发现色彩参数 L^* 值范围在 26~42 之间，C^* 值范围在 0~28 之间，$h°$ 范围在 40~120 之间，有一定的差异，而张洋的研究结果和裴靓[7]的研究结果也有一定差异，在今后的观赏海棠研究中可在不同时期对海棠叶片色彩动态变化进行研究，并适当扩大样本比例，并注意叶片的保鲜程度，以期得到更为精确的评价观赏海棠叶片色彩的动态变化规律体系，旨在为观赏海棠品种多样化培育、新品种选育工作提供参考依据。

3.3　观赏海棠叶素变化规律评价

植物叶片中叶素含量及其比例关系是导致叶色变化的主要原因之一，陈延惠等[27]通过对园艺植物叶色变化机制进行了深入研究，结果表明叶色变化与花青素/叶绿素总量呈正相关关系，与叶绿素总量呈负相关关系。本研究以 35 个观赏海棠品种为试验材料，研究了 7~9 月三大色素（Anth，Car，Chl）含量的动态变化，旨在为观赏海棠叶片呈色提供理论依据。研究结果表明，叶绿素所占比重最高，而花青素与类胡萝卜素的比重处于较低水平。试验期间花青素和类胡萝卜素含量均呈现先降低后增加的趋势，而叶绿素含量呈现先增加后降低的趋势。姜文龙[5]、姜卫兵[28]、王峰[29]等在研究中指出叶片中花青素的含量是影响植物叶片呈色的重要原因之一，由此可见，海棠叶片色彩的基调由叶绿素的含量决定，而花青素与类胡萝卜素含量的变化为叶片色彩增加了多样性。但本研究仅从宏观角度对色彩与色素的关系进行探讨，未深入研究色素的形成机制，以及各色素间含量变化对于叶片呈色的影响。因此在今后的研究中，应从基因、分子等微观角度切入，对呈色机制作详细探讨，这对于观赏海棠叶色育种及良种选育将有十分重要的意义。

参考文献

[1]张宁，沈红香，高遐虹，等．苹果属部分观赏品种与中国野生种的亲缘关系[J]．园艺学报，2007，34（5）：1227-1234.
[2]钱关泽，汤庚国．苹果属植物分类学研究进展[J]．南京林业大学学报（自然科学版），2005，29（3）：94

-98.
[3]俞德浚，阎振茏．中国之苹果属植物[J]．植物分类学报，1956，5（2）：77-110.
[4]高敬东，王叔婷，杜海燕，等．观赏类红满堂的选育及栽培技术要点[J]．山西农业科学，2018，46（11）：1794

－1796.

［5］姜文龙，范俊俊，张丹丹，等．观赏海棠不同叶位色彩特征及特异种质挖掘［J］．园艺学报，2017(6).

［6］张曼，郑云冰，范可可，等．不同时期观赏海棠叶色和花色变化规律研究［J］．河南农业科学，2019，48(5)：106-112.

［7］裴靓．观赏海棠品种群色彩评价技术研究［D］．南京：南京林业大学，2011：13-26.

［8］丁廷发．重庆市5种彩叶植物色素和色彩研究及应用［D］．雅安：四川农业大学，2005.

［9］洪丽．茶条槭(Acer ginnala Maxim)幼树叶色变化的生理特性研究［D］．哈尔滨：东北林业大学，2008.

［10］黄可，王小德，柳翼飞，等．红枫春季叶色变化与色素含量的相关性［J］．浙江农林大学学报，2012，29(5)：734-738.

［11］Byamukama R, Jordheim M, Kiremire B, et al. Anthocyanins from flowers of *Hippeastrum* cultivars［J］. Scientia horticulturae, 2006, 109：262-266.

［12］White S A, Scoggins H L. Fertilizer Concentration affects growth response and leaf color of *Tradescantia virginiana* L［J］. Journal of plant nutrition, 2005, 28 (10)：1767-1783.

［13］Wang L S, Shiraishi A, Hashimoto F, et al. Analysis of petal anthocyanins to investigate flower coloration of Zhongyuan (Chinese) and Daikon Island (Japanese) tree peony cultivars［J］. Journal of Plant Research, 2001, 114(1)：33-43.

［14］浦静．4株海棠子代优选株的叶色变化研究［J］．中国观赏园艺研究进展，2017：164-166.

［15］Merzlyak M N, Solovchenko A E, Gitelson A A. Reflectance spectral features and non-destructive estimation of chlorophyll, carotenoid and anthocyanin content in apple fruit［J］. Postharvest Biology & Technology, 2003, 27(2)：197-211.

［16］Gould K S, Markham K R, Smith R H, et al. Functional role of anthocyanins in the leaves of Quintinia serrata A. Cunn［J］. Journal of Experimental Botany, 2000, 51(347)：1107-1115.

［17］吴再兴，陈玉和，马灵飞，等．紫外辐照下染色竹材的色彩稳定性［J］．中南林业科技大学学报，2014，34(2)：127-132.

［18］李明媛，刘月，王雪，等．观赏海棠不同颜色评价方法比较［J/OL］．《分子植物育种》.

［19］李欣，沈向，张鲜鲜，等．观赏海棠叶、果、花色彩的数字化描述［J］．园艺学报，2010，37(11)：1811-1817.

［20］李敏，张宏伟，于娜．色差计在检验家具漆膜方面的应用［J］．林业机械与木工设备，2014，(4)：47-50.

［21］师萱，陈娅，符宜谊，等．色差计在食品品质检测中的应用［J］．食品工业科技，2009，(5)：373-375.

［22］刘炜，潘卫松，张嘉莹，等．色差计法在注射剂溶液颜色检查法中的应用［J］．药物分析杂志，2015(12)：2131-2137.

［23］唐前瑞．红檵木遗传多样性及其叶色变化的生理生化研究［D］．长沙：湖南农业大学，2001：11-16.

［24］崔晓静．红叶石楠夜色变化的生理生化研究［D］．保定：河北农业大学，2008：13-33.

［25］胡敬志，田旗，鲁心安．枫香叶片色素含量变化及其与叶色变化的关系［J］．西北农林科技大学学报(自然科学版)，2007，35(10)：219-223.

［26］张洋，赵明明，范俊俊，等．40个观赏海棠品种叶色变化规律研究［J］．江苏林业科技，2016，43(5)：8-12.

［27］陈延惠，李跃霞，郭晓丽，等．园艺植物叶色变化机制研究进展［J］．河南农业科学，2011，40(12)：30-34.

［28］姜卫兵，庄猛，韩浩章，等．彩叶植物呈色机理及光合特性研究进展［J］．园艺学报，2005，32(2)：352-358.

［29］王峰，陈玉真，王秀萍，等．茶树不同叶位叶片功能性状与光合特性研究［J］．茶叶科学，2016(1)：77-84.

11 种兰花花瓣色素种类及呈色物质含量测定

邵 蕾 杨歆韵 张 超 宁惠娟*

（浙江农林大学风景园林与建筑学院，浙江省园林植物种质创新与利用重点实验室，南方园林植物种质创新与利用国家林业和草原局重点实验室，临安 311300）

摘要 本试验对兰属 6 种 11 份材料进行了花瓣色素种类及呈色物质测定。用紫外-可见分光光度计扫描分析各样品，并计算组分含量。试验结果表明，兰花花瓣的呈色物质主要为类黄酮，不含类胡萝卜素，部分兰花花瓣中含有叶绿素。兰花唇瓣中不含叶绿素，唇瓣的斑点主要成分为花色苷。通过对不同颜色的兰花花色素组成进行分析，探究其花色分布特点，以期为未来兰花花色改良育种以及兰花花色分子机理方面的研究提供一定的理论依据。

关键词 兰属；花色；色素

Determination of Pigment Species and Chromogenic Substances Content in 11 *Cymbidium* Petals

SHAO Lei YANG Xin-yun ZHANG Chao NING Hui-juan*

（*School of Landscape and Architecture，Zhejiang Agriculture & Forestry University，Zhejiang Provincial Key Laboratory of Germplasm Innovation and Utilization for Garden Plants，Key Laboratory of National Forestry and Grassland Administration on Germplasm Innovation and Utilization for Southern Garden Plants，Lin'an 311300，China*）

Abstract In this experiment，11 materials of 6 species of *Cymbidium* were tested for the species of petal pigment and the chromogenic substance. Each sample was scanned by UV-VIS spectrophotometer and the component content was calculated. The experimental results showed that the petal coloring substance of *Cymbidium* was mainly flavonoids，without carotenoids，and some petals of *Cymbidium* contained chlorophyll. There was no chlorophyll in the labrum of *Cymbidium*，and anthocyanin was the main component in the spots of labrum. By analyzing the composition of flower pigment in different colors of *Cymbidium*，and exploring the characteristics of flower color distribution，it will provide a certain theoretical basis for the future research on the improvement breeding and the molecular mechanism of flower colorof *Cymbidium*.

Key words *Cymbidium*；Flower color；Pigment

兰科植物是被子植物里的一个大家族，全世界约有 700 属近 20000 种，其中有不少种类有非常高的观赏价值（黄宝优 等，2012）。我国有兰科植物 173 个属约 1200 种之多，其中绝大多数是观赏植物（景袭俊和胡凤荣，2018）。

植物花色形成的原因很复杂，花色不仅受到叶绿素、类胡萝卜素、花青素、类黄酮、多酚类物质的影响，生物碱、有机酸、氨基酸、液泡中的金属离子或细胞液 pH 也会影响植物花色的呈现，花瓣表皮细胞形状同时也会影响花青苷的表达，影响花色呈现（李珊珊 等，2014）。不仅如此，植物的栽培过程中光照、温度也会在一定程度上影响花色深浅（徐春明等，2013）。目前，对蝴蝶兰（李崇晖 等，2013；张加强等，2018）、文心兰（李崇晖 等，2013）、石斛（肖文芳 等，2016）等兰科其他观赏植物的花色素成分分析及花色相关基因进性大量报道，而兰属植物相关研究较少，仅对建兰的花色成分进行试验，检测出 12 种黄酮醇苷和 8 种花青素苷（李文建 等，2019）。

近年来，对兰属植物的研究主要集中在分类鉴别（李秀玲 等，2015；Süngü şeker and Şenel，2017）、育种技术（Kim et al.，2015）、花期调控（陆顺教 等，2017）等方面，然而，兰属植物花色丰富多样，并随

---

1 第一作者：邵蕾（1995—），女，硕士研究生。主要从事花卉资源与应用研究。

* 通讯作者：宁惠娟，讲师，E-mail：20060083@ zafu. edu. cn。

着兰属新花色品种的大量涌现，迫切需要全面了解兰属植物的花色机理，由表及里，为后续从分子层面深入了解花色相关基因奠定基础。本研究通过系列显色反应和紫外-可见分光光度计测定，对兰属11份材料的花瓣进行呈色物质提取检测和初步分析，弄清兰花主要色素的组成和含量，探究其花色分布特点及其与类黄酮、叶绿素、类胡萝卜素和花色苷含量的关系，为未来兰花花色改良育种提供一定的依据。

1 材料与方法

1.1 试验材料

本试验采集的材料为兰属5个种及1个种间杂种，共11份材料。所用材料种植于浙江农林大学兰花资源圃。于2020年2~4月兰花花期，将完全开放的新鲜花朵带回实验室。用英国皇家园艺学会比色卡（R.H.S.C.C.）进行色彩比对。参照Jean-François Gonnet（1998）的方法，使用CR-10型便携式色差仪（日本柯尼卡美能达公司）测定各兰花材料的明度 L^* 值，色相 a^*、b^* 值。重复3次取其平均值，测量数据见表1。采集后的样品一部分用锡箔纸将花瓣与唇瓣分开包裹，置于密封袋中放入 $-80℃$ 超低温冰箱保存；剩下的部分干燥脱水后加液氮迅速研磨成粉末置于4mL离心管中保存，最后放入 $-80℃$ 超低温冰箱备用。

表1 试验兰花材料

Table 1 Experimental *Cymbidium* materials

样品名称	拉丁名称	具体部位	R.H.S.C.C.	CIELab 颜色系统 CIELab coordinate				
				明度 L^*	红度 a^*	黄度 b^*	色度 C^*	色相角 $h°$
大花蕙兰'红元宝'	*Cymbidium hybrida* 'Hongyuan-bao'	唇瓣	N179A	48.4	26.6	27.7	38.40	0.81
		花瓣	59B	13.4	17.1	6.4	18.26	0.36
大花蕙兰'锦华'	*Cymbidium hybrida* 'Jinhua'	唇瓣	N66B	62.8	39.2	9.3	40.29	0.23
		花瓣	69D	89.7	2.3	5.2	5.69	1.15
墨兰	*Cymbidium sinense*	唇瓣	185A	85.8	0.6	26.3	26.31	1.55
		唇瓣斑点	3D	41.3	37.2	27.4	46.20	0.63
		花瓣	10A	56.3	13.8	41.5	43.73	1.25
春剑	*Cymbidium longibracteatum*	唇瓣	59A	86.5	−1.3	12.3	12.37	−1.47
		唇瓣斑点	4C	29.2	40.4	29.3	49.91	0.63
		花瓣	1C151A	81.5	−3.5	25.4	25.64	−1.43
建兰'玉妃'	*Cymbidium ensifolium* 'Yufei'	唇瓣	76D	87.8	−0.2	24.3	24.30	−1.56
		唇瓣斑点	73B	43.4	45.5	21.4	50.28	0.44
		花瓣	76B/60A	84.5	4.2	12.6	13.28	1.25
建兰'大青'	*Cymbidium ensifolium* 'Daqing'	唇瓣	1C	80.4	−6.1	52.5	52.85	−1.46
		唇瓣斑点	N45	35.3	46.3	37.7	59.71	0.68
		花瓣	1B	77.3	−6.3	69.5	69.78	−1.48
野生春兰Ⅰ	*Cymbidium goeringii*	唇瓣	59B	82.8	−3.2	35.0	35.35	−1.48
		唇瓣斑点	4A	36.3	37.2	33.6	50.13	0.73
		花瓣	144B	64.2	−15.1	64.2	65.95	−1.34
野生春兰Ⅱ	*Cymbidium goeringii*	唇瓣	74B	80.2	−5.2	40.2	40.53	−1.44
		唇瓣斑点	3A	42.3	28.4	37.2	46.80	0.92
		花瓣	N144C	69.8	−12.2	68.8	69.87	−1.40
野生春兰Ⅲ	*Cymbidium goeringii*	唇瓣	60B	69.2	−1.9	63.4	63.41	−1.56
		唇瓣斑点	3B	38.2	30	39.2	49.36	0.92
		花瓣	N144C	66.2	−14.1	66.0	67.68	−1.36
豆瓣兰Ⅰ	*Cymbidium serratum*	唇瓣	N144D	72.6	−3.3	38.3	38.44	−1.48
		唇瓣斑点	59C	24.3	20.2	29.7	35.92	0.97
		花瓣	N137A	35.5	−13.4	39.5	41.71	−1.24
豆瓣兰Ⅱ	*Cymbidium serratum*	唇瓣	145B	73.2	−9.2	53.8	54.58	−1.40
		唇瓣斑点	58A	32.8	9.3	39.8	40.87	1.34
		花瓣	N137B	43.4	−15.5	43.3	45.99	−1.23

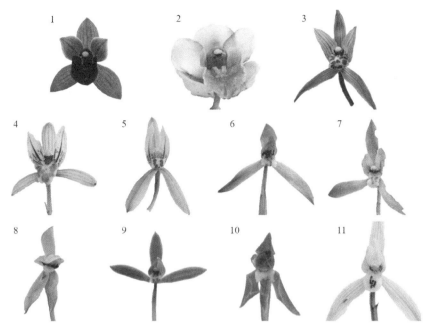

图 1　试验兰花花部图

Fig. 1　The pictures of experimental *Cymbidium* flowers

注：1. 大花蕙兰'红元宝'；2. 大花蕙兰'锦华'；3. 墨兰；4. 建兰'玉妃'；5. 建兰'大青'；6. 野生春兰Ⅰ；7. 野生春兰Ⅱ；8. 野生春兰Ⅲ；9. 豆瓣兰Ⅰ；10. 豆瓣兰Ⅱ；11. 春剑。

1.2　试验方法

1.2.1　花瓣色素萃取

用电子天平准确称取各花瓣样本粉末 0.050g，分别加入 1% 盐酸甲醇萃取液［V(HCL)：V(MeOH)= 1：99］2mL，在 4℃ 下萃取 24h 后，用滤纸过滤并收集滤液，滤渣再用 1% 盐酸甲醇溶液萃取过滤，丢弃滤渣，得到色素萃取液 3mL，供紫外-可见光谱分析和检测花色苷使用(白新祥 等，2006)。称取各花瓣粉末 0.050g，分别用 80% 丙酮萃取液［V(丙酮)：V(乙醇)= 8：2］提取，用滤纸过滤后定容至 3mL，供检测叶绿素和类胡萝卜素使用(车越 等，2011)。

1.2.2　特征显色反应

参照安田齐(1989)的方法，取花瓣粉末 0.050g 放入 5mL 具塞试管中，分别加入石油醚、10.0% 盐酸和 30.0% 氨水约 2mL，过滤后观察颜色变化。

将 1.2.1 中的盐酸甲醇溶液继续加入 1% 盐酸甲醇定容至 10mL，取 1mL 盐酸甲醇萃取液，用 5mL 具塞试管进行以下显色反应(高锦明，2002；夏婷 等，2013)：

(1) 浓盐酸-锌粉反应：加入锌粉少量，然后加入浓盐酸 5 滴，摇匀，静置充分反应；

(2) 醋酸铅反应：加 1.0% $Pb(CH_3COO) \cdot 3H_2O$ 1mL；

(3) 三氯化铁反应：加 5.0% $FeCl_3 \cdot 6H_2O$ 1mL；

(4) 三氯化铝反应：加 1.0% $AlCl_3 \cdot 6H_2O$ 甲醇溶液 0.5mL；

(5) 浓硫酸反应：缓慢滴加 1mL 浓 H_2SO_4，边滴加边摇匀，再进行沸水浴加热 5min；

(6) 碱性试剂反应：加 5% Na_2CO_3 1.5mL 摇匀，密闭静置 30min，通空气 10min；

(7) 氨性氯化锶反应：取甲醇 10mL 加入浓氨水定容至 25mL，得到被氨水饱和的甲醇溶液；在样品液中加 5 滴 0.01mol/L $SrCl_2 \cdot 6H_2O$ 甲醇溶液，再加被氨水饱和的甲醇溶液 5 滴，摇匀，静置 1h 充分反应；

(8) 硼酸反应：加 1.0% $H_2O_2C_4 \cdot 2H_2O$ 5 滴，再加 2.0% H_3BO 1.5mL。

1.2.3　紫外-可见光谱分析

用相对应的空白萃取液为对照，分别取 1.2.1 中的萃取液 3mL，用型号 3801UV/VIS 的紫外-可见分光光度计在 220~700nm 范围内检测吸收峰，比色皿光径为 1cm(王克建 等，2009)。

1.2.4　色素中叶绿素、类胡萝卜素的鉴定

取 1.2.1 中 80% 丙酮萃取液各 3mL 于样本中，测定并记录萃取液在 663nm、645nm、470nm 处的吸光度 OD 值(Cox *et al.*，2004)。由以下公式分别计算得到叶绿素 a、叶绿素 b 和类胡萝卜素的浓度(Ca、Cb、$Cx \cdot c$，mg/L)(Lichtenthaler，1987)。

$Ca = 12.21 D_{663} - 2.81 D_{645}$

$Cb = 20.13 D_{645} - 5.03 D_{663}$

$Cx \cdot c = (1000 D_{470} - 3.27 Ca - 104 Cb)/229$

Ca、Cb 之和为叶绿素的总浓度，最后根据下式别分求出花瓣中各色素的含量，每一组重复测量 3 次。

色素含量 = (色素的浓度×提取液体积)/样品鲜重

1.2.5　色素中花色苷含量的测定

取 1.2.1 中的盐酸甲醇萃取液，花色苷含量测定则用 3 种方法，参考孟祥春等(2001)，以兰花花瓣每克鲜重 A_{530} 表示花色苷量；或参考 Hoagland R E (1980) 和 Netmat Alla MM 等(1995)，以兰花花瓣每克鲜重的 $A_{525} - A_{585}$ 表示花色苷量；或参考 Rabino I 等(1986)，以兰花花瓣每克鲜重的 $A_{530} - 0.25 A_{657}$ 表示花色苷量。

1.2.6　色素中总黄酮含量的测定

色素中总黄酮含量的测定参考赵昶灵等(2004)

方法进行简化后，取 1.2.1 中的盐酸甲醇萃取液，以测定每克鲜重 A_{436}，表示总黄酮含量。

2　结果与分析

2.1　色素的特征颜色反应

2.1.1　石油醚、盐酸和氨水测试

石油醚测试中，样品中出现微绿色的有豆瓣兰Ⅰ、野生春兰Ⅱ、豆瓣兰Ⅱ，这说明其呈色物质很可能含有叶绿素成分；其余品种石油醚测试均为无色，说明不含类胡萝卜素(表2)。

盐酸测试中，样品中除大花蕙兰'锦华'外均出现显色反应，说明其含有花色苷(表2)。

氨水测试中，反应液中出现黄绿色表明该样品可能含有黄酮类化合物和花色苷；呈现出金黄色表明其含有黄酮类化合物(表2)。

表 2　兰花花瓣色素类型的定性分析

Table 2　Qualitative analysis of pigment types of *Cymbidium* petals

编号	名称	石油醚测试	盐酸测试	氨水测试
1	大花蕙兰'红元宝'	无色	深红	金黄
2	大花蕙兰'红元宝'-唇瓣	无色	深红	金黄
3	野生春兰Ⅰ	无色	微黄	绿色
4	野生春兰Ⅰ-唇瓣	无色	微红	黄绿
5	墨兰	无色	深红	金黄
6	墨兰-唇瓣	无色	微红	金黄
7	豆瓣兰Ⅰ	微绿	微黄	深黄绿
8	豆瓣兰Ⅰ-唇瓣	无色	粉红	金黄
9	建兰'大青'	无色	微黄	黄绿
10	建兰'大青'-唇瓣	无色	粉红	金黄
11	大花蕙兰'锦华'	无色	无色	黄绿
12	大花蕙兰'锦华'-唇瓣	无色	深红	微绿
13	野生春兰Ⅱ	微绿	微黄	金黄
14	野生春兰Ⅱ-唇瓣	无色	粉红	金黄
15	野生春兰Ⅲ	无色	微黄	金黄
16	野生春兰Ⅲ-唇瓣	无色	微红	微金黄
17	豆瓣兰Ⅱ	微绿	微黄	黄绿色
18	豆瓣兰Ⅱ-唇瓣	无色	粉红	金黄绿
19	春剑	无色	微黄	金黄
20	春剑-唇瓣	无色	微粉	微黄
21	建兰'玉妃'	无色	微粉	黄色
22	建兰'玉妃'-唇瓣	无色	微红	橙黄色

2.1.2　浓盐酸-锌粉反应

如表3所示，大花蕙兰'红元宝'，墨兰，豆瓣兰Ⅰ，大花蕙兰'锦华'，野生春兰Ⅱ-唇瓣，野生春兰

Ⅲ-唇瓣，豆瓣兰Ⅱ-唇瓣和春剑-唇瓣呈现不同程度的紫红色，说明具有花色苷及部分橙酮；建兰'玉妃'出现黄色，说明含有黄酮。其他样品为无色，可能含

有异黄酮、查耳酮、噢磷。

2.1.3 三氯化铁反应

春剑-唇瓣、建兰'玉妃'反应液呈现黄绿色，说明含有游离酚羟基可产生阳性反应；其他样品在三氯化铁反应中呈现黄色，说明色素分子中不含有羟基（表3）。

2.1.4 醋酸铅反应

如表3所示，除春剑-唇瓣、建兰'玉妃'和建兰'玉妃'-唇瓣不产生沉淀外，其余样品均出现白色沉淀，表明其色素含有酚羟基，可能具有邻二酚羟基或兼有 3-OH，4-酮基（4＝O）或 5-OH，4-酮基（4＝O）的化合物，且不含查耳酮。

2.1.5 三氯化铝反应

兰花的11个品种在三氯化铝反应中仅建兰'玉妃'表现出极其轻微的黄色，但其唇瓣在反应中显示无色，说明建兰'玉妃'可能含有黄酮成分（表3）。

2.1.6 浓硫酸反应

如表3所示，7个样品在浓硫酸反应中出现不同程度的红色，说明有花色苷；其余4个样品大花蕙兰'锦华'-唇瓣、野生春兰Ⅲ-唇瓣、春剑、建兰-唇瓣出现不同程度的黄色，说明含有黄酮或黄酮醇化合物。

2.1.7 碱性试剂反应

11个样品在碱性试剂反应中均呈现微黄色，通空气后颜色保持不变，说明花色素中不含二氢黄酮醇、查耳酮、黄酮醇、噢磷成分（表3）。

2.1.8 氨性氯化锶反应

如表3所示，11个样品在氨性氯化锶反应中均为无色，说明均不含邻二酚羟基结构的类黄酮。

2.1.9 硼酸反应

11个样品在硼酸试验反应均无色，说明兰花色素中的黄酮可能不含 C_5-OH（表3）。

表3 类黄酮的显色反应结果

Table 3 Color reaction results of flavonoids

编号	名称	浓盐酸-锌粉反应	三氯化铁反应	醋酸铅反应	三氯化铝反应	浓硫酸反应	碱性试剂反应	氨性氯化锶反应	硼酸反应
1	大花蕙兰'红元宝'	淡紫红	黄色	白色沉淀	无色	浅紫红	微黄	无色	无色
2	大花蕙兰'红元宝'-唇瓣	紫红	黄色	白色沉淀	无色	浅紫红	微黄	无色	无色
3	野生春兰Ⅰ	无色	黄色	白色沉淀	无色	浅紫红	微微黄	无色	无色
4	野生春兰Ⅰ-唇瓣	无色	黄色	白色沉淀	无色	浅紫红	微黄	无色	无色
5	墨兰	紫红	黄色	白色沉淀	无色	紫红	微黄	无色	无色
6	墨兰-唇瓣	紫红	黄色	白色沉淀	无色	浅紫红	微微黄	无色	无色
7	豆瓣兰Ⅰ	紫红	黄色	白色沉淀	无色	紫红	微黄	无色	无色
8	豆瓣兰Ⅰ-唇瓣	紫红	黄色	白色沉淀	无色	浅紫红	微黄	无色	无色
9	建兰'大青'	无色	黄色	白色沉淀	无色	浅紫红	微黄	无色	无色
10	建兰'大青'-唇瓣	无色	黄色	白色沉淀	无色	浅紫红	微微黄	无色	无色
11	大花蕙兰'锦华'	紫红	黄色	白色沉淀	无色	紫红	微黄	无色	无色
12	大花蕙兰'锦华'-唇瓣	紫红	黄色	白色沉淀	无色	黄	微黄	无色	无色
13	野生春兰Ⅱ	无色	黄色	白色沉淀	无色	紫红	微黄	无色	无色
14	野生春兰Ⅱ-唇瓣	紫红	黄色	白色沉淀	无色	粉红	微黄	无色	无色
15	野生春兰Ⅲ	无色	黄色	白色沉淀	无色	紫红	微黄	无色	无色
16	野生春兰Ⅲ-唇瓣	紫红	黄色	白色沉淀	无色	黄绿	微微黄	无色	无色
17	豆瓣兰Ⅱ	无色	黄色	白色沉淀	无色	紫红	微黄	无色	无色
18	豆瓣兰Ⅱ-唇瓣	淡紫红	黄色	白色沉淀	无色	橙红	微黄	无色	无色
19	春剑	无色	黄色	白色沉淀	无色	黄绿	微黄	无色	无色
20	春剑-唇瓣	淡紫红	黄绿色	无沉淀	无色	浅紫红	微黄	无色	无色
21	建兰'玉妃'	黄	黄绿色	无沉淀	微微黄	浅紫红	微微黄	无色	无色
22	建兰'玉妃'-唇瓣	无色	黄绿色	无沉淀	无色	浅黄	微黄	无色	无色

2.2 色素的紫外-可见光谱分析

2.2.1 色素中叶绿素、类胡萝卜素的鉴定

所有样本的80%丙酮溶液在470nm均无吸收峰（表4），说明所有兰花样品中均不含有类胡萝卜素。

野生春兰、豆瓣兰和春剑在641nm处（即645nm附近）有吸收峰，可断定其花瓣中含有叶绿素（chlorophyⅡ）成分，说明兰花绿色部分主要呈色物质为叶绿素，并且不是所有兰花都含有叶绿素（表5）。

表4 兰花花瓣色素成分的紫外可见光谱测定

Table 4 Ultraviolet-visible spectroscopy of the pigment composition of *Cymbidium* petals

编号	样本名称	特征波长（nm）	
		盐酸甲醇溶液	80%丙酮溶液
1	大花蕙兰'红元宝'	360，379，395	—
2	大花蕙兰'红元宝'-唇瓣	368，385，404	—
3	野生春兰Ⅰ	343，385，412，492	641
4	野生春兰Ⅰ-唇瓣	362，412	—
5	墨兰	344，352，370，379，397	—
6	墨兰-唇瓣	367，368，377，404，409，492	—
7	豆瓣兰Ⅰ	368，377，409，492	641
8	豆瓣兰Ⅰ-唇瓣	341，358，381，390	—
9	建兰'大青'	376，386，412	—
10	建兰'大青'-唇瓣	365，378，412，508	—
11	大花蕙兰'锦华'	366，378，385，412，510	—
12	大花蕙兰'锦华'-唇瓣	370，377，388，401，585，606	—
13	野生春兰Ⅱ	278，369，407，492	641
14	野生春兰Ⅱ-唇瓣	340，367，370，495	—
15	野生春兰Ⅲ	340，365，387，498，621	641
16	野生春兰Ⅲ-唇瓣	340，363，371，481	—
17	豆瓣兰Ⅱ	340，357，387，621	641
18	豆瓣兰Ⅱ-唇瓣	340，365，371，496	—
19	春剑	340，366，371，385，492，622	641
20	春剑-唇瓣	340，371	—
21	建兰'玉妃'	340，387，622	—
22	建兰'玉妃'-唇瓣	340，371，492，622	—

表5 兰花绿色花瓣的叶绿素含量（mg/g）

Table 5 Chlorophyll content of *Cymbidium* green petals （mg/g）

品种名称	A_{663}	A_{645}	叶绿素 a	叶绿素 b	叶绿素总含量
豆瓣兰Ⅰ	0.010	0.027	0.037	0.395	0.432
豆瓣兰Ⅱ	0.015	0.050	0.034	0.745	0.779
野生春兰Ⅰ	0.017	0.066	0.018	0.794	0.812
野生春兰Ⅱ	0.022	0.015	0.181	0.153	0.334
野生春兰Ⅲ	0.019	0.062	0.046	0.922	0.968
春剑	0.038	0.088	0.173	1.264	1.438

2.2.2 色素中花色苷含量的测定

由表6可知，呈现深红色的大花蕙兰'红元宝'的花色苷含量最高，并且大花蕙兰'红元宝'-唇瓣的花色苷含量比花萼高；黄绿色系的野生春兰和豆瓣兰中花色苷含量明显较少、且少于其唇瓣的花色苷含量；

白色系的大花蕙兰'锦华'花瓣不含花色苷。综上可以得出兰花红色系花瓣的呈色物质主要是花色苷，花色苷的含量越高，颜色越深，白色花瓣呈色物质中不具有花色苷。兰花舌瓣斑点的颜色多为紫红色系，其花色苷含量高于花瓣，呈色物质主要为花色苷。

表 6　兰花花瓣的花色苷含量（鲜重）（mg/g）

Table 6　Anthocyanin content of *Cymbidium* petals（fresh weight）（mg/g）

序号	样本名称	525nm	585nm	530nm	657nm	A_{530}	$A_{525}-A_{585}$	$A_{530}-0.25A_{657}$
1	大花蕙兰'红元宝'	0.017	0.030	0.017	0.012	3.40	−2.60	2.80
2	大花蕙兰'红元宝'-唇瓣	0.033	0.043	0.033	0.015	6.60	−2.00	5.85
3	野生春兰 I	0.031	0.027	0.029	0.025	5.80	0.80	4.55
4	野生春兰 I -唇瓣	−0.002	0.002	0.025	−0.002	5.00	−2.00	2.75
5	墨兰	0.047	0.063	0.047	0.027	5.67	−3.20	8.05
6	墨兰-唇瓣	0.009	0.012	0.009	0.003	1.80	−0.60	1.65
7	豆瓣兰 I	0.012	0.009	0.010	0.011	2.00	0.60	1.45
8	豆瓣兰 I -唇瓣	0.000	0.002	0.000	−0.002	0.32	−0.40	0.10
9	建兰'大青'	0.001	0.003	0.001	0.001	0.40	−0.40	0.35
10	建兰'大青'-唇瓣	0.007	0.004	0.006	0.001	1.20	0.60	1.15
11	大花蕙兰'锦华'	−0.001	−0.001	−0.001	0.000	0.20	0.00	0.00
12	大花蕙兰'锦华'-唇瓣	0.037	0.029	0.183	0.002	3.66	0.16	3.65
13	野生春兰 II	0.033	0.033	0.033	0.004	0.65	−0.01	0.63
14	野生春兰 II -唇瓣	0.070	0.002	0.062	−0.005	1.24	1.36	1.27
15	野生春兰 III	0.059	0.028	0.058	0.006	1.16	0.62	1.13
16	野生春兰 III -唇瓣	0.088	0.005	0.078	−0.008	1.56	1.66	1.60
17	豆瓣兰 II	0.088	0.107	0.133	0.050	2.66	−0.38	2.41
18	豆瓣兰 II -唇瓣	0.161	0.014	0.138	0.001	2.76	2.94	2.76
19	春剑	0.212	0.172	0.193	0.201	3.86	0.80	2.86
20	春剑-唇瓣	0.010	−0.006	0.009	−0.009	0.23	0.40	0.23
21	建兰'玉妃'	0.021	0.000	0.019	−0.009	0.38	0.42	0.43
22	建兰'玉妃'-唇瓣	0.048	0.004	0.043	−0.002	0.86	0.88	0.87

2.2.3　色素中总黄酮含量的测定

如表 7 所示，豆瓣兰 I -唇瓣的总黄酮含量最高，建兰'玉妃'最低。唇瓣具有斑点的兰花有野生春兰、墨兰、豆瓣兰、春剑、建兰，其兰花唇瓣的总黄酮含量通常高于花瓣本身。

表 7　兰花花瓣总黄酮含量测定（鲜重）（mg/g）

Table 7　Determination of total flavonoid content of *Cymbidium* petals（fresh weight）（mg/g）

序号	样本名称	436nm	A_{436}	序号	样本名称	436nm	A_{436}
1	大花蕙兰'红元宝'	−0.052	10.40	12	大花蕙兰'锦华'-唇瓣	0.276	5.52
2	大花蕙兰'红元宝'-唇瓣	0.035	7.00	13	野生春兰 II	0.078	6.36
3	野生春兰 I	0.031	6.20	14	野生春兰 II -唇瓣	0.318	1.56
4	野生春兰 I -唇瓣	−0.039	7.80	15	野生春兰 III	0.059	1.18
5	墨兰	0.191	8.20	16	野生春兰 III -唇瓣	0.153	3.06
6	墨兰-唇瓣	−0.054	10.80	17	豆瓣兰 II	0.088	1.76
7	豆瓣兰 I	0.057	11.40	18	豆瓣兰 II -唇瓣	0.143	2.86
8	豆瓣兰 I -唇瓣	−0.078	15.60	19	春剑	0.044	3.64
9	建兰'大青'	−0.044	8.80	20	春剑-唇瓣	0.182	1.10
10	建兰'大青'-唇瓣	0.061	12.20	21	建兰'玉妃'	0.020	0.40
11	大花蕙兰'锦华'	0.029	5.80	22	建兰'玉妃'-唇瓣	0.080	1.60

3　讨论

兰花的结构一般由三片花萼、两片捧瓣、一枚唇瓣、一个蕊柱组成，兰花的唇瓣通常和花瓣颜色不一样，有时会有斑块，这正是兰花的独特魅力所在，本次试验将唇瓣与花瓣分开测定，能更为准确地探究兰花花色成分，柱头花色与花瓣相近，且由于数量少，重量小，故在本次试验中未进行研究。

在试验材料预处理上，为减少试验误差，严格参照罗向东（2009）的方法，先称取25g新鲜花瓣样本，液氮研磨，用1%的盐酸甲醇溶液于4℃中浸提24h后过滤，共收集两次滤液，合并即为花色素原液，再置于-20℃冰箱保存备用。

花色是观赏植物的重要特征，花色的形成受花色素的影响（智雅静 等，2017）。类黄酮是最为重要的一类花色素，其中有形成黄色的黄酮、二氢黄酮和查耳酮等，有形成红色、紫色和蓝色等花色的花色苷。本试验结果显示兰花红色系花瓣的呈色物质主要是花色苷，花色苷的含量越高，颜色越深，白色花瓣呈色物质中不具有花色苷。兰花舌瓣斑点的颜色多为紫红色系，其花色苷含量高于花瓣，呈色物质主要为花色苷，特征颜色反应和紫外-可见光谱都出现了相应的结果。

本研究主要利用特征颜色反应和紫外-可见分光光度计扫描分析各样品，并计算组分含量。虽然两者的结果基本一致，证明本试验对兰属植物花瓣色素的检测比较准确，但是由于色素成分的复杂性及特征显色反应的主观性较强，仅从化学显色、紫外分光光度计等方法不足以全面确定兰花花色素的种类和含量。所以，在特征显色反应和紫外-可见光谱试验结果的基础上我们应该结合核磁共振、红外光谱、高效液相色谱和质谱等技术手段对兰花花色素成分进行进一步的分析。

参考文献

安田齐，1989. 花色的生理生物化学[M]. 北京：中国林业出版社.

白新祥，胡可，戴思兰，等，2006. 不同花色菊花品种花色素成分的初步分析[J]. 北京林业大学学报，(05)：84-89.

车越，王普，孙卫，等，2011. 10种提取液对菊花花瓣中类胡萝卜素提取效率的影响[J]. 湖北农业科学，50(15)：3152-3155.

高锦明，2002. 植物化学[M]. 北京：科学出版社.

黄宝优，吕惠珍，黄雪彦，等，2012. 广西兰科药用植物新资源的调查研究[J]. 西南农业学报，25(05)：1940-1943.

景袭俊，胡凤荣，等，2018. 兰科植物研究进展[J]. 分子植物育种，16(15)：5080-5092.

李崇晖，黄少华，黄明忠，等，2013. 文心兰唇瓣花色表型及类黄酮色素组成[J]. 热带作物学报，34(06)：1133-1138.

李崇晖，任羽，黄素荣，等，2013. 蝴蝶石斛兰花色表型及类黄酮成分分析[J]. 园艺学报，40(01)：107-116.

李珊珊，吴倩，袁茹玉，等，2014. 莲属植物类黄酮代谢产物的研究进展[J]. 植物学报，49(06)：738-750.

李文建，沈永宝，史锋厚，等，2019. 建兰花色形成的成分检测[J]. 南京林业大学学报（自然科学版），43(04)：57-62.

李秀玲，周锦业，王晓国，等，2015. 同色兜兰及其近缘种鉴别研究[J]. 西南农业学报，28(05)：2223-2227+2343.

陆顺教，易双双，廖易，等，2017. 兰花花期调控技术及相关分子生物学研究进展[J]. 江苏农业科学，45(18)：25-30.

罗向东，谢建坤，张乐华，等，2009. 杜鹃花色素的提取及稳定性研究[J]. 安徽农业科学，37(23)：10848-10851.

孟祥春，张玉进，王小菁，2001. 矮牵牛花瓣发育过程中花色素苷、还原糖及蛋白质含量的变化[J]. 华南师范大学学报（自然科学版），(02)：96-99.

王克建，郝艳宾，齐建勋，等，2009. 红色核桃仁种皮提取物紫外-可见光谱和质谱分析[J]. 光谱学与光谱分析，29(06)：1668-1671.

夏婷，耿兴敏，罗凤霞，2013. 不同花色野生百合色素成分分析[J]. 东北林业大学学报，41(05)：109-113+166.

肖文芳，李佐，陈和明，等，2016. 不同颜色石斛兰色素成分比较[C]//第四届全国花卉资源、育种、栽培及应用技术交流会论文汇编，中国园艺学会、中国园艺学会观赏园艺专业委员会：12-17.

徐春明，庞高阳，李婷，2013. 花青素的生理活性研究进展[J]. 中国食品添加剂，(03)：205-210.

张加强，史小华，刘慧春，等，2018. 基于转录组学的不同色系蝴蝶兰花色苷差异积累分析[J]. 分子植物育种，16(14)：4530-4542.

赵昶灵，郭维明，陈俊愉，2004. 梅花花色色素种类和含量的初步研究[J]. 北京林业大学学报，(2)：68-73.

智雅静，王文和，冷平生，等，2017. 不同花色百合色素种类和含量分析[J]. 北方园艺，(09)：62-69.

Alla M M N, Younis M E. 1995. Herbicide effects on phenolic metabolism in maize (*Zea mays* L.) and soybean (*Glycine max* L.) seedling[J]. Journal of Experimental Botany, 46(11)：1731-1736.

Cox K A, McGhie T K, White A, et al. 2004. Skin colour and pigment changes during ripening of 'Hass' avocado fruit[J]. Postharvest Biology and Technology, 31(3)：287-294.

Gonnet J-F. 1998. Colour effects of co-pigmentation of anthocyanins revisited—1. A colorimetric definition using the CIELAB scale[J]. Food Chemistry, 63: 409-415.

Hoagland R E. 1980. Effects of glyphosate on metabolism of phenolic compounds: VI. Effects of glyphosine and glyphosate metabolites on phenylalanine ammonia-lyase activity, growth, and protein, chlorophyll, and anthocyanin levels in soybean (*Glycine max*) seedlings[J]. Weed Science, 28(4): 393 -400.

Kim D G, Kim K K, Been C G. 2015. Development of intergeneric hybrids between wind orchids (*Sedirea japonica* and *Neofinetia falcata*) and moth orchids (*Phalaenopsis alliances*) [J]. Horticulture, Environment, and Biotechnology, 56 (1): 67-78.

Lichtenthaler H K. 1987. Chlorophylls and carotenoids: Pigments of photosynthetic biomembranes, Methods in Enzymology[M]. Academic Press, 148: 350-382.

Rabino I, Mancinelli A L. 1986. Light, temperature, and anthocyanin production [J]. Plant physiology, 81 (3): 922 -924.

Süngü şeker Ş, Şenel G. 2017. Comparative seed micromorphology and morphometry of some orchid species (Orchidaceae) belong to the related *Anacamptis*, *Orchis* and *Neotinea* genera[J]. Biologia, 72(1): 14-23.

邱北冬蕙兰(*Cymbidium qiubeiense*)花香气成分研究

黄 梅　方永杰　白新祥*

(贵州大学林学院，贵阳 550025)

摘要　本文以贵州产邱北冬蕙兰为试材，采用顶空固相微萃取(HS-SPME)和气相色谱-质谱联用(GC-MS)技术，从邱北冬蕙兰花香气中共鉴定出 50 种挥发性成分，包括醇类、醛类、萜烯类、烷烃类、酮类和芳香族化合物等，其中烷烃类、萜烯类化合物的相对含量最高，分别为 40% 和 22%。通过对以上 50 种化合物综合分析，发现 3-己烯醇、己醛、4-甲基癸烷、2,6-二甲基壬烷、丙基环戊烷、2,4-二甲基-1-庚烯、8-甲基-3-十一烯、Benzene，1,3-bis(1,1-dimethylethyl)-是邱北冬蕙兰的主要花香成分。

关键词　邱北冬蕙兰；香气成分；HS-SPME；GC-MS

Study on Aromatic Components in *Cymbidium qiubeiense*

HUANG Mei　FANG Yong-jie　BAI Xin-xiang*

(*Forestry College of Guizhou University*, *Guiyang* 550025, *China*)

Abstract　The *C. qiubeiense* from Guizhou Province was used as testing materials, and 50 volatile components were identified through using the Headspace Solid Phase Microextraction (HS-SPME) and Gas Chromatography-mass Spectrometry (GC-MS) were used in this study, including alcohols, aldehydes, terpenes, alkanes, ketones and aromatic compounds etc. Among them, the relative content of alkanes and terpenes are the highest, which are 40% and 22%; Through the comprehensive analysis of the above 50 compounds, it was found that3-Hexen-1-ol, N-hexana, Decane, 4-methyl-, Nonane, 2,6-dimethyl-, Cyclopentane, propyl-, 2,4-dimenthyl-1-heptene, 3-Undecene, 8-methyl-, Benzene, 1,3-bis (1,1-dimethylethyl)-are the main floral components of *C. qiubeiense*.

Key words　*Cymbidium qiubeiense*; Aromatic components; HS-SPME; GC-MS

兰科(Orchidaceae)是被子植物中最大的科之一，目前我国已知野生兰科植物共计 187 属 1447 种，包括特有种 601 种，中国野生兰科集中分布在中国西南和台湾等地(张殷波 等，2015)。邱北冬蕙兰(*C. qiubeiense*)属于兰科兰属(*Cymbidium*)，带形叶 2~3 枚，花莛从假鳞茎基部鞘内直立长出，花部具有香味。花香作为观赏植物的重要观赏特征之一，培育具有芳香气味的观赏植物是花卉的主要育种目标，对植物香气成分的研究是开展花卉芳香育种的基础。目前花香气相关的研究报道主要集中在桂花(邹晶晶 等，2017；杨秀莲 等，2015；施婷婷 等，2014)、玫瑰(袁颖 等，2018；周围 等，2017)、茉莉(陈梅春 等，2017；徐晓俞 等，2017)等花卉。近几年，对兰科植物香气

成分的研究开始受到国内外学者的关注。本研究运用 HS-SPME/GC-MS 联用技术对邱北冬蕙兰花香气成分进行分析，为进一步研究国兰特征香气成分提供参考。

1　材料与方法

1.1　试验材料

试材为邱北冬蕙兰，引种自贵州省兴义市，盆栽种植于贵州大学林学院苗圃内，正常水肥管理，长势良好、无病虫害。

1.2　试验仪器

HP6890/5975C GC/MS 联用仪(美国安捷伦公

1　基金项目：贵州省野生观赏植物资源调查(701256192201)。
第一作者：黄梅(1996—)，女，在读硕士研究生，现主要从事野生观赏植物调查方面的研究。E-mail：1719646010@qq.com。
* 通讯作者：白新祥(1979—)，男，博士，副教授，现主要从事野生观赏植物资源等方面的研究。E-mail：254715174@qq.com。

司)。手动固相微萃取装置(美国 Supelco 公司),萃取纤维头为 2cm ~ 50/30μm DVB/CAR/PDMS Stable-Flex(管中华 等,2014;王道平和潘卫东,2012;方永杰,2013)。

1.3 试验方法

①活体萃取:将试验材料的花朵用保鲜袋密闭处理,插入装有 2cm~50/30μm DVB/CAR/PDMS Stable-Flex 纤维头的手动进样器,进行取样。

②离体萃取:取样品离体花朵一朵,置于 5mL 固相微萃取仪采样瓶中,插入装有 2cm ~ 50/30μmDVB/CAR/PDMS StableFlex 纤维头的手动进样器,加热至 65℃顶空萃取 0.5h 取出,快速移出萃取头并立即插入气相色谱仪进样口(温度 250℃)中,热解析 3min 进样。

色谱柱为 ZB-5MSI 5% Phenyl-95% DiMethylpolysiloxane (30m×0.25mm×0.25μm) 弹性石英毛细管柱,柱温 40℃(保留 2min),以 4℃/min 升温至 240℃,保持 2min。汽化室温度 250℃,载气为高纯 He (99.999%),柱前压 7.62psi,载气流量 1.0mL/min,不分流进样,溶剂延迟时间 1.5min。

离子源为 EI 源,离子源温度 230℃,四极杆温度 150℃,电子能量 70eV,发射电流 34.6μA,倍增器电压 1206V,接口温度 280℃,质量范围 20~450amu。

对总离子流图中的各峰经质谱计算机数据系统检索及核对 Nist2005 和 Wiley275 标准质谱图,确定挥发性化学成分,用峰面积归一化法测定了各化学成分的相对质量分数(李玮 等,2015;袁媛 等,2019;邱建生,2015)。

2 结果与分析

试验得到邱北冬蕙兰香气成分的总离子图(图1)。根据邱北冬蕙兰香气成分的 GC-MS 总离子流图,以质谱数据和 GC-MS 气质联用仪标准图谱数据库的检索结果进行了定性,根据离子流峰面积归一化法计算各组分在总挥发物中的相对含量(表1)。

由表1可知,邱北冬蕙兰共检测出 50 种挥发性物质,包括醇类、醛类、萜烯类、烷烃类、酮类、芳香族化合物等,其中醇类化合物共有 6 种,环戊醇、3-己烯醇和正己醇的相对百分含量最高,分别为 1.943%、6.096% 和 3.490%;醛类化合物共有 6 种,其中己醛、壬醛的相对百分含量最高,为 5.487% 和 2.023%;酮类化合物共有 3 种,其中 4-异丙基-3-环己二酮、4-异丙基-1,3-环己二酮的相对含量最高,为 5.512% 和 4.294%;烷烃类共有 20 种,其中 4-甲基癸烷、2,6-二甲基壬烷和丙基环戊烷的相对含量最高,分别为 4.559%、4.865% 和 4.867%;萜烯类化合物共有 11 种,2,4-二甲基-1-庚烯、8-甲基-3-十一烯的相对含量较高,为 3.354% 和 4.934%;芳香族化合物共有 2 种,其中 Benzene,1,3-bis(1,1-dimethylethyl)-在所有挥发性成分中相对含量最高,为 15.699%;还有 2 种是 Fenchylacetate、2-戊基呋喃,相对百分含量为 0.209% 和 0.821%。

综上所述,邱北冬蕙兰的主要花香成分为 Benzene,1,3-bis(1,1-dimethylethyl)-、3-己烯醇、4-异丙基-3-环己二酮、己醛、8-甲基-3-十一烯、丙基环戊烷、2,6-二甲基壬烷。

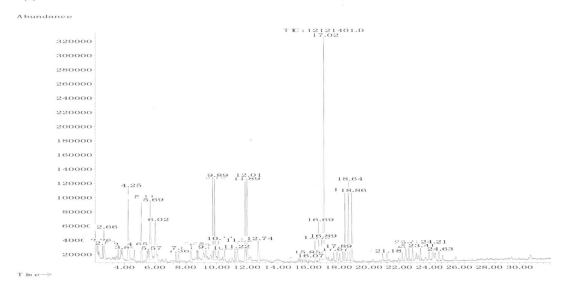

图1 邱北冬蕙兰香气成分的 GC-MS 总离子流色谱图

Fig. 1   Total ionic chromatogram of aroma components in fresh flower of *C. qiubeiense*

表 1 邱北冬蕙兰香气成分的分析结果

Table 1 Analysis of aroma components of *C. qiubeiense*

保留时间 Retain time(min)	化合物名称 Component name	分子式 Molecular formula	分子量 Molecular weight	相对含量 Relative content(%)
2. 26	2-Methylbutyraldehydel(2-甲基丁醛)	$C_5H_{10}O$	86	0. 407
2. 55	Ethyl vinyl ketone(1-戊烯-3-酮)	C_5H_8O	84	0. 631
2. 66	Cyclopentanol(环戊醇)	$C_5H_{10}O$	86	1. 943
3. 59	Heptane, 4-methyl(4-甲基庚烷)	C_8H_{18}	114	0. 428
3. 75	1-Pentanol(戊醇)	$C_5H_{12}O$	88	0. 514
3. 85	cis-2-Penten-1-ol(顺-2-戊烯-1-醇)	$C_5H_{10}O$	86	0. 227
4. 25	N-hexanal(己醛)	$C_6H_{12}O$	100	5. 487
4. 65	Heptane, 2,4-dimethyl-(2,4-二甲基庚烷)	C_9H_{20}	128	0. 772
5. 11	1-Heptene, 2,4-dimethyl-(2,4-二甲基-1-庚烯)	C_9H_{18}	126	3. 354
5. 50	2-Hexenall(反式-2-己烯醛)	$C_6H_{10}O$	98	0. 473
5. 57	3-Hexen-1-ol, (3E) -(反式-3-己烯醇)	$C_6H_{12}O$	100	0. 432
5. 68	3-Hexen-1-ol(反式-3-己烯-1-醇)	$C_6H_{12}O$	100	6. 096
6. 02	1-Hexanol(正己醇)	$C_6H_{14}O$	100	3. 490
7. 36	1,3-Cyclohexadiene, 2-methyl-5-(1-methylethyl) -(水芹烯)	$C_{10}H_{16}$	136	0. 501
7. 55	alpha-Pinene, (-) -(α-蒎烯, (-) -)	$C_{10}H_{16}$	136	0. 814
8. 35	Nonane, 4-methyl-(4-甲基壬烷)	$C_{10}H_{22}$	142	1. 322
8. 73	Sabinene(香桧烯)	$C_{10}H_{16}$	136	0. 700
8. 79	6,6-Dimethyl-2-methylenebicyclo[3. 1. 1] heptane(β-蒎烯)	$C_{10}H_{16}$	136	0. 706
9. 31	2-Pentylfuran(2-戊基呋喃)	$C_9H_{14}O$	138	0. 821
9. 76	Decane, 4-methyl-(4-甲基癸烷)	$C_{11}H_{24}$	156	4. 559
9. 89	Nonane, 2,6-dimethyl-(2,6-二甲基壬烷)	$C_{11}H_{24}$	156	4. 865
10. 13	1-Undecene(十一烯)	$C_{11}H_{22}$	154	1. 287
10. 53	1,3-Hexadiene, 3-ethyl-2-methyl(2-甲基-3-乙基-1,3 己二烯)	C_9H_{16}	124	0. 729
11. 23	5-Methylundecane(5-甲基十一烷)	$C_{12}H_{16}$	170	0. 727
11. 39	2-Methylundecane(2-甲基十一烷)	$C_{12}H_{16}$	170	1. 557
11. 89	Cyclopentane, propyl-(丙基环戊烷)	C_8H_{16}	112	4. 867
12. 01	3-Undecene, 8-methyl-(8-甲基-3-十一烯)	$C_{12}H_{24}$	168	4. 934
12. 74	Nonanal(壬醛)	$C_9H_{18}O$	142	2. 023
15. 36	4,6-Dimethylundecane(4,6-二甲基十一烷)	$C_{13}H_{28}$	184	0. 177
15. 44	Dodecane(十二烷)	$C_{12}H_{26}$	170	0. 172
15. 56	Decane, 2-methyl-(2-甲基癸烷)	$C_{11}H_{24}$	156	0. 372
15. 71	Undecanal(十一醛)	$C_{11}H_{22}O$	170	0. 356
15. 84	Undecane, 4,8-dimethyl-(4,8-二甲基十一烷)	$C_{13}H_{28}$	184	0. 409
16. 07	Fenchylacetate 乙酸小茴香酯	$C_{12}H_{20}O_2$	196	0. 209
16. 45	4-methyltridecane(4-甲基十三烷)	$C_{14}H_{30}$	198	1. 314
16. 69	Dodecane, 4,6-dimethy-(4,6-二甲基十二烷)	$C_{14}H_{30}$	198	2. 296
16. 89	Decane, 2-methyl-(2-甲基癸烷)	$C_{11}H_{24}$	156	1. 351
17. 02	Benzene, 1,3-bis(1,1-dimethylethyl) -	$C_{14}H_{22}$	190	15. 699
17. 67	Tetradecane(十四烷)	$C_{14}H_{30}$	198	0. 470
17. 90	1-Tetradecene(十四烯)	$C_{14}H_{28}$	196	1. 215
18. 40	1,2,4-trimethylcyclohexane(1,2,4-三甲基环己烷)	C_9H_{18}	126	4. 175
18. 64	4-Isopropyl, 3-cyclohexanedione(4-异丙基-3-环己二酮)	$C_9H_{14}O_2$	154	5. 512
18. 86	4-Isopropyl-1,3-cyclohexanedione(4-异丙基-1,3-环己二酮)	$C_9H_{14}O_2$	154	4. 294

（续）

保留时间 Retain time(min)	化合物名称 Component name	分子式 Molecular formula	分子量 Molecular weight	相对含量 Relative content(%)
20.93	Tetradecane(十四烷)	$C_{14}H_{30}$	198	0.467
21.18	Junipene(刺伯烯)	$C_{15}H_{24}$	204	0.703
22.49	Hexadecane(十六烷)	$C_{16}H_{34}$	226	1.307
22.66	Pentadecane, 2,6,10,14-tetramethyl-(2,6,10,14-四甲基十五烷)	$C_{19}H_{40}$	268	0.911
22.91	Pentadecane, 2,6,10,14-tetramethyl-(2,6,10,14-四甲基十五烷)	$C_{19}H_{40}$	268	1.026
23.41	Pentadecane(十五烷)	$C_{15}H_{32}$	212	0.841
24.21	Di-t-butyl-phenol(二叔丁基苯酚)	$C_{14}H_{22}O$	206	1.232
24.64	Trans, trans-farnesal(反式，反式-金合欢醛)	$C_{15}H_{24}O$	220	0.827

3 讨论

试验运用 SPME-GC/MS 联用技术，对产自贵州省的邱北冬蕙兰进行了挥发性成分的测定，共检测出 50 种挥发性成分，检测结果中相对含量最高的是 Benzene, 1,3-bis(1,1-dimethylethyl)-，相对百分含量为 15.699%；而烷烃类和萜烯类化合物无论在数量还是在相对百分含量都占有很大优势，因此可推测邱北冬蕙兰主要挥发性成分为烷烃类和萜烯类物质。该种兰花人为感官评价为淡香型兰花，其香味十分淡雅，因此可推测其挥发性成分中的大部分物质对其香味并无贡献。检测结果中具有的花香型化合物只有反式，反式-金合欢醛(0.827%)(彭红明，2009)，金合欢香精是天然花香里面一组香气(山楂花、合欢花、含羞草花等)的代表，金合欢醛同样是玉兰花蕾挥发油的主要成分。

参考文献

陈梅春，朱育菁，刘晓港，等，2017. 茉莉鲜花[*Jasminum sambac*(L.)Aiton]香气成分研究[J]. 热带作物学报，38(04)：747-751.

方永杰，2013. 蕙兰(*Cymbidium faberi*)花香气成分研究[M]//中国观赏园艺研究进展 2013. 北京：中国林业出版社：593-597.

管中华，李齐激，王道平，等，2014. 三种药渣和淫羊藿培育平菇的香味成分研究[J]. 山地农业生物学报，33(01)：36-40.

李玮，邵进明，冯靖，等，2015. 树头芭蕉花的挥发油成分分析[J]. 贵州农业科学，43(09)：191-195.

彭红明，2009. 中国兰花挥发及特征花香成分研究[D]. 北京：中国林业科学研究院.

邱建生，2015. 中国西南山茶属植物传粉昆虫研究[D]. 北京：中国林业科学研究院.

施婷婷，杨秀莲，王良桂，2014. 桂花花朵香气成分的研究进展[J]. 化学与生物工程，31(10)：1-5.

王道平，潘卫东，2012. 侧柏叶香味成分 SPME-GC/MS 分析[J]. 中南林业科技大学学报，32(09)：135-137.

徐晓俞，李爱萍，郑开斌，等，2017.3 茉莉花香气成分及其加工应用研究进展[J]. 中国农学通报，3(34)：159-164.

杨秀莲，施婷婷，文爱林，等，2015. 不同桂花品种香气成分的差异分析[J]. 东北林业大学学报，43(01)：83-87.

袁颖，郝瑞杰，杜方，等，2018. 丰花玫瑰在不同开花阶段的挥发成分研究[J]. 江苏农业科学，46(09)：204-208.

袁媛，孙叶，李风童，等，2019. 蕙兰不同品种花香成分分析[J]. 江苏农业科学，47(16)：186-189.

张殷波，杜昊东，金效华，等，2015. 中国野生兰科植物种多样性与地理分布[J]. 科学通报，60(02)：179-188+1-16.

周围，王波，刘倩倩，等，2017. 基于电子鼻和 GC-MS 对不同品种玫瑰"活体"香气的研究[J]. 香料香精化妆品，(02)：1-6+72.

邹晶晶，蔡璇，曾祥玲，等，2017. 桂花不同品种开花过程中香气活性物质的变化[J]. 园艺学报，44(08)：1517-1534.

不同秋海棠品种对光强的响应研究

赵 芮[1]　王中轩[2]　李丽芳[2]　于晓南[1,*]

([1] 花卉种质创新与分子育种北京市重点实验室，国家花卉工程技术研究中心，城乡生态环境北京实验室，

园林环境教育部工程研究中心，林木花卉遗传育种教育部重点实验室，园林学院，北京林业大学，北京 100083；

[2]北京市花木有限公司，北京 100044)

摘要　以 10 种观叶类秋海棠为试验材料，设定 3 个光照梯度 T1(较强光)，T2(对照)，T3(较弱光)，对试验材料的主要生长指标及光合指标进行分析，以期筛选出在强光环境下生长良好的品种。试验结果表明，耐强光的品种为 *B. thiemei* 和 *B. dregei*，在 T1 条件下，形态表型表现良好，Fv/Fm 值和 ETR 值无显著下降。*B.* 'Tancho'，*B.* 'Orococo'具有一定的耐强光能力，Fv/Fm 值，ETR 值无显著变化，说明其还未受到严重胁迫。品种 *B.* 'Joe Hayden'，*B. luzhaiensis*，*B. handelii*，*B.* 'Sunburst'，*B.* 'Ruby Slippers'，*B.* 'Bonita Shea'在 T1 条件下受到光照胁迫，Fo 值上升，Fv/Fm 下降，不推荐露天强光下栽培。

关键词　秋海棠；叶绿素；叶绿素荧光参数；光照强度

Study on the Response of Different *Begonia* Cultivars to Light Intensity

ZHAO Rui[1]　WANG Zhong-xuan[2]　LI Li-fang[2]　YU Xiao-nan[1,*]

([1] *Beijing Key Laboratory of Ornamental Plants Germplasm Innovation & Molecular Breeding*，*National Engineering Research Center for Floriculture*，*Beijing Laboratory of Urban and Rural Ecological Environment*，*Engineering Research Center of Landscape Environment of Ministry of Education*，*Key Laboratory of Genetics and Breeding in Forest Trees and Ornamental Plants of Ministry of Education*，*School of Landscape Architecture*，*Beijing Forestry University*，*Beijing* 100083，*China*；

[2]*Beijing Florascape Co.*，*Ltd.*，*Beijing* 100044，*China*)

Abstract　Ten species of begonias were used as test materials，with three light gradients T1 (stronger light)，T2 (CK)，and T3 (weaker light)，the main growth and photosynthetic parameters of the test materials were analyzed，in order to a view to selecting those that grew well under strong light conditions. The more light-tolerant varieties were *B. thiemei* and *B. dregei*. Under T1 conditions，their morphology and phenotype behaved well，with no significant decrease in Fv/Fm values and ETR values. *B.* 'Tancho' and *B.* 'Orococo' have some tolerance to strong light. Their Fv/Fm values and ETR values were not significantly changed. This indicates that they are not yet under severe stress. *B.* 'Joe Hayden'，*B. luzhaiensis*，*B. handelii*，*B.* 'Sunburst'，*B.* 'Ruby Slippers' and *B.* 'Bonita Shea' were not recommended for cultivation under open strong light. They were subjected to light stress at T1. Fo increased significantly and Fv/Fm decreased significantly.

Key words　Begonia；Chlorophyll；Chlorophyll fluorescence parameters；Light intensity

秋海棠是秋海棠科秋海棠属(*Begonia* L.)植物的总称，为著名的观花和观叶植物，在城市秋季花坛花镜布置中应用广泛。观叶类秋海棠叶型多样，叶色丰富，相比其他花坛观叶植物更具观赏优势。由于秋海棠属植物在原生境大多为林阴下，因此秋海棠大部分在强光直射下会造成叶片和花朵灼伤，甚至影响其正常生长。为更好地发挥观叶类秋海棠在城市户外绿化中的应用，本研究以 10 个不同品种的观叶类秋海棠为研究对象，设置 3 个光照梯度，对不同光照强度下各品种的生长状况及光合特性进行研究，旨在筛选出能适用于较强光照条件下露地栽种的观叶类秋海棠品种。

1　材料与方法

1.1　试验时间与地点

试验于 2018 年 8 月 30 日至 10 月 16 日在北京市(东经 116°20′，北纬 39°56′)顺义区北京花木有限公司苗木基地进行。

---

* 通讯作者。教授。E-mail：yuxiaonan626@126.com。

图 1 试验材料

Fig. 1 Experiment materials

1.2 试验材料

试验材料见图 1，B1（*B. thiemei*），B2（*B.* 'Joe Hayden'），B3（*B. dregei*），B4（*B. luzhaiensis*），B5（*B. handelii*），B6（*B.* 'Sunburst'），B7（*B.* 'Ruby Slippers'），B8（*B.* 'Tancho'），B9（*B.* 'Orococo'），B10（*B.* 'Bonita Shea'）由北京天卉源绿色科技研究院有限公司提供。共设 3 个光照处理，每处理 5 株，重复 3 次。

1.3 方法

1.3.1 不同光照条件的设定

试验共设置 3 个不同的光强处理，分别为：T1，1 层遮阴网覆盖；T2，2 层遮阴网覆盖；T3，3 层遮阴网覆盖。因为棚内材料无法在露地全光照条件下生存，所以未设全光照条件。以 T2（与原棚内生存环境光照强度相似）为对照。使用宏诚科技 HT-8318 照度计于 9~10 月 14：00 每隔 7 日对阴棚下的光照强度进行测量，其均值见表 1。

表 1 不同遮阴网处理下的光照强度

Table 1 Illumination intensity under different shading nets

月份	9 月（lx）	10 月（lx）
T1	45978	30803
T2	15624	10157
T3	5610	3220

1.3.2 指标测定方法

株高：以根茎基部（基质表面）至主茎顶部的高度为准，用精度为 0.1cm 的直尺测量植株高度，每组重复 3 次，取其平均值。

茎粗：选择植株距基质 1.5cm 处用游标卡尺测量，每组重复 3 次，取其平均值。

叶面积：每个处理组选取 3 片相同部位叶片，用透明纸描绘其轮廓，扫描后用 Photoshop 计算出每片叶子的面积，取其平均值。

光合指标测定：光照处理 20d 后开始测量，每隔 10d 测定一次，取其平均值。

叶绿素含量：采用乙醇浸提法，参考赵斌的方法（2016）。

叶绿素荧光参数：测量使用叶绿素荧光仪 PAM-2500 测定。选取植株叶龄一致（由上往下 3~4 轮）的叶片进行测定，用叶夹对叶片进行 15 分钟暗处理后，进行测定，重复 3 次，测定最小荧光（Fo）、最大荧光（Fm）、可变荧光（Fv）、表观光合电子传递速率 ETR（800μmol/m²·s）等相关荧光参数。

1.3.3 数据处理

采用 EXCEL2016 对数据进行整理，采用 SPSS 24 进行方差分析和差异显著性（$P<0.05$）检验。

2 结果与分析

2.1 光照强度对不同品种秋海棠生长指标的影响

2.1.1 不同光照强度对秋海棠株高的影响

如图 2 所示，秋海棠各品种在同种光照梯度下，株高变化并不相同，大多数品种是随着光照强度的减弱，株高增长量也随之增加。品种 B3 在各个光照处理下差异不明显，该品种株高增长受光照影响较弱。品种 B2、B6、B8、B10 在 T1 处理下，株高增长量均为最低，与对照在 0.05 水平上具有显著差异。品种 B1 和 B4 在光照较强的情况下株高增长量更多，在较强光照下更有利于积累营养物质，并且其品种本身更适应于在光强较高的条件下生存。B5、B6、B7 在对照组下株高增长量最多，光强过高或过低均会减少其株高的增长；其中 B5、B6 在 T3 处理下的株高增量要

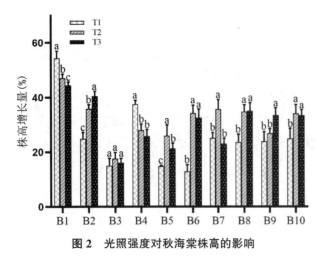

图 2 光照强度对秋海棠株高的影响

Fig. 2 Effects of light intensities on branch number of *Begonia*

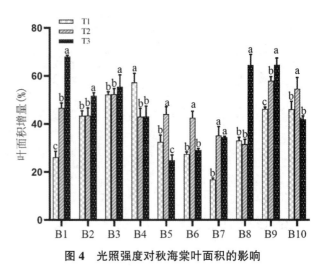

图 4 光照强度对秋海棠叶面积的影响

Fig. 4 Effects of light intensities on leaf area of *Begonia*

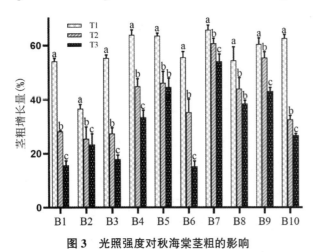

图 3 光照强度对秋海棠茎粗的影响

Fig. 3 Effects of light intensities on stem diameter of *Begonia*

大于 T1 处理；B7 品种在较强光照和较弱光照环境中株高的增长差异不显著。

2.1.2 不同光照强度对秋海棠茎粗的影响

如图 3 所示，与株高增长相反，大多数秋海棠品种茎粗随着光照强度的增加而增加。全部品种在 T1 光照处理下，均与对照存在显著差异，进一步证明了强光促进茎的增粗。品种 B1、B3、B10 的增长幅度尤为明显，增长幅度分别为 92%、102%、93%。B5 和 B8 在 T3 处理下与对照组差异不显著。

结合株高增长量，B1 和 B4 在 T1 处理下，株高和茎粗都保持着相对可观的生长量，从表型上分析，它们在高光强下具有较好的适应性。B3 在不同处理下，株高变化差异不显著，茎粗在较高光强下有明显增长，同样可作为耐高光栽培的备选品种。

2.1.3 不同光照强度对秋海棠叶面积的影响

秋海棠各试验品种，其叶面积增长量在不同光照处理下有不同表现。如图 4 所示，大多数品种，如 B1、B2、B3、B8、B9 在 T3 处理下，叶面积增量与

对照相比显著增加。一般情况下，弱光有利于促进叶片面积的增长，以便于植物在弱光条件下提高光能利用的效率。但如果光照过弱，形成弱光胁迫，植物无法积累更多的有机物质，生长势同样会呈现衰弱的状态。B5、B6、B10 在对照组叶面积增长量最高，在 T3 处理下，均有显著降低，说明光照过弱同样不利于叶面积的增加。

2.2 光照强度对不同品种秋海棠光合指标的影响

2.2.1 不同光照强度对秋海棠叶绿素含量的影响

光合色素是影响植物光合作用的重要因子，是鉴定植物光合能力和生长发育情况的重要指标之一。其中叶绿素 a 有利于吸收长波光，叶绿素 b 有利于吸收短波光，叶绿素 a 与叶绿素 b 的比值变化，能反映叶片光合活性的强弱。

如表 2 所示，大多数品种在不同光照水平下无显著差异，B2、B10 叶绿素含量在 T3 处理下，与对照相比显著增加，说明在弱光环境下，植物为更好地吸收环境中的光线，可能会产生更多的叶绿素。大多数叶绿素 a/b 的值在 T1 处理下显著高于对照组。B1、B5 在不同光照处理下叶绿素 a/b 的值无显著差异；B2、B3、B4、B7、B8 在 T1 处理下，叶绿素 a/b 显著高于对照组，其中 B4、B8 在不同处理下差异显著，叶绿素 a/b 随着遮阴程度的加强而减小；B6 在 T1 处理下与对照组差异不明显，但与 T3 处理差异显著，可能是随着遮阴程度的增强叶绿素 b 的含量已经达到峰值。

类胡萝卜素在叶绿体的光合作用中起着至关重要的作用，它们是光合作用中光传导途径和光反应中心的重要结构成分，担当叶绿体光合天线的辅助色素，帮助叶绿素接收光能，另一方面，类胡萝卜素可吸收

表 2　不同光照强度下对秋海棠光合色素含量及其比值的影响

Table 2　Effects of light intensities on photosynthetic pigments content and ratio of *Begonia*

品种	叶绿素含量(mg/g)			叶绿素 a/叶绿素 b			类胡萝卜(mg/g)		
	T1	T2	T3	T1	T2	T3	T1	T2	T3
B1	0.74±0.22a	0.84±0.2a	0.62±0.05a	9.18±0.58a	8.48±0.58a	9.29±0.52a	1.58±0.1a	1.35±0.1b	1.03±0.1c
B2	0.46±0.09b	0.52±0.11b	0.84±0.06a	8.09±0.78a	5.65±0.58b	4.9±0.58b	1.24±0.1a	0.91±0.1b	0.57±0.1c
B3	0.7±0.08a	0.73±0.09a	0.63±0.11a	9.68±0.6a	7.77±0.58b	7.2±0.58b	1.2±0.1a	1.01±0.1a	1.06±0.1a
B4	0.51±0.09a	0.6±0.17a	0.43±0.07a	8.15±0.72a	6.06±0.58b	4.54±0.58c	1.11±0.1a	0.81±0.1b	0.73±0.1b
B5	0.62±0.16a	0.53±0.21a	0.43±0.07a	7.52±0.58a	4.8±3.63a	6.28±0.58a	0.84±0.1a	0.83±0.1a	0.48±0.1b
B6	0.62±0.23a	0.57±0.16a	0.74±0.19a	6.61±0.58a	8.0±0.8ab	5.44±0.58b	1.31±0.1a	1.29±0.1a	0.79±0.1b
B7	0.62±0.15a	0.52±0.11a	1.14±1.11a	5.59±0.58a	6.08±2.52a	1.45±0.58b	0.83±0.1a	0.79±0.1a	0.15±0.1b
B8	0.48±0.1a	0.54±0.09a	1.08±0.98a	9.59±0.58a	7.77±0.58b	1.66±0.58c	0.72±0.1a	0.54±0.1a	0.13±0.1b
B9	0.34±0.08a	0.44±0.17a	0.51±0.1a	9.11±0.58a	6.95±1.7ab	6.53±0.58b	0.44±0.1a	0.55±0.1a	0.62±0.1a
B10	0.53±0.02b	0.57±0.02b	0.79±0.04b	5.95±0.6ab	7.46±1.33a	4.79±0.58b	0.92±0.1a	0.95±0.1a	0.77±0.1a

注：同列不同字母表示光照处理间在 0.05 水平存在显著性差异。下同。

Note：The different normal letters indicate significant difference among treatments at 0.05 level with Duncan's multiple range test. The same as below.

剩余光能,通过叶黄素循环,以非辐射的方式耗散光系统的过剩能量保护叶绿素免受破坏,进而保护光合机能(李晶 等,2009)。在表 2 中,B3、B9、B10 在不同处理下,类胡萝卜素含量无显著差异;B1、B2 在不同处理下差异明显,且随着光照的增强,类胡萝卜素含量呈现增长的趋势;B4 在 T1 处理下与对照相比含量显著提高;B5、B6、B7、B8 在 T1 处理下,与对照无明显差异,但与较弱光强的 T3 处理差异明显。

2.2.2　不同光照强度对秋海棠叶绿素荧光参数的影响

Fo 是最小荧光,也称为基础荧光,反映了植株叶片光合系统 PSⅡ反应中心全部开放时的荧光产量,其与叶绿素浓度有关。一般 Fo 值越大,对光能利用能力越低。如表 3 所示,在不同光照处理下,品种 B1、B3、B8、B9 的 Fo 值差异不显著。在 T1 处理下,B2、B4、B7、B10 的 Fo 值较对照组显著增加,与对照相比,分别增长 11.25%、17.32%、13.84%、14.47%。B5、B6 在 T1 和 T3 处理下,与对照差异不显著,但两者之间差异显著。

Fv/Fm 是 PSⅡ最大光化学量子产量。Fo 值反映了植株叶片光合系统 PSⅡ原初光化学效率,非环境胁迫条件下叶片的荧光参数 Fv/Fm 值极少变化,不受物种和生长条件的影响,只有在发生光抑制的情况下,该值才会降低,是反映植物光抑制程度的可靠指标。B1、B3、B8、B9 的 Fv/Fm 值在不同处理下差异不显著。B4、B6、B7、B10 在 T1 处理下显著低于对照组,分别降低了 12.60%、12.03%、11.08%、

15.88%,说明其在 T1 处理下产生一定的光抑制现象。B2、B5 在 T1 和 T3 处理下,与对照差异不显著,但两者之间差异显著。

ETR 是指通过非环式电子传递的电子速率,其值的高低可以反映光合能量的传递速率。B1、B2、B3、B4、B5、B8、B9 的 ETR 值在不同处理下差异不显著。B6、B7、B10 在 T1 处理下显著低于对照组,分别降低了 27.88%、24.46%、26.55%。

品种 B1、B3、B8、B9 的 Fo 值,Fv/Fm 值,ETR 值在不同光照处理下差异并不显著,说明本研究所设光照梯度并未损伤其光合系统。B7、B10 在 T1 处理下 Fo 值升高,Fv/Fm 值和 ETR 值显著降低表明植物受到了光抑制(Krause G H et al.,1991),遭受过剩光能侵害,且光系统Ⅱ遭受破坏(Baker N R. A,1991)。在 T1 处理下,B2 的 Fo 值显著升高,Fv/Fm 值与 T3 处理下差异显著,ETR 值没有显著差异,说明光系统Ⅱ可能遭受破坏,但电子传递效率还未受影响。相比对照组,T3 的光照条件可能更有利于 B2 光合系统的正常运作。B4 的 Fo 值显著增加,Fv/Fm 值显著降低,ETR 值没有显著差异。B5 的 ETR 值在不同处理下差异不显著,Fo 值和 Fv/Fm 值与对照相比差异不显著,但与 T3 处理相比,T1 光强下,Fo 值显著增加,Fv/Fm 值显著降低,说明 B5 在 T1 处理下受到光抑制和过剩光能的损伤,且 T3 光照条件可能更有利于其光能利用。B6 在 T1 处理下,Fv/Fm 值和 ETR 值显著下降,说明光系统Ⅱ遭受一定程度的破坏,影响到非环式电子传递速率。

表 3   不同光照强度下对秋海棠叶绿素荧光参数的影响

Table 3   Effects of different light intensity on chlorophyll fluorescence parameters of *Begonia*

品种	Fo 值			Fv/Fm 值			ETR 值		
	T1	T2	T3	T1	T2	T3	T1	T2	T3
B1	0.3±0.01a	0.3±0.01a	0.3±0.02a	0.66±0.07a	0.72±0.04a	0.73±0.02a	32.19±5.6a	39.53±5.75a	37.72±2.74a
B2	0.3±0.02a	0.27±0.01b	0.27±0.01b	0.67±0.07b	0.72±0.02ab	0.75±0.01a	32.47±4.17a	26.69±6.74a	28.98±4.95a
B3	0.35±0.09a	0.28±0.01a	0.26±0.01a	0.78±0.12a	0.71±0.06a	0.75±0.02a	40.07±1.71a	43.29±4.05a	43.69±5.59a
B4	0.29±0.02a	0.25±0.03b	0.25±0.01b	0.63±0.05b	0.72±0.02a	0.73±0.02a	37.35±2.86a	27.52±7.52a	30.46±5.54a
B5	0.3±0.02a	0.27±0.02ab	0.26±0.02b	0.61±0.06b	0.67±0.04ab	0.71±0.03a	44.07±2.33a	39.43±3.04a	34.4±0.62a
B6	0.26±0.01a	0.23±0.03b	0.22±0.01b	0.63±0.05b	0.71±0.04a	0.75±0.01a	28.46±3.04b	39.46±1.97a	39.13±4.21a
B7	0.25±0.03a	0.22±0.02b	0.22±0.02b	0.63±0.03b	0.71±0.01a	0.72±0.03a	26.68±3.85b	35.32±4.14a	43.79±1.4a
B8	0.27±0.02a	0.29±0.02a	0.27±0.02a	0.64±0.07a	0.73±0.04a	0.75±0.01a	38.99±5.37a	31.86±7.19a	33.83±5.47a
B9	0.27±0.04a	0.25±0.02a	0.25±0.04a	0.66±0.08a	0.69±0.02a	0.72±0.06a	37.26±2.04a	32.83±1.25a	35.83±2.48a
B10	0.3±0.01a	0.26±0.02b	0.25±0.01b	0.62±0.07b	0.74±0.01a	0.74±0.01a	35.45±5.97b	48.27±3.86a	48.54±5.88a

注：同列不同字母表示光照处理间在 0.05 水平存在显著性差异。下同。

Note：The different normal letters indicate significant difference among treatments at 0.05 level with Duncan's multiple range test. The same as below.

3   讨论

秋海棠中观叶类的品种异常丰富，且我国原产的野生秋海棠的观赏特性基本以观叶为主。此类秋海棠具有叶形多变、叶色丰富、斑纹多样等其他花卉所不具备的优势，但是由于大多数观叶类秋海棠原生境多为林荫下、岩缝下，它们中很多无法适应城市花坛花境应用场景的高光强环境。因此，筛选耐高光强的观叶类秋海棠品种对该类植物的开发应用具有重要意义。

光照是植物重要能源之一，植物在特定光照环境中的形态指标最能直观地反映出植物对该环境的适应能力(白伟岚和任建武，1999)。一般情况下，弱光有利于植物茎的伸长生长，而强光则对茎的伸长生长有抑制作用。有研究表明，在高光强下会降低植株高度，促进茎的直径及干重变大。但高光强的强度是相对的，对于不同生境的植物，其对高光强的耐受能力也不一致。在适当范围内提高光照强度，可使植株株高增加，冠幅增大，叶片数量增多(杨琳，2016)。本研究实验结果表明：光照强度对茎粗的影响最为显著，10 个品种在 T1 处理下，茎粗增量发生显著增长。对于光照强度对株高和叶面积增量的影响，过度荫蔽并不利于茎的伸长和叶面积的增大，而每种植物耐阴能力不同，若要更好地发挥某种植物最大应用价值，还需对其适宜的生存条件深入探讨和研究。在 T1 较强光照处理下，植株表观形态表现优良的有 B1、B3、B4。B1 在高光强环境下株高，茎粗均比对照组增量多；B3 株高无明显差别，茎粗比对照组增量多；B4 株高、茎粗及叶面积均是在 T1 处理下增量达到最

佳。B6、B7、B10 在对照组表现最佳，说明其所能耐受的光照范围较为狭窄，稍微过高或过低的光强均会导致其生长发育不良。B5、B8、B9 也均是在对照组或 T3 处理组下表现更为良好。

叶绿素是影响植物叶片吸收和传递光量子的主要光合色素，叶绿素对光能吸收的功能直接影响着植物对光能的利用效率，因此叶绿素含量可以有效反映叶片光合能力的强弱。有研究表明随着光照强度的增加，叶绿素总量减少，叶绿素 a/b 值增加(李晶 等，2009；张群，2012)。在本研究中大多数品种的叶绿素含量在不同处理中差异不显著，B2 和 B10 在 T3 处理中与对照组相比，叶绿素含量显著增加。杨渺认为在遮阴处理下，短时间内遮阴可能会提高叶绿素含量，但长期遮阴不利于叶绿素的合成，导致叶绿素含量下降(杨渺，2002)。叶绿素 a/b 的比值随着遮阴程度的加强，比值显著下降。在光照不足的情况下，叶绿素 b 的含量会上升，相比叶绿素 a，叶绿素 b 主要吸收蓝紫光，可以更有效地利用光能。同样，叶绿素 a/b 值的升高也有利于植物降低过剩光能的伤害。四季秋海棠铜叶品种就是通过增加叶绿素 a/b 的比率来提高光能传递转换效率来降低光能过剩的风险(常仁杰，2013)。类胡萝卜素在植物叶片中可以起到一定的光保护作用。在本研究中，大多数品种随着光照强度的增强，类胡萝卜素含量上升，有些品种如 B6、B7、B8 在处理 T1 和对照之间差异不显著，可能是光保护机制在对照组的光照条件下已经启动，色素含量到达峰值。

叶绿素荧光特征能够反映植株叶片的光合效率和潜在能力。初始荧光强度(Fo)是 PSII 反应中心处于

完全开放时的荧光产量，是判断 PSII 反应中心运转情况的重要指标，Fo 上升常表明 PSII 反应中心受到破坏或失活，Fv/Fm 是 PSII 原初光能转化率的指标（张守仁，1999），非环境胁迫下生长的植物 Fv/Fm 较稳定，且不受物种和生长条件的影响，遭受环境胁迫时 Fv/Fm 则下降（吴甘霖 等，2016）。ETR 主要指通过非环式电子传递的电子速率，一开始 ETR 上升说明植物受到过剩光能的危害，并迅速以 Mehler 反应向植物体传导危害信号（Nishiyama et al.，2001），在 2d 后 ETR 开始下降，这与花色素苷的合成以及 AsA-GSH 途径中 As A、GSH 以及 MDHAR、DHAR、APX、GR 在 1d 后迅速增长有关。在本研究中大部分品种的 Fo 值在各光照处理下差异不显著，只有 B2 和 B10 两个品种在 T1 处理下显著高于对照组；Fv/Fm 值 B2、B4、B5、B6、B7 在 T1 处理下与对照组相比，显著降低，说明在 T1 处理下，这几个品种受到一定程度的光照胁迫，并且 B6、B7 的 ETR 值也显著降低，很有可能是光系统结构已经遭受到破坏。

综上所述，适合在较强光照下应用的品种有 B1、B3。B1 形态表型表现良好，在较强光照下可以保持良好的生长，且 Fv/Fm 值和 ETR 值无显著下降，表明光系统结构并未遭到破坏。B3 生长指标在不同光照处理差异不显著，其叶绿素 a/b 在 T1 处理下显著增加，有可能是通过提高叶绿素 a/b 的比值来消耗过剩光能。此外，B8、B9 在较高光强处理下生长状况较弱，但其具有一定的耐强光能力。B8 在 T1 条件下，叶绿素 a/b 和类胡萝卜素明显上升，用来降低光能过剩的风险。B9 在 T1 条件下叶绿素 a/b 有所上升，且 Fv/Fm 值，ETR 值无显著变化，说明其并未受到严重胁迫。品种 B2、B4、B5 在 T1 条件下受到光照胁迫，但 ETR 值无显著变化。B6、B7、B10，Fo 值上升，Fv/Fm 下降且 ETR 值下降，说明植物在 T1 条件下处于较严重的光照胁迫状态，不推荐露天强光下栽培。

参考文献

白伟岚，任建武，1999. 园林植物的耐荫性研究[J]. 林业科技通讯，(02)：12-15.

常仁杰，2013. 高温胁迫下两种叶色四季秋海棠的生理生化响应研究[D]. 杭州：浙江农林大学.

靳慧慧，2016. 过剩光能对四季秋海棠叶片花色素苷合成的影响及调控机理[D]. 郑州：河南农业大学.

李晶，李娟，郭世荣，等，2008. 光照强度对菠菜光合色素的影响[C]//中国农业工程学会设施园艺专业委员会年会.

李萍，钱宇华，2007. 几种观花类秋海棠的耐光性研究[J]. 西北林学院学报，22(2)：37-40.

吴甘霖，羊礼敏，段仁燕，等，2016. 遮阴对大别山五针松幼苗光合色素和光合作用的影响[J]. 安庆师范学院学报：自然科学版，22(3)：106-109.

杨琳，2016. 三种石韦属植物的光照胁迫研究[D]. 长沙：中南林业科技大学.

杨渺，毛凯，2002. 遮阴对草坪草的影响[J]. 草业科学，019(001)：60-63.

张群，2012. 12 种居室园艺植物对不同光强适应能力研究[D]. 长沙：湖南农业大学.

张守仁，1999. 叶绿素荧光动力学参数的意义及讨论[J]. 植物学通报，16(4)：444-448.

赵斌，付乃峰，向言词，等，2016. 光照强度对四季秋海棠及瓦氏秋海棠生长的影响[J]. 上海农业学报，032(006)：128-133.

Baker N R. 1991 . A possible role for photosystem II in environmental perturbations of photosynthesis[J]. Physiologia Plantarum，81：563-570.

Krause G H，Weis E. 1991. Chlorophyll fluorescence and photosynthesis：the basics，Annual Review of Plant Physiology and Plant Molecular Boilogy[J]，43：633-662.

Nishiyama Y，Yamamoto H，Allakhverdiev S I，et al. 2001. Oxidative stress inhibits the repair of photodamage to the photosynthetic machinery[J]. Embo Journal，20：5587-5594.

中国观赏园艺研究进展 2020：210~217
Advances in Ornamental Horticulture of China，2020：210~217

7 种新疆野生蔷薇种子内含物比较分析

付荷玲[1]　李娜[1]　罗乐[1,*]　于超[1]　李进宇[2]

([1] 花卉种质创新与分子育种北京市重点实验室，国家花卉工程技术研究中心，城乡生态环境北京实验室，
园林环境教育部工程研究中心，林木花卉遗传育种教育部重点实验室，园林学院，北京林业大学，北京 100083；
[2] 北京市园林科学研究院，北京 100102)

摘要　以新疆分布的 7 种蔷薇种子为材料，通过 ELISA 法和可见分光光度计法分别测定了激素和主要有机成分含量，并采用电感耦合等离子体质谱仪检测了矿质元素含量。通过单因素方差分析和显著性检验，对其内含物进行比较分析。结果表明，7 种蔷薇宿存枝条的越冬种子 ABA 含量极高(2576.4~3193.36ng/g)，ZT 和 GA 含量低。此外，这些蔷薇种子中均含有丰富的矿质元素，弯刺蔷薇、伊犁蔷薇、疏花蔷薇、托木尔蔷薇、西藏蔷薇、腺齿蔷薇中矿质元素含量从高到低依次为：K>P>Mg>Ca>Na>Fe>Mn>Zn>Cu>B，仅宽刺蔷薇种子中矿质元素含量 Zn>Mn，不同蔷薇种子矿质元素含量具有显著差异。不同采收时期蔷薇种子内含物也存在较大差异，当年 9 月采的种子千粒重、淀粉含量显著低于宿存枝条的越冬种子，说明种子虽然达到形态成熟，但可能并未完成生理成熟，营养物质仍处于积累过程。本研究为了解不同蔷薇种子的发育生理基础提供参考，也为研究新疆蔷薇属植物的繁殖策略等提供相关理论依据。

关键词　蔷薇种子；激素；营养成分；矿质元素；休眠与萌发

Comparative Analysis of Seed Contents of 7 Wild Species of *Rosa* from Xinjiang

FU He-ling[1]　LI Na[1]　LUO Le[1,*]　YU Chao[1]　LI Jin-yu[2]

([1] *Beijing Key Laboratory of Ornamental Plants Germplasm Innovation & Molecular Breeding，National Engineering Research Center for Floriculture，Beijing Laboratory of Urban and Rural Ecological Environment，Engineering Research Center of Landscape Environment of Ministry of Education，Key Laboratory of Genetics and Breeding in Forest Trees and Ornamental Plants of Ministry of Education，School of Landscape Architecture，Beijing Forestry University，Beijing 100083，China；*
[2] *Beijing Institute of Landscape Architecture，Beijing 100102，China*)

Abstract　Seeds of seven kinds of *Rosa* from Xinjiang province were used as materials to analyze the contents of plant hormones and nutrients. The contents of hormones and main organic components were determined by ELISA and visible spectrophotometer respectively and mineral elements were detected by using inductively coupled plasma mass spectrometer. The inclusions were compared through the single factor variance analysis and significance test. The overwintering seeds of 7 species of *Rosa* were found to have high ABA content (2576.4~3193.36ng/g) and low ZT and GA content. In addition, these seeds are rich in mineral elements. The content of mineral elements in seeds of *Rosa beggeriana*，*R. ilicnsis*，*R. laxa*，*R. laxa* var. *tomurensis*，*R. tibetica* and *R. Albertii* is：K>P>Mg>Ca>Na>Fe>Mn>Zn>Cu>B，and only the that of *R. platyacantha* is Zn>Mn. Mineral elements content in these seeds of *Rosa* has significant differences. The contents of those seeds in different harvesting periods are also quite different. The 1000-grain weight and starch content of the seeds harvested in September were significantly lower than those of the seeds that survived the winter, indicating that although the seeds reached morphological maturity, they may not have completed physiological maturity and nutrients were still in the process of accumulation. This study provides reference for understanding the developmental physiological basis of different kinds of *Rosa* seeds, and also provides relevant theoretical basis for studying the reproductive strategies of *Rosa* plants in Xinjiang.

Key words　Seeds of *Rosa*；Hormone；Nutritional ingredient；Mineral element；Dormancy and germination

1　基金项目：2019 北京园林绿化增彩延绿科技创新工程-北京园林植物高效繁殖与栽培养护技术研究(2019-KJC-02-10)；北京林业大学高精尖学科建设项目(2020)。

第一作者简介：付荷玲(1996—)，女，硕士研究生，主要从事园林植物资源评价。

*　通讯作者：罗乐，副教授，E-mail：luolebjfu@163.com。

新疆野生蔷薇资源丰富，是我国西北蔷薇属植物分布的中心，拥有很多特有种（杨逢玉 等，2017）。新疆降水量少，气候干燥，气温温差较大，分布的蔷薇属植物对干旱大陆性气候有着特殊的生态适应性，对低温、干旱等逆境的耐性较强（丛者福，1997；刘小菊和周建会，2018）。野生蔷薇主要通过种子进行繁殖，种子的特性与植物的繁衍更新密切相关。大量关于蔷薇种子的萌发实验表明（徐本美 等，1993&2007；许杜意 等，2008），蔷薇种子具有深度休眠特性，种子难以在当年萌发。许多研究者通过低温沙藏、种皮打磨、试剂处理等方式打破蔷薇种子的休眠，促进种子萌发，为野生蔷薇的引种驯化做出了重要贡献（Zhou et al.，2009；李增武 等，2011；艾克拜尔·毛拉 等，2019）。此外，刺梨、金樱子（蔡金腾和吴翔，1997）、疏花蔷薇（王雪莲 等，1999）、多花蔷薇、宽刺蔷薇、单叶蔷薇（贺海洋，2005）、白花刺蔷薇（徐宁伟 等，2011）等多种蔷薇的部分营养成分也被陆续报道。然而，总的来说有关蔷薇种子特性的研究多侧重于人工处理对蔷薇种子发芽率的影响，而对于蔷薇种子内含激素及营养成分的研究较少，尤其是在自然环境中生长的种子内含物含量变化尚无研究。新疆的蔷薇属植物在当地是生态系统修复的优势灌木，对于遏制土壤沙漠化、恢复与重建植物群落等意义重大，对蔷薇种子特性展开研究是了解其在原生境中繁殖更新状况的重要内容（周志琼和包维楷，2009）。本研究对新疆野生分布的 7 种蔷薇种子的激素和营养成分含量进行分析，为了解不同蔷薇种子的发育生理基础提供参考。

1 材料及方法

1.1 材料

供试材料均取自新疆奎屯市至待普僧一带的蔷薇分布区域，从取材时间上可分为两部分。一部分为蔷薇宿存枝条的越冬种子，即 2018 年结实，一直宿存于枝条上的果实，于 2019 年 5 月采收，包括弯刺蔷薇（Rosa beggeriana）、伊犁蔷薇（R. ilicnsis）、疏花蔷薇（R. laxa）、托木尔蔷薇（R. laxa var. tomurensis）、西藏蔷薇（R. tibetica）、腺齿蔷薇（R. albertii）和宽刺蔷薇（R. platyacantha）等 7 种；另一部分为当年成熟果实，即 2019 年开花所得的种子，于同年 9 月采收于同一地点，主要采集两种：弯刺蔷薇、疏花蔷薇。

1.2 试验方法

千粒重的测定参照《林木种子检验规程其他项目检验》（GB/T 3543.3-1995）相关规定；生长素（IAA）、玉米素（ZT）、赤霉素（GA）、脱落酸（ABA）和总蛋白采用 ELISA 法测定，游离氨基酸、淀粉、可溶性糖、还原糖采用可见分光光度计法测定；样品矿质元素钠（Na）、镁（Mg）、磷（P）、钾（K）、钙（Ca）、硼（B）、锰（Mn）、铁（Fe）、铜（Cu）、锌（Zn）10 种元素均采用电感耦合等离子体质谱法（ICP-MS）测定，重复 3 次。各项测定指标的试验数据采用 IBM SPSS Statistics 25 进行分析。

2 结果与分析

2.1 蔷薇宿存枝条的越冬种子内含物比较分析

2.1.1 蔷薇宿存枝条的越冬种子的激素含量

从表 1 可知，7 种蔷薇种子中 ABA 含量极高，ZT 和 GA 素含量很低。不同蔷薇种子各激素含量存在差异，IAA 含量最高的为宽刺蔷薇（108.25ng/g），最低的是腺齿蔷薇（75.26ng/g）；ZT 含量最高的为宽刺蔷薇（3.84ng/g），最低的为腺齿蔷薇（2.42ng/g）；GA 含量最高的是腺齿蔷薇（5.63ng/g），最低的是弯刺蔷薇（3.88ng/g）；ABA 含量最高的为宽刺蔷薇（3193.36ng/g），最低的是伊犁蔷薇（2576.4ng/g）。

表 1 7 种蔷薇宿存枝条的越冬种子激素含量比较

Table 1 Comparison of plant hormone content on the overwintering persistent seeds of 7 species in *Rosa*

激素 Hormones	弯刺蔷薇 *R. beggeriana*	伊犁蔷薇 *R. ilicnsis*	疏花蔷薇 *R. laxa*	托木尔蔷薇 *R. laxa* var. *tomurensis*	西藏蔷薇 *R. tibetica*	腺齿蔷薇 *R. albertii*	宽刺蔷薇 *R. platyacantha*
IAA （ng/g）	77.38±1.01a	109.21±0.25bc	111.7±1.44c	107.74±1.37b	108.47±0.64b	75.26±1.78a	108.25±0.55b
ZT （ng/g）	2.59±0.02b	3.38±0.05d	3.02±0.02c	3.47±0.05b	2.55±0.04a	2.42±0.01a	3.84±0.01e
GA （ng/g）	3.88±0.09a	4.78±0.04c	4.05±0.04b	5.30±0.06e	5.13±0.04d	5.63±0.03f	5.56±0.05f
ABA （ng/g）	2858.57±18.05b	2576.4±23.06a	2999.66±28.99c	2975.75±7.17c	3102.49±28.99d	2985.31±10.96c	3193.36±10.96c

注：数据以平均值±标准差表示；同一列中不同小写字母表示处理间在 0.05 水平差异显著。下同。

Note：Data are expressed as $\bar{x}\pm s$；Values within the same column follow by the different lowercases are significantly different among treatments at the level of 0.05. The same below.

2.1.2　蔷薇宿存枝条的越冬种子的千粒重及主要有机成分含量

由表 2 可以看出,不同蔷薇种子千粒重存在较大差异,种子千粒重最小的是伊犁蔷薇和弯刺蔷薇,分别为 5.99g 和 6.20g;种子千粒重最大的是宽刺蔷薇,可达 15.00g。蔷薇种子淀粉含量较高,由高到低依次为:托木尔蔷薇>西藏蔷薇>腺齿蔷薇>宽刺蔷薇>弯刺蔷薇>伊犁蔷薇>疏花蔷薇;可溶性糖含量最高的是弯刺蔷薇,为 30.36mg/g,最低的是宽刺蔷薇,为 20.69mg/g;还原糖含量最高的是宽刺蔷薇(18.84mg/g),最低的是伊犁蔷薇(12.38mg/g)。弯刺蔷薇总蛋白含量明显低于其他 6 种蔷薇,仅为 8.73mg/g。伊犁蔷薇和宽刺蔷薇游离氨基酸含量较高,分别为 1.44mg/g、1.49mg/g,疏花蔷薇和托木尔蔷薇游离氨基酸含量较低,分别为 0.90mg/g、0.97mg/g。

表 2　7 种蔷薇宿存枝条的越冬种子千粒重及其主要有机成分含量比较

Table 2　Comparison of 1000-grain weight and its main organic component content on the overwintering persistent seeds of 7 species in *Rosa*

测试指标 Test index	弯刺蔷薇 *R. beggeriana*	伊犁蔷薇 *R. ilicnsis*	疏花蔷薇 *R. laxa*	托木尔蔷薇 *R. laxa* var. *tomurensis*	西藏蔷薇 *R. tibetica*	腺齿蔷薇 *R. albertii*	宽刺蔷薇 *R. platyacantha*
千粒重 1000-grain weight(g)	6.20a	5.99a	13.22e	11.93d	7.67b	8.93c	15.00f
总蛋白 Total protein(mg/g)	8.73	11.35	10.58	10.09	11.98	11.72	10.21
游离氨基酸 Free amino acid(mg/g)	1.16±0.02c	1.44±0.02e	0.90±0.02a	0.97±0.02b	1.23±0.02d	1.15±0.02c	1.49±0.02f
淀粉 Starch(mg/g)	216.87±3.52c	196.00±2.90b	182.94±3.48a	251.43±3.48e	245.32±3.52e	231.83±4.21d	222.56±3.95cd
还原糖 Reducing sugar(mg/g)	13.99±0.26b	12.38±0.29a	12.58±0.19a	13.42±0.28b	14.78±0.19c	16.29±0.28d	18.84±0.26e
可溶性糖 Soluble sugar(mg/g)	30.36±0.56e	21.30±0.49ab	21.97±0.37b	21.49±0.32ab	25.58±0.32c	28.04±0.36d	20.69±0.40a

2.1.3　蔷薇宿存枝条的越冬种子主要矿质元素含量

矿质元素是植物生长的必需元素,植物种子含有丰富的矿质元素。由表 3 的测定结果可以看出,不同蔷薇宿存枝条的越冬种子内均含有 Na、Mg、P、K、Ca 等常量元素,同时含有 B、Mn、Fe、Cu、Zn 等微量元素。蔷薇种子矿质元素含量较为规律,弯刺蔷薇、伊犁蔷薇、疏花蔷薇、托木尔蔷薇、西藏蔷薇、腺齿蔷薇种子中矿质元素含量从高到低依次为:K>P>Mg>Ca>Na>Fe>Mn>Zn>Cu>B,仅宽刺蔷薇种子中矿质元素含量 Zn>Mn。不同蔷薇种子矿质元素含量具有显著差异。总体来看,7 种蔷薇种子中 K 含量最高,腺齿蔷薇种子中 K 含量显著高于其他蔷薇,可达 1959.62mg/kg;P 含量仅次于 K,疏花蔷薇种子中 P 含量显著高于其他蔷薇,为 1006.99mg/kg,宽刺蔷薇 P 含量最低,为 424.94mg/kg;其次为 Mg 和 Ca,疏花蔷薇和弯刺蔷薇 Mg 含量最高,分别为 532.97mg/kg 和 503.7mg/kg,宽刺蔷薇 Mg 含量(226.52mg/kg)最低,弯刺蔷薇 Ca 含量(342.74mg/kg)最高;常量元素中 Na 含量最低。微量元素中 Fe 含量最高,弯刺蔷薇 Fe 含量(45.56mg/kg)显著高于其他蔷薇;弯刺蔷薇、疏花蔷薇、托木尔蔷薇 Zn 含量较高,分别为 24.70mg/kg、23.92mg/kg 和 26.84mg/kg,虽然疏花蔷薇 Zn 含量高于 Mn 含量,但其 Zn 含量和 Mn 含量均较低,尤其是 Mn 含量显著低于其他蔷薇;Cu 和 B 含量较低,7 种蔷薇平均值分别为 6.18mg/kg 和 2.87mg/kg。

表 3　7 种蔷薇宿存枝条的越冬种子矿质元素含量比较

Table 3　Comparison of mineral elements on the overwintering persistent seeds of 7 species in *Rosa*

矿质元素 Mineral elements	弯刺蔷薇 *R. beggeriana*	伊犁蔷薇 *R. ilicnsis*	疏花蔷薇 *R. laxa*	托木尔蔷薇 *R. laxa* var. *tomurensis*	西藏蔷薇 *R. tibetica*	腺齿蔷薇 *R. albertii*	宽刺蔷薇 *R. platyacantha*	平均值 Average
Na （mg/kg）	127.46±5.64abc	147.85±13.25bcd	155.52±19.16cd	167.83±14.6d	105.03±3.1ab	120.7±4.7ab	151.71±7.94bcd	139.44
Mg （mg/kg）	503.7±32.90cd	393.14±30.64b	532.97±21.87d	425.18±43.45bc	354.08±13.27b	410.51±35.72b	226.52±6.9a	406.58
P （mg/kg）	923.05±77.87de	714.74±40.35c	1006.99±31.41e	775.89±93.22cd	544.72±38.18ab	646.32±71.85bc	424.94±21.58a	719.52
K （mg/kg）	1010.05±68.40a	1010.53±52.53a	1715.78±50c	1387.79±74.38b	1458.59±52.57b	1959.62±77.62e	1110.47±10.06a	1378.98
Ca （mg/kg）	342.74±14.29d	258.23±11.98b	310.8±11.82c	271.39±7.99b	229.28±5.93a	201.7±10.94a	215.25±3.6a	135.42
B （mg/kg）	2.99±0.63ab	2.61±0.52ab	2.89±0.38ab	2.59±0.24ab	3.21±0.26ab	3.53±0.19b	2.26±0.21a	2.87
Mn （mg/kg）	39.78±1.30e	21.02±1.04c	32.65±0.47d	33.51±2.57d	18.11±1.02bc	17.25±1.27b	7.28±0.15a	24.23
Fe （mg/kg）	45.56±6.78c	29.95±1.31b	35.29±0.68bc	36.58±5.4b	19.54±2.72a	30±2.27b	30.41±1.3b	32.48
Cu （mg/kg）	7.46±0.20c	5.68±0.19b	7.28±0.12c	7.33±0.43cd	4.87±0.15a	5.46±0.37ab	5.19±0.25ab	6.18
Zn （mg/kg）	24.7±1.53cd	19.35±4.85bc	23.92±0.97cd	26.84±2.31d	11.07±1.1a	14.3±1.22ab	13.83±1.46ab	19.14

2.2　不同采收时期 2 种蔷薇种子内含物比较分析

2.2.1　不同采收时期 2 种蔷薇种子的激素含量

由表 4 可知，不同采收时期的蔷薇种子激素含量大多具有显著差异。当年采收的弯刺蔷薇种子 IAA 含量为 87.87ng/g，显著高于弯刺蔷薇越冬种子，但在疏花蔷薇中却得到了相反的结论；当年采收的弯刺蔷薇种子 ZT 含量为 2.42ng/g，显著低于越冬种子，但 ZT 含量在疏花蔷薇中无显著差异；当年采收的弯刺蔷薇种子 GA 和 ABA 含量分别为 4.09ng/g、3315.32ng/g，当年采收的疏花蔷薇种子 GA 和 ABA 含量分别为 5.48ng/g、3234.01ng/g，均显著高于越冬种子。

表 4　不同采收时期 2 种蔷薇种子的激素含量比较

Table 4　Comparison of plant hormone content on the seeds in different harvesting periods of 2 species in *Rosa*

激素 Hormones	弯刺蔷薇 a *R. beggeriana* a	弯刺蔷薇 b *R. beggeriana* b	均值比较 Mean comparison	疏花蔷薇 a *R. laxa* a	疏花蔷薇 b *R. laxa* b	均值比较 Mean comparison
IAA （ng/g）	77.38±1.01	87.87±0.92	* *	111.7±1.44	100.99±0.83	* *
ZT （ng/g）	2.59±0.02	2.42±0.05	* *	3.02±0.02	3.01±0.01	—
GA （ng/g）	3.88±0.09	4.09±0.06	* *	4.05±0.04	5.48±0.04	* *
ABA （ng/g）	2858.57±18.05	3315.32±4.14	* *	2999.66±28.99	3234.01±37.96	* *

注：a 表示采收于 5 月的蔷薇种子，b 表示采收于 9 月的蔷薇种子；＊＊平均值差值的显著水平为 0.01。下同。

Note：A represents *Rosa* seeds harvested in May, and b represents *Rosa* seeds harvested in September. ＊＊ the significance level of the mean difference was 0.01. The same below.

2.2.2　不同采收时期 2 种蔷薇种子的千粒重及主要有机成分含量

由表 5 可知, 不同采收时期的蔷薇种子主要有机成分含量具有显著差异。当年采收的两种蔷薇种子千粒重显著低于越冬种子。当年采收的弯刺蔷薇种子游离氨基酸含量和还原糖含量分别为 1.34mg/g、15.54mg/g, 均显著高于越冬种子, 在疏花蔷薇中也得到了相似的结论; 但当年采收的两种蔷薇种子淀粉含量分别为 203.8mg/g、170.50mg/g, 均低于越冬种子; 弯刺蔷薇当年采收种子可溶性糖含量(25.76mg/g)显著高于越冬种子, 但疏花蔷薇与此相反。

表 5　不同采收时期 2 种蔷薇种子千粒重及其主要有机成分比较

Table 5　Comparison of 1000-grain weight and its main organic component content on the seeds
in different harvesting periods of 2 species in *Rosa*

测试指标 Test index	弯刺蔷薇 a *R. beggeriana* a	弯刺蔷薇 b *R. beggeriana* b	均值比较 Mean comparison	疏花蔷薇 a *R. laxa* a	疏花蔷薇 b *R. laxa* b	均值比较 Mean comparison
千粒重 1000-grain weight(g)	6.2±0.05	5.35±0.07	* *	13.22±0.04	11.47±0.22	* *
游离氨基酸 Free amino acid(mg/g)	1.16±0.02	1.34±0.02	* *	0.90±0.02	1.11±0.02	* *
淀粉 Starch(mg/g)	216.87±3.52	203.8±3.18	* *	182.94±3.48	170.50±3.81	* *
还原糖 Reducing sugar(mg/g)	13.99±0.26	15.54±0.35	* *	12.58±0.19	13.08±0.19	* *
可溶性糖 Soluble sugar(mg/g)	30.36±0.56	25.76±0.36	* *	21.97±0.37	25.47±0.52	* *

2.2.3　不同采收时期 2 种蔷薇种子主要矿质元素含量

由表 6 可知, 不同采收时期蔷薇种子矿质元素含量具有较大差别。弯刺蔷薇和疏花蔷薇矿质元素积累存在差异, 但无明显规律。弯刺蔷薇 9 月采集的种子 Na、K、Mn 和 Cu 含量分别显著高于 5 月采集的种子, 其他矿质元素含量则无明显差异; 疏花蔷薇 9 月采集的种子仅 K 含量(1922.91mg/kg)显著高于 5 月采集的种子, 而 Na、Mg、P、Mn、Cu、Zn 含量显著低于 5 月采集的种子, Ca、P、Fe 元含量则无明显差异。

表 6　不同采收时期 2 种蔷薇种子矿质元素含量比较

Table 6　Comparison of mineral elements contents on the seeds at different harvesting periods of 2 species in *Rosa*

矿质元素 Mineral elements	弯刺蔷薇 a *R. beggeriana* a	弯刺蔷薇 b *R. beggeriana* b	均值比较 Mean comparison	疏花蔷薇 a *R. laxa* a	疏花蔷薇 b *R. laxa* b	均值比较 Mean comparison
Na (mg/kg)	127.46±5.64	150.15±11.96	* *	155.52±19.16	120.37±19.55	* *
Mg (mg/kg)	503.70±32.90	548.53±49.03	—	532.97±21.87	422.74±19.81	* *
P (mg/kg)	923.05±77.87	1050.07±79.03	—	1006.99±31.41	619.80±17.86	* *
K (mg/kg)	1010.05±68.40	1373.01±77.92	* *	1715.78±50	1922.91±76.07	* *
Ca (mg/kg)	342.74±14.29	346.09±10.72	—	310.8±11.82	298.03±9.83	—
B (mg/kg)	2.99±0.63	2.80±0.58		2.89±0.38	3.01±0.51	
Mn (mg/kg)	39.78±1.30	48.57±1.97	* *	32.65±0.47	26.65±1.07	* *

（续）

矿质元素 Mineral elements	弯刺蔷薇 a R. beggeriana a	弯刺蔷薇 b R. beggeriana b	均值比较 Mean comparison	疏花蔷薇 a R. laxa a	疏花蔷薇 b R. laxa b	均值比较 Mean comparison
Fe （mg/kg）	45.56±6.78	38.07±3.04	—	35.29±0.68	31.33±3.62	—
Cu （mg/kg）	7.46±0.20	8.19±0.30	＊＊	7.28±0.12	4.87±0.29	＊＊
Zn （mg/kg）	24.70±1.53	30.69±7.69	—	23.92±0.97	19.47±1.81	＊＊

3 结论与讨论

3.1 激素在蔷薇种子休眠过程中的作用

种子休眠是一种天然特性，是植物在不断进化过程中抵抗复杂恶劣的生存环境，降低同种物种个体之间的竞争以及防止种子在不适合的季节萌发的重要手段，从而确保种群在风险环境中得以代代延续（Finkelstein et al.，2008；王彦荣 等，2012；于敏 等，2016）。植物激素能够在微量水平对植物的生长过程产生重要影响（葛文静 等，2020），高的抑制物含量可能是影响野蔷薇种子萌发的主要原因（朱小虎和盛方，2009；张景峰，2009）。朱小虎等人（2013）研究发现，蔷薇种子种皮中有较高含量的 ABA。ABA 可以抑制种子萌发并诱导种子休眠，且在很多物种中能够促进种子休眠的维持（Nambara et al.，2010；Tuan et al.，2018）。但种子的休眠于萌发是一个极为复杂的过程，不仅取决于激素的绝对含量，与各激素间的比值也密切相关（Shu et al.，2016；阿卜杜许库尔·牙合甫 等，2017；张蕊 等，2018）。张妮妮（2009）发现，在玫瑰（Rosa rugosa）种子萌发过程中 GA₃/ABA、IAA/ABA、ZR/ABA 比值呈递增趋势，说明激素含量变化与玫瑰种子的休眠和萌发呈一定的相关性。

本试验中，当年采收的种子含有大量 ABA，可以避免种子在当年萌发，是种子对恶劣环境适应性的体现。越冬种子 ABA 含量显著下降，但是依然维持在较高水平，甚至高于宽刺蔷薇、疏花蔷薇（朱小虎等，2013）、多花蔷薇、单叶蔷薇（贺海洋，2005）、玫瑰（张妮妮，2009）等当年采收种子的 ABA 含量，说明蔷薇种子很可能仍然处于休眠状态。此外，种子中 ZT 和 GA 含量极低，蔷薇种子的休眠还可能与缺乏促进物质有关，各激素之间的相互作用还需进一步研究。

人工条件下往往采用低温沙藏的方式打破蔷薇种子的休眠，越冬之后的种子却未能打破休眠，说明蔷薇种子的休眠特性可能不仅仅是为了抵抗冬季低温。

李卉等人（2009）的研究发现，仅做冷藏处理的蔷薇种子发芽率很低。解除休眠是一个复杂的过程，蔷薇种子休眠程度不一，发芽极不整齐，呈阶段性，且会受到干藏时间的影响（刘继生 等，2001），甚至可能出现二次休眠，干燥是导致二次休眠的环境要素之一，但目前相关研究较缺乏（周志琼和包维楷，2009）。种子的休眠和萌发不仅由内源激素代谢调节，环境因子对激素间的相互作用力也具有极大影响（Nambara et al.，2010；Ye and Zhao，2016），自然条件中蔷薇种子激素的调控与变化可能更加复杂。

3.2 蔷薇种子营养成分的积累

种子是营养、加工、生物能源和储存等相关重要生物分子的生化工厂，是将遗传信息传递给下一代的传递系统（Kumar et al.，2018）。种子储藏的丰富的营养物质，是种子萌发和幼苗初期生长发育所必需的养料和能量的来源；种子中所储藏营养物质的种类、性质、数量和分布，影响着种子的生理特性和物理特性，与种子萌发密切相关（黄振艳 等，2012）。种子萌发涉及很多储藏物质的分解转化，各类物质含量在种子破除休眠和萌发过程中处于动态变化（Nam et al.，2010；许美玲，2019）。宿存枝条的越冬种子的营养物质一直处于消耗当中，营养成分组成及含量是影响种子寿命的因素之一（辛霞，2012）。在遇到合适的萌发环境前，如何降低自身消耗，保持更持久的生活力也是植物必须面临的挑战。

本研究表明，当年采收的种子千粒重、淀粉含量显著低于宿存枝条的越冬种子，但却具有更高的游离氨基酸和还原糖含量，种子虽然达到形态成熟，但可能并未完成生理成熟，营养物质仍处于积累过程中。然而，朱小虎等人（2013）对宽刺蔷薇、疏花蔷薇种子千粒重的测定结果，以及杨逢玉等人（2017）对伊犁蔷薇、疏花蔷薇种子千粒重的测定结果与本研究存在较大出入，可能是由于营养物质的含量受到环境影响等的诸多因素。自然环境下蔷薇种子各有机成分含量在休眠与萌发过程中的动态变化尚待明确。

本研究也表明，蔷薇种子中矿质元素含量丰富，且不同采收时期蔷薇种子矿质元素含量具有较大差别。乔亚丽等人（2020）对番茄的研究表明，即便是相同成熟程度的果实，也可能因采收时间的不同而产生差异。两种蔷薇种子 Fe、Ca、B 含量在不同采收时期没有显著差异，可能在蔷薇种子形态成熟时就已完成积累，维持在相对恒定水平，但也可能在此期间经历了动态变化过程。仅 K 含量当年采收的种子均高于越冬种子，其余矿质元素含量在两种蔷薇中的变化并不一致，这可能反映了不同蔷薇种子对养分的吸收程度与吸收速率是不同的。此外，矿质元素含量差异也会受到诸多环境因素影响，如土壤中可利用元素含量、栽培管理条件及气候条件等（宋韬亮 等，2017；郭雪

飞 等，2018），矿质元素含量差异的原因以及对种子的影响还需要进一步研究。

种子休眠与萌发的调控是一个复杂的生理生化过程，由种子本身的休眠水平和外界环境因素共同决定，从而为成功发芽提供更多的时间选择（Finkelstein et al.，2008）。不同蔷薇种子休眠程度存在差异（Zhou and Bao，2011；杨逢玉 等，2017），同种蔷薇种子在不同环境下的休眠程度也可能存在差异，本研究仅对 7 种新疆蔷薇种子的激素含量和营养成分进行了初步探索，未来还需纳入更多的环境因素展开关联分析，研究种子休眠与萌发过程中各激素和营养成分含量的动态变化规律。

参考文献

阿卜杜许库尔·牙合甫，古丽尼沙·沙依明尼亚孜，海利力·库尔班，等，2017. 引起核桃种子休眠的主要因素及其休眠类型[J]. 新疆农业科学，54（12）：2218-2226.

蔡金腾，吴翔，1997. 刺梨、金樱子、火棘果实特性及营养成分[J]. 贵州农业科学，25（3）：17-21.

丛者福，1997. 新疆野蔷薇开发潜力大[J]. 植物杂志，23（4）：9.

葛文静，卜海燕，王学经，等，2020. 小花草玉梅种子萌发过程中常见内源激素含量的变化及萌发机制[J/OL]. 辽宁沈阳：生态学杂志，2020[2020-04-13]. https://doi.org/10.13292/j.1000-4890.202006.013.

郭雪飞，周晓凤，冯一峰，等，2018. 不同枣品种果实矿质元素含量分析及综合评价[J]. 食品工业科技，39（22）：262-269.

贺海洋，2005. 单叶蔷薇花形态建成与繁殖生物学研究[D]. 北京：中国农业大学.

黄振艳，石凤翎，高霞，等，2012. 2 种不同储藏年限牧草种子的活力和营养物质变化[J]. 种子，31（12）：5-8.

李卉，张启翔，潘会堂，等，2009. 短期冷藏对蔷薇属植物种子发芽率的影响[J]. 种子，28（9）：1-4.

李增武，钟玲，赵梁军，2011. 野蔷薇种子休眠和萌发整齐度研究[J]. 种子，30（10）：42-44.

刘继生，张鹏，李熙英，等，2001. 刺蔷薇种子的发芽特性[J]. 延边大学农学学报，23（2）：135-137.

刘小菊，周建会，2018. 不同试剂解除天山野生蔷薇种子休眠的效果[J]. 贵州农业科学，46（1）：74-76.

艾克拜尔·毛拉，方紫妍，李林瑜，等，2019. 西天山野生忍冬和蔷薇种子萌发特性研究[J]. 河南农业科学，48（7）：110-115.

乔亚丽，郁继华，李旺雄，等，2020. 番茄果实不同采收时间矿质元素变化分析[J]. 浙江农业学报，32（3）：1-8.

宋韬亮，王文江，刘平，等，2017. 太行山区枣园土壤与叶

片及果实中 19 种矿质元素含量的相关性分析[J]. 河北农业大学学报，40（3）：52-58.

土雪莲，李予霞，李宏伟，等，1999. 疏花蔷薇的营养成分分析[J]. 石河子大学学报（自然科学版），16（2）：16-58.

王彦荣，杨磊，胡小文，2012. 埋藏条件下 3 种干旱荒漠植物的种子休眠释放和土壤种子库[J]. 植物生态学报，36（8）：774-780.

辛霞，2012. 种子保存过程中生活力丧失特性及其机理研究[D]. 北京：中国农业科学院.

徐本美，孙运涛，李锐丽，等，2007. "二年种子" 休眠与萌发的研究[J]. 林业科学，52（1）：55-61.

徐本美，张治明，张会金，1993. 蔷薇种子的萌发与休眠的研究[J]. 种子，12（1）：7-12.

许美玲，2019. 甘肃贝母种子休眠及萌发特性研究[D]. 兰州：甘肃农业大学.

徐宁伟，李津，郭振清，等，2011. 白花刺蔷薇种子和果实的形态与组分[J]. 河北科技师范学院学报，25（3）：39-43.

许杜意，邓光华，葛红，等，2008. 蔷薇属植物种子休眠原因及催芽方法研究进展[J]. 江西林业科技，35（1）：44-46.

杨逢玉，杨帆，郭润华，2017. 引种条件下八种新疆野生蔷薇种子自然萌发规律[J]. 北方园艺，40（13）：108-112.

于敏，徐恒，张华，等，2016. 植物激素在种子休眠与萌发中的调控机制[J]. 植物生理学报，64（5）：599-606.

张景峰，2009. 六种野生蔷薇属植物种子萌发及休眠的研究[D]. 北京：北京林业大学.

张妮妮，2009. 玫瑰（*Rosa rugosa* Thunb.）种子特性的研究[D]. 泰安：山东农业大学.

张蕊，王秀花，章建红，等，2010. 3 种冬青属植物种子解休眠过程中的生理变化[J]. 浙江林学院学报，27（4）：

524-528.

周志琼, 包维楷, 2009. 蔷薇种子的休眠及解除方法[J].
热带亚热带植物学报, 17(6): 621-628.

朱小虎, 盛方, 2009. 大果蔷薇种子的休眠与萌发研究
[J]. 安徽农业科学, 48(2): 563-565.

朱小虎, 王晴, 程世平, 2013. 野蔷薇种子休眠机理研究
[J]. 山东农业科学, 45(10): 59-62.

Finkelstein R, Reeves W, Ariizumi T, et al. 2008. Molecular
aspects of seed dormancy[J]. Annual review of plant biology,
59(1): 387-415.

Kumar A, Pathak R K, Gayen A, et al. 2018. Systems biology
of seeds: decoding the secret of biochemical seed factories for
nutritional security[J]. 3 Biotech, 8(11): 1-16.

Nam P K, Shi H, Ma Y. 2010. Comprehensive Profiling of
Isoflavones, Phytosterols, Tocopherols, Minerals, Crude
Protein, Lipid, and Sugar during Soybean (Glycine max)
Germination[J]. Journal of Agricultural and Food Chemistry,
58(8): 4970-4976.

Shu K, Liu X D, Xie Q, et al. 2016. Two Faces of One Seed:

Hormonal Regulation of Dormancy and Germination[J]. Mo-
lecular Plant, 9(1): 34-45.

Nambara E, Okamoto M, Tatematsu K, et al. 2010. Abscisic
acid and the control of seed dormancy and germination[J].
Seed Science Research, 20(2): 55-67.

Tuan P A, Kumar R, Rehal P K, et al. 2018. Molecular
Mechanisms Underlying Abscisic Acid/Gibberellin Balance in
the Control of Seed Dormancy and Germination in Cereals[J].
Frontiers in Plant Science, 9: 668.

Ye Y J, Zhao Y. 2016. The pleiotropic effects of the seed germi-
nation inhibitor germostatin[J]. Plant Signaling & Behavior,
11(4): e1144000.

Zhou Z Q, Bao W K, Wu N. 2009. Dormancy and germination
in Rosa multibracteata Hemsl. & E. H. Wilson[J]. Scientia
Horticulturae, 119(4): 434-441.

Zhou Z Q, Bao W K. 2011. Levels of physiological dormancy
and methods for improving seed germination of four rose spe-
cies[J]. Scientia Horticulturae, 129(4): 818-824.

探讨不同基质配比对茶花栽培的适应性

孙映波[1]　于波[1]　刘小飞[1]　朱玉[2]　黄丽丽[1,*]

（[1] 广东省农业科学院环境园艺研究所/农业农村部华南都市农业重点实验室/广东省园林
花卉种质创新综合利用重点实验室，广州 510640；[2] 中华生物资源应用协会，台湾宜兰 26047）

摘要　以烈香茶花为试验材料，设置 10 种不同栽培基质组合处理的盆栽试验，探讨了不同基质配比作为茶花栽培基质的适应性。结果表明：茶花盆栽的较优基质组合为泥炭：红壤＝3：1、泥炭：椰糠＝2：1、泥炭：桑枝：红壤＝1：1：1，能较好地增加茶花的株高、叶片数、分枝数和基部粗度等，比较适用于茶花的轻质化栽培及无土栽培，适合在茶花育苗及容器苗生产上推广应用。

关键词　茶花；基质；轻质化栽培；生长

Study on the Adaptability of Different Substrate Ratios to *Camellia* Cultivation

SUN Ying-bo[1]　YU Bo[1]　LIU Xiao-fei[1]　ZHU Yu[2]　HUANG Li-li[1,*]

（[1] *Environmental Horticulture Institute，Guangdong Academy of Agricultural Sciences/ Key Laboratory
of Urban Agriculture in South China，Ministry of Agriculture and Rural Affairs，P. R. China/ Guangdong Key Lab
of Ornamental Plant Germplasm Innovation and Utilization，Guangzhou 510640，China；
[2] Chinese Bioresource Application Association，Yilan Taiwan 26047，China*）

Abstract　The pot experiment was conducted to study the adaptability of different substrate ratio as the culture substrate of *Camellia* 'Liexiang'. The results showed that the best substrate combination of potted *Camellia* is peat：redsoil＝3：1，peat：coconut bran＝2：1，peat：mulberry branch：red soil ＝ 1：1：1，which can increase the plant height, leaf number, branch number and base diameter of *Camellia*. It was more suitable for lightweight cultivation and soilless cultivation of *Camellia*, and was suitable for popularization and application in *Camellia* seedling raising and container seedling production.

Key words　*Camellia*；Substrate；Lightweight cultivation；Growth

茶花（*Camellia japonica* L.）属山茶科（Theaceae）山茶属（*Camellia* Linn.）木本植物，是我国传统的名贵花木，也是盆栽和园林绿化的重要花卉种类，在花卉生产中占有十分重要的地位。盆栽茶花一直深受广大消费者的喜爱。茶花产业的发展潜力很大，但目前大多数种植企业和农户仍然沿用传统的露地土壤栽培方式。土壤栽培易传播病虫害，且由于土壤较重，运输困难，严重制约了茶花产业的发展（翟玫瑰 等，2008）。针对这些产业技术问题，前人已进行了一些研究（路梅 等，2010；高继银 等，1991；唐菁 等，2006；樊青爱，2008；路梅 等，2008）。通过推广茶花轻质化栽培及无土栽培技术，可提高中国茶花栽培的科技含量，开拓国内外市场，进一步促进茶花出口创汇的发展。

茶花花型优美，色彩艳丽，但无香味。因此，具有芬芳气息的茶花品种，一直是茶花爱好者的追求。

1 基金项目：广东省公益研究与能力建设专项"茶花资源创新利用与示范平台建设"（2014B070706016）；广东省农业攻关重点项目"观赏茶新品系选育及高效快繁技术研究与示范"（2016LM3169）；广州市产学研协同创新重大专项"微型茶花品种资源创新利用及产业化关键技术研究"（201604020031）；广州市对外合作项目"芳香山茶种质资源创新及产业化应用技术研究"（201807010016）；广东省省级科技计划项目"芳香山茶高效繁育及精细化栽培技术研究与示范"（2018A050506054）；广东省重点领域研发计划项目"多瓣型四季开花茶花新品种培育及产业化"（2018B020202002）；广东省标准化制修订项目"广东山茶播种育苗技术规程"；广东省科技计划项目"广东省农业科学院环境园艺研究所创新能力建设"（2017A070702008）。

第一作者简介：孙映波，男，研究员，主要从事园林和观赏植物育种、生物技术与产业化技术研究。E-mail：sunyingbo20@163.com。

* 通讯作者：黄丽丽，女，助理研究员，E-mail：104317910@qq.com。

本试验选取有香味的烈香茶花品种，利用几种不同栽培基质配比（泥炭、桑枝、椰糠、红壤）进行栽培对比，探讨其应用于烈香茶花育苗及盆栽生产的适应性，逐步实现轻型基质栽培取代传统土壤栽培，为推动茶花的轻质化栽培及无土栽培提供依据。

1 材料与方法

1.1 试验时间及地点

试验于 2018 年 5 月至 2019 年 12 月在广东省农业科学院环境园艺研究所白云基地的温室大棚进行。温室上覆有一层遮光率为 50 %～60%的遮阳网，温室内空气相对湿度为 70%～90%。

1.2 试验材料

本试验以桑枝（经粉碎、发酵后的桑枝粉）、泥炭（广东四会出产的国产泥炭土）、椰糠（海南出产的国产椰糠粉）、红壤（广东广州白云区本地出产的赤红壤）中的多种混合作为栽培基质材料。

供试茶花品种：烈香（'香妃'）。

1.3 试验方法

选用长势均匀的茶花品种烈香扦插苗健康植株，先用清水把根部泥土冲洗干净，剪去残根，最后移入盛有不同混合基质的花盆中定植，花盆大小为：180mm×150mm，每盆装基质约 2.5L（有机基质先用约 0.1%的 K_4MnO_4 溶液浸泡消毒），每盆种 1 株。每个处理设置 30 盆，重复 3 次，随机区组排列。定植后，先用自来水浇透，后移入大棚内统一管理。本试验共设置 10 个处理，基质配比处理如表 1。施肥等其他栽培管理统一按正常的栽培管理措施进行。

表 1 栽培基质配比处理

Table 1 Cultivation substrate ratio treatment

处理编号	泥炭	桑枝	红壤	椰糠
S1	2	2	1	
S2	4	2	3	
S3	2	1	1	
S4	1	1	1	
S5	3		1	
S6		3	1	
S7	2	1		
S8	1	1		
S9	2			1
S10	1	1		1

1.4 指标测定方法

基质理化性状测定：采用中国科学院南京土壤研究所出版的《土壤理化分析》的常规方法进行分析（中国科学院南京土壤研究所，1978）。

数据收集：先观察和拍照，浇灌之前测量各植株的株高、叶片数、主枝地径、分枝数数据；每栽培 6 个月后测量各处理的株高、叶片数、主枝地径、分枝数等；计算出每半年的各个生长指标增长量，取 3 次半年增长量的平均数作为不同基质配比处理对烈香茶花营养生长的影响。

1.5 数据分析处理

采用 Excel 2007 整理数据，应用 SPSS16.0 软件的 One-Way ANOVA 模块进行方差分析。

2 结果与分析

通过对烈香茶花 10 个不同基质配比处理的栽培基质组合的理化性质进行测定，结果见表 2。

表 2 各种栽培基质的理化性质

Table 2 Physical and chemical properties of various cultivation substrates

基质处理	容重（g/cm³）	总孔隙度（%）	EC 值（mS/cm）	pH
S1（泥炭：：桑枝：红壤=2：2：1）	0.44	70.7	0.35	5.5
S2（泥炭：桑枝：红壤=4：2：3）	0.59	69.0	0.33	5.0
S3（泥炭：桑枝：红壤=2：1：1）	0.50	71.5	0.36	5.1
S4（泥炭：桑枝：红壤=1：1：1）	0.59	67.1	0.32	5.4
S5（泥炭：红壤=3：1）	0.50	75.7	0.39	4.3
S6（桑枝：红壤=3：1）	0.50	63.1	0.39	4.3
S7（泥炭：桑枝=2：1）	0.21	78.8	0.42	5.1
S8（泥炭：桑枝=1：1）	0.21	76.0	0.40	5.6
S9（泥炭：椰糠=2：1）	0.18	85.7	0.71	4.7
S10（泥炭：桑枝：椰糠=1：1：1）	0.18	80.1	0.67	5.7

从各种栽培基质的理化性质测定结果(表2)可以看出:10个基质配比处理的基质容重均比较适中(0.18~0.59g/cm³,在植物适合基质容重0.1~0.8g/cm³的范围内)。10个基质配比处理的基质总孔隙度均比较适中(63.1%~85.7%),含有红壤配比的处理1至处理6的总孔隙度比不含有红壤配比的处理7至处理10的总孔隙度普遍偏小(总孔隙度小的基质较重、其

水和空气的容纳空间较小,不利于植物根系生长)。各种基质配比处理的电导率(EC值)均比较适合(0.33~0.71mS/cm,植物适合生长的基质EC值小于2.6mS/cm)。各种基质的pH(4.3~5.7)均在酸性(pH4.1~5.4)至弱酸性(pH5.5~6.5)的范围内,比较适合茶花喜酸性的基质环境。

表3 不同基质配比处理对烈香茶花营养生长的影响(增长量/半年)
Table 3 Effects of different mixing substrates treatment on nutritional growth of *Camellia* 'Liexiang'

处理	株高(cm)	叶数(片)	分枝数(个)	基部粗度(mm)	排名
S1(泥炭:桑枝:红壤=2:2:1)	5.01	15.80	3.27	3.29	3
S2(泥炭:桑枝:红壤=4:2:3)	4.45	15.92	3.18	3.07	3
S3(泥炭:桑枝:红壤=2:1:1)	4.77	13.18	3.00	3.04	3
S4(泥炭:桑枝:红壤=1:1:1)	5.66	16.36	3.50	3.47	2
S5(泥炭:红壤=3:1)	6.37	17.13	4.27	3.62	1
S6(桑枝:红壤=3:1)	2.77	11.86	2.43	2.94	4
S7(泥炭:桑枝=2:1)	3.14	13.75	2.92	2.96	4
S8(泥炭:桑枝=1:1)	2.02	11.17	2.25	2.62	4
S9(泥炭:椰糠=2:1)	5.87	16.47	3.53	3.46	2
S10(泥炭:桑枝:椰糠=1:1:1)	3.17	10.53	2.00	2.39	4

各种栽培基质配比处理对烈香茶花植株营养生长的影响见表3。

从表3中的各种栽培基质配比处理对烈香茶花植株营养生长的影响试验结果可知:各处理株高增加量比较结果为:S5>S9>S4>S1>S3>S2>S10>S7>S6>S8;其中S5株高增长量最大,相比排名第二的S9的株高增长量高8.5%,比排名第三的S4高12.5%。而S8株高增加量表现最差,仅为S5增长量的31.7%。

各处理叶片数增加量比较结果为:S5>S9>S4>S2>S1>S7>S3>S6>S8>S10;其中S5叶片数增长量最大,相比排名第二的S9的叶片数增长量高4.0%,比排名第三的S4高4.7%。而S10叶片数增加量表现最差,仅为S5增长量的61.5%。

各处理分枝数增加量比较结果为:S5>S9>S4>S1>S2>S3>S7>S6>S8>S10;其中S5分枝数增长量最大,相比排名第二的S9的分枝数增长量高20.9%,比排名第三的S4高22.0%。而S10分枝数增加量表现最差,仅为S5增长量的46.8%。

基部粗度增加量比较结果为:S5>S4>S9>S1>S2>S3>S7>S6>S8>S10,其中S5基部粗度增长量最大,相比排名第二的S4的分枝数增长量高4.3%,比排名

第三的S9高4.6%。而S10基部粗度增加量表现最差,仅为S5增长量的66.0%。

从上述试验结果(表3)可以看出:处理S5(泥炭:红壤=3:1)的株高、叶片数、分枝数、基部粗度等生长指标的增长量/半年基本为最高,生长效果相对较好,排名第一;处理S9(泥炭:椰糠=2:1)和处理4(泥炭:桑枝:红壤=1:1:1)的株高、叶片数、分枝数、基部粗度等生长指标的增长量/半年均较高,在所有基质配比处理中的生长效果排名第二;处理S1(泥炭:桑枝:红壤=2:2:1)、处理S2(泥炭:桑枝:红壤=4:2:3)和处理S3(泥炭:桑枝:红壤=2:1:1)的株高、叶片数、分枝数、基部粗度等生长指标的增长量/半年均较接近,这3个处理在所有基质配比处理中的生长效果排名第三;处理S6(桑枝:红壤=3:1)、处理S7(泥炭:桑枝=2:1)、处理S8(泥炭:桑枝=1:1)和处理S10(泥炭:桑枝:椰糠=1:1:1)的株高、叶片数、分枝数、基部粗度等生长指标的增长量/半年均较接近,这4个处理在所有基质处理中的生长效果相对较差,排名第四;处理S5、S9、S4、S10的植株生长情况比较见图1。

图1 不同处理的植株长势

Fig. 1 Plant growth of different treatments

3 结果与讨论

栽培基质是植物赖以生存的基础,除了起固定植株的作用外,也为植物的生长、发育提供了营养物质和水分保障(路梅 等,2010)。从本试验中各基质配比组合的理化性质结果来看:处理5(泥炭∶红壤=3∶1)、处理9(泥炭∶椰糠=2∶1)和处理4(泥炭∶桑枝∶红壤=1∶1∶1)等的容重、总孔隙度和EC值均较适中,pH偏酸性,比较符合茶花生长的基质环境要求(茶花喜欢通风透气、富含有机质及偏酸性的基质土)。

茶花烈香品种作为盆栽茶花主要品种,植株高度和株型是重要的参考指标。根据本试验烈香植株的营养生长情况调查结果可得出较优的栽培基质组合为:S5处理(泥炭∶红壤=3∶1),S9处理(泥炭∶椰糠=2∶1)和S4处理(泥炭∶桑枝∶红壤=1∶1∶1)。而S6处理(桑枝∶红壤=3∶1)、S7处理(泥炭∶桑枝=2∶1)、S8处理(泥炭∶桑枝=1∶1)和S10处理(泥炭∶桑枝∶椰糠=1∶1∶1)的栽培效果相对较差,此

四种基质组合建议不作为烈香的常用栽培基质。由此说明:泥炭、桑枝、椰糠、红壤等基质的合理配比组合可在烈香茶花上取得较好的栽培效果;如果只考虑到既要取得较好的栽培效果又要降低栽培成本的话,可以选用泥炭与红壤的配比组合(桑枝∶红壤=3∶1)或泥炭、桑枝与红壤(泥炭∶桑枝∶红壤=1∶1∶1)作为烈香茶花的栽培基质,这一点与金花茶幼苗基质栽培试验结果比较相似(孙映波 等,2019);如果考虑到既要取得较好的栽培效果又要轻质化栽培(无土栽培)以利于出口检疫需要的话,可以选用泥炭与椰糠的配比组合(泥炭∶椰糠=2∶1)作为烈香茶花的栽培基质,这一点与杜鹃红山茶幼苗基质栽培试验结果有些相似(薛克娜 等,2011)。

综上所述,适合茶花轻质化栽培的基质组合为:泥炭∶红壤=3∶1,泥炭∶椰糠=2∶1和泥炭∶桑枝∶红壤=1∶1∶1;如果考虑到采用茶花无土栽培方式以利于出口检疫需要的话,可以选用的基质组合为泥炭∶椰糠=2∶1。

参考文献

樊青爱,2008. 花卉无土栽培基质选用和营养液配制[J]. 林业实用技术,(02):40-41.

高继银,邵蓓蓓,许宏明,1991. 山茶花人工盆栽基质及施肥配方的选择[J]. 林业科学研究,4(3):309-313.

路梅,费春琴,2010. 茶花无土盆栽基质研究[J]. 湖北农业科学,49(11):2825-2828.

路梅,徐传雨,金文福,等,2008. 茶花无土盆栽体系初探[J]. 浙江农业科学,(06):693-696.

孙映波,于波,朱玉,等,2019. 金花茶幼苗盆栽基质的筛选[M]//中国观赏园艺研究进展2019. 北京:中国林

业出版社:409-412.

唐菁,康红梅,2006. 几种栽培花卉基质的理化特性研究[J]. 土壤通报,37(2):291-293.

薛克娜,赵鸿杰,张学平,等,2011. 不同栽培基质对杜鹃红山茶容器苗生长的影响[J]. 中南林业科技大学学报,31(1):27-31.

翟玫瑰,李纪元,徐迎春,等,2008. 茶花幼苗无土栽培基质配方研究[J]. 浙江林学院学报,(06):817-822.

中国科学院南京土壤研究所,1978. 土壤理化分析[M]. 上海:上海科学技术出版社:132-502.

光照强度对 3 种委陵菜属植物生长发育的影响

张 艳　张 岳　孔 鑫　董 丽*

（花卉种质创新与分子育种北京市重点实验室，国家花卉工程技术研究中心，城乡生态环境北京实验室，
园林环境教育部工程研究中心，林木花卉遗传育种教育部重点实验室，园林学院，北京林业大学，北京 100083）

摘要　以鹅绒委陵菜（*Potentilla anserina*）、绢毛匍匐委陵菜（*Potentilla reptans* var. *sericophylla*）、匍匐委陵菜（*Potentilla reptans*）共 3 种委陵菜属植物的扦插苗为研究材料，选取 100%自然光照、50%自然光照、35%自然光照、20%自然光照 4 个光照梯度，研究不同光照强度对 3 种委陵菜属植物生长发育状况的影响。结果表明，在 4 种光照强度下，3 种委陵菜属植物均未死亡，鹅绒委陵菜、绢毛匍匐委陵菜、匍匐委陵菜株高分别在 20%、35%、35%光照时达到最大值且与 CK 差异显著（*P*<0.05），绢毛匍匐委陵菜和匍匐委陵菜生物量先上升后下降，35%时达到最大值且与其他组别差异显著，而鹅绒委陵菜生物量随着光照强度的减弱而降低。随着光照强度的减弱，3 种委陵菜的叶绿素 b 和叶绿素总量均不同程度增加，比叶重不同程度减少，含水量均呈先增后减的趋势且在 35%光照时达到最大值，相对电导率呈先减后增的趋势。说明鹅绒委陵菜、绢毛匍匐委陵菜、匍匐委陵菜 3 种委陵菜的形态和生长反应对不同光环境具有可塑性，但是过弱的光环境会对其生长产生负面影响。

关键词　委陵菜属；光照强度；植物生长状况

Effects of Light Intensity on the Growth of 3 Species of *Potentilla*

ZHANG Yan　ZHANG Yue　KONG Xin　DONG Li *

（*Beijing Key Laboratory of Ornamental Plants Germplasm Innovation & Molecular Breeding，National Engineering Research Center for Floriculture，Beijing Laboratory of Urban and Rural Ecological Environment，Engineering Research Center of Landscape Environment of Ministry of Education，Key Laboratory of Genetics and Breeding in Forest Trees and Ornamental Plants of Ministry of Education，School of Landscape Architecture，Beijing Forestry University，Beijing 100083，China*）

Abstract　This experiment is based on cutting seedlings of three species of *Potentilla*：*Potentilla anserina*，*Potentilla reptans* var. *sericophylla* and *Potentilla reptans*，involving treatment with four light gradients. The light intensity of different treatments were 100%、50%、35%、20% of natural light. The objective was to explore the effects of light Intensity on the growth of 3 Species of *Potentilla*. The results showed that under the four light intensities，none of the three species of *Potentilla* died. Three species of *Potentilla* reached the maximum height growth rate in 20%，35%，35%respectively and was significantly different from CK（P <0.05）. The biomass of *Potentilla reptans* var. *sericophylla* and *Potentilla reptans* increased first and then decreased，reaching a maximum at 35% and significantly different from other groups，while the biomass of *Potentilla anserina* decreased as the light intensity decreased. With the decrease of light intensity，the chlorophyll b and chlorophyll（a+b）of three species of *potentilla* increased in varying degrees，the specific leaf weight decreased in different degrees. The water content showed a trend of first increasing and then decreasing and reached the maximum value at 35% natural light. The relative conductivity first decreasing and then increasing. It shows that the morphology and growth response of three species of *Potentilla* are plastic to different light environments，but too weak light environment has a negative impact on the growth of them.

Key words　*Potentilla*；Light intensities；Plant growth condition

　1 基金项目：北京市科技计划项目：北京城市生态廊道植物景观营建技术（D171100007217003）北京林业大学建设世界一流学科和特色发展引导专项资金资助——基于生物多样性支撑功能提升的雄安新区城市森林营建与管护策略方法研究（2019XKJS0320）。
　第一作者简介：张艳（1996—），女，硕士研究生，主要从事园林植物栽培与应用研究。
　* 通讯作者：董丽，教授，E-mail：dongli@ bjfu. edu. com。

光是植物生存和生长发育的重要的环境因子之一，过度光照会抑制植物的光合作用，还会导致光合器官的损伤（Cleland，et al.，1986）。光照不足会对植物产生不利影响，弱光条件下植物通过一系列的变化去适应环境，保持自身生理生化的平衡，从而维持正常的生命活动（柴胜丰，等，2013；何维明，钟章成，2000）。不同的植物由于自身遗传因素和生长环境的差异对光照的要求有一定的差异，但对每一种植物来说都存在着影响其生长的弱光逆境和限制其生存的最低光照强度（喇燕菲，2010）。近年来，城市绿地覆盖率的需求越来越大，但由于建筑物的遮挡，许多绿地环境处于荫蔽之下，低矮型植株可以丰富林下空间，形成错落有致的群落层次，对植物光适应性进行研究，对城市美化、建设城市生态园林、合理利用城市绿化空间具有重要意义。

鹅绒委陵菜（Potentilla anserina）、绢毛匍匐委陵菜（Potentilla reptans var. sericophylla）、匍匐委陵菜（Potentilla reptans）为蔷薇科（Rosaceae）委陵菜属（Potentilla）植物。在乡土地被植物资源中，委陵菜属植物占有非常重要的地位，具备对本地气候的高度适应性、较强的抗病虫害能力、管理方便等特点，是构建节约型园林、优化园林植被生态服务功能、实现园林可持续发展的关键基础材料，具有巨大的园林应用潜力（张勇，王一峰，1998）。近年来，委陵菜属植物逐渐在园林绿化和城市环境的美化中得到了应用，但应用形式及应用范围还比较单一。目前学者多在抗旱性和繁殖技术上开展对委陵菜属植物的研究，对光适应性研究较少（任红珠，2016；姚峰，2018；王贝贝，等，2017）。本研究以 1 年生扦插苗为研究对象，通过人工遮光创造不同梯度的光环境，对植株的形态和生长指标及叶片相关生理指标进行研究，分析了不同光环境下 3 种委陵菜属植物的生长发育特征和叶片相关生理特征的适应性变化，旨在认识 3 种委陵菜属植物的光适应机制，为 3 种委陵菜属植物的管理和园林应用提供一定的科学性建议和指导。

1　材料与方法

1.1　试材及取样

试验所需委陵菜属植物材料均来自三顷园苗圃。2019 年 5 月 20 日，选取生长状况良好，长势均一的匍匐委陵菜、绢毛匍匐委陵菜和鹅绒委陵菜，分别在其匍匐茎上剪取 6cm 左右并带有一个萌发节点的茎段，尽量保证所有茎段大小相近，保证材料的一致性，将其栽于盆中进行扩繁。栽培基质配比为草炭：蛭石 1∶1，植株生长期间进行常规浇水除草等养护管理，试验开始前 10d 对试验材料进行观察，对未萌发的茎段进行补植，观察到母株产生匍匐茎时及时进行切断处理。试验共进行 40d，分别于试验的第 0、10d、20d、30d、40d 的 8∶00～9∶00 选择成熟功能叶片进行采样，用于各项指标的测定。

1.2　试验设计

试验采取 2 因素裂区试验设计，主处理是 4 水平遮光处理，分别为 CK：全光照；T1：50% 透光率；T2：35% 透光率；T3：20% 透光率，为防止相互遮挡，相互处理间间隔 0.4m。副处理为 3 种委陵菜属植物，分别为鹅绒委陵菜、绢毛匍匐委陵菜和匍匐委陵菜，共 12 个处理，3 次重复，36 个小区，每个遮光处理下每个种随机排列。

1.3　测定项目和方法

1.3.1　形态特征的测定

本试验中所测形态特征包括株高和叶面积，于 2019 年 8 月 6 日至 2019 年 9 月 16 日试验期间，每隔 10d 用精度为 0.1mm 的卷尺测定株高，3 次重复，并对每个处理的个体进行采样，选取完全展开的健康成熟叶片用于测定单叶面积（individual leaf area，LIA）、单叶干重（individual leaf mass，ILM）、计算比叶重。

将采回的叶片用蒸馏水洗净擦干之后，利用叶面积测定仪对叶片进行扫描，计算叶面积并记录，单位为 mm²。

1.3.2　生长反应特征测定

植株的生物量用烘干称质量法进行测定。2019 年 9 月 16 日试验结束后，每个处理分别收获 3 株长势一致的匍匐委陵菜、绢毛匍匐委陵菜、鹅绒委陵菜全株，超纯水洗净后擦干，进行根茎叶质量的称量，测定结束后放入烘箱中烘 72h，再次测定其根、茎、叶的质量。

1.3.3　叶片生理指标测定

本试验中测定的叶片生理指标包括叶片相对含水量、叶绿素含量和叶片相对电导率。叶片相对含水量用烘干称质量法进行测定，将前述用于测定叶面积的叶片样本进行称重并浸泡于蒸馏水中，24h 后测定其饱和重，测定结束后将叶片置于 60℃ 烘箱中烘干，称取叶片干重，单位为 g，计算叶片相对含水量。

叶绿素含量采用 95% 乙醇提取法（李合生，2000）。选取成熟健康的叶片，用蒸馏水将叶片洗净后擦干，称取 0.1±0.01g 鲜样，将叶片剪成碎片放入离心管中，加入 10mL 95% 的乙醇溶液进行浸提，避光保存，黑暗中提取至叶片变白。吸取少量待测液至比色皿内，以 95% 的乙醇作为对照，使用分光光度计，在 665nm、649nm 和 470nm 三个波长下测定吸光值，光合色素浓度由公式计算得到：

$$Ca = 13.95A_{665} - 6.88A_{649}$$

$$Cb = 24.96A_{649} - 7.32A_{665}$$

$$Cc = (1000A_{470} - 2.05Ca - 114.8Cb)/245$$

色素的含量＝浸提液体积×色素浓度×稀释倍数/样品鲜重

相对电导率用电导率仪法进行测定。每个处理取成熟叶各 4 片，将样本先分别放入盛有去离子水的培养皿中清洗干净，擦干后，用直径为 5mm 的叶片打孔器避开主脉随机取样。每个试管放 4 片，设 4 个重复，再分别置于盛有 10mL 去离子水的试管中。装好后封口，标号。另外每次测定时，用去离子水作对照，测定空白电导值。封口后，放入摇床中摇 1h，之后用数字电导仪（DDSL-308，上海京科雷磁）测定初电导值（C_1）；然后将试管置于沸水中煮沸 20min，组织死亡和电解质释放完全后再放入摇床中摇 1h，最后测定终电导值（C_2）。公式为：

$$相对电导率（REL, \%）= \frac{C_1 - C_{空白1}}{C_2 - C_{空白2}} \times 100$$

1.4　数据分析方法

试验数据分析采用 EXCEL 和 SPSS22.0 进行处理和统计分析。使用双因素方差分析（Two-way ANOVA）分析不同光照强度对 3 种委陵菜属植物生长特性的影响，用 Ducan 多重比较法（$\alpha = 0.05$）比较不同处理间的差异显著性。

2　结果与分析

2.1　不同光照强度对 3 种委陵菜属植物株高的影响

3 种委陵菜属植物在光照强度发生改变时，株高增量存在差异性，其中光照强度对绢毛匍匐委陵菜的株高增长率影响最为显著。根据图 1 所示，各处理间的增减趋势不同，鹅绒委陵菜的株高增长量随着光照强度的降低表现出增加的趋势，在光照强度为 20% 自然光照时，株高增长率达到最大值，为 88.7%，且与对照组差异显著（$P<0.05$）。绢毛匍匐委陵菜的株高增长率随着光照强度的降低表现出先增加后减少的趋势，由高到低依次是 35% 自然光照>20% 自然光照>50% 自然光照>100% 自然光照，在 35% 自然光照时达到最大值，为 163.2%，且与其他组别差异显著，不同处理下的株高增长率均显著高于对照组。匍匐委陵菜的株高增长率的变化与绢毛匍匐委陵菜相似，从高到低依次是 50% 自然光照>35% 自然光照>100% 自然光照>20% 自然光照，在 50% 自然光照时达到最大值，为 162.0%，且显著高于对照组和 20% 自然光照处理组，之后株高增长率开始逐渐降低，在 20% 自然光照

强度时株高增长率小于对照组。总的来说，3 种委陵菜属植物通过增减植株的高度获取更多的光能来适应不同的光照环境，满足自身生长所需，但是过弱的光照对绢毛匍匐委陵菜和匍匐委陵菜的高度有抑制作用。

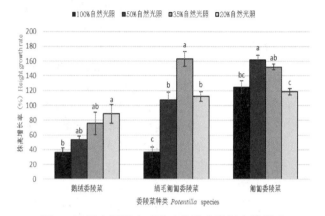

图 1　不同光照强度对委陵菜株高增长率的影响

Fig. 1　Influence of different light intensity on height growth rate of *Potentilla*

2.2　不同光照强度对 3 种委陵菜属植物生物量的影响

根据图 2 所示，不同光强处理下 3 种委陵菜属植物的生物量变化趋势存在差异。鹅绒委陵菜的生物量大小顺序为 100% 自然光照>50% 自然光照>35% 自然光照>20% 自然光照，全光照下的生物量积累显著高于其他处理，20% 光照强度下的生物量显著低于其他处理，较全光照处理低了 3.56g。绢毛匍匐委陵菜的生物量随着光照强度的减弱呈先增大后减小的趋势，在 35% 自然光照时达到最大值，为 5.90g，较全光照处理增加了 3.00g，且显著高于其他处理。匍匐委陵菜的生物量也随着光照强度的减弱呈先增大后减小的

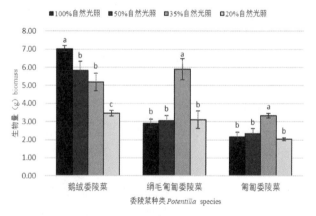

图 2　不同光照强度对委陵菜生物量的影响

Fig. 2　Influence of different light intensity on biomass of *Potentilla*

趋势,在 35% 自然光照时达到最大值,为 3.33g,较全光照处理增加了 54.0%,且显著高于其他处理。总的来看,不同光照强度对鹅绒委陵菜的生物量积累影响最为显著。

2.3 不同光照强度对 3 种委陵菜属植物比叶重的影响

叶片是植物获取资源的重要器官,对不同光照梯度下植物叶片功能性状进行研究能够更好地反映植物个体对环境变化的响应机制(Dana L et al., 2010; Ian J et al., 2005; Maire et al., 2013)。比叶重可以反映植物叶片内积累的同化产物的含量。根据图 3 所示,3 种委陵菜属植物的比叶重大小随着光照强度减弱有不同程度的减少,在遮阴环境中的比叶重大小均低于全光照环境中。鹅绒委陵菜的比叶重在 20% 的自然光照时达到最小值,为 0.63mg/cm^2,比全光照环境减少了 13.14%,且差异显著。绢毛匍匐委陵菜的比叶重在 20% 的自然光照时达到最小值,为 0.19mg/cm^2,比全光照环境减少了 51.79%,较其他 3 种植物降幅最大,且在全光照环境中的比叶重显著高于其他处理。匍匐委陵菜在 35% 自然光照时达到最小值,为 0.22mg/cm^2,全光照环境下比叶重显著高于其他处理。

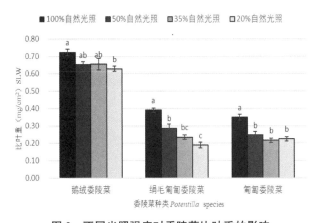

图 3 不同光照强度对委陵菜比叶重的影响

Fig. 3 Influence of different light intensity on specific leaf weight of *Potentilla*

2.4 不同光照强度对 3 种委陵菜属植物叶片含水量的影响

根据图 4 可知,由于光照强度的不断减弱,3 种委陵菜属植物叶片含水量均呈先增大后减小的趋势,并且在光照强度为 20% 时数值达到最大,荫蔽的环境一定程度上降低了植物的蒸腾作用,导致叶片中水分增加。鹅绒委陵菜在 35% 自然光照时叶片含水量达到 88.83%,与其他环境均表现出显著差异,比全光照

环境下提高了 10.26%。绢毛匍匐委陵菜含水量的大小顺序为 35% 自然光照>50% 自然光照>100% 自然光照>20% 自然光照,在 35% 自然光照时达到 95.40%,比全光照环境下提高了 15.48%,与其他环境均表现出显著差异。匍匐委陵菜在 35% 自然光照下的含水量达到 92.01%,与其他环境均表现出显著差异,比全光照环境提高了 17.59%,在 3 种植物中增量最大。

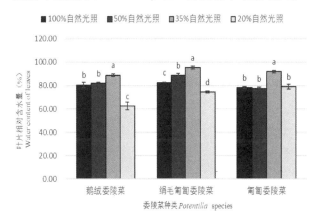

图 4 不同光照强度对委陵菜叶片相对含水量的影响

Fig. 4 Influence of different light intensity on water content of leaves of *Potentilla*

2.5 不同光照强度对 3 种委陵菜属植物光合色素的影响

叶绿素在光合作用中起着吸收光能的作用,其含量的高低直接影响到植株光合作用的强弱(何维明,董鸣,2003),间接反映出植物的生理代谢情况。根据表 1 所示,在 40d 时,鹅绒委陵菜叶绿素 b 和叶绿素(a+b)含量大小依次为 20% 自然光照>35% 自然光照>50 自然光照>100% 自然光照,整体看来不同光照条件下,鹅绒委陵菜属植株叶片的叶绿素含量随着光强的降低而增加,增幅逐渐增大,各处理较 100% 自然光照处理组均有显著差异($P<0.05$)。鹅绒委陵菜叶绿素 a/b 值随着光强的降低而逐渐降低,全光照组显著高于其他处理组。类胡萝卜素与叶绿素的比值随着光强降低而不同程度降低,和全光照组没有显著差异。

根据表 2 所示,在 4 种不同的光照条件下,绢毛匍匐委陵菜叶片叶绿素 b 含量随着光照强度的降低先增加后减少,在 35% 自然光照时数值最大,为 0.79mg/g,到光照强度为 20% 时叶绿素 b 含量减少到 0.76mg/g,但仍显著高于全光照处理组。绢毛匍匐委陵菜叶片叶绿素(a+b)的含量随着光照强度的降低有不同程度的增加,全光照组的叶绿素(a+b)显著低于其他处理组。叶绿素 a/b 值和类胡萝卜素/叶绿素的值均随着光强的降低而不同程度的减少。

　　根据表 3 所示，在 4 种不同的光照条件下，匍匐委陵菜叶片叶绿素 b 含量和叶绿素 (a+b) 均随着光照强度的降低而增加，叶绿素 b 含量在 20% 自然光照时达到最大值，为 0.63mg/g，较全光组高 0.22mg/g。叶绿素 (a+b) 含量在 20% 自然光照时达到最大值，为

2.51mg/g，显著高于全光照组。匍匐委陵菜的叶绿素 a/b 和类胡萝卜素/叶绿素的值均随着光照强度的减弱有不同程度的减少。总的来说，3 种植物叶片通过改变叶绿素 b 的含量来提高对蓝紫光的利用率，通过增大叶绿素总量弥补光照不足来适应弱光环境。

表 1　不同光照强度对鹅绒委陵菜光合色素的影响

Table 1　Influence of different light intensity on photosynthetic pigments of *Potentilla anserina*

指标 index	处理	10d	20d	30d	40d
叶绿素 b	CK	0.488±0.006c	0.387±0.009c	0.530±0.025d	0.410±0.013c
ChlorophyII b	T1	0.628±0.017b	0.503±0.023b	0.648±0.012c	0.648±0.031b
(mg/g)	T2	0.729±0.020a	0.600±0.031a	0.777±0.009b	0.700±0.029b
	T3	0.597±0.050b	0.617±0.035a	0.847±0.030a	0.795±0.036a
叶绿素 a+b	CK	2.199±0.033b	2.290±0.078b	2.446±0.074d	1.943±0.090c
ChlorophyII (a+b)	T1	2.591±0.075b	2.451±0.083b	2.820±0.076c	2.737±0.220b
(mg/g)	T2	3.076±0.107a	2.749±0.093a	3.273±0.045b	2.987±0.093ab
	T3	2.574±0.216b	2.929±0.084a	3.573±0.126a	3.327±0.151a
叶绿素 a/b	CK	3.510±0.092a	4.930±0.113a	3.618±0.081a	3.665±0.123a
Chl a/Chl b	T1	3.126±0.012b	3.861±0.135b	3.347±0.042b	3.208±0.130b
	T2	3.218±0.034bc	3.583±0.113b	3.211±0.045b	3.271±0.050b
	T3	3.315±0.011c	3.776±0.154b	3.221±0.011b	3.187±0.159b
类胡萝卜素/叶绿素	CK	0.129±0.005a	0.170±0.004a	0.154±0.002a	0.135±0.010a
Car/Chl	T1	0.114±0.000b	0.142±0.002b	0.141±0.001b	0.124±0.005a
	T2	0.117±0.002b	0.143±0.002b	0.132±0.002bc	0.118±0.001a
	T3	0.117±0.001b	0.140±0.003b	0.136±0.001c	0.125±0.002a

注：CK 指 100% 光照强度，T1 指 50% 光照强度，T2 指 35% 光照强度，T3 指 20% 光照强度。

表 2　不同光照强度对绢毛匍匐委陵菜光合色素的影响

Table 2　Influence of different light intensity on photosynthetic pigments of *Potentilla reptans* var. *sericophylla*

指标 index	处理	10d	20d	30d	40d
叶绿素 b	CK	0.592±0.017a	0.457±0.028b	0.542±0.004b	0.530±0.049b
ChlorophyII b	T1	0.701±0.043a	0.578±0.012a	0.810±0.047a	0.766±0.035a
(mg/g)	T2	0.599±0.017a	0.592±0.017a	0.712±0.073ab	0.785±0.035a
	T3	0.664±0.041a	0.522±0.041ab	0.736±0.063a	0.755±0.048a
叶绿素 a+b	CK	2.477±0.092a	2.238±0.091b	2.326±0.049b	2.299±0.142b
ChlorophyII(a+b)	T1	2.689±0.178a	2.682±0.078a	3.264±0.158a	3.257±0.139a
(mg/g)	T2	2.320±0.114a	2.690±0.076a	2.843±0.230abc	3.080±0.081a
	T3	2.581±0.115a	2.418±0.183ab	3.053±0.237a	3.102±0.083a
叶绿素 a/b	CK	3.187±0.034a	3.907±0.127a	3.290±0.060a	3.359±0.141a
Chl a/Chl b	T1	2.835±0.045b	3.640±0.042ab	3.033±0.038a	3.255±0.041ab
	T2	2.870±0.111b	3.542±0.013ab	3.008±0.101a	2.931±0.120b
	T3	2.894±0.077b	3.632±0.018ab	3.154±0.031a	3.126±0.149ab
类胡萝卜素/叶绿素	CK	0.139±0.002a	0.186±0.006a	0.173±0.002a	0.162±0.005a
Car/Chl	T1	0.102±0.002b	0.167±0.004b	0.153±0.000b	0.154±0.002ab
	T2	0.112±0.004b	0.160±0.001bc	0.154±0.006b	0.133±0.008bc
	T3	0.112±0.005b	0.149±0.002c	0.142±0.001c	0.137±0.005c

注：CK 指 100% 光照强度，T1 指 50% 光照强度，T2 指 35% 光照强度，T3 指 20% 光照强度。

表 3   不同光照强度对匍匐委陵菜光合色素含量的影响

Table 3   Influence of different light intensity on photosynthetic pigments of *Potentilla reptans*

指标 index	处理	10d	20d	30d	40d
叶绿素 b	CK	0.445±0.015c	0.328±0.025b	0.327±0.022b	0.401±0.018b
ChlorophyⅡ b	T1	0.521±0.024b	0.326±0.031b	0.714±0.045a	0.523±0.044a
（mg/g）	T2	0.490±0.017bc	0.508±0.006a	0.641±0.017a	0.567±0.026a
	T3	0.604±0.013a	0.508±0.029a	0.620±0.059a	0.625±0.039a
叶绿素 a+b	CK	2.004±0.042b	1.700±0.202b	1.460±0.085b	1.890±0.061c
ChlorophyⅡ（a+b）	T1	2.050±0.094b	1.773±0.136b	2.893±0.166a	2.173±0.125b
（mg/g）	T2	2.064±0.093b	2.270±0.051a	2.607±0.029a	2.397±0.055ab
	T3	2.400±0.051a	2.417±0.096a	2.527±0.205a	2.507±0.041a
叶绿素 a/b	CK	3.506±0.053a	4.234±0.335a	3.476±0.063a	3.717±0.112a
Chl a/Chl b	T1	2.938±0.086c	4.474±0.201a	3.057±0.027b	3.173±0.122b
	T2	3.211±0.052b	3.474±0.099b	3.068±0.079b	3.237±0.098b
	T3	2.971±0.032c	3.772±0.168ab	3.083±0.059b	3.043±0.198b
类胡萝卜素/叶绿素	CK	0.147±0.001a	0.185±0.007a	0.189±0.005a	0.153±0.004a
Car/Chl	T1	0.112±0.004b	0.153±0.007b	0.149±0.004b	0.145±0.010a
	T2	0.119±0.002b	0.155±0.004b	0.158±0.003b	0.141±0.004ab
	T3	0.119±0.006b	0.153±0.006b	0.154±0.008b	0.122±0.005b

注：CK 指 100% 光照强度，T1 指 50% 光照强度，T2 指 35% 光照强度，T3 指 20% 光照强度。

2.6   不同光照强度对 3 种委陵菜属植物相对电导率的影响

叶片相对电导率反映了叶片质膜透性的变化，植物受到逆境胁迫时，细胞膜容易破裂使胞质的胞液外渗而使电导率增大。根据图 5 可知，3 种委陵菜属植物叶片的相对电导率随着光照强度的减弱呈现先减少后增加的趋势。鹅绒委陵菜在 20% 自然光照时达到最大值，为 13.92%，分别比全光照、50% 自然光照、35% 自然光照处理组增加了 12.72%、25.83%、5.81%，与 50% 自然光照处理组差异显著。绢毛匍匐委陵菜的叶片相对电导率在 20% 自然光照时达到最大值，为 18.18%，分别比全光照、50% 自然光照、

35% 自然光照处理组增加了 17.61%、30.85%、18.20%，且与其他处理组之间差异显著。匍匐委陵菜的叶片相对电导率在 20% 时达到最大值，为 23.55%，分别比全光照、50% 自然光照、35% 自然光照处理组增加了 55.65%、81.29%、76.30%，且与其他处理组均差异显著。总的来说，随着光照强度的减弱，匍匐委陵菜的相对电导率在 3 种植物当中增幅最大。

3   讨论

3.1   株高对不同光环境的响应

试验结果表明 3 种委陵菜属植物对不同光照环境具有良好的适应能力。植物对不同光照环境的适应性，首先体现在植株的外观形态上，在弱光条件下，植物会尽量扩大植株与光的有效接触面积，增加光的吸收量（胡肖肖 等，2018）。从本试验结果可知，在不同光照条件下，鹅绒委陵菜的株高呈逐渐上升的趋势，说明在弱光下鹅绒委陵菜通过改变自身的植株形态，提高对光能的利用效率，主动适应弱光的环境。绢毛匍匐委陵菜和匍匐委陵菜呈先上升后下降的趋势，可能是因为在一定的光强范围内，植株通过增加株高适应弱光环境，获取更多的光源，当光照过弱时，植株因获取不到光源而抑制生长，株高明显降低（覃凤飞 等，2010）。

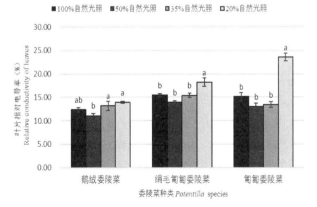

■100%自然光照 ■50%自然光照 ▨35%自然光照 □20%自然光照

图 5   不同光照强度对委陵菜叶片相对电导率的影响

Fig. 5   Influence of different light intensity on relative conductive of leaves of *Potentilla*

3.2　生物量对不同光环境的响应

鹅绒委陵菜的生物量指标以全光下最高，可能是因为弱光下处理下，植物叶片对光能的利用能力较弱（田媛 等，2016），进而影响植物光合产物积累，和王振兴等的研究结果一致（王振兴 等，2012）。绢毛匍匐委陵菜和匍匐委陵菜的生物量指标均以适当荫蔽条件下最高，可能是因为在全光照环境种受到光抑制使碳同化减少，重度遮阴时，已不能通过自身调节作用维持光合作用所需光强，导致光合作用下降，生物量积累显著减少（宋洋 等，2016）。

3.3　比叶重对不同光环境的响应

弱光下比叶重降低是植物对弱光环境的一种形态学适应。总的来看，随着光照强度的减弱，3种委陵菜属植物的比叶重有不同程度的减弱，表明植物具有主动适应其生长环境光照强度的能力。比叶重的减小可以增加叶片同化组织对疏导组织和结构组织的相对比例，这样植株就可以将有限的同化产物用于增加叶面积的大小，以保证最大限度地捕获光能从而进行正常的光合作用（喇燕菲，2010）。

3.4　含水量对不同光环境的响应

叶片含水量可以体现植物蒸腾作用的强弱，在遮阴环境下会降低植物的蒸腾作用，从而使植物的叶片含水量升高（黄永韬 等，2012）。本研究表明，3种委陵菜属植物在全光照处理至35%自然光照处理下，随着光照强度的减弱，叶片含水量不同程度升高，在35%自然光照时达到最大值。

3.5　光合色素对不同光环境的响应

植物为了能够在弱光环境下捕获更多的光能，需要投资更多的生物量来优化同化器官如弱光下植株的叶面积增加、根冠比降低以及叶绿素含量增加（宋洋，

2016）。随着光环境的改变，叶绿素的种类和数量都会发生相应的变化，这是植物自身的一种适应性反应（即光适应）（采利，尼克尔，1986）。本研究表明，3种委陵菜属植物整体上随着光照强度的减弱，叶绿素a+b含量和叶绿素b含量不同程度增加，这与魏胜利、陈圣宾等人的研究结果一致，当植物处于遮阴环境时，往往表现为叶绿素含量增加，特别是所含叶绿素b的比例增加，以增加对弱光的利用能力，保证同化产物的积累（魏胜利 等，2004），较低的光照强度可以促进叶绿素的合成，提高对光能的利用效率（Chen et al.，2005；陈圣宾 等，2005）。

叶绿素中起主要作用的色素是叶绿素a和叶绿素b，叶绿素在红光部分的吸收带偏向长光波方面，叶绿素b在蓝紫光部分的吸收带较宽（刘菲，2011；张涛，2007）。光合色素当中的类胡萝卜素不仅吸收光能，还具有猝灭过剩光能的作用使植物免受光破坏（Hormaetxe et al.，2005）。本研究当中，随着光照强度的减弱，3种委陵菜属植物的叶绿素a/b和类胡萝卜素/叶绿素的值整体上不同程度的减少，这是其对弱光环境的一种适应机制，是由于较低的叶绿素a、b比值有利于叶片对光照的吸收，同时有利于植物提高对蓝紫光的利用效率，维持光系统I和光系统II中的能量平衡（冯玉龙 等，2002；刘悦秋 等，2007）。

3.6　电导对不同光环境的响应

叶片相对电导率可以反映细胞膜的受伤害程度，当质膜透性变大，组织液渗出加大时，叶片相对电导率会升高（李墨野 等，2016）。本研究表明，3种委陵菜属植物叶片的相对电导率随着光照强度的减弱呈先减弱后增大的趋势，在50%自然光照时达到最小值。说明适度弱光对植株形成保护作用，过弱的光照会对委陵菜造成胁迫，这与郭品湘、於艳萍等人的研究结果一致（郭品湘 等，2020；於艳萍 等，2017）。

参考文献

采利·尼克尔，1986. 木本植物耐阴性的生理学原理[M]. 北京：科学出版社.

柴胜丰，庄雪影，韦霄，等，2013. 光照强度对濒危植物毛瓣金花茶光合生理特性的影响[J]. 西北植物学报，33（03）：547-554.

陈圣宾，宋爱琴，李振基，2005. 森林幼苗更新对光环境异质性的响应研究进展[J]. 应用生态学报，（02）：365-370.

冯玉龙，曹坤芳，冯志立，等，2002. 四种热带雨林树种幼苗比叶重，光合特性和暗呼吸对生长光环境的适应[J].

生态学报，（06）：901-910.

郭品湘，尹婷，粟春青，等，2020. 遮阴对双色木番茄幼苗生理特性的影响[J]. 森林与环境学报，40（01）：76-82.

何维明，董鸣，2003. 毛乌素沙地旱柳生长和生理特征对遮荫的反应[J]. 应用生态学报，（02）：175-178.

胡肖肖，段玉侠，金荷仙，等，2018. 4个杜鹃花品种的耐荫性[J]. 浙江农林大学学报，35（01）：88-95.

黄永韬，杨好珍，黄永芳，等，2012. 不同遮阴处理对3种茶花生理特性的影响[J]. 广东林业科技，28（05）：16-21.

喇燕菲, 2010. 弱光环境对切花百合生长发育及生理特性的影响[D]. 北京: 北京林业大学.

李合生, 2000. 植物生理生化实验原理和技术[M]. 北京: 高等教育出版社.

李墨野, 王娜, 周宇, 等, 2016. 干旱胁迫条件下转 Lb-DREB 基因大青杨瞬时基因表达及生长、生理指标变异分析[J]. 植物研究, 36(03): 409-415.

刘菲. 2011. 遮阴对 11 种园林植物形态及光合生理特性的影响[D]. 武汉: 华中农业大学.

刘悦秋, 孙向阳, 王勇, 等, 2007. 遮阴对异株荨麻光合特性和荧光参数的影响[J]. 生态学报, (08): 3457-3464.

任红珠, 2016. 绢毛匍匐委陵菜营养快繁关键技术研究[D]. 晋中: 山西农业大学.

宋洋, 廖亮, 刘涛, 等, 2016. 不同遮阴水平下香榧苗期光合作用及氮分配的响应机制[J]. 林业科学, 52(05): 55-63.

覃凤飞, 沈益新, 周建国, 等, 2010. 遮阴条件下 9 个紫花苜蓿品种苗期形态及生长响应[J]. 草业学报, 19(3): 204-211.

田媛, 唐立松, 乔瑞平, 2016. 梭梭幼苗个体生长规律与死亡率关系研究[J]. 植物研究, 36(01): 84-89.

王振兴, 朱锦懋, 王健, 等, 2012. 闽楠幼树光合特性及生物量分配对光环境的响应[J]. 生态学报, 32(12): 3841-3848.

魏胜利, 王文全, 秦淑英, 等, 2004. 桔梗、射干的耐阴性研究[J]. 河北农业大学学报, (01): 52-57.

姚峰, 2018. 施肥对绢毛匍匐委陵菜茎段繁殖的影响[J]. 山西林业科技, 47(01): 20-22.

於艳萍, 毛立彦, 宾振钧, 等, 2017. 遮阴处理对秋枫幼苗生理生态特性的影响[J]. 热带亚热带植物学报, 25(04): 323-330.

张涛, 2007. 遮阴对白三叶生长的影响[D]. 长春: 吉林大学.

何维明, 钟章成, 2000. 攀缘植物绞股蓝幼苗对光照强度的形态和生长反应[J]. 植物生态学报, 24(3): 375.

王贝贝, 孙虹豆, 江文, 等, 2017. 两种地被植物生长、叶片解剖结构及光合特性对干旱胁迫的响应[J]. 天津农业科学, 23(03): 1-5.

张勇, 王一峰, 1998. 国产委陵菜属植物资源[J]. 西北师范大学学报(自然科学版), (01): 62-65.

Chen S, Song A, Li Z. 2005. Research advance in response of forest seedling regeneration to light environmental heterogeneity[J]. Chinese Journal of Applied Ecology, 16(2): 365-370.

Cleland R E, Melis A, Neale P J. 1986. Mechanism of photoinhibition: photochemical reaction center inactivation in system II of chloroplasts[J]. Photosynthesis Research, 9(1-2): 79-88.

Dana L R, Ian M M, Daniel J P, et al. 2010. Leaf economic traits from fossils support a weedy habit for early angiosperms. [J]. American journal of botany, 97(3).

Hormaetxe K, Becerril J M, Fleck I, et al. 2005. Functional role of red (retro)-carotenoids as passive light filters in the leaves of Buxus sempervirens L.: increased protection of photosynthetic tissues? [J]. Journal of experimental botany, 56(420): 2629-2636.

Ian J W, Peter B R, Johannes H C C, et al. 2005. Assessing the generality of global leaf trait relationships. [J]. The New phytologist, 166(2).

Maire V, Gross N, Hill D, et al. 2013. Disentangling coordination among functional traits using an individual-centred model: impact on plant performance at intra-and inter-specific levels [J]. PLoS One, 8(10).

不同渗虑介质对 4 种地被植物生长和生理生化特性的影响[1]

李莹[1]　梁子杰[1]　赵冰[1,*]　王晨光[2]　马笑[3]　张哲[3]

（[1] 西北农林科技大学风景园林艺术学院，杨凌 712100；[2] 西北农林科技大学

资源环境学院，杨凌 712100；[3] 陕西省西咸新区沣西新城海绵城市技术中心，咸阳 712000）

摘要　本试验选取八仙花、酢浆草、萱草和鸢尾为试验材料，以不同比例土、沙、椰糠、生物质炭或发酵秸秆混配的 4 种渗滤介质为试验介质，通过对于植株根体积、株高、根系活力、叶片叶绿素含量、细胞膜透性、丙二醛含量的测定，运用隶属函数综合评价植物生长状况，以探究不同渗虑介质对 4 种地被植物生长和生理生化特性的影响。试验结果表明：八仙花和酢浆草在土∶沙∶发酵秸秆∶生物质炭 = 4∶4∶1∶1 的渗滤介质中生长状况最佳；萱草在土∶沙∶发酵秸秆 = 4∶4∶2 的渗滤介质中生长状况最佳；鸢尾在各渗滤介质中生长状况无显著差异。该研究结果可为海绵城市建设中土壤换填后的地被植物选择提供理论依据。

关键词　渗滤介质；地被植物；生长；生理生化特性

Effects of Different Infiltration Media on the Growth and Physiological-biochemical Characteristics of Four Ground-covering Plants

LI Ying[1]　LIANG Zi-jie[1]　ZHAO Bing[1,*]　WANG Chen-guang[2]　MA Xiao[3]　ZHANG Zhe[3]

（[1] *College of Landscape Architecture and Arts*，*Northwest A&F University*，*Yangling 712100*，*China*；

[2] *College of Natural Resources and Environment*，*Northwest A&F University*，*Yangling 712100*，*China*；

[3] *Sponge City Technology Center*，*Fengxi New Town*，*Xixian New District*，*Xianyang 712000*，*China*）

Abstract　*Hydrangea macrophylla*，*Oxalis corniculata*，*Hemerocallis fulva* and *Iris tectorumwas* used as test plants，and the four kinds of infiltration media mixed with soil，sand，coconut chaff，biochar or fermented straw were used as test media in this experiment. By measuring root growth，plant height，root activity，chlorophyll content，cell membrane permeability and MDA content in plant leaves，the comprehensive evaluation on the plant growth status of four ground-covering plants was made by method of subordinate function. The experiment was aimed at exploring the effects of different infiltration media on growth，physiology of four kinds of ground-covering plants. The main results were as follows：the growth condition of *Hydrangea macrophylla* and *Oxalis corniculata* was the best in the infiltration media with V（loess）∶V（sand）∶V（fermented straw）∶V（biochar）= 4∶4∶1∶1；the growth condition of *Hemerocallis fulva* was the best in the infiltration media with V（loess）∶V（sand）∶V（fermented straw）= 4∶4∶2；there was no significant difference in the growth of *Iris tectorum* in different infiltration media. The results provide a theoretical basis for the selection of ground-covering plants after soil replacement in sponge city construction.

Key words　Infiltration media；Ground-covering plants；Growth；Physiological-biochemical characteristic

　　"海绵城市"概念自 2012 年被首次提出以来，为城市景观建设中水的问题提供了新的解决思路，目前以排为主的雨水处理方式极易造成城市内涝（王立峰，2016），为充分利用雨水资源、缓解夏季强降雨引起的内涝及其余三季的干旱问题，推行海绵城市建设势在必行。绿地土壤是直接接收雨水的载体，探索具有适时储水、释水能力的绿地土壤将有力推动海绵城市的建设。目前，路面长期使用等原因导致土壤板结成块、雨水难以下渗，为改善土壤质地，提高绿地土壤渗水性和蓄水性（吴炳煌，2017），可针对坚实度大、

1　项目基金：西咸新区海绵城市绿地土壤换填介质应用技术研究项目（2017ZDXM-SF-083）。

　第一作者简介：李莹（1996—），女，硕士研究生，主要从事园林植物资源与应用研究。

* 通讯作者：赵冰，副教授，E-mail：bingzhao@ nwsuaf. edu. cn。

渗透条件差的地块，采用透水性好、保水性强的渗滤介质进行局部换填，以充分利用现有绿地实现雨水下渗(李宇超 等，2016)。研究表明，加入适量椰糠(赵瑞 等，2005；代惠洁 等，2015)、生物质炭(刘丽珠 等，2016)或发酵秸秆(季延海 等，2017；胡云 等，2016)能有效提高土壤透水性和持水力，但作为海绵城市换填介质，仍需探究其对于城市常见地被植物的影响。

酢浆草、萱草和鸢尾具有耐干旱、较耐水湿、适应性强、不择土壤、观赏价值高等优势，是西北地区城市绿地常见地被植物。八仙花原产自我国长江流域，花形优美，色彩丰富，极具观赏价值，在我国各地均有栽培(赵冰 等，2016)。

因此本试验选用八仙花、酢浆草、萱草和鸢尾为试验植物，以前期试验得出具有良好渗水性、保水性的4种渗滤介质为试验介质，探究不同渗滤介质对4种地被植物生长和生理生化的影响，旨在为海绵城市建设中城市绿地土壤换填后的地被植物选择提供理论依据。

1 材料与方法

1.1 试验材料
1.1.1 试验植物
试验所选植物材料为八仙花品种'无尽夏'(*Hydrangea macrophylla* 'Endless summer')、酢浆草(*Oxalis corniculata*)、萱草(*Hemerocallis fulva*)、鸢尾(*Iris*

tectorum)，各植株无病虫害，生长健壮，长势一致。八仙花品种'无尽夏'为2年生扦插苗，栽培于陕西省杨凌绿香安果蔬专业合作社温室；酢浆草、萱草、鸢尾均取自西北农林科技大学南校区校园内，同种植物取自同一栽培地点。

1.1.2 试验介质
渗滤介质配方由西北农林科技大学资源环境学院前期试验所得，试验得出该4种渗滤介质具有优良保水性、透水性，可作为海绵城市换填介质。渗滤介质原料由西北农林科技大学资源环境学院提供，各原料按表1所示体积比混配。试验所用生物质炭为苹果树生物质炭。

1.2 试验材料
试验所选花盆高11cm，底面直径13cm。将供试植物植于上述4种渗滤介质中，每处理3盆重复，置于温室同一条件下培养，除栽培基质外的环境条件与管理措施均保持一致。移栽后第10d、第20d、第40d、第60d及第80d(刘碧容和王艳，2012；付宝春 等，2013)，于上午8:00~9:00采集植株相同部位成熟叶片，其中，八仙花选择从上至下完全展开的第2对成熟叶，萱草和鸢尾选择成熟叶片叶尖向下1/3~2/3处的健康叶片，酢浆草选择完全展开的成熟叶，依次用自来水和蒸馏水洗去叶片表面灰尘，去除主脉，测定叶片叶绿素含量、细胞膜透性和丙二醛(MDA)含量。

表1 各试验处理配比表
Table 1 Media proportion used in the experiment

处理 Treatment	渗滤介质配比(%) Proportion of different materials in infiltration media				
	土 Soil	沙 Sand	发酵秸秆 Fermented straw	生物质炭 Biochar	椰糠 Coconut chaff
A	40	40	20	0	0
B	40	40	0	20	0
C	40	40	10	10	0
D	40	40	0	0	20

1.3 项目测定
生理生化指标：叶绿素含量和细胞膜透性均采用紫外分光光度计法测定；丙二醛含量采用硫代巴比妥酸比色法测定。于移栽后第140d测定根系活力，选取植株须根部分，采用氯化三苯基四氮唑(TTC)法测定。上述指标均采用路文静和李奕松(2012)的方法测定，每组3次重复。

生长指标：于移栽第0d和第140d分别用精度

1mm刻度尺测量植株株高、根长、根宽，以第140d测量值与第0d测量值之差求得净生长量。株高以根茎交界处至最长叶尖处计，根长以根茎交界处至最长根尖处计，根宽以根系平放自然状态下中部最宽处计，根体积用圆锥体积近似法求得。

渗滤介质理化性质的测定由资源环境学院完成：容重及饱和含水量均采用环刀法测定(张甘霖和龚子同，2012)；pH采用pH计法(水土比2.5:1)测定(张甘霖和龚子同，2012)；有机质含量采用重铬酸钾容量法-外加热法测定（乔胜英，2012）；全氮含量采用凯氏定氮法测定（乔胜英，2012；鲍士旦，2000）；全磷含量采用 $HClO_4$-H_2SO_4 法测定（乔胜英，2012；鲍士旦，2000）。

1.4 数据分析

采用 Microsoft Excel 2007 进行数据计算并制图，采用 SPSS 22.0 分析不同处理间均值的差异显著性（$P<0.05$，LSD 法）（余礼根 等，2017）。

利用隶属函数法（Zadeh，1965；秦爱丽 等，2015；张志晓 等，2017）对不同处理下植物的生长状况进行综合评价，计算公式如下：

$$R(X_i) = \frac{X_i - X_{min}}{X_{max} - X_{min}} \quad (A);$$

$$R(X_i) = 1 - \frac{X_i - X_{min}}{X_{max} - X_{min}} \quad (B)$$

其中，$R(X_i)$ 为某一指标的隶属函数值，X_i 为某处理在某一指标的测定值，X_{min} 和 X_{max} 分别代表所有处理在该指标的最小值和最大值。该指标与植株生长呈正相关时运用隶属函数（公式 A）计算其隶属函数值，反之负相关时用反隶属函数（公式 B）计算。

2 结果与分析

2.1 不同渗滤介质的理化性质

由表 2 可知，4 种渗滤介质的容重范围均在 1.25～1.45 g·cm⁻³ 之间；处理 A、B 和 D 的饱和含水量均达 37% 以上；各处理 pH 均大于 7.8，为碱性土壤；处理 A、B、C 有机质含量均达 10 g·kg⁻¹ 以上，超过 D 处理 2 倍以上；全氮及全磷含量均为处理 A 值最高、处理 D 值最低。即，处理 D 有机质、全氮和全磷含量为各处理中最小值，处理 C 饱和含水量和 pH 值为各处理中最小值、容重为各处理中最大值。

表 2 不同渗滤介质的理化性质

Table 2 Physical and chemical properties of different infiltration media

处理	容重(g·cm⁻³)	饱和含水量(%)	pH	有机质(g·kg⁻¹)	全氮(g·kg⁻¹)	全磷(g·kg⁻¹)
A	1.25	39.65	8.08	11.30	1.43	0.79
B	1.28	37.63	7.99	13.53	0.53	0.47
C	1.41	17.42	7.85	10.91	0.88	0.61
D	1.39	37.63	8.35	4.71	0.31	0.43

2.2 不同渗滤介质对 4 种地被植物生长指标的影响

株高和根体积分别反映植株地上及地下部分的生长状况，是判定植株生长发育状态的重要指标。由表 3 可见，处理 C 下八仙花根体积和株高的增量均为各处理中最大值，处理 D 次之，处理 A 和 B 株高几乎无变化；酢浆草根体积增量最大值和最小值分别为处理 A 和处理 D，且前者高于后者 54.13%，处理 C 株高增量最大；萱草各处理根体积和株高均显著增加，且处理 D 增量最大；鸢尾的根体积和株高增量分别在处理 B 和处理 D 下表现出最大值。

表 3 不同渗滤介质中各植物的根体积增量(cm³)和株高增量(cm)

Table 3 Increment of root volume and plant height of the plants under different infiltration media

处理 Treatment	八仙花 Hydrangea macrophylla		酢浆草 Oxalis corniculata		萱草 Hemerocallis fulva		鸢尾 Iris tectorum	
	根体积 Root volume	株高 Plant height	根体积 Root volume	株高 Plant height	根体积 Root volume	株高 Plant height	根体积 Root volume	株高 Plant height
A	72.22	3.00	153.26	2.00	1307.16	6.00	713.57	1.00
B	240.65	0.00	133.85	4.00	1727.81	14.40	890.71	5.00
C	548.45	14.00	118.80	14.00	599.610	13.00	95.25	4.00
D	516.79	10.00	99.43	7.00	2143.57	15.50	351.94	8.50

由图 1 可见，移栽第 0 d，各植株长势一致，随栽培时间的增加，不同渗滤介质处理下的八仙花植株形态表现出差异，栽培第 80 d，处理 A、B 和 D 八仙花叶片出现焦边，且处理 A 和处理 B 叶数减少；栽培第 140 d，处理 C 新叶数量多、植株体量大，长势优于其余各处理，且处理 A 和 B 新叶长势弱且出现失绿症状。

图 2 为栽培前后不同渗滤介质处理下八仙花根系形态对比照片，由图可见，移栽第 0 d 各处理根系体量相似，随栽培时间的增加，在移栽第 140 d 时，处

图1 不同渗滤介质下八仙花植株形态

Fig. 1 Plant morphology of *Hydrangea macrophylla* under different infiltration media

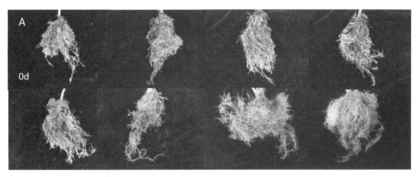

图2 不同渗滤介质下八仙花根系形态

Fig. 2 Root morphology of *Hydrangea macrophylla* under different infiltration media

理C及处理D八仙花根系体量相较于移栽第0d有明显增加，处理A则略有增加，处理B根系体量变化不明显。

2.3 不同渗滤介质对4种地被植物叶绿素含量的影响

由图3可见，随栽培时间增加，各处理中八仙花叶片叶绿素含量均呈现波动减少的趋势，但同一时间下，处理C和处理D叶绿素含量显著高于处理A、B（$P<0.05$），且处理A、B叶绿素含量始终低于1.0mg·g^{-1}FW，处于较低水平。栽培第40d、第60d和第80d时，处理C叶绿素含量均为各处理中最大值。

由图4可见，随栽培时间增加，各处理中酢浆草叶片叶绿素含量均逐渐减少，直至栽培第80d时，各处理下叶绿素含量均低于1.0mg·g^{-1}FW，其中处理B、C显著高于其他各处理；栽培第40d，处理D叶绿素含量显著低于其他各处理，在第60d、第80d，处理C均显著高于处理D（$P<0.05$）。

由图5可见，栽培第10d，处理D萱草叶片叶绿素含量显著低于处理A、B和C，但随栽培时间增加，处理D呈现增加趋势，处理A、B和C则逐渐减少。栽培第60d和第80d各处理叶绿素含量均稳定在1.6～2.3mg·g^{-1}FW之间。栽培第80d，处理A叶绿素含量显著高于处理B和D（$P<0.05$）。

图6反映不同渗滤介质处理对鸢尾叶片叶绿素含量的影响，处理A叶绿素增加，其余处理均波动减少。处理D叶绿素含量在第40d、60d、80d时均为各处理最小值，栽培第80d处理A叶绿素含量显著高于其他处理（$P<0.05$）。

2.4 不同渗滤介质对4种地被植物细胞膜透性的影响

图7至图10分别表示4种植物在不同处理下叶片细胞膜透性的变化，总体看来，4种植物在处理A和处理B下均表现为膜透性增加的趋势，而在处理C和D下4种植物表现不尽相同。

由图7可见，随栽培时间的增加，处理C细胞膜透性最终减小，其余各处理最终增大。在栽培第60d

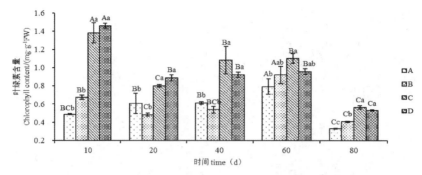

图3 不同渗滤介质对八仙花叶片叶绿素含量的影响

Fig. 3 Effects of different infiltration media on chlorophyll content of *Hydrangea macrophylla* leaves

注：同组图柱中不同小写字母表示同一时间不同处理间差异显著($P<0.05$)；不同大写字母表示同一处理不同时间间差异显著($P<0.05$)。下同。

Note：Different letters in the same group indicate significant differences within the same time between different treatment at the 0.05 level；different capital letters indicate significant differences within the same treatment between different timet at the 0.05 level. The same as below.

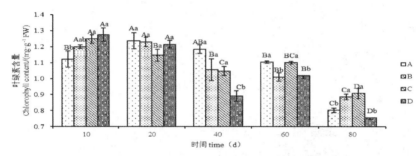

图4 不同渗滤介质对酢浆草叶片叶绿素含量的影响

Fig. 4 Effects of different infiltration media on chlorophyll content of *Oxalis corniculata* leaves

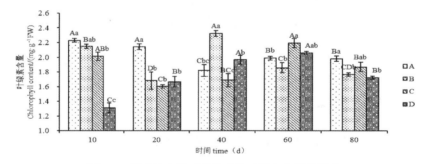

图5 不同渗滤介质对萱草叶片叶绿素含量的影响

Fig. 5 Effects of different infiltration media on chlorophyll content of *Hemerocallis fulva* leaves

和第80d，处理C细胞膜透性显著低于其余各处理($P<0.05$)，自栽培第20d起，处理D细胞膜透性均处于各处理中较高水平。

从图8可看出，各处理下酢浆草叶片细胞膜透性波动增加。栽培第10d时，细胞膜透性均小于38%；栽培第40d时，各处理均达最大值，且均高于46%，各处理间无显著差异($P\geqslant0.05$)。总体看来，处理D细胞膜透性始终处于各处理中较高水平，栽培第10d、20d、40d和60d时，处理B细胞膜透性均处于

各处理的最小值。

由图9可见，在栽培第10d，各处理中萱草叶片细胞膜透性由大到小依次为：C>D>A>B，且各处理间两两差异显著($P<0.05$)。随栽培时间的增加，处理A和处理B中细胞膜透性波动增大，处理C、D波动减小。栽培第40d、60d和80d，处理D细胞膜透性均处于各处理最小值；栽培第80d时，处理A、B、C无显著差异($P\geqslant0.05$)。

由图10可见，随栽培时间的增加，处理A、B中

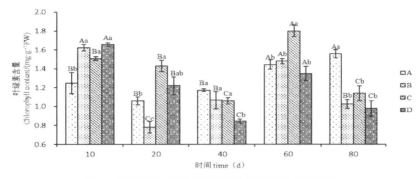

图 6　不同渗滤介质对鸢尾叶片叶绿素含量的影响

Fig. 6　Effects of different infiltration media on chlorophyll content of *Iris tectorum* leaves

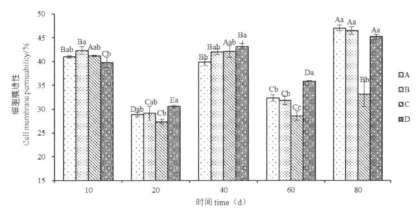

图 7　不同渗滤介质对八仙花叶片细胞膜透性的影响

Fig. 7　Effects of different infiltration media on cell membrane permeability in leaves of *Hydrangea macrophylla*

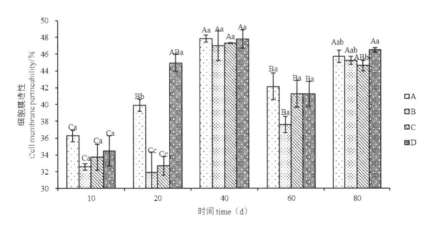

图 8 不同渗滤介质对酢浆草叶片细胞膜透性的影响

Fig. 8　Effects of different infiltration media on cell membrane permeability in leaves of *Oxalis corniculata*

鸢尾叶片细胞膜透性波动增加，处理 C、D 总体变化不大。栽培第 60d 和第 80d 时，处理 A 和处理 B 细胞膜透性无显著差异，且在第 80d，处理 A、B 显著高于其他各处理（$P<0.05$）。

2.5　不同渗滤介质对 4 种地被植物丙二醛含量的影响

由表 4 可见，随栽培时间的增加，4 种植物叶片丙二醛含量呈现不规律变化，但同种植物在同一处理下丙二醛含量的最大值均出现在第 10d、第 20d 或 40d 之中，即在第 60d 和第 80d 时植物丙二醛含量均有所减少。

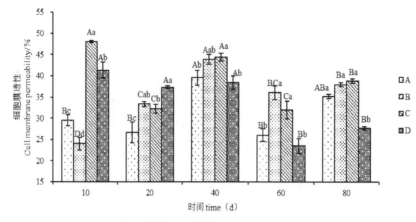

图 9 不同渗滤介质对萱草叶片细胞膜透性的影响

Fig. 9 Effects of different infiltration media on cell membrane permeability in leaves of *Hemerocallis fulva*

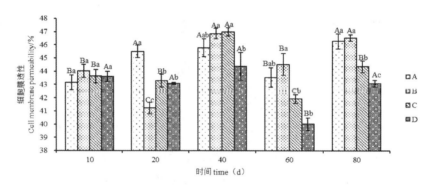

图 10 不同渗滤介质对鸢尾叶片细胞膜透性的影响

Fig. 10 Effects of different infiltration media on cell membrane permeability in leaves of *Iris tectorum*

对于八仙花而言，处理 B、D 在第 20d 达最大值，处理 A、C 在第 40d 达最大值，说明处理 A、C 对八仙花生长有一定影响但试验前期植株仍具一定耐受力，处理 A 叶片丙二醛含量在第 60d 大幅减少。处理 C 丙二醛含量始终低于 10μmol·g^{-1}FW，处于较低水平。

对于酢浆草而言，随栽培时间的增加，处理 D 在栽培第 10d 达最大值，处理 A、B、C 在栽培第 20d 时达到最大值，自栽培第 40d 起，各处理无显著差异（$P \geqslant 0.05$）。

对于萱草而言，各处理丙二醛含量最大值均出现在第 10d，表明试验前期萱草植株对于土壤环境的改变表现出不适，此后丙二醛含量有所减少，表明植株逐渐适应。在栽培第 80d，处理 C 丙二醛含量显著高于其余各处理（$P < 0.05$）。

对于鸢尾而言，处理 B 丙二醛含量在栽培第 10d 达最大值，处理 A、C 和 D 在第 20d 达最大值，随后均逐渐减少。在栽培第 60d 和第 80d，处理 D 丙二醛含量均高于其余各处理，且在栽培第 60d，处理 D 显著高于处理 B（$P < 0.05$）。

表 4 不同渗滤介质中各植物的丙二醛含量（μmol·g^{-1}FW）

Table 4 MDA content of the plants under different infiltration media

处理 Treatment	时间 time(d)				
	10	20	40	60	80
八仙花 *Hydrangea macrophylla*					
A	9.12±0.26Bab	10.98±0.56ABa	12.28±1.25Aa	8.75±0.43Ba	7.67±0.40Ba
B	7.09±0.18Bb	10.63±0.75Aa	6.48±0.27Bc	8.13±1.05Ba	7.49±0.06Ba
C	8.38±1.45Bab	8.92±0.78Ba	9.56±0.21Ab	7.86±0.18Ba	6.61±0.15Ba
D	10.40±0.53Aa	11.44±1.08Aa	9.45±0.61ABb	7.63±0.34Ba	7.19±0.71Ba

（续）

处理 Treatment	时间 time(d)				
	10	20	40	60	80
酢浆草 *Oxalis corniculata*					
A	4.53±0.03Aa	4.92±0.14Aab	3.11±0.69Ba	2.90±0.10Ba	3.56±0.31ABa
B	3.95±0.44ABa	4.48±0.42Ab	2.91±0.18Ba	2.75±0.36Ba	3.84±0.18ABa
C	4.70±0.20Aa	5.72±0.17Aa	3.25±0.48BCa	2.44±0.25Ca	3.54±0.43Ba
D	5.40±0.76Aa	5.12±0.19Aab	2.95±0.08Ba	2.42±0.16Ba	3.30±0.06Ba
萱草 *Hemerocallis fulva*					
A	24.54±3.09Aab	17.09±1.42Ba	19.13±0.89ABa	16.66±2.68Ba	7.39±0.19Cb
B	26.60±0.46Aa	17.67±1.01Ba	14.48±0.17Cb	10.48±0.73Db	6.34±0.65Eb
C	19.44±0.76Ab	17.95±1.16ABa	16.01±1.47Bab	14.34±1.24Bab	9.06±0.10Ca
D	26.37±1.24Aa	14.78±0.97Ba	15.19b±093Bb	11.71±0.22Cab	7.17±0.09Db
鸢尾 *Iris tectorum*					
A	4.61±0.53Ab	5.40±0.35Ab	5.44±0.33Aa	2.78±0.10Bab	3.19±0.2Ba
B	5.97±0.23Aa	5.25±0.25ABb	4.45±0.37BCa	2.45±0.71Db	3.90±0.38Ca
C	5.56±0.44ABab	6.77±0.15Aa	4.61±0.44Ba	3.91±0.60Bab	3.53±0.48Ba
D	6.12±0.41Aa	6.92±0.37Aa	5.37±0.49ABa	4.43±0.69Ba	4.48±0.92Ba

2.6　不同渗滤介质对 4 种地被植物根系活力的影响

　　由表 5 可见，4 种植物根系活力最大值表现在不同处理中。对于八仙花而言，处理 B 和处理 C 下根系活力显著高于其余各处理（$P < 0.05$），其中处理 C 最高，达 187.691 $\mu g \cdot g^{-1} \cdot h^{-1}$；对于酢浆草而言，处理 A 根系活力显著高于其余各处理，依次比处理 D、C 和 B 高出 81.68%、98.06% 和 154.06%；对于萱草而言，处理 D 根系活力显著高于其余各处理，依次比处理 B、A 和 C 高出 29.06%、103.25% 和 346.79%；对于鸢尾而言，各处理下的根系活力且无显著差异（$P \geqslant 0.05$），且均达 210 $\mu g \cdot g^{-1} \cdot h^{-1}$ 以上。

表 5　不同渗滤介质中各植物的根系活力（$\mu g \cdot g^{-1} \cdot h^{-1}$）

Table 5　TTC of the plants under different infiltration media

处理 Treatment	八仙花 *Hydrangea macrophylla*	酢浆草 *Oxalis corniculata*	萱草 *Hemerocallis fulva*	鸢尾 *Iris tectorum*
A	93.63±2.58b	335.84±13.56a	131.16±15.12c	210.17±24.49a
B	159.519±16.15a	133.367±2.87c	206.55±25.41b	266.31±37.26a
C	187.69±4.60a	169.56±22.20bc	59.67±11.16d	328.85±50.00a
D	104.32±8.66b	184.85±10.40b	266.58±12.27a	327.12±30.20a

2.7　隶属函数分析不同渗滤介质对 4 种地被植物的影响

　　运用隶属函数综合评价不同渗滤介质处理下的四种地被植物的生长状况，根体积增量、株高增量、叶绿素含量和根系活力通过隶属函数计算（公式 A）；MDA 含量和细胞膜透性通过反隶属函数计算（公式 B）。其中，叶片叶绿素含量、细胞膜透性、MDA 含量均采用第 80d 时的测定值。

　　由表 6 可见，八仙花和酢浆草在渗滤介质 C（土∶沙∶发酵秸秆∶生物质炭＝4∶4∶1∶1）中生长状况最佳，萱草在渗滤介质 D（土∶沙∶椰糠＝4∶4∶2）生长状况最佳；对于鸢尾而言，各处理隶属函数平均值相差甚少，即不同渗滤介质对鸢尾生长的影响无明显差异。

表 6 不同渗滤介质中各植物隶属函数值

Table 6 Subordinate function value of the plants under different infiltration media

处理 Treat-ment	根体积增量 Root volume increment	株高增量 Plant height increment	叶绿素含量 Chloro-phyll content	细胞膜透性 Cell membrane permeabil-ity	丙二醛含量 MDA content	根系活力 TTC	均值 Average value	排序 Ranking
八仙花 Hydrangea macrophylla								
A	0.214	0.000	0.000	0.000	0.000	0.000	0.036	4
B	0.000	0.354	0.326	0.034	0.170	0.700	0.264	3
C	1.000	1.000	1.000	1.000	1.000	1.000	1.000	1
D	0.714	0.934	0.865	0.127	0.448	0.114	0.534	2
酢浆草 Oxalis corniculata								
A	1.000	0.000	0.311	0.412	0.520	1.000	0.541	2
B	0.639	0.167	0.850	0.671	0.000	0.000	0.388	3
C	0.360	1.000	1.000	1.000	0.561	0.179	0.683	1
D	0.000	0.417	0.000	0.000	1.000	0.254	0.279	4
萱草 Hemerocallis fulva								
A	0.458	0.000	1.000	0.324	0.614	0.346	0.457	3
B	0.731	0.884	0.175	0.079	1.000	0.710	0.596	2
C	0.000	0.737	0.565	0.000	0.000	0.000	0.217	4
D	1.000	1.000	0.000	1.000	0.696	1.000	0.783	1
鸢尾 Iris tectorum								
A	0.777	0.000	1.000	0.076	1.000	0.000	0.476	3
B	1.000	0.533	0.082	0.451	0.473	0.423	4	
C	0.000	0.400	0.281	0.629	0.737	1.000	0.508	2
D	0.323	1.000	0.000	1.000	0.000	0.985	0.551	1

3　结论和讨论

试验结果表明,八仙花和酢浆草在土:沙:发酵秸秆:生物质炭=4:4:1:1的渗滤介质中生长状况最佳;萱草在土:沙:椰糠=4:4:2的渗滤介质中生长状况最佳;鸢尾在各渗滤介质中生长状况无显著差异。该结论可为海绵城市建设中城市绿地土壤换填提供理论依据。

叶片叶绿素含量反映植物体光合能力的强弱(林霞 等,2010),是植物营养状态的重要参考指标(曹钰 等,2018)。研究表明,中高 pH 可导致植物叶片失绿(张凌云 等,2002),本试验 4 种渗滤介质 pH 均在 7.8 以上,可能是导致八仙花和酢浆草叶片叶绿素含量降低的原因,而鸢尾和萱草属于耐盐碱植物(裔传顺 等,2014),故而随栽培时间的增加,其叶绿素含量没有明显减少。

正常情况下,细胞膜对进出细胞的物质具有选择透过性(王庆 等,2015),细胞膜功能的正常发挥为细胞内环境的动态稳定和代谢反应的顺利进行提供了可靠保证,膜透性的大小反映了细胞膜的稳定性和植物组织受损害的程度(陆銮眉 等,2011)。当植物处于不适宜的生长环境时,细胞膜的结构会遭到破坏,导致其透性增大。本试验随栽培时间增加,4 种植物在处理 A 和处理 B 下均表现为叶片细胞膜透性持续增大,可能表明处理 A、B 较不适宜该 4 种植物生长。

丙二醛(MDA)含量可作为检测细胞膜损伤程度的指标(刘昮 等,2018;高叶青和任冬梅,2018),当植物处于衰老阶段或不适宜生长的环境下时 MDA含量增加,膜脂过氧化程度加剧,抵抗逆境的能力减弱(赵玉红 等,2014)。萱草在各处理中丙二醛含量逐渐降低,可能是由于细胞内活性氧清除酶的作用,细胞受到的氧化伤害得到缓解(陈开宁 等,2006),MDA 含量有所减少。而处理 B 下的八仙花和酢浆草丙二醛含量在先增再减之后,分别在第 60d 和第 80d再次增加,可能是由于随时间推移,超过植物耐受极限,活性氧清除系统受损,酶活性降低,导致 MDA持续积累(李荣玉 等,2018)。

同种植物在不同渗滤介质中表现出生长差异,是因为不同渗滤介质的理化性质和养分含量不同(宋晓晓 等,2013),不同植物在同一渗滤介质中生长状况也不尽相同。渗滤介质 C 在有机质及全氮、全磷含量上虽无明显优势,但其较低的 pH 可能是其适合八仙花及酢浆草生长的原因。处理 D 有机质及全氮、全磷含量为各处理中最低值，且 pH 较高，但仍适宜萱草生长，可能原因是萱草适应性强、不择土壤，且具有很强抗性(赵薪鑫 等，2017；李建强，2007；关梦茜 等，2014)，故而在养分含量较低的渗虑介质中仍可保持优良生长状态。

植株生长形态的变化体现植物体对栽培环境的适应情况(韩航 等，2018)，本试验采用株高和根体积衡量植株生长状况。对于鸢尾而言，根体积增加量和株高增加量的最大值分别出现在处理 B 和处理 D，可能是由于植物根系体积并不一定和根系吸收养分的能力呈正比，故需结合根系活力进行评价，根系活力反映植物根系生命活动强弱，值越高，根系代谢活动越旺盛(李荣玉 等，2018)，处理 D 根系活力(327.120μg · g^{-1} · h^{-1})高于处理 B 根系活力(266.314μg · g^{-1} · h^{-1})22.83%，可能导致处理 D 中鸢尾根系从渗滤介质中汲取、运输养分的能力强于处理 B，从而导致处理 D 株高增量大于处理 B。

孙向丽和张启翔(2008)指出，对于植物而言，单一的栽培基质原料常常引起其理化性状不足而导致植物体生长不良，故实际生产中常选择 2~3 种不同类型的原料按一定比例混合配比，以利植株生长。因此，对于本试验中八仙花和酢浆草而言，处理 C(土：沙：发酵秸秆：生物质炭=4：4：1：1)较处理 A(土：沙：发酵秸秆=4：4：2)和 B(土：沙：生物质炭=4：4：2)更适合植株生长，可能原因是单独的生物质炭或发酵秸秆并不能满足这 2 种植物对生长的需求，二者兼有则可相互弥补，以供植物体正常生长。

生物炭是在零氧或低氧条件下生物质经过热降解的产物(José 等，2013)，作为土壤改良剂的一种，孔隙结构发达，且有助于提高土壤养分含量，增强土壤肥力(孔丝纺 等，2015)。本试验中添加一份生物质炭的渗滤介质 C(土：沙：发酵秸秆：生物质炭=4：4：1：1)更适宜八仙花和酢浆草生长，添加两份生物质炭的渗滤介质 B(土：沙：生物质炭=4：4：2)则较不适宜其生长，原因可能是过多生物炭的发达孔隙对渗滤介质中的养分有吸附和固持作用，阻碍植株根系吸收养分(戚琳，2017)。

在海绵城市建设中，换填介质的选择应充分考虑绿地植物的种类和习性，选用既符合海绵城市建设理念、又能保证植物良好观赏特性的渗滤介质。

参考文献

鲍士旦，2000. 土壤农化分析[M]. 北京：中国农业出版社.

曹钰，胡涛，张鸽香，2018. 基质配比对美国流苏容器苗生长的影响[J]. 东北林业大学学报，46(9)：26-30.

陈开宁，陈小峰，陈伟民，等，2006. 不同基质对四种沉水植物生长的影响[J]. 应用生态学报，17(8)：1511-1516.

代惠洁，季祥龙，杜迎刚，2015. 椰糠替代草炭作番茄穴盘育苗基质的研究[J]. 北方园艺，9：46-48.

付宝春，薄伟，康红梅，2013. 干旱胁迫对 13 种优良鸢尾属植物的生理影响[J]. 山西农业科学，41(9)：924-929.

高叶青，任冬梅，2018. 稀土元素对短叶对齿藓生理生化的研究[J]. 植物研究，38(5)：675-681.

关梦茜，董然，李红婷，等，2014. Cu 胁迫对大花萱草生长及生理的影响[J]. 东北林业大学学报，42(7)：91-94.

韩航，陈顺钰，薛凌云，等，2018. 铅胁迫对金丝草生长及生理生化的影响[J]. 草地学报，27(4)：131-138.

胡云，李明，尹春，2016. 深翻和秸秆基质调控对设施黄瓜根系生长相关因子的影响[J]. 北方园艺，8：45-48.

季延海，赵孟良，武占会，等，2017. 番茄栽培基质中菊芋发酵秸秆的适宜配比研究[J]. 园艺学报，44(8)：1599-1608.

孔丝纺，姚兴成，张江勇，等，2015. 生物质炭的特性及其应用的研究进展[J]. 生态环境学报，24(4)：716-723.

李建强，2007. 北方优良地被植物在北京的应用[J]. 北京园林，23(2)：39-42.

李荣玉，邱国玉，沈小雪，等，2018. 镉胁迫下铵态氮对红树植物秋茄(*Kandelia obovata*)生理生态特征的影响[J]. 植物研究，38(5)：653-660.

李宇超，田兴运，陶中兰，2016. 西咸新区提高雨水资源利用率的理论与实践[J]. 山西建筑，42(17)：200-201.

林霞，郑坚，刘洪见，等，2010. 不同基质对无柄小叶榕容器苗生长和叶片生理特性的影响[J]. 林业科学，46(8)：62-70.

刘易，孟阿静，黄健，等，2018. 生物质炭输入对盐胁迫下玉米植株生物学性状的影响[J]. 干旱地区农业研究，36(2)：16-22.

刘丽珠，范如芹，卢信，等，2016. 农业废弃物生物质炭在设施栽培中应用的研究进展[J]. 江苏农业学报，32(6)：1434-1440.

刘碧容，王艳，2012. 叶面喷肥对八仙花叶片生理效应的影响[J]. 北方园艺，14：59-61.

陆銮眉，陈鹭真，林金水，等，2011. 不同水分条件对人参榕生长和生理的影响[J]. 生态学杂志，30(10)：2179

-2184.

路文静，李奕松，2012. 植物生理学实验教程［M］. 北京：中国林业出版社.

戚琳，马存琛，谢伟芳，等，2017. 不同比例生物炭替代泥炭栽培基质对西瓜幼苗生长的影响［J］. 安徽农业科学，45(25)：55-58.

乔胜英，2012. 土壤理化性质实验指导书［M］. 武汉：中国地质大学出版社有限责任公司.

秦爱丽，郭泉水，简尊吉，等，2015. 不同育苗基质对圃地崖柏出苗率和苗木生长的影响［J］. 林业科学，51(9)：9-17.

宋晓晓，邹志荣，曹凯，等，2013. 不同有机基质对生菜产量和品质的影响［J］. 西北农林科技大学学报(自然科学版)，41(6)：153-160.

孙向丽，张启翔，2008. 混配基质在一品红无土栽培中的应用［J］. 园艺学报，35(12)：1831-1836.

王立峰，2016. 浅析西安市城市绿地海绵城市建设［J］. 中国园艺文摘，7：76-78.

王庆，朱玉琼，林清，2015. 不同栽培基质中碧玉兰受两种胁迫下对叶片细胞膜透性的影响［J］. 现代园艺，10：12-13.

吴炳煌，2017. 城市绿化改造提升项目的海绵城市构建探讨——以泉州市区绿化改造提升项目为例［J］. 福建建筑，8：13-16.

裔传顺，倪学军，于金平，等，2014. 江苏省耐盐碱观赏地被植物的类别及其园林应用［J］. 现代农业科技，16：173，184.

余礼根，刘楠，赵倩，等，2017. 不同臭氧浓度处理对盆栽茄子生长发育的影响［J］. 北方园艺，19：1-5.

赵冰，张冬林，李厚华，2016. 中国八仙花［M］. 北京：中国林业出版社.

赵瑞，张玉龙，陈俊琴，等，2005. 椰糠对黄瓜穴盘苗生长发育的影响［J］. 中国蔬菜，12：22-23.

赵薪鑫，焦芳，孙国峰，等，2017. 萱草花瓣中类胡萝卜素分析样品的制备及 UPCC-MS 检测方法研究［J］. 植物研究，37(6)：926-932.

赵玉红，蒙祖庆，牛歆雨，等，2014. 铜、锌胁迫对珠芽蓼珠芽萌发及生理生化特性的影响［J］. 草地学报，22(1)：116-121.

张甘霖，龚子同，2012. 土壤调查实验室分析方法［M］. 北京：科学出版社.

张凌云，张宪法，翟衡，2002. 土壤因子对植物缺铁失绿的影响［J］. 土壤通报，33(1)：74-77.

张志晓，曾丽蓉，赵嘉菱，等，2017. 五种苹果砧木的生长及生理特性对盐胁迫的响应［J］. 北方园艺，319-25.

José A A, Juan M C, Rebeca A, et al. 2013. Effects of biochars produced from different feedstocks on soil properties and sunflower growth［J］. Journal of Plant Nutrition and Soil Science, DOI：10. 1002/jpln. 201200652.

Zadeh L A. 1965. Fuzzy sets［J］. Information and Control, 8(13)：338-353.

中国观赏园艺研究进展 2020：241~245
Advances in Ornamental Horticulture of China，2020：241~245

外源激素对蝴蝶兰花发育的影响

张英杰[1,2]　高寿利[3]　李奥[4]　刘民晓[2]　刘学庆[2]　孙纪霞[2]　郭文姣[2]　张京伟[2]　吕英民[1,*]

（[1] 花卉种质创新与分子育种北京市重点实验室，国家花卉工程技术研究中心，城乡生态环境北京实验室，
园林环境教育部工程研究中心，林木花卉遗传育种教育部重点实验室，园林学院，北京林业大学，北京 100083；
[2] 山东省烟台市农业科学研究院，烟台 265500；[3] 青岛市李沧园林绿化工程有限公司，青岛 266000；
[4] 中国林业科学研究院，北京 100091）

摘要　为研究 6-苄氨基腺嘌呤(6-BA)以及赤霉素(GA₃)对不同品种蝴蝶兰花发育的影响，以 3 个多梗品种 '双霞' '富乐夕阳'和'金橘'，1 个单梗品种'大辣椒'为试材，花前喷施不同浓度外源激素后统计花梗生长情况、花梗数量和花期，研究发现，GA_3 可显著加快植株花梗的伸长。GA_3 可使不同品种的蝴蝶兰提前开花，在一定浓度范围内，GA_3 的浓度越高开花时间越早。但施用 GA_3 会导致花期缩短、花芽和花瓣畸变的现象。不同浓度的 6-BA 均明显提高了 3 个多梗蝴蝶兰品种的双梗率，其中'金橘'和'双霞'的最适浓度为 100mg/L，而'富乐夕阳'的最适浓度为 200mg/L，但其对单梗蝴蝶兰'大辣椒'作用不明显。本研究完善了外源激素对蝴蝶兰花期的调控技术，为蝴蝶兰生产栽培提供理论依据与科学指导。

关键词　蝴蝶兰；外源激素；花发育；6-BA；GA_3

Effects of Exogenous Hormones on Flower Development of *Phalaenopsis*

ZHANG Ying-jie[1,2]　GAO Shou-li[3]　LI Ao[4]　LIU Min-xiao[2]　LIU Xue-qing[2]　SUN Ji-xia[2]
GUO Wen-jiao[2]　ZHANG Jing-wei[2]　LYU Ying-min[1,*]

([1] *Beijing Key Laboratory of Ornamental Plants Germplasm Innovation & Molecular Breeding，National Engineering Research Center for Floriculture，Beijing Laboratory of Urban and Rural Ecological Environment，Engineering Research Center of Landscape Environment of Ministry of Education，Key Laboratory of Genetics and Breeding in Forest Trees and Ornamental Plants of Ministry of Education，School of Landscape Architecture，Beijing Forestry University，Beijing 100083，China；* [2] *Yantai Academy of Agricultural Sciences，Yantai 265500，China；* [3] *Qingdao Licang Landscape Engineering Co.，Ltd，Qingdao 266000，China；* [4] *Chinese Academy of Forestry，Beijing 100091，China*)

Abstract　In order to study the effects of 6-benzylaminoadenine (6-BA) and gibberellin 3 (GA_3) on the flower development of different varieties of *Phalaenopsis*，'SurfSong'，'Fullers' sunset'，'ShuangXia' and 'Big Chili' were tested as materials. The growth of pedicel，number of pedicel and flowering period were measured after spraying different concentrations of exogenous hormones before flowering. It was found that GA_3 could significantly accelerate the elongation of pedicel. GA_3 could make different varieties of *Phalaenopsis* blossom ahead of time. In a certain concentration range，the higher the GA_3 concentration，the earlier the flowering time. However，the application of GA_3 could lead to the shortening of flowering period，flower bud and petal distortion. Different concentrations of 6-BA increased the rate of double peduncle of three varieties of *Phalaenopsis*，and the optimum concentration of 'SurfSong' and 'Shuangxia' was 100mg/L，and 'Fullers sunset' was 200mg/L. But the effect of 6-BA on 'Big Chili' was not obvious. This experiment aims to improve the regulation technology of exogenous hormone on flowering period of *Phalaenopsis* and provide theoretical basis and scientific guidance for the production and cultivation of *Phalaenopsis*.

Key words　*Phalaenopsis*；Exogenous hormone；Flower development；6-Benzylaminopurine；Gibberellin

---

1 基金项目：山东省 2017 年度农业重大应用技术创新项目"山东省主要设施花卉提质增效关键技术研究与示范"、山东省林业科技创新项目"兜兰、蝴蝶兰种质创新与优质高效关键技术研究"(LYCX06-2018-30)和烟台市科技发展计划"特异型优质蝴蝶兰培育技术研究"(2018NCGY060)。

第一作者简介：张英杰(1987—)，女，博士研究生，主要从事花卉栽培与育种研究。

* 通讯作者：吕英民，教授，E-mail：luyingmin@bjfu.edu.cn。

蝴蝶兰(*Phalaenopsis* spp.)是兰科蝴蝶兰属植物的统称,也是我国销售量最大的年宵盆花花卉,是国际畅销的盆花种类(Lee et al.,2018;Kwon et al.,2017),在花卉产业占据着举足轻重的地位。我国蝴蝶兰市场一些主流品种如'大辣椒'(*P.* 'Big chilli'),存在花期相对较晚的缺点。此外,每年春节的阳历日期不同,有的年份相差约20d。品种花期不一致和上市时间的浮动要求蝴蝶兰在生产栽培中花期调控技术相应改变。蝴蝶兰对外界催花因子的响应,不仅影响开花质量,也是决定开花时间的关键因子,直接决定了蝴蝶兰年宵花上市时间和成品花的开花等级与质量。此外,多梗蝴蝶兰需求量逐年增加。目前蝴蝶兰市场上的单梗植株占据了很大的比例,但随着蝴蝶兰市场的快速发展,消费者对多梗蝴蝶兰的市场需求量逐年增加,多梗率也是一些蝴蝶兰品种获得更高市场价值的重要指标,同一个品种的双梗株市场售价要高于单梗植株20%以上。因此,蝴蝶兰催花技术直接决定花期调控和产品质量。

低温、强光调控和外施生长调节剂是蝴蝶兰生产栽培中的重要催花技术。28℃以上高温抑制开花并维持营养生长(Sang, et al.,2020),在蝴蝶兰夏季高温不降的情况下可配合施用外源生长调节剂促进成花。植物生长调节剂主要包括赤霉素(GA$_3$)、生长素、细胞分裂素、6-苄氨基腺嘌呤(6-BA)等。较多学者认为GA$_3$对蝴蝶兰花芽萌发、花期和花数量方面有一定影响,研究表明GA$_3$可促进产生花芽并使植株提前开花(汤久顺,2008)。郑锦凯等(2012)研究发现不同浓度的赤霉素和多效唑对蝴蝶兰催花均能起到一定作用。陈尚平等(2009)研究发现蝴蝶兰抽出花序形成花蕾后使用激素对植株喷雾和花芽分化前使用溶有激素的羊毛脂涂抹蝴蝶兰茎基部都能使蝴蝶兰提前开花。6-BA在蝴蝶兰成花诱导中具有促进作用(Blanchard and Runkle,2008),且较多学者在6-BA对促进花芽诱导、花蕾发育和延长花期的作用中具有比较相似的意见(刘晓荣,2006)。赤霉素等激素参与了花梗芽诱导和开花时间调控,但外源激素对蝴蝶兰成花的影响至今未有定论。

因此本试验以'大辣椒''金橘''富乐夕阳'及'双霞'4个市场主流的蝴蝶兰品种为试材,研究不同外源激素对蝴蝶兰花梗长度、多梗率和花期的影响,为蝴蝶兰花期调控和多梗催花技术的研究提供一定的理论依据。

1 材料与方法

1.1 试材及取样

以蝴蝶兰3个多梗品种'双霞'(*P.* 'Shuang Xia')、'富乐夕阳'(*P.* 'Fullers Sunset')、'金橘'(*P.* 'SurfSong')及1个单梗品种'大辣椒'(*P.* 'Big Chili')为试材,于2018年于山东省烟台市农业科学研究院的连栋温室栽培养护。

1.2 生长调节剂处理

低温处理(昼/夜温度:25℃/18℃,2018年8月21日)开始后,对4个品种的蝴蝶兰喷外施激素,所有处理均添加"不怕雨"(浓度:2g/L)。处理方法为:用喷壶喷雾茎部和叶片,每10d喷施1次,共处理4次。共设置8个不同的处理,激素种类和浓度为:100mg/L GA$_3$、200mg/L GA$_3$、300mg/L GA$_3$、100mg/L 6-BA、200mg/L 6-BA、300mg/L 6-BA、100mg/L GA$_3$+100mg/L 6-BA、300mg/L GA$_3$+300mg/L 6-BA,对照组喷清水(加"不怕雨")。每个处理15棵,每个处理设3次重复。全部喷施完毕后于60d统计各处理花梗长度、双梗率,于花期统计花期起始时间和花量。测定数据采用Excel 2017进行数据整理,SPSS 19.0进行差异分析。

2 结果与分析

2.1 激素对蝴蝶兰花梗发育的影响

不同外源激素对蝴蝶兰花梗发育影响不同(表1),而不同品种蝴蝶兰对同种外源激素的反应基本相同。GA$_3$和GA$_3$+6-BA处理60d后花梗平均长度大于6-BA处理后花梗的平均长度。GA$_3$能显著促进花梗增长。'金橘''富乐夕阳''双霞'均在100mg/L GA$_3$处理后花梗平均长度达到最大,'大辣椒'为200mg/L GA$_3$。而6-BA对花梗发育作用不显著,或有抑制作用。'双霞''金橘'在100mg/L 6-BA的处理后花梗平均长度最低,'富乐夕阳'为200mg/L 6-BA,'大辣椒'为300mg/L 6-BA。

同时方差分析结果表明,'双霞'在100mg/L GA$_3$和300mg/L GA$_3$+300mg/L 6-BA时与对照组有显著差异($P \leq 0.05$);'富乐夕阳'在6-BA浓度为200mg/L、300mg/L时,与对照组有显著差异($P \leq 0.05$),表明该浓度配比的6-BA溶液会抑制'富乐夕阳'的花梗生长;'金橘'在3种激素配比下花梗长度均大于对照组,其中在GA$_3$和GA$_3$+6-BA处理时与对照组具有显著差异($P \leq 0.05$),而在6-BA时影响不显著($P > 0.05$),表明喷施该浓度的GA$_3$和其与6-BA混合使用时均可有效增加'金橘'花梗发育初期的生长;'大辣椒'在GA$_3$处理后花梗长度与对照组相比显著增加,但6-BA和GA$_3$+6-BA处理后花梗增长不显著。

表 1 激素对不同品种蝴蝶兰花梗发育的影响
Table 1 The effect of hormone for peduncle from different varieties of Phalaenopsis

| 激素种类及浓度（mg/L）Hormone species and concentration（mg/L） | | 花梗长度（60d）（cm）Peduncle length（60d）（cm） | | | |
GA₃ Gibberellin	6-BA 6-Benzylaminopurine	'双霞' 'Shuang Xia'	'富乐夕阳' 'Fullers Sunset'	'金橘' 'SurfSong'	'大辣椒' 'Big Chili'
100	0	57.13±5.75 a	25.91±1.08 a	22.04±5.47a	41.67±6.86a
200	0	42.76±10.17b	22.65±0.21bc	21.25±3.21a	42.05±9.53a
300	0	46.05±5.52ab	24.71±3.08ab	20.75±5.13a	41.45±5.64a
0	100	39.18±4.62b	24.71±1.67ab	18.64±2.82ab	31.25±4.75b
0	200	41.18±2.83b	19.37±0.49d	18.92±3.11ab	28.02±3.13b
0	300	40.94±3.17b	20.85±0.51cd	19.35±2.65ab	27.27±4.54b
100	100	48.65±6.31ab	24.51±1.43ab	22.01±2.98a	36.24±4.64ab
300	300	56.1±8.36a	24.83±2.33ab	21.79±0.65ab	35.17±6.95ab
0	0	42.15±4.92b	25.56±0.54ab	14.39±0.16b	32.07±2.35b

注：表中数据为平均值±标准差；同列数字后不同字母表示显著差异（P≤0.05）。

Note：V1：The data in table aremean±standard deviation；Different letters of the same column indicates significant differences （P≤0.05）

2.2 激素对蝴蝶兰多梗率的影响

不同外源激素处理对不同品种的蝴蝶兰多梗率产生了不同的影响（表2）。蝴蝶兰'双霞'在6-BA浓度为100mg/L时双梗率达到最大值31.25%，较最小值300mg/L GA₃+300mg/L 6-BA时和对照组分别增加了275.1%和114.3%，其余2个6-BA浓度的双梗率也均远大于其余组合，且差异分析表明其具有显著差异（P≤0.05），2个浓度配比下的GA₃与6-BA混合使用时双梗率分别较对照组降低了28.53%和42.87%，表明6-BA有利于'双霞'双梗的发生，在浓度为100mg/L时效果最为明显，而GA₃+6-BA则会降低其双梗率。

蝴蝶兰'富乐夕阳'在6-BA浓度为200mg/L时双梗率最高，为对照组的2.55倍。同时差异分析表明6-BA在200mg/L、300mg/L浓度时对双梗率具有显著影响（P≤0.05），其余条件下双梗率均低于对照组，但差异不显著（P>0.05）。GA₃和其与6-BA混合使用则会降低植株的双梗率。

蝴蝶兰'金橘'对照组双梗率为65.6%，在100mg/L 6-BA条件下时双梗率最高，但与对照组无显著差异。在100mg/L GA₃+100mg/L 6-BA、300mg/L GA₃+300mg/L 6-BA时双梗率受到极大的影响，仅为34.4%、32.2%，较对照组降低了47.6%、50.9%，

表 2 激素对不同品种蝴蝶兰双梗率的影响
Table 2 The effect of hormone for the rate of double peduncle from different varieties of Phalaenopsis

| 激素种类及浓度（mg/L）Hormone species and concentration（mg/L） | | 双梗率（60d）（%）Double peduncle rate（60d）（%） | | | |
GA₃ Gibberellin	6-BA 6-Benzylaminopurine	'双霞' 'Shuang Xia'	'富乐夕阳' 'Fullers Sunset'	'金橘' 'SurfSong'	'大辣椒' 'Big Chili'
100	0	10.42±3.61c	8.89±3.85c	60±0.00a	0
200	0	17.08±4.01b	11.59±3.89c	58.23±2.1a	0
300	0	16.94±3.13b	11.11±3.84c	57.62±3.61a	0
0	100	31.25±0.00a	9.2±3.57c	67.7±5.8a	0
0	200	29.17±3.61a	35.56±3.85a	66.13±2.13a	0
0	300	29.17±3.61a	22.22±3.85b	64.26±3.15a	0
100	100	10.42±3.61c	6.98±0.27c	34.4±5.1b	0
300	300	8.33±3.31c	11.27±3.57c	32.2±6.79b	0
0	0	14.58±3.15bc	13.96±9.33c	65.6±5.1a	0

注：表中数据为平均值±标准差；同列数字后不同字母表示显著差异（P≤0.05）。

Note：V1：The data in Table are mean±standard deviation；Different letters of the same column indicates significant differences （P≤0.05）.

且差异显著（$P \leqslant 0.05$）。表明 6-BA 对'金橘'的双梗率有一定的促进作用，但影响不显著（$P > 0.05$），而 GA₃ 和其与 6-BA 混合使用时则对其双梗率具有显著的抑制作用。

总体来看，3 个多梗品种的蝴蝶兰对不同种类外源激素的反应相同，但敏感度有一定差异；6-BA 对提高 3 个蝴蝶兰品种的双梗率具有显著作用，且敏感度为'双霞'>'富乐夕阳'>'金橘'；GA₃ 对双梗率无显著影响，GA₃、6-BA 混合使用时则对双梗的发生有一定的抑制作用。

单梗品种'大辣椒'喷施 GA₃ 和 6-BA 后均无双梗产生，这说明外施激素能更多的影响多梗品种的花芽成花转变，而对单梗品种影响较小。

2.3 植物生长调节剂对蝴蝶兰花期的影响

喷施激素后，蝴蝶兰花期统计结果见表 3，'双霞''富乐夕阳'和'大辣椒'在 GA₃ 处理后开花时间提前，且在一定浓度范围内，GA₃ 的浓度越高开花越早，但花期逐渐减少。在 6-BA 条件下时开花时间与对照组差异不大，花期相对延长。6-BA 对蝴蝶兰的开花时间无显著影响，略增加其花期。GA₃ 和 6-BA 混合使用时，对蝴蝶兰开花时间和花期的影响介于两者之间。

表 3 激素对蝴蝶兰花期的影响

Table 3　Effects of hormones on the flowering period of *Phalaenopsis*

激素种类及浓度 (mg/L)		'双霞' 'Shuang Xia'		'富乐夕阳' 'Fullers Sunset'		'大辣椒' 'Big Chili'	
GA₃	6-BA	第一朵花开	第一朵花期(d)	第一朵花开	第一朵花期(d)	第一朵花开	第一朵花期(d)
100	0	2018/12/20	82n	2019/1/14	120a	2019/1/10	146a
200	0	2018/12/19	80a	2019/1/18	113a	2019/1/10	139a
300	0	2018/12/17	76a	2019/1/10	70b	2019/1/08	122b
0	100	2018/12/25	130b	2019/1/23	138c	2019/1/18	160c
0	200	2018/12/28	148b	2019/1/20	144c	2019/1/20	159c
0	300	2018/12/27	141b	2019/1/21	140c	2019/1/18	163c
100	100	2018/12/23	133b	2019/1/27	113a	2019/1/16	149c
300	300	2019/12/20	82a	2019/1/20	101a	2019/1/11	133a
0	0	2019/12/27	125b	2019/1/24	135c	2019/1/19	157c

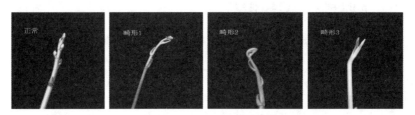

图 1 外源激素对花芽造成的畸形

Fig. 1　The malformation of flower buds caused by exogenous hormone

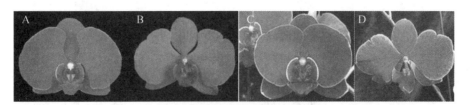

图 2 外源激素对花瓣造成的畸形

A：'大辣椒'正常花瓣；B：'大辣椒'畸形花瓣；C：'双霞'正常花瓣；D：'双霞'畸形花瓣

Fig. 2　The malformation of flower caused by exogenous hormone

A：normalpetals in'Big Chili'；B：abnormal petals in'Big Chili'；C：normal petals in'Shuang Xia'；

D：abnormal petals in'Shuang Xia'

2.4 植物生长调节剂对蝴蝶兰开花性状的影响

外施激素，尤其是 GA_3，能导致蝴蝶兰的花芽和花瓣畸形（图1、图2）。其中，花芽畸形有3类：①潜伏芽节间苞片伸长。②生长点勾头。③花芽退化为叶芽。蝴蝶兰'双霞'在100mg/L、200mg/L、300mg/L的 GA_3 处理后畸形1分别达到了15.7%、19.6%、23.7%，畸形2分别达到了5.7%、9.1%、11.4%。畸形3在蝴蝶兰'金橘'的双梗植株中表现明显，3种浓度下的 GA_3 处理畸形率分别达到了26.9%、29.4%、32.1%。花瓣畸形主要表现为花瓣出现裂缺，花瓣变薄。花瓣和花芽畸形率，均随 GA_3 浓度增加而畸形率增大。

3 讨论

植物生长调节剂是蝴蝶兰成花过程中重要的影响因子之一，主要包括赤霉素、生长素、细胞分裂素等。目前外源赤霉素对花芽分化的作用尚不明确，蒋欣梅等（2008）认为其可促进花芽分化，而 Rod 等（2001）认为 GA_3 对花芽分化有抑制作用。本研究发现，GA_3 能显著促进花梗增长，且能使花期提前。张国栋等（2008）研究表明使用 100～200mg/L 的 GA_3 喷雾花蕾，可使植株提前开花 10～17d，但有几率会导致花产生畸形。本试验结果表明 GA_3 可使4个蝴蝶兰品种提早开花并导致花朵畸形，且在一定浓度范围内，开花时间和畸形程度与 GA_3 浓度之间呈正相关关系，与前人研究结果一致。同时，本研究发现，GA_3 会导致蝴蝶兰花期显著缩短，在一定范围内，外源 GA_3 浓度越高，植株的花期越短。对双梗率的影响方面，刘晓荣等[22]认为一定浓度的 GA_3 对蝴蝶兰双梗率有明显的促进作用，但在本研究中，GA_3 对4个蝴蝶兰品种的双梗率均无显著影响。

6-BA 属于细胞分裂素（CTK）中的一类。研究表明，在油菜花发生前增加植株内的 CTK 浓度会促进开花（de Bouille 等，1989），对龙眼（苏明华等，1997）、荔枝（Chen，1991）的研究中也得出类似结论，因此外源 CTK 有利于促进植物花芽分化。本研究中，6-BA 对多梗蝴蝶兰品种的花芽分化均起到了促进作用，但不同品种对其表现的敏感度有差异，单梗蝴蝶兰品种'大辣椒'和'金橘'对 6-BA 不敏感，施用后双梗率差异不显著。蝴蝶兰和'双霞'的最适浓度为100mg/L，而'富乐夕阳'的最适浓度为200mg/L。此外，花期方面，高祥斌等（2009）研究表明一定浓度的 6-BA 可以使花期提前但却会明显缩短盛花期。刘晓荣（2009）的结果则表明 6-BA 结合 KH_2PO_4 对蝴蝶兰植株的开花时期和开花性状并无明显影响，但却有效的延长了花期。黄建等（2009）研究表明 300mg/L 的 6-BA 能较有效地延长蝴蝶兰花期，增加花朵数。本研究发现，6-BA 对蝴蝶兰开花时间无显著影响，但会略增加其花期。

本文以研究了不同外源激素对蝴蝶兰花梗长度、双梗率以及花期的影响，得出适合各多梗品种蝴蝶兰抽生双梗的最适外源激素浓度，完善了蝴蝶兰外源激素对花期的调控技术，为蝴蝶兰生产栽培提供理论依据与科学指导。

参考文献

陈尚平，汤久顺，苏家乐，等，2009. 蝴蝶兰花期控制技术研究[J]. 中国农学通报，25(21)：236-239.

高祥斌，张秀省，蔡连捷，等，2009. 6-BA 对蝴蝶兰不同品种开花的影响[J]. 林业实用技术，(04)：9-10.

黄建，钱仁卷，张旭乐，等，2009. 不同激素处理对蝴蝶兰开花的影响[J]. 浙江农业科学，(03)：493-494+499.

蒋欣梅，李丹，王凤娇，等，2008. 外源赤霉素（GA_3）对青花菜花芽分化和花球发育的影响[J]. 植物生理学通讯，(04)：639-642.

刘晓荣，王碧青，朱根发，等，2009. 植物生长调节剂对蝴蝶兰花芽分化与发育的影响[J]. 广东农业科学，(11)：54-57.

张国栋，仇道奎，何小弟，2008. 外源激素调控蝴蝶兰开花技术[J]. 中国花卉园艺，(20)：29.

郑锦凯，俞继英，王章飞，等，2012. 蝴蝶兰激素催花对比试验[J]. 现代园艺，(08)：13.

Blanchard M G, Runkle E S. 2008. Benzyladenine promotes flowering in *Doritaenopsis* and *Phalaenopsis* orchids[J]. J.

Plant Growth Regul., 27：141-150.

Kwon Y E, Yu H J, Baek S. 2017. Development of gene-based identification markers for *Phalaenopsis* 'KS Little Gem' based on comparative genome analysis[J]. Horticulture, Environment, and Biotechnology, 58：162-169.

Lee H B, Lim S H, Lim N H, et al. 2018. Growth and CO_2 exchange in young *Phalaenopsis* orchids grown under different levels of humidity during the vegetative period. Horticulture[J]. Environment and Biotechnology, 59：37-43.

Rod W K and Yossie B T. 2001. A Florigenic Effect of Sucrose in *Fuchsia hybrida* Is Blocked by Gibberellin-Induced Assimilate Competition[J]. Plant Physiology, January 125：488-496.

Sang J J, Hyo B L, Seong K A, et al. 2020. High temperature stress prior to induction phase delays flowering initiation and inflorescence development in *Phalaenopsis* queen beer 'Mantefon'[J]. Scientia Horticulturae, 263.

不同生长调节剂对三角梅催花效果的影响

堵彤彤#　王童欣#　付瑛格　李霆格　周扬　赵莹　王健*

(热带特色林木花卉遗传与种质创新教育部重点实验室/海南省热带特色花木资源生物学重点实验室(海南大学),
国家林木种质资源共享服务平台海南子平台,海南大学林学院,海口 570228)

摘要　以三角梅'同安红'品种为试材,对3种生长调节剂对地栽和盆栽三角梅的催花效果进行了研究。结果表明,茉莉酸甲酯是影响地栽三角梅开花比例的主要因素。处理4(茉莉酸甲酯 0.4mol/L+水杨酸 10μmol/L+ABA 150mg/L),为地栽三角梅催花液的最佳组合。水杨酸是影响盆栽三角梅开花率的主要因素。处理1(茉莉酸甲酯 0.1mol/L+水杨酸 0μmol/L+PEG60000g/L)对开花率影响最大,为盆栽三角梅催花液的最佳组合。

关键词　三角梅;生长调节剂;催花效果

Effect of Different Growth Regulators on Flower Induction of *Bougainvillea spectabilis* Willd.

DU Tong-tong#　WANG Tong-xin#　FU Ying-ge　LI Ting-ge　ZHOU Yang　ZHAO Ying　WANG Jian*

(*Key Laboratory of Genetics and Germplasm Innovation of Tropical Special Forest Trees and*
Ornamental Plants (*Hainan University*), *Ministry of Education*; *Key Laboratory of Germplasm Resources*
of Tropical Special Ornamental Plants of Hainan Province; *Hainan Sub-platform of National Forest*
Genetic Resources Platform, *Hainan University*, *College of Forestry*, *Haikou 570228*, *China*)

Abstract　*Bougainvillea spectabilis* Willd. was used as experimental materials to study the effect of three different growth regulators on flower induction. The results showed that Methyl Jasmonate was the main factor affecting the flowering ratio of ground planted *Bougainvillea spectabilis* Willd. Treatment 4 (0.4mol/L Methyl Jasmonate +10μmol/L Salicylic Acid +150mg/L ABA) was the best blooming promoter component for ground planted ones. Salicylic Acid was the the main factor affecting the flowering rate of potted *Bougainvillea spectabilis* Willd. Treatment 1 (0.1mol/L Methyl Jasmonate +0μmol/L Salicylic Acid +0g/L ABA) was the best blooming promoter component.

Key words　*Bougainvillea spectabilis* Willd. ; Growth regulators; Flower induction

三角梅(*Bougainvillea spectabilis* Willd.)又称叶子花,为紫茉莉科(Nyctaginaceae)叶子花属(*Bougainvillea* Comm. ex Juss.)常绿藤本(李晓琪,2017)。三角梅原产于巴西,自19世纪后期引种到我国,主要分布在热带地区和亚热带地区(曾荣 等,2016)。作为独特的观赏植物,因其苞片色彩丰富、花期较长、观赏价值高而广受欢迎(武晓燕和唐源江,2010)。三角梅适用于广场、道路绿化和室内装饰,它的成花数量及开花质量直接影响其应用价值(邵志芳 等,2006;肖安琪,2016;田高飞 等,2017)。因此,研究三角梅的花期调控在实际生产应用中具有重要

意义。

目前,三角梅花期调控技术的研究主要有物理处理技术和化学处理技术两个方面,物理处理技术主要有修剪、摘心、控水、遮光等措施(郭能侦,2001;韦惠师,2010;李旺南,2012;郑书全,2018),化学处理技术则主要是应用植物生长调节剂进行花期调控(Saifuddin *et al.* 2009;Moneruzzaman *et al.* 2010;Liu *et al.* 2011;赵家昱,2014)。利用植物生长调节剂进行花期调控,具有用量小、速度快、效益高、针对性强等优点,已逐步成为花期调控的重要手段(葛亚英 等,2006;田高飞,2018)。国外在应用植物生

#第一作者简介:堵彤彤(1996—),女,本科生,主要从事花卉与景观设计研究;王童欣(1990—),女,硕士研究生,主要从事种质资源利用研究。

*通讯作者:王健,教授,E-mail:wjhainu@hainanu.edu.cn。

长调节剂调控三角梅花期方面的研究较多，我国在这方面的研究起步较晚且不够全面和深入。考虑到植物生长具有地域性，国外研究理论对我国本土培育或广泛栽植应用的三角梅品种并不具有完全的适用性。本研究以三角梅'同安红'品种为材料，使用3种催化剂对地栽和盆栽三角梅进行催花比较试验，为本土三角梅花期调控技术探索可行性途径。

1 材料与方法

1.1 试验材料

试验中地栽三角梅'同安红'材料取自海南大学校园内，植株分枝多，生长健壮，长势一致。盆栽三角梅'同安红'材料由海南大湖桥园林股份有限公司提供，生长状况一致，植株完整且未开花，无病虫害。

1.2 试验方法

采用3因素3水平正交试验设计，根据生长调节剂种类和浓度不同设置9个处理。以茉莉酸甲酯0.04mmol/L、0.4mmol/L、4mmol/L；水杨酸10μmol/L、100μmol/L、500μmol/L以及脱落酸（ABA）50mg/L、150mg/L、450mg/L为三因素。对照为清水。每个处理配制500mL，均匀混合后倒入喷壶，喷施于地栽三角梅叶面，以叶面滴水为度（祁秋红，2010）。每5d喷施1次生长调节剂，于晨间喷施，共喷施3次，喷药结束后每隔10d进行开花观测。

采用3因素3水平正交试验设计，根据生长调节剂种类和浓度不同设置9个处理，每个处理组30盆。以0.1mmol/L、0.4mmol/L、1mmol/L的茉莉酸甲酯，0μmol/L、5μmol/L、10μmol/L的水杨酸以及PEG60000g/L、100g/L、300g/L为三因素。对照为清水。每个处理配制500mL，均匀混合后倒入喷壶，喷施于盆栽三角梅叶面，以叶面滴水为度。每5d喷施1次催花液，共喷施3次，喷药结束后每隔10d进行开花观测。

表1 生长调节剂处理三角梅正交试验设计

Table 1 Orthogonal experiment design of growth regulator treatment on *Bougainvillea spectabilis* Willd.

处理	生长调节剂处理地栽三角梅正交试验设计			生长调节剂处理盆栽三角梅正交试验设计		
	茉莉酸甲酯（mmol/L）	水杨酸（μmol/L）	ABA（mg/L）	茉莉酸甲酯（mmol/L）	水杨酸（μmol/L）	ABA（mg/L）
1	0.04	10	50	0.1	0	0
2	0.04	100	150	0.1	5	100
3	0.04	500	450	0.1	10	300
4	0.4	10	150	0.4	0	300
5	0.4	100	450	0.4	5	0
6	0.4	500	50	0.4	10	100
7	4	10	450	1	0	100
8	4	100	50	1	5	300
9	4	500	150	1	10	0
CK	0	0	0	0	0	0

1.3 统计分析

统计地栽三角梅处理组开花比例、始花期（5%的花开放）、衰败期（75%花的花瓣脱落）及花期（从始花期开始至衰败期开始的总天数）。统计盆栽三角梅处理组的开花率、第一开花时间、全部开花的时间及花期（从第一花开时间开始至全部花开时间的总天数）。

开花比例计算公式：开花比例（%）=每组开花的枝条数/每组可开花枝条数（枝干完整，未被修剪过的枝条）。

开花率计算公式：开花率（%）=每组开花的盆数/每组总盆数。

试验数据采用Excel2013进行统计分析及制作图表，结果采用SPSS软件的ANOVA过程作处理的差异显著性分析。

2 结果与分析

2.1 不同处理对地栽三角梅开花比例和花期的影响

由表2与图2可知，经生长调节剂催花处理后，各组处理均能一定程度的提早花期，开花比例也存在一定增长，且始花期与衰败期存在一定差异。其中，处理4、5、7花期较长，存在显著差异。同样，这3组处理开花比例也较高，同样存在显著差异（图1）。其中，处理4（茉莉酸甲酯0.4mol/L+水杨酸10μmol/L+ABA150mg/L）始花期最早（10月24日），开花比例最高(41.91%),花期最长(42d)。

由表3可知,不同生长调节剂对地栽三角梅开花比例影响效应由大到小为茉莉酸甲酯、水杨酸和ABA。茉莉酸甲酯的影响效应最大,是影响地栽三角

梅开花比例的主要因素。其中,茉莉酸甲酯的第二水平,水杨酸的第一水平以及ABA的第二水平,即处理4(茉莉酸甲酯0.4mol/L+水杨酸10μmol/L+ABA 150mg/L),为地栽三角梅催花液的最佳组合。

表2 不同处理对地栽三角梅催花的效果

Table 2 Effect of different treatments on flower induction of ground planted *Bougainvillea spectabilis* Willd.

指标	1	2	3	4	5	6	7	8	9	CK
开花比例(%)	3.13	2.40	6.59	41.91	14.10	7.96	17.51	3.79	7.10	2.15
始花期	11月3日	11月3日	10月30日	10月24日	10月24日	10月31日	10月27日	10月24日	10月27日	11月10日
衰败期	11月15日	11月21日	11月17日	12月4日	11月28日	11月27日	12月6日	11月17日	12月1日	11月23日
花期(d)	13	19	19	42	36	28	40	25	35	14

注:始花期:植株5%的花开放;衰败期:75%花的花瓣脱落;花期:始花期开始至衰败期开始的总天数。

表3 不同生长调节剂对地栽三角梅开花比例的极差分析

Table 3 Extreme difference analysis of different growth regulators on flowering ratio of ground planted *Bougainvillea spectabilis* Willd.

总和K(均值X)	茉莉酸甲酯	水杨酸	ABA
K1(X1)	12.11(4.04)	62.55(20.85)	14.88(4.96)
K2(X2)	63.97(21.32)	20.28(6.76)	51.41(17.14)
K3(X3)	28.40(9.47)	21.65(7.22)	38.19(12.73)
R	17.29	14.09	14.18

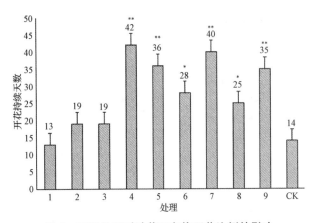

图1 不同处理对地栽三角梅开花比例的影响

Fig. 1 Effect of different treatments on the flowering ratio of ground planted *Bougainvillea spectabilis* Willd.

注:**代表与对照相比差异极显著

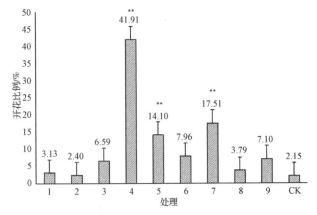

图2 不同处理对地栽三角梅花期的影响

Fig. 2 Effect of different treatments on florescence of ground planted *Bougainvillea spectabilis* Willd.

注:*代表与对照相比差异显著,**代表差异极显著

2.2 不同处理对盆栽三角梅开花率和花期的影响

由表4与图4可知,经生长调节剂催花处理后,各组处理均能一定程度的提早开花时间,开花率也有明显增长。通过对开花率的差异显著性分析,每个处理组之间的显著性水平均>0.05,所以均不存在显著性差异。处理1、3、5、7、9花期最长(27d)。同样,这5组处理开花率也较高(图3)。其中,处理1(茉莉酸甲酯0.1mol/L+水杨酸0μmol/L+PEG60000g/L)开

花率最高(75.55%),花期最长(27d)。

由表5可知,不同生长调节剂对盆栽三角梅开花率影响效应由大到小为水杨酸、PEG6000、茉莉酸甲酯。水杨酸对开花率的影响最大,是影响盆栽三角梅开花率的主要因素。其中茉莉酸甲酯的第一水平,水杨酸的第一水平及PEG6000的第一水平,即处理1(茉莉酸甲酯0.1mol/L+水杨酸0μmol/L+PEG60000g/L)对开花率影响最大,为盆栽三角梅催花液的最佳组合。

表4 不同处理对盆栽三角梅催花的效果

Table 4 Effect of different treatments on flower induction of potted *Bougainvillea spectabilis* Willd.

指标	1	2	3	4	5	6	7	8	9	CK
开花率(%)	75.55	57.78	66.67	65.56	61.11	59.62	71.11	56.36	67.78	56.67
第一花开时间	12月26日	12月26日	12月26日	12月28日	12月26日	12月24日	12月24日	12月26日	12月24日	12月30日
全部开花时间	1月21日	1月9日	1月20日	1月20日	1月21日	1月9日	1月19日	1月10日	1月19日	1月20日
花期(d)	27	15	26	24	27	17	27	16	27	22

表5 不同生长调节剂对盆栽三角梅开花率的极差分析

Table 5 Extreme difference analysis of different growth regulators on flowering rate of potted *Bougainvillea spectabilis* Willd.

总和K(均值X)	茉莉酸甲酯	水杨酸	PEG6000
K1(X1)	200.00(66.67)	212.22(70.74)	204.44(68.15)
K2(X2)	186.28(62.09)	175.25(58.42)	188.51(62.84)
K3(X3)	195.25(65.08)	194.06(64.69)	188.59(62.86)
R	4.57	12.33	5.31

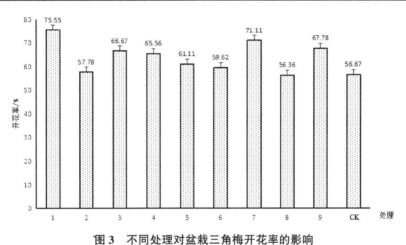

图3 不同处理对盆栽三角梅开花率的影响

Fig. 3 Effect of different treatments on the flowering rate of potted *Bougainvillea spectabilis* Willd.

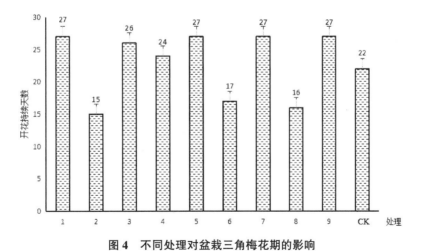

图4 不同处理对盆栽三角梅花期的影响

Fig. 4 Effect of different treatments on florescence of potted *Bougainvillea spectabilis* Willd.

3 讨论

综上所述，茉莉酸(酯)类物质是与抗性密切相关的植物生长物质，它作为内源信号分子参与植物在机械伤害、病虫害、干旱、盐胁迫、低温等条件下的抗逆反应(董桃杏 等，2007)。茉莉酸甲酯(MeJA)调控着多种植物的生长发育进程，包括种子的萌发、初生根的生长、植物的防御反应以及花的开闭等（闫志强 等，2014），提高作物的抗旱性是 MeJA 的重要生理功能之一（Turner *et al*.，2002）。茉莉酸甲酯也可诱导开花，增加苞片数量，延长花期（Saifuddi *et al*.，2009），在本次试验中其对三角梅催花的效果也比较显著。

脱落酸（ABA）是一种植物生长抑制剂，主要使植物顶端优势丧失，形态发生变化但并不影响整体生长，多用于植物抗逆性等方面（田高飞 等，2017）。使用浓度适宜的植物生长抑制剂可以抑制植物的营养生长，使其转化为生殖生长，能够有效促进三角梅进行花芽分化，延长花期，使株型紧凑，提升观赏品质（田高飞 等，2017）。外源 ABA 能提高开花前期植株中 9 - 顺 -环氧类胡萝卜素双氧酶（NCED）的含量和活性，促进内源 ABA 的合成（赵家昱 等，2014），内源 ABA 的含量升高，可以促进枝条成熟和花芽形成，达到开花所需时间较短、花芽数也较多，具有较好促花效果（Liu 和 Chang，2011），从而使得三角梅提前开花。

水杨酸（SA）对许多植物有诱导开花的作用，水杨酸等其他非激素类外源物质处理能显著提高植物的耐寒性。其中，以水杨酸的研究应用最为广泛，在低温环境中，SA 能够调节抗氧化酶活性和活性氧代谢，加强抗氰呼吸途径电子传递，以释放更多的热量；调控基因表达，诱导相关抗性蛋白质合成（邢海盈，2013），这极大提升了三角梅对低温环境的适应能力。三角梅喜欢温暖湿润的气候，在开放时对温度有一定的要求，自然条件下分布在热带和亚热带地区，因此施用一定抗寒物质可提高三角梅对环境的适应能力，从而更好地体现催花效果。

PEG6000 可模拟干旱胁迫，控水促花是依据植物受到干旱等胁迫时，会开花结果以繁衍后代，以提高三角梅对环境的适应性（邢海盈，2013）。在三角梅栽培管理良好的基础上，适当的干旱处理可用以调控三角梅的花期。在暂时缺水的条件下，能促使植株顶芽提前停止营养生长，转入到夏季休眠或半休眠状态，从而分化出大量花芽（李春牛 等，2015）。长期以来，PEG 模拟干旱胁迫一直在各种作物中有着广泛的应用，该方法能够在一定程度上反映出作物在自然界干旱胁迫下的生理状况（宋唯一，2011），但在此次对三角梅的催花研究试验中，PEG6000 模拟干旱处理并未体现出良好优势。

参考文献

董桃杏，蔡昆争，张景欣，等，2007. 茉莉酸甲酯（MeJA）对水稻幼苗的抗旱生理效应[J]. 生态环境，（04）：1261-1265.

葛亚英，王炜勇，俞信英，2006. 几种常用催化剂在观赏凤梨'丹尼星'上应用初探[J]. 上海农业科技，4（5）：48-31.

郭能侦，2001. 植物生长调节剂、枝条成熟度及修剪方式对九重葛生长及开花之影响[D]. 台北：台湾大学.

李春牛，周锦业，关世凯，等，2015. 叶子花花期调控研究进展[J]. 河南农业科学，44(10)：8-11+28.

李旺南，2012. 三角梅落地栽植花期控制技术[J]. 福建热作科技，37(03)：46-48.

李晓琪，2017. 福州市控水调节三角梅花期技术研究[D]. 福州：福建农林大学.

祁秋红，2010. 三角梅的催花技巧[J]. 乡村科技，（08）：22.

邵志芳，杨义标，邱少松，等，2006. 叶子花花期调控技术研究进展[J]. 中国农学通报，（05）：326-329.

宋唯一，2011. PEG6000 模拟干旱胁迫对黄瓜幼苗生长的影响[J]. 湖北农业科学，50(12)：2394-2397.

田高飞，2018. 植物生长调节剂对三角梅生长及开花的影响研究[D]. 福州：福建农林大学.

田高飞，焦航，段嵩岚，等，2017. 三角梅属（*Bougain-villea*）研究进展[J]. 北华大学学报（自然科学版），18（02）：248-254.

韦惠师，2010. 三角梅花期调控技术初探[J]. 广西热带农业，（04）：61-62.

武晓燕，唐源江，2010. 三角梅属植物种质资源及其园林应用研究进展[J]. 南方农业（园林花卉版），4(10)：40-43.

肖安琪，2016. 三角梅花芽分化的内源激素变化与花期调控研究[D]. 广州：华南农业大学.

邢海盈，2013. 低温胁迫下三角梅的生理变化及其调控机理的研究[D]. 福州：福建农林大学.

闫志强，徐海，马作斌，等，2014. 籼稻与粳稻花时对茉莉酸甲酯（MeJA）响应的敏感性差异[J]. 中国农业科学，47(13)：2529-2540.

曾荣，邵闯，杨娟，等，2016. 嫁接和喷施抗寒剂对三角梅抗寒性的影响[J]. 江苏农业科学，44(01)：202-204.

赵家昱，2014. ABA 与 NDGA 对勒杜鹃（*Bougainvillea gla-bra*）开花的影响及 BgNCED 基因的分离[D]. 雅安：四川农业大学.

赵家昱，潘远智，李永红，2014. 外源 ABA 对叶子花开花及内源 ABA 合成关键酶的影响[J]. 园艺学报，41(10)：

2085-2093.

郑书全, 2018. 福州天桥三角梅花期调控技术探究[J]. 南方农业, 12(03): 71-72.

Liu R Y, Chang Y S. 2011. Ethephon treatment promotes flower formation in *Bougainvillea* [J]. Botanical Studies, 52(2): 183-189.

Liu Y, Chang Y S. 2011. Effects of shoot bending on ACC content, ethylene production, growth and flowering of *Bougainvillea* [J]. Plant Growth Regulation, 63: 37-44.

Moneruzzaman K M, Hossain A B M S, Normaniza O, et al. 2010. Effects of removal of young leaves and cytokinin on inflorescence development and bract enlargement in *Bougainvillea glabra* var. "Elizabeth Angus" [J]. Australian Journal of Crop Science, 4(7): 467-473.

Saifuddi M, Hossain A B M S, Osman N and Moneruzzaman K M. 2009. Bract size enlargement and longevity of *Bougainvillea spectabilis* as affected by gibberelli cacid and phloemic stress[J]. Asian J Plant Sci, 8(3): 212-217.

Saifuddin M, Hossain A B M S, Normaniza O, Nasrulhaq Boyce A and Moneruzzaman K M. 2009. The effects of naphthaleneacetic acid and gibberellic acid in prolonging bract longevity and delaying discoloration of *Bougainvillea spectabilis* [J]. Biotechnology, 8(3): 343-350.

Turner, J G, Ellis C, Devoto A. 2002. The jasmonate signal pathway[J]. The Plant Cell, (Supplement): 153-163.

中国观赏园艺研究进展 2020:252~259
Advances in Ornamental Horticulture of China, 2020:252~259

淹水胁迫下海南杜鹃和毛棉杜鹃的生理响应比较分析

霍少洁 李兆基 王健 赵莹*

(热带特色林木花卉遗传与种质创新教育部重点实验室/海南省热带特色花木资源生物学重点实验室(海南大学),
国家林木种质资源共享服务平台海南子平台,海南大学林学院,海口 570228)

摘要 为了分析海南杜鹃对淹水胁迫的响应生理机制,本次试验选择了海南杜鹃和毛棉杜鹃的两年生扦插苗作为试验材料,采用套盆水淹方法,对常规水分管理情况下和水淹情况下两种杜鹃花叶片中的气孔导度(GS)、蒸腾速率(E)、过氧化氢(H_2O_2)含量、脯氨酸(Pro)含量、超氧化物歧化酶(SOD)活性、细胞膜相对透性进行了测试分析。试验结果表明:①毛棉杜鹃叶片超氧化物歧化酶活性变化显著,开始变大接着缩小,淹水处理10d时SOD活性达到最大,比0d时显著升高21.40%。海南杜鹃整体变化趋势和毛棉杜鹃相同,但是变化程度没有毛棉杜鹃的明显。②淹水处理下两种杜鹃叶片 H_2O_2 含量呈现出相同趋势,即总体先下降再上升,且同时在10d时叶片中过氧化氢含量达到最低,分别比0d时显著下降34.81%、40.60%。③随着淹水天数的增加,两种杜鹃叶片脯氨酸含量都呈现先升高后降低的趋势。海南杜鹃在淹水处理10d时达到最大值,是0d的228%。毛棉杜鹃整体变化幅度较小,均无达到显著水平。④随着淹水天数的增加,两种杜鹃叶片的相对电导率总体呈上升趋势。毛棉杜鹃淹水处理后叶片相对电导率有显著升高,在第20d时达到最大值,较0d上升97.65%。而海南杜鹃的相对电导率变化没有毛鹃显著,在17d时达到最大值,较0d显著升高21.12%。⑤水淹胁迫下2个杜鹃花品种的气孔导度(GS)、蒸腾速率(E)均显著低于处理前,并且一直是呈下降趋势,直到18d达到最小值,其中海南杜鹃与毛棉杜鹃的气孔导度(GS)较0d分别下降了91.06%与99.71%;蒸腾速率(E)分别下降了73.37%与85.20%。通过运用隶属函数法对两种杜鹃品种耐淹水性综合评价发现,海南杜鹃比起毛棉杜鹃拥有更好的抗涝性。

关键词 杜鹃花;水分胁迫;细胞膜透性;抗氧化作用;渗透调节

Comparative Analysis of Physiological Responses of *Rhododendron hainanensis* and *Rhododendron tomentosa* under Waterlogging Stress

HUO Shao-jie LI Zhao-ji WANG Jian ZHAO Ying*

([1] *Key Laboratory of Genetics and Germplasm Innovation of Tropical Special Forest Trees and Ornamental Plants (Hainan University), Ministry of Education; Key Laboratory of Germplasm Resources of Tropical Special Ornamental Plants of Hainan Province; Hainan Sub-platform of National Forest Genetic Resources Platform, Hainan University, College of Forestry, Haikou 570228, China*)

Abstract In order to analyze the physiological mechanism of the response of *Rhododendron hainanensis* to flooding stress, the biennial cuttings of *Rhododendron hainanensis* and *Rhododendron moulmainense* Hook. F. were selected as experimental materials, and potted water logging method was utilized for 2 treatments: control(CK) and waterlogging(Tr). The contents of stomatal conductance (GS), transpiration rate (E) hydrogen peroxide (H_2O_2) and proline (Pro), superoxide dismutase (SOD), and relative electric conductivity were measured to analyze the response of *Rhododendron hainanensis* and *Rhododendron moulmainense* Hook. F. leaves to water logging stress. The results showed that: ①The activities of SOD of *R. moulmainense* increased first and then decreased, and risen to the maximum on the 10th day after water flooding treatment, which was 21.40% higher than that at 0d. The overall variation trend of *R. hainanensis* is the same as that of *R. moulmainense*, but the degree of variation is not as obvious as that of *R. moulmainense*. ②The content of H_2O_2 in *R. hainanensis* and *R. moulmainense* in the

---

1 基金项目:海南省科协青年科技英才创新计划项目(QCXM201711),国家自然科学基金面上项目(31570308)。
  第一作者简介:霍少洁(1999—),女,硕士研究生,主要从事园林植物与观赏园艺研究。
* 通讯作者简介:赵莹(1984—),副教授,E-mail:zhaoying3732@163.com。

same direction, which first down then up. The content of hydrogen peroxide in the leaves of the two plants reached the lowest level on the 10th day, which was 34. 81% and 40. 60% lower than that at 0d, respectively. ③The proline content in the leaves of both Rhododendrons increased after an initial decrease with the increase of flooding days. *R. hainanensis* risen to the maximum on day 10, 2. 28 times of day 0. The proline content of *R. moulmainense* did not change significantly. ④The relative conductivity of the leaves of the two kinds of *Rhododendron* increased. The relative electrical conductivity of the leaves of *R. moulmainense* was significantly increased after the water logging treatment, and risen to the maximum value on the 20th day, which was 97. 65% higher than that on the 0d. However, the relative conductivity of *R. hainanensis* was not as significant as that of *R. moulmainense* and risen to the maximum value at 17d, which was 21. 12% higher than that of 0d. ⑤The stomatal conductance (GS) and transpiration rate (E) of the two *Rhododendron* cultivars were greatly lower than those before the treatment, and they show a downward trend until the minimum value was reduced to in 18 days, among which the stomatal conductance (GS) of *R. hainanensis* and *R. moulmainense* decreased 91. 06% and 99. 71% respectively, and transpiration rate (E) of *R. hainanensis* and *R. moulmainense* decreased 73. 37% and 85. 20% respectively. By using the subordinate function values analysis, the water logging tolerance of two kinds of *Rhododendron* was studied. It was found that the *R. hainanensis* has stronger water logging tolerance which was better than that of *R. moulmainense*.

Key words *Rhododendron*; Water logging stress; Membrane permeability; Antioxidation; Osmotic regulation

1 前言

杜鹃花属植物(*Rhododendron*)是杜鹃花科(Ericaceae)最大的一部分,北纬23.5°~66.7°植物中的大属,大多在亚洲东部和东南部种植。地球上共有967种杜鹃属植物,我国大约有570种(史佑海 等,2010)。海南杜鹃(*Rhododendron hainanense* Merr.)主要生长在我国海南、广西两地的温带山区,是中国独有的植物(Fang *et al.*, 2005)。在海南,其主要分布在吊罗山、黎母山、尖峰岭等西南山区,生长于海拔300~1300m处(史佑海 等,2010)。属于小灌木,高1~3m,分枝多,纤细,色彩艳丽,花朵茂密,有较长的花期(从10月下旬至翌年3月),具有良好的园林栽培和室内盆栽潜力。野生海南杜鹃多生长于阴凉而且湿润的环境中,其在25℃左右生长较好,且根据野外调查作业发现其大多生长在溪流弯道边,根系长期处于水分饱和的土壤中(史佑海 等,2010),因此生长环境的水分过多对于植物造成的伤害可能是常绿杜鹃花良好生长的限制条件之一。毛棉杜鹃(*Rhododendron moulmainense* Hook. f.)生长在海南岛琼中、乐东、五指山等地海拔400~1500m的林区,这种杜鹃属于小乔木,能长到5~8m,小枝呈淡绿色,在长成成熟枝条前被白色刺毛,成熟后脱落,花朵有淡紫色和粉红色,花朵大而绚丽,是较为稀缺的一种高山杜鹃品种,花期2~4个月,是一种有观赏价值的杜鹃品种。经过多年的驯化,最终成为海南岛上的常见杜鹃花种类,湖南、云南、广东、广西也有分布。

缺氧状态下的植株会有一系列的症状,植株周期性或非短期的缺乏O_2会扰乱细胞电子的传递,从而影响呼吸作用(Panda *et al.*, 2008)。根系里活性氧形成和消除的稳态被影响,细胞中的O_2改变形态成为有毒物质,有超氧阴离子自由基(O_2^-)、有纯态氧($\cdot O^2$)、还有羟基氧($\cdot OH$)和双氧水(H_2O_2)等,之后会聚集到细胞里(Blokhina *et al.*, 2003);很多活性氧的聚集会导致膜脂过氧化反应。为减弱淹水产生的活性氧自由基对植株的损伤,各种植株孕育出了步步相连的减小氧化伤害系统,像去除活性氧的酶(SOD、POD、CAT、GR等)和除了酶以外的清除剂(如抗坏血酸、谷胱甘肽、维生素E等),还有活化还原态抗氧化剂再生酶等(Blokhina *et al.*, 2003),这才削弱了淹水条件下大量活性氧对生物膜的大量破坏。SOD活性的加强在减少厌氧胁迫带来的损害方面十分重要。它是过氧化物O_2^-的主要清除剂,能将O_2^-反应成H_2O_2和O_2;H_2O_2酶能加速H_2O_2反应,形成H_2O及O_2;过氧化物酶能加速H_2O_2分解出新生氧用来氧化一部分酚和胺。GR有一个重要作用,就是维持还原型对氧化型谷胱甘肽的高比例,这种高比例是植物里抗坏血酸再生的必须要求,这是重要的抗氧化剂。GR同样可以分解植物里的双氧水(Peters *et al.*, 1989)。许多试验提出,抗氧化酶(如SOD、POD、GR、CAT、APX等)含量的升高,对各种程度水淹处理后的玉米(Yan *et al.*, 1996)、大麦(Zhang *et al.*, 2007)、树木(Arbonaetal *et al.*, 2008)、西红柿(Lin *et al.*, 2004)等植物是否存活有显著影响。

为了探明海南杜鹃应对淹水胁迫的耐淹性潜能,本次试验选用栽种于海南大学温室大棚内的从较高海拔地区采集的海南杜鹃扦插繁育的2年生植株,以多年驯化的毛棉杜鹃为对照材料。通过对水淹胁迫下两种杜鹃叶片光合作用、过氧化物含量、渗透调节物质含量等指标的测定,采用隶属函数法对海南杜鹃和毛棉杜鹃的耐淹性做综合分析。本次试验结果可为海南杜鹃的耐淹性评价、园林设计应用提供科学依据。

2 材料与方法

2.1 试验材料与处理

试验材料来源于海南大学实验基地(北纬 20.1°,东经 110.3°,海拔 6m),是栽种日期相同的 2 年生扦插苗。本研究在海南大学农科苗圃基地大棚中实施,选择生长势一致、健壮的两年生扦插苗于 2019 年 9 月 6 日进行盆栽适应 1 个月,每盆 1 株,塑料盆盆口直径 18cm,下底直径 14cm,高 16.5cm,盆中的土由营养土和椰糠按照 3∶1 的比例均匀混合制成。2019 年 10 月 10 日,开始进行水淹胁迫处理,每个处理 3 次重复。采用套盆法,将苗木整盆移入塑料不漏水大盆(上口直径 35cm×下底直径 20cm×高 26cm)中进行淹水处理。对照组进行常规水分管理,处理组控制水淹深度高于试验盆表土 3cm,定时补水以保持水位,持续 20d。

2.2 取样与指标测定

分别于水淹处理后每天中午的 12∶30~13∶30 进行光合指标测定,选择植株第 3 片叶以下的成熟健康的功能叶各 3 片,每个叶片 3 次重复,使用 LI-6400 光合仪测定蒸腾速率(E)、气孔导度(Gs)光合参数。

分别于淹水处理的 0d、3d、7d、17d、20d、24d 的 15∶00 采集每组每个品种的杜鹃枝条由上向下第

3、4、5 片叶,做 3 次重复,样品密封存于样品管并且放在液氮盒里,马上运到实验室进行细胞膜相对透性的测定,使用相对电导率法。

分别于淹水处理的 0d、3d、7d、10d、20d 的 14∶00~15∶00 采集植株上部成熟叶片,每个处理 3 个重复,过液氮置于冰盒中带回实验室放置-80℃超低温冰箱存放,以便后续进行生理指标的测量。脯氨酸(Pro)含量使用酸性茚三酮法;SOD 活性使用氮蓝四唑(NBT)法。过氧化氢含量测定使用试剂盒法。

2.3 数据分析

使用 Microsoft Excel 2010 进行数据统计,运用 SAS 系统软件对不同处理之间的试验数据进行方差和差异显著性分析。用 Origin 2018 绘图,在图中标出标准误差、图例等。

采用隶属函数法对品种抗淹水能力进行综合评定(黄承玲 等,2011;周江 等,2012)。如指标与抗淹水性呈正相关,隶属函数公式(A):$R(X_i)=(X_i-X_{min})/(X_{max}-X_{min})$,如果指标与抗淹水能力呈负相关,则公式为(B):$R(X_i)=1-(X_i-X_{min})/(X_{max}-X_{min})$。式中 X_i 为参试材料某指标抗淹水系数,X_{max}、X_{min} 为所有参试材料中某指标抗淹水系数的最大值和最小值,再求取各抗淹水指标隶属函数值的平均值,综合评定值越大说明抗淹水能力越强(晏增 等,2019)。

图1 淹水胁迫下海南杜鹃外部形态变化

Fig. 1 The external morphological changes of *Rhododendron hainanensis* under flooding stress

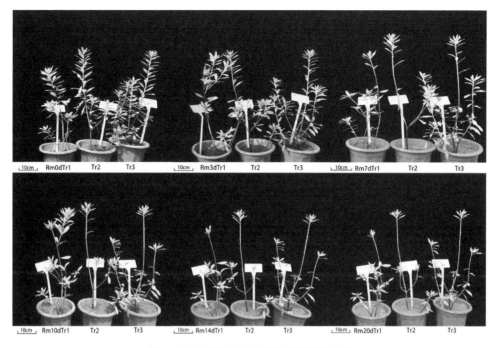

图 2 淹水胁迫下毛棉杜鹃外部形态变化

Fig. 2 Changes in the external morphology of *Rhododendron moulmainense* under flooding stress

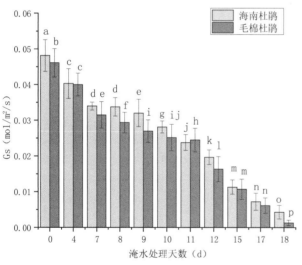

不同小写字母表示同一品种不同胁迫处理间差异达到 0.05 显著水平，下同。

图 3 淹水胁迫下两种杜鹃花叶片气孔导度的变化

Fig. 3 Changes of stomatal conductance in leaves of *Rhododendron* under alternative stress of flooding

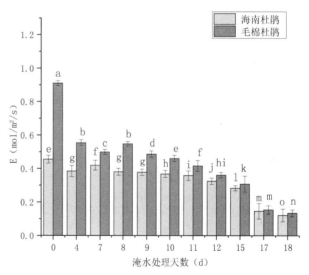

图 4 淹水胁迫下两种杜鹃花叶片蒸腾速率的变化

Fig. 4 Changes of transpiration rate in leaves of *Rhododendron* under alternative stress of flooding

3 结果与分析

3.1 淹水胁迫下两种杜鹃花外部形态变化

由图 1、图 2 可以看出海南杜鹃和毛棉杜鹃在淹水胁迫处理后随着淹水天数的增加，叶片发黄掉落、叶片数逐渐减少。

3.2 淹水胁迫下两种杜鹃花叶片光合参数的变化

水淹胁迫下 2 个品种的气孔导度（GS）以及蒸腾速率（E）的变化如图 3、图 4 所示。水淹条件下 2 个杜鹃品种的 GS、E 都明显小于处理前（CK）；都在水淹处理 18d 降到最低，其中海南杜鹃的 GS 比 CK 减少了 91.06%，毛棉杜鹃的 GS 比 CK 降低了 99.71%；海南杜鹃的 E 比 CK 降低了 73.37%，毛棉杜鹃的 E

比 CK 降低了 85.20%。同一条件下 2 个指标的下降程度都是毛棉杜鹃>海南杜鹃。说明水淹胁迫降低了叶片的蒸腾速率和气孔导度，使得植株中水的转移和细胞代谢的速度下降，综合来看，处理的时间越长，受水淹胁迫影响更大的毛棉杜鹃花受到的抑制作用比海南杜鹃花更加明显。

3.3　淹水胁迫下两种杜鹃花叶片过氧化氢含量的变化

　　H_2O_2 是细胞代谢过程中产生的活性氧，过多的积累会使得植物细胞的细胞膜上的脂质产生强氧化性伤害，所以植物一般会产生用于分解过氧化物的酶来保护自身。随着淹水天数的增加，两种杜鹃叶片 H_2O_2 含量呈现出相同趋势，即总体先下降再上升，且同时在 10d 时叶片中过氧化氢含量达到最低。海南杜鹃淹水处理 10d 时比 0d 时显著下降 34.81%，在 20d 时比 10d 时有所上升，但相比 0d 时显著降低了 16.99%。毛棉杜鹃过氧化氢含量较海南杜鹃下降幅度大，淹水处理 3d、7d、10d 时分别较 0d 时显著降低 23.32%、35.63%、40.60%，20d 时相比 0d 时降低了 4.95%。

3.4　淹水胁迫下两种杜鹃花叶片脯氨酸含量的变化

　　生物体内进行氮代谢时会形成多种存在生物活性的次生代谢物质，脯氨酸就是其中一种。身为重要的渗透调节物质，在逆境环境下，植株中脯氨酸的浓度会快速上升，从而增强植物对干旱、水淹等逆境胁迫的抵抗力（金忠民 等，2010；蔡金峰 等，2014）。故其含量的高低是衡量植物抗逆性强弱的指标之一。试验结果表明，海南杜鹃叶片中脯氨酸含量比毛棉杜鹃中的要多。随着淹水天数的增加，两种杜鹃叶片 Pro 含量都呈现出先增大后降低的趋势。海南杜鹃在淹水处理 3d 时 Pro 含量较 0d 无显著上升，但在淹水处理 7d 和 10d 时较 0d 显著上升，分别上升 93% 和 128%。在水淹胁迫 20d 时对比 10d 时有小幅降低，但相比 0d 时显著升高 121%。毛棉杜鹃整体变化幅度较小，淹水处理 3d、7d 时脯氨酸含量较 0d 时分别小幅上升 1.81% 和 3.03%，水淹胁迫 10d、20d 时有所降低，但均未达到显著水平。

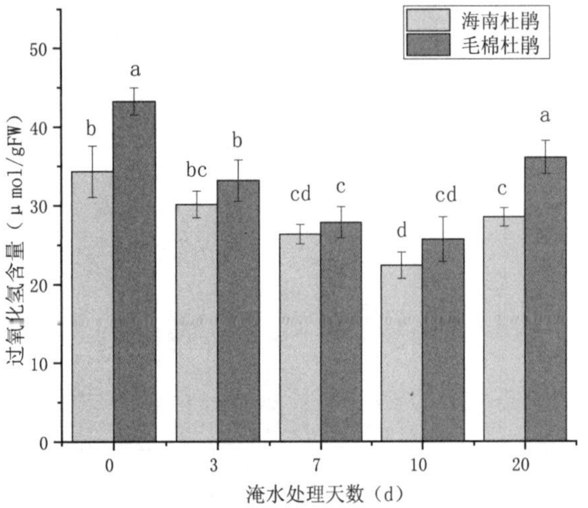

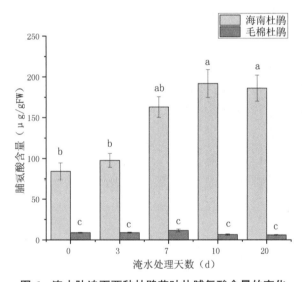

图 5　淹水胁迫下两种杜鹃花叶片过氧化氢含量的变化

Fig. 5　Changes of hydrogen peroxide content in leaves of *Rhododendron* under alternative stress of flooding

图 6　淹水胁迫下两种杜鹃花叶片脯氨酸含量的变化

Fig. 6　Changes of proline content in leaves of *Rhododendron* under alternative stress of flooding

3.5　淹水胁迫下两种杜鹃花叶片 SOD 活性的变化

　　SOD 可以将 O_2^- 歧化成为 H_2O_2，避免细胞遭受到 O_2^- 的氧化伤害。随着淹水天数的增加，毛棉杜鹃叶片 SOD 活性先上升后降低，淹水胁迫 3d、7d、10d 时比 0d 时显著升高 14.51%、21.17% 和 21.40%，淹水 20d 时显著降低，比 0d 下降 9.23%。海南杜鹃整体变化趋势和毛棉杜鹃相同，但是变化程度没有毛棉杜

鹃的明显，淹水 10d 时达到最高值仅比 0d 升高 2.08%，20d 时有显著下降，比 0d 时下降 25.18%。

3.6　淹水胁迫下两种杜鹃花叶片细胞膜相对透性的变化

　　淹水条件下，相对电导率的数值可以表示叶片细胞膜透性强弱。它是表现植物膜系统好坏的一个重要

的生理指标，植物在受到胁迫或破坏的情况下，生物膜与膜蛋白容易被损坏，导致胞质外流，最终导致其数值上升（陈爱葵 等，2010）。如图所示随着试验的进行，两种杜鹃叶片的相对电导率总体上表现出增高的趋势。毛棉杜鹃淹水处理后叶片相对电导率前期无

显著变化，在 17d 时显著升高，在第 20d 时达到最大值，较 0d 上升 97.65%。而海南杜鹃的相对电导率变化没有前者显著，在 17d 时达到最大值，较 0d 显著升高 21.12%，而后淹水处理 20d、24d 时叶片相对电导率有所下降。

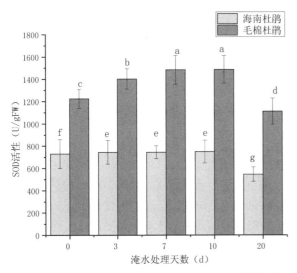

图 7 淹水胁迫下两种杜鹃花叶片 SOD 活性的变化

Fig. 7 Changes of SOD activities in leaves of *Rhododendron* under alternative stress of flooding

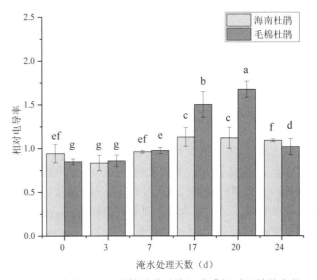

图 8 淹水胁迫下两种杜鹃花叶片细胞膜相对透性的变化

Fig. 8 Changes of relative permeability of cell membrane in leaves of *Rhododendron* under alternative stress of flooding

3.7 两种杜鹃花耐淹水能力的综合评价

表 1 两种杜鹃花耐淹水能力的综合评价

Table 1 Comprehensive evaluation of two kinds of *Rhododendron*

指标	海南杜鹃	毛棉杜鹃
相对电导率 B	0.485	0.639
脯氨酸含量 A	0.560	0.427
SOD 活性 A	0.772	0.614
过氧化氢含量 B	0.502	0.515
气孔导度 A	0.488	0.494
蒸腾速率 A	0.621	0.393
综合评价	0.571	0.514
耐淹水能力排序	1.000	2.000

当植物遭受逆境胁迫时，会通过一系列生理响应保护自身正常生长发育，来减弱逆境对植株造成的伤害。植物响应淹水胁迫是一个复杂的过程，不能单独由一个因素或一种物质完成，需要多种生理因子共同作用，整个过程需要过氧化作用、保护酶活性、渗透调节物质的协调合作，帮助植株进行正常生理代谢活动（夏斌 等，2019）。本试验通过隶属函数法综合分析两种杜鹃的耐淹水性能，脯氨酸含量、气孔导度、蒸腾速率和 SOD 活性与杜鹃耐淹性呈正相关，因此采用 A 式计算，细胞膜透性和过氧化氢含量与耐淹性

呈负相关，采用 B 式计算。由表 1 结果可得：海南杜鹃综合隶属函数值为 0.580，比毛棉杜鹃高。因此，通过综合评价分析表明海南杜鹃耐淹水性能较毛棉杜鹃高。

4 讨论与结论

淹水胁迫是植物生长发育过程中常见的逆境胁迫之一，有关淹水胁迫下植物生理生化特性的研究已有大量报道。Lin 等认为不同物种由于其抗氧化系统的不同，对淹水引起的氧化损伤的反应也不同。植物维持活性氧平衡能力的上限限制了物种抵抗氧胁迫的最大能力（Liu et al.，2004）。抗性强的植物胁迫后体内的 SOD、CAT、POD、APX 会发生对应的变化，从而降低过氧化物浓度和高浓度的过氧化物引发的损伤（Yordanova et al.，2004；杨遥 等，2000）。SOD 是植物防御过氧化的第一道防线（陈玉凤 等，2019）。本试验中两种杜鹃花叶片中 SOD 活性会迅速上升，这表明植物在淹水初期能迅速起作用，表现出一定的耐水淹性能。但在水淹胁迫的后期，SOD 活性显著下降，这说明胁迫已经超出了植物的耐受范围，植株的代谢活动有所下降，这与张阳等人的研究结果相同（张阳 等，2011）。

气孔是叶片与大气进行气体交换的重要途径，气

孔的通畅与否直接关系到光合作用能否顺利进行。水淹条件下，气孔导度会大幅度下降，时间久后就会近乎关闭，这就会造成 CO_2 的扩散阻力增加，同时导致 O_2 进入更加困难（连洪燕，2008）。而随着气孔导度的下降，叶片的蒸腾速率也会因为阻力的增加而下降，这些都是导致植物的光合作用强度下降的间接诱因，它们的下降会导致光合作用所需的水和 CO_2 无法被运输足够的量到叶绿体中，从而使得光合作用强度下降。本试验中两种杜鹃花叶片的 GS 与 E 随着淹水天数的增加持续下降，这表明从试验开始，植株叶片就受到了水淹的损伤，植物的光合活动受到抑制，这与王延双等人的研究结果一致（王延双 等，2020）。

过氧化氢含量是衡量氧化胁迫程度的重要指标（Smirnoff et al.，1998；谭淑端 等，2009）。植物在遭受水淹时，无氧呼吸取代有氧呼吸，在植物体内会积累大量活性氧，从而引发膜脂过氧化（Halliwell et al.，1984；Weir et al.，2004；陈少裕 等，1991）。本试验中两种杜鹃叶片中过氧化氢含量在淹水胁迫初期下降，可能是激发了杜鹃苗体内的抗氧化保护系统，而胁迫后期过氧化氢含量上升，表明植物自身防御系统已不能承受淹水所带来的伤害，膜脂过氧化作用明显增强。

植物体内脯氨酸含量的升高与植物缺氧有关（周晚来 等，2018；赵瑞雪 等，2008），其在维持细胞膨压及提高细胞渗透势中起重要作用，从而减少细胞在逆境中的损伤（朱虹 等，2009）。本试验中海南杜鹃叶片中脯氨酸含量显著高于对照组，说明海南杜鹃具有较好的脯氨酸调节机制，淹水后期含量下降，可能是植株淹水时间过长，伤害较大，使脯氨酸合成的原料减少（肖强 等，2005；赵瑞雪 等，2008）。而毛棉杜鹃叶片中脯氨酸含量变化不显著。细胞膜在植物维护细胞的微环境和正常代谢活动中起着重要作用。细胞膜结构破坏是水分胁迫对植物生理损害的最初表现之一（屠娟丽等，2013）。膜透性增大的程度与涝害程度息息相关，也与杜鹃抗逆性的大小有关。本试验中用相对电导率大小表示细胞膜透性大小，试验结果表明两种杜鹃品种叶片相对电导率在淹水处理后都有显著增加，但毛棉杜鹃的相对电导率上升幅度大于海南杜鹃，所以这也进一步说明海南杜鹃在抗水淹胁迫上优于毛棉杜鹃。

综上所述，水淹胁迫对杜鹃花叶片抗氧化酶系统、渗透调节系统造成了不同程度的损害，对毛棉杜鹃这种抗性弱的品种造成的抑制更严重。同时，这两种植物也会通过各种生理特性的变化来积极应对环境的改变，从而让水淹对杜鹃花的损伤减到最小，增大膜系统的完整度，增大抗氧化酶的活性来清理活性氧，保持较高的 Pro 含量来保证渗透调节系统的稳定。最终通过综合隶属函数综合分析也表明，海南杜鹃较毛棉杜鹃有更强的耐淹水性能。此结果可为今后海南杜鹃的引种驯化、育种和园林应用提供一定的理论基础。

参考文献

连洪燕，2008. 石楠属植物幼苗对淹水胁迫的响应[D]. 南京：南京林业大学.

史佑海，李绍鹏，梁伟红，等，2010. 海南野生杜鹃花属植物种质资源调查研究[J]. 热带作物学报，31(04)：551-555.

谭淑端，朱明勇，张克荣，等，2009. 植物对水淹胁迫的响应与适应[J]. 生态学杂志，28(9)：1871-1877.

谭筱玉，程勇，郑普英，等，2011. 油菜湿害及耐湿性机理研究进展[J]. 中国油料作物学报，33(03)：306-310.

屠娟丽，吕剑，2013. 菖蒲等4种湿地植物涝害胁迫生理研究[J]. 浙江林业科技，33(6)：5-9.

王慧群，孙福增，彭克勤，等，1996. 淹水处理对水稻叶片膜脂过氧化作用及细胞透性的影响[J]. 湖南农业大学学报，22(3)：222-224.

王延双，方文，王欣彤，等，2020. 水淹胁迫对红花玉兰苗木生长和生理生化特性的影响[J]. 北京林业大学学报，42(01)：35-45.

肖强，郑海雷，叶文景，等，2005. 水淹对互花米草生长及生理的影响[J]. 生态学杂志，24(9)：1025-1028.

杨暹，陈晓燕，杨运英，2000. 涝害逆境对菜心的菜薹形成与细胞保护系统的影响[J]. 中国蔬菜，1(2)：7-10.

张乐华，周广，孙宝腾，等，2011b. 高温胁迫对两种常绿杜鹃亚属植物幼苗生理生化特性的影响[J]. 植物科学学报，29(3)：362-369.

张学昆，陈洁，王汉中，等，2007. 甘蓝型油菜耐湿性的遗传差异鉴定[J]. 中国油料作物学报，(02)：204-208.

张阳，李瑞莲，张德胜，等，2011. 涝渍对植物影响研究进展[J]. 作物研究，(04)：420-424.

赵瑞雪，朱慧森，程钰宏，等，2008. 植物脯氨酸及其合成酶系研究进展[J]. 草业科学，24(2)：90-97.

周广生，朱旭彤，2002. 湿害后小麦生理变化与品种耐湿性的关系[J]. 中国农业科学，(07)：777-783.

周江，裴宗平，胡佳佳，等，2012. 干旱胁迫下3种岩石边坡生态修复植物的抗旱性[J]. 干旱区研究，29(3)：440-444.

周晚来，易永健，屠乃美，等，2018. 根际增氧对水稻根系形态和生理影响的研究进展[J]. 中国生态农业学报, 26 (3): 367-376.

朱虹, 祖元刚, 王文杰, 等, 2009. 逆境胁迫条件下脯氨酸对植物生长的影响[J]. 东北林业大学学报, 37(4): 86 -89.

Arbona V, Hossain Z, LópEZ-cLIMENTmf, et al. 1999. Antioxidant enzymatic activity is linked to waterlogging stress to lerance in citrus[J]. *Physiologia Plantarum*, 132: 452-266.

Blokhina O, Virolainen E, Fagerstedt K V. 2003. Antioxidants, oxidative damage and oxygen deprivation stress: A review [J]. *Annals of Botany*, 91: 179-194.

Cai J F, Cao F L, Zhang W X. 2014. Effects of Waterlogging on Membrane Relative Conductivity and Osmotic Adjustment Substances of *Sapium sebiferum* Seedlings[J]. Journal of Northeast Forestry University, (2): 42-46.

Chen S Y. 1991. Damage of membrane lipid peroxidation to plant cells[J]. Plant Physiology Communications, (2): 84-90.

Chen Y C, Zhao Y, Song X Q, et al. 2018. Difference in spatial distribution patterns and population structures of Rhododendron hainanense between both sides of riparian bends[J]. Chinese Journal of Plant Ecology, 42(08): 841-849.

Ding Q, Li J, Wang F, et al. 2015. Characterization and development of EST-SSRs by deep transcriptome sequencing in Chinese cabbage (Brassica rapa L. ssp. pekinensis) [J]. International Journal of Genomics, 9: 1-11.

Drew C M, Lynch J M. 1980. Soil anaerobiosis, micro-organisms and rootfunction[J]. Ann Rev Phytopath, 18: 37-66.

Fang M Y, Fang R Z, He M Y, et al. 2005. Flora of China [M]. Vol. 14. Science Press and Missouri Botanical Garden Press, Beijing. 438.

Fang R Z, Min T L. 1995. The floristic study on the genus rhododendron[J]. Plant Diversity and Resources, 17(4): 359-379.

Halliwell B, Gutteridge J M. 1984. Role of iron in oxygen radical reactions[J]. Methods in Enzymology, 105(4): 47-56.

Hu J C, Cao W X, Jiang D. 2004. Quantification of Water Stress Factor for Crop Growth Simulation[J]. Acta Agronomica Sinica, (04): 315-320.

Huang C L, Chen X, Gao GL 2011. Physiological response and drought resistance evaluation of three *Rhododendron* species to continuous drought [J]. Scientia Silvae Sinicae, 47(6): 48 -55.

Jin Z M, Shao W, Zang W, et al. 2010. Effects of Drought Stress on Protective Enzymes of Trifolium repens Seedlings [J]. Journal of Northeast Forestry University, 38(7): 52 -53.

Lin K H R, Weng C H, Lo H F, et al. 2004. Study of the root antioxidative system of tomatoes and eggplants under waterlogged conditions[J]. Plant Science, 167: 355-366.

Peter D, Shaima S G, Sarkar R K 2008. Chlorophyll fluorescence parameters, CO_2 photosynthetic rate and regeneration capacity as a result of complete submergence and subsequent re-emergence in rice (*Oryzasativa* L.)[J]. *Aquatic Botany*, 88: 127-133.

Peter J L, Castillom F J, Heath R L. 1989. Alteration of extracellular enzymes in Pinto Bean leaves upon exposure to air pollutants, ozone and sulfur dioxide[J]. *Plant Physiology*, 89: 159-164.

Wang S, Pan L, Hu K, et al. 2010. Development and characterization of polymorphic microsatellite marker in *Momordica charantia* (Cucurbitaceae) [J]. American Journal of Botany, 97 (8): e75-78.

Weir T L, Park S W, Vivanco J M. 2004. Biochemical and physiological mechanisms mediated by allelochemicals [J]. Current Opinion in Plant Biology, 7(4): 472-479.

Yan B, Dai QJ, Liu XZ, et al 1996. Flooding-induced membrane damage, lipid oxidation and activated oxygen generation in corn leaves[J]. *Plant and Soil*, 179: 261-268.

Yordanova R Y, Christov K N, Popova L P, 2004. Antioxidative enzymes in barley plants subjected to soil flooding [J]. Environ Exp Bot, 51: 93-102.

繁殖技术

多花芍药种子破眠技术研究

张 慜　万映伶　李秉玲　高健洲　周 好　刘 燕*

（花卉种质创新与分子育种北京市重点实验室，国家花卉工程技术研究中心，城乡生态环境北京实验室，

园林环境教育部工程研究中心，林木花卉遗传育种教育部重点实验室，园林学院，北京林业大学，北京 100083）

摘要　多花芍药兼具药用和观赏价值，是重要的野生芍药资源。由于其分布区狭窄，采集植株有诸多不便，通过种子引种，异地繁殖从而实现保护和利用具有重要意义。多花芍药种子不易萌发，解除种子休眠的方法目前尚未见报道。前期研究发现其存在上胚轴休眠现象，为探索打破多花芍药上胚轴休眠的有效方法，本研究采用不同时长的低温层积（4℃）、不同浓度赤霉素（GA_3）浸泡以及两者结合 3 种方式处理生根后种子，结果显示，仅 110d 低温层积处理后的多花芍药种子出苗，出苗率为 67.50%±1.35%，其他处理方式都没有出苗。结果表明，采用 110d 低温层积处理生根种子是多花芍药种子打破上胚轴休眠的有效方式，相比于芍药组其他物种，其种子上胚轴休眠解除需要更长的低温处理时间。

关键词　多花芍药种子；上胚轴休眠；低温层积；GA_3

Study on Dormancy Breaking Techniques of *Paeonia emodi* Seed

ZHANG Min　WAN Ying-ling　LI Bing-ling　GAO Jian-zhou　ZHOU Hao　LIU Yan*

(*Beijing Key Laboratory of Ornamental Plants Germplasm Innovation & Molecular Breeding, National Engineering Research Center for Floriculture, Beijing Laboratory of Urban and Rural Ecological Environment, Engineering Research Center of Landscape Environment of Ministry of Education, Key Laboratory of Genetics and Breeding in Forest Trees and Ornamental Plants of Ministry of Education, School of Landscape Architecture, Beijing Forestry University, Beijing 100083, China*)

Abstract　*Paeonia emodi* has both medicinal and ornamental value and is an important wild herbaceous peony resource. Due to its narrow distribution area, there are many inconveniences in collecting plants. It is of great significance to achieve protection and utilization through seed introduction and relocation propagation. *Paeonia emodi* seeds are not easy to germinate, and the methods of breaking dormancy has not been reported. The previous study found that there was epicotyl dormancy phenomenon in *Paeonia emodi* seed. In order to explore an effective method to break the epicotyl dormancy of *Paeonia emodi* seed, this study used cold stratification (4℃) with different duration, soaking in gibberellin (GA_3) solutions of different concentration, and the combination of both to treat the seeds after rooting. The results showed that only the seeds treated with cold stratification for 110 days germinated. The germination rate was 67.50% ± 1.35%, and the seeds with other treatments did not germinate. The results suggested that using cold stratification for 110 days to treat rooting seeds is an effective way to break epicotyl dormancy of *Paeonia emodi* seed. Compared with other species in sect. *Paeonia*, *Paeonia emodi* requires a longer period of cold stratification to break epicotyl dormancy of seed.

Key words　*Paeonia emodi* seed; Epicotyl dormancy; Cold stratification; GA_3

多花芍药（*Paeonia emodi* Wall. ex. Royle）是重要的野生植物资源，其提取物可用于治疗糖尿病、高血压等疾病（Ibrar *et al.*，2018；Ilahi *et al.*，2016），同时也具有植株高大、成花量多等观赏优势（Halda 和 Waddick，2004）。然而，多花芍药在世界范围内仅分布于喜马拉雅山脉的两侧（Hong，2011），极为狭窄

1　基金项目：四类中国传统名花良种繁育及花期调控技术研究课题（D161100001916004）。

　　第一作者简介：张慜（1995—），女，硕士研究生，主要从事园林植物栽培研究。

* 通讯作者：刘燕，教授，E-mail：chblyan@163.com。

的地理分布限制了其开发和利用。种子引种不仅有利于保护野生资源的原生环境，且相对于植株引种的单一性，种子异地繁殖可获得具有丰富遗传多样性的群体（Hamadeh et al.，2018）。但是，多花芍药在北京露地播种的出苗率极低，而种子上胚轴休眠未能解除是主要原因（张逸璇，2019），目前并没有打破其上胚轴休眠的有效方法。

芍药属植物种子上胚轴休眠的打破普遍比较困难，现已有10个物种进行了打破种子上胚轴休眠方法的研究，主要以低温层积、赤霉素（GA$_3$）处理以及两者结合的方式为主，4℃低温层积的时间为30~90d，所用GA$_3$浓度为0~500mg/L（Zhang et al.，2019）。对于存在生理休眠的植物种子来说，低温层积是打破其休眠有效的处理方法（Baskin，2014），在粗榧（Cephalotaxus sinensis）、枫杨（Pterocarya stenoptera）等植物中已成功应用（王宝龙 等，2018；司倩倩 等，2016）。外源GA$_3$对打破很多植物的种子休眠也会起到促进作用，研究表明可完全代替低温层积处理或有效缩短种子所需的低温层积时间（赵婕 等，2019；唐安军，2016）。

因此，本研究通过不同低温层积时间、不同赤霉素浓度浸泡以及两者结合的方式，设置10个组合对多花芍药的生根种子进行处理，探究多花芍药种子上胚轴休眠解除的有效方式，为其种子繁殖提供技术参考，同时为种子引种奠定基础。

1　材料与方法

1.1　植物材料

多花芍药种子采自西藏自治区日喀则市吉隆县（84°35′~86°20′E，28°3′~29°3′N），待果荚变为棕黄色时采收。采收后放至阴凉处待果荚自然裂开，种子取出后清水洗净待用。

1.2　试验方法

1.2.1　种子形态及解剖结构观察

种子大小使用游标卡尺测量，每组测定20粒，重复3次。以种胚所在纵向长度为最长轴，垂直于最长轴的最小值为最短轴。种子的解剖结构在体视显微镜（Leica EZ，Germany）下进行观察，胚率=种胚长度/种子长度×100%。

种子千粒重、生活力、含水量测定：参考国际种子检验规程（ISTA）和花卉种子检验标准（GB/T 18247），种子千粒重使用百粒法进行测定，每次100粒，重复8次。种子生活力使用TTC染色法进行测定，含水量使用105℃烘干法进行测定。测定生活力、含水量每次30粒种子，重复3次。

1.2.2　种子上胚轴休眠解除试验

将多花芍药种子在水中浸泡24h，在15~20℃条件下进行沙藏处理（湿度为60%），种子生根后选择根长为2~4cm的种子作为材料，用于上胚轴休眠解除试验，解除方法主要为3种方式，分别为低温层积处理、GA$_3$处理、低温层积结合GA$_3$处理，25℃常温层积作为对照。①低温层积处理：将生根种子分别在4℃条件下低温层积60d，90d或110d；②将生根种子分别在300、400、500mg/L GA$_3$溶液中浸泡24h；③将生根种子在4℃条件下低温层积60d后用300、400、500mg/L GA$_3$溶液浸泡24h。

各处理结束后，将种子移植至基质（配比为泥炭：珍珠岩=1:1）中，在20℃ 16h/12℃ 8h，光照24000lx，湿度40%的培养箱中培养。每处理120粒种子，重复3次。培养30d后计算发芽率，小苗长出3个月后，记录其平均苗高、平均小叶长、平均小叶宽。

2　结果与分析

2.1　种子基本特性观察及测定

多花芍药种子呈黑蓝色，形状为椭圆形，种子最长轴为10.01±0.11mm，最短轴为6.21±0.14mm，其形态与纵剖面如图1A、B所示。种胚已经分化出胚轴以及子叶，胚率为20.49%±0.87%。种子千粒重为274.32±1.96g，含水量为40.23%±0.10%，具有强生活力的种子占95.56%±1.11%。

2.2　不同处理对多花芍药种子出苗的影响

在10个处理组中，仅有4℃下低温层积110d的处理，多花芍药种子上胚轴休眠能够被顺利打破，种子出苗率为67.50%±1.35%，其他方法均未出苗（表1）。由图1可见，多花芍药种子从成熟种子到出苗经历露白—生根—上胚轴休眠解除—成苗的过程，低温层积110d后，种子的上胚轴休眠已被打破，开始长出小叶（由图1E可见）。出苗后3个月，叶片完全展开，平均苗高为13.47±0.30cm，平均小叶长为3.77±0.24cm，平均小叶宽为8.22±0.42cm，小苗肉质根逐渐形成，在基部出现新芽（由图1F可见）。

表1　不同处理下多花芍药种子的萌发情况

Table 1　*Paeonia emodi* seed germination in different treatments

序号	处理组	成苗率（%）
1	25℃常温层积	0
2	低温层积60d	0
3	低温层积90d	0
4	低温层积110d	67.50±1.35

序号	处理组	成苗率（%）
	（续）	
5	300mg/L GA₃	0
6	400mg/L GA₃	0
7	500mg/L GA₃	0
8	低温层积60d+300mg/L GA₃	0
9	低温层积60d+400mg/L GA₃	0
10	低温层积60d+500mg/L GA₃	0

3　讨论

本研究结果表明，4℃低温层积处理110d是多花芍药种子上胚轴休眠解除的有效方式。与芍药组内的栽培芍药（*P. lactiflora*）、块根芍药（*P. anomala*）、科西嘉芍药（*P. corsica*）等相比，多花芍药种子上胚轴休眠有效解除需要的低温层积时间更长（关雪莲 等，2009；孙晓梅 等，2013；Marco et al.，2015）。

亲缘关系相近的物种在种子生根、发芽的时间上存在差异，对于此现象的一种解释是由于原始生境中的温度差异导致了休眠程度的不同（Eduardo 等，2013）。多花芍药原生地位于山区，海拔可达2480m（杨勇 等，2017）。由于西藏与北京的气候差异，多花芍药种子北京露地播种过程中的低温量不足可能会影响其上胚轴休眠的解除。低温层积可通过调节种子中内源脱落酸（ABA）和赤霉素（GA₃）含量之间的平衡来打破种子的休眠状态（Amooaghaie 和 Ahmadi，2017）。在栽培芍药种子的研究中也发现，ABA与GA₃相关基因的表达在经历低温处理前后存在显著差异（Ma et al.，2017），外源施加GA₃可以有效促进其上胚轴休眠解除（孙晓梅 等，2019）。但是，在我们的研究中外源GA₃的参与并不能有效地解除多花芍药种子休眠，磨擦草（*Tripsacum dactyloides*）和人参（*Panax ginseng*）种子的研究中也发现了GA₃不能完全替代低温层积的现象（Rogis et al.，2004；Lee et al.，2018）。因此，GA₃的参与对于多花芍药种子打破上胚轴休眠是否能够起到积极作用还需要进一步研究。

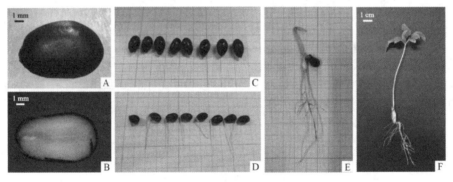

图1　多花芍药种子解除休眠不同阶段的形态变化

Fig. 1　Morphological changes of *P. emodi* seeds at different stages of releasing dormancy

A&B：种子生根前；C：露白；D：生根；E：上胚轴休眠解除；F：成苗

参考文献

关雪莲，周桂玲，盛方，2009. 新疆块根芍药种子萌发特性研究[J]. 种子，28：97-99.

司倩倩，臧德奎，傅剑波，等，2016. 粗榧种子休眠原因及其解除方法研究[J]. 山东农业科学，48：48-50+54.

孙晓梅，辛如洁，董召阳，等，2019. 芍药品种间杂交亲和性及种子破眠方法研究[J]. 西北农业学报，28：837-842.

孙晓梅，杨盼盼，杨宏光，等，2013. 芍药种子破除休眠方法研究[J]. 辽宁农业科学，（4）：20-22.

唐安军，2016. 濒危植物川东灯台报春的种子休眠/萌发生理及出苗模式[J]. 植物生理学报，52：1421-1428.

王宝龙，徐君霞，李明月，等，2018. 枫杨种子休眠与萌发特性研究[J]. 森林工程，34：11-15.

杨勇，曾秀丽，张姗姗，等，2017. 5种野生芍药在我国西南地区的地理分布与资源特点研究[J]. 四川农业大学学报，35：69-74+87.

张逸璇，2019. 中国野生芍药耐荫性评价及应用于耐荫品种培育初步研究[D]. 北京：北京林业大学.

赵婕，张子晗，侯秋彦，等，2019. 东京野茉莉种子休眠特性的研究[J]. 中南林业科技大学学报，39：45-51.

Amooaghaie R, Ahmadi F. 2017. Triangular interplay between ROS, ABA and GA in dormancy alleviation of *Bunium persicum* seeds by cold stratification[J]. Russian Journal of Plant Physiology，64：588-599.

Baskin J M. 2014. Seeds: Ecology, Biogeography, and Evolution of Dormancy and Germination 2nd ed[J]. Crop Science,

40: 564.

Eduardo F P, Borja J A, Juli C C, et al. 2013. A local dormancy cline is related to the seed maturation environment, population genetic composition and climate[J]. Annals of Botany, 112: 937-945.

Halda J J, Waddick J W. 2004. The genus *Paeonia*[M]. Portland. Cambridge: Timber Press.

Hamadeh B, Chalak L, D'eeckenbrugge G C, et al. 2018. Evolution of almond genetic diversity and farmer practices in Lebanon: impacts of the diffusion of a graft-propagated cultivar in a traditional system based on seed-propagation[J]. Bmc Plant Biology, 18: 155.

Hong D Y. 2011. Peonies of the World: Polymorphism and Diversity[M]. Kew: Royal Botanic Gardens.

Ibrar M, Khan M A, Abdullah, et al. 2018. Evaluation of *Paeonia emodi* and its gold nanoparticles for cardioprotective and antihyperlipidemic potentials[J]. Journal of Photochemistry and Photobiology B-Biology, 189: 5-13.

Ilahi I, Khan J, Ghaffar R, et al. 2016. In vitro antioxidant and hepatoprotective activities of *Paeonia emodi* (Wall.) rhizome methanol extract and its phenolic compounds rich fractions [J]. Pakistan Journal of Pharmaceutical Sciences, 29: 1787 -1794.

Lee J W, Jo I H, Kim J U, et al. 2018. Improvement of seed dehiscence and germination in ginseng by stratification, gibberellin, and/or kinetin treatments[J]. Horticulture Environment, Biotechnology, 59: 293-301.

Ma Y, Cui J, Lu X, et al. 2017. Transcriptome Analysis of Two Different Developmental Stages of *Paeonia lactiflora* Seeds [J]. International Journal of Genomics, 2017: 1-10.

Marco P, Efisio M, Pritchard H W, et al. 2015. Sequential temperature control of multi-phasic dormancy release and germination of *Paeonia corsica* seeds[J]. Journal of Plant Ecology, 9: 464-473.

Rogis C, Gibson L, Knappr A D, et al. 2004. Can Solid Matrix Priming with GA3 Break Seed Dormancy in Eastern Gamagrass? [J]. Journal of Range Managemen, 57: 656-660.

Zhang K, Yao L, Zhang Y, et al. 2019. A review of the seed biology of *Paeonia* species (Paeoniaceae), with particular reference to dormancy and germination[J]. Planta, 249: 291 -303.

观赏荷花容器栽培技术研究

赵 勋* 包琦斐 佘亚静 徐朝瑾

（浙江人文园林股份有限公司，杭州 310013）

摘要 为实现观赏荷花容器栽培能够较好地表现其观赏性状，以 30 个株型不同的荷花品种为试材，种藕栽植在不同容积的容器，观测其观赏性状，与正常性状表达栽植容器对比。结果表明：小规格容器适宜种植小株型品种、中等规格容器适宜种植中株型品种、大规格容器适于种植大株型品种；小株型品种种植容器越大，花量和花期明显增加；而大株型品种种植容器越小，其花量、花期明显减少，花径、花柄高、立叶高相应的减小。不同株型的荷花品种，小株型种植在 37cm 容器中，其标准性状可得到表达；中株型品种种植在 50cm 容器中，标准性状可表达。

关键词 观赏荷花；容器栽培；性状表达

Study on Container Culture Technology of Ornamental Lotus

ZHAO Xun* BAO Qi-fei SHE Ya-jing XU Chao-jin

（*Zhejiang Humanities Landscape Co. , Ltd. Hangzhou* 310013, *China*）

Abstract In order to achieve better performance period of ornamental lotus container cultivation, 30 Lotus varieties with different plant types were used as test materials and planted in containers with different volumes. The results showed that small-scale containers were suitable for planting small-scale varieties, medium-sized containers were suitable for planting medium-sized varieties and large-sized containers; The larger the container is, the more the flower amount and the flowering period will be. The smaller the container is, the less the flower amount and the flowering period will be. For different plant types of lotus varieties, the standard characters could be expressed when the small plant type is planted in 37cm container, and the standard characters could be expressed when the medium plant type is planted in 50cm container;

Key words Ornamental lotus; Container culture; Character expression

观赏荷花（*Nelumbo nucifera*）又称花莲，主要用于改善环境、美化环境等。国内对于荷花育种（黄秀强等，1992）、病虫防治等方面研究较多，这方面技术已经处于国际前沿。花莲除栽植在水域之外，还可采用容器栽培，放置于陆地，因具有可移动性，容易和其他植物配置和单独成景。在我国许多地方的节庆日，荷花常常是布置景观的主要植物材料。荷花容器栽培，主要对于花莲而言，在花莲容器栽培技术上，规格 25~40cm 无孔软塑料盆，从容器成本角度，更适合于大规模生产（李清清 等，2012）。缸栽与盆栽管理较为粗放，碗莲栽培管理较精细（王其超和张行言，1985）。由于不同花莲品种对容器大小的适应性不同，成品盆栽荷花摆放几日后，观赏性明显下降。

另外，在观赏荷花容器栽培生产过程中，也会因为品种与容器大小不协调，导致品种的性状不能基本表达，或容器过大造成生产成本增加等现象。通过对花莲品种和容器的适应性研究，探求不同花莲品种性状表达所需的最小容器，为生产和应用提供技术参考。

1 试验区概况

试验地位于浙江省杭州市西湖区，属亚热带季风气候区，四季分明，光照充足，雨量充沛。年平均气温 15.9~17.3℃，呈南高北低分布。极端最高气温 39.8~42.9℃，极端最低气温−7.1~−15.0℃。年平均相对湿度 71%~81%。无霜期 199~328d。年降水量 1378.51947.6mm，年日照时数 1358.5~1471.2h。

---

1 基金项目：杭州市农业与社会发展科研项目库入库项目（项目编号 171798）。

* 赵勋（1975—），高级工程师，从事园林技术研究，E-mail：xyzfu@126.com。

2 试验材料及方法

2.1 试验材料

2.1.1 观赏荷花材料

大株型荷花品种'至高无上''风卷红旗''红剑舞''凝粉佳人''建选17''粉红凌霄''舞妃''友谊牡丹莲''赤火金星''大晒锦''中山红台'等11个品种。中小株型花莲品种'秣陵秋色''红衣舞女''夏菊''紫渚莲''姹黄胭脂''似春晓''仁昌莲''紫气袭来''紫婉''希陶飞雪''晏子红''卓越''紫冠''紫染金花''钱塘红楼''艳粉照秋''凝黄佛翠''余杭红莲''金丝带'等19个品种。

2.1.2 容器材料及规格

绿塑料容器口径33(28)cm、43(37)cm,缸栽口径50cm。规格118cm×89cm×32cm长方体塑料容器;106cm×77cm×28cm长方体塑料容器。其中口径37cm盆为2#、口径50cm缸为1#、长宽0.8m²容器为0#。

2.1.3 种植土及处理

以水稻田的种植淤泥为主要种植土,也可用塘泥在种植前一年堆积腐熟风干,种植时用水浸泡1周。

2.2 试验方法

2.2.1 试验设计及栽培管理

采用随机区组设计,每个品种30盆,重复3次。种植容器边缘距离为60cm×60cm。在清明前后种藕种植,每个容器种植1支种藕;"藏头露尾法"种植;种植1d后,注水2~3cm深,5月水分控制在5~10cm深。现蕾期施复合肥1次,每株5~10g,现蕾前1周施用有机肥1次,每株30~50g。5月主要防治蚜虫,7~8月主要防治斜纹夜蛾。

2.2.2 测定指标

主要测定观赏性状及形态指标有群体花期、花量、花径、花高、叶高等。

2.3 数据及分析

量测数据采用Excel 2007处理,计算平均值,使用SPSS20.0分析,方差分析方法为ANOVA,LSD比较。

3 结果分析

量测过程中发现在花色、初花期、浮叶期、立叶期等指标方面,在不同容器中栽植,基本一致;在花量、花径、花期、花柄高及立叶高表现比较明显的差异。

3.1 花量差异

不同株型品种,在不同容器中,表现不同,从表1可知道,所有参试品种,表现为容器越大,花量越多,容器越小,花量越少。大株型花莲在不同容器中,表现出极显著差异。中小株型花莲,除'姹黄胭脂'外,其余表现为显著或极显著性差异。因此从花量角度出发,大株型应种植在较大容器中,避免种植在小容器中。

3.2 花径差异

从表1可知,不同品种之间,在不同容器中,花径随着容器的增大而增加。同一品种在不同容器中花径有差异,除'晏子红''紫染金花''紫冠''卓越'4个品种在不同容器中没有显著差异外,其余品种在1#容器和0#容器之间,存在显著或极显著差异。从花径角度考量,中小株型花量,适宜种植在中等大小的容器中,其基本观赏性状可以得到较好表达。

3.3 花期差异

由表1可见,参试品种的花期,同一品种在不同容器中,花期随容器增大而延长,各个品种花期全部存在极显著性差异。群体花期的长短与花量具有一定的正相关,花量越多,群体花期会相应延长。从花期长短考虑,大株型花莲宜种植在较大容器中,中小株型花量,宜种植在中等容器中,花期比较适中。

3.4 花柄高差异

花柄高,是评价花莲观赏性状的一个指标之一,花柄高于叶面,易于吸引人的注意力。由表1可见,花柄高度随着容器增大而增高,参试品种中,除'紫冠'和'紫婉'外,其他品种,在不同容器中,均表现出显著性差异。

3.5 立叶高差异

由表1可见,花莲立叶高度,同一品种,在不同容器中,同样表现为随着容器增大而增加,同一品种在2#容器和0#容器中,参试品种全部存在显著性或极显著性差异。

表1 花莲基本性状方差分析表

Table 1　Analysis of variance of basic characters of ornamental lotus

品种名称	花量(朵)			花径(cm)			花期(d)			花柄高(cm)			立叶高(cm)		
	2#	1#	0#	2#	1#	0#	2#	1#	0#	2#	1#	0#	2#	1#	0#
'大洒锦'	8A	12B	15C	18.7A	19.1B	22.6C	65A	70B	77C	53.2A	59.6B	67.3C	54.6A	67.2B	76.6C
'风卷红旗'	3A	8B	13C	16.6Aa	18.6ABb	20.4Bc	15A	18A	29B	63.5A	67.7B	73.2C	53.6Aa	60.1Ab	70.7B
'凝粉佳人'	7A	11B	23C	17.8Aa	19.8Ab	21.2C	42A	50B	90C	108.8A	113.4B	127.7C	55.8A	67.5B	89.8C
'舞妃'	1A	4B	10C	22.6A	24.6Bb	25.7Bc	5A	17B	60C	54.3A	68.6B	85.1C	34.4A	65.4B	76.2C
'友谊牡丹'	5A	7B	12C	15.7A	18.2Ba	19.3Bb	25A	33B	40C	85.1A	103.2B	115.9C	62.6A	75.7B	89.8C
'中山红台'	5A	7B	11C	14.9A	17.6Ba	18.3Ba	30A	44B	50C	72.1A	82.3B	99.8C	55.6A	65.5Ba	72.8Bb
'赤火金星'	7A	11B	16C	16.6a	17.8b	18.4b	27A	32B	51C	63.2A	73.3B	86.4C	36.6A	51.5B	62.6C
'红剑舞'	6A	15B	20C	23.8Aa	24.5Aa	26.6B	39A	60B	90C	67.1A	82.2B	91.9C	55.7A	65.6B	73.3C
'至高无上'	3A	6B	18C	19.1A	12.7B	23.1C	32A	102B	150C	66.2A	86.4B	105.6C	47.4Aa	50.4aA	70.1B
'建选17'	4A	21B	30C	25.8a	26.6a	27.1a	35A	60B	75C	96.6A	128.1B	155.6C	80.2A	100.8B	116.8C
'粉红凌霄'	6A	13B	16C	13.4a	14.6Aa	15.5B	33A	52B	104C	28.5A	42.3B	63.3C	28.9A	37.8B	45.5C
'姹黄胭脂'	30Aa	29Aa	37B	13.9Aa	15.3ABb	16.6Bb	53A	60B	70C	59.7A	65.3B	70.8C	30.1Aa	26.3Aa	45.4B
'秣陵秋色'	8Aa	10Ab	14B	16.1Aa	17.8ABb	19.5Bc	52A	61B	72C	57.1A	59.8B	66.4C	34.6Aa	40.4Ab	61.2B
'钱塘红楼'	9A	12Ba	14Bb	17.4Aa	19.3Ab	22.4B	35A	43B	50C	62.6A	68.6B	72.3C	32.3A	40.6B	53.3C
'仁昌'	7A	10B	29C	18.1A	20.4Ba	22.3Bb	50A	61B	70C	80.4A	89.9B	97.8C	34.9A	42.7B	56.5C
'似春晓'	6A	11B	15C	21.7Aa	23.3ABb	25.2Bc	37Aa	40Aa	53B	99.9A	106.7B	112.7C	53.4Aa	60.8Ab	70.1B
'希陶飞雪'	29A	37B	53C	15.6Aa	17.2ABb	18.1Bb	90A	105B	120C	64.3A	75.2B	80.1C	37.2Aa	43.2Ab	50.7B
'夏菊'	21A	28B	41C	15.6Aa	17.2ABb	18.4Bb	55A	65B	80C	28.7A	25.3B	60.1C	21.9A	30.8B	38.3C
'晏子红'	10A	17B	31C	15.2a	15.7a	16.1a	55A	62B	73C	22.1A	29.1B	35.6C	10.8Aa	16.8Ab	29.2B
'紫气袭来'	9Aa	11Ab	16B	12.1Aa	13.4ABa	14.3B	47A	60B	72C	50.1A	58.6B	66.4C	33.4A	41.7B	57.8C
'紫染金花'	9A	12B	17C	10.8a	11.5a	12.1a	50A	58B	66C	48.9A	56.2B	67.4C	28.9A	39.4B	55.5C
'紫婉'	10A	14B	19C	15.9Aa	16.4ABa	17.8Bb	40A	46B	57C	41.2A	56.6Ba	57.4Ba	17.9Aa	23.3Ab	36.9B
'紫渚莲'	9A	12B	21C	13.7a	14.1ab	15.5c	49A	54B	63C	40.3A	49.7B	61.2C	32.4A	40.8B	50.1C
'红衣舞女'	12A	28B	36C	13.3Aa	15.1Ab	17.2B	62A	79B	85C	56.3A	70.2B	86.3C	28.3Aa	32.7Aa	45.9B
'紫冠'	12A	21B	41C	11.9a	12.3a	12.9a	64A	85B	92C	40.1Aa	40.3Aa	59.2B	19.1Aa	23.8ABa	30.6Bb
'卓越'	8Aa	10Ab	16B	15.1a	15.9a	16.4a	56A	66B	73C	86.7A	99.4B	108.4C	55.3A	65.9Ba	71.2Bb
'艳粉照秋'	6A	12B	18C	18.2a	19.4ab	21.3bc	45A	90B	108C	43.2A	68.7B	89.9C	25.2A	42.2B	55.9C
'金丝带'	8Aa	10Ab	21B	25.6a	26.3ab	27.2b	40A	55B	69C	57.7A	61.6B	78.9C	44.4Aa	50.7Ab	61.2B
'凝黄佛翠'	9A	12B	16C	9.3Aa	10.4Ab	10.7Ab	40A	45B	65C	19.7A	26.9B	37.8C	17.3Aa	21.2Ab	25.5Ab
'余杭红莲'	7A	10B	15C	19.8Aa	20.6Aab	21.8Ab	43A	50B	66C	92.5A	101.7B	110.9C	56.6A	45.2B	81.1C

4　结论与讨论

4.1　结论

不同品种花莲种植在不同容器中,观赏性状表现出较明显的差异,表现出的规律为,随着容器的增加,花量、花径、花柄高、叶柄高、花期等也随着增加。大部分品种表现出了显著或极显著性差异。

通过分析,可以发现,荷花的花量、花期等观赏性状,基本受栽培技术的调控。科学的栽培管理技术,可以实现调节其花量、花径和花期等性状。从栽培生产的成本角度考虑,在培育面向市场的花莲产品时,建议小规格容器适宜种植小株型品种、中等规格容器适宜种植中株型品种、大规格容器适于种植大株型品种;小株型品种种植容器越大,花量和花期明显增加;而大株型品种种植容器越小,其花量、花期明显减少,花径、花柄高、立叶高相应的减小。不同株型的荷花品种,小株型种植在37cm容器中,其基本性状可得到表达;中株型品种种植在50cm容器中,基本性状可表达;而大株型花莲,不建议种植在小容器中,主要原因是花量显著减少,影响其生长和观赏性状表达。

4.2　讨论

花莲的花量、花径、花期、花柄高、叶柄高等观赏性状，属于数量性状，与栽植和生长环境相关。花莲品种基本上都表现为：在充足的生长空间，在生长季节，可以不断生长。在地下茎不断伸长生长的同时，花芽、叶芽不停分化，出现了花莲的花量增加、花期延长。同时建议在今后的荷花新品种培育时，主要关注于其质量性状方面的差异指标，而尽量减少数量性状方面作为测试评价基本性状。

参考文献

黄秀强，陈俊愉，黄国振，1992. 莲属两个种亲缘关系的初步研究[J]. 园艺学报，(2)：164-170.

李清清，吉建斌，赵广胜，2012. 荷花栽培方式及容器选择初探[J]. 林业实用技术，(12)：72-73.

王其超，张行言，2005. 中国荷花品种图志[M]. 北京：中国林业出版社，41.

不同浓度 6-BA 和 NAA 处理对蓝雪花组培继代培养的影响

宗树斌　邢子蓓　任焕焕

（江苏农林职业技术学院，句容 212400）

摘要　以 2 年生蓝雪花带腋芽的茎段为外植体，利用 WPM+0.4mg/L 玉米素为初代培养基，建立蓝雪花组培快繁无菌体系。以 MS 基本培养基为继代培养基，采用双因素完全随机试验，从继代增殖率、增殖苗高、叶长、叶色、生长势等几个指标综合分析，研究不同浓度 6-BA 和 NAA 处理对蓝雪花组培继代培养的影响。结果表明：6-BA1.0mg/L+NAA0.3mg/L 处理增殖率最高，综合生长指标也最好，是蓝雪花继代增殖培养最佳激素处理组合。

关键词　蓝雪花；继代培养；增殖率

Effects of Different Concentrations of 6-BA and NAA on Tissue Culture and Subculture of *Plumbago auriculata*

ZONG Shu-bin　XING Zi-bei　REN Huan-huan

（*Jiangsu Vocational College of Agricultureand Forestry*，*Jurong 212400*，*China*）

Abstract　Stem segments with axillary buds of biennial *Plumbago auriculata* were used as explants，and WPM + 0.4mg/L zeatin was used as primary culture medium to establish a rapid tissue culture and aseptic system. The effects of different concentrations of 6-BA and NAA on the subculture of *Plumbago auriculata* were studied by using MS basic medium as subculture medium and two-factor completely random experiment. The effects of 6-BA and NAA treatment on the subculture of *Plumbago auriculata* were analyzed comprehensively from several indicators，such as subculture rate，seedling height，leaf length，leaf color and growth potential. The results showed that the treatment of 6-BA 1.0mg/L + NAA 0.3mg/L had the highest proliferation rate and the best comprehensive growth index. It was the best combination of hormone treatment for subculture of *Plumbago auriculata*.

Key words　*Plumbago auriculata*；Subculture；Proliferation rate

　　蓝雪花原产南非，为白花丹科白花丹属多年生常绿灌木，又名蓝雪丹、蓝茉莉、蓝花矶松[1]。幼苗时枝条直立，后期悬垂。单叶互生、叶薄、全缘。穗状花序顶生或腋生，花冠高脚蝶状，浅蓝色或白色，花期 6~9 月，蒴果。蓝雪花性喜温暖，耐热，喜光照，稍耐阴，中等耐旱，适宜环境温暖、排水良好的砂质土壤。成熟植株枝条悬垂，适宜大型容器组合盆栽，可用于道馆周边道路、立交桥等主要路段的环境布置，也可地栽林缘种植或点缀草坪[2]。蓝雪花中大量的白花丹素对于风湿关节疼痛、跌打损伤、血瘀经闭、肿毒恶疮和疥疮具有良好的治疗作用[3,4,5]。

　　蓝雪花作为一种观赏价值与药用价值俱佳的新型花卉。但蓝雪花是典型的花柱异型植物，自交不具有亲和性，结实率很低[1]，蓝雪花种子价格较为昂贵，传统的繁殖方式无法满足蓝雪花的应用需求。目前对蓝雪花无性繁殖技术研究主要集中在扦插技术[6,7]，对其组织培养的研究鲜少，组织培养可以克服传统繁殖方法的不足，繁殖系数大、速度快、保持优良性状等[8]优点。因此，本试验在蓝雪花初代培养的基础上，通过采用不同浓度的 6-BA 和 NAA 处理，利用双因素完全重复试验，对蓝雪花进行继代培养，观察不同处理下继代苗的增殖情况和生长状况，分析得出适

　　1　基金项目：江苏省林业三新工程项目——林木种苗及植物组培工厂化繁育技术熟化示范（项目编号：LYSX［2016］46）；江苏农林职业技术学院院级课题项目——植物种苗工厂化繁育新技术研发及推广（项目编号：2018kj25）。

　　*　第一作者简介：宗树斌（1982—），男，硕士研究生，副教授，园林植物与观赏园艺专业硕士研究生，主要从事植物工厂化繁育技术研究，邮箱 zongsb_ 1982@163.com。

宜蓝雪花继代培养的 6-BA 和 NAA 浓度处理，为蓝雪花组培继代培养及组培繁育技术体系的建立提供支撑。

1 材料和方法

1.1 试验材料

以江苏农林职业技术学院玻璃温室盆栽培育的 2 年生蓝雪花为母株，采集生长健壮、发育充实、无病虫害的当年生枝条，剪取枝条的中上段，剪掉叶片，剪取带腋芽的茎段为蓝雪花组织培养的外植体。

1.2 试验地概况

试验在江苏农林职业技术学院风景园林学院实训基地进行，该实训基地有现代化的玻璃温室 2700m² 和设备齐全的组培室 300m²，实训基地常年进行多种观赏植物的引种、栽培繁育工作，能够为该试验提供充足良好的条件。

1.3 试验方法

1.3.1 建立无菌繁殖体系

外植体预处理 将采集好的枝条剪成长 1~2cm 的小段，每一段至少带有一个腋芽。然后将剪取好的茎段放入烧杯中，往烧杯中加入适量洗衣粉，摇晃洗涤，洗至无明显泡沫后在烧杯口蒙上一层纱布，在流水下冲洗 30min。

无菌接种 将用自来水冲洗好的茎段拿到接种室超净工作台上进行消毒，先用 75% 的酒精消毒 30s 并不断搅拌，倒掉酒精后接着用 0.1% 的升汞浸泡 8min，最后用无菌水冲洗 3 遍。消毒处理完成后，将外植体沥干水分后放到无菌工作台的无菌纸上，用消过毒的镊子和剪刀进一步剪切外植体，先适当剪去其两端消毒过后失去活性的部分，使外植体腋芽上端和下端都保留 0.5~1cm 长度，然后形态学朝上接种到初代培养基上（图 1、图 2、图 3、图 4）。

图 1 75%酒精消毒   图 2 0.1%升汞消毒

图 3 无菌水冲洗 3 遍

图 4 进一步修剪消过毒的外植体

初代培养 采用 WPM+0.4mg/L 玉米素（ZT）作为初代培养的培养基，每瓶接种 1 个外植体，进行初代接种。将接种好的培养瓶放置在温度 25±1℃，光照强度 36~54μmol/（m²·s），光周期 12h 光照/12h 黑暗条件下进行培养。50d 后建立无菌繁殖体系，获得无菌组培苗做继代培养试验（图 5）。

图 5 初代培养

1.3.2 试验设计

初代培养 50d 后，初代苗长至 2~3cm（图 6），切下腋芽，进行继代接种（图 7）。添加不同浓度的 6-BA（0、0.5mg/L、1.0mg/L、1.5mg/L）和 NAA（0.0、0.1mg/L、0.2mg/L、0.3mg/L），采用双因素完全重复试验，共 16 个处理，各处理激素浓度水平见表 1。

表 1　不同处理激素浓度水平

处理号	激素水平	
	6-BA（mg/L）	NAA（mg/L）
1	0	0
2	0	0.1
3	0	0.2
4	0	0.3
5	0.5	0
6	0.5	0.1
7	0.5	0.2
8	0.5	0.3
9	1.0	0
10	1.0	0.1
11	1.0	0.2
12	1.0	0.3
13	1.5	0
14	1.5	0.1
15	1.5	0.2
16	1.5	0.3

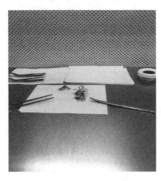

图 6　初代培养的无菌苗　　　图 7　继代接种

每个处理接种 20 瓶，每瓶接种 1 个腋芽，重复 3 次，定期观测芽分化和生长情况。

1.3.3　数据分析

继代接种 40d 后，进行各处理的增殖率、苗高、最长叶片长、长势及叶色等指标的观测统计。增殖率=（增殖腋芽的个数/接种腋芽的个数）×100%；苗高用直尺量取，精确到小数点后 1 位；最长叶片长指量取一瓶苗中最长叶片的长度，精确到小数点后 1 位；长势通过观察可发现继代苗生长的差、一般、较好或好；叶色分为泛黄、较绿和绿。对观测数值利用 WPS Office 2019 录入整理，并利用 SPSS 22.0 软件进行双因素方差分析和多重比较。

2　结果分析

2.1　不同激素浓度对蓝雪花继代增殖率的影响

观测统计不同激素浓度处理蓝雪花继代苗的增殖率结果如表 2 所示。根据表 2，对增殖率采用 SPSS 22.0 软件方差分析，得出方差分析表 3。由表 3 可知，6-BA 和 NAA 对组培苗增殖率影响均达到显著水平。进一步对 6-BA 和 NAA 不同浓度的增殖率进行 Duncan 多重比较，得出表 4 和表 5，由表 4 和表 5 可知，6-BA 浓度在 0.5mg/L、1.0mg/L、1.5mg/L 之间的差异不显著，均显著高于 0mg/L 浓度处理；NAA 浓度在 0mg/L、0.1mg/L、0.2mg/L 之间的差异不显著，与 0.3mg/L 之间的差异显著。因此，综合分析 6-BA 浓度为 1.0mg/L、NAA 浓度为 0.3mg/L 时，蓝雪花继代苗的增殖率最高，对应本次试验的处理 12，与试验结果一致。

表 2　不同激素浓度处理蓝雪花继代增殖率

处理号	激素水平		增殖率（%）		
	6-BA（mg/L）	NAA（mg/L）	重复 1	重复 2	重复 3
1	1（0）	1（0）	150	160	130
2	1（0）	2（0.1）	160	150	180
3	1（0）	3（0.2）	160	160	180
4	1（0）	4（0.3）	170	190	190
5	2（0.5）	1（0）	200	180	190
6	2（0.5）	2（0.1）	190	190	170
7	2（0.5）	3（0.2）	210	220	180
8	2（0.5）	4（0.3）	170	150	210
9	3（1.0）	1（0）	190	260	180
10	3（1.0）	2（0.1）	210	180	160

(续)

处理号	激素水平		增殖率(%)		
	6-BA(mg/L)	NAA(mg/L)	重复1	重复2	重复3
11	3(1.0)	3(0.2)	190	200	180
12	3(1.0)	4(0.3)	260	220	220
13	4(1.5)	1(0)	190	190	170
14	4(1.5)	2(0.1)	180	190	150
15	4(1.5)	3(0.2)	190	160	180
16	4(1.5)	4(0.3)	220	200	230

表 3　不同处理增殖率方差分析表

变异来源	平方和	自由度	均方	F	Sig.
6-BA	9341.667	3	3113.889	7.626	0.001*
NAA	4691.667	3	1563.889	3.830	0.019*
6-BA × NAA	6625.000	9	736.111	1.803	0.106
误差	13066.667	32	408.333		
总计	1698800.000	48			

注：表中 * 为差异达到 0.05 显著。

表 4　不同 6-BA 浓度处理增殖率 Duncan 多重比较

6-BA(mg/L)	平均增殖率(%)	Duncan 分析
0	165.00	b
0.5	188.33	a
1.0	204.17	a
1.5	187.50	a

表 5　不同 NAA 浓度处理增殖率 Duncan 多重比较

NAA(mg/L)	平均增殖率(%)	Duncan 分析
0	182.50	b
0.1	175.83	b
0.2	184.17	b
0.3	202.50	a

2.2　不同激素浓度对蓝雪花继代苗生长状况的影响

对不同 6-BA 和 NAA 浓度处理蓝雪花继代苗的苗高、最长叶片长度、长势及叶色等生长状况指标进行观测统计，结果如表 6 所示，对表 6 中的平均苗高和平均最长叶片长度指标的数据进行方差分析，得出方差分析表 7。由表 7 可看出 6-BA 处理对苗高和叶长的影响都达到显著水平，NAA 处理只对苗高影响显著，对叶长的影响未达显著水平。

表 6　不同激素浓度处理蓝雪花继代苗的生长状况

处理号	激素水平		平均苗高(cm)	平均最长叶长(cm)	长势及叶色
	6-BA(mg/L)	NAA(mg/L)			
1	1(0)	1(0)	0.9	2.1	长势一般，叶色较绿
2	1(0)	2(0.1)	1.5	2.1	长势较差，叶片边缘泛黄
3	1(0)	3(0.2)	1.3	2.4	长势一般，叶色绿
4	1(0)	4(0.3)	1.7	2.3	长势较好，叶色绿
5	2(0.5)	1(0)	1.3	2.1	长势一般，叶色较绿
6	2(0.5)	2(0.1)	1.5	2.5	长势一般，叶片泛黄
7	2(0.5)	3(0.2)	1.8	2.3	长势较好，叶色绿
8	2(0.5)	4(0.3)	1.6	2.7	长势好，叶色绿
9	3(1.0)	1(0)	1.5	2.5	长势一般，叶色较绿
10	3(1.0)	2(0.1)	1.9	2.8	长势较差，叶色边缘泛黄

（续）

处理号	激素水平		平均苗高 （cm）	平均最长叶长 （cm）	长势及叶色
	6-BA（mg/L）	NAA（mg/L）			
11	3（1.0）	3（0.2）	1.9	2.6	长势较好，叶色绿
12	3（1.0）	4（0.3）	2.2	2.7	长势好，叶色绿，植株最高
13	4（1.5）	1（0）	1.6	2.4	长势较好，叶色较绿
14	4（1.5）	2（0.1）	1.8	2.3	长势较好，叶色绿
15	4（1.5）	3（0.2）	2.1	2.6	长势好，叶色绿
16	4（1.5）	4（0.3）	2.0	2.8	长势较好，叶色较绿

表7 不同激素浓度处理蓝雪花继代苗苗高和叶片长度的方差分析

变异来源	因变量	平方和	自由度	均方	F	Sig.
6-BA	苗高	0.083	3	0.268	12.840	0.001*
	最长叶长	0.395	3	0.132	5.512	0.020*
NAA	苗高	0.687	3	0.229	11.000	0.002*
	最长叶长	0.250	3	0.083	3.488	0.063
误差	苗高	0.188	9	0.021		
	最长叶长	0.215	9	0.024		
总计	苗高	45.900	16			
	最长叶长	96.900	16			

注：表中 * 为差异达到 0.05 显著水平。

进一步对 6-BA 浓度处理对苗高和叶长影响作 Duncan 多重比较分析得表8，由表8可知，6-BA 处理对苗高的影响在 0mg/L 与 0.5mg/L 水平之间、1.0mg/L 与 1.5mg/L 水平之间差异不显著；1.0mg/L、1.5mg/L 水平处理高于 0mg/L、0.5mg/L 水平处理，且差异显著；6-BA 不同浓度处理对叶长的影响与对苗高的影响一致，1.0mg/L、1.5mg/L 水平处理高于 0mg/L、0.5mg/L 水平处理，且差异显著，而在 0mg/L 与 0.5mg/L 水平之间、1.0mg/L、与 1.5mg/L 水平之间的差异不显著。

对 NAA 浓度处理对苗高的影响作 Duncan 多重比较分析得表9，由表9可知，NAA 浓度对继代苗苗高的影响在 0.1mg/L、0.2mg/L、0.3mg/L 水平之间的差异不显著，均高于 0mg/L 水平，差异显著。综合方差分析，6-BA 浓度为 1.0mg/L 与 1.5mg/L，NAA 浓度为 0.1mg/L、0.2mg/L、0.3mg/L，苗高与叶长生长指标均较好，分别对应本次试验的处理10、处理11、处理12、处理14、处理15、处理16，结合继代苗长势和叶色生长指标分析，最佳的处理组是处理12即 6-BA 为 1.0mg/L，NAA 为 0.3mg/L 处理，其次是处理15。

表8 不同 6-BA 浓度处理苗高和最长叶片
长度的 Duncan 多重比较

6-BA（mg/L）	Duncan 分析	
	平均苗高 （cm）	平均最长叶片长度 （cm）
0	1.350 b	2.225 b
0.5	1.550 b	2.400 b
1.0	1.875 a	2.650 a
1.5	1.875 a	2.525 a

表9 不同 NAA 浓度处理苗高的 Duncan 多重比较

NAA 浓度 （mg/L）	平均苗高 （cm）	Duncan 分析
0	1.325	b
0.1	1.657	a
0.2	1.775	a
0.3	1.875	a

3 结论与讨论

本试验采用 MS 基本培养基为继代培养基，因 MS 培养基的氮浓度高，其中 NH_4^+ 浓度为 20.625mmol/L，NO_3^- 浓度为 39.435mmol/L，高浓度的氮对蓝雪花的生长发育有利[9]。选用 6-BA、NAA 两个激素处理，其中 6-BA 激素处理对继代苗的增殖率、苗高、叶长等生长指标的影响均较大，这与陈毅等的研究一致[1]。

通过不同激素浓度处理对蓝雪花继代增殖率的试验分析，6-BA 激素处理能显著提高继代苗的增殖率，在 0.5~1.5mg/L 浓度范围内差异不显著，但均显著高于对照 0mg/L；NAA 激素处理在低浓度范围内对增殖率的影响不显著，在 0.3mg/L 浓度水平时，能显著提高增殖率。方差分析得出最佳处理组合为 6-BA 1.0mg/L+NAA0.3mg/L，与试验结果一致。

通过对继代苗的苗高、最长叶片长度指标的观测及方差分析，6-BA 在较高浓度(1.0mg/L 与 1.5mg/L)显著高于较低浓度(0mg/L 与 0.5mg/L)处理；NAA 各浓度处理对苗高的影响不显著，对叶长的影响 0.1mg/L、0.2mg/L、0.3mg/L 各水平之间的差异不显著，均显著高于 0mg/L 水平。

综合苗高和叶长指标，较好的处理组是处理 10、处理 11、处理 12、处理 14、处理 15、处理 16，结合继代苗长势和叶色生长指标分析，最佳的处理组是处理 12，即 6-BA 为 1.0mg/L、NAA 为 0.3mg/L 处理，其次是处理 15。

参考文献

[1] 陈毅. 蓝雪花(*Plumbago auriculata*)植物组织培养技术研究[D]. 雅安：四川农业大学，2013，(38)

[2] 刘华敏. 蓝雪花的引种栽培[J]. 南方农业，2011，(5)：49

[3] 徐晔春. 蓝雪花[J]. 花木盆景，2010，3(5)：32

[4] CROUCH I J, FINNIE J F, STADEN J V. Studies on the isolation of plumbagao from in vitro and in vivo grown Drosera species[J]. Plant Cell, Tissue and Organ Culture, 1990, 21：79-82

[5] 张倩睿. 白花丹化学成分的研究[J]. 中药材，2007，30(5)：558-560

[6] 周亮，谢桂林，邹义萍. 蓝雪花扦插繁殖技术研究[J]. 西北大学学报(自然科学版)，2017，47(1)：82-86.

[7] 宗树斌，顾立新，卢卡斯·斯考特. 蓝雪花嫩枝扦插技术[J]. 福建林业科技，2015，9(3)：121-124

[8] 宗树斌，王永平，任焕焕，等. 蓝雪花组培快繁无菌体系建立的研究[J]. 安徽农学通报，2018，24(24)：18-31.

[9] 董杰，齐凤慧，詹亚光. 茶条槭悬浮培养体系的建立与没食子酸合成的优化条件[J]. 植物学通报，2008，25(6)：734-740

地被月季'Flower Carpet® White'快繁体系的建立以及愈伤组织诱导

李艳飞　王佳颖　陆晨飞　邓成燕　李梦灵　戴思兰*

（花卉种质创新与分子育种北京市重点实验室，国家花卉工程技术研究中心，城乡生态环境北京实验室，
园林环境教育部工程研究中心，林木花卉遗传育种教育部重点实验室，园林学院，北京林业大学，北京 100083）

摘要　地被月季具有良好的地面覆盖效果，是城市园林绿化中重要的观赏植物。地被月季'Flower Carpet® White'抗逆性强，易于管理，是近些年来世界上较受欢迎的月季品种。本研究以地被月季'Flower Carpet® White'为材料，研究适宜其继代培养和生根的最佳快繁条件，进而探究快速诱导愈伤组织的最适条件。结果表明：6-BA、IBA 和 GA_3 的不同水平对芽增殖系数、芽畸形率和株高有着不同的影响，影响芽增殖系数的因素从大到小依次为：GA_3>IBA>6-BA，影响芽畸形率因素从大到小依次为：GA_3>6-BA>IBA，影响株高的因素从大到小依次为：GA_3=6-BA>IBA，在 9 个处理中 MS+6.0mg/L 6-BA+0.1mg/L IBA 为最适增殖培养基；最适生根培养基宜为 1/2MS+0.3mg/L NAA；最适愈伤组织诱导培养基为 MS+0.5mg/L 6-BA+4.0mg/L NAA。本研究初次建立了地被月季'Flower Carpet® White'的快繁体系并探究了最适愈伤组织诱导条件，为再生体系的建立奠定了基础。

关键词　地被月季；组织培养；丛生芽增殖；生根；愈伤组织诱导

Establishment of Rapid Propagation System and Induction of Callus of Rosa 'Flower Carpet® White'

LI Yan-fei　WANG Jia-ying　LU Chen-fei　DENG Cheng-yan　LI Meng-ling　DAI Si-lan*

（*Beijing Key Laboratory of Ornamental Plants Germplasm Innovation & Molecular Breeding*，*National Engineering Research Center for Floriculture*，*Beijing Laboratory of Urban and Rural Ecological Environment*，*Engineering Research Center of Landscape Environment of Ministry of Education*，*Key Laboratory of Genetics and Breeding in Forest Trees and Ornamental Plants of Ministry of Education*，*School of Landscape Architecture*，*Beijing Forestry University*，*Beijing* 100083，*China*）

Abstract　The grand cover rose has a good ground covering effect and is an important ornamental plant in urban gardening. The grand cover rose 'Flower Carpet® White' is highly resistant and easy to manage. It is the most popular rose variety in the world in recent years. In this study, the grand cover rose 'Flower Carpet® White' was used as the material to study the optimal rapid propagation conditions suitable for its subculture and rooting, and then explore the optimal conditions for rapid induction of callus. The results showed that different levels of 6-BA, IBA and GA_3 had different effects on the bud proliferation coefficient, bud malformation rate and plant height. The factors affecting the bud proliferation coefficient from large to small were: GA_3>IBA>6-BA, The factors affecting the bud malformation rate from large to small are: GA_3>6-BA>IBA, and the factors affecting the plant height from large to small are: GA_3=6-BA>IBA. In 9 treatments, MS+6.0mg/L 6-BA+0.1mg/L IBA is the optimal propagation medium. The optimal rooting medium is 1/2MS+0.3 mg/L NAA. The optimal callus induction medium is MS+0.5mg/L 6-BA+4.0mg/L NAA. In this study, the rapid propagation system of grand cover rose 'Flower Carpet® White' was established for the first time and the optimal callus induction conditions were explored, laying a foundation for the establishment of regeneration system.

Key words　Grand cover rose；Tissue culture；Cluster bud proliferation；Rooting；Callus induction

---

1　基金项目：本研究获得国家重点研发计划项目（2018YFD1000405）资助。
　第一作者简介：李艳飞（1996—），女，硕士研究生，主要从事月季及菊花分子生物学研究。
*　通讯作者：戴思兰，教授，E-mail：silandai@sina.com。

月季(*Rosa hybrid* L.)是蔷薇科蔷薇属的植物,其花色丰富、花型美丽、可四季开花的特点使其深受人们的喜爱。北京市的市花就是月季,月季适应性强,耐寒耐旱的特点使其在园林绿化中被广泛应用(李玲,2003)。月季品种繁多,根据特点和用途,可将月季分为8个系统:杂交茶香月季(Hybrid Tea Roses)、聚花月季(Floribunda Roses)、微型月季(Miniature Roses)、藤本月季(Climbing Roses)、壮花月季(Grandifloras)、小姐妹月季(Polynthas)、蔓性月季/地被月季(Ramblers/Grand Cover Roses)和灌丛月季(Shrubs)。其中杂交茶香月季、微型月季、藤本月季、壮花月季和地被月季应用广泛(杜莹和许桂花,2011)。

地被月季因适应性强、根系发达、长势强壮、地面覆盖率大、开花繁茂,大多具有连续开花的能力,特别适合应用于边坡、堤岸、屋顶、城市广场及垂直绿化中,既可美化、香化环境,又起到滞尘、净化空气的作用(汉梅兰和杨永花,2011),与其他灌木结合种植,还能起到一种层次分明、错落有致、互相映衬的观赏效果,是城市园林绿化中重要的观赏植物(廖伟彪 等,2013)。但目前对于地被月季的研究相对较少。'Flower Carpet® White'于1991年培育于德国,因其花色洁白如雪、花量大、抗病害、地面覆盖效果好且维护成本低等特点,成为近些年来世界上较受欢迎的月季品种。

由于常规扦插和嫁接繁殖方法存在繁殖系数低、繁殖速度慢、成本高的缺点(刘慧,2011),而且受种苗数量以及季节等诸多因素的制约,难以满足月季规模化生产的需要,一定程度上阻碍了生产规模的扩大(张作梅,2009),因此建立月季的快繁和再生体系具有重要意义。目前对于月季的快繁体系建立和再生体系建立已有较多研究,但研究主要集中于用作切花的茶香月季、丰花月季和微型月季,对于地被月季的组织培养研究少之又少。因此特开展地被月季'Flower Carpet® White'快繁体系建立以及愈伤组织诱导的研究,以提高育苗产量,降低成本,并为建立再生体系和遗传转化体系建立良好基础。

1 材料与方法

1.1 试验材料

月季'Flower Carpet® White'具有抗病、地面覆盖效果好、多季连续开花的优良特性,是地被月季的常用品种。原初苗取自云南省农业科学院花卉研究所,定植于北林科技研发温室及北京市大东流苗圃。

1.2 试验方法

1.2.1 快繁体系建立

1.2.1.1 外植体材料的处理及初代培养

外植体材料的选择以幼嫩组织为宜,因此选取月季'Flower Carpet® White'当年生中上部幼嫩茎段,去除多余枝叶,冲洗2~3h后放入超净工作台中,用75%乙醇浸泡30s,无菌水冲洗2次各1min,再用2%次氯酸钠溶液浸泡10min,无菌水冲洗3次各1min,消毒完成后将茎段两端切除,使用无菌滤纸吸去多余水分,放置于含有1.5mg/L 6-BA+0.01mg/L IBA(任桂芳 等,2004)的MS初代培养基中培养。

1.2.1.2 继代培养

待腋芽萌发后,从基部剪切,转接到不同增殖培养基中培养。基础培养基为MS培养基,选择6-BA、IBA和GA₃三种激素,按$L_9(3^4)$正交表设计3因素3水平的正交试验(表1),每瓶接种3个无菌苗,每个处理9个无菌苗,重复3次。培养30d后统计丛生芽增殖系数、丛生芽畸形率、丛生芽高度并记录丛生芽生长状态。

丛生芽增殖系数=(丛生芽总数/接种芽数)×100%

丛生芽畸形率=(畸形芽总数/丛生芽总数)×100%

表1 丛生芽增殖培养基激素配比

Table 1 Proportion of plant growth regulators for cluster bud growth medium

处理	6-BA(mg/L)	IBA(mg/L)	GA₃(mg/L)
P 1	1.5	0.05	0
P 2	1.5	0.1	1
P 3	1.5	0.2	2
P 4	3	0.05	1
P 5	3	0.1	2
P 6	3	0.2	0
P 7	6	0.05	2
P 8	6	0.1	0
P 9	6	0.2	1

1.2.1.3 生根培养

从增殖芽中挑选高度约为2cm的健壮芽转入生根培养基中进行培养,基础培养基为1/2 MS培养基,添加不同浓度的生长素NAA,进行完全随机试验(表2)。每瓶接种3个无菌苗,每个处理9个无菌苗,重复3次。40d后统计生根率、平均生根数和丛生芽生长状态。开盖炼苗后将无菌苗从组培瓶中取出,洗净琼脂并转移至含草炭:蛭石:珍珠岩=1:1:1(v:v:v)的栽培基质中,移栽10d后统计成活率。

生根率=(生根无菌苗数/无菌苗总数)×100%
平均生根条数=生根条数总数/无菌苗总数
成活率=移栽成活苗数/移栽总苗数

表2　生根培养基激素配比

Table 2　Rooting medium hormone ratio

处理	NAA(mg/L)
R1	0
R2	0.1
R3	0.3
R4	0.5
R5	1.0

1.2.2　愈伤组织诱导

1.2.2.1　外植体材料处理

取'Flower Carpet® White'生长状况良好的未开展嫩叶,清水冲洗表面灰尘后在含有洗洁精的溶液中浸泡30min,流水冲洗2~3h后放入超净工作台中,用1%次氯酸钠溶液浸泡7min,无菌处理水冲洗2次各1min,再用75%乙醇浸泡30s,无菌水冲洗3次各1min,用无菌滤纸吸去多余水分。

1.2.2.2　愈伤组织诱导处理

叶片消毒完成后,在超净工作台内切成1cm² 小块,叶背朝下置于愈伤组织诱导培养基中,在黑暗条件下进行诱导。基础培养基为MS培养基,添加不同浓度的6-BA和NAA,进行完全随机试验(表3)。每个培养皿中接种8~12个外植体,重复3次。培养20d后统计愈伤组织诱导率和愈伤组织褐化率,并记录愈伤组织生长状态。

表3　生根培养基激素配比

Table 3　Hormone ratio of callus induction medium

处理	6-BA(mg/L)	NAA(mg/L)
C 1	0	2
C 2	0	4
C 3	0	6
C 4	0	8
C 5	0	10
C 6	0.5	2
C 7	0.5	4
C 8	0.5	6
C 9	0.5	8
C 10	0.5	10
C 11	1	2
C 12	1	4
C 13	1	6
C 14	1	8
C 15	1	10
C 16	1.5	2

(续)

处理	6-BA(mg/L)	NAA(mg/L)
C 17	1.5	4
C 18	1.5	6
C 19	1.5	8
C 20	1.5	10

愈伤组织诱导率(出愈率)=(愈伤组织个数/外植体总数)×100%

外植体褐化率(褐化率)=(外植体褐化个数/外植体总数)×100%

1.2.3　培养条件

在温度22±1℃,相对湿度75%,光照时间12h(光)/12h(暗),光照强度为3000 lx的培养条件下进行'Flower Carpet® White'快繁体系建立以及愈伤组织诱导。

1.2.4　统计分析

采用EXCEL和SPSS 19.0对数据进行统计分析,采用邓肯氏新复极差法进行多重比较分析($P<0.05$)。

2　结果与分析

2.1　不同激素配比对'Flower Carpet® White'继代增殖的影响

植物生长调节剂6-BA、IBA和GA_3的不同浓度组合对'Flower Carpet® White'的增殖影响不同。由表4可知,在初始芽(图1A)均健壮无畸形的情况下进行9组处理,处理P3、P5、P7、P9中均有较高的畸形芽诱导率。正常的增殖芽(图1B)产生于初始芽的基部,形态与初始芽无异,而增殖获得的畸形芽(图1C)芽基部膨大,无法正常伸展枝叶,且伴随玻璃化现象。通过极差分析发现,6-BA、IBA和GA_3的不同水平对芽增殖系数、芽畸形率和株高有着不同的影响,影响芽增殖系数的因素从大到小依次为:GA_3、IBA、6-BA,影响芽畸形率因素从大到小依次为:GA_3、6-BA、IBA,影响株高的因素从大到小依次为:GA_3和6-BA、IBA(图1D-F),由此可知,GA_3浓度的变化对芽增殖系数、芽畸形率和株高的影响均最大。由表4可知,当6-BA浓度分别为1.5和3.0mg/L时,芽增殖系数总是随着GA_3浓度的升高而增加,在培养基为MS+3.0mg/L 6-BA+0.1mg/L IBA+2.0mg/L GA_3时芽增殖系数达到最高;然而当6-BA浓度分别为1.5、3.0和6.0mg/L时,芽畸形率也总是随着GA_3浓度的升高而增加,在培养基为MS+6.0mg/L 6-BA+0.05mg/L IBA+2.0mg/L GA_3时芽畸形率达到最高;6-BA和GA_3对于株高变化的影响是相同的,在培养基为MS+3.0mg/L 6-BA+0.05mg/L IBA+1.0mg/L GA_3

时株高最高。增殖培养基应具有高的增殖系数、低的芽畸形率和优良的生长状态，因此综合以上原因，选择 MS 附加 6-BA 6mg/L、IBA 0.1mg/L 和 GA₃ 0mg/L 的培养基作为'Flower Carpet® White'最适继代增殖培养基。

表4 6-BA、IBA 和 GA₃ 浓度对地被月季'Flower Carpet® White'幼芽增殖的影响

Table 4 The effects of 6-BA、IBA and GA₃ on bud proliferation in grand cover rose 'Flower Carpet® White'

处理	外植体数目	芽增殖系数	芽畸形率(%)	株高(cm)	丛生芽生长状态
P 1	27	1.56 ± 0.16 b	5.56 ± 0.079 d	1.31 ± 0.27 ab	植株矮小，节间正常，叶片正常黄化
P 2	24	1.94± 0.35 ab	9.05 ± 0.066 cd	1.79 ± 0.58 d	植株健壮，节间正常，叶片正常嫩绿
P 3	24	2.21 ± 0.26 a	40.00 ± 0.054 ab	1.59 ± 0.47 c	植株健壮，节间正常，叶片正常嫩绿
P 4	25	2.25 ± 0.18 a	16.26 ± 0.079 bc	1.85 ± 0.51 d	植株健壮，节间正常，叶片正常嫩绿
P 5	22	2.46 ± 0.15 a	35.19 ± 0.094 ab	1.40 ± 0.30 b	植株较健壮，节间正常，叶片正常黄化
P 6	27	0.78 ± 0.09 c	0.00 ± 0.000 d	1.18 ± 0.27 a	植株矮小，节间短，叶片小深绿
P 7	24	2.13 ± 0.10 ab	66.14 ± 0.122 a	1.27 ± 0.24 ab	植株较矮小，节间较短，叶片小深绿
P 8	22	2.40 ± 0.16 a	5.56 ± 0.029 d	1.26 ± 0.18 ab	植株较矮小，节间正常，叶片较大稍有黄化
P 9	23	2.17 ± 0.16 ab	44.01 ± 0.104 a	1.16 ± 0.22 a	植株矮小，节间较短，叶片小黄化

注：表中同列不同小写字母表示同一指标在 $P<0.05$ 水平上差异显著。

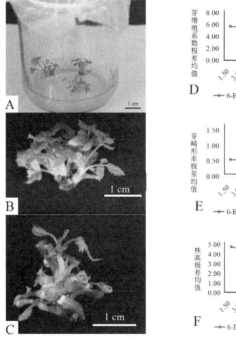
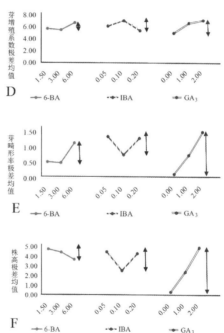

图1 'Flower Carpet® White'继代增殖初始状态及增殖芽以及各因素与指标趋势图

注：A：增殖培养初始时芽的状态；B：增殖培养获得的健康的芽；C：增殖培养获得的畸形芽；D 芽增殖系数与 6-BA、IBA 及 GA₃ 不同水平的趋势图；E：芽畸形率与 6-BA、IBA 及 GA₃ 不同水平的趋势图；F：株高与 6-BA、IBA 及 GA₃ 不同水平的趋势图；符号长短说明极差大小，极差最大的用 →← 标示，极差越大反映其影响越大。

Fig. 1 'Flower Carpet® White' initial propagation status and proliferation buds, as well as various factors and indicators trend chart

Note：A：The state of buds at the beginning of proliferation culture；B：Healthy buds obtained by proliferation culture；C：Malformed buds obtained by proliferation culture；D：The trend of bud proliferation coefficient at different levels from 6-BA, IBA and GA₃；E：The trend of bud malformation rate at different levels from 6-BA, IBA and GA₃；F：The trend of plant height at different levels from 6-ba, IBA and GA₃；The length of the symbol indicates the size of the range, the largest range is marked in →←, and the greater the range, the greater the impact.

2.2　不同 NAA 浓度对'Flower Carpet® White'生根的影响

由表5可以看出，NAA 的浓度对于月季'Flower Carpet® White'的生根率和平均生根条数具有显著影响。随着 NAA 浓度由 0 增加到 0.3mg/L，生根率和平均生根数都显著升高。但是随着 NAA 浓度继续增加，生根率和平均生根数都呈现出显著下降趋势，甚至在 NAA 浓度为 1.0mg/L 时，其生根率和平均生根数显著低于 NAA 浓度为 0 时的情况。通过对'Flower Carpet® White'的生根情况持续观察发现，在生根培养基培养 20 d 时，R2、R3、R4、R5 中组培苗均已生根，但是生根数目少且根较短(图2A)，其中 R3 中组培苗生根速度最快，在培养 40 d 时，R3 中组培苗根明显增长(图2B)。NAA 浓度还对地上部分的生长情况具有影响，随着 NAA 浓度由 0 增加到 0.3mg/L，植株也由低矮转为健壮，黄叶减少，但随着 NAA 浓度由 0.3mg/L 增加到 1.0mg/L，植株由健壮转为低矮，黄叶增多，甚至死亡(图2C)。将生根苗转移至草炭：蛭石：珍珠岩 1：1：1 的栽培基质中，发现 10d 后自 R3 培养基转移出来的组培苗生长状况良好(图2D)，存活率最高。综上所述，以 1/2MS 为基础培养基，NAA 浓度为 0.3mg/L 时生根率和平均生根条数最高，植株生长情况最好，移栽后也更易存活。因此选择 NAA 浓度为 0.3mg/L 时培养基为月季'Flower Carpet® White'的最适生根培养基。

表 5　NAA 浓度对地被月季'Flower Carpet® White'生根的影响

Table 5　Effect of NAA concentration on rooting of grand cover rose 'Flower Carpet® White'

处理	外植体个数 (个)	生根率 (%)	平均生根条数 (条)	生长情况	移栽存活率 (%)
R1	27	66.67±0.09 bc	1.93+1.98 c	植株低矮，基部黄叶多	23.53
R2	27	85.19±0.05 ab	3.22±1.61 b	植株健壮，黄叶较少	78.26
R3	27	88.89±0.00 a	4.74±1.91 a	植株健壮，几乎无黄叶	87.50
R4	27	66.67±0.09 c	2.26±1.20 bc	植株低矮，基部黄叶多	52.94
R5	27	40.74±0.05 d	1.48±1.28 d	植株低矮，基部黄叶多，易枯	10.00

注：表中同列不同小写字母表示同一指标在 $P<0.05$ 水平上差异显著。

图 2　'Flower Carpet® White'生根情况

注：A：从左到右分别为'Flower Carpet® White'在 R1-R5 生根培养基上培养 20d 的根部状态；B：'Flower Carpet® White'在 R3 培养基上培养 40d 的根部状态；C：从左到右分别为'Flower Carpet® White'在 R1-R5 生根培养基上培养 20d 的植株整体状态；D：为移栽成活的'Flower Carpet® White'植株

Fig. 2　Rooting of 'Flower Carpet® White'

Note：A：From left to right, the root state of 'Flower Carpet® White' cultured on R1-R5 rooting medium for 20 days；B：'Roer state of' Flower Carpet® White 'cultured on R3 medium for 40 days；C：From left to right, the overall state of the plants cultivated on the R1-R5 rooting medium for 20 days from 'Flower Carpet® Whit'；D 'Flower Carpet® Whit' plants that were transplanted to survive

2.3　不同激素配比对愈伤组织诱导的影响

适宜浓度的生长素有利于诱导愈伤组织，通过表6和图3可知，仅含 NAA 的培养基容易导致外植体褐化及产生不定根，不能很好地诱导愈伤组织。但是加入少量的 6-BA(0.5mg/L)能够有效解决外植体褐化，而且 NAA 浓度在 4.0mg/L、6.0mg/L、8.0mg/L 时均有较高的愈伤组织诱导率且差异不显著，说明 4.0~8.0mg/L 的 NAA 均能较好地诱导愈伤组织。但当 6-

表 6 6-BA 和 NAA 浓度对地被月季 'Flower Carpet® White' 愈伤组织诱导的影响

Table 6 Effect of 6-BA and NAA concentration on callus induction of grand cover rose 'Flower Carpet® White'

处理	外植体数量	出愈率(%)	褐化率(%)	愈伤组织生长状态
C 1	30	66.67 ± 0.10 bc	16.67 ± 0.25 c	外植体褐化, 愈伤组织少且呈白色
C 2	30	36.67 ± 0.41 cd	63.33 ± 0.13 b	外植体褐化, 愈伤组织少且呈白色
C 3	30	30.00 ± 0.09 cd	70.00 ± 0.15 b	外植体褐化, 愈伤组织少且呈白色
C 4	30	20.00 ± 0.17 d	53.33 ± 0.20 b	外植体褐化, 愈伤组织少且呈白色
C 5	30	0.00 ± 0.00 e	96.67 ± 0.15 a	外植体褐化, 无愈伤组织产生
C 6	30	100.00 ± 0.00 a	3.33 ± 0.27 c	愈伤组织饱满, 浅黄色
C 7	30	100.00 ± 0.00 a	0.00 ± 0.00 c	愈伤组织饱满, 浅黄色
C 8	30	96.67 ± 0.15 a	3.33 ± 0.15 c	愈伤组织饱满, 浅黄色
C 9	30	90.00 ± 0.19 ab	10.00 ± 0.19 c	愈伤组织饱满, 浅黄色
C 10	30	50.00 ± 0.26 cd	73.33 ± 0.33 ab	外植体褐化, 愈伤组织少且呈白色
C 11	30	43.33 ± 0.56 cd	0.00 ± 0.00 c	愈伤组织饱满, 浅黄色
C 12	30	100.00 ± 0.00 a	0.00 ± 0.00 c	愈伤组织饱满但有褐化现象发生
C 13	30	100.00 ± 1.00 a	0.00 ± 0.00 c	愈伤组织饱满但稍有褐化现象发生
C 14	30	100.00 ± 0.00 a	0.00 ± 0.00 c	愈伤组织饱满但有褐化现象发生
C 15	30	96.67 ± 0.15 a	0.00 ± 0.00 c	愈伤组织体积小, 有较严重褐化现象发生
C 16	30	96.67 ± 0.15 a	13.33 ± 0.22 c	愈伤组织饱满但有褐化现象发生
C 17	30	100.00 ± 0.00 a	0.00 ± 0.00 c	愈伤组织饱满但有褐化现象发生
C 18	30	96.67 ± 0.15 a	20.00 ± 0.29 c	愈伤组织饱满但有褐化现象发生
C 19	30	100.00 ± 0.00 a	13.33 ± 0.32 c	愈伤组织体积大, 但有严重褐化现象发生
C 20	30	56.67 ± 0.22 cd	56.67 ± 0.13b	外植体褐化, 愈伤组织少且呈白色

注: 表中同列不同小写字母表示同一指标在 $P<0.05$ 水平上差异显著。

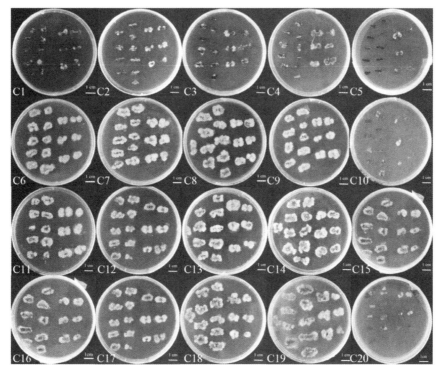

图 3 愈伤组织生长状态

注: C1-C16 分别对应愈伤组织诱导培养基 C1-C16 上的愈伤组织

Fig. 3 Growth status of callus

Note: C1-C16 correspond to callus on callus induction medium C1-C16, respectively

BA 浓度达到 1.0mg/L 时，愈伤组织在继代后易发生褐化，当 6-BA 浓度达到 1.5mg/L 时也会导致外植体褐化，因此 6-BA 浓度为 0.5mg/L 时最适宜愈伤组织诱导。综合上述各项因素和愈伤组织生长状态，确定 MS+0.5mg/L 6-BA+4.0mg/L NAA 为最适愈伤组织诱导培养基。

3　讨论

3.1　6-BA 和 GA₃ 对'Flower Carpet® White'芽增殖的影响

继代增殖是组织培养的关键，适合的增殖培养基配方能够达到组培快繁的目的（李秋玲 等，2014），6-BA 是一种细胞分裂素，具有抑制月季茎段的顶端优势而达到促进芽萌发的作用，通常配合一定浓度的生长素共同促进月季丛生芽的萌发，孙朝辉使用含有 6-BA 和 IBA 的培养基获得了较好的增殖效果（Sunzhaohui et al.，2013），而 GA₃ 有利于增殖率的提高（毕艳娟 等，1994）。因此本研究设计了 6-BA、IBA 和 GA₃ 的组合配方，探究三者不同浓度对'Flower Carpet® White'幼芽增殖的影响。本研究发现 GA₃ 的浓度与组培苗增殖影响最大，但是随着 GA₃ 浓度的升高会提高芽畸形率，在高浓度 6-BA 的共同作用下，芽畸形率达到最高值。这一试验结果与沙琳的试验结果相反（沙琳，2019），但与杨亚萍提出的观点相同，即随着培养基中 BA 与 IBA 的比值增大，畸形叶、畸形胚的比例有增大的趋势；在培养基中增加 GA₃，对畸形叶、畸形胚的发生有明显的促进作用（杨亚萍，2008）。杨亚萍还提出随着继代次数的增加，畸形现象也趋于严重，这也在试验过程中得到了验证。本试验中得到的畸形芽具有玻璃化现象，因为众多研究表明 6-BA 浓度过高会导致芽玻璃化，大多月季品种最适 6-BA 浓度为 2.0~3.0mg/L（郑萍 等，2020；王艺程，2020；于非 等，2017；李坤峰，2014）。不同品种对 6-BA 和 GA₃ 的敏感程度不同，猜测'Flower Carpet® White'对 GA₃ 敏感度较高，因此为了实现'Flower Carpet® White'快速健康增殖，还需进一步调节激素浓度配比。

3.2　'Flower Carpet® White'的最适生根条件探讨

在组织培养中，组培苗生根的好坏直接影响到组培苗的质量和移栽成活率（艾克拜尔·毛拉 等，2020）。在不定根的形成过程中，生长素扮演着重要的角色，添加生长素可引起组培苗基部薄壁细胞脱分化，形成愈伤组织，进而长出不定根（张治安和陈展宇，2009）。在组培苗生根培养中，应用最广泛的生长素是 NAA 和 IBA，本试验在 1/2MS 培养基添加 NAA 能够显著提高生根率，但随着 NAA 浓度由 0 增加到 1.0mg/L，生根率表现出先升高后下降的趋势，在 NAA 浓度为 0.3mg/L 时达到顶峰，这一试验结果与于非、武荣花等的研究结果相似（于非 等，2017；武荣花 等，2018）。这是因为生长素具有两重性，低浓度促进生根，高浓度则会抑制生根。Khosh-Khui 认为 NAA 和 IBA 的组合以及 NAA 和 IAA 的组合比单独使用 IAA、IBA 或 NAA 更加有效（Khosh-Khui，M and K. C. Sink，1982），Memon Amjad Ali 通过试验，也发现 NAA 和 IBA 的组合有利于根的生长（Memon Amjad Ali and Ghulam Sughra Mangrio，2020）。除生长素种类浓度会影响组培苗生根外，基础培养基、活性炭添加量和组培苗状态等也会影响生根率和生根长度，一般月季的最适培养基为 1/2MS 培养基，但刘子平报道'红双喜'月季的最适生根基础培养基为 1/4MS 培养基（刘子平，2019）。众多研究均表明，活性炭的加入有利于根的诱导和伸长（艾克拜尔·毛拉 等，2020），活性炭已被广泛用于植物组织培养中，它还能将培养基变黑提供类似土壤的暗化条件，防止根系褐变，由于具有极高的吸附能力，能吸附植物生长调节剂与其他有机物等有利生根的物质，也有利于提高培养苗体内的可溶性蛋白和总糖含量，因此合适的活性炭浓度有利于离体生根与根生长（孙占育 等，2010）。张小雪还提出组织的幼嫩程度也会影响生根，微型月季由于组织太嫩不易生根，需要经过壮芽培养再进行生根培养才能达到较高的生根率（张小雪 等，2018）。本文探究了生长素 NAA 对'Flower Carpet® White'的影响，确定了 1/2MS+0.3mg/L NAA 为最适生根培养基，但生根速度、生根条数和根长度都需进行进一步改良，改良措施则需考虑到基础培养基、活性炭添加量、组培苗幼嫩程度等问题。

3.3　6-BA 和 NAA 对'Flower Carpet® White'愈伤组织诱导的影响

愈伤组织的诱导是建立再生体系的第一步，愈伤组织的诱导受到基因型、外植体类型、激素种类及浓度、光照条件等因素的影响。Anber Mahmoud Ahmed Hassanein 提出愈伤组织的形成和质量在黑暗条件下培养比在光照条件下好（Anber Mahmoud Ahmed Hassanein and Inas Mohamed Ali Mahmoud，2018）。因此在此主要讨论在黑暗培养条件下，激素种类对愈伤组织诱导的作用。生长素的作用是使植物组织脱分化，应用最多的生长素为 NAA 和 2,4-D。孟令宁仅仅使用 2,4-D 便在'大花香水'月季、'月月粉''蜜糖'中诱导出了愈伤组织（孟令宁，2012）。高丽萍使用 2,4-D

和 NAA 均获得良好的愈伤组织(高丽萍,2005)。赵光程通过试验发现,3 个月季品种不同类型的叶片在较低 2,4-D 浓度条件下,获得的愈伤组织为Ⅰ型愈伤组织,结构较为致密,生长较为缓慢,长期继代后褐化现象较为严重。在较高 2,4-D 浓度条件下获得的愈伤组织为Ⅱ型愈伤组织,呈颗粒状,结构较为松散,生长较快,长期继代后仍具有生理活性(赵光程,2019)。本试验以 NAA 为生长素,在不添加 6-BA 的情况下,愈伤组织诱导率随着 NAA 浓度的升高,呈现出持续降低的趋势,外植体的褐化率也大幅增加,诱导的愈伤组织偏白色,较致密。而添加了 6-BA 后,愈伤组织面积明显增大,褐化率也大大减小,得到的愈伤组织呈浅黄绿色,前期质地松散,随着时间延长、继代次数的增加逐渐变得致密。虽然 6-BA 促进了细胞分裂和芽的萌发,但也促进酚类物质的合成,刺激多酚氧化酶活性,增加了褐变(阙生全 等,2006)。随着 6-BA 浓度的增加,愈伤组织在后期易褐化不易保存。因此确定 MS+0.5mg/L 6-BA+4.0mg/L NAA 为最适愈伤组织诱导培养基,并需要在愈伤组织早期阶段进行不定芽诱导。

4 结论

本研究以地被月季'Flower Carpet® White'为材料,研究适宜其继代培养和生根的最佳快繁条件,进而探究快速诱导愈伤组织的最适条件。继代培养条件结果表明:6-BA、IBA 和 GA_3 的不同水平对芽增殖系数、芽畸形率和株高有着不同的影响,影响芽增殖系数的因素从大到小依次为:GA_3、IBA、6-BA,影响芽畸形率因素从大到小依次为:GA_3、6-BA、IBA,影响株高的因素从大到小依次为:GA_3 和 6-BA、IBA,在 9 个处理中 MS+6.0mg/L 6-BA+0.1mg/L IBA 为最适增殖培养基,但是还是存在增殖系数低、有畸形芽的情况。因此,为了实现'Flower Carpet® White'快速健康增殖,还需进一步调节激素浓度配比。本文探究了生长素 NAA 对'Flower Carpet® White'生根的影响,确定了 1/2MS+0.3mg/L NAA 为最适生根培养基,但生根速度、生根条数和根长度都需进行进一步改良,改良措施则需考虑到基础培养基、活性炭添加量、组培苗幼嫩程度等问题。本文探究了不同浓度 6-BA 和 NAA 对愈伤组织诱导的影响,确定最适愈伤组织诱导培养基为 MS+0.5mg/L 6-BA+4.0mg/L NAA,为再生体系的建立奠定了基础。

致谢:感谢云南省农业科学院李淑斌研究员为本研究提供了试验材料。

参考文献

艾克拜尔·毛拉,彭媛媛,王海鸥,等,2020.鞑靼忍冬和疏花蔷薇组培快繁体系的建立研究[J].种子,39(2):26-31.

杜莹,许桂花,2011.不同类型的月季在园林中的应用[J].绿化与生活,(6):34-36.

高莉萍,包满珠,2005.月季的植株再生及遗传转化研究进展[J].植物学报,(2):105-111.

汉梅兰,杨永花,2011.地被月季引种优选试验研究[J].北方园艺,(19):74-75.

李坤峰,2014.大花月季脱病毒苗产业化快繁体系建立研究[D].南京:南京农业大学.

李玲,2003.月季的应用与前景[J].中国园林,(05):57-59.

李秋玲,李青,刘燕,等,2014.春石斛继代培养主要影响因素[J].东北林业大学学报,42(07):69-73.

廖伟彪,李彬,蒋倩,2013.八种地被月季的耐盐性的比较[M]//中国观赏园艺研究进展 2013.北京:中国林业出版社.

刘慧,2011.微型月季茎段组培快繁技术研究[J].北方园艺,(14):114-116.

刘子平,2019.'红双喜'月季组织培养及其挥发油成分分析

研究[D].长春:吉林农业大学.

孟令宁,2012.月季再生体系的建立和遗传转化初步研究[D].武汉:华中农业大学.

阙生全,彭凌,朱必凤,等,2006.油茶组织培养过程中防止褐变的研究[J].韶关学院学报(自然科学版),(03):67-69.

任桂芳,王建红,冯慧,等,2004.现代月季(Rosa hybrida)叶片植株再生体系的建立[J].园艺学报,31(4):533-536.

沙琳,2019.丰花月季组培苗增殖与生根技术研究[J].现代农业研究,(12):84-85.

孙占育,孙志强,曹斌,2010.活性炭在促进组培苗植物生根中的作用[J].湖南农业科学,(07):3-5.

王艺程,杨柳燕,张永春,等,2020.月季高效增殖和生根条件的优化研究[J].上海农业科技,(1):88-90,118.

吴林森,戴养富,柳新红,等,2006.'徽章'月季丛生芽诱导与增殖条件的筛选[J].福建林业科技,33(1):220-222.

吴雅文,李枝林,白天,等,2015.迷人杜鹃组培快繁技术的研究[J].种子,34(03).

武荣花,于晓淅,王升,等,2018.月季 F_1 代植株的组培

快繁研究[J]. 河南农业科学, 47(10): 102-104, 136.

杨亚萍, 2015. 茶树组织培养技术及遗传转化中抑菌剂选择[D]. 杭州: 浙江大学.

于非, 王禹, 张毓, 2017. 月季组织培养快繁体系的建立[J]. 中国林副特产, (2): 24-25.

张小雪, 薛岩晟, 姚振, 2018. 多个品种微型月季快速繁殖体系的建立[J]. 长江大学学报(自科版), 15(2): 6, 46-49.

张治安, 陈展宇, 2009. 植物生理学[M]. 长春: 吉林大学出版社, 204.

张作梅, 2009. 微型月季组培快繁技术体系的研究[D]. 合肥: 安徽农业大学.

赵光程, 2018. 月季组织培养及遗传转化体系的初步研究[D]. 昆明: 云南大学.

郑萍, 徐厚刚, 凌飞东, 等, 2020. 月季组培快繁技术研究[J]. 现代园艺, (2): 44-45.

Ali, Memon Amjad, Mangrio, et al. 2020. Effect of Phytohormones and their diverse concentrations on regeneration of rose (*Rosa hybrida* L.) [J]. Trakia Journal of Sciences, 18 (1): 47.

Hassanein, Anber Mahmoud Ahmed, MAHMOUD, et al. 2018. Essential factors for in vitro regeneration of rose and a protocol for plant regeneration from leaves[J]. Horticultural Science, 45(2): 83-91.

M Khosh-Khui, K C Sink. 1982. Rooting-enhancement of *Rosa hybrida* for tissue culture propagation[J]. Scientia Horticulturae, 371-376.

Zhao-Hui S, Mei-Zhen L, Xiu-Mei D, et al. 2013. Tissue Culture and in vitro Flowering of Rosa chinensis 'Xiangbin' [J]. Plant Physiology Journal.

中国观赏园艺研究进展 2020：283～289

Advances in Ornamental Horticulture of China，2020：283～289

283

低温与切段类型对芍药根茎繁殖的生理与形态指标的影响

陈莉祺　董志君　孙苗　吴婷　于晓南*

（花卉种质创新与分子育种北京市重点实验室，国家花卉工程技术研究中心，城乡生态环境北京实验室，

园林环境教育部工程研究中心，林木花卉遗传育种教育部重点实验室，园林学院，北京林业大学，北京 100083）

摘要　本研究以芍药品种'粉玉奴''团叶红'为研究对象，探究低温与切段类型对芍药根茎繁殖的影响。结果显示：根茎内可溶性糖与蔗糖含量在冷藏期间不断上升，出库后下降；淀粉含量在低温时持续降低，休眠解除后回升；还原糖含量变化幅度较小，后期略有上升的趋势。'粉玉奴'根茎在 4℃ 下冷藏 42d 后株高达到最大值，'团叶红'根茎在冷藏 56d 后株高达到最大值；'粉玉奴'根茎的第三切段较其他切段能产生更高的株高，而'团叶红'根茎的第一、第二切段长出的植株更高。'粉玉奴'根茎生根在一定程度上受低温的影响，生根率与生根数量随冷藏时间的增加而减少，第一切段的生根数量多于其他切段类型；'团叶红'根茎的平均根数及根长受低温影响较小，但生根率与冷藏时间呈负相关。根茎出苗率达到 93% 以上，证实了芍药根茎繁殖具有一定的可行性。

关键词　芍药；根茎繁殖；低温

Effects of Low Temperature and Section Type on Physiological and Biochemical Indexes of *Paeonia lactiflora* Rhizome Propagation

CHEN Li-qi　DONG Zhi-jun　SUN Miao　WU Ting　YU Xiao-nan*

（*Beijing Key Laboratory of Ornamental Plants Germplasm Innovation & Molecular Breeding，National Engineering Research Center for Floriculture，Beijing Laboratory of Urban and Rural Ecological Environment，Engineering Research Center of Landscape Environment of Ministry of Education，Key Laboratory of Genetics and Breeding in Forest Trees and Ornamental Plants of Ministry of Education，School of Landscape Architecture，Beijing Forestry University，Beijing 100083，China*）

Abstract　The peony varieties 'Fen Yunu' and 'Tuan Yehong' were used as the tested materials to explore the effect of low-temperature cold storage time on the propagation of rhizomes of *Paeonia lactiflora*. The results showed that the content of soluble sugar and sucrose in the rhizomes continued to rise during cold storage and decreased after leaving the storehouse；the starch content continued to decrease at low temperatures and recovered after dormancy release；the change in reducing sugar content was small，with a slight upward trend later. The rhizome of 'Fen Yunu' reached its maximum plant height after being refrigerated for 42 days at 4℃，and the rhizome of 'Tuan Yehong' reached its maximum value after being refrigerated for 56 days；The third section of 'Fen Yunu' can grow higher than the other sections，and the plants growing from the first and second sections of 'Tuan Yehong' were higher. The rooting of 'Fen Yunu' rhizome was affected by the low temperature to a certain extent，the rooting rate and the number of roots decreased with the increasing of refrigeration time，the roots number of the first section was more than other sections；The average root number and root length of 'Tuan Yehong' are less affected by low temperature，but the rooting rate was negatively correlated with cold storage time. The emergence rate of rhizomes reached more than 93%，which confirmed the feasibility of peony rhizome propagation.

Key words　*Paeonia lactiflora*；Rhizome propagation；Low temperature；Section type

芍药（*Paeonia lactiflora* Pall.）是芍药科芍药属的多年生宿根草本花卉，是中国传统名花，也是国际上备受瞩目的重要切花（李嘉珏，1999；秦魁杰，2004；于晓南 等，2011）。

1　基金项目：国家自然科学基金（31400591）。

　　第一作者简介：陈莉祺（1995—），女，硕士研究生，主要从事园林植物栽培生理研究。

*　通讯作者：于晓南，教授，E-mail：yuxiaonan626@126.com。

分株为芍药传统繁殖方式，但其繁殖系数低，难以满足大规模生产的要求(刘玉梅，2008)。芍药根茎是连接地上茎秆与地下块根的一段组织(图1)，它是分株繁殖成功与否的关键部位。根茎部位，具有形成地上芽和地下根系的潜力，一旦发生特定的外界刺激，例如切割或去掉花芽，隐芽就有机会发育成显芽(许世磊，2003)。根据此特性，我们尝试对根茎部位(不含其上花芽与下面的块根)进行切割处理，并结合冷藏处理打破芍药休眠，观测根茎形态变化及内部生理生化指标变化，以探讨芍药根茎作为繁殖材料的可行性，为拓展芍药无性繁殖方式、提高繁殖效率提供科学依据。

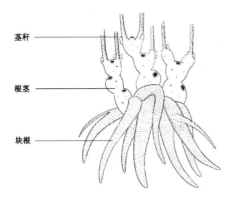

图1　根茎示意图

Fig. 1　Schematic diagram of rhizome

1　材料与方法

1.1　植物材料

供试芍药品种'粉玉奴''团叶红'种植于国家花卉工程技术研究中心小汤山苗圃，2018年10月挖取长势一致、生长健壮、无病虫害的植株作为试验材料。

1.2　试验方法

芍药经过3~5d阴凉处晾晒后，用锋利的小刀切取母株的根茎部分，切口尽可能小而平整。根据根茎上的节点，自上而下将根茎分为第一切段、第二切段、第三切段(图2)，每段长度为2~6cm，同时去除根茎上已形成的芽。根据不同切段分组，每组30个，重复5次，种植于300mm×600mm×250mm塑料长花盆中，基质为草炭∶珍珠岩∶蛭石=3∶1∶1(体积比)。2018年10月28日移入4℃冷库，每隔2周出冷库一批，分别冷藏2、4、6、8周(14d、28d、42d、46d)后移入温室，12月23日全部出冷库入温室，对照组不进行冷藏处理。

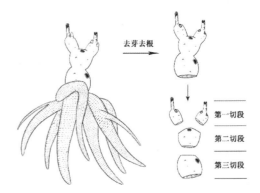

图2　根茎切割示意图

Fig. 2　Schematic diagram of rhizome cutting

1.3　测定指标及数据处理

1.3.1　碳水化合物测定

于入冷库当天进行第一次取样。从10月28日起每2周取一次样，12月23日全部出冷库后每10d取一次样。在不同组中随机挖出根茎，用纸巾擦干净其上的泥土，以锋利的刀片将其切割成片状，用锡箔纸包好，立即放入液氮保存，随后移至-80℃超低温冰箱中长期保存。

可溶性糖和可溶性淀粉采用蒽酮比色法进行测定，还原糖和蔗糖采用3,5-二硝基水杨酸比色法进行测定。

1.3.2　形态学指标

12月23日所有根茎出冷库，出库1个月(2019年1月23日)和2个月(2019年2月23日)分别对各组根茎出苗、生根情况进行测定。

用电子游标卡尺(千分尺)和钢卷尺测量每个根茎的长度、直径、生根数量及长度、株高，其中株高指从芽发出部位到最顶部叶片之间的距离(图3)，同时计算生根率(生根率=生根根茎数/总根茎数)。

试验数据使用Excel、SPSS进行数据统计分析，采用最小显著差法(LSD)进行多重比较。

图3　株高测量方式

Fig. 3　Measurement method of plant height

2 结果与分析

2.1 低温与切段类型对芍药根茎碳水化合物的影响

根据图4、图5可以看出，在10月28日至12月23日冷藏期间'粉玉奴'根茎内可溶性糖含量变化显著，基本呈上升趋势，出库后明显下降，对照组可溶性糖含量变化不大；淀粉含量在冷藏期间短暂上升后下降，处理组波动明显于对照组，出库20d后有回升趋势；还原糖含量变化较小，对照组较平稳，处理组变化大于对照组，两组后期有上升的趋势；处理组的蔗糖含量在冷藏期间不断上升，出库后降低，与可溶性糖含量的变化规律相似，对照组同样变化不明显。

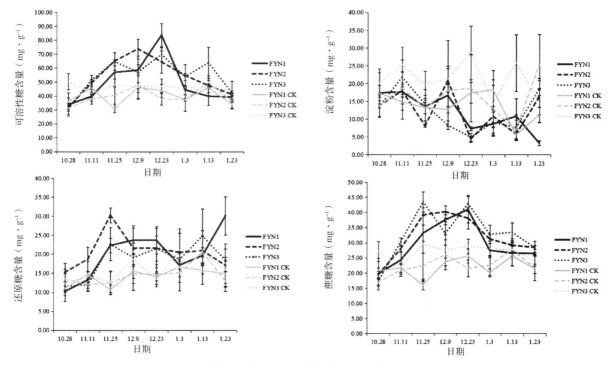

图4　'粉玉奴'根茎碳水化合物变化

Fig. 4　Carbohydrate changes of 'Fen Yunu' rhizome

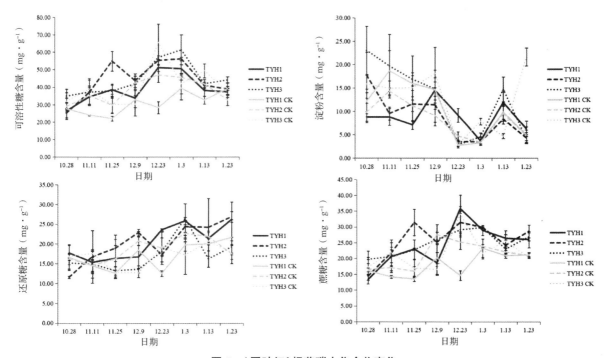

图5　'团叶红'根茎碳水化合物变化

Fig. 5　Carbohydrate changes of 'Tuan Yehong' rhizome

'团叶红'根茎在冷藏期间可溶性糖和蔗糖含量基本呈上升趋势,处理组可溶性糖含量最高达到50mg/g以上,蔗糖含量达到30mg/g以上,二者出库后则不断下降;淀粉含量随冷藏时间增加而不断降低,出库后呈先升后降的趋势;还原糖含量从入库到出库后整个时期呈上升趋势,但变化不明显。

'粉玉奴'三类切段的可溶性糖含量都在冷藏42d或56d时达到最大值,第一、第二、第三切段最高值分别为为83.8mg/g、73.77mg/g、69.79mg/g,第一切段的可溶性糖含量最高;三类切段的淀粉含量差异较小;入冷库后1个月三类切段内还原糖含量不断上升,随后第一、第三切段含量逐渐下降,而第二切段在出库后2个月呈上升趋势;第一、第二、第三切段内蔗糖最高值分别为40.95mg/g、40.20mg/g、43.49mg/g,差异较小。'团叶红'根茎切段的可溶性糖与蔗糖含量在冷藏56d或出库10d后达到最大值,第三切段可溶性糖含量最高,达到61.33mg/g,第一切段蔗糖含量最高,达到35.77mg/g;第三切段淀粉的初始含量最高,达到23.02mg/g;三类切段还原糖含量变化的差异较小。

根据以上试验结果可知,芍药品种'粉玉奴'和'团叶红'冷藏及出库后根茎内4种碳水化合物含量变化规律相似:可溶性糖与蔗糖在冷藏期间含量不断上升,出库后下降;淀粉含量在低温时持续降低,休眠解除后回升;还原糖含量在整个时期内变化幅度较小,后期略有上升的趋势。不经处理的对照组中可溶性糖和蔗糖含量变化较小。三类切段展叶期之前,芍药生长发育所需营养物质主要来自根茎中淀粉的转化(Walton *et al.*,2007;宋焕芝,2012),可推测在低温条件下,芍药根茎不断消耗淀粉以积累可溶性糖与蔗糖,后二者在休眠解除后含量降低,产生能量以供给芍药发育。

2.2 低温与切段类型对芍药根茎株高的影响

从图6、图7得知,在2019年1月23日,对'粉玉奴'根茎同一类型切段而言,不同冷藏时间下的株高差异明显,均为冷藏42d切段的株高最高,第一、第二、第三切段的平均株高分别为166.46mm、226.31mm、215.43mm;在2月23日时三类根茎切段的株高差距较1月前缩小,在不同冷藏时间下仍然是冷藏42d切段的株高最高,第一、第二、第三切段的平均株高分别为207.54mm、237.91mm、256.81mm。图8、图9中,'团叶红'切段在1月23日时3种类型切段的株高随冷藏时间的增加而上升,均在冷藏56d时株高最高,平均株高分别为71.67mm、122.49mm、95.15mm;2月23日三类切段的株高同样在冷藏56d

的条件下达到最高值,第一、第二、第三切段的平均株高分别为178.71mm、228.61mm、209.97mm。

出库1个月后,在同一冷藏时间下'粉玉奴'根茎第二切段的株高高于第一、第三切段;出库2个月后则第三切段株高最高。1月23日'团叶红'根茎在不进行低温冷藏的对照组中,第一、第三切段无出苗植株,冷藏时间为14d时,第三切段无出苗植株;出库2个月后在冷藏0d、14d、42d时第一切段株高高于其他切段,冷藏28d和56d时第二切段株高更高。

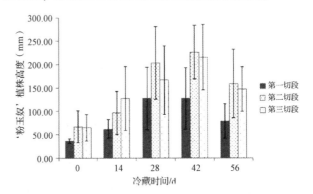

图6 '粉玉奴'根茎1月23日平均株高
Fig. 6   Average plant height of 'Fen Yunu' rhizome on January 23

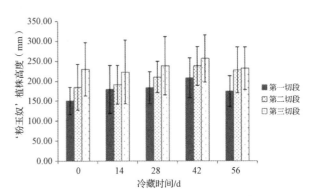

图7 '粉玉奴'根茎2月23日平均株高
Fig. 7   Average plant height of 'Fen Yunu' rhizome on February 23

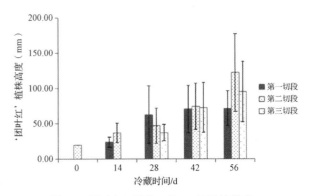

图8 '团叶红'根茎1月23日平均株高
Fig. 8   Average plant height of 'Tuan Yehong' rhizome on January 23

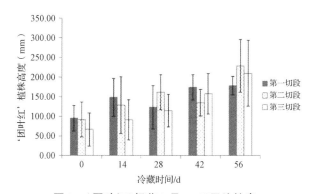

图 9　'团叶红'根茎 2 月 23 日平均株高
Fig. 9　Average plant height of 'Tuan Yehong'
rhizome on February 23

不同芍药品种解除休眠所需冷量有一定差异（Fulton *et al.*，2001），过去研究者一般通过发枝数、株高、着花量、花径、花期等生长发育指标来判断是否达到该品种所需冷量积累（周逸龄，2012）。一般认为，在 0~4℃低温下，早花品种至少处理 4 周，中晚花品种需处理 8~10 周打破休眠，过长冷藏时间可以促进株高但易使开花质量下降（王历慧 等，2011）。本研究中两种芍药均为中国芍药品种群品种，早花品种'粉玉奴'根茎切段在 4℃下冷藏 42d 后株高能达到最大值，而中花品种'团叶红'则在冷藏 56d 后生长的

株高最高，与前人研究基本一致。切段类型对芍药根茎株高的影响或因品种而异，在本研究中'粉玉奴'根茎的第三切段较其他切段能产生更高的株高，而'团叶红'根茎的第一、第二切段长出的植株更高。

2.3　低温与切段类型对芍药根茎生根的影响

冷藏出库后 2 个月各类型根茎生根情况如表 1 所示。

'粉玉奴'根茎平均产生 3~14 条根，'团叶红'根茎平均产生 2~6 条根，两个品种的根长均在 16~28mm。'粉玉奴'根茎第一切段对照组平均根数显著多于冷藏 28d、56d 根茎平均根数，第三切段对照组平均根数显著多于冷藏 14d、56d 根茎平均根数，第二切段对照组与处理组间无显著性差异；第一、第三切段生根率受低温影响有下降趋势，第二切段受低温影响较小。'粉玉奴'根茎生根在一定程度上受低温的影响，生根率与生根数量随冷藏时间的增加而减少；'团叶红'根茎对照组与处理组间平均根数及根长均无显著性差异，但生根率与冷藏时间呈负相关。

'粉玉奴'第一切段在冷藏 0d、14d、42d 时平均根数能够达到 10 根以上，但第二、第三切段除对照组之外平均根数都在 10 根以下，可知第一切段相对更易生根。'团叶红'不同切段类型生根差异较小。

表 1　芍药根茎各切段生根情况
Table 1　Rooting of cut sections of rhizome

品种	切段类型	冷藏时间（d）	生根率（%）	平均根数（条）	平均根长（mm）
'粉玉奴'	第一切段	0	1.00	14.38±10.76a	20.99±7.71a
		14	1.00	12.50±9.33ab	23.56±7.47a
		28	1.00	4.46±2.33b	21.12±8.99a
		42	0.92	11.58±8.98ab	25.95±11.88a
		56	0.87	5.6±4.41b	16.63±9.68a
	第二切段	0	1.00	10.25±7.98a	24.73±8.62a
		14	0.83	7.00±8.83a	18.30±11.26a
		28	0.75	5.91±5.54a	18.69±10.19a
		42	0.92	7.42±6.20a	24.19±12.55a
		56	0.83	7.42±9.82a	18.28±10.41a
	第三切段	0	0.92	10.08±7.89a	27.09±12.4a
		14	0.75	4.00±3.69b	18.55±15.19a
		28	1.00	7.33±5.61ab	28.72±6.39a
		42	0.92	5.67±3.82ab	18.35±9.67a
		56	0.67	3.40±4.55b	18.81±15.62a
'团叶红'	第一切段	0	0.83	4.92±4.81a	22.29±11.87a
		14	0.58	5.46±6.89a	20.25±18.8a
		28	0.75	4.83±5.18a	21.73±16.88a
		42	0.75	3.33±2.84a	25.40±18.29a
		56	0.62	3.62±4.63a	14.90±14.70a

（续）

品种	切段类型	冷藏时间(d)	生根率(%)	平均根数(条)	平均根长(mm)
		0	0.73	4.20±6.04a	22.46±18.37a
		14	0.83	6.00±6.27a	28.51±17.97a
	第二切段	28	0.75	4.50±5.79a	28.34±19.67a
		42	0.66	4.92±6.52a	20.94±17.18a
		56	0.50	2.57±3.39a	16.49±19.79a
		0	0.46	2.38±3.25a	16.51±20.47a
		14	0.92	5.75±7.76a	21.43±6.19a
	第三切段	28	0.67	3.17±3.35a	16.37±16.03a
		42	0.50	4.92±6.01a	16.63±17.67a
		56	0.58	2.42±3.99a	19.40±19.51a

注：表中同列不同小写字母表示处理间在 0.05 水平差异显著。

3　结论与讨论

地下茎常有不同的变态类型，但仍具有茎的一般特征，其上有节和节间、退化鳞叶及顶芽、侧芽等，中央有明显髓部而区别于根（张志国 等，2017）。芍药根茎虽然外形与肉质根相似，但其解剖结构与根明显不同而与地上茎相似，且其通过合轴分枝方式进行生长和发育，与其他根茎型植物基本一致（张建军等，2018）。利用根茎作为繁殖材料，目前国内研究主要是以药用植物为主，五加科五加属多年生药用植物刺五加通过根茎的延伸运动不断地进行自我"轮作"，其根茎上有大量的潜伏芽，且具有明显的顶端优势（祝宁 等，1988）；景天科红景天属多年生草本植物高山红景天的根茎繁殖成活率达到 90% 以上，3～5cm 根茎段生长 3 年可以采收（王一明 等，1986）；百合科玉竹、黄精、重楼等植物均可利用根茎繁殖（张国锋 等，2012；刘佩，2014；赵樱，2017），其中重楼在生产上的根茎切割研究已较为成熟，繁殖系数为 16～27（崔宝禄 等，2009）。

郭乔仪等（2016）研究发现潜伏芽的萌动主要与根茎年龄有关，生长年限越短潜伏芽萌动后越强、生长越快，3 年生及其以上的老根茎潜伏芽萌动较低。本研究中根据根茎节点由上至下分成的三类切段也可看作 1 年生、2 年生、3 年生根茎切段，早花芍药品种'粉玉奴'根茎第一切段的生根率与平均根数高于其他切段，新生根茎的根系萌动更强，而老根茎的体积较新生根茎大，根茎内生长所需的营养物质更多，因此第三切段能长出的植株更高。

芍药生长发育需要一定低温量（Byrne & Halevy，1986），研究表明不经过低温解除休眠其花芽也能够完成分化过程，但后续对发枝数、着花量、花径等生长开花指标有明显影响（艾云芯，2016）。芍药根茎种植后次年仍处于营养生长阶段，本研究中仅对其株高、发根数量及长度进行统计与比较，探究根茎切割繁殖对芍药开花指标的影响还需进行长期的观察。本研究中'粉玉奴''团叶红'根茎繁殖出苗率分别达到 96.79%、93.62%，证实了利用根茎进行芍药繁殖的可行性，但是根茎生根情况不佳，有芽发育成苗但不定根数量极少甚至没有的情况存在，不利于植株后期生长发育。根系是植物汲取养分的重要器官，促进根茎大量产生不定根也是芍药根茎繁殖需突破的难点之一。

参考文献

艾云芯，2016. 芍药感受低温的花芽发育状态研究［D］. 北京：北京林业大学.

崔宝禄，唐德华，王兴贵，2009. 重楼无性繁殖研究进展［J］. 河北林果研究，24（04）：399-401.

郭乔仪，赵家英，鲁菊芬，等，2016. 珠子参根茎繁殖初步研究［J］. 楚雄师范学院学报，31（03）：41-44.

李嘉珏，1999. 中国牡丹与芍药［M］. 北京：中国林业出版社.

刘佩，2014. 黄精幼苗生长特性及成分积累研究［D］. 杨凌：西北农林科技大学.

刘玉梅，2008. 观赏芍药生态习性及栽培技术研究进展［J］. 安徽农业科学，（12）：4965-4967+4969.

秦魁杰，2004. 芍药［M］. 北京：中国林业出版社.

宋焕芝，2012. 芍药光合特性及碳水化合物代谢研究［D］. 北京：北京林业大学.

王历慧，郑黎文，于晓南，2011. 观赏芍药促成栽培技术与休眠解除的研究进展［J］. 北方园艺，（06）：201-204.

王一明，刘义，吴维春，1986. 高山红景天引种栽培的研究 3. 生物学特性和根茎繁殖［J］. 沈阳药学院学报，（04）：285-288+284.

许世磊，2012. 芍药植株促芽的研究[D]. 泰安：山东农业大学.

于晓南，苑庆磊，宋焕芝，2011. 中西方芍药栽培应用简史及花文化比较研究[J]. 中国园林，27(06)：77-81.

张国锋，宋宇鹏，郑永春，2012. 东北地区玉竹根茎繁殖技术研究[J]. 北方园艺，(14)：172-174.

张建军，杨勇，于晓南，2018. 芍药根茎芽发育及更新规律的形态学研究[J]. 西北农业学报，27(07)：1008-1016.

张志国，杨磊，邓桂明，等，2017. 中国药典"根和根茎/根茎和根"中"根茎"概念的商榷[J]. 中药材，40(03)：576-579.

赵樱，2017. 重楼资源保护与种苗繁育技术研究现状[J]. 科学技术创新，(20)：192-193.

周逸龄，2012. 芍药花芽分化与需冷量研究[D]. 北京：北京林业大学.

祝宁，郭维明，金永岩，1988. 刺五加的根茎及其繁殖[J]. 自然资源研究，(01)：58-61.

Byrne T G, Halevy A H, 1986. Forcing herbaeous peonies[J]. J. Alner. Soc. Hortseince, 111：397-383.

Fulton T A, Hall A J, Catley J L, 2001. Chilling requirements of *Paeonia* cultivars[J]. Scientia Horticulturea, 89：237-248.

Walton, Mclaren, Boldingh. 2007. Seasonal patterns of starch and sugar accumulation in herbaceous peony (*Paeonia lactiflora* Pall.)[J]. The Journal of Horticultural Science and Biotechnology, 82(3).

中国观赏园艺研究进展 2020：290～294

Advances in Ornamental Horticulture of China，2020：290～294

杜鹃'胭脂蜜'组织培养初步研究

杨品[1,2]　毛静[1]　童俊[1]　徐冬云[1]　董艳芳[1]　彭宇[1]　周媛[1,*]

（[1] 武汉市农业科学院林业果树研究所，武汉 430075；[2] 华中农业大学园艺林学学院，武汉 430070）

摘要　以杜鹃'胭脂蜜'（*Rhododendron* 'Yanzhimi'）的新生茎段、茎尖为外植体，以 WPM 为基本培养基，以不同浓度 NAA 与 TDZ 配比，对杜鹃'胭脂蜜'的不定芽诱导进行探索，以建立其组培快繁体系。试验结果表明：茎尖的诱导效果比茎段要好，20d 后外植体再生频率为 95.5%，繁殖系数达到 2.25；在外加活性炭的组合中，且 NAA 浓度设定为 0.1mg/L 时，15d 后杜鹃'胭脂蜜'以 1mg/L TDZ 诱导不定芽效果较好，其繁殖系数为 0.75，为杜鹃优质种苗的繁殖与生产，以及遗传转化植物材料的制备奠定了一定基础。

关键词　杜鹃；组织培养；快繁

Study on Tissue Culture and Rapid Propagation Techniques of *Rhododendron* 'Yan Zhimi'

YANG Pin[1,2]　MAO Jing[1]　TONG Jun[1]　XU Dong-yun[1]　DONG Yan-fang[1]　PENG Yu[1]　ZHOU Yuan[1,*]

（[1] *Institute of Forestry and Fruit Tree*，*Wuhan Academy of Agricultural Sciences*，

College of Horticulture and Forestry，*Wuhan* 430075，*China*；

[2] *Huazhong Agricultural University*，*Wuhan* 430070，*China*）

Abstract　Taking the new stem segments and shoot tips of *Rhododendron* 'Yanzhimi' as explants and using WPM as the basic medium，the adventitious bud induction of *Rhododendron* 'Yanzhimi' was initially explored to establish tissue culture and fast propagation system. The experimental results show that the induction effect of the shoot tip is better than that of the stem section. After 20 days，the regeneration frequency of the explants was 95.5%，and the reproduction coefficient reached 2.25；After 15 days，the *Rhododendron* 'Yanzhimi' induced the adventitious bud with 1 mg/L TDZ better，and its propagation coefficient was 0.75. It has provided a technical support for the fast propagation and production of high-quality seedlings of Rhododendron and the preparation of invtro plant materials for regeneration study.

Key words　*Rhododendron*；Tissue culture；Fast propagation

杜鹃是园林中的重要观赏植物，可以用于花坛的装饰、小品的装点和花篱绿障外，还可以作盆花、盆景、展览和露地栽植，具有很高的应用价值与经济价值（朱春艳，2008）。园艺学家通常把杜鹃品种划分为春鹃、夏鹃、东鹃、西鹃和高山杜鹃。经过人们多年培育，杜鹃的园艺品种也日益增多。'胭脂蜜'属于大花型东鹃品种，首先发现于开满白花的东鹃品种'大鸳鸯锦'上，由芽变产生的一簇鲜艳的玫红色花朵，其花萼瓣化，花色为玫红色，自然花期在 2 月下旬至 3 月上中旬，叶色浓绿，观赏性佳，生长势强于一般东鹃，尤其对枯枝病抗性较强（苏家乐 等，2012）。

目前，在对杜鹃'胭脂蜜'的相关研究报道中，主要集中在对其抗性的研究方面。胡肖肖综合测定分析形态指标、生理指标与光合指标等，研究认为'胭脂蜜'的耐阴性强于其他参试杜鹃花品种（胡肖肖 等，2017，2018）。陆娟娟对'胭脂蜜'等 20 个杜鹃品种进行耐碱性比较，得出'胭脂蜜'比较耐碱（陆娟娟，

1 项目基金：武汉市农业科学院科技创新项目"林果类'四新'技术研发与应用—几种重要花卉（茶花、杜鹃、鸢尾）标准化繁育关键技术研发与应用"（CXJSFW202005）。

第一作者简介：杨品（1996—），女，在读硕士研究生，主要从事杜鹃再生体系及遗传转化研究。

* 通讯作者：周媛，高级工程师，博士，Tel：027-87518860，E-mail：zhouyuan@wuhanagri.com。

2018)。刘攀等和耿兴敏等则将'胭脂蜜'与'红月''红珊瑚'进行耐碱性与耐热性比较分析，发现'胭脂蜜'的抗性优于其他品种（刘攀 等，2020；耿兴敏，2019）。周媛等研究杜鹃光合机构对高温的响应机制与筛选耐热、耐旱品种，综合分析表明，'胭脂蜜'耐热性和耐旱性均较强（周媛 等，2015，2018，2019）。童俊等采用离体萌发法和联苯胺-过氧化氢法测定了'胭脂蜜'的花粉生活力和柱头可授性，结果表明其花粉低温储藏30d后仍有一定的生活力，是较好的杂交父本材料（童俊 等，2015）。

杜鹃'胭脂蜜'在耐阴、耐碱、耐高温、耐干旱方面都有着较好的效果，在园林中值得大力推广应用，但在实际生产上，嫁接、扦插、播种等繁殖方法繁殖系数低，繁殖速度慢，且同时受季节、生长环境、母株材料等限制，已经越来越难以满足市场的需求（苗永美和简兴，2004）。组织培养技术不仅可以不受季节影响在短时间内获得大量植株，还能在植物脱毒、防止品种退化等方面提供有力的技术支撑。同时，逐渐发展起来的遗传转化体系也是以成熟的组织培养技术为基础，在植物基因功能的研究及遗传改良方面发挥重要的作用。本研究对杜鹃'胭脂蜜'进行组织培养，为其快繁应用提供技术支持，同时也为建立再生体系及遗传改良奠定基础。

1 材料与方法

1.1 试验材料

植物材料于2019年10月采自于武汉农业科学院武湖杜鹃资源圃。选取'胭脂蜜'生长健壮的盆栽苗上当年萌发的嫩枝。

1.2 方法

1.2.1 外植体消毒

剪取胭脂蜜新生枝条并去除叶片，用洗衣粉浸泡20min左右，用牙刷刷洗表面。之后用蒸馏水冲洗5~15min，将外植体转移到超净台。用75%酒精浸泡30s后，用无菌水清洗3次。然后用0.1%氯化汞浸泡8min后，用无菌水清洗5次。用无菌滤纸吸干表面水分后进行切割，长度1~1.5cm，带腋芽茎段保留叶柄0.1~0.2cm。

1.2.2 不定芽诱导

1.2.2.1 不同外植体选取对不定芽诱导的影响

分别以茎段和茎尖为外植体，以WPM为基础培养基，NAA设置0.05、0.1mg/L两个浓度，另加1mg/L TDZ、30g/L蔗糖和3.5g/L植物凝胶，pH调至5.5~5.8，高压灭菌后进行分装，每种处理接种12个培养瓶，每个培养瓶接2~3个外植体。每周观察其生长状况。

1.2.2.2 不同TDZ浓度对不定芽诱导的影响

以茎段和茎尖为外植体，以WPM为基础培养基，TDZ浓度设置为0.05、1、2mg/L，另加0.1mg/L NAA、30g/L蔗糖、7g/L琼脂和0.5g/L活性炭，pH调至5.5~5.8，高压灭菌后进行分装，每种处理接种12个培养瓶，每个培养瓶接2~3个外植体。每周观察其生长状况。

1.2.3 培养条件

培养箱内光照25℃/16h，黑暗20℃/8h；光照强度2000lx；相对湿度80%。

1.2.4 数据统计

分别于接种15d与20d时，观测统计外植体存活与不定芽生长数量；不定芽计数，以生长出明显茎轴，且芽高高于0.2cm的不定芽计入。

不定芽再生频率（%）＝再生不定芽的外植体数/接种外植体总数×100%

繁殖系数＝外植体再生不定芽总数/接种外植体总数

2 结果分析

试验发现，经灭菌接种后的外植体，一般在接种10d左右可看到腋芽开始膨大，之后逐渐形成小幼芽，试验具体结果如下：

2.1 不同外植体的不定芽诱导率

经过观察发现，在添加了NAA或TDZ的培养基中，第1周无明显变化，接种的外植体没有出现污染现象。在第10d左右，有个别外植体开始出芽，至15d后进行一次统计，出现一个污染外植体，同时D组茎尖处理其再生频率和繁殖系数均为最高，为83.3%和2.21。至20d后，有些不定芽明显伸长，外植体再生频率也明显增多，其中C组茎尖处理其再生频率最高，为95.5%，但繁殖系数不及D组，为1.95。综合分析，茎段和茎尖都能成功诱导出无菌芽，经过两组不同激素处理，杜鹃'胭脂蜜'以茎尖诱导无菌芽效果较好，同时其诱导效果又以0.1mg/L NAA的处理较好，20d后繁殖系数达到2.25。

表 1　不同外植体选取对不定芽诱导的影响

Table 1　Effect of different explants on the induction of adventitious buds

处理编号	外植体	NAA 浓度（MG/L）	接种数（个）	15d			20d		
				污染数（个）	再生频率（%）	繁殖系数	污染数（个）	再生频率（%）	繁殖系数
A	茎段	0.05	27	1	44.4	1.03	1	48.1	1.15
B	茎段	0.1	24	0	50.0	0.88	0	58.3	0.92
C	茎尖	0.05	22	0	81.8	1.50	0	95.5	1.95
D	茎尖	0.1	24	0	83.3	2.21	0	87.5	2.25

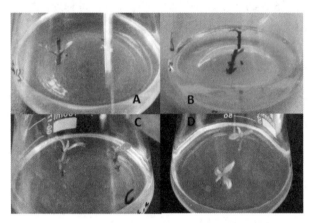

图 1　20d 后不同外植体对不定芽的诱导情况

Fig. 1　Induction of adventitious buds by
different explants after 20 days

A：茎段于 A 组培养基的诱导状况；B：茎段于 B 组培养基的
诱导状况；C：茎尖于 C 组培养基的诱导状况；D：茎尖于 D
组培养基的诱导状况

2.2　不同 TDZ 浓度对不定芽诱导的影响

　　在不定芽诱导的过程中，接种在以 WPM 为基本培养基，外加活性炭的组合中的外植体在第 7～10d 不定芽萌发，没有出现污染的外植体。从表中可以看出，在 0.1mg/L NAA 处理下，随着 TDZ 浓度增加，无菌芽繁殖呈先上升后略下降的趋势，以 F 组处理效果最佳，再生频率为 53.1%，繁殖系数为 0.56，15d 后再生频率达到 68.8%，与 E、G 处理组相比，分别多了 32.5% 和 15.7%；其繁殖系数为 0.75，与 E、G 处理组相比，分别多了 0.33 和 0.12。故综合来看，1mg/L TDZ 诱导效果最佳。

表 2　不同 TDZ 浓度对不定芽诱导的影响

Table 2　Effects of different TDZ concentrations on the induction of adventitious buds

处理编号	TDZ 浓度（MG/L）	接种数（个）	10d			15d		
			污染数（个）	再生频率（%）	繁殖系数	污染数（个）	再生频率（%）	繁殖系数
E	0.5	33	0	33.3	0.39	0	36.3	0.42
F	1	32	0	53.1	0.56	0	68.8	0.75
G	2	32	0	40.6	0.44	0	53.1	0.63

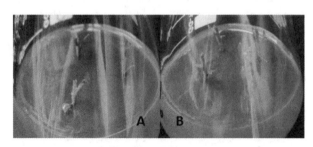

图 2　15d 后不同 TDZ 浓度对不定芽的诱导情况

Fig. 2　Induction of adventitious buds by different
TDZ concentrations after 15 days

A：F 组培养基诱导的不定芽；B：G 组培养基诱导的不定芽

3　讨论

3.1　外植体的消毒方式

　　为了建立杜鹃'胭脂蜜'的组培快繁体系，试验体系首先对无菌苗消毒过程进行初步摸索。试验采用 75% 乙醇与氯化汞消毒方式，经过多番尝试后发现 75% 乙醇消毒长于 30s 可能导致外植体失绿较多，0.1% 氯化汞消毒长于 8min 导致外植体褐化严重，所以试验最终采取 75% 乙醇消毒 30s 后配合 0.1% 氯化汞消毒 8min，对外植体的伤害相对较小；采用该方法消毒外植体离体培养 7d 后污染率几乎为 0，能较大程度提高试验的成功率。在其他研究中，张信玲等对凸尖杜鹃和泡泡叶杜鹃采用 0.1% 的 $HgCl_2$ 灭菌 8min 真菌污染率最低，分别为 5% 和 10%（张信玲 等，2019）。张艳红等采用 0.1% $HgCl_2$ 消毒 7min，茎尖、茎段诱导率均最高，分别为 81% 和 72%（张艳红 等，2009）。而杜凤国等对兴安杜鹃茎尖、茎段的消毒用 0.1% $HgCl_2$ 消毒 10min 效果最好，存活率可以达到 88%（杜凤国 等，2019），这可能是由于遗传背景、取材时间和部位等不同，所以表现出不同的效果。

3.2 外植体的选择

从理论上讲，因为植物细胞具有全能性，所以无论选用哪一部分作外植体都能诱导成完整植株，但由于其内部生理生化反应的差异，导致不同的外植体产生不同的再生效果。田奥磊等以永福杜鹃的带腋芽幼嫩茎段、带顶芽茎尖和不带顶芽茎尖为外植体建立离体快繁技术体系，结果得出带顶芽茎尖效果最好（田奥磊 等，2016）。李俊强以银叶杜鹃 3 年生苗茎尖、无菌苗叶片、茎尖、茎段、根段为外植体，结果发现银叶杜鹃刚长出的未展叶的幼嫩芽的茎尖是最理想的外植体（李俊强，2003）。以上结果与本试验结果一致，带芽茎尖的外植体是杜鹃组培快繁较为理想的外植体材料。

3.3 植物生长调节剂的选择

在植物组织培养过程中，植物生长调节剂通过影响植物基因的表达，从而调节特定蛋白的合成，影响细胞分裂及分化过程，最终影响整个植物的形态建成（潘瑞炽，1982）。TDZ（噻二唑苯基脲）是一种对细胞具有极强分生能力的植物生长调节物质，其在诱导外植体时会产生较高水平的内源激素，可诱导外植体直接再分化产生大量不定芽，现已被广泛应用于植物组织再生体系建立当中。本试验将 TDZ 设置 0.5、1、2mg/L，结果发现在进行不定芽诱导时，1mg/L TDZ 的效果优于其他两个浓度，0.5mg/L TDZ 的诱导效果最差。在刘晓青等试验中，茎段诱导不定芽的最佳 TDZ 浓度为 0.5mg/L，诱导率为 90.4%（刘晓青 等，2007）。张信玲等做凸尖杜鹃增殖试验时，用 1/4 MS 为基础培养基，发现随着 TDZ 的浓度升高，增殖倍数不断变大，当 TDZ 浓度达到 6.0mg/L 时，增殖倍数达到 5.32（张信玲 等，2019）。Pavingerova 以叶片为外植体，研究了不同浓度的 TDZ 对 15 种高山杜鹃品种诱导丛生芽的影响，其中以 Anderson + 0.57μM IAA + 1.20μM TDZ 做培养基，'Ovation' 外植体可诱导 26.40 个芽，但是只有 65% 的外植体诱导出丛生芽；' Van Werden Poelman ' 在添加 0.57μM IAA 和 0.45μM TDZ 的培养基上诱导的丛生芽总数虽不及 'Ovation'，但外植体再生频率能达到 100%（D. Pavingerová，2009）。由此可见，TDZ 能有效诱导杜鹃不同品种的外植体的不定芽，但影响 TDZ 诱导不定芽的效率因品种而异，同时也可能受基础培养基或其他激素配比的影响。因此，TDZ 诱导杜鹃不定芽的最佳浓度水平需根据品种以及组培中的其他因素进行设置与选择。

4 小结

本研究选用茎段、茎尖为外植体，以 TDZ 为主要激素摸索了杜鹃'胭脂蜜'的组培快繁体系，2 周内即可见不定芽的萌发与生长，结果表明：茎尖的诱导效果比茎段要好，20d 后其繁殖系数达到 2.25；在外加活性炭的组合中，且 NAA 浓度设定为 0.1mg/L 时，15d 后杜鹃'胭脂蜜'以 1mg/L TDZ 诱导不定芽效果较好，其繁殖系数为 0.75。为杜鹃优质种苗的繁殖与生产，以及遗传转化植物材料的制备奠定了一定基础。

参考文献

杜凤国，吕伟伟，王欢，等，2019. 兴安杜鹃基本培养基和外殖体选择的初步研究[J]. 安徽农业科学，47(12)：136-138.

耿兴敏，肖丽燕，赵晖，等，2019. H_2O_2 预处理及高温胁迫下杜鹃叶片活性氧及抗氧化酶亚细胞定位分析[J]. 西北植物学报，39(05)：791-800.

耿兴敏，刘攀，李泽丰，等，2019. 过氧化氢预处理提高杜鹃的耐热性研究[J]. 安徽农业大学学报，46(01)：167-172.

胡肖肖，2017. 杭州西湖景区杜鹃花品种的优化筛选[D]. 杭州：浙江农林大学.

胡肖肖，段玉侠，金荷仙，等，2018. 4 个杜鹃花品种的耐阴性[J]. 浙江农林大学学报，35(01)：88-95.

李俊强，2003. 银叶杜鹃组织培养技术体系研究[D]. 雅安：四川农业大学.

陆娟娟，2018. 不同杜鹃品种耐碱能力比较研究[D]. 扬州：扬州大学.

刘攀，耿兴敏，赵晖，2020. 碱胁迫下杜鹃花抗氧化体系的响应及亚细胞分布[J]. 园艺学报，47(05)：916-926.

刘晓青，苏家乐，项立平，等，2007. 高山杜鹃茎段组织培养和优化体系的建立[J]. 扬州大学学报（农业与生命科学版），(03)：91-94.

苗永美，简兴，2004. 杜鹃组培的研究[J]. 北方园艺，(03)：76-77.

潘瑞炽，1982. 植物激素的作用机理 [J]. 植物杂志，
　（05）：1-4.

苏家乐，刘晓青，李畅，等，2012. 杜鹃花新品种‘胭脂
　蜜’[J]. 园艺学报，39（12）：2555-2556.

田奥磊，刘建福，赖文胜，等，2016. 永福杜鹃离体再生与
　组培快繁技术 [J]. 安徽农业科学，44（03）：128-130.

童俊，周媛，董艳芳，等，2015. 四种杜鹃花粉生活力和柱
　头可授性研究 [J]. 湖北农业科学，54（17）：4232-4236.

张信玲，李新艺，李娜，等，2019. 凸尖杜鹃组培快繁体系
　的构建 [J]. 湖北农业科学，58（09）：124-127.

张艳红，沈向群，赵凤军，等，2009. 红枫杜鹃组织培养技
　术体系的构建 [J]. 沈阳农业大学学报，40（01）：25-29.

周媛，童俊，徐冬云，等，2015. 高温胁迫下不同杜鹃品种

PSII 活性变化及其耐热性比较 [J]. 中国农学通报，31
　（31）：150-159.

周媛，童俊，毛静，等，2019. 干旱胁迫对杜鹃叶片超微结
　构的影响 [J]. 湖北农业科学，58（24）：136-141.

周媛，方林川，童俊，董艳芳，等，2018. 干旱胁迫对杜鹃
　叶片表皮解剖结构的影响 [J]. 湖北农业科学，57（14）：
　67-72.

朱春艳 . 2008. 杜鹃花资源及其园林应用研究 [D]. 杭州：
　浙江大学 .

D Pavingerová. 2009. The influence of thidiazuron on shoot re-
　generation from leaf explants of fifteen cultivars of *Rhododen-
　dron*[J]. Biologia Plantarum（Prague），53（4）：797-799.

中国观赏园艺研究进展 2020：295~304

Advances in Ornamental Horticulture of China，2020：295~304

彩叶针叶树品种嫁接砧木的筛选

赵晓芝[1]　高 丽[2]　隗功磊[2]　贾桂霞[1,*]

([1] 花卉种质创新与分子育种北京市重点实验室，国家花卉工程技术研究中心，城乡生态环境北京实验室，
园林环境教育部工程研究中心，林木花卉遗传育种教育部重点实验室，园林学院，北京林业大学，北京 100083；
[2] 北京花乡花木集团有限公司，北京 100067)

摘要　嫁接繁殖是针叶树无性繁殖的重要方式，而砧木的种类及其产地将对嫁接亲和性和嫁接后的生长产生影响。本研究以 3 个彩叶针叶树品种为材料，以生产中常用的侧柏为砧木，比较分析了不同产地的砧木对嫁接成活率的影响；在此基础上，将 10 个品种分别与 3 种砧木进行嫁接，对嫁接成活率及相关生长指标进行观测，并通过主成分分析法和聚类分析法，综合评价不同砧穗组合的亲和性，为不同彩叶针叶树品种筛选出高亲和性砧木。

结果表明：①3 个品种以北京地区的侧柏为砧木嫁接成活率较江苏地区的高，分别为 58.14%、76.19% 和 49.37%。'萨柏克黄金'桧柏和'金叶'鹿角桧采用北京地区的侧柏砧木嫁接后接穗长度和直径分别增加了 27.88%、65.67%和 4.55% 和 19.04%；'金叶疏枝'欧洲刺柏采用两种产地的侧柏砧木嫁接生长差异不明显。②利用生长指标观测法评价彩叶针叶树不同砧穗组合亲和性的主成分模型为：$F = -0.414X_1 + 0.651X_2 + 0.662X_3 + 0.608X_4 + 0.556X_5 + 0.497X_6 + 0.580X_7$，其中相关性最大的因子分别为保存率、成活率以及接穗新生叶片数。③'金丝'线柏、'金蜀'桧选择侧柏、圆柏和刺柏做砧木时亲和性均较高；'黄金海岸'刺柏选择刺柏、侧柏作砧木时亲和性较高；其他 7 个品种只与 1 种砧木的亲和性较高。

关键词　彩叶针叶树；嫁接亲和性；砧木

Study of the Screening of Rootstocks of Colorful Conifers

ZHAO Xiao-zhi[1]　GAO Li[2]　WEI Gong-lei[2]　JIA Gui-xia[1,*]

([1] *Beijing Key Laboratory of Ornamental Plants Germplasm Innovation & Molecular Breeding*，*National Engineering Research Center for Floriculture*，*Beijing Laboratory of Urban and Rural Ecological Environment*，*Engineering Research Center of Landscape Environment of Ministry of Education*，*Key Laboratory of Genetics and Breeding in Forest Trees and Ornamental Plants of Ministry of Education*，*School of Landscape Architecture*，*Beijing Forestry University*，*Beijing* 100083，*China*；
[2] *Beijing Green Garden Group Co.*，*Ltd.*，*Beijing* 100067，*China*)

Abstract　Grafting is an important method of asexual propagation of conifers, and the types of rootstocks and their producing areas will have an impact on grafting compatibility and growth after grafting. In order to study the compatibility of different colorful conifer rootstocks and scion, the appropriate rootstock origin of three colorful conifer cultivars were studied, on this basis, the scion cultivars were expanded to 10 and the rootstock varieties were expanded to 3. The compatibility of different grafting combinations was studied by observing the morphological performance of the rootstock and scion. The results showed that：①Rootstocks in Beijing area for grafting resulted in higher grafting survival rate and stronger scion growth of the three cultivars, the graft survival rates were 58.14%, 76.19%, and 49.37%, respectively. The length and diameter of the scion of *Juniperus chinensis* 'Saybrook Gold' and *Juniperus × media* 'Pfitzeriana Aurea' increased by 27.88%, 65.67% and 4.55% and 19.04%, respectively after grafting with rootstocks in Beijing area; and there was no significant difference in the growth of *J. communis* 'Depressa Aurea'. ②The principal component model for evaluating the compatibility of different rootstock combinations of colorful conifers with growth index was：$F = -0.414X_1 + 0.651X_2 + 0.662X_3 + 0.608X_4 + 0.556X_5 + 0.497X_6 +$

1　基金项目：北京园林绿化增彩延绿科技创新工程：CEG-2015-01。
　第一作者简介：赵晓芝(1994—)，女，硕士研究生，主要从事彩叶针叶树的繁育栽培研究。
* 通讯作者：贾桂霞，教授，E-mail：gxjia@ bjfu. Edu. cn。

0.580X~7~. The factors with the greatest correlation were the preservation rate, survival rate and the number of scion new leaves. ③*Chamaecyparis pisifera* 'Filifera Aurea', *J. chinensis* 'Pyramidalis Aure' had higher compatibility when choosing *Platycladus orientalis*, *J. chinensis*(*Sabina chinensis*) and *J. formosana* as rootstocks; *J.* ×*Pfitzeriana* 'Gold Coast' had higher compatibility when choosing *J. formosana* and *P. orientalis* as rootstocks; the remaining 7 cultivars had higher compatibility with one rootstock respectively.

Key words Colorfulconifer; Graft compatibility; Rootstock

彩叶针叶树观赏期长，叶色丰富，且生长缓慢，养护管理简单，可广泛应用于公园、道路、小区和荒坡绿化。彩叶针叶树引种历史较长、种源地较分散，不同品种之间的亲缘关系复杂，植株生长和繁殖特性差异较大，在推广应用过程中存在扩繁困难的问题（孙敬爽 等，2013）。彩叶针叶树通常采用无性繁殖法进行繁殖，主要包括扦插法和嫁接，扦插法繁殖系数大，操作简便，但部分品种扦插生根率低，且存在扦插苗生长速度慢、抗性差的问题。嫁接法繁殖系数小，对操作技术有一定要求，但嫁接苗的生长势和抗性一般比扦插苗更强。因此，在实际生产中需要根据不同繁殖目标选择适宜的无性繁殖方法（周鹏，2018）。

砧木选择是嫁接繁殖的关键技术，选择亲和性好的砧木进行嫁接不仅能够提高成活率，还能缩短嫁接伤口愈合时间，促进砧木和接穗生长，提高植株对生物和非生物胁迫的耐受力（Bhatt et al.，2015；Li et al.，2016；Nawaz et al.，2018）。砧木的种类和产地是首要因素，砧木宜与接穗为同一科属植物，一般而言二者在分类学上关系越接近亲和性越好（董云萍等，2013），选择易繁殖、抗性强、生长旺盛的乡土树种作为砧木不仅能够提高繁殖系数，还能节约成本。此外，在选择砧木时还应综合考虑砧木的年龄、直径以及营养状况等因素，研究表明健壮的 2~3 年生针叶树砧木的嫁接效果较好（张成高 等，2005；邓延安，2003）。

嫁接早期亲和性鉴定对于快速筛选砧木种类，减少经济损失具有重要意义，一般可通过生长指标观测、解剖结构分析、分子生物学分析以及生理生化分析进行鉴定（李鸿莉 等，2005；许庆，2016；孙华丽等，2013；段元杰，2018）。嫁接成活率不能作为单一指标判断亲和性，因为砧木和接穗的生长状态以及外界环境对嫁接成活率的影响较大，此外部分嫁接组合在前期成活率较高，而后期接穗会停止生长，多年后才表现出不亲和。生长指标观测法是亲和性鉴定最基础、简便的方法，比较适用于实际生产。观测的指标包括嫁接成活率、嫁接口愈合时间、接穗的生长量、接穗的直径变化、砧木的地径变化以及接穗的分枝数、新生叶片数以及光合能力等，通常观测的指标越多越能保证数据的可靠性（王湘南，2017）。多指标

评价方法不仅能从不同角度反映嫁接亲和性强弱，也更能充分利用原始数据，但指标间通常存在相关性，有信息的覆盖，因此需要采用主成分分析方法将多个彼此相关的指标转换成新的个数较少且彼此独立的综合指标，更大程度表现出原有数据的信息，而聚类分析通过数据建模简化数据，可以对不同特征的数据进行分类（龚艳箐 等，2016）。

国内彩叶针叶树嫁接常以侧柏为砧木，其主要产地为江苏宿迁，浙江、安徽、河南、河北和北京地区也有规模化的种植。不同产地的侧柏砧木的生长势和根系活力不同，砧木的组织结构也有较大差异，会影响嫁接后植株对水分和营养物质的吸收运输。除侧柏以外，另一些柏科乡土树种，比如刺柏和圆柏也可作为砧木进行嫁接。不同产地和种类的砧木与不同彩叶针叶树品种的亲和性不同，嫁接后表型差异较大，因此，本文采用主成分和聚类分析法对不同嫁接组合的生长指标进行观测统计，探究砧木产地和种类对接穗的生长和抗性的影响，为彩叶针叶树筛选亲和性较强的砧木提供理论支撑。

1 材料与方法

1.1 试验材料

对于砧木产地筛选的试验，以北京大兴和江苏宿迁生产的 2 年生侧柏实生苗为材料，株高 40cm 左右，根茎部分直径约为 5mm。接穗为'萨柏克黄金'桧柏、'金叶'鹿角桧柏和'金叶疏枝'欧洲刺柏的 1 年生嫩梢，穗条直径约为 2mm。

嫁接亲和性筛选试验以'蓝色天堂'落基山圆柏（*J. scopulorum* 'Blue Heaven'）、'塔布路'落基山圆柏（*J. scopulorum* 'Wichita Blue'）、'蓝色筹码'平铺圆柏（*J. horizontalis* 'Blue Chip'）、'威尔士亲王'平铺圆柏（*J. horizontalis* 'Prince of Wales'）、'金叶'鹿角桧、'萨柏克黄金'桧柏、'黄金海岸'鹿角桧柏、'金蜀'桧、'金叶疏枝'欧洲刺柏、'金丝'线柏为接穗，砧木分别为北京大兴地区的侧柏、圆柏和刺柏 2 年生实生苗。

1.2 试验方法

1.2.1 砧木来源对嫁接成活率的影响

试验于 2018 年 5 月 8 日在国家花卉工程技术中

心小汤山基地进行，选用 3 个接穗品种分别与 2 个产地的侧柏砧木进行嫁接，采用完全随机区组法进行试验(表 1)，每个组合 30 株，3 次重复。选择园区背风向阳处，整地作畦，畦宽 1.5m、长 5m、高 15cm，所有嫁接苗均露地种植在畦上，并覆盖双层透明薄膜，约 60d 后揭开薄膜，180d 后统计嫁接成活率，每个组合随机抽取 5 株统计接穗生长量。

表 1　不同产地的侧柏砧木嫁接组合

Table 1　Stock provenance selection experiment grafting combination

嫁接组合	接穗品种	砧木产地
1	'萨柏克黄金'桧柏	北京
2	'萨柏克黄金'桧柏	江苏
3	'金叶'鹿角桧	北京
4	'金叶'鹿角桧	江苏
5	'金叶疏枝'欧洲刺柏	北京
6	'金叶疏枝'欧洲刺柏	江苏

1.2.2　不同品种适宜嫁接砧木的筛选

试验于 2019 年 3 月 20 日在国家花卉工程技术中心小汤山基地进行。在前期试验的基础上，选择产于北京大兴的侧柏、圆柏和刺柏 2 年生的实生苗为砧木，株高 40cm 左右，根茎部直径约为 5mm。选择 10 个品种的 4~5 年生扦插苗为采穗母株，选用 1 年生嫩梢为接穗，穗条直径约为 2mm。

采用完全随机区组法进行试验，将 10 个接穗品种分别与 3 种砧木进行嫁接，共 30 个嫁接组合(表 2)，每个组合嫁接 10 株，3 次重复。嫁接苗全部上盆，放置于温室内生长，嫁接后 30d 开始统计接穗萌发情况，记录萌发新芽的时间，直至在进行数据分析时，未萌发的试验组萌发时间设为最大值 150d。在嫁接后 150d 统计嫁接成活率与保存率。

嫁接成活率=萌发株数/总嫁接株数×100%；保存率=存活株数/总嫁接株数×100%。

从嫁接后 30~150d 连续测定统计接穗与砧木的生长情况。每组随机选取 5 株进行调查，每次测量重复 3 次，每个组合重复 3 次。主要测定的指标为 150d 内接穗新枝的生长量、接穗新叶片生长数量、距嫁接口 1cm 处接穗直径的增长量以及距嫁接口 3cm 处砧木的直径增长量。

1.3　数据处理

利用 Excel 2016 软件进行数据处理。利用 SPSS 24.0 软件进行单因素方差分析、多重比较、主成分分析和 K-均值聚类分析以及相关性分析。

表 2　不同砧穗组合筛选嫁接试验安排

Table 2　Arrangement of selection and grafting test for different stock and scion combinations

序号	砧穗组合	接穗品种	砧木种
1	HJHA-1	'黄金海岸'刺柏	圆柏
2	HJHA-2	'黄金海岸'刺柏	刺柏
3	HJHA-3	'黄金海岸'刺柏	侧柏
4	LSTT-1	'蓝色天堂'落基山圆柏	圆柏
5	LSTT-2	'蓝色天堂'落基山圆柏	刺柏
6	LSTT-3	'蓝色天堂'落基山圆柏	侧柏
7	JYLJG-1	'金叶'鹿角桧	圆柏
8	JYLJG-2	'金叶'鹿角桧	刺柏
9	JYLJG-3	'金叶'鹿角桧	侧柏
10	LSCM-1	'蓝色筹码'平铺圆柏	圆柏
11	LSCM-2	'蓝色筹码'平铺圆柏	刺柏
12	LSCM-3	'蓝色筹码'平铺圆柏	侧柏
13	JYSZ-1	'金叶疏枝'欧洲刺柏	圆柏
14	JYSZ-2	'金叶疏枝'欧洲刺柏	刺柏
15	JYSZ-3	'金叶疏枝'欧洲刺柏	侧柏
16	WESQW-1	'威尔士亲王'平铺圆柏	圆柏
17	WESQW-2	'威尔士亲王'平铺圆柏	刺柏
18	WESQW-3	'威尔士亲王'平铺圆柏	侧柏
19	JSG-1	'金蜀'桧	圆柏
20	JSG-2	'金蜀'桧	刺柏
21	JSG-3	'金蜀'桧	侧柏
22	SBKHJ-1	'萨柏克黄金'桧柏	圆柏
23	SBKHJ-2	'萨柏克黄金'桧柏	刺柏
24	SBKHJ-3	'萨柏克黄金'桧柏	侧柏
25	JSXB-1	'金丝'线柏	圆柏
26	JSXB-2	'金丝'线柏	刺柏
27	JSXB-3	'金丝'线柏	侧柏
28	TBL-1	'塔布路'落基山圆柏	圆柏
29	TBL-2	'塔布路'落基山圆柏	刺柏
30	TBL-3	'塔布路'落基山圆柏	侧柏

注：HJHA：'黄金海岸'刺柏；LSTT：'蓝色天堂'落基山圆柏；JYLJG：'金叶'鹿角桧；LSCM：'蓝色筹码'平铺圆柏；JYSZ：'金叶疏枝'欧洲刺柏；WESQW：'威尔士亲王'平铺圆柏；JSG：'金蜀'桧；SBKHJ：'萨柏克黄金'桧柏；JSXB：'金丝'线柏；TBL：'塔布路'落基山圆柏；1：圆柏；2：刺柏；3：侧柏；下表同。

2　结果与分析

2.1　砧木产地对嫁接效果的影响

将 3 个品种的彩叶针叶树嫁接在不同产地的侧柏砧木上，嫁接 180d 后统计接穗的存活和生长情况，结果见表 3。

由表 3 可知，砧木产地对不同品种嫁接成活率和接穗的生长有一定影响。虽然'萨柏克黄金'桧柏采用两种砧木嫁接后成活率差异不大,但产地为北京的侧柏砧木嫁接后接穗长度和直径较产地为江苏的砧木分别增加了27.88%、65.67%。'金叶'鹿角桧采用北京地区的侧柏砧木嫁接后成活率增加了11.43%,接穗长度和直径较产地为江苏的砧木分别增加了4.55%、19.04%。由图1、图2可知,采用产地为北京的侧柏砧木嫁接后'萨柏克黄金'桧柏以及'金叶'鹿角桧的新枝和侧枝的生长势均更强。'金叶疏枝'欧洲刺柏采用两种砧木嫁接后成活率都较低,接穗的

生长情况差异不明显(图3)。

本试验中3个彩叶针叶树品种均属常彩变色叶类,整个生长期叶片彩色始终存在,且随季节的不同发生变化。为应对冬季寒冷气候,'萨柏克黄金'桧柏和'金叶'鹿角桧叶片由金黄色或黄绿色转变为灰绿色,'金叶疏枝'欧洲刺柏叶片由黄绿色转变红褐色。由图可知,3个品种采用北京地区的侧柏砧木嫁接后叶色变色期推迟,观赏期延长。

表3 3个品种采用不同产地砧木嫁接后接穗的生长情况

Table 3 Scion growth of three varieties grafted with rootstock from different provenance

序号	接穗品种	侧柏产地	嫁接成活率(%)	接穗生长量	
				长度(cm)	直径(mm)
1	'萨柏克黄金'桧柏	北京	58.14	10.73±0.50	1.11±0.076
		江苏	57.33	8.39±0.17	0.67±0.042
2	'金叶'鹿角桧	北京	76.19	9.88±0.24	0.75±0.019
		江苏	64.76	9.45±0.42	0.63±0.032
3	'金叶疏枝'欧洲刺柏	北京	49.37	7.25±0.13	0.61±0.043
		江苏	44.43	7.05±0.41	0.56±0.033

图1 '萨柏克黄金'桧柏在不同产地侧柏上嫁接180d后生长情况(2019.11.4,下图同)

Fig. 1 Growth of *J. chinensis* 'Saybrook Gold' grafted on rootstocks of different provenance after 180 days

(2019.11.4, the same as follows)

A:北京产地;B:江苏产地

图2 '金叶'鹿角桧在不同产地砧木上嫁接180d后生长情况

Fig. 2 Growth of *J. × media* 'Pfitzeriana Aurea' grafted on rootstocks of different provenance after 180 days

A:北京产地;B:江苏产地

图 3 '金叶疏枝'欧洲刺柏在不同产地砧木上嫁接 180d 后生长情况

Fig. 3   Growth of *J. communis* 'Depressa Aurea' grafted on rootstocks of different provenance after 180 days

A：北京产地；B：江苏产地

2.2 彩叶针叶树不同砧穗组合的筛选

2.2.1 不同砧穗组合的接穗萌发和保存情况

将 10 个接穗品种分别与 3 种砧木进行嫁接，嫁接后 30d 开始统计接穗萌发情况，嫁接后 150d 统计嫁接成活率与保存率。由表 4 可知，萌发时间最短的是以'金叶疏枝'欧洲刺柏为接穗，以圆柏、侧柏为砧木的嫁接组合，萌发时间仅需 80d；50% 左右的嫁接组合在嫁接后 90d 左右开始萌发新芽。其余组合萌发时间较长，其中以'蓝色天堂'落基山圆柏和'塔布路'落基山圆柏作为接穗的嫁接组合，萌发时间可达 136d。有 4 个嫁接组合的成活率低于 20%，其中以'蓝色天堂'落基山圆柏、'金叶'鹿角桧为接穗，以圆柏作为砧木的组合亲和性较差，无法存活。有 12 个嫁接组合成活率超过 50%，最高可达 100%，其中以'黄金海岸'刺柏、'塔布路'落基山圆柏和'萨柏克黄金'桧柏为接穗时，与两种以上的砧木嫁接成活率均较高。有 20 个嫁接组合保存率超过 50%，保存率与成活率的情况大致相同，部分品种的保存率与成活率之间差距较大。

2.2.2 不同砧穗组合的新枝生长情况

从嫁接后 30d 到嫁接后 150d 连续测定统计接穗

与砧木的生长情况。由表 5 可知，30 个嫁接组合的接穗新枝生长情况差异显著。'黄金海岸'刺柏嫁接在刺柏和侧柏上时，接穗生长量、接穗与砧木的直径生长量均显著高于圆柏作为砧木的嫁接苗，其中以侧柏为砧木的嫁接组合各项指标综合表现最佳。'蓝色天堂'落基山圆柏、'金叶'鹿角桧与圆柏嫁接的组合亲和性较差，成活个体的抽梢能力弱，与刺柏嫁接后两个品种的新枝生长能力均为最强。'蓝色筹码'平铺圆柏以刺柏为砧木时，新生叶片数仅 0.67 枚，新枝生长量 0.43cm，接穗直径生长量 0.07cm，显著低于另外两个组合；'金叶疏枝'欧洲刺柏、'威尔士亲王'平铺圆柏与刺柏嫁接后新枝的生长情况也最差，二者分别以侧柏、圆柏为砧木的嫁接的组合新枝生长能力最佳。'金蜀'桧以圆柏为砧木时，4 个指标的综合表现最佳。'萨柏克黄金'桧柏、'金丝'线柏以侧柏为砧木时，新枝生长量分别为 3.80、3.87，其余 3 个指标均表现良好，新枝生长的综合能力优于其他两种砧木的嫁接组合。'塔布路'落基山圆柏以侧柏为砧木时，新枝生长量、接穗直径生长量显著高于其他两个嫁接组合，砧木直径生长量最大，但接穗生长量较低。

表 4 不同嫁接组合接穗萌发和保存情况

Table 4   Germination and preservation of scions in different grafting combinations

序号	砧穗组合	萌发时间(d)	成活率(%)	保存率(%)
1	HJHA-1	96	53.33	66.67
2	HJHA-2	96	53.33	73.33
3	HJHA-3	96	100.00	100.00
4	LSTT-1	150	0.00	20.00
5	LSTT-2	135	26.67	86.67
6	LSTT-3	135	20.00	66.67
7	JYLJG-1	150	0.00	0.00
8	JYLJG-2	125	33.33	40.00

（续）

序号	砧穗组合	萌发时间（d）	成活率（%）	保存率（%）
9	JYLJG-3	83	60.00	60.00
10	LSCM-1	85	46.67	60.00
11	LSCM-2	85	6.67	6.67
12	LSCM-3	127	40.00	53.33
13	JYSZ-1	80	46.67	60.00
14	JYSZ-2	105	13.33	13.33
15	JYSZ-3	80	66.67	93.33
16	WESQW-1	81	80.00	93.33
17	WESQW-2	105	20.00	26.67
18	WESQW-3	123	46.67	80.00
19	JSG-1	89	66.67	93.33
20	JSG-2	105	40.00	40.00
21	JSG-3	131	40.00	86.67
22	SBKHJ-1	90	66.67	66.67
23	SBKHJ-2	90	60.00	66.67
24	SBKHJ-3	90	86.67	100.00
25	JSXB-1	87	26.67	46.67
26	JSXB-2	127	26.67	33.33
27	JSXB-3	87	46.67	100.00
28	TBL-1	136	53.33	86.67
29	TBL-2	136	26.67	26.67
30	TBL-3	110	60.00	100.00

表5　不同砧穗组合新枝生长情况

Table 5　Growth of new shoots in different grafting combinations

序号	砧穗组合	新生叶片数	接穗生长（cm）	砧木直径生长量（cm）	接穗直径生长量（cm）
1	HJHA-1	6.33±1.155a	0.67±0.115c	0.24±0.012b	0.41±0.05b
2	HJHA-2	6.33±0.577a	2.17±0.306b	0.43±0.035a	0.80±0.081a
3	HJHA-3	6.67±1.155a	2.90±0.346a	0.41±0.015a	0.76±0.078a
4	LSTT-1	1.67±0.577a	0.37±0.115c	0.31±0.075b	0.30±0.035b
5	LSTT-2	3.00±1.000a	0.63±0.058b	0.82±0.100a	0.48±0.053a
6	LSTT-3	2.00±0.000a	0.83±0.115a	0.45±0.121b	0.32±0.044b
7	JYLJG-1	0.00±0.000c	0.00±0.000b	0.00±0.000c	0.00±0.000b
8	JYLJG-2	7.67±0.577a	1.50±0.100a	0.85±0.081a	0.48±0.040a
9	JYLJG-3	5.67±1.155b	1.27±0.208a	0.43±0.112b	0.52±0.070a
10	LSCM-1	2.67±1.155b	1.50±0.346a	0.67±0.081a	0.78±0.026a
11	LSCM-2	0.67±1.155c	0.43±0.751b	0.30±0.520a	0.07±0.121b
12	LSCM-3	5.33±0.577a	0.53±0.058b	0.32±0.065a	0.71±0.010a
13	JYSZ-1	4.33±0.577a	1.33±0.153a	0.36±0.099a	0.48±0.076b
14	JYSZ-2	5.33±0.577a	0.40±0.100b	0.44±0.012a	0.23±0.050c
15	JYSZ-3	4.67±0.577a	1.07±0.153a	0.40±0.012a	0.71±0.040a
16	WESQW-1	8.67±1.528a	1.67±0.115a	0.53±0.130a	0.25±0.056a
17	WESQW-2	3.67±0.577c	0.87±0.153b	0.19±0.064b	0.34±0.082a
18	WESQW-3	6.00±1.000b	1.40±0.200a	0.41±0.072a	0.23±0.046a
19	JSG-1	6.33±1.528a	1.40±0.173a	0.67±0.072ab	0.55±0.089a
20	JSG-2	7.00±1.000a	1.57±0.289a	0.49±0.092b	0.39±0.053b

（续）

序号	砧穗组合	新生叶片数	接穗生长（cm）	砧木直径生长量（cm）	接穗直径生长量（cm）
21	JSG-3	2.67±1.155b	0.50±0.100b	0.73±0.111a	0.43±0.015ab
22	SBKHJ-1	3.67±0.577b	1.57±0.115b	0.10±0.026c	0.58±0.036a
23	SBKHJ-2	5.33±0.577a	1.73±0.153b	0.20±0.032b	0.54±0.045a
24	SBKHJ-3	6.33±1.155a	3.80±0.200a	0.61±0.045a	0.55±0.055a
25	JSXB-1	6.33±1.528a	2.73±0.321b	0.53±0.110a	0.43±0.045b
26	JSXB-2	4.67±1.155a	0.77±0.153c	0.44±0.087a	0.74±0.075a
27	JSXB-3	5.33±0.577a	3.87±0.643a	0.54±0.070a	0.76±0.051a
28	TBL-1	3.00±1.00b	0.87±0.115b	0.06±0.015b	0.44±0.049b
29	TBL-2	2.33±0.577b	1.83±0.153a	0.55±0.071a	0.31±0.025c
30	TBL-3	7.00±0.000a	0.63±0.153c	0.61±0.078a	0.54±0.044a

注：同列数据后不同字母表示差异显著（$P<0.05$）。

2.2.3 主成分分析

对7个指标进行主成分分析（表6），前2个主成分的贡献率分别为52.390%、14.529%，累计贡献率可达66.920%，因此7个指标之间存在一定的信息重叠，前2个主成分可以大致反映出7个指标的全部信息。根据主成分载荷矩阵和特征值计算出2个主成分的特征向量（表7），得出2个主成分的表达式：

$$F1 = -0.659X_1 + 0.891X_2 + 0.811X_3 + 0.760X_4 + 0.731X_5 + 0.400X_6 + 0.714X_7$$

$$F2 = 0.467X_1 - 0.213X_2 + 0.126X_3 + 0.059X_4 - 0.076X_5 + 0.848X_6 + 0.095X_7$$

由2个主成分对应特征值占所提取主成分总特征值之和的比例作为权重，计算主成分综合模型为：$F = -0.414X_1 + 0.651X_2 + 0.662X_3 + 0.608X_4 + 0.556X_5 + 0.497X_6 + 0.580X_7$；式中$X_1$表示萌发时间，$X_2$表示成活率，$X_3$表示保存率，$X_4$表示接穗新生叶片数，$X_5$表示接穗生长量，$X_6$表示砧木直径生长量，$X_7$表示接穗直径生长量。

由表8可知，30个嫁接组合的亲和性程度由强到弱分别为：'萨柏克黄金'桧柏-侧柏、'黄金海岸'刺柏-侧柏、'金丝'线柏-侧柏、'威尔士亲王'平铺圆柏-圆柏、'金蜀'桧-侧柏、'黄金海岸'刺柏-刺柏、'金叶疏枝'欧洲刺柏-侧柏、'塔布路'落基山圆柏-侧柏、'蓝色筹码'平铺圆柏-圆柏、'金叶鹿角'桧-侧柏、'金丝'线柏-圆柏、'萨柏克黄金'桧柏-刺柏、'金叶鹿角'桧-刺柏、'萨柏克黄金'桧柏-圆柏、'金叶疏枝'欧洲刺柏-刺柏、'金蜀'桧-刺柏、'黄金海岸'刺柏-圆柏、'威尔士亲王'平铺圆柏-侧柏、'蓝色天堂'落基山圆柏-刺柏、'金蜀'桧-侧柏、'蓝色筹码'平铺圆柏-侧柏、'金丝'线柏-刺柏、'塔布路'落基山圆柏-圆柏、'塔布路'落基山圆柏-刺柏、'蓝色天堂'落基山圆柏-侧柏、'金叶疏枝'欧洲刺柏-刺柏、'威尔士亲王'平铺圆柏-刺柏、'蓝色天堂'落基山圆柏-圆柏、'蓝色筹码'平铺圆柏-圆柏、'金叶鹿角'桧-圆柏。

表6　主成分特征值、贡献率及累计贡献率

Table 6　Eigenvalue, contribution rate and accumulative contribution rate of principal components

主成分	特征值	贡献率（%）	累计贡献率（%）
1	3.667	52.390	52.390
2	1.017	14.529	66.920

表7　主成分的特征向量

Table 7　Eigenvector of principal components

主成分	X_1	X_2	X_3	X_4	X_5	X_6	X_7
1	−0.659	0.891	0.811	0.760	0.731	0.400	0.714
2	0.467	−0.213	0.126	0.059	−0.076	0.848	0.095

表 8 主成分值和综合主成分值

Table 8 Principal component and the comprehensive principal component values

砧穗组合	F1	F2	得分	排序
SBKHJ-3	6.126571	0.024654	4.80173642	1
HJHA-3	6.208291	−0.59937	4.730226883	2
JSXB-3	5.053957	0.088028	3.975765349	3
WESQW-1	3.985179	−0.35717	3.042377586	4
JSG-1	3.533154	0.582835	2.89258699	5
HJHA-2	3.30433	−0.15886	2.552410354	6
JYSZ-3	2.989198	−0.64078	2.201065698	7
TBL-3	2.360538	0.932745	2.050538482	8
LSCM-1	1.605372	0.531619	1.372241096	9
JYLJG-3	1.681977	−0.61326	1.183639456	10
JSXB-1	1.23516	−0.03285	0.959852056	11
SBKHJ-2	1.518526	−1.40856	0.883003751	12
JYLJG-2	0.511753	2.115639	0.859985327	13
SBKHJ-1	0.996018	−1.88515	0.370464697	14
JYSZ-1	0.586498	−0.90264	0.26317851	15
JSG-2	0.15389	0.125483	0.147722167	16
HJHA-1	0.276287	−1.01311	−0.00366298	17
WESQW-3	−0.24626	0.193919	−0.15068771	18
LSTT-2	−1.1513	2.392462	−0.38188714	19
JSG-3	−1.11272	1.809513	−0.47825294	20
LSCM-3	−0.73932	0.128692	−0.55085875	21
JSXB-2	−1.47435	0.622753	−1.01903495	22
TBL-1	−1.61807	−0.92835	−1.46831907	23
TBL-2	−3.20176	0.881088	−2.31530042	24
LSTT-3	−3.73545	0.791202	−2.75263635	25
JYSZ-2	−3.65552	0.017617	−2.8580134	26
WESQW-2	−3.38528	−1.02859	−2.87360072	27
LSTT-1	−6.24159	0.458292	−4.78692987	28
LSCM-2	−5.94022	−1.13318	−4.89652314	29
JYLJG-1	−9.62484	−0.99466	−7.75107169	30

2.2.4 聚类分析

利用 7 个指标的数据进行 K-均值聚类分析，按照聚类分析结果将嫁接组合分为四类（表 9），分别是Ⅰ级、Ⅱ级、Ⅲ级以及Ⅳ级亲和。结果表明：Ⅰ级亲和的组合共有 7 个，分别为'黄金海岸'刺柏-刺柏、'黄金海岸'-侧柏、'萨柏克黄金'桧柏-侧柏、'金丝'线柏-侧柏、'金蜀'桧-圆柏、'金叶疏枝'欧洲刺柏-侧柏、'威尔士亲王'平铺圆柏-圆柏。Ⅱ级亲和的组合共有 8 个，分别为'塔布路'落基山圆柏-侧柏、'蓝色天堂'落基山圆柏-刺柏、'金丝'线柏-圆柏、'金丝'线柏刺柏、'金蜀'桧-刺柏、'金蜀'桧-侧柏、'蓝色筹码'平铺圆柏-圆柏、'金叶鹿角'桧-刺柏。Ⅲ级亲和的组合共有 8 个，分别为'黄金海岸'刺柏-圆柏、'塔布路'落基山圆柏-圆柏、'萨柏克黄金'桧柏-圆柏、'萨柏克黄金'刺柏-刺柏、'蓝色筹码'平铺圆柏-侧柏、'金叶疏枝'欧洲刺柏-圆柏、'威尔士亲王'平铺圆柏-侧柏、'金叶鹿角'桧-侧柏。Ⅳ级亲和的组合共有 7 个，分别为'塔布路'落基山圆柏-刺柏、'蓝色天堂'落基山圆柏-圆柏、'蓝色天堂'落基山圆柏-侧柏、'蓝色筹码'平铺圆柏-刺柏、'金叶疏枝'欧洲刺柏-刺柏、'威尔士亲王'平铺圆柏-刺柏、'金叶鹿角'桧-圆柏。聚类分析结果与主成分分析结果基本一致。

表 9　嫁接亲和性分析聚类成员

Tabl e9　Cluster members for graft compatibility analysis

个案号	砧穗组合	聚类	距离	嫁接亲和性评价
1	HJHA-2	3	1.418	Ⅰ级亲和
2	HJHA-3	3	1.565	Ⅰ级亲和
3	SBKHJ-3	3	1.700	Ⅰ级亲和
4	JSXB-3	3	2.011	Ⅰ级亲和
5	JSG-1	3	1.360	Ⅰ级亲和
6	JYSZ-3	3	1.788	Ⅰ级亲和
7	WESQW-1	3	2.301	Ⅰ级亲和
8	TBL-3	1	1.905	Ⅱ级亲和
9	LSTT-2	1	1.990	Ⅱ级亲和
10	JSXB-1	1	2.253	Ⅱ级亲和
11	JSXB-2	1	1.906	Ⅱ级亲和
12	JSG-2	1	1.596	Ⅱ级亲和
13	JSG-3	1	1.904	Ⅱ级亲和
14	LSCM-1	1	2.119	Ⅱ级亲和
15	JYLJG-2	1	1.829	Ⅱ级亲和
16	HJHA-1	4	0.970	Ⅲ级亲和
17	TBL-1	4	2.107	Ⅲ级亲和
18	SBKHJ-1	4	1.405	Ⅲ级亲和
19	SBKHJ-2	4	0.968	Ⅲ级亲和
20	LSCM-3	4	1.816	Ⅲ级亲和
21	JYSZ-1	4	1.221	Ⅲ级亲和
22	WESQW-3	4	1.825	Ⅲ级亲和
23	JYLJG-3	4	1.297	Ⅲ级亲和
24	TBL-2	2	1.865	Ⅳ级亲和
25	LSTT-1	2	1.354	Ⅳ级亲和
26	LSTT-3	2	1.771	Ⅳ级亲和
27	LSCM-2	2	2.099	Ⅳ级亲和
28	JYSZ-2	2	1.808	Ⅳ级亲和
29	WESQW-2	2	1.404	Ⅳ级亲和
30	JYLJG-1	2	2.691	Ⅳ级亲和

2.2.5　彩叶针叶树嫁接砧木的筛选结果

根据表 10 可知，参与试验的 10 个接穗品种至少与 1 种砧木的亲和性较强，大部分品种与侧柏和圆柏的亲和性较强。其中'金丝'线柏和'金蜀'桧与 3 种砧木的嫁接亲和性均较高，说明这两个品种采用嫁接繁殖可选择的砧木种类较多；'黄金海岸'刺柏与刺柏和侧柏的亲和性都能达到了Ⅰ级标准；剩余 7 个品种中'萨柏克黄金'桧柏、'金叶疏枝'欧洲刺柏和'塔布路'落基山圆柏与侧柏的亲和性较强，'威尔士亲王'平铺圆柏、'蓝色天堂'落基山圆柏和'蓝色筹码'平铺圆柏与圆柏的亲和性较强，'金叶'鹿角桧与刺柏的亲和性较强。

表 10　彩叶针叶树高亲和性嫁接组合的筛选结果

Table 10　Screening results of high compatibility grafting combination of colorful conifer

序号	接穗品种	砧木种	嫁接亲和性评价
1	'金丝'线柏	侧柏	Ⅰ级亲和
		圆柏	Ⅱ级亲和
		刺柏	Ⅱ级亲和
2	'金蜀'桧	圆柏	Ⅰ级亲和
		刺柏	Ⅱ级亲和
		侧柏	Ⅱ级亲和
3	'黄金海岸'刺柏	刺柏	Ⅰ级亲和
		侧柏	Ⅰ级亲和
4	'萨柏克黄金'桧柏	侧柏	Ⅰ级亲和
5	'金叶疏枝'欧洲刺柏	侧柏	Ⅰ级亲和
6	'威尔士亲王'平铺圆柏	圆柏	Ⅰ级亲和
7	'塔布路'落基山圆柏	侧柏	Ⅱ级亲和
8	'蓝色天堂'落基山圆柏	圆柏	Ⅱ级亲和
9	'蓝色筹码'平铺圆柏	圆柏	Ⅱ级亲和
10	'金叶'鹿角桧	刺柏	Ⅱ级亲和

3　讨论

嫁接后砧穗之间会发生一系列复杂的生化反应，包括胞间连丝的形成、持续的物质交换，以及一些信号分子的传导（何文 等，2017）。不同产地的砧木根系状态不同，对无机物的吸收和运输能力也不同，因此自身的生长势和抗性有较大差异，能够直接影响接穗的表型（汤丹 等，2016）。北方地区由于气候条件干燥寒冷，出产的砧木株高和地径比江苏宿迁的砧木更小，但同等规格的北京砧木木质化程度更高，砧木的比叶面积更大、叶片更厚，植株抗寒性和抗旱性更强。江苏宿迁的砧木规格较大，皮部组织更幼嫩，但在北京地区嫁接后叶片易受高温炙烤失水。本研究发现 3 个彩叶针叶树采用北京地区的侧柏为砧木时嫁接成活率均更高，且嫁接后接穗的生长势更强，其中'萨柏克黄金'桧柏差异最明显。这种现象可能是由于北京地区侧柏砧木的根系更发达，叶片的光合作用更好，有机物的同化和运输能力比江苏的侧柏砧木更强，因此嫁接体愈合的效果更好，伤口愈合后接穗的养分供应非常充足，因此接穗生长势更强。不同产地的砧木对接穗的抗性也有影响，本研究发现采用北京地区的侧柏砧木嫁接后 3 个品种接穗的叶色变化期推迟，在初秋接穗仍保持较强的活力，新梢更加幼嫩，不利于植株抗寒。在实际越冬过程中，两个产地的砧木嫁接后接穗的抗寒性均较强，能够露地越冬，但由于接穗叶片比较幼嫩，在春季返青过程中枝叶易抽干，因此在嫁接后前两年也应进行适当保护。

　　嫁接亲和性研究是嫁接技术的关键，一般认为嫁接亲和性取决于砧木与接穗的亲缘关系（Goldschmidt，2014）。本研究发现彩叶针叶树嫁接亲和性不仅与亲缘关系相关，而且与砧木的营养状况和组织结构关系密切。参与试验的彩叶针叶树品种引种时间较长、种源地分散，很难确定每个品种的具体属种，根据株型和叶形推测大多数品种为圆柏属。试验结果表明，大部分彩叶针叶树与圆柏的亲和性较好，但有部分品种与侧柏嫁接成活率较高，原因是侧柏砧木的生长势强、树液流动性强，因此嫁接后愈合效果较好。嫁接的亲和性还与砧木的组织结构相关，3 种砧木中相同

树龄的侧柏和圆柏地径更大，皮部组织发达、嫁接后形成层重合度更大，伤口愈合效果更好。研究发现虽然刺柏与大多数品种的亲缘关系较近，但由于北方地区刺柏植株长势不佳、砧木地径较小、木质化程度较高、皮部组织不发达，因此嫁接后愈合情况较差，成活率反而不如侧柏和圆柏。试验结果也表明，部分以刺柏为砧木的嫁接组合虽然成活率较低，但成活的个体砧木和接穗的生长势均更强，说明评价砧穗组合亲和性的依据不能仅依赖成活率，还应综合考虑嫁接后植株的生长状态，在实际生产中应对砧木进行优株选育，以提高嫁接成活率。

参考文献

邓延安，张卫强，2003. 青海云杉嫁接技术的研究[J]. 北京林业大学学报，25（6）：88-90.

董云萍，林兴军，黄丽芳，等，2013. 咖啡种间嫁接苗生长特性研究[J]. 热带作物学报，34（08）：1421-1425.

段元杰，杨玉皎，孟富宣，等，2018. 果树嫁接亲和性的早期鉴定研究进展[J]. 江西农业学报，30（9）：43-48.

龚艳箐，祁有恒，伏晓科，等，2016. 蜜柚不同砧穗组合苗期嫁接亲和性评价[J]. 热带亚热带植物学报，（03）：287-295.

何文，潘鹤立，潘腾飞，等，2017. 果树砧穗互作研究进展[J]. 园艺学报，44（09）：1645-1657.

李鸿莉，彭宏祥，朱建华，等，2005. 毛葡萄嫁接换种砧穗及其接合部位剖面结构观察[J]. 广西农业科学，（05）：415-417.

孙华丽，宋健坤，李鼎立，等，2013. 梨不同嫁接组合嫁接愈合过程中生理动态变化研究[J]. 北方园艺，（16）：25-29.

孙敬爽，陶霞娟，贾桂霞，等，2013. 四种观赏型针叶树在北京地区的引种适应性[J]. 北方园艺，（12）：75-78.

汤丹，龚榜初，2016. 不同甜柿砧穗组合根系差异性研究[J]. 林业科学研究，1（29）：85-92.

王湘南，王瑞，陈隆升，等，2017. 油茶新品种芽苗砧嫁接

砧穗组合的亲和性分析[J]. 中南林业科技大学学报，（12）：1-6.

许庆，2016. 基于蛋白质组学与转录组学解析黄瓜/南瓜嫁接亲和性机理[D]. 南京：南京农业大学.

张成高，唐德瑞，2005. 美国黄松异砧嫁接繁殖研究[J]. 西北林学院学报，（02）：100-103.

周鹏，2018. 彩叶针叶树无性繁殖与栽培技术优化[D]. 北京：北京林业大学.

Bhatt R M, Upreti K K, Divya M H, et al. 2015. Interspecific grafting to enhance physiological resilience to flooding stress in tomato (*Solanum lycopersicum* L.)[J]. Scientia Horticulturae, 182.

Goldschmidt E E. 2014. Plant grafting: new mechanisms, evolutionary implications[J]. Frontiers in Plant Science, 5.

Li H, Wang Y, Wang Z, et al. 2016. Microarray and genetic analysis reveals that csa-miR159b plays a critical role in abscisic acid-mediated heat tolerance in grafted cucumber plants[J]. Plant Cell & Environment, 39(8): 1790-1804.

Nawaz M A, Chen C, Shireen F, et al. 2018. Improving vanadium stress tolerance of watermelon by grafting onto bottle gourd and pumpkin rootstock[J]. Plant Growth Regulation, 85(1): 41-56.

中国观赏园艺研究进展 2020：305~314

Advances in Ornamental Horticulture of China，2020：305~314

耐寒八仙花品种扦插繁殖研究

章敏[1]　吕彤[2,*]　刘涵[1]　胡伟荣[1]

（[1] 花卉种质创新与分子育种北京市重点实验室，国家花卉工程技术研究中心，城乡生态环境北京实验室，

园林环境教育部工程研究中心，林木花卉遗传育种教育部重点实验室，园林学院，北京林业大学，北京 100083；

[2] 北京市植物园植物研究所，北京 100094）

摘要　对收集的 6 个耐寒的八仙花属植物品种进行了扦插繁殖试验，采用正交试验设计，研究不同品种、扦插基质、激素种类、激素浓度对其扦插生根的影响。结果表明，品种对扦插生根率的影响最大，扦插基质对生根数量和根长的影响最大，激素对于扦插结果的影响较小。八仙花品种间的扦插生根率差异极显著，乔木绣球'无敌贝拉安娜'生根率最高为 36.81%，栎叶绣球'紫水晶'生根率最低为 8.33%；扦插基质对于扦插结果的差异极显著，其中扦插基质 III（珍珠岩：蛭石=1：1）的效果最佳。

关键词　八仙花属；扦插繁殖；耐寒品种

Cutting Propagation of Cold Resistant *Hydrangea* Cultivars

ZHANG Min[1]　LYU Tong[2,*]　LIU Han[1]　HU Wei-rong[1]

（[1] *Beijing Key Laboratory of Ornamental Plants Germplasm Innovation & Molecular Breeding，National Engineering Research Center for Floriculture，Beijing Laboratory of Urban and Rural Ecological Environment，Engineering Research Center of Landscape Environment of Ministry of Education，Key Laboratory of Genetics and Breeding in Forest Trees and Ornamental Plants of Ministry of Education，School of Landscape Architecture，Beijing Forestry University，Beijing 100083，China；*

[2] *Plant Institute，Beijing Botanical Garden，Beijing 100094，China*）

Abstract　The Cutting Propagation experiments were carried out on six cold resistant hydrangea cultivars. The effects of different cultivars, cutting media, hormone types and hormone concentration on the rooting of cuttings were studied via orthogonal design. The results showed that the cultivar had the greatest influence on the rooting rate, the cutting medium had the greatest influence on the number and length of rooting, and the hormone had little influence on the cutting results. The difference of rooting rate among the cultivars of Hydrangea is very significant. The rooting rate of *Hydrangea arborescens* 'Incrediball' is 36.81%, while that of *Hydrangea quercifolia* 'Amethyst' is 8.33%. The difference of cutting results among three cutting media is very significant, among which the effect of cutting media III（perlite：vermiculite=1：1）is the best.

Key words　*Hydrangea*；Cutting propagation；Cold-resistant cultivars

八仙花属（*Hydrangea*）植物具有良好的观赏价值及园林应用价值，常见的八仙花品种分为大叶八仙花（*H. macrophylla*）、圆锥八仙花（*H. paniculata*）、栎叶八仙花（*H. quercifolia*）、乔木八仙花（*H. arborescens*）和粗齿八仙花（*H. serrata*）5 个类型，其中大叶八仙花中的品种最多，但多数不耐严寒，难以在北方地区越冬，而圆锥八仙花、栎叶八仙花及乔木八仙花这 3 个类型的品种虽不多，但耐寒性较强。

近年来，我国研究人员对于木本植物栽培繁殖的研究颇多（李振坚 等，2001；贾志远 等，2015），八仙花的繁殖方式主要以扦插繁殖与组织培养（闫海霞等，2017；Metka Šiško，2016；Serek M *et al.*，2008）为主，二者均以其繁殖速度快而常于生产中使用。就扦插繁殖而言，插条类型、扦插时间、扦插基质、外源激素、光照、温度、湿度等都会对扦插生根结果产生影响。

目前已有许多针对不同八仙花品种扦插繁殖的研究（蒋梦烟，2017；张咏新，2012；郭超，2015），但其中对于耐寒性较强的圆锥八仙花、栎叶八仙花及乔木八仙花的研究仍不足。本试验旨在掌握收集的 6 个

1　北京市公园管理中心资助项目（项目编号：2019-ZW-08）。

*　通讯作者：吕彤，北京市植物园植物研究所，硕士，chinabjlutong@163.com。

耐寒八仙花品种的扦插生根率，以及基质选择、激素使用对其扦插生根的影响，服务于园林生产应用，为丰富北方地区的园林景观提供参考。

1　材料与方法

1.1　试验材料

于 2019 年 3 月从杭州市园林绿化股份有限公司引入一批八仙花品种如表 1 所示，种植于北京市植物园苗圃内，进行常规养护管理。

1.2　试验方法

1.2.1　基质处理

基质共设 3 个处理，按体积比配制成不同的基质，分别为处理 I（草炭：珍珠岩 = 1：1）、处理 II（草炭：蛭石 = 1：1）、处理 III（珍珠岩：蛭石 = 1：1）。基质配制完成后装入穴盘中，用清水充分浇透待用。

1.2.2　插条选取及处理

选取生长一致、发育良好且无病虫害的当年生半木质化枝条，剪成长 8~10cm 的插条，每个插条带 2 个芽，在芽的上方 1cm 左右平剪，插条下端呈马蹄形斜剪，将叶片视其大小减去 1/2 以上，以减少水分蒸发，提高成活率。

1.2.3　激素处理

准备好 3 种激素 NAA、ABT、IBA 的各 150mg/L、300mg/L、600mg/L 浓度的处理，将插条基部浸泡 10min 后按照试验方案进行扦插，插入基质的深度约为插条长度的 2/5 左右。

1.2.4　试验方案

于 2019 年 9 月中旬进行扦插，以八仙花品种、扦插基质、激素种类、激素浓度为 4 个因素，品种设 6 个水平，其余设 3 个水平（表 2），按照混合水平正交表 L18（6×3³）正交设计的方案进行扦插。每个处理选取插条 16 根，重复 3 次。

1.2.5　扦插后管理

扦插后压实基质，浇透水，放入人工气候室中，平均温度 22.5℃，空气相对湿度 80% 左右，每天喷水 1~2 次。

1.3　数据统计与处理

扦插 1 个月后，统计各个处理的生根株数、生根量、平均根长，计算生根率和根系效果指数。生根率 =（生根株数/扦插总株数）×100%；根系效果指数 =（平均根长+生根量×3）×生根率/400（韩吉思，2019）。

采用 Excel2007 进行数据统计，SPSS 22.0 软件进行方差分析和差异显著性检验。

表 1　八仙花品种

Table 1　Cultivars of *Hydrangea*

	品种名	品种拉丁名	类型	花色	生理特征
1	'夏日美人'	*Hydrangea paniculata* 'Summer Beauty'	圆锥八仙花	绿色、白色	耐寒
2	'粉钻'	*Hydrangea paniculata* 'Pink Diamond'	圆锥八仙花	白色、粉色	耐寒
3	'雪花'	*Hydrangea quercifolia* 'Snowflake'	栎叶八仙花	白色	耐寒
4	'紫水晶'	*Hydrangea quercifolia* 'Amethyst'	栎叶八仙花	白色	耐寒
5	'粉色贝拉安娜'	*Hydrangea arborescens* 'Invincibelle Spirit'	乔木八仙花	粉色	耐寒
6	'无敌贝拉安娜'	*Hydrangea arborescens* 'Incrediball'	乔木八仙花	白色	耐寒

图 1　八仙花品种

Fig. 1　*Hydrangea* cultivars

A：'夏日美人'；B：'粉钻'；C：'雪花'；D：'紫水晶'；E：'粉色贝拉安娜'；F：'无敌贝拉安娜'

表2 八仙花属植物品种扦插繁殖试验的因素水平表

Table 2 Factors in cutting propagation experiment of *Hydrangea* cultivars

水平	因素			
	A 品种	B 扦插基质	C 激素种类	D 激素浓度（mg/L）
1	'夏日美人'	草炭、珍珠岩	NAA	150
2	'粉钻'	草炭、蛭石	ABT	300
3	'雪花'	珍珠岩、蛭石	IBA	600
4	'紫水晶'	—	—	—
5	'粉色贝拉安娜'	—	—	—
6	'无敌贝拉安娜'	—	—	—

图2 八仙花扦插繁殖试验

Fig. 2 Cutting propagation experiment of *Hydrangea*

A、B：草炭、珍珠岩；C、D：草炭、蛭石；E、F：珍珠岩、蛭石

2 结果与分析

扦插1个月后统计共18个试验处理的生根率、生根量、根长，计算根系效果指数，把测定的各项数据记入试验结果，如下表所示。

表3 不同处理对八仙花扦插生根的影响

Table 3 Effects of different treatments on rooting of *Hydrangea* cuttings

试验号	因素				指标			
	A 品种	B 扦插基质	C 激素种类	D 激素浓度（mg/L）	生根率（%）	生根量（条/株）	平均根长（cm）	根系效果指数
1	1（'夏日美人'）	1（草炭+珍珠岩）	1（NAA）	1（150）	31.25±6.25	20.4	1.55	4.90
2	1	2（草炭+蛭石）	2（ABT）	2（300）	37.50±6.25	25.5	1.84	7.34
3	1	3（珍珠岩+蛭石）	3（IBA）	3（600）	35.42±3.61	21.3	2.32	5.86
4	2（'粉钻'）	1	2	3	16.67±3.61	12.1	1.17	1.56
5	2	2	3	1	12.50±6.25	10.7	0.93	1.03
6	2	3	1	2	22.92±7.22	42.4	2.22	7.42

（续）

试验号	因素				指标			
	A 品种	B 扦插基质	C 激素种类	D 激素浓度（mg/L）	生根率（%）	生根量（条/株）	平均根长（cm）	根系效果指数
7	3（'雪花'）	1	3	2	20.83±9.55	11.3	1.32	1.83
8	3	2	1	3	2.08±3.61	2.0	0.15	0.03
9	3	3	2	1	16.67±7.22	16.5	1.26	2.12
10	4（'紫水晶'）	1	2	2	6.25±6.25	3.3	0.53	0.16
11	4	2	3	3	2.08±3.61	1.0	0.21	0.02
12	4	3	1	1	16.67±7.22	28.4	1.75	3.62
13	5（'粉色贝拉安娜'）	1	1	3	20.83±7.22	7.8	1.04	1.27
14	5	2	2	1	8.33±3.61	4.3	0.89	0.29
15	5	3	3	2	12.50±6.25	9.8	1.01	0.95
16	6（'无敌贝拉安娜'）	1	3	1	29.17±9.55	15.3	1.90	3.49
17	6	2	1	2	25.00±6.25	13.1	0.96	2.52
18	6	3	2	3	56.25±12.50	46.7	1.63	19.93

图 3　八仙花生根过程

Fig. 3　Rooting process of *Hydrangea* cultivars

A：15d；B：30d；C：45d；D：60d

图 4　八仙花扦插过程

Fig. 4　Cutting process of *Hydrangea* cultivars

A：'夏日美人'7d；B：'夏日美人'14d；C：'夏日美人'30d；D：'夏日美人'60d；E：'无敌贝拉安娜'7d；F：'无敌贝拉安娜'14d；G：'无敌贝拉安娜'30d；H：'无敌贝拉安娜'60d

观察到'夏日美人''无敌贝拉安娜'和'粉钻'开始生根时间较短，平均7~14d，其余品种开始生根时间较长，扦插约两周后开始生根。

观察这6个品种的扦插生根过程，发现'夏日美人'和'无敌贝拉安娜'这两个品种的生长状态较好，如图4所示。

2.1 不同因素对扦插结果的影响

根据方差分析表(表4)可以看出，4个因素对生根率的影响的程度大小有差异，品种和扦插基质这两个因素对耐寒八仙花扦插生根率的影响极为显著，激素种类和激素浓度这两个因素对于本次试验结果生根率的影响不显著，主次因素排序为：品种>扦插基质>激素种类>激素浓度。

品种、扦插基质和激素种类对于生根数量的影响极为显著，从强到弱的排序为扦插基质>品种>激素种类>激素浓度。

品种、扦插基质对根长的影响极为显著，激素浓度对根长的影响显著，从强到弱的排序为扦插基质>品种>激素浓度>激素种类。

表4 八仙花扦插生根效果显著性分析

Table 4 Significant analysis on rooting effect of *Hydrangea* cuttings

指标	差异来源	第 III 类平方和（离差平方和 SS）	自由度 df	平均值平方（均方 MS）	F 值	显著性（P 值）
生根率(%)	总计	11314.381	53			
	A 品种	6505.353	5	1301.071	17.318	0.000**
	B 扦插基质	1329.572	2	664.786	8.849	0.001**
	C 激素种类	235.822	2	117.911	1.569	0.220
	D 激素浓度	88.252	2	44.126	0.587	0.560
	误差	3155.382	42	75.128		
生根数量(条)	总计	8488.395	53			
	A 品种	2642.895	5	528.579	13.021	0.000**
	B 扦插基质	3493.870	2	1746.935	43.034	0.000**
	C 激素种类	591.930	2	295.965	7.291	0.002**
	D 激素浓度	54.730	2	27.365	0.674	0.515
	误差	1704.970	42	40.595		
平均根长(cm)	总计	19.735	53			
	A 品种	7.993	5	1.599	16.539	0.000**
	B 扦插基质	6.788	2	3.394	35.115	0.000**
	C 激素种类	0.043	2	0.022	0.224	0.800
	D 激素浓度	0.851	2	0.426	4.403	0.018*
	误差	4.059	42			

注：* 表示处理间差异显著($P < 0.05$)；** 表示处理间差异极显著($P < 0.01$)。

2.2 试验指标随各因素的变化

表5 八仙花扦插生根结果分析

Table 5 Analysis of rooting results of *Hydrangea* cuttings

指标		品种	扦插基质	激素种类	激素浓度
生根率(%)	t1	34.72Aa	20.83ABb	19.79Aa	19.10Aa
	t2	17.36Bb	14.58Bc	23.61Aa	20.83Aa
	t3	13.19Bbc	26.74Aa	18.75Aa	22.22Aa
	t4	8.33Bc	—	—	—
	t5	13.89Bbc	—	—	—
	t6	36.81Aa	—	—	—

（续）

指标		品种	扦插基质	激素种类	激素浓度
生根数量(条)	t1	22.400Aa	11.700Bb	19.017Aa	15.933Aa
	t2	21.733Aa	9.433Bb	18.067Aa	17.567Aa
	t3	9.933Bb	27.517Aa	11.567Bb	15.150Aa
	t4	10.900Bb	—	—	—
	t5	7.300Bb	—	—	—
	t6	25.033Aa	—	—	—
平均根长(cm)	t1	1.903Aa	1.252Bb	1.278Aa	1.380Aa
	t2	1.440Bb	0.830Cc	1.220Aa	1.313ABa
	t3	0.910Cc	1.698Aa	1.282Aa	1.087BCb
	t4	0.830Cc	—	—	—
	t5	0.980Cc	—	—	—
	t6	1.497Bb	—	—	—
根系效果指数	t1	6.03ABb	2.20Bb	3.29ABb	2.58Ab
	t2	3.34BCc	1.87Bb	5.23Aa	3.37Aab
	t3	1.33Cc	6.65Aa	2.20Bb	4.78Aa
	t4	1.27Cc	—	—	—
	t5	0.84Cc	—	—	—
	t6	8.65Aa	—	—	—

注：各指标同一列数字后不同大写字母表示差异极显著($P<0.01$)，不同小写字母表示差异显著($P<0.05$)。

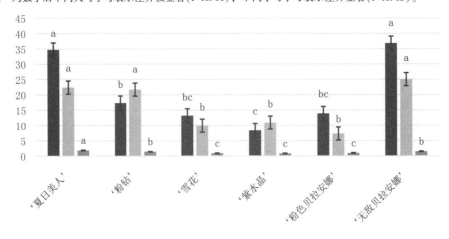

■生根率 ■生根数量 ■根长

图 5 不同品种八仙花生根结果

Fig. 5 Rooting results of different *Hydrangea* cultivars

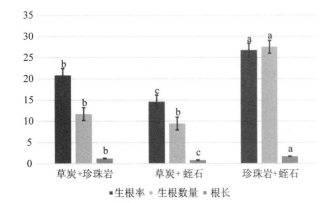

■生根率 ■生根数量 ■根长

图 6 不同扦插基质对八仙花生根结果

Fig. 6 *Hydrangea* rooting results of different cutting media

2.2.1 不同品种间的扦插生根结果比较

对品种进行多重比较分析(表5)可以得出扦插生根结果在品种间差异极显著。

根据各品种生根率的平均数，生根率最高的品种的是'无敌贝拉安娜'(36.81%)和'夏日美人'(34.72%)，其次是'粉钻'(17.36%)、'粉色贝拉安娜'(13.89%)、'雪花'(13.19%)，最低的是'紫水晶'(8.33%)。'无敌贝拉安娜'和'夏日美人'的生根率明显高于其他品种，具有极显著差异。

根据各品种生根数量的平均数，生根数量最多的品种的是'无敌贝拉安娜'(25.03条),且'无敌贝拉安娜''夏日美人'和'粉钻'这3个品种的生根数量明显多于其他3个品种,存在极显著差异。

根据各品种根长的平均数,'夏日美人'的根长最长为1.90cm,且明显长于其他品种,存在极显著差异,'无敌贝拉安娜'和'粉钻'的根长较长,'粉色贝拉安娜''雪花'和'紫水晶'的根长较短。

结合根系效果指数可以得出,'无敌贝拉安娜'和'夏日美人'这两个品种的扦插繁殖能力较强。

2.2.2 不同扦插基质对扦插生根结果的影响

不同的基质在透气性、保水性和保温性等方面都不一样,这就使得插条的生根率、生根数量和根长存在差异。

本试验中,扦插基质对于扦插生根率的影响极为显著,对扦插基质进行多重比较分析得出基质Ⅰ与基质Ⅱ、基质Ⅲ之间存在显著性的差异,基质Ⅱ与基质Ⅲ之间存在极显著性的差异。基质Ⅲ(珍珠岩:蛭石=1:1)的生根率最高,为26.74%,基质Ⅰ(草炭:珍珠岩=1:1)其次,基质Ⅱ(草炭:蛭石=1:1)最低。

扦插基质对于扦插生根数量和根长的影响很大,基质Ⅲ与基质Ⅰ、Ⅱ之间都存在极显著性的差异,基质Ⅲ的生根数量最多,根长最长。

结合根系效果指数可以得出,本次试验中的3种扦插基质中,基质Ⅲ的扦插效果最好。

2.2.3 激素对扦插生根结果的影响

激素对扦插结果的影响比较复杂,在本次试验中,就生根率指标而言,从表5中可以看出,这3种不同种类的激素之间不存在显著性的差异,3种激素浓度之间也不存在显著性的差异,可能是因为品种和扦插基质的影响较大,导致激素对扦插生根率的作用不明显。

激素种类对于扦插生根数量的影响极为显著,激素1(NAA)、2(ABT)与激素3(IBA)之间存在极显著性的差异,其中激素1的生根数量最多。激素种类对于根长的影响不显著,3种激素之间也不存在显著差异。

激素浓度对扦插生根数量的影响不显著,3种激素浓度之间也不存在显著差异,激素浓度对于根长的影响显著,激素浓度1(150mg/L)与浓度3(600mg/L)之间存在极显著差异,激素浓度2(300mg/L)与3之间存在显著差异,激素浓度1的根长最长。

3 结论与讨论

在试验范围内,各因素对耐寒八仙花扦插生根结果的均有影响,但程度不一,品种和扦插基质对扦插

结果的影响大,激素种类及浓度对结果的影响相对较小。

3.1 八仙花不同品系对扦插成活的影响

本次试验的八仙花不同品种间扦插生根率、生根数量、平均根长差异极显著,其中乔木八仙花'无敌贝拉安娜'和圆锥八仙花'夏日美人'的扦插繁殖能力较强,适宜推广应用,栎叶八仙花'紫水晶'生根率最低,为8.33%。

孙强(2016)等研究了7个八仙花品种的扦插生根能力,认为八仙花属多数品种扦插生根比较容易,但圆锥八仙花'白玉'生根难。李慧群(2018)进行了3个八仙花品种的扦插繁殖试验,该试验得出八仙花品种间扦插生根率差异较大,大叶八仙花'蓝色妈妈'为90.74%,圆锥八仙花'石灰灯'为28.52%,栎叶八仙花'雪花'为18.86%,圆锥八仙花扦插生根率大于栎叶八仙花,与本研究结果一致。

综上,八仙花不同品系对扦插成活效果的影响较大,大叶八仙花的扦插繁殖最容易,圆锥八仙花与乔木八仙花的生根率相近,但扦插成活效果均不如大叶八仙花,栎叶八仙花的扦插生根率最低,难以成活,今后可以尝试组织培养等繁殖方式,以期找到更加有效的繁殖手段。

3.2 扦插基质对扦插成活的影响

常用的扦插基质有珍珠岩、蛭石、草炭、河沙等。珍珠岩质地疏松,具有良好的排水和透气性,但营养物质含量不高,缺乏养分,使得根系的伸长受到限制;蛭石具有良好的通气、保湿、保肥的功能,可长时间提供植物生长所必需的水分及营养,并能保持根部温度的稳定;草炭富含腐殖质,吸水性强,可提高土壤保水力,但结构比珍珠岩紧实,浇水后,孔隙度小,易积水而造成烂根;河沙有一定保肥、保水能力,透气性好,但缺乏植物生长所需的营养物质。按基质使用时组分的不同,可以分为单一基质和复合基质(李东旭 等,2019;潘月 等,2019;孙晔,2007;赵翔 等,2019)。

张黎(2012)则认为草炭:珍珠岩=1:1的基质配比最适宜大叶八仙花嫩枝扦插,潘月(2019)等人进一步研究了草炭和珍珠岩不同体积比的复合基质对大叶八仙花扦插生根的影响,认为体积比为1:4的基质生根率最高,根长最长,体积比为2:3的生根数量最多;薛玉剑(2009)研究了粗齿八仙花的扦插生根,认为蛭石的生根率最低,泥炭可促进插条生根,珍珠岩:蛭石:泥炭=1:1:1的扦插基质生根率高且能促进根的伸长;郁永富(2016)等人认为乔

木八仙花的最佳扦插基质为河沙：蛭石＝2：1；周余华（2016）等人认为圆锥八仙花在蛭石与泥炭的复合基质中扦插生根率最高，蛭石的生根数量最多，珍珠岩最差；张国华（2019）等人对栎叶八仙花'雪花'进行扦插繁殖，认为以蛭石为基质的扦插效果最好。

本试验研究了3种复合基质对八仙花扦插生根的影响，结果发现，不同扦插基质对耐寒八仙花扦插结果的影响差异显著，扦插于基质配比为珍珠岩：蛭石＝1：1中的插条生根效果最佳。本试验的研究结果与前人不大一致，并且各研究者之间对于扦插基质的选择结果也不一致，可能是由于所选用的八仙花品种不同，以及试验中选择的扦插基质组合不同造成的。

综上，八仙花扦插基质应具备良好的透气性和排水性，并具有一定的营养物质。不同基质对八仙花扦插成活的影响差异显著，并且不同八仙花品种最适宜的扦插基质不同。总体来说，扦插基质以珍珠岩、蛭石、草炭、河沙的复合基质为主，大叶八仙花扦插以草炭和珍珠岩的复合基质为宜；粗齿八仙花选珍珠岩：蛭石：泥炭＝1：1：1的复合基质为宜；栎叶八仙花选蛭石或珍珠岩：蛭石＝1：1为宜；圆锥八仙花选蛭石与泥炭或珍珠岩复合基质为宜；乔木八仙花选珍珠岩：蛭石＝1：1或河沙：蛭石＝2：1为宜。

3.3 插条扦插前生根处理对扦插成活的影响
3.3.1 插条保留的叶片量
有研究表明，扦插时保留的叶片面积与不定根的形成关系密切。插条叶片不仅可以进行光合作用为生根提供所需的营养物质，还可以合成IAA分解某些抑制生根的物质，促进根原基的形成和不定根的生长。但是保留的叶片过多会导致蒸腾作用增强，从而使得水分散失加快，新陈代谢速度失衡，所以应保留适当的叶面积（李金镕，2016）。八仙花叶片较大，因此通常使用半叶法，以减弱蒸腾作用。

3.3.2 基质消毒处理
为防止细菌感染，扦插前最好用50%多菌灵可湿性粉剂1000倍液消毒插条5~10min，然后清水冲洗2~5min（曹春燕，2018；张黎，2012）。当河沙作为基质时，需用0.2%~0.5%的高锰酸钾溶液进行消毒，并在扦插前用清水冲洗3~5次，也可以将插条伤口于75%百菌清可湿性粉剂1000倍液消毒30s（潘月，2019）。

3.3.3 生长调节剂
植物生长调节剂是人工合成的具有植物激素活性的生长调节物质，用其处理插条基部，不仅有利于根原基的诱导，而且能够促进不定根的生长，广泛用于植物扦插繁殖（李金镕，2016；AMINAH H, et al.,

1995），其作用效果具有两重性，在低浓度下有促进作用，而在高质量浓度下则变成抑制作用（周余华，2016），高质量浓度的激素处理使得插条中生物活性物质过多调运到正在生长的愈伤组织中，这不仅影响到枝条的生长，而且不利于细胞再分化为根原基，甚至产生生理毒害作用，并且高质量浓度激素处理极大增加了质膜的透性，使细胞更容易失水（魏猷刚，2016）。因此，对不同的树种筛选出最适宜的处理浓度和处理方法才能保证其应用效果（TARIT K B, et al., 2011）。

适度的激素处理能够促进插条生根，提高成活率，扦插时需综合考虑外源激素种类、激素浓度和处理时间对插条生根的影响，常用的激素种类有ABT生根粉、吲哚乙酸（IAA）、吲哚丁酸（IBA）、萘乙酸（NAA）等。

魏猷刚（2016）等研究了不同质量浓度的NAA溶液及其浸泡时长对大叶八仙花扦插生根的影响，认为高质量浓度短时间处理效果优于低浓度长时间处理，在1000mg/L的NAA溶液中速蘸为最佳；周余华（2016）等认为ABT对地下根系的促发、对地上部分的构建具有稳定的影响，IBA对圆锥八仙花生根率的影响显著，浓度300mg/L浸10s生根率高，对生根数量、新枝高度则ABT和NAA更有利，而潘月（2019）等认为IBA和NAA都对扦插生根有促进作用，生根数量和根长方面IBA更好。

在本研究中，不同激素种类和浓度对八仙花扦插生根率的影响差异不显著，根据根系效果指数来看，ABT的扦插效果最好。与前人的研究结果不大一致，可能是由于试验材料的八仙花品种不同，并且试验的激素种类和浓度不同导致的。

综上，适度的激素处理可以促进插条生根，提高插条成活率，但对于不同八仙花品系扦插繁殖效果最佳的激素种类和浓度不同，应根据不同品种插条生根难度、插条种类（嫩枝或硬枝）选择不同的激素处理方式。一般来说，果树和苗木硬枝扦插采用长时间浸泡方式，草本和小灌木嫩枝扦插采用短时间高浓度的处理方式（魏猷刚，2016）。建议针对圆锥八仙花、栎叶八仙花和乔木八仙花分别进行进一步试验，进行不同激素种类和浓度处理组合的研究，以进一步提高其扦插生根率。

3.4 插条种类对扦插成活的影响
插条部位、插条长度、插条粗度、插条木质化程度等都会对扦插成活产生影响。张咏新（2012）研究发现银边八仙花的半木质化插条的扦插生根率明显高于嫩枝扦插。张黎（2012）也发现大叶八仙花的半木质化插条的生根率、生根数量和生根长度都优于嫩枝和木质化插条。

总体来说，八仙花插条种类一般采用当年生嫩枝或半木质化的枝条，半木质化插条更好。

3.5 插条采集时间对扦插成活的影响

不同植物种类的生物性状不同，适宜的扦插时间也不同，同一树种扦插季节不同，其生根表现也不尽相同（王青，2019）。不同时期的环境因子和插条本身生理状态的差异会影响扦插效果（李金镕，2016；韩勇 等，2017；COPES D L et al.，2000）。

许多研究表明，插条采集时间是影响八仙花扦插成活的关键因素，在不同季节进行扦插，其生根难易不同，生根所需的时间也不一样。本次试验未对插条采集时间进行研究，对前人的研究总结如下：孙强（2016）等认为秋季扦插与春夏季扦插相比气温较低，插条内的生长抑制剂也较多，而促进生根的生长素含量较少，不利于根系的形成和生长；李慧群（2018）研究得出大叶八仙花扦插在 5~9 月为好，圆锥八仙花适宜 5 月扦插，栎叶八仙花适宜 9 月扦插。一般来说，扦插时间在春秋季温度适宜的环境条件下进行，但随着现代技术的发展，植物生长环境条件更为可控，也为植物的扦插繁殖提供了更多的可能性（韩勇 等，2017；AMINAH H et al.，1995）。

3.6 扦插条件对扦插成活的影响

木本植物扦插生根一般需要较长的时间，因此在生根期间的管理十分重要，许多研究表明，温度、湿度、光照都会对植物扦插生根产生影响。

温度是影响插条生根的重要因素之一。在试验中有不少插条从基部腐烂导致死亡，这可能是扦插环境温湿度异常导致的，也可能是由于基质消毒不彻底造成的细菌感染（赵翔，2019）。韩勇（2017）也认为八仙花插条在高温下容易受到微生物的侵染而引起腐烂，从而影响扦插成活率，可以通过温度调节或使用杀菌剂来降低插条的死亡率。一般要求基质温度略高于平均气温 3~5℃，若气温高于土温，插条虽能萌芽但不能生根，插条先长枝叶消耗营养，反而会抑制根系发生。在北方地区，春季气温高于土温，扦插时要采取措施提高土壤温度，使插条先发根（李金镕，2016）。八仙花扦插最适温度为日温 25~30℃、夜温 15~20℃（韩勇 等，2017），当温度高于 30℃ 时应及时通风或喷雾进行降温（李金镕，2016）。

扦插初期，插条和叶片因为蒸腾作用需要大量的水分，但不定根尚未形成，因此需保持适宜的湿度，减少插条的水分流失（李金镕，2016）。八仙花扦插的空气相对湿度应不低于 70%，保持在 80%~90% 为宜。

植物的光合作用能够为插条提供生根所需的营养物质，促进不定根的形成，扦插时需使插条叶片接受到充足的阳光。同时也要注意避免光线过于强烈，夏季高温时扦插需覆盖遮阴网（李金镕，2016）。八仙花扦插的光照时长为 9h/d（薛玉剑 等，2009）为好。

参考文献

曹春燕，耿晓东，2018. 不同基质对草八仙花扦插育苗的影响[J]. 南方农业，12(11)：28-29+32.

郭超，2015. 6 种八仙花花新引进品种的快繁技术研究[D]. 长沙：中南林业科技大学.

韩吉思，2019. 灰木莲扦插繁殖技术及其生理生化研究[D]. 南宁：广西大学.

韩勇，张艳双，胡波，等，2017. 扦插时间对绣球花嫩枝扦插生根的影响[J]. 贵州农业科学，45(12)：115-117.

贾志远，葛晓敏，唐罗忠，2015. 木本植物扦插繁殖及其影响因素[J]. 世界林业研究，28(02)：36-41.

蒋梦烟，2017. 绣球品种'蓝尼康'快繁技术研究[D]. 长沙：中南林业科技大学.

李东旭，孙庆文，郭文凯，等，2019. 轮钟花繁育技术研究[J]. 种子，38(11)：146-150+156.

李金镕，2016. 观赏桃'元春'扦插繁殖及生理特性研究[D]. 长沙：中南林业科技大学.

李振坚，陈俊愉，吕英民，2001. 木本观赏植物绿枝扦插生根的研究进展[J]. 北京林业大学学报，23(S2)：83-85.

潘月，张宪权，秦俊，等，2019. 生长调节剂和基质配比对大叶绣球扦插生根的影响[J]. 江苏农业科学，47(19)：145-147.

孙强，虞秀明，姚红军，2016. 绣球属品种资源收集及扦插生根能力比较[J]. 北方园艺，(11)：71-73.

孙晔，2007. 三种观赏石斛兰适宜栽培基质的选择研究[D]. 哈尔滨：东北林业大学.

王青，2019. 麻楝嫩枝扦插繁殖技术及其生根机理研究[D]. 哈尔滨：东北林业大学.

魏猷刚，周达彪，韩勇，等，2016. 萘乙酸对绣球花嫩枝扦插生根的影响[J]. 仲恺农业工程学院学报，29(04)：27-29.

薛玉剑，金桂芳，苏荣存，2009. 不同基质配比对绣球扦插生根的影响[J]. 安徽农业科学，37(14)：6416+6419.

闫海霞，蒋月喜，邓杰玲，等，2017. 绣球花组织培养的研究进展[J]. 广西农学报, 32(03)：39-43.

郁永富, 单春兰, 李长海, 2016."安娜贝尔"耐寒绣球引种繁育技术[J]. 国土与自然资源研究, (04)：86-87.

张国华, 陈旦旦, 曹受金, 等, 2019. 绣球花扦插繁殖技术研究[J]. 现代园艺, 42(23)：24-25.

张黎, 王培, 2012. 不同因子对盆栽八仙花扦插生根的影响[J]. 北方园艺, (11)：73-76.

张咏新, 2012. 银边八仙花的扦插繁殖试验[J]. 北方园艺, (21)：69-70.

赵翔, 李清莹, 姜清彬, 等, 2019. 不同基质和促根剂对灰木莲嫩枝扦插生根的影响[J]. 南京林业大学学报(自然科学版), 43(02)：23-30.

周余华, 周琴, 蒋涛, 等, 2016. 生长调节剂及基质对圆锥绣球扦插育苗的影响[J]. 江苏农业科学, 44(09)：204-207.

Aminah H, Dick J M M, Leakey R R B, et al. 1995. Effect of indole butyric acid(lBA) on stem cuttings of *Shorea leprosula* [J]. Forest Ecology and Manage-ment, 72：199-206.

Copes D L, Mandel N L. 2000. Effects of IBA and NAA treatments on rooting Douglas-fir stem cuttings [J]. New Forests, 20(3)：249-257.

Metka Šiško. 2016. In vitro tissue culture initiation from potted and garden *Hydrangea macrophylla* explants[J]. Agricultura, 13(1-2)：65-69.

Serek M, Winkelmann T, Doil A, et al. 2008. In vitro regeneration and propagation of *Hydrangea macrophylla* Thunb. 'Nachtigall'.[J]. Propagation of Ornamental Plants, 8(3)：151-153.

Tarit K B, Mohammad M H, Mohamma M, et al. 2011. Vegetative propagation of *Litsea monopetala*, a wild tropical medicinal plant：Effects of indole-3-butyric acid(IBA) on stem cuttings [J]. J Forest Res, 72(3)：199-206.

中国观赏园艺研究进展 2020：315~318

Advances in Ornamental Horticulture of China, 2020：315~318

北美风箱树(*Cephalanthus occidentalis* L.)的播种育苗技术研究

陈 燕　樊金龙　杨 禹　王 康*　郭 翎*

（北京市植物园，北京市花卉园艺工程技术研究中心，城乡生态环境北京实验室，北京 100093）

摘要　以北美风箱树种子为试材，对其进行不同温度处理下种子萌发特性的研究，并观察幼苗长势，探索适合其播种育苗的最佳方式，为北美风箱树在北京地区的引种推广提供技术参考。结果表明：北美风箱树种子适宜的萌发温度为 15℃/25℃ 高低温变温环境；在北京地区的最佳播种时期为 3 月中旬左右；幼苗在室外通风良好、适当遮阴、温度在 11~30℃、空气湿度大的环境下生长好。

关键词　北美风箱树；种子萌发；温度处理；幼苗长势

The Study on Sowing and Seedling Raising Techniques of *Cephalanthus occidentalis* L.

CHEN Yan　FAN Jin-long　YANG Yu　WANG Kang*　GUO Ling*

(*Beijing Botanical Garden*，*Beijing Floriculture Engineering Technology Research Centre*，

Beijing Laborary of Urban and Rural Ecological Environment，*Beijing* 100093，*China*)

Abstract　Taking the seeds of *Cephalanthus occidentalis* (buttonbush) as test materials, its seed germination characteristics were studied by setting different temperature treatments, as well as the seedling growths were observed in order to find out the best sowing and seedling raising mode suitable for *C. occidentalis*, and to provide its technical reference for introduction and spread in Beijing. The results showed that the suitable germination temperature range for *C. occidentalis* was the alteration treatment of 15/25℃; the optimal sowing time on *C. occidentalis* was approximately mid-March; seedlings grew well on the condition of good outdoor ventilation, proper shade, temperature range from 11℃ to 30℃, as well as high humidity.

Key words　*Cephalanthus occidentalis* L.; Seed germination; Temperature treatments; Seedling growth

北美风箱树(*Cephalanthus occidentalis* L.)为茜草科风箱树属的落叶灌木，风箱树属只有 6 个种，其中美洲 3 种、亚洲 2 种、非洲 1 种，我国仅 1 种。本种原产北美东部和南部，是风箱树属的模式种。其植株高 3.6m，冠幅 2.4m，叶对生或三叶轮生，叶片大、光滑、深绿色，由突出花药组成的球状花托，密集成一个白色头状花序，芳香，夏季(6~9 月)开放，球果成熟后变成棕红色(9~10 月)，花和果实是很多鸟类和昆虫的食物，是一种蜜源植物。北美风箱树要求全阳至半阴的环境、湿润土壤，能够忍受短暂的洪水和积水，不耐干旱，多生长在沼泽、溪流边缘、低林地灌丛中，对富营养化园林水体的净化效果较好[2]，是雨水花园和湿地修复的理想植物材料。此外，也具有良好的药用价值，根、茎、叶、花均可药用。

北京植物园曾于 2003 年从美国明尼苏达州贝雷苗圃引种过北美风箱树的幼苗，在北京地区生长开花良好，是该属唯一一个有可能在北京露地栽培成功的物种，同时从植物分布特点、传粉机制、结实率及种子传播方式来看，该物种不可能成为华北地区的入侵植物，这对丰富华北地区的物种有重要意义，但目前存在缺乏市场供应的问题。国内关于北美风箱树的扩繁，仅限于组培[5]和水培[6]育苗，但这均需要较高的成本，国外报道其种子发芽率较低[7]。本文就北美风箱树种子的萌发特性进行了初步研究，寻找最适的种子萌发条件和幼苗生长条件，旨在为北美风箱树的快速繁殖、遗传资源改良和规模化生产提供技术参考。

---

1 第一作者：陈燕(1981—)，女，高级工程师，硕士。主要从事园林绿化苗木栽培繁育相关工作。E-mail：chenyan@ beijingbg. com。联系方式：18010096494。

* 通讯作者：王康(1971—)，男，教授级高工，博士。主要从事野外植物资源调查和植物科普工作。E - mail：kangchief@ fox-mail. com。

郭翎(1961—)，女，教授级高工，博士。主要从事新优植物引种。E-mail：lingguo27@ hotmail. com。

1 材料与方法

1.1 材料

2019年9月全球各植物园组成的科考队在进行阿巴拉契亚山脉地区植物考察收集过程中，在美国佐治亚州沃克县瞭望山卢拉湖瀑布东侧，纬度34.93°、经度-85.37°、海拔427m的峡谷、溪流边缘，分别采集5株北美风箱树植物的成熟果实，果实充分干燥分离后，获得种子，混合后密封干燥储藏于4℃冰箱内备用。

1.2 方法

1.2.1 种子形态观测

随机选择50粒成熟种子，观测其颜色、形状并用游标卡尺测量种子的长度、宽度，取其均值。

1.2.2 种子千粒重测定

随机选取100粒成熟种子，1/10000分析天平称重，重复4次，计算千粒重，取其平均值。后用千粒法进行验证。

1.2.3 种子萌发试验

随机选取饱满健康的种子各50粒，先后进行24h温水（30~40℃）浸种、1%高锰酸钾溶液消毒、流水冲洗后，整齐摆放在铺设2层滤纸、直径9mm的培养皿内，皿内滴入少许蒸馏水保湿。分别于2019年12月27日和2020年3月15日放在温度为20℃的恒温培养箱和15℃12h/25℃12h变温的培养箱内，60%空气湿度环境下黑暗培养，定期观测并适时补水保湿，进行萌发观察试验。3次重复，取平均值。统计其发芽率、发芽指数和活力指数，计算公式如下：

发芽率GR＝发芽终期（第28d）发芽种子数/供试种子数

发芽指数GI＝Σ（t日内发芽种子数Gt/发芽日数Dt）

活力指数VI＝发芽指数GI×根长S

1.2.4 幼苗生长环境

2019年12月27日播种后出苗的幼苗放置于北京植物园加温温室林木种子穴盘内，生长温度18~25℃，散射光玻璃采光；2020年3月15日播种处理的幼苗放置于北京植物园室外播种大棚林木种子穴盘内，幼苗生长温度11~30℃，自然采光下给予50%遮阴。试验地位于北纬39.56°、东经116.20°，属暖温带大陆性季风气候，四季分明，降水集中，年平均降水量620mm，年平均气温13℃。

2 结果与分析

2.1 种子形态

北美风箱树种子呈箭形，颜色浅黄色，平均长度8.827mm，宽度1.617mm，平均千粒重7.293g，种子较为饱满。

2.2 种子萌发特性

2.1.1 不同温度对发芽率的影响

发芽率是衡量种子萌发能力强弱的直接指标，因北美风箱树为直播类种子，无需对种子进行预处理，故将播种后第28d作为其发芽终期。从图1看出，北美风箱树在15℃/25℃变温处理时，第28d的发芽率为41.67%；而在20℃恒温培养下种子不能够萌发，第28d的发芽率为0。可以看出，尽管北美风箱树为直播类种子，但高低温变温处理有利于种子萌发，恒温不利于种子萌发，因此苗木生产中采用室外秋播在容器中或播种在阳畦、不加温的温室中，促进北美风箱树种子的萌发。

28d后继续观察，15℃/25℃变温处理仍有种子萌发，在第77d达到最高，最终萌发率为76.85%；而20℃恒温处理，在第49d种子开始萌发，到第105d种子不再萌发，最终萌发率和15℃/25℃变温处理一样，也为76.85%（图2所示）。

2.2.2 不同温度对发芽指数的影响

发芽指数可以衡量种子发芽速度的快慢，发芽指数高说明种子发芽速度快、出苗早。图3显示，北美风箱树在15℃/25℃变温处理下，平均发芽指数为16.97，说明其发芽速度快、出苗整齐；而20℃恒温处理的种子，平均发芽指数仅为4.99，较难萌发，发芽速度慢，出苗时间长，参差不齐。由此，15℃/25℃变温处理可以让北美风箱树整齐快速出苗，有利于生产。

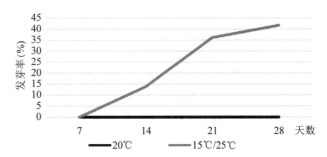

图1 不同温度下北美风箱树的发芽率

Fig. 1 Germination rate of *C. occidentalis* under different temperature treatment

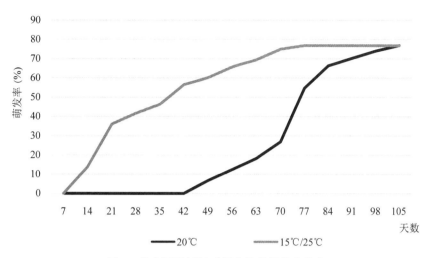

图 2 北美风箱树随时间变化的最终萌发率

Fig. 2 Final germination percentage of *C. occidentalis* over time

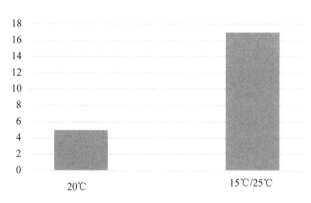

图 3 不同温度处理下北美风箱树的发芽指数

Fig. 3 Germination index of *C. occidentalis* under different temperature treatment

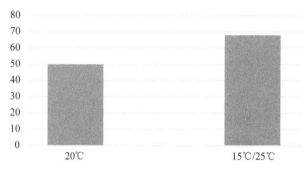

图 4 不同温度处理下北美风箱树的活力指数

Fig. 4 Vital index of *C. occidentalis* under different temperature treatment

2.2.3 不同温度对活力指数的影响

活力指数是衡量种子萌发后苗期活力的一个重要生长指标,它把种子发芽能力和幼苗长势综合起来表示。从图 4 可以看出,15℃/25℃ 变温处理下北美风箱树的平均活力指数为 67.90,而 20℃ 恒温处理的平均活力指数为 49.89,相比发芽指数差距,活力指数差距不大。这是由于 20℃ 恒温处理下的平均根长为 10cm,远大于 15℃/25℃ 变温处理下的平均根长(4cm)。造成 20℃ 恒温处理下出苗的幼苗长势强于 15℃/25℃ 变温处理下所出幼苗的原因并非萌发温度,而是幼苗的生长时间,15℃/25℃ 处理出苗早,一半以上的幼苗多在播种后第 42d(即 2 月 7 日)以前已经开始生长;而 20℃ 处理下出苗较晚,3 月 13 日才达到 50% 的出苗率,幼苗生长比 15℃/25℃ 处理晚 1 个多月,3 月出苗的幼苗长势明显好于 2 月出苗长势,这说明播种时间对幼苗长势影响很大,选择合适的播种时间对于后期植物长势很重要。

2.3 播种时间对幼苗生长的影响

从上述活力指数结果得出,播种出苗过早不利于幼苗生长,选择合适的播种时间对植物生长发育很重要,因北美风箱树为种子直播类植物,无需进行预处理,故在 3 月 15 日重复上述试验,发现 3 月 15 日播种,出苗后放置于室外 50% 遮阴棚中,幼苗长势明显高于 12 月 27 日播种处理的幼苗,外界自然环境条件更适合幼苗生长。因此在北京地区 3 月 15 日为北美风箱树合适的播种时间,此时播种产生的幼苗生长快,苗木长势好。

3 结论

3.1 北美风箱树种子萌发条件

北美风箱树原产北美东、南部,多为亚热带季风性湿润气候,其种子为直播类型,无休眠特性,无需进行预处理。通过不同温度处理试验得出,北美风箱树种子适宜的萌发温度 15℃/25℃ 高低温变温环境,出苗率高,发芽整齐一致。

3.2 北美风箱树幼苗生长条件

北美风箱树生长于峡谷、溪流边缘，对湿度要求较高，对华北地区夏季湿热的气候应该能够很好适应，本身的落叶性也给冬季防寒防旱提供了可能。幼苗在室外通风良好、适当遮阴、温度 11~30℃、空气湿度大的环境下生长迅速。

3.3 北美风箱树最佳播种时期

为了满足北美风箱树种子萌发和幼苗生长的需要，在北京地区的最佳播种时期为 3 月中旬左右。

参考文献

[1] 龚理，莫海波．水陆两栖的植物——风箱树[J]．花卉，2019，15：14-15.

[2] 许铭宇，刘雯，余土元，等．水生木本植物净水效应研究[J]．北方园艺，2018，（5）：123-129.

[3] 马妍．生长素对风箱树（*Cephalanthus occidentalis* L.）不定根形成的影响[D]．保定：河北农业大学，2012.

[4] 王娴．风箱树的生药学鉴别[J]．中医药导报，2007，13（4）：86.

[5] 马妍，朱建峰，赵健如，等．风箱树组织培养研究[J]．河北林果研究，2012，27（2）：147-151.

[6] 许铭宇，陈平．湿地木本植物裸根苗繁育技术初探[J]．嘉应学院学报，2018，36（11）：36-39.

[7] Vines, Robert A. Trees, shrubs, and woody vines of the Southwest[M]. Austin, TX: University of Texas Press, 1960: 1104.

中国观赏园艺研究进展 2020：319~324

Advances in Ornamental Horticulture of China, 2020：319~324

观赏芍药种胚丛生芽诱导研究

郑严仪　孙慧仪　范永明　孙苗　董志君　陈莉祺　吴婷　于晓南*

（花卉种质创新与分子育种北京市重点实验室，国家花卉工程技术研究中心，城乡生态环境北京实验室，

园林环境教育部工程研究中心，林木花卉遗传育种教育部重点实验室，园林学院，北京林业大学，北京 100083）

摘要　本文以'粉玉奴''杭白芍'为研究对象，探索了种胚诱导丛生芽过程中启动、增殖阶段的最佳外植体处理方式、最佳胚龄以及最佳培养基配方。结果表明，两个品种芍药表现差异不显著。在启动培养阶段，1/2MS+0.05mg/L NAA +0.5mg/L GA_3 是诱导芍药种胚萌发的最佳培养基，去除胚乳、只保留小胚是最佳接种方式，种胚成熟后胚龄对其生长状态影响不大。在丛生芽诱导培养阶段，胚苗在 1/2MS+1.0mg/L 6-BA+1.0mg/L GA_3 中增殖率最高。

关键词　丛生芽；组织培养；胚培养；芍药

Adventitious Bud Induction with Embryo of Herbaceous Peony

ZHENG Yan-yi　SUN Hui-yi　FAN Yong-ming　SUN Miao　DONG Zhi-jun　CHEN Li-qi　WU Ting　YU Xiao-nan*

（*Beijing Key Laboratory of Ornamental Plants Germplasm Innovation & Molecular Breeding, National Engineering Research Center for Floriculture, Beijing Laboratory of Urban and Rural Ecological Environment, Engineering Research Center of Landscape Environment of Ministry of Education, Key Laboratory of Genetics and Breeding in Forest Trees and Ornamental Plants of Ministry of Education, School of Landscape Architecture, Beijing Forestry University, Beijing 100083, China*）

Abstract　*P. lactiflora* 'Fen Yu Nu' and *P. lactiflora* 'Hang Bai' are the research objects of cluster bud induction from seed embryo. This article explored the best explant treatment, the best embryo age and the best medium formulation in the culture process. The results showed that there was no significant difference between the two cultivars. At the start-up stage, 1/2MS+0.05mg/L NAA+0.5mg/L GA_3 was the best medium to induce embryo germination of *Paeonia lactiflora*. Removal of endosperm and preservation of small embryo were the best inoculation methods. Embryo age after maturation had little effect on its growth status. At the stage of cluster bud induction culture, the highest proliferation rate of embryo seedlings was found in 1/2MS+1.0 mg/L 6-BA+1.0mg/L GA_3.

Key words　Cluster buds; Tissue culture; Embryo culture; *Paeonia lactiflora*

芍药（*Paeonia lactiflora* Pall.）是芍药科（Paeoniaceae）芍药属（*Paeonia*）宿根草本花卉。芍药是中国的传统名花，有"花相"的美誉，与"花王"牡丹并称"花中二绝"（王晓春，2007），有着非常重要的文化、观赏和药用价值。芍药的常规繁殖方法有播种、分株、嫁接、扦插等（牛立军，2010）。分株繁殖法是芍药最普遍、最常用的繁殖方法之一，一般 3~5 年进行一次，但分株繁殖需消耗大量的材料且繁殖系数较低（秦魁杰，2004）。播种繁殖法操作简单、易于管理，但芍药种子具有上下胚轴双重休眠的现象，繁殖周期较长，一般播种后的 4~5 年方可正常开花（杨洋，2009）。这影响了芍药的育种进程，也制约了芍药分

子研究的发展（魏冬霞，2016）。

胚培养技术是指将植物的合子胚无菌条件下接种并离体培养，使之生长发育成幼苗的技术（Thorpe，1995）用胚培养的技术进行芍药的繁育以解决远缘杂交育种中出现的各种问题，是加速芍药育种进程的必然趋势。芍药的胚培养的研究目前已取得一定的进展：2,4-D 只能促进芍药胚根的生长，不能打破芽的休眠；6-BA 只促进细胞分裂，使子叶扩大，胚轴膨大，不能打破胚根与胚芽的休眠；GA_3 可以打破胚芽的休眠（兰海英，2003）；生长素与赤霉素结合可以有效打破种胚上胚轴休眠，促进叶芽生长（袁艳波，2014）；6-BA 对分化率的影响高于 NAA（郭子霞，

---

* 通讯作者。教授，E-mail：yuxiaonan626@126.com。

2012）；TDZ 可用于芍药幼胚不定芽的诱导（Daqiu Zhao et al.，2017）。温度有助于打破胚的休眠，促进胚的萌发，接种后可以在 4℃ 条件下培养一段时间后再转入正常温度下培养（王爱华 等，2003）。但是为了操作上的方便，往往在启动培养前就对种子进行数日的温度预处理。何桂梅将牡丹培养 85d 的生根试管苗在冰箱中 4℃ 培养了 50d，发现冷藏后幼苗的真叶片数、叶柄长度、抽茎率、根数及根长都有了明显增加（何桂梅，2006）。虽然芍药的合子胚培养已经取得了一些有益的进展，但仍然存在着许多问题有待研究。芍药性状相对原始，实生无菌苗生长缓慢，丛生芽的增殖与诱导较为困难。培养基配方的筛选最关键也消耗时间，不同基因型或不同胚龄表现差异大（任海燕 等，2014）。

本研究在芍药胚培养过程中，找到诱导出胚苗的最佳激素组合培养基，以能成功地较快地诱导出胚苗；并对分离的叶芽进行生根诱导，统计最终增殖率，筛选出合适的诱导培养基和培养条件。在此基础上诱导丛生芽，并进行增殖培养，探索出丛生芽增殖的最佳培养基。

1　材料与方法

1.1　种子采集与离体培养

本研究以芍药种子为研究对象，供试品种为‘粉玉奴’‘杭白芍’。‘粉玉奴’取材于小汤山育苗基地成龄苗的健壮枝，定株采样，于 2019 年 8 月、9 月进行采样苗冠周围均匀采样。‘杭白芍’取材于洛阳牡丹研究中心，于 2019 年 8 月、9 月进行采样苗冠周围均匀采样。

种子需要用流水冲洗 20min，把外部泥土、菌类等冲洗干净，然后用洗洁精和 NaClO 浸泡 20min，再在流水下冲洗 30~40min，用吸水纸吸干表面的水分，放置到超净工作台上，用 75% 的酒精消毒 30s，无菌水冲洗 2 次，再用 4% 的 NaClO 消毒 10min，无菌水冲洗 3 次。

1.2　方法

1.2.1　接种方式

用刀镊去除成熟的‘粉玉奴’‘杭白芍’种子的种皮，做去除胚乳、不去除胚乳两种处理，接种到 1/2MS+1.0mg/L IAA +0.5mg/L GA$_3$ 培养基中。每个培养皿接种 15 个胚，每个处理重复 3 次，接种后观察胚的生长情况，42d 后统计统计抽茎率、抽真叶率、茎轴膨大率、污染率、成苗率。

1.2.2　不同胚龄和外植体对胚培养的影响

将花后 80d、100d 的‘粉玉奴’种子以及于花后 80d、100d 的‘杭白芍’种子、去除种皮经过消毒处理取出的合子胚接种到 1/2MS+0.2mg/L 6-BA +0.05mg/L NAA +0.5mg/L GA$_3$ 培养基中，去除胚乳。每个培养皿接种 15 个胚，每个处理重复 3 次，接种后观察胚的生长情况，42d 后统计统计抽茎率、抽真叶率、茎轴膨大率、污染率、成苗率。

1.2.3　不同激素组合对芍药合子胚离体培养的影响

将成熟的‘粉玉奴’‘杭白芍’种子去除种皮经过消毒处理取出的合子胚，去除胚乳，接种到表 1 培养基中：

表 1　启动培养的不同激素处理组合

Table 1　Different hormone treatment combinations for startup culture

实验编号	培养基
A1	1/2MS+0.05mg/L NAA +0.5mg/L GA$_3$
A2	1/2MS+0.5mg/L 6-BA +0.5mg/L GA$_3$
A3	1/2MS+0.2mg/L6-BA+0.05mg/L NAA +0.5mg/L GA$_3$

每个培养皿接种 60 个胚，每个处理重复 3 次，接种后观察胚的生长情况，42d 后统计抽茎率、抽真叶率、茎轴膨大率、污染率、成苗率。

1.2.4　不同激素组合对芍药丛生芽诱导的影响

以成熟的‘杭白芍’启动培养 42d 以后诱导产生的胚苗为实验材料，以 1/2MS 为基本培养基，研究 6-BA 和 GA$_3$ 配比对合子胚增殖的影响。每个处理 10 个胚苗，重复 3 次。具体激素浓度配比如表 2。

表 2　丛生芽诱导的不同激素处理组合

Table 2　Different treatment combinations induced by clustered shoots

因子水平 Levels of factor	因子种类 Factor（mg/L）	
	6-BA	GA$_3$
1	0.5	0.5
2	1	1
3	1.5	1.5

30d 继代一次，60d 后结束增殖培养并统计污染率、增殖率、丛生芽诱导率、玻璃化率、褐化率。

1.3　培养条件

基本培养基为 1/2MS 培养基，添加蔗糖 30g/L，琼脂 7g/L，pH 为 5.7~5.8。培养温度为 25±4℃，光照时数 14h/d，光强 1500~2000lx。

1.4　数据处理及统计指标

采用 SPSS20.0 软件对试验数据进行 One-Way

ANOVA 分析，并利用 LSD 法检验差异显著性，统计指标如下：

污染率(%)=(接种污染数/接种总数)×100%

萌发率(%)=(萌发的合子胚数/未污染的合子胚胚总数)×100%

抽真叶率(%)=(抽出真叶的胚数/接种胚的总数)×100%

胚轴膨大率(%)=(胚轴膨大的胚数/接种胚的总数)×100%

抽茎率(%)=(抽出茎的胚数/接种胚的总数)×100%

增殖倍数=增殖后胚苗总数/增殖前胚苗总数

丛生芽诱导率(%)=(产生丛生芽的外植体数/未污染的外植体总数)×100%

玻璃化率(%)=(玻璃化的胚苗数/接种胚的总数)×100%

成活率(%)=接种苗总数/成活苗总数

平均高度(cm)=外植体总高度/外植体总数

平均新叶萌发数(个)=外植体萌发新叶总数/萌发新叶总株数

2 结果与分析

2.1 接种方式对芍药合子胚离体培养的影响

表3、4 表明，在污染率方面，'粉玉奴'保留胚乳的外植体污染率更低(4.00%)，而'杭白芍'去除胚乳的外植体污染率更低(6.00%)，但总体来说两个品种保留胚乳和去除胚乳污染率差异不大，污染主要还是接种时操作不当产生的。在生根率上，保留胚乳处理下，两个品种的生根率都有所降低，其中'粉玉奴'生根率由30%下降至14%。在去除胚乳之后，两个品种的抽真叶率、茎轴膨大率、萌发率都有了明显的提升。

通过接种后的观察，去除胚乳的合子胚在接种后一周子叶基本展开，20d 后部分合子胚抽生真叶并有胚根分化(图1a)。保留胚乳的合子胚萌发较晚，很多合子胚在培养40d 时都没有萌发或者只展开了子叶(图1b)。对于成熟胚而言，去除种皮和胚乳是最好的处理方式。

表3 不同接种方式对'粉玉奴'离体培养的影响

Table 3　Effect of different treatments on the in vitro culture of *P. lactiflora* 'Fen Yu Nu'

处理方式	生根率(%)	抽真叶率(%)	茎轴膨大率(%)	污染率(%)	萌发率(%)
保留胚乳	14.00±5.48b	6.00±5.48b	52.00±10.95b	4.00±5.48a	64.00±11.40b
去除胚乳	30.00±7.07a	28.00±8.37a	70.00±18.71ab	10.00±10.00a	86.00±11.40a

表4 不同方式对'杭白芍'离体培养的影响

Table 4　Effect of different treatments on the in vitro culture of *P. lactiflora* 'Hang Bai'

处理方式	生根率(%)	抽真叶率(%)	茎轴膨大率(%)	污染率(%)	萌发率(%)
保留胚乳	6.00±8.94b	12.00±8.37b	46.00±8.94b	8.00±8.37a	54.00±5.48b
去除胚乳	10.00±7.07b	36.00±11.40a	84.00±16.93a	6.00±8.94a	90.00±10.00a

2.2 胚龄对芍药合子胚离体培养的影响

表5 说明，'杭白芍'花后80d 的近成熟胚与花后100d 的成熟胚在生根率、抽真叶率、茎轴膨大率、萌发率方面没有显著的差异。在抽真叶率上，花后100d 的'杭白芍'合子胚较花后80d 高，但是在其他方面，花后80d 的'杭白芍'合子胚表现更好。在萌发率上，花后100d 的'杭白芍'合子胚稍逊于花后80d 采集的合子胚。由此得到，'杭白芍'合子胚在80d 已经达到生理成熟，且在母株上留存越久，培养效果越差。

表6 中，'粉玉奴'合子胚的离体培养也体现类似的结果，3 种胚龄的胚只是在生根率、茎轴膨大率上有显著性的差异，其余几项参数差异不明显。

表5 不同胚龄对'粉玉奴'离体培养的影响

Table 5　Effects of different embryo ages on the in vitro culture of *P. lactiflora* 'Fen Yu Nu'

取材时间	生根率(%)	抽真叶率(%)	茎轴膨大率(%)	污染率(%)	萌发率(%)
花后80d	38.00±10.95a	40.00±7.07a	78.00±8.37b	8.00±13.04a	90.00±12.25a
花后100d	18.00±8.95b	36.00±5.48a	82.00±13.04ab	6.00±13.42a	92.00±13.04a

表6　不同胚龄对'杭白芍'离体培养的影响

Table 6　Effects of different embryo ages on the in vitro culture of *P. lactiflora* 'Hang Bai'

取材时间	生根率(%)	抽真叶率(%)	茎轴膨大率(%)	污染率(%)	萌发率(%)
花后80d	16.00±11.40ab	38.00±8.37a	82.00±8.37a	8.00±10.95a	90.00±10.00a
花后100d	12.00±8.37b	40.00±10.00a	76.00±5.48a	12.00±16.43a	86.00±15.17a

2.3　不同激素组合对芍药合子胚离体培养的影响

两个品种芍药在启动培养的前期,3组培养基内芍药合子胚发育情况差异都不大,在接种后1周,都有子叶展开、茎轴伸长的现象。随着培养时间的增长,激素对外植体生长的调节作用开始积累并体现出来。

'粉玉奴'在萌发率方面3组培养基差异显著,只添加NAA的培养基萌发率高达98%,与其他两组有

显著差异。'杭白芍'在萌发率上差异并不明显,只添加6-BA的培养基萌发率较只添加NAA的培养基和添加6-BA和NAA两种激素的培养基低,但是这主要是污染率导致的。生根率上,'杭白芍'差异显著,只添加NAA的生根率高达84.29%,远远超过只添加6-BA(13.85%)以及添加6-BA与NAA(28.00%)。在由此可见,1/2MS添加0.05mg/LNAA的培养基是最适合'粉玉奴''杭白芍'合子胚启动培养的培养基。

表7　不同激素组合对'粉玉奴'离体培养的影响

Table 7　Effects of different hormone combinations on the in vitro culture of *P. lactiflora* 'Fen Yu Nu'

编号	激素处理组合	生根率 (%)	抽真叶率 (%)	茎轴膨大率 (%)	污染率 (%)	萌发率 (%)
A1	0.05mg/L NAA	36.00±5.10a	38.00±2.00b	78.00±3.47a	2.00±2.00a	98.00±2.00a
A2	0.5mg/L 6-BA	10.00±4.47b	40.00±3.16b	50.00±3.16b	6.00±4.00a	62.00±2.00c
A3	0.2mg/L 6-BA+0.05mg/L NAA	14.00±2.45b	50.00±3.16a	72.00±3.74a	8.00±3.74a	72.00±3.74b

注:培养基其余成分相同,均为1/2MS培养基添加0.5mg/L GA$_3$。

表8　不同激素组合对'杭白芍'离体培养的影响

Table 8　Effect of different hormone combinations on the in vitro culture of *P. lactiflora* 'Hang Bai'

编号	激素处理组合	生根率 (%)	抽真叶率 (%)	茎轴膨大率 (%)	污染率 (%)	萌发率 (%)
A1	0.05mg/L NAA	84.29±13.63a	65.24±12.89a	86.67±9.13a	0.00±0.00a	99.05±3.01a
A2	0.5mg/L 6-BA	13.85±11.93c	27.69±13.63b	70.00±17.32b	9.23±9.23a	88.46±27.03a
A3	0.2mg/L 6-BA+0.05 mg/L NAA	28.00±12.07b	35.33±12.46b	69.33±13.35b	0.00±0.00a	96.67±4.88a

注:培养基其余成分相同,均为1/2MS培养基添加0.5mg/L GA$_3$。

2.4　不同浓度6-BA,GA$_3$浓度对'杭白芍'丛生芽增殖的影响

通过表9可以看出,不同浓度的组合下丛生芽增殖各项数据的差异性显著。在6-BA、GA$_3$浓度为1.0mg/L的培养基中,组培苗生长最佳(图1c),其丛生芽增殖倍数最高(4.67),胚苗高度较高(3.99cm),萌发的新叶最多(15.05片)。在添加1.0mg/L 6-BA和0.5mg/L GA$_3$的培养基中,胚苗高度最高(4.15cm),但褐化率最高(50%)。在添加0.5mg/L 6-BA和1.0mg/L GA$_3$的培养基中,丛生芽褐化率最低(10%)。在添加0.5mg/L 6-BA和1.5mg/L

GA$_3$的培养基中,丛生芽玻璃化率最高(60%),同时发生了较为严重的褐化现象(图1d),褐化与玻璃化使组培苗发生了损耗,增殖倍数为负值。

对6-BA、GA$_3$进行双因子方差分析,得到表10双因子显著性表。在褐化率方面,仅6-BA浓度的P值小于0.05,得出6-BA的浓度对褐化率影响显著,但是0.5~1.5mg/L的浓度还不能体现其变化规律。在玻璃化率方面,仅GA$_3$的浓度P值小于0.05,得出GA$_3$的浓度对玻璃化率有显著影响,通过表9分析可以发现GA$_3$浓度越高,玻璃化率越低。而新叶萌发数、高度、增殖倍数与两者都有很大关联。

表9 不同浓度6-BA，GA₃对'杭白芍'丛生芽诱导的影响

Table 9 Effect of different concentrations of 6-BA and GA₃ on cluster bud induction of *P. lactiflora* 'Hang Bai'

培养基	BA 浓度（mg/L）	GA₃ 浓度（mg/L）	褐化率（%）	玻璃化率（%）	新叶萌发数（个）	平均高度（cm）	增殖倍数
1	0.5	0.5	20.00±10.00	36.67±11.55	12.24±1.87	3.51±0.26	3.33±1.15
2	0.5	1.0	10.00±10.00	33.33±20.82	13.86±2.03	3.76±0.18	2.67±1.53
3	0.5	1.5	16.67±5.77	60.00±0.00	6.47±1.18	2.94±0.24	−5.33±1.53
4	1.0	0.5	50.00±0.00	30.00±17.32	12.67±0.59	4.15±0.29	3.00±1.00
5	1.0	1.0	26.67±5.77	46.67±11.55	15.05±1.32	3.99±0.54	4.67±0.58
6	1.0	1.5	23.33±5.77	50.00±10.00	12.72±2.42	3.56±0.34	2.67±2.89
7	1.5	0.5	20.00±10.00	40.00±17.32	13.10±1.05	3.77±0.15	2.00±2.00
8	1.5	1.0	20.00±10.00	40.00±17.32	13.10±1.05	3.77±0.15	2.00±2.00
9	1.5	1.5	13.33±15.28	50.00±10.00	11.01±0.81	3.72±0.52	1.67±1.53

表10 双因素的显著性

Table 10 Two-factor significance

	褐化率显著性	玻璃化率显著性	新叶萌发数显著性	高度显著性	增殖倍数显著性
6-BA	0.029	0.982	0.005	0.013	0.003
GA₃	0.134	0.041	0.000	0.018	0.001
6-BA * GA₃	0.666	0.560	0.012	0.292	0.001

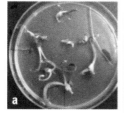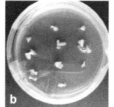

图1 不同处理下芍药种胚发育情况

Fig. 1 Growth of *Peaonia lactiflora* seeds under different treatments

a：去除胚乳接种；b：未去除胚乳接种；c：增殖阶段5号培养基长出丛生芽；d：增殖阶段3号培养基严重褐化

3 讨论

本文以'粉玉奴''杭白芍'，探索了合子胚诱导丛生芽过程中启动、增殖阶段的最佳培养基配方，对芍药合子胚丛生芽诱导体系进行了完善。在外植体的材料选择上，两个品种差异不显著，体积较大且饱满的合子胚培养效果更好。合子胚一旦成熟，取材时间就不再影响培养结果。将种子去除胚乳和胚乳，只接小胚是最佳的外植体处理方式。

在1/2MS基本培养基上，0.05mg/L的NAA是'粉玉奴'和'杭白芍'合子胚启动培养的最佳激素配比。在此培养基上'粉玉奴'的生根率可达36%、萌发率可以达到98%，'杭白芍'生根率可达84.29%、萌发率可以达99.05%，同其他两组培养基有显著的差异。低浓度的NAA对胚苗的生根有促进作用（杜霞，2015），添加6-BA之后，NAA对生根的促进作用被减弱了，但是'粉玉奴'的真叶萌发率得到提升。

NAA与6-BA的协同作用效果优于6-BA单独作用，但是比NAA单独作用效果要差。在启动培养阶段，GA₃的作用也非常重要，它可以打破芍药上胚轴的休眠，促进种子萌发（Raghavan，2003）。

在启动培养时，取种的时间还可以进一步提前，以探究近成熟胚或幼胚接种的最早时间，从而加快育种进程，缩短芍药组织培养的育种周期。在增殖培养阶段，本试验得到添加1.0mg/L 6-BA+1.0mg/LGA₃的1/2MS培养基是诱导丛生芽的最佳培养基，杜霞、沈苗苗的研究中也证明6-BA和GA₃是诱导丛生芽最适合的激素（杜霞，2015；沈苗苗，2013）。赵大球成功诱导芍药幼胚产生大量丛生芽（Daqiu Zhao et al.，2017），而有研究者发现TDZ处理下蝴蝶兰叶片的不定芽诱导率显著高于相同基因型的6-BA（程强强 等，2011）。因此芍药幼胚与激素TDZ的结合可以成为芍药种胚丛生芽诱导的新的研究方向。

参考文献

程强强，庄东红，许大熊，等，2011. TDZ 高效诱导蝴蝶兰叶片不定芽及植株再生[J]. 植物科学学报，29(04)：524-530.

杜霞，2015. 杭白芍种胚丛生芽诱导途径再生体系的初步建立[D]. 北京：中国林业科学研究院.

郭子霞，2012. 牡丹花粉贮藏及杂交幼胚的挽救[D]. 郑州：河南农业大学.

何桂梅，2006. 牡丹远缘杂交育种及其胚培养与体细胞胚发生的研究[D]. 北京：北京林业大学.

兰海英，2003. 芍药的胚培养及芍药甙含量的研究 [D]. 呼和浩特：内蒙古大学.

牛立军，2010. 芍药切花露地及设施生产栽培技术研究 [D]. 北京：北京林业大学.

秦魁杰，2004. 芍药[M]. 北京：中国林业出版社，76-81.

沈苗苗，2013. 观赏芍药胚培养及茎段愈伤组织诱导研究 [D]. 北京：北京林业大学.

王爱华，戴洪义，于士梅，2003. 甜樱桃胚培养研究[J]. 莱阳农学院学报，(03)：162-164.

王晓春，2007. 芍药文化初探[C]//中国花文化国际学术研讨会论文集：4.

魏冬霞，高凯，袁燕波，等，2016. 观赏芍药幼胚不定芽离体诱导研究[J]. 植物研究，36(02)：190-194.

杨洋，2009. 芍药种子萌发的生物学特性及破眠技术的研究[D]. 哈尔滨：东北林业大学.

袁艳波，2014. 芍药属远缘品种引种与杂交育种研究[D]. 北京：北京林业大学.

张滕，2018. 芍药种胚丛生芽诱导及植株再生研究[M]//中国观赏园艺研究进展2018. 北京：中国林业出版社：5.

Daqiu Zhao, Yin fang Xue, Min Shi, et al. 2017. Rescue and in vitro culture of herbaceous peony immature embryos by organogenesis[J]. Scientia Horticulturae, 217.

Raghavan V. 2003. One hundred years of zygotic embryo culture investigation[J]. In Vitro Cell. Dev. Biol. —Plant , 39：437-442.

Thorpe T A. 1995. In vitro embryogenesis in plants[M]. UK, USA：Kluwer Academic publishes

中国观赏园艺研究进展 2020：325~329

Advances in Ornamental Horticulture of China，2020：325~329

LA 百合新种质试管鳞茎移栽技术的研究

廖梦琴[1]　隗功磊[2]　王晓庆[2]　戚佳裕[1]　贾桂霞[1,*]

([1] 花卉种质创新与分子育种北京市重点实验室，国家花卉工程技术研究中心，城乡生态环境北京实验室，

园林环境教育部工程研究中心，林木花卉遗传育种教育部重点实验室，园林学院，北京林业大学，北京 100083；

[2] 北京花乡花木集团有限公司，北京 100067)

摘要　百合(*Lilium* spp.)是重要的观赏球根花卉，组织培养是百合新品种常见的繁殖方法，对于百合试管鳞茎移栽技术的研究在新品种的培育与推广中至关重要。本文研究了高糖培养基培养的 LA 百合新种质，在试管鳞茎休眠后，不同处理对于试管鳞茎打破休眠及移栽的影响。对 4℃冷藏时的试管鳞茎进行不同保存方式的处理，最适处理为冷藏前不出瓶带组培瓶冷藏，该处理发芽率最高，发芽率为 95.6%；对于不同大小的试管鳞茎进行不同时间的冷藏处理，直径 0.3cm 及直径 0.5cm 的休眠试管鳞茎，冷藏 1 个月即可打破休眠，移栽成活率分别为 76.7%、81.3%，直径 1.0cm 及直径 1.5cm 的休眠试管鳞茎，需要冷藏 2 个月，移栽成活率分别为 75.6%、82.2%。

关键词　LA 百合；组培；打破休眠；移栽

Study on Transplanting Technique of Tissue Culture Bulbs of New Germplasm of LA Hybrid Lily

LIAO Meng-qin[1]　WEI Gong-lei[2]　WANG Xiao-qing[2]　QI Jia-yu[1]　JIA Gui-xia[1,*]

([1] *Beijing Key Laboratory of Ornamental Plants Germplasm Innovation & Molecular Breeding*，*National Engineering Research Center for Floriculture*，*Beijing Laboratory of Urban and Rural Ecological Environment*，*Engineering Research Center of Landscape Environment of Ministry of Education*，*Key Laboratory of Genetics and Breeding in Forest Trees and Ornamental Plants of Ministry of Education*，*School of Landscape Architecture*，*Beijing Forestry University*，*Beijing* 100083，*China*；

[2] *Beijing Huaxiang Huamu Company Limited*，*Beijing* 100067，*China*)

Abstract　Lily(*Lilium* spp.) is an important ornamental bulb flower. Tissue culture is a common propagation method for new lily varieties. It is very important to study transplanting technology of lily tissue culture bulbs to cultivate and popularize new lily varieties. In this paper，the effects of different treatments on breaking dormancy and transplanting of new germplasm of LA hybrid Lily tissue culture bulbs which are cultured on high sugar medium are studied. The tissue culture bulbs are stored in different ways at 4 ℃. The best treatment is cold storage with tissue culture bottles. This treatment has the highest germination rate and the germination rate is 95.6%. Different sizes of tissue culture bulbsare refrigerated for different cold storage time. As for 0.3cm and 0.5cm diameter dormant lily tissue culture bulbs，cold storage for 1 month can breakdormancy and the germination ratesare 76.7%、81.3%. As for 1.0cm and 1.5cm diameter dormant lily tissue culture bulbs，they need cold storage for 2 months and the germination rates are 75.6%、82.2%.

Key words　LA hybrid lily；Tissue culture；Dormancy breaking；Transplanting

百合(*Lilium* spp.)是百合科百合属多年生草本植物的总称，广泛分布于北温带和寒带地区(曾小英，2004)。LA 百合是重要的百合系列，是从亚洲百合与麝香百合杂种系间进行杂交选育出的品种，适应性及观赏性都较强，是市场上常见的百合系列(刘小溪等，2011；李守丽 等，2006)。LA 百合商品球的生产方法主要有扦插和组培，百合的生产周期较长，组培繁殖可以在较短时间内大量繁殖，是近年来常用的

---

1 课题资助：林业科学技术推广项目。项目号：[2019]05。

* 通讯作者：贾桂霞，教授，E-mail：gxjia@ bjfu. Edu. cn。

繁殖方法。鳞茎膨大对于百合试管鳞茎繁殖至关重要，在培养基中添加蔗糖、多效唑、脱落酸、茉莉酸等可以促进鳞茎膨大（吕翠竹 等，2020；常琳 等，2018；陈姝男，2018；王丽婷，2017；孙晓梅 等，2010），其中蔗糖是最常用的促进试管内鳞茎膨大的方法，浓度一般在60~90g/L时促进膨大效果较好。

百合试管鳞茎在试管内培养一段时间后，鳞茎膨大的同时也会慢慢进入休眠（周蕴薇 等，2011）。低温是百合打破休眠最常用的方式，不同杂种系的试管鳞茎对于打破休眠所需要的冷藏时间不同，一般需要1~2个月（胡新颖 等，2018；梁建丽，2006）。在已报道的文献中，百合试管鳞茎移栽时选用的都是直径大于0.5cm的鳞茎，且一般认为规格越大成活率越高（陈晓明 等，2007；张彦妮，2016）。从移栽成活率和成本两方面综合考虑，多大规格的试管鳞茎可以出瓶是生产上急需解决的问题；此外，不同规格的试管鳞茎所需冷藏的时间是否相同，目前尚无相关报道。因此，本文以LA百合新种质高糖条件下培养的试管鳞茎为材料，进行不同冷藏方式及冷藏时间的处理，对不同规格的休眠试管鳞茎进行出瓶移栽，确定生产上达到出瓶标准的试管鳞茎规格，降低生产成本，提高生产效率。本研究对提升新种质的产业化效率有一定的实际应用价值。

1 材料与方法

1.1 试验材料

试验材料为课题组自育的LA新种质（LA百合'Renior'与兰州百合杂交获得的后代），试管鳞茎在高糖培养基培养下培养至不同规格，按照直径将百合试管鳞茎分为4个规格，从小到大分别是0.3cm、0.5cm、1.0cm、1.5cm。

培养基配方为MS培养基+80g/L蔗糖+6g/L琼脂。

1.2 试验方法

1.2.1 打破休眠时试管鳞茎的保存方式

将百合试管鳞茎放入4℃冷库进行冷藏，设计3种处理方式，分别是①直接将组培瓶放入冷库（简称"带瓶"）；②将试管鳞茎出瓶，去除枯叶及根系，洗净培养基后用50%多菌灵可湿性粉剂500倍液浸泡30min，沥干多余水分后与进口泥炭混合放入自封袋，自封袋用牙签扎孔以便透气，最后将自封袋放入4℃冷库（简称"无根"）；③将试管鳞茎出瓶，去除枯叶，但是保留根系，其余处理与第二种处理相同（简称"有根"）。

将上述3种冷藏处理的1.5cm的百合试管鳞茎在

冷库中储藏2个月后分别种植。对于第一种处理，冷藏后的试管鳞茎进行出瓶时，去除枯叶保留根系，洗净培养基，用多菌灵溶液浸泡30min。每个处理15个百合试管鳞茎，3次重复。

在不同规格百合试管鳞茎移栽试验中，全部采用第三种保存方式进行冷藏。

1.2.2 冷藏打破休眠处理的时间

将百合试管鳞茎按1.2.1中第二种保存方法进行冷藏，其中1.5cm试管鳞茎的冷藏时间分别为①不冷藏（CK）；②1个月；③2个月；④3个月。其余规格的试管鳞茎冷藏时间分别为1个月和2个月。

冷藏后将不同处理的试管鳞茎分别种植，每个处理15个百合试管鳞茎，3次重复。

1.2.3 栽培条件及测量指标

试验在温室进行，栽培基质为进口泥炭：沙子：珍珠岩=3：1：1，种植后每周进行发芽观测统计，持续4个月。

出瓶后试管鳞茎在冷藏期间会产生不定根，因此，针对不同冷藏方式的组培球在处理结束后统计生根率，生根率=长根的组培球数量/全部组培球数量×100%。

萌发率=萌发数量/种植数量×100%。

成活率=最终萌发数量/种植数量×100%。

1.2.4 统计分析

采用SPSS 19.0软件对数据进行方差分析，利用邓肯法（Duncan）比较各处理平均值之间的差异显著（$P<0.05$）。

2 结果与分析

2.1 冷藏方式对试管鳞茎移栽成活率的影响

试管鳞茎不同冷藏方式对移栽后萌发时间及成活率存在显著差异。从表1看出，有根处理组在移栽后开始萌发的时间最短，3周即开始，而无根处理组和带瓶处理组开始萌发所需时间较长，5周开始萌发。不同处理的试管鳞茎移栽后的成活率差异显著，带瓶处理组的移栽成活率显著高于另外两种处理，成活率达到95.6%，有根处理组成活率显著低于其他处理，成活率仅为77.8%。由此可以说明，刚出瓶的试管鳞茎大部分根系并不适合低温湿藏，移栽后保留的大部分根系功能性很弱，并且对移栽后的成活有不利影响。

从图1的萌发进程可以看出，带瓶处理组在移栽后第8周达到最大萌发率，而另外两种处理在移栽后第10周达到最大萌发率，与带瓶处理组相比所需时间较长。带瓶处理组和有根处理组在4~6周有明显萌发高峰期，无根处理组没有明显萌发高峰期。从萌

表 1　冷藏时不同保存方式对移栽后的影响

Table 1　Effects of different cold storage methods
after transplanting

冷藏方式	开始萌发时间(w)	成活率(%)
无根	5a	82.2b
有根	3b	77.8c
带瓶	5a	95.6a

注：用邓肯法(Duncan)进行分析，同列不同字母之间差异显著($P<0.05$)。
无根：冷藏前出瓶去根；有根：冷藏前出瓶保留根；带瓶：冷藏前不出瓶带组培瓶冷藏。

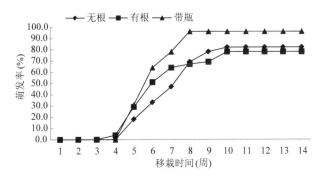

图 1　冷藏时不同保存方式移栽后的萌发进程

Fig. 1　Germination process of different cold storage
methods after transplanting

无根：冷藏前出瓶去根；有根：冷藏前出瓶保留根；带瓶：冷藏前不出瓶带组培瓶冷藏。

发进程来看，带瓶处理组完成萌发过程所需时间较短且发芽较整齐。

以上试验结果显示，对于高糖培养的试管鳞茎，宜采用直接将组培瓶放入低温进行冷藏，主要原因在于瓶内环境条件洁净，打破休眠后，百合试管鳞茎活性较高，出瓶易成活，萌发更整齐。如因储藏空间的限制，需要出瓶冷藏，则需要将组培条件下形成的根系和枯叶剪除。

2.2　不同规格、不同冷藏时间的试管鳞茎移栽后的差异

2.2.1　不同规格组培球冷藏后根系生长的情况

去除根系的试管鳞茎在冷藏期间会产生新的根系，从图 2 可知，冷藏结束后的生根率存在显著差异。所有规格的试管鳞茎冷藏 2 个月的生根率均大于冷藏 1 个月的生根率。冷藏 2 个月时，试管鳞茎冷藏后生根率随试管鳞茎规格的增大而减小；冷藏 1 个月时，直径 0.5cm、1.0cm、1.5cm 的生根率依次递减，直径 0.3cm 的试管鳞茎冷藏 1 个月后生根率没有随着鳞茎规格的减小而增大，这可能是由于直径 0.3cm 试管鳞茎过小，营养水平低，出瓶时与其他规格试管鳞

茎相比活性较弱。这个结果说明冷藏 2 个月的试管鳞茎休眠深度小于冷藏 1 个月的试管鳞茎，大规格试管鳞茎的休眠深度大于小规格试管鳞茎的休眠深度。

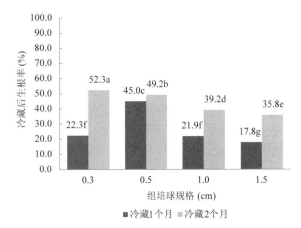

图 2　不同规格试管鳞茎冷藏后生根率

Fig. 2　The rooting rate of different sizes tissue
culture bulbs after cold storage

注：用邓肯法(Duncan)进行分析，不同字母之间差异显著($P<0.05$)。

2.2.2　不同规格组培球冷藏后试管鳞茎移栽的情况

从图 3 可知，不同规格、不同冷藏时间的试管鳞茎移栽后开始萌发的时间存在显著差异，直径 1.5cm 的试管鳞茎冷藏 1 个月开始萌发所需时间最长，长达 10 周，直径 0.5cm 的试管鳞茎冷藏 2 个月开始萌发所需时间最短，仅需 3 周。试管鳞茎规格相同时，除了直径 0.3cm 的试管鳞茎，其他规格的试管鳞茎冷藏 2 个月移栽后开始萌发所需时间均短于冷藏 1 个月的试管鳞茎，而直径 0.3cm 的试管鳞茎则是因为规格太小，休眠程度较浅，冷藏 1 个月和 2 个月后萌发时间没有显著差异。当冷藏时间相同时，冷藏 1 个月时，

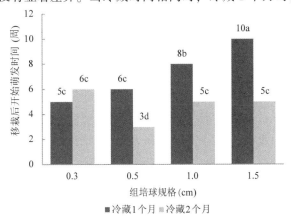

图 3　不同规格试管鳞茎移栽后的萌发时间

Fig. 3　Germination time of different sizes tissue culture
bulbs after transplanting

注：用邓肯法(Duncan)进行分析，不同字母之间差异显著($P<0.05$)。

开始萌发所需时间随着试管鳞茎规格的增大而增大；冷藏2个月时，直径0.5cm的试管鳞茎开始萌发时间显著低于另外3种处理。从萌发时间的结果来看，直径0.3cm的试管鳞茎最适冷藏时间为1个月，其余规格最适冷藏时间为2个月。

从图4可知，不同规格、不同冷藏时间的试管鳞茎移栽后成活率存在显著差异。当试管鳞茎规格相同时，直径0.3cm和直径0.5cm的试管鳞茎冷藏1个月移栽后的成活率显著高于冷藏2个月的处理；直径1.0cm和直径1.5cm的试管鳞茎冷藏2个月后移栽成活率显著高于冷藏1个月的处理。当冷藏时间相同时，冷藏1个月时，直径0.5cm的试管鳞茎移栽成活率显著高于其他3种处理；冷藏2个月时，直径1.5cm的试管鳞茎移栽成活率显著高于其他处理。直径0.5cm试管鳞茎冷藏1个月和直径1.5cm试管鳞茎冷藏2个月后成活率没有显著差异，为最适处理，成活率均大于80.0%。

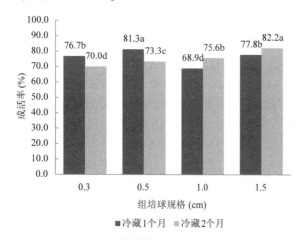

图4 不同规格试管鳞茎移栽后的成活率

Fig. 4 Survival rate of different sizes tissue culture bulbs after transplanting

注：用邓肯法（Duncan）进行分析，不同字母之间差异显著（$P < 0.05$）。

从图5、图6可以看出，直径1.5cm的试管鳞茎冷藏1个月的处理移栽后到萌发率最大值所需时间最长，需要14周，而直径0.5cm的试管鳞茎冷藏2个月的处理移栽后到萌发率最大值所需时间最短，需要7周。

综合以上试验结果，从成活率、萌发时间来看，直径0.5cm的试管鳞茎冷藏1个月和直径1.5cm的试管鳞茎冷藏2个月为最适处理。

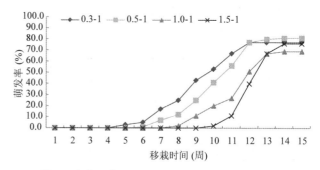

图5 冷藏1个月后不同规格试管鳞茎萌发进程

Fig. 5 Germination process of different sizes tissue culture bulbs after 1-month cold storage

0.3-1：直径0.3cm冷藏1个月；0.5-1：直径0.5cm冷藏1个月；1.0-1：直径1.0cm冷藏1个月；1.5-1：直径1.5cm冷藏1个月。

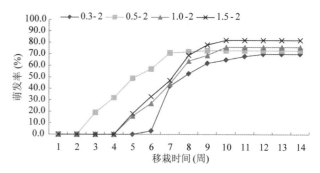

图6 冷藏2个月后不同规格试管鳞茎萌发进程

Fig. 6 Germination process of different sizes tissue culture bulbs after 2-month cold storage

0.3-2：直径0.3cm冷藏2个月；0.5-2：直径0.5cm冷藏2个月；1.0-2：直径1.0cm冷藏2个月；1.5-2：直径1.5cm冷藏2个月。

2.3 大规格试管鳞茎适宜冷藏时间的确定

针对1.5cm的大规格试管鳞茎，冷藏2个月是否为适宜的打破休眠时间，因此，又进行了不同冷藏时间的试验。从表2可知，试管鳞茎在冷藏不同时间后移栽存在显著差异，不经过冷藏的试管鳞茎没有发芽，说明试验用的试管鳞茎是处于休眠状态的，冷藏2个月的试管鳞茎在冷藏结束后生根率最高。冷藏1个月的试管鳞茎移栽后开始萌发所需时间长达10周，而冷藏3个月后移栽，开始萌发所需时间仅需3周。但从成活率看，冷藏2个月为宜，试管鳞茎移栽成活率为82.2%；冷藏1个月的试管鳞茎成活率最低，成活率为77.8%。

表 2 不同冷藏时间种植后差异

Table 2   Differences after planting in different cold storage time

冷藏时间 （月）	冷藏结束后 生根率（%）	开始萌发时间 （周）	成活率 （%）
0	—	—	0
1	18c	10a	77.8c
2	36a	5b	82.2a
3	22b	3c	80.0b

注：用邓肯法（Duncan）进行分析，同列不同字母之间差异显著（*P*<0.05）。

从图 7 可以看出，移栽后组培苗到达萌发率最大值的时间不同，冷藏 3 个月所需时间最短，需要 6 周，冷藏 1 个月所需时间最长，需要 14 周。从结果可以看出，冷藏 1 个月的试管鳞茎在结束冷藏时没有充分打破休眠，但是在种植过程中会慢慢自我打破休眠从而开始发芽。

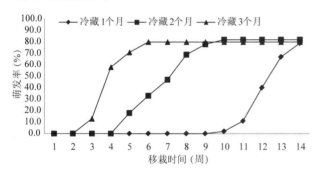

图 7 不同冷藏时间移栽后萌发进程

Fig. 7   Germination process of different cold storage time after transplanting storage

综合试验结果来看，对于 1.5cm 的百合球，冷藏 2 个月为最适处理，在这个处理下，试管鳞茎的成活率最高。

3 讨论

对于休眠试管鳞茎的出瓶，在生产上需要考虑的因素很多，要综合考虑成活率、实际可操作性和成本等。在实际组培过程中，进行鳞茎膨大后，需要确定生产上最适合出瓶移栽的大小。本研究的结果表明，直径 0.5cm 的试管鳞茎冷藏 1 个月和直径 1.5cm 的试管鳞茎冷藏 2 个月均有较高的成活率。然而从生产成本来说，1.5cm 的试管鳞茎需要经过更长的组培时间才能获得，也需要更长的冷藏时间来打破休眠，相比于出瓶后的栽培成本，组培成本及冷藏成本是较高的，所以综合来看，直径 0.5cm 的试管鳞茎在生产上是更适合出瓶的规格，在直径达到 0.5cm 时出瓶，既节省了组培及冷藏成本，又可以达到较高的成活率。而在冷藏时试管鳞茎的保存方式上，虽然带瓶冷藏的试管鳞茎移栽成活率最高，但是这种处理所需要的冷库空间较大，占用的空间是冷藏前出瓶处理的 5～10 倍，所以如果在生产上没有足够的空间进行冷藏，那么将试管鳞茎洗干净后去除根和叶则是较好的处理方法，成活率也能保持在 80% 以上。

试管鳞茎在打破休眠的处理上比普通百合球更为精细，在今后的研究中，还可以将试验处理设计得更为细致，可以结合赤霉素等激素进行综合处理等，使得 LA 百合新种质的试管鳞茎的生产更加高效，促进其产业化以及市场推广。

参考文献

常琳，杜方，王丽婷，等，2018. 金石和伯爵百合鳞茎诱导及膨大研究[J]. 山西农业科学，46（08）：1279−1281+1370.

陈晓明，韦璐阳，覃剑峰，等，2007. 麝香百合组培苗移栽技术[J]. 广西热带农业，（03）：40−42.

陈姝男，2018. 宝兴百合组织培养和试管鳞茎膨大研究[D]. 雅安：四川农业大学.

胡新颖，白一光，王伟东，等，2018. 低温冷藏打破东方百合试管鳞茎休眠的效果[J]. 江苏农业科学，46（18）：157−159.

李守丽，石雷，张金政，等，2006. 百合育种研究进展[J]. 园艺学报，（01）：203−210.

梁建丽，2006. 东方百合试管鳞茎生长特性及移栽技术的研究[D]. 杨凌：西北农林科技大学.

刘小溪，吴丽芳，张艺萍，等，2011. 百合育种趋势及技术研究进展[J]. 浙江农业科学，（02）：287−290.

吕翠竹，王有国，王立，2020. 绿花百合组培芽增殖与试管鳞茎膨大的影响因素研究[J]. 西南林业大学学报（自然科学），40（01）：38−45.

孙晓梅，孙华凯，杨宏光，等，2010. 百合远缘杂交种组培诱导及增大鳞茎的研究[J]. 北方园艺，（22）：128−131.

曾小英，2004. 观赏百合种质资源多样性研究[D]. 兰州：西北师范大学.

张彦妮，李兆婷，张艳波，等，2016. 毛百合试管鳞茎形成和膨大的培养优化[J]. 江苏农业科学，44（04）：74−78.

周蕴薇，刘艳萍，岳莉然，等，2011. 亚洲百合'普瑞头'的组织培养及休眠小鳞茎获得的研究[J]. 北方园艺，（04）：146−148.

藻百年试管壮苗及花芽诱导研究

别沛婷　李青　袁涛*

（花卉种质创新与分子育种北京市重点实验室，国家花卉工程技术研究中心，城乡生态环境北京实验室，
园林环境教育部工程研究中心，林木花卉遗传育种教育部重点实验室，园林学院，北京林业大学，北京 100083）

摘要　以藻百年'吟游诗人'（*Exacum affine* cv.）试管幼苗为材料，经壮苗培养探究了细胞分裂素、生长素及二者配比对试管苗花芽诱导的影响。研究结果表明：①藻百年壮苗的最适培养基为 MS+NAA 0.1mg/L。②KT是最适藻百年诱导花芽的细胞分裂素；培养基中单独添加生长素 IBA 0.2mg/L 能诱导花芽；KT 0.8mg/L 与 IBA0.2mg/L 组合配比可以有效提高花芽诱导率；开花诱导的最适培养基为 MS+ KT 0.8mg/L+IBA 0.2mg/L。

关键词　藻百年；壮苗培养；花芽诱导

Studies on *in Vitro* Strengthening Seedling and Flower Bud Induction of *Exacum affine*

BIE Pei-ting　LI Qing　YUAN Tao*

（*Beijing Key Laboratory of Ornamental Plants Germplasm Innovation & Molecular Breeding, National Engineering Research Center for Floriculture, Beijing Laboratory of Urban and Rural Ecological Environment, Engineering Research Center of Landscape Environment of Ministry of Education, Key Laboratory of Genetics and Breeding in Forest Trees and Ornamental Plants of Ministry of Education, School of Landscape Architecture, Beijing Forestry University, Beijing 100083, China*）

Abstract　Using aseptic plantlets of *Exacum affine* cv. as experiments material, the effects of cytokinin, auxin and their ratio on *in vitro* flowering induction were studied after plantlets strengthening. The results showed that：①optimum medium for strengthening plantlets of *Exacum affine* was MS+NAA 0.1 mg/L. ②KT was theoptimum cytokinin for inducing flower bud and the medium with 0.2mg/L IBAalone could induce flower bud. The combination ratio of 0.8 mg/L KT and 0.2mg/L IBA could effectively improve the induction rate of flower bud. Optimum medium for inducing *in vitro* flowering was MS+ KT0.8 mg/L+ IBA0.2 mg/L.

Key words　*Exacum affine*；Plantlets strengthening；Flower bud induction

藻百年（*Exacum affine*）为龙胆科藻百年属多年生草本植物。花期长，花色素雅，花型小巧可爱，叶形独特，盆栽装饰效果较好，在欧美地区十分流行，目前在国内已有引种栽培，但应用较少，推广空间较大。

试管开花，即采用组织培养的技术手段，使植物在无菌密闭容器中进行花芽分化，进而开花的过程，具有缩短成花时间、不受外界环境条件限制、使植物在非自然花期下开花、观赏性强等特点（张华 等，2009）。目前，市场上尚无藻百年试管开花产品，相

关研究也鲜有报道，本研究对藻百年试管幼苗进行花芽诱导试验，进而建立高效而稳定的试管开花体系，为藻百年在国内市场的推广应用提供技术支持。

1　材料与方法

1.1　试验材料

2019 年 5 月在北京朝来春花卉市场购得藻百年品种'吟游诗人'（*E. affine* cv.），花紫色，当年生扦插盆栽苗，生长健壮。购回后置于室内条件下继续栽培，约 7d 后开花。

1　基金项目：北京林业大学建设世界一流学科和特色发展引导专项资金资助—园林植物高效繁殖与栽培养护技术研究（2019XKJS0324）。

第一作者简介：别沛婷，女，在读硕士，研究方向：园林植物繁殖与栽培。E-mail：540755824@qq.com

* 通讯作者：袁涛，女，教授，博士生导师，研究方向：园林植物资源与育种，繁殖栽培与应用。E-mail：yuantao@bjfu.edu.cn。

1.2 试验方法

1.2.1 丛生芽诱导及增殖

取植株中部带芽幼嫩茎段，在滴有吐温的洗洁精中用软毛刷清洗茎段表面尤其是叶腋处灰尘，置于流水下冲洗 1h 后，依次用 75% 酒精处理 30s、2% 次氯酸钠灭菌 7min，无菌水反复冲洗。去除残留叶柄，将茎段剪成数个长约 1.5cm 的小段，形态学上端向上接种于启动培养基 MS+6-BA 2.0mg/L+NAA 0.2mg/L 中，诱导丛生芽；并将获得的丛生芽接入增殖培养基 MS+6-BA 1.0mg/L+NAA 0.1mg/L 中，以得到足够数量的藻百年试管幼苗（张先云 等，2009）。

1.2.2 试管苗壮苗培养

1.2.2.1 生长素种类及浓度

以 MS 为基本培养基，设置 IBA、NAA 浓度（见表 1），将增殖培养中长势一致的幼苗接入培养基中。每个处理接种 10 瓶，重复 3 次。培养 30d 后统计苗高、苗径和长势。

表 1 壮苗培养基 IBA、NAA 浓度

Table 1 Concentration of IBA and NAA in strengthen plantlets medium

试验号	IBA（mg/L）	NAA（mg/L）
1	0	0
2	0.1	0
3	0.2	0
4	0.5	0
5	0	0.1
6	0	0.2
7	0	0.5

1.2.2.2 无机盐浓度

以试验 1.2.2.1 为基础，设置不同无机盐浓度（1/4MS、1/2MS、MS、2MS），选取增殖培养中长势一致的幼苗接入。每个处理接种 10 瓶，重复 3 次。培养 30d 后统计苗高、苗径和长势。

1.2.3 试管苗花芽诱导试验

1.2.3.1 细胞分裂素种类及浓度

以 MS 为基本培养基，设置不同的 6-BA、KT 浓度（表 2），将壮苗培养后，长势一致的试管苗接入。每个处理接种 10 瓶，重复 3 次。培养 45d 后统计试管内花芽诱导率。

1.2.3.2 生长素种类及浓度

以 MS 为基本培养基，设置不同的 NAA、IBA 浓度（表 3），选取经过壮苗培养，长势一致的试管苗，接入花芽诱导培养基中。每个处理接种 10 瓶，重复 3 次。培养 45d 后统计试管内花芽诱导率。

表 2 花芽诱导培养基 6-BA、KT 浓度

Table 2 Concentration of 6-BA and KT in flower bud induction medium

试验号	6-BA（mg/L）	KT（mg/L）
1	0	0
2	0.5	0
3	1.0	0
4	1.5	0
5	0	0.5
6	0	1.0
7	0	1.5

表 3 花芽诱导培养基 NAA、IBA 浓度

Table 3 Concentration of NAA and IBA in flower bud induction medium

试验号	NAA（mg/L）	IBA（mg/L）
1	0	0
2	0.1	0
3	0.2	0
4	0.5	0
5	0	0.1
6	0	0.2
7	0	0.5

1.2.3.3 KT、IBA 组合配比对花芽诱导的影响

根据上述试验结果，分别设置 KT、IBA 各 3 个水平，进行完全随机区组试验（表 4），选取经过壮苗培养，长势一致的试管苗，接入花芽诱导培养基中。每个处理接种 10 瓶，重复 3 次。培养 45d 后统计试管内花芽诱导率。

表 4 花芽诱导培养基 KT、IBA 激素配比

Table 4 Combination of KT and IBA in flower bud induction medium

水平	KT（mg/L）	IBA（mg/L）
1	0.5	0.1
2	0.8	0.2
3	1	0.3

1.3 壮苗培养及花芽诱导培养条件

将接种后的试验材料置于无菌培养室中，培养温度为 23±2℃，光照强度为 2500~3000lx，光照时间为 14h/d。所有试验培养基均添加琼脂 6g/L，pH 为 5.8。

1.4　数据统计

苗高(cm)＝从基质表面到植株顶端的垂直距离。

苗径(cm)＝植株左右两端的最大宽度。

花芽诱导率(%)＝形成花芽的植株/接种植株总数×100%。

使用SPSS22.0软件对数据进行方差分析,并用Duncan法进行多重比较,检验差异显著性($P \leqslant 0.05$)。

2　结果与分析

2.1　试管苗壮苗培养

2.1.1　生长素种类及浓度对壮苗的影响

壮苗培养是诱导试管苗开花前提。植株必须获得足够的营养物质,才能在一定条件下由营养生长向生殖生长转变,进入成花感受态,从而完成试管内开花。将增殖所获得的幼苗接入添加了IBA、NAA的壮苗培养基中,培养30d后统计苗高、苗径和长势。结果见表5。

本组试验结果显示,在不添加激素的条件下,植株的生长较弱,并且有叶片卷曲的现象。而添加IBA和NAA的各处理组苗高、苗径及苗的生长状态都与对照组存在显著差异。随着IBA和NAA浓度的增加,平均苗高呈现出降低的趋势。可见,较低浓度的生长素可以有效促进藻百年幼苗的生长,达到壮苗的效果。当NAA浓度为0.1mg/L时,藻百年的平均苗高达到最大值,为2.25cm,并且苗径达到最大值,为1.23cm。植株叶色浓绿,生长健壮,壮苗效果显著优于其他试验组。因此,综合试验数据与植株的生长情况分析,壮苗阶段最适宜的生长素为NAA 0.1mg/L。

2.1.2　无机盐浓度对壮苗的影响

选取长势相对一致的试管苗,转接到不同无机盐浓度的培养基中进行壮苗培养,培养30d后统计苗高、苗径和长势。结果见表6。

本组试验结果显示,培养基的成分与浓度的差异对于藻百年壮苗有很大的影响。苗高和苗径均随无机盐浓度的增大呈现先增大后减小的趋势。以MS为基本培养基时,平均苗高最高,为2.02cm,显著高于其他试验组,并且苗径达到最大值,为1.21cm。以MS和1/2MS为基本培养基时,植株叶色浓绿,生长强健,整体长势较好。但是以1/4MS为基本培养基时,由于无机盐浓度较低,为藻百年提供的营养物质较少,植株叶片颜色发黄,整体长势较弱。因此,综合试验数据与植株的生长情况分析,选择MS作为基本培养基更适合藻百年的壮苗培养。

表5　IBA、NAA浓度对壮苗的影响

Table 5　Effects of IBA and NAA on strengthening plantlets

试验号	IBA(mg/L)	NAA(mg/L)	苗高(cm)	苗径(cm)	生长情况
1	0	0	(1.64±0.12)bc	(0.75±0.06)de	部分叶片出现卷曲现象,长势较弱
2	0.1	0	(2.25±0.14)a	(1.23±0.05)a	叶色浓绿,植株健壮,长势较强
3	0.2	0	(1.86±0.10)b	(0.9±0.14)bcd	叶色浓绿,植株健壮,长势较强
4	0.5	0	(1.37±0.15)d	(0.64±0.4)e	部分叶片出现卷曲现象,长势较弱
5	0	0.1	(1.83±0.08)b	(0.99±0.49)bc	叶色浓绿,植株健壮,长势较强
6	0	0.2	(1.79±0.11)b	(1.03±0.11)b	叶色浓绿,植株健壮,长势较强
7	0	0.5	(1.49±0.14)cd	(0.82±0.13)cd	叶色绿,植株较矮,长势较弱

注:不同小写字母代表显著水平$P=0.05$上的差异。

表6　无机盐浓度对壮苗的影响

Table 6　Effects of inorganic salt on strengthening plantlets

试验号	无机盐浓度	苗高(cm)	苗径(cm)	生长情况
1	1/4MS	(1.21±0.10)c	(0.68±0.03)c	叶色发黄,植株较矮,长势较弱
2	1/2MS	(1.54±0.13)b	(0.90±0.06)b	叶色浓绿,植株健壮,长势较强
3	MS	(2.02±0.05)a	(1.21±0.01)a	叶色浓绿,植株健壮,长势较强
4	2MS	(1.04±0.60)c	(0.69±0.23)c	叶色浓绿,植株较矮,长势较强

注:不同小写字母代表显著水平$P=0.05$上的差异。

2.2 试管苗花芽诱导试验

2.2.1 细胞分裂素种类及浓度对花芽诱导的影响

单独添加细胞分裂素 6-BA、KT，设置不同的浓度诱导花芽，结果见表7。

细胞分裂素对藻百年花芽诱导差异较大。添加 KT 的各试验组中，5 号试验组（MS+KT 1.0mg/L）28d 后首先出现花芽。且随着 KT 浓度升高，花芽诱导率呈现先升高后降低的趋势。当 KT 浓度为 1.0mg/L 时，花芽诱导率达到最高，为 35.85%，显著高于其他各试验组，且植株长势良好。

6-BA 的各试验组中，1 号试验组（MS + 6-BA 0.5mg/L）34d 后首先出现花芽。各组花芽诱导率较低，且植株基部产生了较多的丛生芽和愈伤组织，6-BA 对藻百年花芽诱导的作用还需进一步分析。

KT 1.0mg/L 有利于藻百年花芽诱导，可以进一步探究最适花芽诱导的浓度。

2.2.2 生长素种类及浓度对花芽诱导的影响

在培养基中单独添加生长素 IBA、NAA，设置不同的浓度水平，对藻百年试管苗进行花芽诱导培养，结果见表8。

不同种类及浓度生长素对藻百年花芽诱导的影响不同，添加生长素能够显著提高花芽诱导率，且 IBA 对花芽诱导的促进作用显著高于 NAA。

IBA 的各试验组中，3 号试验组（MS+IBA 0.5mg/L）23d 后首先出现花芽。且随着 IBA 浓度升高，花芽诱导率呈现先升高后降低的趋势。当 IBA 浓度为 0.2mg/L 时，花芽诱导率达到最高，为 54.30%，显著高于其他各试验组，且植株长势良好。

NAA 的各试验组中，5 号试验组（MS + NAA 0.2mg/L）25d 后首先出现花芽。各试验组花芽诱导率随着 NAA 浓度升高而降低，但是仍高于空白对照组。且植株基部产生了不同程度的愈伤组织，不利于整体的观赏性，因此生长素 NAA 不适宜本试验中的花芽诱导。

IBA 0.2mg/L 有利于藻百年花芽诱导，可以进一步探究最适花芽诱导的浓度。

2.2.3 KT、IBA 组合配比对花芽诱导的影响

根据上述试验，筛选出藻百年花芽诱导的适宜细胞分裂素及生长素分别为 KT、IBA。因此以上述试验为基础，进一步探究其最适浓度及二者组合配比对藻百年花芽诱导的影响，结果见表9。

表7 细胞分裂素种类及浓度对花芽诱导的影响
Table 7 Effects of cytokinin types and concentrations on flower bud induction

试验号	6-BA（mg/L）	KT(mg/L)	花芽诱导率(%)	生长情况
1	0.5	0	(12.45±3.15)d	基部产生丛生芽及愈伤组织
2	1.0	0	(18.73±3.03)c	基部产生丛生芽及愈伤组织
3	1.5	0	(7.41±3.20)de	基部产生丛生芽及愈伤组织
4	0	0.5	(24.11±1.65)b	长势良好
5	0	1.0	(35.85±2.82)a	长势良好
6	0	1.5	(20.37±3.20)bc	长势良好
7	0	0	(3.29±2.92)e	生长较慢

注：不同小写字母代表显著水平 $P=0.05$ 上的差异。

表8 生长素种类及浓度对花芽诱导的影响
Table 8 Effects of auxin types and concentrations on flower bud induction

试验号	IBA（mg/L）	NAA（mg/L）	花芽诱导率(%)	生长情况
1	0.1	0	(47.03±2.48)b	长势良好
2	0.2	0	(54.30±2.74)a	长势良好
3	0.5	0	(42.64±3.42)bc	长势良好
4	0	0.1	(38.47±4.29)c	基部有少量愈伤组织
5	0	0.2	(33.31±2.02)d	基部有少量愈伤组织
6	0	0.5	(29.37±2.20)d	基部愈伤组织较多
7	0	0	(5.19±0.34)e	长势良好

注：不同小写字母代表显著水平 $P=0.05$ 上的差异。

表 9 KT、IBA 组合配比对花芽诱导的影响

Table 9 Effect of KT and IBA combination on flower bud induction

试验号	KT（mg/L）	IBA（mg/L）	花芽诱导率（%）	生长情况
1	0.5	0.1	(46.38±2.39)cd	长势良好
2	0.8	0.1	(47.77±3.02)c	长势良好
3	1.0	0.1	(42.97±1.96)de	部分叶片出现卷曲现象
4	0.5	0.2	(59.22±2.25)b	长势良好
5	0.8	0.2	(65.30±2.78)a	长势良好
6	1.0	0.2	(63.46±1.63)a	长势良好
7	0.5	0.3	(40.38±1.77)e	长势良好
8	0.8	0.3	(48.15±2.52)c	长势良好
9	1.0	0.3	(46.49±2.28)cd	部分叶片出现卷曲现象

注：不同小写字母代表显著水平 $P = 0.05$ 上的差异。

本组试验结果显示，KT、IBA 以适宜的浓度组合配比可以显著提高藻百年花芽诱导率。对各试验组经过持续观察，20d 后首先在 4 号试验组（KT 0.5mg/L + IBA 0.2mg/L）中出现花芽。在 KT 0.8mg/L + IBA 0.2mg/L 处理下，花芽诱导率达到最高，为 65.30%，显著高于其他各试验组。其次是 KT 1.0mg/L + IBA 0.2mg/L 处理，花芽诱导率为 63.46%。对试验结果进行进一步的单因子多重比较，结果见表 10。

表 10 KT、IBA 对花芽诱导的影响的单因子多重比较

Table 10 Separate multiple comparisons of KT、IBA on flower bud induction

KT（mg/L）	花芽诱导率（%）	IBA（mg/L）	花芽诱导率（%）
0.5	47.52b	0.1	45.71b
0.8	53.74a	0.2	62.66a
1	52.11a	0.3	45.01b

注：不同小写字母代表显著水平 $P = 0.05$ 上的差异。

IBA 对藻百年花芽诱导的影响作用最为显著，随着 IBA 浓度的升高，花芽诱导率先升高后降低，IBA 浓度为 0.2mg/L 时，平均花芽诱导率最大。KT 对藻百年花芽诱导的影响作用次之，花芽诱导率随着 KT 浓度的升高而升高，当 KT 浓度为 0.8mg/L 时，平均花芽诱导率达到最大。

综合试验数据与植株的生长情况分析，藻百年试管花芽诱导的适宜激素为 KT 0.8mg/L、IBA 0.2mg/L。

3 讨论

影响试管开花的因素有很多，如外植体、激素、营养物质、光照、水分、pH 等（孙朝辉 等，2013；张宵娟 等，2017）。其中，植物激素对于试管花芽诱导有着极为重要的作用。

一些研究发现，细胞分裂素是诱导试管苗开花不可或缺的因素，例如，细胞分裂素决定了重瓣丝石竹（*Gypsophila paniculata*）能否在试管中形成花芽（郑丽屏 等，2004）；春石斛（*Dendrobium nobile*）在 6-BA 和 TDZ 组合处理下花芽诱导率达到最高（张新平，2008）。多数研究认为单独使用 6-BA 的条件下即可诱导出花芽（Jana & Shekhawat，2011；Nagaveni，2013；王一诺 等，2016）。本试验结果显示，单独使用 6-BA 或 KT 对藻百年试管苗花芽诱导有一定促进作用，KT 的诱导效果最佳。

生长素也在试管花芽诱导试验中经常使用。生长素在花芽诱导中的作用因试验材料不同而异。部分研究者认为，单独使用生长素对于试管花芽诱导具有抑制作用（王力超和周志钦，1996；Lin *et al.*，2003）。而部分研究表明，单独添加生长素可以诱导试管苗花芽分化并开花（刘燕 等，2007；罗娅 等，2009）。张燕等（2015）单独使用适宜浓度 NAA 可以诱导桔梗（*Platycodon grandiflorus*）试管开花。本试验单独使用 IBA、NAA 对藻百年进行花芽诱导，结果显示 IBA 的效果显著优于 NAA，与刘纯玲（2012）对窄头囊吾（*Ligularia stenocephala*）花芽诱导的结论一致。

生长素与细胞分裂素配合使用对于某些植物诱导花芽效果更佳。郜旭芳（2012）在勋章菊（*Gazania rigens*）花芽诱导试验中发现，单独使用 6-BA 时，花芽诱导率最高为 30%，当 6-BA 0.5mg/L 与 NAA 0.1mg/L 配合使用时，花芽诱导率达到 48.9%。董璐（2015）同样也发现，单独使用细胞分裂素或生长素时均无法诱导长寿花（*Kalanchoe blossfeldiana*）形成花芽，细胞分裂素与生长素配比使用时则诱导出花芽。本试验在分别筛选出藻百年花芽诱导的适宜细胞分裂素和生长素种类后，进一步探究了两种激素组合配比对藻百年花芽诱导的影响，结果显示，两种激素组合配比效果优于单独使用一种激素，最适宜浓度配比为 KT 0.8mg/L + IBA 0.2mg/L。

　　试管花卉又称"迷你花卉"，是一种新型的花卉商品类型，虽然目前试管花卉产品还未在市场中大量出现，但是随着试管开花植物种类的增多、技术的完善和改进，产品成本和技术难度降低，这类产品的市场份额将会增长，并将会成为花卉产业的新亮点之一。本文初次尝试了藻百年品种的试管开花技术，今后需在提高增殖系数和花芽诱导率、延长试管内花期、降低技术难度和成本等方面进一步加深研究，助力藻百年试管花卉商品的生产，丰富试管花卉商品种类，为其未来的市场发展奠定基础。

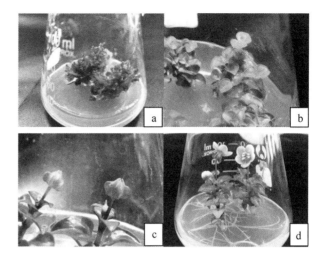

图版　藻百年试管开花

图版说明：a：丛生芽增殖阶段；b：壮苗阶段；c：花芽诱导阶段；d：试管苗开花

参考文献

董璐，2015. 三种草本花卉试管开花组织培养技术研究 [D]. 北京：北京林业大学.

郜旭芳，2012. 勋章菊的组培快繁及试管开花研究 [D]. 洛阳：河南科技大学.

刘燕，陈训，2007. 西洋杜鹃试管苗开花研究 [J]. 种子，(01)：6-8.

罗娅，汤浩茹，邓涛艳，等，2009. 长寿花快繁及试管苗开花研究 [J]. 安徽农业科学，37(06)：2389-2390+2394.

孙朝辉，龙美珍，段秀梅，等，2013. '香槟'月季的组织培养和试管开花诱导 [J]. 植物生理学报，49(11)：1261-1266.

王力超，周志钦，1996. 锦团石竹离体培养成花的研究 [J]. 西南农业大学学报，(05)：23-25.

王一诺，李翠，肖冬，等，2016. 中华石蝴蝶组织培养及试管开花诱导 [J]. 江苏农业科学，44(12)：98-100.

张华，白志川，刘世尧，等，2009. 试管开花植物研究现状及展望 [J]. 安徽农业科学，37(17)：7958-7960.

张先云，袁秀云，马杰，2009. 藻百年的组培快繁技术研究 [J]. 安徽农业科学，37(11)：4878-4879.

张宵娟，邓光华，连芳青，等. 2017. 千日红无菌苗生长及试管开花诱导 [J]. 草业科学，34(11)：2245-2253.

张新平，2008. 春石斛兰组培增殖及兰花试管开花研究 [D]. 杨凌：西北农林科技大学.

张燕，黎斌，张莹等，2015. 桔梗植株再生体系的建立及试管内开花现象 [J]. 陕西农业科学，61(10)：18-22+39.

郑丽屏，王玲仙，孙一丁，等，2004. 重瓣丝石竹试管花的诱导 [J]. 西南农业学报，(S1)：58-61.

Jana S, Shekhawat G S. 2011. Plant growth regulators, adenine sulfate and carbohydrates regulate organogenesis and *in vitro* flowering of *Anethum graveolens* [J]. Acta physiologiae plantarum, 33(2)：305-311.

Lin C C, Lin C S, Chang W C. 2003. *In vitro* flowering of *Bambusa edulis* and subsequent plantlet survival [J]. Plant Cell, Tissue and Organ Culture, 72(1)：71-78.

Nagaveni C, Rajanna L. 2013. *In vitro* flowering in *Vitex trifolia* L. [J]. Botany Research International , 6(1)：13-16.

中国观赏园艺研究进展 2020：336~341
Advances in Ornamental Horticulture of China，2020：336~341

不同阴干天数及基质对百合鳞片分化小球的影响

张宏伟　顾俊杰　霍文雨

（上海鲜花港企业发展有限公司，上海 201303）

摘要　以'索邦''西伯利亚'两个百合品种的鳞片为试验材料，分别对鳞片阴干预处理、鳞片分化小球基质的筛选这两个方面对百合无性繁殖方面进行研究。结果表明：'索邦'百合鳞片在阴干 5d 时分化小球的质量最好，'西伯利亚'百合鳞片在阴干 1d 时分化小球质量最佳；纯泥炭对于鳞片分化的效果最好，且泥炭与鳞片体积比为 2∶1 时，催化小球质量最佳。

关键词　基质；百合；鳞片；泥炭；鳞片分化

Effects of Different Days of Shade and Substrate on the Differentiation of *Lilium* Bulb

ZHANG Hong-wei　GU Jun-jie　HUO Wen-yu

（*Shanghai Flowerport Enterprise Development Co.*，*Ltd*，*Shanghai* 201303，*China*）

Abstract　The scales of two lilies, i. e. 'Sorbonne' and 'Siberia', were used as experimental materials to study the asexual propagation of lilies in two aspects, i. e. the pre-treatment of scales in shade and the selection of bulb matrix for scale differentiation. The results showed that the quality of differentiation pellets was the best when the scale of 'Sorbonne' Lily was dried in the shade for 5 days, and that of 'Siberia' Lily was dried in the shade for 1 day; the effect of differentiation pellets was the best when the ratio of peat to vermiculite and the mixture of both was equal, and the quality of catalytic pellets was the best when the ratio of peat to scale was 2∶1.

Key words　Matrix；Lily；Scale；Peat；Scale differentiation

百合（*Lilium* spp.）是单子叶植物亚纲百合科（Liliaceae）百合属（*Lilium*）的所有种类的总称。它既是名贵的鲜切花花卉植物，又是可食用的蔬菜和药用植物。随着市场经济的发展，鲜切花百合市场需求广阔，种球的需求量也大幅上升。百合的种球快繁途径主要有播种繁殖、小鳞茎分株繁殖、鳞片扦插及组织培养[1]。播种繁殖周期长，小鳞茎分株繁殖退化较严重，繁殖系数低，而组织培养虽能较好地脱毒、快繁和复壮，但生产投资大、人员素质要求高，不易在生产中推广[2]。鳞片扦插繁殖是百合繁殖的常用方法，不但能较好地保持品种特征，又能达到快繁复壮之目的。扦插前鳞片处理以及催芽至关重要。以往对鳞片扦插前处理的有关研究也不少，但常规基质催芽鳞片成活率、繁殖系数低。百合鳞片包埋法是在传统鳞片扦插法的基础上发展而来，通过对鳞片扦插的技术改进，增加了鳞片的繁殖系数[3]。但是从根本上来说，鳞片包埋法其实质也是鳞片扦插。其优点是减少鳞片内水分损失，有利于产生小子球，最关键是环境条件可以调控，在日常管理上比传统方法节约大量的人力

物力，也可以合理利用空间来进行规模化生产。尽管鳞片扦插繁殖技术已在生产中大量使用，但目前仍是主要的研究课题之一[4,5]，这也是目前规模化生产百合种球的主要方法之一。

本试验从鳞片阴干处理及筛选不同催芽基质入手，研究东方百合扦插预处理技术，旨在探索出东方百合鳞片扦插繁殖复壮措施，为新品种扩繁和种球工厂化生产提供理论依据。

1　材料与方法

1.1　材料

以荷兰进口的标准百合商品种球'索邦'（Sorbonne）和'西伯利亚'（Siberia）为试验材料，要求球形饱满、鳞片紧实完整无创伤、无病虫、基盘主根粗壮、茎眼修复良好、芽粗壮，周径 18~20cm。每个品种选取中层鳞片大小一致各 20 片，各 3 个重复。

农药：克菌丹、甲基托布津。

泥炭：规格 0~20mm。

蛭石：市场常见规格。

1.2 方法

1.2.1 不同阴干天数试验方法

试验在上海鲜花港云南高山基地温室进行，剥取百合种球鳞片，将其浸泡在克菌丹 200 倍、甲基托布津 500 倍的混合溶液中浸泡 15min，分别在室内通风条件下阴干 0d、1d、3d、5d。阴干后与含有 70% 水分的泥炭按照泥炭鳞片体积比为 2：1 进行均匀混合，混合后放入带有均匀透气孔的塑料袋内，把扎好的塑料袋放入塑料筐。随后放入 24±1℃ 的冷库内进行鳞片分化小球，保持湿度在 65% 左右，保持冷库通风换气，8 周后冷库温度降至 3±1℃，打破鳞片休眠，12 周后从基质中分拣小球，计算鳞片分化小球增殖率，测量小球质量、直径，数据采用 Microsoft Excel 数据分析工具，结合利用 SPSS 22 数据处理软件做差异显著性分析。增殖率 = 产生小子球数/调查鳞片总数。子球直径用游标卡尺测量。

1.2.2 不同混合基质试验方法

根据以上预试验，选取阴干 5d 的'索邦'百合鳞片，阴干 1d 的'西伯利亚'百合鳞片分别与含有 70% 水分的泥炭、蛭石、泥炭：蛭石 1：1 三种基质按照基质：鳞片体积比为 2：1、2.5：1、3：1、4：1 进行均匀混合，混合后放入带有均匀孔隙的塑料袋内，扎好塑料袋放入塑料筐。随后放入 24±1℃ 的冷库内进行鳞片分化小球，湿度保持在 65% 左右，保持冷库通风换气，8 周后冷库温度降至 3±1℃，打破鳞片休眠，12 周后从基质中分拣小球，计算鳞片分化小球增殖率，测量小球质量、直径。

数据采用 Microsoft Excel 数据分析工具，结合利用 SPSS 数据处理软件做差异显著性分析。增殖率 = 产生小子球数/调查鳞片总数。子球直径用游标卡尺测量。

2 结果与分析

2.1 阴干天数对百合鳞片分化的影响

由表 1 可知，对于百合品种'索邦'，鳞片分化子球个数在阴干处理 5d 时效果最为显著，增殖率比对照（阴干天数为 0）增加 57.41%，而阴干 1d 和 3d 分别增加 35.80% 和 4.94%，效果均优于对照。处理 5d 后子球总重量比对照显著增加 77.26%，而处理 1d 和 3d 的分别增加 3.48% 和减少 9.77%，处理效果显著弱于 5d。对于单个子球重量，处理 1d、3d 的鳞片分化单个小球的质量相比对照分别减少 23.77%、13.88%，而处理 5d 后单个小球质量增加 12.65%。

子球直径与抽茎能力呈正相关，是衡量分化小球质量优劣的重要指标，由表 1 可知，在处理 5d 后子球直径达到 8.00mm，比对照显著增加 51.52%，而处理 1d 和 3d 后小球质量有不同程度的降低，分别为 18.37%、2.27%，不利于小球质量的提升。总之，对于百合'索邦'品种在阴干处理 5d 时，鳞片分化小球质量最佳，达到显著水平。

对于百合品种'西伯利亚'，鳞片分化子球个数在阴干处理 1d、3d、5d 时分别增加 0、11.90%、7.14%，与对照相比无显著差异。处理 1d、3d 后子球总重量比对照显著增加 36.62%、19.33%，而处理 5d 增加 0.37%，处理效果显著弱于 1d、3d 的处理。对于单个子球重量，处理 1d、3d 的鳞片分化单个小球的质量相比效果不显著。对于单个子球重量，处理 3d 的鳞片分化单个小球的质量相比对照增加 23.77%、处理 5d 后分化小球质量减少 6.10%，而处理 1d 后单个小球质量增加 37.13%，达到显著水平。由表 1 可知，子球直径在处理 1d 后达到 7.58mm，比

表 1 阴干天数对百合鳞片分化的影响

Table 1 Effect of dry days in the shade on the differentiation of Lily scales

品种 variety	阴干天数(d) Dry day	鳞片数(个) Total scales	子球数(个) Total bulbs	增殖率 Progation of a scale	子球总重量(g) Total weight of bulbs	子球重量(g) Bulb weiht	子球直径(mm) Bulb diamater
'索邦' Sorbonne	0(对照)	20	54.00±1c	2.70±0.05c	17.73±1.12bc	0.33±0.02a	5.28±0.01b
	1	20	74.00±1b	3.70±0.05b	18.35±0.3b	0.25±0.001b	4.31±0.1c
	3	20	57.00±1.5c	2.83±0.08c	16.00±1c	0.28±0.03b	5.16±0.01b
	5	20	85.00±1a	4.25±0.05a	31.43±1.36a	0.37±0.02a	8.00±0.06a
'西伯利亚' Siberia	0(对照)	20	42.00±2a	2.10±0.1a	17.93±0.51b	0.43±0.01b	6.51±0.35b
	1	20	42.00±3a	2.10±0.15a	24.50±0.61a	0.59±0.05a	7.58±0.12a
	3	20	47.00±1a	2.35±0.05a	21.40±0.10a	0.46±0.01b	6.45±0.37b
	5	20	45.00±2a	2.25±0.1a	18.00±1.00b	0.41±0.04b	6.78±0.26b

注：同列不同小写字母表示在 0.05 水平上差异显著，下表同。

表2 不同泥炭与鳞片体积比对分化小球质量的影响

Table 2　Effect of different volume ratio of peat and scale on the quality of differentiated pellets

品种 variety	泥炭与鳞片质量比 Mass ratio of peat to scale	鳞片数(个) Total scales	子球数(个) Total bulbs	增殖率(%) Scale Progation	子球总重量(g) Total bulbs weight	子球重量(g) Bulb weight	子球直径(mm) Bulb diamater
'索邦' Sorbonne	P 2∶1	20	53.67±1.53b	2.70±0.2b	29.10±0.92a	0.54±0.02a	8.83±0.09a
	P 2.5∶1	20	55.00±1b	2.75±0.01b	23.77±0.06b	0.43±0.01b	6.89±0.09b
	P 3∶1	20	42.00±1c	2.10±0.05c	19.00±0.3c	0.45±0.02b	6.71±0.2b
	P 4∶1	20	73.02±0.1a	3.58±0.07a	25.00±0.1b	0.35±0.03c	5.93±0.11c
'西伯利亚' Siberia	P 2∶1	20	45.00±2d	2.25±0.1d	27.73±1.05a	0.62±0.09a	7.02±0.06a
	P 2.5∶1	20	58.00±1b	2.90±0.05b	18.60±1bc	0.32±0.07b	5.26±0.01b
	P 3∶1	20	54.00±1c	2.70±0.05c	17.00±0.7c	0.31±0.04b	5.28±0.5b
	P 4∶1	20	64.00±1a	3.20±0.05a	20.05±1.3b	0.32±0.02b	5.22±0.2b

对照显著增加16.49%，而处理3d后小球直径减少0.92%、处理5d后小球直径增加4.15%。总之，对于'西伯利亚'百合种球鳞片在阴干处理1d时，鳞片分化小球质量最佳，达到显著水平。

2.2　不同基质与鳞片体积比对分化小球的影响

2.2.1　不同泥炭与鳞片体积比对分化小球质量的影响

由表2可知，对于百合品种'索邦'，泥炭与鳞片配比在2∶1、2.5∶1、3∶1、4∶1时子球个数分别为53.67、55.00、42.00、73.02个，增殖率分别为2.70、2.75、2.10、3.58，其中基质配比在4∶1时分化小球数量最多，增殖率最高，效果最显著。子球总重量分别为29.10g、23.77g、19.00g、25.00g，单个子球重量分别为0.54g、0.43g、0.45g、0.35g，子球直径分别为8.83mm、6.89mm、6.71mm、5.93mm，其中泥炭与鳞片配比在2∶1时，分化的子球总重、单个重量、子球直径效果显著优于其他处理。因此对于百合品种索邦，泥炭与鳞片配比在2∶1时为最优分化小球处理。

对于百合品种'西伯利亚'，泥炭与鳞片配比在2∶1、2.5∶1、3∶1、4∶1时子球个数分别为45.00、58.00、54.00、64.00个，增殖率分别为2.25、2.90、2.70、3.20，其中基质配比在4∶1时分化小球数量最多，增殖率最高，效果最显著。子球总重量分别为27.73g、18.60g、17.00g、20.05g，单个子球重量分别为0.62g、0.32g、0.31g、0.32g，子球直径分别为7.02mm、5.26mm、5.28mm、5.22mm，其中泥炭与鳞片配比在2∶1时，分化的子球总重、单个重量、子球直径效果显著优于其他处理。对于百合品种'西伯利亚'，泥炭与鳞片配比在2∶1时为最佳分化小球基质。

在百合鳞片分化小球的实际生产过程中，小球只有较高的增殖率不足以代表以后生产过程中成品的产量与质量，小球重量及直径才是衡量小球质量的主要生理指标，最重要的是小球的直径，直径与播种后小球的抽茎率呈正相关，因此以下分析过程中主要以小球的直径作为分化小球的标准。

2.2.2　不同蛭石与鳞片体积比对分化小球质量的影响

表3　不同蛭石与鳞片体积比对分化小球质量的影响

Table 3　Effect of volume ratio of vermiculite and scale on the quality of differentiated pellets

品种 variety	蛭石与鳞片质量比 Mass ratio of vermiculite to scale	鳞片数(个) Total scales	子球数(个) Total bulbs	增殖率(%) Scale Progation	子球总重量(g) Total bulbs weight	子球重量(g) Bulb weight	子球直径(mm) Bulb diamater
'索邦' Sorbonne	V 2∶1	20	54.00±0.2b	2.70±0.01b	20.57±1.43b	0.39±0.02a	5.19±0.09b
	V 2.5∶1	20	63.00±1.1a	3.51±0.05a	21.73±0.06b	0.34±0.04b	5.43±0.02b
	V 3∶1	20	52.00±1.3b	2.60±0.05b	20.40±0.3b	0.39±0.09a	5.73±0.59b
	V 4∶1	20	63.10±2a	3.15±0.1a	24.90±1.2a	0.40±0.4a	6.76±0.46a

（续）

品种 variety	蛭石与鳞片质量比 Mass ratio of vermiculite to scale	鳞片数(个) Total scales	子球数(个) Total bulbs	增殖率(%) Scale Progation	子球总重量(g) Total bulbs weight	子球重量(g) Bulb weight	子球直径(mm) Bulb diamater
'西伯利亚' Siberia	V 2：1	20	62.00±1c	3.10±0.05c	25.43±0.15a	0.41±0.03a	6.09±0.2a
	V 2.5：1	20	63.00±1.1c	3.15±0.05c	21.70±0.9bc	0.34±0.02ab	5.43±0.2b
	V 3：1	20	75.00±2b	3.75±0.1b	20.00±2c	0.27±0.27b	4.81±0.1c
	V 4：1	20	86.00±2a	4.30±0.1a	23.90±1.2ab	0.28±0.03b	4.93±0.15c

由表3可知，对于百合品种'索邦'，蛭石与鳞片配比在2：1、2.5：1、3：1、4：1时子球个数分别为54.00、63.00、52.00、63.10个，增殖率分别为2.70、3.51、2.60、3.15，其中基质配比在2.5：1与4：1时分化小球数量最多，增殖率最高，效果最显著。单个子球重量分别为0.39g、0.34g、0.39g、0.40g，处理之间无差异。子球总重量分别为20.57g、21.73g、20.40g、24.90g，子球直径分别为5.19mm、5.43mm、5.73mm、6.76mm。其中蛭石与鳞片配比在4：1时，分化的子球总重、单个重量、子球直径效果显著优于其他处理。因此蛭石与鳞片配比在4：1时为最优分化小球处理。因此对于百合品种'索邦'，蛭石与鳞片配比在4：1时为最优分化小球处理。

对于百合品种'西伯利亚'，蛭石与鳞片配比在2：1、2.5：1、3：1、4：1时子球个数分别为62.00、63.00、75.00、86.00个，增殖率分别为3.10、3.15、3.75、4.30，其中基质配比在4：1时分化小球数量最多，增殖率最高，效果最显著。子球总重量分别为25.43g、21.70g、20.00g、23.90g，单个子球重量分别为0.41g、0.34g、0.27g、0.28g，子球直径分别为6.09mm、5.43mm、4.81mm、4.93mm，其中基质与鳞片配比在2：1时，分化的子球总重、单个重量、子球直径效果显著优于其他处理。因此百合品种'西伯利亚'，蛭石与鳞片配比在2：1时为最优分化小球处理。结果表明，随着扦插基质中蛭石含量的逐渐增加，扦插百合鳞片的增殖率有较大程度的提高，但所形成的子球增长量逐渐变小，当扦插基质中蛭石含量较高时，透气、利水性较好，有利于鳞片萌生子球，但营养不足导致子球生长发育不良，与单艳[6]研究珍珠岩对鳞片分化小球结果相似。

2.2.3 泥炭：蛭石1：1混合基质与鳞片配比对分化小球质量的影响

表4　泥炭：蛭石1：1混合机制与鳞片配比对分化小球质量的影响

Table 4　Effect of different proportion of peat and vermiculite and the proportion of scales on the quality of differentiated pellets

品种 variety	混合基质与鳞片质量比 Mass ratio of Mixed matrix to scale	鳞片数(个) Total scales	子球数(个) Total bulbs	增殖率(%) Scale progation	子球总重量(g) Total bulbs weight	子球重量(g) Bulb weight	子球直径(mm) Bulb diamater
'索邦' Sorbonne	M 2：1	20	61.00±0.9b	3.05±0.05b	22.00±1bc	0.38±0.1a	6.25±0.1c
	M 2.5：1	20	53.00±1a	2.65±0.05c	25.70±0.2a	0.48±0.04a	6.88±0.34b
	M 3：1	20	42.00±1.9b	2.10±0.1d	19.80±1c	0.47±0.04a	7.63±0.11a
	M 4：1	20	68.00±3a	3.40±0.15a	23.50±1ab	0.35±0.1a	6.11±0.11c
'西伯利亚' Siberia	M 2：1	20	79.00±2a	3.95±0.1a	23.00±1.1a	0.29±0.01a	4.69±0.01d
	M 2.5：1	20	63.00±1.9c	3.15±0.1c	18.40±0.3b	0.30±0.05a	5.34±0.02b
	M 3：1	20	67.00±0.58bc	3.38±0.03bc	21.70±0.1a	0.32±0.04a	5.78±0.12a
	M 4：1	20	64.00±2bc	3.20±0.1bc	17.40±0.4b	0.27±0.01a	5.00±0.2c

由表4可知，对于百合品种'索邦'，混合基质与鳞片配比在2：1、2.5：1、3：1、4：1时子球个数分别为61.00、53.00、42.00、68.00个，增殖率分别为3.05、2.65、2.10、3.40，其中基质配比在4：1时分化小球数量最多，增殖率最高，效果最显著。子球总重量分别为22.00g、25.70g、19.80g、23.50g，处理对比为2.5：1时效果较好。子球直径分别为6.25mm、6.88mm、7.63mm、6.11mm，其中基质与鳞片配比在3：1时，分化的子球直径效果显著优于其他处理。单个子球重量分别为0.39g、0.34g、0.39g、0.40g，处理之间无差异。因此与混合基质与鳞片配比在3：1时为最优分化小球处理。因此对于百合品种'索邦'与混合基质与鳞片配比在3：1时为最优分化小球处理。

对于百合品种'西伯利亚'，混合基质与鳞片配比在2∶1、2.5∶1、3∶1、4∶1时子球个数分别为79.00、63.00、67.00、64.00个，增殖率分别为3.95、3.15、3.38、3.20，其中基质配比在2∶1时分化小球数量最多，增殖率最高，效果最显著。子球总重量分别为23.00g、18.40g、21.70g、17.40g，单

个子球重量分别为0.29g、0.30g、0.32g、0.27g，比例在2∶1与3∶1时鳞片分化效果最好。子球直径分别为4.69mm、5.34mm、5.78mm、5.00mm，其中基质与鳞片配比在3∶1时，子球直径效果显著优于其他处理。因此对于百合品种'西伯利亚'与混合基质与鳞片配比在3∶1时为最优分化小球处理。

表5 泥炭、蛭石、泥炭∶蛭石1∶1混合三种基质对鳞片分化的影响

Table 5 Effect of proportion mixture of peat, vermiculite, peat and vermiculite on scale differentiation

品种 variety	不同基质与鳞片质量比 Mass ratio of different substrates and scales	鳞片数(个) Total scales	子球数(个) Total bulbs	增殖率(%) Scale Progation	子球总重量(g) Total bulbs weight	子球重量(g) Bulb weight	子球直径(mm) Bulb diamater
'索邦' Sorbonne	P 2∶1	20	53.67±1.53b	2.70±0.1b	29.10±0.92a	0.54±0.02a	8.83±0.09a
	V 4∶1	20	63.00±2.1a	3.15±0.05a	24.90±1.2b	0.40±0.11a	6.76±0.46c
	M 3∶1	20	42.00±1.9b	2.10±0.1c	19.80±1c	0.47±0.04a	7.63±0.11b
'西伯利亚' Siberia	P 2∶1	20	45.00±2c	2.25±0.1c	27.73±1.05a	0.62±0.09a	6.57±0.09a
	V 2∶1	20	62.00±1b	3.10±0.05b	25.43±0.15b	0.41±0.03b	6.09±0.2b
	M 3∶1	20	67.00±0.58a	3.38±0.03a	21.70±0.1c	0.32±0.04b	5.78±0.12c

2.3 泥炭、蛭石、泥炭∶蛭石1∶1混合三种基质对鳞片分化的影响

由表2、表3、表4可知，对于百合品种'索邦'，不同基质与鳞片的配比分别为泥炭为2∶1，蛭石为4∶1，泥炭∶蛭石1∶1混合基质为3∶1时催化小球综合指标最好；对于百合品种'西伯利亚'，不同基质与鳞片的配比分别为泥炭为2∶1，蛭石为2∶1，泥炭∶蛭石1∶1混合基质为3∶1时催化小球质量最佳。为了选出最优针对不同品种的最佳分化小球基质，将做以下分析。

由表5可知，对于百合品种'索邦'，泥炭、蛭石、泥炭∶蛭石1∶1混合基质与催化子球个数分别为53.67、63.00、42.00个，增殖率分别为2.70、3.15、2.10，其中蛭石分化小球数量最多，增殖率最高，效果最显著。子球总重量分别为29.10g、24.90g、19.80g。子球直径分别为8.83mm、6.76mm、7.63mm，其中泥炭分化的子球子球直径效果显著优于其他处理。单个子球重量分别为0.54g、0.40g、0.47g，处理之间无差异。对于百合品种'索邦'，最佳分化小球基质为泥炭，且泥炭与鳞片体积比为2∶1。

对于百合品种'西伯利亚'，泥炭、蛭石、泥炭∶蛭石1∶1混合基质与催化子球个数分别为45.00、62.00、67.00个，增殖率分别为2.25、3.10、3.38，其中蛭石与泥炭的混合基质分化小球数量最多，增殖率最高，效果最显著。子球总重量分别为27.73g、25.43g、21.70g，单个子球重量分别为0.62g、0.41g、0.32g，子球直径分别为6.57mm、6.09mm、

5.78mm，其中泥炭分化的子球子球直径效果显著优于其他处理，子球直径效果显著优于其他处理。

对于百合品种'西伯利亚''索邦'，最佳分化小球基质为泥炭，且泥炭与鳞片体积比为2∶1。这可能是由于泥炭的透水透气性强，保水性较强，鳞片不易发生腐烂，且泥炭能提供一定养分，促进小球生长，催化小球质量较好。综合上述试验认为，百合鳞片的扦插基质以的泥炭最为理想。

3 讨论

百合鳞片一般都较脆弱，直接扦插易造成鳞片的断裂、损伤而腐烂[7]。百合鳞片阴干处理可增强鳞片的机械强度，减少组织的含水量，提高束缚水/自由水的比率；降低组织或细胞电解质渗出率，能有效预防鳞片腐烂，防止扦插过程中病菌感染，提高种球繁殖系数，增加分化小球成活率及质量，促进子球萌发。

研究表明阴干逆境胁迫能起到刺激鳞片内部酶的活性，在百合鳞茎膨大发育过程中，往往通过有关酶活性的增加和加速物质转化以满足鳞片形态发生的需要[8]，促使原生质黏性降低和细胞膜的透性增加，整个代谢都随之增快，从而使营养液激素达到一个新的平衡，有利于扦插后子球的分化，在实际生产过程中有积极意义。试验结果表明'索邦'百合鳞片最适宜的阴干天数是5d，'西伯利亚'百合鳞片适合阴干天数为1d。研究表明阴干时间与品种有一定关系，阴干过长，组织中的水分过分蒸发，则不利于扦插后鳞片的萌发和子球的形成[9]。

据黄作喜等[10]、李益峰[11]等报道，不同配比基质对子球产生的主要影响因素是基质养分成分不同。且基质配比的保水性、透气性和一定的营养是子球产生和生长的必要条件。试验结果表明，通过对3种不同配比基质处理的子球增殖、生长情况的分析发现：泥炭与鳞片配比为2：1时催化鳞片质量较好，主要表现为促进百合子球的发生，并显著增加小鳞茎的直径、质量，缩短繁育时间。本试验泥炭有机质含量达到97.9%，基质内含有大量元素与微量元素的营养启动剂，与其他普通泥炭相比优势明显。这也是与孙红梅[12]研究发现锯木屑比泥炭催化鳞片分化小球质量较好不同的原因。与李艾薇[13]发现3种东方百合在泥炭中鳞片分生小球质量较好的研究结果一致。

且与蛭石相比，泥炭有机质含量高好，而蛭石和泥炭的混合基质保水性较强，使鳞片发生小球时因水分过多而易腐烂而不易小球膨大，这与梁凤轿[14]泥炭与蛭石比为1：1时鳞片产生一定腐烂结果相似。综合上述试验认为，百合鳞片的扦插基质以消毒处理后的泥炭最为理想。且单一泥炭比蛭石和两者混合物具有透气性强、能提供一定的养分的优点，且操作起来方便简单，适合生产、推广。

参考文献

[1] 郑爱珍，张峰. 百合的繁殖方法[J]. 北方园艺，2004，(4)：43.

[2] 周秀玲，李家敏. 不同植物生长调节剂对卷丹百合鳞片扦插繁殖的影响研究[J]. 种子，2011，30（12）：38-40.

[3] 李民，百合鳞片扦插繁殖技术的研究[D]. 武汉：华中农业大学植物科学技术学院，2006.

[4] Pablo A M, Luis F H, Cecilia P P, et al. Bulblet differentiation after scale propagation of *Lilium longiflorum*[J]. Journal of theAmerican Society for Horticultural Science，2003，128(3)：324-329.

[5] 丁仁展，熊丽，陈敏，等. 百合鳞片扦插时机和方法对籽球新芽萌生形态及开花的影响[J]. 云南农业学报，2007，20(6)：1299-1303.

[6] 单艳，李枝林，赵辉. 百合鳞片扦插繁殖技术研究综述[J]. 中国农学通报，22(8).

[7] 宁云芬，周厚高，黄玉源，等. 百合种球繁育的研究进展[J]. 仲恺农业技术学院学报，2002，15（2）：66-70.

[8] Choi S T, Jung W Y, Ahn H G. The role of scale on growth and flowering of *L ilium* spp. [J]. Journal of the Korean Society for Horticultural Science，1998，39（6）：780-783.

[9] 王爱勤，何龙飞，盛玉萍，等. 百合鳞片不同处理与鳞茎形成关系的研究[J]. 基因组学与应用生物学，2003，22(3)：182-185.

[10] 黄作喜，王祥宁，李克，等. 百合鳞片扦插繁殖措施研究[J]. 天津农业科学，2001，7(4)：12.

[11] 李益锋，黄益鸿，肖君泽. 不同基质对龙牙百合鳞片繁殖的影响[J]. 江西农业学报，2006，18(3)：82-85.

[12] 孙红梅，贾子坤，王春夏. GA₃、IBA以及不同基质对精粹百合鳞片扦插繁殖的影响[J]. 林业科学，2008，(12)：65-70.

[13] 李艾徽. 3种基质对百合鳞片扦插繁殖的影响[J]. 南方园艺，2014，25(3)：11-13.

[14] 梁凤娇，熊浩舰，李玥，等. 西伯利亚百合的鳞片扦插繁殖试验[J]. 安徽农业科学，2012，(31)：35-36.

文心兰炭疽病生防菌的筛选初探

汪玉玲　郭向阳　郭梨锦　宋希强*

（海南大学热带特色林木花卉遗传与种质创新教育部重点实验室/海南大学林学院，海口 570228）

摘要　炭疽病是文心兰（*Oncidium*）的主要病害之一，严重影响文心兰经济价值。目前主要通过喷施化学农药防控炭疽病，然而频繁施用化学药剂容易出现污染环境，产生抗药性等问题。采用生防菌进行生物防治是实现文心兰病害绿色防控的有效途径。本研究以文心兰炭疽病优势病原菌胶孢炭疽菌（*Colletotrichum gloeosporioides*）为靶标菌，从海南省海口市的文心兰栽培基地的温室采集文心兰'博大一号'植株叶片中分离内生细菌和真菌，采用平板对峙法进行生防菌筛选。研究发现木霉菌属 *Trichoderma asperellum*、镰孢菌属 *Fusarium solani*、*Fusarium oxysporum*、*Fusarium chlamydosporum* 和 *Fusarium* sp. 、青霉菌属 *Penicillium aculeatum*、篮状菌属 *Talaromyces aculeatus*、*Talaromyces verruculosus*、芽孢杆菌属 *Bacillus amyloliguefaciens*、*Bacillus velezensis* 和巨座壳属 *Muyocopron alcornii*，共计 13 株对胶孢炭疽菌的抑制率均超过 50%。通过回接文心兰盆栽苗进行致病性验证试验，发现木霉菌属 *Trichoderma asperellum*、青霉菌属 *Penicillium aculeatum*、*Penicillium citreosulfuratum*、篮状菌属 *Talaromyces aculeatus*、*Talaromyces verruculosus*、芽孢杆菌属 *Bacillus amyloliguefacien* 和 *Bacillus velezensis*、巨座壳属 *Muyocopron alcornii*、镰孢菌属 *Fusarium chlamydosporum*，共计 9 株菌株对文心兰没有致病性，具有良好的生防菌潜力。这些文心兰炭疽病生防菌的筛选，为将来研发文心兰炭疽病生物防治菌剂奠定基础。

关键词　文心兰；炭疽病；胶孢炭疽菌；生防菌

Screening of Biocontrol Strains for Anthrax of *Oncidium*

WANG Yu-ling　GUO Xiang-yang　GUO Li-jin　SONG Xi-qiang*

（*Key Laboratory of Genetics and Germplasm Innovation of Tropical Special Forest Trees and Ornamental Plants*，*Ministry of Education*，*College of Forestry*，*Hainan University*，*Haikou* 570228，*China*）

Abstract　Anthrax，which is one of the main diseases of *Oncidium*，seriously affects the economic value of *Oncidium*. Currently，anthrax is mainly controlled by using chemical pesticides. However，frequent application of chemical pesticides would cause a series of problems such as environmental pollution and drug resistance. Biological control is considered as an effective way to realize the green prevention and control of the diseases of *Oncidium*. In this study，in order to obtain the biolcontrol strains to control *Colletotrichum gloeosporioides*，which is the dominant pathogen of anthrax，the endophytic bacteria and fungi were purified and isolated from plant leaves of *Oncidium* 'Boda 1' from greenhouses in Hainan Island in China. the biocontrol strains were screened by using the dural culture method. The results showed that the inhibition rates of 13 strains of *Trichoderma asperellum*，*Fusarium solani*，*Fusarium oxysporum*，*Fusarium* sp . ，*Fusarium chlamydosporum*，*Penicillium aculeatum*，*Talaromyces aculeatus*，*Talaromyces verruculosus*，*Bacillus amyloliguefaciens*，*Bacillus velezensis* and *Muyocopron alcornii* toanthrax were more than 50%. Nine strains including *Trichoderma asperellum*、*Penicillium aculeatum*、*Penicillium citreosulfuratum*、*Talaromyces aculeatus*、*Talaromyces verruculosus*、*Bacillus amyloliguefacien*、*Bacillus velezensis*、*Muyocopron alcornii*、*Fusarium chlamydosporum* had no pathogenicity to *Oncidium* sp . . These strains are potential biocontrol strains for anthrax，which will lay the foundation for the development of biological control agents for anthrax.

Key words　*Oncidium*；Anthrax；*Colletotrichum gloeosporioides*；*Biocontrol strain*

1　基金项目：海南省重大科技计划项目（ZDKJ201815）；海南省自然科学基金创新团队项目（2018CXTD331）；海南省高层次人才项目（2019RC111）。

第一作者简介：汪玉玲（1994—），女，硕士研究生，主要从事兰花内生微生物研究。

* 通讯作者：宋希强，教授，E-mail：songstrong@ hainanu. edu. cn。

文心兰(*Oncidium*)是兰科文心兰属多年生植物,全属约有 750 种,主要分布于热带和亚热带地区(李春华 等,2016)。海南岛光热、降水资源充沛,适宜文心兰高效特色产业的发展。文心兰以大棚设施栽培为主,大棚内的高温高湿环境容易诱发文心兰病害(如炭疽病),严重影响了文心兰的观赏价值和商品率,已经成为制约海南岛热带兰花产业发展的重要因素(李春华 等,2016;朱越波和陈卫良,2012)。炭疽病是文心兰的主要病害之一,主要由胶孢炭疽菌(*Colletotrichum gloeosporioides*)引起的(Dean *et al.*,2012;Li *et al.*,2017),发病时叶片形成圆形或近圆形并有凹陷的黄褐色或黑色叶斑,严重时叶片枯死(郭向阳 等,2020)。

目前文心兰炭疽病的防治主要依靠施用农药,但化学药剂的频繁使用会导致抗药性的产生、同时带来农药残留和环境污染等问题(Agaras *et al.*,2020)。生物防治是一种环境友好的病害防控方法,它是由具有能够抑制病原菌生长、诱导宿主防御反应和促进植物生长等特性的有益微生物介导的(Mohamad *et al.*,2018;Castillo *et al.*,2019)。现有研究表明内生菌与宿主植物在漫长的进化过程中已建立密切的联系,并能通过多种机制,如产生抗菌物质、铁载体、发生营养竞争、诱导植物的系统抗性等,提高植物的抗病害能力(Backman *et al.*,2008;Gabriele *et al.*,2005)。内生菌在植物病害生物防治中具有良好的应用前景。

目前已有多种生防制剂用于病害的预防和防治,如木霉菌(*Trichoderma* spp.)(赵玥琳 等,2020;鲁海菊 等,篮状菌(*Talaromyces* spp.)(田叶韩 等,2020)和芽孢杆菌(*Bacillus* spp.)(曹云娥 等,2020;赵欣 等,2020)。本研究筛选对文心兰炭疽病病菌具有高拮抗活性的菌株,通过抑菌谱测定试验初步揭示菌株生防机理,并观察菌株盆栽试验致病性,以期为兰花炭疽病的生物防治提供新的菌种资源和大田应用奠定基础(曹云娥 等,2020)。

1 材料与方法

1.1 试验材料

供试病原菌为胶孢炭疽菌(*Colletotrichum gloeosporioides*),为文心兰炭疽病优势病原菌(郭向阳 等,2020),由海南大学丁琼老师提供。胶孢炭疽菌和文心兰内生真菌、细菌皆分离自海南博大兰花科技有限公司文心兰产业园区的'博大1号'品种,在文心兰产业园区的炭疽病发生地采集3年生健康、无病害、长势相同的正常文心兰植株,随机采集叶片60份,用于分离内生微生物。

1.2 试验方法

1.2.1 内生菌的分离、纯化和保藏

采用组织块法分离文心兰内生菌(任慧爽 等,2017)。剪取文心兰叶片,用自来水冲洗15min备用。将叶片置于超净工作台中,先用无菌水清洗3~5遍,依次用75%乙醇溶液浸泡30s,用2.5% NaClO 溶液浸泡5min,最后用无菌水漂洗4次。将最后一次漂洗的无菌水用三角涂布棒在培养基上均匀涂开,置于培养箱28℃避光培养3~5d,以检验叶片组织表面消毒是否彻底(张亮 等,2020)。

待叶片组织断面边缘长出菌落后,挑选单株内生菌菌丝,转移到PDA培养基以纯化真菌,采用LB培养基划线培养以纯化细菌,待纯化好后保藏于4℃培养箱(李鹜,2015)。将纯化后的真菌和细菌分别接种于POB培养基和LB液体培养基中,在转速为220r/min的摇床上培养1d。按1∶1的比例将菌液和灭菌后的50%甘油混合置于离心管中,密封保藏于−80℃超低温冰箱。

1.2.2 内生菌的分子生物学鉴定

采用CTAB法(黄彩微 等,2017)对菌落提取总DNA,采用真菌通用引物 ITS1(5′-AGAAGTCGTAA-CAAGGTTTCCGTAGG-3′)和 ITS4(5′-TCCTCCGCT-TATTGATATGC-3′)进行PCR扩增。扩增体系:DNA模板 4.0μL,ddH₂O 6.5μL,ITS1 1.0μL,ITS4 1.0μL,2×Taq PCR maker Mix 12.5μL。PCR反应程序为:94℃ 变性3min,94℃ 30s,51.5℃ 30s,70℃ 1min,70℃ 10min(30个循环)(严冬 等,2020),以细菌通用引物 27F(5′-GAGTTTGATCCTGGTCAG-3′)和1540R(5′-AAGGAGGTGATCCAGCCGCA-3′),进行16SrDNA扩增。扩增体系(25μL):DNA模板 2.0μL,引物(10μmol/L)各 0.5μL,Tap PCR Master Mix 12.5μL,ddH₂O 9.5μL。PCR反应条件:94℃预变性5min,94℃变性30s,56℃ 30s,72℃延伸30s(35个循环),72℃延伸10min(古丽孜热·曼合木提 等,2020)。PCR扩增产物经1%琼脂糖凝胶电泳检测后,回收产物经电泳检测后送上海生物工程有限公司进行序列测定。

1.2.3 内生菌对文心兰炭疽病菌的拮抗作用

拮抗菌的初筛:将胶孢炭疽菌接种于PDA培养基,活化后用内径5mm的打孔器在菌落边缘打菌饼,接种于PDA平板正中央,采用十字交叉法将纯化分离的真菌或细菌单菌落点接于距中心3cm等距的四端(Chen *et al.*,2011;张洁婧 等,2020)。以接种胶孢炭疽菌的PDA平板作为对照,设置3个重复,28℃下培养,培养至对照组中的病原菌菌丝长满培养基,

观察试验组平板上是否出现拮抗带，测量相对拮抗菌方向病原菌菌丝生长的直径（D），利用公式（1）计算抑菌率。

拮抗菌的复筛：基于初筛结果，挑选抑制率≥50%的真菌或细菌进行复筛（方法与初筛一致），每个设置5个重复，每天记录靶标菌菌落直径并绘制生长曲线图。

抑制率（Inhibitory rate，IR）=（对照菌落直径-处理菌落直径）/对照菌落直径×100%　　　　（1）

1.2.4　内生菌致病性验证试验

病原菌在文心兰无菌组培苗中回接验证其致病性，接种真菌前先用无菌接种针在叶片上造成伤口，将菌饼贴于文心兰组培苗叶片伤口处，同时以同样有伤口但接无菌PDA菌饼的健康幼苗作为对照。每个处理重复3次，将组培瓶封口后继续放入组培室进行培养，观察并记录叶片发病情况，之后将病叶部分进行病原菌的重分离。将抑制率≥50%的真菌或细菌在文心兰植株上进行回接试验，使用针刺法接种（孙慧琳 等，2018）。首先将真菌和细菌菌株分别接种于PDA培养基和LB培养基，于28℃黑暗培养4~5d后，用无菌打孔器（内径5mm）打取菌饼备用。试验采用博大兰花科技有限公司提供的8月龄文心兰盆栽苗，用75%酒精擦拭叶片后，用无菌水擦洗3次，晾干后在叶片正面采用一次性无菌针灸针轻微刺伤（贾静怡 等，2020），每一处伤口进行数次针刺（所占面积小于菌饼底面积），一片叶子上处理6~8处伤口，之后将菌饼贴于伤口之上，并在接种叶片铺上湿润的无菌滤纸保湿，对照则接种相同大小的无菌PDA菌饼，试验处理设置3个重复。所有文心兰植株于28℃、相对湿度约60%的条件下培养，观察并记录发病情况（测定病斑直径大小），之后剪取发病叶片，用组织分离法对病菌进行重新分离。

1.3　数据统计分析

试验数据采用Excel 2019整理数据，用Origin软件进行绘图，菌株的测序结果在NCBI上进行blast比对。

2　结果与分析

2.1　文心兰炭疽病病原菌的分离及致病性分析

选取引起文心兰炭疽病的优势病原菌胶孢炭疽菌进行致病性测定。健康文心兰叶片接种1d后出现明显叶斑症状，接种发病率100%，病斑长度3~4cm（图1B）；对照组不发病。对接种发病的叶片进行再次分离病菌，获得的菌株菌落形态、孢子形态与接种

菌株一致，接种发病症状与田间症状相同（图1A），证明接种菌株为此病害的致病菌。对发病叶片进行重分离，分离出胶孢炭疽菌，符合科赫式法则。菌株菌丝总体呈等径辐射生长，地毯状平铺。初为灰白色，菌落近圆形，后期菌丝呈灰褐色，其上有许多黑色菌落边缘整齐，产生黑色素使培养基变黑色，菌落灰褐色，气生菌丝稀疏，表面密生黑色颗粒并呈轮纹状排列，分生孢子均为单胞，圆柱形，两端钝圆为主，少量一端钝圆。

图1　胶孢炭疽菌发病图

Fig. 1　*Oncidium* sp. infected by *Colletotrichum gloeosporioides*
A：田间发病；B：接种胶孢炭疽菌；C：菌落正面；D：菌落背面

通过平板对峙试验，从文心兰植株中分离获得内生菌菌株中初筛出对炭疽病病菌具有抑菌作用的菌株，抑菌率为77.09%~15.95%，不同菌株的抑菌活性有明显差异（表1）。对拮抗效果超过49%的菌株进行复筛，14株内生菌（表2）对胶孢炭疽菌的生长均有明显抑制作用。不同内生菌菌株对胶孢炭疽菌菌丝生长的抑制率有一定差异。结果（表3和图3）表明，在平板对峙培养过程中，HNW1抑菌效果最显著，抑菌率达到79.47%；观察发现，对照的病原菌长满整个培养皿，而处理中的木霉菌丝迅速占领生长空间，对峙培养1d即可观察到对病原菌的拮抗作用，病原菌的生长明显受限；3d后木霉菌将病原菌包围，木霉菌丝占据整个培养皿，使病原菌几乎不再生长。其次是HNW2、HNW3、HNW4、HNW5、HNW6、HNW7菌株，抑菌率在60%~71%之间，且都是镰孢菌属菌株；HNW8、HNW9、HNW10、HNW11、HNW12、HNW13菌株的抑菌作用也均超过50%，HNW14菌株的抑菌作用相对较弱，抑菌率小于50%，以上结果说明同一属的菌株具有较相似的抑制效果。采用十字交叉法每天测量胶孢炭疽菌菌株菌落直径，除对照组胶孢炭疽菌呈坡度增长外，其他试验组均在接种第3d长势趋于稳定甚至变小（图2）。

表 1 胶孢炭疽菌拮抗菌抑制率(初筛)

Table 1 Inhibitory rate of endophytes against *Colletotrichum gloeosporioides* (Preliminary screening)

编号	中文名(属)	抑制率(%) Inhibitory rate(%)
HNW1	棘孢木霉 *Trichoderma*	77.09
HNW2	镰刀菌属 *Fusarium*	72.01
HNW15	镰刀菌属 *Fusarium*	71.30
HNW3	镰刀菌属 *Fusarium*	71.19
HNW14	青霉菌属 *Penicillium*	64.93
HNW6	镰刀菌属 *Fusarium*	61.07
HNW13	篮状菌属 *Talaromyces*	55.30
HNW16	瘤菌根属 *Epulorhiza*	52.40
HNW17	篮状菌属 *Talaromyces*	50.28
HNW18	篮状菌属 *Talaromyces*	50.12
HNW10	青霉菌属 *Penicillium*	49.81
HNW2	篮状菌属 *Talaromyces*	49.56
HNW4	镰刀菌属 *Fusarium*	49.29
HNW19	篮状菌属 *Talaromyces*	49.05
HNW20	炭团菌属 *Hypoxylon*	47.37
HNW8	巨座壳属 *Muyocopron*	46.87
HNW5	镰刀菌属 *Fusarium*	46.86

(续)

编号	中文名(属)	抑制率(%) Inhibitory rate(%)
HNW21	巨座壳属 *Muyocopron*	46.84
HNW22	巨座壳属 *Muyocopron*	46.70
HNW23	青霉菌属 *Penicillium*	33.84
HNW24	篮状菌属 *Talaromyces*	25.05
HNW25	篮状菌属 *Talaromyces*	23.63
HNW26	篮状菌属 *Talaromyces*	16.56

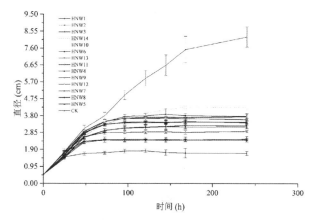

图 2 对峙试验中胶孢炭疽菌的生长直径图

Fig. 2 Growth diameter of *Colletotrichum gloeosporioides* during the dual test

表 2 文心兰健康叶片的可培养内生菌

Table 2 Culturable endophytes of healthy leaves of *Oncidium* sp.

编号	鉴定名 Name	Blast 最接近比对 Closest Blast Match	一致性(%) Identity(%)	分离来源 Isolation source	寄主 Host
HNW1	*Trichoderma asperellum*	*Trichoderma asperellum* (*JF501661.1*)	100	—	—
HN W2	*Fusarium solani*	*Fusarium solani* (*HM064429.1*)	99.47	—	*Phalaenopsis* (orchid)
HN W3	*Fusarium solani*	*Fusarium solani* (*KF918575.1*)	100	Mangrove soil	—
HN W4	*Fusarium solani*	*Fusarium solani* (*JF436948.1*)	99.82	—	—
HN W5	*Fusarium oxysporum*	*Fusarium oxysporum* (*MK416124.1*)	100	root	—
HN W6	*Fusarium* sp.	*Fusarium* sp. (*KY765512.1*)	99.81	—	sisal
HNW7	*Fusarium chlamydosporum*	*Fusarium chlamydosporum* (*MT658041.1*)	100	leaf	*Broussonetia papyrifera*
HNW8	*Muyocopron alcornii*	*Muyocopron alcornii*(*NR_164052.1*)	100	—	—
HNW9	*Bacillus velezensis*	*Bacillus velezensis* (*MT626060.1*)	100	China, Ningxia	Wolfberry
HNW10	*Penicillium aculeatum*	*Penicillium aculeatum* (*HQ392496.1*)	99.49	soil	—
HNW11	*Talaromyces aculeatus*	*Talaromyces aculeatus*(*KM458839.1*)	99.65	—	—
HNW12	*Bacillus amyloliquefaciens*	*Bacillus amyloliquefaciens* (*MT613661.1*)	100	China	soil
HNW13	*Talaromyces verruculosus*	*Talaromyces verruculosus* (*KJ767062.1*)	99.81	beach soil	—
HNW14	*Penicillium citreosulfuratum*	*Penicillium citreosulfuratum*(*MN592912.1*)	100	—	—

表 3 内生菌拮抗病原真菌复筛的抑制率

Table 3 Inhibitory rate of endophytes against pathogenic fungi

编号	拉丁名	抑制率(%) Inhibitory rate(%)	直径(mm) Diameter(mm)	拮抗带 A(mm)
CK	*Colletotrichum gloeosporioides*	—	8.23±0.57	—
HNW1	*Trichoderma asperellum*	79.47	1.69±0.11	0
HNW2	*Fusarium solani*	70.41	2.43±0.05	0.41±0.09
HNW3	*Fusarium solani*	69.93	2.47±0.06	0.48±0.09
HNW4	*Fusarium solani*	69.81	2.49±0.15	0.48±0.12
HNW5	*Fusarium oxysporum*	64.58	2.92±0.07	0.20±0.05
HNW6	*Fusarium sp.*	61.51	3.17±0.10	0.20±0.04
HNW7	*Fusarium chlamydosporum*	60.72	3.23±0.16	0.24±0.07
HNW8	*Muyocopron alcornii*	58.38	3.43±0.10	0.33±0.09
HNW9	*Bacillus velezensis*	58.14	3.45±0.09	0.82±0.1
HNW10	*Penicillium aculeatum*	56.56	3.58±0.06	0.17±0.06
HNW11	*Talaromyces aculeatus*	56.32	3.60±0.08	0.28±0.07
HNW12	*Bacillus amyloliquefaciens*	54.43	3.75±0.13	0.65±0.11
HNW13	*Talaromyces verruculosus*	54.07	3.78±0.16	0.26±0.12
HNW14	*Penicillium citreosulfuratum*	48.24	4.26±0.11	0

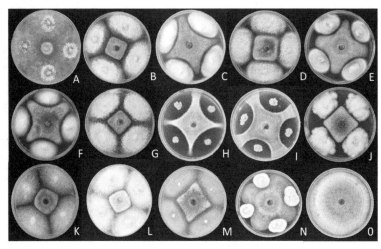

图 3 文心兰内生菌对胶孢炭疽菌的拮抗性表现

Fig. 3 Antagonism of the endophytes of *Oncidium* sp. to *Colletotrichum gloeosporioides*

注：A：HNW1（*Trichoderma asperellum*）；B：HNW2（*Fusarium solani*）；C：HNW10（*Penicillium aculeatum*）；D：HNW6（*Fusarium sp*）；E：HNW13（*Talaromyces verruculosus*）；F：HNW11（*Talaromyces aculeatus*）；G：HNW4（*Fusarium solani*）；H：HNW9（*Bacillus velezensis*）；I：HNW12（*Bacillus amyloliquefaciens*）；J：HNW7（*Fusarium chlamydosporum*）；K：HNW5（*Fusarium oxysporum*）；L：HNW2（*Fusarium solani*）；M：HNW8（*Muyocopron alcornii*）；N：HNW14（*Penicillium citreosulfuratum*）；O：CK（*Colletotrichum gloeosporioides*）（A-N 菌接种内生菌与胶孢炭疽菌对峙培养，其中 H、I 为细菌）。

在菌株 HNW1 与胶孢炭疽菌的对峙培养中（图 3A），两者菌落之间无抑制带，但菌株 HNW1 菌落随着生长时间延长，逐渐将胶孢炭疽菌菌落覆盖，胶孢炭疽菌生长受到抑制。生长速度较快的内生真菌通常在对峙培养的第 1d 后，其菌落呈覆盖式生长，迅速占领生长空间，与之对峙培养的供试病原菌或无法扩增其菌落，或直接被内生真菌菌丝全部覆盖。而有些菌株的菌落生长速度缓慢，如菌株 HNW9（图 3-H）和 HNW12（图 3I）。

2.2 内生菌致病性分析

通过平板对峙试验结果，选取内生菌不同代表性的 14 个菌株，验证对文心兰植株的致病性，结果显示（图 4），HNW2、HNW3、HNW4、HNW5、HNW6

图 4　内生菌对文心兰植株的致病性验证

Fig. 4　Verification of pathogenicity of endophytics to plants of *Oncidium* sp.

注：A：HNW5（*Fusarium oxysporum*）；B：HNW4（*Fusarium solani*）；C：HNW2（*Fusarium solani*）；D：HNW3（*Fusarium solani*）；E：HNW6（*Fusarium* sp.）；F：HNW13（*Talaromyces verruculosus*）；G：HNW11（*Talaromyces aculeatus*）；H：HNW14（*Penicillium citreosulfuratum*）；I：HNW10（*Penicillium aculeatum*）；J：HNW8（*Muyocopron alcornii*）；K：HNW9（*Bacillus velezensis*）；L：HNW7（*Fusarium chlamydosporum*）；M：HNW1（*Trichoderma asperellum*）；N：HNW12（*Bacillus amyloliquefaciens*）；O：CK（*Colletotrichum gloeosporioides*）（A-E 菌株均具有较强致病性，F-O 无致病性，叶脉左侧为对照，右侧为试验组）。

均对文心兰植株具有较强的致病性。HNW2、HNW3、HNW6 菌株均接种 1 d 后出现明显症状，HNW2 菌株发病率 83%，病斑长度 0.2～0.5 cm；HNW3 菌株发病率 94%，病斑长度 0.2～0.6 cm；HNW6 菌株接种发病率 100%，病斑长度 0.3～0.6 cm；而 HNW4 和 HNW5 菌株在接种第 2 d 后出现明显症状，HNW4 菌株发病率 52%，病斑长度 0.1～0.25 cm；HNW5 菌株发病率 79%，病斑长度 0.1～0.4 cm；以上使文心兰健康叶片发病的菌株均为镰孢菌属。其他菌株对文心兰植株无致病性，可以作为文心兰抗炭疽病的潜在生防菌。

3　讨论

本研究针对文心兰的炭疽病，对病叶组织进行分离，将分离到的病原菌用柯赫氏法则进行组培苗接种试验，分离到的菌株所引起的病害症状与田间文心兰叶部病害症状一致，并且从发病的叶片组织上再次分离到该病原菌。结合传统的形态学观察和 rDNA-ITS 序列分析方法对分离所得病原菌进行鉴定，鉴定胶孢炭疽病为病原菌，胶孢炭疽菌也是引起珠三角地区人工栽培铁皮石斛炭疽病的主要菌株（赵玲琳 等，2018）。本研究结果可为海南省文心兰病害准确鉴定和监测提供重要依据，也为后续炭疽病病害的生物防控提供了病原靶标。试验结果显示镰孢菌属同样对文心兰植株具有强致病力，在接种 1～2 d 即可发病，镰孢属的真菌通常被报道为植物病原菌，不同种类寄主有所不同。HNW6 *Fusarium* sp. 具有强致病力，接种后可迅速侵染致病。HNW5 尖孢镰孢 *Fusarium oxysporum* 寄主范围较广，如油茶（赵志祥 等，2020）、甜瓜（刘玲 等，2020）、香蕉（翟子翔 等，2020）。HNW2、HNW3、HNW4 腐皮镰孢菌 *Fusarium solani* 通常为植物病原菌，致植物块茎、根和茎腐烂（Proctor et al.，2006），可引起甘薯（岳瑾 等，2020）、咖啡（朱孟烽 等，2020）、马铃薯（王文重 等，2020）等作物的根、茎或果实腐烂，镰孢菌属能侵染植物也能感染人（杨亚敏和李东明，2020），为广泛分布的植物病原菌或腐生真菌（Schroers et al.，2016），与本试验结果基本符合。而 HNW7 为厚垣镰孢霉 *Fusarium chlamydosporum* 为非致病镰孢菌，具有促进植物生长和拮抗病原菌的作用，可深入研究。

棘孢木霉 HNW1 对文心兰胶孢炭疽菌具有很强的抑制效果，是重要的植物病害防治菌，具有较强适应性，对多种重要植物病原真菌有抑制作用。木霉菌防治病害或抑制病原菌的主要机制可归为抗生素、营养竞争、微寄生、细胞壁分解酶以及诱导植物产生抗性等五类（黄远迪 等，2020）。木霉菌株生长迅速，并不会产生明显抑菌带，3 d 左右即可将病原菌覆盖，但这并不代表病原真菌生长未受抑制。木霉菌可分泌抗菌蛋白或裂解酶来抑制植物病原真菌的侵染，不仅如此，木霉菌可以通过快速生长和繁殖而夺取水分和养分、占有生态空间、消耗氧气等竞争方式抑制周边微生物的生长（周晓丽 等，2005）。除此之外，木霉菌的挥发性物质也对病原菌具有一定抑制作用（钟小燕 等，2009）。研究发现，木霉菌对尖孢镰孢菌和腐皮镰孢菌均有强抑制作用，这与黄远迪研究结果基本吻合（黄远迪 等，2020）。赵玳琳研究发现木霉菌对草莓炭疽病有高达 87.23% 的盆栽防效（赵玳琳 等，2020）。郑柯斌更是发现棘孢木霉对 16 种病原菌有 56.65%～87.62% 的抑制效果（郑柯斌 等，2020），这说明木霉菌具有广谱抑菌性，具有广泛开发为生防菌剂的潜力。

芽孢杆菌属 HNW9 和 HNW12 也同样具有较好的拮抗效果，细菌的抑菌圈超出真菌很多，原因可能是细菌一般是通过分泌抑菌物质对植物病原菌产生抑制，而真菌对植物病原菌的抑制除可能分泌某种抑菌物质外，主要是通过空间占位、营养竞争和溶解菌丝等达到对病原菌抵抗的目的。梁聪研究发现甲基营养型芽孢杆菌对5种植物病原菌有超出80%的抑制效果，胞外抗菌物质对植物真菌病害抑菌谱广，在热、酸碱、蛋白酶、紫外线照射及反复冻融方面具有较强的稳定性，在研发为抗植物真菌病害的生物农药方面具有较大的潜力（梁聪 等，2020）。丁森研究发现瓦雷兹芽孢杆菌YH-20菌株具有抗根癌病菌和解磷能力，是一株在林木根癌病的防治上有很好应用前景的菌株（丁森 等，2019）。HNW9、HNW12解淀粉芽孢杆菌在本试验中也同样表现出较好的抑制效果，其发酵代谢产物具有很好的抑菌效果，后续可深入研究其抑菌机理。

篮状菌属HNW11、HNW13和青霉菌属HNW10、HNW14同样具有较好的抑菌效果，胡丽杰研究表明篮状菌属 Talaromyces 菌株对胶孢炭疽菌有明显的拮抗作用（胡丽杰 等，2020），田叶韩发现在温室条件下，产紫篮状菌菌株对苦瓜枯萎病、烟草黑胫病、烟草根黑腐病和马铃薯茎基腐病具有明显的预防效果，而对烟草黑胫病和苦瓜枯萎病防治效果分别达到75%和63%。施用产紫篮状菌菌株显著富集了土壤中的青霉菌、芽孢杆菌和Gaiella等有益微生物，抑制了尖镰孢菌的恢复（田叶韩 等，2020）。侯旭也同样发现

篮状菌明显降低了桃褐腐病的发病率，对桃褐腐病原菌的生长有明显的抑制作用（侯旭 等，2018）。刘亚苓发现微紫青霉菌株，其在培养皿内抑菌率达到60%以上；其室内盆栽防效试验预防效果为70.78%（刘亚苓 等，2020），段靖禹研究表明青霉菌添加到砷污染土壤后，会显著提升砷污染土壤中微生物的群落功能多样性，改善砷污染土壤中微生物的群落结构（段靖禹 等，2020）；这说明篮状菌属和青霉菌属同样也有作为生防菌的潜力。Muyocopron alcornii HNW8也具有一定的抑制效果，但对于他的研究文献报道较少，具体机理还待进一步研究。

总体而言，内生菌资源丰富且多样，生防制剂具有较好的研究价值和开发应用前景，可以作为化学杀菌剂的替代品。本研究结果为文心兰炭疽病的防治提供了一定的理论依据。

致谢

感谢海南大学生态与环境学院丁琼老师、植物保护学院刘铜老师、热带作物学院杨福孙老师的指导和帮助、感谢黄蔚霞师姐、严武平师兄、徐刚师兄等的悉心指导、同学马长旺、杜艳楠、高梦泽、董国然、杨成坤等在实验中的帮助，感谢张翠利师姐、戴边疆师兄、王雪健、陈仕铭、张中扬、陈枳衡和谢承智师弟；刘蕾、莫丽文、陈英转和王爽师妹的帮助。感谢海南省重大科技计划项目（ZDKJ201815）资助。

参考文献

曹云娥，吴庆，张美君，等，2020. 瓜类枯萎病生防菌WQ-6的筛选鉴定、发酵工艺优化及防效研究[J]. 园艺学报，47(06)：1072-1086.

丁森，王焱，陆蓝翔，等，2019. 一株促生抗病的樱花内生细菌的分离、筛选和鉴定[J]. 南京林业大学学报（自然科学版），1-8.

段靖禹，周长志，曹柳，等，2020. 生物炭复合青霉菌修复砷污染土壤对其微生物群落功能多样性的影响[J]. 环境科学研究，33(04)：1037-1044.

古丽孜热·曼苏木提，徐琳贇，李燕，等，2020. 库尔勒香梨腐烂病拮抗菌的筛选及其防效测定[J]. 中国农学通报，36(19)：127-134.

郭向阳，高洁，宋希强，等，2020. 海南岛文心兰病叶组织真菌的分离鉴定与优势真菌致病性初探[J]. 园艺学报，1-14.

侯旭，关伟，胡晓，等，2018. 桃树根部内生真菌ZJ-4的分离鉴定及其对桃褐腐病的抑制效果[J]. 微生物学杂志，38(02)：63-69.

胡丽杰，闫思远，李嘉泓，等，2020. 枸杞内生真菌对胶孢

炭疽菌 Colletotrichum gloeosporioides 的拮抗作用及生防潜力[J]. 植物保护，46(01)：125-133.

黄彩微，廖映辉，张琪，等，2017. 凉山州龙肘山秀红杜鹃与薄叶马银花根部真菌分子检测[J]. 微生物学通报，44(5)：1108-1120.

黄远迪，阮云泽，刘铜，等，2020. 一株棘孢木霉生防效果及固体发酵条件探索[J]. 中国南方果树，49(04)：60-66.

贾静怡，孙倩，张玮，等，2020. 北京市月季丽赤壳褐斑病病原菌鉴定[J]. 植物病理学报，1-7.

李春华，李天纯，李柯澄，2016. 文心兰盆花温室生产[J]. 中国花卉园艺，(06)：28-32.

梁聪，李文雅，王雅娜，等，2020. 马铃薯干腐病拮抗菌的鉴定及生物学特性[J]. 中国蔬菜，(08)：71-76.

刘玲，王旭，张培光，等，2020. 大蓟总黄酮对尖孢镰刀菌甜瓜专化型生长、生理的影响及其田间防治效果[J]. 植物保护学报，47(03)：628-636.

刘亚苓，于营，崔丽丽，等，2020. 细辛叶枯病生防真菌的筛选、鉴定及拮抗效果评价[J]. 中国植保导刊，40

（03）：12-18.

鲁海菊，谢欣悦，陶宏征，等，2020. 内生木霉 P3.9 菌株在枇杷根际土壤中的定殖能力测定[J]. 江苏农业科学，48（05）：263-267.

罗远华，方能炎，林榕燕，等，2019. 遮光处理对文心兰生长发育和生理指标的影响[J]. 北方园艺，（01）：91-97.

任慧爽，徐伟芳，王爱印，等，2017. 桑树内生细菌多样性及内生拮抗活性菌群的研究[J]. 西南大学学报（自然科学版），39（01）：36-45.

孙慧琳，岳弘辰，黄金光，等，2018. 青岛地区观赏凤梨叶斑病的病原分离与鉴定[J]. 山东农业科学，50（11）：116-118+123.

田叶韩，彭海莹，王德浩，等，2020. 产紫篮状菌的生防潜力及其对土壤微生物群落的调控[J]. 应用生态学报，1-13.

王文重，闵凡祥，杨帅，等，2020. 我国马铃薯干腐病及其防治研究进展[J]. 中国蔬菜，（04）：22-29.

严冬，曾为林，罗旭璐，等，2020. 樟叶越橘嫩枝 1 株内生真菌的鉴定及抑菌活性测定[J]. 生物技术通报，1-7.

杨亚敏，李东明，2020. 镰刀菌所致皮肤感染的文献回顾[J]. 菌物学报，1-25.

姚锦爱，黄鹏，陈峰，等，2019. 建兰炭疽病拮抗放线菌的筛选及防治效果[J]. 中国生物防治学报，35（05）：805-812.

岳瑾，邓晖，杨建国，等，2020. 4 种杀菌剂对甘薯根腐病菌的室内防效及田间防效研究[J]. 安徽农学通报，26（12）：76-77+138.

翟子翔，李得铭，邓涛，等，2020. 不同抗性香蕉品种根系分泌差异酚酸对尖孢镰刀菌的抑制[J]. 园艺学报，1-8.

张洁婧，陈德国，张建峰，等，2020. 一株人参锈腐病生防菌的筛选、鉴定及其对人参根际土壤微生物多样性的影响[J]. 吉林农业大学学报，1-13.

张亮，张周，谭丽，等，2020. 辣椒疫霉病拮抗菌 LRS-1 固体发酵条件优化及其抑菌稳定性研究[J]. 湖南农业科学，（04）：1-5.

赵玳琳，何海永，吴石平，等，2020. 棘孢木霉 GYSW-6m1 对草莓炭疽病的生防机制及其防病促生作用研究[J]. 中国生物防治学报，1-10.

赵玲琳，王国荣，沈伟东，等，2018. 铁皮石斛炭疽病病原菌的分离鉴定及其有效杀菌剂的筛选[J]. 植物保护，44（06）：185-190.

赵欣，郝林，2020. 解淀粉芽胞杆菌菌株 HRH317 对感染串珠镰孢菌玉米幼苗伏马毒素 B_1 含量及相关防御酶活性的影响[J]. 植物保护学报，47（02）：273-282.

赵志祥，严婉荣，肖敏，等，2020. 热带油茶根腐病病原的分子鉴定[J]. 分子植物育种，1-17.

郑柯斌，林海，周沙，等，2020. 海洋生境棘孢木霉 TCS007 菌株的鉴定及抑菌活性[J]. 农药学学报，1-8.

钟小燕，梁妙芬，甄锡壮，等，2009. 木霉菌对香蕉枯萎病菌的抑制作用[J]. 果树学报，26（02）：186-189+263.

周晓丽，苗青，范海延，2005. 应用木霉菌防治蔬菜病害的研究进展[J]. 辽宁农业科学，（03）：57-59.

朱孟烽，吴伟怀，贺春萍，等，2020. 咖啡腐皮镰孢黑果病病原鉴定及其生物学特性测定[J]. 热带作物学报，1-9.

朱越波，陈卫良，2012. 兰花茎腐病病原菌的分离与鉴定[J]. 浙江农业科学，（06）：860-861.

Agaras B C, Noguera F, Anta G G, et al. 2020. Biocontrol potential index of pseudomonads, instead of their direct-growth promotion traits, is a predictor of seed inoculation effect on crop productivity under field conditions[J]. Biological Control, 143: 104209.

Backman P A, Sikora R A. 2008. Endophytes: An emerging tool for biological control[J]. Biological Control, 46(1): 1-3.

Castillo A, Puig C, Cumagun C. 2019. Non-Synergistic Effect of *Trichoderma harzianum* and *Glomus* spp. in Reducing Infection of Fusarium Wilt in Banana[J]. Pathogens, 8(2):

Chen J, Hu K X, Hou X Q, et al. 2011. Endophytic fungi assemblages from 10 *Dendrobium* medicinal plants (Orchidaceae)[J]. World Journal of Microbiology & Biotechnology, 27(5): 1009-1016.

Dean R, Kan J A L V, Pretorius Z A, et al. 2012. The Top 10 fungal pathogens in molecular plant pathology[J]. Molecular Plant Pathology, 13(7):

Gabriele B, Annette K, Michaela D, et al. 2005. Endophytic and ectophytic potato-associated bacterial communities differ in structure and antagonistic function against plant pathogenic fungi[J]. Fems Microbiology Ecology, (2): 2.

Li J, Sun K, Ma Q, et al. 2017. Colletotrichum gloeosporioides—Contaminated Tea Infusion Blocks Lipids Reduction and Induces Kidney Damage in Mice[J]. Frontiers in Microbiology, (30)8: 2089.

Mohamad O A A, Li L, Ma J B, et al. 2018. Evaluation of the Antimicrobial Activity of Endophytic Bacterial Populations From Chinese Traditional Medicinal Plant Licorice and Characterization of the Bioactive Secondary Metabolites Produced by Bacillus atrophaeus Against Verticillium dahliae[J]. Frontiers in Microbiology, 9: 924-.

Proctor R H, Plattner R D, Desjardins A E, et al. 2006. Fumonisin production in the maize pathogen Fusarium verticillioides: genetic basis of naturally occurring chemical variation[J]. Journal of Agricultural & Food Chemistry, 54(6): 2424.

Schroers, Josef, Samuels, et al. 2016. Epitypification of *Fusisporium* (*Fusarium*) solani and its assignment to a common phylogenetic species in the Fusarium solani species complex[J]. Mycologia,

'萨曼莎'月季体细胞胚再生的优化

王月莹　聂绍虎　赵惠恩*

（花卉种质创新与分子育种北京市重点实验室，国家花卉工程技术研究中心，城乡生态环境北京实验室，
园林环境教育部工程研究中心，林木花卉遗传育种教育部重点实验室，园林学院，北京林业大学，北京 100083）

摘要　为优化"萨曼莎"月季体细胞胚并为月季的遗传转化提供支持，本研究以'萨曼莎'幼嫩叶片为外植体，研究了不同浓度的 2,4-D、NAA，2,4-D 与不同细胞分裂素组合，2,4-D 和 KT 不同浓度组合，DNA 甲基化抑制剂，细胞分裂素对月季体细胞胚发生的影响。试验表明：'萨曼莎'在 MS+0.05mg/L KT+2.0mg/L 2,4-D+30g/L Glu+3.0g/L Gel 的培养基上体细胞胚诱导率最高，为 24.61%。低浓度的 0.01μmol/L 5-AzadC 或者 0.1μmol/L Zebularine 可以显著提高月季体细胞胚的诱导率，体细胞胚在 MS+1.0mg/L 2,4-D+0.1mg/L TDZ+30g/L Glu+3.0g/L Gel 培养基上增殖效果最佳，增殖系数约为 3.57。'萨曼莎'在 MS+1.0mg/L 6-BA+0.1mg/L TDZ+0.005mg/L NAA+0.1mg/L GA_3+30g/L Suc+3.0g/L Gel 培养基上的分化效果最好，为 81.63%。

关键词　'萨曼莎'月季；体细胞胚；DNA 甲基化抑制剂

Optimization of Somatic Embryo Regeneration of 'Samantha's Rose

WANG Yue-ying　Nie Shao-hu　ZHAO Hui-en*

（*Beijing Key Laboratory of Ornamental Plants Germplasm Innovation & Molecular Breeding*, *National Engineering Research Center for Floriculture*, *Beijing Laboratory of Urban and Rural Ecological Environment*, *Engineering Research Center of Landscape Environment of Ministry of Education*, *Key Laboratory of Genetics and Breeding in Forest Trees and Ornamental Plants of Ministry of Education*, *School of Landscape Architecture*, *Beijing Forestry University*, *Beijing* 100083, *China*）

Abstract　In order to optimize the "Samantha" rose somatic embryos and provide support for the genetic transformation of the rose, this study used the young leaves of "Samantha" as explants and studied different concentrations of 2,4-D, NAA, 2,4-D combined with different cytokinins, different concentrations of 2,4-D and KT, DNA methylation inhibitors, cytokinin effects on rose somatic embryogenesis. Experiments show that：'Samantha' has the highest somatic embryo induction rate on the medium of MS+0.05mg/L KT+2.0 mg/L 2,4-D+30g/L Glu+3.0g/L Gel, which is 24.61%. A low concentration of 0.01μmol/L 5-AzadC or 0.1μmol/L Zebularine can significantly increase the induction rate of rose somatic embryos, somatic embryos at MS+1.0 mg/L 2,4-D+0.1mg/L TDZ+30g/L Glu+3.0g/L Gel medium has the best proliferation effect, and the proliferation coefficient is about 3.57. Differentiation of 'Samantha' on MS+1.0mg/L 6-BA+0.1mg/L TDZ+0.005mg/L NAA+0.1mg/L GA_3+30g/L Suc+3.0g/L Gel medium The best effect is 81.63%.

Key words　'Samantha' rose；Somatic embryo；DNA methylation inhibitor

月季又称长春花，是蔷薇科（Rosaceae）蔷薇属（*Rosa*）多年生常绿、半常绿低矮灌木。高 1~2m；小枝圆柱形，近无毛，钩状皮刺。小叶 3~5，小叶一般为宽卵形，边缘有锯齿，表面光滑无毛，叶柄有散生皮刺。月季原产于中国，在中国具有两千多年的栽培历史，后欧洲人的青睐并大量栽培选育，是目前切花市场中经济价值最高的花卉之一。月季可连续开花 8 个月之久、具有红、粉、黄、白、绿等多种花色，某些月季芳香四溢、花型多变、繁殖容易、用途多样，有观赏、药用、食用价值。

目前中国、中东和欧洲月季品种杂交得到了现代月季（*R. hybrida*）（Bendahmane *et al.*，2013）。种间杂交和染色体加倍也使人们难以对其遗传背景有深入了解，大部分月季都是通过杂交获得新品种，但只通过

---

1 第一作者简介：王月莹（1996—），女，硕士研究生，主要从事绣球花种质创新研究。
* 通讯作者：赵惠恩，教授，E-mail：zhaohuien@bjfu.edu.cn。

传统杂交手段改良性状的效率并不高。现如今分子育种技术能定向改良植物性状，并且效率大大提高可以在相对较短的时间内达到改良月季性状的目的。近年来，科学家运用分子育种技术成功解释了月季观赏性状包括花香、花型、花色在内的多种调控机制(Tanaka et al., 2005)。近年来兴起的基因编辑技术作为揭示基因功能和生产新品种的主要方法，有望加快育种程序的速度(Kishi-Kaboshi et al., 2018)。在此背景下，组织培养和遗传转化是进行基因功能研究和性状特异性改良的重要方法(Vergne et al., 2010)。Dohm等(2001)对50个月季品种进行体细胞胚途径的再生试验，有69%的品种再生出完整植株。Noriega and Söndahl(1991)利用雌蕊、花丝、花瓣、芽尖、叶片等各种外植体，最终花丝得到胚性愈伤组织，成功再生。杨莹莹等(2019)用叶片、叶柄和茎段腋芽为试材进行体细胞胚途径再生的试验，只有茎段腋芽能诱导出体细胞胚。Estabrooks等(2007)用叶柄和叶片在MS培养基上诱导出体细胞胚，且用2,4,5-T诱导效果效果最佳。包颖(2013)的研究表明在相同的2,4-D浓度下，KT能显著促进'萨曼莎'体细胞胚的发生。易星(2014)用'月月红'幼嫩叶片诱导体细胞胚，发现在2,4-D 3.0mg/L + TDZ 0.5mg/L的组合培养基上诱导球形胚效果最佳。Vergne等(2010)对'Old Blush'先使用NAA，再使用ZT诱导效果最佳。此外，Rout等(1991)认为加入L-proline和GA_3能促使月季体细胞胚发生。Hirata(2016)进行了月季的遗传转化。而这些报道中月季的体细胞胚诱导率均在5%～30%内，且增殖困难。因此本试验以'萨曼莎'幼嫩叶片为外植体，优化体细胞胚途径再生体系为月季的遗传转化提供支持。

1 材料与方法

1.1 试验材料

'萨曼莎'月季无菌苗由中国农业大学马男教授赠予。取长势旺盛的当年生枝，剪4～5cm的茎段，转接至扩繁培养基(MS+1.0 mg/L 6-BA+0.1mg/L IBA

+0.1mg/L Fe-EDDHA+3.0g/L Gel)。pH5.7，温度25±2℃，此后每4～6周转接1次。

1.2 试验方法

1.2.1 '萨曼莎'月季体细胞胚的诱导

将4个不同品种的月季组培苗的幼嫩小叶剪下，保留约1mm左右的小叶柄，并用手术刀将叶背的中脉轻轻划伤几刀，以叶背朝下的方式接种于添加含有2,4-D(0.2、0.3、0.4mg/L)和KT(0.05、0.1mg/L)不同浓度组合的培养基上进行体细胞胚的诱导。接种后采取暗培养，4周后将外植体转移到相同激素含量的培养基上，培养8～12周后统计体细胞胚的诱导率。比较2,4-D和KT不同浓度组合对SMS体细胞胚发生的影响(表1)。每个处理接种30～36个外植体，试验重复3次。

表1 不同浓度KT和2,4-D组合的体细胞胚诱导培养基

Table 1 Culture medium with different combinations of KT and 2,4-D for somatic embryos induction

培养基编号 Number of culture medium	2,4-D (mg/L)	KT (mg/L)
1	2.0	0.05
2	3.0	0.05
3	4.0	0.05
4	2.0	0.1
5	3.0	0.1
6	4.0	0.1
7	2.0	0.5
8	3.0	0.5
9	4.0	0.5

1.2.2 '萨曼莎'月季体细胞胚的增殖

将SMS的体胚接种到含不同浓度2,4-D(0.5/1.0mg/L)和TDZ(0/0.1mg/L)或者6-BA(0.01 mg/L)的MS培养基(表2)。接种后置于黑暗条件下培养，4周后观察体胚生长状态，比较添加不同激素的培养基对其增殖的影响。每个处理接种30～36个外植体，试验重复3次。

表2 体细胞胚增殖培养基

Tbale 2 Somatic embryos proliferation culture medium

培养基编号 Number of culture medium	MS	2,4-D (mg/L)	6-BA (mg/L)	TDZ (mg/L)	Glu (g/L)	Gel (g/L)
A1	√	0.5			30	3.0
A2	√	1.0			30	3.0
A3	√	0.5	0.01		30	3.0
A4	√	1.0	0.01		30	3.0
A5	√	0.5		0.1	30	3.0
A6	√	1.0		0.1	30	3.0

表 3　体细胞胚萌发培养基

Table 3　Somatic embryo germination medium

培养基编号 Number of culture medium	配方 Composition
B1	MS+1. 0mg/L 6-BA+0. 005mg/L NAA+0. 1mg/L GA$_3$+30g/L Surcose+3. 0g/L Gel E3 1/2MS+1. 0mg/L 6-BA+0. 1mg/L IBA+30g/L Surcose+3. 0g/L Gel
B2	MS+1. 0mg/L 6-BA+0. 005mg/L NAA+0. 1mg/L GA$_3$+30g/L Surcose+3. 0g/L Gel E3 1/2MS+1. 0mg/L 6-BA+0. 1mg/L IBA+30g/L Surcose+3. 0g/L Gel
B3	MS+1. 0mg/L 6-BA+0. 005mg/L NAA+0. 1mg/L GA$_3$+30g/L Surcose+3. 0g/L Gel E3 1/2MS+1. 0mg/L 6-BA+0. 1mg/L IBA+30g/L Surcose+3. 0g/L Gel
B4	MS+1. 0mg/L 6-BA+0. 1mg/L IBA+30g/L Surcose+3. 0g/L Gel
B5	MS+1. 0mg/L TDZ+0. 005mg/L NAA+0. 1mg/L GA$_3$+30g/L Surcose+3. 0g/L Gel
B6	MS+1. 0mg/L TDZ+0. 1mg/L IBA+30g/L Surcose+3. 0g/L Gel
B7	MS+1. 0mg/L TDZ+0. 1mg/L IBA+30g/L Surcose+3. 0g/L Gel
B8	MS+30g/L Surcose+3. 0g/L Gel

1. 2. 3　'萨曼莎'月季体细胞胚的萌发

将'萨曼莎'生长状态良好的体细胞胚接种到不同的分化培养基上(表3)。接种后置于光照条件下培养,4周后更换到相同配方的培养基上,接种8周后观察体细胞胚的萌发状况并统计萌发率。每个处理接种12个外植体,所有处理均重复3次。

1. 2. 4　数据处理与分析

体胚诱导率(%)=产生体胚的外植体数/接种的外植体数×100%

体胚增殖系数=增殖后体胚的重量/接种体胚的重量

体胚萌发率(%)=萌发成苗的体胚数/接种的体胚数×100%

采用SPSS22. 0对各项数据进行单因素或多因素方差分析,最小显著性差异水平 $P=0.05$,百分数的数据在分析前先进行反正弦转换($y=\sin^{-1}\sqrt{x}$)。

2　试验结果

2. 1　2,4-D 和 KT 不同浓度组合对'萨曼莎'月季体细胞胚诱导的影响

将'萨曼莎'组培苗的幼嫩小叶剪下,保留约1mm 左右的小叶柄,并用手术刀将叶背的中脉轻轻划伤几刀,以叶背朝下的方式接种于到含有 2,4-D 和 KT 不同浓度组合的培养基上进行体细胞胚的诱导,试验结果见表4。可见在 2,4-D 与 KT 不同浓度的组合中,都能诱导出愈伤组织(图 1b),随后诱导出体细胞胚(图 1a),但各组数据之间存在显著差异。'萨曼莎'在 MS+2. 0mg/L 2,4-D+0. 05mg/L KT+30g/L Glu+3. 0g/L Gel 的培养基上体细胞胚诱导率最高能达到24. 61%。

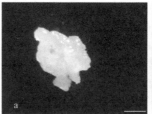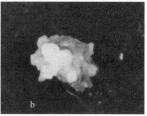

图 1　'萨曼莎'的体细胞胚和愈伤组织

a:体细胞胚;b:愈伤组织;标尺为 2mm

Fig. 1　Somatic embryos and callus of 'Samantha'

a: Somatic embryo; b: callus; scale bar 2mm

表 4　2,4-D 和 KT 不同浓度组合对'萨曼莎'体细胞胚发生的影响

Table 4　Effect of combinations of different concentrations of 2,4-D and KT on somatic embryogenesis in 'Samantha'

配方(mg/L) Composition		体胚诱导率(%) Induction rate of
2,4-D	KT	somatic embryos
2. 0	0. 05	24. 61±0. 46 a
3. 0	0. 05	15. 07±0. 36 abc
4. 0	0. 05	12. 97±0. 20 abc
2. 0	0. 1	18. 82±0. 55 ab
3. 0	0. 1	15. 91±0. 63 ab
4. 0	0. 1	10. 25±0. 29 bcd
2. 0	0. 5	8. 42±0. 27 bcd
3. 0	0. 5	5. 58±0. 42 cd
4. 0	0. 5	3. 67±0. 18 d

2. 2　研究 DNA 甲基化抑制剂的添加对'萨曼莎'体细胞胚发生的影响

将'萨曼莎'组培苗的幼嫩小叶剪下,保留约1mm 左右的小叶柄,并用手术刀将叶背的中脉轻轻

划伤几刀，以叶背朝下的方式接种于以 MS+2.0mg/L 2,4-D+0.05mg/L KT+30g/L Glu+3.0g/L Gel 为基本培养基并添加不同浓度的 5-AzadC 或者 Zebularine（0/0.01/0.1/1.0/10.0 mg/L）的培养基上，试验结果见表5。由表可以看出，较低浓度的 DNA 甲基化抑制剂的添加可以极大促进'萨曼莎'的体细胞胚诱导率，而高浓度的 DNA 甲基化抑制剂则抑制体细胞胚的发生。低浓度条件下 5-AzadC 的促进效果更好，而高浓度的条件下则 Zebularine 的抑制效果更明显，添加 1μmol/L 及更高浓度的 Zebularine 之后的体细胞胚诱导率为0。在添加 0.01 和 0.1μmol/L 的 5-AzadC 或者 Zebularine 的培养基上，接种后'萨曼莎'愈伤组织的生长状态更好，半透明状，半硬。而在 1 或 10μmol/L 的 5-AzadC 或者 Zebularine 的培养基上，'萨曼莎'约有一半无法诱导出愈伤，且诱导出的愈伤也很快褐化死亡。

表 5 DNA 甲基化抑制剂的添加对'萨曼莎'体细胞胚发生的影响

Table 5　Effect of the addition of DNA methylation inhibitors on somatic embryogenesis in 'Samantha'

DNA 甲基化抑制剂（μmol/L） DNA methylation inhibitors	体细胞胚诱导率（%） Induction rate of somatic embryos
0	24.61±0.46 b
5-AzadC　0.01	45.67±0.58 a
0.1	40.93±0.20 a
1.0	10.33±0.07 c
10.0	5.47±0.41 c
0	24.61±0.46 b
0.01	38.03±0.38 b
Zebularine　0.1	47.60±0.52 a
1.0	0
10.0	0

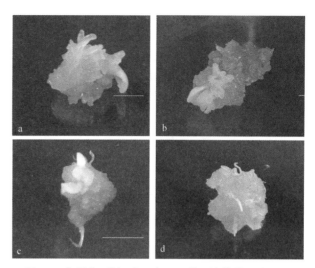

图 2　'萨曼莎'体细胞胚在不同增殖培养基上的状态

a：B6 培养基上增殖状态；b：C1 培养基上的增殖状态；c：带有子叶的体细胞胚；d：芽状胚；标尺为 2mm

Fig. 2　The state of somatic embryos on different proliferation culture media of 'Samantha'

a: proliferation status on B6 culture medium, b: proliferation status on C1 culture medium, c: Somatic embryos with cotyledons, d: shoot-like somatic embryos; scale bar 2mm

2.3　外源激素对月季体细胞胚增殖的影响

2.3.1　外源激素对月季体细胞胚增殖的影响

'萨曼莎'的体细胞胚在只含 2,4-D 的培养基上增殖效果较差，接种两周后大部分体细胞胚开始愈伤化或者水渍化，然后褐化死亡，少数能够增殖。2,4-D 和细胞分裂素的组合能够促进'萨曼莎'体细胞胚的增殖，且 TDZ 比 6-BA 效果更佳，促进了'萨曼莎'体细胞胚的增殖。在 MS+1.0mg/L 2,4-D+0.1mg/L TDZ +30g/L Glu+3.0g/L Gel 培养基上增殖效果最佳，只有小部分发生褐化，增殖系数约为 3.57（表6）。

表 6　不同培养基对'萨曼莎'体细胞胚增殖的影响

Table 6　Effect of different culture medium on the proliferation of somatic embryos in 'Samantha'

培养基编号 Number of culture medium	体细胞胚增殖系数 Somatic embryos multiplication coefficient	体细胞胚生长状态 Growth state of Somatic embryos
A1	1.13±0.04d	体细胞胚几乎不增殖，逐渐变软，褐化
A2	1.19±0.03d	体细胞胚几乎不增殖，逐渐变软，褐化
A3	1.29±0.06d	体细胞胚生长缓慢，部分愈伤化，水渍化
A4	1.74±0.06c	体细胞胚生长弱，水渍化，愈伤化
A5	2.51±0.11b	体细胞胚增殖效果较好，但存在部分畸形胚
A6	2.93±0.14a	体细胞胚生长状态好，有萌发态势，偶有愈伤化

2.3.2 不同浓度 ABA 和 GA₃ 对月季体细胞胚增殖的影响

添加不同浓度的 ABA 和 GA₃ 的培养基(表7、表8)，'萨曼莎'的体细胞胚仍能保持较好的增殖效果，在只添加 ABA 的培养基上的增殖系数比对照组要更

高，且 ABA 浓度越高，增殖效果越好。ABA 的添加促进了 SMS 体细胞胚的成熟，更多的体细胞胚转向芽状胚和子叶胚的状态，但没有次级胚的发生。GA₃ 的添加使得体细胞胚的增殖系数降低，在添加了 GA₃ 的培养基上，部分体细胞胚出现褐化和畸形胚的现象。

表 7　体细胞胚增殖培养基

Table 7　Somatic embryos proliferation culture medium

培养基编号 Number of culture medium	MS	2,4-D (mg/L)	TDZ (mg/L)	GA₃ (mg/L)	ABA (mg/L)	Glu (g/L)	Gel (g/L)
C1	√	1.0	0.1			30	3.0
C2	√	1.0	0.1		0.1	30	3.0
C3	√	1.0	0.1		1.0	30	3.0
C4	√	1.0	0.1	1.0	1.0	30	3.0
C5	√	1.0	0.1	1.0	0.1	30	3.0
C6	√	1.0	0.1	1.0		30	3.0

表 8　不同浓度 ABA 和 GA₃ 对'萨曼莎'体细胞胚增殖的影响

Table 8　Effect of different combinations of ABA and GA₃ on the proliferation of somatic embryos in 'Samantha'

培养基编号 Number of culture medium	体细胞胚增殖系数 Somatic embryos multiplication coefficient	体细胞胚生长状态 Growth state of Somatic embryos
C1	3.57±0.14b	体细胞胚生长旺盛，光泽度好，有萌发态势
C2	3.84±0.11ab	体细胞胚生长旺盛，光泽度好，约有22.4%转化为芽状胚
C3	4.08±0.05a	体细胞胚生长旺盛，光泽度好，约一半转化为芽状胚
C4	2.76±0.14c	体细胞胚长势较好，有芽状胚出现
C5	2.65±0.07c	体细胞胚长势较好，出现畸形胚
C6	2.62±0.17c	体细胞胚长势较好，有褐化现象，出现畸形胚

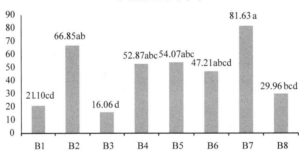

图 3　不同培养基对'萨曼莎'体细胞胚分化的影响

Fig. 3　Effect of different culture medium on somatic embryos differentiation in 'Samantha'

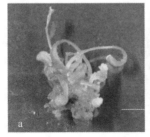

图 4　'萨曼莎'体细胞胚萌发和植物再生

a：体细胞胚萌发；b：再生苗；标尺为 2mm

Fig. 4　Somatic embryos germination and plant regeneration of 'Samantha'

a：somatic embryos germination；b：regenerated plant；scale bar 2mm

2.4 '萨曼莎'体细胞胚的萌发

将'萨曼莎'的体细胞胚接种到分化培养基上，试验结果见图3和图4。在不添加激素的情况下也能成功分化，在 MS + 1.0mg/L 6-BA + 0.1mg/L TDZ + 0.005mg/L NAA + 0.1mg/L GA$_3$ + 30g/L Suc + 3.0g/L Gel 的培养基上的分化效果最好，达到了81.63%。对'萨曼莎'的体细胞胚分化而言，以 MS 为基本培养基会比1/2MS 的效果更好，萌发率存在显著差异，在1/2MS 基本培养基上分化而来的苗也易在后续的继代中死亡。6-BA 对'萨曼莎'体细胞胚分化的促进效果比 TDZ 更明显，而且体胚分化的时间也更短，接种2周后便开始分化成苗。

3 讨论

植物体细胞胚发生需要用到植物激素或生长调节剂，蔷薇属植物在进行体细胞胚诱导的过程中最常用的是生长素和细胞分裂素及其类似物。在培养基中单独使用2,4-D 或者与其他植物生长调节剂组合使用对于月季体细胞胚的诱导是至关重要的（刘娟，2012）。Kim 等（2009）发现用不同浓度2,4-D 的 1/2MS 培养基可以在玫瑰合子胚、子叶和胚根诱导出愈伤组织但无法诱导出体细胞胚。同样丁萌（2012）以4个不同野蔷薇株系为试验材料，只有野蔷薇2号在 MS+3.0mg/L 2,4-D 的培养基上诱导出了体细胞胚；在只添加 NAA 的 MS 培养基上愈伤会长出大量类根体，但不能诱导出体细胞胚。在前人'萨曼莎'体细胞胚再生的研究中，包颖（2013）以'萨曼莎'叶片为外植体，将其接种于 MS+0.05mg/L KT+2.0mg/L 2,4-D 培养基中，体胚诱导成功率为10.2%，接种于 MS+0.05mg/L 6-BA +0.1mg/L TDZ+0.1mg/L GA$_3$+30g/L Suc+3.0g/L Gel 培养基中，体细胞胚萌发率最高，有73.49%。

本试验中用'萨曼莎'的幼嫩叶片为外植体，MS 为基本培养基，用2,4-D 和 KT 不同浓度的组合诱导体胚发现，2,4-D 和 KT 浓度过高均不利于体胚的再生。因此将培养基中2,4-D 浓度调整为3.0mg/L 时诱导率提高到24.61%，并且在研究体细胞胚萌发试验中发现，使用 MS 相较于1/2MS 培养基体胚的萌发效率更高，即使不加入生长调节剂体胚萌发率也高于50%，这与之前的研究结果相反。另外本试验首次在月季中探索了 DNA 甲基化抑制剂的使用对体细胞胚诱导的影响，发现在培养基中添加低浓度的 DNA 甲基化抑制剂对'萨曼莎'的体细胞胚诱导更是有明显的促进效果。推测 DNA 甲基化抑制剂的使用可能改变了体细胞胚发生过程中相关基因的表达，从而提高了'萨曼莎'体胚诱导率。从而对其他蔷薇属植物体细胞胚的诱导提供了借鉴意义。

月季体细胞胚发生诱导过程一般需要两个月以上，相对来说较为耗时，因此需要对诱导得到的体细胞胚进行增殖培养。月季体细胞胚可以以重复性发生的方式增殖，也可以以次生胚发生的方式增殖。在本试验中主要研究了外源激素和植物生长调节剂对体细胞胚增殖的影响。2,4-D 和 TDZ 或 6-BA 组合使用的情况下，TDZ 比 6-BA 更利于'萨曼莎'体细胞胚增殖，且较高的2,4-D 和 TDZ 组合浓度比对照组增殖效果最好。并且在1.0mg/L 6-BA+0.1mg/L TDZ 的培养基中加入高浓度的 GA$_3$ 能更好促进体胚的增殖。

即使在没有加生长调节剂的 MS 培养基中体胚的萌发率也比较高，在6-BA、TDZ 和 NAA 的组合培养基中培养能得到大部分分化的芽。本试验优化了'萨曼莎'细胞胚再生体系，可以为后续的转基因研究提供一定的试验基础。

参考文献

包颖，2010. 月季不同途径再生体系的建立与优化及遗传转化的研究[D]. 武汉：华中农业大学.

包颖，2013. 月季'萨曼莎'遗传转化体系建立及野蔷薇抗白粉病相关基因的表达分析[D]. 武汉：华中农业大学.

毕玲，2011. 月季愈伤组织诱导及植株再生[M]//中国观赏园艺研究进展2011. 北京：中国林业出版社.

毕玲，刘凤栾，董爱香，等，2012. 狗蔷薇类原球茎遗传转化体系的建立[J]. 核农学报，26(02)：270-274.

陈彦斌，刘蓉，蔡冬元，等，2015. 月月红月季体细胞胚胎植株再生关键技术研究[J]. 湖南农业科学，(04)：91-94.

丁萌，2012. 野蔷薇再生体系的建立及其遗传转化的研究[D]. 武汉：华中农业大学.

丁萌，申玉晓，傅小鹏，等，2013. 野蔷薇叶片直接再生的影响因素[J]. 华中农业大学学报，32(01)：29-33.

李敬蕊，2006. 月季再生体系的建立及叶盘法转化月季'萨蔓莎'的研究[D]. 武汉：华中农业大学.

李泉江，2016. 一个月季品种再生体系的建立及 RrDFR 基因的转化研究[D]. 武汉：华中农业大学.

刘娟，2012. 四个月季品种体细胞胚诱导及遗传转化的研究[D]. 武汉：华中农业大学.

刘昱，2018. 葡萄体细胞胚的诱导及 VvACS1 基因对葡萄的遗传转化[D]. 郑州：河南农业大学.

栾爱萍，何业华，郭翠红，等，2015. 甲基化抑制剂在菠萝体细胞胚发生同步化调控中的作用[M]//中国观赏园艺研究进展2015. 北京：中国林业出版社.

邢文，包颖，丁萌，等，2014. 玫瑰叶片直接再生及其影响因素[J]. 华中农业大学学报，33(01)：29-34.

杨莹莹，周云鹤，黄文镜，等，2019. 月季胚性愈伤的诱导及体细胞胚的发生[J]. 分子植物育种，1-8.

易星，2014. '月月红'月季胚性愈伤组织诱导及遗传转化基础研究[D]. 长沙：湖南农业大学.

尤扬，金典生，2012. 月季"黄和平"体细胞胚诱导的初步研究[J]. 湖北农业科学，51(10)：2128-2131.

赵宏伟，寇亚平，王轲永，等，2015. 光质对狗蔷薇类原球茎发生和植株再生的影响[J]. 中国农业大学学报，20(04)：113-119.

Bao Y, Liu G, Shi X, et al. 2012. Primary and repetitive secondary somatic embryogenesis in *Rosa hybrida* 'Samantha' [J]. Plant Cell, Tissue and Organ Culture (PCTOC), 109 (3)：411-418.

Bendahmane M, Dubois A, Raymond O, et al. 2013. Genetics and genomics of flower initiation and development in roses [J]. Journal of Experimental Botany, 64(4)：847-857.

Bhusare B P, John C K, Bhatt V P, et al. 2020. Induction of somatic embryogenesis in leaf and root explants of *Digitalis lanata* Ehrh.：Direct and indirect method[J]. South African Journal of Botany, 130：356-365.

Brown D C, Thorpe T A. 1986. Plant regeneration by organogenesis[J]. Cell culture and somatic cell genetics of plants, 3：49-65.

Charrière F, Sotta B, Miginiac É, et al. 1999. Induction of adventitious shoots or somatic embryos on in vitro cultured zygotic embryos of *Helianthus annuus*：variation of endogenous hormone levels[J]. Plant Physiology and Biochemistry, 37 (10)：751-757.

Chen J, Wu L, Hu B, et al. 2014. The Influence of Plant Growth Regulators and Light Quality on Somatic Embryogenesis in China Rose (*Rosa chinensis* Jacq.) [J]. Journal of Plant Growth Regulation, 33(2)：295-304.

Corredoira E, San-José M C, Vieitez A M. 2012. Induction of somatic embryogenesis from different explants of shoot cultures derived from young *Quercus alba* trees[J]. Trees, 26(3)：881-891.

de Wit J C, Esendam H E, Honkanen J J, et al. 1990. Somatic embryogenesis and regeneration of flowering plants in rose [J]. Plant Cell ReporTS, (9)：456-458.

Debener T, Linde M. 2009. Exploring Complex Ornamental Genomes：The Rose as a Model Plant[J]. Critical Reviews in Plant Sciences, 28(4)：267-280.

Deo P C, Tyagi A P, Taylor M, et al. 2010. Factors affecting somatic embryogenesis and transformation in modern plant breeding[J]. The South Pacific Journal of Natural and Applied Sciences, 28(1)：27.

Dohm A, Ludwig C, Nehring K, et al. 2001. Somatic embryogenesis in roses[J]. Acta Horticulturae, (547)：341-347.

Dubois L A M, de Vries D P. 1997. Genetic variation of rose cultivars for direct shoot organogenesis[J]. Acta Horticulturae, 447：79-85.

Dubois L A M, de Vries D P, Koot A. 2000. Direct Shoot Regeneration in the Rose：Genetic Variation of Cultivars[J]. Gartenbauwissenschaft, 1(65)：45-49.

Estabrooks T, Browne R, Dong Z. 2007. 2,4, 5-Trichlorophenoxyacetic acid promotes somatic embryogenesis in the rose cultivar 'Livin Easy' (*Rosa* sp.)[J]. Plant Cell Reports, 26(2)：153-160.

Fehér A. 2019. Callus, Dedifferentiation, Totipotency, Somatic Embryogenesis：What These Terms Mean in the Era of Molecular Plant Biology? [J]. Frontiers in Plant Science, 10.

Fehér A, Bernula D, Gémes K. 2016. The Many Ways of Somatic Embryo Initiation[M]//Loyola-Vargas V M, Ochoa-Alejo N. Somatic Embryogenesis：Fundamental Aspects and Applications. Cham：Springer International Publishing, 23-37.

Firoozabady E, Moy Y, Courtney-Gutterson N, et al. 1994. Regeneration of transgenetic rose (*Rosa hybrida*) plants from embryogenic tissue[J]. Nature Biotechnology, (12)：609-613.

Gaj M D. 2004. Factors Influencing Somatic Embryogenesis Induction and Plant Regeneration with Particular Reference to *Arabidopsis thaliana* (L.) Heynh[J]. Plant Growth Regulation, 43(1)：27-47.

Garcia C, Furtado De Almeida A, Costa M, et al. 2019. Abnormalities in somatic embryogenesis caused by 2,4-D：an overview[J]. Plant Cell, Tissue and Organ Culture (PCTOC), 137(2)：193-212.

Gosal S S, Wani S H. 2018. Plant genetic transformation and transgenic crops：methods and applications[M]//Springer, 1-23.

Grzybkowska D, Morończyk J, Wójcikowska B, et al. 2018. Azacitidine (5-AzaC)-treatment and mutations in DNA methylase genes affect embryogenic response and expression of the genes that are involved in somatic embryogenesis in *Arabidopsis*[J]. Plant Growth Regulation, (85)：24.

中国观赏园艺研究进展 2020：357~365

Advances in Ornamental Horticulture of China, 2020：357~365

357

分子生物学

基于白掌转录组的 SSR 和 SNP 位点分析

侯志文　张　欢　李祥燕　廖飞雄*

（华南农业大学林学与风景园林学院，广东省森林植物种质资源创新与利用重点实验室，广州 510642）

摘要　白掌是天南星科（Aracea）白鹤芋属（*Spathiphyllum*）多年生草本植物，具有重要经济价值和观赏价值。本研究利用白掌叶片转录组测序数据，挖掘其 SSR 和 SNP 分子标记。利用 MISA 软件对长度 1kb 以上的 unigenes 做 SSR 分析，鉴定出 11571 个 SSR 位点，分布于 8358 条 unigenes 序列中，SSR 发生频率为 40.4%，出现频率为 55.9%。使用 Samtools 和 GATK 检测了白掌 100970 条 unigenes，发现 29834 条 unigenes 中含有 157209 个 SNP 位点，平均每条 unigene 含 5.27 个 SNP 位点。在 SNP-unigenes 中，转换占 62.81%，颠换占 37.19%。转换中 A/G 以及 C/T 之间的转换是最主要的形式，分别占 31.57% 和 31.24%。对 SNP-unigenes 序列进行 GO、COG 和 KEGG 注释发现：GO 注释到 7107 条 SNP-unigenes；COG 注释到 3915 条 SNP-unigenes；KEGG 注释到 2387 条 SNP-unigenes。这些 SNP-unigenes 涉及许多重要的生物功能和代谢途径。这些信息可为白掌 SNP 和 SSR 标记的开发以及相关基因组研究提供指导。

关键词　白鹤芋；RNA-seq；分子标记；生物信息学分析

Mining and Developing SSR and SNP Molecular Markers Based on Transcroptome Sequences of *Spathiphyllum*

HOU Zhi-wen　ZHANG Huan　LI Xiang-yan　LIAO Fei-xiong*

（*College of Forestry and Landscape Architecture*，*South China Agricultural University*，*Guangdong Key Laboratory for Innovative Development and Utilization of Forest Plant Germplasm*，*Guangzhou* 510642，*China*）

Abstract　*Spathiphyllum* is a perennial herb that belongs to the family Araceae，which has important ornamental and economic value. In this study，SNP and SSR molecular markers were explored based on thetranscriptome analysisof the *Spathiphyllum*leaves. Using MISA software 11571 SSR sites distributing in 8358 unigenes sequences were identified with the SSR frequency of 40.4%，and the occurrence frequency 55.9% among the above 1kb unigenes. 100970 unigenes were screened by Samtools and GATK software and a total of 157209 SNP sites that occurred in 29834 unigenes were identifiedwith 5.27 SNP sites each unigene on average. In the SNP-unigenes，transitions and transversions were accounted for 62.81% and 37.19%，respectively. In these SNP-unigenes，A/G and C/T transitions were the predominant types（31.57% and 31.27%）. The unigenes containing SNP-unigene were annotated by the Gene Ontology（GO）database，the clusters of orthologous groups（COG），and kyoto encyclopedia of genes and genomes（KEGG），respectively. 7107 SNP-unigenes were found in GO，3915 SNP-unigenes assigned into COG classifications. 32387 SNP-unigenes involved in the KEGG system. These SNP-unigenes were involved in many important biological functions and metabolic pathways. This information can guide the development of SNP and SSR markers and related genomic research.

Key words　*Spathiphyllum*；RNA-Seq；Molecular marker；Bioinformatics analysis

---

1　基金项目：广东省国际科技合作项目（2016A050502051）。

第一作者简介：侯志文（1992—），男，硕士研究生。

* 通讯作者：廖飞雄，教授，研究方向：热带亚热带观赏植物研究与应用，E-mail：fxliao@ scau. edu. cn。

SSR(Simple sequence repeat)序列是由1~6个核苷酸重复序列组成，具有数量丰富、多态性高、共显性、操作简单易学等特点(Acuna et al.，2012)。目前，已经在栽培品种起源、种质资源遗传多样性、品种分类与鉴定、杂种鉴定及分子标记辅助育种等方面得到了广泛应用(Sharma et al.，2007；Grover et al.，2012；Liu et al.，2018)。单核苷酸多态性(single nucleotide polymorphism，SNP)指的是基因组DNA上的单个碱基发生突变且突变频率大于1%所引起的DNA序列多态性(Anthony，1999)。SNP作为一种新型的DNA分子标记，具有位点丰富、分布广泛、高遗传稳定性、易于检测等优点，现已成为最常用的分子标记之一，可广泛用于构建高密度遗传图谱、植物分子辅助育种、品种鉴定、个体性状遗传等方面的研究(Ganal et al.，2009；Ganal et al.，2012；Kularb et al.，2016)。

白掌，又称白鹤芋，是原产南美热带雨林地区天南星科(Aracea)白鹤芋属多年生观叶草本植物(Cardona et al.，2004)，具有重要经济价值和观赏价值。20世纪80年代大量引入中国，在巨大市场利润驱动下，白鹤芋产业得到了快速发展，成为广东观叶植物产业发展的主力和先锋(Liao et al.，2008；Liao et al.，2017)。白掌的研究主要集中在微繁殖和植物组织培养等方面，有关白掌的分子标记报道并不多，利用SRAP分子标记技术对23份白掌种间杂交后代进行真假杂种鉴定，研究表明SRAP分子标记能够快速准确地鉴别出真假杂种，从而缩短育种周期和提高育种效率(刘小飞 等，2017)。为进一步丰富白掌分子标记类型和数量，本研究利用白掌叶片转录组测序得到的数据结合生物信息学软件对白掌SNP和SSR进行大规模的开发，并对SNP标记所在的基因进行功能注释，认识其基因功能，同时进一步找到与白掌叶形形成关键基因相连锁的SNP标记，从而为白掌叶形育种研究提供依据。

1 材料与方法

1.1 材料

供测序品种为'美酒'白掌(Spathiphyllum 'Mojo')，均栽培于华南农业大学培养大棚，光照度≤5000lx、12h黑暗/12h光照，相对湿度80%~90%，培养温度22~30℃，土质为泥炭土，所有植株栽培环境、管理条件相同。采集生长前期(S0)、快速生长期(S1)、生长后期(S2)为试验材料。每个时期测序重复3个植株，每株3次取样。

1.2 白掌总RNA提取和转录组测序

使用柱上去除DNA的Plant RNA Kit(OMEGA，

USA)试剂盒进行提取白掌叶片中的总RNA，用Illumina Hiseq进行高通量测序。

1.3 白掌转录组数据组装和SSR位点鉴别

利用Trinity(Grabherr et al.，2010)对转录组数据进行组装和MISA软件对筛选得到的1kb以上的unigenes做SSR分析。

1.4 白掌转录组SNP鉴定

以组装好的转录本为模板序列将原始序列与其进行比对，利用Samtools(Dobin et al.，2013)和GATK(McKenna et al.，2010)寻找候选的SNP位点。

1.5 SNP-unigene序列功能注释分析

对含有SNP的unigene序列(SNP-unigene)进行功能注释，探究SNP-unigene的生物学功能，注释所选数据库有基因本体数据库(Gene Ontology Database，GO)、蛋白直系同源簇数据库(Clusters of Orthologous Groups of proteins，COG)、京都基因和基因组百科全书数据库(Kyoto Encyclopedia of Genes and Genomes，KEGG)数据库，期望值E设定为1e-5(Camacho et al.，2009)。

1.6 数据处理

使用Microsoft Excel 2019统计数据，利用OriginPro 2019和TBtools软件进行绘图。

2 结果与分析

2.1 转录组数据组装结果和SSR检测

组装共得到100970条unigenes(表1)，总长度达226397840bp，其中长度在1kb以上的unigenes有20713条，平均长度为797.19bp，unigene的N50为1520，组装后200~300bp的unigenes最多占总unigenes的35.07%，大于1kb的unigenes占20.52%，组装完整性较高。

表1 *Spathiphyllum* 'Mojo' unigene 组装结果

Table 1　*Spathiphyllum* 'Mojo' Statistics of unigene assembly results

Length Range	Transcript	unigene
200~300	38904(21.83%)	35414(35.07%)
300~500	32887(18.45%)	26851(26.59%)
500~1000	31684(17.78%)	17992(17.82%)
1000~2000	36112(20.26%)	10981(10.88%)
2000+	38648(21.68%)	9732(9.64%)
Total Number	178235	100970
Total Length	226397840	80492121
N50 Length	2278	1520
Mean Length	1270.22	797.19

利用 MISA 软件对筛选得到的 1kb 以上的 uni-genes(共 20713 条)做 SSR 分析,搜索 20713 条 uni-genes 序列中的各种 SSR 位点,鉴定得到分布于 8358 条 unigenes 序列中 SSR 位点 11571 个。SSR 发生频率为 40.4%,出现频率为 55.9%。其中单核苷酸重复是最常见的类型(5790,50%),其次是二核苷酸重复(3428,29.63%)、三核苷酸重复(1621,14%),六核苷酸重复最少,只有 3 个(表 2)。

表 2　'美酒'白掌 SSR 统计结果

Table 2　*Spathiphyllum* 'Mojo' SSR statistical results

Type	Number
复合型重复	660(5.70%)
复合型重复中有共用碱基	10(0.09%)
单核苷酸重复	5790(50.00%)
二核苷酸重复	3429(29.63%)
三核苷酸重复	1621(14.00%)
四核苷酸重复	52(0.44%)
五核苷酸重复	6(0.05%)
六核苷酸重复	3(0.04%)
Total	11571

2.2　白掌叶片转录组 SNP 鉴定

使用 Samtools 软件和 GATK 软件对白掌叶片转录组序列中 100970 条 unigenes 进行 SNP 位点检测,29834 条 unigenes 中检测到 157209 个 SNP 位点,每 1440bp 就有一个 SNP,平均每条 unigene 含 5.27 个 SNP 位点。其中转换(Transition)有 98754 个,颠换(Transversion)有 58455 个;6 种核苷酸变异中属于转换的 A/G 和 C/T 发生频率最高,所占比例分别为 31.57%、31.24%,属于颠换的 A/T、A/C、T/G 和 C/G 的比例则分别为 9.10%、9.50%、9.71%、8.88%(图 1)。

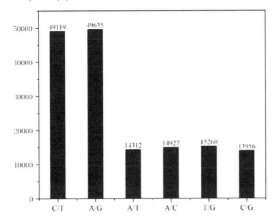

图 1　白掌叶片转录组中 SNP 概况

Fig. 1　Summary of SNP within transcriptome of *Spathiphyllum*

2.3　SNP-unigene 序列注释

从白掌叶片转录组数据中鉴定出的 SNP 位点总共位于 29834 条 unigenes 上,为进一步探索这些 SNP-unigenes 的生物学功能,将这 29834 条 SNP-unigenes 进行 GO 注释、COG 注释和 KEGG 注释,共有 7107(23.82%)条 SNP-unigenes 注释到 GO 数据库;注释到 COG 数据库的有 3915(13.12%)条 SNP-unigenes;注释到 KEGG 数据库的有 2387(8.00%)条 SNP-uni-genes;注释到 GO 数据库、COG 数据库和 KEGG 数据库的共有 1268 条;注释到 KEGG 数据库和 COG 数据库 1403 条;注释到 COG 数据库和 GO 数据库 3126 条;注释到 GO 数据库和 KEGG 数据库 1983 条(图 2)。

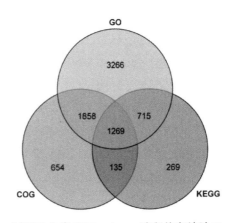

图 2　'美酒'白掌 SNP-unigene 注释信息统计 Venn 图

Fig. 2　*Spathiphyllum* 'Mojo' Venn diagram of annotation information of SNP-unigene

2.4　SNP-unigene 序列 GO 分类

在生物过程中涉及较多 SNP-unigenes 的是代谢过程(3783 条)和细胞过程(3624 条);在细胞组分中,细胞(3046 条)和细胞组分(3016 条)注释到较多的 SNP-unigenes;分子功能中,结合活性(3356 条)和催化活性(3394 条)(图 3)。

2.5　SNP-unigene 序列 COG 分类

COG 是对基因产物进行直系同源分类的数据库,根据其功能可以分成 26 大类(图 3,A-Z),对 29834 条 SNP-unigenes 在 COG 进行相关基因功能的预测和分类,结果显示共有 3915(13.12%)条 SNP-unigenes 在 COG 数据库得到了相应的注释,得到了 4372 个 COG 注释结果。由图可知,被注释的 SNP-unigenes 功能种类较全面,涉及了大多数(25/26)的生命活动过程及功能。结果显示,"一般预测功能组"是数量最

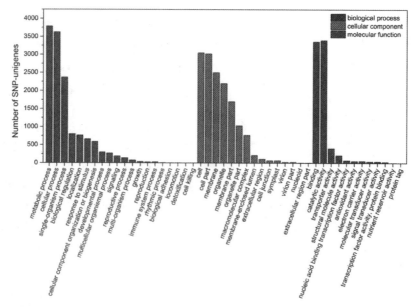

图3 '美酒'白掌 GO 功能分类统计

Fig. 3 *Spathiphyllum* 'Mojo' GO functionnal classification

多的一大类，包含有510个SNP- unigenes；然后依次为"翻译，核糖体结构和合成""翻译和修饰，蛋白翻转和分子伴侣""信号转导机制""碳运输和新陈代谢"分别有419、382、355、339条。"RNA加工和修饰"

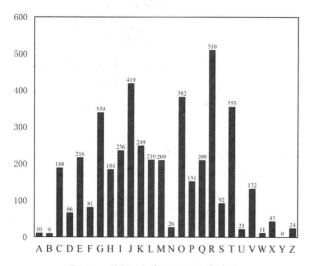

图4 '美酒'白掌 COG 分类统计

Fig. 4 *Spathiphyllum* 'Mojo' COG functionnal classification
A：RNA加工和修饰；B 染色质结构和动力学；C：能量产生和转换；D：细胞周期控制、细胞分裂和染色体分离；E：氨基酸转运和新陈代谢；F：核酸转运和代谢；G：碳运输和新陈代谢；H：辅酶运输和代谢；I：脂类转运和代谢；J：翻译，核糖体结构和合成；K：转录；L：复制，重组和修复；M：细胞壁、膜和核膜的合成；N：细胞动机；O：翻译和修饰，蛋白翻转和分子伴侣；P：无机离子转运和代谢；Q：二级代谢生物加工，转运和分解代谢；R：一般预测功能组；R：一般预测功能组；S：未知功能；T：信号转导机制；U：胞内的转换，分泌和膜泡运输；V：防御机制；W：胞外结构；Y：核结构；Z：细胞骨架

"染色质结构和动力学"这两个分类中包含的SNP-unigenes最少，分别为10条和9条，"核结构"这个功能没有SNP-unigene注释到。

2.6 SNP-unigene 序列 KEGG 分析

为了能够更加系统地分析和破译基因的功能，将29834条SNP-unigenes与KEGG数据库进行pathway注释，其中共有2387条SNP-unigenes参与了127条KEGG代谢或信号通路。研究表明可以将这些SNP-unigenes划分为5大类代谢途径：代谢（Metabolism）、遗传信息处理（Genetic Information Processing）、环境信息处理（Environmental Information Processing）、细胞过程（Cellular Processes）、有机系统（Organismal Systems），五大类的KEGG通路统计情况（图5）所示，其中涉及代谢和遗传信息处理的SNP-unigenes最多，分别为1020条和628条，涉及环境信息处理的SNP-unigenes为最少，仅有2条。

筛选出基因注释比例（占KEGG注释到的unigene）大于1%的58条KEGG代谢或信号通路（表3）。从表3可知，"核糖体"注释到的SNP-unigenes最多，有151条，然后依次为"碳代谢""氨基酸生物合成""内质网蛋白加工""植物信号转导""剪接体""植物病原相互作用""淀粉与蔗糖的代谢"，分别注释到134、121、116、105、104、102、101条SNP-unigenes。通过KEGG的注释分析，可以重点去研究这些具有代表性的生物学过程，从而挖掘控制白掌叶形的关键通路。

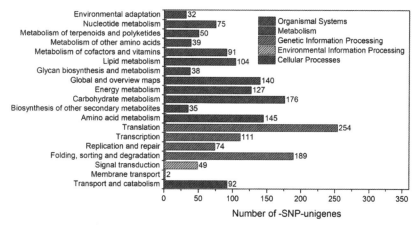

图 5　'美酒'白掌 KEGG 注释统计

Fig. 5　Summary of SNP-unigenes with mainly KEGG annotation

表 3　'美酒'白掌主要 KEGG pathway 注释统计

Tabel 3　Summary of SNP-unigenes with mainly KEGG pathway

序号 No.	通路 ID Pathway	通路 Pathway	SNP-unigene 数量 No. of SNP-unigene	比例(%) Ratio
1	ko03010	核糖体 Ribosome	151	6.33
2	ko01200	碳代谢 Carbon metabolism	134	5.61
3	ko01230	氨基酸生物合成 Biosynthesis of amino acids	121	5.07
4	ko04141	内质网蛋白加工 Protein processing in endoplasmic reticulum	116	4.86
5	ko04075	植物激素信号转导 Plant hormone signal transduction	105	4.40
6	ko03040	剪接体 Spliceosome	104	4.36
7	ko04626	植物-病原菌相互作用 Plant-pathogen interaction	102	4.27
8	ko00500	淀粉与蔗糖的代谢 Starch and sucrose metabolism	101	4.23
9	ko03013	RNA 转运 RNA transport	97	4.06
10	ko04144	内吞作用 Endocytosis	88	3.69
11	ko00190	氧化磷酸化 Oxidative phosphorylation	86	3.60
12	ko00230	嘌呤代谢 Purine metabolism	82	3.44
13	ko00240	嘧啶代谢 Pyrimidine metabolism	68	2.85
14	ko04120	泛素介导的蛋白水解 Ubiquitin mediated proteolysis	64	2.68

序号 No.	通路 ID Pathway	通路 Pathway	SNP-unigene 数量 No. of SNP-unigene	比例(%) Ratio
15	ko03015	mRNA 监测途径 mRNA surveillance pathway	64	2.68
16	ko00940	苯丙素生物合成 Phenylpropanoid biosynthesis	63	2.64
17	ko03018	RNA 降解 RNA degradation	62	2.60
18	ko00520	氨基糖和核苷酸糖代谢 Amino sugar and nucleotidesugar metabolism	61	2.56
19	ko00010	糖酵解/糖异生 Glycolysis / Gluconeogenesis	57	2.39
20	ko00270	半胱氨酸和蛋氨酸代谢 Cysteine and methionine metabolism	53	2.22
21	ko03008	真核生物中核糖体的生物发生 Ribosome biogenesis in eukaryotes	49	2.05
22	ko01212	脂肪酸代谢 Fatty acid metabolism	48	2.01
23	ko00564	脂代谢 Glycerophospholipid metabolism	48	2.01
24	ko00620	丙酮酸盐代谢 Pyruvate metabolism	46	1.93
25	ko04145	吞噬体 Phagosome	45	1.89
26	ko04146	过氧物酶体 Peroxisome	44	1.84
27	ko00195	光合作用 Photosynthesis	42	1.76
28	ko00630	二羧酸代谢 Glyoxylate and dicarboxylate metabolism	40	1.68
29	ko00561	甘油酯代谢 Glycerolipid metabolism	38	1.59
30	ko03420	核酸切除修复 Nucleotide excision repair	38	1.59
31	ko00710	光合生物的固碳作用 Carbon fixation in photosynthetic organisms	38	1.59
32	ko00480	谷胱甘肽代谢 Glutathione metabolism	37	1.55
33	ko00260	甘氨酸、丝氨酸和苏氨酸代谢 Glycine, serine and threonine metabolism	36	1.51
34	ko03030	DNA 复制 DNA replication	36	1.51
35	ko03060	蛋白质输出 Protein export	33	1.38
36	ko00970	氨酰 tRNA 生物合成 Aminoacyl-tRNAbiosynthesis	32	1.34

序号 No.	通路 ID Pathway	通路 Pathway	SNP-unigene 数量 No. of SNP-unigene	比例(%) Ratio
37	ko00061	脂肪酸生物合成 Fatty acid biosynthesis	30	1.26
38	ko00510	N-聚糖生物合成 N-Glycan biosynthesis	30	1.26
39	ko01210	2-氧代羧酸代谢 2-Oxocarboxylic acid metabolism	30	1.26
40	ko00900	萜类主链生物合成 Terpenoid backbone biosynthesis	29	1.21
41	ko00051	果糖和甘露糖代谢 Fructose and mannose metabolism	29	1.21
42	ko03050	蛋白酶体 Proteasome	29	1.21
43	ko00562	磷酸肌醇代谢 Inositol phosphate metabolism	29	1.21
44	ko00040	戊糖和葡萄糖醛酸的相互转化 Pentose and glucuronate interconversions	28	1.17
45	ko00053	抗坏血酸和醛酸代谢 Ascorbate and aldarate metabolism	28	1.17
46	ko00030	磷酸戊糖途径 Pentose phosphate pathway	28	1.17
47	ko03022	基础转录因子 Basal transcription factors	28	1.17
48	ko00592	α-亚麻酸代谢 alpha-Linolenic acid metabolism	27	1.13
49	ko03410	碱基切除修复 Base excision repair	26	1.09
50	ko02010	ABC 转运器 ABC transporters	26	1.09
51	ko00020	柠檬酸循环(TCA 循环) Citrate cycle (TCA cycle)	26	1.09
52	ko03440	同源重组 Homologous recombination	26	1.09
53	ko00330	精氨酸和脯氨酸代谢 Arginine and proline metabolism	26	1.09
54	ko03430	错配修复 Mismatch repair	26	1.09
55	ko00860	卟啉与叶绿素代谢 Porphyrin and chlorophyll metabolism	25	1.05
56	ko04140	自噬调节 Regulation of autophagy	24	1.01
57	ko00071	脂肪酸的降解 Fatty acid degradation	24	1.01
58	ko00052	半乳糖代谢 Galactose metabolism	24	1.01

3 讨论

随着新一代测序技术的逐渐成熟以及测序成本的降低，对于非模式生物来说，基于转录组序列是开发SSR 和 SNP 分子标记最有效的策略之一（Strickler et al.，2012，Kularb et al.，2015）。白掌转录组的 SSR 位点中的重复类型存在严重的偏倚性，单核苷酸重复至六核苷酸重复类型都有出现，以单核苷酸、二核苷酸和三核苷酸重复类型为主要的重复类型，这一研究结果与蝴蝶兰（张水明 等，2012）和红掌（郁永明 等，2015）的研究结果相似，然而在鳄梨（郭俊 等，2020）转录中，二核苷酸重复占据主导地位，同时在棕榈树的研究中发现三核苷酸重复是最主要的重复类型（Xiao et al.，2014；Xia et al.，2014），这说明在不同植物中的重复类型并没有明显特定的规律，不同植物的基因组在进化过程中经历的不同时间都有可能对其造成影响（Varshney et al.，2005）。

白掌 SNP 位点中碱基突变类型以转换为主，主要为 C/T 和 A/G，转换和颠换的比值为 1.69，远大于理论值 0.5，生物中 SNP 位点碱基变异的转换和颠换的比值往往会大于理论值的 0.5，这种现象称为"转换偏差"（Collins et al.，1994），同时在松萝凤梨 SNP 中研究发现转换和颠换比值为 1.62（金亮 等，2017），这一现象的存在说明碱基突变并不是随机发生的，可能与白掌碱基组成、进化选择中的保护机制相关。

在分子辅助育种中，开发数量充足且多态性好的分子标记用来构建高密度遗传连锁图谱，可以提高育种效率（Luby et al.，2001）。目前，已经有大量的非模式生物通过转录组序列进行了 SNP 分子标记的研究和开发，在盾叶薯蓣转录组的 37115 条 unigenes 鉴定出 124692 个 SNP 位点，平均每条 unigene 含 3.36 个 SNP 位点（化文平 等，2017），在对菊叶香藜花和叶转录组进行挖掘中，分别鉴定出了 889 个和 673 个 SNP 位点（付苏宏 等，2019），说明在转录组数据中挖掘 SNP 信息是非模式生物开发 SNP 分子标记十分可行且有效的方法之一。因此开发与白掌叶形相连锁的 SNP 分子标记对白掌叶形育种工作有重要意义。目前尚未见到关于白掌叶形相关 SNP 标记的报道。我们尝试用生物信息学方法，通过对白掌转录组中 SNP-unigene 进行功能注释发现这些基因涉及了许多生物功能和重要的代谢和信号途径，预示着这些潜在的标记可能与重要的生物功能有关。可将这些 SNP-unigenes 设计引物进行 SNP 验证并结合白掌表型性状进行关联分析，从而开发出与重要性状关联的 SNP 分子标记，为以后分子标记辅助育种等提供理论依据。

参考文献

付苏宏，雷鸣，张勇群，等，2019. 菊叶香藜转录组单核苷酸多态性（SNP）信息挖掘及功能注释分析[J]. 西南农业学报，32(04)：734-740.

郭俊，朱婕，谢尚潜，等，2020. 鳄梨转录组 SSR 分子标记开发与种质资源亲缘关系分析[J/OL]. 园艺学报：1-13[2020-08-16].

化文平，韩立敏，魏磊，等，2017. 基于盾叶薯蓣转录组的 SNP 和 SSR 位点分析[J]. 分子植物育种，15(10)：4003-4009.

金亮，李小白，田丹青，等，2017. 松萝凤梨转录组基因内部单核苷酸多态性信息分析[J]. 分子植物育种，15(07)：2716-2724.

刘小飞，廖飞雄，李冬梅，等，2017. 基于 SRAP 标记的白鹤芋属资源鉴定与亲缘关系分析[J]. 广东农业科学，44(11)：26-31.

郁永明，田丹青，潘晓韵，等，2015. 基于红掌转录组序列的 SSR 标记分析与开发[J]. 分子植物育种，13(06)：1349-1354.

张水明，陈程，龚凌燕，等，2012. 蝴蝶兰 EST 资源 SSR 标记分析与开发[J]. 园艺学报，39(06)：1191-1198.

Acuna C V, Fernandez P, Villalba P V, et al. 2012. Discovery, validation, and in silico functional characterization of EST-SSR markers in Eucalyptus globulus[J]. Tree Genetics & Genomes, 8(2)：289-301.

Anthony J. Brookes. 1999. The essence of SNPs[J]. Gene, 234(2)：177-186.

Camacho C G, Coulouris G, Avagyan V, et al. 2009. BLAST plus: architecture and applications[J]. BMC Bioinformatics, 10(421)：1-9.

Cardona F. 2004. Synopsis of the genus Spathiphyllum (Araceae) in Colombia[J]. Annals of the Missouri Botanical Garden, 448-456.

Collins D W, Jukes T H. 1994. Rates of transition and transversion in coding sequences since the human-rodent divergence.[J]. Genomics, 20(3)：386-396.

Dobin A, Davis C A, Schlesinger F, et al. 2013. STAR: ultrafast universal RNA-seq aligner[J]. [Bioinformatics Italic], 29(1)：15-21.

Ganal M W, Polley A, Graner E M, et al. 2012. Large SNP arrays for genotyping in crop plants[J]. Journal of Bioences, 37(5)：821-828.

Ganal, Martin & Altmann, Thomas & Röder, Marion. 2009.

SNP identification in crop plants. Current opinion in plant biology. 12. 211-7.

Grabherr MG, Haas BJ, Yassour M, et al 2011. Full length transcriptome assembly from RNA Seq data without a reference genome[J]. [Nature Biotechnology Italic]. (29): 644-652

Grover A , Aishwarya V , Sharma P C . 2012. Searching microsatellites in DNA sequences: approaches used and tools developed[J]. Physiol Mol Biol Plants, 18(1): 11-19.

Laosatit K, Tanya P, Somta P, et al . 2016. De novo Transcriptome Analysis of Apical Meristem of Jatropha spp. Using 454 Pyrosequencing Platform, and Identification of SNP and EST-SSR Markers[J]. Plant Molecular Biology Reporter.

Liao F , Chen J , Chen X, et al. 2008. The full bloom of the China floriculture industry [C]//105th Annual Conference of the.

Liao F X, Wang D R. 2017. Tropical and subtropical ornamental plant industry in Guangdong province, China[J]. Acta Horticulturae, (1167): 31-36.

Luby J J, 2001. Shaw Dose maker-assisted selection make dollars and sense in a Fruit breeding program? [J]. Hort-Science, 36(5): 872-879.

McKenna A, Hanna M, Banks E, et al . 2010. The Genome Analysis Toolkit: a MapReduce framework for analyzing next-generation DNA sequencing data[J]. [Genome Research Italic]. 20(9): 1297-1303.

Sharma P C , Grover A , Kahl G . 2007. Mining microsatellites in eukaryotic genomes [J]. Trends in Biotechnology, 25 (11): 490-498.

Strickler S R , Bombarely A , Mueller L A . 2012. Designing a transcriptome next-generation sequencing project for a non-model plant species. [J]. American Journal of Botany, 99 (2): 257-66.

Varshney R K , Graner A , Sorrells M E . 2005. Genic microsatellite markers in plants: features and applications[J]. Trends in Biotechnology, 23(1): 48-55.

Xia Wei, Xiao Yong, Liu Zheng et al. 2014. Development of gene-based simple sequence repeat markers for association analysis in *Cocos nucifera*[J]. Mol Breeding. 34. 1-11.

Xiao Y, Zhou L, Xia W, et al . 2014. Exploiting transcriptome data for the development and characterization of gene-based SSR markers related to cold tolerance in oil palm (Elaeis guineensis)[J]. BMC Plant Biol. 14: 384.

Zhigao L , Weili S , Yamei S , et al . 2018. Characterization of new microsatellite markers based on the transcriptome sequencing of *Clematis finetiana*[J]. Hereditas, 155(1): 23.

太行菊 MYB 转录因子 *OtMYB*44 基因的克隆及表达分析

巴亭亭[1] 杨宁[2] 刘昱[2] 王士才[2] 杨永娟[1] 郭彦宏[1] 钟剑[1] 孙明[1,*]

（[1] 花卉种质创新与分子育种北京市重点实验室，国家花卉工程技术研究中心，城乡生态环境北京实验室，
园林环境教育部工程研究中心，林木花卉遗传育种教育部重点实验室，园林学院，北京林业大学，北京 100083；
[2] 济南市国有苗圃，济南 250100）

摘要 MYB 转录因子是植物中最大的一类，在植物的生长发育及各种逆境胁迫中发挥非常重要的作用。本研究以太行菊的根系为研究材料，运用 RT-PCR 技术克隆得到太行菊的 MYB 基因完整的 ORF 序列，命名为 *OtMYB*44，并对其进行了生物信息学分析。分析表明，*OtMYB*44 基因 ORF 全长 1020 bp，编码 339 个氨基酸。预测其蛋白分子量 36991. 14Da，等电点为 9. 23，属于不稳定亲水性蛋白。不含有信号肽和跨膜结构，预测蛋白定位于细胞核内。OtMYB44 与黄花蒿（PWA75916. 1）亲缘关系较近，同源性达 94. 41%。二级结构预测表明，OtMYB44 蛋白由 93 个 α-螺旋（27. 43%）、14 个 β-转角（4. 13%）和 198 个无规则卷曲（58. 41%）组成，与三级结构预测基本相符。qRT-PCR 分析表明，20%PEG6000 处理后，太行菊根中 *OtMYB*44 的表达量在 0-24h 呈现先降低后升高的模式，研究结果为进一步研究太行菊 MYB 转录因子对干旱等逆境的响应机制奠定基础。

关键词 太行菊；MYB；基因克隆；生物信息；表达分析

Cloning and Expression Analysis of a MYB Transcription Factor Gene *OtMYB*44 from *Opisthopappus taihangensis*

BA Ting-ting[1] YANG Ning[2] LIU Yu[2] WANG Shi-cai[2] YANG Yong-juan[1]
GUO Yan-hong[1] ZHONG Jian[1] SUN Ming[1,*]

（[1] *Beijing Key Laboratory of Ornamental Plants Germplasm Innovation & Molecular Breeding，National Engineering Research Center for Floriculture，Beijing Laboratory of Urban and Rural Ecological Environment，Engineering Research Center of Landscape Environment of Ministry of Education，Key Laboratory of Genetics and Breeding in Forest Trees and Ornamental Plants of Ministry of Education，School of Landscape Architecture，Beijing Forestry University，Beijing 100083，China；*
[2] *State-owned Nursery in Jinan City，Jinan 250100，China*）

Abstract MYB transcription factors are the largest class of transcription factors in plants and play a very important role in plant growth and development and various stress. In this study, a MYB transcription factor named *OtMYB*44 was cloned from the roots of *Opisthopappus taihangensis* by using RT-PCR technology, which contained a complete ORF sequence, and analyzed by bioinformatics. The analysis showed that the ORF of *OtMYB*44 gene was 1020 bp and encoded 339 amino acids. Thus, the *OtMYB*44 gene was predicted to be an unstable hydrophilic protein with 36991. 14 protein molecular weight and 9. 23 isoelectric point, which had no signal peptide and transmembrane region, and was likely to locate in the nucleus. *OtMYB*44 gene was close to *Artemisia annua* (PWA75916. 1), and the homology was 94. 41%. The secondary structure prediction showed that the OtMYB44 protein consisted of 93 α-helices (27. 43%), 14 β-turns (4. 13%), and 198 irregular curls (58. 41%), which was basically consistent with the tertiary structure prediction. The qRT-PCR analysis showed that after 20%PEG6000 treatment, the expression of *OtMYB*44 in roots showed a pattern of first decrease and then increase from 0-24h. The results would provide a basis for in-depth study on the response mechanism of MYB transcription factors to drought and other adversity in *Opisthopappus taihangensis*.

Key words *Opisthopappus taihangensis*；MYB transcription factors；Gene cloning；Bioinformatics；Expression analysis

1 基金项目：北京林业大学建设世界一流学科和特色发展引导专项——"健康城市"视角下园林植物功能研究（项目编号 2019XKJS0322），北京林业大学青年教师科学研究中长期项目"重要花卉种质创新与新品种培育"（2015ZCQ-YL-03）。

第一作者简介：巴亭亭（1996—），女，硕士研究生，主要从事菊花抗性育种研究。

* 通讯作者：孙明，教授，E-mail：sunmingbjfu@ 163. com。

MYB 转录因子是具有多种生物学功能的植物特异转录因子，也是目前发现数量最大的植物转录因子家族之一。其共同特征是在 N 端有一段 51~52 个氨基组成的高度保守 MYB 结构域，而 C 端通常含有一个富含酸性氨基酸的转录激活域，它们往往折叠成双亲性的 α-螺旋发挥作用。从蛋白结构分析，MYB 转录因子包括 3 个功能独立的结构域：DNA 结合结构域（DNA binding domain，DBD）、转录激活结构域（transactivation domain，TAD）和负调节区（Negative-regulatory-domain，NRD）（Li *et al.*，2012）。MYB 转录因子的 DBD 结构域含有 1~4 个不完全重复序列，根据不完全重复的个数，可以将 MYB 转录因子分为：R1/R2 类型、R2R3 类型、R1R2R3 类型、4R 类型等，其中，4R 型是拟南芥中特有的一类转录因子，而 R2R3 型是植物中分布最广、研究报道最多的 MYB 转录因子（Karpinska *et al.*，2004）。

MYB 转录因子在植物体内的多种生理生化反应中起着重要作用，其中一项主要功能就是对非生物胁迫的应答。其可以通过调控植物生长发育，影响代谢产物合成和激素信号转导等多方面来响应非生物逆境。尤其是在全球气候变暖、干旱和沙漠化极端气候频发的情况下，许多与相应植物应对极端环境的 MYB 被分离和鉴定出功能，如在拟南芥中 *AtMYB37* 转录因子的过表达增强了 ABA 的敏感性，提高拟南芥的耐旱性。在外源 ABA 的处理下，过表达 *At-MYB37* 植株可以通过促进气孔关闭和抑制气孔开放，来减少叶片的水分蒸腾，且经干旱处理后表现更少的水分丢失，复水后具有更高成活率（Yu Y *et al.*，2016）；拟南芥 *AtMYB12* 和大豆 *GmMYB12* 通过调控类黄酮积累从而提高了植株的非生物胁迫抗性，并且 *AtMYB12* 超表达植株根系生长速率、鲜重及成活率明显高于突变体和 WT 植株，*GmMYB12* 经验证有相似的功能（Wang F *et al.*，2016；2019）；苹果 *MdMYB88* 及其同源基因 *MdMYB124* 在干旱条件下可以调节纤维素和木质素在根细胞壁的沉积，在根结构、根木质部发育和次生细胞壁沉积中具有重要作用，可以通过调节苹果根长、维管组织和细胞壁来增加抗旱性（Geng D *et al.*，2018）。这些已验证的转录因子在干旱胁迫中的作用也是不尽相同，有些起着正调控的作用，有些起着负调控的作用。虽然 MYB 转录因子在抗旱中的调控作用逐渐成为人们研究的热点，但是其转录调控机制十分复杂，不同物种中 MYB 转录因子的生物学功能及其调控的下游基因和涉及的信号途径仍需要进一步进行研究。

太行菊［*Opisthopappus taihangensis*（Ling）Shih.］为菊科菊蒿亚族太行菊属多年生草本，是中国太行山的特有种。为了应对悬崖峭壁、陡坡等恶劣的生活环境，太行菊进化出了一系列适应性性状，具有较强的抗旱能力（Gu H *et al.*，2006），是菊花抗旱育种研究的一个重要种质资源。另外，有研究表明，太行菊类黄酮等酚类物质含量较高，与传统野菊相比具有更好的保健和药用功效，具有潜在的开发利用价值（魏东伟 等，2015）。为探究太行菊响应干旱胁迫的分子机制，课题组前期对 20% PEG6000 处理下的太行菊根系进行了转录组测序，从测序结果中筛选到一个 R2R3-MYB 转录因子，命名为 *OtMYB44*，可能在太行菊响应干旱胁迫过程中起调控作用。为进一步探究其功能，根据转录组测序得到的基因序列，以太行菊的根系为试验材料，设计引物对其 cDNA 序列进行扩增，通过克隆、测序及比对，获得其基因结构；通过生物信息学分析，预测其编码蛋白的理化性质、高级结构和系统进化地位；同时对 *OtMYB44* 基因在不同时期 20% PEG6000 模拟干旱情况下的表达模式进行分析，为今后深入研究该转录因子在干旱响应中的功能提供理论依据。

1　材料和方法

1.1　试验材料及处理

试验用太行菊来源于国家花卉工程技术研究中心（北京林业大学）菊花种质资源圃。采集温室内生长状态良好的太行菊嫩芽进行扦插育苗，待植株长至具 6~8 片叶时，将根用去离子水洗净，用 Hoagland 营养液培养于塑料周转箱，每 3d 更换 1 次营养液。周转箱内气泵 24h 持续通气。干旱胁迫前缓苗 1 周，培养条件：白天 25 ± 5℃/18h，夜晚 18 ± 2℃/6h，湿度 75%~85%。

缓苗结束后，用 20% PEG6000 进行干旱胁迫处理，共设 6 个时间梯度：0、3、6、9、12、24h。胁迫后取太行菊根部，用锡箔纸包住，做好标记，迅速投入液氮中后置于 -80℃ 超低温冰箱保存。

1.2　试验方法

1.2.1　RNA 的提取及 cDNA 的合成

取干旱处理各时期的太行菊根系于液氮中磨碎，利用北京拜尔迪生物技术有限公司的植物总 RNA 提取试剂盒 E. Z. N. A.™ Plant RNA Kit 进行总 RNA 的提取，并用分光光度计和琼脂糖凝胶电泳检测 RNA 的质量浓度与纯度，随后采用 Takara 公司的 Prime-Script™ RT reagent Kit with gDNA Eraser 进行反转录合成 cDNA。

1.2.2　*OtMYB44* 基因的克隆

根据课题组前期太行菊根系干旱胁迫转录组数

据，筛选得到一个下调表达的 *OtMYB44* 基因（comp24931_c0）。采用 Primer Premier5.0 设计特异性引物（OtMYB44-F：5'-AATGTTTATGGCAAGT-CATAAC-3'；OtMYB44-R：5'-CTCCGATCAATAAAC-CTAATA-3'），以上述 cDNA 为模板，利用 DNA 高保真酶 PrimeSTAR 进行 PCR 扩增。扩增程序为：98℃变性 10s，58℃退火 30s，72℃延伸 30s，30 个循环，72℃延伸 5min 结束。PCR 产物经 1%琼脂糖凝胶电泳后回收纯化，将目的片段与 pTOPO 载体连接，并转化至 DH5α 感受态细胞中，37℃培养过夜后挑取单菌落，在含有氨苄青霉素（100mg/L）的 LB 培养基培养 6~8h 后进行菌液 PCR，琼脂糖凝胶电泳检测后，将扩增出目的片段的 PCR 样品对应的菌液送至睿博兴科（北京）测序部测序。

1.2.3 *OtMYB44* 的生物信息学分析

使用在线软件预测蛋白质相对分子量、等电点、亲疏水性、信号肽、跨膜结构、亚细胞定位、结构域、磷酸化位点、二级结构和三级结构等；用 MEGA6.0 对克隆得到的序列与转录组所得序列进行比较，得到测序正确的序列。用 NCBI 上 BLAST 中的 CD-search（https://www.ncbi.nlm.nih.gov/Structure/cdd/wrpsb.cgi）对基因的保守结构域进行分析，并将基因对应的氨基酸序列在 NCBI 上进行 BLAST（https://blast.ncbi.nlm.nih.gov/Blast.cgi），分析基因与其他物种的同源性。用 DNAMAN8.0 将测序正确基因的 ORF 翻译成蛋白质，并与其同源性较高的基因进行蛋白序列比对。用 MEGA6.0 对同源蛋白序列进行比对后，用邻接法构建系统进化树。

1.2.4 *OtMYB44* 的表达分析

采用 Integrated DNA Technologies（https://sg.idtdna.com/site/account/login? returnurl=%2FPrimerquest%2FHome%2FIndex）设计 qRT-PCR 引物（OtMYB44-qF：5'-GCCTGAGGAAGATGAGACTA-3'；OtMYB44-qR：5'-CGTTATCCGTACGACCATTC-3'）。以太行菊 *OtActin* 为内参基因，*OtActin* 的引物（OtActin-qF：5'-ATCAGAACAGGAGGTCAGGG-3'；OtActin-qR：5'-TAATTTGTATCGGGGCACTT-3'），以上述不同胁迫处理时间的 cDNA 为模板，参照 TB Green™ *permixEx-Taq*™ Ⅱ 试剂盒说明书（全式金公司），在荧光定量 PCR 仪（赛默飞世尔科技（中国）有限公司）上进行扩增，试验采用 PCR 扩增程序：95℃预变性 7min；95℃ 5s，60℃ 30s，40 个循环；60℃ 30s，从 60℃ 到 95℃进行溶解曲线分析，反应终止。每个反应 3 次重复。检测 *OtMYB44* 基因在不同时期模拟干旱处理条件下的表达状况，利用 $2^{-\Delta\Delta Ct}$ 法计算出基因的相对表达量。

2 结果与分析

2.1 太行菊总 RNA 的提取及质量检测

对不同干旱时间处理的太行菊根系进行总 RNA 的提取后进行浓度及纯度检测，并进行琼脂糖凝胶电泳，得到的 RNA 质量浓度分别为 150~200mg/L，A260/A280 的比值在 1.8~2.0，表明提取的总 RNA 完整性和纯度较好，可用于后续试验。

2.2 太行菊 *OtMYB44* 基因 ORF 的克隆及序列

根据设计的 *OtMYB44* 基因的特异性引物，以太行菊根系的 cDNA 为模板进行 PCR 扩增（图 1）。通过切胶回收，将 PCR 产物与 pTOPO 平末端载体进行连接、转化、选取阳性克隆经菌液 PCR 及公司测序鉴定，结果得到一条与 ORF 全长大小一致的片段，基因克隆测序结果与转录组的测序结果对比显示序列基本一致，该基因 ORF 全长 1020bp，利用 DNAMAN 软件翻译显示该序列编码 339 个氨基酸（图 2）。

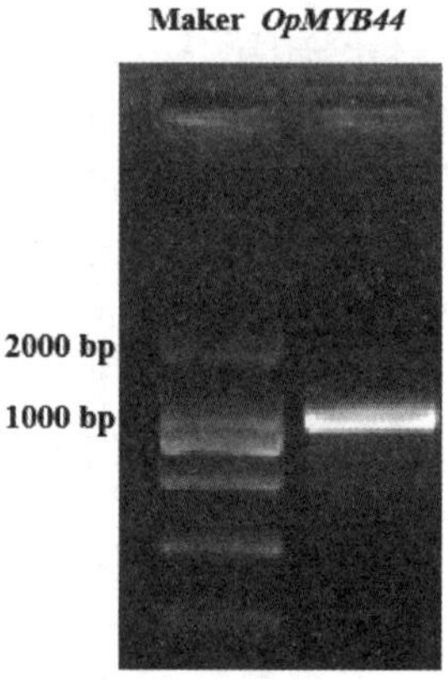

图 1 太行菊 *OtMYB44* 基因目的片段的克隆
Fig. 1 Cloning of target fragment *OtMYB44* gene
注：M 为 DL2000 marker；*OtMYB44* 为 PCR 产物
Note：M：DL2000 marker；*OtMYB44*：PCR amplification product

2.3 太行菊 *OtMYB44* 基因的生物信息学分析

2.3.1 OtMYB44 蛋白的基本理化性质

通过 ExPasy 服务器中 Prot-Param（http://web.expasy.org/protparam/）工具在线预测 *OtMYB44* 基因编码蛋白的基本理化性质，结果显示 OtMYB44 蛋白含有原子总数为 5187，分子式为 $C_{1619}H_{2591}N_{471}O_{491}S_{15}$，相对分子质量为 36991.14Da，等电点（theoretical pI）为 9.23，脂肪族指数为 75.28，其不稳定指数为 59.51，属不稳定蛋白；总平均疏水指数为 -0.364，属亲水蛋白。*OtMYB44* 基因编码产物由 20 种氨基酸组成，其中丝氨酸 Ser（S）所占比例最高，

```
1    ATGTTTATGGCAAGTCATAACCCGAAACGAGATATCGATCGGATAAAAGGACCATGGAGT
1    M  F  M  A  S  H  N  P  K  R  D  I  D  R  I  K  G  P  W  S
61   CCTGAAGAAGACGAGATGTTGCAAAATCTCGTCGAAAAACACGGCCCGAGAAACTGGTCG
21   P  E  E  D  E  M  L  Q  N  L  V  E  K  H  G  P  R  N  W  S
121  TTAATTGGTAAATCTATACCTGGTAGATCTGGTAAGTCGTGTAGGTTAAGGTGGTGTAAT
41   L  I  G  R  S  I  P  G  R  S  G  K  S  C  R  L  R  W  C  N
181  CAGTTATCACCACAAGTTGAGCACAGGTCTTTTACGCCTGAAGAAGATGAGACTATCCTA
61   Q  L  S  P  Q  V  E  H  R  S  F  T  P  E  E  D  E  T  I  L
241  CGCGCCCACGCGCGCTTTGGGAATAAATGGGCGACTATTGCTAGACTTTTGAATGGTCGT
81   R  A  H  A  R  F  G  N  K  W  A  T  I  A  R  L  L  N  G  R
301  ACGGATAACGCGATCAAGAACCATTGGAATTCGACTTTGAAGAGGAAAAGCTCTTCAATG
101  T  D  N  A  I  K  N  H  W  N  S  T  L  K  R  K  S  S  S  M
361  ACTAATGAAGAGTTTAGTGACTTTGCTGTTCAACAACCGTTGCTAAAAAGGTCTGTTAGC
121  T  N  E  E  F  S  D  F  A  V  Q  Q  P  L  L  K  R  S  V  S
421  GACGGTTCTGCGGTCGTTTGTAATGGTTTTGGGAGATATTTTAATCCTGGTAGTCCTTCT
141  D  G  S  A  V  V  C  N  G  F  G  R  Y  F  N  P  G  S  P  S
481  GGATCTGATGTTAGTGACTCTAGTGTTCACGTGTTTCGTCCCGTCGCTAGAACTGGTGCT
161  G  S  D  V  S  D  S  S  V  H  V  F  R  P  V  A  R  T  G  A
541  GTCGTCGCTCCGCCGTCGCCGCCTTCTGCACCGGTCGCAAGTGGTGGATCCTCCTACGTC
181  V  V  A  P  P  S  P  P  S  A  P  S  Q  V  V  D  P  P  T  S
601  CTAAGTCTGTCGCTACCAGGAGTTGAAAATGAAACAACGCCGACGGTGACGGTTGCAGCG
201  L  S  L  S  L  P  G  V  E  N  E  T  T  P  T  V  T  V  A  A
661  ACGACGCGGTCACCGGTGGTGAGTCCGTTACCGCCGCCGTCACCTGTGGCGCCGATTCTC
221  T  T  R  S  P  V  V  S  P  L  P  P  P  S  P  V  A  P  I  L
721  GCTCTGCCGGTTACGACAGTTTCCGGTAAACCTGAACTGCAACGTGGATCTAATGACGACT
241  A  L  P  L  R  Q  F  P  V  N  L  N  C  N  V  D  L  M  T  T
781  ATACCGATGGCCATATCGACGGCTATGCGTGATTTAAAAGTGTCGCGAGATGTAGCGACA
261  I  P  M  A  I  S  T  A  M  R  D  L  K  V  S  R  D  V  A  T
841  GTTGAGCAACAGGAAAAAGTTGTTGCTGCTCCTTTTAGCGACGAGTTTATGAGTTTGATG
281  V  E  Q  Q  E  K  V  V  A  A  P  F  S  D  E  F  M  S  L  M
901  CAAGAAATGATAAGGAAAGAAGTGAGAAATTATATGAGTGGTGGTGGTGGTGGTGAGGGT
301  Q  E  M  I  R  R  E  V  R  N  Y  M  S  G  G  G  G  G  E  G
961  TTTAGAAATGGTGTGGTGCCTGCTGTGGTGAAGAGGATTGGGATTAGTAAAATTGATTAG
321  F  R  N  G  V  V  P  A  V  V  R  R  I  G  I  S  R  I  D  *
```

图 2　*OtMYB*44 基因 ORF 序列

注：ATG(起始密码子)和 TAG(终止密码子)用方框表示

Fig. 2　*OtMYB*44 Gene ORF sequence

Note：ATG(the initiateion coden) and TAG(the terminal coden) expressed in panes

达到 10.9 %，其次是脯氨酸 Pro(P)和缬氨酸 Val(V)均占比 9.4 %，出现最少的是酪氨酸 Tyr(Y)，占比为 0.6%(图 3)。

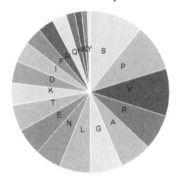

Amino Acid composition

图 3　OtMYB44 氨基酸组成

注：A. 丙氨酸；G. 甘氨酸；V. 缬氨酸；K. 赖氨酸；T. 苏氨酸；S 丝氨酸；E. 谷氨酸；D. 天冬氨酸；I. 异亮氨酸；P. 脯氨酸；R. 精氨酸；13. 甲硫氨酸；Q. 谷氨酰胺；F. 苯丙氨酸；Y. 酪氨酸；H. 组氨酸；N. 天冬酰胺；C. 半胱氨酸；W. 色氨酸；L. 亮氨酸

Fig. 3　OtMYB44 Amino acid composition

Note：A. Ala；G. Gly；V. Val；K. Lys；T. Thr；S. Ser；E. Glu；D. Asp；I. Ile；P. Pro；R. Arg；M. Met；Q. Gln；F. Phe；Y. Tyr；H. His；N. Asn；C. Cys；W. Trp；L. Leu

2.3.2　OtMYB44 蛋白的跨膜域、信号肽及亚细胞定位的预测

利用在线软件 TM-HMM(http：//www.cbs.dtu.dk/services/TMHMM-2.0/)预测 OtMYB44 蛋白的跨膜螺旋区，参照结果未发现跨膜螺旋区，表明该蛋白为非跨膜蛋白，推测蛋白合成后不经其他途径转运，在细胞内行使催化功能(图 4)。利用在线分析工具 SignalSignalP 4.1 Server(http：//www.cbs.dtu.dk/services/SignalP-4.1/)对 OtMYB44 蛋白进行信号肽分析，未发现信号肽，表明该蛋白属于非分泌型蛋白。用植物亚细胞定位在线分析工具 PSORT Ⅱ Prediction(https：//psort.hgc.jp/form2.html)进行亚细胞定位分析，结果显示该蛋白定位于细胞核。

2.3.3　磷酸化位点预测

利用在线预测工具 NetPhos3.1Server(http：//www.cbs.dtu.dk/services/NetPhos/)分析 OtMYB44 蛋白的磷酸化位点，结果显示(图 5)：该蛋白由 41 个氨基酸磷酸化位点(阈值>0.5)构成，包含 7 苏氨酸(Threonine)、32 个丝氨酸(Serine)和 2 个酪氨酸(Tyrosine)磷酸化位点。推测 OtMYB44 蛋白活性的调控可能与磷酸化作用有关，且在 OtMYB44 蛋白中发生磷酸化修饰时以丝氨酸位点磷酸化为主。

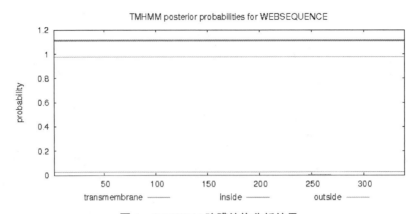

图 4 OtMYB44 跨膜结构分析结果

Fig. 4 OtMYB44 Transmembrane structure analysis

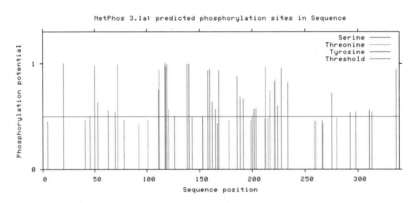

图 5 OtMYB44 蛋白磷酸化位点预测

Fig. 5 OtMYB44 Protein phosphorylation site prediction

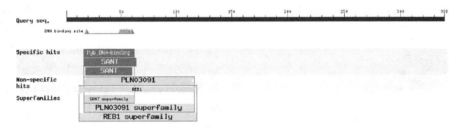

图 6 OtMYB44 保守结构域预测

Fig. 6 OtMYB44 Conservative domain prediction

2.3.4 结构域分析

使用 NCBI 上 CD-Search（https：//www. ncbi. nlm. nih. gov/Structure/cdd/wrpsb. cgi）对 OtMYB44 蛋白保守结构域预测分析，发现该蛋白属于 SANT 超家族和 REB1 超家族（图6），在序列 16～62 处有一个长度为 46 个氨基酸的 MYB 高度保守结构域（pfam00249，E 值 8.78e-17）。

2.3.5 OtMYB44 蛋白质二级结构与三级结构预测

分别利用 SOPMA（https：//npsa-prabi. ibcp. fr/cgi-bin/npsa_ automat. pl? page = npsa_ sopma. html）和 SWISS-MODEL Workspace（https：//swissmodel. expasy.

org/interactive）在线工具预测 OtMYB44 蛋白二级结构和三级结构（图7），发现 OtMYB44 蛋白的二级结构中，以无规则卷曲和 α-螺旋为主，其数量和占比分别为 198 个（58.41%）和 93 个（27.43%）；其次是 β-转角和延伸链，其数量和占比分别为 14 个（4.13%）和 34 个（10.03%）。三级结构预测结果也表明该蛋白主要由无规则卷曲和 α-螺旋构成。

2.4 太行菊 OtMYB44 蛋白同源比对及系统进化分析

将 OtMYB44 氨基酸序列在 NCBI 上进行在线

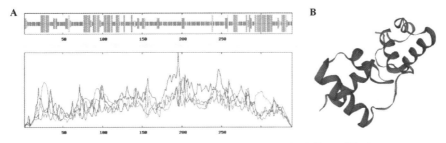

图 7　OtMYB44 蛋白二级结构预测(A)及三级结构预测模型(B)

Fig. 7　Prediction model OtMYB44 protein secondary structure(A)and tertiary structure(B)

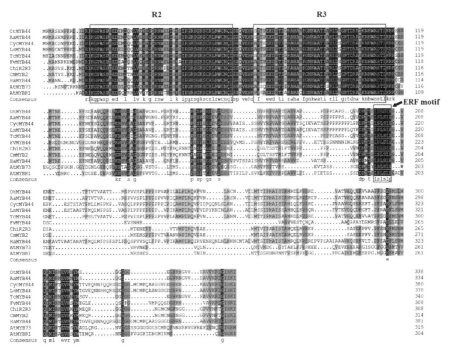

图 8　OtMYB44 与其他物种 MYB 蛋白多序列比对结果

Fig. 8　Multiple sequence alignment of OtMYB44 MYB proteins from other species

太行菊 OtMYB44，黄花蒿 AaMYB44(*Artemisia annua*，PWA75916. 1)，洋蓟 CycMYB44(*Cynara cardunculus* var. *Scolymus*，XP _ 024974338. 1)，莴苣 LsMYB44 (*Lactuca sativa*，XP _ 023732430. 1)，除虫菊 TcMYB44(*Tanacetum cinerariifolium*，KM359565. 1)，草莓 FvMYB44(*Fragaria vesca subsp. Vesca*，XP _ 004287994. 1)，野菊 ChiR2R3-MYB (*Chrysanthemum indicum*，APA19850. 1)，菊花 CmMYB2(*Chrysanthemum* x *morifolium*，AEO27498. 1)，向日葵 HaMYB44 (*Helianthus annuus*，XP _ 022014006. 1)，拟南芥 AtMYB73 (*Arabidopsis thaliana*，NP _ 195443. 1)，拟南芥 AtMYBR1/MYB44(*Arabidopsis thaliana*，NP_ 201531. 1)

Blastp，发现 OtMYB44 与黄花蒿 MYB 蛋白(PWA75916. 1)序列一致性为 94.41%，与除虫菊 TcMYB44(KM359565. 1)的一致性为 93.84%，与菊花 MYB2(AEO27498. 1) 的一致性为 60.58%，与野菊 ChiR2R3-MYB (APA19850. 1)的一致性为 60. 00%。用 DNAMAN 软件将 OtMYB44 与其他几种 MYB 蛋白进行序列比对(图 8)，分析表明 OtMYB 蛋白在 N 端含有保守的 R2R3-MYB 结构域，并且在第 200 位氨基酸附近有 ERF motif(LxLxL)(框内部分)(Persak H, *et al.*，2013)。利用 MEGA. 6 软件对 OtMYB44 编码的氨基酸序列和菊花、菊花脑、洋蓟、番茄、拟南芥及其他植物的序列的 MYB 蛋白序列构建进化树(图 9)。OtMYB44 与 AaMYB44 遗传距离最近，菊科植物划分为一个分支。

2.5　太行菊 *OtMYB*44 基因表达分析

为揭示太行菊 *OtMYB*44 基因在干旱胁迫下的表达模式，对 *OtMYB*44 在不同时间 20% PEG6000 模拟干旱条件下的表达情况进行了研究。结果表明，*OtMYB*44 基因在模拟干旱 0~24h 呈现先下调后上调的趋

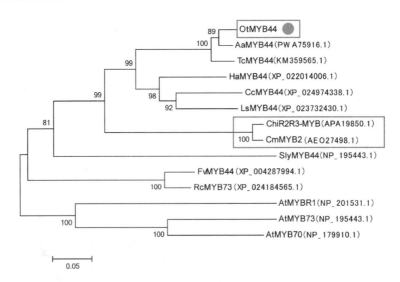

图 9   OtMYB44 与其他物种 MYB 蛋白的进化分析

Fig. 9   Evolutionary analysis of MYB proteins between OtMYB44 and other species

太行菊 OtMYB44，黄花蒿 AaMYB44（*Artemisia annua*，PWA75916.1），洋蓟 CycMYB44（*Cynara cardunculus* var. *Scolymus*，XP _ 024974338.1），莴苣 LsMYB44（*Lactuca sativa*，XP _ 023732430.1），除虫菊 TcMYB44（*Tanacetum cinerariifolium*，KM359565.1），草莓 FvMYB44（*Fragaria vesca* subsp. *Vesca*，XP _ 004287994.1），野菊 ChiR2R3-MYB（*Chrysanthemum indicum*，APA19850.1），菊花 CmMYB2（*Chrysanthemum* x *morifolium*，AEO27498.1），向日葵 HaMYB44（*Helianthus annuus*，XP _ 022014006.1），拟南芥 AtMYB73（*Arabidopsis thaliana*，NP _ 195443.1），拟南芥 AtMYBR1/MYB44（*Arabidopsis thaliana*，NP _ 201531.1），拟南芥 AtMYB70（*Arabidopsis thaliana*，NP _ 179910.1）番茄 SlyMYB44（*Solanum lycopersicum*，XP _ 004238123.1），月季 RcMYB73（*Rosa chinensis*，XP _ 024184565.1）

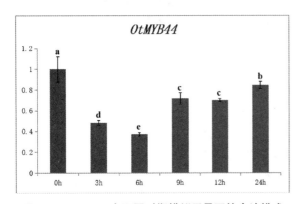

图 10   OtMYB44 在不同时期模拟干旱下的表达模式

Fig. 10   The expression pattern of *OtMYB44* under simulated drought in different periods

势（图 10），在干旱 0～6h 后表达量降低，6h 时表达量最低，6～24h 出现上升趋势，但表达量仍比对照要低。上述结果表明，OtMYB44 能够响应干旱胁迫。

3   讨论

　　植物对干旱、高盐等非生物胁迫的适应是一个复杂的生物学过程，涉及多条信号通路的交叉调控。其中，转录因子的调控作用对增强植物的耐盐抗旱特性具有重要意义，分离鉴定逆境应答相关转录因子，揭示其调控的分子机制是近年来植物抗性研究的重点工作。MYB 转录因子是植物中最大类转录因子家族之一，其在抗逆中的作用被广泛研究。拟南芥 AtMYB44 属于 R2R3-MYB 22 亚组转录因子家族，在脱落酸（ABA）介导的信号转导中起重要作用，过表达 AtMYB44 诱导气孔关闭减少叶片失水，从而增强拟南芥的非生物胁迫耐受性（Jung C *et al.*，2007）；在盐和干旱胁迫下，AtMYB44 起转录激活作用，其作用机理可能是通过迅速去除破坏性超氧物来防止胁迫导致的组织损伤从而诱导应激调节基因的表达（Persak H *et al.*，2013）。

　　本研究从太行山特有植物太行菊的根系中克隆得到 OtMYB44，该基因开放阅读框为 1020 bp，编码 339 个氨基酸。预测其蛋白分子量 36991.14Da，等电点 9.23，属于不稳定亲水性蛋白。不含有信号肽和跨膜结构，很可能定位于细胞核。推测可能是一种转录因子。经过 BLAST 比对，OtMYB44 与黄花蒿（PWA75916.1）亲缘关系较近，同源性达 94.41%。用 DNAMAN 进行多序列分析表明 OtMYB44 蛋白 N 端有保守的 R2R3-MYB 结构域。蛋白质的功能很大程度上由其空间结构决定，通过对 OtMYB44 的二级结构预测表明，OtMYB44 蛋白由 93 个 α-螺旋（27.43%）、14 个 β-转角（4.13%）和 198 个无规则卷曲（58.41%）组成，与三级结构预测基本相符。系统进化分析表明，菊科植物分为一个分支，太行菊与菊属植物亲缘关系较近。研究表明菊花 CmMYB2 基因在响应逆境胁迫时起作用，CmMYB2 的异源表达增强了拟南芥的耐旱性和耐盐性，提高了对 ABA 的敏感性，延缓了拟南芥的开花（Shan H，*et al.* 2012）；野菊 *ChiR2R3-MYB* 基因在拟南芥中的表达使叶绿素含量和光合效率增加，同样提高了转基因植株的盐胁迫耐受能力（He M，*et al.* 2016）。*OtMYB*44 与其亲缘关系相近，因此推测 *OtMYB*44 的表达可能与太行菊对逆境的响应调控有关。

干旱胁迫能够限制植物生长发育，导致植物体内生理代谢发生变化。受到胁迫刺激后许多蛋白基因的表达水平会发生变化。棉花中鉴定了干旱和盐胁迫的响应基因 *GhMYB*108-*like*，qRT-PCR 分析发现 *GhMYB*108-*like* 基因在 PEG 处理 0~8h 后先上调后下调表达，处理 4h 时出现最高表达（Ullah A，*et al.* 2020）。菊花 *CmMYB*2 基因表达量在遭受干旱、盐和冷胁迫 1h 后迅速增加，PEG 处理 3h 后达到顶峰（Shan H，*et al.* 2012）。这些研究结果表明 MYB 类转录因子的表达在干旱等胁迫中具有重要作用。对 *OtMYB*44 基因在不同时间 20% PEG6000 模拟干旱下的表达情况进行研究，发现其在干旱下呈现先下调后上调的表达模式，但处理干旱 24h 期间表达量整体较对照低，说明其对干旱做出响应，但太行菊 *OtMYB*44 基因的具体生物学功能仍需进一步试验验证。

参考文献

魏东伟，徐铭蔓，孙武勇，等，2015，太行菊和野菊不同器官水提液抗氧化活性研究［J］. 中国食品学报，15（2）：56-63.

Geng D, Chen P, Shen X, et al. 2018. *MdMYB*88 and *MdMYB*124 Enhance Drought Tolerance by Modulating Root Vessels and Cell Walls in Apple［J］. Plant Physiology.

Gu H, Yang Y, Xing M, et al. 2019. Physiological and transcriptome analyses of *Opisthopappus taihangensis* in response to drought stress［J］. Cell & bioscience, 9（1）：56.

He M, Wang H, Liu Y Z, et al. 2016. Cloning and characterization of *ChiMYB* in *Chrysanthemum indicum* with an emphasis on salinity stress tolerance［J］. Genetics & Molecular Research Gmr, 15（3）.

Jung C, Seo J S, Han S W, et al. 2007. Overexpression of *AtMYB*44 Enhances Stomatal Closure to Confer Abiotic Stress Tolerance in Transgenic *Arabidopsis*［J］. Plant Physiology, 146（2）：623-635.

Karpinska B, Karlsson M, Srivastava M, et al. 2004. MYB transcription factors are differentially expressed and regulated during secondary vascular tissue development in hybrid aspen［J］. Plant Molecular Biology, 56（2）：255-270.

Li E, Bhargava A, Qiang W, et al. 2012. The Class II KNOX gene *KNAT*7 negatively regulates secondary wall formation in *Arabidopsis* and is functionally conserved in *Populus*［J］. New Phytologist, 194（1）：102-115.

Persak, H.; Pitzschke, A. 2013. Tight interconnection and multi-level control of *Arabidopsis MYB*44 in MAPK cascade signalling［J］. PLoS One, 8（2）：e57547

Shan H, Chen S, Jiang J, et al. 2012. Heterologous expression of the *chrysanthemum* R2R3-MYB transcription factor *CmMYB*2 enhances drought and salinity tolerance, increases hypersensitivity to ABA and delays flowering in *Arabidopsis thaliana*［C］. Molecular Biotechnology 51（2）：160-173.

Ullah A, Qamar M T U, Nisar M, et al. 2020. Characterization of a novel cotton MYB gene, GhMYB108-like responsive to abiotic stresses［J］. Molecular Biology Reports, 47（3）：1573-1581.

Wang F, Kong W, Wong G, et al. 2016. *AtMYB*12 regulates flavonoids accumulation and abiotic stress tolerance in transgenic *Arabidopsis thaliana*［J］. Molecular Genetics & Genomics, 291（4）：1545-1559.

Wang F, Ren X, Zhang F, et al. 2019. A R2R3-type MYB transcription factor gene from soybean, *GmMYB*12, is involved in flavonoids accumulation and abiotic stress tolerance in transgenic *Arabidopsis*［J］. Plant Biotechnology Reports, 13（3）：219-233.

Yu Y, Wu Z, Lu K, et al. 2016. Overexpression of the *MYB*37 transcription factor enhances abscisic acid sensitivity, and improves both drought tolerance and seed productivity in *Arabidopsis thaliana*［J］. Plant Molecular Biology, 90（3）：267-279.

中国观赏园艺研究进展 2020：374~379

Advances in Ornamental Horticulture of China，2020：374~379

374

桂花 *OfHKL*3 基因序列及表达模式分析

黄舒颖* 　钱婕妤* 　庞天虹 　付建新 　张 超**

（浙江农林大学风景园林与建筑学院，杭州 311300）

摘要 　本研究基于桂花不同花色品种转录组数据筛选出桂花己糖激酶基因 *OfHKL*3，该基因包含一个 1476 bp 的开放阅读框，编码 491 个氨基酸残基，蛋白质分子量为 53.80 kDa，理论等电点为 5.41。亚细胞定位于叶绿体。系统进化树分析显示，OfHKL3 与拟南芥 AtHKL3 亲缘关系较近。实时荧光定量分析发现，随着花发育 *OfHKL*3 基因在不同桂花品种花瓣中的表达量呈先升后降的变化趋势；*OfHKL*3 基因在不同组织均有表达，嫩叶和老叶中最高，茎中次之，花中最低。该研究结果为进一步探讨桂花 *OfHKL*3 基因的功能奠定了基础。

关键词 　桂花；HKL；生物信息学分析；表达分析

Sequence and Expression Pattern Analysis of *OfHKL*3 in *Osmanthus fragrans*

HUANG Shu-ying* 　QIAN Jie-yu* 　PANG Tian-hong 　FU Jian-xin 　ZHANG Chao**

（*School of Landscape Architecture，Zhejiang Agriculture and Forestry University，Hangzhou* 311300，*China*）

Abstract 　In this study，the hexokinase gene *OfHKL*3 was screened based on the transcriptome analysis of different cultivars of *Osmanthus fragrans*. This gene contains a 1476 bp Open Reading Frame，encoding 491 amino acid residues，with protein molecular weight of 53.80 kDa and theoretical isoelectric point of 5.41. The subcellular localization of OfHKL3 is located in the chloroplast. Phylogenetic tree analysis shows that OfHKL3 is closely related to AtHKL3 in *Arabidopsis thaliana*. Quantitative real-time analysis found that with the development of flowers，the expression of *OfHKL*3 increased first and then decreased. In addition，*OfHKL*3 transcripts were detected in all tested tissues，with the highest expression level in the young leaves and adult leaves，followed by the stems，and the lowest expression level in the flowers. The results of this study laid the foundation for further exploration of the function of *OfHKL*3.

Key words 　*Osmanthus fragrans*；HKL；Bioinformatics analysis；Expression analysis

引言

己糖激酶（hexokinase，HXK）是植物体呼吸代谢过程中的关键酶之一，可以催化己糖磷酸化，同时己糖激酶具有感知和转导植物糖信号的功能，参与调节植物的生长发育[1]，如根和花序的生长、叶片的衰老、逆境胁迫的响应、调控次级代谢合成基因表达等[2-4]。目前在拟南芥（*Arabidopsis thaliana*）[5]、玉米（*Zea mays*）[6]、水稻（*Oryza sativa*）[7]、番茄（*Solanum lycopersicum*）[8]等多种植物中分离出 *HXK* 基因，以基因家族的形式在植物中存在。

第一个植物 HXK 基因是 Minet 通过功能互补表达

文库从拟南芥中鉴定出来的[9]。拟南芥 HXK 基因家族中共有 6 个成员（*AtHXK*1、*AtHXK*2、*AtHXK*3、*AtHKL*1、*AtHKL*2、*AtHKL*3）。*AtHXK*1、*AtHXK*2 和 *AtHXK*3 编码具有催化活性的蛋白质，同时具有糖信号感知和转导功能[10]。*AtHKL*1、*AtHKL*2 和 *AtHKL*3 只有调节功能[11]。AtHKL3 蛋白被认为无法与葡萄糖结合，具有与成员序列特征和表达模式，*AtHKL*3 基因只在花中表达[12]。

本研究从桂花（*Osmanthus fragrans*）转录组中获得 *OfHKL*3 基因的 cDNA 序列，利用生物信息学技术分析了该基因及其编码蛋白的结构特征，并利用实时荧光定量 PCR 分析了 *OfHKL*3 在桂花不同时期和不同组

1 　基金项目：浙江省基础公益研究计划项目（LY19C160002 和 LY19C160006）。

* 并列第一作者。

** 通讯作者：张超，副教授，E-mail：zhangc@zafu.edu.cn。

织中的表达，为深入研究桂花 *OfHKL3* 基因功能奠定基础。

1 材料与方法

1.1 材料

供试材料采摘于浙江农林大学桂花资源圃，对金桂（'金球桂'）、丹桂（'堰红桂'）、银桂（'玉玲珑'）（*Osmanthus fragrans* 'Jinqiu Gui' 'Yanhong Gui' 'Yu Linglong'，简称为YHG、JQG、YLL）3个桂花品种的嫩茎、老茎、嫩叶、老叶进行取样，并对顶壳期、铃梗期、初开期、盛开期的花序进行取样，取样时间皆为上午10:00。在花序离开植株后迅速放入液氮中冷冻保存，后存于-80℃冰箱储存备用。

1.2 方法

1.2.1 总RNA提取和cDNA合成

采用RNAprep pure Plant Kit试剂盒（天根）提取桂花的总RNA，通过紫外光分光光度计和琼脂糖凝胶电泳对总RNA进行检测，判断其浓度和质量是否合格。利用反转录试剂盒（Takara，大连）合成cDNA储存于-20℃冰箱，用于后续基因的克隆及荧光定量PCR反应。

1.2.2 生物信息学分析

基于转录组分析筛选得到桂花OfHKL3基因序列，利用NCBI数据库（https://www.ncbi.nlm.nih.gov/）进行序列BLAST比对；使用ORF finder（https://www.ncbi.nlm.nih.gov/orffinder/）寻找cDNA的开放阅读框；用DNAman 7.0软件进行相应氨基酸序列分析；应用Expasy提供的Prot-Param在线软件（http://web.expasy.org/protparam/）预测所编码蛋白的分子量、理论等电点、不稳定系数等；应用Expasy提供的ProtScale工具（https://web.expasy.org/protscale/）进行亲疏水性分析；采用WOLF PSORT（http://psort.nibb.ac.jp/）进行亚细胞定位预测；使用TMHMM2.0（http://www.cbs.dtu.dk/services/TMHMM/）和TMpred（https://embnet.vital-it.ch/software/TMPRED_form.html）在线分析软件进行跨膜结构预测与分析；采用SignalP（http://www.cbs.dtu.dk/services/SignalP/）进行信号肽预测；使用SOPMA分析软件（https://npsa-prabi.ibcp.fr/cgi-bin/secpred_sopma.pl）对蛋白序列进行二级结构预测分析；用SWISS-MODEL（https://swissmodel.expasy.org/）预测三级结构；利用MEGAX软件中多序列对比的邻接法对编码的氨基酸序列进行比对，构建系统进化树。

1.2.3 实时荧光定量PCR分析

设计OfHKL3基因表达引物，上游引物为GAGA-CATTGGGAGCAGCAGAGAGAG，下游引物为TAGG-GAGTGGTGCGACATAGGAAAC，以桂花OfACT作为内参基因。参照TB Green Premix Ex Taq II（TaKaRa，大连）试剂盒说明进行实时荧光定量PCR分析，反应体系（10μL）为：TB Green Premix Ex Taq II 5μL，cDNA模板2μL，上下游引物各0.4μL，ddH$_2$O 2.2μL。两步法扩增程序为：95℃预变性30s，95℃变性5s，60℃复性30s，重复40个循环；然后再运行95℃持续5s，60℃持续1min，95℃持续15s作为溶解曲线程序。每个样品设置3个生物学重复，数据通过$2^{-\triangle Ct}$法进行分析。

2 结果与分析

2.1 桂花 *OfHKL3* 基因cDNA的获得

基于转录组分析，筛选得到OfHKL3基因的cDNA序列，该基因序列长度为1625bp，包括一个1476bp的ORF阅读框，编码491个氨基酸残基。

2.2 桂花 OfHKL3 蛋白基本理化性质分析

蛋白理化性质预测显示，桂花OfHKL3蛋白分子式为$C_{2386}H_{3791}N_{655}O_{725}S_{17}$，其蛋白分子质量为53.80 kDa，理论等电点为5.41。含有负电荷残基（Asp+Glu）64个，正电荷残基（Arg+Lys）52个。脂肪系数为93.77，不稳定系数为40.83，因此属于不稳定蛋白（表1）。疏水性分析结果显示OfHKL3蛋白的亲水区域大于疏水区域，且GRAVY指数为-0.103，表明其属于亲水性蛋白。WOLF PSORT的亚细胞定位预测结果显示，OfHKL3蛋白定位在叶绿体中。

表1 桂花 OfHKL3 蛋白的理化性质

Table 1 Physicochemical properties of OfHKL3 protein in *Osmanthus fragrans*

基因名称 Gene name	氨基酸长度 Amino acid length	相对分子质量 Relative molecular mass	理论等位点 Theoretical pI	不稳定系数 Instability index	亲水性指数 Hydrophilic index	脂溶指数 Aliphatic index	亚细胞定位 Subcellular localization
OfHKL3	491	53798.32	5.41	40.83	-0.103	93.77	叶绿体 Chloroplast

2.3　跨膜结构与信号肽分析

使用 TMHMM2.0 在线分析软件对 OfHKL3 蛋白跨膜结构进行预测与分析，发现 5～27 位氨基酸处存在跨膜位点。同时，利用 TMpred 进行 OfHKL3 蛋白跨膜结构预测分析，由计算分值同样可得 5～27 氨基酸区域可能存在跨膜螺旋区，TM 螺旋长度在 17～33 之间（图 1）。使用 SignalP 预测 OfHKL3 的氨基酸序列中是否存在潜在的信号肽剪切位点，从分析结果可知该氨基酸序列中信号肽的可能性为 0.0242。

2.4　蛋白结构域预测

OfHKL3 蛋白的二级结构域主要含有 Alpha helix（Hh）α-螺旋，Extended strand（Ee）延伸链，Beta turn（Tt）β-转角和 Random coil（Cc）无规卷曲，其中 Hh 含有 235 个氨基酸，占 47.86%；Ee 含有 70 个氨基酸，占 14.26%；Tt 含有 32 个氨基酸，占 6.52%；Cc 含有 154 个氨基酸，占 31.36%（表 2）。Hh、Ee 和 Cc 贯穿整个氨基酸，Tt 主要分布在氨基酸链的第 200 个氨基酸之后（图 2）。运用 SWISS-MODEL 在线工具的建模功能，以网站原有的模板为基础，预测桂花 Of-HKL3 蛋白的三级结构（图 3），预测结果显示桂花 Of-HKL3 蛋白由多个螺旋、延伸链及转角结构组成。

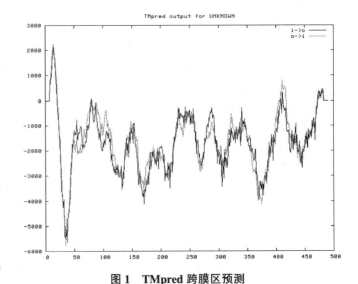

图 1　TMpred 跨膜区预测

Fig. 1　TMpred transmembrane region prediction

表 2　桂花 OfHKL3 蛋白二级结构分析

Table 2　Analysis of secondary structures of OfHKL3 protein in *Osmanthus fragrans*

蛋白质 protein	α 螺旋 α helix		延伸链 Extended strand		β 转角 Bturn		无规卷曲 Random coil	
	氨基酸长度 Amino acid length	占比(%) Proportion (%)	氨基酸长度 Amino acid length	占比(%) Proportion (%)	氨基酸长度 Amino acid length	占比(%) Proportion (%)	氨基酸长度 Amino acid length	占比(%) Proportion (%)
OfHKL3	234	47.66	74	15.07	30	6.11	153	31.16

```
                 10        20        30        40        50        60        70
                  |         |         |         |         |         |         |
MRKEVVAAAAAVTVGAAAVGVAVFLRHWEQQRERRLRQAKRILRKFANDCATPVAKLWNIADDLASKMES
hhhhhhhhhhhhhhhhhhhhheeeeeehhhcchhhhhhhhhhhhhhhhhtccccchhhhhhhhhhhhhhhhh
GLSSEESILGMLVSYVAPLPTGEEKGIYYGINLRGTNFLMIRGRLGGKNLPISELQREEVAIPSTAMDGD
hhhttcchheeeeeeccccccccccceepppttrccceeeeeeectttcceehhcccccccchhcccc
STKELFDLIAVELVKFISVHSEIDGKAESRERKLGFTISFPVEEDARSSGTAIKWRSLSVNDIVGKELTN
chhhhhhhhhhhhhhhhhtccccccccccceeeeecccccccccttteeeeettccccccchhhhh
DINQALEKHGIDLRVFALANDTTGDLAGAIYYSKENVAAITLGMGTDVGYVESAEQVPKWHGQSPNSGEM
hhhhhhhttcceeeeeehhhhhhhhhhhhcccttceeeeeecccchhhhhhhhhhhhcccccccce
IINMQWGNFSSSHLPFTEFDASLDAESSNPGRRMFEKLISGMYLGEIVRRVLLKMAQETALFGEWVPPKL
eeeecccccttcccccccchhhhhccccttchhhhhhhhhhhhhhhhhhhhhhhhtheecccccccc
ATPYLLRSPDMAAMHQDTSEDFQVVDEKLKEIFDINYSTPMAREIVAEVCDVVAERGALLVGAGIVGIIK
cccccccchhhhhhhcccchhhhhhhhhhhcccccchhhhhhhhhhhhhhhhhhhhhhhhhh
KLGRIANKKSVVTIEGGLYEHYRVFRNYLHSSVWEVLGNDLSDNVIIENCHGGSGAGSIFLAASQTYNAG
hhcccccccceeeeettceehcchhhhhhhhhhhhhhhhhhhhhheeeeecctttccchhhhhhhttttt
S
c
```

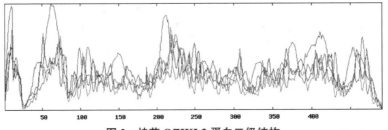

图 2　桂花 OfHKL3 蛋白二级结构

Fig. 2　Secondary structureof OfHKL3 protein in *Osmanthus fragrans*

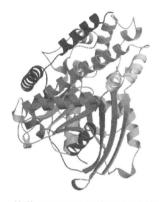

图 3　桂花 OfHKL3 蛋白三级结构预测

Fig. 3　Tertiary structure prediction of OfHKL3 protein in *Osmanthus fragrans*

2.5　桂花 OfHKL3 同源对比和进化树分析

通过对 OfHKL3 编码的氨基酸序列与拟南芥 AtHXK1、AtHXK2、AtHKL3 基因的相似性分析发现，与 AtHXK1、AtHXK2 的相似性分别达到了 45% 和 44%，与 AtHKL3 的相似性达到 52%。OfHKL3 中存在核心糖结合基序（Sugar，LGFTFSFP-Q-L/I）和其他 6 个保守基序，但是序列保守性不如 AtHXK1 和 AtHXK2。对于 4 个肽段（Loop 1-4），OfHKL3 蛋白 Loop 2 是不保守的肽段区域。AtHKL3 和 OfHKL3 在腺苷结合位点分别都有氨基酸的插入缺失，且磷酸化位点 1（Phosphate1）和结合位点 1（Connect1）相对发散（图 4）。进一步使用 MEGE 软件将其与拟南芥 *HXK* 基因编码的氨基酸序列做相似性比对，构建系统进化树，表明 *OfHKL3* 与拟南芥 *AtHKL3* 的同源性最高，这与相似性分析结果相一致（图 5）。

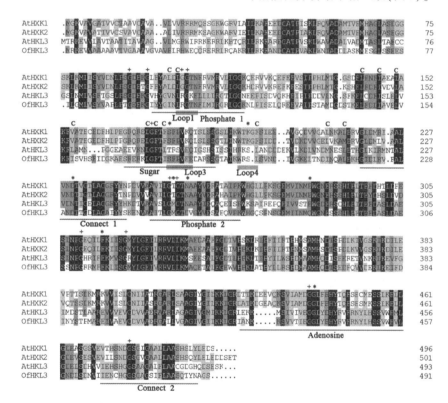

图 4　*OfHKL3* 与 *AtHXK*1、*AtHXK*2、*AtHKL*3 基因编码的氨基酸序列相似性比较

Fig. 4　The amino acid sequence alignment of *OfHKL3* compared with *AtHXK*1，*AtHXK*2 and *AtHKL*3

注：糖结合域（Sugar）、磷酸化位点（Phosphate1 和 Phosphate 2）、结合位点（Connect1 和 Connect2）、腺苷结合位点（Adenosine）和肽段（Loop1-4）已标出。预测的疏水通道氨基酸和保守甘氨酸残基分别标记为 C 和+。

Note：Sugar binding domain（Sugar），phosphorylation sites（Phosphate1 and Phosphate 2），connection sites（Connect1 and Connect2），adenosine binding site（Adenosine）and Loop are underlined. Thepredicted hydrophobic channel amino acids and conserved glycine residues are marked with C and +，respectively.

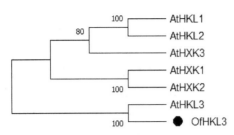

图 5   桂花 OfHKL3 和拟南芥 HXKs
氨基酸序列构建的系统进化树

Fig. 5   The phylogenetic treeof amino acid sequences of
OfHKL3 and HXKs from *Arabidopsis thaliana*

2.6 *OfHKL3* 基因表达分析

通过实时荧光定量 PCR 分析发现，YHG、YLL、JQG 三个不同品种的桂花在顶壳期、铃梗期、初开期、盛开期 4 个不同发育阶段(S1~S4)中，所有品种开放过程中 *OfHKL3* 的表达都随时间呈现出先增后减的趋势。YHG 和 JQG 在顶壳期和铃梗期的表达量极低，在初开期的表达量最高。然而 YLL 在铃梗期的表达模式与 YHG 和 JQG 不同，在铃梗期表达量最高，随后表达量逐渐下降。

OfHKL3 在不同组织器官中的表达分析发现，*OfHKL3* 在桂花嫩茎、老茎、嫩叶、老叶和花序等组织中均有表达，嫩叶和老叶中表达最高，茎中次之，花最少(图 6)。

3   讨论

近年来研究表明，己糖激酶参与高等植物的糖信号转导、植物细胞程序性死亡、调控基因表达等多种植物生理过程[1-4]。Olsson 等[13]以植物 *HXK* 基因 N 端氨基酸序列为依照，将 HXK 分为 A 型和 B 型，其中 A 型 HXK 约有 30 个氨基酸和 1 个叶绿体运输信号肽，而 B 型 HXK 约有 24 个氨基酸且有一个疏水性膜的锚域，且可能与细胞膜有关。本研究从桂花中分离出 *OfHKL3* 基因，其长度为 1625bp，编码有 491 个氨基酸，该基因理论等电点和分子量分别为 5.41 和 53.80kDa。进一步对 OfHKL3 结构域分析发现，该基因编码蛋白含有一段跨膜结构域，推测为跨膜蛋白，但是不存在信号肽。

根据氨基酸序列相似性对比可知，AtHXK1 和 AtHXK2 在磷酸化位点、糖结合域、结合位点和腺苷酸的基序要比 AtHKL3 保守。HKL 与 HXK 的序列在磷酸化位点 1(Phosphate1)、糖结合域(Sugar)和结合位点 1(Connect1)中差异尤为明显。OfHKL3 在糖结合域与 AtHXK1 和 AtHXK2 的相似性高于 AtHKL3，而在腺苷酸基序中与 AtHKL3 具有极高的相似性。OfHKL3 预测的蛋白质在这些特征上确实显示出一些差异。

根据亚细胞定位研究，*HXK* 基因家族成员主要定位于线粒体、细胞核和细胞质，除此之外还定位于叶绿体[14]和液泡[15]中。许多研究表明，*HXK* 基因在植物不同组织间的表达水平有较大差异，定位于叶绿体中的 HXK 在功能上主要是对叶绿体中的己糖进行磷酸化[16]。亚细胞定位表明，OfHKL3 定位于叶绿体，推测 OfHKL3 蛋白可能在叶绿体具有相类似的功能，然而这需要进一步试验验证。

本试验进行的实时荧光定量 PCR 分析发现，*OfHKL3* 基因在花、茎、叶中均有表达。其中在叶中表达量最高，在其他组织器官中表达量较低，在花中的表达有一个从高到低的过程，初开期表达量最高。由于 AtHKL3 的转录只在拟南芥的花中检测到[5]，而 OfHKL3 在桂花的叶、茎、花中均能检测得到，其调控机理还有待于进一步深入研究。

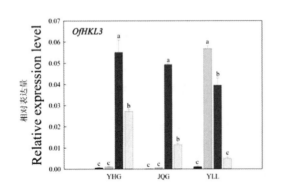

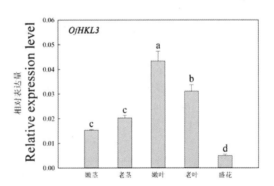

图 6   *OfHKL3* 在不同时期和不同组织器官的表达

Fig. 6   Expression of *OfHKL3* in different periods and different tissues and organs

参考文献

[1] 张超, 王彦杰, 付建新, 等. 高等植物己糖激酶基因研究进展[J]. 生物技术通报, 2012, (4): 19-26.

[2] Dai N, Schaffer A, Petreikov M, et al. Overexpression of Arabidopsis Hexokinase in Tomato Plants Inhibits Growth, Reduces Photosynthesis, and Induces Rapid Senescence [J]. The Plant Cell, 1999, 11(7): 125-1266.

[3] Moore B. Role of the *Arabidopsis* glucose sensor *HXK*1 in nutrient, light, and hormonal signaling [J]. Science, 2003, 300 (5617): 332-336.

[4] Kelly G, Moshelion M, David-Schwartz R, et al. Hexokinase mediates stomatal closure [J]. The Plant Journal, 2013, 75(6): 977-988.

[5] Karve A, Rauh BL, Xia X, et al. Expression and evolutionary features of the hexokinase gene family in *Arabidopsis* [J]. Planta, 2008, 228(3): 411-425.

[6] Zhang Z B, Zhang J W, Chen Y J, et al. Isolation, structural analysis, and expression characteristics of the maize (*Zea mays* L.) hexokinase gene family [J]. Molecular Biology Reports, 2014, 41(9): 6157-6166.

[7] Cho J I, Ryoo N, Eom J S, et al. Role of the rice hexokinases *OsHXK*5 and *OsHXK*6 as glucose sensors[J]. Plant Physiology, 2008, 149(2): 745-759.

[8] Kandel-Kfir M, Damari-Weissler H, German M A, et al. Two newly identified membrane-associated and plastidic tomato HXKs: characteristics, predicted structure and intracellular localization [J]. Planta, 2006, 224(6): 1341-1352.

[9] Minet M, Dufour M E, Lacroute F. Complementation of Saccharomyces cerevisiae auxotrophic mutants by *Arabidopsis thaliana* cDNAs [J]. Plant Journal, 1992, 2(3): 417-422.

[10] Karve R, Lauria M, Virnig A, et al. Evolutionary lineages and functional diversification of plant hexokinases [J]. Molecular Plant, 2010, 3(2): 334-346.

[11] Karve A, Moore B D. Function of *Arabidopsis* hexokinase-like1 as a negative regulator of plant growth [J]. Journal of Experimental Botany, 2009, 60(14): 4137-4149.

[12] Zhang C, Zhang L Fu J X, Dong L. Isolation and characterization of hexokinase genes *PsHXK*1 and *PsHXK*2 from tree peony (*Paeonia suffruticosa* Andrews) [J]. Molecular Biology Reports, 2020, 47(6): 327-336.

[13] Olsson T, Thelander M, Ronne H. A novel type of chloroplast stromal hexokinase is the major glucose-phosphorylating enzyme in the moss *Physcomitrella patens*[J]. Journal of Biological Chemistry, 2003, 278(45): 44439-44447.

[14] Stettler M, Eicke S, Mettler T, et al. Blocking the metabolism of starch breakdown products in *Arabidopsis* leaves triggers chloroplast degradation [J]. Molecular Plant, 2009, 2(6): 1233-1246.

[15] Jaquinod M, Villiers F, Kieffer-Jaquinod S, et al. A proteomics dissection of *Arabidopsis thaliana* vacuoles isolated from cell culture [J]. Molecular & Cellular Proteomics, 2007, 6 (3): 394-412.

[16] Schleucher J, Vanderveer P, Sharkey T. Export of carbon from chloroplasts at night [J]. Plant Physiology, 1998, 118(4): 1439-1445.

芍药属远缘杂交不亲和柱头 MAPK 通路分析

贺 丹[1]　张佼蕊[1]　曹健康[1]　何松林[1,2,*]

（[1] 河南农业大学林学院，郑州 450002；[2] 河南科技学院园艺园林学院，新乡 453003）

摘要　为探究芍药属远缘杂交不亲和的分子作用机理，本试验以芍药'粉玉奴'自交和芍药'粉玉奴'×牡丹'凤丹白'杂交 24h 的柱头为材料，通过 iTRAQ 标记技术检测蛋白质的差异表达，并将差异蛋白进行 KEGG 富集分析。KEGG 富集结果表明，有 7 个差异蛋白被显著富集于 MAPK 通路，经分析，7 个差异蛋白对应的基因大部分为热激蛋白相关基因。之后，随即选取其中的 3 个差异蛋白对应的基因进行 RT-qPCR，结果显示表达量均为下调。通过对 MAPK 途径的差异蛋白相关基因进行分析，为发掘远缘杂交不亲和的相关基因奠定理论基础，为解决牡丹、芍药远缘杂交不亲和提供理论依据。

关键词　牡丹；芍药；iTRAQ；MAPK 通路；远缘杂交

Analysis of MAPK Pathway in Distant Hybridization Incompatibility from Stigmas of *Paeonia*

HE Dan[1]　ZHANG Jiao-rui[1]　CAO Jian-kang[1]　HE Song-lin[1,2,*]

（[1] *College of Forestry，Henan Agricultural University，Zhengzhou* 450003，*China*；

[2] *Colleg of Horticulture Landscape Architecture，Henan Institute of Science and Technology，Xinxiang* 453003，*China*）

Abstract　In order to elucidatethe molecular mechanism that controls the incompatibility of distant hybridization in *Paeonia*，the stigmas of combinations *P. lactiflora* 'Fenyunu' × *P. lactiflora* 'Fenyunu' and *P. lactiflora* 'Fenyunu' × *P. ostii* 'Fengdanbai' were harvested as the materials after 24 of pollination，iTRAQ-Based quantitative proteomic technique was used to detect differential expression of protein and and the differential proteinwas analysed by KEGG. KEGG enrichment results showed that 7 differential proteins were significantly enriched in the MAPK pathway，and most of the genes corresponding to the seven differential proteins were heat shock protein-related genes. And then，the genes corresponding to the 3 differential proteins were selected for RT-qPCR immediately，and the results showed that the expression was down-regulated.. A theoretical basis for exploring the related genes of distant hybridization incompatibility was provided by analysis of the differential protein-related genes in the MAPK pathway，and a theoretical basis for solving the distant hybridization incompatibility of *P. ostii* and *P. lactiflora*. Would be provided.

Key words　*Paeonia lactiflora*；*Paeonia ostii*；iTRAQ；MAPK pathway；Distant hybridization

牡丹（*Paeonia ostii*）与芍药（*Paeonia lactiflora*）同属于芍药科芍药属，有"花中二杰""花王和花相"等美誉，具有很高的园林观赏价值和经济价值（张佳平等，2019）。远缘杂交技术不仅可以丰富物种、提高植物的抗病性和抗逆性，还对花色、花型等性状具有改良作用，然而植物属间杂交会出现如花粉不能正常萌发、花粉管畸形生长等阻滞现象（蒋昌华 等，2018；侯祥云 等，2013；王杰 等，2017）。在芍药属远缘杂交中，日本在 1948 年首次成功获得了牡丹与芍药组间杂种并命名为'Itoh'，其同时具备牡丹与芍药的品种优势，并具有观赏价值高、抗病性强等特点，有很高的园林推广价值（马翔龙 等，2018）。我国牡丹与芍药的远缘杂交的研究起步较晚，虽取得了一定成绩，但是芍药属组间杂交的不亲和性依然亟待

1 基金项目：国家自然科学基金项目（31600568，31870698），河南省科技攻关项目（202102110234）。
第一作者简介：贺丹（1983—），女，副教授，硕士生导师，主要从事风景园林植物应用研究。
* 通讯作者：何松林，教授，E-mail：hsl213@ yeah. net。

解决(郝青 等，2008)。在前期研究中，已经明确牡丹、芍药远缘杂交的主要问题是杂交不亲和，主要问题是花粉不能正常萌发，并在柱头上出现扭曲肿胀等现象且产生强烈的胼胝质反应阻碍花粉管的伸长(贺丹等，2017)。经研究发现保护性酶与内源激素的协同作用调节了花粉萌发及花粉管生长，且一些研究表明高水平的 IAA 利于花粉的大量萌发而高水平的 ABA 不利于花粉萌发与花粉管伸长(文静，2010；Label *et al.*，1994)。从激素含量变化为切入点解决杂交不亲和一直是植物育种工作者的选择，并在此方向取得了一定进展，但是其中的分子作用机制的相关研究较少(张鹏 等，2014；Verrier *et al.*，2008)。

促分裂原活化蛋白激酶(Mitogen-Activated Protein Kinase，MAPK)是一种蛋白激酶，可催化底物蛋白质使其磷酸化，级联由 MAPKK 激酶(MAPKKK)、MAPK 激酶(MAPKK)和 MAPK 组成并广泛存在于真核生物中。研究表明 MAPK 在植物中的级联途径不仅能被多种生物与非生物胁迫所激活，同时也参与激素信号传导且影响植物的细胞分化和生长发育过程，在激素传导信号中，MAPK 主要影响 ABA、IAA 及 JA 等激素的信号传导(张振才 等，2014；陈娅斐 等，2005)。研究表明，在突变的豌豆叶子中，ABA 以 MBP 为底物可以激活具有 MAPK 特点的 AMBP 激酶(Burnett *et al.*，2000)。MAPK 家族基因 OsMAPK5 可在外源施加 ABA 时被激活，并且正调控与干旱、高盐和低温相关以及负调控病程相关蛋白 *PR* 基因(Xiong *et al.*，2003)。Jammes 等发现 MPK9 和 MPK12 共同作用影响 ABA 的敏感性，且参与拟南芥保卫细胞运动(Jammes *et al.*，2009)。

相对和绝对定量同位素标记(isobaric tags for relative and absolute quantitation，iTRAQ)技术是美国 ABI 公司在 2004 年推出的多肽体外标记技术，这项技术可以通过特异性地标记多肽氨基基团来开展串联质谱分析，具有定量精度较高、结果可靠的优点。iTRAQ 技术可极大地提高蛋白鉴定的可信度，已成为蛋白定性和定量研究的重要工具之一，并在生命科学领域得到广泛应用(Wang，2015；Ma，2016)。本研究以'粉玉奴'自交、'粉玉奴'×'凤丹白'杂交 24h 柱头为材料，采用 iTRAQ 技术对同一时期不同处理下的柱头差异蛋白进行分析，发现 7 个 MAPK 通路的差异蛋白被显著富集，且表达均为下调。由 Gene Ontology (GO)注释可知，MAPK 通路的差异蛋白在生物进程(biological process)中，被注释为生殖过程、细胞过程、定位、代谢过程、发育过程等；在细胞组分(cellular component)中，被注释为细胞外区域、细胞部分、细胞器和细胞器组分；在分子功能(molecular

function)中被注释为结合功能。因此推测 MAPK 通路蛋白通过参与激素调控并影响细胞发育过程，最后导致激素产生不利于杂交亲和性的变化。在分析的基础上，使用荧光定量技术，检测 MAPK 通路差异蛋白在自交 24h、杂交 24h 柱头中的相对表达含量变化，以期为解决芍药属远缘杂交不亲和提供理论数据。

1　材料与方法

1.1　材料及处理

供试材料母本芍药品种'粉玉奴'(*P. lactiflora* 'Fenyunu')、父本牡丹品种'凤丹白'(*P. ostti* 'Fengdanbai')均种植于河南农业大学第三苗圃基地，选取生长良好、可以正常开花结实的植株作为试验材料。于 2018 年 4 月中下旬同时开展自交与杂交试验，自交组合为'粉玉奴'×'粉玉奴'，杂交组合为'粉玉奴'×'凤丹白'。在授粉后 24h 取自交与杂交的柱头用液氮速冻并置于-80℃冰箱内储存备用。

1.2　iTRAQ 标记

使用液氮将柱头研磨成粉末状溶于 TEAB 溶液中，超声破碎 15min 后取上清并加入冷丙酮，经过反复离心后收集沉淀并进行风干沉淀处理，最后加入 TEAB 溶解蛋白。参照 Bradford 定量方法(Bradford，1976)进行蛋白质定量，之后进行酶解，确保胰蛋白酶消化完成。后加入等体积的 0.1% FA 酸化，并将酸化后的酶解液加入到 Strata-X C18 柱子中，连续过 3 次，之后用 20μl TEAB 复溶。采用 8-plex 法进行标记，再使用 Thermo DINOEX Ultimate 3000 BioRS 与 Durashell C18 进行色谱分析。最后使用 AB SCIEX nanoLC-MS/MS(Triple TOF 5600 plus)质谱仪、AB SCIEX 分析柱、NEW objective 喷针与 eksigent Chromxp Trap Column 捕获柱在规定条件下进行质谱检测。

1.3　数据分析

将 MS/MS 质谱数据原始数据文件转换为 Mascot 通用格式文件，后与数据库进行相似性比较打分从而进行蛋白鉴定并进一步筛选出有显著性差异的蛋白。对于 proteinpilot 的鉴定结果进一步过滤，规定每个蛋白至少包含一个 unique 肽段的蛋白为可信蛋白且 unused score≥1.3(即可信度水平在 95% 以上)作为本试验的研究蛋白。当差异倍数达到 1.5 倍及以上(即 up_regulate≥1.5 和 down_regulate≤0.67)，且经过显著性统计检验其 q-value 值≤0.05 时，视为显著差异蛋白。

1.4 生物信息学分析

使用 KEGG 数据库对差异蛋白进一步富集，对富集到的差异蛋白进行分析，并查找差异蛋白对应的基因设计特异性引物（表 1），使用 *β-Tubulin*（F：TGAG-CACCAAAGAAGTGGA CGAAC，R：CACACGCCTGAA-CATCTCCTGAA）为内参基因。实时定量反应体系及反应程序参照 He 等方法进行（He *et al.*, 2019），每个反应包括 3 个生物学重复，结果按照 $2^{-\triangle\triangle CT}$ 法计算出基因的相对表达量（Thomas *et al.*, 2008）。分析荧光定量结果，为进一步解析差异蛋白功能提供基础。

表 1 qRT-PCR 验证所选基因及对应引物信息

Table 1 List of the expression profiles selected for confirmation by qRT-PCR

差异蛋白登记号 DEP Accessions	基因名称 Gene Name	引物序列(5'-3') Primer sequence(5'-3')
gi ｜ 327434104_ 6	*HSP*70-6	F：GGCTGGTGTTCTTGCTGGAGATG R：GTAGGCAGTGTGGTGTTCCTTGG
gi ｜ 327436891_ 2	*CPHSC*70-1	F：GGCTGGTGTTCTTGCTGGAGATG R：GTAGGCAGTGTGGTGTTCCTTGG
gi ｜ 327427673_ 4	*RCOM*_ 0817860	F：TCGGTTTCAGCTTGATCCAACT R：GACTGGAACCGGCTCAGAATC

2 结果与分析

2.1 差异蛋白的 KEGG 富集分析

根据差异倍数和 q-value 来筛选出差异蛋白，当差异倍数达到 1.5 倍及以上（即 p_ regulate ≥ 1.5 和 down_ regulate ≤ 0.67），并且经过显著性统计检验其 q-value 值 ≤ 0.05 时，定为显著差异蛋白。以此为标准，芍药'粉玉奴'自交 24h 与芍药'粉玉奴'与牡丹'凤丹白'杂交 24h 柱头相对比，富集到 KEGG 的差异蛋白共有 568 个，与杂交不亲和性相关的 MAPK 通路中有 7 个差异蛋白被显著富集，占总数的 1.23%，且均为下调表达（表 2）。

2.2 差异蛋白关联基因分析

MAPK 信号途径参与调控 AA/ABA 的代谢信号途径、还参与调控 Ca^{2+} 信号途径等。MAPK 通路富集到 7 个差异蛋白，均为下调表达（表 3）。

表 2 MAPK 通路的差异表达蛋白

Table 2 DEPs in MAPK pathway

通路 Pathway	通路编号 Pathway ID	差异蛋白登记号 DEP Accessions	表达量 Expression
MAPK 信号途径 MAPK signaling pathway	ko04010	gi ｜ 327422872_ 2	down
MAPK 信号途径 MAPK signaling pathway	ko04010	gi ｜ 327434104_ 6	down
MAPK 信号途径 MAPK signaling pathway	ko04010	gi ｜ 340784764_ 2	down
MAPK 信号途径 MAPK signaling pathway	ko04010	gi ｜ 327430695_ 2	down
MAPK 信号途径 MAPK signaling pathway	ko04010	gi ｜ 327436891_ 2	down
MAPK 信号途径 MAPK signaling pathway	ko04010	gi ｜ 327427673_ 4	down
MAPK 信号途径 MAPK signaling pathway	ko04010	gi ｜ 327422871_ 1	down

表 3　差异蛋白相关联的基因

Table 3　The genes correlation with DEPs

差异蛋白登记号 DEP Accessions	蛋白 ID Protein ID	差异蛋白名称 DEP name	基因名称 Gene name
gi｜327422872_ 2	100253562	热休克蛋白	*HSP*70_ 15
gi｜327434104_ 6	AT4G24280	热休克蛋白	*HSP*70-6
gi｜340784764_ 2	100253562	热休克蛋白	*HSP*70_ 15
gi｜327430695_ 2	AT4G24280	热休克蛋白	*HSP*70-6
gi｜327436891_ 2	AT4G24280	热休克蛋白	*HSP*70-6
gi｜327427673_ 4	RCOM_ 0817860	热休克蛋白	*RCOM_ 0817860*
gi｜327422871_ 1	4339012	Os05g0460000 蛋白	*Os05g0460000*

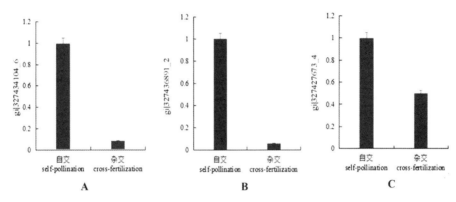

图 1　3 个基因的 qRT-PCR 验证

Fig. 1　qRT-PCR Results of 3 genes

注：A：gi｜327434104_ 6 的 qRT-PCR 验证；B：gi｜327436891_ 2 的 qRT-PCR 验证；C：gi｜327427673_ 4 的 qRT-PCR 验证。

Note：A：qRT-PCR Result of gi｜327434104_ 6；B：qRT-PCR Result of gi｜327436891_ 2；C：qRT-PCR Result of gi｜327427673_ 4.

2. 3　差异表达蛋白相关基因的 qRT-PCR 验证

为验证差异蛋白相对表达量变化情况并检测基因的表达情况，随机选取 3 个差异蛋白对应的基因序列设计特异性引物进行 qRT-PCR 验证。结果显示在自交 24h 与杂交 24h 中，差异蛋白对应的基因相对表达量下调明显(图 1)，变化趋势与蛋白水平变化趋势一致，这说明这些基因在芍药属远缘杂交过程中发挥着重要作用，可能影响远缘杂交过程并导致最后的远缘杂交不亲和。

3　讨论

芍药、牡丹远缘杂交不亲和的主要原因是受精前障碍与受精后胚胎败育，而受精前障碍主要表现为花粉与柱头识别困难、花粉不能萌发与花粉管生长受阻(贺丹 等，2014；He *et al.*，2019)。Wu 等研究发现 IAA 和 GA$_3$ 对离体花粉管生长有促进作用，而 ABA

对花粉管生长有抑制作用，在授粉过程中表现为游离 IAA 和 GA$_3$ 增加、ABA 减少(Wu *et al.*，2008)；许明等研究发现低水平的 IAA 与花粉变形及结实有关(许明 等，2007)。课题组在之前的研究中也发现，自交与杂交过程中柱头的激素含量变化明显，高含量的 IAA 和 GA$_3$ 有利于花粉的萌发和受精作用，高含量的 ABA 与杂交不亲和性相关(贺丹 等，2017)。而大量研究表明，植物 MAPK 级联途径参与调控 ABA、IAA 信号转导，调控 IAA 和 ABA 在胁迫反应中的作用(张振才 等，2014)。Xing 等研究拟南芥 MAPK 突变体时发现，*mkk*1、*mpk*6 突变体种子对 ABA 的敏感性降低；在种子中过量表达 MKK1 和 MPK6 会对外源 ABA 有超敏感表现(Xing *et al.*，2009)。IBR5 作为双重特异性 MAPK 磷酸酶，其在 IAA 和 ABA 胁迫反应中起正调控作用，还与 MAPK 级联通路的 MPK12 相互作用并参与 IAA 和 ABA 的信号途径(Lee *et al.*，2009)。内源 ABA 积累可导致玉米叶片 MPK5 的活性显著增加，而 ABA 可导致 MPK6 的活性被抑制（Lin et al.，2009；Xing，2008）。也有研究表明 MAPK 级联通路的 MKK7 参与生长素的极性运输，通过同位素追踪试验验证了 MKK7 负调控生长素的极性运输（Zhang et al.，2007）。由此推测 MAPK 通路蛋白通过参与激素调控并影响细胞发育过程，最后导致激素产生不利于杂交亲和性的变化。

本次研究以芍药'粉玉奴'自交和芍药'粉玉奴'×

牡丹'凤丹白'杂交 24h 的柱头为材料，通过 iTRAQ 标记技术检测蛋白质表达变化，并将差异蛋白进行 KEGG 富集分析，发现 MAPK 通路差异蛋白富集明显且显著下调。通过鉴定 MAPK 通路差异蛋白以及植物激素信号转导途径有关的差异基因，可推测这些差异基因在牡丹芍药杂交不亲和的响应中可能起关键作用，为进一步挖掘远缘杂交不亲和基因奠定理论基础。

参考文献

陈娅斐，冯斌，赵小明，等，2005. MAPK 级联途径在植物信号转导中的研究进展［J］. 植物学通报，22（3）：357-365.

郝青，刘政安，舒庆艳，等，2008. 中国首例芍药牡丹远缘杂交种的发现及鉴定［J］. 园艺学报，35（6）：853-858.

贺丹，解梦珺，吕博雅，等，2017. 牡丹与芍药的授粉亲和性表现及其生理机制分析［J］. 西北农林科技大学学报（自然科学版），45（10）：129-136.

贺丹，高小峰，吕博雅，等，2014. 牡丹，芍药花芽分化的形态学研究［J］. 河南农业科学，43（12）：117-120，124.

侯祥云，郭先锋，2013. 芍药属植物杂交育种研究进展［J］. 园艺学报，40（9）：1805-1812.

蒋昌华，叶康，高燕，等，2018. 盐胁迫对 13 种芍药品种部分生理指标的影响研究［J］. 西北林学院学报，33（2）：70-74.

马翔龙，吴敬需，刘少华，2018. 伊藤牡丹发展现状与展望［J］. 中国花卉园艺，（16）：28-31.

王杰，贾月慧，张克中，等，2017. 百合雌蕊中杂交亲和性与不亲和性差异表达基因分析［J］. 北京林业大学学报，39（2）：1000-1522.

文静，2010. 贮藏条件和化学处理对沙葱种子萌发的影响［D］. 呼和浩特：内蒙古农业大学.

许明，白明义，魏毓棠，2007. 紫菜薹细胞质雄性不育系及其保持系在不同发育时期内源激素的变化［J］. 西北农业学报，16（3）：124-127.

张佳平，王小斌，夏宜平，2019. 基于杭州市牡丹芍药的园林应用现状浅析"北种南移"问题［J］. 园林，10：60-65.

张鹏，周骏辉，荆艳萍，2014. 杨树授粉亲和性与雌蕊生理生化变化的关系［J］. 东北林业大学学报，42（6）：11-14，33.

张振才，梁燕，李翠，2014. 植物 MAPK 级联途径及其功能研究进展［J］. 西北农林科技大学学报（自然科学版），42（4）：207-214.

Burnett E C, Radhika D, Moser R C, et al. 2000. ABA activation of an MBP kinase in Pisum sativum epidermal peels correlates with stomatal responses to ABA［J］. Journal of Experi-

mental Botany, 51：197-205.

He D, Lou X Y, He S L, et al. 2019. Isobaric tags for relative and absolute quantitation-based quantitative proteomics analysis provides novel insights into the mechanism of cross-incompatibility between tree peony and herbaceous peony［J］. Functional Plant Biology, 5(46)：417-427.

Jammes F, Song C, Shin D, et al. 2009. Map kinases mpk9 and mpk12 are preferentially expressed in guard cells and positively regulate ros-mediated aba signaling［J］. Proceedings of the National Academy of ences, 106(48), 20520-20525.

Label P, Imbault N, Villar M. ELISA Quantification and GC-MS identification of abscisic acid in stigma, ovary and pedicel of pollinated poplar flowers（Populus nigra L.）［J］. Tree Physiology. 1994, 14(5)：521-530 .

Lee J S, Wang S, Sritubtim S, et al. 2009. Arabidopsis mitogen-activated protein kinase mpk12 interacts with the mapk phosphatase ibr5 and regulates auxin signaling［J］. Plant Journal for Cell & Molecular Biology, 57(6), 975-985.

Lin F, Ding H D, Wang J X, et al. 2009. Positive feedback regulation of maize nadph oxidase by mitogen-activated protein kinase cascade in abscisic acid signalling［J］. Journal of Experimental Botany, 60(11), 3221-3238.

Ma J H, Dong W, Zhang D J, et al. 2016. Proteomic profiling analysis reveals that glutathione system plays important roles responding to osmotic stress in wheat（Triticum aestivum L.）roots［J］. Peer J, 4：e2334.

Thomas D S, Kenneth J L. 2008. Analyzing real-time PCR data by the comparative C T method［J］. Nature Protocols, 3(6)：1101-1108.

Verrier P J, Bird D, Burla B, et al. 2008. Plant ABC proteins-a unified nomenclature and updated inventory［J］. Trends Plant Science, 13：151-159.

Wang B, Hajano J U D, Ren Y, et al. 2015. Itraq-based quantitative proteomics analysis of rice leaves infected by rice stripe virus reveals several proteins involved in symptom formation［J］. Virology Journal, 12(1), 99.

Wu J, Qin Y, Zhao J. 2008. Pollen tube growth is affected by exogenous hormones and correlated with hormone changes in styles in Torenia fournieri L. [J]. Plant Growth Regulation, 55(2): 137-148.

Xing Y . 2008. AtMKK1 mediates ABA-induced CAT1 expression and H_2O_2 production via AtMPK6-coupled signaling in Arabidopsis[J]. Plant J, 54.

Xing Y, Jia W, Zhang J. 2009. Atmkk1 and atmpk6 are involved in abscisic acid and sugar signaling in *Arabidopsis* seed germination[J]. Plant Molecular Biology, 70(6), 725-736.

Xiong L Z, Yang Y N. 2003. Disease resistance and abiotic stress tolerance in rice are inversely modulated by an abscisic acid-inducible mitogen-activated protein kinase[J]. The Plant Cell, 15: 745-759.

Zhang X D, Dai Y, Xiong Y Q, et al. 2007. Overexpression of Arabidopsis MAP kinase kinase 7 leads to activation of plant basal and systemic acquired resistance[J]. The Plant journal, 52(6): 1066-1079.

中国观赏园艺研究进展 2020：386~392
Advances in Ornamental Horticulture of China，2020：386~392

休眠解除进程中芍药芽酵母杂交文库的构建及 PlWRKYs 酵母诱饵载体的构建

韩彩云　边廷廷　徐宇翔　马燕　郭先锋*
（山东农业大学林学院，山东省城乡景观示范工程技术研究中心，泰安 271018）

摘要　为解析芍药休眠解除中蛋白间的相互作用机制，本研究以芍药芽内休眠解除前、经人工低温解除其内休眠后、经自然低温解除其生态休眠后 3 个时期的芍药芽为材料，构建了酵母杂交文库并对其进行了评价。本研究构建的 cDNA 文库库容达 1.5×10^7 CFU，文库滴度为 3 × 10^6 CFUmL^{-1}，平均插入片段大于 1200bp，阳性率为 100%，文库质量满足酵母 cDNA 文库的筛选要求，理论上包含了参与芍药休眠解除的所有基因。同时，为筛选出与芍药休眠解除密切相关转录因子 PlWRKY18、PlWRKY41 相互作用的互作蛋白，本研究还构建了酵母诱饵载体 pGBKT7-*PlWRKY*18、pGBKT7-*PlWRKY*41，毒性和自激活活性验证表明：pGBKT7-*Pl-WRKY*18、pGBKT7-*PlWRKY*41 均无毒性；pGBKT7-*PlWRKY*18 存在自激活活性且不能被 AbA 所抑制，不可直接用于下一步酵母双杂交文库的筛选，而 pGBKT7-*PlWRKY*41 的自激活活性可被 300ng/mL 的 AbA 所抑制，该浓度可以用于下一步酵母双杂交文库的筛选。本研究结果为进一步筛查芍药休眠解除进程中的关键基因编码蛋白的互作蛋白奠定了基础。

关键词　芍药；休眠；cDNA 文库；酵母双杂交

Construction of the Yeast Two-hybrid cDNA Library during the Dormancy Release Process of Peony Buds and Construction of PlWRKYs Yeast Bait Vector

HAN Cai-yun　BIAN Ting-ting　XU Yu-xiang　MA Yan　GUO Xian-feng*
（*College of Forestry，Shandong Agricultural University，Shandong Provincial Research Center of Demonstration Engineering Technology for Urban and Rural Landscape，Tai'an 271018，China*）

Abstract　To analyze the mechanism of protein-protein interaction in the dormancy release of peony (*Paeonia lactiflora*), the yeast two-hybrid cDNA library was constructed and evaluated based on the three periods of peony buds before the dormancy release, after the dormancy release by chilling, and after the ecological dormancy release by natural low temperature. The capacity of the cDNA library was 1.5 × 10^7 CFU, the titer was up to 3 × 10^6 CFU mL^{-1}, the average amplification size of the insert fragments was more than 1200 bp, the recombination rate was 100%, the quality of the library meets the screening requirements of yeast cDNA library, theoretically including all genes involved in the dormancy of peony. At the same time, in order to screen out the interaction proteins of PlWRKY18 and PlWRKY41, which are closely related to the dormancy release of peony, we constructed yeast bait vectors pGBKT7- *PlWRKY*18 and pGBKT7- *PlWRKY*41. The toxicity and self-activation showed that pG-BKT7- *PlWRKY*18 and pGBKT7- *PlWRKY*41 were both no toxicity；The pGBKT7- *PlWRKY*18 had self-activation activity and could not be inhibited by AbA, and could not be directly used for screening the interaction proteins, while the self-activation of pGBKT7- *PlWRKY*41 could be inhibited by AbA of 300ng/mL, which can be used for screening the interaction proteins. The results laid a foundation for further screening the interaction proteins of key genes encoding proteins in the process of dormancy release of peony.

Key words　Peony；Dormancy；cDNA library；Yeast two-hybrid

---

1 第一作者简介：韩彩云（1994—），女，硕士研究生，主要从事花卉分子生物学研究。
* 通讯作者：郭先锋，教授，E-mail：guoxf@ sdau. edu. cn。

芍药是原产我国的著名花卉，广泛应用于庭园栽培及切花生产中。作为一种多年生花卉，芍药具有地下芽冬季休眠的特性，并且适量低温可有效解除其休眠（Byrne & Halevy，1986；Fulton et al.，2001）。目前，关于低温解除其休眠的分子机理，已陆续涌现出其研究报道。例如，已有两个品种——促成栽培常用的红色重瓣型品种'大富贵'和低需冷型单瓣品种'杭白芍'——开展了转录组测序分析（胡小蓉，2015；Zhang et al.，2015）。在此基础上，一些与低温解除休眠密切相关的基因被陆续分离出来，例如 PlWRKY40、PlGA20ox、PlDHN1、PlDELLA 基因（李俊杰等，2017；韩璐璐 等，2017；Chen et al.，2018；Bian et al.，2020）。并且，一些基因如 PlDELLA 经同源和异源遗传转化鉴定已证明其调控芍药芽休眠解除（Bian et al.，2020）。这些基因如何共同参与芍药芽休眠的解除，是尚需要进一步开展的科学课题。

植物所有生命过程几乎均与蛋白质有关，蛋白质间的相互作用是其生命活动的基础，分析这种相互作用关系有利于了解基因编码蛋白质行使功能的分子机理（Chien et al.，1991，袁维峰 等，2009）。酵母双杂交系统是为研究真核生物的转录调控机理而建立的，它可以在活细胞内鉴定蛋白质间的相互作用（Fields & Song，1989）。成功构建的酵母双杂交文库可以包含植物特定组织、器官的所有基因，因此利用该技术已筛选到了大量与已知蛋白互作的蛋白（Seo et al.，2007，赵慧 等，2016）。Bian et al.（2020）曾采用酵母双杂交方法研究了 PlDELLA 蛋白与 PlWRKY13 等 4 个转录因子的互作，然而没有获得积极的结果。该结果表明，点对点验证互作蛋白的效率极低，而构建酵母文库、在此基础上筛选互作蛋白应该是一个高效方法（Mehla et al.，2015）。为此，本研究拟以芍药芽休眠解除进程中不同阶段的芽为材料，构建其酵母 cDNA 文库。

此外，如前所述，WRKY 转录因子家族中的一些基因被发现可能参与到芍药芽休眠解除进程中（李俊杰 等，2017；Zhang et al.，2017）。本实验室经拟南芥异源转化和在芍药芽中进行病毒介导的基因沉默（VIGS）试验发现，PlWRKY18 和 PlWRKY41 两个转录因子作用互异地调控芍药芽休眠解除，因此其作用机理也亟待进一步研究。为此，本研究还拟构建其酵母诱饵载体，以期进一步筛选与其互作的潜在蛋白，为全面解析芍药芽休眠解除的作用机理奠定基础。

1　材料与方法

1.1　试材及取样

本试验所用材料为 3 年生盆栽芍药'大富贵'（Paeonia lactiflora 'Da Fugui'），种植于山东农业大学林学试验基地，以其休眠解除不同阶段的根颈芽作为样品。具体为：2015 年 11 月中旬取其休眠芽 15 个；同时将部分盆栽芍药移进 0~4℃的冷库进行人工低温处理，5 周后取芽样 15 个；至翌年 3 月，当露天盆栽芍药芽体开始膨大萌发时，取其芽样 15 个。将休眠芽、人工低温解除休眠芽和自然低温解除休眠芽分别剥去鳞片，液氮中速冻后，保存于-80℃，以备 RNA 提取。

大肠杆菌感受态细胞，购自康为世纪生物技术有限公司；酵母双杂交菌株 Y2H Gold，购自宝生物工程（大连）有公司；克隆载体 pMD-19T（simple），购自宝生物工程（大连）有限公司；酵母双杂交猎物（Prey）载体 pGADT7、诱饵（Bait）载体 pGBKT7，均购自宝生物工程（大连）有限公司。

1.2　试验方法

1.2.1　RNA 提取及 mRNA 分离

利用 Trizol 法进行植物总 RNA 的提取。参照天根生化科技（北京）有限公司的 Oligotex mRNA Kits（Qiagen）试剂盒说明书进行样本 mRNA 的分离纯化。取 1μL 进行琼脂糖凝胶电泳检测以及利用核酸蛋白分析仪进行 OD 值的检测。

1.2.2　全长 cDNA 合成及均一化

采用 Matchmaker™ Library Construction & Screening 试剂盒合成双链 cDNA，具体参照试剂盒说明书。将得到的 cDNA 分别进行乙醇沉淀，最终溶解在 14μL DEPC 水中，取 12μL 进行后续反应，进行 3 份平行试验。加入 4μL 4X 杂交 buffer，98℃ 2min，68℃ 5h。将 PCR 管保持在 68℃，加入 4μL 5X DSN buffer，然后加入 0.2μL 的 DSN 酶（1U/μL），置于 68℃ 反应 3min；加入 10μL EDTA，混匀，加入等体积的酚氯仿抽提一次；将抽提产物进行乙醇沉淀，溶于 80μL DEPC 水中，取 1μL 保存。按以下体系建立反应：cDNA DSN treatment 79μL，10X PCR Buffer 10μL，10mM（each）dNTPs 4μL，50mM MgSO$_4$ 5μL，PCR Primer（100ng/μL）1μL，Taq DNA Polymerase 1μL。在 PCR 仪上运行下面的程序：95℃ 1min；95℃ 30s；60℃ 30s；72℃ 6min，5 个循环。使用 1%浓度的琼脂糖胶检测 cDNA 产物，切胶回收 1000bp 以上的片段；用 14μL 的 DEPC 水溶解回收产物。

表 1 cDNA 文库及载体的构建所用引物

Table 1 Primers used for the construction of cDNA library and yeast bait vector

引物 Primer name	核酸序列 (5'→3') Nucleotide sequence	用途 Purpose
PCR primer-F	TAATACGACTCACTATAGGGCGAGCG	文库检测 PCR primer:
PCR primer-R	GTGAACTTGCGGGGGTTTTTCAGTAT	
PlWRKY18B-F	CGGAATTCCATGGATGGTCAGGAAGATAC	诱饵载体构建所用引物
PlWRKY18B-R	CTGCAGTGGTTGTTGCTTGGTTTAGGC	
PlWRKY41B-F	CGGAATTCCATGGAGAGTGGTAGCAACTG	
PlWRKY41B-R	CTGCAGTGTGGGAAAAAATTTGGAT	

下划线部分表示 EcoRI、PstI 酶切位点。

1.2.3 酵母双杂交文库的构建及文库质量鉴定

使用同源重组的方式，将已纯化的双链 cDNA 与经酶切处理线性化的 pGADT7-Rec 载连接，转化大肠杆菌感受态细胞进行培养。培养结束后，将培养物稀释 10、100、1000、10000 倍，分别取 10μL 稀释液涂在 LB 培养基(含氨苄抗性)上，第 2d 记录平板上的菌落个数。剩余培养物加入甘油存于-80℃超低温冰箱。文库滴度 CFU/mL＝平板上的克隆数/10μL×1000 倍×1×10³μL；文库库容 CFU＝CFU/mL×文库菌液总体积(mL)；从文库中随机挑取平板上的 24 个单克隆，进行 PCR 扩增，电泳检测 PCR 产物片段大小。

1.2.4 酵母诱饵(Bait)载体的构建

用 DNAMAN 5.5.2 进行加酶切位点后引物的设计，分别对 PlWRKY18、PlWRKY41 基因添加 EcoRI、PstI 酶切位点，引物为 PlWRKY18B-F/R、PlWRKY41B-F/R。以成功克隆的 PlWRKY18、PlWRKY41 基因 ORF 片段质粒为模板，进行加酶切位点后基因片段的克隆。提取质粒后用 EcoRI、PstI 限制性内切酶将 PlWRKY18、PlWRKY41、pGBKT7 双酶切，连接转化大肠杆菌，得到构建成功的 pGBKT7-PlWRKY18、pGBKT7-PlWRKY41 酵母诱饵载体。

1.2.4.1 pGBKT7-PlWRKY18、pGBKT7-PlWRKY41 毒性的验证

按照酵母转化试剂盒 Yeastmaker Yeast Transformation System 说明书进行酵母感受态的制备，分别将诱饵质粒(pGBKT7-PlWRKY18、pGBKT7-PlWRKY41)和对照质粒(空载体 pGBKT7)转化至 Y2H Glod 酵母感受态中，观察 pGBKT7-PlWRKY18、pGBKT7-PlWRKY41 和空载体 pGBKT7 的生长速度，确定毒性。

1.2.4.2 pGBKT7-PlWRKY18、pGBKT7-PlWRKY41 自激活活性的验证

将 pGBKT7-PlWRKY18、pGBKT7-PlWRKY41 诱饵载体及对照质粒 pGBKT7 空载体转入酵母 Y2H Gold 酵母感受态细胞后，涂布于以下固体筛选培养基中：

SD/-Trp/x-α-gal；SD/-Trp/x-α-gal + 100ng/mL AbA；SD/-Trp/x-α-gal + 150ng/mL AbA；SD/-Trp/x-α-gal + 200ng/mL AbA；SD/-Trp/x-α-gal + 300ng/mL AbA；SD/-Trp/x-α-gal + 1000ng/mL AbA. 30℃ 倒置培养 3~5d，观察菌落的生长状况及菌落颜色。

2 结果与分析

2.1 总 RNA 的提取

电泳结果显示：用于建库的样品 RNA 条带清晰，出现 28S、18S 和 5S 三条带，且 28S 条带亮度约为 18S 的两倍，表明 RNA 无降解，且核酸蛋白分析仪显示 A260/A280＝1.8-2.0，A260/A230>2.0，且浓度较高，表明提取的 RNA 质量较好，完全可以满足建库的需要(图 1)。

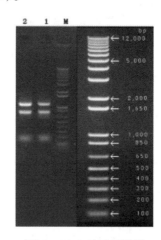

图 1 RNA 的质量检测

M：DL2000 Marker；1, 2：总 RNA

Fig. 1 The quality of peony total RNA

M：DL2000 Marker；1, 2：Total RNA

2.2 mRNA 的分离

进行琼脂糖凝胶电泳后发现，mRNA 条带清晰，呈弥散状分布，条带分布均匀，证明质量合格，且

mRNA 的总量为 5.6μg 可以满足建库需要。电泳检测结果如图 2 所示：

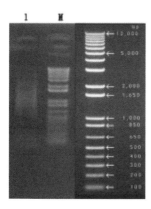

图 2　mRNA 的质量检测
M：DL2000 Marker；1：mRNA
Fig. 2　The quality of peony mRNA
M：DL2000 Marker；1：mRNA

2.3　pGADT7 酵母双杂交文库检测

文库的插入片段电泳结果显示，可以看出每个泳道上都有条带，平均插入片段大于1200bp，阳性率为100%（图 3），说明构建的文库随机性较好。在 10μL 原始电转化菌稀释 100 倍后，取 10μL 涂板，共长了约 300 个克隆子，则文库滴度为：300/10×100×1000 = 3×10⁶ CFU/mL，共计 5mL 的转化后原始菌液，则总库容量为：3×5×10⁶ CFU = 1.5×10⁷ CFU。以上说明文库指标合格，质量较高，理论上包含了全部与芍药休眠相关的基因，满足建库要求。

2.4　PlWRKY18、PlWRKY41 酵母诱饵载体的构建

根据 PlWRKY18、PlWRKY41 基因序列设计带酶切位点 EcoRI、PstI 的特异引物，克隆基因，连接到 pMD19-T（Simple）载体。将成功加入酶切位点的两基因分别提取质粒后，用 EcoRI、PstI 进行双酶切。金属浴 37℃酶切 2h，用 1% 的琼脂糖凝胶电泳检测是否酶切完全，结果如图 4 所示。

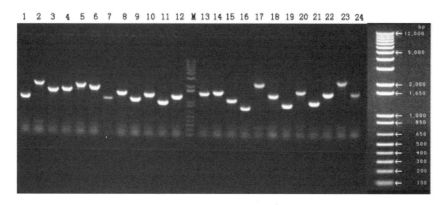

图 3　cDNA 文库随机插入片段的琼脂糖凝胶电泳检测
M：DL2000 Marker；1~24：cDNA 文库的插入片段
Fig. 3　The detection of random inserts in cDNA library by agarose gel electrophoresis
1~24：The insert fragments of cDNA library

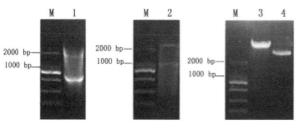

图 4　PlWRKY18、PlWRKY41、pGBKT7 的双酶切电泳图
M：DL2000 DNA Marker；1：PlWRKY18 双酶切；2：PlWRKY41 双酶切；3：pGBKT7 双酶切；4：pGBKT7 空质粒
Fig. 4　Double enzyme digestion of PlWRKY18, PlWRKY41, pGBKT7
M：DL2000 DNA Maker；1：Double enzyme digestion of PlWRKY18；2：Double enzyme digestion of PlWRKY41；3：Double enzyme digestion of pGBKT7；4：The empty plasmid of pGBKT7

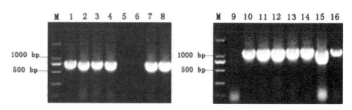

图 5　PCR 菌落鉴定结果
M：DL2000 DNA Marker；1-8 为 pGBKT7- PlWRKY18 菌落筛选结果；9-16 为 pGBKT7- PlWRKY41 菌落筛选结果
Fig. 5　The Colony screening results
M：DL2000 DNA Marker；1-8：pGBKT7- PlWRKY18；9-16：pGBKT7- PlWRKY41

将目的基因与 pGBKT7 载体连接,转化大肠杆菌,进行菌落 PCR 的筛选,得到了成功构建的 pG-BKT7-*PlWRKY*18、pGBKT7-*Pl-WRKY*41 酵母诱饵载体(图5)。

2.5 毒性与自激活活性的验证

2.5.1 毒性的验证

将诱饵质粒(pGBKT7-*PlWRKY*18、pGBKT7-*Pl-WRKY*41)和对照质粒(空载体 pGBKT7)转化至 Y₂H Glod 酵母感受态中 3~5d 后,发现 pGBKT7-*Pl-WRKY*18、pGBKT7-*PlWRKY*41 质粒和空载体 pGBKT7 质粒菌落生长速度无明显的差异(图6),说明诱饵质粒无毒性作用。

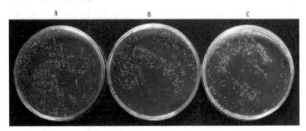

图6 诱饵质粒(pGBKT7- *PlWRKY*18、
pGBKT7- *PlWRKY*41)毒性的验证

A:pGBKT7;B:pGBKT7- *PlWRKY*18;C:pGBKT7- *PlWRKY*41

Fig. 6 Verification of toxicity of bait plasmids
(pGBKT7- *PlWRKY*18, pGBKT7- *PlWRKY*41)

2.5.2 自激活活性的验证

pGBKT7-*PlWRKY*18 在 x-α-gal 的检测下可正常生长且呈现蓝色,但在高浓度 AbA 抗性(1000ng/mL)的 SD/-Trp 培养基的筛选下呈现蓝色,证明其具有自激活活性,不能直接用于酵母双杂交文库的筛选。pG-BKT7-*PlWRKY*41 在 x-α-gal 的检测下可正常生长且呈

现蓝色,而在 300ng/mL 的 AbA 抗性筛选下便不能正常生长,证明其虽然具有自激活活性但可以被 300ng/mL 的 AbA 所抑制,因此 pGBKT7-*PlWRKY*41 可用于下一步酵母双杂交文库的筛选(图7)。

3 讨论

为检测研究不同生命活动过程中蛋白质之间的相互作用关系,研究者已在多种植物中建立了酵母双杂交文库,例如玉米、海岛棉、月季(雷海英 等,2018;郑凯 等,2019;丁爱琴 等,2020)等,并且发现了很多新的蛋白质。本试验为将来进一步探讨芍药芽休眠经低温解除的机理,构建了芍药芽休眠解除进程中的酵母双杂交 cDNA 文库。根据前人研究,评价文库质量的主要参数有文库的滴度、重组率以及插入片段大小等(刘佳杰 等,2011;祝莉莉 等,2011),本文库的库容是 1.5×10^7 CFU,平均插入片段长度超过 1200bp,容量较大,插入片段较大,序列完整度高,覆盖完全,足以包含芍药休眠解除进程转录组全部的 DNA 序列,可以为下一步酵母双杂交文库的筛选提供保障。酵母文库构建过程中,重组率过低会影响库容的真实性,从而对筛选工作造成干扰,高质量的 cDNA 文库质量是进行下一步酵母互作蛋白筛选的重要一环(郑立敏 等,2016)。本试验构建的文库重组率约 100%,高于重组率为 97% 的绿藻、重组率为 95% 的甘蓝花蕾及重组率为 97.91% 的金柑花蕾酵母双杂交 cDNA 文库(Thanh et al.,2011;胡轼林 等,2015;苏玲 等,2019)。表明本研究成功构建了一个高质量的芍药芽休眠 cDNA 文库,达到了酵母双杂交 cDNA 文库的建库要求,我们下一步可以有效地利用此文库筛选出参与休眠解除的已知蛋白的互作蛋白。

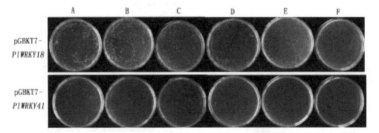

图7 pGBKT7- *PlWRKY*18、pGBKT7- *PlWRKY*41 的自激活活性的验证

A:SD/-Trp/x-α-gal;B:SD/-Trp/x-α-gal+100ng/mL AbA;C:SD/-Trp/x-α-gal+150ng/mL AbA;D:SD/-Trp/x-α-gal + 200ng/mL AbA;E:SD/-Trp/x-α-gal + 300ng/mL AbA;F:SD/-Trp/x-α-gal+1000ng/mL AbA

Fig. 7 The self-activation verification of pGBKT7- *PlWRKY*18 and pGBKT7- *PlWRKY*41

转录因子 PlWRKY18、PlWRKY41 是本实验室前期发现的参与芍药芽休眠解除的两个关键转录因子，为了解这两个关键 WRKY 转录因子的互作蛋白，本研究进行了 PlWRKY18、PlWRKY41 酵母诱饵载体的构建。鉴于大多数转录因子具备转录激活功能，可能会导致构建的诱饵载体出现自激活现象，因此必须要进行酵母诱饵载体自激活活性的检测（Alzwiy et al.，2007）。如果诱饵存在自激活活性，必须采用一定的手段抑制这种现象的出现，才能防止假阳性出现（刘强 等，2000；李晓峰 等，2018；Luban et al.，1995）。本研究通过在筛选培养基中增加 AbA 量来抑制诱饵载体激活活性的产生，发现构建的 pGBKT7-PlWRKY41 存在自激活性，向 SD/－Trp 培养基中添加 300ng/mL AbA 能抑制其自激活性，但 pGBKT7-PlWRKY18 即便是加上 1000ng/mL AbA 也不能抑制其自激活活性，因此根据前人研究结果，我们下一步需要将 PlWRKY18 的转录激活域分成多段分别构建诱饵表达载体，并再次进行自激活活性的验证（Dai et al.，2012）。因此，基于此，本研究结果中的 pGBKT7-PlWRKY41 可直接进行互作蛋白的筛选并选用含 300ng/mL 的 AbA 浓度的培养基作为筛选文库的培养基。

综上，本研究以芍药'大富贵'休眠解除不同阶段的芽为材料，成功构建了芍药休眠解除进程中的高质量酵母双杂交 cDNA 文库，并初步进行了 PlWRKY18、PlWRKY41 酵母诱饵载体的构建，且验证了毒性和自激活活性，为下一步酵母双杂交的筛选奠定了基础。

参考文献

丁爱琴，韩坤桀，杨立晨，等，2020. 月季 RhNAC31 互作蛋白的筛选及分析[J]. 园艺学报，47.

韩璐璐，李俊杰，马燕，等，2017. 芍药 PlGA20ox 基因的克隆及其在芽内休眠解除进程中的表达分析[J]. 植物生理学报，53（4）：677-686.

胡轼林，雷蕾，王效维，等，2015. 甘蓝花蕾酵母双杂交 cDNA 文库构建及评价[J]. 西北农业学报，24（8）：145-152.

胡小蓉，2015. 芍药芽休眠解除相关基因的筛选[D]. 泰安：山东农业大学.

雷海英，白凤麟，段永红，等，2018. 玉米酵母双杂交 cDNA 文库的构建及 ZmCEN 互作蛋白的筛选[J]. 西北植物学报，38（04）：598-606.

李俊杰，韩璐璐，马燕，等，2017. 芍药转录因子 PlWRKY40 的克隆及表达分析[J]. 植物生理学报，53（04）：609-618.

李晓峰，张大兵，2018. OsMADS34 与 OsMADS56 蛋白互作及 OsMADS56 表达模式分析[J]. 基因组学与应用生物学，37（4）：1556-1561.

刘佳杰，林清芳，李连国，等，2011. 蒙古沙冬青冷冻胁迫 SMART cDNA 文库的构建及序列分析[J]. 植物遗传资源学报，12（05）：770-774.

刘强，张贵友，陈受宜，2000. 植物转录因子的结构与调控作用[J]. 科学通报，045（014）：1465-1474.

苏玲，李彬，王青，等，2019. 金柑花蕾酵母双杂交 cDNA 文库构建及评价[J]. 基因组学与应用生物学，38（07）：3169-3173.

袁维峰，吴保明，张鑫宇，等，2009. 应用酵母双杂交系统初步筛选 IBDV VP2 结合蛋白[J]. 畜牧兽医学报，40（6）：958-962.

赵慧，王遂，姜静，等，2016. 酵母双杂交筛选与小黑杨 PsnWRKY70 相互作用的蛋白质[J]. 北京林业大学学报，38（02）：44-51.

郑凯，曲延英，倪志勇，等，2019. 海岛棉纤维均一化酵母双杂交文库的构建与 GbTCP5 互作蛋白的筛选[J]. 核农学报，33（10）：1928-1939.

郑立敏，彭静，陈建斌，等，2016. SRBSDV 侵染的白背飞虱中肠酵母双杂 cDNA 文库的构建和分析[J]. 农业生物技术学报，24（02）：93-99.

祝莉莉，胡亮，杜波，2011. 受褐飞虱诱导的水稻酵母双杂交文库的构建[J]. 湖北农业科学，50（15）：3201-3203.

Alzwiy I A, Morris P C. 2007. A mutation in the *Arabidopsis* MAP kinase kinase 9 gene results in enhanced seedling stress tolerance[J]. Plant Science, 173(3)：0-308.

Bian T, Ma Y, Guo J, et al. 2020. Herbaceous peony (*Paeonia lactiflora* Pall.) *PlDELLA* gene negatively regulates dormancy release and plant growth[J]. Plant Science.

Byrne T G, Halevy A H. 1986. Forcing herbaceous peonies [J]. Journal of the American Society for Horticultural Science, 111(3)：379-383.

Chen Y, Ma Y, Guo J, et al. 2018. Cloning and expression analysis of the dehydrin gene *PlDHN*1 in peony (*Paeonia lactiflora*)[J]. Journal of Horticultural Science & Biotechnology, 93 (6)：1-9.

Chien C T, Bartel P L, Sternglanz R, et al. 1991. The two-hybrid system：a method to identify and clone genes for proteins that interact with a protein of interest[J]. Proceedings of the National Academy of Sciences of the United States of America, 88(21)：9578-9582.

Dai F W, Zhang C Q, Jiang X Q, et al. 2012. RhNAC2 and RhEXPA4 are involved in the regulation of dehydration tolerance during the expansion of rose petals[J]. Plant Physiology, 160 (4): 2064 – 2082.

Fields S, Song O K. 1989. A novel genetic system to detect protein-protein interactions[J]. Nature, 340 (6230): 245 –246.

Fulton T A, Hall A J, Catley J L. 2001. Chilling requirements of *Paeonia* cultivars[J]. Scientia Horticulturae, 89: 237 –248.

Luban J, Stephen G. 1995. The yeast two-hybrid system for studying protein-protein interactions[J]. Current Opinion in Biotech-nology, 6 (1): 59–64.

Mehla J, Caufield J H, Uetz P. 2015. Mapping protein-protein interactions using yeast two-hybrid assays[J]. Cold Spring Harbor Protocols, 2015 (5): 442–452.

Seo J K, Hwang S H, Kang S H, et al. 2007. Interaction study of soybean mosaic virus proteins with soybean proteins using the yeast-two hybrid system[J]. The Plant Pathology Journal, 23 (4): 281–286.

Thanh T, Chi V T Q, Abdullah M P, et al. 2011. Construction of cDNA library and preliminary analysis of expressed sequence tags from green microalga *Ankistrodesmus convolutus* Corda[J]. Molecular Biology Reports, 38(1): 177–182.

Zhang J, Li D, Shi X, et al. 2017. Mining and expression analysis of candidate genes involved in regulating the chilling requirement fulfillment of *Paeonia lactiflora* 'Hang Baishao' [J]. Bmc Plant Biology, 17(1): 262.

Zhang J, Wu Y, Li D, et al. 2015. Transcriptomic analysis of the underground renewal buds during dormancy transition and release in 'Hangbaishao' peony (*Paeonia lactiflora*)[J]. PLoS One, 10(3): e0119118.

中国观赏园艺研究进展 2020：393~402

Advances in Ornamental Horticulture of China, 2020：393~402

光强对菊花分枝角度的相关基因表达影响

沈如怡　李晓伟　杨宇杰　袁存权　王佳　程堂仁　张启翔*

（花卉种质创新与分子育种北京市重点实验室，国家花卉工程技术研究中心，城乡生态环境北京实验室，

园林环境教育部工程研究中心，林木花卉遗传育种教育部重点实验室，园林学院，北京林业大学，北京 100083）

摘要　地被菊是有重要观赏价值的菊花（*Chrysanthemum× morifolium*）栽培类型之一，其分枝能力强、抗性耐性强，广泛应用于园林绿化。然而现有的地被菊中仍缺少匍匐性较好的品种，且其匍匐性机理尚不明晰，关于光诱导菊花分枝角度的研究也少有报道。因此，本研究以匍匐型菊属野生种匍地菊（*C. yantaiense*，YT）与直立型地被菊品种'繁花似锦'（FH）杂交得到的 F_1 群体中的直立株系 E-236 和匍匐株系 P-270 为试验材料，对不同光强、不同时期的基因表达模式进行分析，发现 *CmLAZY*1 和 *CmTAC*1 表达模式相近，参与调控菊花分枝角度，且 *CmTAC*1 受光信号影响较大，*CmLAZY*1 受光信号影响较小。在生长素运输相关基因中，*CmPIN*1 和 *CmABCB*1 的基因表达量差异较大，推测这两个基因是参与生长素极性运输的关键基因。

关键词　地被菊；匍匐性状；分枝角度；光强；基因表达

The Effect of Light Intensity on the Gene Expression Related to the Branching Angle in Chrysanthemum

SHEN Ru-yi　LI Xiao-wei　YANG Yu-jie　YUAN Cun-quan　WANG Jia　CHENG Tang-ren　ZHANG Qi-xiang*

（*Beijing Key Laboratory of Ornamental Plants Germplasm Innovation & Molecular Breeding，National Engineering Research Center for Floriculture，Beijing Laboratory of Urban and Rural Ecological Environment，Engineering Research Center of Landscape Environment of Ministry of Education，Key Laboratory of Genetics and Breeding in Forest Trees and Ornamental Plants of Ministry of Education，School of Landscape Architecture，Beijing Forestry University，Beijing 100083，China*）

Abstract　Ground-cover chrysanthemum, an important cultivar group of ornamental *Chrysanthemum× morifolium*, which has strong branching ability and resistance, is widely used in landscape. However, the ground-cover chrysanthemum is still rare, and its prostrate architecture mechanism is not clear, and there were few reports of light induced branching angle of chrysanthemum. In this study, the F_1 progenies of *C. Yantaiense* (YT) and FH(an erect cultivar of ground-cover chrysanthemum), erect bulk E-236 and prostrate bulk P-270 were used as experimental materials. Analyzing of gene expression patterns in different light intensity and different periods, it was found that the expression patterns of *CmLAZY*1 and *CmTAC*1 were similar, they were involved in the regulation of chrysanthemum branching angle, and *CmTAC*1 was more affected by light signal, while *CmLAZY*1 was less affected by light signal. Among the auxin transport related genes, the expression levels of *CmPIN*1 and *CmABCB*1 showed relatively large difference. It is speculated that these two genes are the key genes involved in auxin polar transport.

Key words　Ground-cover chrysanthemum；Prostrate growth；Branching angle；Light intensity；Gene expression

菊花（*Chrysanthemum×morifolium*）是我国传统名花之一，具有观赏、药用和食用等多方面的价值。菊花为菊科菊属，具有花型多样、花期长、花色丰富多彩、易繁殖、易养护等优点。株型是观赏植物的重要性状之一，选育理想株型是观赏植物育种的重要目标之一。对于以地被应用为主的地被菊来说，枝条和茎的匍匐性是其最重要和最优异的性状之一。对于植物的匍匐茎或茎呈匍匐生长的定义是植物茎的生长伸长的方向与地水平面的夹角小于15°或者植物在茎节上生长出不定根（Steeves et al.，1989）。

环境对于植物形态的调节，主要是光（light）和重力（gravity）共同作用（Molas et al.，2009；Quail，

---

1 第一作者简介：沈如怡（1995—），女，硕士研究生，主要从事花卉分子生物学研究。

* 通讯作者：张启翔，教授，E-mail：13901153775@163.com

1997）。前人对多种拥有匍匐性的植物进行研究，发现重力因素、光照因素和激素因素都对其匍匐有极大影响（夏胜军，2011；张淑梅，2008；蒋向辉 等，2005）。

对于植物体的向光性方面，前人已经有较多的研究。植物向光性反应主要依赖于三类光受体：光敏色素 PHYA-E（PHY-TOCHROMEs、远红光或红光受体），向光素 PHOT（PHOTOTROPINs、UV-A/蓝光受体）和隐花色素 CRY（CRYPTOCHROMEs、UV-A/蓝光受体）。这三类不同的光受体主要通过两个不同的通路来影响植物的向光性，分别是蓝光通路和红光通路。蓝光通路主要由受体 PHOT1、PHOT2 和 CRY1、CRY2 感知，红光通路主要由受体 PHYA、PHYB 感知（Molas et al.，2009）。这两条通路对于植物的向光性的形成都是必不可少的，并且在不同光质下起到同样重要的作用。

*NPH*3 首次发现的研究者是 Motchoulski 和 Liscum，他们于 1996 年利用定位克隆的技术在植物体内定位到了这个蛋白（Liscum et al.，1996）。拟南芥的突变体幼苗 *phot*1*nph*3-6，*phot*2*nph*3-6 和 *phot*1*phot*2 在低强度和高强度的单向蓝光的条件下均丧失了其胚轴向光性现象，表明 NPH3 在向光素 PHOT1 和向光素 PHOT2 蛋白的这两条通路中起着不可或缺的信号转导作用（Zhao et al.，2018）。NPH3 蛋白一般位于植物体细胞质膜上，同时与向光素 PHOT1 和向光素 PHOT2 相互作用，在通路中起到信号转导的功能（Motchoulski et al.，1999；de Carbonnel et al.，2010；Lariguet et al.，2006）。拟南芥的 *rpt*2 突变体在光照条件下其根失去了大部分的负向光性的弯曲能力，但是植物体的下胚轴仍然有一部分向光性应答的能力（Sakai et al.，2000b）。PKS1 蛋白一般作为光照处理后产生的植物光敏色素激酶的结合底物而存在（Lariguet et al.，2006；Fankhauser et al.，1999）。Boccalandro 等相关实验证实了植物的根背光性与 PHYA 蛋白介导的 *PKS*1 表达有关，这同样表明了 *PKS*1 和 *RPT*2 表达和光敏色素影响根背光性的形成的必然联系（Boccalandro et al.，2008）。

生长素 IAA 在植物体内是一种非常重要的激素，这种激素可以经过许多不同的运输而在植物体内产生效应。多数生长素进入植物体的细胞都依靠细胞表面的输入载体（influx carrier），而运输出细胞则依靠输出载体（efflux carrier）（Muday et al.，2001）。与生长素相关联的运输载体有三种：PIN 基因家族、AUX/LAX 基因家族和 ABCB 系列转运子蛋白（S et al.，2009）。Christie 等研究发现 *pin*1、*pin*2、*pin*4 突变体在光照条件下可以正常表现出胚轴的正向光性，然而 *pin*7 突变体与正常野生型进行对比，发现其弯曲曲率仍然有一定程度上的减小（Christie et al.，2011）。对比 *pin*1*pin*3*pin*7 突变体和 *pin*3 *pin*7，可以发现 *PIN* 基因在植物体内是以累加的方式进行作用（Haga et al.，2012）。

Jessica M. Waite 和 Chris Dardick 通过对拟南芥的试验发现 *TILLER ANGLE CONTROL* 1（*TAC*1）对植物的分枝角度有影响。*TAC*1 在光照条件下和黑暗条件下表现出了不一样的生理响应。过表达 *TAC*1（35*S*∶∶*TAC*1）的植物在黑暗条件下仍显示较小的分枝角度，但与 Col 的分枝角度有显著差异，表明拟南芥的分枝角度调控途径中存在 *TAC*1 依赖性途径和 *TAC*1 非依赖性途径（Dardick et al.，2013）。

前人对拟南芥中的向光性通路研究较为透彻，但菊花中的向光性通路、光强对分枝角度的影响机理尚不明确。在本研究中，我们对光强对于菊花光信号通路上的基因表达影响进行了探讨，为揭示光照对菊花匍匐性状形成机理和菊花株型调控与株型育种奠定基础。

1 材料与方法

1.1 供试菊花材料

本研究以直立株系 E-236 和匍匐株系 P-270 为试验材料。E-236 和 P-270 是从以匍匐型菊属野生种匍地菊（*Chrysanthemum yantaiense*，YT）（Chen et al.，2018）为母本、直立型的地被菊品种'繁花似锦'（FH）为父本，杂交所得 F₁ 群体中选择出的性状稳定且与茎重力性定点角（Gravitropic setpoint angle，简称 GSA）无关性状均一化的优良株系（李晓伟，2019）。

供试材料插穗采自北京林业大学国家花卉工程技术研究中心小汤山基地。插穗扦插于基质（蛭石∶珍珠岩 = 1∶1）中，待两周生根后，移栽至 8cm 直径的花盆内，用于试验研究，基质（泥炭∶珍珠岩 = 1∶1）。置于人工气候室培养，生长环境为日温 25℃、夜温 22℃、长日照（16h 光照，8h 黑暗），除光照强度外其他培养条件一致。

直立株系E-236　　　　　　　　　　　　　匍匐株系P-270

图1　直立株系 E-236 和匍匐株系 P-270 的田间生长情况

Fig. 1　The morphologies of erect bulk E-236 and prostrate bulk P-270

1.2　试验方法

1.2.1　试验材料

试验在人工气候室中进行。设置 3200 lx、6000 lx、8900 lx 和 12000 lx 共 4 个光照强度梯度。选取直立株系 E-236 和匍匐株系 P-270 生长状态一致的扦插苗各 200 株，分为 4 组，每组 50 株，分别放入不同光照强度环境中进行培养，生长环境为日温 25℃、夜温 22℃、长日照（16h 光照，8h 黑暗），除光照强度不同外，其他培养条件均一致。扦插苗培养 14d 移栽至直径为 8cm 的圆盆内 14d 后开始采样，处理 7d、处理 14d、处理 21d 共 3 个时间点，并分别定义为试验前、一阶段、二阶段、三阶段。

每次取样都在生长情况一致的直立株系 E-236 和匍匐株系 P-270 中随机选择 10 株。取样部位为菊花茎弯曲处，取样均为 0.8cm 茎段。茎段从植物上取下后，迅速置于液氮中。将 10 个样品用液氮研磨后混合组成一个混样用于后续的 RNA 提取和 cDNA 反转录。

其中，用字母和数字缩写来表示样品的光照处理条件及时期，如 DP1 为黑暗处理条件下处理 1 周后的匍匐株系 P-270 菊花样品，4E3 为光照强度 12000lx 条件下处理 3 周后的直立株系 E-236 菊花样品。

1.2.2　qRT-PCR 分析

植物总 RNA 提取按照 TaKaRa MiniBEST Universal RNA Extraction Kit（Takara，Japan）的操作说明进行。反转录的操作流程按照 PrimeScript^{M} RT reagent Kit with gDNA Eraser（Perfect Real Time）（Takara，Japan）试剂盒的操作说明进行操作。实时荧光定量 PCR 反应使用 SYBR Premix EX Taq^{M} Ⅱ（Takara，Japan）试剂盒，并按照说明书进行操作。将筛选得到的与光诱导株型形成有关的结构基因和转录因子进行 qRT-PCR 分析。引物用 Primer Premier 5 软件设计，选用 *PP2A* 为内参基因，其他基因引物详细信息见附表 1，引物均由生工生物工程（上海）股份有限公司合成。

按照 SYBR Premix EX Taq^{M} Ⅱ 的说明书，配制 20μl qPCR 反应体系：

表1　qRT-PCR 反应体系

Table 1　Reaction system of qRT-PCR

试剂	使用量
SYBR Premix EX Taq^{M} Ⅱ	10.0μl
上游引物（10μM）	0.8μl
下游引物（10μM）	0.8μl
cDNA	2.0μl
RNase Free dH$_2$O	6.4μl

PCR 反应程序为：95℃ 30s；95℃ 5s，62℃ 30s，75℃ 30s，40 个循环；60℃ 30s；溶解曲线 60～95℃，升温 0.2℃/s。

1.2.3　光信号通路差异表达基因的筛选

光信号代谢途径的差异表达基因为本研究关注对象。为此，从课题组前期针对该杂交子代群体中匍匐株系和直立株系茎发育过程的比较转录组数据中（未发表）挑选表达量变化在 1 倍以上的光信号代谢途径显著差异基因，共筛选获得 15 个差异表达基因：*CmTAC*1、*CmLAZY*1、*CmPHOT*1、*CmPHOT*2、*CmRPT*2、*CmNPH*3、*CmPKS*1、*CmPIN*1、*CmPIN*3、*CmPIN*5、*CmAUX*1、*CmYUC*10、*CmEXPA*1、*CmIAA*13。本研究针对这 15 个基因在直立株系 E-236 和匍匐株系 P-270 在响应不同光强过程中的基因表达模式进行研究。

2　结果与分析

2.1　梯度光强处理后菊花表型

本研究通过对梯度光强处理后直立株系 E-236 和匍匐株系 P-270 进行茎 GSA 测定，明确梯度光强对菊花的分枝角度有影响。直立株系 E-236 在 3200 lx、6000 lx、8900 lx 光照条件下，茎 GSA 逐渐增大，植株倾向于直立生长；在 12000 lx 光照条件下，茎 GSA 逐渐减小，植株倾向于匍匐生长。匍匐株系 P-270 在 3200 lx、6000 lx 光照条件下，茎 GSA 逐渐增大，植株倾向于直立生长；在 8900 lx、12000 lx 光照条件下，茎 GSA 逐渐减小，植株倾向于匍匐生长。

2.2 试验用 RNA 提取及纯度检测

提取直立株系 E-236 和匍匐株系 P-270 不同光照强度梯度不同时期的 32 个样品的总 RNA，经过紫外分光光度计和 1%琼脂糖凝胶电泳检测。32 个样品的 RNA 质量均为合格，可以用于接下来的反转录和 qPT-PCR 试验，抽样结果如图 2。

2.3 基因表达模式分析

从候选基因中，经过注释信息过滤出重要的候选基因共 15 个，分析其在 E-236 和 P-270 茎分枝角度反

应过程中的表达量变化。*CmTAC*1、*CmLAZY*1、*Cm-PHOT*1、*CmPHOT*2、*CmPIN*1、*CmPIN*3、*CmPIN*5、*Cm-NPH*3、*CmRPT*2、*CmPKS*1、*CmABCB*1、*CmAUX*1、*CmEXPA*1、*CmIAA*13、*CmYUC*10 在分枝角度变化过程中的表达模式分析图如图 3 至图 6。

2.3.1 分枝角度相关基因表达模式

*CmTAC*1 在 E-236 和 P-270 中的表达模式相近，表达量都是 3 个时期随着光强的增强先增加后减少；直立株系相比匍匐株系的相对表达量变化更大。12000 lx 光强处理 7d 后，匍匐株系 P-270 的 *CmTAC*1 表达量上升到了黑暗条件下的两倍；14d 后和 28d 后，*CmTAC*1 的表达量则有些许的下降。直立株系中

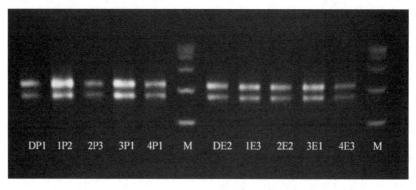

图 2 RNA 检测的琼脂糖凝胶电泳图

Fig. 2 Agarose gel electrophoresis of amplicons of RNA

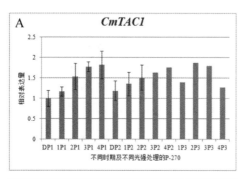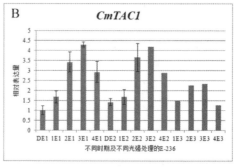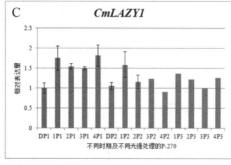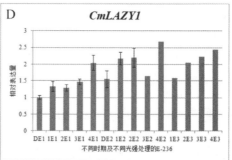

图 3 分枝角相关候选基因在菊花茎中的表达模式分析

A、C：匍匐株系 P-270；B、D：直立株系 E-236

Fig. 3 The expression pattern of candidate genes controlling shoot angle in *Chrysanthemum* stem

A、C：prostrate bulk P-270；B、D：erect bulk E-236

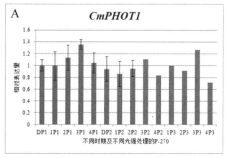 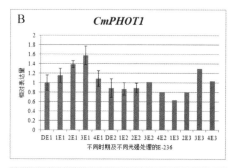

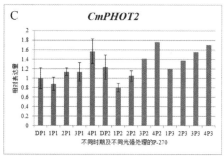 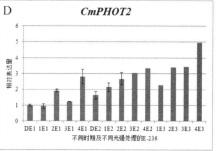

图4 光信号接收相关候选基因在菊花茎中的表达模式分析

A、C：匍匐株系 P-270；B、D：直立株系 E-236

Fig. 4　The expression pattern of candidate genes controlling light signal reception in *Chrysanthemum* stem

A、C：prostrate bulk P-270；B、D：erect bulk E-236

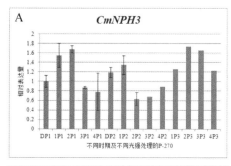 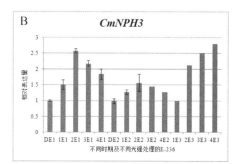

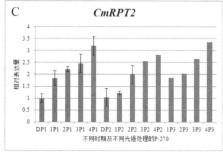 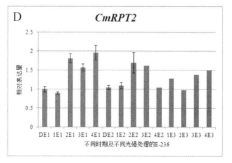

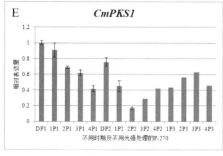 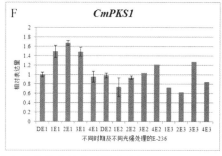

图5 光信号转导相关候选基因在菊花茎中的表达模式分析

A、C、E：匍匐株系 P-270；B、D、F：直立株系 E-236

Fig. 5　The expression pattern of candidate genes controlling light signal transduction in *Chrysanthemum* stem

A、C、E：prostrate bulk P-270；B、D、F：erect bulk E-236

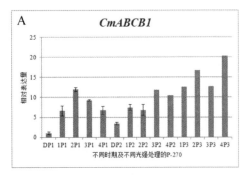

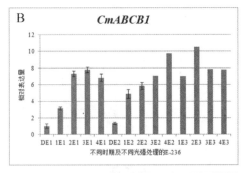

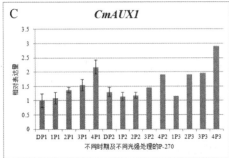

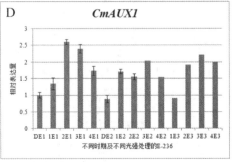

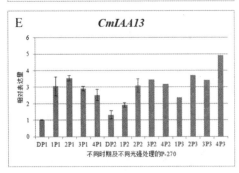

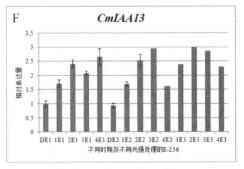

图6 生长素运输相关候选基因在菊花茎中的表达模式分析

A、C、E：匍匐株系 P-270；B、D、F：直立株系 E-236

Fig. 6 The expression pattern of candidate genes controlling auxin synthesis in *Chrysanthemum* stem

A、C、E：prostrate bulk P-270；B、D、F：erect bulk E-236

8900 lx 处理后 *CmTAC1* 的表达量达到黑暗条件的 4 倍，而 12000 lx 只有黑暗条件下的 3 倍；且随着梯度光强处理时间相对表达量减小。匍匐株系 *CmLAZY1* 的表达随光强和处理时间变化不大；直立株系 *CmLA-ZY1* 的表达量则随光强增强和处理时间有一定上升。通过图3的对比分析，可以看出 *CmLAZY1* 与 *CmTAC1* 表达模式相近，但两个株系的 *CmLAZY1* 的相对表达量差异都较小，推测 *CmTAC1* 和 *CmLAZY1* 的功能类似，但 *CmTAC1* 受光信号影响较大，*CmLAZY1* 受光信号影响较小。

2.3.2 光信号感受相关基因表达模式

CmPHOT1 和 *CmPHOT2* 作为感知蓝光信号通路的主要基因，其基因的表达量在一定程度上会影响下游通路上的基因表达。*CmPHOT1* 和 *CmPHOT2* 在直立株系和匍匐株系的光强试验中表达差异量并没有十分显著的变化，但可以看出这两个基因都在随着光强增

强而表达量上调，*CmPHOT1* 在梯度光强处理前期表达量上调明显，*CmPHOT2* 在梯度光强处理后期表达上调明显。

2.3.3 光信号转导相关基因表达模式

匍匐株系和直立株系中的 *CmNPH3* 相对表达量柱状图趋势较为一致，均随着光强增强基因表达量先上调再下调。并且同时可以注意到梯度光强处理14d后，P-270 和 E-236 的 *CmNPH3* 相对表达量都较处理第7d、21d 低。推测 *CmNPH3* 转录因子在光强影响分枝角度的初期造成的影响较大。并且，直立株系 E-236 表达量差异较匍匐株系高。

对比直立株系和匍匐株系的 *CmRPT2* 表达量，发现基因表达量随着光强增强而上调，并且匍匐株系的差异更明显。12000 lx 光强下，匍匐株系 *CmRP2* 基因表达量达到了黑暗条件下的 4 倍；直立株系的表达量只有黑暗处理条件下的 2 倍。

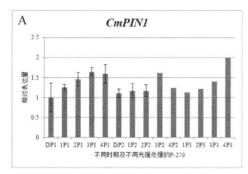
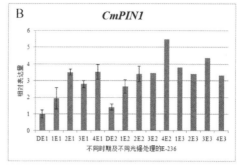
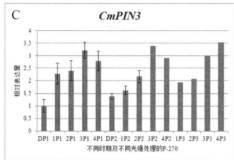
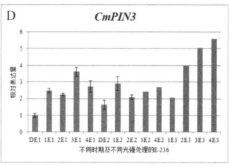
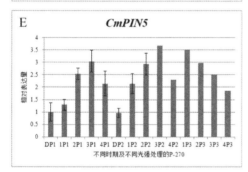
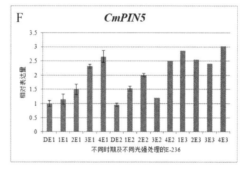

图7　PIN 家族相关候选基因在菊花茎中的表达模式分析

A、C、E：匍匐株系 P-270；B、D、F：直立株系 E-236

Fig. 7　The expression pattern of candidate genes in PIN genefamily in *Chrysanthemum* stem

A、C、E：prostrate bulk P-270；B、D、F：erect bulk E-236

在匍匐株系中，*CmPKS*1 基因的表达受到光强的抑制；而在直立株系中，梯度光强对 *CmPKS*1 基因表达的抑制效果不强。

2.3.4　生长素运输相关基因表达模式

在对匍匐株系 P-270 光强梯度试验中，*CmPIN*1 的表达量差异不显著；而 E-236 的 *CmPIN*1 受到梯度光强处理后比黑暗条件下呈现一个先上升后下降的表达趋势，并且有显著差异。直立株系 12000 lx 光强下处理 14d 后，表达量到达了峰值，是黑暗条件下的 5 倍多。*CmPIN*3 和 *CmPIN*5 的表达模式较为相似，但两个株系的表达量差异并无 *CmPIN*1 明显，如图7；并且，3 个时期响应梯度光强都呈现了钟形曲线。对比 *CmPIN*1、*CmPIN*3、*CmPIN*5 的相对表达模式图，基因表达量差异较大的是 *CmPIN*1，推测 *CmPIN*1 是参与生长素极性运输的关键基因。

除 *PIN* 家族外，还有与生长素运输相关的两个基因家族。*CmABCB*1 的基因表达量随着光强的增加显著上调，且上调幅度较大（图 6A、B）。梯度光强处理后，匍匐株系在 12000 lx 处理 21d 后基因表达量到达了黑暗处理的 20 倍；直立株系则是 6000 lx 光强处理 21d 后达到表达量峰值，是黑暗处理的 11 倍。推测 *CmABCB*1 在菊花响应梯度光强过程中起了重要的作用，且在匍匐株系中差异表达更明显。

*CmIAA*13 和 *CmAUX*1 的表达模式类似，但表达量差异没有 *CmABCB*1 大，推测 *CmIAA*13 和 *CmAUX*1 在光响应中起相似作用，但在菊花中运输生长素外排主要的蛋白是 CmABCB1。

2.3.5　微管及细胞骨架相关基因表达模式

本研究筛选出了两个细胞骨架相关的基因，其中 *CmEXPA*1 的表达量差较 *CmYUC*1 的小。*CmYUC*10 主要在梯度光强处理后 7d 的表达量差异较大，处理 21d 后期差异减小（图 8C、D）；推测 *CmYUC*10 在光

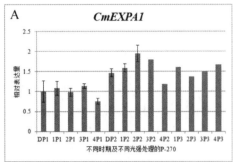
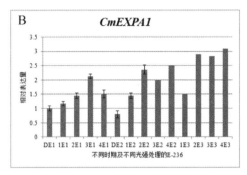
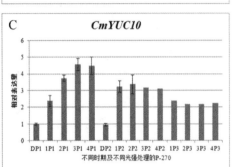
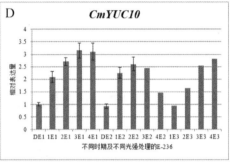

图 8 细胞骨架相关候选基因在菊花茎中的表达模式分析

A、C、E：匍匐株系 P-270；B、D、F：直立株系 E-236

Fig. 8   The expression pattern of candidate genes controlling cytoskeleton in *Chrysanthemum* stem

A、C、E: prostrate bulk P-270；B、D、F: erect bulk E-236

响应早期（感受阶段）起的调控作用较大，而在晚期（弯曲阶段）起的调控作用较小。*CmEXPA* 在 E-236 和 P-270 的梯度光强处理 21d 后基因表达量差异较大（图 8 A、B），推测 *CmEXPA*1 在光响应晚期（弯曲阶段）起调控作用。

3 讨论

光照与菊花分枝角度之间的关系复杂，本研究从直立株系和匍匐株系梯度光强处理后的基因表达入手，分析转录组筛选出 15 个关键基因，并对这些基因利用实时荧光定量 PCR 技术进行不同光强不同时期的表达模式分析。

*CmLAZY*1 与 *CmTAC*1 表达模式相近，但两个株系的 *CmLAZY*1 相对表达量差异都较小，推测 *CmTAC*1 和 *CmLAZY*1 的功能类似，但 *CmTAC*1 受光信号影响较大，*CmLAZY*1 受光信号影响较小。光信号接收相关基因 *CmPHOT*1 在梯度光强处理前期表达量上调明显，*CmPHOT*2 在梯度光强处理后期表达上调明显。信号转导相关基因 *CmNPH*3 相对表达量匍匐株系和直立株系趋势较为一致，均随着光强增强基因

表达量先上调再下调，并且差异较 *CmRPT*2 和 *CmPKS*1 大。

在生长素运输相关基因中，*CmPIN*1 的基因表达量较 *CmPIN*3、*CmPIN*5 差异较大，推测 *CmPIN*1 是参与生长素极性运输的关键基因之一。*CmABCB*1 的基因表达量随着光强的增加显著上调，且上调幅度较大，且在匍匐株系中差异表达更明显。推测 *CmAB-CB*1 在菊花响应梯度光强过程中起了重要的作用。

*CmEXPA*1 的表达量差异较 *CmYUC*1 的小。*CmYUC*10 在梯度光强处理后 7d 的表达量差异较大，处理 21d 后期差异减小；*CmEXPA* 在 E-236 的梯度光强处理 21d 后基因表达量差异较大。推测 *CmYUC*10 在光响应早期（感受阶段）起的调控作用较大，而 *CmEXPA*1 在光响应晚期（弯曲阶段）起调控作用。

本研究结果表明，光强对菊花的向光性通路上的基因表达有影响。并且直立株系和匍匐株系对光照强度的敏感度不一样，导致基因表达出现差异。光强能够调控菊花植物体内的基因，进而调控生长素的不均匀分布，最终导致菊花茎分枝角度产生改变，株型从直立生长到倾向于匍匐或半匍匐生长。

参考文献

蒋向辉，陈忠明，吴海滨，等，2005. 水稻匍匐突变体的获得及其性状的初步鉴定[C]//2005 植物分子育种国际学术研讨会论文集.

李晓伟，2019. 植物激素对菊花匍匐性状的影响及匍匐关键基因的挖掘[D]. 北京：北京林业大学.

夏胜军，2011. 地被菊匍匐茎横向重力性相关基因的发掘[D]. 南京：南京农业大学.

张淑梅，2008. 地被菊匍匐生长特性形成机理研究[D]. 南京：南京农业大学.

Cheng Y, Dai X, Zhao Y. 2007. Auxin Synthesized By the Yucca Flavin Monooxygenases is Essential for Embryogenesis and Leaf Formation in *Arabidopsis*[J]. Plant Cell, 19(8): 2430−2439.

Christie J M, Yang H, Richter G L, et al. 2011. *Phot*1 Inhibition of *Abcb*19 Primes Lateral Auxin Fluxes in the Shoot Apex Required for Phototropism[J]. Public Library of Science, 9(6).

Dardick C, Callahan A, Horn R, et al. 2013. P pe *Tac*1 Promotes the Horizontal Growth of Branches in Peach Trees and Is a Member of a Functionally Conserved Gene Family Found in Diverse Plants Species[J]. The Plant Journal, 75(4): 618−630.

Haga K, Frank L, Kimura T, et al. 2018. Roles of AgcⅧ Kinases in the Hypocotyl Phototropism of *Arabidopsis* Seedlings[J]. Plant and Cell Physiology, 59(5): 1060−1071.

Haga K, Sakai T. 2012. Pin Auxin Efflux Carriers Are Necessary for Pulse−induced but Not Continuous Light-induced Phototropism in *Arabidopsis*[J]. American Society of Plant Biologists, 160(2): 763−776.

Jun-tong C, Jian Z, Xue-jun S, et al. 2018. *Chrysanthemum yantaiense*, a Rare New Species of *Asteraceae* From China[J]. Phytotaxa, 374(1): 92−96.

Molas M L, Kiss J Z. 2009. Phototropism and Gravitropism in Plants[J]. Advances in Botanical Research, 49: 1−34.

Muday GK, Delong A. 2001. Polar Auxin Transport: Controlling Where and How Much[J]. Trends in Plant Science, 6(11): 535−542.

Muthusamy M, Kim J A, Jeong M, et al. 2020. Blue and Red Light Upregulate *Alpha-expansin* 1 (*expa*1) in Transgenic *Brassica rapa* and Its Overexpression Promotes Leaf and Root Growth in *Arabidopsis*[J]. Plant Growth Regulation, 91(1): 75−87.

Peijin L, Yonghong W, Qian Q, et al. 2007. *LAZY*1 Controls Rice Shoot Gravitropism Through Regulating Polar Auxin Transport[J]. Cell Research, 17(5): 402−410.

Quail P H. 1997. An Emerging Molecular Map of the Phytochromes[J]. Plant, Cell & Environment, 20(6): 657−665.

S RH, Jirí F. 2009. Auxin and Other Signals on the Move in Plants. [J]. Nature Chemical Biology, 5(5): 325−332.

Sayaka I, Maki O, Tomoko M, et al. 2004. *RPT*2 Is a Signal Transducer Involved in Phototropic Response and Stomatal Opening By Association with Phototropin 1 in *Arabidopsis thaliana*[J]. The Plant Cell, 16(4): 887−896.

Steeves A, Sussex M. 1989. Patterns in plant development[M]. Cambridge University Press, Cambridge.

Zazimalova E, Murphy A S, Yang H. 2010. Auxin Transporters—Why so Many? [J]. Cold Spring Harbor Perspectives in Biology, 2(3).

附录 1　RT-qPCR 试验所用的候选基因及其引物

Appendix 1　List of candidate genes and their primer pairs used in RT-qPCR experiments

Gene symbol	Gene ID	Primer sequences(5'-3') Forward/Reverse	Amplicon length (bp)
YUC10-1	c69853_ g1	AGTTCGATGTTATGAGGCAAGG TCACTCAATCCATCAACTTCCG	87
, IAA13	c50909_ g1	GAGACTTGATGTTTGCAGGAGA CACGATAACCAAGGCTGTAAGA	105
PIN1	c57126_ g1	GAAGTGGTGTGAGTCCAAGAA CCCTCCTTGACTACCATTAACC	95
PIN3	c79582_ g1	CGACTCCAAACCCTGAGATAAC GCACTTGAGCTCCAAACAAAC	142
PIN5	c79251_ g2	GGTGTATGTGAACAATCGGTAGA TGGTGATCCCAGAGACTGAATA	96
ABCB19	c55236_ g1	TCTCATTCTCGCCACTTTCC AATGTTGCTCACTCCTTCCC	136
TAC1	c63986_ g1	ATGAAGATTATGGCGTGGAGG GTTTCGCATTGGAATCGTCTG	177
LAZY1	c73037_ g1	GCAACATTCCACAGGCTACA CAGCTCCAACACCAGGTAATC	95
EXPA1	c74087_ g1	GGGTCAGAATTGGCAGAGTAA CCAGTTAGGAGGTGCAACAT	112
NPH3	c69126_ g1	TTGCAATGGCAAGATGCGTG CGAGCTGTAACCCCATTCGT	104
AUX1	c78584_ g1	ACCACGCCAATGCTTTTTCC GCATATGGGCTAGAGCAGGG	94
PHOT1	c79591_ g1	ACCACTGCTAAAGATGGGGC TGAACACTACCAGTGTCGCC	116
PHOT2	c75516_ g1	CACCTGGAAGAGAAACGCCT ATGGGGTTATCAGGGAGCCT	137
PKS1	c62397_ g2	ACGGATATGCGCCAAGTGAA AAACTGCTGTCTTCTCGCCA	103
RPT2	c102224_ g1	GTCGTCTACGGCGATGCTTA TGCGCTGCAAACTTTCTCAC	124

梅花 CCT 家族基因的鉴定与生物信息学分析

李卓姣　余佳瑶　李平　邱丽珂　郑唐春　何金儒　王佳　程堂仁　张启翔*

（花卉种质创新与分子育种北京市重点实验室，国家花卉工程技术研究中心，城乡生态环境北京实验室，

园林环境教育部工程研究中心，林木花卉遗传育种教育部重点实验室，园林学院，北京林业大学，北京 100083）

摘要　CCT 家族基因在植物花期的调控过程中有着重要的作用，本研究利用梅花（*Prunus mume*）基因组数据，利用生物信息学技术筛选出梅花 CCT 家族成员并对其染色体定位、蛋白理化性质、基序特点、进化关系、表达模式等进行分析。结果表明：梅花基因组包含 26 个 CCT 家族基因，其编码氨基酸长度为 99aa ~ 777aa，相对分子量大小为 11211. 61 ~ 71281. 05 Da，理论等电点 *pI* 为 4. 11 ~ 11. 31。染色体定位表明 26 个 *PmCCT* 基因分布于除 8 号染色体外的 7 条染色体及 3 个 scaffold 上。亚细胞定位预测结果显示除 PmCCT15 蛋白定位于细胞壁与细胞核外，其余 25 个 PmCCT 蛋白均定位于细胞核。系统进化分析表明 PmCCT 蛋白可分为 5 组，包含特定的保守结构域。基因表达模式分析表明，这 26 个基因在 5 个不同组织以及花芽休眠的不同阶段差异表达，部分基因参与花芽休眠及花发育过程。本研究完成了梅花 CCT 基因家族的鉴定与生物信息学分析，为后续揭示梅花 CCT 家族基因生物学功能提供理论参考。

关键词　梅花；CCT；基因家族；花芽休眠；花发育

Identification and Bioinformatics Analysis of the CCT Gene Family in *Prunus mume*

LI Zhuo-jiao　YU Jia-yao　LI Ping　QIU Li-ke　ZHENG Tang-chun　HE Jin-ru　WANG Jia

CHENG Tang-ren　ZHANG Qi-xiang*

（*Beijing Key Laboratory of Ornamental Plants Cermplasm Innovation & Molecular Breeding，National Engineering Research Center for Floriculture，Beijing Laboratory of Urban and Rural Ecological Environment，Engineering Research Center of Landscape Environment Ministry of Education，Key Laboratory of Genetics and Breeding in Forest trees and Ornamental Plants of Ministry of Education，School of Landscape Architecture，Beijing Forestry University，Beijing 100083，China*）

Abstract　CCT family genes play important roles in the regulation of florescene. In this study，members of the CCT family were identified in *Prunus mume* genome. The structure，amino acid characteristics，chromosome location，motif characteristics，gene evolution and expression pattern of *PmCCT* genes were analyzed by bioinformatics approaches. The results showed that a total of 26 CCT genes were identified in *P. mume*. Thepredicted sizes of the 26 PmCCTs ranged from 99 to 777amino acids（aa），and molecular weight（MW）ranged from 11211. 61Da to 71281. 05Da. The predictedisoelectric points（*pI*）varied from 4. 11 to 11. 31. Chromosome mapping showed that 26 *PmCCT* genes were unevenly distributed on 7 chromosomes（except Chr 8）and 3 scaffolds. The prediction results of subcellular localization showed that 25 PmCCT proteins were located in nucleus，as PmCCT15 was located in both nucleus and cell wall. Phylogenetic analysis shows that PmCCT proteins can be divided into five groups with specific conservative domains. Expression pattern analysis showed that the 26 genes were differentially expressed across five different tissues and at different stages of flower-bud development，suggesting that some genes may play important roles in flower development and flower-bud dormancy. This study initially completed the identification and bioinformatics analysis of the *PmCCT* gene family，which provided a reference for further revealing the function of CCT family genes in *P. mume*.

Key words　*Prunus mume*；CCT；Gene family；Flower-bud dormancy；Flower development

1　基金项目：国家重点研发计划（2019YFD1001500）。

第一作者简介：李卓姣（1995—），女，硕士研究生，主要从事花卉分子育种研究。

* 通讯作者：张启翔，教授，E-mail：zqxbjfu@ 126. com。

开花是植物生活史中的重要事件，是植物从营养生长转化为生殖生长的标志，对于观赏植物而言，花部性状是最重要的观赏性状之一。梅花（*Prunus mume*）是我国的传统名花，具有极高的观赏价值与丰富的文化内涵。梅花能在早春相对低温的条件下开花，主要与芽休眠这一特性相关。前人对桑树与杨树芽休眠的研究表明，光周期对于木本植物芽休眠具有一定的诱导作用，越冬木本植物在夏秋转变过程中对光周期变化十分敏感（简令成 等，2004）。

CCT（CO、COL、TOC1）结构域是在拟南芥 CONSTANS（CO）蛋白、CO-LIKE 蛋白、TOC1 蛋白 C 端发现，由 43~45 个氨基酸组成的保守结构域（Carl Strayer *et al.*，2001）。CCT 结构域在参与开花途径的基因所编码的蛋白质中广泛存在，与光周期调控途径密切相关：拟南芥 *co* 突变体在长日照条件下比野生型晚开花，并且对春化处理响应程度降低（Robson F *et al.*，1995）；水稻 CCT 基因 *Hd1* 是拟南芥 *CO* 的同源基因，在长日照条件下抑制水稻抽穗，在短日照条件下促进水稻抽穗（Yano M *et al.*，2000）；小麦 GATA 亚族基因 *aZIM1-7A* 过表达株系与野生型相比，在田间、长日照条件与短日照条件下抽穗期均有不同程度的延迟（柳洪，2018）。CCT 家族基因已在拟南芥、水稻、玉米、高粱、粗山羊草等多个物种中得到了鉴定及分析（郭栋 等，2019；章佳，2017；陈华夏，2010；李晓华 等，2017），但在木本植物中鲜见报道。本研究利用梅花基因组数据，通过生物信息学手段对梅花 CCT 家族成员进行鉴定，并对其染色体定位、蛋白理化性质、基因结构、基序特点、系统进化和基因表达情况等进行分析，以期为后续梅花 CCT 基因的功能研究提供参考依据。

1 材料与方法

1.1 梅花 CCT 家族成员的鉴定与染色体定位

梅花基因组数据、蛋白序列与基因定位信息下载自 http：//prunusmumegenome. bjfu. edu. cn/（Zhang *et al.*，2012）。从 pfam 数据库（https：//pfam. xfam. org/）下载 CCT 保守结构域的隐马尔可夫模型文件（PF06203），利用 HMM3.0 软件的 hmmsearch 程序对梅花蛋白序列数据库进行本地检索（E-value<1e-8），并利用 pfam 在线软件、NCBI 的 CDD 在线软件（https：//www. ncbi. nlm. nih. gov/cdd）与 SMART 在线软件（http：//smart. embl-heidelberg. de/）对筛选出的蛋白保守结构域进行预测，确保其含有 CCT 保守结构域。根据基因组定位信息，利用 mg2c 在线软件（http：//mg2c. iask. in/mg2c_ v2. 1/）绘制梅花 CCT 基因染色体定位图。

1.2 梅花 CCT 蛋白理化性质及进化分析

利用 Plant-mPLoc 在线网站（http：//www. csbio. sjtu. edu. cn/bioinf/plant/）对梅花 CCT 家族蛋白进行亚细胞定位预测分析。利用 ProtParam 在线软件（https：//web. expasy. org/protparam/）对梅花 CCT 蛋白序列的分子量、等电点、氨基酸数目等理化性质进行预测分析。

拟南芥 CCT 蛋白序列下载自 TAIR（https：//www. arabidopsis. org/），与梅花 CCT 蛋白共同构建系统发生树，利用 MEGA7.0 软件的 muscle 程序进行蛋白序列比对，所得结果采用 Neighbor-joining（NJ）法通过 MEGA7.0 软件构建蛋白序列进化树，Bootstrap 值设置为 1000。

1.3 梅花 CCT 基因结构分析与蛋白基序分析

梅花 CCT 基因内含子、外显子结构信息来源于梅花基因组数据库，利用 TBtools 软件进行基因结构绘制。利用 MEME 在线软件（http：//meme-suite. org/）对梅花 CCT 蛋白基序类型、排列顺序等进行分析，设定最大 motif 值为 20，其余为默认值，以 E-value <0.05 为标准筛选 motif，利用 TBtools 软件对 MEME 结果进行可视化分析。

1.4 梅花 CCT 基因的表达模式分析

为了研究 *PmCCT* 基因的组织特异性表达模式，从 NCBI GEO 数据库获取梅花不同组织转录组数据（GSE40162），利用 TBtools 基于 RPKM 值生成热图，分析了 *PmCCT* 基因在梅花 5 个器官（根、茎、叶、花蕾和果实）中的表达模式。

通过课题组前期梅花芽休眠不同阶段的转录组测序数据获得了处于休眠期（Endo-dormancy，ED）和自然开放期（Natural flush，NF）的花蕾中 CCT 基因表达量（Zhang *et al.*，2018），同样利用 TBtools 基于 RPKM 值生成热图。

2 结果与分析

2.1 梅花 CCT 家族成员的鉴定与染色体定位

利用 CCT 保守结构域的 HMM 文件在本地蛋白数据库检索，通过 pfam、SMART、CDD 软件验证确保含有 CCT 结构域，最终得到 26 个梅花 CCT 蛋白序列，通过序列 ID 获得相应的 CDS 序列及基因组定位信息，根据 hmmsearch 比对得到的 e 值从小到大将 26 个梅花 CCT 基因依次命名为 *PmCCT1—PmCCT26*（表 1）。

染色体定位信息表明，26 个梅花 CCT 基因分布在除 Chr8 以外的 7 条染色体与 3 个 scaffold 片段上，如图 1 所示，*PmCCT* 基因在梅花染色体上分布数量差异较大，其中，Chr2 上分布最多（6 个），其次为 Chr4（5 个）。Chr2 上的 6 个 *PmCCT* 基因分布较为均匀，而 Chr4、Chr5、Chr7 上的 *PmCCT* 基因集中分布于染色体下部。

2.2 梅花 CCT 蛋白理化性质分析

通过 ProtParam 在线软件分析梅花 CCT 蛋白的理化性质，如表 1，所得到的梅花 CCT 蛋白编码氨基酸长度为 99aa（PmCCT1）-777 aa（PmCCT13），平均编码氨基酸长度为 404.5aa，长度差异较大；相对分子量大小为 11211.61 Da（PmCCT1）-71281.05 Da（PmC-CT13），平均相对分子量为 44775 Da；理论等电点 *pI* 为 4.11（PmCCT26）-11.31（PmCCT1），平均等电点为 6.16。通过 Plant-mPLoc 在线网站进行亚细胞定位预测，结果显示：除 PmCCT15 蛋白亚细胞定位在细胞核与细胞壁外，其余 CCT 蛋白均定位到细胞核。

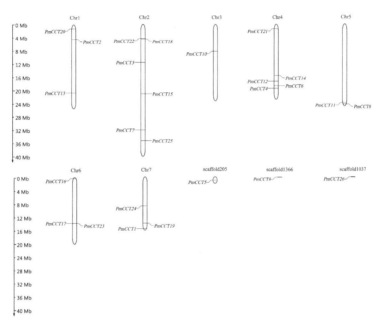

图 1 梅花 CCT 基因的染色体定位

Fig. 1 Chromosome mapping of CCT genes in *P. mume* genome

表 1 梅花 CCT 基因家族

Table 1 The CCT family genes in *P. mume*

编号	基因名称	基因 ID	CDS（bp）	编码氨基酸长度（aa）	分子量（Da）	等电点 *pI*	保守结构域	亚细胞定位
1	*PmCCT*1	Pm025191	300	99	11211.61	11.31	CCT	细胞核
2	*PmCCT*2	Pm000764	729	242	27153.1	6.32	CCT	细胞核
3	*PmCCT*3	Pm005638	1032	343	38077.45	5.38	CCT、BBOX	细胞核
4	*PmCCT*4	Pm015591	993	330	37764.24	8.81	CCT	细胞核
5	*PmCCT*5	Pm029058	1356	451	50375.81	5.15	CCT、BBOX	细胞核
6	*PmCCT*6	Pm015446	1305	434	48298.66	5.23	CCT、BBOX	细胞核
7	*PmCCT*7	Pm008522	1131	376	40955.08	6.01	CCT、BBOX	细胞核
8	*PmCCT*8	Pm019747	432	143	16512.73	10.01	CCT	细胞核
9	*PmCCT*9	Pm028504	2031	676	73757.27	6.00	CCT、REC	细胞核
10	*PmCCT*10	Pm011041	852	283	31822.61	4.80	CCT	细胞核
11	*PmCCT*11	Pm019675	1923	640	71281.05	6.03	CCT、REC	细胞核
12	*PmCCT*12	Pm015216	1356	451	49281.94	5.63	CCT	细胞核
13	*PmCCT*13	Pm002827	2334	777	84922.74	8.53	CCT、REC	细胞核

（续）

编号	基因名称	基因 ID	CDS (bp)	编码氨基酸长度(aa)	分子量 (Da)	等电点 pI	保守结构域	亚细胞定位
14	*PmCCT*14	Pm014937	1257	418	45535	5.63	CCT、BBOX	细胞核
15	*PmCCT*15	Pm007178	2052	683	75227.95	5.97	CCT、BBOX	细胞核、细胞壁
16	*PmCCT*16	Pm019959	1152	383	42739.75	6.03	CCT、BBOX	细胞核
17	*PmCCT*17	Pm022163	804	267	28749.95	5.74	CCT、GATA、TIFY	细胞核
18	*PmCCT*18	Pm004390	891	296	32125.47	5.61	CCT、GATA、TIFY	细胞核
19	*PmCCT*19	Pm024862	1665	554	62145.67	5.64	CCT、REC	细胞核
20	*PmCCT*20	Pm000192	759	252	29634.81	4.72	CCT	细胞核
21	*PmCCT*21	Pm013048	891	296	32776.6	6.04	CCT、GATA、TIFY	细胞核
22	*PmCCT*22	Pm004389	1062	353	38537.85	4.83	CCT、GATA、TIFY	细胞核
23	*PmCCT*23	Pm022161	1098	365	40541.43	4.94	CCT、GATA、TIFY	细胞核
24	*PmCCT*24	Pm023918	1101	366	41092.17	5.10	CCT	细胞核
25	*PmCCT*25	Pm008903	1830	609	66367.63	6.47	CCT	细胞核
26	*PmCCT*26	Pm028238	1299	432	47270.94	4.11	CCT	细胞核

2.3 梅花、拟南芥 CCT 蛋白进化分析

通过引进拟南芥 CCT 蛋白序列，利用 MEGA7.0 软件采用 NJ 法构建系统发生树，如图 3 进化树结果显示，梅花 CCT 蛋白可分为 5 个组，其中 I 组又根据包含保守结构域的不同分为 I a、I b 两个亚组，I a

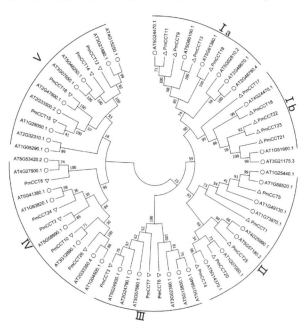

图 2 梅花、拟南芥 CCT 蛋白家族系统进化分析
Fig. 2 Phylogenetic relationships in CCT protein family of *P. mume* and *Arabidopsis thaliana*

亚组内的梅花 CCT 蛋白除包含 CCT 结构域以外，还含有 REC 结构域；I b 亚组内的梅花 CCT 蛋白则均含有 CCT、GATA、TIFY 结构域。而 II、III、IV、V 组内的梅花 CCT 蛋白只含有 CCT 结构域，或除 CCT 结构域外还有 1~2 个 B-BOX 结构域。

2.4 梅花 CCT 蛋白基序分析

采用 MEME 在线软件对梅花 CCT 蛋白保守 motif 进行预测，设定 motif 最大值为 20，E-value < 0.05，筛选得到 13 个 motif。其中 motif 1 在 26 个基因中均有出现，为 CCT 蛋白特有的 motif，除 PmCCT 20 外，其余 25 个 PmCCT 蛋白均含有 motif5。结合图 2 进化树分组，有且仅有 I a 亚组中 4 个蛋白中含有 motif 4、motif 8；motif3、motif7 为 I b 亚组成员特有；III 组、V 组内的蛋白均含有 motif1、motif 5、motif 2、motif 6，除 PmCCT3 与 PmCCT7 外，其余 5 个蛋白还含有 motif 10；含有 motif12 的 PmCCT 蛋白均聚类于 IV 组。

2.5 *PmCCT* 基因结构分析

26 个 *PmCCT* 基因在 CDS 长度、内含子、外显子数目等方面相差较大，如表 1 与图 4 所示，*PmCCT* 基因的 CDS 长度为 300bp（*PmCCT*1）~ 2334bp（*PmCCT*13），而包含的内含子数目为 0~10，其中 *PmCCT*15 与 *PmCCT*23 均含有 10 个内含子，*PmCCT*1 则不包含内含子。

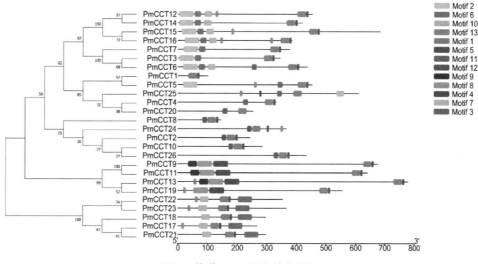

图 3　梅花 CCT 蛋白基序分析

Fig. 3　Motif distribution of PmCCT proteins

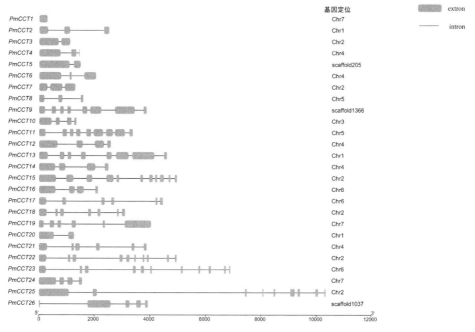

图 4　*PmCCT* 基因结构分析

Fig. 4　Gene structure of *PmCCT* genes

2.6　*PmCCT* 基因的表达模式分析

为了探索梅花生长过程中不同器官中 *PmCCT* 基因的表达模式及其生物学功能，本研究通过转录组数据分析了 5 种组织(叶片、花蕾、果实、根和茎)中 *PmCCT* 的表达水平。热图显示，*PmCCT* 基因表达水平在 5 个组织各不相同(图 5A)。所有 *PmCCT* 基因在花蕾中均有或高或低的表达，在果实、叶片、根与茎中均各有 2~3 个基因不表达。结合进化树分组结果发现，同组内的基因呈现出相似的表达模式，例如

Group Ⅲ中的所有基因(*PmCCT*3、6、7)都呈现出在地上器官中高表达趋势；Group Ⅳ中的所有基因(*Pm-CCT*2、8、10、24、26)则在所有器官中均为低表达。

为了探究 *PmCCT* 基因在梅花花芽休眠过程中的表达模式及其生物学功能，本研究通过花芽休眠不同阶段转录组数据，分析了在花芽休眠不同阶段 *PmC-CT* 基因的表达水平。热图显示，*PmCCT*1、12、20、24、26 在休眠与开放阶段均很少或不表达，说明其可能基本不参与梅花花芽休眠及开花的调控；*PmC-CT*3、6、7、11、13 在各个阶段均高表达(图 5B)，

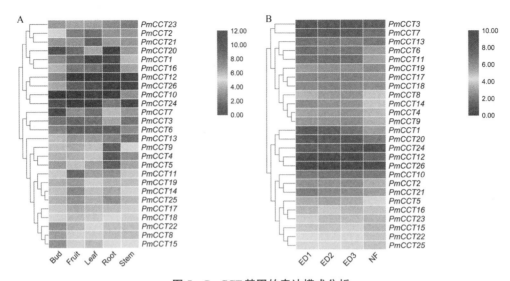

图 5　*PmCCT* 基因的表达模式分析

Fig. 5　Expression patterns of *CCT* gene family in *P. mume*

A. 不同器官中 *PmCCT* 基因的表达模式；B. 花芽休眠不同阶段 *PmCCT* 基因的表达模式（ED：内休眠阶段
NF：自然开放阶段）

其中 *PmCCT*3、6、7 都属于 Group Ⅲ，说明该组内的基因可能对梅花花芽休眠及开花过程有较为重要的调控作用。

3　讨论

植物开花是由外界环境和内部基因共同作用的复杂过程，在模式植物研究中发现，CCT 基因在长日照植物拟南芥中参与光周期开花调控（Putterill *et al.*，1995）、昼夜节律的调控（Strayer *et al.*，2000；Salome *et al.*，2006）与光信号转导（Kaczorowski and Quail，2003；Zobell *et al.*，2005）等；而通过对短日照植物水稻已克隆到的 CCT 基因功能研究发现，在水稻中，CCT 家族基因除参与光周期与光信号转导以外，还存在两个同时控制水稻抽穗期、株高和产量的多效基因（Xue *et al.*，2008；Yan *et al.*，2013）。说明 CCT 家族基因的功能多样，在植物生长过程中参与了包括开花等生命活动的调控。

本研究利用梅花（*Prunus mume*）基因组数据，通过生物信息学手段对梅花 CCT 家族成员进行预测分析，鉴定出 26 个 CCT 家族成员，而在拟南芥（陈华夏，2010）与玉米（杜栋 等，2019）中分别有 40、57 个 CCT 家族成员，相比之下，梅花的 CCT 基因数量相对较少，猜测这可能与物种是否发生基因组复制事件有关。

26 个 *PmCCT* 基因在基因结构、编码蛋白氨基酸长度方面有较大差异，等电点分布范围较大，染色体定位未见成簇分布。*CCT* 基因编码的蛋白结构域类型相对丰富，对梅花 *CCT* 基因编码蛋白保守结构域分析显示，除 CCT 结构域外，梅花 *CCT* 基因编码的部分蛋白还含有 B-box 结构域、GATA 结构域、TIFY 结构域及 REC 结构域，与拟南芥 CCT 蛋白的保守结构域组成一致。

利用已有的转录组数据，分析 *PmCCT* 基因在梅花不同器官及花芽休眠不同时期的表达模式，结果表明 70% 以上的 *PmCCT* 基因在梅花各个器官中均有表达，同时一半以上的 *PmCCT* 基因在花芽休眠到开放的过程中有较高的表达，说明 *PmCCT* 基因可能广泛地参与包括花芽休眠、成花调控在内的多项生命活动。

根据蛋白基序分析与进化树分析结果将 26 个 *PmCCT* 基因分为 Ⅰ~Ⅴ 5 组，其中 Ⅰ 组又分为 Ⅰa、Ⅰb 两个亚组，同一组内的基因在结构上具有相似性，表达分析也显示部分同组的基因具有较为一致的表达模式。同时发现拟南芥和梅花保守域组成具有一致性的成员能够聚为一类，说明梅花 CCT 家族基因相对保守，在其他植物中该家族成员同样具有类似功能，其功能上是否存在一致性，还需要更多的试验验证。

参考文献

陈华夏, 2010. 水稻 *LOB*7 基因的功能研究及 4 个物种 CCT 家族基因序列进化分析[D]. 武汉: 华中农业大学.

郭栋, 杜媚, 周宝元, 等, 2019. 玉米 CCT 基因家族的鉴定与生物信息学分析[J]. 植物遗传资源学报, 20(04): 1001-1010.

简令成, 卢存福, 邓江明, 等, 2004. 木本植物休眠的诱导因子及其细胞内 Ca~(2+)水平的调节作用[J]. 应用与环境生物学报, (01): 1-6.

李晓华, 丁明亮, 乔玲, 等, 2017. 粗山羊草 CCT 基因家族进化及节律表达分析[J]. 植物遗传资源学报, 18(06): 1151-1158.

柳洪, 2018. 小麦两个开花相关基因的克隆及功能解析[D]. 南京: 南京农业大学.

张莉. 2015. 水稻 *CCT* 家族基因功能验证, *OsMADS*3 新等位基因突变机制的研究[D]. 武汉: 华中农业大学.

章佳. 2017. 水稻 *CCT* 家族基因的功能研究和 *Hd*1 的重新克隆[D]. 武汉: 华中农业大学.

Carl S, Tokitaka O, Thomas F S, et al. 2000. Cloning of the *Arabidopsis* clock gene *TOC*1, an autoregulatory response regulator homolog[J]. Science, 289: 768-771.

Frances R, Manuela R C, Shelley R H, et al. 2001. Functional importance of conserved domains in the flowering-time gene *CONSTANS* demonstrated by analysis of mutant alleles and transgenic plants[J]. The Plant Journal, 28(6): 619-631.

Kaczorowski K A, Quail P H. 2003. *Arabidopsis PSEUDO-RESPONSE REGULATOR*7 is a signaling intermediate in phytochrome-regulated seedling deetiolation and phasing of the circadian clock[J]. The Plant cell, 15(11): 2654-2665.

Putterill J, Robson F, Lee K, et al. 1995. The *CONSTANS* gene of *Arabidopsis* promotes flowering and encodes a protein showing similarities to zinc finger transcription factors[J]. Cell, 80(6): 847-857.

Salomé P A, McClung C R. 2005. *PSEUDO-RESPONSE REGULATOR* 7 and 9 are partially redundant genes essential for the temperature responsiveness of the *Arabidopsis* circadian clock[J]. The Plant cell, 17(3): 791-803.

Xue W, Xing Y, Weng X, et al. 2008. Natural variation in *Ghd*7 is an important regulator of heading date and yield potential in rice[J]. Nat Genet, 40: 761-767.

Yan W, Liu H, Zhou X, et al. 2013. Natural variation in *Ghd*7.1 plays an important role in grain yield and adaptation in rice[J]. Cell Res, 23: 969-971.

Yano M, Katayose Y, Ashikari M, et al. 2000. *Hd*1, a major photoperiod sensitivity quantitative trait locus in rice, is closely related to the *Arabidopsis* flowering time gene *CONSTANS*[J]. The Plant cell, 12(12): 2473-2483.

Zhang Q, Chen W, Sun L, et al. 2012. The genome of *Prunus mume*[J]. Nature communications, 3: 1318.

Zhang Z, Zhuo X, Zhao K, et al. 2018. Transcriptome Profiles Reveal the Crucial Roles of Hormone and Sugar in the Bud Dormancy of *Prunus mume*[J]. Scientific reports, 8(1): 5090.

Zobell O, Coupland G, Reiss B. 2005. The family of *CONSTANS-like* genes in *Physcomitrella patens*[J]. Plant biology, 7(3): 266-275.

采后生理与技术

牡丹在体花朵与切花发育过程中花色比较分析

闫丽　张丽丽　郭加　张艳　孔鑫　董丽*

（花卉种质创新与分子育种北京市重点实验室，国家花卉工程技术研究中心，城乡生态环境北京实验室，
园林环境教育部工程研究中心，林木花卉遗传育种教育部重点实验室，园林学院，北京林业大学，北京 100083）

摘要　本研究以牡丹'洛阳红'和'太阳'为研究对象，离体的牡丹切花采后花色不能正常发育，影响其观赏和商业价值。通过分析比较牡丹在体与切花发育过程中花色的变化，对牡丹切花采后花色进行综合评价。采用色差法测定牡丹花瓣花色参数，再采用高效液相色谱法测定牡丹花瓣中花青素苷含量，根据上述数值对牡丹在体花朵与切花花色变化进行对比分析。结果表明：牡丹'洛阳红'和'太阳'切花花色品质不如在体花朵，盛开的牡丹'洛阳红'和'太阳'切花花青素苷含量小于在体花朵，而切花明度（L^*）大于在体花朵，而红度（a^*）和彩度（C^*）小于在体花朵，切花花青素苷组分 Cy3G5G、Cy3G、Pg3G5G 、Pg3G、Pn3G5G、Pn3G 低于在体花朵。

关键词　牡丹；在体花朵；切花；花色；花青素苷

Comparative Analysis of Flower Colors in the Development Process of on-tree and in-vase Flowers of Tree Peony

YAN Li　ZHANG Li-li　GUO Jia　ZHANG Yan　KONG Xin　DONG Li*

（*Beijing Key Laboratory of Ornamental Plants Germplasm Innovation & Molecular Breeding, National Engineering Research Center for Floriculture, Beijing Laboratory of Urban and Rural Ecological Environment, Engineering Research Center of Landscape Environment of Ministry of Education, Key Laboratory of Genetics and Breeding in Forest Trees and Ornamental Plants of Ministry of Education, School of Landscape Architecture, Beijing Forestry University, Beijing 100083, China*）

Abstract　In this study, *P. suffruticosa* 'Luoyang Hong' and 'Taiyang' were used as research materials. The isolated tree peony cut flowers did not develop normally after harvest, affecting their ornamental and commercial value. By analyzing and comparing the color changes of tree peony in the process of on-tree and in-vase flower development, the post-harvest flower color of tree peony is evaluated comprehensively. The color parameters of the tree peony petals were determined by color difference method, and then the anthocyanin content in the tree peony petals was determined by high performance liquid chromatography. Based on the above values, the color changes of on-tree and in-vase flower were compared and analyzed. The results showed that the quality of in-vase flowers of *P. suffruticosa* 'Luoyang Hong' and 'Taiyang' were not as good as those of on-tree flowers. The blooming *P. suffruticosa* 'Luoyang Hong' and 'Taiyang' in-vase flowers had less anthocyanin content than the on-tree flowers, while the in-vase flower brightness（$L*$）was greater on-tree flowers, while redness（$a*$）and chroma（$C*$）are less than on-tree flowers, the anthocyanin components Cy3G5G, Cy3G, Pg3G5G, Pg3G, Pn3G5G, Pn3G of in-vase flowers are lower than on-tree flowers.

Key words　*Paeonia suffruticosa*; on-tree flower; in-vase flower; Flower color; Anthocyanin

1　基金项目：国家重点研发项目（2018YFD1000407）和国家自然科学基金项目（31572164）。
第一作者简介：闫丽（1997—），女，硕士研究生，主要从事观赏植物采后生理与分子技术研究。E-mail：1783961273@qq.com。
* 通讯作者：董丽，教授，E-mail：dongli@bjfu.edu.cn。

牡丹(*Paeonia suffruticosa* Andr.)属芍药科(Paeoniaceae)芍药属(*Paeonia*)牡丹组(sect. Moutan DC.)被认为是我国的传统的名贵木本观赏植物。牡丹花品种多、花大、色艳、型美,有"国色天香""花中之王"的美誉(陈俊愉,1990;张琼 等,2015;中国农业百科全书总委员会,1996)。目前牡丹被广泛用作景观灌木、盆栽植物和切花。近年来,牡丹鲜切花在市场上受到越来越多的关注,种植面积日益大增,供需市场日益繁荣,尤其是海外市场对牡丹鲜切花的需求量迅猛增长,具有非常可观的发展潜力(于玲 等,2020;年林可 等,2017)。

对于观赏植物,花色是重要的品质决定因素(Tanaka *et al.*, 2008)。牡丹花以形色取胜,花色是其重要的观赏及商业价值所在。花的颜色与花瓣的内部或表面组织结构以及花瓣细胞中色素的类型和数量有关,其中色素起着重要的作用,花青素苷是牡丹花色构成中最主要的色素类型。但是,牡丹切花采收后,由于营养供应不足以及环境因素的诸多不利影响,牡丹切花花瓣遭受严重的褪色和较低的花青素积累,观赏品质显著下降(Zhang *et al.*, 2014)。然而,长期以来,在切花采后研究中,更关注瓶插寿命,对花色变化的重视不足。近些年,切花采后花色品质下降的现象已引起人们的关注(Meir *et al.*, 2010;Zhang 2014;王凯轩 等,2019)。

基于此,本研究选择牡丹'洛阳红'和'太阳'为研究对象,通过分析比较牡丹在体花朵与切花发育过程中花色和花青素苷含量的变化,旨在为牡丹切花花色的进一步研究和切花产业发展提供参考。

1 材料与方法

1.1 试验材料及处理

试验材料牡丹(*Paeonia suffruticoa*)'洛阳红'和'太阳'在体花朵和切花采自山东省菏泽市曹州牡丹园苗圃中。选择牡丹'洛阳红'和'太阳'开花级数为2~5级(郭闻文 等,2004)以及开花级数为1级的健壮切花采收,茎长约30cm,12h 内运回北京林业大学国家花卉工程中心花卉生理与应用实验室。立即将切花水剪成25cm 的茎长、去叶并在蒸馏水中复水1h 后用于后续试验。

随机挑选开花级别1~5级的在体花朵各3个进行取样,分别取1级(蕾开期,S1)、2级(破绽期,S2)、3级(初开期,S3)、4级(半盛开期,S4)和5级(盛开期,S5)切花中层花瓣(从外向内数第4-6轮花瓣),每0.3g 花瓣用锡箔纸包好后液氮速冻,并保存于-80℃冰箱用于后续花青素苷组分含量的测定。同时,将Ⅰ级切花置于蒸馏水中瓶插,为了防止细菌

生长,在蒸馏水中0.05%NaClO,每天定时更换溶液。瓶插条件为温度23~26℃,相对湿度35%~45%,光照强度约40μM·m^{-2}·s^{-1},光周期为12h 光照/12h 黑暗。待切花开放至2级、3级、4级和5级时,将不同开放级别切花的中瓣分别进行取样,取样方法同上。

1.2 试验方法

1.2.1 花色表型测定

使用色差仪(NF333 spectrophotometer, Nippon denshoku)在 C/2°光源下对开花级别为2~5级的在体花朵和切花的中瓣进行花色测量,每个处理测量3枝切花,单枝切花重复测量5次。记录花色参数明度(L^*)、红度(a^*)和蓝度(b^*)数值,并计算出彩度值,公式如下: $C^* = (a^{*2} + b^{*2})^{1/2}$ (Voss, 1992)。

1.2.2 花瓣花青素苷的提取与测定

称取中层花瓣0.3g,用含有0.1%盐酸的70%甲醇(甲醇:水 = 70:30, v/v)5mL,4℃ 避光提取24h,期间每隔8h 用漩涡混合器振荡混匀1次。提取液用0.22μm 孔径的尼龙微孔滤器过滤后,用于 HPLC 分析。使用安捷伦(Agilent 1100 LC)液相色谱仪进行分析,液相流动相组成为 A 相:甲酸:水(10:90, v/v);B 相:乙腈:甲醇(85:15, v/v)。分析程序:0min, 5%B;30min, 12% B;50min, 25% B,检测波长515nm(Yang *et al.*, 2009)。

2 结果与分析

2.1 牡丹切花'洛阳红'和'太阳'在体花朵与切花花色比较

2.1.1 牡丹切花'洛阳红'在体花朵与切花花色比较

牡丹'洛阳红'在体花朵和切花的花色参数如图1所示。在体花朵开放过程中明度(L^*)和黄度(b^*)逐渐降低,红度(a^*)和彩度(C^*)逐渐增加,切花开放过程中明度(L^*)逐渐增加,黄度(b^*)、红度(a^*)和彩度(C^*)没有明显变化,表明在体花朵盛开过程中花瓣花色变深、鲜艳度增加,花色品质增加,而切花盛开过程中花瓣花色没有明显变化。从图中还可以看出切花开放过程中,明度(L^*)和黄度(b^*)高于同一开放级别的在体花朵,红度(a^*)和彩度(C^*)低于在体花朵,表明相对于在体花朵,盛开切花花瓣花色变浅、鲜艳度下降,花色品质显著下降。

2.1.2 牡丹切花'太阳'在体花朵与切花的花色比较

牡丹'太阳'在体花朵和切花的花色参数如图2所示。在体花朵开放过程中明度(L^*)逐渐降低,黄度(b^*)逐渐增加,红度(a^*)和彩度(C^*)没有明显变化。切花开放过程中黄度(b^*)逐渐增加,明度

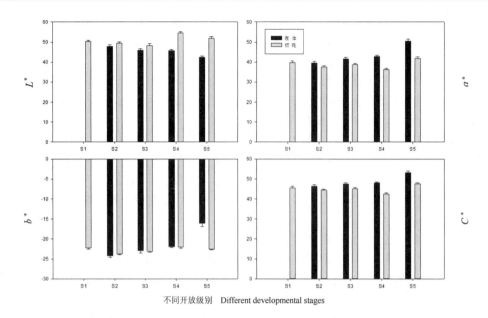

图1　牡丹'洛阳红'在体花朵和切花不同开放级别花色参数 L*, a*, b* 和 C* 值

S1：松蕾期；S2：破绽期；S3：初开期；S4：半盛期；S5：盛开期。数据为平均值±标准误（N＝3）。

Fig. 1　Flower color L*, a*, b* and C* values of *P. suffruticosa* 'Luoyang Hong' in different developmental stages of on-tree and in-vase flowers

S1：soft bud stage；S2：pre-opening stage；S3：initial opening stage；S4：half opening stage；S5：full opening stage. Data are presented as mean with standard errors of 3 replications.

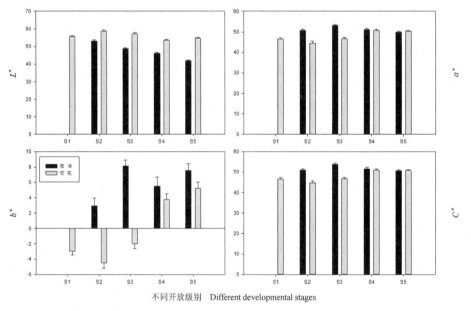

图2　牡丹'太阳'在体花朵和切花不同开放级别花色参数 L*, a*, b* 和 C* 值。

S1：松蕾期；S2：破绽期；S3：初开期；S4：半盛期；S5：盛开期。数据为平均值±标准误（N＝3）。

Fig. 2　Flower color L*, a*, b* and C* values of *P. suffruticosa* 'Taiyang' in different developmental stages of on-tree and in-vase flowers.

S1：soft bud stage；S2：pre-opening stage；S3：initial opening stage；S4：half opening stage；S5, full opening stage. Data are presented as mean with standard errors of 3 replications.

（L*）、红度（a*）和彩度（C*）没有明显变化，表明在体花朵盛开过程中花瓣花色变深、鲜艳度增加，花色品质增加，而切花盛开过程中花瓣花色没有明显变化。从图中还可以看出切花开放过程中，明度（L*）高于同一开放级别的在体花朵，黄度（b*）、红度（a*）和彩度（C*）低于在体花朵，表明相对于在体花朵，盛开切花花瓣花色变浅、鲜艳度下降，花色品质显著下降。

2.2 牡丹'洛阳红'和'太阳'在体花朵与切花花青素苷组分含量比较

2.2.1 牡丹切花'洛阳红'在体花朵与切花花青素苷组分含量比较

牡丹'洛阳红'在体花朵和切花花青素苷组分含量如图3所示。在体花朵开放进程中，花青素苷组分Pn3G5G含量较为稳定，Cy3G5G、Cy3G和Pn3G含量逐渐上升，表明在体花朵盛开过程中花青素苷组分含量增加，花瓣花色增加。切花开放进程中，花青素苷组分Pn3G5G含量较为稳定，Cy3G5G、Cy3G含量逐渐下降，Pn3G含量逐渐上升，表明切花盛开过程中花青素苷组分含量没有明显变化，花瓣花色没有明显变化。从图中还可以看出切花开放过程中Cy3G5G、Cy3G、Pn3G5G和Pn3G明显低于同一开放级别的在体花朵，表明相对于在体花朵盛开切花花瓣花青素苷组分含量降低，花色变浅、花色品质显著下降。

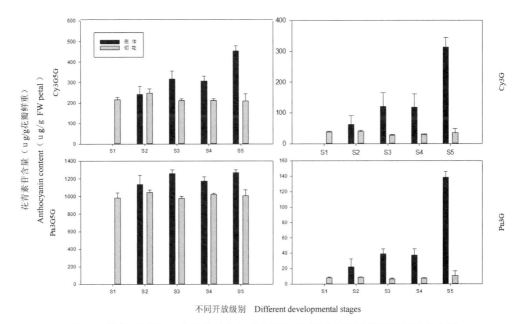

图3 牡丹'洛阳红'在体花朵和切花不同开放级别中不同花青素苷组分含量

S1：松蕾期；S2：破绽期；S3：初开期；S4：半盛开期；S5：盛开期。数据为平均值±标准误（N=3）。

Fig. 3 The content of different anthocyanin components in different developmental stages of *P. suffruticosa* 'Luoyang Hong' on-tree and in-vase flowers.

S1：soft bud stage；S2：pre-opening stage；S3：initial opening stage；S4：half opening stage；S5：full opening stage. Data are presented as mean with standard errors of 3 replications.

2.2.2 牡丹'太阳'在体花朵与切花花青素苷组分含量比较

牡丹'太阳'在体花朵和切花花青素苷组分含量如图4所示。在体花朵开放进程中，花青素苷组分Pg3G5G、Pg3G、Pn3G5G、Pn3G含量逐渐上升，表明在体花朵盛开过程中花青素苷组分含量增加，花瓣花色增加。切花开放进程中，花青素苷组分Pg3G5G、Pg3G含量逐渐上升，Pn3G5G、Pn3G含量逐渐下降。从图中还可以看出切花开放过程中花青素苷组分Pg3G5G、Pg3G、Pn3G5G、Pn3G含量明显低于盛开的在体花朵，表明相对于在体花朵盛开切花花瓣花青素苷组分含量降低，花色变浅、花色品质显著下降。

2.3 牡丹'洛阳红'和'太阳'在体花朵与切花总花青素苷含量比较

2.3.1 牡丹切花'洛阳红'在体花朵与切花总花青素苷含量比较

牡丹'洛阳红'在体花朵和切花总花青素苷含量如图5所示。在体花朵开放进程中总花青素苷含量逐渐增加，切花开放进程中总花青素苷含量没有明显变化，切花总花青素苷含量显著低于在体花朵。

2.3.2 牡丹切花'太阳'在体花朵与切花总花青素苷含量比较

牡丹'太阳'在体花朵和切花总花青素苷含量如图6所示。在体花朵开放进程中总花青素苷含量逐渐增加，切花开放进程中盛开期总花青素苷含量高于其他各期，切花总花青素苷含量显著低于在体花朵。

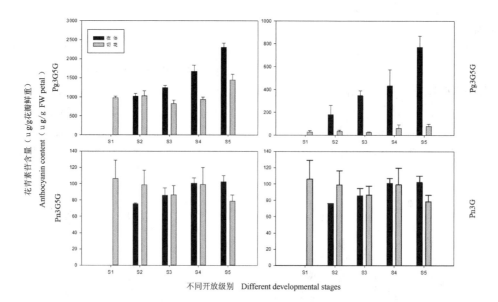

图 4 牡丹'太阳'在体花朵和切花不同开放级别中不同花青素苷组分含量

S1：松蕾期；S2：破绽期；S3：初开期；S4：半盛开期；S5：盛开期。数据为平均值±标准误（N＝3）。

Fig. 4 The content of different anthocyanin components in different developmental stages of *P. suffruticosa* 'Taiyang' on-tree and in-vase flowers.

S1：soft bud stage；S2：pre-opening stage；S3：initial opening stage；S4：half opening stage；S5：full opening stage. Data are presented as mean with standard errors of 3 replications.

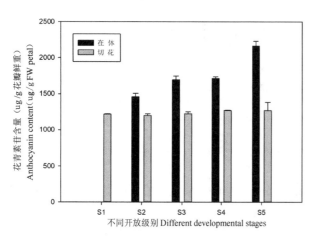

图 5 牡丹'洛阳红'在体花朵和切花不同开放级别总花青素苷含量

S1：松蕾期；S2：破绽期；S3：初开期；S4：半盛开期；S5：盛开期。数据为平均值±标准误（N＝3）。

Fig. 5 Total anthocyanin contents of different developmental on-tree and in-vase flowers of *P. suffruticosa* 'Luoyang Hong'. S1：soft bud stage；S2：pre-opening stage；S3：initial opening stage；S4：half opening stage；S5：full opening stage. Data are presented as mean with standard errors of 3 replications.

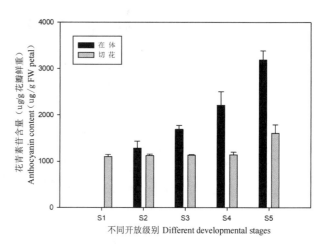

图 6 牡丹'太阳'在体花朵和切花不同开放级别总花青素苷含量

S1：松蕾期；S2：破绽期；S3：初开期；S4：半盛开期；S5：盛开期。数据为平均值±标准误（N＝3）。

Fig. 6 Total anthocyanin contents of different developmental on-tree and in-vase flowers of *P. suffruticosa* 'Taiyang'. S1：soft bud stage；S2：pre-opening stage；S3：initial opening stage；S4：half opening stage；S5：full opening stage. Data are presented as mean with standard errors of 3 replications.

3 讨论

牡丹花色受诸多因素的影响，而花青素苷的含量是主要的影响因素（杨琴 等，2015）。在牡丹在体花朵和切花盛开时，在体花朵和切花花瓣颜色差异很大

（张超，2014）。该研究选择牡丹'洛阳红'和'太阳'在体花朵和切花，对比牡丹'洛阳红'和'太阳'在体花朵和切花花色结果，发现相对在体花朵，牡丹'洛阳红'和'太阳'切花花色品质下降，肉眼能观察到花色变浅的现象，具体表现为牡丹切花花色明度（L^*）

增加、红度（a^*）和彩度（C^*）下降。同样的，香石竹切花也存在花色下降的情况，其盛开的切花彩度（C^*）低于在体花朵（Minakuchi et al.，2008）。

牡丹花中的花青素共有 6 种，分别为芍药花素-3,5-二葡糖苷（Pn3G5G）、芍药花素-3-葡糖苷（Pn3G）、天竺葵素-3,5-二葡糖苷（Pg3G5G）、天竺葵素-3-葡糖苷（Pg3G）、矢车菊素-3,5-二葡糖苷（Cy3G5G）和矢车菊素-3-葡糖苷（Cy3G），其组成及含量是形成牡丹花色的决定性因素（Zhang et al.，2007）。牡丹'洛阳红'和'太阳'开花过程中，色素组成并没有发生变化，花色变化的原因与花青素含量变化直接相关，特别是花青素含量的剧烈降低是造成切花花色不如在体花朵花色的主要原因。在一些其他花卉的研究中也有相似的结果，钟培星等（钟培星 等，2012）发现芍药开花过程中总花青素含量降低是其变色的主要原因。

前人研究发现牡丹花色随着花青素苷总量的增加而变深（Zhang，2007）。盛开的牡丹'洛阳红'和'太阳'切花花青素苷含量小于在体花朵，而切花明度大于在体花朵，而红度和彩度小于在体花朵。这一结果，不仅证实牡丹'洛阳红'和'太阳'花瓣花色明度与花青素苷含量呈负相关关系，同时还表明'洛阳红'和'太阳'花色红度和彩度与花瓣花青素苷含量呈正相关关系。

参考文献

陈俊愉，程绪珂，1990. 中国花经[M]. 上海：上海文化出版社.

郭闻文，陈瑞修，董丽，等，2004. 几个牡丹切花品种的采后衰老特征与水分平衡研究[J]. 林业科学，（4）：88-92.

年林可，孟海燕，苏笑林，等，2017. 瓶插液添加二氧化氯对牡丹切花的保鲜效果[J]. 植物生理学报，53（11）：2022-2030.

王凯轩，王依，魏晨，等，2019. 保鲜液对芍药'荷兰橙'切花瓶插期间花瓣色泽变化的影响[J]. 北方园艺，（20）：99-105.

杨琴，袁涛，孙湘滨，2015. 两个牡丹品种开花过程中花色变化的研究[J]. 园艺学报，42（05）：930-938

于玲，夏振平，李玉舒，等，2020. 牡丹鲜切花采后衰老机理研究进展[J]. 现代农业科技，（02）：103-104.

张超，2014. 葡萄糖调控牡丹切花花青素苷合成的分子机理[D]. 北京：北京林业大学.

张琼，尹玉珍，王乃良，2015. 牡丹资源、价值、文化与产业化关系研究[J]. 产业与科技论坛，14（06）：106-108.

中国农业百科全书总委员会，1996. 中国农业百科全书：观赏园艺卷[M]. 北京：中国农业出版社.

钟培星，王亮生，李珊珊，等，2012. 芍药开花过程中花色和色素的变化[J]. 园艺学报，（11）：173-184.

Meir S, Kochanek B, Glick A, et al. 2010. Reduced petal pigmentation in lisianthus (*Eustoma grandiflorum*) flowers under low light conditions is associated with decreased expression of anthocyanin biosynthesis genes [J]. Acta Horticulturae, (877): 1735-1744.

Minakuchi S, Ichimura K, Nakayama M, et al. 2008. Effects of High-Sucrose Concentration Treatments on Petal Color Pigmentation and Concentrations of Sugars and Anthocyanins in Petals of Bud Cut Carnations[J]. Horticultural Research, 7 (2): 277-281.

Tanaka Y, Sasaki N, Ohmiya A. 2008. Biosynthesis of plant pigments: anthocyanins, betalains and carotenoids[J]. Plant J, 54(4): 733-749.

VossDH. 1992. Relating colourimeter nleasurement of plant colour to the Royal Horticultural Society Colour Chart [J]. HortScience, 27: 1256 -1260.

Yang R Z, Wei X L, Gao F F, et al. 2009. Simultaneous analysis of anthocyanins and flavonols in petals of lotus (*Nelumbo*) cultivars by high-performance liquid chromatography-photodiode array detection/electrospray ionization mass spectrometry [J]. Journal of Chromatography A, 1216(1): 106-112.

Zhang C, Wang W, Wang Y, et al. 2014. Anthocyanin biosynthesis and accumulation in developing flowers of tree peony (*Paeonia suffruticosa*) 'Luoyang Hong'[J]. Postharvest Biology & Technology, 97: 11-22.

Zhang J, Wang L, Shu Q, et al. 2007. Comparison of anthocyanins in non-blotches and blotches of the petals of Xibei tree peony[J]. Scientia Horticulturae, 114(2): 111.

不同浓度水杨酸对芍药切花品种'Red Charm'和 'Pink Cameo'保鲜效果的研究

孙慧仪　朱炜　陈莉琪　郑严仪　董志君　陈曦　孟子卓　于晓南*

（花卉种质创新与分子育种北京市重点实验室，国家花卉工程技术研究中心，城乡生态环境北京实验室，

园林环境教育部工程研究中心，林木花卉遗传育种教育部重点实验室，园林学院，北京林业大学，北京 100083）

摘要　以芍药品种'Red Charm'和'Pink Cameo'为试材，该研究使用 3g/L 蔗糖和 0.5g/L CaCl$_2$ 溶液作为基础液，分别加入 4 种不同浓度（50mg/L、100mg/L、150mg/L、200mg/L）的水杨酸配置成保鲜液，探讨不同浓度的水杨酸保鲜液对芍药切花的保鲜效果。结果显示：不同浓度的水杨酸保鲜液对芍药切花的开花进程、瓶插寿命、鲜重、花径和水分平衡等方面都有一定的影响，其中浓度为 50mg/L 的水杨酸保鲜液处理对芍药切花的保鲜效果较好。

关键词　芍药；水杨酸；切花保鲜

Effect of Different Concentrations of Salicylic Acid on the Fresh Preservation of 'Red Charm' and 'Pink Cameo'

SUN Hui-yi　ZHU Wei　CHEN Li-qi　ZHENG Yan-yi　DONG Zhi-jun　CHEN Xi　MENG Zi-zhuo　YU Xiao-nan*

（*Beijing Key Laboratory of Ornamental Plants Germplasm Innovation & Molecular Breeding，National Engineering Research Center for Floriculture，Beijing Laboratory of Urban and Rural Ecological Environment，Engineering Research Center of Landscape Environment of Ministry of Education，Key Laboratory of Genetics and Breeding in Forest Trees and Ornamental Plants of Ministry of Education，School of Landscape Architecture，Beijing Forestry University，Beijing 100083，China*）

Abstract　in this study，3g/L sucrose and 0.5g/L CaCl$_2$ solution were used as the basic solution，and 4 kinds of salicylic acid with different concentrations（50mg/L，100mg/L，150mg/L，200mg/L）were added into the fresh-keeping solution，to explore the fresh-keeping effect of different concentrations of salicylic acid fresh-keeping solution on the cut flowers of peony. The results showed that different concentrations of salicylic acid fresh-keeping solution had certain effects on the flowering process，bottle life，fresh weight，flower diameter and water balance of cut flowers of peony，among which the salicylic acid fresh-keeping solution with concentration of 50mg/L had better fresh-keeping effect on the cut flowers of peony.

Key words　*Paeonia lactiflora*；Salicylic acid；The preservation of cut flower

芍药（*Paeonia lactiflora*）是芍药科芍药属的多年生草本花卉，除传统地栽外，芍药还作为一种新型的切花产品，近几年逐步在国内外切花市场上占有越来越大的份额，其体现的经济价值也越来越重要。然而，芍药花期短且相对集中，主要是 4~5 月，采后瓶插质量不高，瓶插时间也较月季、菊花等其他切花产品短，这些因素都严重影响了芍药切花产业化的快速发展（史国安 等，2008；翟芳芳 等，2016）。所以，延长切花的保存期很重要，对芍药保存的初步研究表明，芍药可能是非乙烯敏感型切花，水分亏缺是其衰老的主要原因（魏秀俭 等，2009）。

水杨酸（salicylic acid，即 SA）是植物体内广泛存在的一种内源性酚类生长调节激素物质，它可以促进开花、抗水分胁迫以及信号传导等生理过程，而且还

1　基金项目：北京市共建项目专项资助（2015bluree04）。

第一作者简介：孙慧仪（1997—），女，硕士研究生，主要从事芍药再生体系研究。

*　通讯作者：于晓南，教授，E-mail：yuxiaonan626@126.com。

是一种杀菌物质，在植物体内起着十分重要的作用（刘伟 等，2017）。水杨酸在香石竹（陈翠果 等，2010）、非洲菊（杜丽美，2010）、月季（蔡永萍 等，2000）、马蹄莲（薛梅 等，2010）等切花保鲜方面的报道较多。此外，司建利和代海芳研究员2013年经过研究得出60mg/L的水杨酸保鲜效果最佳。而水杨酸对于芍药切花研究较少，目前有魏秀俭等人在2009年的试验结论。本试验以不同浓度的SA为保鲜剂，探究SA对芍药切花品种'Red Charm'和'Pink Cameo'的开花进程、瓶插寿命、花枝鲜重、水分代谢、花径大小的影响，为芍药切花的保鲜和延缓衰老提供参考。

1　材料与方法

1.1　试验材料

供试材料为芍药品种'Red Charm'和'Pink Cameo'，5月6、7日上午取自北京市小汤山国家花卉工程技术中心芍药种质资源圃，采收后2h内放到4℃冰箱干储，充分去除田间热，5月8日上午常温复水0.5h后瓶插。瓶插室温度保持在22~25℃，复水后在蒸馏水中斜切花枝基部，修剪成45±5cm长花枝，茎干保留2~3片复叶备用。

1.2　试验方法

试验设置5个处理：①对照组：3g/L 蔗糖+0.5g/LCaCl₂；②P1：3g/L 蔗糖+0.5g/LCaCl₂+50mg/L 水杨酸；③P2：3g/L 蔗糖+0.5g/L CaCl₂+100mg/L 水杨酸；④P3：3g/L 蔗糖+0.5g/L CaCl₂+150mg/L 水杨酸；⑤P4：3g/L 蔗糖+0.5g/L CaCl₂+200mg/L 水杨酸。将备用切花分别插入盛有100mL保鲜液的锥形瓶中，每瓶1支，每个品种10次重复。瓶口用保鲜膜封紧以防止水分蒸发，置于室温22~25℃下，每天测定指标。

1.3　测定项目与方法

1.3.1　开花进程

根据前人的研究方法将开花进程分为6级，分别为硬蕾期、松苞期、初开期、盛开期、盛开末期、衰老期（唐也，2018）（开花级数定义详见结果部分）。

1.3.2　瓶插寿命

自瓶插之日起，每日记录花朵开放及凋谢情况，以花瓣严重萎蔫、干枯、花头下垂为瓶插寿命的终止标志（刘伟 等，2017）。

1.3.3　花枝鲜重变化率

瓶插前，使用电子天平（精度0.01g）先称量初始切花鲜重，之后每隔24h用天平测量花枝鲜重，花枝鲜重变化率=（第n天鲜重/第0d鲜重）×100%。

1.3.4　水分平衡值　采用称重法：

吸水量=（锥形瓶重量2+溶液重量2）-（锥形瓶重量1+溶液重量1）；

失水量=（花枝重量2+锥形瓶重量2+溶液重量2）-（花枝重量1+锥形瓶重量1+溶液重量1）；

水分平衡值=吸水量-失水量。

1.3.5　花径增大率

自瓶插之日起，每天定时用游标卡尺测量，取花朵最大直径，以3次重复的平均值为该处理的测定值，测至瓶插寿命结束。

（第n天的切花花径-第1d的切花花径）/第1d的切花花径×100%=第n天的花径增大率

1.4　数据处理

采用Microsoft Excel软件进行绘图。

2　结果与分析

2.1　SA对芍药切花开花进程的影响

如表1所示，对照组及不同浓度水杨酸处理切花均在5d时达到盛开的状态；对于品种'Red Charm'，50mg/L的水杨酸处理加快了切花花朵开放，是处理中唯一在第3d花瓣打开1/2的，并且花朵在第7d仍处于盛花状态；而100mg/L、150mg/L、200mg/L的水杨酸处理在前3d开花进程均收到抑制，花朵在瓶插3d时仍保持花苞阶段的状态，但到第5d也达到完全盛开；而对于品种'Pink Cameo'，50mg/L、100mg/L的水杨酸处理加快了切花花朵开放，在第3d达到花瓣打开1/2，其中50mg/L水杨酸处理的花朵在第7d仍然盛开；150mg/L、200mg/L的水杨酸处理在前3d开花进程受到抑制，花朵在瓶插1d时仍保持花苞阶段的状态。

由以上结果可以看出，低浓度水杨酸处理有助于芍药切花花朵开放，以50mg/L的浓度最佳，而高浓度的水杨酸处理在前期会抑制花朵开放。水杨酸处理的4个不同浓度（50mg/L、100mg/L、150mg/L、200mg/L），到瓶插5d时花朵均盛开；对比水杨酸对于'Red Charm'和'Pink Cameo'花朵开放的影响可以得出，高浓度水杨酸对'Red Charm'前3d开花抑制程度高于'Pink Cameo'。

表1　不同处理对芍药切花花朵开放的影响

Table 1　Effects of different treatments on flower opening of cut flowers of *Paeonia lactiflora*

品种	不同处理	瓶插天数(d)				
		0	1	3	5	7
'Red Charm'	对照组	花苞	花瓣略有张口	花瓣打开1/3	盛开	盛开末期
'Red Charm'	50mg/L 水杨酸	花苞	花瓣略有张口	花瓣打开1/2	盛开	盛开
'Red Charm'	100mg/L 水杨酸	花苞	花苞	花瓣打开1/3	盛开	盛开末期
'Red Charm'	150mg/L 水杨酸	花苞	花苞	花瓣打开1/3	盛开	盛开末期
'Red Charm'	200mg/L 水杨酸	花苞	花苞	花瓣略有张口	盛开	盛开
'Pink Cameo'	对照组	花苞	花瓣略有张口	花瓣打开1/3	盛开	衰老期
'Pink Cameo'	50mg/L 水杨酸	花苞	花瓣略有张口	花瓣打开1/2	盛开	盛开
'Pink Cameo'	100mg/L 水杨酸	花苞	花瓣略有张口	花瓣打开1/2	盛开	盛开末期
'Pink Cameo'	150mg/L 水杨酸	花苞	花苞	花瓣打开1/3	盛开	盛开末期
'Pink Cameo'	200mg/L 水杨酸	花苞	花苞	花瓣略有1/3	盛开	衰老期

为了更好地定量研究水杨酸处理对花朵开放的影响，本研究对芍药切花开放进程进行了不同阶段的划分，共分1~6级共计6个开花级数等级，具体分级标准如下：

硬蕾期：花蕾较硬，被萼片紧紧包裹(图1、图2A)；

松苞期：萼片开始松动，花瓣未松开，开始透色(图1、图2B)；

初开期：花瓣打开一半，没有下弯，仍然朝向中心弯曲(图1、图2C)；

盛开期：花瓣饱满，完全展开(图1、图2D)；

盛开末期：花瓣略有下翻，出现轻微失水萎蔫现象(图1、图2E)；

衰老期：花瓣开始脱落，失去观赏价值(图1、图2F)。

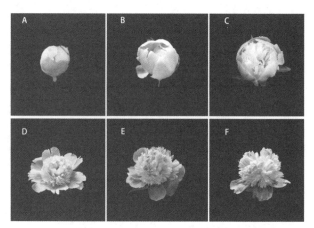

图2　芍药切花'Pink Cameo'花朵开花级数的划分

A-F 分别代表硬蕾期、松苞期、初开期、盛开期、盛开末期、衰老期

Fig. 2　Classification of flower flowering order of 'Pink Cameo' for peony cut flowers

A-F represents hard bud stage, pine bud stage, initial opening stage, blooming stage, late blooming stage and aging stage respectively

根据以上划分标准，本研究对不同浓度蔗糖处理条件下花朵开放级数进行了统计。由图3可知，随瓶插时间的延长，不同处理花朵开放级数均逐渐增加。结果表明，前5d P1的开花级别都最高，在瓶插第5d时三个浓度开花级数相近，第7d P1处理的开花级别最低，说明50mg/L的水杨酸对芍药切花花朵开放和延缓切花衰老促进作用最强。同时，如图3所示，在前3d，P3和P4的开花级别都低于对照组，说明高浓度水杨酸对于芍药切花花朵开放前期有明显的抑制作用。

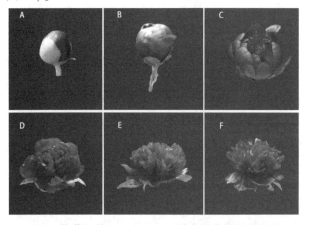

图1　芍药切花'Red Charm'花朵开花级数的划分

A-F 分别代表硬蕾期、松苞期、初开期、盛开期、盛开末期、衰老期

Fig. 1　Classification of flower flowering order of peony cut flower 'Red Charm'

A-F represents hard bud stage, pine bud stage, initial opening stage, blooming stage, late blooming stage and aging stage respectively

2.2　SA 对芍药切花瓶插寿命的影响

不同浓度水杨酸处理对芍药切花瓶插寿命的影响结果见图4。盛花期指的是花朵完全开放到花瓣开始

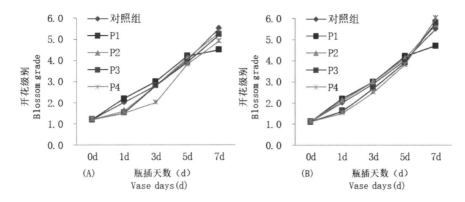

图 3　不同处理对芍药切花开花级别的影响

（A）'Red Charm'；（B）'Pink Cameo'

Fig. 3　Effects of different treatments on the flowering level of cut flowers of *Paeonia lactiflora*

（A）'Red Charm'；（B）'Pink Cameo'

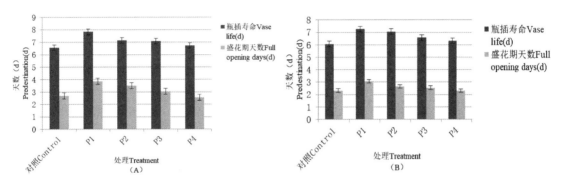

图 4　不同处理对芍药切花瓶插寿命及盛花期天数的影响

（A）'Red Charm'；（B）'Pink Cameo'

Fig. 4　The influence of different treatments on the vase life and blooming period of *Paeonia lactiflora*

（A）'Red Charm'；（B）'Pink Cameo'

脱落，失去观赏价值前，也就是前文花朵开花级别的 4~5 级的时间。从图 4（A）中可以看出，未添加水杨酸的保鲜液中的芍药 'Red Charm' 切花的瓶插寿命为 6.5d，而添加了水杨酸溶液的 P2 比对照组的瓶插寿命延长了 1.5d，P3 比对照组的瓶插寿命延长了 1d，而 P4 比对照组的瓶插寿命延长了 0.8d；对照组的盛花期天数为 2.7d，添加了水杨酸溶液的 P2、P3、P4 比对照组的盛花期时间分别延长了 1.5d、0.8d、0.4d；如图 4（B）所示，未添加水杨酸的保鲜液中的芍药 'Pink Cameo' 切花的瓶插寿命为 6d，而添加了水杨酸溶液的 P2 比对照组的瓶插寿命延长了 1.3d，P3 比对照组的瓶插寿命延长了 0.6d，而 P4 比对照组的瓶插寿命延长了 0.4d；对照组的盛花期天数为 2.3d，添加了水杨酸溶液的 P2、P3、P4 比对照组的盛花期时间分别延长了 1.7d、0.5d、0.2d。综合数据表明，添加不同浓度水杨酸对延长芍药切花瓶插寿命和盛花期有作用，其中 50mg/L 水杨酸的效果最佳。

2.3　SA 对芍药切花花枝鲜重的影响

如图 5 所示，在 0~3d 这一阶段，不同处理的花朵鲜重都呈上升趋势，P1 处理鲜重变化率明显高于对照组，而 P2、P3、P4 前 2d 的鲜重变化率低于对照组。在随后的瓶插期间，不同处理鲜重均开始大幅降低，但 P1 处理的鲜重变化率降低速度最慢，尤其是对于芍药品种 'Pink Cameo'，从第 3d 到第 5d 鲜重变化率仅从 164% 降到 159%，大大减缓了鲜重变化的速度，对于芍药品种 'Red Charm'，第 3d 到第 5d 鲜重变化率也仅降低 18%。此外，P2、P3、P4 处理在后两个时间点均显著高于对照组。上述结果表明，在芍药切花花朵开放过程中，水杨酸处理总体来看促进了植株对瓶插液的吸收，以 50mg/L 的水杨酸效果最好，但是在开花前 3d，高浓度的水杨酸处理会抑制植株对瓶插液的吸收，但在花朵开放后期还是会促进吸收，提高切花品质。

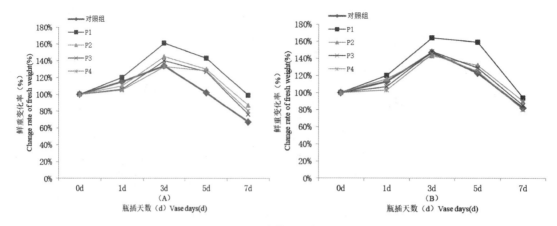

图5 不同处理对芍药切花花枝鲜重的影响

（A）'Red Charm'；（B）'Pink Cameo'

Fig. 5 Effect of different treatments on fresh weight of cut flowers of *Paeonia lactiflora*

（A）'Red Charm'；（B）'Pink Cameo'

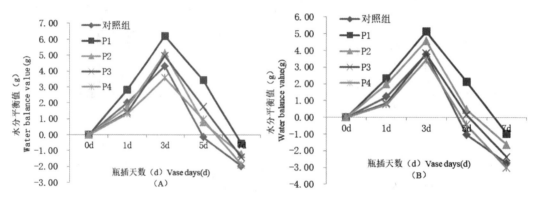

图6 不同处理对芍药切花水分平衡值的影响

（A）'Red Charm'；（B）'Pink Cameo'

Fig. 6 Effects of different treatments on water balance of cut flowers of *Paeonia lactiflora*

（A）'Red Charm'；（B）'Pink Cameo'

2.4 SA 对芍药切花水分平衡值的影响

由于水分平衡值等于吸水量减失水量，所以水分平衡值为正数的天份均代表花枝吸水量大于失水量。如图6所示，芍药切花'Red Charm'和'Pink Cameo'都是第3d达到各自水分平衡值最大值，其后开始下降，对照组最先达到了负值。P1处理在所有组别中的水分平衡值最大值是最大的，其中品种'Red Charm'达到6.21g，在品种'Pink Cameo'中最大值达到5.34g，均明显大于各自对照组的4.32g和3.78g，并且P1处理出现负值的时间最晚，负值绝对值也最小，品种'Red Charm'第7d时是-0.56g，品种'Pink Cameo'是-0.97g，其次是P2处理，P3、P4处理前2d内水分平衡值数值均低于对照组，但后期出现负值的时间和最后负值绝对值均优于对照组。综合以上数据可以得出，50mg/L 的水杨酸处理对于水分的保持是最好的。

2.5 SA 对芍药切花花径增大率的影响

图7为各个处理的切花花径增大率的变化，由图可知，所有处理的花径增大率在前7d都是上升趋势，其中第3～5d花径增大的速率最快，第5～7d速率下降，在第7d达到峰值，之后花径增大率开始下降。P1处理的切花在瓶插期间的花径增大率明显高于其他处理；P2、P3、P4处理在前3d的花径增大率低于对照组，但第3d后普遍高于对照组。综合以上数据表明 50mg/L 的水杨酸处理更有利于花径的提高，加强切花品质，高浓度的水杨酸，尤其是 150mg/L 和 200mg/L 的水杨酸处理会抑制芍药切花花朵前期的花径增大。

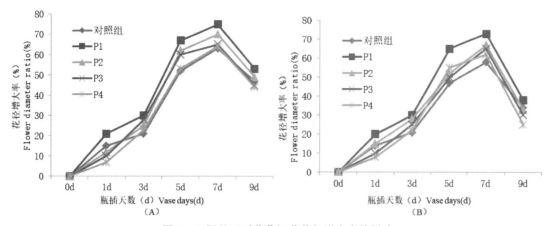

图7　不同处理对芍药切花花径增大率的影响

(A)'Red Charm'；(B)'Pink Cameo'

Fig. 7　Effect of different treatments on the growth rate of flower diameter of cut flowers of *Paeonia lactiflora*

(A)'Red Charm'；(B)'Pink Cameo'

3　结论与讨论

鲜切花在经过采摘脱离了母株后，就失去了生命活动所需要的外源能源物质和水分的来源，致使切花在瓶插期间遭受水分的胁迫、能源的缺乏、乙烯大量产生等不利因素。花枝切口处真菌及细菌滋生会阻碍花茎吸水，花瓶中水的pH产生变化及有害离子增多等都会对切花造成伤害（高勇 等，1989），从而使鲜切花在瓶插期间逐渐失水萎蔫、走向衰老（何生根，1997）。切花水分代谢在各种影响切花衰老速度的因素中是决定切花采后寿命的重要因素（闫海霞 等，2012）。对于乙烯不敏感切花，如芍药等，由各种因素引起的水分代谢失调是导致切花凋萎、品质下降和寿命缩短的主要原因（Rrhman M M 等，2012）。切花含水量的变化取决于吸水与失水之间的平衡，水分平衡对切花衰老具有重要影响（Byungchun I *et al.*，2007）。

本试验以3g/L蔗糖+0.5g/L CaCl₂溶液作为基础液，分别加入4种浓度50mg/L、100mg/L、150mg/L、200mg/L的水杨酸配制成芍药切花'Red Charm'和'Pink Cameo'的保鲜液。在保鲜液中加入一定量的蔗糖作为碳源，可以为瓶插切花提供能源物质和营养物质；而CaCl₂的作用主要是保持切花枝条的坚硬，原因是钙作为植物生长所需的大量元素之一，可以在维持细胞壁和细胞膜结构等方面发挥重要作用（Hepler P K，2005；Herler P K *et al.*，2010）。

本试验结果表明，不同浓度的水杨酸能一定程度上改变芍药切花的开花进程，能够延长芍药切花寿命，增大花径、花枝鲜重，提高观赏品质，延迟水分平衡值的降低，改善切花体内的水分状况，增加吸水、保水能力。这与郭碧花、范美华（郭碧花，2006；

范美华 等，2008；夏晶晖 等，2008；范美华，王健鑫，2008；李军萍 等，2013）等研究SA对非洲菊、菊花、玫瑰、栀子花、洋桔梗等有保鲜作用一致。加之SA价格便宜，使用方便，用量少，无毒害，无环境污染，因此，SA在切花保鲜上具有良好的应用前景。

本试验还发现，不同水杨酸浓度处理中，50mg/L的处理浓度表现最佳，可作为今后相关处理的优选浓度，但其内部的调控机理，包括水分利用及能量转化等相关作用模式还需进一步深入研究。此外，从试验结果可看出，本研究所选的高浓度水杨酸的处理组合在芍药切花花朵开放的前期（主要是前3d）并未对芍药切花瓶插观赏品质产生促进作用，反而起到了一定程度的抑制作用，尤其是150mg/L、200mg/L的水杨酸处理，表现为与对照相比延缓切花的开花进程、减缓切花花枝鲜重增大率、花径增大率，减慢吸水量的增加，直接影响了芍药切花的观赏品质，其相关机理也需后期进一步探讨。最后，本试验对比两种不同的芍药切花'Red Charm'和'Pink Cameo'发现，水杨酸的处理效果对不同芍药品种存在不同，'Red Charm'对水杨酸的敏感程度要高于'Pink Cameo'。

从试验结果初步判断，水杨酸对芍药切花观赏品质的提高可能有以下几个原因。其一是水杨酸可能会减少微生物的繁殖，作为一种杀菌剂，减轻花茎维管束由于微生物繁殖而产生的堵塞，改善切花的吸水状况。其二是水杨酸可能介导了芍药开花期间产生热量，促进开花。其三是水杨酸可以作为一种信号物质，通过提高POD和CAT的活性、抑制MDA的积累以及氧自由基的生成速率和相对电导率的增加，维持切花水分，延长切花寿命（卢金枝 等，2013）。其四是水杨酸可能延缓了芍药叶片的衰老，使叶片保持一定的物质合成能力，源源不断地为离体切花提供营养。

参考文献

蔡永萍，聂凡，张鹤英，等，2000. 水杨酸对月季切花的保鲜效果和生理作用[J]. 园艺学报，27(3)：228-230.

陈翠果，董立新，赵美霞，等，2010. 水杨酸对香石竹切花保鲜效应试验[J]. 湖北农业科学，49(9)：2161-2163.

杜丽美. 2010. 含水杨酸的保鲜剂对非洲菊切花的保鲜效果[J]. 贵州农业科学，38(6)：193-195.

范美华，董芳琴，2008. 水杨酸对玫瑰切花保鲜的效应[J]. 江苏农业科学，2：193-195.

范美华，王健鑫，2008. 水杨酸和6-BA对非洲菊切花保鲜的研究[J]. 北方园艺，(8)：117-120.

高勇，吴绍锦，1989. 切花保鲜剂研究综述[J]. 园艺学报，16(2)：139-145.

郭碧花，2006. 水杨酸对菊花切花的保鲜效果研究[J]. 中国西部科技，(23)：35-36.

何生根，1997. 切花品质的生理生化基础[J]. 植物生理学通讯，33(1)：66-70.

李军萍，师进霖，徐峥嵘，等，2013. 水杨酸对洋桔梗切花保鲜的效应[J]. 福建农业学报，28(1)：55-59.

刘伟，杨茂云，常征，2017. 不同浓度水杨酸保鲜液对康乃馨切花保鲜的影响[J]. 安徽农学通报，23(04)：30-32.

卢金枝，蒋冰娜，谢思宇，等，2013. 水杨酸对玫瑰切花保鲜效应的研究[J]. 安徽农业科学，41(32)：12727-12729.

史国安，郭香凤，张国海，2008. 芍药花开放与衰老过程中生理指标的变化[J]. 西北植物学报，28(3)：506-511.

司建利，代海芳，2013. 水杨酸对菊花切花保鲜效果的研究[J]. 山东农业科学，45(9)：107-109.

唐也，2018. 芍药采后贮藏与蔗糖处理对切花瓶插质量的影响研究[D]. 西宁：青海大学.

魏秀俭，闫美香，王珍，等，2009. 水杨酸对芍药切花水分代谢和瓶插寿命的影响[J]. 安徽农业科学，37(28)：13808-13809.

夏晶晖，李振东，2008. 不同保鲜剂对栀子花保鲜影响[J]. 安徽农业科学，36(31)：13842-13843.

薛梅，王大平，江岭，2010. 外源水杨酸对马蹄莲切花保鲜效应的研究[J]. 北方园艺，(2)：203-204.

闫海霞，邓杰玲，邓俭英，等，2012. 不同药剂处理对切花月季采后保鲜效果的影响[J]. 南方农业学报，43(1)：73-76.

翟芳芳，朱文学，于斌，2016. 水性丙烯酸树脂与茶树精油喷涂处理对牡丹切花观赏品质的影响[J]. 园艺学报，43(4)：796-806.

Byungchun I, Chang M K, Kicheil S. 2007. Effects of low temperature water in vase on the hydraulic physiological characteristics and senescence of cut roses(*Rosa* spp, 'Red Sandra')[J]. Korean Journal of Horticultural Science and Tenchnology, 25(4)：451-457.

Hepler P K. 2005. Calcium: A central regulator of plant growthand development[J]. Plant Cell, 17(8)：2142-2155.

Hepler P, WINSHIP L. 2010. Calcium at the Cell Wall Cytoplast Interface[J]. Journal of Intergrative Plant Biology, 52(2)：147-160.

Rahman M M, Ahmad S H, Lgu K S. 2012. Psidium guajavaand piper betle leaf extracts prolong vase life of cut carnation (*Dianthus caryophyllus*) flowers[J]. The Scientific World Journal, (3)：102805.

两个海棠品种储藏保鲜研究

黄宏涛[1]　刘星辰[1]　江皓[1]　张往祥[1,2,*]

（[1] 南京林业大学林学院，南方现代林业协同创新中心，南京 210037；[2] 扬州小苹果园艺有限公司，扬州 225200）

摘要　【目的】发掘观赏海棠切花生产价值，以期为观赏海棠鲜切花生产价值的开发提供理论基础。【方法】本研究选取了 2 个具有一定代表性的品种，对其适宜采收期、采后储藏进行研究，探索适宜的储藏条件。测定海棠切花在不同处理下的开花率、萎蔫脱落率、鲜重变化率、花径与瓶插寿命。【结果】两个品种小蕾期采收的花枝较大蕾期采收开花率分别低 32.8、2.4 个百分点，花径分别小 4.7mm、10.6mm。大蕾期进行采切的花枝各项瓶插指标较好，充分体现出其观赏价值，是较为适宜的采收期。以 4℃条件下不同冷藏天数'唐纳德'和'白兰地'海棠进行瓶插试验，发现冷藏一定时间以内（2～6d），其瓶插表现较常温瓶插稍差，但差异不显著，仍具有一定观赏价值。两个观赏海棠切花品种冷藏安全期限均为 6d。【结论】通过对海棠采切期与冷藏时间的探究可以更好的为海棠的切花应用服务。

关键词　观赏海棠；切花；采切期；冷藏

Study on Storage and Preservation of Two Crabapple Varieties

HUANG Hong-tao[1]　LIU Xing-chen[1]　JIANG Hao[1]　ZHANG Wang-xiang[1,2,*]

（[1]Co- innovation Center for the Sustainable Forestry in Southern China，College of Forestry，Nanjing Forestry University，Nanjing 210037，China；[2]Yangzhou Crabapple Horticulture Limited Company，Yangzhou 225200，China）

Abstract　【Objective】To explore the production value of cut ornamental crabapple，so as to provide theoretical basis for the development of the production value of cut ornamental crabapple．【Method】Two rpresentative varieties were selected in this study，and their suitable harvest time and storage after harvest were studied to explore suitable storage conditions．The flowering rate，wilting and shedding rate，fresh weight change rate，flower diameter and vase life of crabapple cut flowers under different treatments were measured．【Result】The flowering rate of the two varieties harvested in small bud stage was 32.8% and 2.4% lower than that in large bud stage，and the flower diameter was 4.7 mm and 10.6mm smaller respectively．The vase indexes of cuttlefish harvested in bud stage are better，which fully reflects its ornamental value and is a more suitable harvest period．Bottle insertion tests were carried out on *M*.'Donald Wyman' and *M*.'Brandywine' crabapple under 4℃ for different cold storage days．It was found that the bottle insertion performance of '*M*.'Donald Wyman' and *M*.'Brandywine' begonia was slightly worse than that of normal temperature within a certain period of cold storage（2～6 days），but the difference was not significant and still had certain ornamental value．The safe period of cold storage for two ornamental crabapple cut flowers is 6 days．【Conclusion】The research on the cutting period and cold storage time of crabapple can better serve the application of cut flower of crabapple．

Key words　Ornamental crabapples；Cut flower；Harvest time；Refrigerating

　　观赏海棠（*Malus* spp.），是蔷薇科（Rosaceae）植物。观赏海棠品种多样，在全世界大约有 700 多种（郑杨 等，2008），在我国有着悠久的栽培历史。观赏海棠花色繁多，枝条形状各异，是作为切花材质的优良木本花卉种群（杨祎凡 等，2019）。切花脱离母体后，其原有的平衡条件被破坏，导致鲜切花衰败（张静，刘金泉，2009）。因此如何探求观赏海棠切花观赏寿命，最大限度保持切花的生活力与观赏能力具

　　1　项目基金：江苏省科技厅现代农业重点项目（BE2019389），林业科学技术推广项目（观赏海棠新品种高效栽培与应用示范推广）[2019]17 号。
　　第一作者简介：黄宏涛（1996—），男，硕士研究生，主要从事林木育种研究。
　　*　通讯作者：张往祥，教授，E-mail：malus2011@163.com。

有积极的意义。

对于切花，其寿命长短决定着在市场上的竞争力，合适的采收时间对于其品质有着重要联系(姚德宏 等，2005)，有研究表明，采收时期对采后瓶插切花的花序直径大小影响显著，采收成熟度过低或过高都将直接影响其鲜切花的瓶插寿命和观赏价值(潘英文 等，2010)。与此同时，对于切花保存时，温度的影响同样十分显著。植物经过低温锻炼后束缚水含量上升，抗冷性增强，曹满等(2017)在研究牡丹切花抗冷性时得出，低温处理牡丹切花可以有效延长其观赏期。李小玲(2017)在研究百合保鲜时发现，低温处理可以增加百合切花直径，提高切花瓶插时吸水量，延长观赏周期。袁蒲英(2013)发现，通过低温冷藏可以延长蜡梅切花上市的时间，且对其品种影响不大。

因此，本研究以观赏海棠品种'唐纳德'(M. 'Donald Wyman')、'白兰地'(M. 'Brandywine')为试材，探求不同切采时间与不同冷藏时间，通过分析各个时间段两个海棠品种切花开花率、萎蔫率、花径变化与瓶插寿命的变化规律，为制定有效的观赏海棠切花冷藏保鲜提供合理依据。

1 材料与方法

1.1 试验材料

试验材料为观赏海棠品种'唐纳德''白兰地'，3个不同花期(小蕾期：现色部分小于花蕾1/2；大蕾期：花蕾膨大，现色部分大于花蕾1/2；初花期：花瓣微张，可见花蕊)采切枝条。

1.2 切花采切期瓶插试验

以'唐纳德''白兰地'海棠为试验材料，分3个开花时期(小蕾期、大蕾期、初花期)采集花枝，用清水进行瓶插。试验重复数为3，每个重复花枝数为1，对不同采收时期的花枝，每天统计1次各花枝开花率及瓶插寿命。各指标具体计算方法如下：

开花率=测定日开花总数-初始日开花总数/花枝上初始花蕾总数×100%；

萎蔫脱落率=萎蔫脱落花蕾数/花枝上初始花蕾总数×100%；

花枝鲜重变化率：每天用天平称取各处理花枝的鲜重。

花枝鲜重变化率=(测定日鲜重-初始日鲜重)/初始日鲜重×100%；

花径：用游标卡尺准确测量花朵盛开时外层花瓣的最大直径。每个处理随机取5朵，取平均值。

瓶插寿命：瓶插当日开始，截止到花枝上40%的花朵萎蔫或脱落时的天数。

1.3 切花低温储藏试验

在品种整体处于大蕾期，有个别花朵开放时选取无病虫害、叶片完整的花枝进行采切，试材长度基本保持一致(50cm左右)，浸湿枝条基部，装入纸箱中，尽快运回实验室进行复水处理，备试验所用。

预处液5%蔗糖+200mg/L 8-HQC，浸基处理4小时。采用低温湿藏的方式，将经过预处理的花枝用湿布包裹基部，包扎成捆，用报纸包裹后，放入黑色聚乙烯塑料袋，于4℃条件下储藏，在储藏的第2d、4d、6d、8d、10d(储藏当天记为第0d)随机取出。基部斜剪处理后插入盛有去离子水的锥形瓶中，每天进行观察和记录，对照为常温直接瓶插。试验共4个处理，每个处理重复数为3，每个重复花枝数为1。瓶插当天记为第0d，之后每2d换一次水。每日观察记录指标同3.4。

1.4 数据分析

所有试验设3次重复，结果均为平均值，以"平均值±标准误"表示，采用EXCEL、进行数据分析并绘制频率分布直方图。运用SPSS13.0软件进行方差、相关性等统计分析，设置显著水平分别为$P<0.05$及$P<0.01$。

2 结果与分析

2.1 观赏海棠切花适宜采切期选择

2.1.1 不同采切期对'唐纳德'海棠瓶插品质的影响

图1和表2表明，'唐纳德'初花期采切的花枝最先进入开花状态，第1d便有少量花蕾开花，随后进入迅速开花的阶段，并在第4d达到最大开花率86.41%；大蕾期采切的花枝则在第2d才开始有花朵

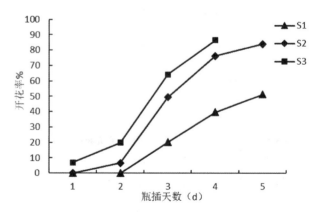

图1 不同采切期对'唐纳德'海棠切花瓶插期间开花率的影响

Fig. 1 Effect of different cutting date on flowering rate during cutting vase of 'Donald' crabapple

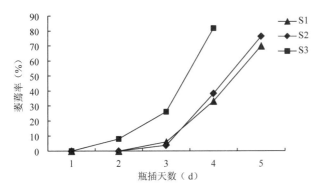

图 2 不同采切期对'唐纳德'海棠切花瓶插期间萎蔫率的影响

Fig. 2 Effect of different cutting date on wilting rate during cutting vase of 'Donald' crabappl

表 1 不同采切时期'唐纳德'海棠切花各项瓶插指标

Table 1 Various bottle indices of 'Donald' crabapple cut flowers at differentcutting stages

采切期 Cutting stages	开花率(%) Flowering rate	最大花径(mm) Maximum flower diameter	瓶插寿命(d) Vase life
S1	51.3 Bb	31.9 Bb	5.0Aa
S2	84.1Aa	36.6 Aa	4.7Aa
S3	86.4 Aa	37.1 Aa	4.0Ab

注：表中同一列标记的大(小)写字母相同，表示在 1%(5%)水平上不存在显著性差异。

Note：there is no significant difference at the 1% (5%) level between the large (small) letters written in the same column.

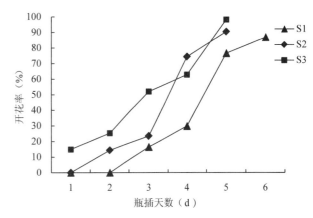

图 3 不同采切期对'白兰地'海棠切花瓶插期间开花率的影响

Fig. 3 Effect of different cutting date on flowering rate during cutting vase of 'Brandywine' crabapple

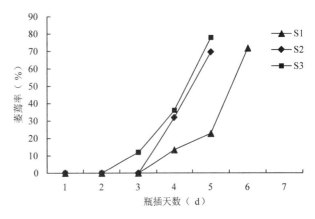

图 4 不同采切期对'白兰地'海棠切花瓶插期间萎蔫率的影响

Fig. 4 Effect of different cutting date on wilting rate during cutting vase of 'Brandywine' crabapple

表 2 不同采切时期'白兰地'海棠切花各项瓶插指标

Table 2 Various bottle indices of 'Brandywine' crabapple cut flowers at different cutting stages

采切期 Cutting stages	开花率(%) Flowering rate	最大花径(mm) Maximum flower diameter	瓶插寿命(d) Vase life
S1	87.0Bb	28.0Bb	6.0 Aa
S2	90.6ABb	39.4Aa	5.7 Aa
S3	98.3Aa	38.3 Aa	5.3 Aa

注：表中同一列标记的大(小)写字母相同，表示在 1%(5%)水平上不存在显著性差异。

Note：there is no significant difference at the 1% (5%) level between the large (small) letters written in the same column.

绽放，其动态变化过程与初花期采切花枝相类似；小蕾期采切的花枝前两天均未有开花迹象，直至第 3d 才开始有小部分花朵绽放，随后其开花率缓慢上升，最终停留在 51.33%，直至萎蔫时仍有近一半的花蕾未开放，观赏效果欠佳，并且其开放花朵花径最小，与大蕾期和初花期采切的花枝差异极显著。

'唐纳德'初花期采切的花枝最先表现出萎蔫的现象，并于第 4d 迅速萎蔫，达到最大萎蔫率81.85%，失去了观赏价值。大蕾期和小蕾期采切的花枝均从第 3d 出现萎蔫，而后萎蔫率逐渐升高，在第5d 萎蔫率分别为76.24%和69.80%。'唐纳德'海棠瓶插寿命由高到低依次为大蕾期、小蕾期、初花期。小蕾期和大蕾期之间差异不显著，而初花期采切的花枝寿命仅为4d，显著低于另外两个时期。

综上，'唐纳德'海棠小蕾期采收时开花率过低，近半数花蕾未能开放。能够开放的花朵花径偏小，观赏价值大大降低。初花期采收时，其瓶插寿命偏短。而在大蕾期进行采切的花枝各项瓶插指标均相对较高。

2.1.2 不同采切期对'白兰地'海棠瓶插品质的影响

图 3 和图 4 表明，'白兰地'初花期采切的花枝开花进程最早，第 1d 开花率就超过了10%，之后开花率不断升高，在瓶插 5d 后达到最大开花率 98.3%。大蕾期及小蕾期进行采切的花枝进入开花状态的时间

逐渐推迟,最终开花率分别为87%和90.6%。但小蕾期采切的'白兰地'开放时的花径明显低于另外两个时期,并且差距达到了极显著水平,观赏价值大大降低。

'白兰地'初花期采切的花枝第3d开始有花瓣出现萎蔫,到第5d后萎蔫率超过40%,瓶插寿命结束。另外两个时期采切的花枝均于第4d出现萎蔫,在此之后,大蕾期采切的花枝萎蔫率的升高速度明显快于小蕾期。'白兰地'海棠3个采切时期瓶插寿命随采切期的推迟而降低,但这种差异表现得并不显著。

综上,'白兰地'海棠于小蕾期采收,开放的花朵花径偏小,极大影响观赏品质。大蕾期采收时,其开花率虽较初花期采收枝条较低,但仍达到90%以上,基本可以满足观赏需要。初花期进行采收,花枝出现萎蔫现象较早,瓶插寿命有所缩短。

2.2　低温储藏试验结果分析
2.2.1　冷藏天数对海棠切花开花状况的影响

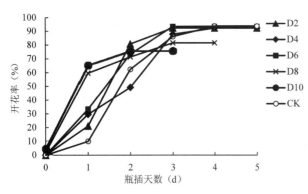

图5　不同冷藏天数对'唐纳德'海棠切花瓶插期间开花率的影响

Fig. 5　Effect of different refrigerated days on flowering rate during cutting vase of 'Donald' crabapple

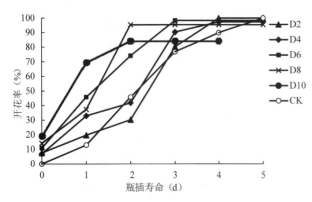

图6　不同冷藏天数对'白兰地'海棠切花瓶插期间开花率的影响

Fig. 6　Effect of different refrigerated days on flowering rate during cutting vase of 'Brandywine'

从图5、图6可知,未经冷藏处理的'唐纳德'海棠瓶插1d后逐渐开花,在第4d后达到最大开花率。冷藏2~6d的花枝同样在瓶插1d后有花蕾开放,而开花率在前3d内均高于对照,开花势头更盛。冷藏8~10d的花枝瓶插当天已有少量开花,比对照及冷藏6d以内的花枝提早进入开花状态,随后开花率分别在第2、3d达到最大开花率。

与'唐纳德'不同,'白兰地'海棠所有经冷藏处理的花枝均在瓶插初始就进入了开花状态,冷藏2d后的花枝开花率为7.6%,随着冷藏天数的增加,开花率不断升高,至10d时初始开花率达到了18.9%。而达到最大开花率的时间也随着冷藏天数的增加而逐渐提早,冷藏2d、4d的花枝均于瓶插第4d升至最大开花率,冷藏6d的花枝在第3d达到最高开花率,而冷藏8d、10d后,'白兰地'切花瓶插2d后开花率就一直稳定在了84.1%的水平。

表3　不同冷藏天数'唐纳德'海棠切花最大开花率的比较

Table 3　Comparison of maximum flowering rate of cut flower of 'Donald' in different cold storage days

冷藏天数 Cold storage days	最大开花率(%) Maximum flowering rate	差异显著性 Significance of difference	
		0.05	0.01
2	92.3	a	A
4	92.2	a	A
6	93.5	a	A
8	80.9	b	AB
10	75.6	b	B
0(CK)	93.7	a	A

注:表中同一列标记的大(小)写字母相同,表示在1%(5%)水平上不存在显著性差异。

Note: there is no significant difference at the 1% (5%) level between the large (small) letters written in the same column.

表4　不同冷藏天数'白兰地'海棠切花最大开花率的比较

Table 4　Comparison of maximum flowering rate of cut flower of 'Brandy wine' in different cold storage days

冷藏天数 Cold storage days	最大开花率(%) Maximum flowering rate	差异显著性 Significance of difference	
		0.05	0.01
2	100	a	A
4	97.7	ab	A
6	96.6	ab	A
8	93.8	b	A
10	84.1	c	B
0(CK)	100	a	A

注:表中同一列标记的大(小)写字母相同,表示在1%(5%)水平上不存在显著性差异。

Note: there is no significant difference at the 1% (5%) level between the large (small) letters written in the same column.

两个品种海棠在一定的冷藏条件下表现出了相似的开花特征：随着低温储藏时间的延长，花枝瓶插初始开花率增大，达到最大开花率的时间逐渐缩短。这表明冷藏在一定程度上加速了海棠的开花进程。

与常温直接瓶插相比，冷藏处理后的花枝最大开花率有所降低。冷藏时间在 6d 以内，降低程度不显著，冷藏超过 1 周后，两个品种海棠的最大开花率均显著低于对照的水平。

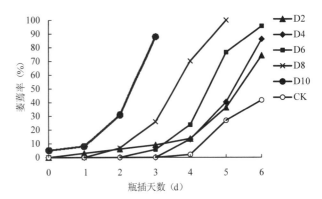

图 8　不同冷藏天数对'白兰地'海棠
切花瓶插期间萎蔫率的影响

Fig. 8　Effect of different refrigerated days on wilting rate during cutting vase of 'Brandywine' crabapple

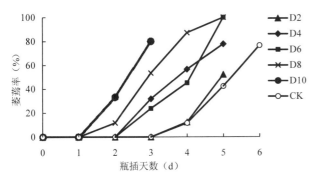

图 7　不同冷藏天数对'唐纳德'海棠
切花瓶插期间萎蔫率的影响

Fig. 7　Effect of different refrigerated days on wilting rate during cutting vase of 'Donald' crabapple

快，甚至在冷藏后期出现了个别花瓣发黑枯烂的现象，严重影响了观赏效果，大大缩短了瓶插寿命。

可以看出，随着冷藏天数的增加，海棠切花出现萎蔫的时间不断提早，瓶插寿命逐渐降低。

表 5　不同冷藏天数'唐纳德'海棠切花最高寿命的比较

Table 5　Comparison of maximum lifespan of 'Donald' cut flower with different refrigerated days

冷藏天数 Cold storage days	最高寿命(d) Maximum flowering rate	差异显著性 Significance of difference	
		0.05	0.01
2	5.0	a	AB
4	4.3	ab	AB
6	4.3	ab	AB
8	3.7	b	BC
10	2.7	c	C
0(CK)	5.3	a	A

注：表中同一列标记的大(小)写字母相同，表示在 1%(5%)水平上不存在显著性差异。

Note: there is no significant difference at the 1% (5%) level between the large (small) letters written in the same column.

表 6　不同冷藏天数'白兰地'海棠切花最高寿命的比较

Table 6　Comparison of maximum lifespan of 'Brandywine' cut flower with different refrigerated days

冷藏天数 Cold storage days	最高寿命(d) Maximum flowering rate	差异显著性 Significance of difference	
		0.05	0.01
2	5.7	ab	A
4	5.7	ab	A
6	5.0	b	A
8	3.7	c	B
10	3.3	c	B
0(CK)	6.0	a	A

2.2.2　冷藏天数对海棠切花萎蔫衰老的影响

由图 7 和表 5 可知，'唐纳德'海棠未经冷藏处理的花枝与冷藏 2d 的花枝均自第 4d 开始出现萎蔫，其次是冷藏 4~6d 后的花枝，它们在第 3d 开始出现萎蔫，而冷藏了 8~10d 后的花枝萎蔫最快，瓶插第 2d 就出现了萎蔫脱落的现象，瓶插寿命显著小于对照。

由图 8 和表 6 可知，'白兰地'海棠对照组第 4d 开始出现萎蔫，冷藏 2~6d 后，出现萎蔫的时间提前到了瓶插的第 3d，而冷藏了 8~10d 后的花枝萎蔫更

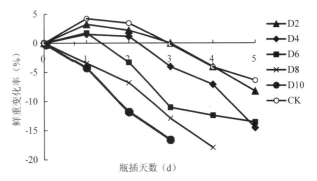

图 9　冷藏天数对'唐纳德'海棠
切花瓶插期间鲜重变化率的影响

Fig. 9　Effect of cold storage days on the change rate of fresh weight during cutting vase of 'Donald'

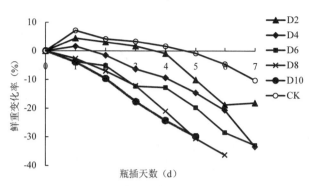

**图10　冷藏天数对'白兰地'海棠
切花瓶插期间鲜重变化率的影响**

Fig. 10　Effect of cold storage days on the change rate of fresh weight during cutting vase of 'Brandywine' crabapple

2.2.3　冷藏天数对鲜重变化率的影响

由图10可知，'唐纳德'常温下直接瓶插或冷藏6d以内，'白兰地'常温直接瓶插或冷藏4d以内，海棠花枝鲜重在瓶插第1d小幅增加，然后逐渐减小，直至低于初始鲜重。低温储藏时间达到一定天数后，瓶插初始阶段花枝鲜重则从瓶插开始一直呈持续下降的趋势。

3　结论

3.1　观赏海棠切花适宜采切期选择

本试验对不同采收期'唐纳德'和'白兰地'海棠进行瓶插试验，通过瓶插表现分析发现，两个品种小蕾期采收的花枝较大蕾期采收开花率分别低32.8和2.4个百分点，花径分别小4.7mm、10.6mm。初花期进行采收，两个品种较大蕾期采收均早1d出现萎蔫，瓶插寿命分别缩短0.7d、0.4d。而在大蕾期进行采收的花枝各项瓶插指标较好，充分体现出其观赏价值。'唐纳德'和'白兰地'海棠切花采收时期均以大蕾期为宜。

3.2　低温储藏试验

本试验对不同冷藏天数'唐纳德'和'白兰地'海棠进行瓶插试验，通过瓶插表现分析发现，4℃冷藏一定时间以内（2~6d），其瓶插表现较常温瓶插稍差，

但差异不显著，仍具有一定观赏价值。冷藏时间过长（6~10d），两个品种海棠开花率最多分别下降22.1和15.9个百分点、瓶插寿命最多分别下降2.6d、2.7d，较对照均显著降低。同时萎蔫速度加快，鲜重持续下降，观赏价值大幅缩减。两个观赏海棠切花品种冷藏安全期限均为6d。

4　讨论

4.1　适宜采切期的选择

在切花采收时期的选择上，需要兼顾储藏后的瓶插寿命和开放品质（徐刚，1994）。本实验中，小蕾期采切的花枝开花缓慢，最终近半数花蕾未开，并且其开放花朵花径偏小，说明此时采切花蕾发育不成熟，营养积累不足，难以发挥其观赏价值。初花期进行采切，花枝第2d就出现了小部分萎蔫，萎蔫速度最快，一定程度上降低了其观赏价值，最终瓶插寿命仅为4d。从整体开花效果及观赏时间两方面考虑，选取大蕾期为最适采切期，这里的大蕾期是一个区间，后期可以就这一区间再进行细致划分，找到更加具体的时间节点。另外，在具体操作时，可以根据实际需要分批采收，有运输需求的可以提前一定时间采切，如若就近销售或急需达到开花状态，可适当延后。

4.2　低温储藏效果的改善

低温冷藏加速了海棠切花的开花及衰老进程，随着冷藏时间的增加，切花最大开花率、瓶插寿命呈下降趋势，花枝鲜重损失加速，这与前人的研究一致。此次试验中，观赏海棠切花冷藏6d以内，各瓶插指标与CK差异不显著，仍具有一定观赏价值，由此得出其冷藏安全期限为1周左右，基本可以满足中短途运输的需要。鉴于常用制冷设备的温度设置一般在4℃，本试验初步选取了这一温度，海棠切花的最适储藏温度仍有待进一步探索。此外，众多研究表明，适宜的预处液及预处理方式能有效改善切花冷藏后的瓶插品质。在日后的研究中，可结合不同的预措施加以试验，降低冷藏过程中的不利影响，进一步提升海棠切花的观赏效果。

参考文献

曹满，施江，史国安，2017. 低温锻炼对冰温储藏牡丹切花抗冷性的影响[J]. 西北植物学报，37：1996-2002.

李小玲，华智锐，2017. 水杨酸和低温对百合切花保鲜效应的研究[J]. 陕西农业科学，63：15-18.

李勋，赵亚静，孙峰，2010. 不同采收时期对向日葵切花品质的影响[J]. 北京农业，77-78.

潘英文，韩松，林明光，等，2010. 文心兰鲜切花最佳采收成熟度及其生理生化变化[J]. 广西农业科学，41：1273-1276.

王凯星，肖金平，闫蕊洁，2018. 温室切花红掌高效生产关键技术[J]. 浙江农业科学，59：463-465.

魏秀清，许玲，章希娟，等，2016. 莲雾对低温胁迫的生理

响应及抗寒性分析[J]. 果树学报, 33: 73-80.

熊运海, 2004. 满天星切花提前采收储藏保鲜效应研究[J]. 西南民族大学学报(自然科学版), 30: 624-626.

徐刚, 1994. 切花花蕾采收储藏催花技术[J]. 中国农学通报, 49-50.

杨祎凡, 周婷, 范俊俊, 等, 2019. 基于切花应用的观赏海棠品种评价与筛选[J]. 南京林业大学学报(自然科学版), 43: 70-76.

姚德宏, 朱以明, 项春龙, 等, 2005. 春季切花月季采收期的时间分布特征及预测[J]. 中国农业气象, 26: 177-179, 190.

余前媛, 2009. 预处理结合低温储藏对百合切花衰老进程的影响[J]. 现代农业科技, 211+216.

袁蒲英, 宋兴荣, 何相达, 2013. 蜡梅切花最佳采收时期及最长低温储藏时间的研究[J]. 北京林业大学学报, 35: 86-89.

张静, 刘金泉, 2009. 鲜切花保鲜技术研究进展[J]. 黑龙江农业科学, 144-146.

郑鹏丽, 宋燕, 周明芹, 2019. 不同保鲜溶液对菊花鲜切花保鲜效果的影响[J]. 湖北农业科学, 58: 113-116.

郑杨, 曲晓玲, 郭翎, 等, 2008. 观赏海棠资源谱系分析及育种研究进展[J]. 山东农业大学学报(自然科学版), 39: 152-160.

Advances in Ornamental Horticulture of China，2020：430~437

两种观赏海棠切花瓶插保鲜效果及生理效应研究

刘星辰[1]　黄宏涛[1]　江皓[1]　张往祥[1,2]*

（[1] 南京林业大学林学院，南方现代林业协同创新中心，南京 210037；

[2] 扬州小苹果园艺公司，扬州 225200）

摘要　本研究选取了 2 个具有一定代表性的观赏海棠品种：'唐纳德'和'白兰地'，对其切花瓶插保鲜技术
进行研究，探索适宜的保鲜剂配方，以期为观赏海棠鲜切花生产价值的开发提供理论基础。主要研究结论如
下：①适宜保鲜液配方选择。对 6 组不同配方保鲜剂的瓶插效果分析发现，添加了 6-BA 的保鲜液效果均不
明显，甚至差于对照；添加了 GA_3 的保鲜液效果显著。其中，2%蔗糖+200mg/L 8-HQS +10mg/L GA_3 为'唐
纳德'适宜保鲜液配方，2%蔗糖+200mg/L 8-HQS +50mg/L GA_3 为'白兰地'适宜保鲜液配方。②保鲜机理探
究。以'唐纳德'和'白兰地'适宜保鲜液处理和对照组切花为试验材料，测定了瓶插过程中可溶性糖含量、
可溶性蛋白质含量、SOD 活性、MDA 含量的动态变化。结果表明，与对照相比，保鲜液明显提高两个品种
海棠切花可溶性糖与蛋白质含量，抑制 MDA 含量的增加，增强 SOD 活性，从而延缓海棠切花衰老。

关键词　观赏海棠；瓶插液：保鲜

Studies on Fresh-keeping Effect and Physiological Effect of Two Ornamental Crabapple Cut Vase

LIU Xing-chen[1]　HUANG Hong-tao[1]　JIANG Hao[1]　ZHANG Wang-xiang[1,2,*]

（[1] Co- innovation Center for the Sustainable Forestry in Southern China，College of Forestry，Nanjing
Forestry University，Nanjing 210037，China；[2] Yangzhou Crabapple Horticulture Limited Company，Yangzhou 225200，China）

Abstract　In this study，two representative ornamentalcrabapple varieties were selected：M. 'Donald Wyman' and M.
'Brandywine'，to study the technology of cutting vases and fresh-keeping，and to explore suitable preservative formulations，
with a view to developing the production value of fresh flowers of ornamental begonias Provide theoretical basis. The main re-
search conclusions are as follows：①The selection of suitable preservation solution formula. The analysis of the effect of 6
groups of preservatives with different formulas found that the effect of the preservation solution with 6-BA was not obvious，even
worse than the control；the effect of the preservation solution with GA_3 was significant. Among them，2% sucrose +200mg/L 8-
HQS +10mg/L GA_3 is the M. 'Donald Wyman' suitable preservation solution formula，and 2% sucrose+200mg/L 8-HQS +
50mg/L GA_3 is the M. 'Brandywine' suitable preservation solution formula. ②Research on the preservation mechanism. The
dynamic changes of soluble sugar content，soluble protein content，SOD activity，and MDA content during the bottle insertion
process were determined by using Donald and Brandy suitable fresh-keeping liquid treatment and control cut flowers as test ma-
terials. The results showed that compared with the control，the preservation solution significantly increased the soluble sugar
and protein content of the two varieties of Begonia cut flowers，inhibited the increase of MDA content，and enhanced SOD activ-
ity，thereby delaying the aging of Begonia cut flowers.

Key words　Ornamental crabapples；Preservation；Bottling liquid

观赏海棠（*Malus* spp.）为蔷薇科（Rosaceae）苹果属（*Malus* Mill.）具观赏价值的种群（郭翎 等，2010），其花繁密，灿烂似锦，素有"国艳"之誉。其切枝在许多经典的传统著作（张谦德，2012；袁宏道，2015）

1　项目基金：江苏省科技厅现代农业重点项目（BE2019389），林业科学技术推广项目（观赏海棠新品种高效栽培与应用示范推广）
［2019］17 号。

第一作者简介：刘星辰（1997—），男，硕士研究生，主要从事林木育种研究。

* 通讯作者：张往祥，教授，E-mail：malus2011@ 163. com。

中被视为理想的瓶插素材，并且具有其他的装饰用途（姜楠南 等，2007）。随着木本切枝运用的日益广泛，海棠切花具有很大的开发空间和市场潜力。由于观赏海棠只在春季开花，如在露地栽培的情况下每年只能收获一季，后期若想占领更多的市场份额，需要花枝能够保鲜储藏更长时间，所以对保鲜储藏技术提出了较高要求。

保鲜剂是利用化学药剂中的成分来调控切花采后的生理代谢和衰老过程，根据用途不同大致可分为预处液、瓶插液以及催开液。保鲜剂对切花产生的生理效应与配方密切相关，需要针对不同的切花品种和特点进行成分选择和浓度控制（吴少华 等，1999）。一般而言保鲜剂中糖和杀菌剂是不可少的。另外，针对不同的切花种类，相关研究者根据保鲜剂处理后切花的瓶插表现，筛选出了一些有效的保鲜剂配方（韩琴，2014；刘小林，2016；任敬民 等，2016）。在梅花、蜡梅、桃花、山茶、巨紫荆、贴梗海棠的相关研究中（韩琴，2014；陈婧婧 等，2012；夏晶晖，2012；李淑英 等，2009；罗永亚 等，2016；戚家栋 2015），进一步测定了切花瓶插期间的生理指标，探究了切花瓶插液保鲜的原理。本研究将选择两种观赏品质优良的海棠品种进行研究，获得合适的保鲜剂配方，旨在为观赏海棠切花保鲜提供科学依据，丰富其应用形式，促进观赏海棠资源的开发利用及产业发展。

1 材料与方法

1.1 试验地概况及试验材料

试验地位于扬州市江都区仙女镇的南京林业大学海棠种质资源圃，东经119°55′，北纬32°42′，北亚热带季风气候，四季分明，平均降水量约1000mm，无霜期约320d。年平均气温约14.9℃。地势平坦，立地条件一致，砂壤土，土层深厚肥沃，灌排条件良好。

2003年以来，多批次从国内外收集海棠种质资源，每个品种30株，按2m×3m株行距栽植，林分未郁闭，小气候条件一致。

1.2 切花瓶插液保鲜试验

以'唐纳德'M.'Donald Wyman'、'白兰地'M.'Brandywine'海棠为试验材料，在品种整体处于大蕾期，有个别花朵开放时选取无病虫害、叶片完整的花枝进行采切，长度基本保持一致（50cm左右），浸湿枝条基部，装入纸箱中，尽快运回实验室进行复水处理。

经复水处理后的花枝，在水中剪去花枝基部2cm左右，分别插入瓶插液中置于室内散射光下进行瓶插试验。共8个处理，每个处理分两组，第1组用于瓶插效果观测，共3个重复，每个重复1个花枝。第2组用于后期生理指标测定，共3个重复，每个重复5个花枝。均每3d换一次瓶插液，在试验过程中记录实验室温湿度情况。每日统计开花率、花径、瓶插寿命3个指标。各指标具体计算方法如下：

开花率＝测定日开花总数−初始日开花总数/花枝上初始花蕾总数×100%。

花径：用游标卡尺准确测量花朵盛开时外层花瓣的最大直径。每个处理随机取5朵，取平均值。

瓶插寿命：瓶插当日开始，截止到花枝上40%的花朵萎蔫或脱落时的天数。

本试验对瓶插液的处理设置：

A 2%蔗糖+200mg/L 8-HQS+10mg/L 6-BA；
B 2%蔗糖+200mg/L 8-HQS+30mg/L 6-BA；
C 2%蔗糖+200mg/L 8-HQS+50mg/L 6-BA；
D 2%蔗糖+200mg/L 8-HQS+10mg/L GA₃；
E 2%蔗糖+200mg/L 8-HQS+30mg/L GA₃；
F 2%蔗糖+200mg/L 8-HQS+50mg/L GA₃；
G 2%蔗糖+200mg/L 8-HQS；
CK 蒸馏水。

1.3 瓶插生理指标测定

保鲜液瓶插过程中，每2d随机将B组中的花瓣掰下，立即测定花瓣鲜重后，直接放于冰箱-70℃保存备用。根据后续对不同瓶插液中瓶插表现3个指标的分析，筛选出保鲜效果适宜的组合，并测定该保鲜液和对照CK中切枝的花瓣生理指标，所有试验重复数为3。

1.3.1 可溶性糖含量测定

（1）标准曲线制作

1%蔗糖溶液：将分析纯蔗糖在80℃条件下烘干至恒重，分析天平称取1.000g，加水溶解后转入100mL容量瓶中，加浓硫酸0.5mL，之后用蒸馏水定容。

100μg/mL蔗糖标准液：吸取1%蔗糖标准液1mL于100mL容量瓶中，蒸馏水定容至刻度。

蒽酮乙酸乙酯试剂：天平称分析纯蒽酮1g，加入50mL乙酸乙酯中，搅拌溶解后储于棕色瓶中。如有结晶析出，可微热溶解。

取20mL试管11支，用0~10分别编号，按下表加入各试剂，充分振荡，立即将试管放入沸水浴中，各管保温计时60s，待自行冷却后，用分光光度计测光密度（波长选择630nm，参比选用空白），分别以光密度、糖含量为纵、横坐标，画出标准曲线，并求出标准线性方程。

表 1　可溶性糖含量测定

Table 1　Determination of soluble sugar content

试剂 Reagent	管号 Test tube number					
	0	1、2	3、4	5、6	7、8	9、10
100μg/L 蔗糖液(mL)	0	0.2	0.4	0.6	0.8	1.0
水(mL)	2.0	1.8	1.6	1.4	1.2	1.0
蔗糖量(μg)	0	20	40	60	80	100
蒽酮试剂	0.5	0.5	0.5	0.5	0.5	0.5
浓硫酸(mL)	5.0	5.0	5.0	5.0	5.0	5.0

（2）可溶性糖的提取

将花瓣剪碎称取 3 份 0.3g 样品放入大试管中，加入 10mL 蒸馏水，用一次性保鲜膜封试管口，放入沸水中 20min，取出后待自行冷却后过滤，最后转入 25mL 容量瓶中定容。

（3）显色测定

取 20mL 刻度试管，依次加入样品提取液 0.5mL、蒸馏水 1.5mL、蒽酮乙酸乙酯试剂 0.5mL、浓硫酸 5mL，振荡反复数次，放置于沸腾的水浴锅中，各管保温 60s 后取出，待其自行冷却，用分光光度计测光密度（波长选择 630nm，参比选用空白）。

（4）结果计算

可溶性糖含量(mg/g)＝ $C{\times}V_T(10^6\ WV_1)^{-1}$

式中：C—从标准曲线查得蔗糖量，μg；

V_T—样品提取液总体积，mL；

V_1—显色时取样品液量，mL；

W—样品重，g。

1.3.2　蛋白质含量测定

（1）标准曲线的绘制

考马斯亮蓝 G-250：分析天平称取 100mg 考马斯亮蓝 G-250，加入 50mL 95%乙醇中，充分溶解后加入 100mL 85%（w/v）的磷酸，用水定容至 1000mL，过滤。

标准蛋白质溶液：天平称取结晶牛血清蛋白 10mg，溶于少量水中，并定容至 100mL。

编号 0~5 试管 6 支，分别按表加入试剂，充分振荡后静置 5min 左右，测定比色值（吸光度 595nm，空白对照为 0 号试管）。分别以蛋白质含量、吸光度为横、纵坐标画出标准曲线。

（2）样品提取

天平称取 0.5g 样品，用 5mL 磷酸缓冲液（pH7.0）冰浴研磨成匀浆后，4000r/min 离心 10min，上清液备用。

（3）样品测定

试管中加入样品提取液 1.0mL，考马斯亮蓝试剂 5mL，充分振荡，静置 2min 后比色（595nm），测定吸光度。

（4）结果计算

蛋白质含量(mg/g)＝ $C{\times}V_T(1000W_FV_S)^{-1}$

式中：C—查标准曲线值，μg；

V_T—样品提取液总体积，mL；

W_F—样品鲜重，g；

V_S—测定时加样量，mL。

1.3.3　MDA 含量

（1）MDA 的提取

50mmol/L pH7.8 的磷酸缓冲液；

20%TCA 溶液：天平称三氯乙酸 20g，少量蒸馏水充分溶解后定容至 100mL；

0.5%TBA 溶液：天平称硫代巴比妥酸 0.5g，少量 20%TCA 充分溶解并定容至 100mL。

称取新鲜花瓣 1g，剪碎，2mL 5%TCA 和少量石英砂一起研磨到匀浆状态，再加 8mL TCA 再次研磨后，在 4000r/min 条件下离心 10min，上清液待用。每个样品 2 个重复。

表 2　蛋白质含量测定

Table 2　Determination of protein content

试剂 Reagent	管号 Test tube number					
	0	1	2	3	4	5
标准蛋白质体积(mL)	0	0.2	0.4	0.6	0.8	1.0
水(mL)	1.0	0.8	0.6	0.4	0.2	0
考马斯亮蓝试剂(mL)	5.0	5.0	5.0	5.0	5.0	5.0
蛋白质含量(μg)	0	20	40	60	80	100

（2）显色反应和测定

在试管中加入上清液 1.5mL（对照加 2mL 蒸馏水），2.5mL 0.5%TBA 溶液，充分振荡。水浴锅中煮沸 20min（自试管内溶液中出现小气泡开始计时），后拿出冷却到室温，在 3000r/min 条件下离心 15min，取上清液测定吸光度 OD 值（532nm、600nm 和 450nm，以空白为对照）。

（3）结果计算

$$MDA(\mu mol/L) = 6.45(OD_{532} - OD_{600}) - 0.56 OD_{450}$$

$$MDA \text{ 含量}(\mu mol/g) = CV_T V_1 \times (1000 V_2 W)^{-1}$$

式中：

C—根据公式计算出的 MDA 浓度，$\mu mol/L$；

V_T—样品提取液的总体积，mL；

V_1—样品提取液和 TBA 溶液总反应液体积，mL；

V_2—与 TBA 反应的样品提取液体积，mL；

W—样品鲜重，g。

1.3.4　SOD 活性测定

（1）试剂配制

0.1mol/L pH7.8 的磷酸缓冲液：A 液：0.1mol/L Na_2HPO_4 溶液，B 液：0.1 mol/L NaH_2PO_4 溶液，取 B 液 1mL 与 A 液 10.76mL 混匀。

0.026 mol/L 蛋氨酸（Met）溶液：称 0.3879g 蛋氨酸，用 0.1mol/L（pH7.8）的磷酸缓冲液定溶至 100mL（现配现用）。

75×10^{-5} mol/L 氯化硝基四氮唑蓝（NBT）溶液（现配）：称 NBT 0.1533g，用蒸馏水溶解定容至 250mL。

1.0$\mu mol/L$ EDTA 及 20$\mu mol/L$ 核黄素溶液（遮光保存）。

50mmol/L 的磷酸缓冲液（pH7.8）

（2）酶液制备

称取 0.5g 花瓣，加入 1.5mL 50mmol/L 的磷酸缓冲液，研磨匀浆后定容到 5mL 刻度试管中，4℃ 下 10000r/min 离心 15min，上清液即为酶提取液。

（3）酶活性测定

取 10mL 小烧杯 8 只，按表 3 加入试剂，总体积 0.3mL。

将上述试剂混匀后，1 号烧杯置于暗处，其余均置于 25℃、光强 3000 lx 的两盏 20W 日光灯下反应 15min。然后立即遮光停止反应，最后测定 560nm 处反应液的光密度。以 1 号烧杯调零，分别测定其他各管的光密度，以 2 号、3 号杯液光密度的平均值作为还原率 100%，分别计算不同酶液含量的各反应系统中抑制 NBT 光还原相对百分率，做出二者曲线（横坐标为酶液用量，纵坐标为抑制 NBT 光还原相对百分率）。50% 抑制的酶液量（μL）为一个酶活单位。

（3）结果计算

$$A = V \times 1000 \times 60 \times (BWT)^{-1}$$

式中：

A—SOD 活力，酶活力单位 g^{-1} 鲜重 $\times h^{-1}$；

V—酶提取液体积，mL；

B——一个酶活单位的酶液量（μL）；

W—样品鲜重，g；

T—反应时间，min。

1.4　数据分析

所有试验设 3 次重复，结果均为平均值，以"平均值±标准误"表示，采用 Excel、Origin 8.0 进行数据分析并绘制频率分布直方图。运用 SPSS13.0 软件进行方差、相关性等统计分析，设置显著水平分别为 $P < 0.05$ 及 $P < 0.01$。

表 3　SOD 活性测定

Table 3　Determination of SOD activity

杯号 Cup number	0.026 mol/L 蛋氨酸（Met）溶液	75×10^{-5} mol/L 氯化硝基四氮唑蓝（NBT）溶液	1.0$\mu mol/L$ EDTA 及 20$\mu mol/L$ 核黄素溶液	酶液/μL	50mmol/L 的磷酸 缓冲液（pH7.8）
1	1.5	0.3	0.3	0	0.9
2	1.5	0.3	0.3	0	0.9
3	1.5	0.3	0.3	0	0.9
4	1.5	0.3	0.3	5	0.895
5	1.5	0.3	0.3	10	0.89
6	1.5	0.3	0.3	15	0.885
7	1.5	0.3	0.3	20	0.88
8	1.5	0.3	0.3	25	0.875

2 结果与分析

2.1 不同瓶插液对海棠切花观赏品质影响

表4 不同瓶插液处理对'唐纳德'海棠切花
各项瓶插指标的比较

Table 4 Comparison of various bottle indices of 'Donald' cut
flowers treated with different bottle inserts

处理	最高开花率 （％）	花径 （mm）	瓶插寿命 （d）
A	94. 3bcAB	40. 2bcBC	6. 0cdBC
B	92. 8cAB	39. 4cdC	5. 3deCD
C	89. 7cBC	37. 1eD	5. 0eCD
D	100aA	40. 8bAB	7. 7aA
E	99. 3abA	41. 1abAB	6. 7bcAB
F	99. 2abA	42. 0aA	7. 0abAB
G	91. 7cB	38. 9dC	6. 0cdBC
CK	84. 1dC	37. 2eD	4. 7eD

注：表中同一列标记的大（小）写字母相同，表示在1%（5%）水平上不存在显著性差异。

Note：there is no significant difference at the 1%（5%）level between the large（small）letters written in the same column.

可以看出，'白兰地'海棠切花处理A、D、E、F对提升开花率有显著效果，特别是含有GA的3个处理开花率均高达100%，比CK提升了9.6%。

在花径方面，仍以处理A、D、E、F差异最为显著，其中处理F花径增大最为明显，平均花径达到了41.1mm。

只添加了蔗糖和杀菌剂的处理G与CK相比在瓶插寿命上没有提升，而另外含有生长调节剂的处理A、D、E、F较CK而言有所延长，但未达到显著水平。处理B、C瓶插寿命则显著低于CK。

2.2 不同瓶插液对海棠切花鲜重变化率的影响

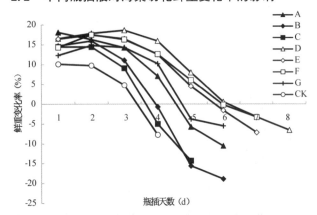

图1 不同保鲜液对'唐纳德'海棠切花鲜重变化率的影响

Fig. 1 Effects of different preservatives on the fresh
weight change rate of 'Donald' cut flower

由图1可知，'唐纳德'海棠切花所有处理在瓶插初期，鲜重变化率为正值，鲜重维持在高于初始鲜重的水平，之后随着时间的推移，鲜重变化率降为负值，花枝鲜重逐渐低于瓶插伊始时的原始枝重，在这样的变化趋势中，各处理鲜重变化率始终高于CK，处理D鲜重变化率在前3天保持了小幅的上升，并且最终在第7天才降为负值，鲜重低于初始鲜重，在所有处理中表现最为理想。

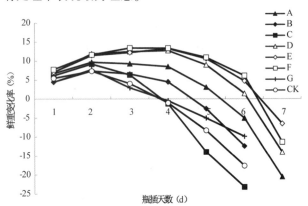

图2 不同保鲜液对'白兰地'海棠切花鲜重变化率的影响

Fig. 2 Effects of different preservatives on the fresh weight
change rate of 'Brandywine' cut flower

'白兰地'海棠处理D、E、F、G的鲜重变化率都表现出先增加后减小的趋势，其中处理D在第3d才开始下降，其他都是第2d就下降，结合其萎蔫率，处理G出现萎蔫的时间较早，而处理D、E、F出现萎蔫的时间较晚，说明GA对于其而言有较好的保鲜效果。添加6-BA的处理，除处理B在第2d的鲜重有轻微增加外，另外两组的枝重变化率都在缓慢降低，但处理B鲜重变化率的变化幅度最大。而对照组CK处理的海棠，自第1d以后就开始降低，并且其初始枝重变化率都明显低于添加保鲜液的处理（图2）。

2.3 保鲜剂对海棠切花可溶性糖含量的影响

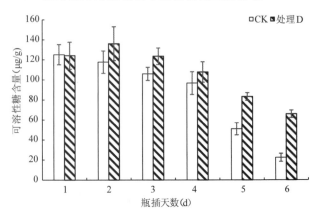

图3 '唐纳德'海棠瓶插期间可溶性糖含量变化

Fig. 3 Variation of soluble sugar content during
'Donald' crabapple bottle insertion

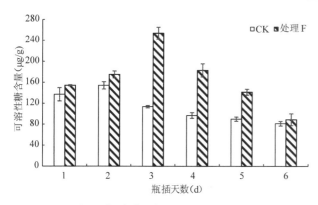

图 4 '白兰地'海棠瓶插期间可溶性糖含量变化

Fig. 4 Variation of soluble sugar content during 'Brandywine' crabapple bottle insertion

如图3所示，在观赏海棠'唐纳德'切花的瓶插期间，CK 的可溶性糖含量呈持续下降趋势，并且在瓶插后期下降幅度逐渐增大，至瓶插第 6d 时，可溶性糖含量为 22.4μg/g，较瓶插第 1 天下降了 82.1%。处理 D 在瓶插期间经历了先上升后下降的变化过程，在瓶插第 2d，可溶性糖含量达到最大值，随后日渐下降。下降速度较慢且在整个瓶插过程中维持相对较高的水平。至第 6d 时花瓣可溶性糖含量为 65.91μg/g，较瓶插第 1d 只下降了 46.9%，下降幅度比 CK 缩减了 35.2 个百分点。

'白兰地'清水瓶插期间可溶性糖含量经历小幅增长后，在第 3d 迅速下降，之后继续下降，但下降幅度趋缓，最终下降了 51.5%。添加保鲜液后的切花所含可溶性糖前期增长幅度较大，到达峰值后第 4d 开始下降，至第 6d 下降了 42.4%，下降幅度缩减了 9.1 个百分点(图 4)。

2.4 保鲜剂对海棠切花可溶性蛋白质含量的影响

由图 5 可知，无论是清水瓶插还是使用保鲜剂，'唐纳德'花瓣中可溶性蛋白质含量均呈现先增加而后下降的变化趋势。添加了保鲜液成分的处理 D 到第 3d 可溶性蛋白质含量达到峰值，较 CK 而言推迟了 1d，并在此之后始终保持着高于 CK 的水平。处理 D 峰值比 CK 同期高出 69.1%，存在极显著差异，比 CK 峰值高出 10.8%，但两者差异不显著。至第 6d 时处理 D 可溶性蛋白质含量为 333.9μg/mg，比瓶插前下降了 53.4%，较 CK 69.1% 的下降幅度降低 15.7 个百分点。

'白兰地'海棠瓶插期间可溶性蛋白质含量变化趋势基本与'唐纳德'相类似，经过保鲜液处理的切花蛋白质初始积累更多，含量下降的时间有所推迟，处理 F 峰值较 CK 同期及峰值高出 180.3% 和 56.0%，均达到极显著差异水平。总体下降幅度减小 27.8 个百分点(图 6)。

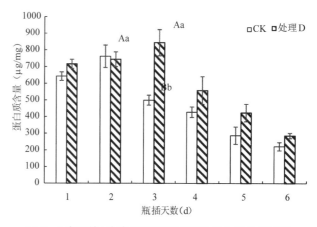

图 5 '唐纳德'海棠瓶插期间可溶性蛋白质含量变化

Fig. 5 Variation of protein content during 'Donald' crabapple bottle insertion

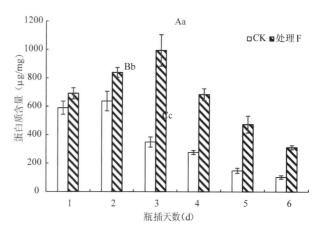

图 6 '白兰地'海棠瓶插期间可溶性蛋白质含量变化

Fig. 6 Variation of protein content during 'Brandywine' crabapple bottle insertion

2.5 保鲜剂对海棠切花 MDA 含量的影响

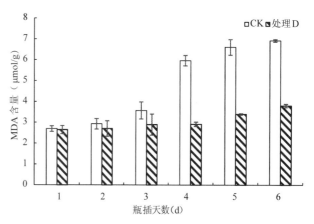

图 7 '唐纳德'海棠瓶插期间 MDA 含量变化

Fig. 7 Variation of MDA content during 'Donald' crabapple bottle insertion

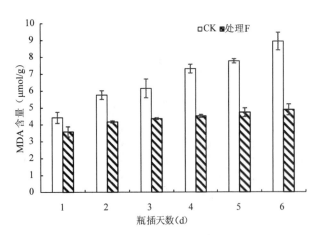

图8 '白兰地'海棠瓶插期间 MDA 含量变化

Fig. 8   Variation of protein content during 'Brandywine'
crabapple bottle insertion

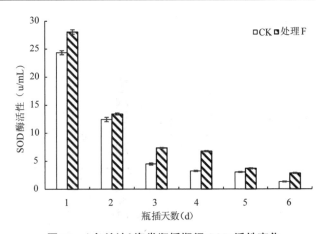

图10 '白兰地'海棠瓶插期间 SOD 活性变化

Fig. 10   Variation of SOD content during 'Brandywine'
crabapple bottle insertion

从图7中可以看出，处理 D 与对照在瓶插过程中MDA 含量均呈逐渐增加的趋势，瓶插前 2d，两组均变化不大，且两组组间差异不明显，第 3d 开始，CK迅速增加，处理 D 仍然保持缓慢的增长趋势，两组间差距迅速变大。最终处理 D 比瓶插前只增加了43.8%，较 CK 156.8%的增幅而言缩减了 113 个百分点。

从图8可以看出，'白兰地'瓶插过程中两组MDA 含量均逐渐增加，且增长速度较为均匀，处理 F增长较 CK 更为缓慢，总体一直保持在较低的水平，随着时间的推移，两组间差距逐渐增大。最终处理 F比瓶插前只增加了 36.3%，较 CK 102.1%的增幅而言缩减了 65.8 个百分点。

2.6 保鲜剂对海棠切花 SOD 含量的影响

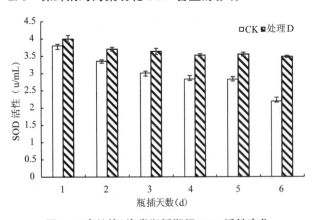

图9 '唐纳德'海棠瓶插期间 SOD 活性变化

Fig. 9   Variation of SOD content during 'Donald'
crabapple bottle insertion

瓶插期间，'唐纳德'海棠 SOD 活性呈下降趋势，图9中可以明显看出，添加了保鲜液的处理 D 变化幅度更小，瓶插结束时只下降了 12.9%，较 CK 42.5%

的下降幅度缩减 29.6 个百分点。其 SOD 活性的水平一直维持在高于 CK 的状态。

'白兰地'海棠瓶插过程中 SOD 活性不断下降，但总体而言，处理 F 始终较 CK 略高，其下降幅度低于 CK 4.8 个百分点(图10)。

3 讨论

糖类可提供切花正常的生命活动所必需的碳源物质，同时增加渗透浓度，提高切花吸水能力。杀菌剂能降低微生物对花枝水分平衡的破坏作用，调节水分平衡。因此绝大多数保鲜剂中均含有糖和杀菌剂。李淑英(2009)等人的研究表明，5%蔗糖+250mg/L 8-HQS 可改善桃花花瓣水分状况，延长切花瓶插时间；张芳(2011)试验发现，3%蔗糖+300mg/L 8-HQS 在延缓碧桃切枝的瓶插寿命，提高开花率上有一定作用。本研究中，2%蔗糖+200mg/L 8-HQS 可以显著提高观赏海棠切花开花率，增大花径，减小瓶插过程中鲜重损失，延缓水分平衡值降为负值的时间，显著延长了瓶插寿命，与前人研究结果一致。

在此基础上，添加 10~50mg/L 的 6-BA 对提高海棠切花开花率及延长瓶插寿命均无显著效果，且浓度较高时会产生抑制作用。该结果与多数以往的研究报道不太一致(胡小京 等，2009；郑翠萍 等，2008)。可能与本试验所用的 6-BA 浓度偏高及选用含有蔗糖和杀菌剂的保鲜液作对照有关。其确切原因有待后续深入研究。而添加了 GA$_3$ 的处理较处理 G 开花率显著提高，瓶插寿命有所延长，花径显著增大。说明GA$_3$ 可显著改善观赏海棠切花采后瓶插品质。这与Danaee E(2011)等人的研究结果基本一致。本试验中，GA$_3$ 浓度为 10mg/L 时对'唐纳德'保鲜效果最佳，而对于'白兰地'来说，50mg/L GA$_3$ 最为适宜。

初步猜想可能与'白兰地'海棠花瓣偏厚、瓣数多、花径较大有关。观赏海棠在多年来的人工选育下，各种质间性状差异较大，不同种质的海棠最适保鲜液成分浓度会有所不同，今后需要根据特定种质选取适合的保鲜剂配方。

参考文献

陈婧婧，王小德，马进，等，2012. 不同瓶插液对梅花种质三轮玉蝶采后生理特性的影响[J]. 江苏农业科学，(07)：252-254.

郭翎，曹颖，包铮炎，等，2010. 观赏海棠种质评价体系[C]//国际风景园林师联合会(IFLA)第47届世界大会、中国风景园林学会2010年会，中国江苏苏州.

韩琴，2014. 山茶花切花保鲜和衰老机理的研究[D]. 宁波：宁波大学.

胡小京，耿广东，张素勤，等，2009. 6-BA 对黄花石蒜切花保鲜效果的影响[J]. 西南师范大学学报(自然科学版)，34(5)：129-132.

姜楠南，汤庚国，2007. 中国海棠花文化初探[J]. 南京林业大学学报(人文社会科学版)，(01)：56-60.

李淑英，何文华，董丽，等，2009. 保鲜液对桃切花采后生理变化及保鲜效果的影响[J]. 北方园艺，2017(12)：224-227.

刘小林，2016. 不同处理液对蜡梅切花保鲜效果的影响[J]. 潍坊工程职业学院学报，(03)：99-101.

罗永亚，邱娜菲，王瑞琪，等，2016. 巨紫荆花瓣内含物及保鲜剂对切枝生理代谢的影响[J]. 东北林业大学学报，(03).

戚家栋，2015. 保鲜剂配方对贴梗海棠切花保鲜及生理效应的调控[J]. 湖北农业科学，(11)：2694-2697.

任敬民，素珍，魏东华，等，2016. 不同保鲜液及冷藏对迎春桃花保鲜效果的研究[J]. 佛山科学技术学院学报(自然科学版)，34(2)：35-38, 42.

吴少华，李房英，1999. 鲜切花栽培和保鲜技术[M]. 北京：科学技术文献出版社.

夏晶晖，2012. 微波及保鲜剂延缓狗蝇蜡梅切枝衰老的研究[J]. 西南大学学报(自然科学版)，(06)：36-40.

袁宏道，2015. 瓶史[M]. 济南：山东画报出版社.

张芳，孔云，陈学珍，等，2011. 不同浓度 6-BA 和 CTK 对碧桃切枝瓶插开花的影响[J]. 北京农学院学报，26(4)：1-3.

张谦德，2012. 瓶花谱[M]. 北京：中华书局.

郑翠萍，吴迪，李玲，等，2008. 6-苄基腺嘌呤和激动素对香石竹切花衰老的生理效应[J]. 植物生理学报，44(6)：1152-1154.

Danaee E, Mostofi Y, Moradi P. 2011. Effect of GA_3 and BA on postharvest quality and vase life of gerbera (*Gerbera jamesonii* cv. Good Timing) cut flowers[J]. Horticulture, Environment, and Biotechnology, 52(2)：140-144.

基于花卉展览的梅花切枝冷藏技术初探

倪钟 李彧德 赵玉贤 陈瑞丹*

（花卉种质创新与分子育种北京市重点实验室，国家花卉工程技术研究中心，城乡生态环境北京实验室，
园林环境教育部工程研究中心，林木花卉遗传育种教育部重点实验室，园林学院，北京林业大学，北京 100083）

摘要 随着人们观花热情的不断提高，越来越多的花卉展览走进人们视野，成为新优品种得以推广的好机会。花卉展览形式众多，其中大型综合花卉展览因其特殊性往往不能顺应所有参展植物花期。2019 年，北京世园会成功召开，综合花卉展览作为其中一部分也陆续开展，梅花新优品种将参加 5 月初的花卉展览，这就要求推迟梅花切枝开花进程。以此为契机，以计划参展的 9 个梅花品种为试验材料进行冷藏处理，对开花进程持续时间等进行统计分析，探究冷藏对梅切花开花进程的影响。结果表明：冷藏水培能够有效推迟受试品种开花进程；取枝时植株开花进程以及取枝类型影响冷藏处理效果。综合认为，在植株进入始花期前，取生长健壮且无病虫害的 1 年生枝条，于 4～6℃冷库进行低温水培，能够有效推迟开花进程。

关键词 梅；冷藏；开花进程；花卉展览

A Preliminary Study on the Cold Storage Technology of *Prunus mume* Cutting Based on Flower Exhibition

NI Zhong LI Yu-de ZHAO Yu-xian CHEN Rui-dan*

（*Beijing Key Laboratory of Ornamental Plants Germplasm Innovation & Molecular Breeding，National Engineering Research Center for Floriculture，Beijing Laboratory of Urban and Rural Ecological Environment，Engineering Research Center of Landscape Environment of Ministry of Education，Key Laboratory of Genetics and Breeding in Forest Trees and Ornamental Plants of Ministry of Education，School of Landscape Architecture，Beijing Forestry University，Beijing 100083，China*）

Abstract As people's enthusiasm for viewing flowers increases continuously，more and more flower exhibitions come into people's eyes and become a good opportunity to promote new varieties. There are many forms of flower exhibitions，among which large-scale comprehensive flower exhibitions often fail to comply with the flowering period of all plants. The Beijing Garden Expo was successfully held in 2019，and the flower exhibition as part of it has also been carried out one after another. New cultivars of Mei will participate in the flower exhibition in early May，which requires the postponement of flowering process. Therefore，10 Mei flower cultivars planned to be exhibited were used as experimental materials for cold storage treatment，and the statistical analysis of the duration of flowering process was conducted to explore the effect of cold storage on the flowering process of cutting. The results show that：cold storage can effectively delay the flowering process of the tested cultivars；the flowering process of plants and the type of cutting affect the effect of cold storage treatment when the branches are taken. It is comprehensively believed that before the plant enters the initial flowering period，taking 1-year-old branches with strong growth and no pests and diseases in a cold storage at 4～6℃ for hydroponic cultivation can effectively delay the flowering process.

Key words *Prunus mume*；Cold storage；Flowering process；Flower exhibition

梅（*Prunus mume*）是蔷薇科（Rosaceae）李属（*Prunus*）（辛树帜，1988）优良的观赏花木，距今已有 7000 多年的应用史和 3000 多年的栽培史（陈俊愉，1996）。我国是梅花的原产国，其自然分布范围广泛，以川、滇、藏为分布中心（王翠梅 等，2013），经过多年的选育工作，已有许多梅花品种出现。梅花先花

---

1 基金项目：北京市共建项目专项资助。

第一作者简介：倪钟（1996—），女，硕士研究生，主要从事梅花杂交育种研究。

* 通讯作者：陈瑞丹，副教授，E-mail：chenruidan@ 126. com。

后叶开放，花色丰富、品种众多，是中国传统名花之一。梅花的园林应用形式多样，多植于山坡或草地边缘，或与其他植物，如松、竹等搭配形成具有一定主题意境的花园，或通过不同不花期花色的品种搭配组建梅专类园。梅花切花作为一种比较特殊的应用形式，常通过与其他植物的搭配以及在各个专著以及画作中展示，使得梅花切花深入人心（李冉馨，2013）。

木本植物切花指切枝可用以插花的木本植物，在成年植株上剪取带花、叶、果或芽等枝条作为观赏之用（房伟民 等，2002）。梅花春节前后开花，香幽色雅、韵胜格高，寓意美好，且瓶插观赏期长是适宜作切花的木本植物之一（陈婧婧，2012；毛庆山 等，2015），梅花切花的最早记载应至少在魏、晋之际，陆凯通过骚使赠梅花枝予范晔，并附短诗："折梅逢骚使，寄与陇头人；江南无所有，聊赠一枝春。"（郭维明，2008）。作为木本切花，梅花的相关研究主要集中于切花品种筛选以及切枝采后生理等方面，而对切枝采取一定技术措施推迟开花进程相关尚未见报道。

2019 年中国北京世界园艺博览会（后简称"世园会"），是经国际园艺生产者协会批准，由中国政府主办、北京市承办的最高级别的世界园艺博览会，是获得国际园艺生产者协会批准及国际展览局认证授权举办的 A1 级国际园艺博览会。新优植物品种展示作为世园会的一部分，吸引了众多园艺爱好者前来观看。与普通切花的商品用途相比，花卉展览中的切花展示除对瓶插寿命有一定要求外，还应采取一定的技术措施使切枝在展览前尽可能的保持在盛花期以前的状态，以待转移至适宜的环境条件后及时开放并达到较优的观赏效果。此次梅花新优品种按计划参与"世园会"5月初的花卉展览，这与北京地区梅花自然花期相比延后约 50d。因此，本试验选取了 9 个近年来培育出的梅花新优品种，进行切枝冷藏推迟开花进程研究，旨在为基于花卉展览对于木本切花特殊要求背景下，探讨推迟梅花切枝花期的有效技术措施。

1 材料与方法

1.1 材料

试验于 2019 年 3 月 11 日至 4 月 28 日于北京林业大学北林科技冷库和八家苗圃进行。材料选自八家苗圃，剪取枝条健壮、粗细均匀、芽体饱满且无病虫害的当年生或多年生梅花品种作材料（王少平 等，2006），具体梅花品种、切枝长度及切枝类型如表 1 所示。材料取下后，立即放入盛有清水的桶中浸泡，并转移至冷库。每根枝条上的下剪口斜剪，以利于吸水。

表 1 不同的品种及切枝标准

Table 1 Different cultivars and cutting standards

编号	品种名	拉丁名	开花进程	切枝类型	切枝长度（cm）
A	'春粉'	Prunus mume 'Chunfen'	始花期-10%	一年生枝	100
B	'春日'	P. mume 'Chunri'	始花期-5%	一年生枝	80
C-1	Ⅲ-3	P. mume	始花期-20%	一年生枝	100
C-2	—	—	始花期-20%	多年生枝	175
D-1	'粉碧兆波'	P. mume 'Fenbi Zhaobo'	蕾期	一年生枝	120
D-2	—	—	蕾期	多年生枝	180
E	'粉月香'	P. mume 'Fen Yuexiang'	始花期-5%	一年生枝	60
F	'红星白云'	P. mume 'Hongxing Baiyun'	蕾期	多年生枝	120
G	'俊愉'	P. mume 'Junyu'	蕾期	多年生枝	100
H	'凝丹'	P. mume 'Ningdan'	始花期-15%	一年生枝	60
I-1	'香瑞白'	P. mume 'Xiang Ruibai'	始花期-18%	一年生枝	120
I-2	—	—	始花期-18%	多年生枝	180

注："—"表示同上；"始花期-x%"表示取材时植株已进入始花期，有 x% 小枝的花都展开花瓣。

1.2 试验设计

试验以生长于八家苗圃的地栽植株为对照，3 月 11 日首日取材后，每隔 5d 及时换水，并剪去枝条基部 1~1.5cm 以利于充分吸水。每隔 7d 使用游标卡尺测量一次花蕾长、宽数据，每日观察花开放进程，以整株或所取切枝的 1~2 个小枝上，花蕾的花瓣完全开放，记录为始花期，待整株或所取切枝有 50% 小枝的花都展开花瓣时，记录为盛花期，转为测量花径，直至植株上只留有极少数的花时，记录为末花期。数据记录截止于 4 月 28 日（从冷库移除运往参展地），并以此时切枝生长状态与数据指标作为最终评价标准。所有测量数据均随机选取 12 个测量对象进行测量，冷库内平均温度为 5.79℃，平均湿度为 79%。

2 结果与分析

2.1 冷藏水培对推迟开花进程的有效性

由图 1 可知受试的 9 个品种梅花在冷藏水培条件下，自试验开始至盛花期前的天数均有所增加。其中，'俊愉'梅盛花期前天数从 14d 增长为 47d，延长 33d，涨幅最大；其次为'粉碧兆波'梅和'红星白云'梅，分别延长了 30d 和 29d；相比之下，'春粉'梅盛花期前天数延长最少，从 7d 到 18d，延长 11d，其次为Ⅲ-3 延长了 14d。，不同的品种盛花期前天数的增幅相差较大，'俊愉'梅和'春粉'梅的延长天数相差 22d，这可能与不用品种自身生长特性以及自然状态下花期有关，但所有受试品种自试验开始至盛花期前的天数平均增长了 21.11d，认为冷藏水培对推迟梅花开花进程是十分有效的。

2.2 取材时植株开花进程对推迟切枝开花进程的影响

由表 1 可知，3 月 11 日取材时，除'俊愉'梅、'粉碧兆波'梅和'红星白云'梅外，其余的梅花品种均已进入始花期，对比图 1 不同品种盛花期前天数可知，取材时未进入始花期的 3 个梅花品种盛花期前天数平均增长 33.67d，其中，'俊愉'梅在 4 月 28 日终止记录时仍未进入盛花期。而取材时已进入始花期的其余 6 个品种盛花期前天数平均增长 16.33d，相差约 27d。因此认为，在梅花品种未进入始花期以前即仍

处于蕾期状态时，及时取枝进行冷藏水培处理能够更有效地延长梅花品种的开花进程。对比取材时已进入始花期的 6 个品种，'春粉'梅、'春日'梅、Ⅲ-3、'粉月香'梅、'凝丹'梅以及'香瑞白'梅分别约有 10%、5%、20%、5%、15% 和 18% 小枝的花都展开花瓣，相对应的盛花期前天数分别增长了 11d、16d、14d、16d、17d 和 24d，并未有显著的相关关系，这可能与不同的取材树营养状况以及品种自身开花进程持续时间有关。

2.3 不同梅花品种开花进程持续时间

从图 2 可以看出，'春粉'梅、'春日'梅、Ⅲ-3、'粉月香'梅、'凝丹'梅以及'香瑞白'梅 6 个品种的开花进程持续时间以及冷藏水培处理后的持续时间的延长时间各不相同。综合来看，经过冷藏水培处理后，有效观赏花期（始花期和盛花期）平均延长 19.5d，其中'香瑞白'梅延长天数最多，为 29d，而'春粉'梅最少为 12d。对于始花期而言，经过冷藏水培处理后，始花期平均延长 15.67d，其中'香瑞白'梅延长天数最多，为 20d，而Ⅲ-3 最少为 12d。盛花期平均延长时间为 3.83d，其中'香瑞白'梅延长天数最多，为 9d，但'春粉'梅、'春日'梅以及'凝丹'梅延长天数均为 1d，与地栽自然生长盛花期天数相差不大。分析认为，冷藏水培处理能够延长始花期和盛花期的天数，但对始花期的延长效果更为有效，进入盛花期后所需营养物质大幅度增加，但切枝所储存的营养物质是有限的，这可能减少了单花开花进程的持续时间，使得盛花期天数延长时间涨幅不明显。

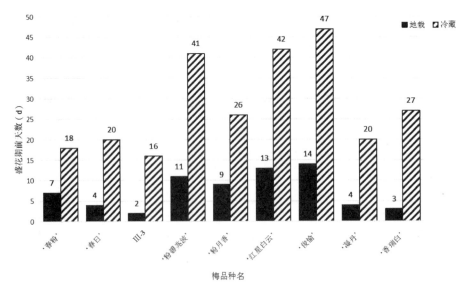

图 1　不同处理下不同品种盛花期前天数

Fig. 1　Days before full-bloom stage of different cultivars under different treatments

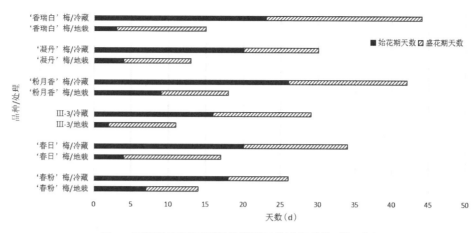

图2　不同处理下不同取枝类型开花进程持续时间对比

Fig. 2　Comparison of the duration of flowering process of different cutting types under different treatments

2.4　不同切枝类型对开花进程持续时间和花径的影响

由表2可知，相同的品种，以多年生枝条作为切枝冷藏较以1年生枝作为切枝冷藏的盛花期前的天数平均减少2.33d，盛花期天数平均增加1.5d，这可能与多年生枝储存的营养物质更多有关。对于花径而言，以多年生枝条作为切枝冷藏的花径均较大于以1年生枝作为切枝冷藏的花径，但进行单因素方差分析，3个品种 P 均大于0.05，差异不显著。因此认为，切枝类型对花径大小无显著影响，但考虑花卉展览尽可能延长盛花期前天数的要求，认为选取1年生枝进行冷藏水培处理效果更好。

表2　不同类型切枝开花进程持续时间和花径

Table 2　Flowering duration and flower diameter of cutting with different types

编号	品种名	盛花期前天数(d)	盛花期天数(d)	花径(mm)
C-1	Ⅲ-3	16	13	20.65±1.82
C-2	Ⅲ-3	14	13	22.11±2.29
D-1	'粉碧兆波'	41	—	20.72±2.08
D-2	'粉碧兆波'	39	—	21.29±2.91
I-1	'香瑞白'	27	13	23.97±3.56
I-2	'香瑞白'	25	18	24.28±3.56

注："—"表示统计时，盛花期未结束。

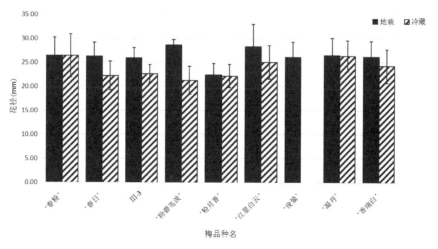

图3　不同处理下不同品种盛花期花径

Fig. 3　Flower diameter of different cultivars in full-bloom stage under different treatments

2.5 冷藏水培对花部观赏性状的影响

除推迟并延长开花进程外，冷藏水培后花部观赏性状仍是花卉展览的重中之重。经过对冷库中不同品种开花进程中花蕾色彩、形态及花萼的持续观察与测量发现，具淡粉色至粉色花蕾品种较苗圃生长植株稍显暗淡，如'粉碧兆波'梅、'红星白云'梅以及'春粉'梅等。具白色花蕾品种较苗圃生长植株微微泛黄，如'香瑞白'梅。大多数品种花萼萼片在冷藏水培过程中萼片全部或部分脱落，稍显干枯，这对切花的观赏效果有一定的影响。分析认为，这些可能与切枝营养物质有限以及冷库内全天黑暗有关。花径作为花部性状的重要指标，能够很好地衡量冷藏水培对花部观赏性状的影响，由图3可知，不同品种经冷藏水培后花径均小于苗圃生长花径，但进行单因素方差分析得，Ⅲ-3、'粉碧兆波'梅、'春日'梅以及'香瑞白'梅，$P<0.05$，即在0.05水平上差异显著，而其他5个品种花径平均值虽有差异但在0.05水平上差异不显著，这可能与不同品种自身生长特性有关。

3 讨论

花卉展览是将新优品种展示给大众的良好机会，而花卉展览日期的不确定性对参展品种的花期具有特定的要求（王新悦，2017）。除此之外，木本植物相较于草花而言，不可能带土整株搬运，因此，针对于花卉展览的特殊性，采用一定的技术措施在保证开花质量的基础上，推迟并延长开花进程是木本切花在花卉展览中进行展示的亟待解决的问题。

冷藏水培是推迟开花进程的有效方式。王少平等对碧桃、迎春和连翘含苞枝条进行冷藏处理发现，通过一定时间的冷藏，花期得到了明显的推迟（王少平等，2006，2007）。取材时间以及取材部位对推迟开花进程有一定的影响，但试验中对取材时植株的开花进程以及后期进入始花期和盛花期的判断均为人为感官判断，具有一定的误差，应选择更科学的量化判定方式使结果更准确。除此之外，为尽可能地确保花卉展览时切花质量，所取切枝均选择树体上生长状况优良的枝条截取，因此不同的品种芽量、粗细以及营养含量均有差异，这对试验的精度也有一定的影响。综合考量试验结果认为，在品种进入始花期前，取生长健壮且无病虫害的1年生枝条，于4~6℃冷库进行冷藏水培，能够有效推迟开花进程，且生长状况较好。

基于参加'世园会'花卉展览这一最终目标，所有花部数据测量及观察均在冷库环境中进行，冷藏结束移至适宜的生长环境后的数据未能获得，而这部分数据更能表示花卉展览背景下，冷藏水培对花部观赏性状的影响。针对试验中的结果而言，认为冷藏水培对花部观赏性状有一定的影响，部分品种出现花蕾皱缩、萼片脱落以及花色暗淡等问题。艾丽皎等在研究梅花瓶插保鲜效果中发现，以5%蔗糖+10mg/L 6-BA + 100mg/L 8-HQ + 100mg/LSA做保鲜剂，能够延缓花的衰老，盛花期持续时间增加，花朵开放程度高，而脱落率和萎蔫率均较低，观赏品质提高（艾丽皎等，2010）；陈婧婧等以'三轮玉蝶'为研究对象，认为以3%蔗糖+ 10mg/L 6-BA + 100mg/L 8-HQ为培养液，可使'三轮玉蝶'瓶插效果最佳（陈婧婧 等，2012）。除梅花外，其他植物有关切花保鲜剂研究众多。罗彤彤等研究外源褪黑素对切花月季'卡罗拉'保鲜效果的影响，认为褪黑素与瓶插液配合，能够有效提高花径张开度（罗彤彤 等，2018）；Liu 等发现无机盐能够改善石竹切花的观赏特性和生理特性（Liu *et al.*，2020）；Hassan 等研究认为，辣木提取物能够通过维持含水量，增强抗氧化机制，使玫瑰鲜切花寿命增强（Hassan *et al.*，2020）。可见，外源物质的加入能够有效延缓花的衰老，并保障观花品质。在今后的试验中，可在冷藏水培的条件下，进入始花期后，加入适宜的外源保鲜剂，在尽可能推迟开花进程的基础上，保障花部性状观赏品质，以待在花卉展览中展示出较优的观赏效果。

参考文献

房伟民，陈发棣，2002. 木本植物——有待开发的切花新领域[J]. 江苏林业科技，(02)：40-42.

郭维明，2001. 中华梅切花应用的发展史及其产业化前景[J]. 北京林业大学学报，23(S1)：51-55.

何文华，李淑英，张宏力，2009. '锦春'桃的切枝春节催花及保鲜研究[J]. 安徽农业科学，37(23)：10960-10961.

李冉馨，2013. 梅花切花品种筛选以及离体快繁技术研究[D]. 北京：北京林业大学.

罗彤彤，庞天虹，马骥，等，2018. 褪黑素对切花月季'卡罗拉'保鲜效应的影响[J]. 浙江农林大学学报，35(05)：981-986.

毛庆山，杨艳芳，张云珍，2015. 10个梅花品种鲜切花耐贮性试验分析[J]. 北京林业大学学报，37(S1)：54-56.

王翠梅，董然然，陈瑞丹，2013. 梅远缘杂交育种研究进展[J]. 北京林业大学学报，35(S1)：124-127.

王少平，黄亚玲，冯富真，2006. 碧桃切枝冷藏效果初探

［J］. 河南科技学院学报(自然科学版)，(04)：35-37.

王少平，刘向阳，井利丹，2007. 迎春·连翘切枝冷藏开花效果比较研究［J］. 安徽农业科学，(29)：9201-9202+9210.

王新悦，2017. 中国花卉协会分支机构展示精巧别致专注植物品种［J］. 中国花卉园艺，(19)：51-54.

辛树帜，1983. 中国果树史研究［M］. 北京：农业出版社.

F A S Hassan, R Mazrou, A Gaber, et al., 2020. Moringa extract preserved the vase life of cutting roses through maintaining water relations and enhancing antioxidant machinery［J］. Elsevier B. V., 164.

Lou X, Anwar M, Wang Y, et al., 2020. Impact of inorganic salts on vase life and postharvest qualities of the cutting flower of Perpetual Carnation. ［J］. Pubmed.

不同保鲜液对洋桔梗切花保鲜效果的影响

王宝珠　马翠芝　孙鸿伟　郝丽红*

（河北农业大学园艺学院，保定 071000）

摘要　洋桔梗是龙胆科草原龙胆属的一种观赏花卉，它作为切花在国内外市场皆很流行。本研究以洋桔梗切花为试材，研究了不同组合配方的保鲜液对洋桔梗切花保鲜效果的影响，同时探讨了褪黑素在鲜切花保鲜中的作用。试验结果表明：和对照（CK1）相比，采用其他不同配方保鲜液对洋桔梗切花进行瓶插处理时，发现各组处理均能在不同程度上提高切花的保鲜效果，其中以处理 E[2% 蔗糖 + 250mg/L8-HQ + 250mg/L Al$_2$(SO$_4$)$_3$+ 20μmol/L 褪黑素]的保鲜效果最好，该瓶插液不仅可以延长洋桔梗切花的瓶插寿命、增大花径，还可促进其花苞开放、维持水分平衡值等。其次为处理 A[2% 蔗糖 + 250mg/L 8-HQ + 250mg/L Al$_2$(SO$_4$)$_3$]。并且发现，褪黑素具有延长切花瓶插寿命、减缓花枝鲜重变化率下降速度的效果，但对增大花径作用不明显。

关键词　洋桔梗；切花；保鲜效果；褪黑素

Effects of Different Preservatives on Fresh-keeping of *Eustoma grandiflorum* Cut Flowers

WANG Bao-zhu　MA Cui-zhi　SUN Hong-wei　HAO Li-hong*

（*College of Horticulture, Hebei Agricultural University, Baoding 071000, China*）

Abstract　*Eustoma grandiflorum* is a kind of ornamental flower of the *Eustoma* genus in Gentianaceae. It is currently very popular in the world as cut flower. In this study, the cut flower of *Eustoma grandiflorum* was used as the experimental material. By designing different combinations of preservation solutions, the different effects on the fresh-keeping effect of cut flowers were studied, and the role of melatonin in the preservation of fresh cut flowers was also discussed. The results indicated that, compared to distilled water (CK1), all treatments could improve the fresh-keeping effect of cut flowers in different degree. Particularly, the concentration of sucrose (2%) + 8-HQ (250mg/L) + Al$_2$(SO4)$_3$(250mg/L) + melatonin (20μmol/L) could significantly prolong the vase-life of cut flowers, and increase flowerdiameter, promote flowering and maintain water balance, and followed by the concentration of sucrose (2%) + 8-HQ (250mg/L) + Al$_2$(SO4)$_3$(250 mg/L). In addition, wealso found that melatonin has the effect of prolonging the life of the vase and slowing down the rate of change of the fresh weight of *Eustoma grandiflorum*, but it has no obvious effect on increasing flower diameter.

Key words　*Eustoma grandiflorum*; Cut flower; Preservation; Melatonin

　　洋桔梗（*Eustoma grandiflorum*）又名草原龙胆，是龙胆科草原龙胆属的多年生宿根草本花卉，原产于美国中南部，后来被日本引进，经多年繁殖研究已经育成大量生产用栽培品种，同时它作为切花的优良材料也得到了广泛地推广（夏忠强 等，2008）。洋桔梗属于多花型鲜切花，单个花枝具有数朵小花。另外，其花色繁多，既有单瓣种类也常见重瓣种类，花型美丽动人，具有很高的观赏价值，且插花效果很好（田如英和周恒，2005）。截至 2018 年底，全世界洋桔梗切花的年销售约有 3 亿枝，在各种切花中排第七位。近几年洋桔梗切花市场行情和生产效益良好，在中国切花市场上拥有极大的发展潜力（白艳荣和蒋亚莲，2019）。

　　目前洋桔梗已经在我国鲜切花市场上占有了一定

1　基金项目：河北农业大学引进人才科研专项（ZD201729）。

　　作者简介：王宝珠（1997—），女，河北农业大学园艺学院，主要从事观赏花卉栽培研究。

*　通讯作者：郝丽红（1986—），女，博士，讲师。主要研究方向为观赏植物种质资源创新与利用。E-mail：haolihong1986@ 163.com。

份额，但在生产和生活中其采后贮运及瓶插保鲜等方面还存在一些问题。比如会出现花茎弯曲、花朵无法正常开放、花枝易折断等现象，并且易干枯萎蔫从而影响了其观赏价值（Cho et al.，2001）。而这些问题的解决和其保鲜技术的发展又有着密切联系。近年来，利用不同保鲜液对洋桔梗切花进行保鲜的研究虽然已取得了一定的进展，但其保鲜效果还有待提升。前人的研究发现，75mg/L 的水杨酸（SA）可以促进花枝吸水，维持其水分平衡值（郭碧花，2012）；适宜浓度的氯化钙（$CaCl_2$）溶液可以明显延长洋桔梗切花保鲜时间（师进霖 等，2011）；植物生长调节剂[6-苄氨基嘌呤（6-BA）、丁酰肼（B_9）]除了在延长切花的瓶插寿命上有显著效果外，还可以促进开花、增加花枝鲜重、扩大花径、维持水分平衡（魏云华 等，2010）。而在对无机盐的保鲜效果研究中，刘珊等发现适当浓度的硫酸铝[$Al_2(SO_4)_3$]和 $CaCl_2$，在与蔗糖、山梨酸配合使用时，可以增加洋桔梗切花的保鲜效果（刘珊 等，2014）。除了常用于鲜切花保鲜的传统保鲜液成分外，随着人们对新型植物生长调节剂褪黑素研究的深入，发现其对园艺产品的保鲜也具有重要作用（Sun et al.，2015），对切花月季'卡罗拉'（Rosa hybrid 'Corolla'）具有较好的保鲜效果（罗彤彤 等，2018）。

因此，本试验在前人研究的基础上，以洋桔梗切花为试材，通过设计不同组合的保鲜液，对比分析不同成分保鲜液对洋桔梗切花瓶插保鲜效果尤其褪黑素对其保鲜效果的影响，以期筛选出较为适宜的保鲜液配方，并为褪黑素在鲜切花保鲜上的应用提供理论依据。

1 材料与方法

1.1 试验材料与处理

洋桔梗切花购买于石家庄市西三教花卉市场，选择新鲜、健壮、硬挺的花枝。瓶插前先将花枝截取为 35cm 长，基部斜切，然后去除花枝下部叶片，仅保留顶部 1 对叶片。将处理好的花枝分别插入盛有 300mL 自来水和不同处理保鲜液的遮光矿泉水瓶中进行瓶插保鲜试验，瓶口用塑料薄膜封紧，防止瓶中水分散失，瓶身用黑色塑料袋包裹以达到避光的目的。

本试验设计了两个对照，7 个处理。分别以自来水和 20μmol/L 的褪黑素溶液作为对照 CK1 和 CK2，7 种保鲜液处理的配方如下所示：

A：2% 蔗糖+250mg/L 8-HQ+250mg/L $Al_2(SO_4)_3$

B：2% 蔗糖+250mg/L 8-HQ+20mg/L 6-BA

C：2% 蔗糖+250mg/L 8-HQ+2g/L $CaCl_2$

D：2% 蔗糖+250mg/L 8-HQ+20μmol/L 褪黑素

E：2% 蔗糖+250mg/L 8-HQ+250mg/L $Al_2(SO_4)_3$ +20μmol/L 褪黑素

F：2% 蔗糖 + 250mg/L 8-HQ + 20mg/L 6-BA + 20μmol/L 褪黑素

G：2% 蔗糖 + 250mg/L 8-HQ + 2g/L $CaCl_2$ + 20μmol/L 褪黑素

每个处理 3 枝切花，重复 3 次。置于室温条件下，温度为 25℃ 左右，相对湿度为 15%～35%，在室内无直射光照射且通风良好的位置进行，于每天上午 11：00 进行各项指标的测量，并拍照记录。

1.2 指标测定与方法

1.2.1 瓶插寿命

从开始处理到花朵萎蔫、失去观赏价值（以 50% 的花朵出现失水萎蔫、弯头或花瓣出现枯黄时为标准）为止的时间。

1.2.2 花径大小

采用十字测量法，使用游标卡尺于每天同一时间测量花径大小。

1.2.3 切花开花率

初始开花率是花枝在瓶插开始的时候已经开放的花数（以能看见花蕊为花朵开放的标志）占总花数的百分比，终止开花率是指花枝在瓶插结束时开放了的花数占总花数的百分比。

开花率增加率=[（终止开花率-初始开花率）/初始开花率]×100%。

1.2.4 花枝鲜重及其变化率

花枝鲜重采用称量法，利用电子天平进行称重，每天按时称量花枝鲜重，记花枝瓶插时的初始质量为 M_0(g)，瓶插后每天测量的花枝质量记做 Mn(g)。

鲜重变化率=（Mn-M_0）/M_0×100%。

1.2.5 水分平衡值

采用称量法，自瓶插之日起，每日定时用电子天平测定花枝的吸水量和失水量，以下公式用来计算花枝的水分平衡值：

$$Wa = Wn - W(n+1)$$
$$Wb = Wm - W(m+1)$$
$$W = Wa - Wb$$

式中，Wa 为花枝吸水量（g），Wb 为花枝失水量（g）；Wn 为当天瓶重与溶液重之和（g），W(n+1) 为后 1 天瓶重与溶液重之和（g）；Wm 为当天花枝重量、瓶重、溶液重之和（g），W(m+1) 为后 1 天花枝重量、瓶重、溶液重之和（g）；W 为水分平衡值（g）。

1.3 数据处理与分析

应用 Excel 2013 进行数据统计、处理和制图，采用 SPSS 22. 0 软件进行数据处理及相关分析，并利用 Duncan 法进行多重比较分析（P<0. 05）。

2　结果与分析

2. 1　不同保鲜液对洋桔梗切花瓶插寿命、花径大小及开花率的影响

不同保鲜液对洋桔梗切花瓶插寿命、花径大小及开花率的影响结果如表 1 所示。从表中可以看出，CK1 的洋桔梗瓶插寿命仅为 8d，而包括 CK2 在内的其他各处理均在此基础上延长了切花的瓶插寿命，其中以处理 E 的效果最为显著，瓶插寿命达到了 13d，比 CK1 延长了 5d，处理 A 和处理 G 次之，均与对照组达显著差异，而其他处理在增加瓶插寿命方面虽有效果但不如 E、A、G 显著，并且 CK2 和处理 D 与 CK1 的差异不显著。同时分别对比没有添加褪黑素的处理 A、B、C 和添加了褪黑素的处理 E、F、G，可以发现添加了褪黑素的保鲜液其效果和没有添加褪黑素的效果差异不太显著或无差异，说明褪黑素在延长洋桔梗切花瓶插寿命方面没有明显作用，从两个对照也可看出其作用效果不明显。另外，对比处理 A、B、C、D 及处理 E、F、G，发现均以含有 $Al_2(SO_4)_3$ 的处理 A 和 E 效果最佳。而 CK2 和处理 D 对比后发现，蔗糖与 8-HQ 的使用起到了延长切花寿命的作用。

切花的花径是评估其保鲜效果的重要指标之一，从表 1 中可以看出，不同保鲜液对洋桔梗切花花径大小有一定影响，和对照相比，各处理保鲜液均不同程度地增加了花径，使花朵得到了较为充分的展开。其中以处理 A 的效果最为明显，可达 7. 90cm，其次为处理 E、C、B、G，这些处理间有一定的差异，但不是很显著。而处理 A 和处理 F、D 及两个对照 CK1 和 CK2 差异显著。对比处理 A、B、C、D 和处理 E、F、G 发现，在 2% 蔗糖 + 250mg/L 8-HQ 上单独添加褪黑素的效果最差，而当其他成分相同时，添加 $Al_2(SO_4)_3$、6-BA 和 $CaCl_2$ 的保鲜液其作用效果差异不显著，并且均以 $Al_2(SO_4)_3$ 的效果最佳。这说明含 $Al_2(SO_4)_3$ 的保鲜液有利于促进洋桔梗切花花径的增加，而对比分析发现，褪黑素的作用效果不明显，并且有一定的负面作用。

此外，从表 1 还可以发现，对照 CK2 及所有处理的切花开花率增加率均比对照 CK1 高，其大小表现为处理 E>处理 B>处理 D>处理 C>处理 G>处理 A>CK2>处理 F>CK1，除了处理 A、F 和 CK2 以外，其他各处理均与对照 CK1 差异显著，有效地增加了切花开花率，直观上提高了洋桔梗品质。该结果说明，在保鲜液中含有蔗糖和 8-HQ 的前提下，$Al_2(SO_4)_3$ 和褪黑素混合使用时可起到协同促进开花的作用，而单独添加 $Al_2(SO_4)_3$（处理 A）或褪黑素（处理 D）其作用效果均会降低，并以单独添加有褪黑素的保鲜液效果较好，比处理 E 下降了 1. 94%，下降幅度仅次于处理 B。但处理 B 和处理 F 及 D 相比，发现 6-BA 和褪黑素具有相互拮抗的作用，两者一起使用时其作用效果均不及其单独使用，并以 6-BA 的效果更佳。处理 G、C、D 的作用效果类似处理 F、B、D，但以单独添加褪黑素的处理 D 效果更佳。由此可见，只有 $Al_2(SO_4)_3$ 和褪黑素混合使用时才能起到更好的促进洋桔梗开花的效果，而 6-BA 和 $CaCl_2$ 均不宜和褪黑素一起配合使用。

综合分析认为，处理 E 的作用效果最佳，无论在延长切花瓶插寿命、增大花径及促进开花方面，均有显著效果，其次为处理 A。

表 1　不同保鲜液对洋桔梗切花瓶插寿命、花径大小及开花率的影响

Table 1　Effects of different preservatives on vase life, flower diameter and flowering rate of *Eustoma grandiflorum* cut flowers

处理 Treatment	瓶插寿命（d） Vase life（d）	最大花径（cm） Flower diameter（cm）	开花率增加率（%） Increased flowering rate（%）
CK1	8. 00 ± 0. 00 c	6. 60 ± 0. 17 c	12. 50 c
CK2	9. 00 ± 0. 00 c	6. 50 ± 0. 10 c	21. 74 abc
处理 A	12. 00 ± 1. 00 ab	7. 90 ± 0. 89 a	25. 29 abc
处理 B	11. 33 ± 0. 58 b	7. 33 ± 0. 64 abc	29. 69 a
处理 C	11. 00 ±0. 00 b	7. 36 ± 0. 41 abc	27. 81 ab
处理 D	10. 33 ± 0. 58 bc	6. 90 ± 0. 36 bc	28. 37 ab
处理 E	13. 00 ± 1. 00 a	7. 60 ± 0. 17 ab	30. 31 a
处理 F	11. 33 ± 0. 58 b	6. 96 ± 0. 67 bc	16. 35 bc
处理 G	11. 67 ± 2. 08 ab	7. 20 ± 0. 30 abc	26. 24 ab

注：数据为平均值 ± 标准差，不同的小写字母表示差异显著（P<0. 05）。

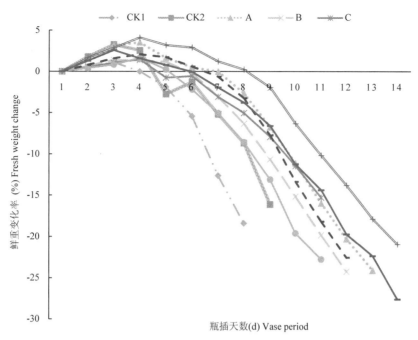

图1 不同保鲜液对洋桔梗切花鲜重变化率的影响

Fig. 1　Effect of different preservatives on the fresh weight change rate of *Eustoma grandiflorum* cut flowers

2.2 不同保鲜液对洋桔梗切花鲜重变化率的影响

不同保鲜液对洋桔梗切花鲜重变化率的影响如图1所示，从图中可以看出，各处理中洋桔梗切花的鲜重变化率都呈现出先上升后逐渐下降的趋势，说明各处理都可以在不同程度上使切花鲜重增加，但在鲜重最大增幅和开始下降的时间点上表现出了差异。从鲜重增幅上来看，处理E效果最佳，其次是处理A，但包括处理E在内其他各处理的花枝鲜重增加量的差异并不显著，而在减缓鲜重下降趋势上有比较明显的效果，处理E的鲜重变化率在第9d才下降为负值，比CK1延迟了4d，其次是处理A和处理F在第7d才下降为负值，而其他处理均有增加且彼此之间差异不显著，其中CK2和处理D的效果最差，说明仅添加褪黑素并不能有效延迟洋桔梗鲜重的下降，并且这两个处理之间差异不显著，也可以说明在与褪黑素搭配使用时，基础的保鲜液和杀菌剂并不能显著减缓切花鲜重的下降。并且在瓶插后期处理E的鲜重明显高于对照和其他处理，可见，在保鲜液中添加 $Al_2(SO_4)_3$ 对鲜重的增加以及减缓鲜重下降的速度、延长切花寿命等方面均有作用，从而达到了提高观赏品质的目的。

2.3 不同保鲜液对洋桔梗切花水分平衡值的影响

不同保鲜液对洋桔梗切花水分平衡值的影响如表2所示，从表中可以看出，随着瓶插时间的延长，洋桔梗切花的水分平衡值总体呈下降趋势，瓶插初期数据均为正值，表明此时吸水量大于失水量，后下降为负值，则表明失水量渐渐超过了吸水量。对比表中数据发现，各处理均能在一定程度上延缓洋桔梗切花水分平衡值下降到负值的时间，试验中CK1在第3d降为负值，除了处理G的效果不佳仅比CK1延缓了1d以外，其余各处理均在5~7d时才将为负值，尤其处理C在第7d才降到负值，表现最好，其次是处理E。综上可以看出，各处理均能改善切花体内水分状况，延缓洋桔梗切花因失水而导致的凋萎过程，而添加了 Ca^{2+} 的处理C在保持水分平衡方面与对照差异最明显，说明保鲜液中添加 Ca^{2+} 可以更有效促进花枝吸水，但 Ca^{2+} 和褪黑素组合使用会大大削弱各自对水分平衡值维持的效益，反而加剧了切花体内的水分流失，不利于提高洋桔梗切花观赏品质。

表 2　不同保鲜液对洋桔梗切花水分平衡值的影响

Table 2　Effects of different preservatives on water balance value of *Eustoma grandiflorum* cut flowers

处理天数(d) Treatment day(d)	2	3	4	5	6	7	8	9	10	11	12	13	14
CK1	0.85	−0.13	−0.70	−2.60	−5.60	−9.70	−10.50	—	—	—	—	—	—
CK2	2.65	2.45	2.00	−2.60	−7.90	−4.70	−5.10	−7.30	—	—	—	—	—
A	2.73	2.67	2.53	−2.83	−3.27	−0.47	−3.83	−5.50	−5.97	−7.30	−5.30	−5.50	—
B	0.43	0.13	1.33	−0.13	−1.60	−5.23	−4.40	−5.97	−6.40	−6.77	−0.13	—	—
C	0.77	0.73	0.63	0.77	0.17	−2.53	−3.23	−4.90	−5.03	−5.23	—	—	—
D	0.43	0.37	1.13	−1.37	−1.90	−3.67	−6.07	−6.50	−8.90	−9.40	—	—	—
E	1.53	1.47	0.77	0.27	−0.10	−1.17	−2.37	−3.67	−6.47	−6.27	−5.07	−10.78	−11.65
F	1.22	1.22	1.20	−0.43	−0.43	−2.40	−5.70	−6.33	−8.40	−7.20	−6.63	—	—
G	1.28	1.28	−0.80	−0.93	−1.80	−0.50	−2.83	−4.73	−5.77	−0.24	−6.31	−2.85	−3.55

3　结论与讨论

切花在脱离母体之后，内部的生理平衡遭到破坏，加上环境的影响使其产生一些列的生理生化反应（张静和刘金泉，2009），最终导致切花衰败。为了解决这一问题，人们常使用保鲜剂来改善切花的瓶插环境，从而延长切花的瓶插寿命。研究发现，不同的植物所适合的保鲜剂种类不尽相同，但其成分通常包括杀菌剂、糖类、无机盐、有机酸、生长调节剂及乙烯抑制剂等。

大量研究表明，要保证切花的保鲜效果主要从三个方面入手，即营养物质的供给、导管运输能力的保持以及乙烯合成的抑制。在本试验中，使用蔗糖作为能源物质，它可以被迅速转化，成为还原糖而加以利用，除了可以提供能量以外，蔗糖还能促进花枝吸水（高勇和吴绍锦，1989），从而改善切花体内的水分状况；8-HQ是保鲜剂中常用的杀菌剂，它可以有效抑制细菌繁殖，防止花枝维管束堵塞，增加其吸水量（田煦 等，1995）。从试验结果可以看出，添加了能源物质和杀菌剂的保鲜液确实能有效延长切花寿命，保证其水分平衡，大大提高了洋桔梗切花的观赏品质。一些无机盐可以通过增加溶液渗透势和花瓣细胞的膨压来保持花枝水分平衡，从而达到延长切花瓶插寿命的目的（王朝霞，2007）。本试验添加了 $Al_2(SO_4)_3$ 的处理E在提高切花开花率、增大花径、保证切花吸水量以及延缓花朵枯萎等各方面都具有显著的效果，$Al_2(SO_4)_3$ 使溶液保持在一个微酸的低pH范围内，能抑制细菌生长，促进水分平衡。除此之外，Al^{3+} 还可以通过关闭气孔降低蒸腾作用，从而有效延长切花寿命（胡绪岚，1996）。而添加了 $CaCl_2$ 的处理C最大程度地维持了切花的水分平衡，这可能与 Ca^{2+} 能够维持膜的稳定性，防止茎的堵塞并抑制乙烯生成的功效有

关，同时充足的 Ca^{2+} 会促进细胞分裂，利于花瓣生长（刘丽 等，2007）。6-BA为人工合成的细胞分裂素类生长调节剂，可以通过影响水分吸收和降低呼吸速率等来延长切花的寿命（Bai et al.，2018），在本试验中，添加了6-BA的处理与对照相比，虽然整体上在提高洋桔梗切花的保鲜效果上表现较好，延缓了其衰老的进程，但明显不如添加了无机盐的各处理效果好，并且蔗糖和8-HQ本身在提高切花品质上就有较大的作用，所以无法确定6-BA对于洋桔梗切花增效作用的强弱。而褪黑素具有清除自由基的能力，并且能抑制植物呼吸作用，延缓衰老（Lowden et al.，2004）。本试验发现，单独使用褪黑素时，对洋桔梗切花状态和品质略有提升，但不显著，而褪黑素与 $Al_2(SO_4)_3$ 一同搭配蔗糖和8-HQ使用时具有明显的保鲜作用，有可能是褪黑素与 Al^{3+} 发挥协同作用，从而更好地保持了洋桔梗鲜切花的品质。而当褪黑素与6-BA、$CaCl_2$ 共同使用时，分别在开花率与水分平衡值上表现出了消极的作用，降低了其保鲜效果，因此褪黑素与其他物质搭配使用时是否适合于切花的保鲜以及其浓度配比还有待研究。

从本试验可以看出，各保鲜液对洋桔梗切花的保鲜效果均有一定的促进作用。章志红等（2011）的研究表明，250mg/L 8-HQ+250mg/L $Al_2(SO_4)_3$ 的保鲜液在提高切花的观赏时间和观赏价值上有明显作用，本试验也得出了相同的结论。同时本试验还发现，$Al_2(SO_4)_3$、6-BA 和 $CaCl_2$ 在延长洋桔梗切花瓶插寿命、增大花径、提高开花率上差异并不显著，但在增加并保持切花鲜重的方面 $Al_2(SO_4)_3$ 效果最好，在改善切花体内水分状况的方面则是 $CaCl_2$ 更佳。其次本试验中单独添加了6-BA、$CaCl_2$ 的保鲜液在提高切花观赏品质上表现较佳，但单独添加褪黑素的效果不明显。研究发现 2%蔗糖+250mg/L 8-HQ+250mg/L

$Al_2(SO_4)_3$+20μmol/L 褪黑素的保鲜液对洋桔梗切花的保鲜效果最好，但由于褪黑素的增效作用并不显著，所以也可以采用2%蔗糖+250mg/L 8-HQ+250mg/L $Al_2(SO_4)_3$ 的保鲜液进行瓶插保鲜。

参考文献

白艳荣，蒋亚莲，2019. 不同施肥方式与 N、P、K 配比对洋桔梗切花生长发育及品质的影响[J]. 西南农业学报，32(8)：1860-1863.

高勇，吴绍锦，1989. 切花保鲜剂研究综述[J]. 园艺学报，16(2)：139-145.

郭碧花，2012. 水杨酸对洋桔梗切花保鲜效应的研究[J]. 黑龙江科技信息，26：83.

胡绪岚，1996. 切花保鲜新技术[M]. 北京：中国农业出版社，47-49.

刘丽，曾长立，官长乐，2007. Ca^{2+} 和 Co^{2+} 对百合切花保鲜效果的影响[J]. 江汉大学学报：自然科学版，25(1)：74-78.

刘珊，刘璇，李思思，等，2014. 4 含无机盐的保鲜剂对洋桔梗切花的保鲜效应[J]. 华中师范大学学报(自然科学版)，8(4)：577-580.

罗彤彤，庞天虹，马骥，等，2018. 褪黑素对切花月季'卡罗拉'保鲜效应的影响[J]. 浙江农林大学学报，35(5)：981-986.

师进霖，杜秀虹，姜跃丽，等，2011. 氯化钙对洋桔梗切花瓶插期间的保鲜效果和生理效应[J]. 西南师范大学学报，36(1)：118-122.

田煦，熊兴耀，尹邦奇，1995. 鲜切花衰老机理及保鲜技术研究进展[J]. 湖南农业大学学报，21(4)：414-419.

田如英，周恒，2005. 不同保鲜剂对洋桔梗鲜切花保鲜效果的影响[J]. 植物生理学通讯，41(5)：76-77.

王朝霞，2007. 非洲菊切花保鲜研究进展[J]. 生物学通报，42(12)：15-17.

魏云华，林清，张燕青，等，2010. 6-BA 与 B9 对洋桔梗鲜切花保鲜影响的研究初探[J]. 福建农业科技，48(2)：41-43.

夏忠强，吴艳华，王再鹏，2008. 洋桔梗切花设施栽培技术[J]. 北方园艺，7：119-120.

张静，刘金泉，2009. 鲜切花保鲜技术研究进展[J]. 黑龙江农业科学，01：144-146.

章志红，孙天舒，吴帅，等，2011. 不同保鲜剂对切花洋桔梗保鲜作用的研究[J]. 北方园艺，11：145-147.

Bai Y R, Mo X J, Jiang Y L. 2018. Fresh-keeping effects of different concentrations of 6-BA and B9 on carnation cut flower [J]. Agricultural Biotechnology, 7(1)：39-43.

Cho M S, Celikel F G, Dodge L, et al. 2001. Sucrose enhances the postharvest quality of cut flowers of *Eustoma grandiflorum* [J]. Acta Hort, 543：304-315.

Lowden A, Akerstedt T, Wibom R. 2004. Suppression of sleepiness and melatonin by bright light exposure during breaks in night work[J]. J Sleep Res, 13(1)：37-43.

Sun Q Q, Zhang N, Wang J F, et al. 2015. Melatonin promotes ripening and improves quality of tomato fruit during postharvest life[J]. J Exp Bot, 66(3)：657-668.

应用研究

海南省儋州市城市道路绿化模式分析

林水发　付晖 *

（海南大学林学院，海口 570228）

摘要　通过实地调研的方法，对儋州市那大城区的 49 条道路绿化现状进行调查统计和分析，归纳其植物应用的种类、生活类型、应用频度及不同道路断面结构的典型绿化配置模式。结果表明：儋州市城区道路绿化植物共计 81 种，隶属 39 科 67 属，道路断面结构以一板二带式为主，占总数的 59.18%，不同断面结构的绿化配置模式基本满足道路绿化的功能需求。针对当前儋州市道路绿化存在的问题，提出一定的建议。

关键词　道路绿化；道路断面结构；配置模式；儋州市

Analysis of Urban Road Greening Mode in Danzhou City，Hainan Province

LIN Shui-fa　FU Hui *

（*College of Forestry，Hainan University，Haikou 570228，China*）

Abstract　Based on the method of field investigation，the current situation of 49 roads greening in Nada town of Danzhou was investigated and analyzed，and the plant application types，life types，application frequency and typical greening configuration modes of different road section structures were summarized. The results show that there are 81 species of road greening plants in Danzhou City，which belong to 39 families and 67 genera. The road cross-section structure is mainly composed of one plate and two belts，accounting for 59.18% of the total. The greening configuration mode of different cross-section structure basically meets the functional requirements of road greening. In view of the existing problems of road greening in Danzhou City，some suggestions are put forward.

Key words　Road greening；Road section structure；Configuration mode；Danzhou City

　　城市道路绿化是城市绿地系统的重要组成部分，具有净化空气、调节小气候的生态功能；减少噪声、防尘遮阴的物理功能；激发人们生理活力和平静舒适的生理功能；以及美化城市、提升市容的景观功能[1]。城市道路绿化展示着城市的发展水平，同时体现出城市地域特色，以线的形式将分布各地的园林绿地连接起来，才能形成完整的城市绿地系统。合理的规划和配置道路绿化能够使其功能达到最大化，并能充分凸显城市风貌[2]。

　　现阶段，国内学者关于城市道路绿化的研究主要集中于两个方向，对于城市道路绿化的舒适性、观赏性和景观美学的研究较多[3]，但对于城市道路绿化的调查分析和配置模式的研究较少。学者陆洲从植物配

置原则、城市道路景观设计要点和景观特色方面为植物的配置方面提供了新思路[4]。在海南省方面，学者何荣晓以海口市为例，调查道路绿地景观植物群落的结构和组成，提出师法热带雨林自然群落、构建热带滨海城市的城市森林景观的策略[5]。儋州市是海南省西部最大的城市，随着海南自由贸易港政策的落地，儋州市将面临前所未有的发展机遇。但是作为城市窗口的道路绿化仍存在诸多缺陷，亟需通过充分调研进行改善和优化。

　　本研究将儋州市区的主要道路绿化全面整理分类，整理出植物种类、组成比例和应用的频率，并分析多种道路断面结构典型的绿化配置模式，结合儋州城市道路绿化的现状，提出科学的改进措施，提升城

1　基金项目：海南省哲学社会科学规划课题（HNSK（QN）18-06），海南省自然科学基金（318QN194）。
　　第一作者简介：林水发（1998—），男，本科，主要从事风景园林研究。
* 通讯作者：付晖（1985—），女，博士研究生，副教授，研究方向：景观生态规划，E-mail：iflying@126.com。

市品位，促进城市可持续发展。

1 研究地概况与研究方法

1.1 儋州城区概况

儋州市位于海南岛西北部，北部湾东畔，地理坐标为北纬19°11′~19°52′，东经108°56′~109°46′，属于热带季风气候。全年太阳辐射强，冬季太阳辐射最少，占总量的18%，但即便是冬季，南部地区83.68kJ/cm² 的太阳辐射量依旧能满足热带植物的生长需求[6]。年均气温 23.1℃，极端最低温度为3.2℃，最高温度38.2℃。儋州市降水充沛，全年降水量平均1815mm，绝大部分地区达到1500mm以上，多集中在5~10月的台风季节。年均台风2~5次。

1.2 调研范围和内容

调研时间为2019年8~11月，调研范围是儋州市那大城区的中兴大街等49条道路，西至云月路，东达北吉路，南临万福路，北靠宝岛路。城区道路系统为网状结构，纵横交叉。按道路等级划分，分别有城市主干道、次干道和支路，如图1所示。

1.3 调研方法

本研究主要以实地考察为主，调研49条道路，根据不同道路等级，主干道选择3段，次干道选择2段，支路选择1段，每段200m作为勘察对象，总共选择67段作为样本数据，记录道路的名称、断面结构、宽度及植物组合方式，根据不同的植物生活类型记录植物种类和使用数量[7]。现场拍摄照片和视频作为原始材料，通过 ArcGIS 建立数据库，针对不同的分析方式进行分类整理，归纳总结道路断面结构对应的典型植物组合方式。

2 道路绿化植物应用分析

2.1 道路绿化植物种类分析

通过对儋州市那大城区道路绿化的调研统计得知，道路绿化的植物有39科67属81种，其中棕榈科植物最多，占总数的23.08%，有8属9种，符合海南岛热带地域植物分布的特征；其次是桑科，占总数的20.51%，有2属8种；随后，豆科有9属10种；马鞭草科有3属4种；夹竹桃科有3属3种；锦葵科有3属2种；百合科、大戟科、禾本科、楝科、木棉科、石蒜科、苏铁科、藤黄科和紫葳科各有2属2种；美人蕉科、千屈菜科和苋科各有2属1种；杜英科、海桐科、金缕梅科、菊科、龙舌兰科、马钱科、木兰科、七叶树科、漆树科、茜草科、山榄科、使君子科、桃金娘科、五加科、悬铃木科、芸香科、樟科、紫草科、紫茉莉科、酢浆草科各有1属1种。

2.2 道路绿化植物生活类型分析

根据植物的生活类型来分类，儋州道路绿化植物中乔木有50种，灌木有24种，地被有7种，分别占总数的61.73%、29.63%和8.64%，乔木和灌木的比例约为6:3:1。常绿乔木占乔木总数的84%，有23科34属42种；落叶乔木有7科7属8种；常绿、半常绿灌木有18科19属22种；落叶灌木有3科3属3种；地被植物有5科6属7种。

2.3 道路绿化植物应用频度分析

针对调研的数据进行统计，乔木和灌木应用的频率排名前10的种类如图2、图3所见。在乔木层中，应用频率最高的是椰子，其次是印度紫檀、大王棕、蒲葵、鸡蛋花、小叶榄仁、垂叶榕、秋枫、樟树、非

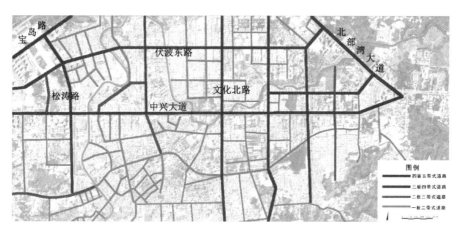

图1 儋州城市道路板式分布图

Fig. 1 Danzhou urban road plate distribution map

洲楝，应用频率分别为 46.94%、36.73%、34.69%、34.69%、32.65%、30.61%、28.57%、24.49%、22.45%、22.45%。椰子树作为海南省的省树，处处可见，在城市道路绿化中同样大量应用，极好地体现了热带的植物特色。在灌木层中，应用频率最高的是龙船花，其次是基及树、变叶木、灰莉、光叶子花、

黄金榕、龙血树、美人蕉、红花檵木、黄馨梅，应用频率分别为 36.73%、28.57%、24.49%、24.49%、24.49%、22.45%、20.41%、20.41%、20.41%、18.37%。龙船花以其密集秀美的花叶特点被广泛应用于城市道路的灌木层中，形成一道亮丽的风景线，使得城市绿化富有生机，景观效果极好。

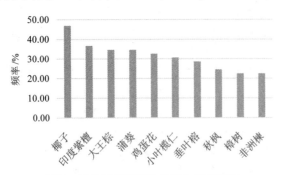

图 2　儋州城市道路绿化乔木应用频率

Fig. 2　Application frequency of trees for urban road greening in Danzhou

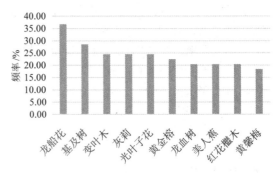

图 3　儋州城市道路绿化灌木应用频率

Fig. 3　Application frequency of shrub for urban road greening in Danzhou

3　道路断面结构与绿化模式分析

表 1　儋州市城区道路板式及树种统计表

Table 1　Statistics of road slab and tree species in Danzhou City

断面结构	道路数量	道路名称	树种名称	
			乔木	灌木及地被
四板五带式	3	中兴大道、龙门路、宝岛路	椰子、蒲葵、美人蕉、小叶榄仁、大王棕、糖胶树、鸡蛋花、凤凰木、小叶榕、海南黄花梨、七叶树、丝葵、印度紫檀、杧果、霸王棕、铁力木、加拿利海枣、美丽针葵、伊朗紫硬胶、大叶桃花心木、高山榕、小叶紫薇、秋枫、非洲楝、南洋楹、樟树、幌伞枫、香樠、木棉、波罗密、美丽异木棉、洋紫荆、铁树	基及树、龙船花、黄金榕、光叶子花、扶桑、洋金凤、灰莉、假连翘、黄馨梅、变叶木、龙血树、大叶红草、铺地黄金、朱槿、红花檵木、落地花生、水鬼蕉
三板四带式	12	云月路、交通路、迎宾大道、国盛路、兰洋北路、文化北路、伏波东路、北吉二路、北部湾大道、兰洋路、东三路、文化中路	蒲葵、椰子、大王棕、垂叶榕、鸡蛋花、凤凰木、黄葛树、蒲桃树、樟树、小叶榄仁、红厚壳、小叶榕、铁力木、秋枫、糖胶树、大叶桃花心木、狐尾椰子、小叶紫薇、垂叶榕、蒲葵、非洲楝、油棕、大花紫薇、印度紫檀	基及树、龙船花、变叶木、灰莉、朱槿、龙血树、朱蕉、美人蕉、黄金榕、海桐球、九里香、红花檵木、苏铁、垂叶榕、沿阶草、软枝黄婵、水鬼蕉、朱顶红、红背桂、光叶子花、黄馨梅、小叶榕
二板三带式	5	人民西路、松涛路、学风路、伏波中路、儋耳西路	樟树、悬铃木、椰子、小叶榄仁、非洲楝、大王棕、印度紫檀、狐尾椰子、小叶紫薇	花叶红草、基及树、地毯草、美人蕉、龙船花、朱蕉、沿阶草、变叶木、苏铁、红花檵木
一板二带式	29	064 乡道、新区路、紫薇路、华盛路、泰安路、正义路、广场西路、美迎路、振兴南路、东兴四街、文化南路、人民东路、万福路、人民中路、建设路、胜利路、海榆西线、前进路、大通路、万福西路、红旗街、解放北路、先锋路、东风路、东坡路、发祥路、儋耳路、兴隆路、南京路	阳桃、海通、杜英、非洲楝、鸡蛋花、小叶紫薇、大花紫薇、蒲葵、香樟、黄槿树、海南红豆、椰子、狐尾椰、印度紫檀、大叶桃花心木、波罗密、白兰、凤凰木、火焰树、糖胶树、大王棕、小叶榄仁、秋枫、羊蹄甲、榕树	显子草、飞机草、灰莉、光叶子花、基及树、黄金榕、红花檵木、地毯草、变叶木

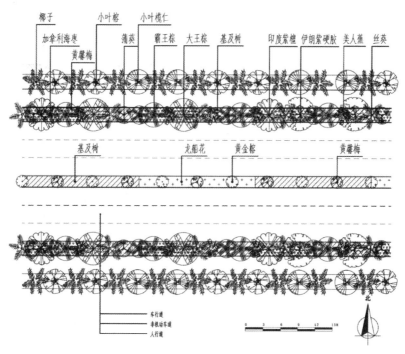

图4　中兴大道绿化配置模式

Fig. 4　Green configuration mode of Zhongxing Avenue

根据调查，儋州市那大城区道路的断面结构有四板五带式、三板四带式、二板三带式和一板二带式。不同道路断面结构所配置的植物种类见表1。

3.1　四板五带式的典型绿化配置模式

四板五带式的道路绿化含有33种乔木、17种灌木地被，乔木以椰子树出现的频率最高，其次为大王棕、蒲葵、加拿利海枣、丝葵等棕榈科植物，灌木以基及树、龙船花、黄馨梅和黄金榕为主[8]。

四板五带式的典型模式如图4所示，中兴大道上的中间分车带以龙船花或者基及树作为绿篱，相隔6m便设有球状黄金榕或者柱状黄馨梅作为点缀，使得竖向上的设计发生变化，部分路段绿篱之间空出空间种植水鬼蕉；两侧分车带主要种植丝葵、大王棕等树干笔直的棕榈科植物，配有蒲葵、美人蕉、加拿利海枣、霸王棕作为中小乔植物与其呼应，配置印度紫檀、伊朗紫硬胶、大叶桃花心木、非洲楝等冠幅较大的植物起着遮阴作用，部分路段以鸡蛋花、凤凰木、美丽异木棉、洋紫荆等开花植物作为点缀，丰富道路植物色彩，增加景观性，乔下种植块状的基及树或者黄馨梅，并以球状灰莉、扶桑丰富空间，部分路段以铺地黄金和大叶红草作为地被形成围合，中间种植水鬼蕉使得乔下灌木发生间断变化。行道树带上的基调树种为椰子，其余有小叶榄仁、小叶榕、海南花梨木、杧果、高山榕等乔木相间种植，以此提高人行道

上的植物观赏性。

3.2　三板四带式的典型绿化配置模式

三板四带式的植物有25种乔木、22种灌木地被，乔木以狐尾椰和印度紫檀的应用频率较高，其次为樟树、小叶榄仁和大叶桃花心木为主，灌木以基及树和九里香的使用次数较多，且以绿篱的形式种植较为广泛。

三板四带式的典型配置模式如图5所示，伏波东路的两侧分车带以狐尾椰作为基调树种，乔下配置还未长成的黄金榕和海桐球，部分路段种植樟树和龙船花作为灌木绿篱；行道树带上种植小叶榄仁和印度紫檀于不同路段上，形成差异性，大量使用树池式种植方式，乔下无灌木陪衬。而兰洋北路则是在两侧分车带上列植大花紫薇，以开花植物作为观赏要点，行道树上同样列植印度紫檀作为背景衬托前面的开花植物。

3.3　二板三带式的典型绿化配置模式

二板三带式道路共涉及9种乔木、10种灌木地被，由于儋州市区的二板三带式道路仅有5条，且植物种植上较为简略，因此使用的植物种类较少，且使用的均为较为常见的棕榈科植物和印度紫檀、小叶榄仁、樟树、小叶紫薇，灌木以光叶子花和龙船花等观花植物为主。

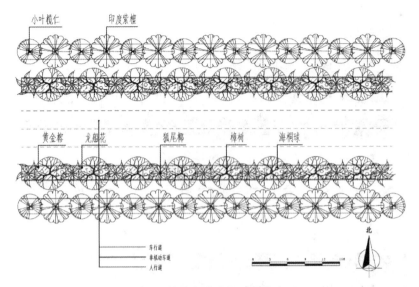

图 5　伏波东路绿化配置模式

Fig. 5　Green configuration mode of Fubo East Road

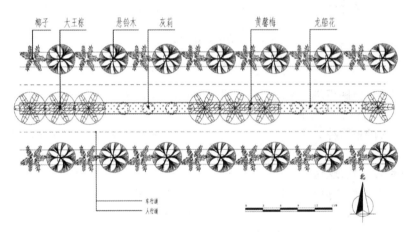

图 6　伏波中路绿化配置模式

Fig. 6　Green configuration mode of Fubo Middle Road

二板三带式的典型配置模式如图 6 所示，伏波中路的中间分车带以黄馨梅作为围合方式，中间种植大王棕，或者以龙船花为绿篱，中间配植球状灰莉塑造几何图形，部分路段种植红花檵木改变灌木颜色，增加层次感；行道树带上简单列植悬铃木或者椰子。由此可见，二板三带式的道路尤其重视中间分车带的灌木植物配置，形式多样，色彩丰富，既起到来方车辆的灯光遮挡作用，又有景观的观赏作用。

3.4　一板二带式的典型绿化配置模式

一板二带式的道路有 25 种乔木、10 种灌木地被，儋州城市的道路系统规模较小，大量的道路是一板二带式，如图 7 所示，东兴四街上仅有根据不同的路段列植不同树种的植物，有些道路采取间植来突出植物变化，形成道路景观。有些道路则是乔木下配有光叶子花、红花檵木和黄金榕等灌木丰富树下空间。使用的乔木不再是以棕榈科为主，而是使用大叶桃花心木、印度紫檀、杜英、香樟等冠幅较大的植物，能够对人行道起到遮阴作用。

4　建议

4.1　运用乡土树种，进行植物生态修复

道路绿化是城市的一道风景线，也是城市对外展示的名片，道路绿化的好坏与否体现着城市的发展潜力[9]。调研发现，儋州那大城区的树种仅有 81 种，观花植物只有 8 种，设计手法过于单调，一板二带式道路所占比例超过一半以上，因此存在许多道路只有两旁的行道树，并且行道树的树种单一。

研究地区属于热带季风气候，可选择的乡土树种众多，依据 2019 年《儋县志》的自然资源统计，应用于园林绿地中的植物达 644 种[10]。乡土树种具有适于当地的气候条件、生长适应性强、抗风能力强、栽培技术简单、体现当地植物景观特色等特点[11]。参照可持续性利用原则和董文统学者提出的海南乡土树种病虫害防治对策[12]，结合儋州市的气候特点，最终选择出 35 种推荐树种(表 2)。在提高道路植物景观观赏性的同时注重生态养护，根据不同道路的土壤差异性选择适宜性树种，在同一道路上选择不同的树种交叉种植有效避免病虫害的滋生[13]；在城郊和城际交通要道上选择滞尘树种，防止路面扬起灰尘；在城区建筑布局紧密的道路两侧选择降低噪声的树种，减少车辆对城市居民生活的影响；根据环境情况和需求适当种植能够分泌杀菌素的树种，提高空气净化能力。科学的植物道路绿化设计，能有效地改善城市的生态环境，构建完整的城市生态系统，促进城市的生态文明建设。

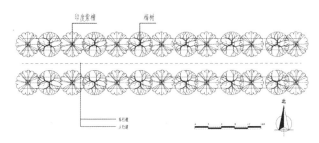

图 7　东兴四街绿化配置模式

Fig. 7　Green configuration mode of Dongxing Fourth Street

表 2　儋州市道路绿化新树种推荐表

Table 2　Recommended new tree species for road greening in Danzhou City

类型	种名
观花树种	巴西野牡丹、杜鹃、刺桐、蜘蛛兰、木芙蓉、朱樱花、琴叶珊瑚、曼陀罗
观叶树种	重阳木、紫叶小檗、滇山茶、冬青、枸骨、毛杜鹃、金脉爵床、虎刺梅
滞尘树种	紫叶李、木槿、红叶李、澳洲鸭脚木、珊瑚树
降低噪声树种	秋枫、罗汉松、面包树、鹅掌楸、桂花
吸收有毒气体树种	臭椿、红豆杉、黄金葛、米兰、一叶兰
释放杀菌素树种	桉树、月桂、女贞、石楠

4.2　塑造具有热带地域特色的景观道路

该地区位于海南独特的地理单元，具有天然的气候和地理优势，满足棕榈科植物喜温暖湿润的气候条件。棕榈科植物单一枝干的体型和叶常螺旋状聚生于茎顶形成"棕榈型"树冠，其特有的形态特征构成了热带地区特有的道路景观[14]。在选择树种时可考虑一条道路上选择 3~4 种棕榈科乔木间隔分开，做到道路的树种景观丰富，打造不同的景观效果。同时，其存在遮阴效果不佳的缺陷，可与榕树、樟树、伊朗紫硬胶、印度紫檀等遮阴效果好的植物相互搭配种植弥补不足。

4.3　布局合理的乔灌草竖向空间景观

城区道路存在林下灌木和地被的种类和景观单一，竖向的植物层次简单，树下的空间存在空缺的问题，没有形成具有实际意义上的乔灌草立体种植结构[15]。尤其是四板五带式和二板三带式的中间分车带上的灌木无法有效遮挡反向车辆的灯光，对于驾驶存在安全隐患。而对于三板四带式和一板二带式的道路，两侧分车带和行道树带下的灌木布局形式单一，多为规则式的布局手法，路段之间没有明显的差异性设计。因此，可根据道路的等级配置层次分明、结构合理的组成模式，提高乔木+灌木+地被模式的使用频率，构成层次丰满的植物群落结构[16]。如表 3 所示，第一层选择 9m 以上的大乔木造景，第二层选择 4~6m 的中小乔木和大灌木丰富空间，第三层选择 1~3m 的中型灌木树种营造树下空间，第四层选择较高的草本花卉或小灌木，第五层则是选择草坪或地被。

合理利用空间与功能需求，采用树带式和树池式的不同种植方式，增加绿篱的曲线型布局方式，使得道路景观更加灵活多变，富有活力，在面积较大的路侧带设计街道游园，满足城市居民的休闲需求，形成城市之间在共有道路景观的基础之上有个性的变化，营造儋州城区的道路景观新气象。

表 3 植物分层配置表
Table 3　Arrangement of plant layers

层级	树种要求	常用树种
第一层	高 9~16m，冠幅 7~10m，胸径 30~40cm 的大乔木	菩提树、海南厚壳桂、海南大风子、厚皮树、人面子、幌伞枫、光叶巴豆、南洋楹、酸豆
第二层	高 4~6m，冠幅 4~5m，胸径 15~25cm 的中小乔木，大灌木	小叶紫薇、小叶榕、罗汉松、合欢、桑树、海棠花、白兰、黄兰
第三层	高 1~3m 的中型灌木树种	石楠、光叶子花、茉莉、迎春、毛樱桃
第四层	高 0.5~1m 的草本花卉或小型灌木	黄金榕、小驳骨、苏铁、七里香、波斯菊、三色堇
第五层	草坪或者地被	地被菊、红花酢浆草、二月蓝、红龙草

参考文献

[1] 刘艳荣. 太原市道路绿地植物多样性研究[D]. 晋中：山西农业大学，2016.

[2] 罗召美，杨小波，侯百镇，等. 基于 SBE 评价法的海南沿海城市道路绿化景观分析[J]. 四川建筑科学研究，2013，39(05)：262-266.

[3] 李坤，李传荣，许景伟，等. 3 种典型道路景观林对诸城市夏季小气候条件的影响[J]. 生态环境学报，2018，27(06)：1060-1066.

[4] 陆洲. 现代城市道路园林景观设计及植物配置分析[J]. 建材与装饰，2020(01)：133-134.

[5] 何荣晓，钟云芳，宋希强，等. 师法热带雨林自然群落，构建城市森林景观：以海口城市道路绿地为例[J]. 热带作物学报，2011，32(10)：1968-1972.

[6] 梁彩红，吴海峰. 儋州市红心蜜柚种植的气候适宜性分析[J]. 现代农业科技，2017(23)：187+191.

[7] 路艳，卞贵建，季洪亮. 山东潍坊城市道路绿化植物调查与分析[J]. 福建林业科技，2017，44(02)：135-141+146.

[8] 蒙绍国，罗惠仪，卢德棣. 广西北部湾钦州市道路绿化树种调查与分析[J]. 安徽农业科学，2016，44(29)：183-185+214.

[9] 郎小霞，岳子义，朴永吉. 地被植物在泰安城区绿化中的应用研究[J]. 山东农业大学学报(自然科学版)，2010，41(01)：70-76.

[10] 海南省儋州市地方志编纂委员会. 儋县志[DB/OL]. http：//www. hnszw. org. cn/xiangqing. php？ID = 48288. 2019-04-19/2020-06-08

[11] 李晓征. 乡土树种在南宁主要道路绿化中的应用[J]. 安徽农业科学，2012，40(03)：1428-1430.

[12] 董文统，刘君昂，周国英，等. 海南省乡土树种病虫害发生现状[J]. 中南林业科技大学学报，2014，34(06)：55-60.

[13] 李琬婷，杨艺宁，程小毛，等. 昆明市 16 种道路绿化树种秋季固碳释氧能力研究[J]. 西南林业大学学报(自然科学)，2018，38(04)：76-82.

[14] 陈翀，黄俊江. 海南热带滨海度假社区绿化设计探讨[J]. 中国城市林业，2019，17(01)：90-94.

[15] 张鸣洲. 太原市城市道路绿化植物配置模式评价与优化设计研究[D]. 晋中：山西农业大学，2018.

[16] 马跃，王胜. 重庆市主城区道路绿化植物多样性研究[J]. 湖北农业科学，2016，55(18)：4745-4748.

中国观赏园艺研究进展 2020：457~465

Advances in Ornamental Horticulture of China，2020：457~465

北京市道路绿地 18 种中下层绿化树种的滞尘能力研究

郭菲菲　唐　敏　王美仙[*]

（花卉种质创新与分子育种北京市重点实验室，国家花卉工程技术研究中心，城乡生态环境北京实验室，

园林环境教育部工程研究中心，林木花卉遗传育种教育部重点实验室，园林学院，北京林业大学，北京 100083）

摘要　植物滞尘能力是植物滞尘量大小及抗尘性强弱的综合体现。选择 18 种常见道路中下层绿化树种为研究对象，采用质量差法对其单位叶面积滞尘量进行测定，并采用 95% 乙醇浸泡法及电导仪法研究粉尘污染对植物叶绿素含量及质膜透性的影响，综合比较不同树种对粉尘污染的抗性强弱。结果表明：18 种树种的单位叶面积滞尘量存在较大差异，变化范围为 $1.5018 \sim 4.3552 \mathrm{g/m^2}$。单位叶面积滞尘量大小排名前 5 的树种为黄刺玫、小叶黄杨、木槿、金银木、紫丁香。不同树种蒙尘后，质膜透性、叶绿素 a/b 值均呈上升趋势，叶绿素总含量（Ct）呈下降趋势。采用隶属函数法，得出树种抗性大小排名前 5 的为小叶女贞、紫丁香、紫叶李、小叶黄杨、金银木。18 种树种均具有一定的滞尘能力，其中，紫丁香、金银木、小叶黄杨等树种的综合滞尘能力较强，可作为北京滞尘绿化的推荐树种应用。

关键词　北京道路绿地；中下层树种；滞尘量；生理指标；滞尘能力

Dust Retention Capacity of 18 Species of Middle and Lower Green Trees in Beijing Road Green Space

GUO Fei-fei　TANG Min　WANG Mei-xian[*]

（*Beijing Key Laboratory of Ornamental Plants Germplasm Innovation & Molecular Breeding，National Engineering Research Center for Floriculture，Beijing Laboratory of Urban and Rural Ecological Environment，Engineering Research Center of Landscape Environment of Ministry of Education，Key Laboratory of Genetics and Breeding in Forest Trees and Ornamental Plants of Ministry of Education，School of Landscape Architecture，Beijing Forestry University，Beijing 100083，China*）

Abstract　Dust retention capacity of plants is a comprehensive reflection of dust retention capacity and dust resistance. 18 species of common greening trees in the middle and lower layers of roads were selected as the research objects. The dust retention per unit leaf area was measured by the method of quality difference. The effects of dust pollution on the chlorophyll content and the permeability of plasma membrane of plants were studied by 95% ethanol immersion method and conductivity meter method. The resistance of different trees to dust pollution was comprehensively compared. The results showed that there was a significant difference in dust retention per unit leaf area among 18 tree species，ranging from $1.5018 \sim 4.3552 \mathrm{g/m^2}$. The top 5 species in dust retention per unit leaf area are *Rosa xanthina*、*Buxus sinica*、*Hibiscus syriacus*、*Lonicera maackii*、*Syringa oblata*. The permeability of plasma membrane and the value of chlorophyll a/b increased，while the total content of chlorophyll（Ct）decreased. According to the method of membership function，the top 5 species of resistance were *Ligustrum quihoui*、*Syringa oblata*、*Prunus ceraifera*、*Buxus sinica*、*Lonicera maackii*. 18 tree species have a certain dust retention capacity，among them，*Syringa oblata*、*Lonicera maackii*、*Buxus sinica* and other tree species have a strong comprehensive dust retention capacity，which can be used as the recommended tree species for dust retention greening in Beijing.

Key words　Beijing road greenbelt；Middle and lower tree species；Dust retention capacity；Physiological index；Comprehensive dust retention benefit

1　基金项目：北京林业大学建设世界一流学科和特色发展引导专项资金资助（编号 2019XKJS0320）。

第一作者简介：郭菲菲（1996—），女，硕士研究生，研究方向为植物景观规划设计。

* 通信作者：王美仙，副教授，E-mail：wangmx@bjfu.edu.cn。

近年来，随着工业化和城市化的迅猛发展，京津冀区域性复合型污染日趋严重（陈仁杰 等，2010）。道路扬尘容易在机动车、过往行人及风力的作用下反复扬起，是大气颗粒物的重要来源之一（张伟 等，2018）。胡月琪等对北京市 2018 年 5 月 PM2.5 来源进行解析，结果表明本地扬尘排放源贡献占 16%，而其中道路扬尘贡献高达 43%（胡月琪 等，2019），可见道路扬尘是城市大气 PM2.5 的主要来源之一（樊守彬 等，2019）。园林植物可通过滞留、附着、黏附 3 种方式截留大气颗粒物，从而改善城市大气污染状况（陈小平 等，2014；吕铃钥 等，2016），但若超出了植物的生理忍耐程度，植物也会受到伤害（莫若果 等，2018）。因此，道路绿化中选择滞尘能力高并对粉尘抗性强的树种尤为重要（戚继忠 等，2013）。目前有关道路绿化树种滞尘的研究多集中于上层乔木（钟琳琳 等，2019；贺立静等，2016；张灵艺和秦华，2015）及防护林（马远 等，2018）的滞尘效益、滞尘植物配置（王珍珍，2019）等方面，而对道路中下层绿化树种的滞尘量及树种的抗尘性研究则较少涉及。但研究表明，道路 1.5m 高度污染程度最高，随着高度的增加，污染物浓度逐渐下降（胡月琪 等，2019）。不同生活型的道路绿化植物可截留不同高度、不同类型的粉尘颗粒，高大乔木生活空间层较高且易受外界自然环境影响，其叶面滞尘主要来源于道路上空的颗粒物，而距离地面较近的中下层植物主要吸滞机动车辆的气体排放物以及路面扬尘（黄靖懿，2016）。邱洪斌、高国军等研究发现生长高度为 1~2m 的灌木，其叶片所在位置在距地 10m 范围内空气颗粒物浓度最大，对 10~100μm 粒径的颗粒物吸附比例高于乔木（邱洪斌 等，2002；高国军 等，2016）。此外，植物在滞尘的过程中，大量有毒有害物质及粉尘积累在叶片表面，经过叶表面生理作用，将产生一系列复杂的

生理生态响应（黄靖懿，2016）。叶片质膜是细胞与环境之间物质交换的界面，各种逆境对细胞的影响首先作用于质膜（晏妮 等，2007），因而质膜透性可用来反映环境质量的好坏及植物抗性强弱（张放，2013）。叶绿素是光合作用中重要的光能吸收色素，其含量直接影响植物的生长发育（李海梅和王珂，2009）。高一丹等人研究发现叶绿素含量对环境污染反应较为敏感（高一丹和刘海荣，2016），可根据叶绿素含量的减少程度来判断植物体对蒙尘的抗性。

因此，选择北京市道路绿地中 18 种中下层绿化树种，对其单位叶面积滞尘量及蒙尘后质膜透性、叶绿素含量及叶绿素 a/b 值等生理指标进行测定，从树种滞尘量大小及抗性强弱两方面综合评价树种滞尘能力，旨在为北京及相似地区的滞尘树种选择提供依据。

1　研究区及供试树种选择

1.1　研究区概况

北京市地处中纬度地带（39.91°N，116.42°E），为典型的暖温带半湿润大陆性季风气候。气候条件表现为冬季寒冷干燥，夏季高温多雨，春秋短促，四季分明。全年无霜期 180~200d，降雨季节分配不均匀，全年降水量的 80% 集中于夏季。选取路况相似、车流量较大、距离相近的海淀区双清路、清华东路、学院路 3 条道路绿化带（图 1）。

1.2　供试树种选择

选取双清路、清华东路、学院路 3 条道路绿地中 18 种中下层阔叶小乔木及灌木为研究对象。常绿树种共 2 种，分别为大叶黄杨及小叶黄杨。落叶树种 16 种，其中小乔木 3 种，高度为 2~3.5m，灌木 13 种，高度为 0.5~3.0m（表 1）。

北京市海淀区
Haidian District

采样道路
Sampling Road

图 1　采样区域分布示意图

Fig. 1　The distribution of sampling area in the study

植物生活型	序号	树种	高度（m）	冠幅（m）	植物生活型	序号	树种	高度（m）	冠幅（m）
小乔木	1	榆叶梅 *Amygdalus triloba*	2.7~3.0	3.0~3.2	灌木	10	小叶女贞 *Ligustrum quihoui*	0.8~1.0	1.0~1.2
	2	紫叶李 *Prunus cerasifera*	3.0~3.5	2.3~2.5		11	连翘 *Forsythia suspensa*	2.8~3.0	2.3~2.5
	3	碧桃 *Amygdalus persica*	2.0~2.5	2.5~2.7		12	月季 *Rosa chinensis*	1.0~1.2	0.6~0.8
	4	大叶黄杨 *Euonymus japonica*	1.0~1.2	1.0~1.2		13	紫叶小檗 *Berberis thunbergii* 'Atropurpurea'	0.8~1.0	0.8~1.0
	5	小叶黄杨 *Buxus sinica*	0.7~0.8	0.6~0.8		14	木槿 *Hibiscus syriacus*	2.8~3.0	1.3~1.5
	6	黄刺玫 *Rosa xanthina*	2.5~2.8	2.0~2.2		15	荚蒾 *Viburnum dilatatum*	2.8~3.0	3.0~3.2
	7	棣棠 *Kerria japonica*	0.5~0.7	0.5~0.6		16	华北珍珠梅 *Sorbaria kirilowii*	2.0~2.2	1.8~2.0
	8	锦带 *Weigela florida*	1.3~1.5	1.2~1.4		17	金银木 *Lonicera maackii*	3.0~3.5	3.5~4.0
	9	野蔷薇 *Rosa multiflora*	1.2~1.4	1.6~1.8		18	紫丁香 *Syringa oblata*	2.5~3.0	2.5~2.7

2　研究方法

2.1　样本采集

于 2019 年秋季（9~11 月），每月采样 1 次，共计 3 次。试验遵循同株、同向原则设置对照组与试验组。每月自然降雨后，连续每天上下午对对照组样品进行冲洗，保持其干净无尘的状态，并挂牌标记，试验组不做任何处理。第 5d 采集对照组及试验组样品，每个树种选择 5 株生长状况较一致的植物，在树冠外围的东、南、西、北 4 个方位，分为上、中、下 3 个层次随机采集健康完整的叶片 50~60 枚。采样后将叶片迅速装入自封袋中，带回实验室处理。

2.2　单位叶面积滞尘量测量方法

叶片的滞尘量采用质量差法进行测定（范舒欣等，2017）。利用万分之一天平对叶样进行带袋称量，得到初始重量（W1），而后用酒精棉球对叶片表面及密封袋进行擦拭，清除叶片及密封袋所滞粉尘后，对叶样进行第二次称量，测得重量（W2）。W1 与 W2 的差值即为采集叶片所附着的颗粒物质量，每个树种设置 3 组重复，取平均值。叶片叶面积采用打孔称重法进行测定（张秀梅和李景平，2001）。将叶片用孔径固定的打孔器打孔，打下叶片的小圆片面积为定值。将 10~20 个小圆片称重，再将全部叶片称重，用小圆片的重量和面积与全部叶片的重量与面积的比例关系，计算出全部叶面积（S）。植物在单位时间内单位叶面积滞尘量的计算公式为：

$$G = (W1-W2)/S$$

2.3　生理指标测定方法

2.3.1　植物叶绿素含量测定

选取植物叶样进行各项生理指标的测定，每项试验重复 3 次。叶绿素含量采用 95% 乙醇浸泡法测定（李海梅和王珂，2009）。将植物材料去除大的叶脉，剪碎后称取植物叶片 0.1g，置于 10ml 95% 乙醇溶液中，置于暗处于室温下浸泡 24~36h，待叶片发白，使用紫外分光光度计（Biomate 3S）于 665、649 和 470nm 波长处测定吸光值，叶绿素浓度（mg/L）依据 Lichtenthaler 及 Wellbum 描述的方程式计算。

$$Ca = 13.95D665-6.88D649$$

$$Cb = 24.96D649-7.32D665$$

$$Ct = Ca+Cb$$

叶绿体色素含量（mg/g）=（C×提取液体积×稀释倍数）/样品鲜重

2.3.2　植物质膜透性测定

叶片质膜透性用电导仪法测定（张放，2013）。将叶片用蒸馏水洗净后去除大脉，剪成适宜长度的长条，称取 0.1g 置于 10ml 去离子水试管中，置于室温下浸泡 12h 后，用电导仪测定浸提液电导（R1），然后沸水浴加热 30min，冷却至室温后再次测量电导（R2）。

$$相对电导率 = R1/R2×100\%$$

2.4　植物蒙尘后抗性评价方法

采用隶属函数法对试验树种蒙尘后抗性进行评估（黄靖懿 等，2017）。如果某一生理指标与抗尘性呈正相关关系，计算公式为 $X_\mu = (X-X_{min})/(X_{max}-X_{min})$，如果某一生理指标与抗尘性呈负相关关系，则计算公式为 $X_\mu = 1-(X-X_{min})/(X_{max}-X_{min})$。式中，X 表示某一指标的测定值；$X_{max}$ 表示某一指标测定值中的最大值；X_{min} 表示某一指标测定值中的最小值。

2.5　数据处理

使用 Excel 2016 进行数据的统计和整理，SPSS

25.0进行统计学检验、方差分析及聚类分析,单因素方差分析(One-way ANOVA)比较其差异显著性,差异显著性水平设为0.05。

3　结果与分析

3.1　单位叶面积滞尘量分析

树种单位叶面积滞尘量是指在一定时间段里叶片单位面积粉尘的滞留量,可作为叶片滞尘能力强弱的判断标准(王芳 等,2015)。供试18种树种平均单位叶面积滞尘量存在较大差异,变化范围为1.5018 ~ 4.3552g/m²。方差分析表明不同树种间单位叶面积滞尘量差异显著($P<0.05$)。其中单位叶面积滞尘量大于3g/m²的植物共有5种,分别为黄刺玫、小叶黄杨、木槿、金银木、紫丁香。黄刺玫单位叶面积滞尘量最大,为4.3552±0.53g/m²,小叶黄杨、木槿、金银木、紫丁香单位叶面积滞尘量差异不显著。平均单位叶面积滞尘量介于2~3g/m²的植物共有8种,由大到小依次为大叶黄杨>连翘>榆叶梅>荚蒾>月季>紫叶李>棣棠>小叶女贞。平均单位叶面积滞尘量低于2g/m²的植物共有5种,由大到小依次为野蔷薇>锦带>碧桃>紫叶小檗>华北珍珠梅。华北珍珠梅平均单位叶面积滞尘量最小,为1.5018±0.22g/m²,与黄刺玫相差2.90倍。

用SPSS对试验树种的单位叶面积滞尘量进行聚类分析(图3),将其滞尘能力分为3类:第1类单位叶面积滞尘量最高,包括黄刺玫、小叶黄杨、木槿、金银木和紫丁香,滞尘量为3.5314 ~ 4.3552g/m²;第二类单位叶面积滞尘量中等,包括大叶黄杨、连翘、榆叶梅、荚蒾、月季和紫叶李,滞尘量为2.3748 ~ 2.9705g/m²;第三类单位叶面积滞尘量较弱,包括棣棠、小叶女贞、野蔷薇、锦带、碧桃、紫叶小檗和华北珍珠梅,滞尘量为1.5018 ~ 2.1663g/m²。

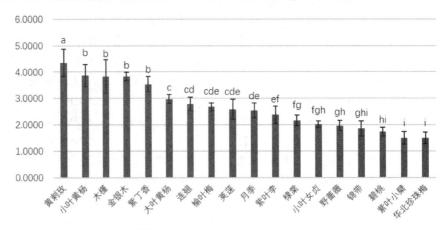

注:不同小写字母表示显著性差异(Duncanny $P<0.05$)。

图2　18种树种单位叶面积滞尘量比较(g/m²)

Fig. 2　Comparison of dust retention per unit leaf area of 18 plants(g/m²)

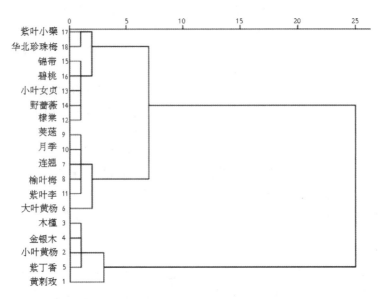

图3　18种树种单位叶面积滞尘量聚类分析

Fig. 3　Cluster analysis of dust retention per unit leaf area of 18 plants

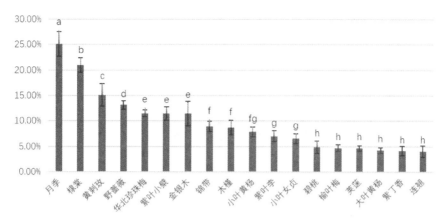

注：不同小写字母表示显著性差异（Duncanny *P*<0.05）。

图 4   18 种树种质膜透性增长率

Fig. 4   Growth rate of plasma membrane permeability of 18 plants

3.2 蒙尘后生理特性分析

3.2.1 蒙尘对叶片质膜透性的影响

质膜能调节和控制细胞内外物质的运输和交换，当植物处于逆境胁迫时，其选择透过机能受损、透性增大，使细胞内一些可溶性物质外渗，破坏了酶及代谢作用原有的区域性，这是植物受害的原因之一（杨志刚，2003）。因而质膜相对透性可以作为反映植物抗逆性程度的良好指标，膜透性越大，则表明植物受害越严重（夏宗良 等，2009）。试验 18 种树种在自然蒙尘后，质膜透性均呈一定增强趋势，增长范围在 4.06%~25.15%。不同树种蒙尘后质膜透性的增长率有所差异，增长率大于 20% 的植物共 2 种，月季蒙尘后质膜透性增长率最大，为 25.15%；棣棠次之，为 20.98%；碧桃、榆叶梅、荚蒾、大叶黄杨、紫丁香、连翘 6 种树种蒙尘后质膜透性增长率较小且差异不显著，均低于 5%，其中连翘的增长率最小，为 4.06%。

3.2.2 蒙尘对叶片叶绿素含量的影响

叶绿素在植物光合过程中起着光能传递和转换的重要作用，叶绿素 a/b 值反映植物对光能利用的多少，不同树种受大气污染后，叶绿素总含量（Ct）下降率及 Ca/Cb 值升高率不尽相同，可作为比较其抗性强弱的重要指标（高一丹和刘海荣，2016）。试验结果表明，蒙尘后植物叶片叶绿素总含量（Ct）总体呈下降趋势，Ca/Cb 值呈上升趋势。不同树种蒙尘后植物叶片叶绿素总含量（Ct）下降率不同，下降幅度介于 1.76%~37.21%。其中紫叶小檗、大叶黄杨、黄刺玫 3 种植物蒙尘后叶片叶绿素总含量（Ct）下降率较大，大于 20%。锦带、小叶黄杨、紫丁香、小叶女贞、金银木 5 种树种蒙尘后叶片叶绿素总含量（Ct）下降率较小，均小于 5%。金银木下降率最小，为 1.76%，锦带、小叶黄杨、紫丁香、小叶女贞 4 种树种蒙尘后叶绿素

总含量（Ct）下降率差异不显著。不同树种蒙尘后叶绿素 a/b 值上升率不同，上升幅度介于 1.44%~24.92%。其中荚蒾蒙尘后 Ca/Cb 值升高率最大，为 24.92%；紫丁香、连翘、小叶黄杨、野蔷薇、金银木、大叶黄杨、紫叶李、小叶女贞 8 种植物蒙尘后 Ca/Cb 值升高率较小，均小于 5%。小叶女贞、紫叶李、大叶黄杨蒙尘后 Ca/Cb 值升高率差异不显著，小叶女贞 Ca/Cb 值升高率最小，为 1.44%。

3.3 试验树种抗性综合评定

在筛选城市道路绿化树种时要在考虑树种滞尘能力的同时关注树种抗性，只有滞尘量高且抗性强的树种才适合作为城市滞尘树种。然而当植物处于不利环境中，体内会发生多种多样的生理变化，故若采用单一生理指标评价植物的抗尘性是不科学的。本文参考黄靖懿的评价方法（黄靖懿 等，2017），采用隶属函数值法，以各项指标隶属度的平均值作为试验树种抗性强弱的鉴定标准。质膜透性、叶绿素含量及叶绿素 a/b 值均表示植物在不利环境下的受损程度，分析时采用负相关计算公式。

分析结果表明：18 种试验树种抗性由强至弱依次为小叶女贞>紫丁香>紫叶李>小叶黄杨>金银木>锦带>连翘>大叶黄杨>榆叶梅>碧桃>华北珍珠梅>木槿>野蔷薇>月季>荚蒾>黄刺玫>紫叶小檗>棣棠。用 SPSS 软件对试验树种的抗性进行聚类分析（图 7），综合评价值越高，表明树种抗性越强，主要分为 3 类：第 1 类抗性较强，包括小叶女贞、紫丁香、紫叶李、小叶黄杨、金银木、锦带、连翘；第二类抗性中等，包括大叶黄杨、榆叶梅、碧桃、华北珍珠梅、木槿、野蔷薇；第三类抗性较弱，包括月季、荚蒾、黄刺玫、紫叶小檗、棣棠。

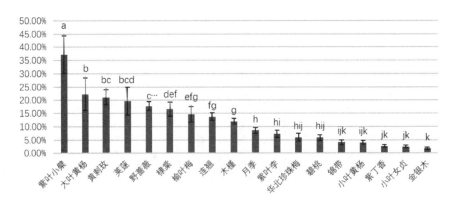

注：不同小写字母表示显著性差异（Duncanny $P<0.05$）。

图5　18种树种叶绿素总含量下降率

Fig. 5　Decrease rate of total chlorophyll content of 18 plants

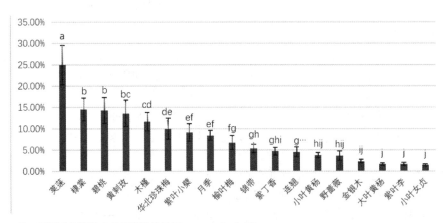

注：不同小写字母表示显著性差异（Duncanny $P<0.05$）。

图6　18种树种 Ca/Cb 值上升率

Fig. 6　Ca / Cb value rising rate of 18 plants

表2　18种树种抗性综合评定

Table 2　Comprehensive evaluation of resistance of 18 plants

树种	隶属函数值				排序
	质膜透性	叶绿素总含量	叶绿素 a/b 值	综合评价	
小叶女贞	0.8812	0.9802	1.0000	2.8614	1
紫丁香	0.9977	0.9757	0.8610	2.8344	2
紫叶李	0.8605	0.8442	0.9904	2.6952	3
小叶黄杨	0.8207	0.9357	0.8996	2.6559	4
金银木	0.6512	1.0000	0.9606	2.6117	5
锦带	0.7686	0.9333	0.8336	2.5355	6
连翘	1.0000	0.6622	0.8676	2.5298	7
大叶黄杨	0.9919	0.4212	0.9902	2.4033	8
榆叶梅	0.9698	0.6372	0.7749	2.3820	9
碧桃	0.9627	0.8835	0.4511	2.2973	10
华北珍珠梅	0.6481	0.8810	0.6362	2.1654	11
木槿	0.7792	0.7108	0.5676	2.0577	12
野蔷薇	0.5701	0.5480	0.9052	2.0232	13

（续）

树种	隶属函数值				排序
	质膜透性	叶绿素总含量	叶绿素 a/b 值	综合评价	
月季	0.0000	0.8089	0.7031	1.5119	14
荚蒾	0.9721	0.4935	0.0000	1.4656	15
黄刺玫	0.4755	0.4532	0.4816	1.4103	16
紫叶小檗	0.6510	0.0000	0.6756	1.3266	17
棣棠	0.1977	0.5800	0.4415	1.2192	18

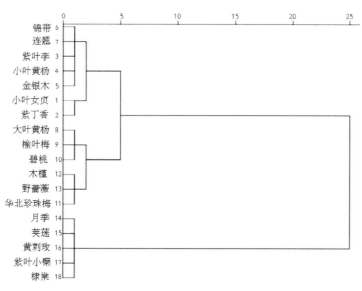

图 7 18 种树种抗性聚类分析

Fig. 7 Cluster analysis of resistance of 18 plants

4 结论与讨论

交通来源颗粒物的主要来源包括机动车排放及交通扬尘两部分，其中交通扬尘能使干道附近的大气总悬浮颗粒物浓度剧增，给过往行人及路边建筑造成严重污染（张远航和胡可钊，1993）。交通扬尘由路面尘土在车辆碾压、扰动的作用下形成（李钢 等，2004），在向大气扩散的过程中通常由道路绿地中下层灌木及小乔木预先吸附滞留。针对北京市道路绿地 18 种常见中下层绿化树种滞尘能力的测定分析发现，试验 18 种树种均具有一定的滞尘能力，但不同树种间单位叶面积滞尘量及抗尘性差异较显著。

黄刺玫、小叶黄杨、木槿、金银木、紫丁香 5 种树种单位叶面积滞尘量较大；大叶黄杨、连翘、榆叶梅、荚蒾、月季、紫叶李 6 种树种单位叶面积滞尘量中等；棣棠、小叶女贞、野蔷薇、锦带、碧桃、紫叶小檗、华北珍珠梅 7 种树种单位叶面积滞尘量较小。华北珍珠梅平均单位叶面积滞尘量最小，与黄刺玫相差 2.90 倍，与柴一新等人的研究成果"树种滞尘能力可相差 2~3 倍"的结论相一致（柴一新 等，2002）。

树种滞留大气颗粒物的能力与叶表面特性、树冠结构、枝叶密度、叶片着生角度等均有密切关系（李海梅和刘霞，2008）。黄刺玫、小叶黄杨、木槿、金银木、紫丁香单位叶面积滞尘量较高或与其叶面较为粗糙、茸毛密集、沟壑数量多且起伏大、被有蜡质层等因素有关（王琴 等，2020；李艳梅 等，2018）。

通过测验试验树种蒙尘后的生理指标，可比较不同树种对蒙尘的抗性。有研究发现植物在胁迫环境下过氧化作用将加强，积累较多的丙二醛，造成质膜透性增加（黄靖懿，2016）。此外，植物叶片受到大气污染的影响后，污染物中的硫化物和重金属氧化物将抑制光合色素活性，促使叶绿素分解，其中叶绿素 b 比叶绿素 a 更易分解，因此叶片叶绿素总含量（Ct）将呈下降趋势，Ca/Cb 值呈上升趋势（杜敏华 等，2007）。试验结果表明，蒙尘后 18 种树种质膜透性、叶绿素 a/b 的值均呈一定上升趋势，叶绿素总含量（Ct）呈下降趋势，与杜敏华、梁淑英等人研究结果相同（梁淑英，2005）。小叶女贞、紫丁香、紫叶李、小叶黄杨、金银木等树种蒙尘后，质膜透性、Ca/Cb 值上升率及叶绿素总含量下降率相对较小。月季、荚蒾、黄刺玫、紫叶小檗、棣棠等树种蒙尘后，质膜透性、Ca/Cb值上升率及叶绿素总含量下降率相对较大。研究发现树种的抗尘性与滞尘量无明显相关性，滞尘量大的树种对尘污染胁迫的抗性不一定强，如木槿、黄刺玫滞尘量高但抗性较差，小叶女贞、锦带抗性较强但滞尘量低，与林星宇、蔡燕徽等人的研究结论相一致（蔡燕徽，2010；林星宇 等，2019）。

综合树种滞尘量及抗性聚类分析结果可发现，紫丁香、金银木、小叶黄杨表现为高滞尘量强抗性，可优先选作滞尘绿化树种在城市绿化中广泛应用。与黄靖懿提出"毛樱碧桃、花楸、紫丁香具有优良抗性及较高滞尘量，可作为哈尔滨市抗尘的优良绿化树木"的研究结论相一致（黄靖懿 等，2017）。滞尘量高抗性中等的树种（木槿）、抗性强滞尘量中等的树种（紫叶李、连翘）及滞尘量中等抗性中等的树种（大叶黄杨、榆叶梅）可作为辅助滞尘绿化树种应用。而小叶女贞、锦带表现为抗性高滞尘量低，黄刺玫表现为滞尘量高抗性低，棣棠、紫叶小檗表现为滞尘量低抗性低，在粉尘污染严重的区域则不推荐运用。因此，在选择滞尘绿化树种时，应有针对性地选择树种并注重树种间的合理搭配，以达到较高的生态效益。

参考文献

蔡燕徽，2010. 城市基调树种滞尘效应及其光合特性研究[D]. 福州：福建农林大学.

柴一新，祝宁，韩焕金，2002. 城市绿化树种的滞尘效应——以哈尔滨市为例[J]. 应用生态学报，（09）：1121-1126.

陈仁杰，陈秉衡，阚海东，2010. 我国113个城市大气颗粒物污染的健康经济学评价[J]. 中国环境科学，30（03）：410-415.

陈小平，焦奕雯，裴婷婷，等，2014. 园林植物吸附细颗粒物（PM2.5）效应研究进展[J]. 生态学杂志，33（09）：2558-2566.

杜敏华，张乃群，李玉英，等，2007. 大气污染对城市绿化植物叶片叶绿素含量的影响[J]. 中国环境监测，（02）：86-88.

樊守彬，杨涛，李雪峰，等，2019. 北京城市副中心道路扬尘排放清单与控制情景[J]. 环境科学与技术，42（04）：173-179.

范舒欣，蔡妤，董丽，2017. 北京市8种常绿阔叶树种滞尘能力[J]. 应用生态学报，28（02）：408-414.

高国军，徐彦森，莫莉，等，2016. 植物叶片对不同粒径颗粒物的吸附效果研究[J]. 生态环境学报，25（02）：260-265.

高一丹，刘海荣，2016. 交通污染对大叶黄杨叶片叶绿素含量的影响[J]. 山东农业科学，48（02）：41-44.

贺立静，周述波，贺立红，等，2016. 不同行道树降温增湿及滞尘效应[J]. 北方园艺，（23）：83-85.

胡月琪，郭建辉，张超，等，2019. 北京市道路扬尘重金属污染特征及潜在生态风险[J]. 环境科学，40（09）：3924-3934.

黄靖懿，2016. 哈尔滨市道路绿化植物滞尘能力的研究[D]. 哈尔滨：东北农业大学.

黄靖懿，黄泽，刘慧婧，等，2017. 哈尔滨市12种常见树木的滞尘能力比较[J]. 江苏农业科学，45（08）：117-121.

李钢，樊守彬，钟连红，等，2004. 北京交通扬尘污染控制研究[J]. 城市管理与科技，（04）：151-152+158.

李海梅，刘霞，2008. 青岛市城阳区主要园林树种叶片表皮形态与滞尘量的关系[J]. 生态学杂志，（10）：1659-1662.

李海梅，王珂，2009. 青岛市城阳区5种绿化植物滞尘能力研究[J]. 山东林业科技，39（03）：34-36.

李艳梅，陈奇伯，王邵军，等，2018. 昆明市主要绿化树种叶片滞尘能力的叶表微形态学解释[J]. 林业科学，54（05）：18-29.

梁淑英，2005. 南京地区常见城市绿化树种的生理生态特性及净化大气能力的研究[D]. 南京：南京林业大学.

林星宇，李彦华，李海梅，等，2019. 8种乔木的滞尘效果及对光合作用的影响[J]. 福建农业学报，34（03）：313-318.

吕铃钥，李洪远，杨佳楠，2016. 植物吸附大气颗粒物的时空变化规律及其影响因素的研究进展[J]. 生态学杂志，35（02）：524-533.

马远，贾雨龙，王成，等，2018. 北京市3种道路防护林春季滞尘规律研究[J]. 林业科学研究，31（02）：147-155.

马远，贾雨龙，王成，等，2018. 北京市典型道路防护林滞尘时空分布及其影响因子分析[J]. 林业科学研究，31（05）：110-117.

莫若果，招礼军，朱栗琼，等，2018. 南宁市4种绿化树种的滞尘效益评估[J]. 广西科学，25（02）：217-222.

戚继忠，魏进华，张倩，等，2013. 城市树木滞尘能力研究及存在的问题与对策[J]. 世界林业研究，26（03）：52-57.

邱洪斌，祝丽玲，张凤梅，2002. 城市街道大气颗粒物污染特征及影响因素的研究[J]. 黑龙江医药科学，（03）：3-4.

王芳，熊善高，李洪远，等，2015. 天津空港经济区绿化树种滞尘能力研究[J]. 干旱区资源与环境，29（01）：100-104.

王琴，冯晶红，黄奕，等，2020. 武汉市 15 种阔叶乔木滞尘能力与叶表微形态特征[J]. 生态学报，40(01)：213-222.

王珍珍，2019. 南昌市道路绿地的植物配置及滞尘效应[D]. 南昌：东华理工大学.

夏宗良，刘全军，武轲，等，2009. 二氧化硫胁迫对玉米幼苗叶片膜脂过氧化和抗氧化酶的影响[J]. 玉米科学，17(04)：51-54.

晏妮，石登红，贺瑞坤，2007. 贵阳二环林带 5 种绿化树种质膜相对透性及滞尘能力初步研究[J]. 贵州科学，(03)：20-22.

杨志刚，2003. 大气污染对香樟叶片几种生理生化指标的影响[J]. 常熟高专学报，(02)：73-75+87.

张放，2013. 长春市街道绿化现有灌木调查及 3 种主要灌木滞尘能力研究[D]. 长春：吉林农业大学.

张灵艺，秦华，2015. 城市道路行道树绿带对 PM_(2.5) 的滞尘效应及其变化分析[J]. 中国园林，31(05)：106-110.

张伟，姬亚芹，张军，等，2018. 辽宁省典型城市道路尘 PM_(2.5) 成分谱研究[J]. 中国环境科学，38(02)：412-417.

张秀梅，李景平，2001. 城市污染环境中适生树种滞尘能力研究[J]. 环境科学动态，(02)：27-30.

张远航，胡可钊，1993. 重庆市交通扬尘尘源的鉴别[J]. 环境科学研究，(01)：20-24.

钟琳琳，郑玲，区余端，2019. 热带地区湛江市常见行道树滞尘能力比较及机理分析[J]. 生态科学，38(02)：86-93.

三种加工方式对茶用地被菊的 15 种金属元素含量的影响

郭子燕　何立飞　宋振琪　李庆卫[*]

（花卉种质创新与分子育种北京市重点实验室，国家花卉工程技术研究中心，城乡生态环境北京实验室，
园林环境教育部工程研究中心，林木花卉遗传育种教育部重点实验室，园林学院，北京林业大学，北京 100083）

摘要　建立电感耦合等离子体质谱法(inductively coupled plasma-mass spectrometry, ICP-MS)测定 3 种加工方式下两种地被菊茶汤中 15 种金属元素含量的分析方法，并分析其溶出特性，选出最优加工方式。以地被茶菊 'TY51''YZ18' 为原料，进行了阴干、蒸干、烘干(低温)3 种方式加工后，采用 ICP-MS 测定其茶汤中 15 种金属元素的含量和元素溶出特性。地被茶菊进行了阴干、蒸干、烘干(低温)3 种方式加工后茶汤中 13 种金属元素含量差异显著($P<0.05$)，其中 Mg、Al、K、Ca、Mn、Fe、Zn、Cr、Ni、Co、As、Hg、Pb 等含量差异较大；Pb、Cr、Cd、Hg、As 重金属元素都未超标；试验表明相关系数 r 均大于 0.9887，具有良好的精密度和准确度。本研究得出 3 种加工方式中，低温烘干是最好的加工方式，其次是蒸干，最后是烘干，并得出 K 元素是地被茶菊茶汤中的主要元素，其次是 Mg 元素，Ca 元素。本研究可为地被茶菊的科学加工方法提供可靠的试验依据。

关键词　电感耦合等离子体质谱法；地被茶菊；金属元素溶出特性；3 种不同加工方式

Effects of Three Processing Methods on the Content of 15 Metal Elements in Ground Cover Chrysanthemum for Tea

GUO Zi-yan　HE Li-fei　SONG Zhen-qi　LI Qing-wei[*]

（*Beijing Key Laboratory of Ornamental Plants Germplasm Innovation & Molecular Breeding*，*National Engineering Research Center for Floriculture*，*Beijing Laboratory of Urban and Rural Ecological Environment*，*Engineering Research Center of Landscape Environment of Ministry of Education*，*Key Laboratory of Genetics and Breeding in Forest Trees and Ornamental Plants of Ministry of Education*，*School of Landscape Architecture*，*Beijing Forestry University*，*Beijing* 100083，*China*）

Abstract　An inductively coupled plasma mass spectrometry (ICP-MS) method was developed for the determination of 15 trace elements in two species of Chrysanthemum by three processing methods, and the dissolution characteristics were analyzed. The content of 15 trace elements in the tea soup and the dissolution of the elements were determined by ICP-MS after the tea was processed by the tea chrysanthemum 'TY51''YZ18' as raw material, dried in the air, steamed and Dried in the machine(low temperature). There were significant differences in the content of 13 metal elements in the tea soup after three treatments ($P<0.05$), among which Mg, Al, K, Ca, Mn, Fe, Zn, Cr, Ni, Co, As, The contents of Hg and Pb are quite different. The heavy metal elements of Pb, Cr, Cd, Hg and As are not exceeded. The experimental results show that the correlation coefficient r is greater than 0.9887, which has good precision and accuracy. In this study, low temperature drying is the best processing method among the three processing methods, followed by evaporation and finally drying. It is concluded that the K element is the main element in the ground chrysanthemum, followed by the Mg element. This study can provide a reliable experimental basis for the scientific processing methods of the ground chrysanthemum.

Key words　Inductively coupled plasma mass spectrometry；Ground chrysanthemum；Trace element dissolution characteristics；3 different processing methods

第一作者简介：郭子燕(1995—)，女，硕士研究生，主要从事园林植物应用研究。

* 通讯作者：390616827@ qq. com，13910019949。

地被菊不仅具有观赏价值，还有较高的茶用和保健价值。地被菊是一系列植株低矮、抗逆性强、花期早、开花繁密的新型菊花品种群，少数品种具备饮用、药用价值，此类兼备地被菊与茶菊双重特点的品种群即为地被茶菊(靳璟，2007；景珊，2012)。研究显示，菊花具有诸多药理功能，如抗菌、消炎、抗病毒等(Li Yanfang et al.，2019；杨璐齐 等，2017)。地被茶菊在三北地区有很大的应用前景和生态经济效益。地被茶菊富含维生素及铁、锌、铜、硒等元素，它们是人体不可缺少的元素(李旭玫 等；陶锐和高嗣，1999)，同时菊花茶中也含有金属毒性很大的多种金属元素，如 Pb、As、Cr 和 Cd 等，其含量达到一定水平后可以直接影响到人类的健康(张胜帮，2005；吴龙 等，2005；洪欣 等，2016；程晓平 等，2015；Lv H P et al.，2013)。

菊花在化学、药理、临床等方面研究的较多，但加工方式对金属元素影响方面的研究较少(徐文斌，200；纪丽莲，2005)。茶汤中的金属元素不仅来源于种植环节，也受加工环节的影响。在加工环节中，影响茶的金属元素含量的因素有空气沉降物、加工机械。目前对加工环节的研究较少。由于产地、土壤、加工条件等因素不同，不同菊花中金属元素含量有所差异(潘芸芸 等，2017；尹智慧，2015)。有研究表明，不同种的 4 种菊花茶中 12 种金属元素含量差异显著($P<0.05$)，其中 K、Fe、Se、Cd、Hg 含量差异较大(徐世伟 等，2016)。

同一地区的鲜叶原料经过不同的加工工艺之后，成茶中的金属元素含量各不相同(Milani R F，2016；Rashid M H et al.，2016；Cao H B et al.，2010)。韩文炎的研究表明茶叶加工是污染 Pb 和 Cu 的主要途径之一(韩文炎，2006)。前人采用微波消解法测定菊花中金属元素和微量元素的含量。表明菊花中金属元素的含量随生境的变化而变化(Nie Jiu-Sheng et al.，2013)。采用火焰原子吸收光谱法对同属不同种菊科植物杭白菊及野菊的 Mg、Fe、Ca、Pb、Ni、Zn、Mn、Cu 等元素进行了分析测定，为探讨杭白菊和野菊花中元素含量与其药效的相关性提供科学数据(Cheng Cun-gui，2006)。但几乎没有不同加工方式对菊花茶汤金属元素影响的研究，因此对探究不同加工方式与金属元素的溶出量的关系有现实意义。电感耦合等离子体质谱(ICP-MS)的动能歧视模式(KED)能够同时测定多种元素，且动态线性范围宽、检出限低、干扰少、精度高、分析速度快(郭冬发，2017；徐进力 等，2018)。本研究以建立电感耦合等离子体质谱法(ICP-MS)测定 3 种加工方式下两种地被菊 15 种金属元素含量的分析方法，并分析各元素的溶出特性，探讨 3 种加工方式对于地被茶菊金属元素的影响。

1 材料与方法

1.1 地被茶菊加工处理

2018 年 9 月，进行地被茶菊品种‘TY51’和‘YZ18’采收并且加工的工作。将同一天采收的菊花分别进行了阴干、蒸干、烘干(低温)3 种加工方式的处理。

1.1.1 阴干

采摘地被茶菊，并在阴凉通风的条件下干燥。平均环境温度为 18℃，平均湿度为 32%。平铺层数为 1。每 4d 称重直至恒重，然后保存在统一的保鲜袋中以备将来使用。

1.1.2 蒸干

蒸馏干燥是指将采摘的地被菊蒸 2~3min，然后在通风条件下干燥的过程。平均环境温度为 18℃，平均湿度为 32%，平铺层数为 1。每 4d 称重 1 次，直到恒重为止，最后保存在统一的保鲜袋中以备将来使用。

1.1.3 低温干燥

将采集的地被茶菊在 60℃的干燥箱中烘干 3h，然后将温度降低至 40℃，再将菊花干燥 3h 后，继续干燥每小时称重 1 次，将菊花干燥至恒重，然后将它们存储在统一的保鲜袋中以备将来使用。

1.2 标准溶液制备

内标液：10μg/ml 混合标准溶液，元素为 Li、Sc、Ge、Rh、In、Tb、Lu、Bi，稀释为 10μg/L，介质为 5%硝酸。重金属和金属元素混合标准储备液：50μg/ml 混合标准溶液，含 K、As、Se、Ca、Cd、Mg、Cu、Hg、Fe、Mn、Al、Pb、Cr、Zn、Co、Ni 等元素，标准溶液系列由标准储备液逐级稀释配得，介质为 5%硝酸。

1.3 仪器工作参数

在 ICP-MS(i CAP Q 型，美国热电公司)使用前用含 1μg/L Li、Y、Ce 和 Ti 的调谐溶液优化仪器参数，使仪器灵敏度、氧化物、双电荷、分辨率等各项指标达到测定要求，仪器参数如表 1，进样重复 3 次。根据元素质量数不同分别采用内插法分配合适的内标进行校正，其中 Cr、Mn 采用 Sc 作为内标，Co、Ni、Cu、Zn、As 采用 Ge 作为内标，Cd、Sn、Sb、Hg、Pb 采用 Bi 作为内标。

表 1　ICP-MS 的工作参数

Table 1　ICP-MS operating parameters

项目	条件参数	项目	条件参数
发射功率(W)	1550	反应模式	开启
采样深度(mm)	5	检测模式	KED
雾化气(L/min)	1.0	雾化室温度(℃)	2.7
冷却气(L/min)	14.0	蠕动泵转速(rpm)	40
辅助气(L/min)	0.8	扫描方式	跳峰
氦气流量(ml/min)	4.5	提取透镜电压(V)	0

1.4　样品处理

1.4.1　菊花茶处理方法

将加工好的菊花茶，称取 1g 菊花茶样品于 100ml 小烧杯中，加入 100ml 煮沸的去离子水浸泡 15min，经过 45μm 的膜过滤后，精密量取液体样品 2ml 置于聚四氟乙烯微波消解罐中，敞口放置于加热板上，在 100℃ 温度下加热蒸发至样品少于 1ml，加入 6ml 浓硝酸(GR 级、德国 Merck 公司)，再置于加热板上 90℃ 加热 30min，取下冷却后加入 1ml 浓硝酸和 1ml 过氧化氢，安装好消解罐，按照升温程序：0min 升到 135℃，保持 5min，1500W；10min 升到 150℃，1500W；25min 升到 190℃，保持 30min，1500W 的条件消解样品。消解完毕后取出，冷却后打开消解罐，置于加热板上 90℃ 赶酸气 30min，冷却后将消解液转移至 25ml 容量瓶中，并用超纯水多次清洗消解罐与盖子，洗液并入量瓶中，用超纯水定容至刻度，摇匀即得。同作试剂空白试验。每个样品、空白及标准物质平行做 3 份试验以计算其平均值和相对标准偏差。

1.4.2　新鲜地被菊处理方法

2018 年 9 月，进行地被茶菊品种 'TY51' 和 'YZ18' 采收并且加工的工作。将未加工的菊花称取 1g 左右样品于烧杯中，加入 5ml 硝酸和 2ml 高氯酸，置于 180℃ 电热板上消解，待无明显反应现象，2ml 取下冷却至室温，用超纯水定容至 100ml。所使用用酸均为化研 MOS 级，超纯水为 Millipore 制备。消解溶液直接上机测试。每个样平行 3 次试验。

2　结果与分析

2.1　线性关系

对金属元素的标准曲线进行拟合，并计算线性，由表 2 可以看出，15 种元素的标准曲线呈良好的线性关系，相关系数 r 均大于 0.9887，表明离子强度与标准溶液浓度相关性较好。

表 2　线性方程

Table 2　Linear equations

元素	标准曲线	线性相关系数
Mg	f(x) = 74.7717 * X+865.9462	0.992728988
Al	f(x) = 15.5664 * X+178.5244	0.997918176
K	f(x) = 74.1393 * X+3736.4922	0.990123602
Ca	f(x) = 21.0335 * X+706.7097	0.98878231
Cr	f(x) = 5830.8163 * X+2478.4868	0.999769927
Mn	f(x) = 2401.0217 * X+1957.2782	0.99923836
Fe	f(x) = 140.7489 * X+2550.7269	0.995809319
Co	f(x) = 12828.8665 * X+1225.1705	0.998393126
Ni	f(x) = 3559.5136 * X+3131.9625	0.999531672
Cu	f(x) = 9841.4410 * X+3862.0948	0.99466724
Zn	f(x) = 1774.6348 * X+14180.6716	0.99770163
As	f(x) = 823.5885 * X+18.1754	0.999078209
Cd	f(x) = 4723.7619 * X+45.0814	0.999780855
Hg	f(x) = 14114.7924 * X+5413.1095	0.996029082
Pb	f(x) = 90763.6487 * X+11933.0981	0.999577584

注：标准曲线纵坐标"f(x)"代表的是各元素强度值，"x"代表的是各元素浓度。

2.2　地被茶菊茶汤中金属元素含量

按上述标准物质的测定方法，用 lCP-MS 分别测定经过 3 种加工方式的两种地被茶菊茶汤中金属元素含量，测定结果如表 3 所示。根据 GB 2762—2017《食品中污染物限量》、农业部强制性标准 NY 659—2003《茶叶中铬、镉、汞、砷及氟化物限量》、以及参照 NY/T 5121—2002《无公害食品　饮用菊花生产技术规程》，综合统计超标情况的要求"Cr 不得超过 5mg/kg，Cd 不得超过 1mg/kg，Hg 不得统计超过 0.2mg/kg，As 不得过 2mg/kg，Pb 不得过 5mg/kg，Sn 不得过 250mg/kg"。3 种加工方式下 2 种地被茶菊的茶汤金属元素的含量均达标。金属元素的含量从高到低依次是 K、Mg、Ca、Zn、Cu、Mn、Fe、Ni、Al、Co、As、Hg、Pb、Cr、Cd。由表 3 可知，地被茶菊茶汤中 K、Mg、Ca 3 种元素含量最高，其次是 Zn、Cu、Mn、Fe，含量最少的是 Ni、Al、Co、As、Hg、Pb、Cr、Cd。

如表 3 可以看到，菊花茶汤中 K 含量为 150.623~228.854mg/kg，菊花中富含最多的 K 是细胞内最主要的阳离子之一，K 参与细胞内糖和蛋白质的代谢，可以调节细胞内适宜的压力和体液的酸碱平衡，在摄入高钠而导致高血压时，K 具有降血压作用，再次证明菊花是降血压的好的保健饮品。菊花茶汤中 Ca 含量为 4.749~10.806mg/kg，Ca 主要参与人体的新陈代谢，影响生长发育。在日常生活中，每天必须补充钙，特别是老年人。菊花茶汤中 Mg 含量为 6.436~15.770mg/kg。Mg 在维持血糖转化等过程中扮演着重

表3 两种地被菊在 3 种不同加工方式下各金属元素的含量
Table 3 The content of each trace element in two kinds of different processing methods

金属元素含量	未加工	'Yz18'			未加工	'Ty51'		
		阴干	蒸干	烘干		阴干	蒸干	烘干
Mg	404.03+3.45a	8.21136+6.35d	14.61949+1.44c	15.77015+1.56b	341.61+2.39a	6.43459+1.79d	8.52156+4.1c	9.82035+2.08b
Al	27.76+1.22a	0.00527+0.05d	0.01854+0.11c	0.04939+0.73b	15.21+0.49a	0.02487+0.08d	0.03643+0.13c	0.05429+0.48b
K	4306.25+2.38a	150.62315+3.93d	208.6715+3.68c	223.54229+2.81b	3298.05+1.44a	174.40752+5.18d	222.88396+6.98c	228.85433+5.68b
Ca	135.62+2.98a	6.2428+3.14d	8.40577+7.52c	10.80604+6.81b	135.58+0.89a	4.74889+1.19d	4.82037+2.2c	7.83464+1.75b
Cu	2.54+1.09a	0.11637+0.94b	0.11605+0.28c	0.17538+0.44b	1.11+0.67a	0.10689+1.46c	0.10465+1.21d	0.11131+3.36b
Mn	2.79+1.02a	0.06361+0.7c	0.12467+1.2c	0.15607+0.18b	1.12+0.84a	0.11045+1.4d	0.14232+0.45c	0.16338+0.37b
Fe	31.95+0.69a	0.01076+0.33d	0.02842+0.13c	0.03532+0.55b	15.38+0.65a	0.0256+1.04d	0.02953+0.05c	0.056+0.78b
Zn	15.72+1.05a	0.15495+0.88d	0.17913+0.88c	0.31811+0.19b	12.55+1.65a	0.33094+1.82d	0.35367+1.23c	0.39168+3.26b
Ni	0.124+0.21a	0.00647+0.1c	0.00548+0.06d	0.01173+0.17b	1.081+0.06a	0.0062+0.03b	0.00558+0.13c	0.00785+0.03b
Co	0.088+0.86a	0.0016+0.02c	0.00102+0.03d	0.00228+0.02b	0.255+0.01a	0.00094+0.02c	0.00089+0.02d	0.000201+0.03b
Cr	0.0201+0.29a	0.00034+0.01d	0.00044+0.01c	0.00115+0.01b	0.0133+0.02a	0.00093+0.04d	0.00104+0.04c	0.00122+0.03b
As	0.027+0.21a	0.00126+0.03c	0.00112+0.04d	0.00183+0.03b	0.0025+0.02a	0.000144+0.05c	0.000131+0.03d	0.000208+0.04b
Cd	0.0078+0.18a	0.00027+0.01c	0.00023+0.02d	0.00024+0.01b	0.0009+0.01b	0.00007+0.01c	0.00006+0.01d	0.00009+0.01b
Hg	0.0038+0.05a	0.0011+0.02c	0.00099+0.01d	0.00159+0.04b	0.0014+0.01a	0.00044+0.02c	0.00037+0.02d	0.00051+0.02b
Pb	0.0256+0.07a	0.00057+0.01c	0.00054+0.01d	0.00062+0.01b	0.0023+0.01a	0.00046+0.01c	0.00045+0.01d	0.00048+0.01b

要角色，又能促进钙的吸收，促进骨形成和骨再生。可见菊花茶适合高血压、高血糖及缺 Ca 的老年人饮用。在图中可以看出，未加工的菊花金属含量明显高于加工后菊花在茶汤中溶解出的金属元素的含量。对于 Mg 的含量，不同的加工方式对 Mg 的含量差异性显著。阴干的地被茶菊的 Mg 的含量最少，其次是蒸干，最多的是低温烘干的。在 3 种不同加工方式下，'Ty51' 的 Mg 的含量均低于 'Yz18'。Al 元素在茶汤中的含量有所不同，具有明显的差别。据观察发现，3 种加工方式下，'Ty51' 茶汤中 Al 的含量均高于 'Yz18'。对于不同的地被茶菊种类，3 种加工对其的影响不同，但总体的趋势是一样的，低温烘干的加工方式的茶汤中 Al 的含量最高，蒸干其次，阴干的最低。K 是 15 种元素中含量最多的金属元素，占金属元素总量的绝大多数。从表 3 我们可以看到地被茶菊中 K 的含量因不同的加工方式的含量有所不同。其中，低温烘干的地被茶菊的茶汤中 K 的含量最高，蒸干的地被菊茶汤 K 的含量次之，阴干的地被茶菊茶汤中 K 的含量最少。'Ty51' 与 'Yz18' 茶汤中 K 元素的含量相比差别不大。3 种加工方式下，地被茶菊 'Ty51' 的茶汤中 Ca 的含量总体低于 'Yz18'。经过对于蒸干、烘干（低温）、阴干，不同的地被茶菊茶汤的 Ca 元素含量不同。3 种加工方式下对于茶汤中 Ca 的含量的影响与 K 的含量的影响相同，低温烘干的含量最高，蒸干其次，阴干的最低。低温烘干的地被菊的茶汤中 Cu 的含量最高，其次是阴干，最低的是蒸干。'Ty51' 经过 3 种加工方式后，茶汤中 Cu 的含量差异不显著。但对于 'Yz18' 来说，烘干的加工方式

中，Cu 的含量最低。不同的加工方式对 Mn、Fe、Zn 的含量的影响差异性明显，低温烘干的地被菊的茶汤的含量最高，其次是蒸干，最低的是阴干。不同的加工方式对 Ni、Co、As、Hg、Pb、Cd 的含量的影响，低温烘干的地被菊的茶汤的含量最高，其次是阴干，最低的是蒸干，但含量也都很少，在安全的范围内。不同的加工方式对 Cr 的含量的影响，低温烘干的地被菊的茶汤的含量最高，其次是蒸干，最低的是阴干，但含量在绝对安全范围内。造成这些差异的可能原因有：两种地被菊存在种质上的差异，其对不同矿物元素的富集能力有一定的差异；不同的加工方式对植物体内的金属矿质元素含量也会产生影响。

2.3 两种地被菊在 3 种不同加工方式下金属元素的多组比较秩和检验的多重比较

Kruskal-Wakkis H 检测一般用来检测多个独立样本是否存在显著差异，可以用 SPSS 软件进行分析。本试验应用检测 3 种加工方式对于地被茶菊茶汤中金属元素的影响，对于 Kruskal-Wakkis H 检测来说，平均秩越大，说明加工方式越好。主要结果如表 4、表 5 所示，对于 'Ty51' 'Yz18' 来说，由表 4 所知，除 Cd、Cu 外，$P \leqslant 0.05$，3 种不同的加工方式对 'Ty51' 茶汤中金属元素的含量的影响差异性显著。根据平均秩进一步推测，对于 Mg、Al、K、Ca、Mn、Fe、Zn、Cr 来说，低温烘干的秩平均值最大，蒸干次之，阴干最少，可以得出对于这 8 个元素来说低温烘干的地被菊茶汤金属元素最高，蒸干次之，阴干最少。对于 Ni、Co、As、Hg、Pb 这 5 个元素来说，低温烘干的秩平均值

最大，阴干次之，蒸干最少。可以得出对于这 5 个元素来说低温烘干的地被菊茶汤金属元素最高，阴干的金属元素含量次之，蒸干的金属元素最低。对于 Cd 和 Cu 来说，蒸干和阴干加工后金属元素的含量差异性不显著，低温烘干后地被菊茶汤中的金属元素含量最高。以含量最高的 K 来说，两种地被茶菊烘干的秩的平均数都是 8，蒸干的秩的平均数为 5，阴干的秩

的平均数是 2，秩的平均数越高说明这种加工越好。综合表 4 得出，3 种加工方式对地被菊茶汤中 15 种金属元素的含量的影响来说，低温烘干这种加工方式对于金属元素的积累来说是有利的，但这种加工方式积累有益金属元素的同时，也在积累有害金属元素，积累的有害金属元素远远低于国家标准。

表 4　两种地被菊在 3 种不同加工方式下金属元素的克鲁斯卡尔-沃利斯检验统计

Table 4　Kruskal-Wallis test statistics of trace elements in two different processing methods

品种		克鲁斯卡尔-沃利斯检验统计 a，b（a. 克鲁斯卡尔-沃利斯检验；b. 分组变量：加工方式）														
		Mg	Al	K	Ca	Cu	Mn	Fe	Zn	Ni	Co	Cr	As	Cd	Hg	Pb
'YZ18'	卡方	7.2	7.2	7.2	7.2	5.6	7.2	7.2	7.2	7.2	7.2	7.322	7.2	5.695	7.2	7.2
	自由度	2	2	2	2	2	2	2	2	2	2	2	2	2	2	2
	渐近显著性	0.027	0.027	0.027	0.027	0.061	0.027	0.027	0.027	0.027	0.027	0.026	0.027	0.058	0.027	0.027
'Ty51'	卡方	7.2	7.2	7.2	7.2	5.689	7.2	7.2	7.2	7.2	7.2	7.2	7.2	6.771	7.261	6
	自由度	2	2	2	2	2	2	2	2	2	2	2	2	2	2	2
	渐近显著性	0.027	0.027	0.027	0.027	0.058	0.027	0.027	0.027	0.027	0.027	0.027	0.027	0.034	0.027	0.05

表 5　两种地被菊在 3 种不同加工方式下金属元素的秩平均值　　　　　　　　　　　　　　（续）

Table 5　Rank average of trace elements in two different processing methods

金属元素	三种加工方式	个案数	'YZ18'秩平均值	'Ty51'秩平均值
Mg	阴干	3	2	2
	蒸干	3	5	5
	烘干	3	8	8
Al	阴干	3	2	2
	蒸干	3	5	5
	烘干	3	8	8
K	阴干	3	2	2
	蒸干	3	5	5
	烘干	3	8	8
Ca	阴干	3	2	2
	蒸干	3	5	5
	烘干	3	8	8
Cu	阴干	3	4	5
	蒸干	3	3	2.33
	烘干	3	8	7.67
Mn	阴干	3	2	2
	蒸干	3	5	5
	烘干	3	8	8
Fe	阴干	3	2	2
	蒸干	3	5	5
	烘干	3	8	8
Zn	阴干	3	2	2
	蒸干	3	5	5
	烘干	3	8	8

金属元素	三种加工方式	个案数	'YZ18'秩平均值	'Ty51'秩平均值
Ni	阴干	3	5	5
	蒸干	3	2	2
	烘干	3	8	8
Co	阴干	3	5	5
	蒸干	3	2	2
	烘干	3	8	8
Cr	阴干	3	2	2
	蒸干	3	5	5
	烘干	3	8	8
As	阴干	3	5	5
	蒸干	3	2	2
	烘干	3	8	8
Cd	阴干	3	8	4.67
	蒸干	3	3	2.33
	烘干	3	4	8
Hg	阴干	3	5	5
	蒸干	3	2	2
	烘干	3	8	8
Pb	阴干	3	5	4
	蒸干	3	2	3
	烘干	3	8	8

2.4　主成分分析

为统一数量级与量纲，对结果进行数据的标准化。标准化消去了不同数量级与量纲的影响，用

表 6　15 种金属元素的方差贡献率

Table 6　The variance contribution rate of 15 elements

成分	15 种金属元素的方差贡献率					
	初始特征值			提取载荷平方和		
	总计	方差百分比	累积（%）	总计	方差百分比	累积（%）
1	7.298	48.655	48.655	7.298	48.655	48.655
2	5.824	38.828	87.483	5.824	38.828	87.483
3	1.237	8.247	95.731	1.237	8.247	95.731
4	0.561	3.740	99.471			
5	0.079	0.529	100.000			
6	1.647E-15	1.098E-14	100.000			
7	5.759E-16	3.839E-15	100.000			
8	3.550E-16	2.367E-15	100.000			
9	2.740E-16	1.826E-15	100.000			
10	9.932E-17	6.621E-16	100.000			
11	−1.859E-17	−1.239E-16	100.000			
12	−1.733E-16	−1.156E-15	100.000			
13	−2.478E-16	−1.652E-15	100.000			
14	−4.663E-16	−3.109E-15	100.000			
15	−6.878E-16	−4.586E-15	100.000			

表 7　15 种金属元素的成分矩阵表

Table 7　Composition table of 15 elements

元素	成分矩阵		
	成分		
	1	2	3
Mg	0.596	0.591	0.539
Al	0.906	−0.420	0.003
K	0.768	−0.346	0.513
Ca	0.754	0.599	0.201
Cu	0.701	0.623	−0.094
Mn	0.839	−0.421	0.341
Fe	0.772	−0.497	0.131
Zn	0.586	−0.770	−0.175
Ni	0.849	0.381	−0.313
Co	0.768	0.384	−0.414
Cr	0.757	−0.586	−0.173
As	0.841	−0.251	−0.404
Cd	−0.013	0.986	0.039
Hg	0.363	0.925	−0.025
Pb	0.323	0.942	−0.072

SPSS 17.0 软件对数据进行标准化处理，得到无量纲数据，如表 5、表 6。再利用标准化后的数据，进行主成分分析（表 7）。

各指标变量的主成分载荷除以主成分相对应的特征值开平方根，便得到 3 个主成分中每个指标所对应

的系数，即为特征向量，以特征向量为权重构建 3 个主成分的表达函数式：

$F1 = 0.22 \times X_1 + 0.34 \times X_2 + 0.28 \times X_3 + 0.28 \times X_4 + 0.26 \times X_5 + 0.31 \times X_6 + 0.29 \times X_7 + 0.22 \times X_8 + 0.31 \times X_9 + 0.28 \times X_{10} + 0.28 \times X11 + 0.31 \times X_{12} + 0.00 \times X_{13} + 0.13 \times X_{14} + 0.12 \times X_{15}$

$F2 = 0.26 \times X_1 - 0.18 \times X_2 - 0.15 \times X_3 + 0.26 \times X_4 + 0.27 \times X_5 - 0.18 \times X_6 - 0.22 \times X_7 - 0.33 \times X_8 + 0.17 \times X_9 + 0.17 \times X_{10} - 0.25 \times X_{11} - 0.11 \times X_{12} + 0.43 \times X_{13} + 0.40 \times X_{14} + 0.41 \times X_{15}$

$F3 = 0.48 X_1 + 0.00 X_2 + 0.46 X_3 + 0.18 X4 - 0.08 X_5 + 0.31 X_6 + 0.12 X_7 - 0.16 X_8 - 0.28 X_9 - 0.37 X_{10} - 0.16 X_{11} - 0.36 X_{12} + 0.04 X_{13} - 0.02 X_{14} - 0.06 X_{15}$

根据主成分的特征值所占主成分特征值之和的比例为权重，计算主成分综合模型，按照以下公式计算综合得分并进行排序：

$F = 0.91 X_1 + 0.59 X_2 + 0.73 X_3 + 0.69 X_4 + 0.49 X_5 + 0.65 X_6 + 0.44 X_7 + 0.25 X_8 + 0.57 X_9 + 0.39 X_{10} + 0.27 X_{11} + 0.34 X_{12} + 0.17 X_{13} + 0.23 X_{14} + 0.23 X_{15}$

4 个表达式中，X_1 到 X_{15} 分别是 Mg、Al、K、Ca、Cu、Mn、Fe、Zn、Ni、Co、Cr、As、Cd、Hg、Pb。根据主成分综合得分模型，可计算出两种茶菊 3 种加工方式的综合得分值和排序结果（表 8）。由表 8 可看出，低温烘干的加工方式相对于阴干和蒸干的加工方式来说综合得分值较高。对于'Yz18'和'Ty51'来说，低温烘干的加工方式最佳，其次是蒸干的加工方式，最低的是阴干的加工方式。

表8　两种茶菊3种加工方式的综合得分值和排序结果

Table 8　Comprehensive scores and ranking results of three chrysanthemum processing methods

地被菊种类	加工方式	1	2	3	F	排序
	阴干	−2.91	2.66	−1.12	−0.48	4
'Yz18'	蒸干	−1.14	1.58	1.91	0.22	2
	烘干	4.04	2.58	−0.23	2.95	1
	阴干	−1.76	−1.84	−0.8	−1.64	6
'Ty51'	蒸干	−0.79	−2.6	0.63	−1.34	5
	烘干	2.57	−2.37	−0.38	0.30	3

3　结论

试验以阴干、蒸干、烘干(低温)3种加工方式加工的两种地被茶菊'Ty51''Yz18'为原料,采用ICP-MS对其中Mg、Al、K、Ca、Mn、Cr、Fe、Co、Ni、Zn、Cu、As、Cd、Hg、Pb等15种金属元素溶出特性进行研究。地被茶菊茶汤中金属元素的含量从高到低依次是K、Mg、Ca、Zn、Cu、Mn、Fe、Ni、Al、Co、As、Hg、Pb、Cr、Cd,其中茶汤中K、Mg、Ca 3种元素含量最高,在菊花茶中其他12个金属元素含量均较低,且有害金属元素的含量都未超标,并且发现地被菊'Yz18'这一品种明显优于'Ty51'。本论文发现低温烘干这种加工方式,对保留菊花中金属元素有一定的积极作用,研究发现对于地被茶菊来说低温烘干这种加工方式是最优良保留金属元素的方式。

4　讨论

菊花茶已经成为我国仅次于茶叶的第二大传统饮品。金属元素含量与栽培措施、种植环境养护管理及加工方法等有密切关系。本文对加工方式与金属元素之间的关系的探究有重大实践意义。菊花中的微量金属元素都以络合物形态进入人体细胞组织内,以补充调节人体微量元素的不足与平衡(朱旭祥和矛涵斌,1997),对人体健康起着重要作用,人体的许多疾病与微量元素的失调有关(张胜帮,2004)。所以我们才要研究菊花经过加工后茶汤中所含的金属元素。在以往的研究中,多以研究菊花本身所含有的金属元素、绿原酸、总黄酮等为主,却少有人研究菊花茶汤中的金属元素的含量。原有的菊花加工方式以硫黄熏制、阴干、蒸干、高温烘干等几种为主。每种都有各自的弊端,例如硫黄熏制使硫黄中的二硫化砷燃烧后与空气中氧反应生成三氧化二砷,对人体健康有毒且危害健康(程明,2010)。本文借鉴了浙江省中药研究所有限公司的一种菊花免杀青低温烘干的方法与蒸干、阴干、进行对比,发现也得到了低温烘干是一种较好的加工方式(浙江省中药研究所有限公司,2015)。本论文对菊花加工这一领域的研究产生一定的借鉴和参考的作用和意义。为了充分利用地被茶菊资源,今后可以继续对地被茶菊的汤色、风味、有效成分进行较为合理且全面的综合评价,筛选出综合茶用品质、感官评价等都优良的茶菊品种,为实际地被茶菊的生产和加工提供充分而合理的依据。

参考文献

程明,冯学锋,杨连菊,等,2010. 硫黄熏制在中药材加工和贮藏中的应用探讨[J]. 中国中医药信息杂志,17(S1):18.

程晓平,董方,张建萍,等,2015. 火焰原子吸收法测定花茶中金属元素铜、铁、锌的含量[J]. 中国卫生检验杂志,25(14):2302-2306.

郭冬发,李金英,李伯平,等,2017. 电感耦合等离子体质谱分析方法的重要进展(2015-2016)[J]. 质谱学报(J. Chin. MSS),38(5):599-610.

韩文炎,梁月荣,杨亚军,等,2006. 加工过程对茶叶铅和铜污染的影响[J]. 茶叶科学,26(02):95-101.

洪欣,梁晓曦,苏荣,等,2016. 茶叶中金属元素含量的测定及其浸出特性的研究[J]. 中国卫生检验杂志,26(14):2015-2019.

纪丽莲,2005. 菊花脑茎叶挥发油的化学成分与抗霉菌活性的研究[J]. 食品科学,26(10):91-94.

靳璟,2007. 早花茶用地被菊新品种的选育[D]. 北京:北京林业大学.

景珊,2012. 地被茶菊花期改良育种研究[D]. 北京:北京林业大学.

李旭玫,2002. 茶叶中的矿质元素对人体健康的作用[J]. 中国茶叶,24(2):30-31.

NY 659—2003. 茶叶中铬、镉、汞、砷及氟化物限量[S].

NY/T5121-2002. 无公害食品-饮用菊花生产技术规程[S].

潘芸芸,王庆,冉聪,等,2017. 加工及贮藏方式对菊花品质的影响[J]. 食品与机械,5(33):141-144.

陶锐，高舸，1999. ICO-OES 法测定茶叶中十二种微量元素
　[J]. 中国卫生检验杂志，　9(5)：323-327.

吴龙，张力群，龚立科，等，2017. 茶叶及代用茶中多种
　元素检测结果分析[J]. 中国卫生检验杂志，27（7）：
　1025-1028.

徐进力，邢夏，顾雪，等，2018. KED 模式/电感耦合等离
　子体质谱（ICP-MS）法测定地球化学样品中磷、钛、钒、
　铬、锰[J]. 中国无机分析化学，8(05)：28-33.

徐世伟，徐蓉，孙雨茜，等，2016. 电感耦合等离子体质谱
　法分析菊花茶中微量元素含量及其溶出特性[J]. 食品安
　全质量检测学报，12(7)：4946-4954.

徐文斌，郭巧生，李彦农，等，2005. 药用菊花不同栽培类
　型内在质量的比较研究[J]. 中国中药杂志，30(21)：
　1645-1648.

杨璐齐，陈冠林，俞憬，等，2017.6 种菊花抗氧化活性及
　总酚含量的研究 [J]. 食品研究与开发，38(18)：6-10.

尹智慧，2015. 不同产地药用菊花有效成分溶出规律研究
　[D]. 杭州：浙江中医药大学.

张胜帮，郭玉生，2005. ICP-AES 同时测定菊花中多种金属
　元素的研究[J]. 中国卫生检验杂志，15（12）：1468
　-1470.

张胜帮，郭玉生，2004. ICP-AES 法测定酸枣仁汤中多种金
　属元素[J]. 光谱学与光谱分析，24(12)：1663-1665.

浙江省中药研究所有限公司. 一种菊花免杀青的方法：
　104770485 A [P]. 2015-04-09[2015-07-15].

朱旭祥，矛涵斌，1997. 中药研究前沿——中药配位化学
　[J]. 中草药，28(6) ：373.

Cao H B, Qiao L, Zhang H, et al. 2010. Exposure and risk as-
　sessment for aluminium and heavy metals in Puerh tea[J].
　Science of the Total Environment. 14(408)：2777-2784.

Cheng Cun-gui, Li Dan-ting, Liu Xing-hai, 2006. Comparative
　study on trace elements in flos Chrysanthemum and flos Chrys-
　anthemum indici [J]. Spectroscopy and Spectral Analysis, 1
　(1)：156-158.

GB 2762—2012. 食品安全国家标准食品中污染物限量[S].

Li Yanfang, Yang Puyu, Luo Yinghua, et al. 2019. Chemical
　compositions of chrysanthemum teas and their anti-inflammato-
　ry and antioxidant properties. [J]. Food chemistry, 02
　(13)：8-16.

Lv HP, Lin Z, Tan JF, et al. 2013. Contents of fluoride, lead,
　copper, chromium, arsenic and cadmium in Chinese Puerh tea
　[J]. Food Res Int, 53 (2)：938-944.

Milani RF, Morgano M A, Cadore S. 2016. Trace elements in
　Camellia sinensis marketed in southeastern Brazil：Extraction
　from tea leaves to beverages and dietary exposure[J]. LWT—
　Food Science and Technology, 68：491-498.

Nie Jiu-Sheng, Zhai Hong-Yan, Wu De-Ling, et al. 2013.
　Analysis of trace elements in chrysanthemum from different
　habitats with ICP-MS[J]. Journal of Chinese medicinal mate-
　rials, 3(3)：358-360.

Rashid M H, Fardous Z, Chowdhury M A Z, et al. 2016.
　Determination of heavy metals in the soils of tea plantations
　and in fresh and processed tea leaves：an evaluation of six di-
　gestion methods[J]. Chemistry Central Journal, 10(1).

北京 3 个城市公园草花混播群落景观调查

房味味　吴璐瑶　袁涛*

（花卉种质创新与分子育种北京市重点实验室，国家花卉工程技术研究中心，城乡生态环境北京实验室，

园林环境教育部工程研究中心，林木花卉遗传育种教育部重点实验室，园林学院，北京林业大学，北京 100083）

摘要　了解北京城市公园草花混播群落植物构成及群落动态，构建多层次景观综合评价结构模型，对草花群落景观进行评价分析，为草花混播的城市应用提供参考意见。结果表明：①北京城市公园草花混播群落植物种类雷同，菊科植物占比大，优势明显，但物种多样性低；②园林专业人员认为草花混播群落的生态效益比景观效果重要，对群落景观评价因子重要性的取向依次为群落盖度、群落结构及景观美感；③北京城市公园草花群落景观趋同、结构松散、颜色杂乱、群落末期景观效果差。北京城市公园现有草花混播群落可以从群落结构、群落稳定性、景观效果三方面进行改进，适当减少菊科植物的应用，增加物种多样性，维持群落稳定。改善群落结构，增加结构性植物的应用，延长群落观赏期。

关键词　草花混播；植物构成；评价模型；景观；群落动态

Investigation on the Landscape of Urban Meadows in Three Beijing City Park

FANG Wei-wei　WU Lu-yao　YUAN Tao*

（*Beijing Key Laboratory of Ornamental Plants Germplasm Innovation & Molecular Breeding, National Engineering Research Center for Floriculture, Beijing Laboratory of Urban and Rural Ecological Environment, Engineering Research Center of Landscape Environment of Ministry of Education, Key Laboratory of Genetics and Breeding in Forest Trees and Ornamental Plants of Ministry of Education, School of Landscape Architecture, Beijing Forestry University, Beijing 100083, China*）

Abstract　The plant composition and community dynamics of urban meadow in Beijing city parks were investigated. Constructing a multi-level comprehensive evaluation structure model of the landscape is important to evaluate and analyze the landscape of community, which could provide reference for the urban application of urban meadow. The results showed that: ①the plant species of urban meadow in Beijing City Park are similar, with the *compositae* playing an important role whoes advantages were obvious, but not conducive to species diversity; ②compared with landscape effects, gardening professionals value the community in terms of ecological benefits, and the orientation of the importance of community landscape evaluation factors is in order of community coverage, community structure and landscape aesthetics. ③The urban meadow in Beijing City Park had similar landscape, loose structure, messy colors, and poor landscape effect at the end of the community. The flower meadow in Beijing City Park should be improved from three aspects——community structure, community stability, and landscape effect. The application of *compositae* should be appropriately reduced and species diversity should be increased in order to maintain community stability. To extend the ornamental period of the community, it is important to improve the community structure, as well as increase the application of structural plants.

Key words　Urban meadow; Plants composition; Evaluation model; Landscape; Community dynamics

草花混播，又称野花组合。起源于中世纪欧洲，兴盛于 19 世纪末的英国和中欧，是一种新型草本花卉造景形式。其灵感来源于自然草甸，主要从植物种类组成、植物性状选择、植物应用方式及养护管理方法四方面来创造一种富有"野态"的拟自然草本景观[1]。相较于城市草坪，草花混播群落具有极高的生

---

1 基金项目：科学研究与研究生培养共建项目"北京城乡节约型绿地营建技术与功能型植物材料高效繁育"（2016GJ-03）；北京林业大学建设世界—流学科和特色发展引导专项资金资助-园林植物高效繁殖与栽培养护技术研究（2019XKJS0324）。

第一作者简介：房味味（1991—），女，硕士研究生，主要从事园林植物生态与应用研究。

* 通信作者：袁涛，教授，E-mail：yuantao@ bjfu. edu. cn。

态效益，能有效节约灌溉用水、避免除草剂及除虫剂带来的污染、减少修剪灌溉等管理活动带来的温室气体排放、有效维持城市的生态多样性，在欧美地区广受欢迎[2]。国外学者对于草花混播的研究主要针对于种类选择、群落构建、建植方法、养护管理等问题。其中，谢菲尔德大学 Hitchmough 教授和 Dunnett 教授[3-6]从群落的种类选择、用量配比、构建方式、土壤类型、生态效益、养护管理等方面研究草花混播，并致力于在不同的城市环境构建草花混播群落；20 世纪 90 年代初，日本学者堀口悦代[7]于东京交通公园构建了草花混播群落，并总结了植物播种量、施工及养护管理方法。我国草花混播最早起源于牧草生产领域，将紫花苜蓿、白三叶与不同禾草混播以提高产量[8]。草花混播在城市园林中的应用时间较短，仍处于探索阶段，国内学者主要从它的概念、发展历程、优势等理论层面开展研究[9-11]，研究内容重复性高，缺乏新意，对草花群落构建的参考价值不大。现阶段草花混播的实际应用仍然以借鉴国外种业公司的植物组合为主。针对于城市公园中广泛应用的草花混播群落的研究很少，特别是群落呈现的景观效果及群落动态并没有进行系统的研究与评估。本文选取了北京城市公园的草花混播群落代表，从植物种类、景观效果和群落动态等方面对草本群落进行了全面分析，总结北京现有草花混播群落优缺点，并提出群落构建的参考意见，对于草花混播的城市应用具有较高的指导意义。

1　材料与方法

1.1　时间和地点

群落调查时间为 2014 年 6～9 月、2015 年 6～9 月，于北京市朝阳区望湖公园、海淀区中关村森林公园、海淀区紫竹院公园进行。

1.2　方法

1.2.1　群落调查

采用样方法，在以上各公园草花混播群落绿地内设置 1m×1m 的调查样方，视具体情况设置重复数。调查植物种类组成、数量以及各物种的株高、冠幅、密度、盖度。以植株光合组织最高点与地面之间的最短距离为标准测量株高。为降低样方内各种类的种内变异对测量结果的影响，仅测量该物种在该样方内最高的 5 株个体的株高，其平均值即为物种株高[12]。

1.2.2　频度分析

某种植物的频度 = 该种类出现的样方数/总样方数。依照丹麦学者 Raunkiaer 定律中的频率等级标准划分成 5 个等级：A 级频度为 1%～20%，表示偶尔应用；B 级频度为 21%～40%，表示应用频率较低；C 级频度为 41%～60%，表示应用频率一般；D 级频度为 61%～80%，表示应用频率较高；E 级频度为 81%～100%，表示应用频率很高[13]。应用该标准对调查的群落中应用的植物种类进行分析。

1.2.3　景观评价方法

采用定性分析与定量分析相结合的层次分析法（Analytical Hierarchy Process，简称 AHP）进行景观评价。将目标层次化，构建一个多层次的分析结构模型，然后通过构建判断矩阵，得到下层因子对上层因子的相对重要权值，随后自上而下地计算出最低层因素相对于最高层的相对重要权值，对之进行一致性检验并据此得出各个评价指标的优劣次序[14]。

层次分析法的主要运算步骤包括：建立层次结构模型；构造判断矩阵；用和积法或方根法求得特征向量 W（向量 W 的分量 Wi 即为层次单排序）；计算最大特征根 λmax；计算一致性指标 CI、RI、CR 并判断其是否具有满意的一致性。

（1）判断矩阵的构造。应用 1～9 及其倒数的标度方法，即 1、3、5、7、9 分别表示两个因素相比，一个因素与另一个因素相比同等重要、稍微重要、明显重要、强烈重要、极端重要，2、4、6、8 分别表示 1 和 3、3 和 5、5 和 7、7 和 9 的中值。按照综合评价模型中建立的层次结构关系，本文邀请园林植物与观赏园艺专业的硕士生和本科生各 15 名及 10 名园林专业教师对要素层内的各项指标进行重要性比较打分，构成判断矩阵。

（2）层次单排序及其一致性检验。用方根法求解判断各个矩阵的最大特征根 λmax 及其相对应的特征向量 W，并用 CI = CR/RI 进行一致性检验。计算步骤为：

（A）计算判断矩阵每一行元素的乘积，即

$$M_i = \Pi n \, b_{ij} (i = 1, 2, \cdots, n) \qquad (1\text{-}1)$$

（B）计算 Mi 的 n 次方根，即

$$W_i = \sqrt{M_i} (i = 1, 2, \cdots, n) \qquad (1\text{-}2)$$

（C）将向量 $W = [\overline{W}_1, \overline{W}_2, \cdots, \overline{W}_n]^T$ 归一化，即

$$W_i = W_i / \sum_n^i = \overline{W}_i (i = 1, 2, \cdots, n) \qquad (1\text{-}3)$$

则 $W = [\overline{W}_1, \overline{W}_2, \cdots, \overline{W}_n]^T$ 即为所求的特征向量

（D）计算矩阵的最大特征根 λ_{max}，即

$$\lambda_{max} = \sum_{i=1}^{n} \frac{(AW)_i}{nW_i} \qquad (1\text{-}4)$$

式中，$(AW)_i$ 表示 AW 的第 i 个分量，n 为矩阵阶数，W 为向量。

（E）检验判断矩阵的一致性

$$CI = \lambda_{max} - n/n - 1, \quad CR = CI/RI \qquad (1\text{-}5)$$

式中，CI 为一致性指标，n 为矩阵阶数，RI 为平均随机一致性指标(即当判断矩阵的维数 n 越大，判

断的一致性将越差，故应放宽对高维判断矩阵一致性的要求，引入修正值 RI，见表1)，CR 为随机一致性指标。当 $CR<0.10$ 时，则矩阵有满意的一致性；否则，重新判断，直至满意。

表1　RI 修正值表

Table 1　The revision value of RI

	1	2	3	4	5	6	7	8	9
R.I	0.00	0.00	0.58	0.96	1.12	1.24	1.32	1.41	1.45

（3）层次总排序及其一致性检验。层次总排序是计算最后一层对于第一层的相对重要性排序，实际上是层次单排序的加权组合。得到群落综合评价的各个评价因子的权重值。并进行一次性检验。

2　结果与分析

2.1　植物种类应用频度分析

将调查的各群落中的植物种类进行统计分析，按照频度等级标准进行分类，如表2所示。

表2　3个公园的草花混播群落植物应用频度

Table 2　The application frequency of the herbaceous flowers in urban meadows

等级	应用频率	植物种类	数量
A	1%~20%	狼尾草(Pennisetum alopecuroides)、火炬花(Kniphofia uvaria)、阔叶风铃草(Campanula medium)、千日红(Gomphrena globosa)、黑种草(Nigella damascena)、旱金莲(Tropaeolum majus)、蛇鞭菊(Liatris spicata)、串叶松香草(Silphium perfoliatum)	8
B	21%~40%	鸡冠花(Celosia cristata)、蜀葵(Althaea rosea)、紫茉莉(Mirabilis jalapa)、醉蝶花(Cleome spinosa)、千叶蓍(Achillea millefolium)、蓝蓟(Echium vulgare)、华北耧斗菜(Aquilegia yabeana)、假龙头(Physostegia virginiana)、银边翠(Euphorbia marginata)、蒲公英(Taraxacum mongolicum)、倒提壶(Cynoglossum amabile)、月见草(Oenothera biennis)、婆婆纳(Veronica didyma)、香雪球(Lobularia maritima)、茼蒿菊(Chrysanthemum frutescens)、高雪轮(Silene armeria)	16
C	41%~60%	凤仙花(Impatiens balsamina)、柳叶马鞭草(Verbena bonariensis)、旋覆花(Inula japonica)、花菱草(Eschscholtzia californica)、桔梗(Platycodon grandiflorus)、飞燕草(Consolida ajacis)、柳穿鱼(Linaria vulgaris)、麦仙翁(Agrostemma githago)	9
D	61%~80%	蛇目菊Coreopsis tinctoria)、诸葛菜(Orychophragmus violaceus)、红花亚麻(Linum grandiflorum)、大滨菊(Chrysanthemum maximum)、屈曲花(Iberis amara)、千屈菜(Lythrum salicaria)、白晶菊(Chrysanthemum paludosum)、山桃草(Gaura lindheimeri)	8
E	81%~100%	波斯菊(Cosmos bipinnata)、硫华菊(Cosmos sulphureus)、百日草(Zinnia elegans)、孔雀草(Tagetes patula)、中国石竹(Dianthus chinensis)、宿根亚麻(Linum perenne)、黑心菊(Rudbeckia hirta)、宿根天人菊(Caillardia aristata)、美女樱(Verbena hybrida)、紫松果菊(Echinacea purpurea)、金鸡菊(Tagetes crecta)、虞美人(Papaver rhoeas)、矢车菊(Centaurea cyanus)、金盏菊(Calendula officinalis)、菊芋(Helianthus tuberosus)、翠菊(Callistephus chinensis)、金光菊(Rudbeckia laciniata)、堆心菊(Helenium autumnale)	18

如表2所示，各频率等级中，E 等级植物种类数最多，A 等级植物种类数量最少，表明有限的植物种类被重复地应用于各草花混播群落，群落中所应用种类同质化严重，营造景观趋同、特色缺失。

对应用频度较高的物种，即 D、E 两级的26种植物种类的科属、花色、花期、生活型等进行分析，如表3所示：

表 3 应用频度较高的植物种类分析

Table 3 Analysis of high application frequency species

科	属	种	花色	花期(月)	生活型
菊科	波斯菊属	波斯菊	粉、白	7~10	一年生
		硫华菊	黄	6~10	一年生
	万寿菊属	孔雀草	橘色	5~10	一年生
	金鸡菊属	金鸡菊	黄	6~8	多年生
		蛇目菊	黄	6~11	二年生
	菊属	矢车菊	蓝、紫	4~5	一至二年生
	向日葵属	菊芋	黄	8~10	多年生
	松果菊属	紫松果菊	粉紫	6~7	多年生
	天人菊属	宿根天人菊	红	7~10	多年生
	滨菊属	大滨菊	白	6~7	多年生
	翠菊属	翠菊	粉、紫、白	7~9	多年生
	金光菊属	金光菊	橘	7~10	多年生
		黑心菊	黄	6~9	一至二年生
	百日草属	百日草	白、粉、紫	6~9	一年生
	金盏菊属	金盏菊	黄	5~7	一至二年生
	堆心菊属	堆心菊	黄	7~10	多年生
	晶菊属	白晶菊	白	5~6	二年生
石竹科	石竹属	中国石竹	粉、白、紫	6~10	一至二年生
十字花科	诸葛菜属	二月蓝	蓝	5~6	二年生
	屈曲花属	屈曲花	白、雪青、红	7~9	一年生
亚麻科	亚麻属	宿根亚麻	蓝	6~10	多年生
		红花亚麻	红	6~9	多年生
马鞭草科	美女樱属	美女樱	红、蓝、粉	6~11	多年生
罂粟科	虞美人属	虞美人	粉、黄	5~7	一至二年生
柳叶菜科	山桃草属	山桃草	白、红	6~8	多年生
千屈菜科	千屈菜属	千屈菜	紫	6~8	多年生
合计	8 科	22 属	26 种		

如表 3 所示，在应用频度较高的 8 科 22 属 26 种植物种类中，菊科植物有 14 属 17 种，占总属数的 63.6%，总种数的 65.4%。结合植物种类株高与冠幅分析，菊科植物不仅应用种类多，且大多数种类株高高、冠幅大。菊科植物因具有较大的重要值而成为草花混播群落中的优势种，决定了群落的结构和外貌。如图 1 是望湖公园中存在于同一草花混播群落中的菊科植物种类。

菊科植物在草花混播群落中有以下优势：①发芽率及成苗率高，生长迅速，建植效果明显；②种类繁多且观赏价值高，有花大色艳如宿根天人菊，花朵繁密如蛇目菊，花色清新如松果菊，此外，菊科植物身姿清丽，袅袅娜娜，富有野趣，如波斯菊、蛇目菊，符合草花混播群落的景观需求；③长势强健，对杂草的抵御能力强；④花期长，能延长整个群落的观赏期。无论是菊科植物群体的花期，还是单种菊科植物的花期，都具有较长的延续性。如百日草花期从 6 月延续到 10 月，金盏菊 5 月绽放，仅这 2 种菊科植物即能营造 5~10 月有花可赏的景观。但菊科植物与其他植物混播时，缺点也十分明显。菊科植物生长势强健、株高高、盖度大，群落中各植物生态位竞争时，其他植物处于明显劣势，在群落演替过程中逐渐消失。

2.2 望湖公园草花混播群落动态分析

对望湖公园同一草花混播群落，在 2014 年、2015 年进行为期两年的追踪调查，观察群落动态变化，借以分析人工群落的稳定性。

图1　望湖公园同一草花混播群落中的菊科植物

Fig. 1　Plant species of Compositae in the same urban meadows in Wanghu Park

A：波斯菊；B：黑心菊；C：翠菊；D：硫华菊；E：金鸡菊；

F：菊芋；G：宿根天人菊；H：紫松果菊；I：旋覆花

表 4   2014、2015 同一群落中植物种类

Table 4   Record of herbaceous species in the same urban meadows in 2014，2015

年份	植物种类
2014	紫松果菊、黑心菊、宿根天人菊、月见草、波斯菊、翠菊、中国石竹、蓝亚麻、婆婆纳、金盏菊、旋覆花、百日草、硫华菊、蛇目菊、红花亚麻、矢车菊、虞美人、倒提壶、香雪球、蓝蓟、大花马齿苋
2015	松果菊、黑心菊、天人菊、波斯菊、翠菊、中国石竹、蓝亚麻、婆婆纳、金盏菊、旋覆花

图 2   望湖公园 2014～2015 草花混播群落局部动态

Fig. 2   Dynamic analysis of urban meadows
A：摄于 2014 年 8 月；B：摄于 2015 年 9 月

2014 年该群落中记载的植物种类有 9 科 19 属 21 种，而 2015 年同一群落中的植物种类为 4 科 10 属 10 种，种类记载如表 4 所示。群落中的植物种类从 2014 年到 2015 年减少了约 50%，2014 年群落植物种类中菊科植物占 47%，2015 群落中菊科植物达到 70%。望湖公园草花混播群落建植第 2 年，菊科植物具有显著优势，其中优势种为波斯菊、黑心菊。草花混播群落的外貌动态如图 2 所示，图 2A 为建植第 1 年，植物种类多，色彩丰富，而群落建植第 2 年（图 2B），菊科品种占景观主导地位，波斯菊、宿根天人菊、旋覆花架构出群落的外貌，而群落色彩也主要呈现出这 3 种植物的色彩。

此外，调查表明 2014 年望湖公园中建植的草花混播群落面积约占整个公园绿地面积的 40%，但 2015 年管理人员对公园景观进行重新规划，草花群落的占比缩小到 10% 左右，原有的草花混播群落建植地成为草坪或福禄考（*Phlox drummondii*）、八宝景天（*Sedum spectabile*）的花丛。观察得知，草花混播群落

生长末期，景观出现严重萧条和杂乱现象，这一景观缺陷极大限制了草花混播群落的大面积应用。

2.3   景观评价

2.3.1   指标筛选

根据所参考的文献资料[15-19]、实际调查数据及专家的意见，将草花混播群落在观赏质量、生态质量和使用质量 3 级评价模型上设置 10 个评价因子（表 5），建立综合评价指标体系。

表 5   草花混播群落景观评价指标

Table 5   Indicators of urban meadows landscape evaluation

观赏性指标	生态学指标	应用性指标
景观的美感	群落盖度	扩展能力
景观的层次感	群落结构	抗杂草能力
色彩与季相性	物种多样性	经济性
乡土特色		

2.3.2   综合评价结构模型的建立

根据表 5 建立草花混播群落综合评价模型，如表 6 所示，在该评价模型中，最高层是综合评价的最终目标层（A），第二层为确定综合评价值的主要原则，即评价的主要构成要素层（B），第三层为隶属各主要构成要素的评价因子层（C）。为方便得出草花混播群落的综合评价值，制定 15 分制评分标准，拟定 15、10、5 的 3 级评分标准[10]（表 7）。这样构成由总目标、主要评价要素、评价因子、评分标准等组成的多层次评价系统。

表 6   草花混播群落综合评价模型

Table 6   Comprehensive evaluation model for urban meadows

目标层	要素层	评价因子层	
		景观美感	C1
	观赏质量指标 B1	景观的层次感	C2
		色彩与季相性	C3
草花混播		乡土特色	C4
群落景观	生态质量指标 B2	群落盖度	C5
综合评价 A		群落结构	C6
		物种多样性	C7
		扩展能力	C8
	应用质量指标 B3	抗杂草能力	C9
		经济性	C10

表7 各评价指标赋值表

Table 7 The assignment of evaluation indicators

评估指标	15	10	5
景观美感	景观群体效果好，有山间野趣，给人以美的享受	观赏性较好，有美感，但不能突出草花混播群落清新俊逸的特质	景观是不同植物种类的堆砌，有一定观赏性，但给人烦躁之感
景观的层次感	群落层次明确，各层植物种数、株数比例科学、协调，高低错落有致，自然、丰富而统一	群落层次较少但过渡分明	群落中植物密度大，但层次单一，景观呈现出拥挤的状态
色彩与季相性	群落色彩变化丰富，自然和谐，花期持续性较长，可供3个季节观赏且都有明显的季相特征；同花期花色协调	整个群落色调变化小，或略显单调，或变化略显杂乱，有2个季节的时序景观，季相特征明显	色彩单调且无变化，使人产生枯燥乏味之感且仅有1个季节可供观赏，季相特征不明显
乡土特色	群落地域特征明显，乡土植物占群落物种总数的60%以上	群落地域特征表现一般，乡土植物占群落物种总数的40%~60%	群落地域特征表现不明显，乡土植物占群落物种总数的40%以下
群落盖度	混播盖度达80%以上	混播盖度达60%~80%	混播盖度达60%以下
群落结构	群落具有明显的垂直结构，且各亚层中植物的性状、比例配置合理	群落垂直结构不明显，配置对冠径、叶性状等考虑不周	配置时不考虑株高，群落无垂直结构可言
物种多样性	混播植物种类丰富，种类达10种以上	混播应用植物种类一般，为6~10种	混播植物种类少于5种
扩展能力	植物生长能力强，适应性强，景观持续性强	植物生长能力较弱，适应性一般景观持续性一般	生长能力较弱，适应性差，建成后景观效果逐年退化
抗杂草能力	能有效抑制杂草	抑制杂草能力一般	杂草较多
经济性	群落的建植及维护成本较低	群落的建植或维护成本中等	群落的建植、维护成本均较高

2.3.3 评价因子权重计算结果

依照1.2.3.1中的方法，专业人员对表6所示的综合评价模型中各项指标的重要性进行比较打分，分别构成判断矩阵A-B、B1-C、B2-C、B3-C。将所构造的判断矩阵按照1.2.3.1(2)中的步骤进行运算，得出各层次单排序并对判断矩阵进行一致性检验，计算结果及排序见表8至表14。

表8 判断矩阵及一致性检验（A-B）

Table 8 Judgement matrix and consistency check （A-B）

A	B_1	B_2	B_3	W
B_1	1	1/2	2	0.3333
B_2	2	1	2	0.4762
B_3	1/2	1/2	1	0.1905

$\lambda_{max} = 3.0536$　CI = 0.0268　CR = 0.0462<0.10。

表9 判断矩阵及一致性检验（B1-C）

Table 9 Judgement matrix and consistency check （B1-C）

B1	C_1	C_2	C_3	C_4	W
C_1	1	2	3	4	0.3854
C_2	1/2	1	3	5	0.3661
C_3	1/3	1/3	1	3	0.1798
C_4	1/4	1/5	1/3	1	0.0687

$\lambda_{max} = 4.1470$　CI = 0.0490　RI = 0.96　CR = 0.0500<0.10。

表10 判断矩阵及一致性检验（B2-C）

Table 10 Judgement matrix and consistency check （B2-C）

B3	C_5	C_6	C7	W
C_5	1	3	4	0.5748
C_6	1/3	1	3	0.3114
C7	1/4	1/3	1	0.1138

$\lambda_{max} = 3.0385$　CI = 0.0193　RI = 0.58　CR = 0.0332<0.10。

表11 判断矩阵及一致性检验（B3-C）

Table 11 Judgement matrix and consistency check （B3-C）

B2	C_8	C_9	C_{10}	W
C_8	1	3	5	0.6054
C_9	1/3	1	3	0.2915
C_{10}	1/5	1/3	1	0.1031

$\lambda_{max} = 3.0735$　CI = 0.0368　RI = 0.58　CR = 0.0634<0.10。

表12 B层对A层的单排序结果

Table 12 Layer B to layer A's single-level sequencing results

要素层	单层权重值
观赏质量	0.3333
生态质量	0.4762
使用质量	0.1905

$\lambda_{max} = 3.0536$　CI = 0.0268　CR = 0.0462<0.10。

表 13 C1-4、C5-7、C8-10 层对 B 层的单排序结果

Table 13 Layer C1-4、C5-7、C8-10 to layer
B's single-level sequencing results

观赏质量	单层权重值	生态质量	单层权重值	使用质量	单层权重值
景观美感	0.3854				
景观的层次感	0.3661	群落盖度	0.5748	扩展能力	0.6054
色彩与季相性	0.1798	群落结构	0.3114	抗杂草能力	0.2915
乡土特色	0.0687	物种多样性	0.1138	经济成本	0.1031

层次总排序及一致性检验如表 14。

表 14 草花混播群落景观评价指标权重

Table 14 Weights of the indicators of urban
meadows landscape evaluation

评价因子	观赏质量（权重）	评价因子	生态质量（权重）	评价因子	使用质量（权重）
景观美感	0.1285				
景观的层次感	0.1220	群落盖度	0.2737	扩展能力	0.1153
色彩与季相性	0.0599	群落结构	0.1483	抗杂草能力	0.0555
乡土特色	0.0229	物种多样性	0.0542	经济成本	0.0197

由表 8、表 14 分别得出 B 层、C 层对 A 层的单排序结果。其中要素层的单层权重值最大的是生态质量为 0.4762，大于群落的视觉质量的权重值 0.3333。表明现在园林专业人士对草花混播群落的生态效能的侧重，及在设计理念上从重观赏到重生态的转变。

比较视觉质量 B1-Ci 评价因子层的权重，景观美感权重值最高为 0.1285，最低是乡土特色为 0.0229。在视觉质量层面，评判者对景观的美感最为看重。而乡土特色权重值最低，可能是由于其对乡土特色的概念并不十分明晰，也体现出当今设计者在这一概念上设计意识的薄弱。

比较生态质量 B2-Ci 评价因子层的权重，群落盖度权重值最高为 0.2737，物种多样性最低为 0.0542。评判者对景观的建成效果最为看重，相比于较低的物种多样性，更不能接受裸秃的、斑驳的景观。

比较使用质量 B3-Ci 评价因子层的权重，扩展能力赋值最高为 0.1153。景观的自我更新和维持能力为园林景观设计者关注的重点。

各评价因子综合比较，群落盖度权重值最高为 0.2737；其次是群落结构，为 0.1483；再次是景观美感为 0.0123。权重值的分布反映了专业人员对群落景观评价因子重要性的取向。

2.3.4 评价分值的计算结果及分析

邀请专业人士对各公园的草花群落按照表 7 中各评价指标赋值表进行赋值，再根据表 14 中的指标权重值计算出综合评价值。计算得出草花混播群落的综合评价值为 8.776，北京 3 个城市公园的草花混播群落总体景观效果较差。草花群落覆盖度较好，但群落结构混乱，景观缺乏层次感。植物花色多而杂乱，乍看呈现出一幅热烈、蓬勃的景象，但长久驻足，会给人一种压迫、烦躁的心理感受，景观美感较差。

3 讨论

草花混播群落是模拟自然草甸的特点，依据不同生境选择合适的植物种类并进行适当配比，形成结构紧密、物种丰富的拟自然草本群落。依据城市公园特殊的生境，北京草花混播群落多采用观赏效果好，对城市环境适应性强的菊科植物，群落第 1 年景观效果突出，但第 2 年景观退化严重。菊科植物适应性强、生长势旺盛，可在群落建植初期抑制杂草生长，但也严重限制群落中其他植物的扩展。在城市公园草花群落构建中，对于此类植物应该保持较低的播种密度，同时增加乡土植物的种类。此外，城市公园肥沃的土壤也会加剧群落植物种类的单一化。贫瘠的土壤可以避免竞争力强的植物过度繁衍，更容易实现物种多样性，形成稳定的、多种植物共存的景观[4]。2012 年伦敦奥林匹克公园的草花群落建植就对土壤进行了改良，应用养分含量低的基质作为表层土[6]。在城市公园草花混播群落构建时，可应用较为贫瘠的下层土壤，为多种植物共存提供有利环境。

针对北京城市公园草花混播群落还存在群落层次不清、景观杂乱、冬季景观萧条等问题，在群落构建时需充分考虑植物性状，优化群落结构。在中生环境中草花混播群落一般可分为三层，高亦珂等[20]发现自然草甸各亚层的植物种类和植株数量比例分别为 9：15：6，8：16：6，中层的植物种类和植株数量最高，上层最少。Ahmad[21]进行混播试验发现，40% 春天开花的低矮种类、40% 春夏开花的中等高度的种类和 20% 夏秋开花的高大种类构成的植物群落多样性丰富，群落花期持久。一个理想的组合所包括的植物种类的花期涵盖春、夏、秋三季，并且花期越晚，植物株高越高，这样可以实现观赏期的延续及空间上生态位的合理分配。此外，同一草花群落中色彩不可过多，景观总体的美感随配色色彩数的不断增加而下降，需转变现有草花群落追求丰富色彩的理念，同一群落色彩保持 3~4 种为宜。有研究表明当景观中的绿视率（绿色在人的视野中所占的比率）达 15% 以上时，才可以使人消除眼睛和心理的疲劳，在视觉和精神上有舒适感[22]，可在群落中加入适量禾草作为绿色背景。针对冬季景观萧条问题，荷兰籍植物生态景观种植设计大师 Piet Oudolf 将多年生草本植物枯败后宿存的种苞、干枯的茎，作为延长观赏季的重要元素[23]。在群落中加入松果菊、射干、鼠尾草、美国薄荷、禾本科植物等植物可建立群落冬季景观。

综上所述，现有草花混播群落应优先考虑生态质量，其次是景观质量。在群落构建时从群落结构、群落稳定性、景观效果三方面综合考虑，根据生境与景观效果选择合适植物，充分利用非乡土植物和乡土植物的生长特性和形态特征，形成有特色的城市公园景观。

参考文献

[1] 房味味. 野花组合概念剖析[J]. 中国城市林业, 2015, 13(3): 24-27.

[2] MARIA I, MARCUS H. An alternative urban green carpet [J]. Science, 2018, 362 (6411): 148-149.

[3] DUNNETT N P. The dynamic nature of plant communities-pattern and process in designed plant communities [M]. The Dynamic Landscape: 2004: 97-144.

[4] 张秦英, 詹姆斯·希契莫夫. 生态与自然之美——草典型地被的应用[J]. 风景园林植物, 2012(09): 117-120.

[5] HITCHMOUG J D. Establishment of cultivated herbaceous perennials in purpose-sown native wildflower meadows in south-west Scotland [J]. Landscape and urban planning, 2000(51): 37-51.

[6] 詹姆斯·希契莫夫, 奈杰尔·邓内特, 张秦英. 2012伦敦奥林匹克公园的生态种植设计[J]. 中国园林, 2012 (01): 9-43.

[7] 堀口悦代. ワイルドフラワーによる弽化-交通公園を実例として[J]. 日本弽化工学会滻, 1991, 16(3): 67-70.

[8] 王元素, 蒋文兰, 洪绂曾, 等. 白三叶与不同禾草混播群落17年稳定性比较研究[J]. 草业学报, 2006, (6)3: 55-62.

[9] 李冰华, 高亦珂. 草花混播发展历程研究[J]. 北方园艺, 2010(19): 220-222.

[10] 方翠莲, 高亦珂, 白伟岚. 花卉混播的特点与研究应用[J]. 广东农业科学, 2012, 39(24): 53-55.

[11] 李旻, 刘燕. 野花草地的发展历程及应用前景概述[J]. 广东农业科学, 2012, 39(3): 48-51.

[12] CORNELISSEN J H C, LAVOREL S, GARNIER E. A handbook of protocols for standardised and easy measurement of plant functional traits worldwide [J]. Australian Journal of Botany, 2003, 51: 335-380.

[13] GLEASON H. The Significance of Raunkiaer's Law of Frequency[J]. American Naturalist, 2011, 178(3): 419-428.

[14] 易军. 城市园林植物群落生态结构研究与景观优化构建[D]. 南京: 南京林业大学, 2005.

[15] 芦建国, 李舒仪. 公园植物景观综合评价方法及其应用[J]. 南京林业大学学报(自然科学版), 2009, 33 (6): 139-142.

[16] 张哲, 潘会堂. 园林植物景观评价研究进展[J]. 浙江农林大学学报, 2011, 28(6): 962-967.

[17] 王万平. 武汉市公园绿地人工植物群落特征及景观评价研究[D]. 武汉: 华中农业大学, 2012.

[18] 赵惠勋. 森林质量评价标准和评价指标[J]. 东北林业大学学报, 2000(5): 58-61.

[19] 王菁黎, 罗菊春. 风景林植物群落质量的综合评价福建林学院学报, 2004, 24(4): 379-384.

[20] 符木, 刘晶晶, 高亦珂. 自然草甸对花卉混播群落建植的启示 [M]//中国观赏园艺研究进展2016. 北京: 中国林业出版社: 760-764.

[21] AKAYLEH A. Germination and emergence of understorey andtall canopy forbs used in naturalistic sowing mixes: A comparison of performance in vitro the field[J]. Seed Science and Technology, 2007, 35(3): 624-637.

[22] 邓小军, 王洪刚. 绿化率 绿地率 绿视率[J]. 新建筑, 2002(6): 75-76.

[23] OUDOLF P, KINGSBURY N. Planting design-gardens in timeand space [M]. Portland: Timber Press, 2005.

中国观赏园艺研究进展 2020：483~488

Advances in Ornamental Horticulture of China, 2020：483~488

罗布麻在采石场不同坡度边坡的生长发育状况

张岳　张艳　王若鹏　孔令旭　董丽*

（花卉种质创新与分子育种北京市重点实验室，国家花卉工程技术研究中心，城乡生态环境北京实验室，

园林环境教育部工程研究中心，林木花卉遗传育种教育部重点实验室，园林学院，北京林业大学，北京 100083）

摘要　以罗布麻（*Apocynum venetum*）为试验材料，选取采石场内坡度约为 0°、30°、60°、75°的 4 个不同坡度样地，对罗布麻在样地生长期间的生长指标及生理生化指标进行测量统计，研究采石场不同坡度边坡对罗布麻生长发育状况的影响。结果表明，4 个不同坡度中罗布麻的移栽成活率、株高增长量、冠幅增长量、叶片相对含水量、叶片相对电导率等均存在明显差异，其中坡度与植物移栽成活率、株高增长量、冠幅增长量、分枝数量、叶片相对含水量和叶绿素含量呈负相关，与叶片相对电导率和比叶面积呈正相关，即坡度越小，植物整体生长状况越好。罗布麻在坡度为 0°边坡生长状况最好，在坡度为 75°边坡整体生长状况最差。4 个不同坡度的罗布麻在定植之后的整个试验过程中生长状况出现差异但均未出现死亡现象，这也表明罗布麻具有较好的抗逆性和适应性，可以作为采石场废弃地生态修复的植物材料，以期为开展采石场边坡植被恢复提供借鉴与理论依据。

关键词　罗布麻；采石场边坡；坡度影响；生长状况

The Growth and Development of *Apocynum venetum* in Slopes with Different Slopes

ZHANG Yue　ZHANG Yan　WANG Ruo-peng　KONG Ling-xu　DONG Li*

（*Beijing Key Laboratory of Ornamental Plants Germplasm Innovation & Molecular Breeding，National Engineering Research Center for Floriculture，Beijing Laboratory of Urban and Rural Ecological Environment，Engineering Research Center of Landscape Environment of Ministry of Education，Key Laboratory of Genetics and Breeding in Forest Trees and Ornamental Plants of Ministry of Education，School of Landscape Architecture，Beijing Forestry University，Beijing 100083，China*）

Abstract　In order to study the influence slope gradient of quarry on the growth and development of *Apocynum venetum*，we selected four different slope samples of the quarry with gradient of 0°、30°、60° and 75°，then we measured and counted the growth indexes and physiological indexes during the growth of *Apocynum venetum*，The results show that there were significant differences in the survival rate，plant height growth，crown width growth，relative water content and relative conductivity of the leaves and other indicators in four different slopes. The gradient of slope is negatively correlated with plant survival rate、plant height growth、crown width growth、number of plant branches、relative water content and chlorophyll content of the leaves，and positively correlated with leaf relative conductivity and specific leaf area. The plants grew better on slopes with small gradient. *Apocynum venetum* has the best growth condition at a slope of 0 degree and has the worst overall growth condition at a slope of 75 degree. The plant's growth conditions in the four different slopes during the entire experiment after planting were different but no death occurred，it also shows that *Apocynum venetum* have good resistance and adaptability，and can be used as plant materials for ecological reconstruction of quarry wasteland，and with a view to providing reference and theoretical basis for the vegetation restoration of the quarry slope.

Key words　*Apocynum venetum*；Quarry slope；Effect of slope gradient；Growth condition

1　基金项目：北京市科技计划项目：北京城市生态廊道植物景观营建技术（D171100007217003）北京林业大学建设世界一流学科和特色发展引导专项资金资助——基于生物多样性支撑功能提升的雄安新区城市森林营建与管护策略方法研究（2019XKJS0320）。

　　第一作者简介：张岳（1995—），男，硕士研究生，主要从事园林植物栽培与应用研究。

　*通讯作者：董丽，教授，E-mail：dongli@ bjfu. edu. cn。

废弃采石场作为矿山废弃地的一种，立地条件较为恶劣，而其边坡的生态修复问题更是采石场恢复治理中的难点之一，也是重中之重（贾同福 等，2018）。采石场在开采时会形成大量的岩石边坡，其特点主要是缺少表土覆盖，土层较薄，易形成极端温度（Hao Z et al.，2011）；而采石场边坡坡度的不同，影响着边坡的土壤水分含量、土壤养分、植物的光照强度和根系分布等，进而对边坡植物生长产生影响（祝顺波 等，2012）。边坡坡度的增大会导致侵蚀和表面径流增强，保水能力差，另外，岩石斜坡养分含量很低，较低的养分可利用性与干旱的相互作用限制植物的生长（韩煜 等，2016）。因此，通过积极栽植节水耐旱植物对于其生态重建十分重要。

罗布麻（Apocynum venetum）又称野麻、泽漆麻、茶叶花等，夹竹桃科罗布麻属，为多年生宿根草本植物，在我国主要分布于长江、淮河、秦岭和昆仑以北的广大区域（徐红 等，2005；王宁，2005）。罗布麻抗逆性较强，具有耐寒、耐旱、抗风、耐盐碱、耐高温等优点。它对土壤的要求不甚严格，在年降水量为100mm甚至不足15mm的干旱地区仍生长良好（揭雨成 等，2001）。目前我国对罗布麻应用方向的研究还处于起步阶段，没有形成体系，且现有研究也主要集中在纺织、药理研究、化学成分分析及栽培育种方面，对罗布麻应用于生态修复方面的研究较少（魏春燕 等，2008）。罗布麻耐旱、耐寒、耐盐碱、抗大风等优良的生态特性使其成为生态恢复与重建的首选植物。与种植草本植物相比，罗布麻植株高不易被风沙完全覆盖，与造林相比，罗布麻不仅所需栽培时间短、耗水量小、成活率高、成本低、易管理，而且同样起着改良土壤、调节气候、保持水土及防风固沙的作用。基于以上情况，本试验拟将罗布麻应用到采石场废弃地不同坡度边坡，探究坡度对于罗布麻生长状况及生理生化特性的影响，为罗布麻在采石场边坡生态修复中的应用打下基础。

1 试验地概况

试验地位于河北省滦州市椅子山村文喜采石场。试验地属温带大陆性季风气候，四季分明，冬季春季干燥，夏季潮湿，多东南风，1月平均气温−6.3℃，7月平均气温26.4℃，年平均降水量511.96mm。海拔标高97~138m，总体地形坡度约40°，局部达85°。试验地原为露天建筑用白云岩矿采石场，经过多年的矿山开采使得区内形成了大量边坡，且基岩裸露、松散，表土层流失严重。矿区边坡土壤较为瘠薄，土壤有机质含量较低，土壤pH偏碱性，约为7.94，且土层较薄，平均土层厚度为10~15cm。开采形成的大量岩石斜坡是场地存在的主要立地条件差异，坡度对于植物生长发育及对样地的修复效果有很大的反馈作用。

2 材料与方法

2.1 试验材料

以罗布麻苗为试验材料。选取生长健壮，平均高度10~12cm的2年生罗布麻苗，去掉下部1/3叶片，上两节各保留半片叶片，于2019年5月在北京林业大学三顷园苗圃内进行移栽，至穴盘中育苗，栽培基质为草炭：蛭石＝1∶1，用0.3%的多菌灵分别对植物体、栽培基质进行消毒，移栽后进行常规养护。

2.2 试验设计

选取河北省滦州市文喜采石场4个不同坡度边坡样地（土壤理化性质见表1），坡度分别约为0°、30°、60°及75°，采用完全随机区组试验设计。于2019年6月10日将苗圃内长势一致的罗布麻苗以裸根移栽的方法于试验地定植，共计12个种植模块（小区），每个种植模块面积为1m×1m，栽植材料数量25株，并在种植区周边设置保护行。常规养护15d后对移栽成活率进行统计，继续常规养护至2019年7月对成苗率进行统计。在常规养护越夏后，由2019年10月至

表1 样地土壤理化性质
Table 1 Physical and chemical properties of sample soil

样地 Sample	土层厚度（cm）The thickness of soil	土壤电导率（μS/cm）Soil electric conductivity	土壤pH	土壤容重 Volume weight	土壤有机质含量（%）Organic matter content	全N（%）Total Nitrogen	全P（%）Total Phosphorus	全K（%）Total Potassium
0°	10.14	171	8.20	1.06	1.6162	0.1123	0.1674	0.2999
30°	11.02	165	8.48	1.07	1.5989	0.1114	0.1700	0.3014
60°	11.04	173	8.16	1.09	1.5528	0.1106	0.1726	0.3027
75°	10.80	170	8.54	1.10	1.6207	0.1146	0.1765	0.3020

2019年11月，对植物株高、冠幅、分枝数等进行测量，每隔7~9d采样1次，共采样5次，选取成熟功能叶片进行生理指标测定。

2.3 测定项目及方法

移栽成活率：移栽15d后对其移栽成活率进行统计。

移栽成苗率：移栽30d与45d时对其移栽成苗率进行统计。

生长指标测定方法：试验初始，每个种植模块随机选择9株生长健壮植株作为标准株，定期测定其株高、冠幅和分枝数量，之后根据采样周期测量各指标在整个试验过程中的变化，同时观测记录罗布麻在不同坡度样地的生长状况。

生理指标测定方法：于各种植模块罗布麻的中上部，随机选取成熟鲜叶剪去叶柄，在电子天平（精度0.0001g）上称取叶片鲜质量后，随后置于黑暗环境中浸泡24h后，称取叶饱和鲜质量，放入105℃烘箱中杀青，并在65℃下烘至恒质量，称取叶干质量。烘干前，利用Epson Expression 1680扫描仪扫描并测定叶面积。叶片相对含水量=（叶片鲜质量–叶干质量）/（叶饱和鲜质量–叶干质量）×100,%，比叶面积=叶面积/叶干质量，cm^2/g。

对叶片相对电导率的测定采用电导率仪法：每个处理取成熟叶各4片，将样本先分别放入盛有去离子水的培养皿中清洗干净，擦干后，用直径为5mm的叶片打孔器避开主脉随机取样。每个试管放4片，设4个重复，再分别置于盛有10ml去离子水的试管中。装好后封口，标号。另外每次测定时，用去离水作对照，测定空白电导值。封口后，放入摇床中摇1h，之后用数字电导仪（DDSL-308，上海京科雷磁）测定初电导值（C_1）；然后将试管置于沸水中煮沸20min，组织死亡和电解质释放完全后再放入摇床中摇1h，最后测定终电导值（C_2），相对电导率=$\dfrac{C_1-C_{空白1}}{C_2-C_{空白2}}$×100,%。

叶绿素含量测定采用乙醇-丙酮1∶1浸提法进行测定。

2.4 数据分析

试验数据采用EXCEL 2016和SPSS 24.0进行处理和统计分析。运用单因素方差分析（ANOVA）和Duncan多重比较法（α=0.05）比较不同处理间的差异显著性。

3 结果与分析

3.1 不同坡度对罗布麻移栽成活率、成苗率的影响

如图1所示，坡度对罗布麻裸根移栽的平均成活率均产生了一定影响但并未产生显著影响。整体看来，罗布麻平均成活率随着坡度增大而降低，坡度越大，植物平均成活率越低。0°的裸根移栽成活率达到91.14%，30°、60°与75°边坡的裸根移栽成活率均为85%~90%。

在移栽完成后的第30d与第45d对各个样地的罗布麻的成苗率进行统计分析，结果如图2所示，在试验进行第30d时，0°与30°在30d时，成苗率与最初成活率相比均略有减少但无显著差异，随坡度的增大成苗率略有降低，但都处于70%以上。在第40d时，罗布麻平均成苗率随坡度增大而降低，坡度越大，平均成苗率越低，坡度最大的75°边坡成苗率为4个坡度中最低，为69.87%。

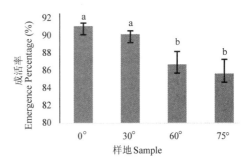

图1 不同样地植物平均成活率

Fig. 1 Average percent survival of all plants in different samples

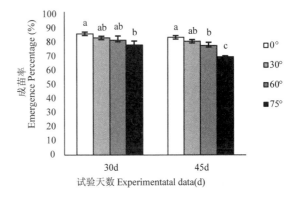

图2 不同样地植物平均成苗率

Fig. 2 Average emergence percentage in different samples

3.2 不同坡度对罗布麻株高、冠幅、分枝数量的影响

在整个试验采样阶段，如图3所示，坡度对罗布麻株高的增长产生了显著影响，整体上罗布麻在4个坡度的植株高度由大到小为0°>30°>60°>75°，各个坡度的植物株高增长量随着采样期间温度的降低均呈

下降趋势。60°与75°边坡在整个试验过程中株高较为趋近，均小于0°边坡。在试验进行第22d及之后，4个坡度的罗布麻增长均趋于平缓。结合物候观测，60°与75°边坡的罗布麻叶片出现了较早枯黄。

在冠幅方面，如图4所示，坡度对罗布麻冠幅增长产生了显著影响，整体上罗布麻在4个坡度的冠幅增长量由大到小为0°>30°>60°>75°，其中将每种坡度在0°的冠幅增长量作为对照，75°坡度对罗布麻冠幅影响最为显著。由图3与图4可知秋季随气候的改变，4个坡度罗布麻的株高与冠幅均无显著降低。

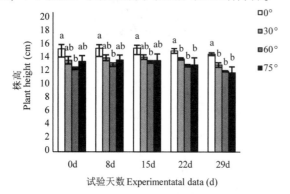

图3 不同坡度对植物株高的影响

Fig. 3   Influence of different slopes on plant height

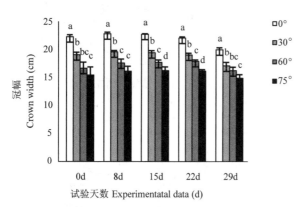

图4 不同坡度对植物冠幅的影响

Fig. 4   Influence of different slopes on crown width

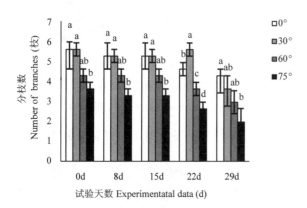

图5 不同坡度对植物分枝数的影响

Fig. 5   Influence of different slopes on number of branches

在分枝数方面，如图5所示，坡度对罗布麻分枝数增长产生了显著影响，整体上罗布麻秋季在4个坡度的分枝数总量由大到小为0°>30°>60°>75°。由于秋季气候的变化，罗布麻会出现分枝枯落，其中将每种坡度在0°的分枝数作为对照，75°坡度对罗布麻分枝数影响最为显著。

3.3 不同坡度罗布麻叶片相对电导率的差异

叶片相对电导率反映了叶片质膜透性的变化，它的变化可体现出植物受到的伤害程度和抗性能力，一般来说，植物受到伤害的程度也越小，其细胞膜透性增大程度越小，相对电导率值也随之越低，反之，则越高。如图6所示，不同坡度的罗布麻叶片相对电导率变化存在显著差异。随着采样时间的推进，4个坡度的罗布麻叶片相对电导率均有明显增大，而其中坡度越大，罗布麻叶片相对电导率越高，在试验后期约秋末期间，75°边坡的罗布麻叶片相对电导率最高，其次为60°边坡，0°与30°边坡的植物叶片相对电导率无显著差异，且处于中低水平，也就是受到的伤害最小。

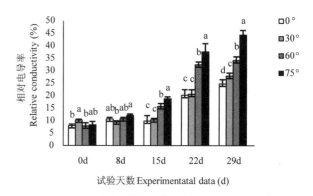

图6 不同坡度对植物叶片相对电导率的影响

Fig. 6   Influence of different slopes on
relative conductivity of leaves

3.4 不同坡度对罗布麻叶片相对含水量的差异

叶片相对含水量是反映植物水分状况，研究植物抗性的重要指标，其高低在一定程度上反映了植株叶片保水能力的强弱。如图7所示，在秋季的整个试验阶段，不同坡度样地的罗布麻叶片相对含水量存在差异，坡度越大，罗布麻叶片相对含水量越低，75°边坡的罗布麻叶片相对含水量为最低，其次为60°。整体来说随秋季气候逐渐转凉，各个坡度的罗布麻叶片相对含水量均呈下降趋势，在试验进行第22d及之后，60°边坡与75°边坡的叶片相对含水量已低至15%以下，且叶片枯黄，即将衰落。结合整个试验阶段叶片相对含水量变化来看，坡度增大对罗布麻叶片相对

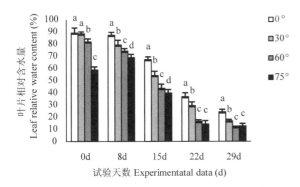

图 7 不同坡度对植物叶片相对含水量的影响

Fig. 7 Influence of different slopes on leaf content relative water ontent

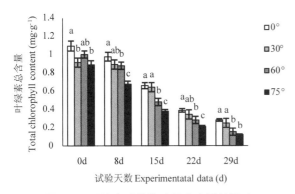

图 8 不同坡度对植物叶绿素含量的影响

Fig. 8 Influence of different slopes on total chlorophyll

含水量有抑制作用。

3.5 不同坡度对罗布麻叶绿素含量的差异

植物在胁迫条件下，光合作用表现为维持在一定水平或受到抑制，叶绿素含量会呈逐渐降低的趋势。如图 8 所示，不同坡度罗布麻叶片叶绿素含量存在差异，整体来说，其中 75°坡度样地罗布麻叶片叶绿素含量最低，60°坡度样地次之，0°与 30°坡度无明显差异。4 个坡度的罗布麻叶片叶绿素含量均随时间的推进呈下降趋势。

3.6 不同坡度罗布麻比叶面积的差异

比叶面积是综合反映植物适应环境能力的关键叶性状，与植物的生长状况和生存策略有着密切的联系，可以反映植物对不同环境的适应性特征以及植物获取环境资源的能力。由图 9 所示，坡度对罗布麻比叶面积具有显著影响。在秋季的整个试验阶段，随着采样时间的推进及当地气温的逐渐降低，各个坡度的罗布麻比叶面积均呈上涨趋势，无论坡度大小，各个坡度的罗布麻叶片比叶面积均表现为试验后期高于试验前期。在采样试验进行 15d 及之前，各个坡度的罗

布麻比叶面积表现为随坡度的增大而逐渐降低，在采样试验 15d 后，60°与 75°边坡的罗布麻比叶面积出现了增长减缓的趋势，其中 75°边坡的罗布麻比叶面积在试验进行至 29d 时出现了下降。

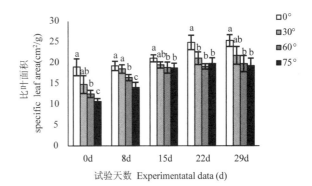

图 9 不同坡度对植物比叶面积的影响

Fig. 9 Influence of different slopes on specific leaf area

4 讨论

本研究表明，采石场不同坡度边坡对于罗布麻的生长有着重要的影响。移栽成活率方面，坡度越大，植物平均成活率越低。另外，4 个不同坡度的平均成活率均为 85% 以上，这也表明在采石场边坡的土壤状况下可满足罗布麻移栽苗根系所需要的生长环境，罗布麻可在采石场边坡存活。

坡度对罗布麻的株高增长量、冠幅增长量和分枝数量均产生了显著影响，坡度越大，植物株高增长量越小，冠幅增长量越小，分枝数量越少。对于立地条件来说，坡度的增大使得水土流失加剧，土壤水分含量降低，植物受到的胁迫程度更高（周伟伟 等，2009）。结合试验期间的天气情况记录与物候观测，推测其株高变化不明显的原因是试验选取的移栽苗株高从试验开始时就较高，在试验后期由于枝干的宿存，在测量过程中导致株高变化范围不大，冠幅没有明显降低的主要原因是罗布麻会以枝干宿存的方式保护根茎，以及第二年返青时保护中心部的新芽，以此抵御冬春大风。

通过查阅中国气象网河北省滦州市气象数据，试验期间 10 月平均气温为 15.2℃、11 月平均气温为 6.6℃。随着采样时间的推进，本试验中各个坡度的罗布麻叶片相对含水量、相对电导率和叶绿素含量均随时间的推进呈下降趋势。试验之后样地的罗布麻即将进入越冬阶段，而植物越冬过程中体内含水量会随外界温度的变化而呈规律性变化，一般来说，抗寒力弱的植物失水较多，因此植物叶片含水量的高低也能够在一定程度上反映植物抗寒性的大小（李吉跃，

1991)。而对于叶片叶绿素含量的变化，也表明罗布麻受低温胁迫，限制了植物叶绿素的合成，以及氮、镁离子的下降和叶绿素酶的降解都使得植物叶片叶绿素含量降低。

在试验前期，罗布麻比叶面积表现为随坡度的增大而显著降低，说明在边坡胁迫逆境中罗布麻可通过增加叶肉细胞密度或构建叶片保卫构造，增加叶片内部水分向叶表扩散的距离与阻力（杨琼 等，2015）。在整个试验阶段，随着当地气温的逐渐降低，各个坡度的罗布麻比叶面积均表现为试验后期高于试验前期，可见罗布麻在试验后期的秋末季节相比于试验前期具有较弱的环境适应能力，也说明了气温下降更易使罗布麻受到伤害。在试验后期，罗布麻比叶面积在较大坡度的边坡出现了下降，推测是由于气候变化抑制了植物的生长，气温的降低使得叶片枯萎、死亡，进而导致叶片的干重下降及比叶面积降低。因此，除了考虑立地条件的影响因素外，还可以综合考虑罗布麻在采石场边坡环境中各个季节以及不同栽植方式的适应情况，以综合评价罗布麻在采石场的适应能力。

罗布麻作为可用于纺织材料的经济性植物，其生长质量是非常重要的经济指标。而对罗布麻产量及质量影响的因素除了不同立地条件外，还有种苗质量、移栽时间、田间杂草、养分吸收、采收时期、采收方法等。为了加强生态修复与经济产出的结合，建议加强上述因素的相关研究，以充分发挥罗布麻在采石场废弃地植被恢复中的生态和经济效益。

综合来看，采石场不同坡度样地的罗布麻生长发育状况存在差异，整体长势受到坡度的较大影响。罗布麻在成苗之后的整个试验过程中均未出现死亡现象，这也表明了罗布麻具有较好的抗逆性和适应性，能够在土壤贫瘠、土层较薄、缺水干旱的采石场边坡环境中稳定存活，一定程度上表示罗布麻可以作为采石场边坡生态修复的植物材料，有望在采石场边坡植被恢复与生态重建中发挥重要作用。

参考文献

陈莹婷，许振柱，2014. 植物叶经济谱的研究进展[J]. 植物生态学报，38(10)：1135-1153.

冯秋红，史作民，董莉莉，2008. 植物功能性状对环境的响应及其应用[J]. 林业科学，44(4)：125-131.

关军洪，郝培尧，董丽，等，2017. 矿山废弃地生态修复研究进展[J]. 生态科学，36(02)：193-200.

韩煜，全占军，王琦，等，2016. 金属矿山废弃地生态修复技术研究[J]. 环境保护科学，42(02)：108-113.

侯蕊，曹帮华，赵建诚，等，2012. 盐碱胁迫对罗布麻生长及生理指标的影响[J]. 山东农业科学，44(9)：38-42.

荆瑞英，刘庆超，王静，等，2012. 盐胁迫对罗布麻种子萌发及幼苗生长的影响[J]. 北方园艺，(9)：43-46.

靳泽辉，苗峻峰，张永瑞，等，2017. 华北地区极端降水变化特征及多模式模拟评估[J]. 气象科技，45(1)：91-100.

李吉跃，1991. 植物耐旱性及其机理[J]. 北京林业大学学报，(03)：92-100.

李颖，姚婧，杨松，等，2014. 东灵山主要树种在不同环境梯度下的叶功能性状研究[J]. 北京林业大学学报，36(1)：72-77.

李永华，卢琦，吴波，等，2012. 干旱区叶片形态特征与植物响应和适应的关系[J]. 植物生态学报，36(1)：88-98.

罗璐，申国珍，谢宗强，等，2011. 神农架海拔梯度上4种典型森林的乔木叶片功能性状特征[J]. 生态学报，31(21)：6420-6428.

孟婷婷，倪健，王国宏，2007. 植物功能性状与环境和生态系统功能[J]. 植物生态学报，31(1)：150-165.

杨振意，薛立，许建新，2012. 采石场废弃地的生态重建研究进展[J]. 生态学报，(16)：5264-5274.

余华，钟全林，黄云波，等，2018. 不同种源刨花楠林下幼苗叶功能性状与地理环境的关系[J]. 应用生态学报，29(2)：449-458.

张慧文，马剑英，孙伟，等，2010. 不同海拔天山云杉叶功能性状及其与土壤因子的关系[J]. 生态学报，30(21)：5747-5758.

周江，宗平，胡佳佳，等，2012. 干旱胁迫下3种岩石边坡生态修复植物的抗旱性[J]. 干旱区研究，29(03)：440-444.

Hao Z, Chu L M. 2011. Plant community structure, soil properties and microbial characteristics in revegetated quarries[J]. Ecological Engineering, 37(8): 1104-1111.

Males J, Griffiths H. 2017. Functional types in the Bromeliaceae: relationships with drought-resistance traits and bioclimatic distributions [J]. Functional Ecology, 31: 1868-1880.

Ramírez-Valiente J A, Koehler K, Cavenderbares J. 2015. Climatic origins predict variation in photoprotective leaf pigments in response to drought and low temperatures in live oaks (*Quercus* series Virentes)[J]. Tree Physiology, 35(5): 521-534.

中国观赏园艺研究进展 2020：489~494

Advances in Ornamental Horticulture of China，2020：489~494

重庆(地区)植草沟观花植物筛选

解梦雨[1]　欧阳丽娜[2]

([1] 花卉种质创新与分子育种北京市重点实验室，国家花卉工程技术研究中心，城乡生态环境北京实验室，
园林环境教育部工程研究中心，林木花卉遗传育种教育部重点实验室，园林学院，北京林业大学，北京 100083；
[2]西南大学，重庆 400715)

摘要　以葱兰、德国鸢尾、马蔺、西伯利亚鸢尾、鸢尾、黄菖蒲、射干、萱草和紫娇花 9 种观花植物为研究对象，在重庆地区进行植草沟适应性筛选试验，观测和评价植物的存活率、株高、叶面积、观赏价值等。结果表明：在不同水淹和干旱处理下，葱兰、马蔺、西伯利亚鸢尾、紫娇花、黄菖蒲和德国鸢尾对植草沟适应性较强；葱兰、马蔺、西伯利亚鸢尾、黄菖蒲、鸢尾、紫娇花景观表现良好，从而可选择葱兰、马蔺、西伯利亚鸢尾、鸢尾、紫娇花应用于重庆地区植草沟，为今后重庆地区植草沟植物的应用提供了参考。

关键词　植草沟；植物选择；生长势；观赏价值

Ornamental Plants in Grass Swales of Sponge City in Chongqing（Region）

XIE Meng-yu[1]　OUYANG Li-na[2]

([1] *Beijing Key Laboratory of Ornamental Plants Germplasm Innovation & Molecular Breeding*，*National Engineering Research
Center for Floriculture*，*Beijing Laboratory of Urban and Rural Ecological Environment*，*Engineering Research Center of
Landscape Environment of Ministry of Education*，*Key Laboratory of Genetics and Breeding in Forest Trees and Ornamental
Plants of Ministry of Education*，*School of Landscape Architecture*，*Beijing Forestry University*，*Beijing* 100083，*China*；
[2] *Southwest University*，*Chongqing* 400715，*China*)

Abstract　Taking 9 ornamental plants of *Zephyranthes candida*，*Iris germanica*，*I. lactea*，*I. sibirica*，*I. tectorum*，*I. pseudacorus*，*Belamcanda chinensis*，*Hemerocallis fulva* and *Tulbaghia wiolacea* as the research objects，the suitability screening experiment of grass swales was carried out in Chongqing area，and the survival rate，plant height，leaf area and ornamental value of 9 plants were observed and evaluated. The results showed that：under experiment of drought and waterlogging tolerance，*Zephyranthes candida*，*I. lactea*，*I. sibirica*，*Tulbaghia wiolacea*，*I. pseudacorus* and *I. germanica* showed strong suitability for the grass swales；the landscape of *Zephyranthes candida*，*I. lactea*，*I. sibirica*，*I. pseudacorus*，*I. tectorum* and *Tulbaghia wiolacea* performed well，so the *Zephyranthes candida*，*I. lactea*，*I. sibirica*，*I. tectorum* and *Tulbaghia wiolacea* could be selected for the grass swales in Chongqing area，which provides a reference for the future application of grass swales plants in Chongqing area.

Key words　Grass swales；Plant selection；Plant growth；Ornamental value

在城市化的进程中，水泥地面等不透水下垫面逐渐阻断城市的水文循环，易造成水涝等问题。为缓解城市水文问题带来的灾害，低影响开发在 20 世纪 90 年代末兴起，是一种较轻松实现城市雨水收集利用的生态技术体系。植草沟作为低影响开发设施之一，是种有植被的地表浅沟，可用来收集、输送、削减和净化雨水径流，衔接海绵城市其他单项设施、城市雨水管渠和超标雨水径流排放系统(李妍汶，2017)，得到国内较广泛的运用。在海绵城市的雨水收集利用中扮演重要角色，且生态和景观效益皆良好。现有的研究主要集中在植草沟的组成、结构和建设方面，而针对在植草沟中适用的植物、植物功能等方面研究较少(王佳 等，2001)。本文对重庆地区 9 种观花植物进行筛选，从植物的耐涝耐旱能力、应用于植草沟的适宜性、不良条件下观赏性等方面开展了研究，目的为植草沟建设中植物的选择提供更多参考。

1　材料与方法

1.1　材料

葱兰(*Zephyranthes candida*)、德国鸢尾(*Iris ger-*

第一作者简介：解梦雨(1997—)，女，硕士研究生，主要从事园林植物的研究。

manica）、马蔺（*I. lactea*）、西伯利亚鸢尾（*I. sibirica*）、鸢尾（*I. tectorum*）、黄菖蒲（*I. pseudacorus*）、射干（*Belamcanda chinensis*）、萱草（*Hemerocallis fulva*）和紫娇花（*Tulbaghia wiolacea*），均为成年开花植株，生长健壮，无病虫害。

1.2 栽培试验方法

试验地概况：重庆市北碚区西南大学竹园厚艺园。重庆市属于丘陵地区，主城区平均海拔为 168 ~ 400m，受亚热带季风湿润气候影响，2018 年平均气温为 18.2℃，年最高温度 40℃，最低温度为 2℃；年平均降水量为 1134.9mm，降水主要集中在夏季。

试验设计：设置 27 个 475L（96cm×75cm×66cm）的水箱模拟重庆地区常见的植草沟，将供试植物成行列植于水箱中，每种植物重复 3 次，每个重复种植 12 ~ 16 株植物，每种植物共 36 ~ 48 株。

耐涝试验中设置 3 种处理：小雨（B1）、中雨（B2）、大雨（B3）进水量；耐旱试验设置 3 种处理：连续干旱 5d（G1）、10d（G2）、15d（G3）。试验中 B1、B2、B3 处理进水时间为下午 18：00，土壤湿度及温度皆于晚 19：00 使用顺科达公司的 TR-6 土壤温湿度计测量仪测得，见表 1。

1.3 指标测量

植物生长性状指标：植株成活率（成活植株数量/植株总数量）、株高（从茎基部地面往上至植株最上端）、叶面积（网格法），数据均在开始下一个处理前获得，间隔 5d。由此得到株高增长量（某处理后株高

表 1 试验方案及环境指标
Table 1 Experimental scheme and environmental indicators

试验处理	土壤湿度（%）	土壤温度（℃）
B1	21.63（±1.1）	27.78（±0.23）
B2	24.35（±0.7）	25.24（±0.21）
B3	29.44（±1.0）	26.03（±0.19）
G1	18.78（±0.1）	25.69（±0.14）
G2	11.26（±1.3）	26.52（±0.24）
G3	7.48（±0.4）	27.23（±0.14）

数据－上一次处理后株高数据），叶面积增长量（某处理后叶面积数据－上一次处理后叶面积数据）。

1.4 观赏性状指标评价

采用层次分析法评价（AHP），通过多因素分级来确定各因素的权重，是一种定性、定量相结合的分析方法（沈雯 等，2018）。首先进行模型的构建，层次结构模型分为目标层、约束层和指标层；然后选取指标，确定 4 个约束层和 14 个指标层；将指标要素进行两两比较来获得相对重要性，获得一级要素叶、株形、花和果的权重向量，再由二级指标两两比较来获得二级指标权重，一级指标权重与二级指标权重相乘获得指标层权重，见表 2。利用模糊评价标准对植物景观单元相应指标打分，评价标准为：好（10分）、较好（8分）、一般（6分）、差（4分）、极差（2分）。

1.5 数据分析

利用 Excel 和 SPSS 22 进行数据的整理和分析。

表 2 观赏价值评价模型
Table 2 Evaluation model of ornamental value

目标层	评价指标				
	一级指标	一级指标权重	二级指标	二级指标权重	指标层权重总排序
观花植物观赏价值评价	叶	0.564	叶形	0.637	0.359
			叶繁密度	0.258	0.146
			叶色	0.105	0.059
	株形	0.263	株型	0.637	0.167
			株高	0.258	0.068
			冠幅	0.105	0.028
	花	0.118	花期长短	0.558	0.066
			花的数量	0.249	0.029
			花的大小	0.097	0.012
			花色	0.096	0.011
	果	0.055	果期长短	0.482	0.027
			果的数量	0.186	0.010
			果的大小	0.186	0.010
			果色	0.146	0.008

2 结果与分析

2.1 存活率

由图1可知,在耐涝试验B1处理后,射干、萱草和鸢尾的存活率为96.3%、78.8%、90.0%,分别死亡1、7、4株;耐涝试验B2处理后萱草和鸢尾存活率为60.6%、82.5%,分别死亡6、3株;9种植物在经过B3处理后,葱兰、马蔺、西伯利亚鸢尾、紫娇花、黄菖蒲和德国鸢尾的存活率均为100%,射干、萱草和鸢尾的存活率分别为96.3%、48.5%、82.5%,耐涝试验中分别死亡1、17、7株。可见供试植物中,葱兰、马蔺、西伯利亚鸢尾、紫娇花、黄菖蒲、德国鸢尾的耐涝能力最强,射干、鸢尾、萱草则依次下降。

耐旱试验中,经过G1处理鸢尾的存活率为78.4%,死亡2株;G2处理后萱草和鸢尾存活率下降为45.5%、75.9%,分别死亡1、1株;G3处理后,葱兰、马蔺、西伯利亚鸢尾、紫娇花、黄菖蒲和德国鸢尾的存活率仍保持100%,射干、萱草和鸢尾的存活率分别为81.1%、39.4%、75.9%,分别死亡3、2、0株。由射干、萱草、鸢尾的成活率分别下降15.2%、9.1%、6.6%,可判断供试植物中,葱兰、马蔺、西伯利亚鸢尾、紫娇花、黄菖蒲、德国鸢尾的耐旱能力较强,鸢尾、萱草、射干耐旱性依次下降。

2.2 植株株高增长量

由表3可知,在耐涝试验中,射干在各处理中株高均正增长;鸢尾、黄菖蒲和德国鸢尾在B3处理后

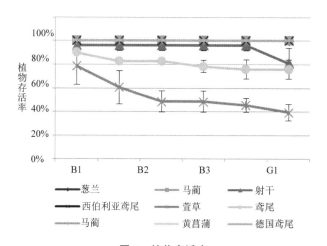

图1　植物存活率

Fig. 1　Plant survival rate

株高负增长;葱兰、紫娇花在B2处理后,株高增长量为负值;马蔺、西伯利亚鸢尾和萱草在B2、B3处理后,株高增长量均为负值。由此可知射干的株高生长依次优于鸢尾、黄菖蒲、德国鸢尾、葱兰、紫娇花、马蔺、西伯利亚鸢尾、萱草。

在耐旱试验中,紫娇花株高保持正增长;射干在G3处理后株高增长为负,黄菖蒲在G2处理后株高也为负增长;马蔺、西伯利亚鸢尾在G2、G3处理后株高均负增长,鸢尾在G1、G3处理下株高均负增长;萱草、德国鸢尾在G1、G2、G3处理下均呈现株高负增长;由此可知紫娇花的株高生长优于射干、黄菖蒲、马蔺、西伯利亚鸢尾、鸢尾,而萱草、德国鸢尾生长情况较差。

表3　株高增长量(cm)

Table 3　Growth of plant height(cm)

	B1	B2	B3	G1	G2	G3
葱兰	1.07 (±0.35)	-0.33 (±0.59)	-0.27 (±0.12)	-0.7 (±0.57)	-2.13 (±0.29)	2.23 (±0.26)
马蔺	0.2 (±0.62)	-0.05 (±0.12)	-0.05 (±0.12)	2 (±0.16)	-0.13 (±0.18)	-1.37 (±0.12)
射干	1.07 (±0.26)	0.03 (±0.82)	1.2 (±0.89)	0.8 (±0.54)	1 (±0.45)	-8.2 (±0.96)
西伯利亚鸢尾	0.17 (±0.54)	-0.18 (±0.33)	-0.03 (±0.62)	0.57 (±0.46)	-1.4 (±0.63)	-2.7 (±1.71)
萱草	0.1 (±0.71)	-1.6 (±1.61)	-2.3 (±2.54)	-1.76 (±2.64)	-1.5 (±1.35)	-0.06 (±0.74)
鸢尾	9.4 (±2.53)	0.1 (±4.54)	-0.63 (±1.47)	-7.3 (±3.75)	0.57 (±3.25)	-0.63 (±2.17)
紫娇花	1.77 (±0.1)	-1.45 (±0.73)	1.33 (±0.97)	0.6 (±0.35)	1.36 (±0.49)	0.33 (±1.4)

（续）

	B1	B2	B3	G1	G2	G3
黄菖蒲	7.9 (±3.8)	1.27 (±2.7)	-0.37 (±0.95)	2.37 (±3.14)	-1.17 (±0.94)	0.53 (±1.61)
德国鸢尾	1.01 (±0.46)	0.41 (±1.68)	-0.26 (±1.05)	-2.3 (±0.84)	-1.46 (±0.77)	-2.93 (±2.05)

2.3　植株叶面积增长量

由表4可知，在耐涝试验中，葱兰、马蔺、西伯利亚鸢尾和黄菖蒲各处理的叶面积均呈正增长；萱草、德国鸢尾、射干在B2、B3处理后叶面积减小；鸢尾在B3处理后叶面积减小；B2处理后的紫娇花，叶面积也为负增长。可见葱兰、马蔺、西伯利亚鸢尾、黄菖蒲的叶面积生长显著优于鸢尾、紫娇花、萱草、德国鸢尾、射干。

在耐旱试验中，马蔺、鸢尾在G3处理后叶面积负增长；G2、G3处理的射干、西伯利亚鸢尾、紫娇花叶面积负增长；葱兰、萱草在G1、G2处理后，植株叶面积也为负增长；黄菖蒲G1、G3处理后叶面积负增长；德国鸢尾各耐旱处理下叶面积均负增长。可见马蔺、鸢尾的叶面积生长情况优于紫娇花、西伯利亚鸢尾、射干、葱兰、萱草、黄菖蒲，而德国鸢尾的生长情况较差。

综合供试植物株高和叶面积的变化，水淹处理下葱兰、马蔺、西伯利亚鸢尾、黄菖蒲生长情况较好，干旱处理下马蔺、鸢尾、紫娇花生长情况较好。

表4　叶面积增长量(cm²)

Table 4　Growth of leaf area(cm²)

	B1	B2	B3	G1	G2	G3
葱兰	3.9 (±2.16)	6.17 (±2)	0.3 (±3.11)	-6.17 (±3.3)	-0.13 (±0.17)	1.36 (±2.3)
马蔺	7.97 (±3.48)	17.1 (±4.34)	13.6 (±6.12)	38.13 (±6.28)	16.2 (±7.82)	-19.6 (±5.61)
射干	10.4 (±32.5)	-79 (±32.7)	-250 (±42.2)	31.3 (±22.6)	-132 (±47.6)	-309 (±58.6)
西伯利亚鸢尾	12.01 (±3.4)	0.71 (±4.6)	34.5 (±6.25)	27.7 (±7.4)	-17.9 (±4.7)	-22.8 (±7.4)
萱草	2.36 (±5.1)	-7.7 (±4.05)	-4 (±3.76)	-9.2 (±4.1)	-2.67 (±2.09)	0.12 (±2.02)
鸢尾	16.78 (±6.3)	68.45 (±16.8)	-6 (±18.8)	55.7 (±23.8)	20.6 (±6)	-20.77 (±13.6)
紫娇花	14.1 (±6.1)	-5.1 (±4.6)	11 (±13.9)	4.5 (±2.4)	-17.3 (±8.2)	-12.7 (±9.6)
黄菖蒲	34.7 (±3.8)	14.37 (±2.7)	78.4 (±0.95)	-12.7 (±3.14)	54.5 (±0.94)	-36.8 (±1.61)
德国鸢尾	26.5 (±3.76)	-27.3 (±4.6)	-6.4 (±16.5)	-45.7 (±8.74)	-13.1 (±4.17)	-1.5 (±3.7)

表 5　观赏价值评分分值

Table 5　Ornamental value score

	紫娇花	葱兰	马蔺	射干	西伯利亚鸢尾	鸢尾	德国鸢尾	黄菖蒲	萱草
叶形	8.2	8.2	7.6	7.5	7.3	7	7	5.7	5.1
叶繁密度	8.4	7.9	7.7	6.9	5.9	6.9	5.9	6.1	5.3
叶色	8.4	7.4	7.1	6.8	7.1	6.1	6.4	6.7	3.3
株型	8.2	7.9	7.9	6.6	7.5	6.8	5.8	5.8	1.5
株高	7.4	8.3	8	6.8	7.7	6.7	7.7	7.2	2
冠幅	7.8	8.3	7.9	5.4	6.2	7	6.3	6.1	2.4
花期长短	8.5	8.6	4.9	8.6	5.1	4.9	4.6	4.7	4.8
花的数量	8	7.8	5.7	7.2	6.2	6	5.8	5.7	5
花的大小	7.2	7.4	7.1	7.4	7.4	7.4	7	6.9	4.8
花色	8.3	8.2	7.3	8.4	8.2	8	8	7.7	6.3
果期长短	7	6.6	6.2	7.4	5.7	5.7	6.2	5.5	4.4
果的数量	7.2	7.2	5.8	5.8	6.2	6	5.8	6	2.7
果的大小	5	5	1.9	6.3	5	4.8	5.2	4	2.6
果色	4.6	2.6	3.2	5.3	3.2	3	3	2.2	2
综合得分	8.08	7.94	7.28	7.14	6.84	6.63	6.37	5.87	4.03

2.4　植株观赏价值评价

根据模糊评价标准打分结果，结合观赏要素评分与指标权重因子，得出植物观赏价值综合得分，见表 5。

根据综合得分，紫娇花观赏性表现较好，得分为 8.08；其次为葱兰、马蔺、射干分别为 7.94、7.28、7.14；西伯利亚鸢尾、鸢尾、德国鸢尾的观赏性一般，得分为 6.84、6.63、6.37；黄菖蒲、萱草观赏性较差，得分低于 6，分别为 5.87、4.03。供试植物的观赏性状相较于常规园林养护条件下表现差，出现株高较低、叶色稍浅、叶尖枯萎严重、花期较短等情况。

葱兰、马蔺、西伯利亚鸢尾、紫娇花、黄菖蒲和德国鸢尾在试验过程中均保持成活率为 100%，有较强的耐涝耐旱能力。葱兰、马蔺、西伯利亚鸢尾、黄菖蒲、鸢尾、紫娇花在耐涝耐旱试验中展现良好的生长势，能适宜重庆地区夏季炎热气候条件以及植草沟的特殊生境。在植物观赏价值评价中，紫娇花、葱兰、马蔺、射干、西伯利亚鸢尾、鸢尾表现良好，可应用于重庆地区植草沟的建设。

3　讨论

植物是植草沟的重要组成部分，同时也展现着植草沟的外貌。在丰水期，植物茎叶可降低雨水径流；植物根系可过滤、吸收、转化城市雨水中部分有害物质，如重金属，有机物等；调节城市温度湿度，营造良好小气候环境；提供给小动物栖息环境等有着重要作用。

试验中选择的 9 种观花植物在海绵城市中应用较广，但本次植草沟筛选试验中萱草、射干等有成活率较低、生长情况较差、景观效果差等情况。可见应严格选择植草沟植物才能使植草沟更好地发挥并长期维持其功能。首先选用乡土植物或已经适应引种地的外来物种；水淹、干旱和污染物是影响沟内植物生长的重要环境因素，植物需兼具耐涝和耐旱能力、具备耐短期水淹的特性，以应对夏季时常出现丰水期和枯水期交互的现象(沈杨霞和张建林，2016)，城市雨水流入植草沟时带入大量有害物质，可根据当地污染情况选择相应抗毒害作用的物种，从中挑选根系繁茂具有较强净化能力的植物；作为植草沟中最重要的景观元素，植物还需有观赏功能。

射干在试验中出现倒伏和死亡现象，李祥艳(李祥艳 等，2017)等人在总结影响玉米倒伏成因中，总结到在高温多雨气候条件下，植物根系易缺氧窒息死亡，造成植株生命减弱，引起倒伏，由此可推测本文射干死亡原因与之类似。鸢尾则是在根系长时间缺氧导致水淹处理后死亡。目前还没有对植物耐涝能力的定量研究(陈文希，2018；马道原 等，2018)，只能依赖观察水淹处理后植物的生长状况进而从中筛选出耐涝能力更强的种类。

本试验用测量株高增长和叶面积增长量判断观花植物在植草沟中的生长旺盛程度，从而评价植物的生长势。试验中，紫娇花在多数情况下株高和叶面积增长量均呈正增长，长势良好；萱草则枯萎严重，为负增长。判断生长势的方法中，曾慕衡(曾慕衡和王晓明，2005)用目测法，测量玉米的生长势，分为优、良、中、差四个等级，进一步量化从而应用于玉米的筛选。王旭(王旭 等，2012)等人在测量菊花株高、茎粗后将其完整挖出，冲洗干净晾干后在80℃下烘干至恒重，测定其干物质量来判断植物生长势。李晓斌(李晓斌和王玉顺，2009)总结了工厂化生产中主要通过测量株高、叶面积大小、叶长或叶宽、茎干直径等外观特征来判断植物生长势。掌握不同阶段植物生长势的相关指标及其变化规律，可以为植物养护管理等提供支持。

试验采用水箱模拟渗排水管，水桶下的孔洞作为渗透孔，以模拟传统植草沟中水分的变化。传统植草沟中的积水通过渗透孔进入渗排水管，积水中的泥沙等杂质容易堵塞渗透孔，使植草沟的功能降低。改造后的生态植草沟在种植土层下铺设透水土工布层，可过滤掉泥沙等杂质，使用过程中过滤性、渗透性更佳(叶洁华和许铭宇，2018)。转输型植草沟中通常铺满草坪，以达到快速输送雨水径流的目的；而以多种植物搭配形成丰富的植物层次的花园式植草沟，除可以输送雨水，还能起到滞缓雨水径流、渗透、净化的作用，且景观更佳的效果。重庆悦来会展中心的花园式植草沟中运用了铜钱草、黄菖蒲、千屈菜、柳叶马鞭草等植物(庞璐 等，2017)。本文筛选出景观性较好的植物紫娇花、葱兰、马蔺等，可在株形、叶形、花色等方面丰富植草沟的景观。

参考文献

陈文希，2018. 厦门市海绵城市建设中雨水花园植物的选择及应用[J]. 河南建材，(05)：449-451.

李祥艳，唐海涛，梅碧蓉，等，2017. 浅谈玉米倒伏的成因及对策分析[J]. 中国农业文摘-农业工程，29(6)：64-66.

李晓斌，王玉顺，2009. 工厂化生产植物生长势检测法研究进展[J]. 当代农机，(04)：71-72.

李妍汶，2017. 四种植物分别组成的生物滞留系统滞蓄与净化道路雨水的效应比较[D]. 重庆：西南大学.

马逍原，舒也，史琰，等，2018. 雨水花园植物选择及配置——以上海共康雨水花园为例[J]. 浙江农业学报，30(09)：1526-1533.

庞璐，李艳，张景华，2017. 重庆LID设施的植物选择与配置[J]. 南方农业，11(01)：51-54.

沈雯，李凯，王秀荣，2018. 层次分析法与美景度评价法在植物景观评价中的综合运用[J]. 北方园艺，(11)：110-117.

沈杨霞，张建林，2016. 海绵城市中植物景观的品种选择[J]. 现代园艺，(21)：90-91.

王佳，王思思，车伍，等，2012. 雨水花园植物的选择与设计[J]. 北方园艺，(9)：77-81.

王旭，高致明，张红瑞，等，2012. 6个药用菊花栽培类型生长势及抗性综合评价[J]. 河南农业大学学报，46(2)：131-135，151.

叶洁华，许铭宇，2018. 生态植草沟在城市绿地中的应用研究[J]. 山东林业科技，48(03)：69-72.

曾慕衡，王晓明，2005. 超甜玉米生长势性状杂种优势分析[J]. 玉米科学，13(4)：60-61，69.

中国观赏园艺研究进展 2020：495~500

Advances in Ornamental Horticulture of China，2020：495~500

495

海棠叶茶加工前后色泽变化与品质分析

周晨晨[1]　韩文学[1]　云金虎[1]　谭瑞楠[1]　江 皓[1]　张往祥[1,2,*]

([1] 南京林业大学，南京 210037； [2] 扬州小苹果园艺有限公司，扬州 225200)

摘要　本文探究了 4 种海棠叶在制茶前后色泽变化及对感官评价的影响，并检测了茶多酚、游离氨基酸、花青素、水浸出物的含量。结果表明，在色彩明亮度 L^* 维度上和色彩鲜艳程度 C^* 维度上，总体呈下降趋势，4 种海棠叶茶色泽明显暗于鲜叶，'皇家雨点'的亮度值下降最为显著，'高原红'下降幅度最小，从 C^* 维度上，下降幅度最大的是湖北海棠，而'高原红'下降最小。在色相角度 $h°$ 维度上，'皇家雨点''高原红''时光秀'呈上升趋势，而湖北海棠呈下降趋势，其中'时光秀'上升趋势最大。通过感官综合评价 4 种海棠叶茶，得分由高到低是'高原红'>'皇家雨点'>湖北海棠>'时光秀'。进行相关性分析得到，得分和 C^* 的变化呈显著性负相关($P<0.05$)，相关性系数为 -0.998，与 L^* 和 $h°$ 的变化无显著相关性($P>0.05$)。4 种海棠叶茶中花青素的差异较大，湖北海棠明显低于其他品种，'高原红'花青素含量最高；湖北海棠水浸出物含量明显高于其他品种；'高原红'、湖北海棠、'时光秀'茶多酚含量较高，品种之间差异较小；'高原红''时光秀'游离氨基酸含量较高；'皇家雨点'酚氨比最小，滋味最清淡鲜爽。本研究结果表明制茶过程对海棠叶片色泽的破坏程度不尽相同。'高原红'和'时光秀'滋味鲜爽浓厚且不涩，湖北海棠滋味与其他品种相比最为浓厚。

关键词　海棠叶茶；色泽；品质；感官评价

Study on Color Change and Soup Colorquality of Four Kinds of *Malus* Tea before and after Processing

ZHOU Chen-chen[1]　HAN Wen-xue[1]　YUN Jin-hu[1]　TAN Rui-nan[1]　JIANG Hao[1]　ZHANG Wang-xiang[1,2,*]

([1] *College of Forestry，Nanjing Forestry University，Nanjing* 210037； [2] *Yangzhou Little Apple Horticulture Co.，Ltd.，Yangzhou* 225200，*China*)

Abstract　In this paper, the color changes of four kinds of *Malus* leaves before and after tea making and their effects on sensory evaluation were studied, and the contents of tea polyphenols, free amino acids, anthocyanins and water extracts were detected. The results showed that on the L^* dimension and c^* dimension, the color of four kinds of *Malus* leaf tea was significantly darker than that of fresh leaf, the brightness value of M. 'Royal Raindrop' was the most significant decline, and the decline of M. 'Prairifire' was the smallest. On the c^* dimension, M. *hupehensis*(Pamp.)Rehder was the largest decline, while M. 'Prairifire' was the smallest. On the $h°$ dimension of hue angle, M. 'Royal Raindrop', M. 'Prairifire' and M. 'Show Time' showed an upward trend, while M. *hupehensis*(Pamp.)Rehder showed a downward trend, of which M. 'Show Time' showed the largest upward trend. Through the sensory evaluation of four kinds of *Malus* leaf tea, the score from high to low is M. 'Prairifire'>M. 'Royal Raindrop'> M. *hupehensis*(Pamp.)Rehder>M. 'Show Time'. The correlation analysis showed that there was a significant negative correlation between the score and c^*($P < 0.05$), and the correlation coefficient was -0.998, which had no significant correlation with the changes of L^* and $H°$($P > 0.05$). The content of anthocyanin in the four kinds of *Malus* leaf tea is quite different, M. *hupehensis*(Pamp.)Rehder is significantly lower than other varieties, and the content of M. 'Prairifire' anthocyanin is the highest; the content of water extract of M. *hupehensis*(Pamp.)Rehder is significantly higher than other varieties; the content of polyphenols in M. 'Prairifire', M. *hupehensis*(Pamp.)Rehder and M. 'Show

1 基金项目：江苏省科技厅现代农业重点项目(BE2019389)，林业科学技术推广项目(观赏海棠新品种高效栽培与应用示范推广)【2019】17 号。

第一作者简介：周晨晨(1995—)，男，硕士研究生，主要从事林木种苗研究。

* 通讯作者：张往祥，教授，E-mail：malus2011@163.com。

Time'tea is higher, and the difference between them is small; the content of free amino acids in *M*.'Prairifire' and *M*.'Show Time' tea is higher; the ratio of phenol to ammonia in *M*.'Royal Raindrop' is the smallest, and the taste is the lowest The most light and fresh. The results showed that the damage degree of tea making process to the color of *Malus* leaves was different. The taste of *M*.'Prairifire' and *M*.'Show Time' is fresh, strong and not astringent. Compared with other varieties, *M. hupehensis*(Pamp.) Rehder has the strongest taste.

Key words *Malus* tea; Color; Quality; Sensory evaluation

海棠(*Malus* spp.)为蔷薇科(Rosaceae)苹果属(*Malus*)落叶小乔木或灌木[1],其枝、叶、花或果实皆具有很高的观赏价值,主要用于观赏造景[2]。海棠作为观赏特性极高的植物,其各个器官中具有不同的活性物质和特殊价值,叶中含有大量的酚类物质和黄酮类物质,使其在药用方面得到了充分的证实和利用,例如抗疲劳、降血糖、抗菌消炎等作用[3],与此同时,在市场中部分海棠的叶片被利用制成保健茶、保健饮料等[4]。目前,关于湖北海棠作为代用茶的品质研究已有报道,其嫩叶加工后可直接泡饮,俗称"海棠茶"。我国分布广泛的非茶属植物湖北海棠在茶叶市场上受到广泛关注,作为一种新型保健茶得以开发利用[5],并有大量研究证实了其同样具有抗氧化、降低胆固醇、降血糖、抗菌等功效[6]。聂本固等[7]为提高海棠叶的附加值,研制出海棠叶茶的配方,得到市场的认可,刘良忠等[8]也探究了湖北海棠叶茶饮料。汤色是分辨茶品质优次的重要因子之一,汤色评价过程中,传统的评价方式主要依据评茶师的感官评价[9]。除此之外,水浸出物能够反映茶叶中溶于水的成分多少,亦可代表茶叶品质的优劣,一般为30%~47%[10];茶多酚占茶叶干物质15%~25%,主要影响茶叶中呈苦涩味的程度[11];游离氨基酸对茶叶口感的鲜爽度具有直接影响,不同氨基酸具有不同的特质,如谷氨酸、苯丙氨酸具有花香,精氨酸具有苦味等[12]。因此,基于前人对海棠的基础探究,将海棠叶茶开发为一种新型茶具有一定的科学基础。

本试验选用幼芽时期的湖北海棠[*M. hupehensis*(Pamp.)Rehder]、'高原红'(*M*.'Prairifire')、'皇家雨点'(*M*.'Royal Raindrop')、'时光秀'(*M*.'Show Time')作为试验材料,利用色差计(X-Rite)对加工前后海棠叶色彩进行测定,并对海棠叶茶进行感官评价,得出4种海棠叶茶色香味最佳的品种。并且检测了茶多酚、游离氨基酸、花青素、水浸出物的含量,为海棠叶茶制作提供参考,旨在为开发海棠茶品质提供科学依据。

1 材料与方法

1.1 试验材料

本试验材料于2019年4月初,取自于江苏省扬州市江都区仙女镇国家海棠种质资源圃,选用幼芽时期的湖北海棠[*M. hupehensis*(Pamp.)Rehder]、'高原红'(*M*.'Prairifire')、'皇家雨点'(*M*.'Royal Raindrop')、'时光秀'(*M*.'Show Time')作为试验材料,生长在同一环境下2~3年生苗,每个品种50~70株,植株生长健壮,采摘无病虫害叶片。

1.2 海棠叶茶加工工序

按照图1所示的绿茶加工工艺进行。

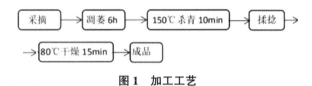

图1 加工工艺

Fig. 1 Processing technology

1.3 色泽测定方法

利用色差仪(X-Rite)对4种海棠叶茶加工前后色泽变化进行测定,光源设置为D65,测量孔径4mm,记录色彩参数L*、a*和b*,L*代表叶色彩的明亮度,值越大色彩越亮,色相a*代表从红色(+a*)到绿色(-a*),色相b*代表从黄色(+b*)到蓝色(-b*)。

1.4 感官评价方法

按照《GB/T23776—2009茶叶感官评审方法》稍作修改对海棠叶茶冲泡及评价评分。冲泡方式:每样品4g,放入200mL透明的茶杯中,倒入开水冲泡,封口静置10min,样品匿名。采用权重值对香气、滋味、汤色进行评分。观察评判后记录数据。感官品质计算公式:百分制×权重值(U)。

U={香气(30%),滋味(40%),汤色(30%)},
总分=香气+滋味+汤色,评分标准如表1所示。

表1　茶叶感官评分标准

Table 1　Tea sensory scoring criteria

指标	评价指标	得分
香气（30%）	气味清香，耐闻	优（21~30）
	香气较清香，较耐闻	良（11~20）
	香气淡，有草腥味	差（0~10）
滋味（40%）	醇香鲜爽，口味柔和，茶涩浓	优（31~40）
	醇香不浓，口味柔和性较差，茶涩较浓	良（21~30）
	醇香度差，茶涩味淡	差（11~20）
汤色（30%）	汤色明亮，渗出物多	优（21~30）
	汤色较明亮，渗出物较多	良（11~20）
	汤色略浑浊，渗出物一般	差（0~10）

1.5　花青素含量测定方法

参考陈琼[13]等对茶树叶花青素含量测定方法进行。

1.6　水浸出物的测定方法

按照国标《GB/T 8305—2013》进行水浸出物含量测定。

1.7　茶多酚测定方法

按照国标《GB/T 8305—2013》进行茶多酚含量测定。根据没食子酸工作液的吸光值（A）与各工作溶液的没食子酸浓度，制作图2标准曲线。

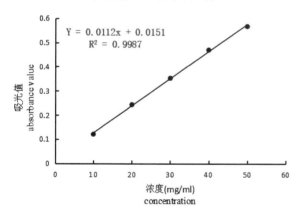

图2　茶多酚标准曲线

Fig.2　Standard curve of tea polyphenols

1.8　游离氨基酸测定方法

按照国标《GBT 8314—2013》进行游离氨基酸含量测定。以谷氨酸含量为标准品制作图3标准曲线。

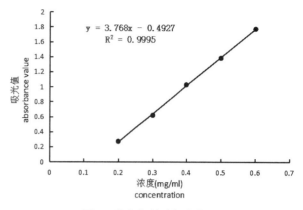

图3　游离氨基酸标准曲线

Fig.3　Standard curve of free amino acids

1.9　数据处理

利用Excel对数据进行统计，GraphPad Prism7绘制图形，利用SPSS 21进行相关性和显著性分析。

2　结果与分析

2.1　海棠叶茶加工前后色泽变化

在色彩明亮度L*维度上，总体呈下降趋势，4种海棠叶茶色泽明显暗于加工前鲜叶，'皇家雨点'的亮度值下降了34.17%，变暗程度最为显著，'高原红'下降幅度最小，下降了11.74%。

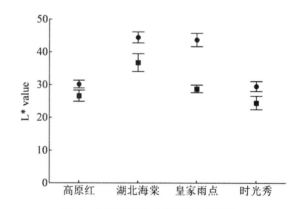

图4　加工前后在L*维度上的变化

Fig.4　Changes in L* dimension before and after processing

从色彩鲜艳程度C*维度上，总体也呈下降趋势，下降幅度最大的是湖北海棠，下降了49.76%，而'高原红'下降幅度最小，降低了13.36%。

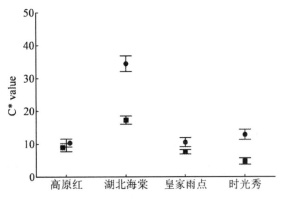

图 5　加工前后在 C* 维度上的变化

Fig. 5　Changes in C* dimension before and after processing

在色相角度 h° 维度上，'皇家雨点''高原红''时光秀'呈上升趋势，而湖北海棠呈下降趋势，下降了 13.36%，其中'时光秀' h° 上升趋势最大，上升率达 63.75%。

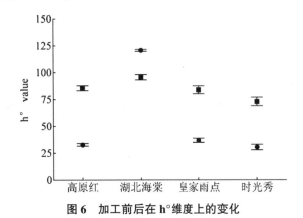

图 6　加工前后在 h° 维度上的变化

Fig. 6　Changes in h° dimension before and after processing

2.2　对茶汤品质感官评价结果

表 2　汤色感官评价评分结果

Table 2　Sensory evaluation results of soup color

样品	范围/分	均值/分	标准偏差	变异系数/%
高原红	86.5~87.3	87.0	0.36	0.41
湖北海棠	81.6~82.4	82.0	0.33	0.39
皇家雨点	83.9~85.0	84.5	0.45	0.55
时光秀	79.4~80.4	80.0	0.43	0.54

由表 2 可知，通过感官综合评价 4 种海棠叶茶，得分由高到低是'高原红'（87 分）>'皇家雨点'（84.5 分）>湖北海棠（82 分）>'时光秀'（80 分）。采用 Pearson's 相关性分析 3 位评分员对汤色感官评审结果是否具有一致性，结果见表 3。3 位评分员的汤色评分相互之间存在高度相关性（$P<0.01$），各评分员与 3 位评分员评分的平均值之间也存在高度相关性（$P<$

0.01）。说明 3 位评分员对茶汤的汤色品质评价具有较高一致性和准确性。

表 3　3 位评分员汤色评分 Pearson's 相关性分析

Table 3　Correlation analysis of Pearson's scores of three raters

评分员	A	B	C
A	1		
B	0.935**	1	
C	0.952**	0.987**	1
平均值	0.995**	0.990**	0.988*

注：** 和 * 分别表示在 0.01 和 0.05 水平下显著相关性。

2.3　海棠叶茶色泽变化与感官评价相关性分析

对 4 种海棠叶茶的感官评价得分与色泽变化进行相关性分析，结果见表 4，得分和色彩鲜艳度 C* 的变化呈显著性负相关（$P<0.05$），相关性系数为 -0.998，与色彩亮度 L* 和色相角度 h° 的变化无显著相关性（$P>0.05$）。表明海棠叶茶加工过程中叶片色彩破坏性越小，色彩鲜艳度 C* 越小，汤色感官评价越高。

表 4　茶汤感官评价与色泽变化相关性

Table 4　Correlation between sensory evaluation and color change of tea soup

相关性系数	A	B	C	平均
r(△L*)	-0.009	-0.138	0.131	-0.005
r(△C*)	-0.988*	-0.979*	-0.997*	-0.998*
r(△h°)	-0.440	-0.300	-0.534	-0.425

注：* 表示 0.05 水平下显著相关性，r(△L*) 表示各族茶汤的 L* 值变化与对应评分员评分间相关系数；r(△C*) 表示各组茶汤的 C* 值变化与对应评分员评分间相关系数；r(△h°) 表示各族茶汤的 h° 值变化与对应评分员评分间相关系数。

2.4　海棠叶茶品质分析

花青素是具有营养、保健和医用价值的天然水溶性色素，极易溶于水，对于干茶色泽、叶底色泽和汤色均有较大影响。从表 5 可以看出，4 种海棠叶茶中花青素的差异较大，其中湖北海棠花青素含量为 0.50mg/g，明显低于其余 3 个品种。'高原红'和'皇家雨点'的花青素含量较高，分别为 10.20mg/g 和 9.96mg/g，二者之间差异较小（$P>0.05$），是保健茶的优质品种。4 种海棠叶茶中花青素含量从高到低依次为'高原红'>'皇家雨点'>'时光秀'>湖北海棠。

水浸出物是茶叶中能被沸水浸出物质总量的总称，一般含量为 30%~47%，主要含有多酚类、游离氨基酸、可溶性糖等，可以反映茶叶品质的优劣，标志着茶汤的厚薄、滋味的浓淡程度。4 种海棠叶茶水浸出物的含量因品种的差异而不同，水浸出物含量为40.14%~51.16%，其中湖北海棠水浸出物含量最高，与其他3个品种差异显著($P<0.05$)，达到51.16%，说明其滋味与其他品种相比最为浓厚，而'时光秀'最低，为40.14%，说明其滋味与其他品种相比较为淡薄。4种海棠叶茶水浸出物的含量从高到低依次为湖北海棠>'高原红'>'皇家雨点'>'时光秀'。

茶多酚是茶叶中儿茶素类、丙酮类、酚酸类和花色素类化合物的总称，一般占干重的18%~36%，是形成茶叶色香味的主要成分之一，同时具有保健功能，其含量的高低会导致茶汤的苦涩程度不同。4种海棠叶茶中茶多酚含量为15.14%~18.41%，其中'时光秀'含量最高，'皇家雨点'含量最低，与其他3个品种差异显著($P<0.05$)，说明具有较高茶多酚含量的'时光秀'比'皇家雨点'叶茶滋味较苦。4种海棠叶茶中茶多酚的含量从高到低依次为：'时光秀'>'高原红'>湖北海棠>'皇家雨点'。

游离氨基酸是包含多种氨基酸含量的总称，是茶叶中主要成分之一，占绿茶中干物质含量的1%~4%，可以缓解苦涩程度、增加甜度。4种海棠叶茶中游离氨基酸的含量因品种的差异而不同，游离氨基酸含量为4.19%~4.83%。其中'高原红'最高，含量为4.83%，'皇家雨点'最低，含量为4.19%，说明'高原红'叶茶滋味更加鲜爽。4种海棠叶茶中游离氨基酸的含量从高到低依次为'高原红'>'时光秀'>湖北海棠>'皇家雨点'。

酚氨比指茶叶中茶多酚和游离氨基酸的比值，与单个口感指标相比，酚氨比能够在一定程度更好地反映茶叶的口感品质，可以综合茶叶中苦涩和鲜爽程度指标。本试验中湖北海棠酚氨比最高，比值为4.01±0.11，'皇家雨点'酚氨比最低，比值为3.62±0.13，与湖北海棠和'时光秀'差异显著($P<0.05$)。说明'皇家雨点'海棠叶茶滋味最清淡鲜爽，而湖北海棠海棠叶茶滋味较苦涩。4种海棠叶茶中酚氨比从高到低依次为湖北海棠>'时光秀'>'高原红'>'皇家雨点'。

表5 茶汤中主要化学成分含量
Table 5 Content of main chemical components in tea soup

样品	花青素含量 （mg/g）	水浸出物含量 （%）	茶多酚含量 （%）	游离氨基酸含量 （%）	酚氨比
高原红	10.20±0.11a	45.38±0.04b	18.40±0.43a	4.83±0.62a	3.81±0.20bc
湖北海棠	0.50±0.02c	51.16±0.58a	17.73±0.10a	4.35±0.46b	4.01±0.11a
皇家雨点	9.96±0.22a	40.28±0.06c	15.14±0.32b	4.19±0.47c	3.62±0.13c
时光秀	8.14±0.19b	40.14±0.03c	18.41±0.05a	4.74±0.31a	3.88±0.03ab

注：同列不同字母表示差异显著，$P<0.05$。

3 讨论

茶汤色泽主要受到鲜叶和干茶色彩的影响，而形成干茶色泽和汤色主要受色素含量的影响。色素可分为脂溶性色素和水溶性色素两种，两种色素的含量杀青和干燥的过程中均发生一定的变化。在本研究中，4种海棠叶茶加工前后色彩变化均不同，加工过程所有品种色泽度 L^* 和鲜艳程度 C^* 均明显降低，而在色相角度 $h°$ 上'皇家雨点''高原红''时光秀'呈上升趋势，湖北海棠呈下降趋势，这有可能与鲜叶花青素含量和花青素稳定性有关。

感官综合评价得分由高到低是'高原红'>'皇家雨点'>湖北海棠>'时光秀'，通过感官评价和色泽变化的相关性分析发现，得分和色彩鲜艳度 C^* 的变化呈显著性负相关($P<0.05$)，与色彩亮度 L^* 和色相角度 $h°$ 的变化无显著相关性($P>0.05$)。表明海棠叶茶加工过程中叶片色彩破坏性越小，色彩鲜艳度 C^* 越小，汤色感官评价越高。说明色差参数仍可作为海棠叶茶汤色品质的评价指标。

品质分析结果表明，4种海棠叶茶中花青素的差异较大，湖北海棠明显低于其他品种，'高原红'花青素含量最高。湖北海棠水浸出物含量明显高于其他品种，说明其滋味与其他品种相比最为浓厚。'高原红'、湖北海棠、'时光秀'茶多酚含量较高，品种之间差异较小；'高原红''时光秀'游离氨基酸含量较高，说明'高原红'和'时光秀'滋味鲜爽浓厚且不涩。4种海棠叶茶酚氨比值较小，这与海棠叶加工工艺有关，酚氨比较小，适合制作绿茶，与本研究加工工艺相同，4种海棠叶茶均可通过绿茶加工工艺来制作。

参考文献

[1]许军, 何梅, 胡玉安, 等. 观赏海棠研究进展[J]. 江西农业大学学报, 2018, 40(03): 553-560.

[2]秦晓晓. 苹果属观赏海棠类黄酮种类、代谢及生物活性分析[D]. 重庆: 西南大学, 2016.

[3]邵耀东, 姚依兰, 冯阁, 等. 海棠叶根皮苷药理活性的研究[J]. 畜牧与兽医, 2018, 50(02): 56-60.

[4]陈雅林, 谭哲谞, 彭勇. 湖北海棠叶的应用历史与研究现状[J]. 中国现代中药, 2017, 19(10): 1505-1510.

[5]韩碧群, 彭勇, 肖培根. 中国别样茶的整理研究[J]. 中国现代中药, 2013, 15(04): 259-269.

[6]韩碧群. 中国别样茶的系统整理研究[D]. 北京: 北京协和医学院, 2012.

[7]聂本固, 陈康, 吕凯波, 等. 湖北海棠叶发酵饮料的开发[J]. 南方农业, 2018, 12(28): 119-120+123.

[8]刘良忠, 丁士勇, 汤丽娜. 湖北海棠叶茶饮料及其稳定性研究[J]. 湖北农学院学报, 2004(04): 326-327.

[9]李钊. 绿茶茶汤色泽变化的机理研究[D]. 合肥: 安徽农业大学, 2010.

[10]余浩, 唐敏, 黄升谋. 冲泡条件对绿茶水浸出物含量及感官品质的影响研究[J]. 绿色科技, 2016(24): 137-140.

[11]Zhuang Juhua, Dai Xinlong, Zhu Mengqing, et al. Evaluation of astringent taste of green tea through mass spectrometry-based targeted metabolic profiling of polyphenols[J]. Food chemistry, 2020: 305.

[12]杜颖颖, 刘相真, 叶美君, 等. 超高效液相色谱-串联质谱法测定茶叶中游离氨基酸成分[J]. 色谱, 2019, 37(06): 597-604.

[13]陈琼, 陆瑞琼. 茶树芽叶花色苷含量测定方法的研究[J]. 北京工商大学学报(自然科学版), 2011, 29(02): 41-44.

中国观赏园艺研究进展 2020：501~507
Advances in Ornamental Horticulture of China，2020：501~507
501

北戴河鸽子窝公园不同植物群落生态效益分析[1]

李星皓　张　锐　朱建佳　蔡鸿昌　徐宁伟　王宏磊　刘玉艳*

（河北科技师范学院园艺科技学院，昌黎　066600）

摘要　以北戴河鸽子窝公园 4 个不同类型 12 个典型植物群落为研究对象，探讨近海岸区域不同类型植物群落对生态效益的影响。结果表明：不同结构的绿地均降低了空气温度，增加了空气湿度，增加了空气负离子含量，提高了空气清洁度。绿地植物群落结构不同对生态效益的影响程度不同，其中垂直结构复杂的乔灌草复合绿地生态效益最好，空气清洁度保持良好水平；单一的草坪生态效益较弱。针叶树为主的植物群落综合生态效益较好。在北戴河秋季一天中 10：00~16：00 空气清洁度较高。

关键词　鸽子窝公园；植物群落；生态效益

Ecological Benefit Analysis of Different Plant Communities in Beidaihe Pigeon Nest Park

LI Xing-hao　ZHANG Rui　ZHU Jian-jia　CAI Hong-chang　XU Ning-wei
WANG Hong-lei　LIU Yu-yan*

（College of Horticulture，Hebei Normal University of Science & Technology，Changli 066600，China）

Abstract　Taking 12 typical plant communities of 4 different types in the Pigeon Nest Park of Beidaihe as the research object，the effects of different types of plant communities on the ecological benefits in the coastal area were discussed. The results showed that Green areas with different structures reduced air temperature，increased air humidity and the number of air negative ions，and improved air cleanliness. Different green areas with different plant community structures had different degrees of impact on ecological benefits. Among them，the multiplex green space of trees，shrubs and lawns with complex vertical structure had the best ecological benefits，and the air cleanliness maintained a good level，the ecological benefit of single lawn was weak. The comprehensive ecological benefits of the plant communities dominated by coniferous trees were better. In Beidaihe autumn，the air cleanliness was higher from 10：00~16：00.

Key words　Pigeon Nest Park；Plant community；Ecological benefit

公园绿地是城市绿地系统中的重要组成部分，绿地的基本组成是植物群落。绿地的结构和功能由绿地的植物群落直接决定着（刘秀群 等，2009）。如何提高园林植物群落空间结构的科学性，充分发挥园林植物群落在园林绿化建设中的综合功能是一个迫切需要解决的问题（董仕萍 等，2006；王鹏飞 等，2009）。园林植物种类、形态、观赏特性、生长周期各异，如何科学合理地进行植物配植，使园林绿地既保证景观的艺术性，又有绿地区域的功能效益、社会效益，是

绿地建设、改造面临的重要任务。不同结构的植物群落，其产生的生态效益各不相同。

近年来，关于园林绿地植物群落及生态效益的研究比较多，主要集中于植物群落生物多样性调查及景观评价（吕红霞 等，2007；管群飞 等，2009；岳永杰 等，2008），也有针对不同植物群落结构对生态效益的研究（衣官平 等，2009；秦仲 等，2016；穆丹 等，2009）。秦皇岛是河北省沿海城市，著名的旅游度假区，鸽子窝公园为秦皇岛市北戴河区四大景区之一。

1 基金项目：河北省自然科学基金青年科学基金项目（E2019407076）、河北省高等学校科学技术研究项目（QN2019171）、河北科技师范学院海洋科学研究专项（2018HY025）。

第一作者简介：李星皓（1994—）男，硕士研究生，主要从事园林绿地生态评价研究。

* 通讯作者：刘玉艳，教授，E-mail：lyuyan66@163.com。

本文对鸽子窝公园内不同结构绿地的温湿度、空气负离子、噪声等生态效益进行调查，研究沿海地段不同绿地对生态效益的影响，以期为秦皇岛、北戴河城市绿地和其他沿海绿地的规划与建设提供参考。

1　研究区域概况

秦皇岛市位于冀东北部，北纬 39°24′~40°37′、东经 118°33′~119°51′，面积 7812.4km²。处于半湿润区和暖温带，气候宜人，冬季寒冷多风，秋天湿凉，夏季无酷暑，春天贫雨。鸽子窝公园位于北戴河区海滨的东北角，紧邻海边，占地面积 20 万 m²。由于地层断裂所形成的临海悬崖上有一块像鹰正站立在那里的石头——鹰角石，经常有成群的鸽子出现于石缝之中，因此得名鸽子窝，是秦皇岛著名观看海上日出的地点。1916 年，公益会创始人朱启钤在此建了一座"鹰角亭"；1986 年政府投资 300 多万元对鸽子窝公园进行了修缮，并于同年对外开放；20 世纪 90 年代末，该区域被设定为国家级鸟类自然保护区；2018 年进行了提升改造，景区面积 1.49km²（公园独立景区）。

2　研究方法

2.1　样方选取

在对公园绿地进行全面勘察的基础上，根据植物群落的整体情况选取连续成片的典型样方进行调查（图 1）。选取的植物群落类型包括：乔木层+灌木层+草本层复合绿地为Ⅰ类；乔木+草本的乔草型绿地为Ⅱ类；乔木+灌木的乔灌绿地为Ⅲ型；草本植物绿地为Ⅳ型。每类绿地选取样方 3 个，每个样方为 20m×20m。

同时选择全部为硬质铺装的鸽子广场和大面积草坪绿地作为对照。

4 种绿地类型代号及主要植物种类见表 1。

表 1　调查绿地类型编号及主要植物种类详表

Table 1　Sample number and type of enumeration

绿地编号	群落类型	主要植物种类	绿地覆盖率（%）
Ⅰ	乔灌草类型绿地（新建复合绿地）	旱柳、银杏、国槐、刺槐、黄栌、玫瑰、水蜡、金银木、木槿、小叶黄杨、连翘、扶芳藤、蛇莓、二月蓝	100
Ⅱ	乔草绿地（以樱花为主）	樱花、油松、绣线菊、蛇莓、玉簪、鸢尾、草坪草	100
Ⅲ	乔灌复合绿地（以黑松大树为主）	黑松、油松、海棠、柽柳、银杏、黄栌、元宝枫、龙柏、金银木、榆叶梅、碧桃、紫丁香、玫瑰、月季	>80
Ⅳ	草本植物绿地（紧邻海岸边，野生草本植物为主兼有少量新种植灌木、草本花卉）	芦苇、艾草、荻、柽柳、紫叶李、波斯菊、松果菊、百日草	100
CK1	鸽子广场	无	0
CK2	草坪	草坪草	100

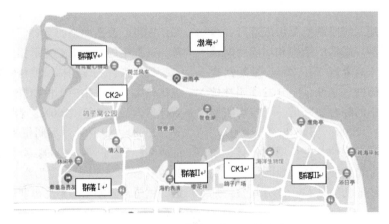

图 1　调查样方在鸽子窝公园的分布

Fig. 1　Distribution of quadrat in Pigeon Nest Park

2.2 生态效益研究

2019 年 10 月在以上 12 个样方及对照内，分别于 8：00、10：00、12：00、14：00、16：00 测定噪声、温度、空气湿度和正负离子浓度。噪声用 HS5633 数字声级计测定，温度、湿度用 DJL-18 温湿光三参数记录仪测定，正负离子浓度用 AlphaLab AIC-1000 空气负离子检测仪测定。

2.3 隶属函数法进行生态效益综合评价

采用隶属函数分析法对不同植物群落进行生态效益综合评定。隶属函数计算公式如下：

某一指标与生态效益呈正相关：

$X(u)=(X-Xmin)/(Xmax-Xmin)$

某一指标与生态效益呈负相关：

$X(u)=1-(X-Xmin)/(Xmax-Xmin)$

式中 X 为植物群落某一指标测定值；$Xmax$ 和 $Xmin$ 分别为某一指标最大值和最小值。将各植物群落各指标的生态效益隶属值累加求平均数，平均数与生态效益呈正相关（王富，2010）。

2.4 数据计算及处理

单极系数（q）：$q=n+/n-$

$n+$ 为空气正离子数；$n-$ 为空气负离子数。

空气清洁度指数：$CI=(n-/1000)\times(1/q)$

CI 为空气清洁度指数；$n-$ 为空气负离子浓度；q 为单极系数；1000 为满足人体生物学需求的空气负离子浓度（王富，2010）。

用 Excel 软件绘图，用 SPSS 软件进行单因素分析，用最小极差法进行差异显著对比。

3 结果与分析

3.1 不同类型植物群落生态效益的日变化规律

3.1.1 环境温度日变化规律

由图 2 可知，不同绿地温度日变化趋势基本一致，均呈先上升到而后下降，但一天中各时间点各类型绿地温度不同。除草坪外其他类型样地均在 12：00 温度达到一天中的最大值；下午 16：00 多数样地温度高于上午 8：00。对照样地鸽子广场是水泥地面，温度变化趋势与 4 种绿地基本相同，但一天中下午温度高于绿地；对照 2 为草坪，温度变化趋势与其他样地不同，上午 10：00 温度最高，但与中午 12：00 几乎持平。

乔灌草绿地和黑松乔灌绿地温度持续低于其他绿地，以小乔木为主的樱花林温度相对较高，尤其中午前后温度更高。这一方面与樱花为近年新栽植、植株较小有关，另一方面也与其临近鸽子广场大面积硬质铺装有关。

3.1.2 空气湿度日变化规律

不同结构植物群落及对照空气湿度的变化趋势基本相同（图 3），均先下降而后上升，中午最低，但一天中各时间点各类型之间空气湿度高低不同。旱柳为主的乔灌草绿地和黑松为主的乔灌绿地的空气湿度最高，樱花林次之；草地样地即使紧邻海岸，但在 4 种植物群落中湿度持续最低。鸽子广场一天中空气湿度持续低于所有植物群落及草坪；草坪从上午到下午 14：00 空气湿度变化幅度较小，而后快速升高，这与其紧邻海边有一定的关系。

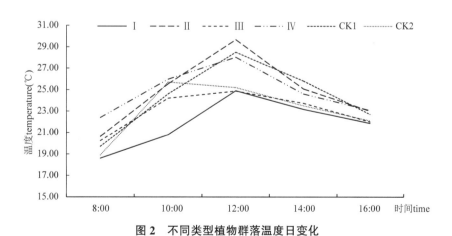

图 2 不同类型植物群落温度日变化

Fig. 2 Daily variation of temperature of different plant communities

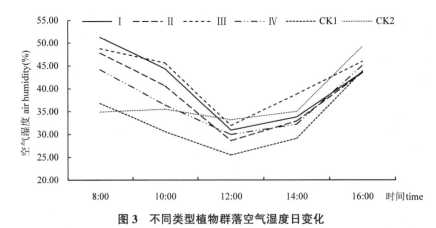

图3 不同类型植物群落空气湿度日变化

Fig. 3 Daily variation of air humidity of different plant communities

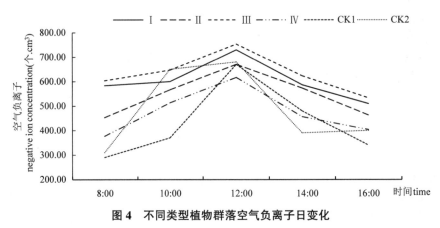

图4 不同类型植物群落空气负离子日变化

Fig. 4 Daily variation of air negativeion concentration of different plant communities

3.1.3 空气负离子日变化规律

不同类型植物群落间及对照的空气负离子变化趋势基本相同，一天中先升后降（图4），中午12：00为高峰。所有类型绿地的负离子浓度均高于鸽子广场；4种类型植物群落空气负离子浓度从高到低的顺序为黑松乔灌复合绿地>乔灌草绿地>樱花乔草绿地>草本植物绿地。草坪上午负离子浓度较高，10：00高于除黑松乔灌绿地之外的所有样方，下午快速下降。

3.1.4 单极系数日变化规律

许多研究证明，城市绿地中或植物较多的地方单极系数q值多小于1。由图5可以看出，除旱柳为主的乔灌草复合绿地外，其他绿地及对照一天中单极系数的变化趋势基本一致，呈现先下降后上升趋势，12：00~14：00达到最低；旱柳乔灌草复合绿地10：00

以后持续下降。多数时间点绿地的单极系数低于鸽子广场，鸽子广场的单极系数一直高于草坪。旱柳乔灌草绿地和黑松乔灌绿地大多数时间单极系数低于其他绿地，且多数时间小于1；而其他绿地的单极系数q>1。

旱柳乔灌草绿地在上午10：00的时候达到了最大值为1.22；黑松乔灌绿地在8：00的时候达到了最大值为1.27；樱花林绿地在16：00的时候达到了最大值为1.29。

3.1.5 空气清洁度指数日变化规律

空气清洁度指数不仅考虑了正、负离子的构成，还把空气负离子作为评价指标，以做到比较全面客观评价。CI值越大，空气质量越好。目前是国际上通行的空气清洁度评价标准（表2）（石彦军，2009）。

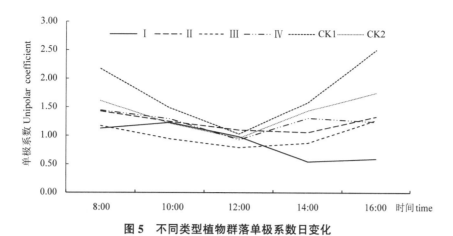

图 5　不同类型植物群落单极系数日变化

Fig. 5　Daily variation of Unipolar coefficient of different plant communities

表 2　空气清洁度等级分级标准

Table2　Classification criterion of air quality

等级	A	B	C	D	E
清洁度	最清洁	清洁	中等	容许	临界值
CI	>1.0	1.0~0.7	0.69~0.50	0.49~0.30	≤0.29

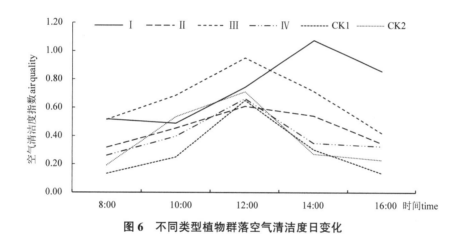

图 6　不同类型植物群落空气清洁度日变化

Fig. 6　Daily variation of air quality of different plant communities

　　图 6 显示，旱柳乔灌草绿地、黑松乔灌绿地的空气清洁度指数 CI 持续高于其他绿地和对照；樱花乔草绿地、草本绿地持续高于鸽子广场；草坪上午高于樱花乔草绿地、草本绿地下午与鸽子广场基本持平。所有绿地和对照的 CI 日变化趋势基本一致，先上升而后下降；但到达高峰时间点不同，各时间点的值也不同。

　　旱柳乔灌草类型绿地、黑松乔灌复合绿地空气清洁度一天均在中等以上，10：00~16：00 空气清洁度最好。其他绿地在 10：00~14：00 空气清洁度为中等，是一天中最好时段。

3.1.6　噪声日变化规律

　　图 7 所示，不同结构的植物群落噪声日变化规律不强；相对而言，黑松乔灌绿地和樱花乔草绿地噪声

较小。黑松绿地都是胸径 30~50cm 的大树，对噪声的阻隔、吸附能力较强；而樱花林游人无法进入，从而游人影响较小。

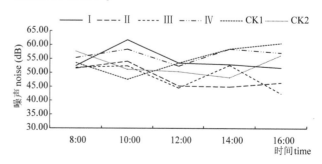

图 7　不同类型植物群落噪声日变化

Fig. 7　Daily variation of the noise of different plant communities

3.2 不同类型植物群落生态效益差异比较

表3显示，所有类型植物群落及草坪均降低了空气温度、噪声，增加了空气湿度、空气负离子数量，提高了空气清洁度，但不同结构绿地影响程度不同。

旱柳乔灌草绿地、黑松乔灌绿地温度显著低于乔草、草本绿地、草坪及硬化广场，乔草、草本、草坪与硬化广场之间差异不显著。所有绿地及草坪均显著增加了空气湿度，乔灌草绿地、黑松乔灌绿地显著高于乔草、草本绿地及草坪，乔草、草本绿地显著高于草坪；乔灌草绿地与黑松乔灌绿地差异不显著，乔草和草本绿地差异不显著。

乔草绿地及黑松乔灌复合绿地显著降低了空气噪声；乔灌草绿地、草本绿地及草坪与硬化广场之间差异不显著，3种绿地之间差异不显著。

所有绿地及草坪均显著增加了空气负离子浓度，除草本绿地和草坪之间差异不显著外，其他类型植物群落之间差异显著，空气负离子浓度由高到低顺序为

黑松乔灌绿地>乔灌草绿地>乔草绿地>草坪>草本绿地>鸽子广场。所有绿地及草坪均显著降低了单极系数，乔灌草绿地、黑松乔灌绿地显著低于乔草、草本及草坪，乔草绿地显著低于草坪；乔灌草绿地、黑松乔灌绿地之间差异不显著，乔草与草本绿地、草本绿地与草坪之间差异不显著。

所有类型植物群落及草坪均显著提高了空气清洁度。乔灌草绿地、黑松乔灌复合绿地空气清洁度指数显著高于其他绿地，空气清洁度平均在B-C之间；乔草绿地、草本绿地及草坪之间差异不显著，空气清洁度为D级，在容许范围；鸽子广场空气清洁度到了极限值。

3.3 不同类型植物群落生态效益综合评价

对各生态效益指标用隶属函数法进行计算，得出各指标的隶属函数值(表4)。不同植物群落的隶属函数值大小顺序为黑松乔灌绿地>樱花乔草绿地>旱柳乔灌草绿地>草本绿地>草坪>硬质广场。

表3 不同类型植物群落生态效益的差异显著性比较

Table 3 Significant difference comparison of ecological benefit on different plant communities

植物群落类型 plant communities	温度(℃) temperature	湿度(%) air humidity	噪声(dB) noise	负离子浓度(个/cm³) negative ion concentration	单极系数 q Unipolar coefficient	空气清洁度指数 air quality
I	21.87 b	40.80 a	54.52 a	602.000 b	0.90 d	0.77 a
II	24.78 a	38.69 b	48.47 b	545.333 c	1.23 c	0.46 b
III	23.01 b	42.23 a	48.82 b	632.000 a	1.01 d	0.69 a
IV	24.81 a	37.57 b	56.39 a	473.333 d	1.27 bc	0.43 b
CK1	25.85 a	33.29 d	54.78 a	430.000 e	1.75 a	0.29 c
CK2	24.47 ab	35.55 c	54.63 a	486.000 d	1.39 b	0.39 b

注：小写字母为0.05显著水平。

表4 不同植物群落类型5个指标隶属函数值及生态效益排名

Table 4 Membership function value of five indexes of different plant communities and rank of ecological benefit

植物群落 plant communities	隶属函数值 Membership function value					平均隶属函数值 Average of membership function	生态效益排序 Sort by ecological benefit
	温度 temperature	湿度 air humidity	噪声 noise	负离子 negative ion concentration	单极系数 Unipolar coefficient		
I	0.49	0.54	0.59	0.50	0.43	0.52	3
II	0.53	0.53	0.60	0.46	0.54	0.53	2
III	0.54	0.61	0.62	0.51	0.51	0.56	1
IV	0.60	0.50	0.45	0.50	0.49	0.51	4
CK1	0.46	0.42	0.45	0.37	0.51	0.44	6
CK2	0.42	0.27	0.71	0.48	0.46	0.47	5

4 结论与讨论

通过对鸽子窝公园 4 种类型植物群落 12 个样方的生态效益调查与综合分析得出,所有类型植物群落均降低了空气温度、噪声,增加了空气湿度、空气负离子数量,提高了空气清洁度,但不同结构绿地影响程度不同。植物群落垂直结构越复杂,绿量越高,降温增湿、增加空气负离子的量越大,空气质量越好。所有绿地一天中空气清洁度较高的时段为 10:00~14:00,乔灌草绿地、黑松乔灌复合绿地空气清洁度较高。本研究的主要结论与穆丹、吴楚材、冯义龙(穆丹 等,2009;吴楚材 等,2001,1998;冯义龙 等,2008)的结果类似。

由于鸽子窝公园面积较小,成片绿地几乎均紧邻游人路线,加上调查正值国庆期间,因此噪声的调查规律性不强。

鸽子窝公园紧邻海岸,有一定的地形起伏。公园内既有早年种植的树龄几十年黑松大树,也有近年修建改建绿地中新种植的观赏植物。从本文结果看,大面积草坪的各生态效益指标均低于其他类型植物群落,而且草坪的养护成本较高,因此在绿地设计建设时,需要考虑景观与生态效益的结合,适当建植草坪。另外,黑松乔灌绿地主要以大龄黑松为主,虽然该块样方覆盖率未达到 100%,但黑松胸径为 20~30cm、冠幅 4~9m 的大树,由于受海风影响,植株高度生长较慢,茎干多屈曲生长;其他乔木、灌木种类、数量较少,草本花卉为近年在树下和道路旁种植;本样方总体植物数量不多,黑松树体总体绿量较大,且生长良好。已有研究表明,针叶林负离子浓度高于阔叶林(冯义龙 等,2008;邵海荣 等,2000),因此该样方综合生态效益较好。

本研究中的乔灌草复合绿地位于公园入口不远,为一条较狭长的地段,是进入公园后游览公园的必经之路;本地段为近年新建,植物配置方式基本为现代公园常见乔灌草复合模式,以乔木旱柳为主及少量的银杏、刺槐,灌木以金银木、木槿为主,用蛇莓、宿根花卉作地被植物;旱柳胸径 15~25cm 为主,冠幅 3~8m;本样方为所有研究植物群落样方中植物数量、种类最多者,覆盖率较高,综合生效益也比较好。

随着太阳辐射强度的不断增强和植被冠层光合效率的不断提高,群落内的温度升高和相对湿度下降,植被光合作用的增强,进一步促进了植物叶片尖端放电和光电效应的产生,促进了空气负离子的产生。秋季的气温、光照等气候条件在一天中 10:00~16:00 间光合作用更强,因此空气清洁度较好。

作为临海绿地,绿地植物群落的结构对环境生态效益的影响与其他地域类似。

参考文献

董仕萍,王海洋,吴云霄,2006. 重庆城市园林植物群落树木多样性研究[J]. 西南农业大学学报,28(2):290-294.

冯义龙,田中,何定萍,2008. 重庆市区绿地园林植物群落降温增湿效应研究[J]. 安徽农业科学,36(7):2736-2739.

管群飞,徐岭,2009. 上海市环城绿带植物群落构建初步研究[J]. 中国园林,(6):92-94.

刘秀群,贾若,陈龙清,2009. 武汉市公园绿地植物群落多样性分析[J]. 安徽农业科学,37(36):18241-18243.

吕红霞,陈动,张万里,2007. 上海新建绿地植物群落结构的特征[J]. 东北林业大学学报,35(3):31-40.

穆丹,梁英辉,2009. 城市不同绿地结构对空气负离子水平的影响[J]. 生态学杂志,28(5):988-991.

秦仲,李湛东,成仿云,等,2016. 北京园林绿地 5 种植物群落夏季降温增湿作用[J]. 林业科学,52(1):37-47.

邵海荣,贺庆棠,2000. 森林与空气负离子[J]. 世界林业研究,13(5):19-23.

石彦军,2009. 常见绿化植物及植物配置模式的生态服务功能研究[D]. 临安:浙江林学院.

王富,2010. 水库水源涵养区不同生态修复措施的生态效益监测与评价[D]. 泰安:山东农业大学.

王鹏飞,栗燕,杨秋生,2009. 郑州市公园绿地木本植物物种多样性研究[J]. 中国园林,(10):84-87.

吴楚材,郑群明,钟林生,2001. 森林游憩区空气负离子水平的研究[J]. 林业科学,37(5):75-81.

吴楚材,钟林生,刘晓明,1998. 马尾松纯林林分因子对空气负离子浓度影响的研究[J]. 中南林学院学报,18(1):70-73.

衣官平,卓丽环,汪成忠,等,2009. 园林植物群落结构及生态功能分析[J]. 上海交通大学学报(农业科学版),27(3):248-252.

岳永杰,余新晓,牛丽丽,等,2008. 北京雾灵山植物群落结构及物种多样性特征[J]. 北京林业大学学报增刊,30(2):166-170.

中国观赏园艺研究进展 2020：508~515
Advances in Ornamental Horticulture of China，2020：508~515

可食性景观在美丽乡村建设中的应用价值研究
——以通州区为例

李清清[1]　庄小锋[2]　杨秀珍[1,*]　董南希[1]　邱丹丹[1]

（[1] 花卉种质创新与分子育种北京市重点实验室，国家花卉工程技术研究中心，城乡生态环境北京实验室，
园林环境教育部工程研究中心，林木花卉遗传育种教育部重点实验室，园林学院，北京林业大学，北京 100083；
[2] 北京市工程咨询公司，北京 100025）

摘要　北京市美丽乡村的建设步伐在不断加大，乡村景观建设中生态的保护和恢复被提到首位。可食用性生态景观应用于乡村建设的思路是深刻契合了中国几千年来的传统农耕生活，也是为建设与人民生活联系更加紧密的实用性景观提供新的思路，保留人民的农耕记忆。在对北京市通州区 20 个乡村进行实地调研后，得出北京地区平原型村庄的基本景观风貌和现状植物空间特征。进行进一步比较分析后提出可食景观在各村落空间的建设途径和植物应用措施，为深入建设美丽乡村提供新的参考方向。

关键词　可食性景观；美丽乡村；生态建设

Study on the Application Value of Edible Landscape in the Construction of Beautiful Countryside
—Tongzhou District as an Example

LI Qing-qing[1]　ZHUANG Xiao-feng[2]　YANG Xiu-zhen[1,*]　DONG Nan-xi[1]　QIU Dan-dan[1]

（[1] Beijing Key Laboratory of Ornamental Plants Germplasm Innovation & Molecular Breeding, National Engineering Research Center for Floriculture, Beijing Laboratory of Urban and Rural Ecological Environment, Engineering Research Center of Landscape Environment of Ministry of Education, Key Laboratory of Genetics and Breeding in Forest Trees and Ornamental Plants of Ministry of Education, School of Landscape Architecture, Beijing Forestry University, Beijing 100083, China; [2] Beijing Engineering Consulting Company, Beijing 100025, China）

Abstract　The pace of construction of beautiful villages in Beijing is constantly increasing, and the protection and restoration of the ecology in the construction of rural landscapes are mentioned at first. The idea of applying edible ecological landscapes to rural construction is a profound fit with the traditional farming life of China for thousands of years, and it also provides new ideas for constructing useful landscapes that are more closely linked to people's lives. After investing down to earth on 20 villages in Tongzhou District of Beijing, the basic landscape features and current plant spatial characteristics of plain villages in Beijing area were obtained. After further comparison and analysis, the construction methods and plant application measures of edible landscape in each village space are proposed, which provides a new reference direction for the deep construction of beautiful villages.

Key words　Edible landscape; Beautiful village; Ecological construction

1　前言

1.1　建设背景

党的十九大报告中提出实施乡村振兴战略，2019年以来，北京市通州区全面推进美丽乡村建设工作，通州区经过多年来的绿化建设，乡镇地区都有着强大的生态底色（通州区地方志编撰委员会，2018），对美丽乡村的建设主要要深入到农村内部环境，因此对美丽乡村的建设研究工作中需要开拓更多的思路应对千村千面的情形。生态是乡村发展中唯一具有生命力的可持续发展的绿色基础设施，生态环境建设旨在推进村庄公共绿地、道路两侧、农民宅院的绿化美化，在房前屋后、河沟渠旁、零星闲置地等边角空地，拆违后还绿、留白处增绿、空隙处插绿，用绿化手段来提

* 通讯作者：杨秀珍，副教授，E-mail：1060021646@qq.com。

升村庄人居环境(北京市人民政府,2018)。

1.2 可食性景观建设成为新方向

可食性景观指的是运用生态园林的设计技术来营造果园、农园等食物材料空间,使其富有美感和生态价值。它同时拥有可食生产性、景观欣赏性、活动参与性、生物多样性等多重功能,是一种新式的景观营造方法(刘宁京 等,2017)。在城市化进程加快的今天,中国村落传统的农耕模式被打破,但是延续了千百年的劳动精神还存在于大多数人民的生活中(谢潇萌 等,2017)。目前可食景观多是在城市绿地空间中被实践与应用,并且取得了良好的景观和生态效益(李园 等,2016)。在乡土景观设计中融合可食性食物材料的空间应用,引导居民主观能动性创造可食可赏的田园景观成为乡村生态景观的主要建设方向。

中国农村的大部分居住者都是中老年人,很多研究成果表明,参与园艺或菜园活动对老年人的身心健康都有着良好的促进作用(任栩辉 等,2015),村中闲散的农民由于各项土地政策虽然不再务农,但是村庄中依旧有大量的零散空地,以及居民对于传统耕作文化都具有一定的诉求。将可食性作物与绿地以不同的形式结合形成的生态景观,对于改善农村生态环境、丰富生态空间与功能发挥出与众不同的效用,也是形成真正的乡村特色景观的一个切入点。

2 通州区农村现状绿地中植物及空间的调研分析

2.1 调查方法

在2019年初秋对北京市通州区的20个将要进行美丽乡村规划建设的农村进行各方面的实地调查中,重点探查本地区农村绿地现状情况与植物生态环境,如植物空间、种类、分布、优势种、群落特征等,记录观赏性植物和经济可食作物的分布位置及数量,分别计算其在各村落中的占比及应用特色,归纳出当地居民对村落空间中的土地使用情况和园艺偏好性特征,对制定出相应的可食生态景观提供实质性的依据,并为美丽乡村的发展建设提供参考思路。

2.2 结果与分析

2.2.1 农村绿地小空间划分及建设问题

根据实地调查发现,农村绿地空间大致可分为宅前屋后及庭院空间、公共绿地空间、河道沟渠旁、道路街巷空间以及防护林网和环村村带等各类。被调查区域通州区村镇属于北京市平原类型村庄风貌,因所处地形地势平坦、房屋布局紧凑以及耕地资源紧缺等原因,可绿化的地块主要分布在道路街巷两旁、村民庭院宅前屋后小空间以及村中闲置林、沟塘地带、工业腾退区域,人居空间绿化面积十分有限。纵横交错的各类街巷空间是村庄中留白面积最大且与居民活动最密切的可绿化空间,但调查中发现,村庄中街巷空间的植被覆盖少,长势良莠不齐,大面积硬化措施也使得植物生长空间受限,无法发挥行道空间绿化的生态效益(图1、图2)。建筑南侧绿地面积较大,同时具备背风向阳湿润的良好小气候条件,对瓜果蔬菜等作物的生长有利。居民常利用拆改房屋地基开垦菜园,但由于土地利用政策等各方面的限制,村民对这种零散绿地空间无归属感,不愿花太多精力在其景观风貌上,都只作临时菜园利用,菜蔬植物分布和空间利用情况都较凌乱随意(图3、图4)。村中闲置林中大多分布有少量的乡土树种混植,如杨、柳、榆、椿等树种,林间植物长势较差,下层空间未得到很好的利用。

近年来村庄建设中有大刀阔斧式美丽乡村建设手段,如过度填塘造地,水系驳岸大量硬化,失去地形优势;乡村道路、广场绿化种植模式单一,村政设施城市化,如建公园、广场等大型节点,破坏了农村自然发展的风貌。若利用传统绿化手段进行农村生态景观建设,景观的适宜性和可持续发展性难以保证。我们应该充分利用现有的有限绿地空间,并保留村庄中必要的农耕记忆,使零散绿地发挥见缝插绿式生态效益。

图1 街道空间现状

Fig. 1 Status of street space

图2 巷道空间现状

Fig. 2 Status of roadway space

图 3　拆除后宅基地现状

Fig. 3　Status of homestead green space after demolition

图 4　有围墙的宅基地现状

Fig. 4　Status of walled homestead

2.2.2　可食景观与居住区的相关性

目前村庄绿地所能提供的休闲服务相对简单，如健身、散步等，与村民对土地的深度参与诉求还有差距。村落中很多原有区域或拆改后区域都被村民自发开垦为菜园、果林，甚至疏于管理的公共花园下层空间也被种上了蔬菜类作物，体现出村民对这类可食性植被的诉求。

村中现阶段剩余的大面积拆改地也是亟待绿化的空间，此地常留存原先建筑的低矮挡墙等的围合布局，居民对自我空间的归属感使他们更倾向于在这类绿地空间中进行食物种植活动，地界的清晰划分，提高了居民对空间的私密性要求并弱化的公众归属感（李园 等，2016）。村庄的可食景观，还可以充分反

映乡村的日常生活氛围、体现乡村生产性活动特点、表达特定的乡土情结等特征文化（王淑芬 等，2017）。

2.2.3　乡村空间中常用植物的种类调查结果分析

在 20 个村庄的绿地植物调查结果显示（表 1），共有植物 156 种，包含大量可食用或家用的经济性作物和观赏性（原生或规划）植被 2 大类，其中可食性作物共 53 种，有果木、蔬菜、药用及蜜源植物等；观赏性植被或乡土植物 100 种，包括木本（乔木、灌木、藤本）、草本花卉及盆栽绿植等。观赏性植被和经济性作物种类的比例关系为 2∶1。

调查中发现，各村的植物种类差别不大，都有基本类别的乡土树种和草本花卉，如杨柳榆槐椿等乔木和鸡冠花、紫茉莉、马蔺等草本花卉。但将各村庄绿

表 1　村庄绿地中居民常用植物

Table 1　Plants commonly used by residents in green spaces in villages

类型		植物种类	分布点位
可食性作物	果木	桃、杏、李、梨、苹果、樱桃、木瓜、山楂、柿、君迁子、核桃、板栗、石榴、枣、桑树、无花果、西梅、枇杷树、葡萄、猕猴桃、树莓、金银花、枸杞、蓖麻	宅前屋后
	蔬菜类作物	草莓、茼蒿、苋菜、秋葵、黄花菜、彩椒、辣椒、白菜、菠菜、韭菜、大葱、蒜、黄豆、扁豆、四季豆、番茄、丝瓜、南瓜、萝卜、苋菜、菊芋、葫芦、亚麻、三七、酢浆草	宅间菜地、围墙
	香料、蜜源植物	花椒、香椿、紫苏、藿香蓟、薄荷、玫瑰、刺槐	宅前屋后、菜地
观赏植物	木本（乔、灌、藤本）	雪松、白皮松、圆柏、侧柏、元宝枫、银杏、悬铃木、海棠、晚樱、碧桃、榆叶梅、杨树、垂柳、旱柳、榆树、国槐、龙爪槐、臭椿、楸树、白蜡、构树、栾树、梧桐、泡桐、槲树、玉兰、合欢、木槿、扶桑、丁香、紫荆、紫薇、火炬树、鸡爪槭、大叶黄杨、小叶黄杨、女贞、月季、紫叶小檗、竹子、迎春、贴梗海棠、锦带花、忍冬、牡丹、绣线菊、夹竹桃、红瑞木、紫穗槐、沙地柏、蔷薇、紫藤、凌霄、拉拉藤	道路、公共绿地、环村地带
	地被植物	葎草、车前、积雪草、抱茎苦荬菜、旋覆花	荒地野生
	草本花卉	鸡冠花、马蔺、紫茉莉、大丽花、长春花、孔雀草、玉簪、萱草、万寿菊、一串红、虎刺梅、鸢尾、百日草、芍药、芦苇、牵牛花、景天、半枝莲、商陆、紫菀、小菊、凤仙、天人菊、八仙花、美人蕉、紫露草、波斯菊、硫化菊、非洲菊、蜀葵、石竹、蝴蝶花、千日红、金光菊、丝兰、麦冬、朱顶红、仙人掌、百子莲	宅前种植池、公共花园、围墙边

地中的植物种类占比分别进行调查统计，得出这 20 个村庄中经济性可食用植物出现的占比平均值为 32.8%，如果把草花类除外，这个比例高达 46.5%（表 1 计算），体现了可食性植物的受重视程度。

各村庄植物总类别根据村庄现状资源不同而有较明显差异，但是可食用类植物在各村植物统计中的种类占比都较接近平均值（图 5、图 6）。说明可食用性植物在农居生活中受喜爱程度相近。

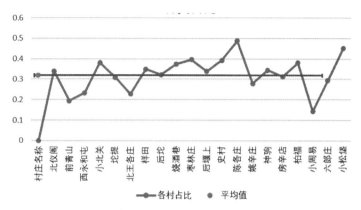

图 5　可食性作物在调研村庄中的种类（种）

Fig. 5　Types of economic crops in surveyed villages

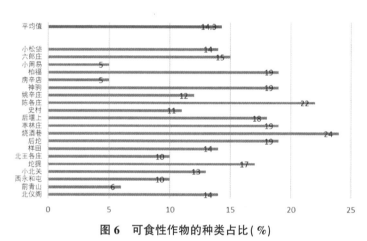

图 6　可食性作物的种类占比（%）

Fig. 6　Frequency of economic crops in surveyed villages

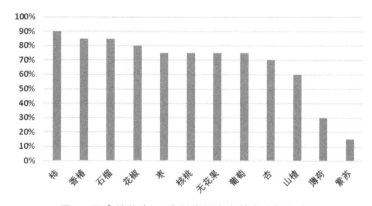

图 7　可食植物在 20 个村庄样本中的出现频度分析

Fig. 7　Analysis of the appearance frequency of edible plants in 20 village samples

居民最喜欢栽植的可食性植物中除家常蔬菜类外，果木最受青睐，数量及分布点最多的树种为柿树、香椿、石榴、枣、核桃、杏、山楂等，分布地点集中于院内和宅前屋后小绿地中，且核桃、山楂等小树较多，说明近年来新栽植果木数量呈现出上升趋势。其次是香料类植物如花椒，是宅基地周围最常见的灌木，葡萄也是居民喜爱的藤架类植物，其余紫苏、薄荷等植物也较为常见(图7)。这些植物皆为北方地区常见的乡土树种，代表着居民传统的喜好与栽培特色，另外有近年来引进的外来树种如无花果这种亚热带水果在调查村落中出现频度高达75%，说明居民们对可食用性植物有更多的需求。这些果木香料类植物在村庄植物中个人占有的特点十分明显，也是居民喜闻乐见的偏好性植物类型。居住空间栽植地的自发性特征表现出居民对耕作活动和食物供给的需求，对此我们规划者应该予以重视和积极引导，正确推动乡村可食性景观的建设与发展，将景观与人居活动紧密联系起来，调动景观活力和可持续发展。

3 可食性生态景观在乡村生态建设过程中的应用方式

3.1 村落中可利用绿地空间的绿化思路

可食性景观可在任何适宜的农村环境中应用，小到宅前屋后绿地、干道街巷两侧带状空间、建筑屋顶、阳台、围墙立面等，大到观光型农业园、农艺社区建造等(钱瑾，任建武，2017)。根据村民经常在宅旁、路边、院内种植蔬菜的喜好，将可食地景在这些区域进行艺术布局规划，可达到可食可赏的效果。

3.1.1 宅前屋后绿化

房前屋后的绿化尺度较小，且土地形状各异，近年来大规模拆改行动下闲置绿地大片出现，可根据空间大小与形状进行藤架立体绿化结合地面多层次复合种植，灵活布局景观风貌(图8、图9)。在农作物的选择上，以观赏性和食用性兼具的植物为主，结合植物的形、色、味等基本特征和居民喜好来进行合理配植(表2)。

3.1.2 道路街巷绿化

道路街巷空间归属性既公共又有私人属性，行车及行人路面公共性特征明显，可作公共绿化处理；与私宅大门紧密联系部分，居民偏好于在大门口种植经济树木和搭建简易种植池，可划分为私人空间领域。

道路空间的土地特征是呈带状的零碎路面或与雨污设施结合的高度硬化空间，近年来居民盖房为寻求干净整洁将村中大部分地面作简单硬化处理，即使原有的树种也在钢筋混凝土的夹缝中生存，疏于管理，长势较差。针对这些情况，大面积的硬化空间改造行动无可避免，但也要尽量避免大动土方。我们在公共空间主要营造林荫型道路，改善村庄绿化底色，但要进行自然式设计手法，如铺植乡土性的野花地被材料，植物材料的选择可考虑白车轴草、积雪草、旋覆花、酢浆草、苦荬菜、蛇莓等乡野植物，并加大行道树种植间距弱化人工感，兼顾环境防护的生态效应。行道树可采用常见绿化树种和经济性树种结合配植的方式，采取村民门口树种认养管理，既保证村民的利益，也使得景观得到有效管理(图10、图11)。

3.1.3 庭院绿化

庭院空间是居民的私属领地，应根据因地制宜的原则，同时考虑居民的改造意愿，提供多种庭院绿化方案以及能够为农民带来的预估效益，以可食用性植物为主，营造微田园式景观，兼顾夏日乘凉、冬日日照的效果，选用老百姓喜爱的植物种类，同时强调私家庭院拟人化的良好寓意(图12)。庭院绿化可大量使用家庭生活废水进行浇灌，有效利用水资源(翟美珠 等，2019)。庭院中也可摆放家中闲置物品作栽植容器，所用容器可结合艺术性、趣味性进行选择，如用废弃材料做的小花盆、陶罐、旧轮胎等盛器。世园会上的生活体验馆中就有此类大量应用手法，十分具有生活气息。

图8 宅前：枸杞、金银花、西葫芦、香椿、太阳花

Fig. 8 In front of the house：*Lycium chinense*, *Lonicera japonica*, *Cucurbita pepo*, *Toona sinensis*, *Portulaca grandiflora*

图 9　屋后：人工搭建的豆角架与其他绿叶蔬菜分层种植

Fig. 9　Behind the house：Artificially constructed bean rack and other green leafy vegetables layered planting

图 10　道路旁拆违建后绿地、自发搭建的种植池

Fig. 10　Greenbelt and spontaneously constructed planting pond after demolition along the road

图 11　围墙边带状绿地

Fig. 11　Banded green space by the fence

图 12 庭院绿化倾向于空间围合

Fig. 12 Courtyard greening tends to enclose the space

3.2 植物应用规划策略

根据对通州区多个村庄的实地调查可知，现有的植物主要以乡土植物为主，所以植物的选择要依然保持乡土性和适宜性的特点，在突出平原地区大田景观特点的基础上营造层次更加丰富的植物景观空间（周慧琼，2018）。在形态上，根据设计要求选择观叶、观花和观根茎等多种观赏部位不同的植物进行栽植，观赏性不必突出食用功能，但需无毒无害；在植物群落生长要求上，人为干预种群优势种，将农作物组成稳定的植物群落结构。避免景观的单调性，在植物空间配置上根据地块地势采取列植、丛植、群植等形式，营造出多种仿自然或半自然的自然群落景观。果树、蔬菜等可食性植物景观有着显著的四时景观变

化，在乡村植物景观设计时注重植物季相色彩的营造搭配，形成春花、秋实、夏收、冬韵的植物特色景观。果树景观春花夏果，有大半年的观赏期，如李树、桃树、杏树、梨树等；也有夏花秋实树种的大量运用，如石榴、柿树、无花果等。而蔬菜类植物生长周期快，在不同季节可选种类多，植物景观颜色、形态、质感等变化丰富，如向日葵、菊芋、豆类、瓜果、香料植物。在北京地区较平整的村落空间中，可采用较多的植物弧线来打造自然、柔和的植物空间形态，在不同区块内利用质感不同的蔬果，结合里面攀爬植物或藤架空间更加丰富植物层次，形成多层次、多色彩、自然式的乡村自然景观。

村落中三个主要可利用绿地空间的可食性生态景观的植物规划组合策略见表2。

表 2 可食用性生态景观在村落空间中的应用模式

Table 2 Application mode of edible ecological landscape in village space

应用空间	植物配植模式	可选择植物	景观特色
宅旁、屋后	果木围合+香料树种+藤本类+下层蔬菜+花卉	桃、李、杏、白梨、山楂、核桃、枣、鼠李、柿、石榴、无花果、花椒、香椿、菊芋、罗勒、木槿+丝瓜、南瓜、葫芦、薯蓣、葡萄、猕猴桃、各类常见蔬菜	紧抓经济性和可食用性原则，大量果木和时令蔬菜种植，仿原生村落自然植物群落构建，尊重村民需求和喜好构成乔灌藤草植物群落景观
道路街巷	林荫乔木/经济树种+灌木+地被、花池花坛+立体绿化(棚架、墙面)	龙柏、油松、银杏、刺槐、白蜡、栾树、杜仲、馒头柳、合欢、海棠、桑树、枸杞、曼陀罗、紫薇、太平花、连翘、蓖麻、藜、蒲公英、羽衣甘蓝、黄花菜、百合、桔梗、紫苏、向日葵、荆芥、藿香蓟、玫瑰、菊芋、金银花、五叶地锦、紫藤、凌霄、牵牛花、瓜果类(墙面骨架)	乡村线形景观，大量行道树构成绿化骨架，突出方向引导，多层布置植物，观赏类和经济类植物结合，围墙边种植耐阴花卉组合，立面留白空间绿化

（续）

应用空间	植物配植模式	可选择植物	景观特色
庭院及围墙	庭荫树/果木＋菜圃＋东西墙面绿化＋院内棚架	玉兰、梧桐、石榴、柿树、苹果、山楂、海棠、竹子（墙边小气候）、蔬菜香草类（薄荷、留兰香、艾叶、苋、三七等）、爬山虎＋葡萄、猕猴桃、瓜果豆类	利用村民各户大院落增加绿化空间，以食用性植物为主观赏类为辅，生活用水可用于浇灌，生态节水

3.3 其他绿地空间绿化建议

其他绿地空间如村中闲置地、荒坡沟渠的边坡绿化同理以观赏性和经济性植物兼具的原则选择植物种类。根据北京市的乡土植物记载中，我们可以选取一些和居民生活相关的植物，如可用作食用、药用、蜜源、香用、饲用等方面的植物（卢素英 等，2017）。如从实地调查的植物中摘选出的花果类小乔木、花灌木、攀缘植物等，村民可根据自己的喜好选择花卉植物，鼓励居民参与家园美化。

通过大比例的应用乡土植物，营造节水耐旱、抗逆性强、易成活、易管理的植物群落，同时注重对古树名木和田园风貌的保护，达到通过乡土植物的配置突出乡村特色、承载乡愁、节约绿化成本的目的。

4　结语

（1）新时代背景下的乡村，其实是一种"隐形城市化"的状态，有生态的环境，有传统的历史，有现代化的生活，乡村的生态景观功能更多是为生态宜居而服务，所以需要重点加强生态环境本底保护和农村生态格局的构建（傅大放，2018）。并且深入研究如何保留原有乡村特色，提炼乡村经济和文化价值（陈传荣，2017），对它现有的田园景观进行保护、增色和

扩大应用，以田园作为背景，配置好田地、林、塘、村落居住空间等的土地利用，充分发挥其经济和生态价值，让可食景观融入居民生活，回归乡野的景观风格（李星宁，2019）。

（2）农村景观建设与城市手段不同，由于其特殊的人文环境，无法投入高人力财力来保持其景观的可持续性健康发展。乡村生态的建设和保护仅凭规划者和官方管理者的力量是不够的，必须依靠农村主体能动者的力量，尊重居民对村庄建设的选择和意愿。决策者参考民意，利用现有乡村景观底色，整治农村现存问题，做出适合普罗大众的美丽乡村建设选择。

（3）在提倡生态社会的今天，新农村的建设思路不仅局限于景观设施改造，而是要不断探索与之相适应的新途径，多次调研发现原住民对作物种植管理非常精细，可以达到很好的景观效果。所以，可食性景观作为一个新思路，一方面可以保护和建设村镇生态环境，另一方面可以调动民众的积极性和主动性，利用农民的种植经验去管理好生产生活景观，让美丽乡村的美不止浮于表面，而是进入人民的心里。可食性景观建设模式也是当下农业生态环境的真实写照，在农业生态保护和乡村生态修复中起着积极的作用，有着十分广阔的应用前景。

参考文献

北京市人民政府关于印发《北京市乡村振兴战略规划（2018—2022年）》的通知 [EB/OL]. [2018.12.30]. [http://www. beijing. gov. cn/ zhengce/ zhengcefagui/ 201905/t20190522_ 61747. html].

北京市通州区地方志编纂委员会，2018. 北京市通州区志 [M]. 北京：北京出版社.

陈传荣，2017. 可食景观——美丽乡村景观建设的新途径 [J]. 中国园艺文摘，33（11）：156-158.

傅大放，2018. 生态养生型美丽乡村建设技术 [M]. 南京：东南大学出版社.

李星宁，2019. 贵州美丽乡村植物景观营造研究 [J]. 江苏农业科学，47（15）：29-33.

李园，2016. 从"可食地景"到"可食园林"——城市园艺设计的新方向 [J]. 中国园艺文摘，32（10）：125-127.

刘宁京，郭恒，2017. 回归田园——城市绿地规划视角下的可食地景 [J]. 风景园林，（09）：23-28.

卢素英，袁晓梅，2017. "食·疗·景"：岭南传统村落生活空间植被特征解析——以肇庆蕉园古村为例 [J]. 风景园林，（09）：50-56.

钱瑾，任建武，2017. 北京观光农园中景观设计与可食性植物配置 [J]. 林业科技通讯，（12）：63-66.

任栩辉，刘青林，2015. 可食景观的功能与发展 [J]. 农业科技与信息（现代园林），12（10）：737-746.

王淑芬，张书远，戴彧，2017. 新型城镇化背景下乡村景观规划设计初探 [J]. 小城镇建设，（01）：89-96.

谢潇萌，尹豪，2017. 城市居民自发性户外园艺活动特征研究——以北京为例 [J]. 风景园林，（09）：29-35.

翟美珠，赵丽娜，暴雅娴，2019. 基于"可食地景"的农村生态景观保护与修复研究 [J]. 住宅与房地产，（04）：215-216.

周慧琼，2018. 可食地景——回归田园式的景观设计研究 [J]. 艺术科技，31（02）：144.

上海城市公园鸟嗜植物多样性研究

王沫　董丽*

（花卉种质创新与分子育种北京市重点实验室，国家花卉工程技术研究中心，城乡生态环境北京实验室，
园林环境教育部工程研究中心，林木花卉遗传育种教育部重点实验室，园林学院，北京林业大学，北京 100083）

摘要 以上海不同城市化梯度的 3 个代表性城市公园——徐家汇公园、世纪公园、顾村公园为研究对象，探析城市公园的鸟嗜植物应用现状。结果发现鸟嗜植物 21 科 30 属 33 种，3 个公园鸟嗜植物占比分别为 40%、44.7%、52.4%。鸟嗜植物乔木层的优势种为香樟、朴树、水杉、垂柳等，灌木层的优势种为石楠、阔叶十大功劳、红花檵木、八角金盘等。3 个公园中，徐家汇公园的乔木层多样性指数最低，灌木层多样性指数最高；世纪公园的乔木层多样性指数最高，灌木层多样性指数最低。基于研究结果，对园林绿化树种的选择与搭配提出建议，增加鸟嗜植物的比重，以提高城市绿地对鸟类的招引作用，增加城市鸟类多样性。

关键词 上海；鸟嗜植物；生物多样性；生态园林

Study on the Diversity of Bird-attracting Plants in Shanghai City Park

WANG Mo　DONG Li*

（*Beijing Key Laboratory of Ornamental Plants Germplasm Innovation & Molecular Breeding，National Engineering Research Center for Floriculture，Beijing Laboratory of Urban and Rural Ecological Environment，Engineering Research Center of Landscape Environment of Ministry of Education，Key Laboratory of Genetics and Breeding in Forest Trees and Ornamental Plants of Ministry of Education，School of Landscape Architecture，Beijing Forestry University，Beijing 100083，China*）

Abstract Three representative urban parks with different urban gradients in Shanghai，Namely Xujiahui Park，Century Park and Gucun Park，were taken as the research objects to understand the current situation of bird-attracting plants application in Shanghai urban parks. Bird-attracting plants of 21 families，30 genera and 33 species were investigated，and the species of bird-attracting plants accounted for 40%，44.7% and 52.4% of total plant species in three parks respectively. The dominant species of the tree layer were *Cinnamomum camphora*，*Celtis sinensis*，*Metasequoia glyptostroboides*，*Salix babylonica* and so on，and the dominant species of shrub layer were *Photinia serratifolia*，*Mahonia bealei*，*Loropetalum chinense* var. *rubrum*，*Fatsia japonica* and so on. Among three parks，the diversity index of tree layer was the highest and that of shrub layer was the lowest in Xujiahui Park. Century Park had the highest tree layer diversity index and the lowest shrub layer diversity index. Based on the research results，suggestions were put forward for the selection and collocation of plant species for landscapingthat the proportion of bird-attracting plants should be increased，so as to improve the attracting effect of urban green space on birds and increase the diversity of urban birds.

Key words Shanghai；Bird-attracting plants；Biodiversity；Ecological garden

鸟类是生态系统的重要组成部分，对于维持生态系统的平衡具有重要意义。在欧美许多国家，鸟类多样性常常作为衡量城市绿地建设和生态环境质量的重要指示物种（Defra，2003）。随着城市化的扩张和生态环境的恶化，鸟类的生存环境受到严峻挑战，城市绿地成为鸟类生存的重要避难所（张征恺和黄甘霖，2018）。在城市绿地中，植物为鸟类提供重要的栖息和觅食场所，对于提高鸟类多样性至关重要（Paker et al.，2014）。

鸟嗜植物即鸟在栖息或营巢时偏好选择的树种，

---

1 基金项目：基于生物多样性支撑功能提升的雄安新区城市森林营建与管护策略方法研究（2019XKJS0320）。

第一作者简介：王沫（1996—），女，硕士研究生，主要从事城市森林生物多样性研究。

* 通讯作者：董丽，教授，E-mail：dongli@ bjfu.edu.cn

以及鸟嗜食其嫩芽、果实或种子的树种(顾文仪，2003)。从 2005 年出台的《上海市新建住宅环境绿化建设导则》到 2019 年发布的《北京城市森林建设指导书》中，都有要求在城市绿地中配置鸟嗜植物或食源植物的内容。为探究上海城市公园中鸟嗜植物的应用现状，并通过改进绿地植物选择及配置，提高上海城市公园的生物多样性，笔者以上海不同城市化梯度具代表性的 3 个公园——徐家汇公园、世纪公园和顾村公园作为研究地点，对鸟嗜植物进行了调查分析。

1 研究方法

1.1 调查地点选择

上海(31°22′N，121°48′E)属于亚热带季风气候，年均降水量 1213mm，年平均气温 16.9℃。上海位于澳大利亚至西伯利亚鸟类迁徙的中点(葛振鸣 等，2006)，截至 2019 年，共记录到鸟类 494 种(中国鸟类学会，2019)。

徐家汇公园位于上海市内环内的徐汇区徐家汇广场东侧，占地面积约 8.66hm²，建于 2000 年。常见的木本植物包括香樟、广玉兰、乐昌含笑、榉树、无患子、槐、红枫等，常见的草本植物包括麦冬、大吴风草、吉祥草、络石、鸢尾等。

世纪公园位于上海市内外环之间的浦东新区花木行政文化中心，占地面积约 140hm²，于 2000 年对外开放。常见的木本植物包括香樟、落羽杉、二球悬铃木、枫杨、榉树、黄连木、槐等，常见的草本植物包括沿阶草、地肤、蒲苇、狗牙根等。

顾村公园位于上海市外环外的宝山区顾村镇，占地面积约 430hm²，是上海最大的郊野公园。常见的木本植物包括复羽叶栾树、香樟、落羽杉、无患子、广玉兰、夹竹桃等，常见的草本植物包括角堇、络石、荷、再力花、鸭跖草等。

1.2 调查方法

调查于 2020 年 4~5 月进行。根据公园的总面积将每个公园分为 12 个样地，每个样地大小为 10m×10m，记录样方内乔木的名称、树高、胸径以及生长势。每个样地的对角设置 2 个 5m×5m 的样方，记录灌木的名称、面积、高度和生长势，在样地的四角各设置 1 个 1m×1m 的小样方，记录其中草本植物的名

称、面积和生长势。生长势划分为 5 级，其标准如下：5 级：生长力强，枝叶茂密，叶片颜色和大小正常，无病虫害(<5%)，叶片正常(≥95%)；4 级：强劲的生长潜力，枝叶繁茂，正常叶片为 94%~80%；3 级生长正常，正常叶片为 50%~79%；2 级生长较弱，正常叶片为 20%~50%；1 级的生长较弱，正常的叶片<20%。

1.3 数据处理

1.3.1 物种多样性计算

基于物种多样性指数的现状和反映植物群落多样性的能力，选取丰富度指数、Shannon-Wiener 指数、Simpson 指数、Pielou 指数等四个多样性指标进行综合数据分析。使用 R 语言(3.6.1 版本)SPAA 软件包中的 data2mat 函数进行矩阵转换，以及 VEGAN 软件包中的 diversity 函数完成物种多样性指数计算。

1.3.2 重要值计算

物种在群落中的优势水平用重要值表示，以反映所调查绿地鸟嗜植物的基调植物种类。重要值计算的公式为(方精云 等，2009)：重要值=(相对多度+相对频度+相对优势度)/3，其中，相对多度(%)=某个种的株数/所有种的总株数×100%，相对频度(%)=某个种在统计样方中出现的次数/所有种出现的总次数×100%，相对优势度(%)=某个种的胸高断面积/所有种的胸高断面积×100%。使用 Excel 2010 软件完成重要值的计算。

2 结果与分析

2.1 鸟嗜植物群落特征

所调查的徐家汇公园、世纪公园、顾村公园中，鸟嗜植物的种类占所调查的样方中所有植物种类的比例分别为 40%、44.7%、52.4%。调查共记录到鸟嗜植物 33 种，隶属于 21 科 30 属。其中乔木 17 种，灌木 15 种，藤本植物 1 种。其中可为鸟类提供栖息或筑巢场所的树种有 16 种(占 48.5%)，鸟喜爱以其嫩芽、种子或果实为食物的树种有 25 种(占 75.8%)。提供果实的植物多为核、浆果、梨果及球果等肉质果类，少数为蒴果、翅果等干果类型。从树种来源看，以乡土树种(24 种，占 72.7%)为主，长期驯化适应本地环境的外来树种(9 种，占 27.3%)为辅。

表 1 上海市徐家汇公园、世纪公园、顾村公园鸟嗜植物调查统计表
Table 1 Statistical table of the bird-attracting plants in Xujiahui Park, Century Park and Gucun Park in Shanghai

名称	拉丁名	科	属	生活型	鸟嗜特性
白皮松	*Pinus bungeana*	松科	松属	乔木	食源
水杉	*Metasequoia glyptostroboides*	杉科	水杉属	乔木	筑巢

（续）

名称	拉丁名	科	属	生活型	鸟嗜特性
池杉	*Taxodium ascendens*	杉科	落羽杉属	乔木	食源
龙柏	*Juniperus chinensis* 'Kaizuca'	柏科	圆柏属	乔木	食源
香樟	*Cinnamomum camphora*	樟科	樟属	乔木	筑巢、食源
十大功劳	*Mahonia fortunei*	小檗科	十大功劳属	灌木	食源
阔叶十大功劳	*Mahonia bealei*	小檗科	十大功劳属	灌木	食源
南天竹	*Nandina domestica*	小檗科	南天竹属	灌木	筑巢、食源
红花檵木	*Loropetalum chinense* var. *rubrum*	金缕梅科	檵木属	灌木	食源
枫香	*Liquidambar formosana*	金缕梅科	枫香属	乔木	筑巢
榆树	*Ulmus pumila*	榆科	榆属	乔木	筑巢
榉树	*Zelkova schneideriana*	榆科	榉属	乔木	筑巢
朴树	*Celtis sinensis*	榆科	朴树属	乔木	筑巢
金丝桃	*Hypericum monogynum*	藤黄科	金丝桃属	灌木	食源
垂柳	*Salix babylonica*	杨柳科	柳属	乔木	筑巢
杜鹃花	*Rhododendron simsii*	杜鹃花科	杜鹃花属	灌木	食源
海桐	*Pittosporum tobira*	海桐科	海桐属	灌木	食源
枇杷	*Eriobotrya japonica*	蔷薇科	枇杷属	乔木	筑巢、食源
石楠	*Photinia serratifolia*	蔷薇科	石楠属	灌木	食源
垂丝海棠	*Malus halliana*	蔷薇科	苹果属	乔木	筑巢、食源
胡颓子	*Elaeagnus pungens*	胡颓子科	胡颓子属	灌木	栖息、食源
紫薇	*Lagerstroemia indica*	千屈菜科	紫薇属	灌木	筑巢
山茱萸	*Cornus officinalis*	山茱萸科	山茱萸属	灌木	食源
大叶黄杨	*Euonymus japonicus*	卫矛科	卫矛属	灌木	食源
金边黄杨	*Euonymus japonicus* var. *aurea-marginatus*	卫矛科	卫矛属	灌木	食源
扶芳藤	*Euonymus fortunei*	卫矛科	卫矛属	藤本	食源
鸡爪槭	*Acer palmatum*	槭树科	槭树属	乔木	食源
柑橘	*Citrus reticulata*	芸香科	柑橘属	乔木	食源
八角金盘	*Fatsia japonica*	五加科	八角金盘属	灌木	食源
桂花	*Osmanthus fragrans*	木犀科	木犀属	乔木	栖息、筑巢、食源
女贞	*Ligustrum lucidum*	木犀科	女贞属	乔木	栖息、筑巢、食源
云南黄馨	*Jasminum mesnyi*	木犀科	素馨属	灌木	栖息、筑巢
珊瑚树	*Viburnum odoratissimum* var. *awabuki*	忍冬科	荚蒾属	乔木	栖息、食源

注：该鸟嗜植物名录通过文献查阅（顾文仪，2003；隋金玲 等，2006；王玲 等，2016；冼丽铧 等，2020）结合实地调研得到。

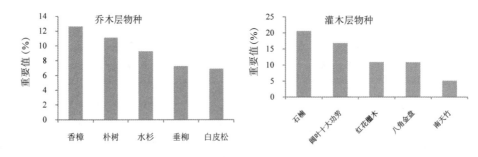

图 1　重要值前 5 位的鸟嗜植物种类

Fig. 1　Bird-attracting plants species of 5 highest important values

2.2　优势植物种类

　　3 个公园中都有分布的鸟嗜植物有 4 种，包括香樟、枇杷、桂花、石楠。优势乔木包括香樟、朴树、水杉、垂柳、白皮松，优势灌木包括石楠、阔叶十大功劳、红花檵木、八角金盘、南天竹。乔木层重要值排序前 5 位的乔木，其重要值之和占比为 47.22%；

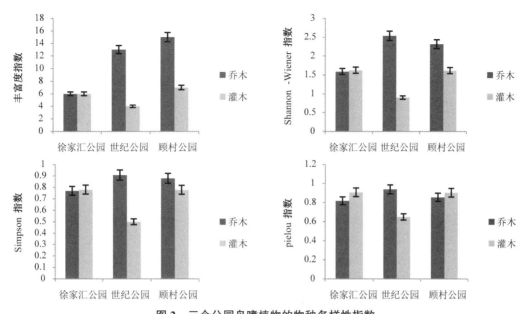

图 2　三个公园鸟嗜植物的物种多样性指数

Fig. 2　Biodiversity indices of bird-attracting plants in three parks

灌木层重要值排序前5位的灌木，其重要值之和占比为64.38%。

2.3　物种多样性分析

3个公园鸟嗜植物的乔木层、灌木层不同层次的多样性指数如图2。从图中可以看出，乔木层的Shannon-Wiener指数、Simpson指数、Pielou指数均表现出世纪公园>顾村公园>徐家汇公园，灌木层的Shannon-Wiener指数、Simpson指数、Pielou指数均表现出徐家汇公园>顾村公园>世纪公园。顾村公园的乔木层和灌木层的丰富度指数最高；徐家汇公园的乔木层多样性指数最低，灌木层多样性指数最高；世纪公园的乔木层多样性指数最高，灌木层多样性指数最低。

2.4　生长势及乔木空间结构分布特征

树木的生长势直接反映树木的健康状况及作为日后生长状况的模拟预测。3个公园平均的生长势分值为3.3，生长状况总体上较为一般。5级（生长旺盛）树木占9%，1级（长势很差）树木占6%，2级、3级和4级树木占总数的85%。部分香樟群落郁闭度过高，林内光照不足，会导致一些长势很差的树木的出现。

在高度层次中，植株高度大于8m的树木占比最多的是顾村公园，为31.96%；植株高度小于2m的树木占比最多的是徐家汇公园，为23.81%。在径级结构中，胸径大于30cm的树木占比最多的是徐家汇公园，为31.48%；胸径小于10cm的树木占比最多的是顾村公园，为15.98%。

从图3中可以看出，徐家汇公园的大树（高度大于8m或胸径大于30cm）与小树（高度小于2m或胸径小于10cm）都比较多，可能是其建园年代长，又处于中心城区，注重游憩功能、管理养护精细所导致的。

3　讨论

作为上海市具有代表性的3个城市公园，调查结果在一定程度上反映了上海城市公园鸟嗜植物的特征。为进一步探寻鸟类丰富度与鸟嗜植物的关系，本文以"ebird"和"CBR"作为依据，比较公园之间的鸟类丰富度。"ebird"作为全世界最大的观鸟记录资料库及共享平台，"CBR（中国观鸟记录中心China Bird Report）"作为国内较大的观鸟记录平台，均在分析城市鸟类数据方面具有一定的可信度（Callaghan et al.，2017）。世纪公园是上海市除南汇东滩和崇明东滩外鸟类记录数量最多的观鸟点，是上海著名的观鸟胜地（ebird共记录到鸟类235种，CBR记录到152种）。顾村公园的面积是世纪公园的3倍以上，位于外环外，鸟类丰富度却低于内外环之间的世纪公园（ebird记录到鸟类62种，CBR记录到58种），除了观鸟记录者相对较少这一因素外，还与其鸟嗜植物乔木层多样性相对较低有一定的关系。

为提高城市绿地的生物多样性，充分发挥鸟嗜植物对鸟类的招引作用，应当提高鸟嗜植物的比例。乡土树种适应性强、耐粗放管理，应充分挖掘乡土植物资源，根据气候相似性原理引种、驯化和筛选同一植被区内的鸟嗜植物资源，如乐昌含笑、黄连木、珊瑚朴、秃瓣杜英等。进行绿地植物配置时，建议以鸟嗜树种作为基调树种，适当搭配园林观赏植物，同时注意乔灌草的合理搭配，提高群落垂直结构的空间异质性，为鸟类提供多样化的栖息、觅食和繁殖场所；同时，注意食源树种间的合理搭配，协调各个季节间鸟类食源的均衡性，保证食源植物提供的连续性。

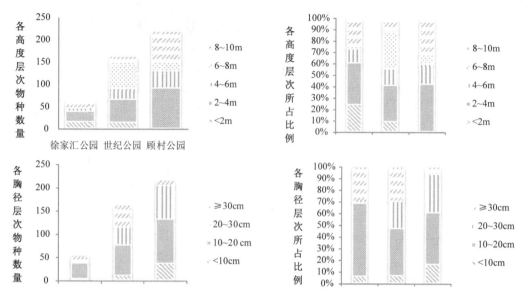

图3　三个公园鸟嗜植物高度级和胸径级分布

Fig. 3　Height class distribution and DBH class distribution of bird-attracting plants in three parks

参考文献

方精云，王襄平，沈泽昊，等，2009. 植物群落清查的主要内容、方法和技术规范[J]. 生物多样性，17(06)：533–548.

葛振鸣，王天厚，周晓，等，2006. 上海崇明东滩堤内次生人工湿地鸟类冬春季生境选择的因子分析[J]. 动物学研究，(02)：144–150.

顾文仪，2003. 让城市绿地"动"起来[J]. 园林，(03)：60–61.

隋金玲，张志翔，胡德夫，等，2006. 北京市区绿化带内鸟类食源树种研究[J]. 林业科学，(12)：83–89.

王玲，丁志锋，胡君梅，等，2016. 广州城市绿地中鸟类对食源树种的偏好[J]. 四川动物，35(06)：838–844.

冼丽铧，徐彬瑜，翁殊斐，等，2020. 广州城市园林绿地食源树种应用及其生态景观营造[J]. 中南林业科技大学学

报，40(02)：142–147.

张征恺，黄甘霖，2018. 中国城市鸟类学研究进展[J]. 生态学报，38(10)：3357–3367.

中国鸟类学会，2019. 中国观鸟年报 2019[J]. 北京：中国鸟类学会.

Callaghan C, Lyons M, Martin J, et al. 2017. Assessing the reliability of avian biodiversity measures of urban greenspaces using eBird citizen science data[J]. Avian Conservation and Ecology, 12(2).

Defra. 2003. Measuring Progress: Baseline Assessment[J].

Paker Y, Yom-Tov Y, Alon-Mozes T, et al. 2014. The effect of plant richness and urban garden structure on bird species richness, diversity and community structure[J]. Landscape and Urban Planning, 122: 186–195.

中国观赏园艺研究进展 2020：521~529

Advances in Ornamental Horticulture of China, 2020：521~529

六种石蒜科植物叶片挥发性物质成分 GC-MS 分析

魏景　彭冶*　罗玉婕　李悦

（南京林业大学生物与环境学院，南京 210037）

摘要　采用 SPME 萃取法提取 6 种石蒜科植物叶片中的挥发性物质，并应用 GC-MS 对其进行分析与鉴定，继而通过面积归一化法计算各成分的相对含量。对中国石蒜（*Lycoris chinensis* Traub）、长筒石蒜（*Lycoris longituba* Y. Xu et G. J. Fan）、换锦花（*Lycoris sprengeri* Comes ex Baker）3 种植物旺盛时期与衰老时期的叶片挥发性物质进行了对比分析，发现正己醛、2-己烯醛、1,2-环氧环辛烷以及（E）-3-己烯-1-醇乙酸酯四类相对含量较为丰富的物质存在于植物旺盛期叶片中；衰老期叶片中含有大量的 3-己烯-1-醇。发现在植物的不同发育时期，其叶片中的挥发性物质与含量不尽相同。

此外，通过对 5 种石蒜属植物，以及文殊兰（*Crinum asiaticum* var. *sinicum* Baker）旺盛期叶片析出的 23 种挥发性物质，与已报道的紫娇花（*Tulbaghia violacea* Harv.）叶片 10 种挥发性物质和相对含量进行了聚类分析。结果表明，这 7 种石蒜科植物分为两大类，紫娇花为单独一类，5 种石蒜属植物与文殊兰聚为一类；在二级分支中，文殊兰为单独一类，其余 5 种石蒜属植物聚为一类。此结果与 APG 系统中石蒜科植物的分类关系相吻合。

关键词　石蒜科；挥发性物质；气相色谱-质谱联用

Study on Volatile Matter in Leaves of Six Amaryllidaceae Species by GC-MS

WEI Jing　PENG Ye*　LUO Yu-jie　LI Yue

(*College of Biology and Environment*, *Nanjing Forestry University*, *Nanjing 210037*, *China*)

Abstract　SPME extraction method was used to extract volatile substances from the leaves of six Amaryllidaceae species, and GC-MS was used to analyze and identify them. Then the relative contents of each component were calculated by area normalization method. This experiment for *Lycoris chinensis* Traub, *Lycoris longituba* Y. Hsu et Q. J. Fan, and *Lycoris sprengeri* Comes ex Baker three plants strong and aging period of leaf analysis of the volatile substances are Hexanal, TRANS-2-HEXENAL, CYCLOOCTENE OXIDE, and TRANS-3-HEXENYL ACETATE four types of relative content is relatively rich in substance exists in apparent blade, and the size of leaf contains a lot of TRANS-3-HEXEN-1-OL, the results showed that in different development period of plant, the volatile substances in different leaf.

In addition, cluster analysis was performed on 23 volatile substances in leaves of five lycoris plants and*Crinum asiaticum* leaves at bloom stage, and 10 volatile substances and relative contents in leaves of *Tulbaghia violacea* reported. The results showed that the seven Amaryllidaceae species were divided into two groups, *Tulbaghia violacea* was a single group, the five lycoris and *Crinum asiaticum* were a group. In the secondary branch, *Crinum asiaticum* is a single class, and the other five lycoris are grouped into a class. This result is consistent with the taxonomic relationship of Amaryllidaceae in APG system.

Key words　Amaryllidaceae；Volatile matter；Gas chromatography-mass spectrometry

石蒜科（Amaryllidaceae）石蒜属（*Lycoris*）植物，属多年生的草本植物，享有"中国郁金香"的美誉。全世界该属植物有 20 余种，据《中国植物志》记载，我国有 15 种，集中分布于长江中下游地区，并且我国为该属植物的现代分布中心（刘姚 等，2019；季春峰，2002）。现如今多数试验对植物挥发性物质的研

---

1 第一作者简介：魏景（1997—），女，硕士研究生，主要从事植物学研究。

* 通讯作者：彭冶，副教授，E-mail：pengye@ njfu. edu. cn。

究重点关注在医疗与保健的作用(董国良，1995；胡庆和，1997)，同时植物挥发性有机物的分析与评价也为景观规划和设计提供了参考(廖建军 等，2016)。石蒜属植物除了被应用在园林观赏等方向，还具有一定的经济、生态、药用价值(张成华 等，2017)，例如近年来有较多试验针对石蒜属植物生物碱类的药用功能进行研究(Huini Chen 等，2020；Qing Liang，Wuyang 等，2020)，也有基于对石蒜属植物经济效益的研究，但对于该属植物叶片的挥发性物质的研究却相对匮乏。

尽管近年来，石蒜属分子系统学研究有大量报道，然而石蒜属内的亲缘关系依然不够明确(史树德，2005)。植物挥发性物质的研究与分析的结果也可作为属内亲缘关系分类的一个依据(石光裕，1979)。本试验采用固相微萃取法提取石蒜科6种植物叶片的挥发性物质，运用气相色谱-质谱(GC-MS)检测分析，对石蒜属的挥发性物质的化合物成分进行了初步分析，为探讨石蒜属内的亲缘关系提供依据。

1 材料与仪器

1.1 试验材料

于2019年3月8日在南京中山植物园石蒜种质资源圃采集中国石蒜(*Lycoris chinensis* Traub)、长筒石蒜(*Lycoris longituba* Y. Xu et G. J. Fan)、换锦花(*Lycoris sprengeri* Comes ex Baker)以及红花石蒜(*Lycoris radiata* var. *radiata*)、忽地笑[*Lycoris aurea* (L' Her.) Herb.]的旺盛期叶片作为试验材料。于4月26日采集了处于营养生长衰退期的中国石蒜、长筒石蒜叶片、换锦花的叶片。文殊兰(*Crinum asiaticum* var. *sinicum* Baker)旺盛期叶片于2019年4月26日年采于南京林业大学植物学试验室。

1.2 试验仪器

气相色谱-质谱-计算机联用仪[HP-5971型气相色谱-质谱联用仪(GC-MS)，美国Hewlett Packard公司制造]。气相色谱条件：色谱柱为HP-5MS毛细石英柱(30m×0.25mm×0.25μm)；自动进样器，进样量1μL，气体流速为1.0mL/min；进样口、连接口温度250℃；柱温初始温度为60℃，保持1min，以5℃/min的速度升至120℃，再以10℃/min的速度升到200℃，再以15℃/min的速度升到250℃。质谱条件：离子源EI；电离能70eV；离子源温度250℃。

2 试验方法

2.1 SPME萃取及GC-MC操作

将固相微萃取装置的萃取头插入气相色谱的进样口中，在250℃条件下老化30min；同时，取切碎的6种石蒜科叶片材料3g分别放入50mL样品瓶中，加入5g的NaCl后盖上盖子；将老化好的萃取头插入样品瓶中，萃取头与样品保持1cm的距离，40℃水浴恒温30min；拔出萃取头，插入气相色谱进样口，250℃条件下解析3min。

2.2 数据处理

用GC-MS法对石蒜科植物叶片中挥发性成分进行分离所得的质谱图经过计算机质谱数据库检索，并对CAS号进行检索和查阅相关资料最终鉴定出若干种，用面积归一化法计算其相对含量，应用R语言层次聚类方法对相关数据进行聚类分析。

3 结果与分析

3.1 不同发育阶段叶片固相微萃取GC-MS检测结果

采用GC-MS法对中国石蒜、长筒石蒜和换锦花的旺盛时期叶片以及衰老时期叶片中的挥发性成分进行分析，得如下总离子流图(图1至图6)。

通过面积归一化法求得中国石蒜、长筒石蒜与换锦花3种石蒜两个不同时期叶片内的挥发性物质的相对含量如下(表1、表2)。由表中可见，在叶片生长旺盛期，中国石蒜、长筒石蒜与换锦花3种石蒜属中植物叶片中析出13种挥发性物质，其中醇类物质6种，酯类物质3种，醛类物质2种，酮类物质1种，以及烷烃类物质1种。除此之外，该3种石蒜属植物旺盛期叶片均含有1,2-环氧环辛烷、正己酸乙烯酯、2-己烯醛、正己醛、(E)-3-己烯-1-醇乙酸酯5种物质，其中2-己烯醛的相对含量较为稳定。而在衰老时期，3-己烯-1-醇、2-乙基-2-己烯醇、顺-2-戊烯醇为中国石蒜、长筒石蒜与换锦花3种石蒜属植物共有成分，其中以3-己烯-1-醇的相对含量最为显著，分别为85.12%、80.8%和74.5%。在衰老期叶片中共析出16种成分，其中酯类物质种类最多为7种，但相对含量最多的物质仍然为醇类。由此可见，在植物不同的发育时期中，以上3种石蒜属植物中的挥发性物质虽然有部分相同，但其挥发性物质种类以及含量存在很大的差异。

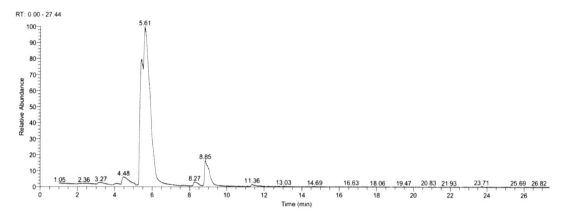

图 1 中国石蒜旺盛期叶片总离子流图

Fig. 1 Total ion flow diagram of leaves in the flourishing period of *L. chinensis*

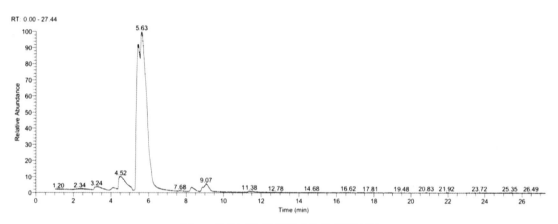

图 2 长筒石蒜旺盛期叶片总离子流图

Fig. 2 Total ion flow diagram of leaves in the flourishing period of *L. longituba*

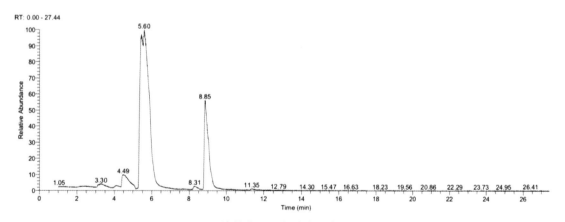

图 3 换锦花旺盛期叶片总离子流图

Fig. 3 Total ion flow diagram of leaves in the flourishing period of *L. sprengeri*

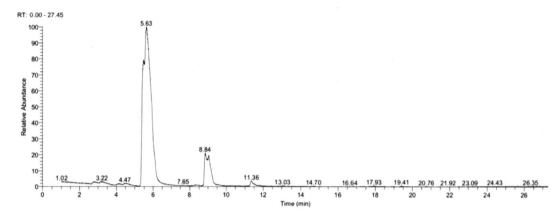

图4　中国石蒜衰老期叶片总离子流图

Fig. 4　Total ion flow diagram of leavesduring the aging of *L. chinensis*

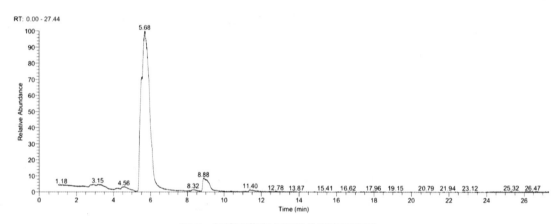

图5　长筒石蒜衰老期叶片总离子流图

Fig. 5　Total ion flow diagram of leavesduring the aging of *L. longituba*

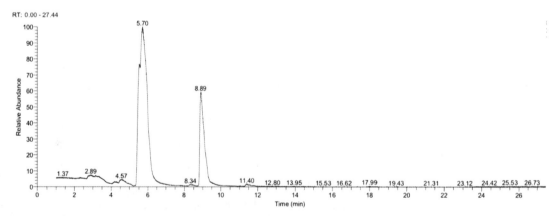

图6　换锦花衰老期叶片总离子流图

Fig. 6　Total ion flow diagram of leaves during the aging of *L. sprengeri*

表 1 石蒜属植物旺盛期叶片 GC-MS 分析结果

Table1　GC-MS analysis of leaves in the vigorous period of *Lycoris*

植物名	物质序号	物质成分	分子式	含量(%)
中国石蒜 *L. chinensis*	1	环丁基甲醇 Cyclobutanemethanol	$C_5H_{10}O$	0.41
	2	1-戊烯-3-醇 1-Penten-3-ol	$C_5H_{10}O$	0.5
	3	反-2-戊烯-1-醇 TRANS-2-PENTEN-1-OL	$C_5H_{10}O$	0.79
	4	正己醛 Hexanal	$C_6H_{12}O$	5.2
	5	2-己烯醛 TRANS-2-HEXENAL	$C_6H_{10}O$	26.58
	6	1,2-环氧环辛烷 CYCLOOCTENE OXIDE	$C_8H_{14}O$	49.42
	7	反式-2-己烯-1-醇 trans-2-Hexen-1-ol	$C_6H_{12}O$	0.31
	8	正己酸乙烯酯 VINYL HEXANOATE	$C_8H_{14}O_2$	2.32
	9	(E)-3-己烯-1-醇乙酸酯 TRANS-3-HEXENYL ACETATE	$C_8H_{14}O_2$	13.92
	10	烯丙基正戊基甲醇 1-NONEN-4-OL	$C_9H_{18}O$	0.54
长筒石蒜 *L. longituba*	1	1-戊烯-3-醇 1-Penten-3-ol	$C_5H_{10}O$	2.27
	2	顺-2-戊烯醇 CIS-2-PENTEN-1-OL	$C_5H_{10}O$	1.02
	3	正己醛 Hexanal	$C_6H_{12}O$	9.87
	4	2-己烯醛 TRANS-2-HEXENAL	$C_6H_{10}O$	37.83
	5	1,2-环氧环辛烷 CYCLOOCTENE OXIDE	$C_8H_{14}O$	42.8
	6	正己酸乙烯酯 VINYL HEXANOATE	$C_8H_{14}O_2$	2.65
	7	(E)-3-己烯-1-醇乙酸酯 TRANS-3-HEXENYL ACETATE	$C_8H_{14}O_2$	0.54
	8	乙酸反-2-己烯酯 TRANS-2-HEXENYL ACETATE	$C_8H_{14}O_2$	3.02
换锦花 *L. sprengeri*	1	乙嗪草酮 TYCOR (TM)	$C_9H_{16}N_4OS$	0.51
	2	1-戊烯-3-醇 1-Penten-3-ol	$C_5H_{10}O$	1.49
	3	顺-2-戊烯醇 CIS-2-PENTEN-1-OL	$C_5H_{10}O$	0.46
	4	正己醛 Hexanal	$C_6H_{12}O$	6.95

（续）

植物名	物质序号	物质成分	分子式	含量(%)
	5	2-己烯醛 TRANS-2-HEXENAL	$C_6H_{10}O$	27.21
	6	1,2-环氧环辛烷 CYCLOOCTENE OXIDE	$C_8H_{14}O$	25.26
	7	正己酸乙烯酯 VINYL HEXANOATE	$C_8H_{14}O_2$	1.57
	8	（E）-3-己烯-1-醇乙酸酯 TRANS-3-HEXENYL ACETATE	$C_8H_{14}O_2$	36.03
	9	烯丙基正戊基甲醇 1-NONEN-4-OL	$C_9H_{18}O$	0.51

表 2　石蒜属植物衰老叶片 GC-MS 分析结果

Table 2　GC-MS analysis results of old leaves of *Lycoris*

植物名	物质序号	物质成分	分子式	含量(%)
中国石蒜 *L. chinensis*	1	1,2,5-二氮唑 1,2,5-oxadiazole	$C_2H_2N_2O$	0.47
	2	丙酸 2-甲基丁酯 2-Methylbutyl propionate	$C_8H_{16}O_2$	0.32
	3	顺-2-戊烯醇 CIS-2-PENTEN-1-OL	$C_5H_{10}O$	0.3
	4	正己醛 Hexanal	$C_6H_{12}O$	0.63
	5	3-己烯-1-醇 3-HEXEN-1-OL	$C_6H_{12}O$	85.12
	6	2-甲基-3-辛酮 N-AMYL ISOPROPYL KETONE	$C_9H_{18}O$	0.22
	7	（E）-3-己烯-1-醇乙酸酯 TRANS-3-HEXENYL ACETATE	$C_8H_{14}O_2$	7.62
	8	乙酸反-2-己烯酯 TRANS-2-HEXENYL ACETATE	$C_8H_{14}O_2$	4.68
	9	2-乙基-2-己烯醇 2-ethylhex-2-enol	$C_8H_{16}O$	0.65
长筒石蒜 *L. longituba*	1	1,2,5-二氮唑 1,2,5-oxadiazole	$C_2H_2N_2O$	0.66
	2	乙酸乙酯 Ethyl acetate	$C_4H_8O_2$	0.63
	3	顺-2-戊烯醇 CIS-2-PENTEN-1-OL	$C_5H_{10}O$	0.71
	4	反式-2-甲基环戊醇 TRANS-2-METHYLCYCLOPENTANOL	$C_6H_{12}O$	2.28
	5	3-己烯-1-醇 TRANS-3-HEXEN-1-OL	$C_6H_{12}O$	80.82
	6	正己酸乙烯酯 VINYL HEXANOATE	$C_8H_{14}O_2$	1.03
	7	（E）-3-己烯-1-醇乙酸酯 TRANS-3-HEXENYL ACETATE	$C_8H_{14}O_2$	13.14

（续）

植物名	物质序号	物质成分	分子式	含量(%)
	8	2-乙基-2-己烯醇 2-ethylhex-2-enol	$C_8H_{16}O$	0.73
换锦花 *L. sprengeri*	1	乙酸乙酯 Ethyl acetate	$C_4H_8O_2$	0.46
	2	丙酸 2-甲基丁酯 2-Methylbutyl propionate	$C_8H_{16}O_2$	0.3
	3	3-丁烯-2-醇 3-BUTEN-2-OL	C_4H_8O	0.68
	4	顺-2-戊烯醇 CIS-2-PENTEN-1-OL	$C_5H_{10}O$	0.44
	5	反式-2-甲基环戊醇 TRANS-2-METHYLCYCLOPENTANOL	$C_6H_{12}O$	1.24
	6	3-己烯-1-醇 TRANS-3-HEXEN-1-OL	$C_6H_{12}O$	74.50
	7	2,3-辛二酮 2,3 OCTANEDIONE	$C_8H_{14}O_2$	0.37
	8	乙酸叶醇酯 cis-3-Hexenyl Acetate	$C_4H_6O_4Pb$	21.44
	9	2-乙基-2-己烯醇 2-ethylhex-2-enol	$C_8H_{16}O$	0.56

3.2　不同植物种类叶片 GC-MS 检测的差异

通过 GC-MS 法对红花石蒜、忽地笑以及文殊兰旺盛期植物叶片的挥发性物质分析所求得的相对含量分布情况与表 2 中 3 种石蒜属植物的旺盛期叶片挥发性物质分析综合获得表 3。中国石蒜、长筒石蒜、红花石蒜、换锦花以及忽地笑 5 种石蒜属植物叶片析出物质的最大相对含量均不超过 50%，文殊兰叶片析出物质则与前五者有明显差别，其相对含量最多的物质为 3-己烯-1-醇，占比 73.04%。5 种石蒜属植物叶片中析出的挥发性物质均含有醇类、醛类以及酯类物质。其中，中国石蒜、长筒石蒜和换锦花的叶片萃取出的物质还包括烷烃类，而换锦花与红花石蒜叶片萃取处的物质除此之外还含有酮类物质，忽地笑叶片萃取物质包括了两种酸类物质。

何月秋等对紫娇花（*Tulbaghia violacea* Harv.）的挥发性物质研究的文章中，应用 SPME 法在紫娇花植物叶片中分析出 10 种物质，其中包含酸类物质 2 种，醇类物质 1 种，含硫烃类物质 3 种，硫醚类物质 2 种以及醛类物质 1 种等（何月秋 等，2017）。将紫娇花叶片内的挥发性物质结合表 3 的 6 种石蒜科植物叶片中分析出的物质，根据其挥发性物质的种类与相对含量进行聚类分析（图 7）。该聚类分析图将紫娇花、文殊兰以及 5 种石蒜属植物分为两大类，其中紫娇花为单独一类。长筒石蒜、中国石蒜、忽地笑、换锦花、红花石蒜与文殊兰为另一类。其中长筒石蒜与换锦花关系最为紧密，5 种石蒜属的植物之间的关系也表现出较大的相关性，而文殊兰则与该 5 种植物分开另成一小类。

表 3　不同石蒜科植物的挥发性物质相对含量比较

Table 3　Comparison of relative contents of volatile matter of different Amaryllidaceae

	中国石蒜	长筒石蒜	换锦花	红花石蒜	忽地笑	文殊兰
环丁基甲醇	0.41	0	0	0	0	0
1-戊烯-3-醇	0.5	2.27	0	0	0	0
反-2-戊烯-1-醇	0.79	0	0	0	0	0
正己醛	5.2	9.87	6.95	5.08	10.94	0
2-己烯醛	26.58	37.83	27.21	31.47	52.97	0

（续）

	中国石蒜	长筒石蒜	换锦花	红花石蒜	忽地笑	文殊兰
1，2-环氧环辛烷	49.42	42.8	25.26	0	18.27	0
反式-2-己烯-1-醇	0.31	0	0	0	0	0
正己酸乙烯酯	2.32	2.65	1.57	1.39	1.82	0
（E）-3-己烯-1-醇乙酸酯	13.92	0.54	36.03	26.89	12.01	0
烯丙基正戊基甲醇	0.54	0	0.51	0	0	0
乙酸反-2-己烯酯	0	3.02	0	9.1	0	0
乙嗪草酮	0	0	0.51	0	0	0
顺-2-戊烯醇	0	1.02	0.46	0	1.14	0
乙醇胺	0	0	0	0.74	0	0
环戊醇	0	0	0	0.82	0	0
反式-3-己烯-1-醇	0	0	0	23.72	0	0
2-乙基丁酸烯丙酯	0	0	0	0.79	0	0
3-氨基丁酸	0	0	0	0	1.07	0.8
（R）-2-羟基丁酸	0	0	0	0	0.73	0
5-氨基尿嘧啶	0	0	0	0	1.05	0
乙酸乙酯	0	0	0	0	0	23.33
2,3-Epoxy-4,4-dimethylpentane	0	0	0	0	0	0.59
Heptyl hydroperoxide	0	0	0	0	0	0.64
3-己烯-1-醇	0	0	0	0	0	73.04
1,3-二氯苯	0	0	0	0	0	1.62

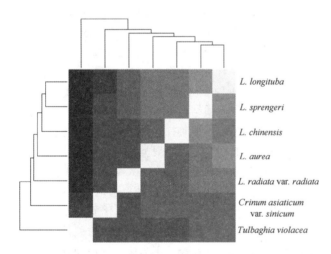

图7 石蒜科植物叶片挥发性物质的相对含量聚类分析热图

Fig. 7 Heat map for clustering analysis of relative content of volatile matter in leaves of Amaryllidaceae

4 结论与讨论

在植物不同发育时期，其体内的挥发性物质的种类与含量也各不相同（薛应红 等，2020）。石蒜属植物在生长旺盛期与衰老期内，其叶片中的挥发性物质存在较大的差异，如在生长旺盛时期，中国石蒜、长筒石蒜以及换锦花3种石蒜属植物的旺盛期叶片的析出物质经过 GC-MS 分析，共分析出13种挥发性物

质，包括酯类、醇类、醛类以及芳香烷烃类化合物。卢静茹等在巴旦木（Amygdalus communis L.）的 GC-MS检测结果表明，这些物质是巴达木果皮气味的主要来源（卢静茹 等，2015）。因此，使石蒜科植物的叶片散发气味的物质可能是酯类、醇类、醛类以及芳香烷烃类化合物。

在中国石蒜、长筒石蒜以及换锦花3种植物生长旺盛期叶片的析出物质中均含有正己醛、2-己烯醛、1,2-环氧环辛烷、正己酸乙烯酯以及（E）-3-己烯-1-醇乙酸酯5类相对含量较为丰富的物质。而在衰老时期中，中国石蒜、长筒石蒜以及换锦花的叶片中共析出16种挥发性物质，均含有3-己烯-1-醇、2-乙基-2-己烯醇、顺-2-戊烯醇，其中3-己烯-1-醇的相对含量较大，分别为85.12%、80.8%和74.5%。作为不饱和物的3-己烯-1-醇可能与其抗氧化活性有关，也是衰老时期的石蒜属叶片气味的主要来源。据报道，3-己烯-1-醇可提取用于制作香料或香精（A. M. Api，D 等，2017）。因此，石蒜属植物叶片可用于提取3-己烯-1-醇，应用于化学工业。

不同植物种类叶片萃取出的物质均有一定差异。中国石蒜与长筒石蒜叶片析出物质相对含量最大的是烷烃类物质，换锦花叶片析出物质相对含量最大的是酯类，忽地笑与红花石蒜叶片析出物质相对含量最大的是醛类，而文殊兰叶片析出物质相对含量最大的是醇类物质，为 73.04%。

本试验对石蒜科 6 种植物旺盛时期叶片的挥发性物质的研究，以其物质种类与相对含量作为标准，将试验中研究的 6 种植物与何月秋等研究的紫娇花进行聚类分析并对它们的相互关系做了初步推断。分析结果显示紫娇花为单独一类，试验中研究的 5 种石蒜属植物与文殊兰为一类，其中长筒石蒜与换锦花的关系最为密切，而文殊兰则与其余 5 种石蒜属植物分离为另一小类。该结果也与 APG 系统的分类关系一致，即石蒜科分为 3 个亚科，分别为百子莲亚科(Agapanthoideae)、葱亚科(Allioideae)和石蒜亚科(Amaryllidoideae)，其中文殊兰属与石蒜属同属于石蒜亚科，而紫娇花属归为葱亚科(The Angiosperm Phylogeny Group 等，2016)。因此，通过对植物相关器官的挥发性物质研究不仅可以推动植物化学的发展，也可为植物分类学提供依据。

参考文献

董国良，1995. 石蒜外治妙用[J]. 中医外治杂志，(6)：31-32.

何月秋，林立，杜甜钿，等，2017. 紫娇花挥发油成分的 GC-MS 分析及抗氧化能力测定[J]. 广西植物，37(05)：627-633.

胡庆和，1997. 石蒜内铵(AT-1840)综合治疗妇科晚期恶性肿瘤-附 43 例总结[J]. 浙江中西医结合杂志，(3)：134-136.

季春峰，2002. 石蒜属资源开发与利用[J]. 中国野生植物资源，(06)：14.

廖建军，齐增湘，李涛，等，2016. 植物挥发性有机物研究进展[J]. 南华大学学报(自然科学版)，30(03)：119-123.

刘姚，麦任娣，黄晶，等，2019. 石蒜属植物生物碱类化合物及其构效关系研究进展[J]. 林业与环境科学，35(05)：114-121.

卢静茹，林向阳，张如，等，2015. HS-SPME-GC-MS 联用分析美国巴旦木香气成分[J]. 食品科学，36(02)：120-125.

石光裕，1979. 简述植物化学在分类学中的应用——化学分类学[J]. 齐齐哈尔师院学报，(00)：66-70.

史树德，2005. 石蒜属种间关系和杂交起源的研究[D]. 杭州：浙江大学.

薛应红，王志龙，郝月茹，等，2020. 诸葛菜不同发育时期种子脂肪酸成分分析[J]. 山西农业科学，48(05)：715-718.

张成华，朱庆均，田景振，2017. 石蒜应用研究现状[J]. 食品与药品，19(04)：298-301.

A. M. Api, D. Belsito, D. Botelho, et al., 2017. RIFM fragrance ingredient safety assessment, 3-hexen-1-ol (isomer unspecified), CAS Registry Number 544-12-7[J]. Food and Chemical Toxicology, 110.

Huini Chen, Zizhao Lao, Jiangtao Xu, et al., 2020. Antiviral activity of lycorine against Zika virus in vivo and in vitro[J]. Virology, 546.

Qing Liang, Wuyang Cai, Yaxue Zhao, et al., 2020. Lycorine ameliorates bleomycin-induced pulmonary fibrosis via inhibiting NLRP3 inflammasome activation and pyroptosis[J]. Pharmacological Research.

The Angiosperm Phylogeny Group, M. W. Chase, M. J. M. Christenhusz, et al., 2016. An update of the Angiosperm Phylogeny Group classification for the orders and families of flowering plants：APG IV, *Botanical Journal of the Linnean Society*, 181(1).

中国观赏园艺研究进展 2020：530~535
Advances in Ornamental Horticulture of China，2020：530~535

530

探索健康公园之路：后疫情时代背景下的城市公园绿地优化策略

夏康生　郭晶晶　沈雅君　王红兵*

（上海师范大学生命科学学院，上海 201418）

摘要　经过 2020 年初的 COVID-19 疫情之后，城市公园的管理面临着全新的挑战，尤其是疫情防控压力下公园开放与否、开放后人流的管控、游人安全间距的划定以及开放绿地如何有效利用这些问题，都是值得深入探讨的。本文从公园绿地中植物选配、群落分布、绿地空间、行人安全距离与人流关系的角度出发，重点探讨了公园中通风效果较好的植物选择以及绿地空间优化策略的问题，并提出了 5 种绿地空间模式。以期为后疫情时代背景下的城市公园的管理、建设、规划设计等提供可借鉴的理论依据。

关键词　城市公园；公共健康；绿地空间；安全距离；人流；植物；后疫情

Exploring the Road to Healthy Parks：Urban Park Optimization Strategies in the Post-epidemic Era

XIA Kang-sheng　GUO Jing-jing　SHEN Ya-jun　WANG Hong-bing*

（*College of Life Sciences*，*Shanghai Normal University* ，*Shanghai* 201418，*China*）

Abstract　After the COVID-19 epidemic in early 2020, the management of urban parks is facing new challenges. Especially, whether the park is open or not under the pressure of epidemic prevention and control, the control of the flow of people after the opening, the delineation of the safety distance for tourists, and how to effectively use the open green space. These issues need to be furtherly explored. From the perspective of plant selection, community distribution, green space, safety distance and pedestrian flow in the parks, this paper focused on the selection of plants with better ventilation effects and the optimization strategy of green space, and five models of green space were built. It is expected to provide a theoretical basis for the management, construction, planning and design of urban parks in the post-epidemic era.

Key words　City park；Public health；Green space；Safety distance；Flow of people；Plants；Post-epidemic

从 19 世纪中叶英国的公共卫生事件，到现在的"以人为本"，城市公共空间一直是健康生活的重要支撑（段进 等，2020）。无防御能力的空间加大了疫情传播的风险和防控的难度。在面对公共卫生事件过程中控制传播途径，防止疫情扩散，与人与人之间的空间距离密切相关。就城市公园而言，在具体的防控和规避措施上，绿地空间的作用十分凸显，应该引起人们的重视。良好的通风效果和人与人之间间距的控制都是减少暴露和感染风险的关键所在。传统上基于"园艺疗法"，绿地与健康的流行病学的研究侧重于探讨植物对人五感、情绪以及注意力恢复的作用，缺乏对公园防控视角下的绿地与健康这方面的研究。因而，对这方面的研究探索是有必要的。

1　人类健康与绿地研究现状

城市公园绿地不仅仅具有视觉享受的功能，还使人们在喧闹和嘈杂的城市环境得以喘息和休息，在某种程度上扮演着"第二自然"的角色，也起着促进和护卫人的身心健康，增强人的归属感。世界卫生组织的报告显示接触绿地，包括城市绿地，对人类健康有促进作用，这些好处来自几个过程，包括减少压力和改善心理恢复；促进体育活动和邻里社会凝聚力；改

1　基金项目：上海市科委课题（18DZ1204703）、FG201900188。
　第一作者简介：夏康生（1993—），男，硕士研究生，主要从事城市生态学研究。
* 通讯作者：王红兵，博士，副教授，研究方向：城市生态与城市园艺，E-mail：whb0236@ shnu. edu. cn。

善空气、噪声污染和热岛效应；调节免疫功能（Meghann Mears 等，2019）。传统的人类与绿地关系研究的相关记载或论文很多，现代科学研究进一步证明了亲近自然，不管长期还是短期，对城市居民的生理及心理健康都有良性影响。特别的，对于一个经历了急性压力的人来说，自然接触可以非常迅速地唤起积极的情感。

图 1 公园绿地与游人健康安全及精准管理的一般机制

Fig. 1 Mechanism diagram of visitor health and safety
and precise management of parks

公园绿地还可以带来积极的身心体验（图 1）。经历过疫情以及社会隔离之后，人们的情绪需要得到释放，从而减少因疫情带来的心理问题，尽管国家对这方面越来越重视，比如对重点区域采取了开通心理热线，进行专家援助等，不过相对更大范围来说，城市公园绿地能给人们带来积极的身心体验，缓解社会隔离以及大流行病过后心理不适问题的作用几乎是不可替代的。此外，公园绿地还可以支持有益的健康行为，在城市公园绿地中，人们可以亲近自然，呼吸新鲜的空气，进行各种有益身心健康的活动，如健身运动、园艺活动、静思独处、家庭或朋友聚会、遛狗、观察野生动植物等等（应君，2007）。

2 针对疫情防控的公园绿地植物筛选与配置优化策略

在疫情防控形势下，营造和维持健康的公园环境是关键。一方面应加强选用吸收净化明显的植物，如松类、杉类、柏类等，有利于人体呼吸健康。木本的香樟、石榴，草本的龟背竹、吊兰、芦荟、绿萝等。选用养生保健型植物，包括芳香与药用植物的应用（王雁 等，2008）。利用其散发出很多有益的芳香气体，作用于人的呼吸系统、从而使人神清气爽。植物的芳香用于杀菌、预防疾病和促进健康做法一直以来被广泛使用。我国古代民间端午节时就有用苍术、艾叶、菖蒲、白芷、芸香熏染后预防疾病的习俗（袁经国，1983）。不过要注意芳香植物气味混杂的问题；进行植物配置的过程中要搞清楚不同植物散发的芳香气味相生相克关系，合理搭配，特别要注意游憩空间空气流通的问题，减少病毒在空气中的滞留和传播，

为此需要从以下方面进行植物筛选和配置优化。

2.1 选用通风效果好的植物

城市公园绿地，尤其是带状绿地是公园环境的通风渠道，当带状绿地的方向与夏季主导风向一致的情况下，可以对气流进行引导，从而增加了空气流通的频率，即便是单个树木在静风时也能促进气流交换，造成区域性微风和气体环流，并输入新鲜空气，从而使得被污染的空气得到扩散稀释，减少因空气流通性不足而导致的呼吸不畅和传染病感染风险。不过不同的植物对通风的影响也各不相同。

（1）冠层结构：植物的通风效应可以分为夏季的导风效应与冬季的挡风效应。在夏季导风效应调节机制中，树冠可以阻碍或是改变风的大小和方向，然而在树冠的下面风则可以自由穿过（于洋，2018）。在植物选择上可以根据树木分枝形式和冠幅选择。夏季，城市公园绿地中乔木树干可以使风通过。植物可以通过植物群落配置改变风速和风向，分枝点较高的乔木风可以从树冠下穿过（图 2）。也可以采取抬高树池高度，增加上层空气和人行空气的空气流通的办法，从而实现提高通风效果的作用。

图 2   分枝点较高的乔木风可以从树冠下穿过

Fig. 2   Tree winds with higher branch points
can pass under the canopy

（2）叶面积指数（LAI）：树冠可以对风速产生影响，而这其中树木叶面积指数是一个重要的参考因素。叶面积指数能够反映植物叶面数量、冠层结构变化，影响植物树冠的遮阴率，决定透阳率、气流流动速率、蒸腾速率等，是决定树木生态特性的重要参数之一。沈阳农业大学李俊英等通过对冷杉、白蜡、悬铃木这 3 种乔木的研究证明了叶面积密度不同的植物，其风速变化影响范围也不同。因此，本文提出可以利用叶面积指数（LAI）、并结合树高、冠幅等对公园中通风效果较好的植物进行一个选择。综合考虑城市公园常用绿化树种和适生树种地域的问题，并根据相关文献（申晓瑜，2007；王永杰，2018），本文拟参照叶面积指数（落叶 LAI<2.5，常绿<2）、树木高度（>10m）、冠层结构，并剔除对人体呼吸系统有负面影响的如柳树、悬铃木等，提出 10 种城市公园绿地常见树种中通风效果较好的植物种类（表 1）。

表 1　城市公园绿地中通风效果较好的植物

Table 1　Plants with better ventilation effect in urban park green space

序号	中文名称	拉丁学名	树木高度（m）	树木分类	树木冠幅（m）	冠层结构	叶面积指数	通风效果
1	元宝枫	*Acer truncatum*	17	落叶	4~6	合轴分枝	1.62	极佳
2	紫叶李	*Prunus cerasifera* f. *atropurpurea*	10	落叶	3~5	合轴分枝	2.12	佳
3	栾树	*Koelreuteria paniculata*	15	落叶	4~6	合轴分枝	2.13	佳
4	毛泡桐	*Paulownia tomentosa*	10	落叶	3~5	合轴分枝	2.18	佳
5	国槐	*Sophora japonica*	17	落叶	8~13	合轴分枝	2.21	佳
6	马褂木	*Liriodendron chinense*	15	落叶	5~7	合轴分枝	2.22	佳
7	洋白蜡	*Fraxinus pennsylvanica*	15	落叶	4~6	合轴分枝	2.31	佳
8	刺槐	*Robinia pseudoacacia*	15	落叶	3~5	合轴分枝	2.39	佳
9	白皮松	*Pinus bungeana*	12	常绿	2.5~5	枝叶稀疏	1.5	极佳
10	侧柏	*Platycladus orientalis*	10	常绿	2.5~5	小枝叶片竖直排列	1.91	佳

注：叶面积指数的相关内容引自（申晓瑜，2007；王永杰，2018）。

（3）植物配置：目前，大多数城市公园树木栽种的相对过于密集，树木围合形成的开敞空间游客容纳量不足，而游客人数往往又过多，就容易造成空气的流通性变差。针对这种情况，如何既能满足观赏要求，也可以很好避免不同植物围合空间中人员接触带来的风险，通过合理的植物配置可以提高其通风效果，也可以起到避免人流短时集聚的作用。通风性好的植物和生态功能强的植物配置过程中，在满足基本的配置原则基础上，应注意配置的科学化，如在通风好形象佳的树木布置在临路，或者人流较为集中的地区，相反对于一些非热门景点区域多用其他植物。减少密植带来的空气阻滞等问题，还要考虑坡度坡向的问题，合理利用地势种植，迎风面减少密植，增大开阔场地，背风面增大绿植，满足生态要求。

2.2　通风廊道

公园通风廊道即公园内气流所流通的廊道，也可以称之为"风道"，为公园内部气流阻力相对较小、连续的线状开敞空间区域。通风廊道一般由线状的自然和人工走廊区域构成，通常依托河流、带状绿化、较宽阔道路构成（李威，2017）。风场具有稀释效应，可以加快悬浮颗粒的流动，将周边干净的空气与颗粒相互稀释搅拌，从而导致颗粒物的分布密度减小，在城市公园中，热门游玩景点的人流量往往特别大。通风廊道的问题有时候往往会被忽视，通风廊道能将自然气流引入公园各个区域，从疫情防控中增加空气流通的角度来说，公园绿地的实际通风效率是应该被考虑进去的。而带状绿地往往起着导风的功效，应该增加带状绿地的数量和宽度，并考虑当地常年主导风向问题，对一些热门和人流量大的公园，有必要设置专门的通风廊道和导风绿地。

3　针对疫情防控的公园绿地空间优化模式

3.1　引入空间计量的研究方法

引入空间计量的研究方法如空间句法理论等一系列指标测量空间组织关系，由于使用者的行为与空间结构密切联系、相互制约，疫情之后出版的相关行业规范更多的是基于管理者主观理解和经验，可以根据行为与结构系统的相关性去判断人流管控的合理性。因环境与行为之间存在一种潜在的对应关联，空间的组织结构决定和诱导了行为，行为对空间结构又有一定的反馈和影响（马婕和成玉宁，2020）。故研究这种关系有助于把握后疫情时代相关规范和政策出台中对于潜在行为的有效预判以及提高绿地空间利用率，从而更好地满足现实过程公园开放与否以及开放程度的矛盾问题，精准施测，真正实现以人为本，为大众服务。

3.2　基于健康防控视角的 5 种空间模式

本文拟依据《城市公园绿地应对新冠肺炎疫情运行管理指南》（T/CHSLA 10002—2020）及国内外目前对疫情管控过程中安全距离（1m、1.5m、1.8m、2m）的提法，给出一个安全距离范围，特别是针对社交距离，出于疫情防控的考虑，在公园实际运营中其空间容量一般保持在 30% 及以下，尽管目前关于具体多大的距离是合理的游人安全间距难以精确量化，但是综合来看，保持 2m 以上的安全间距几乎是足够的，且在开放 30% 空间容量的背景下，其空间人流容纳也是安全的。参照《公园设计规范》GB 51192—2016 及其他相关文献，正常情况下游客社会承载力 20 人/100m²，社交距离 1.2~3.6m。本文拟提出基于 2m 社交距离，30% 游人空间容量为标准的 5 种绿地空间模式。

（1）模式一：林草型绿地空间模式（图 3）。客流量较大时林下草地形成的绿地空间可以进入，开敞的绿地空间模式也可以减少人员聚集以及应急状态下的非必要性接触。其游客社会承载力按疏林草地成年期标准 0.1~0.3 的树林郁闭度来估算，则 200m² 的模式空间树冠正投影占比面积为 20m² 和 60m²，可以近似为 4m×5m，6m×10m 的模式空间，种植坑（池）以 1.4m×1.4m 正方形树坑（池）为基准，按游人的社会承载力 6 人/100m² 的占地面积来推导该模型下的空间承载力大小，树池面积：S1=9.8%，S1'=3.2% 则该模式下游客容纳率为 96.8%~90.2%。其空间承载量为 12 人/200m² 情况下，承载人数分别为 10 人和 11 人。则该模式下承载人数为 10~11 人。即 200m² 的模式空间中可容纳游人数量不要超过 11 人。

（2）模式二：水畔型绿地空间模式（图 4）。由于滨水区域通风效果好，观赏效果佳往往也是人群聚集之地，可以结合大草坪并控制乔灌木的绿化配比。本模型中水畔型绿地空间，基于树木绿化越少越好的原则，则在 200m² 模式范围内其空间容纳接近 100%，其空间承载量为 12 人/200m² 情况下，承载人数为 11~12 人。即 200m² 的模式空间中可容纳游人数量不要超过 12 人。

（3）模式三：树阵型绿地空间模式（图 5）。在原有树阵间隔的距离上，增大其间距，增大树与树间距，增加空间间隔如增大至 7m 以上。则在 200m² 模式范围内其空间容纳量为：单个树池面积为 S1=1.4m×1.4m，总树池面积 S=6S1，可利用的空间游人容纳量为 S2=S-S1，则该模式下游客容纳率为 94%，空间承载量为 12 人/200m² 情况下，承载人数为 11 人。即 200m² 的模式空间中可容纳游人数量不要超过 11 人。

（4）模式四：临路型绿地空间形式（图 6）。一般是一种开敞通透型或开敞半通透型的绿地空间模式，考虑道路绿化的要求和人流因素，其空间模式游客容纳量不应低于 90%，按游人的社会承载力 6 人/100m² 的占地面积来推导该模型下的空间承载力大小，200m² 的模式空间中可容纳游人数量不要超过 10 人。

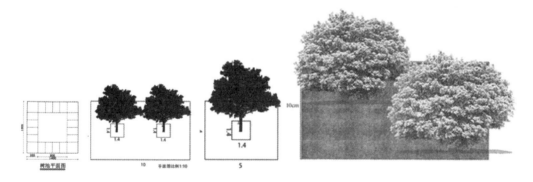

图 3　林草型绿地空间模式

Fig. 3　Forest-grass green space pattern

图 4　水畔型绿地空间模式

Fig. 4　Forest-grass green space pattern

图 5　树阵型绿地空间模式

Fig. 5　Tree pattern green space pattern

图6　临路型绿地空间模式

Fig. 6　Roadside green space pattern

（5）模式五：增加半围合型绿地空间的连通性（图7），进入者可以从多个方向自由出入。由于半围合型绿地空间以乔灌草和花卉组合配置，以往考虑观赏等功能较多，应当增加其空间的可进入性和连通性，减少围合密闭面积比重，其空间模式游客容纳量不应低于75%，按游人的社会承载力6人/100m²的占地面积来推导该模型下的空间承载力大小，200m²的模式空间中可容纳游人数量不要超过9人。

图7　半围合型绿地空间模式

Fig. 7　Semi-enclosed green space pattern

4　基于人流的体系分级管控

4.1　弹性网络原则

体系分级体现了应对突发灾害的弹性和灵活性，有利于加强城市公园绿地在应对公共卫生事件过程中的精准性，真正体现以人为本。城市公园绿地空间面积广阔，可以利用卫生隔离绿地、河流道路防护绿地等带状绿地构建避免与公共路径交叉感染的线性特需路径空间，最终形成与城市绿地网络相得益彰的弹性网络结构，做好平战结合、刚弹相济的应急准备（李雄 等，2020）；还可以提高各种不同特征的应急预案

数字化水平，健全以情景为主线的应急预案流程管理，同时也利于分单元进行应急演练，从而优化应急机制（段进 等，2020）。

4.2　差异化原则

后疫情时代有必要建立常态化的疫情防控机制。尽快完善和健全相应的分级分时分段的应急管理机制。既能阻断疫情传播，又可以充分利用城市公园这一市民进行健康活动的公共场地，而不是不加辨别的一"封"了之。另外，笔者认为该应急预案的核心是制定分等级分阶段差异化的空间响应对策，如面对重大突发公共卫生事件；城市公园管理部门应主动加强与政府部门的信息沟通，禁止感染人群的公共活动。在疫情缓解和常态化管理过程中加强监控，采取相应措施减少人与人之间的聚集，根据情况采取逐步开放的政策。而对于一般性公共卫生事件，一般只需要加强监管，如积极通过手机信令等大数据监控游人的游玩分布情况，对于出行密集度高的地区进行实时监控即可。

5　结论与展望

本文以叶面积指数、树木高度、冠幅、冠层结构等对树木通风有重要作用的影响因子为对象，综合相关文献记载，提出了10种城市公园绿地常见树种中通风效果较好的植物，并对其通风效果给予综合评价。此外，针对疫情防控过程中公园绿地空间的问题，笔者从增加空间容纳、减少人员密集的角度给出了林草型、水畔型、树阵型、临路型、半围合型等5种绿地空间模式并对其游客容纳量进行了计算说明。基于城市公园绿地常见树种中通风效果较好的植物种类的筛选、配置以及绿地空间模式的优化的研究，是从公园绿地本身的角度出发进行的"治本"之策，有助于构建科学的城市公园体系。植物作为公园绿化的主体，尤其是乔木等对公园内空气流通和通风效果的影响较大，因此后期有必要对不同树种进行实践调查以评估其通风效率的问题。其中不同绿地空间模式在满足人流容纳与安全防控的问题上需要更加详细的数据。尽管目前城市公园在公共健康方面也有相关思考和实践项目，但仍显得十分缺乏，除了加强监控和人为管理外，还应当充分发挥公园作为室外开放空间的优势，结合通风等影响因素，进一步对其进行量化研究。且鉴于目前相关疾病的流行和成本，以及全球化，有必要加强跨学科合作。

参考文献

段进，杨保军，周岚，等，2020. 规划提高城市免疫力——应对新型冠状病毒肺炎突发事件笔谈会[J]. 城市规划，44(02)：115-136.

李威，2017. 城市通风廊道研究及其规划应用[J]. 低碳世界，(36)：257.

李雄，张云路，木皓可，等，2020. 初心与使命——响应公共健康的风景园林[J]. 风景园林，27(04)：91-94.

马婕，成玉宁，2020. 基于景观结构系统的人流分布预测与匹配度分析研究[J]. 风景园林，27(01)：104-109.

申晓瑜，2007. 北京常见园林植物叶面积指数模型研究[D]. 北京：北京林业大学.

王雁，岳桦，汤一方，2008. 中国黑龙江野生花卉[M]. 北京：中国林业出版社.

王永杰，2018. 福州市城市公园绿地主要树种叶面积指数特征及影响因子研究[D]. 福州：福建农林大学.

应君，2007. 城市绿地对人类身心健康影响之研究[D]. 南京：南京林业大学.

于洋，2018. 树种选择与种植间距对林荫广场小气候的影响分析[D]. 沈阳：沈阳农业大学.

袁经国，1983. 芳香与人体健康[J]. 植物杂志，(06)：40.

Meghann Mears, Paul Brindley, Anna Jorgensen, et al. 2019. Greenspace spatial characteristics and human health in an urban environment：An epidemiological study using landscape metrics in Sheffield, UK[J]. Elsevier Ltd, 106.

北京市 28 种落叶树种抗火性能研究

何慧茹　陈金金　王琦　刘秀丽*

（花卉种质创新与分子育种北京市重点实验室，国家花卉工程技术研究中心，城乡生态环境北京实验室，

园林环境教育部工程研究中心，林木花卉遗传育种教育部重点实验室，园林学院，北京林业大学，北京 100083）

摘要　植物燃烧性的研究对园林中抗火树种的选择起到了重要作用，为了丰富对北京市抗火树种的研究，充分发挥城市园林绿化树种的抗火功能，研究选取北京市常见的 28 种落叶树种作为研究对象，测定了其冬春两季枝条和春季叶片的含水率、燃点、粗脂肪、粗灰分以及热值 5 种燃烧特性指标，利用主成分分析法对不同树种冬枝、春枝和鲜叶的各燃烧特性指标共 15 个抗火性单变量因子分析，得出抗火性能的综合排序，为北京市绿化抗火树种的选择提供一定的参考。研究表明，栾树（*Koelreuteria paniculata*）、杜仲（*Eucommia ulmoides*）、水杉（*Metasequoia glyptostroboides*）、紫薇（*Lagerstroemia indica*）、臭椿（*Ailanthus altissima*）、美桐（*Platanus occidentalis*）、旱柳（*Salix matsudana*）、柿树（*Diospyros kaki*）、连翘（*Forsythia suspensa*）的抗火能力综合得分高，相对抗火能力强。

关键词　北京；抗火性能；落叶树种；主成分分析法

Fire Resistance of 28 Deciduous Tree Species in Beijing

HE Hui-ru　　CHEN Jin-jin　　WANG Qi　　LIU Xiu-li*

（*Beijing Key Laboratory of Ornamental Plants Germplasm Innovation & Molecular Breeding*，*National Engineering Research Center for Floriculture*，*Beijing Laboratory of Urban and Rural Ecological Environment*，*Engineering Research Center of Landscape Environment of Ministry of Education*，*Key Laboratory of Genetics and Breeding in Forest Trees and Ornamental Plants of Ministry of Education*，*School of Landscape Architecture*，*Beijing Forestry University*，*Beijing* 100083，*China*）

Abstract　In order to enrich the research on Fire-resistant Tree Species in Beijing and give full play to the fire-resistant function of urban landscape trees, 28 common deciduous tree species in Beijing were selected as the research object. The water content, ignition point, crude fat and ash content of branches and leaves in winter and spring were measured. Using the principal component analysis method, 15 single variable factors of fire resistance were analyzed for each burning characteristic index of winter branch, spring branch and fresh leaf of different tree species, and the comprehensive ranking of fire resistance was obtained, which provides a reference for the selection of fire resistant tree species in Beijing. Studies have shown that the comprehensive score of fireproofing ability of *Koelreuteria paniculata*、*Eucommia ulmoides*、*Metasequoia glyptostroboides*、*Lagerstroemia indica*、*Ailanthus altissima*、*Platanus occidentalis*、*Salix matsudana*、*Diospyros kaki*、*Forsythia suspensa* are high, which are relatively strong.

Key words　Beijing；Fire resistance；Deciduous species；Principal component analysis

火灾事故是影响城市安全的一个重要方面。目前我国森林防火正由扑救型向预防型转变，建设生物防火林带可以变被动防火为主动防火，正在被广泛推广和应用（韩焕金，2018），充分发挥城市园林绿化树种的抗火防火功能具有十分重要的现实意义。抗火树种要求有较强的抗火能力、适宜的生物学特性

和生态学特性（Etienne M *et al.*，1991；王得祥 等，1998）。

园林植物生态防火性经过多年的研究已经取得了一定的成果，各大地区对适合当地的抗火树种进行了选择，如云南省以火力楠、黄连木、油茶、短萼海桐为佳（顾汪明 等，2020）；辽宁省以白榆、山杏为佳

1 基金项目：北京市共建项目专项（2019GJ-03），2019 北京园林绿化增彩延绿科技创新工程−北京园林植物高效繁殖与栽培养护技术研究（2019-KJC-02-10）。

第一作者：何慧茹，女，硕士研究生。

* 通讯作者：刘秀丽，副教授。E-mail：showlyliu@126.com。

（赵勇，2018）；木荷、女贞、夹竹桃、杨梅、油茶在四川地区防火效果良好（何海洋 等，2018）；刺槐、柿、新疆杨、臭椿等在山西省表现良好（孙永明 等，2017）等。北京地区抗火树种不乏学者研究，但从现有的文献报道来看，研究地的选取多以易发生森林火灾的林区为主，如八达岭、西山、十三陵、松山自然保护区等（舒立福 等，1999；李树华 等，2008；王晓丽，2010；唐伟，2012），这些林场中通常有大面积的针叶林，但较少有城市中更为常见的阔叶林分布；对于北京地区城市中的园林绿地，矮紫杉、华山松、白皮松、雪松、小叶黄杨等常绿树的抗火性能优良（刘欣喻 等，2019）。综上所述，目前北京地区对城市绿地中的落叶树种的抗火性研究不足，故本研究选用其作为研究对象。

随着定量分析法、数学分析相关理论的出现与普及，多种统计分析方法可以运用到树种抗火性能研究中，例如层次分析法、多元线性回归、主成分分析法等（Saharjo B H，1992；虞晓芬，2004）。本研究根据试验条件和课题需要，对试验树种的燃烧性指标进行测定，利用主成分分析法建立因子得分模型，对所选树种的抗火性能进行综合评价和排序。

1　材料与方法

1.1　试材及取样

冬春季节是火灾频发的季节；抗火性在不同器官和龄组间均呈现显著差异，且随着林龄的增长，树木抗火性呈现先降后增的规律（曾素平 等，2020），而树木各个器官中最易燃烧的部分是小枝和叶片（谭家得，2016）。因此本研究选取成年树种冬季、春季的枝条以及春季的叶片进行含水率、燃点、热值、粗脂肪、粗灰分等燃烧性能指标测定。研究材料为北京地区园林中常用的 28 种成年落叶树种（表 1）。

表 1　28 种树种一览表
Table 1　List of species studied

序号	树种中文名	科属	树种学名
1	黄栌	漆树科黄栌属	*Cotinus coggygria*
2	紫叶小檗	小檗科小檗属	*Berberis thunbergii var. atropurpurea*
3	紫薇	千屈菜科紫薇属	*Lagerstroemia indica*
4	金银忍冬	忍冬科忍冬属	*Lonicera maackii*
5	连翘	木犀科连翘属	*Forsythia suspensa*
6	绦柳	杨柳科柳属	*Salix matsudana* 'Pendula'
7	华北紫丁香	木犀科丁香属	*Syringa oblata*
8	二乔玉兰	木兰科玉兰属	*Magnolia × soulangeana*
9	柿树	柿树科柿树属	*Diospyros kaki*
10	君迁子	柿树科柿树属	*Diospyros lotus*
11	槐	豆科槐属	*Sophora japonica*
12	刺槐	豆科刺槐属	*Robinia pseudoacacia*
13	'金叶'榆	榆科榆属	*Ulmus pumila* 'Jinye'
14	黄金树	紫葳科梓属	*Catalpa speciosa*
15	洋白蜡	木犀科梣属	*Fraxinus pennsylvanica*
16	银杏	银杏科银杏属	*Ginkgo biloba*
17	樱花	蔷薇科李属	*Prunus serrulata*
18	加杨	杨柳科杨属	*Populus canadensis*
19	臭椿	苦木科臭椿属	*Ailanthus altissima*
20	水杉	杉科水杉属	*Metasequoia glyptostroboides*
21	杜仲	杜仲科杜仲属	*Eucommia ulmoides*
22	旱柳	杨柳科柳属	*Salix matsudana*
23	蒙椴	椴树科椴树属	*Tilia mongolica*
24	榆树	榆科榆属	*Ulmus pumila*
25	紫藤	豆科紫藤属	*Wisteria sinensis*
26	一球悬铃木（美桐）	悬铃木科悬铃木属	*Platanus occidentalis*
27	二球悬铃木（英桐）	悬铃木科悬铃木属	*Platanus acerifolia*
28	栾树	无患子科栾树属	*Koelreuteria paniculata*

取样方法为：选取各树种生长良好的成年树 2 株为样株，在树冠阴、阳面的上、中、下不同位置于冬季剪取枯枝，于春季剪取鲜枝及叶片作为试验样品，每个重复的样品重量在 100g 左右，进行 3 次重复试验，样品采集后立即装入密封袋带回实验室。

1.2　试验方法

（1）含水率的测定：采用 105℃烘干恒重法。采回的鲜样立即称其样品湿重，后将其置入 105℃烘箱内烘干 24h 后称重，继续烘干 30min 后再次称重，若两次称得的干重结果误差在 0.0002g 内，则认为样品恒重。记录样品干重，根据样品湿重和干重对样品含水率进行计算。

（2）燃点的测定：将干燥后的样品粉碎为小于 1mm 的粉末，用 60 目筛筛出粒度在 0.4mm<R<1mm 的粗样和 R≤0.4mm 的细样，将细样烘至恒重后粉碎过 200 目筛制成试样，利用 DW-02 点着温度测定仪测定燃点。每个预定的温度做 3 个试样，若其中两个试样没有 5s 以上的火焰，则将炉温升高 10℃，再做 3 个试样；如有两个出现 5s 以上火焰，其最低温度则为材料的燃点（黄诗晓，2013）。

（3）热值的测定：采用氧弹燃烧法。将一定量的植物枝叶粉末压饼、烘干至恒重，称重后将其放入氧弹中完全燃烧，根据仪器内水温的改变来计算植物燃烧的热值。

（4）粗脂肪含量的测定：采取索氏提取法。将已粉碎烘干至恒重的样品置于索氏提取器中，用石油醚循环抽提，脂肪即溶于石油醚中。再将脱脂后的样品烘干至恒重（2～3h），冷却至室温后减轻的重量即为样品中的粗脂肪含量。

（5）粗灰分的测定：采用干灰化法。将粉末放入瓷坩埚中称重后置于电炉上直至样品燃烧到不再冒烟

来进行碳化，去除植物体内的大分子物质；再将其连同坩埚冷却后放入 650℃的马弗炉中灰化约 4.5h，植物材料中的 C、H、O、N 等元素都被燃烧并挥发，剩下的物质即为植物体内的灰分。

1.3　数据分析方法

本研究将 28 种落叶树种冬季与春季枝条及春季叶片的含水率、燃点、热值、粗脂肪和粗灰分共 15 个指标作为树种抗火性能研究过程中的全部变量，采用主成分分析法，根据各主成分的贡献率和因子得分评估园林植物燃烧性，这能在原有信息的基础上更好地揭示可燃物的燃烧性（王雷 等，2020）。

2　结果与分析

2.1　不同树种含水率的分析

含水率是影响树种防火性的主要因素之一（张景群，2000）。含水率直接影响树木燃烧的难易程度，其越高树木越不易燃，树木抗火性也就越强。不同树种同期含水率不同，而同一树种在不同季节和不同器官的含水率也有差异（李胤德，2015）。

28 种树种在冬季与春季的含水率（图 1）表明，树种的含水率最高的部位是鲜叶，且明显超出了鲜枝和枯枝。不同树种枯枝含水率差异明显，高者如连翘含 56.57%，低者如刺槐仅含 8.58%；鲜枝含水率多在 40%以上；鲜叶含水率均在 60%以上；杜仲、旱柳、加杨、金银忍冬、连翘、绦柳的枯枝、鲜枝、鲜叶含水率均较高，抗火性能较好。

2.2　不同树种燃点的分析

某一可燃物的燃点越高，其对外界火源的温度要求越高或加热时间越长，越难以被引燃，即表明其抗火性越强。

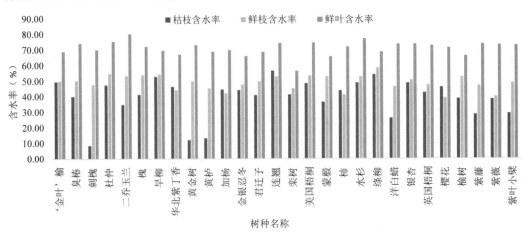

图 1　不同树种枯枝、鲜枝、鲜叶含水率

Fig. 1　Moisture content of dead branches, fresh branches and fresh leaves of different tree species

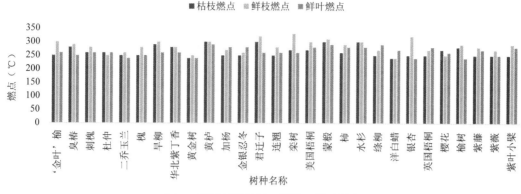

图 2 不同树种枯枝、鲜枝、鲜叶燃点

Fig. 2 Ignition point of dead branches, fresh branches and fresh leaves of different tree species

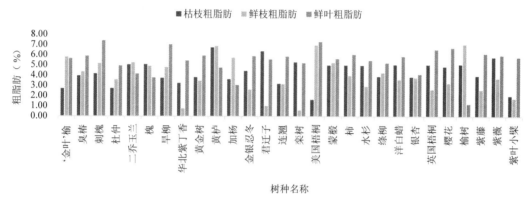

图 3 不同树种枯枝、鲜枝、鲜叶粗脂肪

Fig. 3 Crude fat of dead branches, fresh branches and fresh leaves of different tree species

如图 2 所示，28 种树种枝条和叶片燃点的变化范围都在 240～330℃，枯枝燃点集中在 280～300℃，鲜枝的燃点多为 260～300℃，鲜叶燃点多为 250～290℃。大部分树种鲜枝与枯枝的燃点相差不明显，仅有'金叶'榆、栾树、银杏 3 种树种的鲜枝燃点明显高于枯枝燃点。树枝、树叶燃点均较高的树种有旱柳、黄栌、君迁子、蒙椴、水杉，均在 300℃ 左右，抗火性较好；而树枝、树叶燃点均较低的树种有二乔玉兰、黄金树、洋白蜡、紫薇，均在 250℃ 左右，抗火性较差。

2.3 不同树种粗脂肪的分析

粗脂肪是一种化学成分很复杂的易燃物，主要成分是脂肪、游离脂肪酸、腊酸脂、固醇、芳香油等脂溶性混合物，可燃物脂肪含量与可燃物的易燃程度呈正比(梁瀛等，2011)。

如图 3 所示，28 种树种的枯枝粗脂肪多为 2%～5%，鲜枝粗脂肪含量多为 0.6%～5%，鲜叶粗脂肪含量为 5%～7.42%。整体上，同一树种叶的粗脂肪含量比枝高，相对易燃；三者粗脂肪含量都相对比较高

的树种有黄栌和蒙椴，均为 6% 左右，相对易燃。

2.4 不同树种粗灰分的分析

灰分是可燃物的矿物质，即燃烧剩下的物质，主要由钠、钾、钙、镁、磷、硅等元素组成。各种矿物质可以增加木炭和减少焦油的形成，对燃烧有明显的影响。灰分在燃烧过程中对火焰蔓延起阻滞作用，可燃物灰分含量越高，燃烧性能越差，其抗火性也就越强(李东昌，2017)。

由图 4 可以看出，枝条的粗灰分含量多为 5% 左右，变化范围在 2%～28%，冬季与春季树枝粗灰分含量的差异不明显；叶片的粗灰分含量变化范围在 2%～23%，并且多数集中在 6%～9%。加杨、栾树、蒙椴及银杏无论是枝还是叶的粗灰分含量都比较高，抗火性能好；华北紫丁香、黄金树、黄栌以及连翘的枝与叶的粗灰分含量比较少，抗火性能差。

2.5 不同树种热值的分析

可燃物热值是在绝干状态下单位质量的可燃物完全燃烧所放出的热量，不同的可燃物具有不同的热

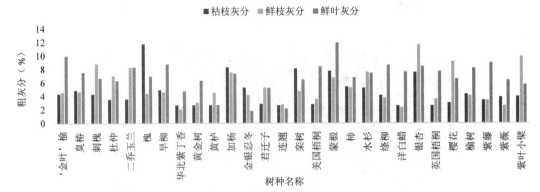

图4　不同树种枯枝、鲜枝、鲜叶粗灰分

Fig. 4　Coarse ash content of dead branches, fresh branches and fresh leaves of different tree species

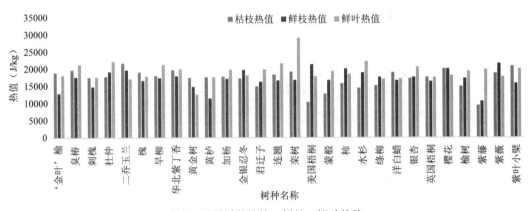

图5　不同树种枯枝、鲜枝、鲜叶热值

Fig. 5　Calorific value of dead branches, fresh branches and fresh leaves of different tree species

值。高热值的树种燃烧时释放的能量大，火强度大，抗火性差；低热值的树种燃烧时释放的能量少，火强度小，抗火性好。

　　28种树种冬季和春季的热值测定结果（图5）表明，枝条热值多在10000~22000J/kg，并且多数集中在15000~20000J/kg。除了'金叶'榆、黄栌、美国梧桐等个别树种外，冬季与春季树枝热值的差异不明显；春季叶片热值在13000~29000J/kg，并且多数集中在20000J/kg左右，其中栾树叶片热值最大，紫藤叶片热值远远大于枝条热值。整体而言，'金叶'榆、黄金树、黄栌、紫藤的热值较低，抗火性能较好。

2.6　不同树种抗火性能的分析与排序

　　（1）主成分提取：试验测了较多指标因子的相关数据，且这些指标因子之间有一定联系，所获得的统计数据提供的信息上会有某种程度上的重合。采用主成分分析法，将综合分析后的新指标因子定义为原始指标的主成分。用SPSS软件进行主成分分析，对每个冬枝、春枝、春叶均测含水率、热值、燃点、粗灰分、粗脂肪5个指标，共计15个因子，进行主成分分

析后，按照特征值>1且累计方差贡献率≥70%的原则，在15个抗火性因子中提取出6个公共因子（表2），它们的方差贡献率分别为18.435%、14.122%、13.02%、11.725%、7.544%、7.317%，累计贡献率为72.163%，基本可以代表28种落叶树种抗火性能的信息量。

表2　公共因子贡献率

Table 2　Contribution rate of public factors

公共因子	特征值	方差贡献率 （%）	累计方差贡献率 （%）
1	2.765	18.435	18.435
2	2.118	14.122	32.556
3	1.953	13.02	45.576
4	1.759	11.725	57.301
5	1.132	7.544	64.845
6	1.098	7.317	72.163

　　（2）因子得分模型的建立及排序分析：为使得各因子对各变量的载荷系数有比较明显的差别，可对因子载荷矩阵进行旋转，使载荷值朝向1和0分化（余

立华，2014）。将原始变量的标准化值代入由表 3 所得到的各个因子的得分模型，可得到各树种各公共因子的得分值 f_1、f_2、f_3、f_4、f_5、f_6，然后将其带入 f = （18.435f_1 + 14.122f_2 + 13.02f_3 + 11.725f_4 + 7.544f_5 + 7.317f_6）/72.163，算出 28 种树种防火性能的综合得分（表 4）。

表 3 成分得分系数表
Table 3 The table of composition score coefficient

	成分					
	1	2	3	4	5	6
枯枝灰分（%）	0.201	0.115	0.169	-0.202	0.034	-0.060
鲜枝灰分	0.067	0.132	0.169	-0.114	0.563	0.424
鲜叶灰分	0.086	0.307	-0.105	-0.043	0.150	0.049
枯枝含水率	0.130	0.136	0.220	0.330	-0.308	-0.020
鲜枝含水率	0.066	0.306	-0.065	0.082	-0.083	-0.277
鲜叶含水率	-0.212	0.222	0.031	0.067	0.099	0.280
枯枝粗脂肪	0.062	-0.219	-0.063	-0.304	-0.302	0.331
鲜枝粗脂肪	-0.019	0.285	-0.177	-0.217	-0.198	0.160
鲜叶粗脂肪	-0.092	-0.120	-0.146	0.349	0.323	0.158
枯枝燃点	0.229	-0.077	-0.166	0.017	-0.119	0.378
鲜枝燃点	0.308	-0.012	-0.071	0.002	0.167	-0.008
鲜叶燃点	0.062	-0.072	-0.260	0.216	0.030	0.185
枯枝热值	-0.101	-0.120	0.353	-0.144	0.109	0.001
鲜枝热值	-0.017	0.082	0.269	0.211	-0.354	0.468
鲜叶热值	0.262	-0.099	0.189	0.139	0.126	-0.117

表 4 综合分析表
Table 4 The table of comprehensive analysis

树种	燃烧性因子							排序
	f1	f2	f3	f4	f5	f6	f	
栾树	5568.567	-3812.803	16657.481	4899.280	-167.056	4632.564	4930.128	1
杜仲	3850.236	-2760.724	15518.791	4660.971	-2038.287	6547.674	4451.439	2
水杉	4220.998	-2388.235	14263.178	5094.603	-2306.458	6445.498	4424.567	3
紫薇	2545.476	-2239.228	15675.543	4414.962	-3359.940	8216.746	4239.555	4
臭椿	3445.731	-3024.376	15591.761	3922.251	-1402.340	5949.432	4195.469	5
美桐	3416.160	-1262.996	12635.153	5562.949	-4150.241	8063.052	4192.787	6
旱柳	3629.479	-2842.632	14912.719	4113.166	-1491.230	5818.968	4163.960	7
柿树	3069.367	-2083.803	14350.201	4624.325	-3045.639	7422.431	4151.016	8
连翘	3703.010	-2980.623	14912.759	3971.815	-1143.624	5409.122	4127.563	9
樱花	2526.497	-2563.881	15806.789	3948.611	-2627.519	7470.003	4119.933	10
银杏	3508.655	-2660.485	14616.005	4168.527	-1742.740	6015.747	4117.859	11
华北紫丁香	3094.379	-2883.779	15419.862	3792.391	-1654.874	6215.844	4081.725	12
金银忍冬	2821.456	-2250.036	14694.923	4288.212	-2812.252	7288.580	4073.564	13
加杨	3243.900	-2683.634	14482.434	3887.651	-1624.003	5881.975	3974.806	14
二乔玉兰	2096.795	-2689.120	16081.322	3467.284	-2411.808	7367.819	3969.168	15
榆树	3424.961	-2286.172	13430.906	4255.142	-2040.675	5991.727	3936.399	16
君迁子	3592.977	-2428.637	13251.368	4121.939	-1610.484	5470.195	3889.497	17
蒙椴	3663.209	-2077.895	12532.497	4467.592	-2088.413	5774.880	3883.468	18
紫叶小檗	3041.950	-3198.824	15284.623	3207.406	-767.123	5230.814	3880.159	19

（续）

树种	燃烧性因子							排序
	f1	f2	f3	f4	f5	f6	f	
绦柳	2791.659	-2055.392	13184.061	4005.731	-2438.789	6434.302	3737.971	20
槐	2613.485	-2685.942	14448.490	3315.116	-1546.101	5863.060	3720.383	21
英桐	2690.030	-2510.788	13817.865	3447.256	-1655.240	5792.459	3663.336	22
洋白蜡	2440.859	-2618.409	14326.164	3256.441	-1655.090	5971.184	3657.465	23
刺槐	2754.368	-2642.517	13369.436	3123.391	-1076.867	5037.731	3504.402	24
'金叶'榆	2780.797	-3007.560	13440.069	2594.760	-191.589	4071.246	3361.119	25
紫藤	4225.957	-2233.054	9805.105	3721.454	-198.669	2799.424	3279.402	26
黄栌	2813.536	-2937.680	12492.564	2405.495	113.073	3491.435	3154.513	27
黄金树	1435.828	-2127.343	12385.261	2439.475	-1727.844	5607.469	2969.404	28

3 结论与讨论

3.1 结论

28 种北京常见落叶树种的综合抗火性能较强的有栾树、杜仲、水杉、紫薇、臭椿、美桐、旱柳等；较弱的有洋白蜡、刺槐、'金叶'榆、紫藤、黄栌、黄金树等。

对于含水率，鲜叶最高，且明显超出了鲜枝和枯枝。不同树种枯枝含水率差异明显，鲜枝含水率多为在 40%以上，鲜叶含水率均在 60%以上；杜仲、旱柳、加杨、金银忍冬、连翘、绦柳的枯枝、鲜枝、鲜叶含水率均较高，抗火性能较好。

对于燃点，大部分树种鲜枝与枯枝相差不明显，仅有'金叶'榆、栾树、银杏 3 种树种的鲜枝燃点明显高于枯枝燃点。树枝、树叶燃点均较高的树种有旱柳、黄栌、君迁子、蒙椴、水杉，其抗火性较好；而树枝、树叶燃点均较低的树种有二乔玉兰、黄金树、洋白蜡、紫薇，其抗火性较差。

对于粗脂肪，同一树种叶的粗脂肪含量比枝高，相对易燃；枯枝、鲜枝及鲜叶粗脂肪含量都相对比较高的树种为黄栌和蒙椴，相对易燃，抗火性较差。

对于粗灰分，加杨、栾树、蒙椴以及银杏的枝与叶的粗灰分含量都比较高，抗火性能好；华北紫丁香、黄金树、黄栌、连翘枝与叶的粗灰分含量比较

少，抗火性能差。

对于热值，除了'金叶'榆、黄栌、美国梧桐等个别树种外，冬季与春季树枝热值的差异不明显；栾树与紫藤的叶片热值较大；整体而言，'金叶'榆、黄金树、黄栌、紫藤的热值较低，抗火性能较好。

3.2 讨论

（1）同一树种在不同季节的含水率、燃点、粗脂肪、粗灰分和热值有一定的差异；不同部位的枝和叶、老叶和新叶、老枝和新枝的各项指标也会有一定差别，有待进一步研究。

（2）本次试验选取了 28 种落叶树种作为研究材料，虽然涵盖了大部分北京地区常用的园林树种，但仍有如五叶地锦、毛泡桐等较常见的园林树种未被选取；同时仅从含水率、燃点、粗脂肪、粗灰分、热值 5 个燃烧特性指标进行了抗火性分析比较，若结合生物学特性、生态学特性等进行分析比较，并进行模拟试验，则可更全面充分地说明不同树种的抗火性能。

（3）本研究所用数据处理方法为主成分分析法，若用其他数据处理与分析方法，结果有可能不同，本文分析结果只能作为抗火树种选择的参考依据。

（4）本研究的抗火性能排列没有将乔木与灌木分别排列，实际情况中因灌木枝叶处于较低位置，更易受到火灾影响，相对于乔木更易燃。

参考文献

顾汪明，卢泽洋，黄春良，等，2020. 云南省建水县防火树种筛选研究[J]. 北京林业大学学报，42(02)：49-60.

韩焕金，2018. 生物防火林带研究进展概述[J]. 森林防火，(04)：49-52.

何海洋，尹忠，张毅，2018. 川北重点林区防火林带营建技术研究[J]. 四川林业科技，39(01)：122-125.

黄诗晓，2013. 福州国家森林公园几种植被燃烧性研究[D]. 福州：福建农林大学，6-8.

李东昌，2017. 针叶比例、载量和坡度对油松辽东栎凋落叶可燃物火行为的影响研究[D]. 晋中：山西农业大学.

李树华，李延明，任斌斌，等，2008. 园林植物的防火功能以及防火型园林绿地的植物配置手法[J]. 风景园林，

(06)：92-97.

李胤德，2015. 森林可燃物含水率研究进展［J］. 森林防火，4(12)：39-41.

梁瀛，张思玉，努尔古丽，等，2011. 天山中部林区主要树种理化性质及燃烧性分析［J］. 林业科学，47(12)：101-105.

刘欣瑜，王琦，刘秀丽，2019. 北京地区 13 种常绿树种抗火性能研究［J］. 中国城市林业，17(06)：47-52.

舒立福，田晓瑞，徐忠臣，1999. 森林可燃物可持续管理技术理论与研究［J］. 火灾科学，8(4)：18-24.

孙永明，张文恒，姚丽敏，等，2017. 山西省生物防火树种选择研究［J］. 山西林业科技，46(02)：1-6.

谭家得，2016. 华南地区 3 个树种的抗火性能分析［J］. 林业与环境科学，36(12)：86-90.

唐伟，2012. 北京西山林场生物防火隔离带规划与布局［D］. 北京：中国林业科学研究院.

王得祥，窦民生，张景群，等，1998. 秦岭林区主要乔木树种抗火性能综合评价［J］. 西北林学院学报，(04)：35-40.

王雷，徐家琛，朱鹏飞，等，2020. 呼和浩特市主要园林树种理化性质及燃烧性研究［J/OL］. 南京林业大学学报（自然科学版）：1-8［2020-04-21 16：47］.

王晓丽，2010. 北京山区森林燃烧性研究［D］. 北京：北京林业大学：88-89.

余立华，2014. 黄山市森林防火树种的选择与研究［J］. 安徽林业科技，40(3)：21-28.

虞晓芬，傅玳，2004. 多指标综合评价方法综述［J］. 统计与决策，(11)：119-121.

曾素平，刘发林，赵梅芳，等，2020. 我国亚热带典型树种抗火性状随林龄和器官的变异［J］. 应用生态学报，31(04)：1063-1072.

张景群，2000. 陕西栎属 7 种枯叶燃烧性分析［J］. 西北林学院学报，(01)：12-13.

赵勇，2018. 辽宁省主要造林树种抗火性能测定及抗火树种的选择探析［J］. 防护林科技，(05)：77-90.

Etienne M. Legrand C. Armand D. 1991. Spatial occupation strategies of woody shrubs following ground clearance in the Mediterranean region of France. Research on fire breaks in Esterel［J］. Annalesdes Sciences Forestieres，48 (6)：661-677.

Saharjo B H. 1992. The selection study of fuelbreak tree speices［J］. Technical Notes Of Bogor Agricultural University，4(2)：45-52.

北京城市健康步道冬季植物景观绿视率与层次结构对游人情绪的影响

孟子卓　熊韬维　于晓南*

（花卉种质创新与分子育种北京市重点实验室，国家花卉工程技术研究中心，城乡生态环境北京实验室，
园林环境教育部工程研究中心，林木花卉遗传育种教育部重点实验室，园林学院，北京林业大学，北京 100083）

摘要　城市健康步道是设置在城市公园中方便游人锻炼身体的健康基础设施，而目前对于其周边植物景观的健康效益却鲜有研究。本文以北京城市健康步道冬季植物景观为研究对象，重点探讨植物景观绿视率与层次结构对大学生情绪的影响。结果表明：①在层次结构等级相同的情况下，绿视率高的植物景观更有利于被试大学生总体情绪的改善。而在绿视率等级相同的情况下，层次结构复杂的植物景观更有利于被试大学生总体情绪的改善。绿视率高、层次结构复杂的植物景观对被试大学生总体情绪的改善效果更显著。②植物景观刺激能够有效降低紧张感、减轻愤怒感、缓解疲劳感、消除抑郁感以及平复慌乱感，对被试大学生的负面情绪有明显减缓作用。③在相同等级层次结构的植物景观中，绿视率与大学生的各项情绪无明显关联，绿视率的高低对被试者各项情绪的影响不确定。在相同等级绿视率的植物景观中，层次结构复杂的植物景观对缓解被试者紧张、愤怒、疲劳、抑郁、慌乱负面情绪的效果更好，提升被试者精力的效果也更好，但对于被试者自尊感并未起到良好的促进作用。

关键词　健康步道；植物景观；绿视率；层次结构；情绪

Effects of Green Vision Rate and Community Structure of Plant Landscapes on College Students' Mood in Beijing Urban Healthy Walkways in Winter

MENG Zi-zhuo　XIONG Tao-wei　YU Xiao-nan*

（*Beijing Key Laboratory of Ornamental Plants Germplasm Innovation & Molecular Breeding*，*National Engineering Research Center for Floriculture*，*Beijing Laboratory of Urban and Rural Ecological Environment*，*Engineering Research Center of Landscape Environment of Ministry of Education*，*Key Laboratory of Genetics and Breeding in Forest Trees and Ornamental Plants of Ministry of Education*，*School of Landscape Architecture*，*Beijing Forestry University*，*Beijing* 100083，*China*）

Abstract　Urban health walkways are health infrastructures set in urban parks to facilitate tourists to exercise. However, there is little research on the health benefits of the surrounding plant landscapes. In this paper, the winter plant landscapes of Beijing urban health walkways are taken as the research objects, and the effects of green visibility and community structure of plant landscapes on College Students' mood are discussed. The results show that：①under the same level of community structure, the plant landscapes with high green vision rate are more conducive to the improvement of college students' overall mood. In the same level of green vision, complex plant landscapes are more conducive to the improvement of college students' overall mood. The plant landscapes with high green vision rate and complex community structure have more significant effects on improving the overall mood of college students. ②Plant landscapes' stimulation can effectively reduce the sense of tension, anger, fatigue, depression and panic, which can significantly reduce the negative moods of college students. ③In the plant landscapes with the same community structure, there are no significant correlation between the green vision rate and the moods of college students, and the influences of the green vision rate on the subjects' moods are uncertain. In the plant landscapes with the same level of green vision rate, the plant landscapes with complex community structure have better effects on relieving the subjects' negative moods of tension, anger, fatigue, depression and panic, and the effect of improving the energy of the students is also better, but they do not play a good role in promoting the sense of self-esteem.

Key words　Health walkway；Plant landscape；Green vision rate；Community structure；Mood

1　基金项目：北京林业大学建设世界一流学科和特色发展引导专项（2019XKJS0322）。
　第一作者简介：孟子卓（1996—），女，硕士研究生，主要从事健康景观及园林植物应用研究。
*　通讯作者：于晓南，教授，E-mail：yuxiaonan626@ 126. com。

随着人们对健康的不断重视，城市健康步道建设蓬勃发展（杨一兵 等，2019）。相比不使用步道的人，步道使用者可以完成更多的身体活动，城市健康步道已成为促进健康生活方式形成的一个重要因素（Philip-J Troped et al.，2005；Brownson R-C et al.，2000）。然而当今健康步道的建设重点往往集中在步道的形态、材质、舒适度等方面，对于步道两侧的植物景观缺乏关注。植物景观作为城市人居环境的重要组成部分，其美学质量与生态效益很大程度上决定着城市绿地系统的品质与功能。已有诸多研究表明，公园中的植物景观可以对人的心理产生正向反馈（康宁 等，2008；邢振杰，2015；Chorong Song et al.，2014）。研究城市健康步道周围植物景观对人的心理健康效益，可以让使用者在运动中不仅达到生理上的身体康复与保健目的，还可以达到心理上的快乐、轻松、和平、愉悦、自信等感受，从而使健康步道更好地为居民的健康生活做出贡献（卢春丽，2013）。

研究选取绿视率与层次结构作为评价城市健康步道植物景观的群落特征指标。北京冬季萧条，植物景观的绿视率和层次结构成为决定植物群落外貌的主要因素。绿视率这一概念首先是由日本学者青木陽二于1987年基于视觉环境学的发展而提出的，是指在人的视野中绿色所占的比率（青木陽二，1987）。后来日本环境心理学专家大野隆造提出的绿视率理论被实验心理学、环境心理学等学科广泛采纳与发展，并在景观规划设计中得到应用。植物群落的绿视率既是反映城市空间绿化水平的物理量，也是衡量植物常绿落叶比的良好指标，能体现人们对城市线性空间绿量的心理感知，宜作为衡量城市健康步道绿化情况的评价指标（肖希 等，2018）。层次结构对维系植物群落的健康与稳定起到关键性作用，是衡量城市绿地质量的重要标准。合理的植物群落结构不仅可以使植物最大限度地利用资源与空间，同时也有利于植物群落个体的生长发育以及生态效益的高效发挥（王旭东，2016）。

研究采用简式POMS量表评定被试者情绪。该量表包括7个分量表（紧张、愤怒、疲劳、抑郁、精力、慌乱和自尊感）和40个形容词（如不愉快的、恐慌的、无精打采的等），每一项的回答都有5个等级，即0表示全无；1表示有一点；2表示中等；3表示很多；4表示非常多（祝蓓里，1995）。

1 研究方法

1.1 样地选择

选取北京市区内具有健康步道的5个典型公园，即奥林匹克森林公园、朝阳公园、广阳谷森林公园、海淀公园及长春健身园。其中总面积大于100hm² 的

公园，每隔0.5km选取一个研究节点；面积小于100hm²的公园，每隔100m选取一个研究节点。最终于奥林匹克森林公园选取11个节点，朝阳公园选取10个节点，海淀公园选取9个节点，广阳谷城市森林公园选取5个节点，长春健身园选取6个节点，共计41个节点。通过比较各节点绿视率与层次结构差异，选出4个代表性样地并将其分为4个等级，分别为Ⅰ级、Ⅱ级、Ⅲ级、Ⅳ级。Ⅰ级为绿视率高、层次结构简单的植物景观；Ⅱ级为绿视率高、层次结构复杂的植物景观；Ⅲ级为绿视率低、层次结构简单的植物景观；Ⅳ级为绿视率低、层次结构复杂的植物景观。

1.2 试验对象

本研究选择60名大学生志愿者作为试验对象，平均年龄为21.72±2.3岁，男女比例为1∶1.31。测试前通过问卷调查的形式了解被试者的健康状况，选择身心健康、视力正常的大学生，且试验前12小时内没有饮酒情况、没有剧烈的情绪波动和高强度的体力劳动等刺激神经行为的活动。

1.3 试验方法

1.3.1 绿视率测定与计算

以公园道路的中心线与整数里程处的交界处为试验人员拍摄照片的位置，测定人在行走时视线覆盖范围绿视率数值。在预先设置好的观测点上保持相机拍摄高度为1.6m（肖希 等，2018）。在拍摄过程中，应遵循以下几点以减小拍摄图片的误差：①选择接近人眼视野范围的焦距，使用单反相机时选择24mm的镜头，成像效果最接近人眼实际观察时的视距范围。②统一拍摄器材与拍摄模式。贯穿整个调查都使用同一款相机，并且设定统一的拍摄模式。③选择能见度高、晴朗无风的天气进行拍摄。

本研究采用Adobe Photoshop和Microsoft Excel软件对拍摄的照片进行绿视率计算与统计。先将图片导入Adobe Photoshop中，打开"直方图"，查看"像素"一栏，记录照片整体的像素值。之后选择"磁性套索工具"，将鼠标沿物体的边缘移动，选中绿色植物的轮廓，记录绿色植物区域的像素值（肖希 等，2018）。绿视率即为这两个像素值的比值，计算公式如下：

绿视率（%）=植物绿色部分面积/照片画面视野面积×100%

1.3.2 心理测试与计算

本研究采用网络问卷调查的形式进行，借助问卷平台软件（问卷星），向被试者发送填写邀请。调研分为4组进行。每个等级（Ⅰ级~Ⅳ级）的图片分配15名被试者。为了缓解被试者紧张情绪，以便测试效果

更加准确，问卷在开始之前会向被试者详细介绍测试的过程和相关环节的作用，在被试者逐渐适应测试环境后开始进行问卷调查。

具体测试步骤分为以下几部分：

（1）被试者适应测试环境；

（2）被试者填写测前心理问卷作为空白对照

（POMS 量表）；

（3）给被试者分配 4 张图片中的 1 张；

（4）填写后测心理问卷（POMS 量表）。

测试过程中，每张植物景观照片让被试者观察 2min；与此同时选择空白图片作为心理量表基准。心理测试试验具体流程见图 1。

图 1 心理测试流程

Fig. 1 Experimental steps of psychological test

试验结束后，统计观看植物景观图片前后问卷的总体得分情况，计算情绪纷乱指数（TMD 得分）。TMD 得分越高，表明情绪越消极，反之则情绪越积极。其计算公式如下：

TMD=（紧张得分+愤怒得分+疲劳得分+抑郁得分+慌乱得分）-（精力得分+自尊感得分）+100

分项统计观看植物景观图片前后的分量表得分情况，并计算分量表得分变化率。其计算公式如下：

$$D=(M'-M)/M×100\%$$

其中 D 为观看植物景观图片前后分量表得分变化率，M 为观看植物景观图片前的分量表得分，M′为观看植物景观图片后的分量表得分。

1.4 数据处理

使用 Microsoft Excel 2019 软件对所有数字型原始

数据进行存储并计算。统计分析采用 SPSS 25.0 软件对观看植物景观图片前与观看后的 TMD 得分均值进行配对 T 检验，$P<0.05$ 视为具有统计学意义。

2 结果与分析

2.1 研究样地调查结果

经过群落调查可知，41 个研究节点群落层次结构多为复层结构，鲜有单层结构。实验选取的 Ⅰ 级、Ⅲ 级样地为单层乔木结构；Ⅱ 级、Ⅳ 级样地为复层乔-灌-草结构。通过绿视率计算可知，41 个研究节点绿视率的平均值为 10.62%，总体绿视率较低。选取的 Ⅰ 级、Ⅱ 级样地的绿视率高于 20%；Ⅲ 级、Ⅳ 级样地的绿视率低于 5%，均与平均值呈现明显差异。4 个研究样地的分级及照片见表 1，基本情况见表 2。

表 1 样地分级及图片

Table 1 Classifications and photos of sample plots

样地等级	样地照片	样地等级	样地照片
Ⅰ级：绿视率高、层次结构简单		Ⅱ级：绿视率高、层次结构复杂	
样地等级	样地照片	样地等级	样地照片
Ⅲ级：绿视率低、层次结构简单		Ⅳ级：绿视率低、层次结构复杂	

表 2　样地基本情况

Table 2　Basic information of sample plots

等级	群落层次结构	绿视率(%)	常绿植物种类(株数)	落叶植物种类(株数)
I	乔	24.42	油松(1)、圆柏(5)	旱柳(5)、白蜡(5)、山杏(2)、元宝枫(1)、棣棠
II	乔-灌-草	32.00	油松(1)、大叶黄杨	柳(4)、栾树(2)、洋白蜡(5)、麦冬
III	乔	4.90	油松(1)	毛白杨(12)、柳(3)
IV	乔-灌-草	3.09	油松(1)	栾树(1)、山楂(1)、鹅掌楸(1)、丛生元宝枫(2)、丁香(1)、接骨木、狼尾草

2.2　绿视率与层次结构对大学生总体情绪的影响

根据表 3 的配对 T 检验结果,4 个样地观看植物景观图片后的情绪纷乱指数(TMD)均比观看前有所下降,说明观看植物景观图片能有效缓解被试者的负面情绪,增加被试者的正面情绪。与空白对照相比,绿视率高、层次结构简单的 I 级图片与绿视率高、层次结构复杂的 II 级图片达到极显著水平($p<0.001$),绿视率低、层次结构复杂的 IV 级图片达到显著水平($p<0.05$),而绿视率低、层次结构简单的 III 级图片变化不太明显,未达到显著水平。II 级图片的 t 值最大,即观看植物景观图片前后的 TMD 得分均值差异最大,说明绿视率高、层次结构复杂的植物景观对被试大学生总体情绪的改善效果更显著。

对比 I 级、III 级图片与 II 级、IV 级图片 t 值显著性可以看出,在层次结构等级相同的情况下,绿视率高的植物景观更有利于被试大学生总体情绪的改善。由 I 级和 II 级图片的显著性可知,绿视率高的植物景观对情绪有显著的积极影响。即使是北京的冬季,游人依然向往绿色的植物景观,这对植物景观设计师进行四季分明地区植物的季相设计提出了更为严格的要求。

对比 I 级、II 级图片与 III 级、IV 级图片 t 值显著性可以看出,在绿视率等级相同的情况下,层次结构复杂的植物景观更有利于被试大学生总体情绪的改善。尤其对于绿视率较低的植物景观来说,植物层次结构的复杂程度占据了更为重要的地位。与其他 3 张图片相比,III 级图片显得较为单调,且有一边被围挡围住正在施工,对被试者的情绪影响力就略显不足了。IV 级图片即使没有常绿植物的衬托,依然野趣十足,充满自然的活力,也能够对被试者的情绪产生一定积极影响。这也进一步说明小尺度的城市森林公园对于游人的吸引是十分强烈的,有必要被进一步推广。

表 3　TMD 差异及配对 T 检验

Table 3　TMD difference and paired t test

等级	观看植物景观图片前的 TMD 得分均值	观看植物景观图片后的 TMD 得分均值	t 值
I	103.67	97.93	5.143***
II	112.53	100.13	5.971***
III	103.73	101.6	1.964
IV	101.47	88.13	2.936*

注:*** 代表 $P<0.001$,* 代表 $P<0.05$。

2.3　绿视率与层次结构对大学生各项情绪的影响

将每组试验 15 个被试者的空白对照结果,与植物景观刺激后结果的各项情绪分量表得分单独相加,并计算得分变化率后,得到表 4。由表 4 可知,观看 I ~ IV 级图片后被试者的紧张、愤怒、疲劳、抑郁、慌乱 5 种负面情绪均呈现明显的下降趋势,说明植物景观刺激能够有效降低紧张感、减轻愤怒感、缓解疲劳感、消除抑郁感以及平复慌乱感,对人的负面情绪有明显的减缓作用。而对于正面情绪的影响效果不尽相同。

对比同为复杂层次结构等级的 II 级与 IV 级图片可以看出,绿视率高的植物景观(II 级)对 5 种负面情绪的降低和对正面情绪中精力值的提升效果均不如 IV 级明显,但对自尊感的降低效果没有 IV 级显著。对比同为简单层次结构等级的 I 级与 III 级图片可以看出,绿视率高的植物景观(I 级)对紧张、抑郁、慌乱 3 种情绪的降低效果比 III 级明显,且对精力和自尊感 2 种正面情绪均有提升,而绿视率低的植物景观(III 级)则对精力和自尊感 2 种正面情绪呈现下降趋势。由此可见,在相同等级层次结构的植物景观中,绿视率与大学生的各项情绪无明显关联,绿视率的高低对被试者各项情绪的影响不确定。

对比同为高绿视率等级的 I 级与 II 级图片可以看出,层次结构复杂的植物景观(II 级)对 5 种负面情绪的降低效果更明显,且对正面情绪中精力值的提升更大,但对自尊感无积极影响。对比同为低绿视率等级的Ⅲ级与Ⅳ级图片可以看出，层次结构复杂的植物景观（Ⅳ级）对5种负面情绪的降低效果更明显，且对正面情绪中精力值的提升更大，但同样被试者的自尊感未得到提升。由此可见，在相同等级绿视率的植物景观中，层次结构复杂的植物景观对缓解被试者紧张、

愤怒、疲劳、抑郁、慌乱负面情绪的效果更好，提升被试者精力的效果也更好，但对于自尊感并未起到良好的促进作用。笔者认为原因在于"自尊感"与植物景观概念相关度较小，故在试验中没有明显的波动。

表4　情绪分量表得分差异及变化率

Table 4　Score difference and change rate of emotion subscale

等级	情绪分量	观看植物景观图片前的分量表得分	观看植物景观图片后的分量表得分	观看植物景观图片前后分量表得分变化率(%)
Ⅰ	紧张	67	43	−35.82
	愤怒	51	43	−15.69
	疲劳	57	44	−22.81
	抑郁	49	39	−20.41
	慌乱	62	41	−33.87
	精力	139	142	2.16
	自尊感	92	99	7.61
Ⅱ	紧张	100	54	−46.00
	愤怒	74	47	−36.49
	疲劳	80	42	−47.50
	抑郁	77	52	−32.47
	慌乱	101	55	−45.54
	精力	142	154	8.45
	自尊感	102	94	−7.84
Ⅲ	紧张	84	60	−28.57
	愤怒	76	57	−25.00
	疲劳	55	39	−29.09
	抑郁	55	45	−18.18
	慌乱	72	63	−12.50
	精力	183	143	−21.86
	自尊感	103	97	−5.83
Ⅳ	紧张	80	23	−71.25
	愤怒	39	18	−53.85
	疲劳	49	20	−59.18
	抑郁	44	15	−65.91
	慌乱	92	33	−64.13
	精力	164	186	13.41
	自尊感	118	101	−14.41

3　结论与讨论

3.1　结论

基于上述对北京城市健康步道冬季植物景观的调研与试验，总结归纳得出如下结论：

（1）在层次结构等级相同的情况下，绿视率高的植物景观更有利于被试大学生总体情绪的改善。而在绿视率等级相同的情况下，层次结构复杂的植物景观更有利于被试大学生总体情绪的改善。绿视率高、层

次结构复杂的植物景观对被试大学生总体情绪的改善效果更显著。

（2）植物景观刺激能够有效降低紧张感、减轻愤怒感、缓解疲劳感、消除抑郁感以及平复慌乱感，对被试大学生的负面情绪有明显减缓作用。

（3）在相同等级层次结构的植物景观中，绿视率与大学生的各项情绪无明显关联，绿视率的高低对被试者各项情绪的影响不确定。在相同等级绿视率的植物景观中，层次结构复杂的植物景观对缓解被试者紧

张、愤怒、疲劳、抑郁、慌乱负面情绪的效果更好，提升被试者精力的效果也更好，但对于自尊感并未起到良好的促进作用。

3.2　讨论

目前国内对于城市健康步道植物景观的研究较少，主要以调查步道的使用率、环境设施为主，少有人关注到植物景观对于人体健康的直接影响（陶建秀等，2016；朱晓磊 等，2018；邱天琦 等，2019）；而对于植物景观绿视率与层次结构的调查研究也多选在植物生长茂盛的春夏季节开展（章志都 等，2011；卜梦娇 等，2012）。本研究以北京城市健康步道冬季植物景观为研究对象，探讨其绿视率及层次结构对于人情绪的影响，从使用者的角度出发，对 60 个大学生被试者进行了心理指标的定量分析，为提升健康步道植物景观的健康效益、合理的植物配置方式提供了一定参考，同时也为建设更美丽、更生态、更健康的城市健康步道提供了科学指导。但本研究仍然存在一些不足：①研究仅选取了在校大学生作为评价对象分析植物景观对于人情绪的影响，年龄结构不够全面。应丰富被试者的年龄结构，如增加儿童、中年、老年等。覆盖整个城市健康步道的使用者群体，使研究结论更具有科学性。②研究仅选用了绿视率与层次结构两个维度的评价指标，研究内容不够全面。在调研过程中，季节性天气、植物景观的颜色、植物景观的芳香气味等其他因素也会对游人的心理产生影响，这一点有待进一步研究。

当前北京城市健康步道植物景观存在着植物种类不够丰富、景观应用形式单一等诸多问题。对此，应着重提升整个健康步道绿地空间的物种多样性，协调好常绿落叶植物比例，可适当增加常绿植物的种类和数量，并多采用"乔-灌-草"形式的群落层次结构进行合理配植。确保健康步道植物景观在发挥其生态效益和观赏价值的同时，减少游客的负面情绪、增加正面情绪，对人的心理健康起到促进作用，让城市居民获得最大化的身心健康效益。

参考文献

卜梦娇，冯雪冰，杨小静，等，2012. 北京市再生水补水公园湿地水生植物群落调查[J]. 湿地科学，（2）：97-101.

康宁，李树华，李法红，2008. 园林景观对人体心理影响的研究[J]. 中国园林，（07）：69-72.

卢春丽，2013. 园艺疗法及其园林中的应用[D]. 北京：中国林业科学研究院.

青木陽二，1987. 視野の広がりと緑量感の関連.[J]. 造園雑誌，51.

邱天琦，崔庆伟，卢泽洋，2019. 城市景观中的健身步道设计——以北京望京区域为例[J]. 林业资源管理，（02）：152-158.

陶建秀，高霞，吴龙辉，2016. 上海市金山区部分居民健康步道的使用情况调查分析[J]. 中国健康教育，32（03）：262-264.

王旭东，2016. 城市绿地植物群落结构特征与优化调控研究[D]. 郑州：河南农业大学.

肖希，韦怡凯，李敏，2018. 日本城市绿视率计量方法与评价应用[J]. 国际城市规划，33（02）：98-103.

邢振杰，2015. 园林植物形态类型分析及对人身心健康影响研究[D]. 杨凌：西北农林科技大学.

杨一兵，王静雷，石文惠，等，2019. 2013—2018 年全民健康生活方式行动健康支持性环境建设趋势分析[J]. 中国慢性病预防与控制，（10）.

章志都，徐程扬，龚岚，等，2011. 基于 SBE 法的北京市郊野公园绿地结构质量评价技术[J]. 林业科学，47（08）：53-60.

朱晓磊，张晓畅，武鸣，等，2018. 健康步道建设及使用效果调查[J]. 中华疾病控制杂志，22（01）：70-74.

祝蓓里，1995. POMS 量表及简式中国常模简介[J]. 天津体育学院学报，（01）：35-37.

Brownson R-C, Housemann R-A, Brown D-R, et al. 2000. Promoting physical activity in rural communities：walking trail access, use, and effects[J]. American Journal of Preventive Medicine, 18(3)：235-241.

Chorong Song, Ikei Harumi, Igarashi Miho, et al. 2014. Physiological and psychological responses of young males during spring-time walks in urban parks[J]. Journal of physiological anthropology, 33(1)：8.

Philip-J Troped, Saunders Ruth-P, Pate Russell-R. 2005. Comparisons Between Rail-Trail Users and Nonusers and Men and Women's Patterns of Use in a Suburban Community[J]. Journal of Physical Activity & Health, 2(2)：169-180.

中国观赏园艺研究进展 2020：550～555
Advances in Ornamental Horticulture of China，2020：550～555

北京六条生态廊道的植物健康与群落自然度评价

陈启航　刘璟　陈曦　孙慧仪　孟子卓　于晓南*

（花卉种质创新与分子育种北京市重点实验室，国家花卉工程技术研究中心，城乡生态环境北京实验室，
园林环境教育部工程研究中心，林木花卉遗传育种教育部重点实验室，园林学院，北京林业大学，北京 100083）

摘要　城市生态廊道具有保持城市生物多样性、改善城市生态环境等重要的生态功能，而当前相关研究多侧重于生态廊道的网络调控理论，对生态廊道的建植和稳定的关注不够。本研究以北京市生态廊道为研究对象，采用层次分析法从植物群落的自然度和主要树种的形态健康两个层次对植物群落的稳定性进行了评价，并结合实例进行了简单分析，试图为提升城市生态廊道的稳定性提供参考。本研究发现道路生态廊道的自然度处于一个较低的水平，而主要树种的健康度较高，同时河流生态廊道的自然度处于一个较好的水平，而主要树种的健康度水平一般。因此建议在生态廊道的维护工作中，提升道路生态廊道的自然度，完善其植物群落结构，同时对河流生态廊道的主要树种进行健康维护。

关键词　生态廊道；自然度；层次分析法；形态健康

Evaluation of Plant Health and Community Naturalness in Six Ecological Corridors in Beijing

CHEN Qi-hang　LIU Jing　CHEN Xi　SUN Hui-yi　MENG Zi-zhuo　YU Xiao-nan*

（*Beijing Key Laboratory of Ornamental Plants Germplasm Innovation & Molecular Breeding*，*National Engineering Research Center for Floriculture*，*Beijing Laboratory of Urban and Rural Ecological Environment*，*Engineering Research Center of Landscape Environment of Ministry of Education*，*Key Laboratory of Genetics and Breeding in Forest Trees and Ornamental Plants of Ministry of Education*，*School of Landscape Architecture*，*Beijing Forestry University*，*Beijing* 100083，*China*）

Abstract　Urban ecological corridors have important ecological functions, such as maintaining urban biodiversity and improving urban ecological environment. However, current researches focus on network regulation theory of ecological corridors, and pay insufficient attention to the construction and stability of ecological corridors. In this study, the ecological corridor of Beijing was taken as the research object, and the stability of the plant community was evaluated from the two levels, naturalness of the plant community and morphological health of the main tree species, by analytic hierarchy process （AHP）. A simple analysis was carried out in combination with examples, in an attempt to provide reference for improving the stability of the urban ecological corridor. This study found that the naturalness of the road ecological corridor was at a low level, while the health of the main tree species was at a high level. Meanwhile, the naturalness of the river ecological corridor was at a good level, while the health of the main tree species was at an average level. Therefore, it is suggested to improve the naturalness of the road ecological corridor, improve its plant community structure, and maintain the main tree species in the river ecological corridor.

Key words　Urban ecological corridors；Naturalness；Analytic hierarchy process；Morphological health

　　工业革命以来，快速城市化的发展造成了生态环境恶化的恶果，无数次经历由于环境破坏而产生的自然灾害。如何使城市与自然相对和谐稳定的携手发展这一思考衍生出了城市生态廊道的命题，指在城市生态环境中以植物绿化为主的呈线状或带状空间形式的，基于自然走廊或人工走廊所形成的，具有生态功能的城市绿色通道（李静 等，2006）。城市生态廊道具有保持城市生物多样性、改善城市生态环境等重要

1　基金项目：北京市科技计划项目（D171100007217003）。
　　第一作者简介：陈启航（1993—），男，硕士研究生，主要从事园林植物种质资源和应用生态研究。
*　通讯作者：于晓南，教授，E-mail：yuxiaonan626@126.com。

的生态功能，同时还具有引导与限制城市空间扩张、带动社会经济发展、体现城市深刻的文化内涵等社会功能(李静 等，2006；张思源，2018)。

目前我国对于生态廊道的研究主要关注于利用有限的绿地量实现更大化的生态效益，着眼于宏观层面的生态廊道网络连接性的理论研究(俞孔坚 等，1998；朱强 等，2005；张洋，2015；易辉，2018)。但想要实现最大化的生态效益，绿地系统的稳定发展是前提，没有健康稳定的植物群落，再合理的网络连接都无法实现(阳含熙 等，1988；冯耀宗，2002；吴晓丽 等，2015)。本研究对北京市廊道的植物群落进行实地调研，评价现有廊道的稳定性，同时分析造成现状的可能原因，为生态廊道的科学种植提供依据，从而提升城市生态廊道稳定性。

1 材料与方法

1.1 研究场地概况

北京位于华北大平原北部，位于东经 115.7° ~ 117.4°，北纬 39.4° ~ 41.6°，东面与天津市毗邻，并一并被河北省裹挟。总体地势西北高、东南低。西部为西山属太行山脉；北部和东北部为军都山属燕山山脉，三面环山形成天然屏障，山脊平均海拔高度 1000m 左右；平原区海拔 20 ~ 60m，变化相对较小(北京市地方志编纂委员会，1999)。

北京的气候环境是典型的暖温带半湿润、半干旱季风型大陆性气候，具有夏季炎热多雨、冬季寒冷干燥雨雪少的显著特点。降水分配极其不均，多集中在夏季，夏季 6~8 月降水量可占到全年的 70% ~ 76%。

同时，北京日照丰富，全年平均为 112 ~ 135 kcal/cm，平均日照百分率在 60% 以上，年日照时数 2000 ~ 2800h(北京市地方志编纂委员会，1999)。

1.2 取样方法

依据车生泉(2001)所提出的城市绿色廊道分类方式，绿色廊道可以分为：绿带廊道、绿色道路廊道和绿色河流廊道三个类别。由于主要研究背景市区范围内的廊道，同时从研究方便程度考虑，本研究在廊道选择时仅考虑绿色道路廊道及绿色河流廊道。

参照《北京城市总体规划 2035 附图》及《北京市绿地系统规划》，在北京市域范围内选取 6 条重要生态廊道，包括绿色道路廊道(南四环通风廊道、北五环绿化带、东六环路绿化带)和绿色河流廊道(大运河水生态廊道、永定河水生态廊道、凉水河水生态廊道)各 3 条(图 1)。

1.3 评价方法

本研究通过样方调查廊道中物种的组成结构与植物生长状况，从植物群落的自然度和主要物种的形态健康对北京市生态廊道的稳定性进行评价。自然度是是对植物群落自然化程度的一种量化描述，表达植物接近自然状态的程度，自然度的数值越大的植物群落其状态越接近自然植物群落(冯耀宗，2002)。自然度的评价可以从植物群落组成、植物群落活力、人为干扰程度、植物群落结构 4 个方面进行综合评价。形态健康是通过植物外观形态对植物现状进行综合评价，具有快捷有效的特点。形态健康评价可以从整体、枝

图 1 调查样点分布

Fig. 1 Location plan of the investigation sites

干、树叶等不同部位选择合适指标对植物的形态健康进行评价。

为综合不同指标的评价结果，本研究采用层次分析法(AHP)来构建生态廊道植物群落稳定性评价指标体系。这种层次权重决策的方法最初于20世纪70年代初由托马斯·塞蒂提出，其主要特点是用数学的方法解决复杂的问题，对于处理复杂的决策问题具有实用性和有效性(Thomas，1982)。

1.4 评价体系

参考相关文献，咨询专家后以植物群落组成、植物群落活力、人为干扰程度、植物群落结构4个约束指标，植物群落地域特色、Simpson 多样性指数、Shannon-weineron 多样性指数、Pielou 均匀度指数、植物群落郁闭度、植物生长势、人为干扰程度、植物群落层次、直径分布9个特征指标构建了生态廊道的植物群落自然度评价指标体系(表1)(吴晓丽 等，2015)。以树干、树枝、树叶和根系的健康4个约束指标，包括树干倾斜度、树干损伤程度等9个特征指标构建主要乔木的形态健康评价体系(表2)。每个指标由0至1进行打分，最后加权求和得到最终6个生态廊道在植物群落自然度评分(S)和主要乔木形态健康度评分(HI)(许树柏，1988)。

表1 植物群落自然度评价指标结构
Table 1 Structure of natural degree of plant community evaluation index

目标层 B	约束层 C	指标层 D	
自然度	植物群落组成 C1	植物群落地域特色	D1
		植物群落物种 Simpson 多样性指数	D2
		植物群落物种 Shannon-weineron 多样性指数	D3
	植物群落活力 C2	植物群落物种 Pielou 均匀度指数	D4
		植物群落郁闭度	D5
	人为干扰程度 C3	植物生长势	D6
		人为干扰程度	D7
	植物群落结构 C4	植物群落层次	D8
		直径分布	D9

表2 评价等级表
Table 2 Rating scale

评价分值	≤0.46	0.46<S≤0.58	0.58<S≤0.7	S>0.7
评价等级	D	C	B	A

表3 优势种健康形态学评价指标权重
Table 3 Index weight of dominant tree species health evaluation

准则层	权重	指标层	权重	总权重
树干	0.36	树干倾斜度	0.4	0.144
		树干损伤程度	0.2	0.072
		害虫病害	0.4	0.144
树枝	0.14	枯断枝比例	1	0.14
树叶	0.25	树叶茂密程度	0.4	0.1
		失绿比例	0.3	0.075
		非正常落叶比例	0.3	0.075
根系	0.25	根系裸露程度	0.5	0.125
		根茎部腐朽	0.5	0.125

表4 优势种健康综合指数分级
Table 4 Classification of dominant tree species health index

级别	健康	亚健康	衰弱	濒死
综合指数	0.85<HI≤1.0	0.65<HI≤0.85	0.3<HI≤0.65	0<HI≤0.3

1.5 调查方法

对调查区域植物群落进行实地测量并拍照记录，同时进行群落学和多样性调查，调查中每个样地间隔一定距离平行于廊道方向布置5个10m×10m的乔木调查样方，实测所有胸径大于4cm的乔木树种的名称、株数、胸径、树高和冠幅等。在乔木样方内四角处设置4个5m×5m的灌木样方(含木质藤本、竹类)；在乔木样方中心及四个角点处布置1m×1m的正方形小样方，在其中对草本植物进行取样，分别记录灌木和草本的种类、丛(株)数、地径、高度、盖度、频度等(孟宪宇, 1995)。

对首次调研数据进行整理与计算，根据相对多度、频度、相对显著度计算物种的重要值。根据重要值排序选择每条廊道的主要乔木，进行第二次调研，对每一株优势种乔木都进行形态健康调研并进行拍照存档。

2 结果与分析

2.1 生态廊道的植物群落自然度评价

调查得到每个样地中植物群落各个层次中的优势种以及次优势种(表5)，根据植物群落自然度评价体系进行打分评价(表6)。

表5 生态廊道植物群落样地基本情况表
Table 5 the situation of plant communities of Beijing Eco-corridor

样地编号	样地名称	植物群落	植物群落层次	重要值最大的物种		
				乔木	灌木	草本
1	南四环	毛白杨+刺槐-马唐+虎尾草	乔+草	毛白杨	—	马唐
				0.3670	—	0.2004
2	北五环	毛白杨+刺柏-黄鹤菜+诸葛菜	乔+草	毛白杨	—	黄鹤菜
				0.2953	—	0.1488
3	东六环	毛白杨+国槐-木槿+毛黄栌-马唐+剪刀股	乔+灌+草	毛白杨	木槿	马唐
				0.2580	0.3805	0.1920
4	大运河	绦柳+碧桃-迎春+紫薇-马唐+牛筋草	乔+灌+草	绦柳	迎春	马唐
				0.4759	0.2503	0.3199
5	永定河	绦柳+榆树-金银木+连翘-狗尾草+马唐	乔+灌+草	绦柳	金银木	狗尾草
				0.3881	0.2558	0.2257
6	凉水河	绦柳+山桃-连翘+棣棠-活血丹+马唐	乔+灌+草	绦柳	连翘	活血丹
				0.1740	0.2832	0.1809

表6 研究样地各指标特征值
Table 6 Index character value of sample plot

样地号 No.	样地名称	植物群落组成 C1			植物群落活力 C2		人为干扰程度 C3	植物群落结构 C4			加权后总分值	评价等级
		植物群落地域特色	植物群落物种Simpson多样性指数	植物群落物种Shannon-weineron多样性指数	植物群落物种Pielou均匀度指数	植物群落郁闭度	植物生长势	人为干扰程度	植物群落层次	直径分布		
		D1	D2	D3	D4	D5	D6	D7	D8	D9		
1	南四环	0.8	0.824	1.953	0.632	0.8	0.4	0.4	0.4	0.5	0.574	C
2	北五环	0.6	0.882	2.530	0.690	1	0.4	0.4	0.5	0.5	0.585	B
3	东六环	0.6	0.893	2.685	0.755	0.8	0.4	0.4	0.2	0.5	0.556	C
4	大运河	0.6	0.776	2.224	0.607	0.4	0.6	0.8	0.8	0.5	0.679	B
5	永定河	0.6	0.854	2.342	0.653	0.6	0.6	0.8	0.8	0.5	0.738	A
6	凉水河	0.6	0.836	2.344	0.612	0.6	0.6	0.8	0.8	0.5	0.673	B

由表4可以看出，6个样地综合分值在0.55~0.78，其中3个样地评分在B级分值之间。而对比来看，河流廊道总分平均值(0.700)比道路廊道的平均值(0.572)要更高，意味着河流廊道的自然度要好于

道路廊道。细分各个指标，在植物群落郁闭度上道路廊道普遍高于河流廊道，但植物生长势和植物群落层次上，河流廊道均优于道路廊道。这是由于道路廊道多为防护林带，主要强调其纽带作用和空气交流的作

用,树木通常种植紧密而郁闭度高(图2左)。虽然在靠近路边也有生长良好的植物造景,但越过造景后的防护林带物种和群落层次通常比较单一,林冠线单调,因此生长势也相对较差。而北京河流多靠近中心城外缘,其周边多做成郊野公园等休闲的公共绿地,公园环境更接近自然。同时为了开阔景观视野,加上

河畔不宜种植过密乔木,郁闭度相应较低;但也因此群落层次比较丰富,物种配置完整(图2右)。

2.2 生态廊道的主要乔木的形态健康度评价

利用树木形态健康指标体系对每个样地中主要乔木进行形态健康评价(表7、表8)。

图2 道路廊道(左)和河流廊道(右)植物群落示意

Fig. 2 Schematic diagram of plant community in road corridors (left) and river corridors (right)

表7 道路廊道优势种健康评价结果

Table 7 Results of dominant tree species health in road corridor

所在样地	优势种	健康		亚健康		衰弱		合计
		株数	比例(%)	株数	比例(%)	株数	比例(%)	
南四环	毛白杨	11	45.83	11	45.83	2	8.33	24
北五环	毛白杨	10	55.56	8	44.44	0	0.00	18
东六环	毛白杨	5	71.43	2	28.57	0	0.00	7

表8 河流廊道优势种健康评价结果

Table 8 Results of dominant tree species health in river corridor

所在样地	优势种	健康		亚健康		衰弱		合计
		株数	比例(%)	株数	比例(%)	株数	比例(%)	
大运河	绦柳	5	50.00	5	50.00	0	0.00	10
永定河	绦柳	5	18.52	19	70.37	3	11.11	27
凉水河	绦柳	3	50.00	3	50.00	0	0.00	6

仅从优势种健康评价来看,道路廊道中不同健康程度的优势种数量所占比例为健康>亚健康>衰弱,而河流廊道中不同健康程度的优势种数量所占比例基本为亚健康>健康>衰弱,看似与表6有所冲突,但对于表6中关于生长势的评判是根据廊道整体的植物生长状况,而本次试验所研究的含有优势种的样方有生长环境的影响。北五环生态廊道中含有优势种的样方位于奥林匹克森林公园附近、东六环生态廊道中含有优势种的样方位于某森林公园附近,因此受到的人为破坏少,且有较为到位的保护措施。永定河生态廊道中有相当数量的小型绦柳集中种植于河畔,虽然有定时的管护,但过于密集的种植仍然一定程度影响了其

中植株的生长健康(图3左)。南四环生态廊道中的树木有部分位于四环路与汽车修理厂中间,受到严重的人为干扰(图3右)。因此可以得知,人为因素的影响会对廊道的生长健康产生较大影响,但并不都是负面影响,当有一定管护措施时可以对群落健康有积极作用。同时到毛白杨树种对于环境要求更低,即使在不够良好的环境中依然能保持较好的长势。

3 结论与讨论

综合对比可以看出河流廊道普遍比道路廊道分值要高,特别是植物群落自然度方面,道路廊道要落后于河流廊道。这可能是考虑到两种廊道不同的功能,

图 3　永定河生态廊道(左)和南四环生态廊道(右)

Fig. 3　Yongding river ecological corridor (left) and south fourth ring road ecological corridor (right)

河流廊道则侧重于游憩的功能,更强调其观赏性,而道路廊道多作为城市道路两侧的绿化带,通常更强调其防护作用,因此道路廊道需要在植物群落丰富度上有所取舍。同时,优势种的形态健康评分上道路廊道并未与河流廊道相差太多,可能是由于道路廊道多使用对环境要求、养护管理要求较低的毛白杨。

结合廊道所需满足的功能要求同时尽量提高其稳定性,在植物配置方面,道路廊道可以更多使用栾树、毛白杨这类对环境要求低的速生树种配合侧柏等常绿树种进行基础的绿化,能够起到良好的防护作用,同时在尽可能减少人工维护成本的情况下保持廊道一定的稳定性;河流廊道由于更侧重景观性,使用观赏性较强的植株,如绦柳、国槐、蔷薇属乔木配合棣棠、金银木、连翘等灌木,使至少两到三个季节都有较好的景观。对于地被植物,有许多入侵地被植物如牛筋草、马唐等生长良好,虽然也有一定景观性,但如果泛滥则会挤压其他种类草本的生长空间。因此可以对紫花地丁、二月蓝、欧亚旋覆花、蒲公英等乡土草本植物进行更广泛的应用。

同时本次的试验设计还有一定的缺陷:在判断自然度及植株的形态健康的某些指标时,其评分会一定程度受到个人主观性判断的影响;受到调研能力与工具影响,可能存在更合适的评价指标,评价体系的构建仍有较大的完善空间。

参考文献

北京市地方志编纂委员会, 1999. 北京志·地质矿产·水利·气象卷:气象志[M]. 北京:北京出版社, 7-27.

车生泉, 2001. 城市绿色廊道研究[J]. 城市生态研究, 25(11):44-47.

冯耀宗, 2002. 人工生态系统稳定性概念及其指标[J]. 生态学杂志, (05):58-60.

李静, 张浪, 李敬, 2006. 城市生态廊道及其分类[J]. 中国城市林业, 4(5):46-47.

孟宪宇, 1995. 测树学[M]. 北京:中国林业出版社.

吴晓丽, 李瑞军, 2015. 森林生态系统稳定性评价[J]. 南方农业, 9(24):99+101.

许树柏, 1988. 实用决策方法——层次分析法原理[M]. 天津:天津大学出版社.

阳含熙, 潘愉德, 伍业钢, 1988. 长白山阔叶红松林马氏链模型[J]. 生态学报, (03):211-219.

易辉, 2018. 波士顿公园绿道:散落都市的"翡翠项链"[J]. 人类居住, (01):18-21.

俞孔坚, 李迪华, 段铁武, 1998. 生物多样性保护的景观规划途径[J]. 生物多样性, (03):45-52.

张思源, 2018. 基于城市绿地系统空间布局优化的城市通风廊道规划设计研究[J]. 低碳世界, (12):160-161.

张洋, 2015. 景观对城市形态的影响——以波士顿的城市发展为例[J]. 建筑与文化, (03):140-141.

朱强, 俞孔坚, 李迪华, 2005. 景观规划中的生态廊道宽度[J]. 生态学报, (09):2406-2412.

宗跃光, 1996. 廊道效应与城市景观结构[J]. 城市环境与城市生态, (03):21-25.

Forman R T T, 1983. Corridor in a landscape: Their ecological structure and function[J]. Ecology : journal for ecological problems of biosphere, (02):375-387.

Giridharan R, Lau S, Ganesan S, et al., 2006. Urban design factors influencing heat island intensity in high-rise high-density environments of Hong Kong[J]. Building and Environment, (10):201:212.

Hill A, 1987. Ecosystem stability: some recent perspectives[J]. Prog. Physical Geography, 11(3):315-333.

Padma S, Gavane A, Ankam S, et al. , 2004. Performance evaluation of a green belt in a petroleum refinery: a case study[J]. Ecological Engineering, (2):130-135.

Sukopp H, Werner P, 1982. Nature in Cities. European committee for the Conservation of Nature and Natural Resources[C]. Council of Europe, Strasbourg, France.

Thomas L, 1982. Decision Marking for Leaders[M]. California: Lifetime Learning Publication.

北京园林绿地 16 种树木对 8 种重金属吸收能力的比较

巫丽华　程佳雪　朱妙馨　张灵巧　刘 燕*

（花卉种质创新与分子育种北京市重点实验室，国家花卉工程技术研究中心，城乡生态环境北京实验室，

园林环境教育部工程研究中心，林木花卉遗传育种教育部重点实验室，园林学院，北京林业大学，北京 100083）

摘要　以北京绿地 16 种成年树木为对象，测定其叶片和当年生枝条 Cd、Pb、Cu、Cr、Ni、Zn、As、Hg 重金属含量，在此基础上，采用聚类分析法对植物吸收重金属能力进行分级并采用隶属函数法评价植物对 8 种重金属的综合吸收能力。结果表明：①植物吸收重金属能力因树种和重金属种类有显著差异。从单位质量看，Cd、Cr 吸收量最高的是欧洲荚蒾；Pb、Cu、Ni、Zn、As、Hg 吸收量最高的分别是黄刺玫、七叶树、榆树、西府海棠、金叶女贞、迎春；②欧洲荚蒾、金叶女贞、小叶黄杨对 8 种重金属的综合吸收能力较强，臭椿最弱。本研究结果结合不同树种绿量测算模型，可以更全面评价树种重金属吸收量和吸收能力，为北京园林绿地生态建设树种选择提供依据。

关键词　重金属；园林树木；园林绿地

Comparison of the Absorb Ability of 8 Heavy Metals in 16 Trees in Beijing Greenbelt

WU Li-hua　CHENG Jia-xue　ZHU Miao-xin　ZHANG Ling-qiao　LIU Yan*

（*Beijing Key Laboratory of Ornamental Plants Germplasm Innovation & Molecular Breeding*，*National Engineering Research Center for Floriculture*，*Beijing Laboratory of Urban and Rural Ecological Environment*，*Engineering Research Center of Landscape Environment of Ministry of Education*，*Key Laboratory of Genetics and Breeding in Forest Trees and Ornamental Plants of Ministry of Education*，*School of Landscape Architecture*，*Beijing Forestry University*，*Beijing* 100083，*China*）

Abstract　Taking 16 trees from Beijing greenbelt as research object, the contents of Cd, Pb, Cu, Cr, Ni, Zn, As, Hg per unit mass in autumn leaves and annual branches of 16 adult garden trees were measured by field sampling method. On this basis, cluster analysis was used to classify the ability of plants to absorb heavy metals, the comprehensive ability of plants to absorb 8 heavy metals were evaluated by subordinate function value analysis . The results showed that ①16 trees had significant differences in their ability to absorb heavy metals, and varied with tree and heavy metals species. The highest contents of Cd and Cr in per unit mass leaves and branches is *Viburnum opulus*, and the highest contents of Pb, Cu, Ni, Zn, As, Hg is *Rosa xanthina*, *Aesculus chinensis*, *Ulmus pumila*, *Malus micromalus*, *Ligustrum × vicaryi* , and *Jasminum nudiflorum* respectively. ②The species with strong comprehensive absorbability to 8 heavy metals in the leaves and annual branches are *Viburnum opulus*, *Ligustrum × vicaryi*, *Buxus sinica*, while *Ailanthus altissima* showed the weakest. The results combined with the green quantity measurement models of different tree species can more comprehensively evaluate the heavy metal uptake and absorption capacity of adult tree species, and provide a basis for the tree selection for the ecological construction of green space in Beijing.

Key words　Heavy metal；Ornamental trees；Greenbelt

　　随着城市化和工业化进程的加速，城市生态环境的负荷也日益加重，其中大气与土壤中重金属污染问题尤为严重（吴秀丽 等，2010；庞静，2008；S. Cheng，2003）。重金属无法被生物降解，属于持久性污染物，对动植物以及人类健康构成重大风险（周启星 等，2001；魏树和 等，2004；Binggan Wei *et al.*，2009），成为城市中紧迫的生态健康问题。北京作为中国快速发展的代表城市之一，过多的人类活动干扰

---

　　1 基金项目：北京林业大学建设世界一流学科和特色发展引导专项资金"'健康城市'视角下园林植物功能研究"（编号 2019XKJS0322）资助。

　　第一作者简介：巫丽华，女，风景园林硕士在读。主要研究方向：园林植物应用与园林生态。邮箱：wulihua0508@163.com。

　　* 通讯作者：刘燕，教授，E-mail：chblyan@163.com。

使得城市范围内已经受到不同程度的重金属污染（邹明珠 等，2012），存在污染的重金属种类主要涉及镉（Cd）、铅（Pb）、铜（Cu）、锌（Zn）、铬（Cr）、镍（Ni）、砷（As）、汞（Hg）这 8 种重金属（蒋红群 等，2015；郭广慧 等，2015；吴建芝 等，2016；杨少斌 等，2018），其污染程度值得关注。有研究表明植物对大气和土壤重金属污染物具有一定程度的吸收能力，因此利用植物来削减环境中的重金属污染物具有重要意义（李少宁 等，2014）。

园林木本植物是城市区域的主要植物类型，其生命周期长、生物量大，在重金属防治方面发挥着重要作用（Zhao Ruirui *et al.*，2019），一方面能通过树叶、树枝的气孔或皮孔吸附空气中的重金属（薛皎亮 等，2000；鲁敏 等，2003），另一方面还能通过植物根系吸收土壤中的重金属（吕小王，2004），从而对土壤和大气中的重金属污染起到净化作用。因此在城市的生态园林建设中，选用木本植物净化环境重金属污染具有重要意义。

近年来，北京地区关于园林木本植物吸收重金属能力的评价研究相对较少，鲁绍伟（2014）对北京景山公园、奥林匹克公园、水关长城景区、松山自然保护区 5 种乔木叶片富集 Cu、Cr、Pb、Zn 的能力进行测定分析，结果显示柳树、银杏和侧柏对重金属富集较强。唐丽清（2014）对北京城区道路两侧 7 种绿化植物的重金属吸收能力研究显示，乔木中毛白杨对 Zn、Cu 的吸收能力较强，灌木中铺地柏对 Cd、Pb、Zn 的吸收能力较强。庞静（2008）对首都钢铁集团烧结厂28 种树木吸收 5 种重金属能力的差异研究筛选出 7 种对 Cd、Pb 的吸收能力较强的树木；唐敏（2019）对北京四环路 37 种木本的 Cd、Zn、Pb、Cu 含量进行测定，筛选出对 4 种重金属综合富集能力较强的 3 种植物。本课题组完成了北京园林绿地 29 种树木对 Cd、Pb、Cu 3 种重金属的吸收能力的测定，结果表明白扦、金银木对 3 种重金属的综合吸收能力较强（兰欣宇，2019）。这些研究有助于了解不同园林树木吸收重金属的能力，但是涉及种类有限，园林绿地木本植

物对重金属的吸收情况尚待更多研究结果的汇聚，才能获得较全面、客观、准确的结果。

本研究在前期对 29 种成年树木对 3 种重金属吸收力评价基础上（兰欣宇，2019）以相同样地上未测定的 16 种园林树木为对象，测定了园林绿地种植土相关行标和国标中规定控制的 Cd、Pb、Cu、Zn、Cr、Ni、As、Hg 8 种重金属元素，为北京园林绿地生态建设树种选择提供依据。

1 材料与方法

1.1 样地位置

以环境相似、绿地有相同树种且树龄长势相似为原则，选取陶然亭公园、紫竹院公园、中国科学院植物研究所北京植物园（简称中科院北京植物园）为试验样地，3 个公园分别位于南二环、西三环和西五环，具体位置见图 1。于 2019 年对 3 个公园内采样树种集中的 4 个位点的土壤和空气的重金属含量进行测定，结果显示 3 个样地的环境重金属基本一致（表 1、表 2）。

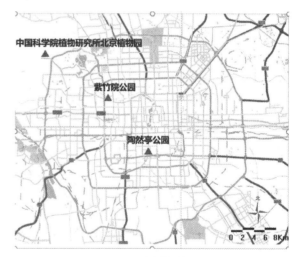

图 1 样地位置

Fig. 1 Sample location

表 1 3 个样地土壤重金属含量（mg/kg）

Table 1 Soil heavy metal contents in 3 sample plots

公园	Cd	Pb	Cu	Cr	Ni	Zn	As	Hg
陶然亭公园	0.19±0.05a	31.34±5.57a	23.47±2.53a	52.79±4.53a	30.64±1.80a	76.35±8.38a	28.24±2.58a	0.24±0.03a
紫竹院公园	0.20±0.03a	32.19±3.51a	23.46±2.16a	48.23±5.00a	28.46±2.84a	77.16±7.88a	29.76±0.98a	0.21±0.03a
中科院北京植物园	0.19±0.01a	32.25±3.35a	23.10±0.51a	50.04±4.40a	28.49±4.15a	76.05±4.49a	30.27±5.31a	0.20±0.02a

注：不同小写字母表示各样地间差异显著（$P<0.05$）。

表 2　3 个样地空气重金属含量(mg/kg)

Table 2　Air heavy metal contents in 3 sample plots

公园	Cd	Pb	Cu	Cr	Ni	Zn	As	Hg
陶然亭公园	2.65±0.38a	36.46±4.23a	35.52±2.99a	8.14±0.85a	1.83±0.22a	286.09±10.90a	11.2±1.13a	0.66±0.16a
紫竹院公园	2.94±0.10a	38.21±6.75a	37.81±4.39a	7.93±0.59a	1.85±0.66a	300.72±20.64a	10.76±0.90a	0.69±0.08a
中科院北京植物园	2.12±0.17b	31.04±1.82a	35.02±3.97a	7.35±0.81a	1.85±0.38a	290.02±9.04a	9.83±0.79a	0.62±0.05a

注：不同小写字母表示各样地间差异显著($P<0.05$)。

表 3　试验测定的 16 种园林树木

Table 3　16 kinds of garden trees for testing

类型	树种	株高(m)	冠幅(m)
乔木	刺槐 *Robinia pseudoacacia*、七叶树 *Aesculus chinensis*、臭椿 *Ailanthus altissima*、梧桐 *Firmiana platanifolia*、榆树 *Ulmus pumila*、丝绵木 *Euonymus maackii*、杂交鹅掌楸 *Liriodendron × sinoamericanum*、玉兰 *Magnolia denudata*、西府海棠 *Malus micromalus*	3.5~11.0	3.0~10.0
灌木	黄刺玫 *Rosa xanthina*、欧洲荚蒾 *Viburnum opulus*、小叶黄杨 *Buxus sinica*、金叶女贞 *Ligustrum × vicaryi*、紫叶小檗 *Berberis thunbergii var. atropurpurea*、棣棠 *Kerria japonica*、迎春 *Jasminum nudiflorum*	1.0~2.0	1.0~2.5

1.2　样品采集与制备

在上述样地中选择有相同树种，且树龄、胸径、冠幅相似的植物种类，确定了 16 种园林树木(表 3)，其中乔木 10 种，灌木 6 种。

2019 年 10 月，在样地中选取生长健康且树龄、株高、胸径、地径相似的同种样木，采集样木树冠东、南、西、北 4 个方向、6~14cm 当年生枝条及其上叶片。采用韩玉丽(2015)、兰欣宇(2019)的采样方法，同种样木在每个样地随机选择 3 株植物样，混合成一个样品，封装于聚乙烯塑料袋。带回实验室，用去离子水将样品洗净晾干，于烘箱内 105℃ 杀青 30min，而后于 40℃ 烘干至恒重，粉碎，过 80 目筛，置于自封袋中存于 4℃ 待测。

1.3　重金属含量的测定

称取 1.0000g 植物样品，用 HNO_3—$HClO_4$ 消解体系消解。之后采用 ICP-MS 电感耦合等离子体质谱仪(Agilent 7700x)测定样品 Cd、Pb、Cu、Zn、Cr、Ni、As 和 Hg 含量，每个样品重复 3 次。

1.4　数据分析

采用 Excel 2016 进行数据计算以及制图，并利用 SPSS 21.0 对数据进行方差、聚类分析。

采用隶属函数法(罗红艳，2003；张家洋 等，2015)对树木吸收 8 种重金属综合能力进行评价。隶属值公式为 R(Xi) = (Xi－Xmin)/(Xmax－Xmin)，Xi 是某一指标的测定值，Xmax 和 Xmin 分别代表该指标测定值中最大值和最小值。对 16 种树木 8 种重金属含量依次进行隶属函数计算并求平均值(Δ)，平均值越大则该树木重金属综合吸收能力越强。

2　结果与分析

2.1　16 种树木吸收 8 种重金属能力的差异

由表 4 可知，16 种园林树木叶片和当年生枝条的重金属含量有显著差异($P<0.05$)，且因重金属种类而异。单位质量叶片和当年生枝条总 Cd 含量范围为 0.06~0.35mg/kg、Pb 为 1.89~7.40mg/kg、Cu 为 26.79~40.30mg/kg、Cr 为 4.23~14.26mg/kg、Ni 为 1.47~4.77mg/kg、Zn 为 43.32~143.84mg/kg、As 为 0.49~1.03mg/kg 和 Hg 为 0.06~0.13mg/kg，其中 Cd 含量变化范围最大而 Cu 含量变化范围最小。从 16 种园林树木平均重金属含量来看，表现为 Zn(74.92) > Cu(31.76) > Cr(8.40) > Pb(4.35) > Ni(3.27) > As (0.73) > Cd(0.17) > Hg(0.09)。

表 4 16 种园林树木重金属的含量（mg/kg）

Table 4 The content of heavy metal from 16 kinds of ornamental trees in greenbelt

树种	Cd	Pb	Cu	Cr	Ni	Zn	As	Hg
刺槐 Rp	0.08±0.01e	4.27±0.83de	26.79±5.45b	7.28±0.59bc	2.73±0.68b	53.26±2.48gh	0.53±0.02d	0.09±0.01b
七叶树 Ac	0.14±0.013d	3.75±0.35de	40.3±2.91a	7±1.79bc	2.04±0.52b	43.32±3.63i	0.63±0.25cd	0.06±0.02c
臭椿 Aa	0.08±0.01e	2.70±0.87f	28.78±5.64b	4.23±0.17c	1.47±0.14b	55.85±8gh	0.56±0.05d	0.06±0.020c
梧桐 Fp	0.19±0.04cd	2.88±0.40e	29.82±3.86b	5.59±0.43c	2.17±0.33b	65.95±1.42f	0.49±0.03d	0.10±0.02b
榆树 Up	0.12±0.02de	4.49±0.77de	30.07±0.41b	9.07±1.75bc	4.77±0.38a	74.62±1e	0.71±0.04c	0.08±0.01bc
丝绵木 Em	0.19±0.01c	3.79±0.42d	27.76±1.24b	9.46±2.94bc	2.91±0.74ab	79.9±6.52de	0.75±0.07bc	0.09±0.01b
杂交鹅掌楸 Ls	0.06±0.00e	1.89±0.49ef	28.62±5.76b	5.27±1.5c	4.21±0.8ab	78.04±2.12de	0.95±0.06ab	0.09±0.02b
玉兰 Md	0.09±0.00e	3.18±0.39e	31.9±3.66b	12.66±5.75ab	2.82±1.5b	72.16±3.76ef	0.55±0.04d	0.10±0.01b
西府海棠 Mm	0.10±0.01de	3.47±0.22de	32.03±3.28b	5.18±1.59c	3.56±2.57ab	143.84±4.75a	0.74±0.06c	0.090±0.01b
欧洲荚蒾 Vp	0.35±0.06a	5.39±0.31de	34.55±3.66b	14.26±0.88a	4.4±0.36ab	96.56±1.6c	0.97±0.05ab	0.09±0.02b
黄刺玫 Rx	0.24±0.04bc	7.37±0.35a	30.37±3.53b	6.18±1.97bc	4.17±1.22ab	57.13±2.25g	0.83±0.03bc	0.11±0.02ab
小叶黄杨 Bs	0.26±0.05b	4.64±0.22c	34.51±3.46ab	11.07±2.48ab	4.26±0.64ab	50.22±4.93h	0.86±0.06bc	0.11±0.01ab
金叶女贞 Lv	0.22±0.01bc	6.33±0.29b	34.65±2.74ab	12±1.76ab	3.42±1.73ab	122.3±4.17b	1.03±0.08a	0.10±0.01b
紫叶小檗 Bt	0.25±0.07bc	6.60±0.60b	37.44±9.22ab	8.07±4.33bc	2.57±0.99b	81.85±1.29d	0.72±0.13c	0.11±0.02ab
棣棠 Kj	0.20±0.02c	5.76±0.31cd	33.21±3.54ab	9.91±3.1b	3.56±1.4ab	59.94±1.49fg	0.88±0.04b	0.12±0.02ab
迎春 Jn	0.12±0.01de	3.17±0.24ef	27.33±6.31b	7.21±0.95bc	3.19±1.68ab	63.74±0.82f	0.55±0.02d	0.13±0.01a
平均值	0.17	4.35	31.76	8.40	3.27	74.92	0.73	0.09

注：树种拉丁学名用属名、种加词首字母表示。重金属含量为平均值±标准差（X̄±SE），不同小写字母表示不同树种的吸收重金属能力差异显著，$P<0.05$。

2.2 16 种树木吸收重金属能力的等级分类

由 16 种园林树木重金属含量的测定结果（表 4）可以看出树木对环境重金属的吸收具有一定的种间差异，但有些彼此差异并不明显，因此简单排序可能缺乏客观性。为了更科学地划分树木吸收重金属能力，本研究采用类平均聚类将 16 种园林树木对 Cd、Pb、Cu、Zn、Cr、Ni、As 和 Hg 8 种重金属的吸收能力进行适当分类、划分等级。根据类平均聚类法采用欧式平方距离，在类间距离 5 处作为分界聚类距离，输出谱系聚类图（图 2）。聚类分析结果可将 16 种园林树木分为 3 类：Ⅰ类为吸收能力强；Ⅱ类为吸收能力中等；Ⅲ类为吸收能力弱。

从 Cd 的谱系聚类图可见：Ⅰ类植物仅有欧洲荚蒾（0.35）；Ⅱ类植物有小叶黄杨、紫叶小檗、黄刺玫、金叶女贞、棣棠、丝绵木、梧桐（0.19~0.26）；Ⅲ类植物有七叶树、榆树、迎春、西府海棠、玉兰、刺槐、臭椿、杂交鹅掌楸（0.06~0.14）。从 Pb 的谱系聚类图可见：Ⅰ类植物有黄刺玫、紫叶小檗、金叶女贞（6.33~7.37）；Ⅱ类植物有棣棠、欧洲荚蒾、小叶黄杨、榆树、刺槐（4.27~5.76）；Ⅲ类植物有丝绵木、七叶树、西府海棠、玉兰、迎春、梧桐、臭椿、杂交鹅掌楸（1.89~3.79）。从 Cu 的谱系聚类图可见：Ⅰ类植物有七叶树（40.30）和紫叶小檗（37.44）；Ⅱ类植物有金叶女贞、欧洲荚蒾、小叶黄杨、棣棠、西府海棠、玉兰（26.79~34.65）；Ⅲ类植物有为黄刺玫、榆树、梧桐、臭椿、杂交鹅掌楸、丝绵木、迎春、刺槐（0.06~30.37）。从 Cr 的谱系聚类图可见：Ⅰ类植物有欧洲荚蒾、玉兰、金叶女贞、小叶黄杨（11.07~14.26）；Ⅱ类植物有棣棠、丝绵木、榆树、紫叶小檗、刺槐、迎春、七叶树；Ⅲ类植物有黄刺玫、梧桐、杂交鹅掌楸、西府海棠、臭椿（4.23~6.18）。从 Ni 的谱系聚类图可见：Ⅰ类植物有榆树、欧洲荚蒾、小叶黄杨、杂交鹅掌楸、黄刺玫（4.17~4.77）；Ⅱ类植物有西府海棠、棣棠、金叶女贞、迎春、丝绵木、玉兰、刺槐、紫叶小檗（2.57~3.56）；Ⅲ类植物有梧桐、七叶树、臭椿（1.47~2.17）。从 Zn 的谱系聚类图可见：Ⅰ类植物为西府海棠（143.84）和金叶女贞（122.30）；Ⅱ类植物有欧洲荚蒾、紫叶小檗、丝绵木、杂交鹅掌楸、榆树、玉兰（72.16~96.56）；Ⅲ类植物有梧桐、迎春、棣棠、黄刺玫、臭椿、刺槐、小叶黄杨、七叶树（43.32~65.95）。从 As 的谱系聚类图可见：Ⅰ类植物有金叶女贞、欧洲荚蒾、杂交鹅掌楸（0.95~1.03）；Ⅱ类植物有棣棠、小叶黄杨、黄刺玫、丝绵木、西府海棠、紫叶小檗、榆树（0.08~0.10）；Ⅲ类植物有七叶树、臭椿、迎春、玉兰、刺槐、梧桐（0.49~0.63）。从 Hg 的谱系聚类图可见：Ⅰ类植物有迎春、棣棠、紫叶小檗、黄刺玫、小叶黄杨（0.11~0.13）；Ⅱ类植物有梧桐、玉兰、金叶女贞、欧洲荚蒾、西府海棠、杂交鹅掌楸、

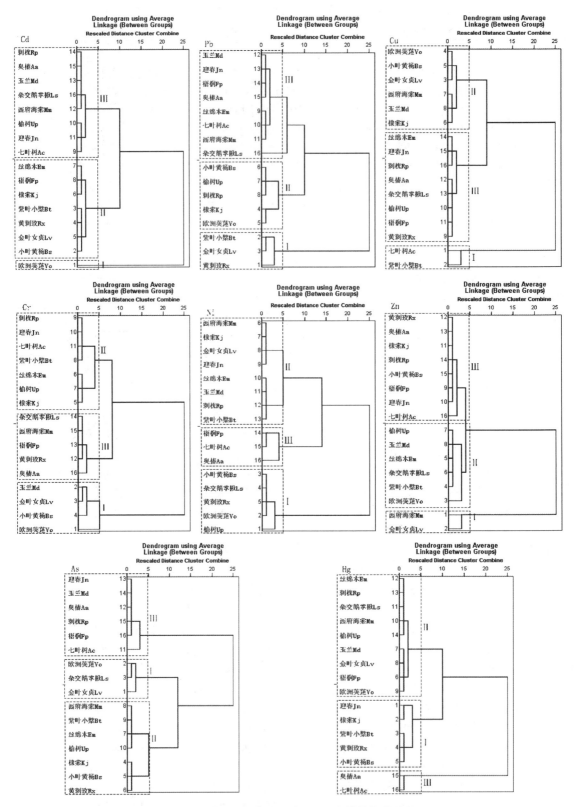

图2　16种园林树木对8种重金属含量的聚类分析

Fig. 2　Cluster analysis of 8 heavy metal contents from 16 ornamental trees in greenbelt

注：树种拉丁学名用属名、种加词首字母表示。

丝绵木、刺槐、榆树(0.08~0.10);Ⅲ类植物有臭椿(0.06)和七叶树(0.06)。

从分析结果可看出同一树种对不同重金属的吸收能力等级也不尽相同,对某种重金属吸收能力强的树种对其他重金属表现出中等或弱吸收能力的情况普遍存在。例如七叶树对 Cu 吸收能力最强但对 Cd、Pb、Ni、Zn、As、Hg 表现出吸收能力弱;迎春对 Hg 的吸收能力最强但对 Cd、Pb、Cu、Zn、As 的吸收能力弱。因此在城市生态园林树种的应用有特殊要求时,可进行针对性的树种选择。

2.3 16 种树木吸收重金属综合能力比较

在实际园林绿地中往往是多种重金属并存,因此考虑树木对多种重金属吸收的综合能力更有意义。隶属函数评价法是目前应用最普遍的综合评价方法。通过对 16 种园林树木地上部分叶片和当年生枝条 Cd、Pb、Cu、Zn、Cr、Ni、As 和 Hg 含量进行隶属函数法综合评价,结果表明,隶属函数平均值得分为 0.08~0.75。从表 5 可以看出,对 8 种重金属综合吸收能力排名前 5 位的分别为欧洲荚蒾、金叶女贞、小叶黄杨、棣棠、紫叶小檗,最弱的是臭椿。

表 5　16 种园林树木枝条与叶片对 8 种重金属综合吸收能力比较

Table 5　Comparison of comprehensive absorption capacity of 8 heavy metals in 16 ornamental trees

树种	富集能力指标的隶属函数值								Δ	排序
	Cd	Pb	Cu	Cr	Ni	Zn	As	Hg		
欧洲荚蒾 Vo	1.00	0.64	0.57	1.00	0.89	0.53	0.88	0.52	0.75	1
金叶女贞 Lv	0.56	0.81	0.58	0.77	0.59	0.79	1.00	0.56	0.71	2
小叶黄杨 Bs	0.68	0.50	0.57	0.68	0.84	0.07	0.68	0.73	0.60	3
棣棠 Kj	0.48	0.71	0.48	0.57	0.63	0.17	0.72	0.95	0.59	4
紫叶小檗 Bt	0.63	0.86	0.79	0.38	0.33	0.38	0.43	0.81	0.58	5
黄刺玫 Rx	0.60	1.00	0.26	0.19	0.82	0.14	0.63	0.77	0.55	6
榆树 Up	0.21	0.47	0.24	0.48	1.00	0.31	0.40	0.38	0.44	7
西府海棠 Mm	0.12	0.29	0.39	0.09	0.63	1.00	0.45	0.45	0.43	8
丝绵木 Em	0.45	0.35	0.07	0.52	0.43	0.36	0.48	0.42	0.39	9
玉兰 Md	0.08	0.23	0.38	0.84	0.41	0.29	0.11	0.56	0.36	10
杂交鹅掌楸 Ls	0.00	0.00	0.14	0.10	0.83	0.35	0.84	0.43	0.34	11
迎春 Jn	0.19	0.23	0.04	0.30	0.52	0.20	0.11	1.00	0.32	12
七叶树 Ac	0.27	0.34	1.00	0.28	0.17	0.00	0.25	0.29	0.29	13
梧桐 Fp	0.43	0.18	0.22	0.14	0.21	0.00	0.59	0.25	0.25	14
刺槐 Rp	0.05	0.43	0.00	0.30	0.38	0.10	0.08	0.42	0.22	15
臭椿 Aa	0.04	0.15	0.15	0.00	0.00	0.12	0.14	0.05	0.08	16

注:树种拉丁学名用属名、种加词首字母表示。

3　讨论

从本研究结果来看,树木对 8 种重金属都有一定的吸收积累能力,但对 Zn 和 Cu 的吸收积累量远高于其他重金属,这与许多学者(John M Veranth et al.,2003;庞静,2008;鲁绍伟 等,2014)的研究结果相同,可能与 Zn、Cu 是植物生理的必需元素有关(刘耘 等,1990;庄树宏 等,2000)。在比较 16 种树木对 8 种重金属吸收能力差异中发现大乔木的单位质量重金属吸收量相对较低而灌木的单位质量重金属吸收量相对较高,这可能与植物生物量与重金属吸收量之间的平衡有关,如有学者认为超富集植物的重金属高吸收量是以低生物量为代价的(Pulford I D et al.,2003),而迄今为止超富集重金属植物都为草本植物,其原因可能就在于此。

不同树木对重金属吸收能力具有显著差异,本研究结果中欧洲荚蒾、金叶女贞对 8 种重金属综合吸收能力较强而臭椿的综合吸收能力最弱。植物重金属吸收量的不同受多因素影响,修剪方式(唐丽清,2014)、雨水径流(杨清海 等,2008)、所处环境风向(John M Veranth et al.,2003)以及叶片和枝条的表面结构特征、内部生理生化特征(杨素丹,2009;Avery P B et al.,2014;李少宁 等,2016)等因素都可能影响植物重金属吸收量,由于植物所在样地环境以及管理相似,植物重金属吸收量可能与植物自身的生理特征以及吸收机理有关,这需要进一步的研究。

庞静(2008)以首钢钢铁集团烧结厂的 28 种树木为研究对象,对比分析了植物积累 Cu、Zn、Cr、Pb、Ni 的能力,这 5 种重金属与小叶黄杨和紫叶小檗 2 种植物与本研究对象相同;万坚(2008)以北京路旁 7 种绿化灌木的叶片和枝条为研究对象，测定了植物体内 Cu、Zn、Cr、Pb、Ni 含量，这 5 种重金属与 3 种植物与本研究，对象相同；唐敏（2019）对北京道路绿地 37 种木本植物的叶片和枝条的 Cd、Cu、Pb、Zn 含量进行了测定，这 4 种重金属与其中 9 种植物与本研究对象相同。这些研究测定的植物重金属含量与吸收能力排序与本研究结果并不完全一致，但也揭示了场地中成年树木吸收重金属能力评价的复杂性。树木对重金属的吸收受环境影响较大，本试验选取的 3 个样地都是环境相似的公园绿地，而以上三位学者选取的样地则是工业区或道路绿地，因此这些结果的差异可能与样地环境有关，另外试验设计中的采样时间以及测定方法也会影响实验结果，因此树木吸收重金属能力的评价与筛选需要统一的取样、测定标准，同时更多研究结果的汇聚、相互佐证才可获得更客观、准确的结果。

在城市园林绿地中了解场地中具有景观功能的成年树木的重金属吸收能力具有实际应用意义。要想准确地获得树木吸收重金属的能力，需要完整测定地上和地下器官的重金属吸收量才能客观比较树木吸收重金属的能力，但由于在城市园林绿地中树木地下器官的取样具有破坏性等现实因素的制约，因此无法对地

下部分进行取样和测定，在本研究中选取了在场地中可自然脱落的叶片和可人工修剪的枝条为研究对象，测定了其单位质量上 8 种重金属的含量。在实际应用中可结合不同树种绿量测算模型（胡春 等，2013）推算地上部分整体的重金属吸收量，对树种吸收重金属能力进行更全面的评价。目前场地中树木吸收重金属能力的评价方法仍需进一步的探讨和优化。

4 结论

城市园林绿地中园林树木叶片和当年生枝条对环境重金属有一定的吸收能力，从单位质量看，存在树种和重金属种类差异，评价场地中成年树木重金属吸收能力对园林绿地树种选择有参考意义。从单种重金属吸收能力来看，单位质量叶片和当年生枝条对 Cd、Cr 吸收量最高的是欧洲荚蒾，对 Pb、Cu、Ni、Zn、As、Hg 吸收量最高的分别是黄刺玫、七叶树、榆树、西府海棠、金叶女贞、迎春。从对 8 种重金属综合吸收能力看，单位质量叶片及当年生枝条上综合吸收能力最强的是欧洲荚蒾，最弱的是臭椿。参照本研究获得的对树木单位质量叶片和当年生枝条吸收重金属能力测定结果，结合不同树种绿量测算模型，可以对不同树木吸收重金属能力做出全面评价。

参考文献

郭广慧，雷梅，乔鹏炜，2015. 北京市城市发展中土壤重金属的空间分布[J]. 环境工程技术学报，5（05）：424 -428.

韩玉丽，2015. 北京市不同功能区 5 种常见树种对重金属富集特征研究[D]. 北京：中国林业科学研究院.

胡春，马渊洁，曾凡景，等，2013. 城市绿地系统规划中园林植物绿量计算模型构建及应用[J]. 绿色科技，（4）：88-92.

蒋红群，王彬武，刘晓娜，等，2015. 北京市土壤重金属潜在风险预警管理研究[J]. 土壤学报，52（04）：731-746.

兰欣宇，解莹然，程佳雪，等，2019. 北京园林绿地 29 种树木 3 种重金属含量的比较[J]. 中南林业科技大学学报，（09）：121-127.

李少宁，孔令伟，鲁绍伟，等，2014. 北京常见绿化树种叶片富集重金属能力研究[J]. 环境科学，（05）：271-280.

李少宁，刘斌，鲁笑颖，等，2016. 北京常见绿化树种叶表面形态与 PM2.5 吸滞能力关系[J]. 环境科学与技术，39（10）：62-68.

刘耘，1990. 重金属粉尘大气污染对绿化植物的影响[J]. 大气环境，5（4）：2-5.

鲁敏，李英杰，2003. 绿化树种对大气金属污染物吸滞能力[J]. 城市环境与城市生态，（01）：51-52.

鲁绍伟，高琛，杨新兵，等，2014. 北京市不同污染区主要绿化树种对土壤重金属的富集能力[J]. 东北林业大学学报，42（5）：22-26.

罗红艳，2003. 三种木本植物幼树重金属抗性的比较研究[D]. 南京：南京林业大学.

吕小王，2004. 植物对土壤中重金属的吸收效应研究[D]. 南京：南京理工大学.

庞静，2008. 北京耐土壤重金属污染城市绿化植物的筛选与评价[D]. 北京：北京林业大学.

唐丽清，2014. 北京城区道路绿地不同绿化模式植物重金属富集效能研究[D]. 北京：中国林业科学研究院.

唐敏，张欣，王美仙，2019. 北京 37 种园林植物对 4 种重金属的富集力及其分级评价研究[J]. 西北林学院学报，34（05）：263-268.

万坚，徐程扬，周睿智，等，2008. 北京市主要路旁绿化灌木中重金属元素分布特征[J]. 东北林业大学学报，（03）：22-23+30.

魏树和，周启星. 2004. 重金属污染土壤植物修复基本原理及强化措施探讨[J]. 生态学杂志，23（1）：65-72.

吴建芝，王艳春，田宇，等，2016. 北京市公园和道路绿地土壤重金属含量特征比较研究[J]. 北京园林，32（03）：53-58.

吴秀丽，陈锁忠，钱谊，2010. 基于 GIS 的大气污染应急监测方案自动生成研究(英文)[J]. Meteorological and Environmental Research, 1(04): 7-10.

薛皎亮，刘红霞，谢映平，2000. 城市空气中铅在国刺槐体内的积累[J]. 中国环境科学，(06): 536-539.

杨清海，吕淑华，李秀艳，等，2008. 城市绿地对雨水径流污染物的削减作用[J]. 华东师范大学学报(自然科学版)，(02): 41-47.

杨少斌，于鑫，孙向阳，等，2018. 北京城区绿地土壤重金属污染评价与空间分析[J]. 生态环境学报，27(05): 933-941.

杨素丹，2009. Zn、Cu 胁迫下杨树的生理响应及体内积累的研究[D]. 武汉：华中农业大学.

张家洋，蔺芳，2015. 18 种绿化树木叶片铅、镉、氯、硫含量的比较[J]. 西北林学院学报，30(6): 71-75.

周启星，黄国宏，2001. 环境生物地球化学及全球环境变化[M]. 北京：科学出版社.

庄树宏，王克明，2000. 城市大气重金属(Pb, Cd, Cu, Zn)污染及其在植物中的富积[J]. 烟台大学学报(自然科学与工程版)，(01): 31-37.

邹明珠，王艳春，刘燕，2012. 北京城市绿地土壤研究现状及问题[J]. 中国土壤与肥料，(3): 1-6.

Avery P B, Kumar V, Xiao Y F, et al. 2014. Selecting an ornamental pepper banker plant for Amblyseius swirskii in floriculture crops[J]. Arthropod-Plant Interactions, 8(1): 49-56.

Binggan Wei, Linsheng Yang. 2009. A review of heavy metal contaminations in urban soils, urban road dusts and agricultural soils from China[J]. Microchemical Journal, 94(2).

CJ/T 340-2016, 绿化种植土壤[S].

HJ/T 166-2004, 土壤环境监测技术规范[S].

John M Veranth, Eric R Pardyjak, Gauri Seshadri. 2003. Vehicle-generated fugitive dust transport: analytic models and field study[J]. Atmospheric Environment, 37(16).

Pulford I D, Watson C. 2003. Phytoremediation of heavy metal-contaminated land by trees—A review. EnvironmentInternational, 29: 529-540

S. Cheng, Heavy metal pollution in China: origin, pattern and control, Environmental Science and Pollution Research 10 (2003) 192-198.

Zhao Ruirui, Yang Tong, Shi Cong, et al. 2019. Effects of Urban-rural Atmospheric Environment on Heavy Metal Accumulation and Resistance Characteristics of *Pinus tabulaeformis* in Northern China. [J]. Bulletin of environmental contamination and toxicology.

基于 Meta 分析的多源文献植物滞尘能力量化研究初探

刘 畅　董 丽*　范舒欣

（花卉种质创新与分子育种北京市重点实验室，国家花卉工程技术研究中心，城乡生态环境北京实验室，

园林环境教育部工程研究中心，林木花卉遗传育种教育部重点实验室，园林学院，北京林业大学，北京 100083）

摘要　近年来城市绿地生态效益的量化研究已积累了大量的基础数据，这对于建立基于我国本土的绿地生态效益评估模型具有重要的意义。其中，在园林植物的滞尘效应方面已开展大量的科学试验研究，但由于研究方法尚未统一，量化指标较为庞杂等因素，不同学者得到的基础数据不具有较强的共享性，而这有碍于建立具有一定可靠性与推广应用性的园林植物滞尘效益模型基准数据库。本研究运用 Meta 分析对华北及华中地区园林植物滞尘能力相关文献进行筛选整理，主要提取并统计分析各篇文献的研究方法、采样时间、采样地点的用地类型、量化指标及量化数据等 5 项信息，整理出关联不同时间、空间使用场景的园林植物滞尘效应评估基础数据，并尝试通过统计学方法进行对比分析。最后，通过对比分析华北及华中地区的相关研究，对服务于园林植物景观设计的滞尘效益预估及评估模型的基础数据采集与分析方法提出建设性意见。

关键词　园林植物；滞尘能力；Meta 分析；园林应用场景

A Preliminary Study on the Quantitative Study of Dust Retention Ability of Plants from Multiple Essays Based on Meta-analysis

LIU Chang　DONG Li*　FAN Shu-xin

（*Beijing Key Laboratory of Ornamental Plants Germplasm Innovation & Molecular Breeding，National Engineering Research Center for Floriculture，Beijing Laboratory of Urban and Rural Ecological Environment，Engineering Research Center of Landscape Environment of Ministry of Education，Key Laboratory of Genetics and Breeding in Forest Trees and Ornamental Plants of Ministry of Education，School of Landscape Architecture，Beijing Forestry University，Beijing 100083，China*）

Abstract　In recent years, a large amount of basic data has been accumulated in quantitative researches on ecological benefits of urban green space, which is of great significance for the establishment of a green space evaluation platform basing on ecological benefit for China's native land. Among them, a lot of scientific experimental researches have been carried out on the dust retention effect of garden plants, but the basic data obtained by different essays does not have a strong sharing because of the non-unified research methods, relatively complicated quantitative indicators and other factors, which hinders to establish a database for dust retention benefits model of garden plants with certain reliability and application. This study uses Meta-analysis to sort out the essays related to the dust retention ability of garden plants in North China and Central China. It mainly extracts and statistically analyzes the research methods, experiment time, land type of sampling site, quantitative indicators and quantitative data of each document so as to obtain the basic data for the assessment of the dust retention effect of garden plants related to different time and space usage landscape application scenes, and try to make comparative analysis through statistical methods. Then, through the comparative analysis of related studies in North China and Central China, constructive comments for collection and analysis methods of the basic data aiming to prediction and assessment of the dust retention benefits of the plants landscape design will be put forward.

Key words　Garden plant；Dust-retention ability；Meta-analysis；Landscape application scene

1　基金项目：北京林业大学建设世界一流学科和特色发展引导专项资金资助——基于生物多样性支撑功能提升的雄安新区城市森林营建与管护策略方法研究（2019XKJS0320）。

第一作者简介：刘畅（1995—），女，硕士研究生，主要从事植物景观生态效益研究。

* 通讯作者：董丽，教授，E-mail：dongli@bjfu.edu.cn。

城市化进程的加快导致城市环境质量持续下降，其中由可吸入颗粒物污染引发的雾霾天气对城市人居环境造成了严重的影响。目前已有研究证实外源性超细颗粒物 PM2.5 可进入人体循环系统并对人体健康产生影响（Dawei Lu et al.，2020）。与此同时，大量研究表明植物可于城市环境中持续发挥一定的滞尘效应，对改善空气质量、维护城市生态平衡具有重要作用。为深入探索城市中植物的滞尘能力，各地学者开展了大量的试验量化研究，为建立立足于我国本土的绿地滞尘生态效益评估模型积累了大量的基础数据。但由于植物滞尘能力研究的实验方法与量化指标未形成统一标准，且植物滞尘能力受采样时间、地点等试验条件的影响呈现一定的波动性，不同学者对同种植物滞尘能力的研究结论具有一定的差异性（林星宇等，2018）。同时由于人力物力的局限，各学者无法对园林植物的滞尘能力进行穷举式研究以得到较为全面可靠的基础量化数据。

Meta 分析作为系统评价的研究方法常被应用于医疗和环境研究领域，该方法首先依据研究目的划定描述研究对象的关键词，通过关键词筛选相关文献，进而对各文献的研究方法进行批判性评估总结，并综合分析各文献中置信度较高的量化数据，以得到综合性、可靠性更高的研究结果（Bowler et al.，2010）。本研究的目的在于运用 Meta 分析法汇总我国近 10 年城市绿地中园林植物滞尘能力的量化研究结果，并尝试通过统计学方法判断不同试验条件下，即对应于不同园林设计应用场景下各文献数据之间的差异性，进而通过对比华中和华北两个地区的研究现状，对服务于园林植物景观设计的滞尘效益预估及评估模型的基础数据采集方法与基准数据库建立提出建设性意见。

1　研究方法

1.1　研究方法

本研究运用系统评价方法（Systematic review methodology）Meta 分析建立一个分析框架，对我国近年来与园林植物滞尘能力相关的研究文献进行系统梳理，以综合其研究发现。研究通过中国知网（http：//www.cnki.net/）期刊检索功能检索中文文献，筛选文章来源为"核心期刊""CSSCI""CSCD"，发表时间选定为近 10 年左右，检索关键词包括"园林植物""滞尘能力""滞尘效应""滞尘量""生态效益"等。共筛选出华北、华中地区相关文献 29 篇，文章发表时期介于 2007—2020 年，研究区域分布状况见图 1。

Meta 分析即提取各篇文献的某一元信息进行汇总分析。本研究提取各篇文献的试验方法、采样时间、采样地点的用地类型、量化指标及量化数据等 5

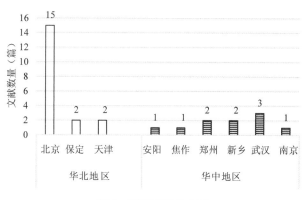

图 1　研究区域分布图

Fig. 1　Distribution of study area

项信息。统计和分析内容及方法如下：

1.1.1　试验方法及量化指标统计分析

统计华北及华中地区园林植物滞尘效应量化研究使用的实验方法和量化指标及应用的文献频数，得到现阶段各园林植物滞尘效应量化研究试验方法与量化指标的应用比例，并基于操作性与研究目的分析不同研究方法和量化指标的异同。

1.1.2　试验材料及试验场景统计分析

统计华北及华中地区园林植物滞尘效应量化研究所涉及的植物种类、采样时间及采样地点的用地类型。其中植物种类按生活型划分为常绿针叶乔木、常绿阔叶乔木、落叶阔叶乔木、常绿阔叶灌木、常绿针叶灌木、落叶阔叶灌木、落叶阔叶藤本和多年生草本 8 类，统计现阶段研究涉及的植物种类数量以及生活型比例。将采样地点的用地类型划分为校园绿地、城市道路、居住区、公园绿地及其他用地（包括苗圃、平原造林地等）5 种类型，统计各研究采样地点用地类型的频数与比例。将采样时间划分为春季（3~5月）、夏季（6~8月）、秋季（9~11月）、全年及春秋、夏秋两季组合 5 类，统计各研究采样时间的频数与比例。试验场景由采样时间和采样地点用地类型组合定义。

1.1.3　园林植物滞尘能力量化数据统计分析

提取各文献中园林植物滞尘能力量化指标单位叶面积滞尘量数据，所取数据均为原始数值数据，排除区间数据，并统一单位为 g/m^2。分别对华北及华中地区在该指标下数据来源多于 3 篇文献的园林植物种类进行统计分析。采用 ANOVA 单因素方差分析和 Tukey HSD 多重比较分析不同试验场景园林植物滞尘能力量化数据的差异性，并最终初步得到对应不同应用场景的园林植物滞尘能力量化基准数据。

1.2　数据分析

采用 Excel 进行图表绘制，运用 R 语言进行

ANOVA 单因素方差分析和 Tukey HSD 多重比较分析。

2　结果与分析

2.1　园林植物滞尘能力的定量研究方法

当前有关园林植物滞尘能力的量化研究大都采用差重法，但由于各研究者采样的地点、时间、部位以及叶片处理等测定技术的不同，不同研究者对相同树种滞尘能力的研究结果存在差异(张灵艺 等，2014)。本研究就目前开展的植物滞尘能力量化研究汇总其试验方法、量化指标、试验材料、采样地点和采样时间等研究内容。具体统计信息见文末附表 1、2。

2.1.1　试验方法

目前对于园林植物滞尘能力的量化研究主要从两方面展开，一是叶表面颗粒物滞尘量，二是叶表面滞留颗粒物粒径组成。针对叶表面颗粒物滞尘量的研究主要用于初步对比不同园林植物滞尘能力的差异，其试验方法总体上可分为差重法和颗粒物再悬浮法，即间接测定和直接测定两种类型。其中差重法依据不同学者采集叶片滞留颗粒物方式的不同又可分为落尘差重法、叶表面擦拭差重法、水洗过滤差重法、水洗分级过滤差重法(洗脱法)和抽样计算水洗过滤差重法 5 种。其中华北和华中地区的研究中，水洗过滤差重法是应用最多的试验方法，各研究选用试验方法统计如图 2。但不同学者的水洗过滤差重法(包括水洗过滤差重法、洗脱法和抽样水洗过滤差重法)在具体的试验操作上也存在差异，主要体现在悬浊液烘干处理和叶面积测定上。其中对悬浊液的烘干处理可总结为 60℃以下烘干至恒重量，以及 60℃以上烘干 24h，而叶面积测定以叶面积仪测定和扫描仪结合图像处理两

种方法为主，少数学者采用打孔法和标准方格纸法测定阔叶树叶面积，用排水法测定针叶树叶面积。

对于叶表面颗粒物粒径组成的研究主要是对比不同植物叶片对不同粒级颗粒物的附着能力。其试验方法主要包括水洗粒径测量法、电镜观测与图像处理法、洗脱法，以及气溶胶再发生器法 4 种。其中水洗粒径测量法和电镜观测与图像处理法分别获得的是叶片吸滞不同粒径颗粒物的的体积百分数和分布面积百分数，通常需将其默认为质量百分数结合单位叶面积颗粒物滞留量进行换算，以得到植物叶片对不同粒级颗粒物的滞留量(Cao et al.，2013)。而洗脱法和气溶胶再发生器法可以直接得到植物叶片对不同粒级颗粒物的滞留量，其中洗脱法在得到叶表面滞留颗粒物总量的同时，使用不同孔径的滤纸分级过滤，是对水洗过滤差重法的优化。

2.1.2　量化指标

园林植物滞尘能力的量化指标也可划分为两类，一是叶表面颗粒物滞留量量化指标，二是不同粒径及粒径范围量化指标。二者均可用于量化评价不同树种滞留大气颗粒物效应的差异。其中叶表面颗粒物滞留量量化指标包括单位叶面积滞尘量，单叶滞尘量和单株滞尘量，单株滞尘量即为单株树木总叶面积与单位叶面积滞尘量的乘积，而单株树木总叶面积一般通过绿量回归模型或标准枝分层法统计单株树木叶片总量估算总叶面积进行计算。此 3 个指标可用于初步量化对比不同植物滞尘效应的差异。而针对植物对不同粒级颗粒物的滞留能力，现有研究提出包括单位叶面积 TSP 滞留量、单位叶面积滞留 PM 总量、PM1、PM2.5、PM10 等不同粒径及粒径范围的量化指标。

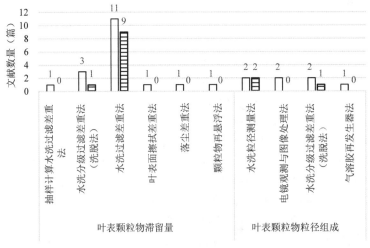

图 2　研究试验方法统计图

Fig. 2　Column chart of study methods

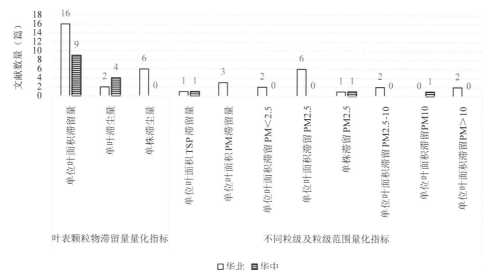

图 3　研究量化指标统计图

Fig. 3　Column chart of study quantitative indicators

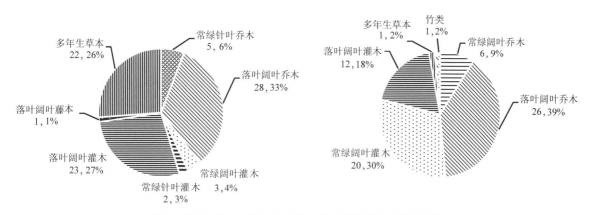

图 4　华北（左）、华中（右）地区试验材料生活型种类比例

Fig. 4　Pie chart of life forms of experimental materials in North China（L）and Central China（R）

其中由于 PM2.5 对人体健康的显著影响，多数研究均得到不同树种单位叶面积滞留 PM2.5 的量化数据。量化指标的单位以质量/面积为主，不同研究数据可通过单位换算至 g/m² 进行对比研究，少数量化指标的单位采用质量/体积或颗表征。各研究量化指标统计图见图 3。

2.1.3　试验材料

华北地区及华中地区的植物滞尘能力量化研究均以当地常用的园林植物为试验材料。其中，华北地区园林植物滞尘能力研究的试验材料包括常绿针叶乔木、落叶阔叶乔木、常绿阔叶灌木、常绿针叶灌木、落叶阔叶灌木、落叶阔叶藤本，以及多年生草本 7 种生活型。华北地区的研究树种中乔木树种共 31 种，占总树种数量的 43%，其中常绿针叶乔木 5 种，占总树种数量的 6%，落叶阔叶乔木 28 种，占总树种数量的 33%；灌木树种共 28 种，占总树种数量的 34%，

其中常绿阔叶灌木 3 种，占总树种数量的 4%，常绿针叶灌木 2 种，占总树种数量的 3%，落叶阔叶灌木 23 种，占总树种数量的 27%；落叶阔叶藤本 1 种，占总树种数量的 1%；多年生草本 22 种，占总树种数量的 26%，其中包括水生植物 7 种。

华中地区园林植物滞尘能力研究的试验材料包括常绿阔叶乔木、落叶阔叶乔木、常绿阔叶灌木、落叶阔叶灌木、多年生草本以及竹类 6 种生活型。华中地区的研究树种中乔木树种共 32 种，占总树种数量的 48%，其中常绿阔叶乔木 6 种，占总树种数量的 9%，落叶阔叶乔木 26 种，占总树种数量的 39%；灌木树种共 32 种，占总树种数量的 48%，其中常绿阔叶灌木 20 种，占总树种数量的 30%，落叶阔叶灌木 12 种，占总树种数量的 18%；多年生草本 1 种，占总树种数量的 2%；竹类 1 种，占总树种数量的 2%。华北及华中地区试验材料生活型种类比例见图 4。

2.1.4 试验场景

研究表明采样时间以及采样地点对植物滞尘能力具有一定影响。本研究将采样时间、采样地点用地类型依照各文献自身的分类描述进行归纳汇总，将采样时间划分为春季(3~5月)、夏季(6~8月)、秋季(9~11月)、全年及春秋、夏秋两季组合5组(其中部分研究试验跨季节进行如4~6月或8~10月，在统计时分别划分入春季和秋季，且在统计中有两篇文献未注明采样时间)。将采样地点，即数据采集地点的用地类型划分为校园绿地、城市道路、居住区、公园绿地及其他用地5组。并将试验场景定义为采样时间与采样地点用地类型的交叉组合。

华北地区采样时间主要集中在夏季和秋季，其中夏季8篇，占总研究文献数量的44%；秋季4篇，占总研究文献数量的22%；春季及全年试验各2篇，占总研究文献数量的22%；夏秋两季及春秋两季试验各1篇，占总研究文献数量的12%。华中地区采样时间主要集中在春季和秋季，其中春季2篇，占总研究文献数量的29%，秋季3篇，占总研究文献数量的43%，全年及夏季研究各1篇，占研究文献总数量的28%。此外，有两篇文献未标明采样时间。华北及华中地区采样时间统计图见图5。有研究表明15mm的降雨量就可以冲掉植物叶片的降尘，然后重新滞尘(张新献 等，1997)。因此各研究具体的采样时间一般设定在15mm降水后4~14d或连续7~12d无降水，

不同文献的采样时间细节不同。

华北地区采样地点的用地类型较为复杂，其中城市道路、公园绿地和校园绿地各3篇，占研究文献总数量的51%；居住区1篇，占研究文献总数量的5%；其他用地类型8篇，占研究文献总数量的44%。其中其他用地类型包括市区、工业区、空港经济区、湿地自然保护区、平原造林地和苗圃，还有校园绿地与街旁绿地组合用地类型。而华中地区采样地点的用地类型较为集中，主要为校园绿地和城市道路，各5篇，占研究文献总数量的83%。其中在校园绿地和城市道路两种用地类型采样地点中，同种类型有超过3篇文献数据的树种数量分别为3种和11种，这为综合比较该地区相同用地类型不同学者间的研究数据，以判断并获得置信度较高的树种滞尘能力量化指标数据提供了有利条件。华北及华中地区采样地点用地类型统计图见图6、图7。

2.2 园林植物滞尘能力量化对比

由于"单位叶面积滞尘量"是华北及华中地区各文献中应用最多的量化指标。因此以单位叶面积滞尘量这一量化指标筛选文献，排除掉没有单位叶面积滞尘量指标的文献，以及该指标下仅有区间数据而无数值数据的植物种类，按照华北及华中两个地区分别统计分析各园林植物滞尘能力在不同试验场景下数值的差异性，以及各树种量化数值的大小排序和变异系数。

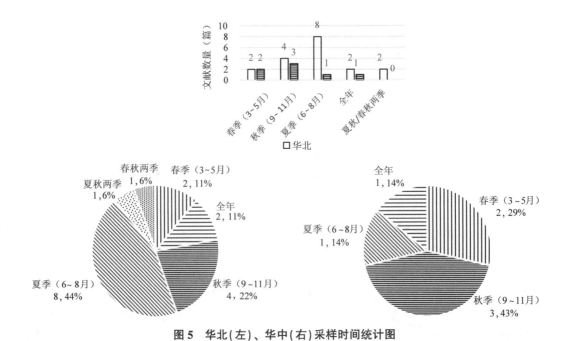

图5 华北(左)、华中(右)采样时间统计图

Fig. 5 Chart of experimental time in North China (L) and Central China (R)

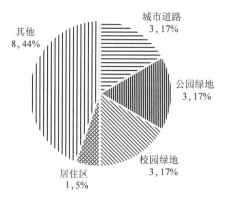

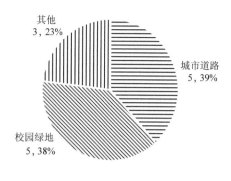

图 6 华北、华中地区采样地点用地类型统计图

Fig. 6 Chart of types of experimental sites in North China（L）and Central China（R）

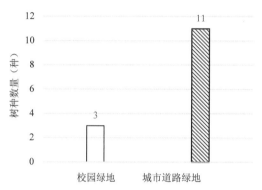

图 7 华中地区校园绿地及城市道路超过

3 篇同源文献研究树种数量统计图

Fig. 7 Column chart of species on campus green space and urban road green space studied by over 3 homologous references in North China

2.2.1 华中地区园林植物的滞尘能力分析

由于华中地区文献中采样地点用地类型相对集中，因此先对采样地点用地类型为城市道路和校园绿地中共同来源大于等于 3 篇文献的园林植物种类进行筛选，其中城市道路中同源树种大于等于 3 篇的种类有 11 种，包括常绿阔叶乔木大叶女贞、枇杷，落叶阔叶乔木白蜡、臭椿、构树、国槐、栾树、毛白杨，常绿阔叶灌木椤木石楠、小叶黄杨和落叶阔叶灌木紫荆。这 3 篇文献的基本信息如表 1。试验场景可概括为"城市道路+春季"和"城市道路+秋季"两种类型。

表 1 3 篇文献 2 个试验场景信息表

Table 1 Information of 3 experimental scenes from 3 references

序号	采样时间	采样地点	文献来源
场景 1	春季	城市道路	（朱凤荣和周丽君，2013a）
场景 2-1	秋季	城市道路	（张家洋 等，2013b）
场景 2-2	秋季	城市道路	（朱凤荣和周丽君，2013b）

此 3 篇文献采样地点用地类型相同，采样时间包括春季和秋季。首先共有 11 个相同树种单位叶面积

滞尘量的此 3 篇文献数据通过了正态假设检验（Q-Q 图，如图 8）和 Bartlett 方差齐性检验（$P = 0.05124 > 0.05$），说明三者在统计学上具有可比性。对共有 11 个相同树种单位叶面积滞尘量的 3 篇文献进行 ANOVA 单因素方差分析可知，三者之间不具有显著差异（$P = 0.487 > 0.05$），Tukey HSD 多重比较也表明共有 11 个相同树种单位面积滞尘量数据的 3 篇文献两两之间不具有显著差异性。说明华中地区用地类型为城市道路的园林植物在春秋两季的滞尘效应以单位叶面积滞尘量为量化指标时不具有显著差异。因此可将华中地区"城市道路+春/秋季"作为一个园林应用场景组合建立以单位叶面积滞尘量为量化指标的数据库。

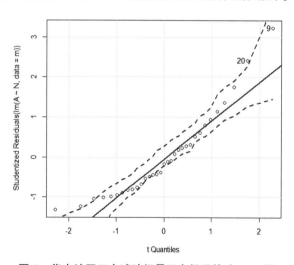

图 8 华中地区三个试验场景正态假设检验 Q-Q 图

Fig. 8 Q-Q Plot of normal hypothesis test for three experimental scenarios in Central China

注：该图横坐标为标准正态分布值，纵坐标为 3 个实验场景的 11 个树种的单位叶面积滞留量值，两者基本相等，即表明正态性假设符合较好（图中虚线部分，默认展示 95% 置信区间）。

表 2　华中地区 3 个试验场景单因素方差分析

Table 2　ANOVA one-way analysis of 3 experimental scenarios in Central China

方差来源	平方和	自由度	均方	F 比	P
因素	9.49	2	0.047	0.737	0.487
误差	193.08	30	6.436		
总和	202.57	32			

表 3　华中地区 3 个试验场景 Tukey HSD 多重比较

Table 3　Tukey HSD multiple comparison of 3 experimental scenarios in Central China

	SP	AU2	AU1
AU1	0.7160369	0.91104436	
AU2	0.4652671		
SP			

SP：场景 1；AU2：场景 2-1；AU1：场景 2-2。

由于采样地点用地类型为城市道路的此 11 种园林植物的单位面积滞尘量指标在春秋两季无显著差异，因此求 3 篇文献此 11 种树种单位叶面积滞尘量指标的均值和变异系数，并进行排序，排序结果见表 4。其中在"城市道路+春/秋季"的试验场景中，此 11 种包含 1 种常绿阔叶乔木、7 种落叶阔叶乔木、2 种常绿阔叶灌木和 1 种落叶阔叶灌木的园林树种的单位叶面积滞尘量区间为 0.5833～8.1233g/m²，变异系数除紫荆为 57.44% 外，其余均小于 50%，分布于 10.03%～38.66%。其中枇杷单位叶面积滞尘量最高，为 8.1233g/m²，变异系数为 27.05%，白蜡单位叶面积滞尘量最低，为 0.5833g/m²，变异系数为 11.74%。

表 4　华中地区 11 种树种单位叶面积滞尘量及变异系数

Table 4　Dust retention per leaf area and variation coefficient of 11 species in Central China

种类	生活型	单位叶面积滞尘量	变异系数（%）
枇杷	常绿阔叶乔木	8.12333	27.05
小叶黄杨	常绿阔叶灌木	5.99000	28.38
臭椿	落叶阔叶乔木	4.23667	38.66
国槐	落叶阔叶乔木	3.66667	20.71
毛白杨	落叶阔叶乔木	3.37000	25.84
构树	落叶阔叶乔木	2.97333	36.44
栾树	落叶阔叶乔木	1.48333	10.03
椤木石楠	常绿阔叶灌木	1.39333	14.26
紫荆	落叶阔叶灌木	1.28333	57.44
大叶女贞	落叶阔叶乔木	1.22000	12.29
白蜡	落叶阔叶乔木	0.58333	11.74

2.2.2　华北地区园林植物的滞尘能力分析

由于华北地区文献中采样地点用地类型较多，且每种用地类型的文献数量较少，因此在所有文献范围内对共同文献来源大于等于 3 篇文献的园林植物种类进行筛选，筛选出落叶阔叶乔木国槐、毛白杨和紫叶李。筛选出的 3 篇文献的基本信息如表 5。试验场景可概括为"公园绿地+秋季""城市道路+秋季""校园绿地/街旁绿地+春秋两季"和"空港经济区+秋季"4 个。

表 5　3 篇文献 4 个试验场景信息表

Table 5　Information 4 experimental scenes from 3 references

序号	采样时间	采样地点	文献来源
场景 1	秋季	公园绿地	（杨佳 等，2015）
场景 2	秋季	城市道路	（杨佳 等，2015）
场景 3	秋季	空港经济区	（王芳 等，2015）
场景 4	春秋两季	校园绿地/街旁绿地	（么旭阳 等，2014）

首先共有 4 个相同树种单位叶面积滞尘量的此 4 篇文献数据通过了正态假设检验（Q-Q 图，如图 9）和 Bartlett 方差齐性检验（$P = 0.8886 > 0.05$），说明此四者在统计学上具有可比性。对共有 4 个相同树种单位叶面积滞尘量的 3 篇文献中的 4 组试验场景进行 ANOVA 单因素方差分析可知，四者间具有极显著差异（$P = 0.000606 < 0.01$），Tukey HSD 多重比较也表明共有 3 个相同树种单位叶面积滞尘量的 4 组试验场景中，场景 3"空港经济区+秋季"与其他三个场景间均具有显著差异，且场景 2"城市道路+秋季"与场景 4"校园绿地/街旁绿地+春秋两季"之间也有显著差异。

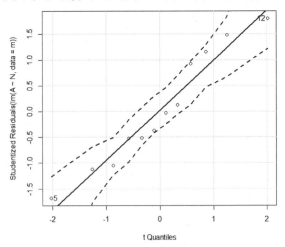

图 9　华北地区四个试验场景正态假设检验 Q-Q 图

Fig. 8　Q-Q Plot of normal hypothesis test for four experimental scenarios in North China

注：该图横坐标为标准正态分布值，纵坐标为 3 个实验场景的 11 个树种的单位叶面积滞留量值，两者基本相等，即表明正态性假设符合较好（图中虚线部分，默认展示 95% 置信区间）。

说明华北地区园林树种在采样地点用地类型与采样时间构成的不同实验场景中以单位叶面积滞尘量为量化指标的滞尘能力间具有显著差异，但由于华北地区相关研究的采样地点用地类型与采样时间相对复杂，共有相同树种的同类型场景的文献基础数据较少，目前无法得到置信度较高的结论。

基于华北地区目前的文献研究现状，统计华北地区各篇文献中单位叶面积滞尘量最高的 5 种园林植物进行汇总。其中单位叶面积滞尘量在超过 2 篇文献中位列前 5 的园林植物共有 13 种，包括 3 种常绿阔叶乔木：油松、白皮松和雪松；6 种落叶阔叶乔木：银杏、元宝枫、国槐、紫叶李、玉兰和绦柳；2 种常绿阔叶灌木：大叶黄杨和小叶黄杨；2 种落叶阔叶灌木：金银木和暴马丁香。统计图如图 10。

表6　华北地区 4 个试验场景单因素方差分析
Table 6　ANOVA one-way analysis of 4 experimental scenarios in North China

方差来源	平方和	自由度	均方	F 比	P
因素	4.132	3	1.3772	18.34	0.000606***
误差	0.601	8	0.0751		
总和	4.733	11			

表7　华北地区 4 个试验场景 Tukey HSD 多重比较
Table 7　Tukey HSD multiple comparison of 4 experimental scenarios in North China

	N1	N2	S	F
F	0.13792	0.0409*	0.00039***	
S	0.00583**	0.01787*		
N2	0.82296			
N1				

N1：场景 1；N2：场景 2；S：场景 3；F：场景 4。

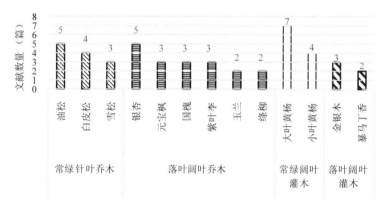

图 10　超过 2 篇文献中单位叶面积滞尘量位列前 5 的园林植物种类统计图

Fig. 10　Plant species with dust retention per unit leaf area in Top5 from more than 2 references

在此基础上求此 13 种树种单位叶面积滞尘量指标的均值和变异系数，并进行排序，排序结果见表 8。此 13 种园林树种的单位叶面积滞尘量区间为 0.3152~3.4050g/m²，变异系数除了雪松为 0 外，其余树种的分布区间为 35.26%%~162.30%。其中常绿针叶乔木雪松的单位叶面积滞尘量最高，为 3.4050g/m²，变异系数为 0，落叶阔叶灌木暴马丁香的单位叶面积滞尘量最低，为 0.3152g/m²，变异系数为 64.47%。对比华中地区的单一场景的树种滞尘能力量化指标排序，华北地区多场景混合的树种滞尘能力量化指标的变异系数明显较大。说明相同树种在不同试验场景，即对应不同设计应用场景的滞尘能力具有较大差异。

表8　华北地区 13 种树种单位叶面积滞尘量及变异系数
Table 8　Dust retention per leaf area and variation coefficient of 13 species in North China

树种	生活型	单位面积滞尘量（g/m²）	变异系数（%）
雪松	常绿针叶乔木	3.4050	0.00
油松	常绿针叶乔木	3.2553	162.30
白皮松	常绿针叶乔木	0.9368	59.84
玉兰	落叶阔叶乔木	2.2050	36.96
元宝枫	落叶阔叶乔木	1.4947	53.43
银杏	落叶阔叶乔木	1.3217	38.14
紫叶李	落叶阔叶乔木	1.0602	35.26
国槐	落叶阔叶乔木	0.6842	75.21
绦柳	落叶阔叶乔木	0.1368	42.23
小叶黄杨	常绿阔叶灌木	6.1417	76.29
大叶黄杨	常绿阔叶灌木	4.5237	98.90
金银木	落叶阔叶灌木	0.6442	55.43
暴马丁香	落叶阔叶灌木	0.3152	64.47

3 讨论与结论

园林植物滞尘量研究由于各研究试验方法的不完全一致性，导致不同学者的研究结论具有一定的特异性，虽然通过一定的文献积累，可以形成具有共识的研究结论，但是由于缺乏量化数据的支撑，所得到的结论大多仅可总结为定性结论，不足以支持园林植物滞尘效应量化评估系统的建立。同时，相较于本文提到的野外观测试验，在室内开展人工模拟试验或风洞试验，严格控制污染尘源、温湿度、风速等环境条件，可精确测算植物滞留颗粒物的效应，但是此类试验投入成本较高且较为理想化，笔者认为更适用于植物滞尘机理的研究。张灵艺等也提出造成植物个体滞尘能力研究结果差异性的主要原因可能与不同研究者选择的衡量指标参数、试验环境、测定技术方法等因素有关（张灵艺 等，2014）。

3.1 试验方法与量化指标

当前就建立服务于植物景观滞尘效应提升的园林设计的量化评估系统而言，需要统一试验观测方法，划定量化指标，形成操作性强、易推广应用的标准化植物滞尘能力测定技术。就本文研究统计结果来看目前应用最为广泛的植物叶表面颗粒物滞尘量试验方法是水洗过滤差重法，该试验方法所需试验条件简单、易操作，且在其基础上优化改进的水洗分级过滤差重法（洗脱法）可直接得到不同粒级颗粒物的滞留量，具有较强的应用推广性。但其具体的试验操作需要进一步统一，主要包括悬浊液烘干处理温度和叶面积测定两个步骤。

有学者提出单位叶面积滞尘量是反映不同树种滞尘能力最合理的指标（刘璐 等，2013）。同时由于不同植物的大小、总叶量差异较大，因此单株滞尘量也是重要的植物滞尘量量化指标。此外，研究表明外源性超细颗粒物 PM2.5 可进入人体循环系统并对人体健康产生影响。因此，单位叶面积 PM2.5 滞留量与单株 PM2.5 滞留量也可作为重要的园林植物滞尘量量化指标进行重点研究。

3.2 试验场景

多数研究表明园林植物滞尘能力大小除受其自身叶表面特性、叶面积倾角、树冠结构和枝叶密度的影响外，植物在不同的时间季节、环境气象条件下表现出不同的滞尘能力。研究表明植物枝叶对大气颗粒物的滞留受时间季节的影响，同时环境中粉尘污染程度、尘源距离对植物的滞尘能力也有很大影响，即城市中处于不同用地类型环境的植物的滞尘能力具有一定差异。本研究也得到不同采样时间、采样地点相同树种的滞尘效应具有显著差异的统计结论。因此在建立植物滞尘能力量化评估系统时可划分不同的试验场景以有针对性地评估不同设计应用场景植物景观的滞尘效应。其中试验场景可以用采样时间和采样地点的用地类型组合进行定义。在当前研究中，华北地区的试验场景相对多样而复杂，同种试验场景的数据量较少，不利于数据间的比较和统计分析，而华中地区的试验场景相对简单集中，这对于统计分析以得到不同应用场景植物滞尘量基准数据较为有利。

3.3 植物景观滞尘效应评价模型数据库建立

我国目前在生态效益的量化评估上尚未形成成熟的评价系统。当前国外比较成熟的有关城市树木生态效益评价的主要模型有 CITY-green 模型、UFORE 模型和 i-Tree 模型，三者都建立在扎实的基础数据库之上。当前我国在生态效益量化研究的基础数据采集量上还比较欠缺，同时由于数据采集未形成统一标准，数据之间的共享性较差不利于形成量化基准数据。因此，在形成标准化的植物滞尘能力测定技术之上，集中测定具有代表性的量化指标，划分应用场景采集数据，再运用统计手段综合处理采样数据，对得到实用性较强、置信度较高的植物滞尘能力量化基准数据，从而建立数据库以应用于植物景观滞尘能力预估及评价领域具有重要意义。

参考文献

丁艳丽，张雷，付涌玉，2017. 七种园林树木滞尘量对脯氨酸含量的影响[J]. 北方园艺，(20)：100-104.

董谦，李艳，李佳琦，等，2016. 保定 10 种野生地被植物的生态效益研究[J]. 西部林业科学，45(05)：108-112.

范舒欣，晏海，齐石茗月，等，2015. 北京市 26 种落叶阔叶绿化树种的滞尘能力[J]. 植物生态学报，39(07)：736-745.

高金晖，王冬梅，赵亮，等，2007.（植物叶片滞尘规律研究——以北京市为例[J]. 北京林业大学学报，02)：94-99.

纪惠芳，张立娟，阎海霞，等，2008. 几种我国北方绿化树种滞尘能力的研究[J]. 安徽农业科学，(25)：10869-10871.

贾彦，吴超，董春芳，等，2012. 7 种绿化植物滞尘的微观

测定[J]. 中南大学学报(自然科学版),43(11):4547
-4553.

李超群,钟梦莹,武瑞鑫,等,2015. 常见地被植物叶片特
征及滞尘效应研究[J]. 生态环境学报,24(12):2050
-2055.

李春义,崔丽娟,张骁栋,等,2016. 北京 7 种湿地植物的
颗粒物附着能力研究[J]. 生态环境学报,25(12):1967
-1973.

李少宁,刘斌,鲁笑颖,等,2016. 北京常见绿化树种叶表
面形态与 PM2.5 吸滞能力关系[J]. 环境科学与技术,
39(10):62-68.

李新宇,赵松婷,郭佳,等,2016. 基于扫描电镜定量评价
植物滞留大气颗粒物能力[J]. 西北林学院学报,31
(01):286-291.

李新宇,赵松婷,李延明,等,2015. 北方常用园林植物滞
留颗粒物能力评价[J]. 中国园林,31(03):72-75.

林星宇,李海梅,李彦华,等,2018. 园林植物滞尘效益研
究进展[J]. 江西农业学报,30(10):28-31.

刘海荣,高一丹,王葳,2017. 天津市 5 种常绿灌木的综合
评价[J]. 江苏农业科学,45(18):119-122.

刘璐,管东生,陈永勤,2013. 广州市常见行道树种叶片表
面形态与滞尘能力[J]. 生态学报,33(08):2604-2614.

么旭阳,胡耀升,刘艳红,2014. 北京市 8 种常见绿化树种
滞尘效应[J]. 西北林学院学报,29(03):92-95+104.

齐飞艳,朱彦锋,等,2009. 郑州市园林植物滞留大气颗粒
物能力的研究[J]. 河南农业大学学报,43(03):256
-259.

王芳,熊善高,李洪远,等,2015. 天津空港经济区绿化树
种滞尘能力研究[J]. 干旱区资源与环境,29(01):100
-104.

王琴,冯晶红,黄奕,等,2020. 武汉市 15 种阔叶乔木滞
尘能力与叶表微形态特征[J]. 生态学报,40(01):213
-222.

魏俊杰,崔彬彬,冯馨仪,等,2018. 北京常见树种滞留大
气颗粒物能力研究[J]. 北方园艺,(16):140-149.

夏冰,马晓,2017. 郑州市绿化植物滞尘效应及其生理特征
响应[J]. 江苏农业科学,45(06):127-131.

肖慧玲,陈小平,另青艳,等,2015. 园林植物滞尘能力分
析及其叶面滞尘高光谱定量遥感模型[J]. 长江流域资源
与环境,24(S1):229-236.

谢滨泽,王会霞,杨佳,等,2014. 北京常见阔叶绿化植物
滞留 PM2.5 能力与叶面微结构的关系[J]. 西北植物学
报,34(12):2432-2438.

杨佳,王会霞,谢滨泽,等,2015. 北京 9 个树种叶片滞尘
量及叶面微形态解释[J]. 环境科学研究,28(03):384
-392.

余曼,汪正祥,雷耘,等,2009. 武汉市主要绿化树种滞尘
效应研究[J]. 环境工程学报,3(07):1333-1339.

张家洋,刘兴洋,邹曼,等,2013. 37 种道路绿化树木滞尘
能力的比较[J]. 云南农业大学学报(自然科学),28
(06):905-912.

张家洋,鲜靖苹,邹曼,等,2012. 9 种常见绿化树木滞尘
量差异性比较[J]. 河南农业科学,41(11):121-125.

张家洋,周君丽,任敏,等,2013. 20 种城市道路绿化树木
的滞尘能力比较[J]. 西北师范大学学报(自然科学版),
49(05):113-120.

张灵艺,秦华,2015. 城市园林绿地滞尘研究进展及发展方
向[J]. 中国园林,31(01):64-68.

张桐,洪秀玲,孙立炜,等,2017. 6 种植物叶片的滞尘能
力与其叶面结构的关系[J]. 北京林业大学学报,39
(06):70-77.

张维康,王兵,牛香,2015. 北京不同污染地区园林植物对
空气颗粒物的滞纳能力[J]. 环境科学,36(07):2381
-2388.

赵松婷,李新宇,李延明,2014. 园林植物滞留不同粒径大
气颗粒物的特征及规律[J]. 生态环境学报,23(02):
271-276.

赵松婷,李新宇,李延明,2015. 北京市 29 种园林植物滞
留大气细颗粒物能力研究[J]. 生态环境学报,24(06):
1004-1012.

赵松婷,李新宇,李延明,2016. 北京市常用园林植物滞留
PM2.5 能力的研究[J]. 西北林学院学报,31(02):280
-287.

朱凤荣,周君丽,2013. 二十种园林绿化树木滞尘量比较
[J]. 北方园艺,(12):48-50.

朱凤荣,周君丽,2013. 绿化树木叶片滞尘量差异性分析
[J]. 湖北农业科学,52(18):4423-4426.

Dawei Lu, Qian Luo, Rui Chen, et al. Chemical multi-finger-
printing of exogenous ultrafine particles in human serum and
pleural effusion[J]. Nat. Commun., doi: 10.1038/s41467-
020-16427-x.

Diana E. Bowler, Lisette Buyung-Ali, Teri M. Knight, et al.
2010. Urban greening to cool towns and cities A systematic re-
view of the empirical evidence [J]. Landscape and Urban
Planning 97: 147-155.

附表1　华北地区园林植物滞尘能力量化文献汇总

序号	文献来源	地区	试验方法1	试验方法2	试验材料	采样地点	采样时间	量化指标 (g/m²)	指标区间
1	(张桐 等, 2017)	北京市	抽样计算水洗过滤重法	水洗粒径测量法	落叶阔叶乔3	校园绿地	全年(5/7/9/11月)	单位叶面积滞尘量	0.4096~13.7996
					常绿针叶乔1		8月	单位叶面积滞留 PM≤2.5	0.0220~0.7328
					常绿阔叶灌1			单位叶面积滞留 PM2.5~10	0.0712~2.1389
					落叶阔叶灌1			单位叶面积滞留 PM>10	0.2839~10.9279
								单株滞留 PM2.5	0.2839~10.9279
2	(李新宇 等, 2014)	北京市	水洗过滤称重法	—	常绿针叶乔2	公园绿地	秋季(8~10月)	单位叶面积滞尘量	0.0790~6.1020
					落叶阔叶乔5			单株滞尘量	0.1150~263.0550
3	(纪惠芳 等, 2008)	保定市	落尘差重法	—	常绿落叶灌1	市区	春季(4~5月)	单位叶面积滞尘量	23~186
					落叶阔叶乔10			单叶滞尘量	0.0160~0.1550
								单株滞尘量	0.8740~13.6200
4	(董谦 等, 2016)	保定市	水洗过滤差重法	—	多年生草本10	苗圃	夏季(8月)	单位叶面积滞尘量	0.4300~2.4100
5	(丁艳丽 等, 2017)	北京市	洗脱法	洗脱法	落叶阔叶乔6	校园绿地	夏季(7月)	单位叶面积滞尘量	0.9100~1.9800
					常绿阔叶藤1			单位叶面积滞留 PM≤2.5	0.6500~1.8800
6	(魏俊杰 等, 2018)	北京市	水洗过滤差重法	—	落叶阔叶乔8	平原区造林地	秋季(9月)	单位叶面积滞尘量	0.1378~0.3665
7	(高金晖 等, 2007)	北京市	水洗过滤差重法	—	落叶阔叶灌9 常绿阔叶灌2 常绿针叶乔6 落叶阔叶乔4	校园绿地	春季(4~5月)	单位叶面积滞尘量	0.0310~1.4010
8	(张维康 等, 2015)	北京市	颗粒物再悬浮法	—	常绿针叶乔2 落叶阔叶乔1	公园绿地	夏季(6~8月)	单位叶面积滞尘量	0.0200~0.0389
9~1	(杨佳 等, 2015)	北京市	洗脱法	洗脱法	常绿阔叶灌1 落叶阔叶乔8	公园绿地	秋季(10月)	单位叶面积滞尘量	0.6100~2.2500
								单位叶面积滞留 PM2.5	0.0400~0.1500
								单位叶面积滞留 PM2.5~10	0.0400~0.2100
								单位叶面积滞留 PM>10	0.5000~1.8900
9~2	(杨佳 等, 2015)	北京市	洗脱法	洗脱法	常绿阔叶灌1 落叶阔叶乔8	城市道路	秋季(10月)	单位叶面积滞尘量	0.7600~6.1700
								单位叶面积滞留 PM2.5	0.0500~0.4300
								单位叶面积滞留 PM2.5~10	0.0400~0.6100
								单位叶面积滞留 PM>10	0.6000~5.1300
10	(李少宁 等, 2016)	北京市	—	气溶胶再发生器法	常绿针叶乔3 落叶阔叶乔6	公园绿地	全年(3~11月)	单位叶面积滞留 PM2.5	0.00015~0.00166

（续）

序号	文献来源	地区	试验方法 1	试验方法 2	试验材料	采样地点	采样时间	量化指标（g/m^2）	指标区间
11	（赵松婷 等，2015）	北京市	水洗过滤差重法	电镜观测与图像处理	落叶阔叶灌 1 常绿阔叶灌 4 落叶阔叶灌 11 常绿针叶乔 2 落叶阔叶乔 10	—	夏季	单位叶面积滞尘量 单位叶面积滞留 PM2.5	≤6.1020 0.0397~1.1680
12	（李超群 等，2015）	北京市	水洗过滤差重法	—	多年生草本 5	校园（盆栽）	夏秋两季（7~11 月）	单位叶面积滞尘量	0.7000~2.4900
13	（李春义 等，2016）	北京市	水洗过滤差重法	水洗粒径测量法	多年生草本 （水生植物）	湿地自然保护区	夏季（8 月）	单位叶面积滞尘量 单位叶面积滞留 PM2.5	0.4150~0.8350 0.0060~0.0330
14	（幺旭阳 等，2014）	北京市	水洗过滤差重法	—	落叶阔叶灌 1 常绿阔叶灌 1 落叶阔叶乔 6	校园绿地/街旁绿地	春秋两季（9~10 月/4~5 月）	单位叶面积滞尘量	0.7700~0.2296
15	（谢滨泽 等，2014）	北京市	洗脱法	洗脱法	落叶阔叶灌 5 常绿阔叶灌 3 落叶阔叶乔 12	城市道路	夏季（8 月）	单位叶面积 TSP 滞留量 单位叶面积滞留 PM2.5	≤3.5 ≤0.4
16	（范舒欣 等，2015）	北京市	叶表面擦拭差重法	—	落叶阔叶乔 14 落叶阔叶灌 12	居住区	夏季（6~8 月）	单位叶面积滞尘量 单株滞尘量 单株滞尘量	0.1031~1.4599 ≤0.00779 ≤0.3522
17	（王芳 等，2015）	天津市	水洗过滤差重法	—	落叶阔叶乔 9 落叶阔叶灌 11	空港经济区	秋季（9 月）	单位叶面积滞尘量 单株滞尘量	0.5300~3.3400 2.5900~316.4700
18	（刘海荣 等，2017）	天津市	水洗过滤差重法	—	常绿阔叶灌 3 常绿针叶乔 2	工业区	夏季	单位叶面积滞尘量	4.6000~14.1000
19	（李新宇 等，2016）	北京市	水洗过滤差重法	电镜观测与图像处理	常绿针叶乔 5 落叶阔叶乔 3	公园绿地	全年	单位叶面积滞尘量 单株滞尘量 单位叶面积滞留 PM2.5 单株滞留 PM2.5	0.0790~3.4050 0.9620~263.0550 0.0160~0.6060 0.4030~106.3360

注：试验方法 1——叶表颗粒物滞留量试验方法，试验方法 2——叶表颗粒物粒径组成试验方法。

附表 2　华中地区园林植物滞尘能力量化文献汇总

序号	文献来源	地区	试验方法 1	试验方法 2	试验材料	采样地点	采样时间	量化指标（g/m²）	指标区间
1	（朱凤荣和周丽君，2013a）	焦作市	水洗过滤差重法	—	落叶阔叶乔 11	城市道路	春季	单位叶面积滞尘量	0.6800~10.6600
					常绿阔叶乔 2 常绿阔叶灌 4 落叶阔叶灌 3			单叶滞尘量	0.000363~0.065003
2	（朱凤荣和周丽君，2013b）	安阳市	水洗过滤差重法	—	落叶阔叶乔 7	城市道路	秋季	单位叶面积滞尘量	0.5400~8.4100
					常绿阔叶乔 2 常绿阔叶灌 3			单叶滞尘量	0.00019~0.055552
3~1	（肖慧玲等，2015）	武汉市	水洗过滤差重法	—	常绿阔叶乔 5	校园绿地	—	单位叶面积滞尘量	0.0200~0.9900
					落叶阔叶乔 6 常绿阔叶灌 6 落叶阔叶灌 3 竹类 1 多年生草本 1			单叶滞尘量	0.00013~0.01353
3~2	（肖慧玲等，2015）	武汉市	水洗过滤差重法	—	常绿阔叶乔 5	工业区	—	单位叶面积滞尘量	0.9700~5.1000
					落叶阔叶乔 6 常绿阔叶灌 6 落叶阔叶灌 3 竹类 1 多年生草本 1			单叶滞尘量	0.00085~0.13859
4	（余曼等，2009）	武汉市	水洗过滤差重法	—	落叶阔叶乔 4 常绿阔叶灌 2 常绿阔叶灌	城市道路	—	单位叶面积滞尘量	0.7852~6.9345
5	（王琴等，2020）	武汉市	洗脱法	洗脱法	常绿阔叶乔 5 落叶阔叶乔 6 常绿阔叶灌 2	公园绿地	秋季（9~11 月）	单位叶面积 TSP 滞留量 单位叶面积滞留 PM2.5 单位叶面积滞留 PM10	0.2350~1.8930 0.0060~0.0580 0.0230~0.3580
6	（张家洋等，2013a）	南京市	水洗过滤差重法	—	落叶阔叶乔 10	校园绿地	全年（4/7 月/10 月）	单位叶面积滞尘量	0.1400~9.4300

（续）

序号（文献来源）	地区	试验方法 1	试验方法 2	试验材料	采样地点	采样时间	量化指标（g/m²）	指标区间
7~1（张家洋 等，2012）	新乡市	水洗过滤差重法	—	常绿阔叶乔 4 常绿阔叶灌 5 落叶阔叶乔 6 常绿阔叶灌 1 常绿阔叶灌 2	校园绿地	秋季（10 月）	单位叶面积滞尘量 单叶滞尘量	0.3100~1.7400 0.00045~0.003267
7~2（张家洋 等，2012）	新乡市	水洗过滤差重法	—	落叶阔叶乔 6 常绿阔叶乔 1 常绿阔叶灌 2	城市道路	秋季（10 月）	单位叶面积滞尘量 单叶滞尘量	0.5300~5.3100 0.000668~0.0156
8~1（张家洋 等，2013b）	新乡市	水洗过滤差重法	—	落叶阔叶乔 18 常绿阔叶乔 2 落叶阔叶灌 7 常绿阔叶灌 8	城市道路	秋季	单位叶面积滞尘量	0.4600~5.300
8~2（张家洋 等，2013b）	新乡市	水洗过滤差重法	—	落叶阔叶乔 18 常绿阔叶乔 2 落叶阔叶灌 7 常绿阔叶灌 7	校园绿地	秋季	单位叶面积滞尘量	0.2900~4.0000
9（齐飞艳 等，2009）	郑州市	水洗过滤差重法	—	常绿阔叶乔 3 落叶阔叶乔 1 落叶阔叶灌 1	校园绿地	春季（4 月）	单位叶面积滞尘量	1.2000~2.5300
10（夏冰和马巧晓，2017）	郑州市	水洗过滤差重法	水洗粒径测量法	常绿阔叶乔 3 常绿阔叶灌 2	公园绿地/道路绿地/校园绿地	夏季（8 月）	单位叶面积 TSP 滞留量 单位叶面积滞留 PM2.5 单位叶面积滞留 PM10	5.1300~8.2400 0.00009712~0.00009864 0.00000085~0.00000156 0.00004158~0.00004674

注：试验方法 1——叶表颗粒物滞留量试验方法，试验方法 2——叶表颗粒物粒径组成试验方法。

基于 GC-MS 的三种石斛花朵赋香成分的分析

曾艺芸[1]　聂雪婷[1]　李振坚[1,*]　王元成[1]　周晓星[2]　孙振元[1]

（[1] 中国林业科学研究院林业研究所，国家林业局林木培育重点实验室，北京 100091；
[2] 岳阳市林业科学研究所，岳阳 414000）

摘要　药用石斛花朵具有解郁补虚、清热消炎功效，常用于茶饮、食疗。研究 3 种石斛花朵的挥发性成分及其含量，探明其香气组成，以期为石斛花保健功效的开发提供参考。采用顶空固相微萃取（HS-SPME），结合气相色谱-质谱联用（GC-MS）技术，分析了叠鞘石斛、球花石斛、檀香石斛的花朵挥发性成分。3 种石斛花朵中，共有 108 个挥发性成分，主要成分为烷烃类、烯烃类、醇类、酮类等。该 3 种石斛花朵的挥发性成分皆为首次测定。不同石斛花朵的赋香成分，叠鞘石斛为 α-蒎烯、α-侧柏烯、环五聚二甲基硅氧烷、桧烯；球花石斛为香豆素、α-蒎烯、3-辛酮；檀香石斛为 2-十五烷酮和 2-五葵烷。

关键词　石斛；固相微萃取；气相色谱；质谱；挥发性成分

Floral Volatile Components from Three *Dendrobium* Species Based on SPME-GC-MS

ZENG Yi-yun[1]　NIE Xue-ting[1]　LI Zhen-jian[1,*]　WANG Yuan-cheng[1]　ZHOU Xiao-xing[2]　SUN Zhen-yuan[1]

（[1] *Research Institute of Forestry，Chinese Academy of Forestry；Key Laboratory of Tree Breeding and Cultivation，State Forestry Administration，Beijing* 100091，*China*；[2] *Forestry Institute of Yueyang City，Yueyang* 414000，*China*）

Abstract　*Dendrobium* flower has important health care value，which can heat-clearing and inflammation，tonifying deficiency and relieving depression，It is often used to make tea and diet. Qualitative and quantitative analysis of floral volatile components from three *Dendrobium* were identified，so as to provide reference for the development of health care and other functions of *Dendrobium* flowers. The volatile oil floral components of *D. aurantiacum* var. *denneanum*，*D. thyrsiflorum*，*D. anosmum* were analyzed by HS-SPME and GC-MS. There were 108 essential oil components in flowers，the main components were alcohols，alkanes，alkenes and ketones. For the first time，the fragrance components were analyzed in fresh flowers of three *Dendrobium* species. The aroma components of fresh flowers of different *Dendrobium* species：*D. aurantiacum* was composed of linalool，α-pinene，Bicyclo［3.1.0］hex-2-ene，4-methyl-1-（1-methylethyl）-，Decamethylcy clopentasiloxane，Sabinene；*D. thyrsiflorum* was composed of Coumarin，α-pinene and 3-Octanone；*D. anosmum* was composed of 2-Pentadecanone and Pentadecan-2-ol.

Key words　Orchidaceae；*Dendrobium*；Floral scent；Volatile constituents；GC-MS；SPME

石斛属（*Dendrobium* Sw.）植物为兰科（Orchidaceae）珍稀濒危附生物种，为中国传统名贵中药材。石斛在全球分布超过 1000 种，我国有 80 余种（李振坚等，2019），主要分布在云南、广西、贵州、海南、广东、台湾等地。石斛多生长于海拔 1400~1600m 高山地区的岩石、树皮上，喜温暖、潮湿的环境（Wood et al.，2014）。石斛可强阴生津，滋阴补虚，有提高免疫力、抗氧化等功效。石斛药用历史悠久，《中国药典》收录 4 种石斛，30 余种石斛可药食两用（包雪声等，2001）。

香气是增加石斛兰观赏价值的重要性状，选育出花色、花香俱佳的品种是石斛兰育种的趋势之一。不同种的石斛具有其特异的香气，多数研究表明不同石斛的主要香气成分差异较大。分析比较金钗（*D. nobile*）、鼓槌（*D. chrysotoxum*）、铁皮（*D. officinale*）和紫皮（*D. devonianum*）4 种石斛花的氨基酸组分和挥发性成分，4 种石斛花的挥发性成分有较大差异，且部分物质含香气和丰富的药理活性（曲继旭 等，2018）。鼓槌石斛和细叶石斛（*D. hancockii*）的主要香气成分是 3-蒈烯，罗河石斛（*D. lohohense*）挥发性成分中水

1 基金项目：中央级公益性科研院所基本科研业务费专项资金项目（CAFYBB2017MB001）。

* 通讯作者：李振坚（1974—），男，副研究员，兰科种质创新与代谢组学，Email：zhenjianli@163.com。

杨酸甲酯相对含量最高，密花石斛（*D. densiflorum*）花朵主要挥发性成分是 2-亚甲基-4,8,8-三甲基-4-乙烯基-双环[5.2.0]壬烷（李崇晖 等，2015）。醋酸辛酯是报春石斛（*D. primulinum*）的主要香气成分（颜沛沛等，2020）。分析鼓槌石斛鲜花香气，影响鼓槌石斛香气的主要物质为 β-罗勒烯、α-蒎烯和苯乙醛（黄昕蕾 等，2018）。采用气相色谱-质谱联用法（GC-MS）对铁皮石斛花挥发性成分进行提取研究，其主要香气成分为壬醛（霍昕 等，2008）。环草石斛（*D. loddigesii*）的主要香气成分为壬醛，金钗石斛的主要香气成分为 2-甲基-4-乙酰基间苯二酚（刘建华 等，2006）。

植物挥发油常用的提取方法有水蒸气蒸馏法（SD）（张志军 等，2011）和固相微萃取（SPEM）等。利用水蒸气蒸馏法提取挥发油，用 GC-MS 法分析鉴定挥发油的化学成分，分析出金钗石斛花挥发油的主要成分为反式-2-庚烯醛（12.89%），2-正戊基呋喃（11.61%）（郑家欢 等，2016）。分别采用 SPME 和 SD 提取金钗石斛花挥发性成分，用 GC-MS 对其进行成分分析，两种方法分别鉴定出 63 种和 24 种化合物，占总挥发性成分的 80.49% 和 54.92%（宋小蒙 等，2017）。因此，固相微萃取和水蒸气蒸馏法得到挥发性成分差别较大，SPME 法得到的挥发性成分种类较多，且质量分数在 0.2% 以下的挥发性成分也被收集，因此用 SPME 法代替 SD 法，既可以缩短时间，又能够得到更全面的挥发成分。

叠鞘石斛（*D. denneanum*）具备蜂蜜味浓香；球花石斛（*D. thyrsiflorum*）香气淡雅，沁人心脾，芳香持久；檀香石斛（*D. anosmum*）气味较淡，像檀香味。对于以上 3 种石斛花的香味成分的报道较少，近年来仅对球花石斛的挥发性成分进行了研究（崔娟 等，2013）。本试验采用了固相微萃取法（SPEM），结合气相色谱质谱联用（GC-MS）技术对 3 种有香气的石斛原生种花朵的挥发性成分进行分析鉴定，研究 3 种石斛花朵的挥发性成分及其含量，探明其香气组成，以期为石斛花保健功效的开发提供参考。

1 材料与方法

1.1 试验材料

采集 3 种石斛（叠鞘石斛、球花石斛和檀香石斛）盛花期花朵，样品在花期采集于云南省西双版纳，于中国林业科学研究院科研联栋温室存放，开花后采集花朵。3 种石斛由中国林业科学研究院李振坚副研究员鉴定，试验地点为中国林业科学研究院国家林木遗传育种重点实验室。仪器选用美国 7890A-5975C 气相色谱-质谱联用仪（Agilent 公司），全自动进样装置，65μm PDMS/DVB SPME 萃取头（美国 Supelco 公司），20mL 白色顶空进样瓶。

1.2 试验方法

每种石斛选 3 株长势良好的植株作为采集对象，于晴天 10：00～10：30 采集盛花期花朵置于 20mL 顶空瓶内，静置 30min，采用固相微萃取法进样。在 40℃ 顶空瓶的密闭环境中，使用萃取头萃取 30min 进样。萃取完成后，将吸附在纤维上的化合物在 250℃ 解吸附 5min。萃取纤维头使用前，需要在 250℃ 老化 30min。重复采样 3 次，以空白顶空瓶为对照。

利用 MassHunter 软件通过检索 NIST 11 标准谱库质谱图库，并结合相关文献，确定石斛鲜花挥发性物质的化学成分。确定花朵中挥发性成分后，再根据离子流峰面积归一化法，计算各成分的相对含量。

2 结果与分析

2.1 花朵挥发性成分测定

依据 GC-MS 条件对 3 种石斛花的挥发性成分进行分析，从檀香石斛、球花石斛和叠鞘石斛 3 种石斛中分别鉴定出 70 种、45 种、36 种挥发性成分，质量分数分别 84%、89.7% 和 92.4%。

3 种石斛共测定出 108 种挥发性成分，化合物类型主要为烯烃类、烷烃类、酮类和醇类。3 种不同的石斛原生种的挥发性成分及含量的差异较大，其共同成分有 5 种硅氧烷，六甲基环三硅氧烷、八甲基环四硅氧烷、环五聚二甲基硅氧烷、十二甲基环六硅氧烷、十四甲基环七硅氧烷，硅氧烷有良好的铺展性，可用于皮肤护理（Coggon et al.，2018）（表 1）。共同成分还有正己醇、苯乙烯、甲氧基苯基丙酮肟、1-辛烯-3-醇等。

檀香石斛成分中相对含量在 2% 以上的有：2-十五烷酮（9.03%）、2-五癸醇（8.51%）、十七烷酮（8.31%）、ALPHA-律草烯（4.80%）、β-姜黄素（4.75%）、（1,13-十四烷二）烯（4.13%）、苯乙烯（3.06%）、（E,Z）-2,13-十八烷二烯-1-醇（2.62%）、3-亚甲基-1,1-二甲基-2-乙烯基环己烷（2.18%）、2-十三醇（2.14%）、2-十五醇乙酸酯（2.01%）。其中，主要赋香成分为 2-十五烷酮、2-五癸醇和十七烷酮。

球花石斛成分中相对含量在 2% 以上有的：香豆素（13.05%）、α-蒎烯（8.57%）、3-辛酮（8.47%）、DL-高半胱氨酸（7.73%）、2-戊基呋喃（7.25%）、2-十三烷酮（6.56%）、环五聚二甲基硅氧烷（5.21%）、六甲基环三硅氧烷（3.75%）、十二甲基环六硅氧烷（3.44%）、4,7-二甲基-4-辛醇（3.38%）、苯乙烯（2.64%）、八甲基环四硅氧烷（2.64%）。其中，主要赋香成分为香豆素、α-蒎烯和 3-辛酮。

叠鞘石斛成分中相对含量在2%以上的有：α-蒎烯(21.06%)、α-侧柏烯(15.86%)、环五聚二甲基硅氧烷(9.26%)、桧烯(8.87%)、β-芹菜烯(8.19%)、月桂烯(5.76%)、十二甲基环六硅氧烷(4.40%)、β-

石竹烯(3.24%)、八甲基环四硅氧烷(2.99%)、γ-松油烯(2.09%)。其中，主要赋香成分为α-蒎烯、α-侧柏烯和环五聚二甲基硅氧烷。

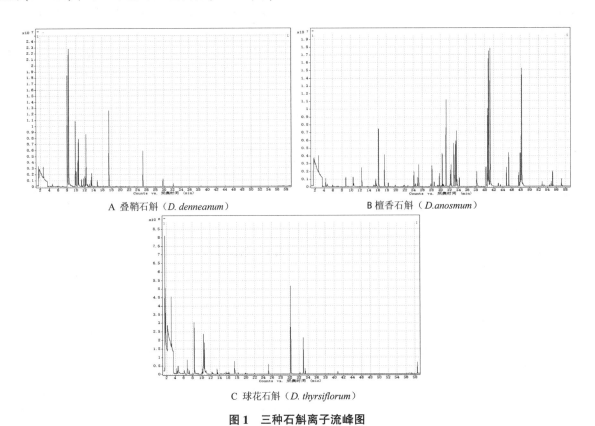

A 叠鞘石斛（*D. denneanum*）

B 檀香石斛（*D. anosmum*）

C 球花石斛（*D. thyrsiflorum*）

图 1　三种石斛离子流峰图

Fig. 1　Total ion chromatograms on floral volatile components from three *Dendrobium* flower

表 1　三种石斛花朵挥发性成分的气质联用测定

Table 1　Volatile components in flowers from 3 *Dendrobium* by GC-MS

序号 No.	保留时间(min) Retention time	化合物 Component	相对百分含量(%) Relative content		
			檀香石斛	球花石斛	叠鞘石斛
1	3.612	正戊醇 Pentanol	0.08	—	0.01
2	4.183	1-辛烯 1-Octene	—	0.05	0.04
3	4.260	正辛烷 Octane	1.24	—	—
4	4.371	丁酸乙酯 Butanoic acid, ethyl ester	—	0.53	—
5	4.649	六甲基环三硅氧烷 Hexamethyl cyclotrisiloxane	0.45	3.75	0.91
6	4.971	1,3-辛二烯 1,3-Octadiene	—	0.08	0.03
7	5.652	叶醇 Leaf alcohol	—	—	0.09
8	6.076	正己醇 Hexanol	0.31	1.2	0.06
9	6.107	间二甲苯 m-Xylene	0.04	—	0.08
10	6.701	2-庚酮 2-Heptanone	0.07	0.4	—
11	6.773	苯乙烯 Styrene	3.06	2.64	0.03
12	7.111	正壬烷 Nonane	0.25	—	—
13	7.166	甲氧基苯基丙酮肟 Bicyclo[3.1.0]hex-2-ene, 4-methyl-1-(1-methylethyl)-	0.06	0.25	0.1

（续）

序号 No.	保留时间（min） Retention time	化合物 Component	相对百分含量（%） Relative content		
			檀香石斛	球花石斛	叠鞘石斛
14	8.099	α-侧柏烯 Bicyclo[3.1.0]hex-2-ene，4-methyl-1-(1-methylethyl)-	—	0.08	15.86
15	8.365	α-蒎烯 (1R)-2,6,6-Trimethylbicyclo[3.1.1]hept-2-ene	—	8.57	21.06
16	8.910	甲酰基-4,6-二甲氧基-,8,8-二甲氧基苯甲酸辛-2-酯 Benzoic acid,2-formyl-4,6-dimethoxy-,8,8-dimethoxyoct-2-yl ester	0.01	0.7	—
17	9.008	丙位戊内酯 γ-Valerolactone	0.61	—	—
18	9.839	桧烯 Sabinene	—	—	8.87
19	10.091	β-蒎烯 β-Pinene	—	0.18	1.67
20	10.131	1-辛烯-3-醇 Oct-1-en-3-ol	0.01	0.6	0.01
21	10.348	3-辛酮 3-Octanone	0.36	8.47	—
22	10.411	八甲基环四硅氧烷 Octamethyl cyclotetrasiloxane	1.32	2.64	2.99
23	10.528	2-辛酮 2-Octanone	0.04	0.28	—
24	10.547	月桂烯 7-Methyl-3-methyleneocta-1,6-diene	—	—	5.76
25	10.548	2-戊基呋喃 2-Amylfuran	0.53	7.25	—
26	10.854	3-辛醇 2-Octanone	0.03	0.25	—
27	10.909	顺-2-(2-戊烯基)呋喃 cis-2-(2-Pentenyl)furan	—	1.1	—
28	10.952	己酸乙酯 Ethyl hexanoate	0.01	0.1	—
29	11.23	水芹烯 α-Phellandrene	—	—	1.07
30	11.588	对二氯苯 Benzene,1,4-dichloro-	—	0.05	0.07
31	11.698	松油烯 α-Terpinene	—	—	1.2
32	12.000	4-异丙基甲苯 p-Cymene	—	—	1.53
33	12.292	β-芹菜烯 β-Phellandrene	—	—	8.19
34	12.308	二氢香芹醇 Cyclohexanol,2-methyl-5-(1-methylethenyl)-,(1α,2β,5α)-	—	0.41	—
35	12.412	桉叶油醇 Eucalyptol	—	0.37	0.07
36	12.433	苯甲醇 Benzyl alcohol	0.78	—	—
37	12.579	(E)-β-罗勒烯 trans-β-Ocimene	—	—	0.56
38	13.108	罗勒烯 1,3,6-Octatriene,3,7-dimethyl-,(Z)-	—	0.03	1.16
39	13.425	4,7-二甲基-4-辛醇 4-Octanol,4,7-dimethyl-	—	3.38	—
40	13.546	γ-松油烯 γ-Terpinene	—	—	2.09
41	14.268	六甲基环三硅氧烷 Hexamethyl cyclotrisiloxane	0.01	0.31	—
42	14.776	萜品油烯 Terpinolene	—	—	0.96
43	14.955	1-甲基-4-(1-甲基乙烯基)苯 2-p-Tolyl-1-propene	—	—	0.09
44	15.047	2-壬酮 2-Nonanone	0.31	0.1	—
45	15.475	芳樟醇 Linalool	0.64	0.37	—
46	15.548	1,6-辛二烯-3-醇,3,7-二甲基-,2-氨基苯甲酸酯 1,6-Octadien-3-ol,3,7-dimethyl-,2-aminobenzoate	—	0.2	—
47	15.577	3-乙基庚烷 3-Ethylheptane	0.09	—	—
48	15.587	2-壬基醇 2-Nonanol	0.29	—	—
49	15.884	异戊酸异戊酯 Butanoic acid,3-methyl-,3-methylbutyl ester	—	0.47	—
50	16.009	苯乙醇 Phenylethyl Alcohol	—	1.3	—

（续）

序号 No.	保留时间(min) Retention time	化合物 Component	相对百分含量(%) Relative content		
			檀香石斛	球花石斛	叠鞘石斛
51	16.127	3-亚甲基-1,1-二甲基-2-乙烯基环己烷 2-Ethenyl-1,1-dimethyl-3-methylenecyclohexane	2.18	—	—
52	16.24	(-)-α-侧柏酮 (-)-α-thujone	—	—	0.09
53	16.779	4,7-二甲基-4-辛醇 4,7-dimethyloctan-4-ol	—	—	0.09
54	17.413	环五聚二甲基硅氧烷 Decamethyl cyclopentasiloxane	1.82	5.21	9.26
55	18.292	反式-2-壬烯醛 2-Nonenal,(E)-	—	0.18	—
56	19.142	4-萜烯醇 4-Terpineol	—	—	0.76
57	19.855	戊酸异戊酯 Isoamyl Tiglate	0.60	1.87	—
58	20.084	辛酸乙酯 Octanoic acid,ethyl ester	—	0.1	—
59	20.369	马苄烯酮 Bicyclo[3.1.1]hept-3-en-2-one,4,6,6-trimethyl-	—	0.1	—
60	21.55	(E)-2-戊烯酸甲酯 Pentyl (E)-2-methylbut-2-enoate	0.11	—	—
61	21.942	甲基-2-丁烯酸,3-甲基丁-2-烯基酯 3-Methyl-2-butenoic acid,3-methylbut-2-enyl ester	0.35	0.08	—
62	22.034	苯乙酸乙酯 Benzeneacetic acid,ethyl ester	—	0.5	—
63	22.71	4-苯基-2-丁醇 4-Phenylbutan-2-ol	0.14	—	—
64	24.052	吲哚 Indole	0.78	—	—
65	24.344	2-十一酮 2-Undecanone	0.78	—	—
66	24.786	正十三烷 Tridecane	0.20	—	—
67	24.811	2-十一醇 2-Undecanol	0.85	—	—
68	25.105	十二甲基环六硅氧烷 Dodecamethylcyclohexasiloxane	1.17	3.44	4.4
69	27.781	十三烷醇 1-Tridecanol	0.40	—	—
70	28.04	白菖烯 (+)-Calarene	1.27	—	—
71	28.491	β-榄香烯 β-Elemene	0.34	—	—
72	29.714	β-石竹烯 β-Caryophyllene	0.69	—	3.24
73	30.064	十一烷-5-β-醇 10,10-Dimethyl-2,6-dimethylenebicyclo[7.2.0]undecane	—	—	0.33
74	30.254	香豆素 Coumarin	—	13.05	0.02
75	30.256	DL-高半胱氨酸 dl-Homocysteine	—	7.73	—
76	30.312	2-乙酰氧基十四烷 2-Acetoxytetradecane	0.18	—	—
77	30.355	2,6-二甲基-6-(4-甲基-3-戊烯基)-双环[3.1.1]-2-庚烯 Bicyclo[3.1.1]hept-2-ene,2,6-dimethyl-6-(4-methyl-3-pentenyl)-	1.91	—	—
78	30.508	苯甲酸异戊酯 Isoamyl Benzoate	0.06	0.03	—
79	31.204	α-律草烯 α-Caryophyllene	4.80	—	0.11
80	32.177	十四甲基环七硅氧烷 Tetradecamethyl cycloheptasiloxane	0.09	1.67	0.36
81	32.192	(R)-β-雪松烯 (R)-β-himachalene	0.70	—	—
82	32.959	2-十三烷酮 2-Tridecanone	1.92	6.56	—
83	33.042	异丙烯基-1,5-二甲基环癸-1,5-二烯 8-Isopropenyl-1,5-dimethyl-cyclodeca-1,5-diene	0.85	—	—
84	33.258	十五烷 Pentadecane	0.11	—	—
85	33.346	2-十三醇 2-Tridecanol	2.14	—	—
86	33.392	α-法呢烯 α-Farnesene	—	1.59	—

（续）

序号 No.	保留时间(min) Retention time	化合物 Component	相对百分含量(%) Relative content		
			檀香石斛	球花石斛	叠鞘石斛
87	33.5	β-姜黄素 β-Curcumene	4.75	—	—
88	33.679	3,5-二羟基戊苯 Olivetol	0.33	—	—
89	34.153	(+)-香橙烯 (+)-Aromadenrene	0.97	—	—
90	38.146	2-乙酰氧基十三烷 2-Acetoxytridecane	0.84	—	—
91	40.208	环十五酮 Cyclopentadecanone	1.91	—	—
92	40.537	(1,13-十四烷二)烯 1,13-tetradecadiene	4.13	—	—
93	40.765	2-十五烷酮 2-Pentadecanone	9.03	0.28	—
94	41.083	2-五癸醇 Pentadecan-2-ol	8.51	—	—
95	43.401	十五烯 1-Pentadecene	0.13	—	—
96	45.26	2-十五醇乙酸酯 2-Pentadecanol	2.01	—	—
97	47.528	环十七酮 Cycloheptadecanone	1.65	—	—
98	47.864	(E,Z)-2,13-十八烷二烯-1-醇 (E,Z)-2,13-Octadecadien-1-ol	2.62	—	—
99	47.884	甲基-4,5-四亚甲基-5-乙基-2-恶唑啉 2-Methyl-4,5-tetramethylene-5-ethyl-2-oxazoline	0.10	—	—
100	48.127	2-十七烷酮 Heptadecan-2-one	8.31	—	—
101	48.43	2-十九烷醇 2-Nonadecanol	0.99	—	—
102	51.726	9-十六碳烯酸乙酯 Ethyl hexadec-9-enoate	0.23	—	—
103	52.203	棕榈酸乙酯 Ethyl palmitate	0.19	—	—
104	53.156	3-Heptadecene,(Z)-3-十七烷烯	0.09	—	—
105	54.832	环十五酮 Cyclopentadecanone	0.44	—	—
106	55.105	2-十九烷酮 2-Nonadecanone	1.31	—	—
107	57.07	乙酸二十烷基酯 Eicosyl acetate	0.62	—	—
108	58.549	正二十一烷 Heneicosane	—	1.3	—

3 种石斛均含有其独有的成分，檀香石斛独有的赋香成分较多，有 42 种。包括正辛烷、正壬烷、丙位戊内酯、苯甲醇、3-乙基庚烷、3-壬基醇、3-亚甲基-1,1-二甲基-2-乙烯基环己烷、(E)-2-戊烯酸甲酯、4-苯基-2-丁醇、吲哚、2-十一酮、正十三烷、2-十一醇、十三烷醇、白菖烯、β-榄香烯、2-乙酰氧基十四烷、8-异丙烯基-1,5-二甲基环癸-1,5-二烯、十五烷、2-十三醇、β-姜黄素、3,5-二羟基戊苯、(+)-香橙烯、2-乙酰氧基十三烷、环十五酮、(1,13-十四烷二)烯、2-五癸醇、十五烯、2-十五醇乙酸酯、环十七酮、(E,Z)-2,13-十八烷二烯-1-醇、2-甲基-4,5-四亚甲基-5-乙基-2-恶唑啉等，其香味成分复杂，多数成分具有药理作用。檀香石斛中的吲哚具有花的香味(Omata et al.,1990)。球花石斛独有的成分有 15 种，包括丁酸乙酯、顺-2-(2-戊烯基)呋喃、二氢香芹醇、4,7-二甲基-4-辛醇、1,6-辛二烯-3-醇、3,7-二甲基-、2-氨基苯甲酸酯、异戊酸异戊酯、苯乙醇、反式-2-壬烯醛、辛酸乙酯、马苄烯酮、苯乙酸乙酯、香豆素、

DL-高半胱氨酸、α-法呢烯和正二十一烷。球花石斛中的苯乙醇具有玫瑰香气，对石斛花精油及制备工艺的研究具有一定意义(毛佩芝,2016)。球花石斛中的α-法呢烯是单瓣茉莉鲜花的主要香气成分之一(邓传远 等,2014)。叠鞘石斛中独有的赋香成分有 14 种，包括叶醇、桧烯、月桂烯、水芹烯、松油烯、4-异丙基甲苯、β-芹菜烯、(E)-B-罗勒烯、γ-松油烯、萜品油烯、1-甲基-4-(1-甲基乙烯基)苯、4,7-二甲基-4-辛醇、4-萜烯醇和十一烷-5-β-醇，其中大多为烯烃类化合物，烯烃类化合物嗅感阈值相对较低，香味强度相对较高，是构成叠鞘石斛香味的重要来源(Minh et al.,2002;Boonbumrung et al.,2001)。其中(E)-β-罗勒烯是罗勒烯的同分异构体，是蜜蜂族群社会规则中的一个信息素，可部分抑制工蜂卵巢的发育(Gerard et al.,2017)。叠鞘石斛中的月桂烯，具有清淡的香脂香气，嗅感阈值较低(郝瑞杰,2014)，有镇痛、显著的抗炎和抗分解代谢作用(Rao et al.,1990;Rufino et al.,2015)。

表2　三种石斛花朵挥发油成分组成

Table 2　Volatile components in flower from 3 *Dendrobium* species

成分类型 Type of Components	檀香石斛 *D. anosmum*		球花石斛 *D. thyrsiflorum*		叠鞘石斛 *D. denneanum*	
	种类	相对含量	种类	相对含量	种类	相对含量
Esters 酯类	11	4.80	10	4.58	0	0
Alcohol 醇类	15	18.12	8	7.88	8	0.66
Alkane 烷烃类	12	7.08	9	26.67	5	17.92
Olefins 烯烃类	14	25.87	7	13.17	17	71.90
Ketones 酮类	12	26.13	8	29.24	2	0.11
Aldehydes 醛类	0	0	1	0.18	0	0
Aromatic compounds 芳香烃	1	0.04	0	0	3	1.70
Nitrogenous compound 含氮化合物	5	1.96	2	7.98	1	0.10
Total	70	84.00	45	89.70	36	92.39

2.2　石斛种类与挥发性成分比较

3种石斛花朵中获得的108个挥发性成分，依据化学结构不同，可分为8种化合物类型，包括酯类、醇类、烷烃类、烯烃类、酮类、醛类、芳香族类化合物和含氮类化合物（表2）。3种石斛中各组分不同，檀香石斛中酮类（26.13%）含量最高，烯烃类（25.87%）稍次之；球花石斛中酮类（29.24%）含量最高，烷烃类（26.67%）次之，仅有球花石斛中含有醛类（0.18%）；叠鞘石斛中烯烃类（71.90）含量显著较高，烷烃类（17.92%）次之。

3　讨论

花香的主要功能是吸引和引导授粉媒介（Dudareva et al.，2013；Raguso et al.，2008），其在石斛花的销售中也起着重要的作用。然而，由于花香的遗传很复杂，香气很容易在育种过程中改变，因此石斛香花型品种的选择和育种还没有得到充分的发展（Borda et al.，2011）。石斛属植物具有丰富的香气资源，研究表明石斛属植物的香气成分，有40%的石斛中具有花香、果香和草木香气（Kaiser，1993）。对石斛赋香成分进行分析研究，探究石斛赋香成分中的特异成分和基因资源，为丰富石斛的香花型品种有重要意义。

通过GC-MS技术研究檀香石斛、球花石斛和叠鞘石斛的赋香成分，共得到108个成分。檀香石斛挥发性成分84个，芳香成分主要包括2-十五烷酮、2-五葵烷、2-十七烷酮，以烯烃及酮类化合物为主。檀香石斛的主要赋香成分2-十五烷酮也是麝香石斛花朵主要挥发性成分，利用SPEM联用GC-MS分析麝香石斛挥发性成分，2-十五烷酮及2-十七烷酮的相对含量分别为43.73%和14.40%（Julsrigival et al.，2013）。但檀香石斛的香味较淡，麝香石斛香味具有刺激性。

球花石斛挥发性成分45个，赋香成分主要包括香豆素、α-蒎烯、3-辛酮、DL-高半胱氨酸，以烷烃类、酮类化合物为主。球花石斛中的主要赋香成分为香豆素，具有新鲜干草香和香豆香，香豆素广泛存在于中草药中，是天然药物重要的组成成分，具有较显著的药理作用，如镇痛、抗炎、抗肿瘤、抗心律失常等（徐倩和徐国兵，2015）。球花石斛中的3-辛酮具有果香，是其较主要的赋香成分。仅球花石斛挥发性成分中有1种醛类化合物。

叠鞘石斛挥发性成分36个，主要赋香成分包括α-蒎烯、α-侧柏烯、环五聚二甲基硅氧烷，以烯烃类、烷烃化合物为主。α-蒎烯在叠鞘石斛中相对含量最高，是主要的赋香成分，其具有松木香气，有松木、针叶及树脂样的气息，也是流苏石斛（*D. fimbriatum*）花（杨晓蓓 等，2019）和细茎石斛花（仇硕 等，2019）的主要香气成分。叠鞘石斛中的环五聚二甲基硅氧烷，在翅梗石斛（*D. trigonopus*）中含量也较高（王元成 等，2020）。本研究的3种石斛中，叠鞘石斛赋香成分中烯烃类化合物的种类最多，其次为檀香石斛，如叠鞘石斛中的γ-松油烯具有青草香和柑橘香气，此外α-蒎烯、α-侧柏烯、月桂烯、β-芹菜烯等都是石斛植物中重要的赋香成分；球花石斛中的香豆素和檀香石斛中的β-姜黄素均具有药用活性，檀香石斛中的β-姜黄素，可促进胆汁分泌，帮助营养吸收，并处理有害物质，对于探究石斛资源的药理作用具有重要价值（Sikha et al.，2015）。因此，球花石斛、檀香石斛和叠鞘石斛对于石斛香花品种及产品开发具有很重要的意义。

参考文献

包雪声, 顺庆生, 陈立钻, 2001. 中国药用石斛彩色图谱 [M]. 上海: 复旦大学出版社.

崔娟, 刘圣, 胡江苗, 2013. GC-MS 法检测球花石斛花中挥发性成分[J]. 安徽医药, 17(1): 31-32.

邓中英, 郭世泽, 纳海英, 2014. 茉莉香挥发期精油化学成分和含量的变化[J]. 热带亚热带植物杂志, 22(3): 292-300.

黄昕蕾, 郑宝强, 王雁, 2018. 鼓槌石斛不同花期香气成分及盛花期香气日变化规律研究[J]. 林业科学研究, 31(04): 142-149.

霍昕, 周建华, 杨迺嘉, 等, 2008. 铁皮石斛花挥发性成分研究[J]. 中华中医药杂志, 08: 735-737.

李振坚, 王元成, 韩彬, 等, 2019. 石斛属植物生物碱成分研究进展[J]. 中草药, 50(13): 3246-3254.

李崇晖, 黄明忠, 黄少华, 2015. 4 种石斛属植物花朵挥发性成分分析[J]. 热带亚热带植物学报, 23(04): 454-462.

刘建华, 高玉琼, 霍昕, 等, 2006. 金钗石斛、环草石斛挥发性成分研究[J]. 中成药, 28(9): 1339-1342.

毛佩芝, 2016. 全息玫瑰精油及制备工艺研究[D]. 杭州: 浙江大学.

仇硕, 郑文俊, 夏科, 2019. 细茎石斛花朵挥发性成分分析[J]. 广西植物, 39(11): 1482-1495.

曲继旭, 贺雨馨, 孙志蓉, 2018. 四种石斛花氨基酸和挥发性成分比较[J]. 中国现代中药, 20(04): 387-394.

宋小蒙, 王洪新, 马朝阳, 2019. GC-MS 分析金钗石斛花挥发性成分[J]. 食品与生物技术学报, 38(09): 133-138.

王元成, 曾艺芸, 李振坚, 等, 2020. 细叶石斛和翅梗石斛花朵赋香成分的 GC-MS 分析[J]. 林业科学研究, 33(03): 116-123.

徐倩, 徐国兵, 2015. 香豆素类化合物代谢研究进展[J]. 中国实验方剂学杂志, 21(03): 222-225.

颜沛沛, 叶炜, 江金兰, 2020. 报春石斛花香气成分及其日变化规律[J]. 亚热带植物科学, 49(3): 168-174.

杨晓蓓, 王雅琴, 谢勇, 等, 2019. 顶空固相微萃取和气相色谱-质谱联用分析流苏石斛花的香气成分[J]. 日用化学品科学, 42(8): 40-43.

张志军, 刘西亮, 李会珍, 2011. 植物挥发油提取方法及应用研究进展[J]. 中国粮油学报, 26(04): 118-122.

郑家欢, 吴观健, 吴岳滨, 等, 2016. GC-MS 分析金钗石斛花挥发油成分[J]. 中药材, 39(8): 1797-1799.

Boonbumrung S, Tamura H, Mookdasanit J., 2001. Characteristic aroma components of the volatile oil of yellow keaw Mango fruits determined by limited odor unit method[J]. Food Sci Technol Res, 7(3): 200-206.

Borda A M, Clark D G, Huber D J, et al., 2011. Effects of ethylene on volatile emission and fragrance in cut roses: The relationship between fragrance and vase life[J]. Postharvest Biology and Technology, 59: 245-252.

Coggon M M, McDonald B C, Vlasenko A., 2018. Diurnal variability and emission pattern of decamethylcyclopentasiloxane (D5) from the application of personal care products in two North American cities[J]. Environmental science & technology, 52(10): 5610-5618.

Dudareva N, Klempien A, Muhlemann J K, Kaplan I., 2013. Biosynthesis, function and metabolic engineering of plant volatile organic compounds[J]. New Phytologist, 198: 16-32.

Gerard F A, Iolanda F, Joan L., 2017. β-Ocimene a key floral and foliar volatile involved in multiple interactions between plants and other organisms[J]. Molecules, 22(7): 1148.

Julsrigival J, Songsak T, Kirdmanee C., 2013. Chemical composition of the essential oils from cell culture of *Dendrobium parishii* Rchb. f. [J]. CMU J Nat Sci, 12(2): 91-97.

Kaiser R., 1993. The scent of orchids: olfactory and chemical investigations[J]. Elsevier Ltd, Amsterdam.

Minh T N T, Onishi Y, Choi H S., 2002. Characteristic odor components of *Citrus sphaerocarpa* Tanaka (Kabosu) cold-pressed peel oil [J]. J Agric Food Chem, 50 (10): 2908-2913.

Omata A, Yomogida K, Nakamura S., 1990. Volatile components of apple flowers[J]. Flavour and fragrance journal, 5 (1): 19-22.

Rao V S N, Menezes A M S, Viana G S B., 1990. Effect of myrcene on nociception in mice[J]. J Pharm Pharmaco, 42 (12): 877-885.

Rufino A T, Ribeiro M, Sousa C., 2015. Evaluation of the anti-inflammatory, anti-catabolic and pro-anabolic effects of E-caryophyllene, myrcene and limonene in a cell model of osteoarthritis[J]. Environ Toxicol Pharmacol, 49(1): 141-150.

Raguso R A., 2008. Wake up and smell the roses: The ecology and evolution of floral scent[J]. Annual Review of Ecology Evolution and Systematics, 39: 549-569.

Sikha A, Harini A., 2015. Pharmacological activities of wild turmeric (*Curcuma aromatica* Salisb): a review[J]. Journal of Pharmacognosy and Phytochemistry, 3(5).

WOOD J J. 2014. *Dendrobium* of Borneo[M]. New York: Natu Hist P.

中国观赏园艺研究进展2020：586~592

Advances in Ornamental Horticulture of China，2020：586~592

睡莲精油复合皂的制备及其抑菌能力的探究

陈彦甫　周卫娟　范杨杨　李兆基　王健　赵莹*

（热带特色林木花卉遗传与种质创新教育部重点实验室/海南省热带特色花木资源生物学重点实验室

（海南大学），国家林木种质资源共享服务平台海南子平台，海南大学林学院，海口 570228）

摘要　采用亚临界流体萃取技术提取睡莲精油，同时蒸馏技术提取茶树精油，纯露机提取艾叶提取物，将以上3种精油、维生素E以及椰子油按照不同比例混合加入到不同份额的皂基中制成手工皂，并对单方精油及不同比例的3种精油的混合物进行抑菌性能检测，包括通过滤纸片法分析3种植物的单方精油以及它们的混合精油对铜绿假单胞菌、大肠杆菌、金黄色葡萄球菌、枯草芽孢杆菌这4种细菌和真菌酿酒酵母的抑菌能力，结果表明混合精油对细菌和真菌的抑制作用更良，证明这3种植物精油在抑菌方面具有协同作用；通过人手试验来研究由不同比例混合精油制成的手工皂的抑菌活性，确定最佳的混合精油比例为热带睡莲精油：茶树精油：艾叶提取物=5：2：1。最后通过对手工皂的质量评价，包括通过观察外观和理化性能检测，验证手工皂生产合格。

关键词　睡莲；复合精油；抑菌；手工皂

The Preparation of Water Lily Essential Oil Compound Soap and Its Antibacterial Ability

CHEN Yan-fu　ZHOU Wei-juan　FAN Yang-yang　LI Zhao-ji　WANG Jian　ZHAO Ying*

（*Key Laboratory of Genetics and Germplasm Innovation of Tropical Special Forest Trees and Ornamental Plants*（*Hainan University*），*Ministry of Education*；*Key Laboratory of Germplasm Resources of Tropical Special Ornamental Plants of Hainan Province*；*Hainan Sub-platform of National Forest Genetic Resources Platform*，*Hainan University*，*College of Forestry*，*Haikou 570228*，*China*）

Abstract　The essential oil of water lily was extracted by subcritical fluid extraction，tea tree essential oil was extracted by distillation technology，and Artemisia argyi extract was extracted by dewing machine. The above three essential oils，vitamin E and coconut oil were mixed into different proportions of soap base to make handmade soap. The antibacterial properties of single essential oil and mixture of three essential oils with different proportions were tested. The antibacterial activity of the essential oils from the three plants against *Pseudomonas aeruginosa*，*Escherichia coli*，*Staphylococcus aureus*，*Bacillus subtilis* and *Saccharomyces cerevisiae* were analyzed by filter paper method. The results showed that the mixed essential oil had stronger inhibitory effect on bacteria and fungi，which proved that the three kinds of plant essential oils had synergistic effect on bacteria and fungi. The antibacterial activity of hand-made soap made of different proportion of mixed essential oil was studied by hand experiment，and the optimal ratio of mixed essential oil was determined as follows：tropical water lily essential oil：Tea Tree Essential Oil：Artemisia argyi leaf extract = 5：2：1. Finally，through the quality evaluation of hand-made soap，including the observation of appearance and physical and chemical properties，the production of hand-made soap was verified to be qualified.

Key words　Water lily；Compound essential oil；Bacteriostasis；Handmade soap

随着人们生活水平的提高，绿色环保意识以及天然护肤意识也逐渐增强，人们对天然护肤品的要求越来越高，手工皂的制作满足了众多消费者的需求。而且植物精油被誉为"液体黄金"，具有显著的体外抗

1　基金项目：海南省科协青年科技英才创新计划项目（QCXM201711），海南省科技厅重点研发项目（ZDYF2019041）。

第一作者简介：陈彦甫（1996—），男，硕士研究生，主要从事园林植物与观赏园艺研究。

* 通讯作者简介：赵莹（1984—），副教授，E-mail：zhaoying3732@163.com。

氧化作用[7]，所以当前销量最好的护肤品一般都打有"含天然植物精华"的名号。所以市面上的植物精油手工皂也层出不穷。

睡莲是一种极具观赏价值的水生花卉，花色多样，品种丰富，富含多种活性成分，具有抗炎[3]、抗氧化[4]、抗菌[2]、抗辐射[1]等作用，目前国内外的研究大多数集中在对睡莲的活性物质的研究上，对其精油的提取以及衍生产品的研发较少[6]，睡莲精油具有较强的体外抗氧化性[5]，在化妆品行业应用前景广阔。植物挥发油普遍具有一定的抑菌作用[12]，选择与睡莲精油在抑菌方面起协同作用的植物提取物与睡莲精油进行混合，并且混合精油对皂的乳化效果和去污能力没有影响，这样的纯天然产品对肌肤更加温和[17]并且抑菌效果更加明显。睡莲精油手工皂的研制，将可以丰富海南睡莲市场，也可帮助农民实现增收。

1 材料与设备

1.1 材料与试剂

材料：睡莲：海南荣丰花卉有限公司；干艾叶、茶叶、椰子油、维生素E、皂基：网上购买。

试剂：二氯甲烷（分析纯）、吐温80、胰蛋白胨、青霉素、酵母提取物、氢氧化钠、琼脂、二甲基亚砜（DMSO）、氯化钠、YPDA琼脂试剂、酚酞指示液：西陇科学技术股份有限公司。

1.2 仪器与设备

TC-15套式恒温器：海宁市新华医疗机械有限公司；pH测试仪：上海佑科仪器仪表有限公司生产；同时蒸馏萃取仪器：天长市华玻实验仪器厂；一次性无菌注射器（带针头）：常州康悦医疗机械有限公司生产；皮肤水分测试仪：西陇科学技术股份有限公司；DZTW型电子调温电热套：天津共兴实验室仪器有限公司；津腾尼龙66针筒过滤器：天津津腾实验有限公司生产；数显恒温水浴锅：金坛市富华仪器有限公司。

2 试验方法

2.1 精油的提取

2.1.1 亚临界流体萃取技术提取睡莲精油

试验使用的睡莲精油是采用超声强化的亚临界流体萃取方法提取[8-10]，萃取试验的最佳工艺参数为：液料比为 1:3（ml/g），萃取温度为 35℃，时间为 30次/min，超声萃取 4 次，频率为 20kHz，功率为 250W/L。

2.1.2 同时蒸馏技术提取茶树精油

（1）将茶叶洗干净后放入烘箱在 60℃ 的条件下烘 4h，用密封袋将干茶叶装好密封放入-20℃的冷柜中冷冻备用。

（2）准确称取干样品 100g，将其装入 1000ml 的圆底烧瓶中，加入蒸馏水 600ml 和 10g 的氯化钠，使其干茶叶被完全浸没，待静置浸泡 3h。随后安装同时蒸馏装置，装置一端接放有样品的 1000ml 的圆底烧瓶，用电热套加热，温度维持在 100℃；装置的另一端接一个 100ml 烧瓶，其装有 50ml 二氯甲烷，用恒温水浴加热使其温度维持在 50℃；待装置导管有气体产生开始计时，同时蒸馏[17]萃取 3h 后，取下漏斗中含有二氯甲烷的挥发物，过滤后置于旋转蒸发仪中挥尽溶剂，将最后剩下的茶树精油装到棕色玻璃瓶中，放入 4℃ 冰箱中备用保存。

2.1.3 纯露机提取艾叶提取物

（1）取 250g 的干燥艾叶装入洁净的布袋，安装好纯露机。

（2）将布袋放入纯露机[13]中，加水到最大量程的刻度线，盖好盖子。

（3）开火后，水沸腾前可用 1500W 加热，准备沸腾时将功率调至 1000W；持续沸腾 3h，其间要时刻注意纯露机的溢锅情况，如有溢锅立马停火。3h 用棕色玻璃瓶收集艾叶纯露，置于 4℃ 条件下保存备用。

2.2 睡莲精油抑菌皂的制备工艺

2.2.1 具体配方

抑菌手工皂主要通过控制艾叶提取物和茶树精油的总分量不变，睡莲精油的分量按照 5—6—7 的梯度进行变化来检测混合精油在抑菌上的协同作用，保证混合精油/皂基=0.1%，皂基随着睡莲精油变化而变化，确保天然成分的含量。试验组为 $A_1 \sim A_3$，对照组为 $B_1 \sim B_4$，对照组的存在是为了检测这 3 种精油缺一不可，按照比例进行混合的混合精油的协同作用可达到最佳。因此，设置 4 个对照组增强试验说服力。

表1 抑菌手工皂试验组与对照组的配方

Table 1　Formula of antibacterial hand soap experimental group and control group

份额(ml)样品	睡莲精油	艾叶提取物	茶树精油	维E	椰子油	皂基
皂 A_1	5	1	2	0.4	1	84
皂 A_2	7	2	1	0.5	2	100
皂 A_3	6	1	2	0.1	1	78
皂 B_1	0	1	2	0.4	1	79
皂 B_2	5	0	2	0.4	1	83
皂 B_3	5	1	0	0.4	1	82
皂 B_4	3	0.5	0.8	0.1	1	84

2.2.2　具体操作

(1)按上述配方及要求取睡莲精油、艾叶提取物、茶树精油、椰子油和维生素E于玻璃或不锈钢容器中混合均匀,超声波震荡10s,得复合精油。

(2)在上述相对应的温度中水浴加热将相对应份数的皂基溶解,复合精油混合均匀后倒入模具中,待冷却后脱模,即得精油抑菌手工皂。

2.3　手工皂的性能检测

2.3.1　抑菌性检测

(1)各植物精油的稀释:用DMSO稀释精油体积分数至20%~25%,装在10ml的离心管中摇晃混匀,过滤灭菌,将其密封好后放置在4℃的条件下保存。

(2)培养基的配制:配制LB培养基进行细菌培养,配制YPDA培养基进行酿酒酵母的培养。

(3)菌种的活化与菌悬液的制备

①菌种的活化

细菌菌种的活化:取适量上述各细菌的菌种,无菌条件下轻划Z字,接于LB固体培养基(已灭菌)平板斜面中,放置在恒温培养箱中在37℃的条件下恒温培养24h。

真菌菌种的活化:取适量酿酒酵母菌种,无菌条件下轻划Z字,接于YPDA固体培养基(已灭菌)平板斜面中,放置在恒温培养箱中在28℃的条件下恒温培养72h。

②菌悬液的制备

从已经活化的各细菌体斜面的单个菌落上挑取一环菌体接种于LB液体培养基中,密封后将其放置于恒温振荡培养箱中培养,细菌培养条件是37℃、120r/min、12h,真菌的菌悬液制备操作方法同上,但菌种是接种于YPDA液体培养基中,真菌培养条件是28℃、120r/min、36h。最后采用分光光度计来检测菌悬液浓度,将浓度调到 10^6 ~ 10^7 cfu/ml,放入4℃的冰箱中备用。步骤如下:

将上述各菌种的菌悬液使用紫外分光光度计在波长600nm下测量吸光度值。横坐标为菌悬液浓度,纵坐标为吸光度值,绘制出标准曲线,得到回归方程,算出菌液浓度。

(4)吐温80[16]以及青霉素溶液的配制

0.1%的吐温80溶液的配制:在无菌试管内加入10ml的无菌水,再加入10μl的吐温80,真空过滤灭菌,放置于4℃冰箱保存备用。

10mg/ml的青霉素溶液的配制:在10ml的无菌水中加入10mg的青霉素,搅拌至融化,真空过滤灭菌,放置于4℃冰箱保存备用。

(5)滤纸片法[15]进行抑菌能力检测

菌种按照上述方法进行活化,制备好菌悬液,配制好固体培养基并装入培养皿中,配制好吐温80以及青霉素后,用量程为100μl的移液枪吸取各菌菌液100μl在培养基上,并且用经过高温灭菌消毒的涂布棒轻柔地涂抹均匀,随后用高温灭菌后的镊子取已经灭菌的滤纸片呈三角形平贴在平板上,将单方精油、混合精油、吐温80溶液以及青霉素过0.45μm的微孔滤膜,装入离心管放置在4℃冰箱备用。用量程为10μl移液枪分别吸取10μl单方精油或混合精油、吐温80、青霉素溶液滴加在同一个培养皿3张不同的滤纸片上,用马克笔做好标记,每一个处理3个重复。对4种细菌和1种真菌选取的阴性对照(抗生素)为青霉素(10mg/ml)溶液,阳性对照为吐温80(0.1%)溶液。将培养皿密封好后倒置在37℃的恒温培养箱中培养,细菌培养18h,真菌培养36h,随后用直尺测定抑菌圈直径,单位为mm,测量3次,取平均值。

2.3.2　人手试验[14]

各受试者分别用市售抑菌皂清洗、精油手工皂、清水左右手,冲洗干净后用经过高温灭菌消毒的纱布擦干,擦干后使用无纺布在0h、1h、2h、3h、4h内对手指进行擦拭,之后将无水纺布放入LB液体培养基的离心管中,密封,随后将离心管放置于恒温震荡培养箱中在37℃条件下中培养18h后用紫外分光光度计测量细菌浓度,每个样本重复3次试验,记录细菌数目。

2.3.3 质量评价

参照香皂的国家标准 QB/T 2485-2008 香皂[11]，对 A₁~A₃ 手工皂进行感官评价以及理化指标测定。

3 结果分析

3.1 纸片扩散法

从抑菌试验结果(表2)可以看出，本发明试验组

$A_1 \sim A_3$ 精油抑菌手工皂配方中的复方精油对试验细菌和真菌均有一定的抑制作用，并且比较于单方精油的抑菌能力而言，复合精油的抑菌性较强，相比较于革兰氏阳性菌而言，复合精油对革兰氏阴性菌的抑制效果更强，且在各实施例中，A_1 的抑菌效果效果最好。对比例的各配方抑菌效果均不如实施例，说明实施例的配方抑菌效果更佳。

表2 A₁~A₃ 及 B₁~B₄ 配方中的复合精油对不同微生物的抑菌直径(mm)

Table 2 Antibacterial diameter of the compound essential oil in the A₁ to A₃ and the B₁ to B₄ against different microorganisms (mm)

样品	大肠杆菌	枯草芽孢杆菌	金黄色葡萄球菌	铜绿假单胞菌	酿酒酵母
睡莲精油	8.0	8.0	9.3	10.3	8.6
茶树精油	9.0	8.2	8.7	8.5	8.8
艾叶提取物	8.1	7.8	9.5	10.0	8.2
A₁	11.7	11.0	10.3	13.3	11.3
A₂	11.2	11.7	10.7	11.7	11.0
A₃	9.5	8.7	9.8	11.2	9.3
B₁	9.3	8.2	9.7	10.6	8.7
B₂	9.2	8.1	9.3	10.8	9.1
B₃	8.9	8.4	9.6	10.5	9.0
B₄	9.4	8.6	9.2	10.9	8.9
抗生素(阳性对照)	18.7	19.3	20.7	21.7	20.0
吐温80(阴性对照)	0	0	0	0	0

注：抑菌圈的单位为 mm，精确度为 0.1mm。

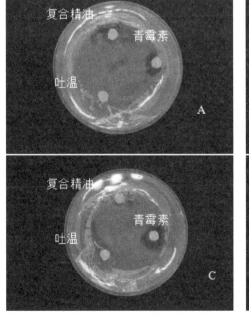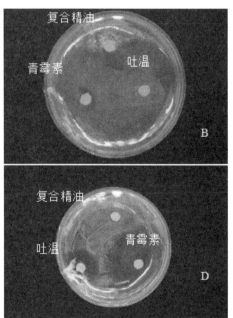

图1 实施例1复合精油对4种细菌的抑菌圈示意图

Fig. 1 Example 1 Schematic diagram of bacteriostatic circle
of compound essential oil against 4 kinds of bacteria

注：A：铜绿假单胞菌；B：枯草芽孢杆菌；C：大肠杆菌；D：金黄色葡萄球菌

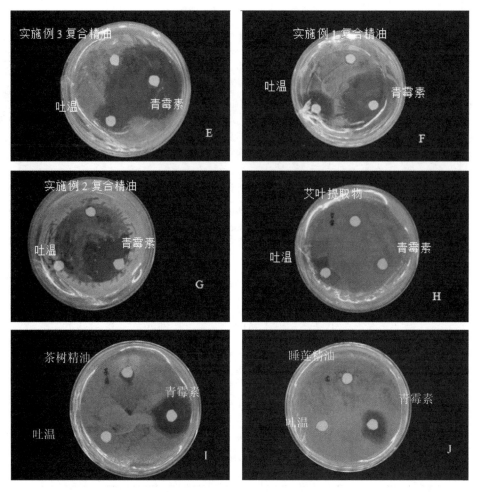

图 2 三种实施例的复合精油及单方精油对金黄色葡萄球菌的抑制圈示意图

Fig. 2 Schematic diagram of inhibition circle of compound essential oil and single essential
oil to *Staphylococcus aureus* in three embodiments

3.2 人手试验

表 3 4h 内受试对象细菌浓度(10⁷cfu/ml)变化

表 3 4h 内受试对象细菌浓度(10^7cfu/ml)变化

Table 3 Change of bacterial concentration (10^7 cfu / ml) of test object within four hours

时间	A_1	A_2	A_3	B_1	B_2	B_3	B_4	清水	市售抑菌皂
0h	1.716	2.696	2.816	2.241	1.929	2.507	2.229	2.279	2.452
1h	2.161	2.944	3.014	2.243	2.971	2.577	2.346	2.784	2.919
2h	3.136	3.201	3.122	3.226	3.141	3.245	3.191	3.362	2.939
3h	2.342	1.952	2.384	2.446	2.654	2.351	2.461	3.432	3.114
4h	2.379	2.169	2.432	2.468	2.689	2.387	2.351	3.234	3.119

由表 2 可以看出，随着时间的延长，各受试者测量出来的细菌浓度都在增加，但是每个受试者增加的程度不同；当刚清洗完用纱布擦干手后取样时，使用 A_1 洗手的受试者手上细菌浓度最低；A_2 和 A_3 在 0~1h 这段时间内的细菌浓度要高于市售抑菌皂，说明在短期内精油皂 A_1 的抑菌效果较为明显，A_2 和 A_3 的抑菌效果不显著；在 2h 时，实施例精油皂的受试者手上的细菌浓度都有上升，在 3h 时又下降，且在 1~3h 内，各受试者(无论是使用精油皂的受试者还是使用市售皂的受试者)手上的细菌浓度已持平，甚至到最后使用精油皂的受试者手上的细菌浓度最低，说明精油皂在较长时间内的持续抑菌能力较显著；在最后的 3~4h 内，所有使用精油皂的受试者手上的细菌浓度都低于使用市售皂的受试者，而市售皂的抑菌效

果大于清水，说明精油皂的持续抑菌能力最为显著。

3.3　质量分析

3.3.1　感官

外观：$A_1 \sim A_3$ 的精油抑菌手工皂形状喜人，晶莹剔透，没有气泡等杂质，符合标准要求。

气味：$A_1 \sim A_3$ 的精油抑菌手工皂有清爽的香味，没有腐败等不喜气味，符合规定香型。

3.3.2　理化性能

$A_1 \sim A_3$ 精油抑菌手工皂的理化性能指标测定结果如表4所示。

表4　$A_1 \sim A_3$ 精油抑菌手工皂的理化性能指标[19]

Table 4　Physicochemical properties of the essential oil antibacterial hand soap of A_1 to A_3

检验项目	指标（Ⅱ型）	$A_1 \sim A_3$ 精油抑菌手工皂检验结果
总有效物含量(%)	≥53	合格
水分和挥发物(%)	≤30	合格
总游离碱（以 NaOH 计）(%)	≤0.30	合格
游离苛性碱（以 NaOH 计）(%)	≤0.10	合格
氯化物（以 NaCl 计）(%)	≤1.0	合格
总五氧化二磷[a](%)	≤1.1	合格
透明度[b][(6.50±0.15)mm 切片](%) 25		合格

4　结论

在单方精油中睡莲精油对铜绿假单胞菌的抑菌效果更加明显，而茶树精油对细菌中的大肠杆菌、枯草芽孢杆菌以及真菌中的酿酒酵母的抑制效果最强，艾叶纯露则对金黄色葡萄球菌的抑制效果最强；而复合精油的抑菌效果都强于单方精油的抑菌效果，说明这3种植物精油的复合精油在抑菌方面具有协同功效。并且，在复合精油中实施例 A_1 对这5种菌的抑菌作用较其他复合精油强。在对由不同配比制成的混合精油手工皂进行人手试验后发现，从总体来看，抑菌功效应是复合精油手工皂>市售抑菌皂>清水。综合滤纸片法和人手试验检测得出的抑菌效果，发现当热带睡莲精油∶艾叶提取物∶茶树精油＝5∶2∶1时配制成的混合精油抑菌效果最佳。通过对精油手工皂作质量评价，手工皂在感官方面已经符合标准要求，其总

游离碱、水分和挥发物、总有效物含量、游离苛性碱、总五氧化二磷、氯化物以及透明度均达到合格程度。

5　讨论与展望

人们对美的要求越来越高，对于天然护肤品的追求也越来越多。具有护肤功效的植物精油皂不仅具有去污能力好、价格便宜的优点，而且对环境友好，深受广大消费者的喜爱[20]。通过以上的试验结果表明，与其他的相同功效精油手工皂相比，含有热带睡莲精油的复合精油手工皂其功效毫不逊色。孟蕲翻[21]公开发明了一种以诺丽提取物为主要添加物的抑菌手工皂，为得到最佳的抑菌和祛痘效果，其手工皂探索了多种基础油与植物提取物的最佳配比；孙燕丽等人[22]公开发明了一种以柑橘精油为添加物的抑菌手工皂，也是探索了多种基础油与柑橘精油的最佳配比；而研究表明，复合精油的抑菌效果会比单方精油的抑菌效果强，所以本试验研制的一种以睡莲精油为主要添加物的抑菌手工皂，主要探索多种精油的最佳配比，为使它们达到最佳的协同效果，成就最佳的抑菌功效。在目前的睡莲市场中，以睡莲精油为添加物的抑菌手工皂较为少见，本试验研发的抑菌皂具有较大的市场。

热带睡莲精油具有的体外抗氧化性，意味着它在护肤行业发挥它的重要作用。热带睡莲精油手工皂具有一定的创新性和实用性。热带睡莲在海南拥有全国最大的种植面积，资源丰富，产量和品质极高，睡莲产业初具规模。热带睡莲精油不再只具有观赏作用，睡莲花瓣采用国际先进技术——超声波辅助下的亚临界技术提取睡莲精油，确定海南睡莲花精油护肤品工艺参数，研制睡莲复合精油手工皂，填充睡莲市场，使睡莲的价值得到更深层次的挖掘。因此，热带睡莲精油不仅可以研制出具有抑菌功效的手工皂，也可以继续研制出具有其他功效的手工皂，例如抗氧化、抗过敏，这将会对睡莲衍生产品的补充起重要作用。海南作为国际旅游岛，作为热带睡莲最佳生长地区[23]，用海南特有的植物精油制成的手工皂作为旅游伴手礼，则能够极大地推动海南省经济发展，解决人口就业等问题，还可以借此机会大力发展热带睡莲旅游产业，将热带睡莲手工皂做出品牌，吸引更多的爱美的精致人士。

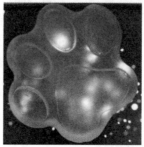

图3 手工皂成品

Fig. 3 The finished product of hand soap

参考文献

[1] Bing So Jin, Kim Min Ju, Park Eunjin, et al. 1, 2, 3, 4, 6-penta-O-galloyl-beta-D-glucose protects splenocytes against radiation-induced apoptosis in murine splenocytes.. Biological & Pharmaceutical Bulletin, 2010, 33(7): 1122 -1127.

[2] Jerzy Jambor, Lutosława Skrzypczak. Flavonoids from the flowers of *Nymphaea alba* L.. Acta Societatis Botanicorum Poloniae, 2014, 60(1-2): 119-125.

[3] Hsu Chin-Lin, Fang Song-Chwan, Yen Gow-Chin. Anti-inflammatory effects of phenolic compounds isolated from the flowers of Nymphaea mexicana Zucc.. Food & Function, 2013, 4(8): 1216-1222.

[4] Saleem A, Ahotupa M, Pihlaja K. Total phenolics concentration and antioxidant potential of extracts of medicinal plants of Pakistan.. Zeitschrift für Naturforschung C, 2001, 56(11-12): 973-978.

[5] Zhao Ying, Fan Yang-Yang, Yu Wen-Gang, *et al*. Ultrasound-Enhanced Subcritical Fluid Extraction of Essential Oil from *Nymphaea alba* var and Its Antioxidant Activity. [J]. Journal of AOAC International, 2019, 102(5).

[6] 黄秋伟, 毛立彦, 龙凌云, 等. 热带睡莲精油的超临界 CO_2 萃取优化及其成分 GC-MS 分析[J]. 食品研究与开发, 2020, 41(07): 188-195.

[7] 黎海梅. 三类天然产物的抗氧化性及抑菌特性研究 [D]. 广州: 暨南大学, 2018.

[8] 吴晓菊. 亚临界萃取迷迭香精油的工艺分析[J]. 食品安全导刊, 2016(36): 110.

[9] 吴晓菊, 金英姿, 姜丽. 亚临界萃取椒样薄荷精油的工艺[J]. 食品研究与开发, 2016, 37(05): 52-54.

[10] 吴晓菊, 杨清香, 徐效圣. 亚临界萃取神香草精油的工艺研究[J]. 食品工业, 2015, 36(04): 99-101.

[11] QB/T 2952-2008, 洗涤用品标识和包装要求[S]

[12] 王茜. 蓬莪术挥发油提取分析及抗氧化抑菌活性研究 [D]. 雅安: 四川农业大学, 2015.

[13] 王涌. 基于共同创作的芳香纯露机产品设计研发与应用[D]. 杭州: 浙江大学, 2018.

[14] 石雷, 李慧, 白红彤. 具有抑菌功能的清香型天然植物精油皂及其制备方法[P]. 中国专利: CN105154257A, 2015-12-16.

[15] 许泽文, 李环通, 王绮潼, 等. 柠檬草精油成分分析、抑菌性及对巨峰葡萄保鲜研究[J]. 食品研究与开发, 2020, 41(01): 51-59.

[16] 杨清山, 王磊, 程淑君, 等. 吐温 80 在油脂类样品微生物检测中的应用研究[J]. 食品研究与开发, 2013, 34(03): 75-77.

[17] 杨玉喜. 2011 年护肤品市场概况[J]. 日用化学品科学, 2011, 34(12): 1-2.

[18] 赵天明. 植物精油提取技术研究进展[J]. 广州化工, 2016, 44(13): 16-17+44.

[19] 朱辉, 彭林彩, 周绿山, 等. 腐植酸钠香皂制备工艺研究及品质评价[J]. 四川文理学院学报, 2017, 27(02): 25-28.

[20] 沈倩. 手工皂的发展及制备[J]. 科技信息, 2011 (14): 512-514.

[21] 孟蕲翾. 一种具有抑菌、祛痘功能的诺丽手工皂及其制备方法[P]. 中国专利: CN106833978A, 2017-6-13.

[22] 孙燕丽, 于沙蔚. 一种含柑橘精油手工皂的制备方法[P]. 中国专利: CN108277114A, 2018-7-13.

[23] 柏斌. 因地制宜发展热带睡莲前景看好[N]. 中国花卉报, 2016-02-02(005).

大同——曲阜市沂河公园景观设计理念探讨

张 萌[1]　聂雪婷[1]　李振坚[1]　梁 红[2,*]

（[1] 中国林业科学研究院林业研究所，国家林业和草原局林木培育重点实验室，北京 100091；

[2] 青岛农业大学园林与林学院，青岛 266041）

摘要　城市滨水公园在生态城市的建设中，不仅是城市居民休闲游憩的场所，也在城市地域文化和整体形象的体现中发挥着举足轻重的作用。以曲阜市沂河公园为例，根据场地地理位置、周边环境等现状，以"大同"为主题，遵循生态原则、人性化原则，为城市居民创造一个充满自然气息的滨水景观空间。以几何图形中的圆形为基本设计要素，设置了"一轴一带五分区"。划分为贯穿全园的景观轴、景观游览带和植物观赏区、安静休息区、体育运动区、植物围合区、水景观赏区。这几部分相互呼应，协调一致。采用曲线的元素，以期为人们接近绿色自然、贴近景观生态提供空间，为促进人类与生态环境的和谐相处尽绵薄之力。

关键词　城市滨水公园；景观设计；生态原则；人性化空间

Great Harmony——Landscape Design of Yihe Park in Qufu City

ZHANG Meng[1]　NIE Xue-ting[1]　LI Zhen-jian[1]　LIANG Hong[2,*]

（[1] Research Institute of Forestry，Chinese Academy of Forestry，Beijing 100091，China；

[2] College of Landscape Architecture and Forestry，Qingdao Agricultural University，Qingdao 266041，China）

Abstract　In the construction of an ecological city, the urban waterfront park is not only a place for urban residents to have fun and relax, but also reflects the city's regional culture and overall image. Taking the Yihe Park in Qufu City as an example, on the basis of the geographical location and the surrounding environment, this design with the theme of "Datong", followed ecology and humanity principles. It created a natural waterfront landscape space for urban residents. Taking circle in geometry as the basic design element, it set up "one axis, one belt, five zones" which was the landscape axis, the landscape tour zone, and the plant viewing area, the quiet rest area, the sports area, the plant enclosure area, the water viewing area. The several parts penetrated the entire park, and echoed each other as well as coordinated with each other. By using the element of curve, it was applied to let urban residents realize the significance of nature and ecology better, and tried our best to promote the harmonious coexistence of human beings and ecological environment.

Key words　City waterfront park；Landscape design；Ecological principle；Humanized space

城市中的河流，不仅在该城市的发展中发挥着至关重要的作用，同时为该城市居民的休闲游玩增添了一处绿荫之地，并且也改善着人类和绿地、人类和水域以及人类和人类之间的相互关系。在城市发展的历程中，人们对于美好生活有了更多的要求与期盼，于是，在城市的沿河一带建造了越来越多的滨水公园，这些滨水公园以其独特的地理条件和地形的优势，为周边的城市居民等游玩者提供了良好的休闲场所，方便人们就近观赏景观。城市滨水公园是城市生态系统的重要组成部分，增强其景观效果对城市居民的生活品质与城市的景观建设都有着积极而广泛的影响（王晓玥 等，2020）。

城市滨水公园属于城市公园的范畴，故其具有一般城市公园的基本特征，即作为城市的公共开放空间，具有美化功能、生态功能、游憩功能、防护功能等。此外，城市滨水公园以其独特的滨水优势，在地形、生态环境方面又区别于一般的城市公园，其特有的特征一般包括以下几个方面：第一，亲水性与可达性（唐剑，2002）。城市滨水公园沿着水域建设，具有广阔的亲水空间，并且会设置沿岸景观带，这为人们提供了丰富的水域环境，提高了游园者的参与度体验，促进了居民与自然、生态的良好交流。第二，连续性。城市滨水公园一般都是沿着河流水系延伸的方向分布，大多数是基本呈带状分布的，而其中的景观节点便形成一个个连续的景观序列。第三，过渡性。城市滨水公园既包括一定的陆地范围，又含有原址中的天然或人工水系，陆地和水域之间的过渡区间为游园者提供了更加丰富的游览空间。第四，地域文化性。一方面，城市滨水公园是城市居民休闲游憩的场所；另一方面，城市滨水空间是一个城市文化的象征，具有标志性（Julia & Daniela，2018），体现着该城市的风土人情和地域特征，在该城市的整体形象以及地域文化的体现中具有举足轻重的作用。

1 沂河公园立地条件

沂河公园，位于山东省济宁市曲阜市，依靠沂河支流而建造，有着孔夫子欣然高歌"浴乎沂"的佳传，是附近居民和前往周围商业区的人们经常游玩的场所，沂河公园与该城市的居民有着密不可分的联系。随着生态意识以及"公园城市"的进一步普及，居民也愈加关注城市的生态环境，本次沂河公园改造设计就是以保护生态环境为主要的设计思想进行改造设计，旨在为城市居民提供一个更加生态、更加亲近自然的游憩环境。

1.1 区位分析

曲阜市隶属于山东省济宁市，四季分明，是典型的温带季风大陆性气候，地形多为平原，无明显小气候。曲阜市以儒家文化为区域文化，有"孔子故里"之称，旅游业较发达，景点有孔府、孔庙、孔林、孔子六艺城、孔子博物馆、尼山等。

沂河公园坐落于山东省济宁市曲阜市沂河水系部分分支一侧，是由多条城市道路围合而成的城市公园，西靠五福路，东靠弘道路，北侧由舞雩台路、大同路、浴沂路交叉围合，场地周围多分布居住区、商业区、写字楼等机构，公园场地由南北方向的大成路划分为东、西两部分，东侧原有曲阜市水质监测中心，场地沿岸沂河河流宽约 0.18km，河流对岸为写字楼和居住区，沿岸为自然式片状种植。沂河公园场地近似三角形，沿河岸在西北至东南方向呈带状延伸，公园沿河长度约为 1.5km，占地面积约为 19.1hm²。

1.2 周边环境分析

沂河公园周围以居住区为多，其辐射范围比较广，可以供更多的城市居民进行休闲游憩。场地西北与东北侧多为居住区，且分布较集中、面积大，周围居民为该场地的主要服务人群，场地设计应考虑不同类型居民对活动空间的不同需求。场地南侧紧靠沂河支流，河面宽度约为 0.18km。场地东侧为便民市场及幼儿园，考虑到购物者、家长和儿童休闲游玩的需要，在附近设置停车场、休憩空间等。东北侧"舞雩台"为一遗址性景观，以保护遗址为主要目的，游人较少。场地内原有水质监测中心，其周围应以种植为主，减少节点，减少游人的进入、降噪等。

2 设计方案简介

2.1 设计理念

在对于沂河公园的景观设计中，以"大同"作为该方案的基本理念，"大同"二字摘自《论语》中孔夫子对于理想社会的畅想，在此处，"是为大同也"不仅仅是孔夫子所详细描述的人类之间和谐社会的定义，它更被赋予了更加深刻的含义——人类与大自然之间的和谐，也就是所提倡的保护自然、保护生态的意识。对沂河公园的改造设计，以"大同"为主要的设计理念，追求的既是社会的和谐，更是人类与自然、人类与生态环境的和谐共处，力求将居民的生活与自然、生态结合在一起（俞孔坚 等，2004），促进人类与自然的协调、和谐发展。同时，沂河公园作为一个城市滨水公园，是附近居民以及外来游园者进行休闲、放松的重要空间，也是人们接触自然、了解自然的重要场所。人们可以在轻松宜人的空间中感受人类与大自然的协调，在充分发挥公共性园林功能以及增强人们了解自然与生态知识的基础上，创造出具有良好体验感的空间。

2.2 设计原则

（1）生态保育原则。在保持生态环境系统的完整性、考虑环境容量和环境可承载量的基础上，开展符合生态敏感性的开发和休闲行为，并且建立有效管理机制和可持续发展的策略，不破坏原有生态系统、不影响水体环境，充分考虑生态适宜性、生态完整性（冯林林 等，2020），从而保护自然生态的相连性及可持续性。

（2）人性化原则。根据场地现状，考虑使用者的体验感，设置合适的构筑物尺度，构造有人情味儿的空间，满足不同年龄段、不同职业人群的休闲需求。

（3）因地制宜原则。将地域文化的元素融入景观设计中，在景观节点主题或景观小品中得以体现；根据当地特点选择植物种类，以具有特色或为当地人们喜爱的乡土植物作为主体树种。在景观设计中充分利用地方文化特色以及自然特征，提高滨水区景观的生机与活力。

（4）艺术性原则。根据园林设计艺术原理创造美的景观，具体体现在色调的搭配、材质的选择、空间尺度的把握、园林植物的选择与配置等多个方面（陆兆宸 等，2020）。

2.3 设计意义

首先，通过对沂河公园的景观设计，可以为该城市居民创造一个人文与生态相结合、景色优美、环境宜人的城市滨水公园，以供城市居民进行休闲娱乐活动，增强人们保护生态、保护自然的意识。

其次，该设计结合当地的文化特色，打造一个将自然、生态与地域文化相结合，主张场地的艺术化、人文关怀与社区关怀，提升当地居民参与度的同时，通过多元表达让游园者获得新的启发。为人们创造出"暮春者，春服既成，冠者五六人，童子六七人，浴乎沂，风乎舞雩，咏而归。"中所描绘的理想生活的空间与意境，创造良好的生活环境。

再者，充分发挥原有的地形特色，主张场地的原始自然个性，创造出可游、可赏的城市滨水空间。

3 总体设计与分析

在符合公园设计规范、遵循基本设计理念的基础上，对沂河公园提出景观设计方案（图1）。以"大同"的思想为指导，以几何图形"圆形"为基本的设计元素，结合场地现状以及周边情况，设置"一轴一带五分区"。"一轴"即景观轴线，以场地延伸方向为基本方向，在场地的陆地空间与沿岸空间交界处设置一条自西北向东南方向延伸的主要园路，同时也是该设计的景观轴线。"一带"即景观带，根据场地实际情况以及设计节点的分布而展开，自西北至东南方向沿场地分布情况呈曲线状延伸，这条景观带是由一条主要园路形成，也是一条主要的游览路线。"五分区"则

1.入口广场　11.广场
2.荷香处　12.垂景空间
3.水月观景台　13.绿篱迷宫
4.观水亭　14.知春处
5.夕照廊　15.游船码头
6.茗香里　16.有氧森林
7.阳光草坪　17.戏水平台
8.模纹花坛　18.古波坐怀
9.观水阶梯　19.停车场
10.大同广场

0　50 100 150m

沂河公园景观设计平面图   N

图1　沂河公园景观设计平面图
Fig. 1　Landscape design plan of Yihe Park

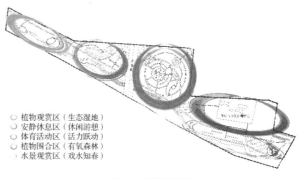

○ 植物观赏区（生态湿地）
○ 安静休息区（休闲游憩）
○ 体育活动区（活力跃动）
○ 植物围合区（有氧森林）
、水景观赏区（戏水知春）

图2　功能分区图
Fig. 2　Function zoning map

是指根据场地情况和设计方案划分的5个景观分区，即：生态湿地区、休闲游憩区、活力跃动区、有氧森林区、戏水知春区，其对应的功能分区分别为：植物观赏区、安静休息区、体育活动区、植物围合区、水景观赏区（图2）。其中，活力跃动区为主要景区，由各级道路与一系列的活动广场所构成，不同的广场空间供不同的人群进行活动，提升游园者的参与感，例如大同广场设置了特色雕塑、小品、廊架等供游人休闲、聚散，视线所及远处喷泉水景（图3）；戏水知春区是以增加人们的亲水度为目的，结合场地空间，设置了游船码头、戏水平台、知春广场、砾石驳岸等节点，例如知春处设置了特色廊架供游人纳凉、赏景、疏散，并有生态廊架紧靠有氧森林，便于游人登高远眺湖光美景、呼吸清新空气（图4）；休闲游憩区靠近商业区，以独立的水景为视线观赏处，例如节点茗香里设置了茶室、休闲座椅、张拉膜等，让游人在眺望之时有静态水景可赏，同时，茶室前方设置喷泉，又使游人在品茶之时有动态水景观赏，特色座椅和张拉膜的设置，分别从不同角度与观水亭形成对景（图5），还有注入了"大地艺术"设计理念的阳光大草坪供游园者休憩游玩，此外，模纹花坛也是此区的一大亮点；生态湿地区选址在西侧狭长处，加入生态型湿地的元素，种植多种湿生植物，丰富人们的湿地相关知识，增强人们的生态意识，此区的植物配置则根据地形分为水面植物、岸边植物、滩涂植物等；有氧森林区以场地现状为基础，设置在原有水质监测中心周围，以林植为主，减少游人的进入。景观轴线和景观带贯穿了5个分区，各个景观节点依次分布在景观轴线和景观带周边，便于游园者进行游览观赏，增加游园者的参与度，促进人类与自然环境的和谐相处。

场地设置了7个出入口，均是根据场地与城市道路的位置关系所置，东、西两侧与城市道路相邻处分别设置一个出入口，在场地北侧多处与城市道路交叉路口相邻，故根据交叉路口与场地的关系，结合周边

人流量,设置了5个出入口。各个出入口均在不影响城市交通的前提下,靠近城市道路而设置,并充分考虑其与周围居民区、商业区、写字楼等环境的关系,满足人流量对场地空间的要求。

　　从总体上来看,该改造设计以"大同"为主要思想,根据场地实际情况进行调和连续的规划设计,遵循生态原则,追求人类与自然环境的和谐共处,呼吁人们更加关注自然、关注生态、保护环境。

4　专项设计

4.1　植物种植设计

　　以生态湿地区为例,进行植物种类的选择以及配置。生态湿地区主要包括水面景观、岸边景观、滩涂景观。对于水面景观,即沂河边缘处,可种植一些挺水花卉、浮水花卉、漂浮花卉等;对于近水处的岸边景观,可选择湿生的乔灌木、部分挺水花卉等;对于滩涂景观,是湖、河、海等水边的浅平之地,在园林中人工再现自然的景观,可以配置湿生植物,带给游人回归自然的审美感受。结合场地现状以及设计原则,该区域选择的植物如下,乔木:绦柳(*Salix matsudana* f. *pendula*)、落羽杉(*Taxodium distichum*)、苦楝(*Melia azedarach*)、白蜡(*Fraxinus excelsior*)、构树(*Broussonetia papyrifera*);灌木:榆叶梅(*Amygdalus triloba*)、碧桃(*Amygdalus persica* var. *persica* f. *duplex*)、迎春(*Jasminum nudiflorum*)、八仙花(*Hydrangea macrophylla*)、金叶女贞(*Ligustrum × vicaryi*)、野蔷薇(*Rosa multiflora*)(攀缘灌木);草本:紫菀(*Aster tataricus*)、紫花苜蓿(*Medicago sativa*)、千屈菜(*Lythrum salicaria*)、黄菖蒲(*Iris psudacorus*)、芦苇(*Phragmites communis*)、花叶芦竹(*Arundo donax* var. *versico-*

图3　大同广场效果图

Fig. 3　Landscape rendering of Datong Plaza

图4　知春处效果图

Fig. 4　Landscape rendering of Zhichunchu

图5　茗香里效果图

Fig. 5　Landscape rendering of Mingxiangli

lor)、荷花(*Nelumbo nucifera*)、睡莲(*Nymphaea tetragona*)、高羊茅(*Festuca elata*)。采用的配置方式包括孤植、对植、列植、丛植、群植等(图6)。

4.2　竖向设计

　　整体地形为北高南低,水流向沂河。场地内,利用生态湿地、阳光草坪、有氧森林等绿地进行蓄水、雨水的净化等。城市道路的雨水,可排入与场地相邻的绿地(图7)。

5　讨论

　　曲阜市沂河公园景观设计是在大量基础资料及场地现状和周边环境调研的基础上进行的,本景观设计方案遵循相关设计规范,结合城市特点,提出相应的设计理念、设计原则、设计意义,进行总体设计及专项设计等。把沂河公园建设成具有城市特色的、可供居民休闲游憩的场所,充分发挥原有的地形特色,主张场地的原始自然个性,考虑游园者的体验感,设置合适的空间,创造出可游可赏的滨水空间。通过整体规划、植物配置等,将景观与生态相结合,增强人们的生态意识,提升对自然环境的热爱。

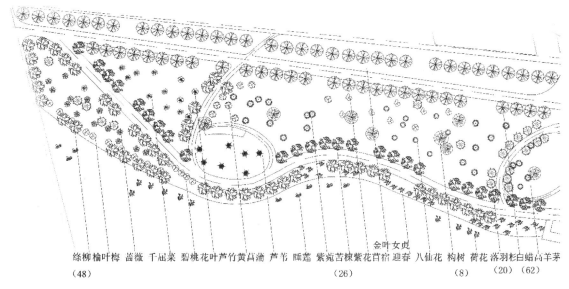

绿柳 榆叶梅 蔷薇 千屈菜 碧桃花叶芦竹黄菖蒲 芦苇 睡莲 紫宛苦楝紫花苜宿 迎春 金叶女贞 八仙花 构树 荷花 落羽杉白蜡高羊茅
（48）　　　　　　　　　　　　　　　　（26）　　　　　　　　　　　　　（8）　　　（20）（62）

图 6　生态湿地区植物种植设计图

Fig. 6　Ecological wet area plant planting design drawing

图 7　排水示意图

Fig. 7　Drainage diagram

参考文献

冯林林，于搏海，孙烨，等，2020. 基于滨水绿地的雨水分质处理与景观设计方法[J]. 给水排水，46（7）：71-76.

陆兆宸，徐轩轩，张娅薇，2020. 基于视觉感知的城市滨水景观设计[J]. 城市建筑，17（9）：133-136.

唐剑，2002. 浅谈现代城市滨水景观设计的一些理念[J]. 中国园林，18（4）：33-38.

王晓玥，高欣怡，梁漪薇，等，2020. 基于 SBE 分析法对滨水植物景观的量化研究——以南京滨水公园为例[J]. 中国园林，36（5）：122-126.

俞孔坚，张蕾，刘玉杰，2004. 城市滨水区多目标景观设计途径探索——浙江省慈溪市三灶江滨河景观设计[J]. 中国园林，20（5）：28-32.

Julia R P, Daniela V A. 2018. Towards the Implementation of the Historic Urban Landscape Approach in the Guayaquil Waterfront (Ecuador)：A Scoping Case Study[J]. The Historic Environment：Policy & Practice, 9（3-4）：349-375.

温榆河生态廊道植被及生境参数与鸟类群落的关系研究[1]

郑冰晶　张梦园　张　清　滕雨欣　董　丽[*]

（花卉种质创新与分子育种北京市重点实验室，国家花卉工程技术研究中心，城乡生态环境北京实验室，
园林环境教育部工程研究中心，林木花卉遗传育种教育部重点实验室，园林学院，北京林业大学，北京 100083）

摘要　于 2019 年 9 月至 2019 年 11 月采用样点结合样线的方法对北京市温榆河生态廊道中 5 个样段内的植被特征、鸟类群落特征以及生境参数进行调查，共记录到植物 136 种，其中包括食源树种 60 种，筑巢树种 14 种。通过对鸟类群落结构与生境参数之间进行相关性分析，结果表明，鸟类密度与水面宽度呈显著正相关（$P<0.05$），鸟类多样性与栖息地类型多样性呈极显著正相关（$P<0.01$），鸟类均匀度与栖息地类型多样性呈显著正相关（$P<0.05$）。因此，建议在进行温榆河生态廊道鸟类保护方面的生境营造时，应尽量维持现有的不同的栖息地类型，适当增加食源树种的种植，并且减少人工设施的建设，从而扩大水面的面积。

关键词　生态廊道；植被特征；鸟类群落；生境参数

The Relationship between Vegetation Characteristics, Habitat Parameters and Bird Community in Wenyu River Ecological Corridor

ZHENG Bing-jing　ZHANG Meng-yuan　ZHANG Qing　TENG Yu-xin　DONG Li[*]

（*Beijing Key Laboratory of Ornamental Plants Germplasm Innovation & Molecular Breeding, National Engineering Research Center for Floriculture, Beijing Laboratory of Urban and Rural Ecological Environment, Engineering Research Center of Landscape Environment of Ministry of Education, Key Laboratory of Genetics and Breeding in Forest Trees and Ornamental Plants of Ministry of Education, School of Landscape Architecture, Beijing Forestry University, Beijing 100083, China*）

Abstract　From September 2019 to November 2019, the vegetation characteristics, bird community characteristics and habitat parameters in five sample sections of the Wenyu River Ecological Corridor in Beijing were investigated by using the method of sampling points with sampling lines. A total of 136 species of plants were recorded, including 60 species of feeding species and 14 species of nesting species. The correlation analysis between bird community structure and habitat parameters shows that bird density was positively correlated with width of water surface（$P<0.05$）, bird diversity was significantly positively correlated with habitat type diversity（$P<0.01$）, and bird evenness was positively correlated with habitat type diversity（$P<0.05$）. Therefore, when constructing the habitat for bird protection in the Wenyu River Ecological Corridor, it is suggested that the existing different habitat types should be maintained as far as possible, the number of food source trees should be increased appropriately, the construction of artificial facilities should be reduced, so that the width of water surface will be expanded.

Key words　Ecological corridor; Vegetation characteristic; Bird community; Habitat parameters

　　城市生态廊道由于其自然属性，具有多方面的生态功能，其中之一是能够形成内部独立的生境，构筑生物保护栖息地（朱强 等，2005）。并且，廊道宽度、连接度、内部结构以及廊道基质在廊道生物多样性保护功能上起到作用，其中，足够的廊道宽度尤为关键（李正玲 等，2009；Andreassen et al.，1996）。

　　城市鸟类作为生物多样性的重要组成部分，通常被选为城市化对生态环境影响的指示物种。国内外相关研究表明，具有适宜宽度和内部生境、充足食物资源的高质量廊道能够更好地提高鸟类多样性（Deckers

1 基金项目：北京城市生态廊道植物景观营建技术（D171100007217003）；基于生物多样性支撑功能提升的雄安新区城市森林营建与管护策略方法研究（2019XKJS0320）。

第一作者简介：郑冰晶（1995—），女，硕士研究生，主要从事园林植物应用与园林生态研究。

* 通讯作者：董丽，教授，E-mail：dongli@bjfu.edu.cn。

et al., 2004；Davies and Pullin，2007）。而城市生态廊道的植被是影响鸟类分布和多度的第一影响因子，植被覆盖类型、植物种类、多样性、丰富度、均匀度、植物群落结构等因素对鸟类群落产生影响（Jessleena et al.，2017；Christopher and A. C. K. B.，2015；Myung-Bok Lee and J. T. R.，2015）。

北京鸟类资源较为丰富，至今共整理记录了456种鸟类，其中83.2%的鸟类为迁徙鸟类，因此对北京城市鸟类的保护不仅对本地鸟类多样性的提高有重要价值，而且保护了东亚-澳大利亚迁徙线上途经北京的候鸟（北京观鸟会，2014；徐海婷，2017）。北京城市绿地系统规划中生态廊道的规划建设越来越受到重视，根据北京市颁布的《北京市绿地系统规划》（北京市园林绿化局，2019），北京将建设中心城10条楔形绿地以及"五河十路"绿化带。然而，廊道的建设主要考虑景观、休闲、娱乐等游赏功能，其作为动物栖息地保护的生态功能未得到足够的关注。因此，研究北京城市生态廊道的生境营建是有效提高北京鸟类多样性水平的重要基础研究，对于城市生态廊道作为鸟类保护功能的实现具有现实的指导意义。

本研究选择北京市温榆河生态廊道作为研究地点。温榆河作为北京市重要的生态廊道，是北京市的"母亲河"。自2002年启动"温榆河绿色河流走廊规划"项目以来，被逐步打造成重要的城市生态廊道，从而具有一定的典型性与研究价值。因此，笔者通过调研和分析温榆河生态廊道植被及生境现状，研究生境参数与鸟类群落的关系，探讨影响鸟类群落的生境参数，为生态廊道的鸟类保护方面提供重要的基础资料和参考价值。

1 研究区域概况

温榆河位于北京市东北部，发源于北京市昌平区军都山麓，是唯一一条发源于本市境内的水系（吴雍欣，2010），自沙河水库至通州北关拦河闸，由西北向东南流经昌平、顺义、朝阳、通州4个区，全长47.5km，流域面积约4423km²，是支撑北京市的天然生态屏障（图1），已被列为北京市规划建设中的绿色生态走廊之一（王飞飞和成文连，2004）。温榆河平均海拔是28.4m，属于北京的平原地区。温榆河廊道内生境类型和植物群落结构类型多样，生境类型包括密林、疏林、草地、农田、湿地，植物群落结构类型包括乔木、草本、乔—草、乔—灌、乔—灌—草，为鸟类提供丰富的栖息环境。因温榆河通州区段目前处于施工状态，故对昌平、顺义和朝阳3个区段开展了研究，占整个区域的80%以上。

2 研究方法

2.1 样点和样线选择

采用样带法选择样点，在研究范围内将温榆河分为5个样段，样段与样段之间相隔2km，每个样段长6km，在每个样段区域内每1km在河流两岸分别设置1个样点，每个样段14个样点，共有70个样点，并将样段内河流一岸的相邻样点连接形成样线，共有10条样线（图1、图2）。

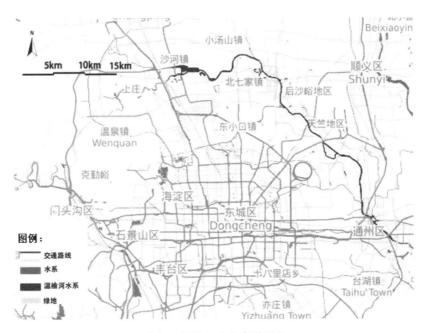

图1 温榆河生态廊道区位

Fig. 1 The location of Wenyu River ecological corridor

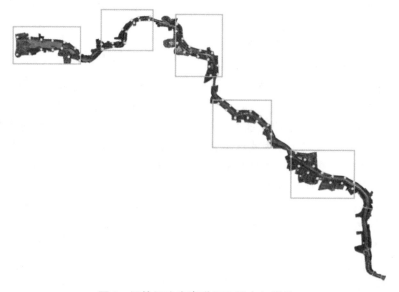

图2   温榆河生态廊道调研样点与样线

Fig. 2   Investigation sample site and sample line of Wenyu River ecological corridor

2.2   植物群落调查

按《普通生态学实验手册》采用标准取样法，依据宋永昌的《植物生态学》进行样方面积确定，中国温带地区取样时样方最小面积为200~400m²(宋永昌，2001)。

调查中每个样点从界面边缘起，垂直于廊道方向布置2~3个10m×10m的乔木调查样方；在乔木样方内，四角处取5m×5m的灌木样方4个(含木质藤本、竹类)；在乔木样方中心及四个角点处布置1m×1m的正方形小样方，在其中对草本植物进行取样(图3)(张楠，2014)。共有171个乔木样方、684个灌木样方以及855个草本样方。

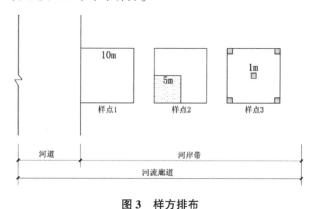

图3   样方排布

Fig. 3   Sample setup diagram

2.3   鸟类调查

2019年9~11月，选择晴朗无风的天气，在鸟类行为较活跃的时段(7：00~11：00；16：00~18：00)，使用7×50倍kowa双筒望远镜和佳能单反相机对生态廊道鸟类进行调查，每月调查2次(每次鸟类调查覆盖廊道内所有的样点和样线)，每次调查4天。采用样点结合样线的方法进行调查(韩晶，2017)，在进行样点调查时，每个样点停留10min；以1.5~2.0km/h的速度沿样线前进，记录样线左右30m范围内出现及鸣叫的鸟类，记录内容包括鸟类种类、数量、所在植被层、栖息的植物物种及位置，及鸟类的行为类型(王彦平，2004)。对与行进同方向出现的鸟类不予重复记录。

2.4   生境参数的选定

根据以往的经验、参考文献(朱宝光 等，2009；隋金玲 等，2007；陆祎玮 等，2007；朱强 等，2005；葛振鸣 等，2005；栾晓峰 等，2004；陈水华 等，2000)及城市生态廊道的特征，选取植物种类、灌木种类多样性、鸟类食源树种多样性、栖息地类型多样性、廊道宽度、水面宽度、水质、水域连通性8项生境参数。各项参数的测量及说明见表1。

表 1 生境参数测量及说明

Table1 Measurements and introductions of habitat parameters

序号 Item	生境参数 Habitat parameters	说明 Description
1	植物种类（Vegetation species，VS）	实测值，表示调查样段内植物物种数目
2	灌木种类多样性（Shrub divisity，SD）	实测值，采用 Shannon-Wiener 多样性指数进行计算
3	鸟类食源树种多样性（Bird-feed tree diversity，BD）	实测值，采用 Shannon-Wiener 多样性指数进行计算
4	栖息地类型多样性（Habitat type diversity，HTD）	实测值，表示调查样段内不同栖息地类型的种类数，栖息地类型分为 7 种：1）开阔水域；2）湿地；3）密林；4）疏林；5）草坪；6）灌木林；7）耕地，若该样段包含了上述所有的 7 种类型，则样段的栖息地类型丰富度最高，定为 7 级；如该样段只包含了上述的 1 种类型，则定为 1 级
5	廊道宽度（Width of corridor，WC）	估测值，根据谷歌地图估测，单位：m
6	水面宽度（Width of water surface，WWS）	估测值，根据谷歌地图估测，单位：m
7	水质（Water quality，WQ）	估测值，分为 5 个等级（1~5），判断标准为水的透明度和水生生物的种类。5 表示水质很好，水清澈透明，水中有鱼类；4 表示水轻度浑浊，水中有鱼类；3 表示水轻度浑浊，水中无鱼类，有底栖生物；2 表示水较浑浊，水中无鱼，有底栖生物；1 表示水较浑浊，水中无鱼，也无底栖生物
8	水域连通性（Connectivity of corridor，CC）	估测值，分为 7 个等级（1~7），判断每条样段内的连通性。7 表示无断点；6 表示有 1 个断点；5 表示 2 个断点；4 表示 3 个断点；3 表示有 4 个断点，2 表示有 5 个断点，1 表示有 6 个断点以上

2.5 数据分析

物种多样性采用 Shannon-Wiener 多样性指数（H），公式为：$H = -\sum_{i=1}^{S} P_i \ln P_i$

式中，P_i 表示某物种 i 的个体数占群落物种总数的比例，S 为每个样段的物种总数。

物种均匀度采用 Pielou 均匀度指数（J），公式为：

$$J = \frac{H}{\ln S}$$

式中，H 为 Shannon-Wiener 多样性指数；S 为每个样段的物种总数。

鸟类密度采用样线法公式：$D = \frac{N}{2LW}$

式中，D 为鸟类密度（只/km²），N 为样段内记录的鸟类数量，L 为样段长度（km），W 为宽度（km）。

利用皮尔逊相关分析（Pearson's correlation）和一元线性回归（Unary linear regression）方法分析鸟类群落特征与生境参数之间的相互关系（易国栋，2019；陆祎玮，2007）。所有运算通过 SPSS25.0 统计软件中相关分析和回归分析完成。

3 结果与分析

3.1 温榆河生态廊道植物群落物种构成及优势种研究

调查得到温榆河生态廊道的维管束植物共计 51 科 112 属 136 种（包含品种/变种）。按照植物生活型分类，乔木 38 种，灌木 16 种，草本植物 63 种，水生植物 17 种，木质藤本植物 2 种。由表 2 可知温榆河生态廊道不同生活型和形态特征的植物构成比例。

表 2 温榆河生态廊道植物现状结构比例

Table 2 Proportion of present plant structure in Wenyu River ecological corridor

类别 Item	种类比 Species proportion
乔木：灌木	2.375：1
常绿乔木：落叶乔木	1：6.6
乔木：灌木：草本：水生：木质藤本	19：8：31.5：1
一二年生草本：多年生草本	1：1.86

依据温榆河生态廊道的植物构成特征，筛选生态廊道包含植物种类较多的优势科属，排序结果为禾本科（Gramineae）（16属16种）>蔷薇科（Rosaceae）（8属14种）>菊科（Compositae）（10属13种）>蝶形花科（Papilionaceae）（4属7种）>木犀科（Oleaceae）（5属6种），这些科属占生态廊道植物种类数的41.18%。同时，筛选出不同生活型出现频度排名前七的植物作为生态廊道的常见植物（图4）。

3.2 温榆河生态廊道鸟类食源树种及筑巢树种分析

食源树种、筑巢树种与鸟类的生存繁衍息息相关，因此对生态廊道的食源树种及筑巢树种展开研究。温榆河共记录到60种食源树种，占河流廊道全部维管束植物种类的44.12%，其中，蔷薇科植物种类最多，达到12种，其次是木犀科（6种）和蝶形花科（6种），这些科属的植物在温榆河生态廊道植物种类及应用频次上同样占据优势地位。

在60种食源树种中，49种为北京地区的乡土植物，乡土的食源树种不仅对北京地区的生态环境适应性强，有较高的观赏价值，而且鸟类利用的频率较高。但是，由表3可知，乡土食源树种在廊道内呈现不均匀的分布，出现频度大于10%的乡土食源植物只有6种，超过85%的乡土植物出现频度在0.1%~10%，仅分布于个别植物生境中，未形成一定的规模。

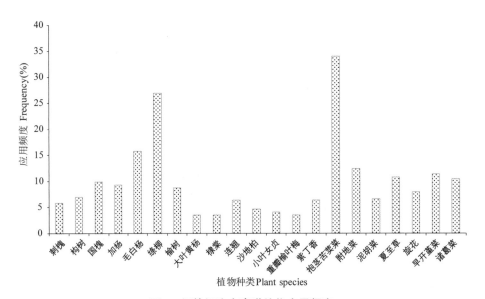

图4 温榆河生态廊道植物应用频度

Fig. 4 Frequency of plant species in Wenyu River ecological corridor

表3 温榆河生态廊道乡土食源树种频度构成

Table 3 The frequency of local food source tree in Wenyu River ecological corridor

频度 Frequency	乡土食源树种 Local food source tree					
	乔木 Arbor	灌木 Shrubs	草本 Herb	水生植物 Water plants	木质藤本 Woody climber	总计 Total
>20%	绦柳	—	抱茎苦荬菜	—	—	2
10%~20%	—	—	附地菜、草地早熟禾、夏至草、诸葛菜			4
1%~10%	国槐、榆树、构树、油松、山桃、银杏、碧桃、栾树、圆柏、金叶槐、白皮松、龙爪槐、海棠花、紫叶碧桃、馒头柳	紫丁香、连翘、重瓣榆叶梅、黄刺玫、红瑞木、迎春花、金银木	旋花、泥胡菜、蒲公英、委陵菜、狗尾草、芦苇、益母草、车前、草地早熟禾、艾、玉蜀黍	水葱	—	34
0.1%~1%	金枝槐、元宝枫、紫叶桃、西府海棠、金叶榆		蛇莓、马蔺	荷花	扶芳藤	9
总计 Total	21	7	18	2	1	49

在筑巢树种方面，根据实地调查和查阅文献（郑光美，1962；张皖清，2015），温榆河共包含 14 种乔木能为鸟类提供筑巢（此处仅指鸟类进行树上和树洞营巢的树种），均为落叶乔木，这些树种均有一定的高度，冠幅较大，有利于鸟类进行营巢。并且，其中的 10 种树种既是筑巢树种，也是食源树种。

调查所记录的木质藤本中，全部为鸟类可利用植物；乔木中鸟类可利用的种类比例为 72.22%；灌木中鸟类可利用的种类比例为 68.75%，草本中鸟类可利用的种类比例为 30.16%，水生植物中的鸟类可利用率最低，仅 11.76%（表4）。

表 4　温榆河生态廊道鸟类可利用植物种类
Table 4　Available plants species to birds in Wenyu River Ecological Corridor

生活型 Life forms	调查植物种类总数 Total species	鸟类可利用植物种类 Available species to birds		占比（%） Proportion（%）
		食源树种 Food source tree	筑巢树种 Nesting tree	
乔木 Arbor	38	26	14	83.33
灌木 Shrubs	16	11	—	68.75
草本 Herb	63	19	—	30.16
水生植物 Water plants	17	2	—	11.76
木质藤本 Woody climber	2	2	—	100
总计 Total	136	60	14	47.05

3.3　温榆河生态廊道鸟类群落构成研究

共记录到鸟类 60 种，隶属于 14 目 30 科。区系上以古北界为主（占 48.33%），广布种次之（占 36.67%），东洋界最少（占15%）。居留型中以留鸟为主，共 29 种（占 48.33%），夏候鸟 18 种（占 30.00%），旅鸟 9 种（占 15.00%），冬候鸟最少，共 4 种（占 6.67%）。食性上以杂食性鸟类为主（占 60.00%），肉食性鸟类其次（占 30.00%），植食性鸟

类最少（占 10.00%）。从保护级别上分析，国家Ⅱ级保护鸟类 3 种（占 5.00%），分别是纵纹腹小鸮（*Athene noctua*）、普通鵟（*Buteo japonicus*）和红隼（*Falco tinnunculus*）；国家林业部规定的"三有"鸟类 52 种（占 86.67%），北京市重点保护鸟类 32 种（占 53.33%）（自然之友，2014）。鸟类平均密度为 18.7109 只/km²，多样性指数为 1.8277，均匀度指数为 0.2852，各样带间差异较为显著（表5）。

表 5　温榆河生态廊道内鸟类群落特征表
Table 5　Characteristics of birds in Wenyu River Ecological Corridor

样带号 No. of transects	鸟类群落特征 Characteristics of birds			
	鸟类种数 Bird Species（S）	密度 Density（D）	多样性指数 Diversity（H）	均匀度指数 Evenness（J）
1	35	52.7040	2.2317	0.3297
2	27	17.9476	1.6638	0.2447
3	21	6.8902	1.8156	0.3194
4	31	10.0523	2.4225	0.3933
5	16	5.9604	1.0046	0.1387
平均值 Average	26	18.7109	1.8277	0.2852

3.4　温榆河生态廊道鸟类群落与生境参数关系

生态廊道 5 个样段内生境参数特征见表 6。从表 6 可以看出，5 个样段生境参数差异较大，对鸟类的分布存在一定的影响。通过鸟类种类、多样性指数、均匀度指数与生境参数的相关性分析（表 7），结果显

示鸟类密度（D）与水面宽度（WWS）呈显著正相关（$P < 0.05$），鸟类多样性（H）与栖息地类型多样性（HTD）呈极显著正相关（$P < 0.01$），鸟类均匀度（J）与栖息地类型多样性（HTD）呈显著正相关（$P < 0.05$），而其他鸟类群落特征指标与各项生境参数无显著相关性（$P > 0.05$）。且鸟类 D 与 WWS 之间的线性回归方程是：Y

$= 2.4438 + 0.0966X$（$N = 5$，$F = 22.902$，$R = 0.940$，$P = 0.017$）（图5）。鸟类 H 与 HTD、J 与 HTD 之间的线性回归方程分别是 $Y = -0.6821 + 0.4648X$（$N = 5$，$F = $ 34.309，$R = 0.959$，$P = 0.01$）、$Y = -0.1379 + 0.0783X$（$N = 5$，$F = 15.836$，$R = 0.917$，$P = 0.028$）（图6、图7）。

表6　温榆河生态廊道内5个样段的生境参数特征表

Table 6　Characteristics of habitat variables in Wenyu River ecological corridor

样带号 No. of transects	生境参数特征 Characteristics of habitat variables							
	植物种类数 VS	灌木种类多样性 SD	鸟类食源树种多样性 BD	栖息地类型多样性 HTD	廊道宽度 WC	水面宽度 WWS	水质 WQ	水域连通性 CC
1	68	1.63	2.23	6	1106.81	507.57	4	6
2	82	1.38	2.29	5	250.73	51.33	5	5
3	63	1.08	2.56	5	507.97	94.12	5	3
4	57	0.54	2.32	7	513.98	84.88	2	7
5	59	0.95	2.26	4	447.40	104.25	3	6

表7　温榆河生态廊道内鸟类群落特征与生境参数的相关系数

Table 7　Correlation coefficients between birds and habitat parameters in Wenyu River ecological corridor

特征 Characteristics	植物种类 VS	灌木种类多样性 SD	鸟类食源树种多样性 BD	栖息地类型多样性 HTD	廊道宽度 WC	水面宽度 WWS	水质 WQ	水域连通性 CC
鸟种数 Bird Species	0.243	0.301	-0.368	0.835	0.590	0.608	-0.101	0.411
密度 Density	0.330	0.761	-0.490	0.330	0.846	0.940*	0.171	0.232
多样性指数 Diversity	-0.062	-0.047	0.038	0.959**	0.476	0.380	-0.188	0.237
均匀度指数 Evenness	-0.157	-0.168	0.263	0.917*	0.373	0.238	-0.150	0.078

　　$*P < 0.05$，$**P < 0.01$。

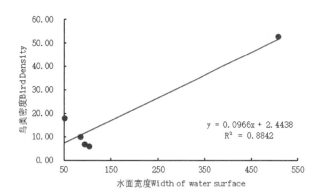

图5　温榆河生态廊道水面宽度对鸟类密度的影响

Fig. 5　Effects of width of water surface on bird density in Wenyu River ecological corridor

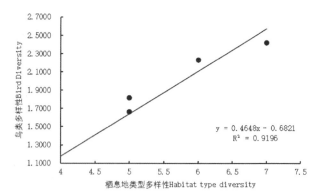

图6　温榆河生态廊道栖息地类型多样性对鸟类多样性的影响

Fig. 6　Effects of habitat type diversity on bird diversity in Wenyu River ecological corridor

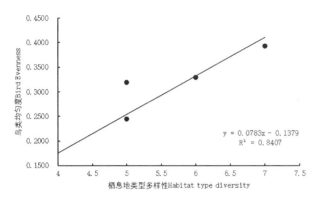

**图7 温榆河生态廊道栖息地类型多样性
对鸟类均匀度的影响**

Fig. 7 Effects of habitat type diversity on bird evenness
in Wenyu River ecological corridor

4 讨论与结论

温榆河生态廊道的维管束植物共计136种,占北京城市生态廊道有记录植物种类287种的47.39%(张楠,2014)。调查结果反映出温榆河生态廊道植物种类数偏少,主要原因是人工管理养护力度大,大部分为人工栽植的防护林,且部分公园、景区、高尔夫球场等区域,为了满足景观效果和实用需求,大面积清除野生物种。并且,温榆河中共记录到60种食源树种,14种筑巢树种,总体鸟类可利用植物种类占调查植物总数的47.05%。这一数据与北京奥林匹克森林公园的鸟类食源植物调查结果(82种,占比82.83%)、圆明园的鸟类可利用植物调查结果(149种,占比59.13%)相比,反映出温榆河中鸟类食源树种和筑巢树种种数偏少,还需要加大种植规模,吸引鸟类觅食(韩晶,2017;赵鸿宇和董丽,2019)。

温榆河生态廊道秋季鸟类多样性受到多种生境参数的影响,其中栖息地类型多样性和水面宽度是影响鸟类多样性的关键参数,说明在一定范围内随着水面宽度的增大、栖息地类型的增多,鸟类种类增加,生物多样性得到提高。

不同的栖息地类型的搭配,尤其是不同植物生境的搭配,可以为更多的鸟类提供丰富的生态位(隋金玲 等,2007;杨刚 等,2015)。并且,具有丰富乔、灌木层次的以落叶阔叶乔木为主的的植物生境能够吸引更多的鸟类集团,在有小乔木(尤其是增加蔷薇科植物的比例)或小灌木的植物生境,可以提高鸟类群落丰富度(张皖清和董丽,2015)。目前,温榆河生态廊道整体上具有多种栖息地类型,但部分段落存在大面积的单一的乔木疏林,缺乏下层灌木,使得鸟类种数下降,鸟类分布不均。

生态廊道的水面宽度对于各种鸟类,尤其是游禽和涉禽的栖息,具有重要的影响。研究表明,水域是受胁鸟类丰富度最高的栖息地,并且水面面积越大,则鸟类可利用的栖息面积越大,游禽数量越多(华宁 等,2009;黄越,2019)。但在调查中发现,目前温榆河生态廊道的景观建设中,存在较多的人工设施改造项目,比如:水岸护坡的拓宽和加固、沿河堤岸人行道的建设以及钓鱼台的设置等等,导致人为干扰增大,水面宽度缩小,水质受到污染,从而对鸟类多样性造成影响。

根据上述调查和分析,针对现存温榆河生态廊道存在的问题,建议生态廊道在鸟类保护方面的生境营造采取以下措施:①尽可能维持现有的不同的自然栖息地类型,如密林、灌木林、野花草甸等等;②适当增加食源树种的种植,如旱柳、栾树、元宝枫、榆树等,这些乔木种类作为鸟类重要的乔木类食源树种,能够吸引不同类型的鸟类栖息、运动,在生境中能够有效提高鸟类的丰富度和多样性水平(张皖清和董丽,2015);③适当减少人工设施的建设,扩大水面的面积,为鸟类提供更宽阔的生存环境;④绿化植物群落的配置,应注意乔—灌—草、灌—草和乔—草的混合搭配,为鸟类提供不同的微生境环境。

参考文献

北京观鸟会,2014. 北京鸟类名录(2014年版)[J]. 中国观鸟年报.

北京市园林绿化局. 北京市绿地系统规划[S]. http://yllhj. beijing. gov. cn/zwgk/ghxx/gh/201911/P020191129502960993686. pdf.

陈水华,丁平,郑光美,等,2000. 城市化对杭州市湿地水鸟群落的影响研究[J]. 动物学研究,(04):279-285.

葛振鸣,王天厚,施文彧,等,2005. 环境因子对上海城市园林春季鸟类群落结构特征的影响(英文)[J]. 动物学研究,(01):17-24.

韩晶,2017. 微栖息地尺度下植被特征对鸟类群落的影响[D]. 北京:北京林业大学.

华宁,马志军,马强,等,2009. 冬季水鸟对崇明东滩水产养殖塘的利用[J]. 生态学报,29(12):6342-6350.

黄越,顾燚芸,李雪珊,等,2019. 北京市平原区受胁鸟类栖息地识别和评价[J]. 风景园林,26(01):32-36.

李正玲,陈明勇,吴兆录,2009. 生物保护廊道研究进展[J]. 生态学杂志,28(3):523-528.

陆祎玮,唐思贤,史慧玲,等,2007. 上海城市绿地冬季鸟类群落特征与生境的关系[J]. 动物学杂志,(05):125-130.

栾晓峰,胡忠军,徐宏发,2004. 上海农耕区鸟类群落特征及与几种生境因子的关系[J]. 动物学研究,(01):20-26.

宋永昌,2001. 植被生态学[M]. 上海:华东师范大学出版社.

隋金玲,张香,胡德夫,等,2007. 北京绿化隔离地区鸟类群落与环境因子关系研究[J]. 北京林业大学学报,(05):121-126.

王飞飞,成文连,2004. 城市生态环境质量调控能力设计——以北京市温榆河生物通道设计为例[J]. 环境科学研究,(02):18-21.

王彦平,陈水华,丁平,2004. 城市化对冬季鸟类取食集团的影响[J]. 浙江大学学报(理学版),(03):330-336+348.

吴雍欣,2010. 北京地区生物多样性评价研究[D]. 北京:北京林业大学.

徐海婷,2017. 城市公园中兼顾水鸟栖息地恢复的湿地景观设计[D]. 北京:中国林业科学研究院.

杨刚,王勇,许洁,等,2015. 城市公园生境类型对鸟类群落的影响[J]. 生态学报,35(12):4186-4195.

易国栋,2019. 中华秋沙鸭越冬微生境选择与空间利用格局[J]. 东北林业大学学报,11.

张楠,2014. 北京城市生态廊道植物景观研究[D]. 北京:北京林业大学.

张皖清,董丽,2015. 北京城市公园中鸟类对植物生境及种类的偏好研究[J]. 中国园林,31(08):15-19.

赵鸿宇,董丽,2019. 圆明园植被现状及作为城市鸟类栖息地的生态功能研究[M]//中国观赏园艺研究进展 2019. 北京:中国林业出版社.

郑光美,1962. 北京及其附近地区冬季鸟类的生态分布[J]. 动物学报,14(3):321-336.

朱宝光,李晓民,姜明,等,2009. 三江平原浓江河湿地生态廊道区及其周边春季鸟类多样性研究[J]. 湿地科学,7(03):191-196.

朱强,俞孔坚,李迪华,2005. 景观规划中的生态廊道宽度[J]. 生态学报,(09):2406-2412.

自然之友,2014. 北京地区常见野鸟图鉴[M]. 北京:机械工业出版社.

Andreassen H P, Halle S, Ims R A, 1996. Optimal width of movement corridor for root voles:Not to narrow and not too wide[J]. Journal of Applied Ecology.

Bart Deckers, Martin Hermy, Bart Muys, 2004. Factors affecting plant species composition of hedgerows:relative importance and hierarchy[J]. Acta Oecologica, 26(1):23-37.

Christopher J W, McClure A, A. C. K. B. , 2015. Pavement and riparian forest shape the bird community along an urban river corridor[J]. Global Ecology and Conservation.

Jessleena Suri A, B. P. M. A. and D. Graeme S. , 2017. Cumming B. More than just a corridor A suburban river catchment enhances bird functional diversity[J]. Landscape and Urban Planning.

Myung-Bok Lee, J T R, 2015. Effects of land-use on riparian birds in a semiarid region[J]. Journal of Arid Environments.

Zoe G Davies, Andrew S Pullin, 2007. Are hedgerows effective corridors between fragments of woodland habitat? An evidence-based approach [J]. Landscape Ecology, 22(3):333-351.

中国观赏园艺研究进展 2020：607~611
Advances in Ornamental Horticulture of China, 2020：607~611

睡莲抗衰老手工皂的制备及其抗氧化能力的探究

周卫娟　陈彦甫　李兆基　王　健　赵　莹*

（热带特色林木花卉遗传与种质创新教育部重点实验室/海南省热带特色花木资源生物学重点
实验室（海南大学），国家林木种质资源共享服务平台海南子平台，海南大学林学院，海口 570228）

摘要　为了研制出一款具有抗衰老功效的睡莲复合精油手工皂，本试验通过对各精油进行 DPPH 自由基清除试验，确定了睡莲精油、柑橘精油、肉桂精油、薰衣草精油为手工皂的添加物，并对这 4 种精油进行不同份额的配比，其中 7：1：1：1 的配方对 DPPH 自由基的清除率最高，高达 83.78%；随后对试验组和对照组的单方精油、复合精油以及所制得的手工皂进行抑菌性能的检测，得出复合精油的抑菌效果较单方精油以及市售抑菌皂而言更加显著，复合精油中的皂 A1 抑菌效果更好；最后对手工皂进行保湿性能的检测，其皂 A1 的保湿能力更好，皮肤水分含量可以增加 8.9%。其天然手工皂的抗氧化功效、抑菌功效以及保湿功效都较为显著，可作为海南热带睡莲高值化产品进行推广。

关键词　热带睡莲；抗氧化；抑菌；保湿；手工皂

Preparation and Antioxidant Activity of Water Lily Anti-aging Hand Soap

ZHOU Wei-juan　CHEN Yan-fu　LI Zhao-ji　WANG Jian　ZHAO Ying*

（*Key Laboratory of Genetics and Germplasm Innovation of Tropical Special Forest Trees and Ornamental Plants*
（*Hainan University*）, *Ministry of Education*；*Key Laboratory of Germplasm Resources of Tropical Special Ornamental Plants of Hainan Province*；*Hainan Sub-platform of National Forest Genetic Resources Platform*，*Hainan University*,
College of Forestry，*Haikou 570228*，*China*）

Abstract　In order to develop a kind of water lily complex essential oil hand soap with anti-aging effect, this experiment through the DPPH free radical scavenging experiment of each essential oil, determined that the water lily essential oil, orange essential oil, cinnamon essential oil, lavender essential oil were the additives of the hand soap, and the proportion of these four essential oils was different. Among them, the formula of 7：1：1：1 had the highest DPPH free radical scavenging rate, up to 8 The results showed that the antibacterial effect of the compound essential oil was more significant than that of the single essential oil and the commercial antibacterial soap, and the antibacterial effect of soap A1 in the composite essential oil was better than that of the single essential oil and the commercial antibacterial soap；finally, the moisturizing performance of the Hand-made Soap was tested, and the moisturizing ability of soap A1 was better, skin water The content can be increased by 8.9%. The natural hand-made soap has obvious antioxidant, antibacterial and moisturizing effects, which can be promoted as high-value products of Hainan tropical water lily.

Key words　Tropical water lily；Antioxidant；Antibacterial；Moisturizing；Hand soap

热带睡莲，隶属睡莲科（Nymphaeaceae）睡莲属（*Nymphaea* L.），是一种具有极高观赏价值的水生植物。目前对睡莲的研究主要集中在种质资源引种及多样性评价（张孟锦 等，2017）、生物学特性与栽培技术（余翠薇，2017）、繁殖与组培（米建华，2016）、生理生化机制（朱满兰，2012）、功能活性（袁茹玉，2014）等方面。在其生理生化机制以及功能活性的研究中，有研究对热带睡莲鲜花的挥发油进行分析，得出其主要成分是烯类、醛酮类和醇酯类化合物（石凝等，2017），这些物质可能是导致热带睡莲具有抗氧

1　基金项目：海南省科技厅重点研发项目（ZDYF2019041），海南省科协青年科技英才创新计划项目（QCXM201711）。
　　第一作者简介：周卫娟（1999—），女，硕士研究生，主要从事园林植物与观赏园艺研究。
*　通讯作者简介：赵莹（1984—），副教授，E-mail：zhaoying3732@163.com。

化活性的原因；范杨杨等人（2018）对延药睡莲精油成分以及抗氧化活性的研究，发现延药睡莲精油中含有较多的羰基类化合物和烯烃类化合物，这两类化合物对 DPPH 自由基具有一定的清除作用，从而使延药睡莲精油具有一定的抗氧化能力。以上研究表明，热带睡莲精油具有一定的体外抗氧化活性，这就为睡莲精油作为化妆品类物质的添加物提供依据。所以，本实验基于睡莲精油具有的体外抗氧化性，研制一款具有抗衰老功效的睡莲复合精油手工皂，以作为热带睡莲高值化产品进行推广。

精油手工皂作为一种天然、环保的清洁护肤产品，近年来受到广大消费者的喜爱。余慧芬等（2009）的研究发现当按照一定比例复配多种植物精油，协同效果显著，不仅具有较强的抑菌活性，功效亦优于各单方精油手工皂。石雷等（2015）发明公开了一种抑菌功能的清香型天然植物精油皂，德国甘菊精油、罗马甘菊精油、罗勒精油、牛至精油、荆芥精油、艾蒿精油和杜鹃精油按一定比例进行混合，找到了最佳精油配比方案，经检测该复合精油皂具有较强的抑菌活性。表明恰当的植物精油复配，能起到协同效果，所制得的精油手工皂能够满足复合精油所对应的功效。为了实现这具有抗衰老功效手工皂的成功研制，最重要的就是配方的确定。要想研制出具有特定功效性的含有睡莲精油的复合精油手工皂，必须选择合适的、与睡莲精油起协同作用的具有不同功效的植物精油，对皂的抗菌活性、乳化效果、去污能力没有影响，手工皂的纯植物的天然成分才能更好地起护肤作用（苗大娟，2017）。

1　材料与方法

1.1　材料与仪器

1.1.1　试验材料与试剂

试验材料：睡莲精油、肉桂精油、柑橘精油、薰衣草精油：实验室自提。

试验试剂：DPPH、乙醇、胰蛋白胨、酵母提取物、氯化钠、氢氧化钠、琼脂、二甲基亚砜（DM-SO）、YPDA 培养基、青霉素、吐温 80：西陇科学技术股份有限公司。

1.1.2　试验仪器

HHS 型电热恒温水浴锅：上海博讯实业有限公司医疗设备厂；PTX-FA210 电子天平 PTY-B320 电子天平、TY-A220 电子天平：福州华志科学仪器有限公司；UV-5500 紫外分光光度计：北京普析通用仪器有限公司；水分测试仪：西陇科学技术股份有限公司。

1.2　方法

1.2.1　手工皂配方及制备

（1）抗衰老手工皂配方

试验组保持柑橘精油、肉桂精油、薰衣草精油的比值不变，以睡莲精油作为变量，以 5-7-10 的变化进行配比，保证精油总含量/皂基＝0.1%。在对试验组进行抗衰老试验后得出皂 A1 对 DPPH 自由基的清除率较好，后续根据皂 A1 的配比，再进行对照组的配方设计，以验证皂 A1 配方的合理性。

表 1　抗衰老复合精油手工皂配方（mL）

Table 1　Formula of anti-aging complex essential oil hand soap（mL）

样品	睡莲精油	柑橘精油	肉桂精油	薰衣草精油	维 E	皂基
皂 A1	7	1	1	1	0.4	75
皂 A2	5	0.5	0.5	0.5	0.1	50
皂 A3	10	3	3	3	1	100
皂 A4	7	2	2	2	0.2	75
皂 A5	10	1	1	1	0.6	90
皂 D1	0	1	1	1	0.4	68
皂 D2	7	0	1	0	0.4	73
皂 D3	7	1	0	1	0.4	74
皂 D4	7	1	1	1	0.4	70
皂 D5	7	3	1	1	0.4	77
皂 D6	7	1	1	3	0.4	77
皂 D7	7	1	3	1	0.4	77

（2）手工皂的制备（滕利荣 等，2015）

按照上述配方将睡莲精油、柑橘精油、薰衣草精油和肉桂精油混合，用超声波震荡机在震荡频率为 60hz 的条件下超声波震荡 22s，得到复合精油；在 55℃ 的水浴锅中加热皂基至融化，按照体积比将皂基和复合精油混合，在搅拌速度为 20r/min 的条件下搅拌 10min，倒入模具，冷却，即可得到所述睡莲复合精油手工皂，并给予命名。

1.2.2　抗衰老性能检测（李晓娇 等，2020）

称取 1mg DPPH. 溶于 40mL 无水乙醇中，充分振摇，使上下各部分混合均匀，得到 DPPH. 的浓度为 0.025mg/mL。

精确吸取 2mL 浓度为 0.025mg/mL 的 DPPH. 溶液，与 2mL 无水乙醇混合均匀，以相对应的溶剂（4mL 无水乙醇）为对照，用分光光度计测定上述溶液在 517nm 处的吸光度值 A0；精确吸取待测皂液 2mL，分别与浓度为 0.025mg/mL 的 DPPH. 溶液 2mL 混合，摇匀后，放置 30min，以相对应的溶剂（无水乙醇）为对照调零，用分光光度计分别测定上述溶液在517nm处的吸光度值 A_1，分别测得 A_1 值；精确吸取待测皂液2mL，分别与2mL无水乙醇混合均匀后，以相对应的溶剂（无水乙醇）为对照调零，用分光光度计，分别测定各混合液在波长517nm处的吸光度值 A_2，分别测得 A_2 值；以上试验步骤重复3次取平均值。

将以上测得的数据代入下列公式计算自由基清除率：$SR(\%) = \{1-(A_1-A_2)/A_0\} \times 100\%$，

其中，A_0：2mLDPPH.溶液与2mL无水乙醇溶剂混合后在波长517 nm处的吸光度值；A_1：2mL皂液与2mL DPPH.溶液混合后在波长517nm处的吸光度值；A_2：2mL皂液与2mL无水乙醇溶剂混合后在波长517nm处的吸光度值。

1.2.3 抑菌性能检测

（1）纸片扩散法（许泽文 等，2020）

分别将待测菌种金黄色葡萄球菌（菌A）、大肠杆菌（菌B）、枯草芽孢杆菌（菌C）、铜绿假单胞菌（菌D）用牛肉膏蛋白胨液体培养基培养，使用将各菌液稀释到 1×10^8 CFU/mL。

将灭菌后的牛肉膏蛋白胨琼脂培养基注入直径为9cm的培养皿中，培养基凝固后，用移液枪各吸取菌液100μL均匀涂抹于平板上，然后用镊子取干热灭菌后的直径6mm滤纸片平贴于纸板中央。将睡莲精油、柑橘精油、薰衣草精油和肉桂精油4种单方精油、实验组和对照组的复方精油均过0.45mm的微孔滤膜，移液枪移取10μL滴加在滤纸片上，每一个处理3个重复。设置吐温80做对照组，对4种细菌选取阳性对照（抗生素）为青霉素（10mg/mL）。精油被充分吸收后，37℃倒置培养24h，测定抑菌圈直径，取3次测量平均值。判断试验组和对照组的手工皂中的哪个抑菌性能最好，是否起到协同作用。

（2）人手试验（石雷 等，2015）

受试者分别用清水、试验组的手工皂、对照组的手工皂、市售抑菌皂清洗左手、右手的手指，流水清洗后，用经过高温高压灭菌的无纺布擦拭，擦干后，再分别用无纺布在1h、2h、3h、4h时间段内，对左手、右手的手指随机涂抹采样，之后将无纺布放入含有MH肉汤培养基的锥形瓶中，恒温培养18h后，用分光光度计记录细菌数目。通过细菌的浓度，比较试验组的手工皂、对照组的手工皂和市售抑菌皂的抑菌效果。

1.2.4 保湿性能检测

选用20名皮肤健康的志愿者，分为5组。在右手手臂内侧的 $5cm^2$ 位置，画出测试区域，20名志愿者分别用试验组和对照组制备得到的手工皂进行洗涤，用水分测试仪分别测试洗涤前、洗涤1h后志愿

者的皮肤含水量，计算志愿者皮肤含水量增加的百分率。

2 结果与分析

2.1 抗衰老性能检测

试验组 A1～A5 和对照组 D1～D7 制备得到的手工皂的清除自由基能力测定结果如图1所示，可以看出，实验组 A1～A5 制备得到的手工皂的自由基清除率显著高于对照组 D1～D7，说明当睡莲精油、柑橘精油、薰衣草精油、肉桂精油复配时具有协同增效的作用，4种精油缺一不可，制备得到的手工皂的清除自由基能力显著提高，抗氧化、抗衰老效果好；A1制备得到的手工皂自由基清除能力明显高于A2～A5，说明A1清除DPPH自由基的效果最好。

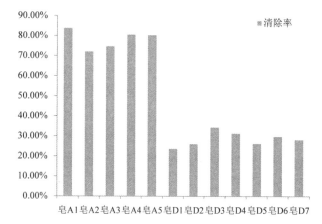

图1 试验组与对照组对DPPH的清除率

Fig. 1　DPPH clearance rate of experimental group and control group

2.2 抑菌性能检测

2.2.1 纸片扩散法

表2 单方精油、试验组 A_1～A_5 与对照组 D_1～D_7 的复合精油的抑菌圈大小测试结果（抑菌圈半径 r，mm）

Table 2　Test results of bacteriostatic circle size of single essential oil, compound essential oil of experimental group A_1～A_5 and control group D_1～D_7(inhibition zone radius r, mm)

测试对象	菌A	菌B	菌C	菌D
睡莲精油	10.25	10.2	10.5	10.4
柑橘精油	5.57	7.21	4.22	2.14
薰衣草精油	11.12	8.7	8.0	5.57
肉桂精油	17.24	15.22	15.14	17.22
皂A1	25.56	29.54	28.56	28.14
皂A2	19.25	25.47	24.48	19.54
皂A3	18.87	21.72	20.57	21.25
皂A4	20.24	28.45	27.57	21.46
皂A5	24.25	27.49	25.36	21.55

（续）

测试对象	菌 A	菌 B	菌 C	菌 D
皂 D1	11.87	15.45	17.57	13.54
皂 D2	12.78	16.57	15.14	12.56
皂 D3	10.24	14.26	17.65	12.54
皂 D4	10.52	10.15	15.15	10.97
皂 D5	9.15	10.26	12.14	9.15
皂 D6	10.26	12.16	12.15	10.25
皂 D7	9.59	12.67	17.56	12.15

试验组 A1~A5 和对照组 D1~D7 的手工皂的抑菌圈大小测试结果如表4所示，可以看出，精油在单独使用（单方精油）时，柑橘精油和薰衣草精油对4种细菌的抑制效果不甚理想，而肉桂精油和睡莲精油对4种细菌的抑制效果都很好，其中，对枯草芽孢杆菌（菌 C）的抑制效果最好；精油在复配使用（复方精油）时，可以看出，试验组 A1~A5 的手工皂的抑菌圈半径显著大于对照组 D1~D7 的手工皂的抑菌圈半径，且均大于单方精油的抑菌圈半径；说明当睡莲精油、柑橘精油、薰衣草精油、肉桂精油复配时，对细菌的抑制效果具有协同增效的作用，制备得到的手工皂的抑制性能显著提高；其中，A1 的抑菌效果明显好于 A2~A5，说明 A1 的抑菌效果最好。

表3 实施组 A_1~A_5 的手工皂、市售抑菌皂在4 h 内对受试对象手上细菌浓度的影响结果（10^8 CFU·mL）

Table 3 Effects of hand soap and commercially available antibacterial soap of examples A_1 to A_5 on bacterial concentration in hands of subjects within 4 h（10^8 CFU·mL）

时间	皂 A1	皂 A2	皂 A3	皂 A4	皂 A5	清水	市售抑菌皂
0 h	2.099	2.043	2.073	2.119	2.095	2.279	2.452
1 h	2.226	2.328	2.302	2.373	2.361	2.784	2.919
2 h	2.388	2.656	2.519	2.641	2.519	3.362	2.939
3 h	2.496	2.819	2.864	2.845	2.655	3.432	3.114
4 h	2.694	3.009	3.018	2.977	2.951	3.234	3.119

表4 对照组 D_1~D_7 的手工皂、市售抑菌皂在4 h 内对受试对象手上细菌浓度的影响结果（10^8 CFU·mL）

Table 4 The results of the effect of hand soap and commercial antibacterial soap of control group D_1–D_7 on the bacterial concentration of subjects' hands within 4 h（10^8 CFU·mL）

时间	皂 D1	皂 D2	皂 D3	皂 D4	皂 D5	皂 D6	皂 D7	清水	市售抑菌皂
0 h	2.04	2.148	2.309	2.065	2.085	2.119	2.131	2.279	2.452
1 h	2.264	2.392	2.461	2.352	2.343	2.312	3.332	2.784	2.919
2 h	2.557	2.616	2.632	2.637	2.687	2.572	2.59	3.362	2.939
3 h	2.87	2.818	2.869	2.924	2.95	2.924	2.839	3.432	3.114
4 h	2.985	3.036	2.981	3.092	3.019	3.016	3.124	3.234	3.119

2.2.2 人手试验

A1~A5 的手工皂、D1~D7 的手工皂、市售抑菌皂在4h 内对受试对象手上细菌浓度的影响结果如表3、4所示，可以看出，随着时间的增加，用清水和用市售抑菌皂洗手的受试者，受试者手上的细菌在一定时间段内都会明显增多，但是其增加的程度不同。

在试验开始阶段（0~1h 内），A1 的志愿者手上细菌数目最少；随着时间的延长（1~3h 内），A1 志愿者手上的细菌数目均低于使用清水、对照组 D1~D7 的手工皂和市售抑菌皂后手上细菌数目；在试验的末期（3~4h 内），A1 受试者手上的细菌数目均显著低于使用清水、对照组 D1~D7 的手工皂和市售抑菌皂后手上细菌数目；说明 A1~A5 的手工皂持续抑菌能力显著，即当睡莲精油、柑橘精油、薰衣草精油、肉桂精油复配时，对细菌的抑制效果具有协同增效的作用。

A1 的细菌浓度在各个时间段都明显比 A2~A5 的细菌浓度低，说明 A1 的抑菌效果最好。

以上结果说明：与市售抑菌皂相比，试验组 A1~A5 手工皂具有显著、持续的抑菌性能。

2.3 保湿性能检测

试验组 A1~A5 和对照组 D1~D7 的手工皂对皮肤含水量增加的百分率影响结果如图2所示，可以看出，试验组 A1~A5 的手工皂的保湿性能显著高于对照组 D1~D7，说明当睡莲精油、柑橘精油、薰衣草精油、肉桂精油复配时，对皮肤含水量的增加具有协同增效的作用，制备得到的手工皂的保湿性能显著提高；志愿者在用对照组的手工皂洗涤之后，会出现皮肤含水量下降的问题；其中，A1 的保湿效果明显好于 A2~A5，说明 A1 的保湿效果最好。

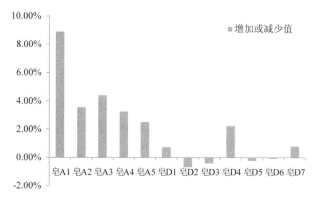

图2　试验组和对照组志愿者皮肤含水量

Fig. 2　Skin moisture content of volunteers in experimental and control groups

3　结论

　　本研究为了研制具有抗衰老功效的睡莲复合精油手工皂，经过抗衰老试验确定了复合精油的成分主要有睡莲精油、柑橘精油、肉桂精油、薰衣草精油，这4种精油的混合物对DPPH自由基的清除起到了协同效果；然后经过对单方精油和复合精油进行抑菌性能的检测，得出复合精油的抑菌效果比单方精油的抑菌效果强，复合精油中抑菌效果更强的是A1；最后对试验组和对照组的手工皂进行保湿性能的检测，得出皂A1的保湿效果更好。所以，具有抗衰老功效的睡莲复合精油手工皂的最佳配方为睡莲精油：柑橘精油：肉桂精油：薰衣草精油＝7∶1∶1∶1。本手工皂可作为热带睡莲高值化产品进行推广。

4　讨论

　　本次试验主要采用了睡莲精油、柑橘精油、肉桂精油和薰衣草精油进行复配，配比为7∶1∶1∶1时，手工皂的抗衰老、抑菌以及保湿功效相对于其他配比的手工皂好。在房玉林等人（2019）公开发明了采用葡萄酒泥作为添加物制作手工皂的方法，葡萄酒泥富含多种有营养物质，其手工皂具有抗衰老和抗氧化作用；王一飞等人（2019）公开发明了采用金莲花干细胞提取物作为添加物制作手工皂的方法，金莲花富含生物碱和黄酮类物质，其手工皂具有补水、止痒、抗衰老、消炎的作用。这表明以植物提取物或沉淀物为添加物制作的手工皂都具有其不同的功效，这功效是由植物的活性物质及营养成分决定的。睡莲富含多种活性物质，羰基类化合物和烯烃类化合物是主要起抗氧化作用的物质，所以以睡莲精油作为主要的添加物制作出来的手工皂在抗衰老方面也有显著功效，并且与其他植物精油复配，增强其抑菌以及保湿方面的功效，其功效以及天然性在手工皂市场也具有较大的优势。在吕婷（2014）的研究中，其提取物具有抗衰老的功效，为研制具有抗衰老功效的相关产品提供了理论基础。而目前，以热带睡莲精油为添加物的抗衰老手工皂在市面上较少见，本试验研制的热带睡莲抗衰老复合精油手工皂具有一定的地区优越性，海南的气候相当适合热带睡莲生长，稍微养护就可以常年开花，所以本手工皂可作为海南热带睡莲高值化产品进行推广，对海南旅游业以及睡莲产业都有一定的积极作用。

参考文献

范杨杨，王健，余文刚，等，2018. 同时蒸馏萃取制备延药睡莲精油及其抗氧化研究［J］. 食品研究与开发，39（12）：19-23.

房玉林，何爽，王皆行，2019. 一种葡萄酒泥手工皂及其制备方法［P］. 中国专利：CN109694787A，2019-4-30.

李晓娇，李悦，董锦，等，2020. 云南松针精油的提取及抗氧化活性研究［J］. 中国食品添加剂，31（07）：27-35.

吕婷，2014. 利用模式生物秀丽隐杆线虫对植物提取物抗衰老的研究［D］. 南京：南京师范大学.

米建华，2016. 台湾香水莲在郑州地区的引种及繁殖技术研究［J］. 河南林业科技，36（03）：11-13.

苗大娟，2017. 一种抗菌皂及其制备方法［P］. 中国专利：CN106591011A，2017-04-26.

石雷，李慧，白红彤，2015. 具有抑菌功能的清香型天然植物精油皂及其制备方法［P］. 中国专利：CN105154257A，2015-12-16.

石凝，刘晓静，杜凤凤，等，2017. 热带睡莲鲜花中挥发油成分的GC-MS分析［J］. 植物资源与环境学报，26（04）：104-106.

滕利荣，王娟，滕乐生，等，2015. 一种植物抗菌复方杀菌皂及其制备方法［P］. 中国专利：CN105087189A，2015-11-25.

王一飞，柏琦，2019. 一种含有金莲花干细胞提取物的手工皂及其制备方法［P］. 中国专利：CN109576094A，2019-4-5.

许泽文，李环通，王绮潼，等，2020. 柠檬草精油成分分析、抑菌性及对巨峰葡萄保鲜研究［J］. 食品研究与开发，41（01）：51-59.

余翠薇，2017. 热带睡莲胆碱氧化酶基因CodA的转化及其耐寒生理研究［D］. 杭州：浙江大学.

余慧芬，唐李，袁梦，等，2009. 手工皂制皂原料及其制皂方法［J］. 吉林医药学院学报，40（6）：452-454.

袁茹玉，2014. 不同品种睡莲花挥发物组成及其茶汤功能成分和抗氧化活性评价［D］. 南京：南京农业大学.

张孟锦，杨志娟，严海，等，2017. 热带地区睡莲新品种的优选及栽培技术研究［J］. 热带农业科学，37（10）：31-35.

朱满兰，2012. 睡莲花瓣类黄酮成分分析及其花色形成的化学机制［D］. 南京：南京农业大学.

丹霞梧桐物候期监测及生态习性研究

周小芬　谢宛余　闫亚丹　文亚峰*
（中南林业科技大学风景园林学院，长沙 410004）

摘要　丹霞梧桐（*Firmiana danxiaensis*），隶属锦葵科（Malvaceae）梧桐属（*Firmiana* Marsili）。主要集中分布于仁化县丹霞山自然保护区、南雄市苍石寨，是极小种群植物。近年来，由于人类活动的加剧以及景区的开发，导致丹霞梧桐的天然分布面积和种群数量下降，目前该种处于濒危状态，已被列为国家Ⅱ级重点保护野生植物。为了解丹霞梧桐的生态习性、各生态因子与丹霞梧桐物候期的相关程度，我们对韶关地区两个不同分布地的丹霞梧桐进行实地的调查以及动态监测，观察丹霞梧桐的分布状况、温度、水分、光照和地形对其物候期的影响，并对它们的生态习性进行分析研究。调查研究结果如下：更多的光照会导致丹霞梧桐提前萌芽以及提前落叶，而温度、湿度较小以及更少的降水可以延长丹霞梧桐秋叶的观赏期，而充足的水分与营养则能使丹霞梧桐的花期提前。

关键词　丹霞梧桐；物候期；动态监测；生态习性

Studies on Phenological Monitoring and Ecological Habits of *Firmiana danxiaensis*

ZHOU Xiao-fen　XIE Wan-yu　YAN Ya-dan　WEN Ya-feng*
（*Central South University of Forestry and Technology*，*Changsha* 410004，*China*）

Abstract　*Firmiana danxiaensis* belongs to *Firmiana* Marsili in the Malvaceae family. It is mainly distributed in The Nature reserve of Danxia Mountain in Renhua County and the Cangshi Village in Nanxiong City, which is a small population of plants. Increased in recent years, due to human activities and the development of the scenic area, result in danxia wutong natural distribution area and population decline, at present this kind of, has been listed as national Ⅱ level key protected wild plants. To understand ecological habit of danxia wutong, the ecological factors and the relevance of the danxia wutong phenophase, we two different distribution in shaoguan area of danxia ng of field investigation and dynamic monitoring, to observe the distribution of danxia wutong, temperature, moisture, illumination and terrain influence on the phenological period, and analyzes their ecological habits. The results of the investigation are as follows: more light will lead to early germination and early deciduous of Danxia Indus; lower temperature and humidity and less precipitation can prolong the viewing period of autumn leaves of Danxia Indus; while sufficient water and nutrition can advance the flowering period of Danxia Indus.

Key words　*Firmiana danxiaensis*；Phenophase；Dynamic monitoring；Ecological habits

1　引言

丹霞梧桐（*Firmiana danxiaensis*）为高 3~8m 的落叶小乔木，树皮黑褐色，嫩枝圆柱形，青绿色，无毛。叶近圆形，薄革质，光亮。顶生圆锥花序，花紫色，数量多、密被黄色星状柔毛，雌雄同株。丹霞梧桐树形优美，花色绚丽，秋色叶金黄，是分布于我国韶关地区北部丹霞地貌的特有物种，也是极好的园林观赏树种。丹霞梧桐被发现以来，由于其自然分布区狭窄，种群数量小，已被列入《中国物种红色目录》（China Species Red List，CSRL）"极危"等级，是国家二级重点保护野生植物。

丹霞梧桐发现至今不过 30 年时间，研究范围已覆盖地理区系（欧阳杰 等，2020；吴家荣 等，2020）、群落结构（罗晓莹 等，2015；陈璐 等，2018）、遗传结构（武星彤 等，2018）等方面，对于丹霞梧桐的生长发育情况、丹霞梧桐的物候期、各生态因子与丹霞梧桐物候期的相关程度等方面都还没有具体的研究数

1　基金项目：韶关市野生动植物保护办公室委托项目（2016ZWZY06）。
　　第一作者简介：周小芬，女，硕士研究生，主要从事园林植物与应用研究。
* 通讯作者：文亚峰，教授，E-mail：wenyafeng7107@163.com。

据支撑。为此，本课题组通过对韶关市丹霞山和南雄市全安镇苍石寨的丹霞梧桐群落进行实地的调查以及动态监测，综合对比自然状态下丹霞梧桐的分布情况，将部分生态因子列入考察的范围，通过研究对比不同生长环境下丹霞梧桐物候期的变化与各生态因子的相关联系，利于我们进一步了解丹霞梧桐的生态习性，从而更加有利于我们对丹霞梧桐的合理开发利用、进一步扩大其种群数量，也为有效地保护该珍稀濒危物种的生态环境提供有力的理论依据。

2 试验方法

调查在 2017 年 10 月 10 日至 2018 年 10 月 10 日进行，为期 1 年。在这期间对韶关市丹霞山自然保护区和南雄市全安镇苍石寨两地自然分布的丹霞梧桐进行动态监测。

在丹霞山自然保护区选取 3 个具有代表性的地点：①阳元石（向阳坡地）（113°44′3″、25°2′44″），海拔 131m；②长老峰（背阳坡地）（113°44′6″、25°2′43″），海拔 120m；③降龙湖（水边崖壁）（113°44′3″、25°1′34″），海拔 100m。

在南雄市全安镇苍石寨内选定两个具有代表性的地点：①向阳坡地（114°12′29″、25°7′12″），海拔 126m；②背阳坡地（114°11′30″、25°6′25″），海拔 110m。

作为监测样地，以样地中的丹霞梧桐作为调查样本。每隔 1 个月拍照记录丹霞梧桐的物候情况，主要记录内容为丹霞梧桐叶片转黄时间、黄叶持续时间、落叶时间、新叶萌芽时间、开花时间等；同时保存这

段时期两地的气候资料作为物候参考对比分析的依据。同时向调查地区有经验的干部、生产技术人员、采集者等进行口头调查或者书面调查。并且委托韶关市丹霞山管理委员会陈昉主任、陈再雄园长以及南雄市林业局钟平生主任对丹霞梧桐的物候进行长期的观测记录。

3 结果与分析

3.1 分布状况

丹霞梧桐在韶关地区仁化县、南雄市和始兴县记载有分布。主要集中于仁化县丹霞山自然保护区、南雄市苍石寨（徐颂军，2002）。因此我们对丹霞山自然保护区和南雄市苍石寨进行了大范围的现场勘查，统计丹霞梧桐在两地的数量以及分布情况。

仁化县丹霞山自然保护区中的丹霞梧桐分布的范围广，较为分散。多分布在岩石山、坡脚等地段。在土层较薄的陡壁地段，成为灌木状群落，在坡麓土层较厚地段有单优小乔木群落。集中分布区以丹霞山风景区和保护区核心区为主。

南雄市苍石寨中的丹霞梧桐的分布区域狭窄，数量集中，以全安镇和古市镇为主。多长于石壁、陡坡地段。

丹霞梧桐生长地位于南亚热带的北部边缘，原生植被具有南亚热带（山地）常绿阔叶林、南亚热带季风常绿阔叶林以及中亚热带常绿阔叶林的过渡特点（欧阳杰 等，2017）。由于丹霞山的平均海拔不高、地势陡峭、岩石暴露的面积大，在沟谷地区很容易形成空气湿度大、封闭性强的小气候地带。丹霞梧桐是丹霞山的重要特征种，丹霞梧桐群落所在生境主要为干旱岩壁生态系统，适合此种生境的物种不多，因此，丹霞梧桐群落物种组成较为匮乏，而且热带性植物的占比偏多，因此该群落具有中亚热带向南亚热带常绿阔叶林过渡的特征（Fan Q et al.，2013）。

3.2 丹霞梧桐的物候期观测

于 2018 年对丹霞梧桐进行物候期观测，主要观测期为顶芽萌动日期、初花日期、盛花日期、末花日

表 1 样地详情

Table 1 Details of sample plots

地区	样地地点	经度	纬度	海拔（m）
丹霞山	阳元石	113°44′3″	25°2′44″	131
丹霞山	长老峰	113°44′6″	25°2′43″	120
丹霞山	降龙湖	113°44′3″	25°1′34″	100
南雄	向阳坡地	114°12′29″	25°7′12″	126
南雄	背阳坡地	114°11′30″	25°6′25″	110

表 2 广东两地区丹霞梧桐物候观测数据比较

Table 2 Comparison on phenological of *Firmiana danxiaensis* in two regions of Guangdong

样地	顶芽萌动日期	初花日期	盛花日期	末花日期	花期持续时间（d）	落叶开始时间	落叶结束时间	落叶持续时间（d）
丹霞山阳坡	3 月 15 日	5 月 13 日	5 月 18 日	5 月 26 日	14	10 月 2 日	11 月 12 日	42
丹霞山阴坡	3 月 20 日	5 月 17 日	5 月 25 日	6 月 3 日	18	10 月 10 日	12 月 16 日	68
南雄市阳坡	2 月 27 日	5 月 9 日	5 月 17 日	5 月 24 日	16	9 月 21 日	11 月 5 日	45
南雄市阴坡	3 月 5 日	4 月 24 日	5 月 3 日	5 月 9 日	16	9 月 29 日	11 月 14 日	54
最大相差天数（d）	22	23	22	25	4	19	41	26

期、花期持续时间、落叶开始时间、落叶结束时间、落叶持续时间，结果见表2。

由表2可见，不同生长地的丹霞梧桐物候期存在较大差异，特别是丹霞山与苍石寨两地的丹霞梧桐物候期差异明显。其中落叶结束时间相差天数最多，丹霞山的阴坡较南雄市的阳坡晚了41d。而花期持续时间相差最短，丹霞山阳坡与丹霞山阴坡相差4d。总的来说，丹霞梧桐萌芽期与落叶期，丹霞山较南雄市落后半个月左右，同一地区，阳坡较阴坡物候期早1个星期左右。

丹霞山和苍石寨两地的丹霞梧桐的花期有着很大的差异。即使是丹霞山的不同地点，丹霞梧桐的花期也存在着差异。在丹霞山的阳坡和水边小生境中生长的丹霞梧桐的花期要比在丹霞山阴坡中生长的丹霞梧桐的花期提前1周左右。而在苍石寨生长的丹霞梧桐的花期都十分集中，而且相比起丹霞山的丹霞梧桐的花期来说提前了2周左右。但两地的丹霞梧桐花期的持续时间基本相同。

3.3 丹霞梧桐季相变化的差异与生态因子的关系
3.3.1 温度条件分析

对比韶关市丹霞山自然保护区和南雄市全安镇苍石寨两地的气象数据可知，两地的月平均气温变化趋势大致相同。由于丹霞山和苍石寨的地理位置相隔不到10km，而且同为丹霞地貌的地区，两地的温度条件基本相似。对比两地的温度记录可知，温度条件不是影响两地丹霞梧桐物候期差异的主要原因。

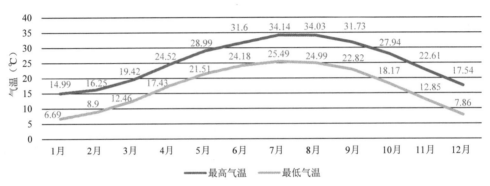

图1　韶关市丹霞山月平均气温

Fig. 1　Average monthly temperature of Danxia Mountain, Shaoguan City

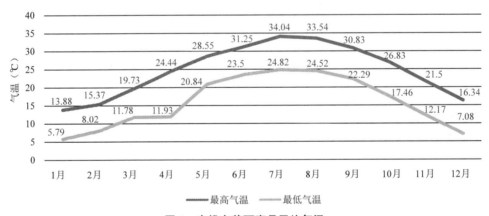

图2　南雄市苍石寨月平均气温

Fig. 2　Average monthly temperature in Cangshi Zhai, Nanxiong City

3.3.2 水分条件分析

对比韶关市丹霞山自然保护区和南雄市全安镇苍石寨两地的平均降水量可发现，两地的降水量总体相差不大，丹霞山在5月达到最大值262.38mm，南雄市苍石寨也在5月达到最大值229.41mm，两地相差30mm左右。而且两地的降水同样都集中在4~6月。因此降水量的变化趋势以及月降水量这两个变量对于分析丹霞梧桐在两地出现差异较大的物候期时不构成影响。

但是在实地调研的过程中发现（表3），在丹霞山自然保护区中离水源较近生长的丹霞梧桐的顶芽萌发时间和开花时间要普遍早于离水源较远的崖壁上生长的丹霞梧桐。例如当降龙湖附近崖壁生长的丹霞梧桐和靠近阳元石水源附近生长的丹霞梧桐进入盛花期时，其他相同坡向的丹霞梧桐的花序才刚展开进入初花期。相同坡向海拔较低处生长的丹霞梧桐的顶芽萌发时间以及初花期同样早于海拔较高处生长的丹霞梧桐。究其原因也很可能是海拔较低处的土壤层厚度要大于海拔较高处岩壁，因此海拔低处更厚的土壤能够

储藏更多的水分和其他的营养成分，从而使得该处的丹霞梧桐的生长发育要提前于海拔高处的丹霞梧桐，从而产生物候期的差异。而在苍石寨的丹霞梧桐的分布较丹霞山更为集中，均分布在人为蓄水的山坡中部，水源条件以及温度条件差异甚小，因此苍石寨的丹霞梧桐的物候期集中，差异不大。因此水分条件是影响两地丹霞梧桐物候期差异的重要因素。

表 3 广东两地区丹霞梧桐花期观测数据
Table 3 Monitoring data of florescence of Wutong in two regions of Guangdong

地点	初花日期	盛花日期	末花日期	花期持续时间(d)
丹霞山(阳坡)	5月13日	5月18日	5月26日	14
丹霞山(阴坡)	5月17日	5月25日	6月3日	18
丹霞山(水边崖壁)	5月9日	5月17日	5月24日	16
南雄市(阳坡)	4月24日	5月3日	5月9日	16
南雄市(阴坡)	4月26日	5月4日	5月12日	17

注：该表数据为2018年记录。

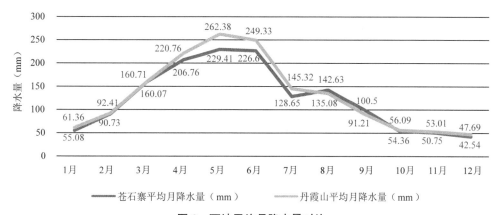

图 3 两地平均月降水量对比
Fig. 3 Comparison of average monthly precipitation between the two places

3.3.3 光照条件分析

丹霞梧桐为阳性树种，喜光，喜温暖湿润气候。在丹霞山自然保护区中，生长于阳坡中的丹霞梧桐顶芽萌动的时间和初花时间均早于位于阴坡中或者峡谷中生长的丹霞梧桐。在阳元石一个山谷中生长的丹霞梧桐，由于缺少阳光，其顶芽萌动时间和初花期均晚于光照充足的地区生长的丹霞梧桐。

因此，光照也是影响两地丹霞梧桐物候期差异的重要因素。

3.4 丹霞梧桐季相变化的差异与地形因素的关系

仁化县丹霞山自然保护区中丹霞地貌分布区域广泛，大部分地区都有丹霞地貌的分布，因此由地形带来的生态环境的因素对丹霞梧桐生长发育的影响较小。部分峡谷和靠近水域等区域自行形成小气候，因此除了生长在这些小气候中的丹霞梧桐，其余地区的

丹霞梧桐的生长情况和物候期大致相似，没有明显的区别。

南雄市苍石寨也是丹霞地貌分布的区域，但是该地区的丹霞地貌与仁化县丹霞山的丹霞地貌分布上有很大的差别，该地区的丹霞地貌分布较为分散，仅仅分布于某些峡谷地区，并且常常与水源的分布靠近，从而形成自闭的环境，形成独特的小气候；分布在此地的丹霞梧桐在生长发育的过程中温度和水分等因素不受外界条件的干扰，因此物候期相较于仁化县丹霞山自然保护区要提前2周左右。

4 结论

不同的光照、水分、温度能导致丹霞梧桐物候期的差异，更多的光照会导致丹霞梧桐提前萌芽以及提前落叶，而温度、湿度较小以及更少的降水可以提高丹霞梧桐秋叶的观赏期，而充足的水分与营养则能使

丹霞梧桐的花期提前。根据地形、气候相似的理论，在韶关地区其他丹霞地貌中也可能有该珍稀物种的分布，因此更为细致地调查和研究是十分必要的。同样对于导致两地物候产生巨大差异的原因的研究，更有利于我们进一步了解丹霞梧桐的生态习性，从而更加有利于我们对丹霞梧桐的合理开发利用、进一步扩展繁殖和有效地保护该珍稀濒危物种的良好生长环境条件提供有力的理论依据。

参考文献

陈璐，周宏，王敏求，等，2018. 丹霞梧桐群落特征比较研究[J]. 中国野生植物资源，37(02)：46-49.

罗晓莹，陈秋慧，蔡纯榕，等，2015. 极小种群植物丹霞梧桐群落的地理区系成分分析[J]. 韶关学院学报，36(12)：28-31.

欧阳杰，彭华，罗晓莹，等，2017. 丹霞山国家珍稀濒危保护植物丹霞梧桐空间分布的微地貌环境特征研究[J]. 地理科学，37(10)：1585-1592.

欧阳杰，庄长伟，罗晓莹，等，2020. 丹霞山长老峰国家重点保护野生植物丹霞梧桐数据采集与空间分布研究[J]. 地理科学，1-10[2020-08-20].

吴家荣，韦宝婧，胡希军，等，2020. 基于地理探测器的丹霞梧桐空间分布与生境因子的相关性[J]. 应用生态学报，31(08)：2671-2679.

武星彤，陈璐，王敏求，等，2018. 丹霞梧桐群体遗传结构及其遗传分化[J]. 生物多样性，26(11)：1168-1179.

徐颂军，2002. 梧桐科植物在中国的地理分布[J]. 广西植物，22(6)：494-498.

Fan Q, Chen S F, Li M W, et al. 2013. Development and characteriza-tion of microsatellite marks from the transcriptome of *Firmiana danxiaensis* (Malvaceae) [J]. Applications in Plant Sciences, 1(12)：13-47.